Der Radio-Amateur
(Radio-Telephonie)

Ein Lehr- und Hilfsbuch für die Radio-Amateure
aller Länder

von

Dr. Eugen Nesper

Sechste, bedeutend
vermehrte und verbesserte Auflage

Mit 955 Textabbildungen

Berlin
Verlag von Julius Springer
1925

ISBN 978-3-642-50565-2 ISBN 978-3-642-50875-2 (eBook)
DOI: 10.1007/978-3-642-5087-2

Softcover reprint of the hardcover 6th edition 1925

Beethoven.
(Baden b/Wien. 1823)

Vorwort zur ersten Auflage.

Die große amerikanische Radio-Amateurbewegung, Broadcasting genannt, setzte im Herbst 1921 ein. Einige Zeit darauf forderte mich Herr Verlagsbuchhändler Julius Springer auf, für seinen Verlag ein Radio-Amateurbuch zu schreiben. Meine Bedenken dagegen bestanden damals hauptsächlich in der Tatsache, daß der Radiobetrieb in Deutschland staatlich nicht genehmigt war und aus monopolistischen Gründen auch wenig Aussicht hatte, zugelassen zu werden. Inzwischen hat sich aber nicht nur in ganz Amerika, sondern auch in den meisten Ländern der alten Welt der Radio-Amateurbetrieb, stellenweise unter Hinwegsetzung über alle staatlichen Beschränkungen, Bahn gebrochen und zählt in Europa heute bereits mehrere Millionen Anhänger. Wenn er in Deutschland auch bis heute noch nicht offiziell erlaubt ist, so ist doch mit Bestimmtheit zu erwarten, daß dieses in kurzem der Fall sein wird, denn eine derartig intensive Bewegung läßt sich nicht durch künstliche Gesetzesparagraphen und dergleichen unterdrücken.

Die besonderen Umstände, die somit heute noch für den Radio-Amateurbetrieb in Deutschland maßgebend, haben natürlich Form und Inhalt des vorliegenden Buches wesentlich beeinflußt.

Der umfassende Bereich des „Broadcasting", also der ungedruckten Zeitung in weitestem Sinne, ist im I. Kap. dargelegt. Es wird gezeigt, daß der Amateur die Patente Dritter nicht zu respektieren braucht, und es wird auf die gesetzliche und staatliche Regelung, insbesondere auf die zurzeit in Deutschland noch bestehenden besonderen Verhältnisse eingegangen.

Die Tatsache, daß die naturwissenschaftliche Lehrtätigkeit auf den deutschen Schulen viel zu wünschen übrig läßt, da der Unterricht in Mathematik und Physik neben den klassischen Fächern zu gering eingeschätzt wird, machte es notwendig, im II. Kap. in großen Zügen und im Anfang vom III. Kap. nach physikalischen Gesichtspunkten wenigstens ganz kurz auf die Theorie der elektrischen Schwingungen einzugehen.

Im Anschluß hieran sind wichtigste Formeln, Tabellen, Konstanten, sowie einige andere, den Radio-Amateur direkt interessierende Werte aufgeführt. Es wurden auch Material- und Einzeltabellen aufgenommen, da im Interesse der technischen Volkserziehung und der Weiterentwicklung der drahtlosen Nachrichtenübermittlung unbedingt darauf hingewirkt werden muß, daß der Radio-Amateur sich seine Apparaturen selbst zusammenbaut.

Im IV. Kap. sind die Schaltungen und Anordnungen eines Mustersenders, wie er sich in der Eiffelturmstation im Betriebe befindet, beschrieben.

Der Radioempfänger in seinen Anforderungen und Musterbeispielen wird im V. Kap. eingehend behandelt. Die Anordnung ist hierbei so getroffen, daß zunächst die einfachen Kristalldetektorempfänger, darauf die Röhrenempfänger und schließlich die hochwertigen Rahmen-Röhrenempfängerverstärker dargestellt sind.

Für den Radio-Amateur, der sich weiterbilden, also selbst Schaltungen durchprobieren will, um auch neue entwerfen zu können, sind im VI. Kap. die auf prinzipielle Schaltungen reduzierten, grundsätzlichen Anordnungen zeichnerisch und beschreibend wiedergegeben. Die einzelnen Schaltungen sind hierbei durch kurze Zwischenräume getrennt, in die der Amateur bei der Durchprüfung seine eigenen Notizen eintragen soll. Auf diese Weise wird eine möglichst persönliche Anschauung der einzelnen Anordnungen und ihrer Unterschiede gewonnen. Den Schluß dieses Kapitels bilden einige Vorsichtsmaßregeln, die unter allen Umständen eingehalten werden sollten.

Für ein richtiges Arbeiten und die Freude an guten Resultaten sind der Bau und die Instandhaltung einer hochwertigen Antenne erforderlich, sei dies eine Hochantenne, eine Rahmenantenne oder ein Mittelding zwischen beiden. VII. Kap. führt die wichtigsten inbetracht kommenden Einzelteile, sowie die Konstruktion von Antennen an. Es folgt eine kurze Beschreibung tragbarer Masten.

Ein wesentlicher Bestandteil aller Broadcasting-Empfänger sind die Verstärker. VIII. Kap. enthält die grundlegenden Gesichtspunkte, sowie Schaltungen und Anordnungen für Hochfrequenz- und Niederfrequenzverstärkung. Auch einige Musterbeispiele von ausgeführten Empfängern sind angegeben. Im Anschluß hieran werden Lautsprecher behandelt, die sich mehr und mehr für den objektiven Empfang einbürgern.

Fast am wichtigsten für den Radio-Amateur sind die den Empfänger, Verstärker sowie die Abhöreinrichtungen (Telephon) darstellenden Einzelteile, die in besonders breitem Umfange, durch viele Abbildungen erläutert, im IX. Kap. beschrieben sind. Unter Zugrundelegung des Voraufgegangenen wird es, unter Benutzung der Einzelteile, nahezu jedem Radio-Amateur möglich sein, sich selbst einen Broadcasting-Empfänger zusammenzusetzen und, sofern er über genügende Geschicklichkeit verfügt, selbst sehr hochwertige Einrichtungen, die sich unter Umständen schon denjenigen für Verkehrszwecke anpassen, herzustellen.

Da aber nicht in allen Fällen eine derartige Handfertigkeit vorausgesetzt werden kann, und da vielfach der Wunsch besteht, nach Art der bekannten Experimentierkästen ganz oder teilweise zusammensetzungsfähige und eventuell ohne weiteres auseinandernehmbare Anordnungen zu besitzen, sind im X. Kap. hierfür geeignete Schaltplatten, Experimentier- und Baukästen beschrieben.

Der andere extreme Fall, nämlich die Selbstherstellung der Einzel elemente durch den Radio-Amateur wurde im XI. Kap. behandelt. Mit

Rücksicht auf die ausführliche Besprechung der Einzelteile im IX. Kap. konnte dieser Abschnitt verhältnismäßig kurz gefaßt werden.

Zum Betriebe der Empfangs- und Verstärkungseinrichtungen müssen, sofern diese nicht ganz einfache Kristalldetektor-Empfangseinrichtungen sind, die keinerlei Heizquellen benötigen, Strom- und Spannungsquellen benutzt werden, die nebst ihren Ladungsmöglichkeiten im XII. Kap. zum Ausdruck gebracht sind.

Da der fortgeschrittene Radio-Amateur häufig den mit allen Kräften zu unterstützenden Wunsch besitzt, selbst Messungen vorzunehmen, sind die alsdann unbedingt erforderlichen Instrumente, wie Prüfsummer, Parallelohmanordnung, Wellenmesser und einige Strom- und Spannungsmesser im XIII. Kap. angegeben. In vielen Ländern ist dem Radio-Amateur ohne weiteres gestattet worden, die Morsezeichen abzuhören. Bekanntlich ist diese Fähigkeit, die namentlich in England breite Volksschichten besitzen, im Kriege häufig zugunsten der betreffenden Nationen zutage getreten. Im XIV. Kap. sind daher Lehrapparaturen für Morsezeichen kurz behandelt.

Mancher Radio-Amateur wird das Bestreben haben, sich weitere Literatur auf dem Gebiete des Radio-Amateurwesens zu verschaffen. Entsprechend der bisherigen Entwicklung sind im XV. Kap. Auslandsveröffentlichungen und einige deutsche Literaturstellen abgedruckt.

Man kann überzeugt sein, daß, sobald der drahtlose Empfangsamateurbetrieb in Deutschland freigegeben ist, sich eine große Anzahl junger Leute finden dürfte, denen es ein großes Vergnügen bereiten wird, drahtlose Empfänger, Verstärker usw. selbst zu bauen, insbesondere, wenn Einzelteile, die teilweise nur schwer oder gar nicht selbst herzustellen sind, im Kleinhandel ohne Schwierigkeit gekauft werden können. Inzwischen ist auch in Berlin der „Deutsche Radioclub“ gegründet worden, und die große Anzahl seiner Mitglieder beweist besser als alles andere, welches Interesse auch bei uns für einen nicht durch Monopolbestrebungen oder sonstige behördliche Bestimmungen eingeengten Amateurbetrieb vorhanden ist.

Ein vernünftiger Radio-Amateurbetrieb muß tunlichst unterstützt werden. Im Weltkriege ist die technische Überlegenheit anderer Nationen an vielen Stellen kraß zutage getreten. Die Radio-Amateurbewegung scheint aber wie keine andere ähnliche Betätigung geeignet und berufen zu sein, physikalische Weltanschauung und Technik in weite Volksschichten hineinzutragen, so daß das bekannte, von A. Riedler geprägte Wort erfüllt werden kann:

„Was den Deutschen not tut, ist richtiges technisches Denken.“

Zu einer wirklichen Amateurbetätigung gehört aber notwendigerweise die Erlaubnis, „basteln“ zu dürfen, denn der richtige Radio-Amateur wird in vielen Fällen sich seine Apparate und Schaltungen entweder aus selbst angefertigten oder von der Industrie gelieferten Einzelteilen selbst zusammenbauen wollen. Es wird natürlich einer besonderen staatlichen Regelung bedürfen, in welcher Weise das in vielen Ländern rückhaltlos freigegebene Basteln auch in Deutschland zuzulassen ist, ohne daß der staatliche Radioverkehr darunter leidet oder der erst aufzubauende Broadcastingbetrieb hierdurch gefährdet wird.

Ich verdanke physikalische und technische Beratung den Herren Dr. Georg Seibt in Berlin-Schöneberg und Dr. Siegmund Loewe in Berlin, juristische Ratschläge Herrn Rechtsanwalt Franz Landsberg in Berlin.

Ich danke meiner Frau Käte Nesper-Wilbrandt, die sowohl dies Buch, wie im wesentlichen auch das „Handbuch der drahtlosen Telegraphie und Telephonie" und die „Radio-Schnelltelegraphie" niedergeschrieben und die Korrekturen gelesen hat.

Ich danke ferner der Verlagsbuchhandlung Julius Springer, die mich bei der Herstellung des Buches in jeder Weise unterstützt und dem Buch eine ausgezeichnete Ausstattung hat angedeihen lassen.

Möchte das Radio-Broadcasting mit dazu berufen sein, die sich seit 1914 immer noch weiter ausbreitende Völkervergiftung zu beseitigen, die Völker aller Rassen und Stämme einander wieder näher zu bringen und den Austausch wichtiger Kulturgüter zu vermitteln. Möge in diesem Sinne das Widmungsblatt ein Symbol sein.

Berlin, im Frühjahr 1923.

Dr. Eugen Nesper.

Vorwort zur sechsten Auflage.

Seit der Niederschrift der 1. Auflage dieses Buches sind etwa drei Jahre verstrichen. Inzwischen haben sich auch in Deutschland der Rundfunk und die Radio-Amateur-Bewegung zu Kulturfaktoren ersten Ranges entwickelt. Unter tatkräftiger Mitwirkung des Reichspostministeriums unter Leitung von Herrn Staatssekretär Dr. Bredow ist nicht nur ein Netz von im allgemeinen mustergültigen R.T.-Sendern entstanden, welche alltäglich über nahezu alle Kulturgebiete berichtende und belehrende Rundfunkdarbietungen ausstrahlen, sondern es ist auch in großzügigster Weise für den Hörenden gesorgt worden. Dem deutschen Radio-Amateur sind weitgehendste Befugnisse eingeräumt worden, und wir stehen heute vor einer bereits sehr weitgehenden Freigabe auch des Amateursendens.

Für Radioverhältnisse bedeutet ein Zeitraum von drei Jahren eine sehr lange Spanne, und die zahlreichen Fabriken und Entwicklungsstellen des Radiogedankens in Deutschland haben für eine Fülle von Material gesorgt, welche infolge der Eigenart deutscher Verhältnisse vielfach von den Ausführungen des Auslandes abweichen.

Infolgedessen war es naturgemäß notwendig, dieses Buch von Grund aus umzuarbeiten. Es mußte auch das am wichtigsten Scheinende berücksichtigt werden, was in den letzten drei Jahren in Deutschland geschaffen wurde.

Es kann schon aus räumlichen Gründen hier nicht darauf ankommen, eine Wiederholung des Inhaltsverzeichnisses zu bringen. Es sei nur kurz auf folgendes hingewiesen:

In Kapitel I ist neu hinzukommend besonders auf die Arbeiten der deutschen Radio-Amateur-Vereine eingegangen, sowie auf diejenigen Gesichtspunkte, die eine Förderung des Radiogedankens bedeuten.

Der geschichtliche Überblick entsprechend Kapitel II ist auf vielfach geäußerte Wünsche neu mitaufgenommen worden. Selbstverständlich konnte schon aus Raumgründen nur ein verhältnismäßig kurzer Abriß einer historischen Entwicklung gegeben werden, die eines der interessantesten menschlichen Arbeitsgebiete betrifft und infolgedessen eine ungeheure Anzahl Intellektueller beschäftigt hat und noch weiterhin in ihren Bann zwingen wird.

Bei der kurzen Darstellung des Mechanismus der Radiotechnik (Kapitel III) sind nach Möglichkeit die von vielen Stellen geltend gemachten Wünsche berücksichtigt worden.

Kapitel IV, welches Theorie, Formeln und Tabellen enthält, mußte weitgehendst ausgebaut werden, da jeder etwas ins Tiefe schürfende Radiointeressent im vorliegenden Buche auch alle diejenigen Behelfe finden muß, welche vielfach schon für den gewöhnlichen Rundfunkabonnenten, stets aber für den bastelnden Amateur von Notwendigkeit sind. Nach Möglichkeit sind auch Firmentabellen mit aufgenommen worden, um evtl. direkte Bestellungen zu ermöglichen. Besonderer Wert ist hierbei naturgemäß auch auf Strom- und Spannungsquellen gelegt worden. Rezepte und Sendertabellen sind zum Teil neu aufgenommen, zum Teil weiterhin ausgebaut worden.

Das Senderkapitel (Kapitel V) hat eine nennenswerte Erweiterung erfahren. Der heutige Rundfunkinteressent wünscht vielfach um so mehr die Einzelheiten der Sender kennen zu lernen, als er von diesen im allgemeinen nur empfängt und ihm die Einrichtungen selbst bisher unsichtbar bleiben.

Kapitel VI, welches die Gesichtspunkte für den Radioempfänger enthält, hat eine Ergänzung in Form von Beschreibungen guter, von der Radioindustrie gelieferter Empfänger erfahren.

Besonderer Wert ist naturgemäß auf die Empfangsschaltungen, die in Kapitel VII wiedergegeben sind, gelegt worden. Hierbei sind nicht nur einfache, leichte, auch vom Laien zusammenzusetzende Detektorschaltungen und die primitiven Röhrenanordnungen wiedergegeben, sondern es ist vor allem Wert auf die sogenannten Kunstschaltungen gelegt worden, da diese für die verschiedenartigsten Zwecke als die zukunftsreichsten Anordnungen anzusprechen sind, sofern nicht gerade der am Platze befindliche Ortssender empfangen werden soll. Nach Möglichkeit sind die Dimensionen wiedergegeben, um tunlichst schon beim ersten Zusammenbau Resultate zu erzielen. Die für die Empfangsabstimmung, Störbefreiung usw. hauptsächlich in Frage kommenden Punkte sind gleichfalls in diesem Kapitel enthalten, ebenso auch besondere Anordnungen und auch Schaltungen für den zur Zeit mit am aktuellsten Kurzwellenempfang.

Da nicht nur für den Großstadtempfang, sondern auch für vielfache sonstige Erfordernisse der Kristalldetektor und seine Pflege und Anwendung einem zunehmenden Interesse begegnet, ist dieser im Kapitel VIII besonders behandelt.

Im Brennpunkte jeder Radiodarbietung steht nach dem heutigen Stande der Entwicklung naturgemäß die Röhre für ihre mannigfaltigsten Anwendungszwecke: Empfang, Verstärkung und Senden. Es war infolgedessen notwendig, in dem Röhrenkapitel IX besonders weit auszuholen und auch auf die physikalischen Erscheinungen in der Röhre soweit als möglich einzugehen. Daneben sind die Senderschaltungen in diesem Kapitel besonders berücksichtigt. Die Ausführungen über die verschiedenartigen Röhren und Röhrenschaltungen werden hoffentlich manchen erfinderischen Interessenten dazu veranlassen, auf diesem Gebiete noch weiterhin zu arbeiten und Neues zu erfinden.

Tabellen, Abbildungen und Charakteristiken der zur Zeit wichtigsten Empfänger- und Verstärkerröhren sind zum Teil in Tabellenform diesem Kapitel angegliedert.

Die Verstärkung der Empfangsschwingungen ist für jeden Rundfunkinteressenten heute ein so wichtiges Gebiet, daß sie in einem besonderen Kapitel X ausführlich behandelt worden ist. Ausgehend von der am einfachsten und dankbarsten zu bewirkenden Niederfrequenzverstärkung, ist darauf die Hochfrequenzverstärkung und schließlich die Kraftverstärkung besprochen. Auch die Störungen, die gerade bei Verstärkern besonders leicht auftreten können und die Freude an den Resultaten stark zu beeinträchtigen in der Lage sind, sind besonders besprochen, desgleichen die Möglichkeit zur Behebung dieser Fehler. Am Schlusse dieses Kapitels sind einige Ausführungsformen von Radiofabrikaten beschrieben.

Aus den normalen Empfängereinzelteilen mußte das Telephon und der Lautsprecher herausgenommen werden, da diese beiden wichtigsten Indikationsapparate für jeden Rundfunkinteressenten heute schon zu einer Spezialwissenschaft geworden ist. In Kapitel XI sind diesbezüglich die wichtigsten Gesichtspunkte, Ausführungsformen sowie die im Zusammenhang hiermit stehenden Zubehörteile sowie die sich besonders ergebenden physikalisch-akustischen Erscheinungen besprochen.

Zur Zeit bildet die Antenne in ihren verschiedensten Ausführungsformen noch das Rückgrat der meisten Empfangsanlagen, wenngleich schon in diesem Buche sogenannte Zukunftsempfänger beschrieben sind. Da auch heute noch zahlreiche Anfragen und Unklarheiten bezüglich der Antenne auftreten, ist das Luftleitergebilde in seinen mannigfaltigsten Ausführungsformen, Vorteilen und Nachteilen, Anwendungsgebieten usw. in Kapitel XII charakterisiert.

Durch die modernen Sparröhren haben auch die Strom- und Spannungsquellen vielfach eine grundsätzliche Wandlung erfahren. Es kommt hinzu, daß auch andere Behelfe für den Empfänger-Verstärker-Betrieb heute vielfach schon mit Erfolg herangezogen werden können. Die hierfür maßgebenden Gesichtspunkte sind in Kapitel XIII wiedergegeben.

Jeder Radioapparat setzt sich aus Einzelteilen zusammen. Im allgemeinen werden diese heute in recht brauchbarer Qualität zu relativ billigen Preisen von namhaften Radiofirmen geliefert. Die Besprechung dieser Einzelteile und der verschiedenartigen Gesichtspunkte, welche bei der Beschaffung, Schaltung und Anwendung zu berücksichtigen sind, sind in Kapitel XIV zum Gegenstand der Erörterung gemacht. Auch die Isolatoren, Röhren, Zubehörteile, Schaltorgane, Knöpfe, Zeiger und Kästen sind zum Teil erfreulicherweise schon in Normalien für den Zusammenbau wiedergegeben.

Rundfunkfreunde aller Schattierungen müssen gewisse Regeln innehalten, um zu einwandsfreien Resultaten zu gelangen. Einige der wichtigsten Arbeitsregeln, insbesondere für den Zusammenbau, gibt Kapitel XV wieder.

Erfreulicherweise hat die Basteltätigkeit auch in Deutschland sehr stark zugenommen und wird sich bei vernünftigem Ausbau auch noch weiterhin entwickeln. Es sind infolgedessen in Kapitel XVI diejenigen Konstruktionsformen, tunlichst unter Angabe genauer Zahlenwerte, zusammengestellt, welche sich für die Herstellung von Einzelteilen empfehlen. Auf die nicht empfehlenswerte Selbstherstellung von Röhren, Telephonen und ähnlichen hochwertigen Apparaten ist hierbei keine Rücksicht genommen.

Ein nicht unwichtiges Gebiet zur Einführung in den Radiogedanken und zur Belehrung weiterer Kreise sind die Universal-Empfangs-Apparate und Experimentierkästen. Einige der wichtigsten Ausführungsformen gibt Kapitel XVII wieder.

Die heute schon hochstehende Radiotechnik schafft neben mehr in das Gebiet der technischen Physik fallenden Empfangsapparaten sogenannte Radiomöbel. Diese sind ebenso wie ein für das Experimentieren geeigneter schrankförmiger Behälter für den Bastler in Kapitel XVIII besprochen.

Störungen und Fehlerquellen beeinträchtigen leider häufig noch die Benutzung von Empfängern. Teils sind dies lokale oder atmosphärische Störungen, teils aber liegen diese in den Apparaten selbst begründet. Diese Störungsquellen, tunlichst unter Angabe der Fehlerbehebung, wurden in Kapitel XIX soweit als möglich tabellarisch zusammengestellt, um eine rasche Orientierung und Fehlerbeseitigung zu ermöglichen.

Den Bedürfnissen der Meßtechnik und des hierdurch möglichen tieferen Eindringens in die Radiotechnik sollen die Ausführungen von Kapitel XX entsprechen. In diesem Kapitel sind nicht nur diejenigen Meßapparate beschrieben, welche sich mindestens jeder etwas tiefer in die Materie eindringende Amateur anschaffen, bzw. selbst herstellen sollte, sondern es sind auch diejenigen Meßinstrumente geschildert, welche zum Teil auch der Rundfunkabonnent nicht entbehren kann.

Eine gewisse Ergänzung, insbesondere für die Lehrtätigkeit, bilden die Lehrapparaturen, auch für Morsezeichen, gemäß Kapitel XXI.

Dem Wunsche, auf Grund literarischer Studien sich fortzubilden und die Weiterentwicklung zu ermöglichen, ist durch die Literaturzusammenstellung in Kapitel XXII entsprochen.

Ich möchte nicht unerwähnt lassen, daß auf Grund meiner früheren Bitte eine ganze Anzahl von Herren in freundlichster Weise mir Fehlerverzeichnisse zu früheren Auflagen eingesandt hat. Ganz besonders bin ich den nachstehenden Herren zu Dank verpflichtet:

Ing. Rudolf Krzyzanowski, Innsbruck,
A. Sedard, Remscheid,
Ed. Jahoda, Stuttgart,
Ing. G. Bauer, Kufstein,
Dipl. Ing. E. Müller, Dessau,
Prof. Karl Treven, Klagenfurt,
Ing. Bernhard Troch, Ettlingen,
Wilhelm Stoeckel, Guben,
Dr. L. Högelsberger, Wien,
E. v. Cunowski, Potsdam,
Arthur Kirchner, Weimar,
Th. Wulf, Aachen,
Albert N. Topitz, Leipzig,
Dr. Ettenreich, Wien,
Robert Adler, Bad Lippspringe,
Béla Migaly, Budapest.

Ich bitte, mich auch für künftige Neuauflagen mit Verbesserungsvorschlägen, Übermittlung von Druckfehlern und Anregungen weiterhin gütigst zu unterstützen.

Berlin, im Frühjahr 1925.

Dr. Eugen Nesper.

Inhaltsverzeichnis.

II. Geschichtlicher Überblick.

III. Mechanismus der Radiotelegraphie und -telephonie.

IV. Auszug aus der Theorie. Wichtige Formeln. Diagramme. Tabellen.

VII. Empfangsschaltungen.

VIII. Der Kristalldetektor.

IX. Die Röhre.

X. Verstärker. Die Verstärkung der Empfangsschwingungen.

XI. Telephon und Lautsprecher. Zubehörteile.

XV. Allgemeine Arbeitsregeln.

XVI. Selbstanfertigung von Einzelteilen und Apparaten.

XVII. Universalempfangsapparate und Radioexperimentierkästen.

XVIII. Radiomöbel.

Seite

XIX. Störungen des R.-T.-Empfangs und Fehlerquellen.

XX. Prüf- und Meßinstrumente.

XXI. Lehrapparaturen, Morsezeichenlehrapparate.

Bezeichnungen der R.-T.

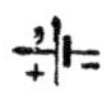 Galvanisches Element, Akkumulator, Batterie.

 Gleichstrommaschine.

 Wechselstrommaschine.

 Hochfrequenzmaschine, Hochfrequenzquelle.

 Regulierbarer Schiebekontakt.

 Steckkontakt.

 Klemmenanschluß.

 Leitungskreuzung.

 oder  Leitungsverbindung.

 (Ohmscher) Widerstand.

 Eisen-Wasserstoffwiderstand.

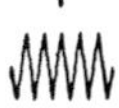 Luftdrossel.

 Eisendrossel.

 Tonspule.

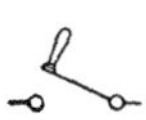 Schalter.

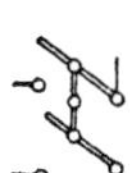 Mehrpoliger Schalter.

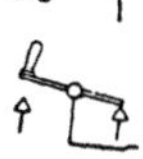 Taster.

 Unterbrecher Ticker.

 Transformator.

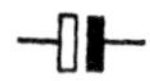 Gleichrichterzelle.

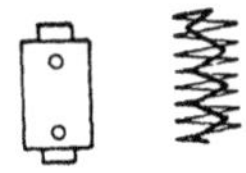 Induktor (Resonanzinduktor.) Transformator, Hochfrequenztransformator.

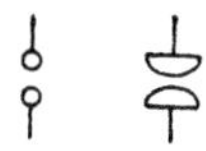 Funkenstrecke für seltene Funkenentladungen.

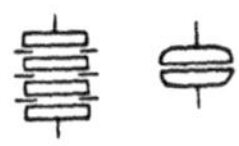 Löschfunkenstrecke (Stoßfunkenstrecke).

 Lichtbogengenerator.

 Entladestrecke für ideale Stoßerregung.

 Vakuumröhre (Kathodenröhre).

 Unveränderliche Selbstinduktionspule

 Honigwabenspule, Festspule

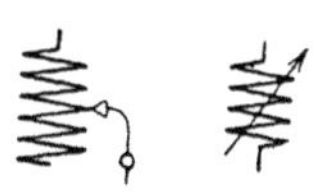 Veränderliche Selbstinduktionsspule, Schiebespule, Variometer.

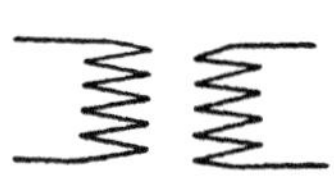 Kopplung.

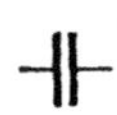 Festkondensator, Blockkondensator

 Veränderlicher Kondensator, Drehplattenkondensator.

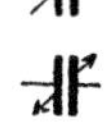 Pendelkondensator.

 Indikationsinstrument, Galvanometer, Amperemeter, Voltmeter,

 Geißler- (Helium-, Neon usw.) Röhre.

Kohärer.

Kristalldetektor.

Elektrolytische Zelle.

Thermoelement.

Mikrophon.

Telephon.

Lautsprecher.

Schreibapparat.

Relais.

Geerdete Antenne.

Schwach strahlende Antenne, Schirmantenne.

Stark strahlende Antenne.

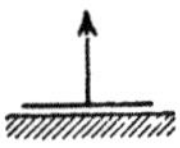
Antenne mit Gegengewicht.

Spulen-(Rahmen-)Antenne.

Gutleitende Erde.

In sich geschlossene Apparatur.

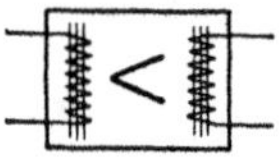
Niederfrequenzverstärker.

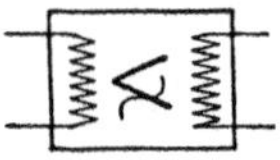
Mittelfrequenzverstärker.

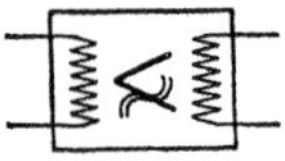
Hochfrequenzverstärker.

Zweifach-Hochfrequenzverstärker.

Dreifach-Hochfrequenzverstärker.

Schwebungszusatzapparat (Überlagerer).

Halbperiodige Schwingung.

T = Schwingungsdauer.
λ = Wellenlänge.

R = Resonanzpunkt.

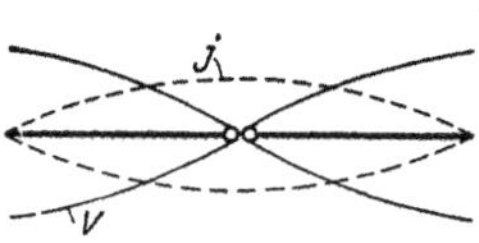

J = Strom, magnetische Feldintensität.
V = Spannung, elektrische Feldintensität.

NFV = Niederfrequenzverstärker.
HFV = Hochfrequenzverstärker.
A - Batterie = Heizbatterie.
B—Batterie = Anodenbatterie.
C—Batterie = Gittervorspannungsbatterie.

R.-T. = Radiotelephonie.
= Rundfunk
= Radio-Broadcasting.

Oberengadin 1925. E. N.

Durch die Radiotelephonie wurde Zeit und Raum überwunden: Die aktuellen Neuigkeiten werden ebenso wie die kulturellen Güter von Sprache und Musik „an Alle" übertragen. Neue Probleme der Naturwissenschaften wurden aufgerollt, mit deren Lösung viele beschäftigt sind. Das Tor zur Naturbetrachtung und zum Eindringen in physikalische Vorgägen wurde einer großen Allgemeinheit aufgetan.

I. Definition und Berechtigung des R.-T.-Betriebes. Was ist R.-T.? Was ist Broadcasting?

A. Die R.-T. (Broadcasting).

Soweit die Geschichte der Menschheit auf der Erde zurückreicht, sind die Bestrebungen eines allgemeinen Nachrichtenaustausches erkennbar. Unter Geschichte ist nicht die zünftige Geschichtschreibung zu verstehen, die die Daten einer Anzahl von Herrschern und Schlachten auf die kurze Spanne von knapp zweieinhalb Jahrtausenden zusammengereiht hat, sondern es ist die große Geschichtschreibung gemeint, die zum Teil im Lesebuch der Erdschichten für den Archäologen und Prähistoriker niedergelegt ist. Betrachtet man diese uralten Dokumente erster menschlicher Tätigkeit vor etwa 140000 Jahren, so erkennt man, nach dem von O. Hauser im stillen Tale der Vézère aufgedeckten Funde des Homo Mousteriensis Hauseri, daß jene Horden bereits breit angelegte Feuerstätten besaßen, die unmöglich nur zu Erwärmungs-, Koch- und Abwehrzwecken gedient haben können. Vielmehr dürfte die Vermutung gerechtfertigt sein, daß mindestens manche derselben zu Zwecken der Nachrichtenübermittlung an andere Stämme benutzt wurden.

Eine Zeichenübertragung durch Feuerschein ist sodann durch Jahrtausende der Menschheit eigen gewesen, und die Geschichte der Altägypter, Babylonier und Assyrer, sowie der Völker des klassischen Altertums erzählt immer wieder von einem für viele Teilnehmer bestimmten Nachrichtenaustausch durch Feuerschein. Es hat lange Zeit gedauert, bis es gelang, noch andere optische Mittel, wie z. B. die Semaphore, in den Dienst der Menschheit zu stellen. Inzwischen hat die gedruckte Zeitung als Nachrichtenübertragungsmittel breitesten Eingang gefunden. Ihr Nachteil ist jedoch die Unmöglichkeit, die Nachrichten sofort quasi in statu nascendi zu verbreiten; sie kann dies stets nur mit einer gewissen zeitlichen Verschiebung bewirken. Eine derartige Zeitung ist also eigentlich nie vollkommen aktuell. Außerdem fehlt ihr, wie jedem gedruckten Wort, die Betonung, welche die große Suggestivwirkung der Sprache ausmacht.

Als idealste Nachrichtenverbreitung in breitestem Sinne kann man sich kein besseres Übertragungsmittel denken als die Radiotelegraphie und -telephonie, und daher war mit der praktischen Verwirklichung der alten Funkentelegraphie durch G. Marconi (1896), mindestens theoretisch, auch der Grundstein zum „**Broadcasting**" (to broadcast = ausstreuen;

Broadcasting = Nachrichtenverbreitung im allerweitesten Sinn) also zur Radiotelephonie gelegt.

Die Tatsache, daß die durch Funkentelegraphie übermittelten Telegramme in Morsezeichen gegeben wurden und infolgedessen nur einem kleinen Kreise von Kundigen verständlich waren, hat lange Zeit verhindert, daß sie für einen allgemeinen Nachrichtenverkehr „An Alle" ausgebaut wurde. Erst als es V. Poulsen 1902 praktisch gelungen war, mit dem Lichtbogengenerator ungedämpfte Schwingungen zu erzeugen, und somit eine drahtlose Telephonie zu verwirklichen, konnte die Idee eines großen „Zirkularverkehrs" festeren Fuß fassen. Wiederum verstrichen jedoch eine Anzahl von Jahren, bis der Gedanke der R.-T. zuerst ausgesprochen wurde. L. de Forest (Abb. 2), der Erfinder der Dreielektrodenröhre und der Röhrenverstärkung, der sich auch viel mit der Nutzanwendung des Lichtbogengenerators für Radiotelephonie beschäftigt hat, schuf 1908 den ersten Versuchsapparat, der die Musik vom New Yorker Operahouse einer Anzahl von Interessenten radiotelephonisch übermittelte. Mit dieser Tat war die R.-T. geboren. Von einer Senderstelle aus werden die von der Sprache oder Musik modifizierten Wellen ausgestrahlt, welche von beliebig vielen, z. B. tausenden Empfängern aufgenommen werden, ohne daß diese sich irgendwie gegenseitig stören oder beeinflussen.

Die Unvollkommenheit, die dem Lichtbogengenerator noch anhaftete und der Widerstand, der in jener Zeit den de Forest-Verstärkern fast in der ganzen Welt entgegengesetzt wurde, und der zum Teil auf seinen damaligen stellenweisen Unzulänglichkeiten beruhte, ließen einen wirklichen Erfolg selbst in Amerika nicht aufkommen. Immerhin war der Boden geebnet.

Abb. 1. In Tune with the Infinite. (Zeichnung nach W. de Maris in Judge [Radio News September 1922].)

In welcher Weise sich de Forest den weit ausgebreiteten Nachrichtenverkehr vorstellte, geht aus dem von W. de Maris für die Zeitschrift Judge gezeichneten beistehenden Bild (Abb. 1) „In Tune with the Infinite" überzeugend hervor: Von der kleinen, irgendwo im weltabgeschiedenen Hochgebirge gelegenen Hütte ist eine Antenne nach einem Baum hin ausgespannt. Aus der Hütte fällt ein Lichtschein ins Freie, wo ein junger Mann steht, den Doppelkopffernhörer, der mit dem im Innern des Häuschens befindlichen Empfänger verbunden ist, am

Abb. 2. Dr. Lee de Forest, Erfinder der Dreielektrodenröhre (1907) zu Verstärkungszwecken, wobei der Röhrenempfang erst für das große Publikum möglich gemacht wurde, und der Radiotelephonie für jedermann (1913).

Kopf. Mit ausgebreiteten Armen, den Blick zu den Sternen gerichtet, empfängt er im nächtlichen Dunkel, fern von den Kulturzentren der Menschen, die Nachrichten der Welt, gleichsam wie eine Äthermusik:

Schon damals erkannte de Forest die Notwendigkeit der Errichtung von Senderstationen in allen größeren Städten für alle im Umkreis befindlichen Empfänger, welche sich auf diese abstimmen können.

Die nächste Entwicklung des R.-T.-Gedankens fällt nach Österreich. Bald nach dem Zusammenbruch 1918 wurde von R. Weege und E. Nesper der Gedanke aufgegriffen, in dem durch den Kriegsausgang besonders in Mitleidenschaft gezogenen Österreich eine Verbesserung des Nachrichtenverkehrs in der Weise herzustellen. daß an alle inbetracht kommenden Interessenten, wie z. B. Pressestellen, Banken, Postanstalten, industrielle Unternehmungen usw., hochwertige Empfangsapparaturen geliefert werden sollten, welche von einer oder mehreren Zentralstellen aus ständig mit radiotelephonischen Nachrichten versehen werden sollten. Um von der Montage umständlicher und teurer Antennen abzusehen, sowie eine weitgehendste Unabhängigkeit von den örtlichen Verhältnissen zu erzielen, wurde Ende 1918 bis Anfang 1919 der sog. Presseempfänger mit Rahmenantenne entwickelt und hergestellt, welcher auf S. 252 beschrieben ist.

Das hieran geknüpfte Ausführungsprojekt eines mindestens an gewissen Stellen gerichteten allgemeinen R.-T.-Betriebes wurde im Frühjahr 1919 der österreichischen Presse vorgeführt und fand eine lebhafte Resonanzwirkung in allen Wiener Tageszeitungen.

Obwohl die Wichtigkeit des Gedankens und die Notwendigkeit seiner Durchführung allgemein anerkannt wurde, stellten sich der restlosen Ausbildung infolge der Inflation und der sonstigen Nachkriegserscheinungen in Österreich außerordentliche Schwierigkeiten entgegen. Trotzdem ist eine große Anzahl derartiger Empfänger aufgestellt und in Betrieb genommen worden, nicht nur in Österreich, sondern auch in manchen Sukzessionsstaaten und hat dem R.-T.-Gedanken in Mitteleuropa wirksam vorgearbeitet.

Ein eigenartiger Zufall wollte es weiterhin, daß im September 1920 Dr. S. Loewe in New York schon klar die Ziele, den Ausbau und die Weiterentwicklung des R.-T.s erkannte. In einem Brief an seine Berliner Firma vom September 1920 brachte er diese Anschauungen zum Ausdruck.

Schon kurze Zeit darauf, nämlich Anfang November 1920 wurde praktisch der R.-T.-Gedanke in Amerika in größtem Maßstabe verwirklicht.

Der Präsident der Westinghouse-Electric Co., H. P. Davis, ließ von dem Radiosender in Pittsbourgh, Pa. (siehe den Pittsburger Sender, S. 200), seit dem 3. November 1920 täglich Sendungen erfolgen. Diese fanden regelmäßig statt, und zwar nicht nur musikalische, sondern auch sprachliche Vorträge für die Bevölkerung, welche anfangs zum Teil mit Reklamen vermischt waren.

Diese Sendungen fanden so außerordentlichen Beifall, daß schon im Spätsommer des folgenden Jahres, 1921, eine Entwicklung der Radiotelephonie in Amerika einsetzte, wie sie die kühnsten Erwartungen übertroffen hat.

Es dauerte nicht lange, bis mehrere andere Sender in den Vereinigten Staaten mit ähnlichen Darbietungen nachfolgten.

Hieraus entwickelte sich die große amerikanische R.-T.-Bewegung, welche in größtem Maßstabe 1921 einsetzte. Seit dem Herbst 1921 sind in den Vereinigten Staaten von Nordamerika Millionen von Empfängern in Wohnzimmern, Kontoren, Fabriken, Banken, Hotels, Ballsälen, Restaurants, Bars, in Autos, Eisenbahnwagen, in landwirtschaftlichen und sonstigen Betrieben und auf Schiffen usw., usw. aufgestellt und benutzt worden, die alltäglich und nächtlich der Unterhaltung und Belehrung von Millionen von Menschen dienen. So ist aus dem einfachen drahtlosen Nachrichtenmittel ein Kulturträger ersten Ranges geworden, dessen weiterer Ausbau für fernere Zeiten sich heute auch nicht annähernd überblicken läßt. Sobald es gelungen sein wird, den R.-T.-Verkehr in ruhigere Bahnen zu lenken, und sofern eine Anzahl von in Aussicht stehenden technischen Verbesserungen geschaffen sein werden, die eine Tat von morgen oder übermorgen sein können, wird es jedem Interessenten möglich sein, Radionachrichten aus aller Welt über alle Äußerungen des praktischen Lebens, sowie der Kunst aufzunehmen, in gleicher Weise, wie jeder sich die Verkehrseinrichtungen zunutze machen kann.

B. Anwendungsgebiete der R.-T.[1]).

Die wichtigsten Anwendungsgebiete der R.-T., das jedem Interessenten gestattet, mühelos und ohne irgendwelche Anstrengungen, Zeitverluste oder Unannehmlichkeiten in seinem Zimmer und auch auf Spaziergängen, Bahnfahrten usw. das gesprochene Wort oder Musik aller Art anzuhören und zu genießen, sind zurzeit folgende:

*1. Kulturelle Aufgaben der Disziplinierung und Belehrung, Erziehung zu technischer Denk- und Arbeitsweise[1]).

Die R.-T. enthebt den einzelnen vielfach der Mühe, sich auf ein umständliches Buchstudium einzulassen. Eine bestimmte Sende-

[1]) Die mit einem * versehenen, in diesem Abschnitt enthaltenen Anwendungsgebiete der R.-T. wurden bereits im Spätherbst 1922 niedergeschrieben und in der 1. Auflage des Buches „Radioamateur" im Juli 1923 veröffentlicht. Hieraus sind sie wörtlich wiedergegeben. Sie sind damals in Deutschland sogar von Autoritäten teils bespöttelt, teils als undurchführbar bezeichnet worden, obwohl die Mehrzahl derselben z. B. in Nordamerika bereits in Anwendung war. Inzwischen hat sich erfreulicherweise nicht nur die Anschauung auch in Deutschland grundsätzlich gewandelt, sondern es ist auch gelungen, die meisten der geschilderten Anwendungsgebiete im mitteleuropäischen R.-T.-Betrieb durchzuführen und den Zuhörern nutzbar zu machen.

station jedes Radiodistriktes vermittelt beispielsweise die in den Schulen, Seminaren und Kollegien üblichen Grundsätze und Disziplinen der Erziehung und Belehrung. Der Wissensbegierige nimmt den Doppelkopfhörer ans Ohr, stellt den Empfänger auf die betr. Welle ein und gelangt aufs einfachste und bequemste in den wissenschaftlichen Besitz geistiger Güter. Die R.-T. scheint daher in hervorragendem Maße berufen, diejenigen Völker und Volksschichten zu technischem Denken heranzuziehen und ihnen außerdem Gelegenheit zu vielseitiger Bildung zu geben, die heute in Unkenntnis der Sachlage von diesen Dingen noch nichts oder nur wenig wissen oder durch isolierte Lage usw. bisher überhaupt keine nennenswerte Belehrungsmöglichkeit hatten.

*2. Ersatz von Büchern und Zeitungen.

In ähnlicher Weise wie bei 1. erscheint die R.-T. besonders geeignet, die Kenntnis von wissenschaftlichen und Unterhaltungsbüchern, von Zeitungsnachrichten und sonstigen Mitteilungen aller Art zu vermitteln. Der Vorteil gegenüber dem Buch- und Zeitschriftenstudium besteht darin, daß das Programm vielgestaltiger sein kann, und daß vor allem der nach anstrengender Tagesarbeit Ermüdete sich nicht mehr zum Buch- oder Zeitschriftenstudium aufraffen kann, während das gesprochene, ihm durch den Äther zugetragene Wort fast mühelos zum Bewußtsein gebracht wird. Es ist ferner nicht zu unterschätzen, daß auf diese Weise große private oder staatliche Organisationen die Möglichkeit an Hand haben, in geschmacklicher und kultureller Beziehung auf die Bevölkerung einzuwirken, in ähnlicher Weise, wie dies den Kulturabteilungen namhafter Filmgesellschaften heute bereits gelungen ist, und was auch die Zeitungen seit Jahrzehnten, wenn auch nicht stets mit gutem Erfolge, bewirken.

*3. Weiteste Verbreitung der Vorträge und Reden von Wissenschaftlern, Politikern usw.

Eine ganz besondere Bedeutung besitzt die R.-T. in Amerika schon heute durch die Verbreitung der Reden hervorragender Persönlichkeiten, insbesondere auch bei Wahlen. Kostspielige und umständliche Wahlreden von Politikern können vollkommen vermieden werden, da der Agitator das an seinem Schreibtisch oder vor seinem Klubsessel angebrachte Mikrophon in aller Gemütlichkeit bespricht. Es ist ferner ein oft empfundener Mangel, der häufig noch durch ungünstige Raumverhältnisse verstärkt wird, daß nur ein geringer Bruchteil der in einem Vortragssaal Anweesnden die Ausführungen des Vortragenden klar und deutlich verstehen und in sich aufnehmen kann. Die R -T. bietet durch die nahezu beliebige Verstärkung der relativ geringen Lautstärke der menschlichen Sprache des einzelnen gerade in dieser Beziehung einen ganz außerordentlichen Vorteil, ähnlich wie durch das Kinema die Mimik eines Schauspielers, die sonst nur die in der Nähe der Bühne Sitzenden betrachten können, stark vergrößert und den Anwesenden sichtbar gemacht wird. Durch die R.-T. können nun Tausende und Abertausende von Menschen ohne Mühe und Anstrengung die Stimme der betreffenden hervorragenden Persönlichkeit anhören und auf sich einwirken lassen. Die Stimme der Völkerversöhnung, die von einigen Großstationen täglich ertönt, kann, durch den Äther übertragen, auf den einzelnen einwirken.

*4. Verbreitung von Wirtschaftsnachrichten, Börsen- und Devisenkursen usw.

Die Übermittlung dieser Nachrichten erfolgt heute in den meisten Ländern noch durch die Zeitungen. Für manche dieser Nachrichten genügt diese Zustellungsart; bei der größeren Mehrzahl derselben besteht hingegen das Bestreben, sie in weit rascherer und aktuellerer Weise den Interessenten zuzuführen. Dies trifft besonders auf alle Börsennachrichten zu. An manchen Börsenplätzen Nordamerikas sind bereits unmittelbar neben den Börsenmaklern Besprechungsmikrophonanordnungen aufgestellt, so daß der Interessent laufend die Notierungen erfahren kann. Auf diese Weise erhält er ein kontinuierliches Bild, das sich ähnlich verhält wie ein Filmstreifen zu einer einzelnen Zeichnung oder Photographie.

5. Einfluß der Presse.

Ein weiterer Vorteil besteht in der hierdurch möglichen absoluten Aktualität der Verbreitung von Nachrichten. Gegenüber der gedruckten Zeitung ist dieser Vorteil ein außerordentlich großer. Selbst wenn der bis ins kleinste ausgeklügelte Betrieb einer modernen Großzeitung vorausgesetzt wird, so vergeht immerhin eine gewisse mit der heutigen raschlebigen Zeit kaum vereinbare Zeitspanne, bis die Nachricht an die Allgemeinheit gelangt Das Absetzen, Ausdrucken und Verteilen der Zeitungen nimmt eben immerhin mindestens einige Stunden in Anspruch. Der R.-T.Sender vermag die Nachrichten sofort nach Eingang derselben den Interessenten zu vermitteln.

Ein weiterer Vorteil der Presse-R.-T. besteht von vornherein in einer gewissen Entpolitisierung der Nachrichten. Die gedruckte Zeitung ist in den weitaus meisten Fällen auf ein bestimmtes politisches Programm eingestellt. Die in ihr enthaltenen Nachrichten werden daher im großen ganzen nur von denjenigen Leuten gelesen, welche der betreffenden Parteirichtung angehören, in welche die Zeitung eingereiht wird. Wenngleich aktuelle Nachrichten meist in der gesamten Presse wiedergegeben werden, so ist dies doch nur mit gewissen Einschränkungen möglich, und häufig genug werden Nachrichten politisch gefärbt und abgewandelt, wodurch ihr Charakter unter Umständen beeinträchtigt werden kann. Die vom R.-T.-Sender ausgestrahlten Nachrichten können dieses Charakters entbehren, und es wird eine wesentliche Lebensfrage, namentlich für den Presserundfunk bedeuten, daß sie auch dauernd entpolitisiert gehalten sind.

Daß, abgesehen hiervon, hervorragende Gedanken, z. B. auch solche einer gesunden Nationalisierung in besonders eindringlicher Weise verbreitet werden können, liegt auf der Hand. Das gesprochene Wort besitzt schon infolge der Möglichkeit einer Betonung weit größere

Schlagkraft als der gedruckte Buchstabe. Infolgedessen können durch derartige Propagierungen auch ungleich größere Effekte erzielt werden als durch Druckschriften, Zeitungen usw. Auf dieser Wirkung beruhen ja die Werbungseffekte von Wählerversammlungen usw.

Kaum weniger wichtig ist die Möglichkeit auch international für große Gedanken zu werben. Hätte Deutschland im Weltkriege über genügend starke R.-T.-Sender verfügt, und hätten schon damals wie heute Millionen von Menschen auf der Erde Radioempfangseinrichtungen besessen, so wäre es möglich gewesen, für die deutsche Sache eine wirklich großzügige Propaganda zu machen, die infolge der Blockade usw. durch Druckschriften praktisch nur bei einzelnen Neutralen möglich war.

Die ungeheure Verbreitungsmöglichkeit durch R.-T. enthält natürlich auch eine große Gefahr für den Staatsgedanken, insbesondere in politisch unsicheren Zeiten. Unrichtig betriebene Sender oder gar solche, welche in die Hände von Revolutionsparteien gelangen, können für das Bestehen des Staates direkt gefährlich werden. Infolgedessen werden die staatlichen Überwachungsstellen dafür Sorge zu tragen haben, den Betrieb der Sender genau zu kontrollieren und auf die Leitung ihren Einfluß zu behalten.

Faßt man alle Gesichtspunkte zusammen, so kommt man zu dem Schluß, daß durch die Presse-R.-T. weder die gedruckte Zeitung noch das Buch verdrängt werden können, da sie den Vorteil besitzen, jederzeit gelesen zu werden und eine Nachprüfung zu ermöglichen, bzw. bei schwierigen Gegenständen überhaupt erst ein wirkliches Eindringen in den Gegenstand zu gewähren, daß aber durch die R.-T. eine wesentliche Verbreitung des Pressegedankens an und für sich möglich ist, und daß auch eine Nachrichtenübermittlung und Unterrichtung außerordentlich viel breiterer Massen durch die R.-T. möglich ist, als dies bisher durch das gedruckte Wort der Fall war.

*6. Märchenerzählungen und Übertragungen von Predigten und Gebeten.

Auch für die Erziehung und Unterhaltung der Kinder kann die R.-T. in weitgehendstem Maße herangezogen werden. Schon seit über einem Jahr ist es in Amerika üblich, in jedem Distrikt in den Nachmittags- und Abendstunden von einer oder mehreren Stationen Märchenerzählungen auszusenden, die unzählige Kinderherzen erfreuen.

*7. Musikübertragung von Opern, philharmonischen und anderen Konzerten, Ballmusik usw.

In ganz besonderem Maße eignet sich naturgemäß die radiotelephonische Übertragung für Musik aller Art, und zwar infolge der hierfür ganz besonders günstigen akustischen und elektrischen Verhältnisse. Die durch das Radiotelephon übermittelte Musik wirkt, mindestens wenn die Einrichtungen gut und in Ordnung sind, nicht grammophonartig, sondern vermittelt vielmehr die Musik auch nach der künstlerischen Seite hin zufriedenstellend. Für den die Musik intensiv in sich Aufnehmenden wird die Musik-R.-T. große Vorteile gegenüber dem Konzertsaal bieten, da alle störenden Nebengeräusche wie Husten, Flüstern der Nachbarn usw. fortfallen. Ferner aber ist es auf diese Weise möglich, Musik höchster Kultur und Vollendung, wie z. B. solche der Wiener Philharmoniker oder der Pariser Großen Oper, auch weit über die Landesgrenzen hinaus den Enthusiasten genießen zu lassen. Das Programm, das für Musikübertragungen aller Art entwickelt werden könnte, reicht weit über den Rahmen dieses Buches hinaus, so daß es hier genügen muß, nur die Tatsache an und für sich anzuführen.

Erst durch den R.-T.-Betrieb wird es ermöglicht, die großen, kulturellen Güter, die die Völker in ihren Musikwerken besitzen, wirklich populär zu machen und jedem, der für Musik empfänglich ist, zu übermitteln.

*8. Wetterdienst, Warnung vor Stürmen und Nachtfrösten usw., Zeitsignalübertragung.

Für zahlreiche Benachrichtungen des täglichen Lebens, die durch die Zeitungen entweder überhaupt nicht oder nicht rechtzeitig übermittelt werden können, wie insbesondere alle Warnungsmitteilungen, ist die R.-T. die einzig vollkommene und ausreichende Übertragungsart. Bei allen Unternehmungen, die mehr oder weniger von der vorherigen Kenntnis der Witterungslage abhängen, wie beispielsweise vor Antritt von Ausflügen, Touren, Regatten, Rennen usw., ist eine Benachrichtigung von einzelnen Radiozentralen aus außerordentlich wünschenswert und wichtig, während sie bei den meisten landwirtschaftlichen und gärtnerischen Betrieben und Manipulationen geradezu ein Bedürfnis bedeutet. In Holland wird seit langem schon radiotelephonisch vor Nachtfrösten gewarnt, so daß der Gärtner seine Pflanzungen rechtzeitig schützen kann. Über die Bedeutung der R.-T. als Sturmwarnungsmittel für alle auf See befindlichen Fahrzeuge braucht kaum ein Wort verloren zu werden; sie ist durch nichts anderes zu ersetzen. Auch für die Uhrenregulierung ist die R.-T. von hervorragendem Nutzen; die radiotelephonische oder -telegraphische Zeitübertragung ist für alle Interessenten wie Uhrmacher, Verbrauchsstellen usw. von großem Wert.

*9. Musikübertragung für Fabriksäle, Bergwerke, Krankenhäuser, an Landleute usw.

An vielen Orten, an denen eine monotone, wenig geistige Tätigkeit beanspruchende Arbeit geleistet werden muß, wie z. B. in den meisten großen Fabriken für Massenerzeugungsgüter, sind in den letzten Jahren von den Fabriksleitungen allerlei geistig anregende und unterhaltende Vorträge und Konzerte für die Arbeiter veranstaltet worden, was jedoch mit großen Kosten und Umständen verknüpft war. Durch den R.-T.-Betrieb sind diese Nachteile mit einem Schlage behoben und diese sozialen Bestrebungen regelmäßig, leicht und billig überall einzuführen.

Dasselbe gilt auch z. B. für Krankenhäuser, Erholungsstätten usw. Mit Freude und Ungeduld erwarten die Patienten in vielen Krankenhäusern Nordamerikas und Englands allnachmittäglich das aufheiternde R.-T.-Konzert und humoristische Vorträge.

Ein ganz besonderes Feld hat sich die radiotelephonische Übertragung naturgemäß auf dem Lande und in kleinen, von der Großstadt und ihren vielseitigen Genüssen entfernt liegenden Ortschaften erworben. Reisen sind teuer und mit Schwierigkeiten und Zeitverlusten verknüpft. Aber gerade der in der Einsamkeit Wohnende hat Sehnsucht nach Musik und Bildung. Die R.-T. ermöglicht es ihm nun, in den Abendstunden nach getaner Arbeit den Kopfhörer umzunehmen oder den Lautsprecher einzuschalten und sich Musik oder sonstige Genüsse zu verschaffen, so daß er sich mitten in das großstädtische Leben hineinversetzt glaubt.

*10. Gesundheitspflege.

Auch mit der Gesundheitspflege steht die R.-T. im engsten Zusammenhang. Nicht nur, daß bei der Herzdiagnose, bei Feststellung von Ohrenleiden usw. die R.-T. direkt herangezogen werden kann, ist sie z. B. bei größeren Unfällen von eminenter Bedeutung, um rasch Hilfe herbeiradiotelephonieren zu können.

11. Für wissenschaftliche Expeditionen, Aufsuchung von Vermißten usw.

Insbesondere für Forschungsreisen in von den Verkehrszentren abgelegene Gebiete, wie z. B. auch bei Polarexpeditionen spielt heute schon die R.-T. eine außerordentlich große und wichtige Rolle, da sie meistens die einzige Möglichkeit darstellt, um den Forschern überhaupt Nachrichten zukommen zu lassen. Aber auch in der langen Polarnacht wird das Los der Teilnehmer an einer arktischen Expedition durch das Anhören der R.-T.-Nachrichten wesentlich erträglicher gestaltet, und es werden infolgedessen die seelischen und körperlichen Qualitäten nicht unerheblich verbessert, dadurch, daß Musik und Nachrichten aus der Kulturwelt auf diese Weise übermittelt werden können.

Die Erforschung des jeweiligen Aufenthaltsortes von vermißten Personen ist nach dem heutigen üblichen System nicht nur unsicher und kostspielig, sondern nimmt auch meist sehr viel Zeit in Anspruch. Nicht selten kommt es außerdem vor, daß vermißte Persönlichkeiten zu spät entdeckt werden, um besondere Nachteile mit Erfolg abwenden zu können.

Es bedeutet eine erhebliche Verbesserung der Aufsuchung von Vermißten, indem durch R.-T. die Forschung von beteiligten R.-T.-Sendern aus bewirkt wird. Die außerordentlich große Zahl der R.-T.-Hörer, welche noch ständig wächst, gibt schon eine gewisse Bürgschaft dafür, daß die Aufsuchung mit Erfolg bewirkt wird. In der Tat sind die bisher erzielten Resultate auch als außerordentlich günstig zu bezeichnen.

*12. Übermittlung spontaner Berichte von Boxkämpfen, Fußballturnieren usw.

Namentlich in allen sportliebenden Ländern hat sich die R.-T.-Übermittlung noch ein ganz besonderes Betätigungsfeld von eminenter Wichtigkeit erworben. Neben den Boxkämpfern usw. stehen heute bei allen amerikanischen Turnieren die Ansager, die die Ergebnisse in das Mikrophon hineinsprechen, und an vielen Straßenecken und Verkehrszentren der Großstädte werden diese Ergebnisse durch Lautsprecher oder Megaphone dem Publikum augenblicklich bekannt gegeben.

*13. Die Sprache „An Alle".

Die R.-T. ist generell überhaupt die ideale Sprache „An Alle", ganz besonders an diejenigen, die, fern vom Getriebe der großen Städte wohnend, doch am Verkehrsleben der Völker und deren kulturellen Gütern, soweit sie sich durch Sprache und Musik ausdrücken lassen, teilnehmen wollen. Die außerordentlichen Verbesserungen, die der drahtlose Empfang durch die Verstärkereinrichtungen erfahren hat, und die ständigen weiteren Erfindungen sichern der R.-T. nicht nur allerweiteste Verbreitung, sondern werden es auch zu einem Kulturmittel allerersten Ranges machen, so daß möglicherweise mit der Zeit die gedruckten Zeitungen nur eine besondere Form des großen allgemeinen „Broadcasting" darstellen werden.

C. Staatliche Regelung der R.-T. des Auslandes.

Die staatliche Regelung des Radioamateurbetriebes ist in den einzelnen Ländern grundsätzlich verschieden. In einigen Staaten ist der Amateurbetrieb, und zwar sowohl Senden als auch Empfangen, ohne irgendeine Einschränkung oder irgendwelche Anmeldungen zugelassen; in anderen Ländern hingegen ist selbst das Empfangen prinzipiell verboten und wird nur besonderen Personen oder Firmen, die als genügend vertrauenswürdig erscheinen, in Ausnahmefällen erlaubt. Im einzelnen verhält sich die Regelung etwa folgendermaßen:

Ein schrankenloser Amateurbetrieb ist zugelassen in den Vereinigten Staaten von Nordamerika und wohl auch in Argentinien. In Amerika kann jeder sich eine Sender- oder Empfangsstation oder auch beides einrichten und kann diese nach Gutdünken benutzen. Es hat den Anschein, als ob selbst eine Energiebeschränkung für das Senden nicht besteht, ja, als ob es möglich ist, selbst mit gedämpften Sendern zu arbeiten, wobei ein erhebliches Wellenspektrum ausgestrahlt wird, wodurch mindestens die Empfänger des Umkreises erheblich gestört werden können. Wenn auch durchaus einer vernünftigen Freizügigkeit zuzustimmen ist, so erscheint es immerhin bedenklich, dieselbe so weit auszudehnen, daß hierdurch leicht eine Störung des Ganzen bewirkt werden kann. Tatsächlich ist auch oft von amerikanischen Interessenten der dortige Zustand beklagt worden, und es ist häufig das Verlangen aufgetreten, eine gewisse Regelung und Normalisierung des Betriebes herbeizuführen.

Die maßgebenden amerikanischen Kreise haben denn auch aus ihren bisherigen Erfahrungen mit der R.-T. folgende Gesichtspunkte für die Zukunft festgelegt:

1. Radio-Sender-Lizenzen sollen nur an Organisationen und Institute erteilt werden, die genügend stark finanziert sind und mit einem wirklich erstklassigen Programm herauskommen;

2. Eine Experimentier-Lizenz soll nur an Personen erteilt werden, die genügend eingearbeitet sind oder durch ihre Stellung eine direkte Verbindung mit Radio haben;

3. Eine Amateur-Lizenz soll für Funken-Sende-Apparate nicht erteilt werden; nur ungedämpfte Wellenerzeuger dürfen benutzt werden;

4. Es darf nicht, wie bisher, eine Station immer mit derselben Wellenlänge senden, sondern es muß die Wellenlänge gewechselt werden je nach Art des übertragenen Programms. Z. B. muß alle Tanzmusik, gleichgültig, von welcher Station sie ausgesandt wird, etwa auf der Welle von 350 m übertragen werden, alle klassische Musik auf 370 m, erzieherische Vorträge auf 390 m, Neuigkeiten auf 410 m usw. Hierdurch wird es möglich, daß mehrere Sendestationen zugleich arbeiten können, ohne sich zu stören, und daß trotzdem der Empfänger jederzeit das hören kann, was er hören will. Stellt er sich z. B. auf die 350 m-Welle ein, so wechselt zwar im Laufe des Empfanges die Sendestation, von der er empfängt, er empfängt aber so lange Tanzmusik, als er sich nicht auf eine andere Welle umschaltet.

Wenn er sich aber z. B. auf erzieherische Vorträge umschaltet, so wechseln zwar das Thema und die sendende Station, nicht aber die Art des Stoffes, den er empfängt. Es erfolgt nicht mehr, wie bisher, ein plötzlicher Wechsel von Tanzmusik auf erzieherische Vorträge ohne Wellenänderung, die dem Empfänger fast keine Freiheit in bezug auf das läßt, was er gerade hören will.

Was das Finanzieren der Sendestation anbetrifft, so ist man in Amerika dabei, alle Fabrikanten, Zulieferanten, Händler und Wiederverkäufer zu einer Gruppe zu vereinigen, die die Sendestationen errichtet und finanziert. Jedes Mitglied muß der Gruppe für die Unterhaltung der Sendestation eine pro rata-Beisteuer leisten, deren Höhe seinem pro rata-Umsatz an dem Gesamt-Radiogeschäft entspricht. Einen Beitrag zur Unterhaltung der Sendestation soll auch die Regierung leisten aus den Mitteln, die sie von den jährlichen Lizenzgebühren erhält, die die Empfänger zahlen.

Die Entwicklung der Radioindustrie in den Vereinigten Staaten von Nordamerika hat einen außerordentlichen Aufschwung genommen. Dieses geht am besten aus den Umsätzen hervor, welche die Statistik des amerikanischen Handelsamtes ungefähr berechnet hat. Hiernach beträgt 1924 der geschätzte Umsatz der Radioindustrie 350 Millionen Dollar. Möglicherweise ist er noch etwas größer. Er steht dem Gesamtumsatz in Chemikalien, Lederwaren und Schiffbau nicht wesentlich nach und ist sogar schon größer als im Eisenbahnwaggonbau, wobei zu berücksichtigen ist, daß das Hauptkontigent auf Einzelteile und Zubehörapparate kommt, also auf Gegenstände, deren Verkaufspreis an und für sich nicht hoch ist.

Interessant ist für die amerikanischen Verhältnisse, daß die Benutzungsdauer eines hochwertigen Empfängers mit etwa einem Jahre veranschlagt wird, und daß man annimmt, daß durchschnittlich nach einem Jahre ein neuer Empfänger beschafft, wird, welcher dem jeweiligen Stande der Technik besser als der alte Empfänger entspricht. Dieses übertrifft sogar den Zustand bei der Beschaffung von Automobilen. Hierbei ist ausgerechnet worden, daß wenigstens zwei Jahre vergehen bis ein neues Auto beschafft wird, wobei zu berücksichtigen ist, daß bei einem Automobil, insbesondere infolge der in Amerika üblichen starken Abnutzung ein ganz anderer Grad der mechanischen Beanspruchung vorhanden ist, als bei einem Radioempfänger, welcher mechanisch keinerlei nennenswerten Beanspruchungen unterliegt.

Ein sehr weit ausgedehnter, nur unter gewisse Einschränkungen gelegter Amateurbetrieb besteht seit mehreren Jahren in Holland und seit kurzer Zeit auch in der Schweiz und in Italien. In diesen Ländern besteht im wesentlichen nur die Vorschrift, daß der Amateur, der eine Station betreiben will, verpflichtet ist, dieselbe beim nächsten Postamt anzumelden, welches unter Umständen Abänderungen verlangen kann, um den gesamten Radioverkehr sicherzustellen.

Eine mit gewissen Einschränkungen versehene, recht mustergültige Regelung des Amateurbetriebes besteht in England etwa seit November 1922. Die englischen Bestimmungen, die in keiner Weise einen wirklichen technischen Amateurbetrieb erdrosseln wollen, sind so vorbildlich in ihrer Kürze, Klarheit und in ihrem technischen Umfang, daß es sich verlohnt, auf dieselben etwas näher einzugehen, da eine generelle Einführung derselben auch in anderen Ländern sich wohl rentieren würde.

Die Anmeldung zur Erteilung einer Lizenz ist außerordentlich einfach. Es wird ein Formular ausgefüllt, von dem nachstehende Abb. 3 eine Reproduktion der Vorder- und Rückseite darstellt. Es ist dies die der „Wireless World and Radio Review" unter dem 3. November 1922 erteilte Lizenz, für die 10 sh. bezahlt wurden.

Die auf der Rückseite dieses Formulars abgedruckten Bedingungen besagen im wesentlichen folgendes:

1. Die Lizenz wird nur für den Empfang von Nachrichten erteilt.
2. Alle Empfänger, Verstärker, Röhren, Doppelkopfhörer, Lautsprecher, die demgemäß gebraucht werden, müssen das Siegel für den British Broadcast (sog. B. B. C.) vom Generalpostmeister tragen.
3. Die Station darf nicht derartig verwendet werden, daß hierdurch andere Stationen gestört werden. Insbesondere dürfen die Röhren nicht so geschaltet werden, daß sie Senderschwingungen ausstrahlen.
4. Die Höhe und Länge der Hochantenne, sofern eine solche verwendet wird, darf insgesamt nicht mehr als 100 Fuß[1]) betragen.
5. Die Station darf nur zur Aufnahme von Zeitsignalen, Musikunterhaltungen und des Pressezirkularverkehrs dienen.
6. Die Station muß zur Inspektion durch Beauftragte des Postministeriums bereit stehen während der hierfür inbetracht kommenden Zeiten.

Im übrigen wird eine Lizenz nur erteilt an volljährige Personen. Adressenänderung muß sofort der Post mitgeteilt werden.

---

[1]) 1 engl. Fuß = 0,3048 m.

The New Licence for Broadcast Reception

BROADCAST LICENCE.

A 41602

WIRELESS TELEGRAPHY ACT, 1904.

Licence to establish a wireless receiving station.

Messrs The Wirelessworld & Radio Review

(Name in full)

of 12/13 Henrietta St London WC

(Address in full)

is hereby authorised (subject in all respects to the conditions set forth on the back hereof) to establish a wireless station for the purpose of receiving messages at

APPARATUS USED UNDER THIS LICENCE MUST BE MARKED

for a period ending on the ... next.

The payment of the fee of ten shillings is hereby acknowledged.

Dated 3rd day of November 1922

Issued on behalf of the Postmaster-General

Signature of Licensee WIRELESS WORLD & RADIO REVIEW.

If it is desired to continue to maintain the station ... a fresh Licence must be taken out within fourteen days. Heavy penalties are prescribed by the Wireless Telegraphy Act 1904, on conviction of the offence of establishing a wireless station without the Postmaster-General's Licence.

2801 G & S 194

BEDFORD ST. STRAND. B.O. 3 NO 22 W.C.

CONDITIONS.

1. The Licensee shall not allow the Station to be used for any purpose other than that receiving messages.
2. Any receiving set, or any of the following parts, vizt.: — Amplifiers (valve or other), telephone head recivers, loud speakers and valves, used under this
3. The Station shall not be used in such a manner as to cause interference with the working of other Stations. In particular valves must not be so connected as to be capable of causing the aerial to oscillate.
4. The combined height and length of the external aerial (where one is employed shall not exceed 100 feet.
5. The Licensee shall not divulge or allow to be divulged to any person (other than a duly authorised officer of His Majesty's Government or a competent legal tribunal) or make any use whatsoever, of any message received by means of the Station other than time signals, musical performances and message transmitted for general reception.
6. The Station shall be open to inspection at all reasonable times by duly authorised officers of the Post Office.

This Licence may be cancelled by the Postmaster-General at any time either by specific notice in writing sent by post to the Licensee at the address shown hereon or by means of a general notice in the London Gazette addressed to all holders of wireless receiving Licences for broadcast messages.

N. B. — Licences may only beheld by persons who are of full age, and any change of address must be promptly communicated to the issuing Postmaster.

At the top will be seen a reproduction of the licence. The Conditions are on the back of the form.

Abb. 3. Offizielles britisches Lizenzformular für Benutzung von Radioempfängern.

Die Zahl der Broadcastingteilnehmer in England ist eine außerordentlich große. Die bei der englischen Postverwaltung angemeldeten Abonnenten hatten schon gegen Ende 1924 die Zahl einer Million überschritten. Mehr denn 600 Spezialfabriken waren mit der Herstellung von Radioempfangsgeräten und Zubehörteilen beschäftigt.

Der Radioamateurbetrieb ist ferner u. a. zugelassen in Frankreich, Österreich, Dänemark, Schweden, Norwegen, Polen, der Tschechoslowakei u. a., neuerdings wohl auch in Rußland.

D. Entwicklung des R.-T.-Gedankens in Deutschland.

Die Durchsetzung des R.-T.-Gedankens und die Entwicklung der Radiotelephonie für jedermann hatte in Deutschland anfangs keine günstigen Aussichten. Durch den Versailler Vertrag hatte Deutschland die wichtigsten Kabellinien eingebüßt. Die Verkehrsbedürfnisse waren außerordentlich gestiegen und bei der Knappheit der zur Verfügung stehenden Mittel konnte der Verkehr mittels Draht nicht so ausgebaut werden, wie dies wünschenswert gewesen wäre. Durch die lange Kriegszeit, in welcher Erneuerungen naturgemäß in größerem Maße nicht vorgenommen werden konnten, waren die Betriebsmittel zum Teil herabgewirtschaftet und nicht so leistungsfähig, um insbesondere den gesteigerten Bedürfnissen voll nachkommen zu können. Es war infolgedessen eine Selbstverständlichkeit, daß die Radiotelegraphie nach Möglichkeit für alle diese Gebiete herangezogen wurde.

Ein anderer Teil dieser Funkdienste betrifft Wirtschafts- und Sicherungsnachrichten, letztere insbesondere für den Seeverkehr. Auch die Wichtigkeit dieser Dienste liegt ohne weiteres auf der Hand.

Es ist eine Forderung von selbstverständlicher Notwendigkeit, daß diese Funkdienste in keiner Weise weder durch den Rundfunkabonnenten noch durch den Radioamateur gestört werden. Es ist hierzu notwendig, daß beide Gruppen von Interessenten genau diejenigen Stellen kennen, an denen sich die Empfangsanlagen befinden, und daß sie sich auch die Wellenlängen einprägen, mit denen diese Stationen im allgemeinen arbeiten. Darüber hinaus ist natürlich zu verlangen, daß überhaupt jede Störung durch Senderschwingungen von R.-T.- Interessenten peinlichs vermieden wird. Derartige Senderschwingungen werden aber nicht nur durch reine Sender erzeugt und ausgestrahlt, deren Betätigung ja ohnehin im allgemeinen verboten ist, sondern die Gefahr liegt vielmehr darin, daß durch unzweckmäßig gebaute und betriebene Empfänger- und Verstärkungsanordnungen Schwingungen ausgesandt werden, welche unter Umständen den ordnungsgemäßen Telegrammverkehr bis auf weite Entfernungen lahm legen können. Es ist daher unzulässig, daß Rückkopplungsempfänger benutzt werden, welche in die Antenne hineinschwingen. Einigermaßen sicher wird dies nur dadurch vermieden, daß bei einem Mehrröhrenempfänger mit Vorröhre gearbeitet wird, welche aus eigener Heiz- und Anodenbatterie gespeist wird, so daß nicht etwa durch die betreffenden Zuleitungen Energie auf die Antenne übertragen wird.

Auch im Interesse der R.-T.-Teilnehmer ist unter allen Umständen zu vermeiden, daß sog. „Hundegeheul“ erzeugt wird, da hierdurch der R.-T.-Empfang in nicht unerheblichen Distrikten lahm gelegt werden kann.

Die Funkdienste und Wellenlängen, welche im wesentlichen zu berücksichtigen sind, sind folgende:

1. Auslandsfunkdienst.

Dieser erfolgt ebenso wie der Transradioverkehr der Deutschen Übersee A.-G. auf der Welle 3000 m, wobei sowohl handgetastete

Morsezeichen als auch Schnelltelegraphie gesandt wird. Empfang findet statt in:

Zehlendorf-Mitte bei Berlin,
Geltow bei Potsdam,
Westerland auf Insel Sylt.

Wenn in der Nähe dieser Empfangsstationen Senderschwingungen oder Hundegeheul selbst geringer Intensität erzeugt werden, kann der Empfangsverkehr lahm gelegt werden.

2. Inlandsfunkdienst.

Dieser findet statt im Wechselverkehr auf den Wellenlängen zwischen 1000 und 3000 m, wobei für den jeweiligen Verkehr die günstigste Wellenlänge, welche am wenigsten Störungen erfährt, herausgesucht wird. Inbetracht kommen die Empfangsstationen des Reichsfunknetzes während der Tagesstunden in:

Berlin (Zehlendorf-Mitte),	Hannover,
Bremen,	Königsberg i. Pr.,
Breslau,	Konstanz,
Darmstadt,	Leipzig,
Dresden,	Liegnitz,
Elbing,	Lüdenscheid,
Erfurt,	München,
Hamburg,	Stuttgart.

Ferner ist zu berücksichtigen der Reichsrundfunk, der im allgemeinen nur an wenigen Tagesstunden auf der Welle 3300 m betrieben wird, wobei die Sendungen von Berlin oder Königswusterhausen stattfinden, während auf etwa 80 Telegraphenämtern und Postanstalten, die über das Deutsche Reich verteilt sind, empfangen wird.

3. Küstenfunkdienst.

Wird gesendet gedämpft auf den Wellen 300 m, 600 m und 800 m, ungedämpft auf 1800 m und 2000 m bis 2500 m von Cuxhaven, Bremerhaven-Lloydhalle, Norddeich und Swinemünde. Hierbei ist zu berücksichtigen, daß die 300 m Welle für den Verkehr zwischen Küstenstationen und Feuerschiffen, die Welle 600 m für den Schiffsverkehr und für Seenotrufe bestimmt ist, während die 800 m-Welle für den Peildienst verwendet wird. Die ungedämpften Wellen dienen einerseits für den radiotelegraphischen Fernverkehr mit Schiffen im Ozean, andererseits für den radiotelephonischen Verkehr von Schiff an Land.

4. Sonderfunkdienste.

Diese sind sowohl für den Presseverkehr als auch für den Wirtschaftsdienst im allgemeinen bestimmt, und werden auf den Wellen 2500 m, 3150 m und 4000 m etwa zwischen 7 Uhr morgens und 10 Uhr abends abgewickelt, von Königswusterhausen als Sender, während Empfänger überall in Deutschland, vor allem in den Großstädten aufgestellt sind.

5. Zeitsignaldienst.

Das Zeitsignal wird täglich von 12.50 bis 1 Uhr mittags und 12.50 bis 1 Uhr nachts auf der Welle 3100 m gedämpft und 18000 m ungedämpft gegeben. Während dieser Zeiten hat im ganzen Reiche Funkstille zu herrschen.

6. Wetterdienst.

Der Wetterdienst wird auf der Welle 7500 m während verschiedener Tages- und Nachtzeiten gegeben unter anderen von der Seewarte Hamburg und dem Observatorium Lindenberg (Kreis Beeskow).

7. Heeresfunkdienst.

Der Heeresfunkdienst findet bis 10 Uhr vormittags auf Wellen bis 1100 m statt.

8. Marinefunkdienst.

Der Marinefunkdienst wird auf gedämpften Wellen 450 m, 720 m und für Peildienst 800 m gegeben, sowie gedämpft und ungedämpft auf 1250 m und 1650 m. Inbetracht kommen die Bezirke Wilhelmshaven, Kiel, Neumünster und Pillau, während als Peilempfangsstellen List auf Sylt und Nordholz auf Borkum verwendet werden.

9. Polizeifunkdienst.

Für den Polizeidienst sind ungedämpft die Wellen 1150 m und 1320 m vorgesehen, hin und wieder auch gedämpft die Wellen unter 650 m. Sender befinden sich meist in Verbindung mit den Polizeipräsidentschaften, Empfänger sind bei den Polizeimannschaften untergebracht.

10. Flugfunkdienst.

Der Flugfunkdienst ist während der Tagesstunden für Betriebsmeldungen bestimmt, zwischen den Flughäfen in Berlin, Hamburg, Königsberg i. Pr., München und als Wetterdienst für die Luftfahrt auf den ungedämpften Wellen 900 m, 1400 m und 1680 m bei Flug.

Es sind hierbei auch die besonderen Dienste in der Nähe der anderen nicht angegebenen Flughäfen zu berücksichtigen.

11. Unterhaltungsrundfunk.

Wird gegeben auf den Wellen zwischen 292 und 505 m λ ungedämpft, und zwar zur Zeit:

Berlin	Welle	505	m,	Königswusterhausen Welle 2800 m
Breslau	„	415	„	[(DRPost 2900 m)
Frankfurt a. M. . .	„	467	„	
Hamburg	„	392	„	
Leipzig	„	452	„	
München	„	486	„	
Stuttgart	„	437	„	
Königsberg	„	463	„	
Münster.	„	410	„	

Zwischensender.

Bremen (Hamburg) . . .	330 m,	Hannover (Hamburg) . .	296 m,
Cassel (Frankfurt)	288 „	Nürnberg (München) . . .	340 „
Dresden (Leipzig)	292 „		

Die Organisation des deutschen Unterhaltungsrundfunks wurde unter Leitung von Staatssekretär Dr. Bredow (s. Abb. 4) im Oktober 1923 in die Wege geleitet.

Seitdem hat ein weitgehender Ausbau des deutschen Unterhaltungs-R.-T.-Dienstes stattgefunden.

Die deutsche Presse, zunächst vor allem die großen Berliner Tageszeitungen, brachten der Entwicklung und Ausbildung des R.-T.-Gedankens von vornherein größtes Interesse und weitgehendste Förderung entgegen. In zahlreichen Zeitungsartikeln wurde das Wesen und der Gedanke der R.-T. auseinander gesetzt und zu praktischer Mitarbeit alle Kreise der Bevölkerung immer wieder aufgerufen.

Die Schwierigkeiten bestanden damals darin, daß einerseits regelmäßige Sendungen, wenn man von den meist ausgezeichneten Sonntag-Vormittags-Veranstaltungen der Großstation Königswusterhausen absieht, nicht gegeben wurden, vor allem aber darin, daß nur ein sehr beschränkter Kreis von Personen in Deutschland die Berechtigung besaß, radiotelephonische Mitteilungen aufzunehmen. Abgesehen von Behörden waren es in der Hauptsache nur die Abonnenten des Wirtschaftsrundfunks, welche aber natürlich andere Interessen besaßen, als die Radioamateure und die späteren Rundfunkabonnenten.

Durch zahlreiche Vorträge versuchte ferner der Deutsche Radio-Club Berlin, für die Sache zu werben und die Post hiervon zu überzeugen, daß durch eine Freigabe unter staatlicher Kontrolle eine Störung des übrigen Radioverkehrs nicht stattfinden würde, sondern daß hier vielmehr außer rein elektrischen auch große Kulturaufgaben vorhanden seien.

Am 29. Oktober 1923 begann alsdann der Berliner Sender vom Voxhaus mit seinen Darbietungen, und gleichzeitig wurde die Institution des Rundfunkabonnententums geschaffen.

Da zunächst naturgemäß die Rundfunkdarbietungen noch verhältnismäßig beschränkt waren, und andererseits die Teilnehmergebühr, insbesondere unter Berücksichtigung der damals in Deutschland herrschenden katastrophalen Inflation, recht erheblich waren, war die Zahl der Abonnenten anfangs relativ keine allzu große. Mit der Erweiterung des Programms, Verbesserung der Darbietungen, Konsolidierung der Wirtschaftslage und vor allem der außerordentlichen Herabsetzung auf einen Monatsbeitrag von M. 2,—, der unschwer von jedem getragen werden konnte, wuchs die Zahl der Rundfunkabonnenten stark an und ist seitdem in weiterer Zunahme begriffen, insbesondere nachdem zuerst von den Radioamateuren gezeigt worden war, mit wie einfachen Mitteln und ohne Hochantenne die R.-T.-Darbietungen selbst in weiterem Umkreise um den Sender gut aufgenommen werden können.

Um weite Kreise der Bevölkerung in befriedigender Weise mit musikalischen und belehrenden Vorträgen zu versorgen, war eine sehr weitgehend durchgebildete Organisation der einzelnen Sendegesellschaften erforderlich. In welcher wohl durchdachten Weise sich die Programme abwickeln, geht beispielsweise aus dem nachstehenden Tagesprogramm des Rundfunksenders Berlin auf der Welle 505 vom 28. November 1924 hervor[1]).

Abb. 4. Dr. Ing. h. c. H. Bredow, Organisator der deutschen Funkdienste und des Unterhaltungsrundfunks.

[1]) In kurzem wird außer dem Witzlebener Sender (Berlin) mit großer Energie von Königswusterhausen aus Unterhaltungsrundfunk mit einer Welle gesendet, die zwischen 1200 und 1400 m liegen dürfte und wohl 1300 m beträgt. Wenn auch im Anfang die meisten Runkfunkdarbietungen nebenbei auch noch auf Welle 505 verbreitet werden, so wird doch voraussichtlich schon im Laufe des Sommers 1925 mehr und mehr auf die große Welle (wahrscheinlich 1300 m) übergegangen werden.

Berlin. Auf der Welle 505.

Direktion: Georg Knöpfke; Wilhelm Wagner; Theodor Weldert. Mitarbeiter der künstlerischen Leitung: Kammersänger Cornelis Bronsgeest; Professor Max Chop; Josef Höpfl, Dramaturg und Regisseur der Staatsoper, Dr. Rich. H. Stein, Kapellmeister Otto Urack.

Sonntag, den 28. Dezember 1924

9 Uhr vm.: Morgenfeier.

1. Air . . . . Joh. Seb. Bach
   (Heino Siede, Violine und Dr. Arthur Böhme, Schiedmayer-Meisterharm.)
2. Der Herr ist mein Hirte . . . . B. Klein
   (Berliner Solisten-Doppel-Quartett. Dirigent: Dr. A. Böhme. Mitwirkende: Margarethe Böhme-Heidenreich, Helene Klembt, Sopran; Elise Marnette, Eugenie Frank, Alt; Walter Sommer, Otto Zorn, Tenor; Gustav Polzin, Max Spiegel, Baß)
3. Vortrag des Herrn Dr. Schweitzer: „Irdische und himmlische Liebe".
4. a) Quem pastores laudavere (Weihnachtsresponsorium) . . . . C. Loewe
   b) Sanctus aus der Deutschen Messe . . . . Schubert
   (Berliner Solisten-Doppel-Quartett)
5. Präludium . . . . A. Böhme
   (Dr. Arthur Böhme, Schiedmayer-Meisterharmonium)

3.30 Uhr nm.: Die Funkprinzessin erzählt:

Die Weihnachtsmelodie in fremden Ländern

Zweite Folge:

1. Die Weihnachtshexe (Schottland) nach E. Svala.
2. Die Lawine in der Christnacht (Schweiz), bearbeitet von Stökl.
3. Das rosenrote Christkindchen (Provence), bearbeitet von Stökl.

(Die Funkprinzessin: Adele Proesler)

4.30—6 Uhr nm.: Unterhaltungsmusik (Berliner Funk-Kapelle.)

1. Chanson triste . . . . Tschaikowskij
2. Ouvertüre „Nachklänge aus Ossian" . . . . Niels W. Gade
3. Serenade . . . . Tarenghi
4. Deutsche Grüße, Walzer . . . . Jos. Strauß
5. In Adams Paradies, Fantasie . . . . E. Urbach
6. E-Dur-Walzer . . . . Moszkowski
7. Potpourri aus der Operette „Der Obersteiger" . . . . Zeller
8. Mitten in der Nacht, Foxtrot . . . . Lon Handman

---

Hans-Bredow-Schule
Abteilung Bildungskurse der Funkstunde.
Literatur und Kunst.

6.30 Uhr nm.: Direktor Rosenhain: „Neue deutsche Dichter". 3. Vortrag: „Expressionistische Lyrik, Hermann Sudermann und Max Halbe".

7.30 Uhr nm.: Vortrag des Herrn Prof. Dr. Noetzsch: „Politische Eindrücke von einer Reise nach der Türkei".

8.30 Uhr nm.: Giacomo-Puccini-Abend

Orchesterkonzert unter Mitwirkung von Bernhard Bötel vom Deutschen Opernhaus, Charlottenburg.

Dirigent: Otto Urack.

1. Fantasie aus der Oper „La Bohème".
2. a) Arie aus der Oper „Das Mädchen aus dem goldenen Westen" (Lasset sie glauben).
   b) Arie aus der Oper „La Bohème" (Wie eiskalt ist dies Händchen)
   (Bernhard Bötel)
3. Fantasie aus der Oper „Tosca".
4. Zwei Arien aus der Oper „Tosca":
   a) „Wie sich die Bilder gleichen",
   b) „Es blitzen die Sterne".
   (Bernhard Bötel)
5. Fantasie aus der Oper „Madame Butterfly".

Das Orchester besteht aus Mitgliedern des Berliner Philharmonischen Orchesters.

Anschließend: Bekanntgabe der neuesten Tagesnachrichten, Zeitansage, Wetterdienst, Sportnachrichten, Theaterdienst.

Die Entwicklung und Organisation des R.-T.-Betriebes in Deutsch land zeigt im übrigen beistehende Karte (Abb. 5), welche die Situation etwa im Herbst 1924 wiedergibt. Der Sender Berlin wurde zuerst aufgestellt (Ende Oktober 1923). Es folgten Frankfurt a. M. und Leipzig sowie die in anderen deutschen Großstädten aufgestellten Sender. Außerdem sind noch sog. Zwischensender aufgestellt worden, wie z. B. in Kassel, Hannover, Dresden und Bremen, um eine möglichst gleichmäßige Verteilung der R.-T.-Darbietungen, welche mit tunlichst einfachen Empfangsmitteln aufgenommen werden sollten, zu bewirken.

Trotzdem ist es bisher noch nicht gelungen, alle Teile des Deutschen Reiches gleichmäßig zu versorgen. Es machen sich noch gewisse „Sendelücken" bemerkbar, wie in Teilen der Oberlausitz, insbesondere Zittau,

Abb. 5. Aufbau des R.-T.-Sendernetzes für Unterhaltung in Deutschland. Herbst 1924.

Bautzen und Görlitz. Diese Teile sind von den nächsten R.-T.-Sendern verhältnismäßig weit abgelegen. Auch weiter entfernt liegende Teile von Pommern scheinen bisher noch nicht genügende Sendeenergie zu erhalten. Dies wird einerseits durch den weiteren Ausbau der bisherigen Organisation, wahrscheinlich durch Aufstellung weiterer Zwischensender, bewirkt werden, andererseits, was radiotelephonisch wahrscheinlich günstiger sein dürfte, ist beabsichtigt, mehrere Sender mit größerer Energie von etwa je 5 kW oder mehr auszubauen. Ferner kommen noch R.-T.-Sender hinzu, die von den Radioklubs betrieben werden sollen, und die unter Umständen ebenfalls dazu dienen werden, gewisse Sendelücken auszufüllen.

Wenngleich es also in Deutschland immer noch sog. tote Stellen gibt, an welchen die R.-T.-Darbietungen nur schwer oder gar nicht empfangen werden, so zeigen doch die Aufnahmen deutscher Radiosender z. B. in der Nähe von Stockholm (Schweden), daß die nachstehenden deutschen Sender mit recht guter Lautstärke empfangen werden.

Mit einem Empfangsapparat, bestehend aus Einrohrhochfrequenzverstärkung, einem Audionrohr und Einrohrniederfrequenzverstärkung mit 24 m langer Doppel L-Antenne, 4—6 m über dem Erdboden ausgespannt konnten von H. Rudin bei Stockholm nachstehende Lautstärkenwerte festgestellt werden.

Königsberg	Lautstärke	7—8	Leipzig	Lautstärke	5
Breslau	,,	6—7	Berlin I	,,	5
Münster	,,	6—7	Stuttgart	,,	5
Hamburg	,,	6	München	,,	4—5
Berlin II	,,	5—6	Nürnberg	,,	4

Königsberg wird empfangen mit Lautstärke 3, auch die am Sonntagvormittag übermittelte Predigt. Bei Anwendung von zweifach Hochfrequenzverstärkung mit abgestimmtem Anodenkreis und Detektor soll die Lautstärke sehr gut werden.

Eine wenig angenehme Begleiterscheinung bei der Steigerung der Leistung von R.-T.-Sendern ist naturgemäß die, daß die Befreiung von diesen Sendern im direkten Bereich, etwa im Umkreis bis zu 20 bis 30 km, außerordentlich erschwert ist. Es erscheint äußerst fraglich, ob es möglich sein wird, selbst mit hochwertigen Apparaturen und bei Benutzung von Filterkreisen sich freizumachen. Selbst die Verwendung der Superheterodyneschaltung mit kleinem Rahmen dürfte in großer Nähe derartig starker R.-T.-Sender noch kein hinreichendes Mittel darstellen, um sich von ihnen zu befreien.

Es entwickelte sich eine große Radioindustrie in Deutschland ebenso, wie zum Teil vorher schon in anderen Ländern, und die infolge der Konkurrenz auf den Markt gelangenden billigeren Apparate unterstützten natürlich wesentlich die Ausbildung des R.-T.-Betriebes.

E. Radio-Amateurvereine. — Ausland.

Infolge der außerordentlichen Verbreitung, die die R.-T. in vielen Ländern der Alten und Neuen Welt erfahren hat, sind in allen diesen Ländern zur Pflege, Überwachung und Weiterentwicklung Amateurvereine begründet worden, deren Mitgliederzahl meist in die vielen Tausende geht. In diesen Vereinen werden auch alle wichtigen, für die Beschaffung von Stationen und Einzelteilen inbetracht kommenden Fragen beraten. Besonders bemerkenswert sind auch die vielen Versuchsgruppen, die ganz systematisch, insbesondere über die Erforschung der Atmosphäre, des Einflusses der Bodenbeschaffenheit auf die Fernübertragung und ähnliches sich beziehen. Als Beispiel ist nachstehend ein Kartenmuster abgedruckt, das der Radioklub Noordwijk nicht nur an seine Mitglieder, sondern auch an Interessenten nach Frankreich, Italien und Deutschland versendet, um bestimmte Angaben bei Versuchen einzutragen und dem Verein zu übermitteln.

Derartig weitreichende Versuche sind naturgemäß überhaupt nur im R.-T.-Verkehr anzustellen, und das hierdurch erhaltene Material könnte durch keine andere Veranstaltung beschafft werden.

NOORDWIJKSCHE RADIO CLUB
Radiostation: *PCII*
Owner: *H. Jesse*
Address: *Rijnsburgerweg, Leiden, Holland*
Heard You Calling: *8 GS* on *28/3* at *17. 45 G.M.T* on *187* meters.
Transmission: *I.C.W.*
Audibility: *very strong (8)*
Tone: *low pitch*
Modulation: —
Remarks: *transmission at slow speed, several calls, no message*
Receiver and Detector used *one tube HF and one Det + regeneration*
Conditions at Receiving Station: *no atmospherics, QRM of CW stations*
Please confirm describing your Apparatus.
Yours for better Amateur Radio
(Unterschrift)
Date: *26/3. 1923.*

Sehr instruktiv bei mustergültiger Kürze ist auch das Formular des Wiener Radio-Verlages (s. Abb. 6):

Wie soll man die Beobachtungstabellen ausfüllen[1])?

Vorderseite:

Empfangsort: Berlin Welle 500 Königswusterhausen Lfd. Nr. 23

Datum	Spulen	Heizung	Kond. 100 cm	Kond. 500 cm	Kond. 1000 cm	Spulenstellung	Bemerkungen
1. X. 24	100/65/35	6	5	24	69	↑	Sehr klar, W-Wind, störungsfrei

Rückseite:

Allfällige Bemerkungen:

F. Radio-Amateurklubs in Deutschland.

Am 26. August 1922, feierte Dr. Lee de Forest in Berlin seinen Geburtstag. Bei dieser Gelegenheit hielt er eine längere Ansprache, in welcher er nicht nur den allgemeinen, weltumspannenden Gedanken des Broadcasting erklärte und ausführte, sondern auch schon auf die voraussichtliche Entwicklung in Deutschland einging, wie sie zum Teil seitdem tatsächlich stattgefunden hat.

[1]) Nach dem Radiokalender 1925. Wiener Radio-Verlag.

Abb. 6. Technische Sprechstunde in der Redaktion der „Radio-Welt" in Wien.

Eine praktische Folgeerscheinung dieser Ansprache von de Forest war der Zusammenschluß von Interessenten, welche es sich zur Aufgabe machten, einer Entwicklung des R.-T.-Betriebes in Deutschland Bahn zu schaffen, und daß neben dieser Bewegung noch die Radio-

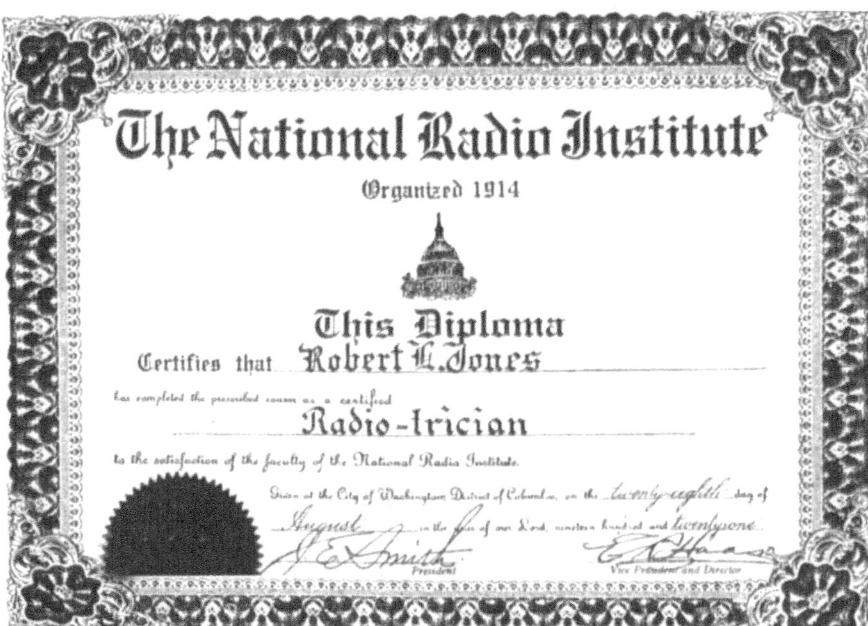

The National Radio Institute

Organized 1914

This Diploma

Certifies that Robert L. Jones

Radio-trician

August

President

Vice President and Director

Abb. 7. Amerikanisches Radio-Amateur-Diplom.

amateure zum praktischen Arbeiten also insbesondere zum Bau von Empfangsapparaten zugelassen werden müßten. Die damals etwa zweijährige amerikanische Erfahrung hatte bereits gezeigt, welche außerordentlichen erzieherischen, wirtschaftlichen und technischen Vorteile mit der Zulassung der Radioamateure zur praktischen Betätigung verknüpft waren.

Infolgedessen wurde bereits im Dezember 1922 die Gründung eines Radioklubs in Berlin in Erwägung gezogen, welche sodann im Frühjahr 1923 praktisch durchgeführt wurde.

Eine Förderung des Radioamateurgedankens sowie der Gründung des Deutschen Radio-Clubs wurde durch die Herren Dr. G. Seibt, Dr. S. Loewe, Ingenieur A. Klein und M. Pahl entgegengebracht. Diese Herren stellten nicht nur zum Teil ihre Geschäftsräume, sondern auch geldliche Mittel zur Verfügung, so daß außer der Bearbeitung durch Hilfspersonal auch noch genügende Ankündigungen usw. gemacht werden konnten.

Eine besondere Unterstützung wurde dem Radioamateurgedanken dadurch zuteil, daß sich Verlagsbuchhändler Dr. Julius Springer entschloß, einen entsprechenden Teil seines Verlages in den Dienst dieser Sache zu stellen. Infolgedessen war es von vornherein möglich, die Bestrebungen des Deutschen Radio-Clubs auch dadurch zu unterstützen, daß dem Club die Vereinszeitschrift „Der Radio-Amateur" zur Verfügung gestellt wurde, welche ursprünglich allmonatlich, seit Anfang 1924 vierzehntägig und seit Juli 1924 allwöchentlich erscheint und außer dem technischen Eingehen auf Theorie, Praxis und Basteln des Radioamateurs auch alles sonst Wissenswerte, sowie die Mitteilungen des Clubs und seiner Ortsgruppen behandelt.

Am 29. März 1923 fand die Gründungsversammlung des Deutschen Radio-Clubs in Berlin im Lehrervereinshause statt, und es wurde auch sogleich mit den Vorarbeiten für das Zustandekommen der Zeitschrift, die Berechtigung des Arbeitens der Deutschen Radioamateure, der Einrichtung eines Laboratoriums usw. begonnen. Der Deutsche Radio-Club war somit in Aktion getreten und setzte sich damals im wesentlichen, wie folgt, zusammen aus:

Dr. E. Nesper, als Vorsitzender,
Herr A. Klein, als Kassenwart,
Dr. G. Seibt, als 1. Beisitzer,
Herr Pahl als 2. Beisitzer.

Zu Revisoren wurden
Herr Direktor Kopf und
Herr Dr. Gutowski bestellt.

Die Hauptziele waren folgende:

1. Der Zusammenschluß sämtlicher Freunde der Radiotelephonie und Radiotelegraphie in Deutschland und im Auslande, gegebenenfalls durch Bildung von Ortsgruppen,
2. Theoretische und praktische Belehrungen durch Vorträge und Demonstrationen, Besprechungen und Förderung der Literatur,
3. Bestrebungen zur Popularisierung der Radiotelephonie überhaupt,

4. Einflußnahme auf die Gesetzgebung im Sinne einer freiheitlichen Entwicklung des Amateurwesens.

Im Januar 1924 fand unter Würdigung der von den Radioklubs bis dahin geleisteten Arbeit der Amateurgedanke die Billigung des R.-P. und es erfolgte unter staatlichem Einfluß die Gründung des alle bis dahin bestehenden Radioklubs zusammenfassenden Funkkartells.

Deutsches Funk-Kartell[1]).

Vorort 1924: **Funkverband Niederdeutschland e. V. Hamburg.**

Vorsitzender: Universitätsprofessor Dr. H. G. Möller, Hamburg.
Generalsekretär: Zivilingenieur Friedrich Schmidt, Hamburg.
Geschäftsstelle: Hamburg 1, Asterdamm 14-15. Tel. Elbe 2422.
Telegrammadresse: Nordostmar; Bankkonto Vereinsbank unter Hamburger Radio-Klub.
Dem Deutschen Funk-Kartell sind nachstehende Verbände bzw. Vereine angeschlossen.

1. Bereich der OPD Bezirke Berlin, Potsdam, Frankfurt a. O., Magdeburg, Braunschweig.

Deutscher Radio-Klub e. V. Berlin[2]).

Vorsitzender: Dr. Eugen Nesper, Berlin-Friedenau, Trägerstr. 2.
Kassenwart: Alfred Hecht, Charlottenburg, Schloßstr. 22.
Geschäftsführer: Hugo Koslik, Charlottenburg, Suarezstr. 31.
Geschäftsstelle: Charlottenburg, Windscheidstr. 35. Tel. Wilhelm 1602.

Ortsgruppen im OPD Bezirk Berlin.

1. Schulrundfunk, NW 21, Bochumer Str. 8. Vors. Dir. Günther.
2. Berlin Mitte, C, Breite Str. 24. Vors. W. C. Scherf.
3. Beuth-Schule, N 65, Zeppelinplatz. Vors. E. Henkert.
4. Charlottenburg, Hardenbergstr. 9a. Vors. Dr. E. F. Huth.
5. Pintsch, O 27, Andreastr. 71-73. Vors. Ing. F. R. Gentsch.
6. Priteg, Wilmersdorf, Hohenzollerndamm 23. Vors. A. Paluskiewicz.
7. Friedrichshain, NO 55, Straßburger Str. 34. Vors. H. Leschziner.
8. Friedrichshagen, Friedrichsstr. 80 III bei Sergius. Vors. Obertelegrapheninsp. Schulze.
9. Oberspree, Alt-Glienicke, Cimbernstr. 35. Vors. L. von Weiher.
10. Kreuzberg, SO, Brandenburger Str. 58. Vors. W. Kärgel.
11. Lichtenberg, O 34, Petersburgerplatz 8. Vors. Rechnungsrat O. Baumgarten.
12. Lichterfelde, Lichterfelde W, Drakestr. 18. Vors. Reg.-Rat Dr. Gehne.
13. Nikolassee, An der Rehwiese 25. Vors. Steinbrecher.
14. Neukölln, Mittelweg 2-3. Vors. Oberpostsekr. Belos.
15. Norden, N, Seestr. 115. Vors. W. Vaudaume.
16. Pankow, Berlin N 58, Gleimstr. 20. Vors. Alex. v. Prohaska.
17. Schöneberg, W. 30, Rosenheimer Str. 26 II. Vors. Dr. Paul Weikert.
18. Spandau, Hohenzollernring 118. Vors. Dr. Kurt Moeger.
19. Wannseebahn, Miquelstr. 7a. Vors. Stadtoberinsp. E. Bley.
20. Süden, Mariendorf, Ringstr. 28. Vors. R. Böhme.
21. Tegel, Hauptstr. 25. Vors. E. Herbold.
22. Tiergarten, W 9, Lennestr. 5, Hof 1 p. Vors. Dr. M. Hausdorff.
23. Maschinenbauschl., S 59, Boekstr. 9/10. Vors. Kurt Pierson.
24. Wilmersdorf, Detmolder Str. 51. Vors. R. Kuhlmann.
25. Weißensee, Friedrichstr. 6. Vors. Ing. Anschütz.

Ortsgruppen im OPD Bezirk Potsdam.

26. Bernau, Rheinstr. 7/8, Vors. O. Prestel.
27. Brandenburg a/H., Parduin 1. Vors. Polizeioberltn. S. v. d. Heyde.
28. Eberswalde, Breitestr. 36. Vors. Ing. Klucke.
29. Erkner, Friedrichstr. 63. Vors. P. M. Schädele.
30. Königswusterhausen. Vors. I. Meister.
31. Neuruppin, Präsidentenstr. 3. Vors. A. Röser.
32. Oranienburg. Vors. Vollrath Happach.
33. Potsdam, Weißenburger Str. 27. Vors. P. Dürre.
34. Rathenow, Gr. Milow 68. Vors. F. Lotzgesell.

Ortsgruppen im OPD Bezirk Frankfurt a. O.

35. Döbern, N/L., Ziegeleistr. 7. Vors. Dipl.-Ing. August Schatz.
36. Cottbus, Thiemstr. 30. Vors. Ing. Aug. Metzner.
37. Finsterwalde, N/L. Vors. Paul Fischer.

[1]) Kalender der Deutschen Funkfreunde, 1925. Verlag Julius Springer in Berlin.

[2]) Vorstand des DRC. seit 28. Mai 1925:
1. Vorsitzender: Dr. E. Nesper,
2. Vorsitzender: v. Prohaska,
Kassenwart: Oberingenieur Schröder,
1. Beisitzer: Bertram,
2. Beisitzer: Dr. Weickert,
3. Beisitzer: Dr. Hausdorff,
4. Beisitzer: Bley,
und außerdem je ein Herr der OPD. Frankfurt a. O., Magdeburg, Braunschweig und Potsdam.

38. Fürstenwalde a. d. Spree, Junkerstr. 21. Vors. Seminaroberlehrer Hockemeyer.
39. Frankfurt a/O., Bergstr. 155. Vors. Dipl.-Ing. I. Schramme.:
40. Guben, Schögelnerstr. 8. Vors. Reg.-Rat Franke.
41. Krenz, Dammstr. Vors. M. Möllke.
42. Landsberg, Wollstr. 71. Vors. E. Hilscher.
43. Lübben, N-L., Lindenstr. 10. Vors. I. Jungfer.
44. Neudamm, N-M., Soldiner Str. 24a. Vors. Erwin Birgholz.
45. Sandow, Weststernberg. Vors. P. Schneider.
46. Sorau, Gr. Ringstr. 3. Vors. Landwirtschaftslehrer F. Müller.
47. Schloppe, Bahnhofstr. Vors. Eugen Hielscher.
48. Züllichau, Bahnhofstr. 3. Vors. Ing. R. Matthausch.:

Ortsgruppen im OPD Bezirk Magdeburg.

49. Barby a. d. Elbe, Schulstr. 21. Vors. Danzfuß.
50. Egeln a. d. Elbe. Vors. Danzfuß.
51. Dessau, Friedrich-Schneider-Str. 6. Vors. Herbert Morawitz.
52. Halberstadt, Klusstr. 3. Vors. Prof. A. Schäffer.
53. Ilsenburg, Hochofenstr. 40. Vors. W. Grafenhorst.
54. Osterwieck a/H. Vors. W. Höltge.
55. Quedlinburg, Pölkenstr. 15II. Vors. Studienrat Dr. Stoye.
56. Staßfurt, Salzwerkstr. 6. Vors. Arthur Jedicke.
57. Tangermünde, Arneburger Str. 25. Vors. Dr. Weber.

Ortsgruppen im OPD Bezirk Braunschweig.

58. Braunschweig, Güldenstr. 24 (Riedel). Vors. Dr. Herm. Serger.
59. Goslar a/H. Vors. Bergrat Schlitzberger.

2. Bereich der OPD Bezirke Hamburg, Kiel, Hannover, Schwerin, Bremen, Oldenburg.

Funkverband Niederdeutschland e. V., Hamburg.

1. Vorsitzender: A. Hafels, Hamburger Radio-Klub e. V., Hamburg.
2. Vorsitzender: Dr. G. Steen, Norddeutscher Radio-Klub e. V., Hamburg.
Beisitzer: Dr.-Ing. A. Hoffmann, Schleswig-Holsteinischer Radio-Klub e. V., Kiel.
Geschäftsführer: Ziviling. Friedrich Schmidt, Hamburger Radio-Klub.
Geschäftsstelle: Vorläufig Neuerwall 72, später Patriotisches Gebäude Hamburg.
Telegrammadresse: Radio-Klub Hamburg; Bankkonto: Vereinsbank Hamburg.
Der Verband ist in Kreise eingeteilt.

a) OPD Bezirk Hamburg (Hbger Staatsgebiet) Kreis I.

1. **Hamburger Radio-Klub e. V., Hamburg,** Neuerwall 72, später Patriotisches Gebäude.
1. Vorsitzender: A. Nafels.
2. Vorsitzender: Prof. Dr. H. G. Möller.
Schriftführer: C. L. Jebens.
Kassenwart: A. Freiherr von Gregory.:
Dem Vorstand ist ein Präsidium beigesellt unter Führung des Herrn Generaldirektors Dr.-Ing. eh. A. Bannwarth.:
Ehrenmitglied: Herr Staatssekretär Dr.-Ing. e. h. Hans Bredow.

Ortsgruppen:

Funktechnischer Verein, Hamburg, Lübecker Tor 24.
1 .Vorsitzender: Dr.-Ing. A. Wasmus.
2. Vorsitzender: Dipl.-Ing. R. Knorr.

Radio-Klub Harburg e. V., Harburg, Gewerbeschule, Bergstr. 7.
Vorsitzender: Dr. W. Kley.
Schriftführer: Major a. D. F. Salisch.

Vereinigung der Funkfreunde Cuxhaven e. V., Cuxhaven, Wetternstr. 3.
Vorsitzender: R. Lorenz, Obertelegr.-Insp.

Funkgruppen:

Funkgruppe Uhlenhorst, Kreis Hamburg, Funkverband Niederdeutschland.
Vorsitzender: William Hou, Marienterrasse 20.

2. **Norddeutscher Radio-Club e. V., Hamburg** (OPD Hamburg ohne Staatsgebiete Hamburg und Lübeck), Kreis III.
1. Vorsitzender: Dr. Georg Steen, Hamburg, Schulterblatt 14.
2. Vorsitzender: H. Diedrich, Hamburg, Klosterstr. 6.
Schriftführer: G. Williges, Hamburg, Dovenfleth 48.
Kassenwart: A. Scheduigat, Hamburg, Probsteier Str. 6.
Geschäftsstelle: Altona, Hamburger Str. 101.

Ortsgruppen:

Altrahlstedt, Oldenfelder Str. Vors. A. Lienau.
Bargteheide, 2. Bahnhofstr. Vors. Fr. Eickhorst.
Bergedorf, Grüner Weg. Vors. E. Köper.
Eutin, Elisabethstr. 47. Vors. H. Lange.
Gronau i/W., Schiefstr. 36. Vors. P. Schulz.
Itzehoe, Breitenburger Str. 27. Vors. E. RaDm.
Langenhorn-Ochsenzoll b/Hbg., Amt Ochsenzoll. Vors. L. Marquard.

3. **Radio-Club Lübeck e. V., Lübeck** (Staatsgebiet Lübeck), Kreis II.

1. Vorsitzender: Bruno Riep, Lübeck.
Geschäftsstelle: Mühlenstr. 69.

b) OPD Bezirk Kiel.

Schwesig-Holsteinischer Radio-Klub e. V., Kiel, Kreis IV.

1. Vorsitzender: Dr.-Ing. A. Hoffmann, Kiel.
Schriftführer: Alwin Fa.let, Kiel.
Kassenwart: Carl Most.
Geschäftsstelle: Aldolfstr. 63.
Eckernförde, Kielerstr. 69. Vors. Ernst Niedemann.
Flensburg, Verein der Funkfreunde Flensburg e. V. Vors. Dr. med. Auerbach, Flensburg, Duburger Str. 28.
Neumünster, Mühlenhof 36. Vors. Wilh. Köster.
Rendsburg.
Schleswig.
Westerland a/Sylt.
Elmschenhagen b/Kiel.
Friedrichsort b/Kiel.
Glückstadt a. d. Elbe. Glückstädter Radio-Klub. Vors. Marinemaler Franz Dose.

c) OPD Bezirk Hannover.

Gesellschaft der Funkfreunde e. V. Hannover, Kreis VIII.

Vorsitzender: Geh. Regierungsrat Dr. Thöne.
Geschäftsführer: Schulze.
Geschäftsstelle: Hannover, Warmbüchenstr. 4.

Kreisvereine:

Celle, Vereinigung der Funkfreunde e. V., Celle, Vors. L. Hoenrichs, Bahnhofstr. 37.
Peine, Verein der Funkfreunde e. V., Peine, Vors. Dr. phil. Friedr. Keutel.

Ortsgruppen:

Neustadt a/Rbg.

d) OPD Bezirk Schwerin (Mecklenburg).

1. **Mecklenburgischer Radio-Verein e. V., Rostock i/M.,** Kreis VI.

Vorsitzender: Prof. Dr. H. Felke.
Schriftführer: Telegr.-Insp. Schroeder.
Geschäftsstelle: Rostock i/M., Bahrensdorfer Weg 50.

2. **Verein der Funkfreunde e. V., Schwerin, Schwerin i/M.,** Kreis V.

Vorsitzender: Reg.-Baurat Lindner.
Geschäftsstelle: Beethovenstr. 5.

3. **Mecklenburg-Strelitzer Radio-Klub e. V., Neustrelitz,** Kreis VII.

Vorsitzender: Studienrat Dr. Michaelis; Steuerassistent Bossow.
Geschäftsstelle: Neustrelitz, Sandberg 1.

4. **Funkverein Wismar, e. V. Wismar, Dankwartstr. 2** (Schultz) Kreis XV.

Vorsitzender: Dipl.-Ing. Heinrichs, Ingenieurschule.

e) OPD Bezirk Bremen.

1. **Radio-Klub Bremen e. V.,** Kreis IX.

1. Vorsitzender: Dr. W. Kunze.
Schriftführer: Peter Pavel.
Kassenwart: Alfred Scholz.
Geschäftsstelle: Bremen, Wiesenstr. 19. Tel. Roland 7279.

2. **Radio-Klub Unterweser e. V.,** Kreis X.

Vorsitzender: Dr. Stocker.
Geschäftsstelle: Bremerhaven, Am Deich 22.

f) OPD Bezirk Oldenburg.

1. **Oldenburger Radio-Klub e. V., Oldenburg i/O., Humboldstr.** 8, Kreis XI.

Vorsitzender: Dr. Spreen.
Angeschlossen: Radio-Klub Delmenhorst, Vors. Oberstudienrat Prof. Schenk.

2. **Radio-Vereinigung Wilhelmshaven-Rüstringen,** Kreis XII.

Vorsitzender: Studienrat Dr. Thiemann.
Geschäftsstelle: Wilhelmshaven-Rüstringen, Göckerstr. 16 (H. Türk).

3. **Emder Funkverein e. V., Emden,** Kreis XIII.

Vorsitzender: Reg.-Baurat Hoffmann.
Geschäftsstelle: Schwenckendickplatz 5 III.

4. **Osnabrücker Radio-Klub e. V., Osnabrück,** Kreis XIV.

1. Vorsitzender: Erich Keimling.
Geschäftsstelle: Osnabrück, Kamp 8 (Keimling & Co.).
Angeschlossen: Verein der Funkfreunde Lingen (Ems).
Vorsitzender: Studienrat Trappe.
Geschäftsstelle: Lingen (Ems), Georgstr. 14.

Die Vereine im OPD Bezirk Bremen und Oldenburg sind zusammengeschlossen in

Funkverband Weser-Ems, Sitz Bremen.

1. Vorsitzender: Dr. W. Kunze, Radio-Klub Bremen e. V.
2. Vorsitzender: Oelrichs, Oldenburger Radio-Klub e. V.
Schriftführer und Kassenwart: P. Pavel, Radio-Klub Bremen e. V.
1. Beisitzer: Runge, Radio-Klub Unterweser e. V.
2. Beisitzer: Reg.-Baurat Hoffmann, Emder Funkverein e. V.

3. Bereich der OPD Bezirke Leipzig, Dresden, Chemnitz, Erfurt, Halle a. d. S.

Mitteldeutscher Radio-Verband e. V., Leipzig.

Vorsitzender: Dr. Erwin Jaeger, Leipzig, Gellertstr. 10.
1. Schriftführer: Otto Michalk, Leipzig-Kleinzschocher, Schloß.
Kassenwart: Rudolf Schippel, Leipzig-R., Dresdener Str. 78.
Geschäftsstelle: Leipzig, Naschmarkt 3 (Verkehrsverein).

Angeschlossene Vereine im OPD Bezirk Leipzig.

Altenburg, Rundfunk-Vereinigung Altenburg. Vors. Dir. Zetzsche.
Döbeln, Radio-Vereinigung, Burgstr. 22. Vors. Gewerbelehrer Rud. Mende.
Gräfenhainichen, Funkvereinigung e. V., Wittenberger Str. 68. Vors. Max Noack.
Grimma, Radio-Vereinigung, Leipziger Str. 31. Vors. Studienrat Dr. Alberti.
Leipzig, Radio-Vereinigung e. V., Naschmarkt 3. Vors. Dr. Jaeger.
Meuselwitz, Radio-Vereinigung. Vors. Karl Pinker.
Mittweida, Verein der Funkfreunde, Rochlitzer Str. 63. (Joh. Doebelt). Vors. Dr. W. Luthe.
Mittweida, Radio-Club Mittweida, Lutherstr. 7 II. Vors. Ldwg. Kratzschmar.
Penig, Funkvereinigung Penig, Lunzenaustr. 28 I. Vors. Ing. Büschel.
Wurzen, Funkvereniigung Wurzen e. V., Markt. Vors. Rechtsanwalt Sulzberger.

Angeschlossene Vereine im OPD Bezirk Dresden.

Bautzen, Verein der Funkfreunde, Stieberstr. 29. Vors. G. Berger.
Dresden, Funkverein Dresden e. V., A 21, Gottleubaer Str. 4. Vors. Dr. Max Sende.
Freiberg i/Sa., Radio-Club Freiberg e. V., Dammstr. 37 (And. Dietel). Vors. Müller.
Radebeul/Oberlößnitz, Funkverein Radebeul/Oberlößnitz, Radebeul-Dresden, Leipziger Str. 17. Vors. Willy Vetter.
Riesa a/Elbe, Radio-Vereinigung Riesa, Kasernenstr. 20 (H. Hörnig). Vors. Br. Matthäus.
Zittau, Radio-Club Oberlausitz, Hausenstr. 3a. Vors. A. Hatwig.

Angeschlossene Vereine im OPD Bezirk Chemnitz.

Annaberg, Radio-Vereinigung, Obererzgebirge, Zeppelinstr. 4. Vors. Studienrat. C. Langer.
Aue, Radio-Vereinigung e. V. für Aue und Umg. Vors. Wilh. Stahl.
Chemnitz, Chemnitzer Radio-Club e. V., Innere Johannisstr. 14 (A. Frieses Buchhandlg.). Vors. Prof. Dr. Bangert.
Glauchau, Rundfunkvereinigung e. V., Wettinerstr. F 5. Vors. Dr. Demmering.
Netzschkau i/Vogtl., Funkwissenschaftliche Vereinigung e. V., Schützenstr. 24. Vors. Robert Fiedler.
Plauen i/Vogtl., Funkwissenschaftliche Vereinigung Plauen e. V., Reichsstr. 31 (K. Weber). Vors. Studienrat Dr. Seidler.
Zschorlau, Rundfunk-Vereinigung der Lehrerschaft Zschorlau, Berufsschule. Vors. Joh. Palitzsch.
Zwickau, Radio-Vereinigung Zwickau e. V., Bahnhofsplatz 52 III. Vors. Rich. Melz.

Angeschlossene Vereine im OPD Bezirk Erfurt.

Apolda, Verein der Funkfreunde. Vors. Paul Kirsten.
Blankenhain, Radio-Vereinigung. Vors. Fin.-Rat Bankwitz.
Eisenach, Radio-Club Eisenach, Karlstr. 31. Vors. Studienrat Dr. Feldrappe.
Eisleben, Verein Eisleber Funkfreunde, Markt 34. Vors. Studienrat K. Lehne.
Erfurt, Funk-Vereinigung e. V., Predigerstr. 6. Vors. Dr. Herbst.
Frankenhausen, Vereinigung der Freunde des Funkwesens, Rest. Frankenburg. Vors. Dipl.-Ing. Weber.
Gera, Radio-Vereinigung Gera, R. Altenburgerstr. 2. Vors. Alfred Böttger.
Greiz, Radio-Vereinigung Greiz e. V., Karolinenstr. 54 (A. Schilbach). Vors. Dr. Schlegel.
Hildburghausen, Radio-Vereinigung e. V., Anstaltspark 4. Vors. Ing. Bähr.
Jena, Verein der Funkfreunde Jena, Ob. Philosophenweg 23. Vors. Rich. Gleichmann.
Ilmenau, Funktechnischer Verein, Technikum. Vors. Kühne.
Langensalza, Verein der Funkfreunde Langensalza, Hohestr. 1. Vors. Studienrat Dr. Arnold.
Leutenberg, Radio-Vereinigung, Leutenberg i/Th. Vors. Fritz Hohbergsr.
Mühlhausen, Radio-Vereinigung (E. Kresser, Mühlhausen i/Th.). Vors. Otto Bernsdorf.
Schleiz, Rundfunk-Vereinigung Schleiz, Oschitzstr. (K. Michel). Vors. Studienrat Dr. Schmist.
Schmalkalden, Radio-Club, Schmalkalden i/Th. Vors. Dr. Paul Witting.
Stadtlengsfeld, Radio-Club Stadtlengsfeld/Rhön. Vors. P. Peinert.
Triebes, Verein der Radio-Amateure von Triebes und Umgegend, Schulstr. 21. Vors. Dr. med. Schmerl.
Weida, Radio-Vereinigung, Weida, Karolinenstr. 14 I. Vors. Studienrat M. Tietze.
Weimar, Radio-Vereinigung e. V., Schröterstr. 30 (G. Dietzsch). Vors. Dr. G. E. Mayer.

Angeschlossene Vereine im OPD Bezirk Halle (Saale).

Bitterfeld, Funkvereinigung, Alte Schloßstr. 2 (Herm. Eckler). Vors. Reimar Neumann.
Delitzsch, Radio-Vereinigung, Lindenstr. 6 (Br. Schulze), Vors. Kurt Kreutzer.

Droyssig, Bildungsverein Rundfunk Droyssig. Vors. Rektor Kuhlmey.
Eilenburg, Eilenburger Funkvereinigung, Nordring 41 II (J. Dränert). Vors. Oberbürgerm. Belian.
Halle a/S., Funkvereinigung e. V., Verkehrsbureau: Roter Turm, Halle a/S.
Herzberg, Verein der Funkfreunde Herzberg a/Elster u. Umg., Kirchstr. 2. Vors. Kurt Kriebisch.
Leuna-Werk Radio-Vereinigung Leuna-Werke, Kr. Merseburg. Vors. Dr. Keiling.
Merseburg, Radio-Club Merseburg, Hälterstr. 2. Vors. Juwelier Nitz.
Mühlberg a/Elbe, Funkvereinigung Mühlberg a/Elbe. Vors. Fritz Paesler.
Torgau, Funkvereinigung Torgau a/Elbe, Spitalstr. 19 (H. Ludwig). Vors. Walter Zimmermann.
Weißenfels, Funk-Vereinigung e. V., Weißenfels a/S. Vors. Dir. Ross.
Wittenberg, Funk-Vereinigung, Priesteritz, Bez. Halle, Stickstoffwerke. Vors. W. Groothoff.
Zeitz, Vereinigung Funkfreunde, Naumburger Str. 4 (K. Eggers). Vors. Rich. Starke.
Zschornewitz, Radio-Club, Zschornewitz, Markt 11. Vors. Ing. Ernst Roßbach.

4. Bereich der OPD Bezirke Stuttgart, Karlsruhe, Konstanz.

Oberdeutscher Funkverband e. V., Stuttgart.

1. Vorsitzender: Oberstltn. a. D. v. Stockmayer.
Kassenwart: Buchhändler Paul Erpf.
Geschäftsstelle: Pfitzerstr. 2. D.

Angeschlossene Vereine im OPD Bezirk Stuttgart.

Aalen, Aalener Funkverein. Vors. Prof. Mahler.
Backnang, Funkverein Backnang. Vors. Studienrat Dürr.
Biberach, Funkverein Biberach, Bergenhauserstr. 19. Vors. P. N. Wiedemann.
Böblingen, Funkverein Böblingen, Postplatz 11. Vors. A. Lambert.
Calw, Funkverein Calw, Stuttgarter Str. 708. Vors. Studien-Ass. Haselbacher.
Eßlingen, Verein der Funkfreunde Eßlingen, Mettingen, Landhaus Brunhalde. Vors. Major a. D. Kopf.
Fellbach, Funkverein Fellbach. Vors. Fabrikant Paul Weig.
Feuerbach, Radio-Klub Feuerbach, Stuttgarter Str. 74. Vors. Artur Lages, Fabrikant.
Friedrichshafen, Funkverein Friedrichshafen, Riedleparkstr. 36. Vors. Postinsp. Heckler.
Geislingen, Funkverein Geislingen, Stuttgarter Str. 25. Vors. Ernst Bickel.
Göppingen, Radio-Klub Göppingen, Marktstr. 21. Vors. Dr. Wannenwetsch.
Heidenheim, Funkverein Heidenheim, Felsenstr. 49. Vors. Max Wiedenmann.
Heilbronn, Radio-Klub Heilbronn, Karlstr. 85. Vors. Eugen Kaiser.
Ludwigsburg, Funkverein Ludwigsburg, Stuttgarter Seestr. 26. Vors. Prof. Käser.
Mengen, Funkverein Mengen, Dreikönigstr. 65. Vors. E. C. Sauer.
Mitteltal b/Freudenstadt, Funkvereinigung Mitteltal bei Freudenstadt. Vors. Hauptlehrer Stooß.
Münsingen, Funkvereinigung Münsingen. Vors. Postinsp. Armbruster.
Neckarsulm, Funkverein Neckarsulm, Kochendorf, Kocherwaldstr. 1. Vors. Dr. Schumacher.
Obertürkheim, Radio-Klub Obertürkheim, Uhlbacherstr. 75. Vors. Obering. Jul. Wandel.
Oehringen, Verein Hohenloher Funkfreunde. Vors. Betriebsinsp. Illenberger.
Reutlingen, Funkverein Reutlingen, Charlottenstr. 40. Vors. Vttmar Bernhard.
Rottweil, Radio-Klub Rottweil, Königstr. 8. Vors. Fabrikant Willy Groß.
Schwäb. Gmünd, Funkverein Schwäb. Gmünd, Königsturmstr. Vors. Fabrikant Maier.
Schwäb. Hall, Funkverein Schwäb. Hall, Gartenstr. 44. Vors. Studienass. Sättele.
Schwenningen, Radio-Klub Schwenningen, Karlstr. 107. Vors. Fabrikant Steidtmann.
Tübingen, Verein der Radiofreunde Tübingen, Rottenburg, Kasernenstr. 113. Vors. Fabrikant Herm. Schäfer.
Ulm, Radio-Klub Ulm, Oberrealschule, Olgastr. Vors. Studiendir. Weller.
Vaihingen a. Enz, Funkverein Vaihingen a. E., Vors. Hauptlehrer Krauß.
Waiblingen, Funkverein Waiblingen, Städt. Elektrizitätswerk. Vors. Direktor Remppis.
Wangen b. Stuttgart, Radio-Klub Wangen-Untertürkheim, Wangen, Höhbergstr. 14. Vors. Friedr. Lehr.
Zuffenhausen, Radio-Klub Zuffenhausen, Panoramastr. 41 p. Vors. Wilh. Engelhardt.

Angeschlossene Vereine im OPD Bezirk Konstanz, Baden.

Donaueschingen, Verein der Funkfreunde Donaueschingen. Vors. O. Mack.
Freiburg i/Br., Oberrheinischer Funkverein e. V., Turnseestr. 4 I. Vors. Telegr.-Direktor Völker.
Konstanz, Funkverein Konstanz, Münsterplatz 5. Vors. Dipl.-Ing. O. Mühleisen.
Lörrach, Funkverein Lörrach. Vors. Max Strittmatter.
Rheinfelden, Verein der Funkfreunde Rheinfelden. Vors. Herbert Aleff.
Waldshut, Verein der Funkfreunde Waldshut und Umgebung, Waldeckstr. 19. Vors. Direkt. Fischer.

Angeschlossene Vereine im OPD Bezirk Karlsruhe, Baden.

Bruchsal, Kraichgauer Radio-Klub, Forst Baden. Vors. Dr. med. Anderhuber.
Heidelberg, Radioverein Heidelberg, Häusserstr. 32. Vors. Prof. Dr. Karl Strecker.
Karlsruhe, Badische Gesellschaft für Radiotechnik e. V., Karlstr. 1. Vors. Oberbaurat Seitz.
Mannheim Radiotechnische Gesellschaft Mannheim e. V., Ingenieurschule. Vors. Dr. Wittsack.
Pforzheim, Radio-Klub Pforzheim e. V., Bernhardstr. 9. Vors. Architekt Alexander Geist.
Rastatt, Funkverein Rastatt, Kaiserstr. 36. Vors. Bankdir. Sohn.

5. Bereich der OPD Bezirke Königsberg (Pr.) und Gumbinnen.

Ostdeutscher Radio-Klub e. V., Königsberg.

Vorsitzender: Dir. Bökenkamp, Obering.
Schriftführer: Oberpostdir. Steinecke.
Kassenwart: Polizeihauptmann Schützeck.
Geschäftsstelle: Königsberg, Mitteltragheim 39 II.

Ortsgruppen im OPD Bezirk Königsberg.

Elbing, Hindenburgstr. 20a. Vors. Gewerbelehrer Wissmann.
Neidenburg, z. H. von Studienrat Walzer. Vors. Studienrat Walzer.
Bischofsburg. — Bischofstein. — Allenstein. — Labian.

Ortsgruppen im OPD Bezirk Gumbinnen.

Tilsit. Vors. Prof. G. Schulz.
Gumbinnen.

6. Bereich der OPD Bezirke Stettin, Köslin.

Pommerscher Radio-Klub e. V., Stettin.

1. Vorsitzender: Studienrat Dr. Asmus.
Schriftführer: Buchhändler von Behmen.
Kassenwart: desgl.
Geschäftsstelle: Kl. Domstr. 1 (Keimling & Grünberg).

Ortsgruppen OPD Bezirk Stettin.

Greifswald, Verein der Funkfreunde zu Greifswald, Vors. Dr. E. Mauz.

Ortsgruppen OPD Bezirk Köslin.

Bütow, Pommerscher Radio-Klub e. V., Ortsgruppe Bütow. Vors. Seminaroberlehrer W. Boldt.
Neustettin, Naturwissenschaftliche Abteilung und Radio-Klub. Vors. Rechtsanwalt Dr. Hollenbach.

7. Bereich ganz Bayern.

Süddeutscher Radio-Klub e. V., München.

Präsident: Prof. Dr. Max Dieckmann, Gräfelfing.
1. Vizepräsident: Dr. Max Edelmann, München.
2. Vizepräsident: Studienrat Wirth, Nürnberg.
Geschäftsstelle: München, Residenzstr. 27. Tel. 28130.
Vorsitzender des Verwaltungsbezirks Süd in München: Dr. Max Edelmann.
Stellvertr. Vors.: Dir. Karl Solff, München.
Schriftführer: Dr. E. Volte, Chirurg. Frauenklinik.
Kassenwart: Kurt Jordan, Direktor der Berdux-A. G.
1. Vorsitzender des Verwaltungsbezirks Nord: Studienrat Chr. Wirth, Nürnberg.
2. Vorsitzender: Fabrikdirektor F. Huber.
1. Schriftführer: Dipl.-Ing. H. Ferber.
2. Schriftführer: Gewerbeoberlehrer Jos. Fuchs.
1. Kassierer: Fabrikbesitzer Karl Nister, Nürnberg.
Stellvertreter: Studienrat Dr. Schnell, Nürnberg.

3. Verwaltungsbezirke.
1. *Verwaltungsbezirk Süd in München.*
OPD München.

Coburg, Radio-Vereine e. V., Theatergasse 3. Vors. Funk-Ing. Riechers, gehört dem Südd. Radio-Klub gesondert als Hauptortsgruppe unmittelbar an.
Brannenberg (Obb.). Vors. Apoth. Paul Löw.
Ebersberg (Obb.), Sieghartstr. 5. Vors. Obersteuersekr. Alfons Seubert.
Garmisch (Obb.), Risser Fußweg 54 1/5. Vors. E. Wölz.
Nart b/Garching (Obb.). Vors. Ed. Fläming, Kaufmann.
Rosenheim (Obb.), Färberstr. 17 (Walter). Vors. Dipl.-Ing. Grünschneider.
Reichenhall (Obb.), Zenorstr. 5. Vors. Obering. Bunb.
St. Wolfgang (Obb.). Vors. Lehrer Georg Daubrer.
Tegernsee (Obb.), Sägewerk. Vors. Karl Miller.
Teißendorf (Obb.). Vors. Hans Kolthoff.
Tittmoning (Obb.), Stadtplatz 47. Vors. Elektrotechn. Otto Fürst.
Vagen (Obb.), Oberbayrischer Radio-Klub. Vors. Friedrich Wagner.

OPD Bezirk Regensburg.

Amberg (Obpf.) G 43 (F. W. von Sperl). Vors. Studienrat Franz Zrenner.
Mitterfels (Ndb.). Vors. G. Steingaß, Vermessungsamtmann.
Regensburg (Obpf.), Luitpoldstr. 13. Vors. Justizr. Dr. A. Diepolder.

OPD Bezirk Wasserburg.

Wasserburg (Obb.), Adr. F. Baumann. Vors. Dr. Moosleitner.

OPD Bezirk Augsburg.

Augsburg (Schw.), Morellstr. 7. Vors. Obering. Hofer, L.
Donauwörth (Schw.). Vors. Hans Gilling, Ing.-Bureau.
Ingolstadt (Obb.), Donaustr. 3, Peters. Vors. Pfarrer Bleicher, K.
Günzburg a/Donau, Frauenstr. 62. Vors. G. Ring.

Kempten (Schw.), R 94. Vors. Elektrotechn. Georg Merath.
Memmingen (Schw.), Luitpoldstr. 23. Vors. Obering. A. W. Schulte.
Obersdorf (Schw.), Pfarrerstr. Vors. Ing. Max Enzinger.
Rain a/Lech (Schw.). Vors. Joh. Stuhlmiller.
Schrobershausen (Obb.). Vors. F. Granvogel, Kaufmann.

OPD Bezirk Landshut.

Deggendorf (Ndb.), Deggendorf 337. Vors. Lehrer Theodor Eckert.
Ergoldsbach (Ndb.), Radio-Klub Ergoldsbach. Vors. Zahnarzt Graf.
Haidmühle (Ndb.), Post Altreichenau 2. Vors. Bahninsp. Rupert.
Landshut (Ndb.), Spiegelgasse 201. Vors. Stadting. Lorenz Kandler.
Mühldorf (Obb.), Postfach 7 (K. Dörfler). Obering. Rösl.
Simbach/Inn (Ndb.), Innstr. 30. Vors. Friedr. Stutzmann, Kaufmann.
Viechtach/Bayr. Wald (Ndb.). Vors. Ing. Hans Wich.
Waldkirchen (Ndb.). Vors. Lehrer Max Krinninger.

2. Verwaltungsbezirk Nord in Nürnberg.

OPD Würzburg.

Marktheidenfeld (Ufr.), Oberndorf b/Marktheidenfeld a/M. Vors. G. Storte.
Schweinfurt (Ufr.), Postfach 91. Vors. Ing. Richard Hübner.
Würzburg (Ufr.), Fränkischer Radio-Klub, Wörthstr. 10. Vors. Dr. Georg Decker.

OPD Nürnberg.

Nürnberg (Ufr.), Radio-Vereinigung Nürnberg, Luitpoldhaus, Gewerbemuseumsplatz 4. 1. Vors.: Studienrat Wirth. Schriftf.: Dipl.-Ing. H. Ferber; Kassenw.: Fabrikbes. Karl Nister.
Eichstadt (Ufr.), E 179 b/Studr. Wolff. Vors. Dipl.-Ing. Fr. Emslander.
Erlangen (Uft.), Bismarckstr. 26. Vors. Obering. Bergk.
Fürth (Ufr.), F. Dambach, Jagdstr. 148. Vors. Telegr.-Bauführer K. Böhnlein.
Neustadt/Aisch (Ufr.), Dr. Dieckmann. Vors. Dipl.-Ing. Dr. Dieckmann.
Weißenburg (Ufr.), Steinleinsfurt. Vors. Ing. Etschel.

OPD Bamberg.

Bamberg (Obfr.), Weide 10/0. Vors. Studienrat Dr. Hans Bank.
Berneck (Obfr.), Postfach. Vors. Heinr. Zapf jr.
Bischofsgrün (Obfr.), Fröbershammer b/Bischofsgrün. Vors. Aug. Unglaub, Kaufmann.
Forchheim (Obfr.), Städt. Techn. Werke. Vors. Georg Hagen.
Herzogenaurach (Obfr.). Vors. Andr. Stössel.
Kulmbach (Obfr.), Bahnhofstr. 1 I. Vors. Rechtsanwalt Bündel.
Oberkotzsau (Obfr.) bei Hof. Vors. Ing. Karl Pastor.

3. Verwaltungsbezirk Pfalz in Speyer.

8. Bereich der OPD Bezirke Frankfurt a. M., Darmstadt, Cassel.

Gesellschaft von Freunden der Radiotelephonie und Telegraphie Südwestdeutscher Radio-Klub e. V., Frankfurt a/M.

1. Vorsitzender: Geh. Universitätsprof. Dr. Wachsmuth, Robert-Mayer-Str. 2.
2. Vorsitzender: P. Lertes, Frankfurt a/M.

Schriftführer: Ottfried Hammeran, Schadowstr. 14.
Kassenwart: W. Breidenstein, Niddastr. 81.
Geschäftsstelle: Frankfurt a/M., Niddastr. 81.

Ortsgruppen im OPD Bezirk Frankfurt a. M.

Bad Homburg, Obergasse 1. Vors. Wilhelm Nachtwein.
Fechenheim, Taunusstr. 21 (Ewald). Vors. Dr. Ernst Korten.
F. a. M.-Bonames. Vors. Postinsp. Keller.
Geisenheim a/Rh., Geschäftsstelle: Buchdruckerei Paul Köhler.
Hanau, Mainstr. 3. Vors. Dr. Ebeling.
Wetzlar, Geschäftsstelle: Josef Schmitt, Helgebachstr. 18.

Ortsgruppen im OPD Bezirk Darmstadt

Bad Nauheim, Fürstenstr. 6. Vors. Erich Schmitt.
Bieber b/Offenbach a/M., Offenbacher Str. 76. Vors. Ing. Karl Bachert.
Darmstadt, Hochschulstr. 2. Vors. Dipl.-Ing. Glitsch.
Gießen, Hofmannstr. 11. Vors. Geh.-Rat Prof. König.
Mainz, Geschäftsstelle: Mainz-Kastell, Brauerei Diehl. Vors. Dipl.-Ing. Formhals.
Mühlheim a/M., Geschäftsstelle: Restaur. z. Lindenfels, Ludwigstr. 33. Vors. Fabrikant Wilhelm Lieberknecht.
Offenbach a/M.-Bürgel, Schrammstr. 8. Vors. Otto Emmerich.

Ortsgruppen im OPD Bezirk Cassel.

Cassel, Bahnhofsplatz 14 (Abt). Vors. Erwin W. Ebert.
Marburg, Mainzergasse 22. Vors. Prof. Dr. Schäfer.

Weitere Ortsgruppe.

Lüdenscheid, Funkfreunde Lüdenscheid, Weststr. 25. Vors. Sem.-Lehrer G. Schröder.

9. Bereich der OPD Bezirke Breslau, Liegnitz, Oppeln.

Verein der Funkfreunde Schlesiens e. V., Breslau (Erster Radio-Klub Breslau).

1. Vorsitzender: Max Seidel, Breslau XIII, Augustastr. 110.

Schriftführer: Stadtsekr. Paul Siebach, Breslau 8, Tauentzienstr. 184.

Kassenwart: Ing. Franz Krause, Breslau 6, Alsenstr. 100.
Geschäftsstelle: Breslau XIII, Augustastr. 110.

Angeschlossene Ortsgruppen im OPD Bezirk Breslau.

Brieg, Lindenstr. 29. Vors. Studienrat Dr. Paul Böhme.
Glatz, Grünstr. 4. Vors. Ing. Alfred Korp.
Groß-Wartenberg. Vors. Dittmann.
Schweidnitz, Glubrechtstr. Vors. Dir. Schoder.
Wüstegiersdorf. Vors. Oberpostsekr. Erich Bode.
Freiburg, Bubnau 26. Vors. El.-Ing. Kurt Fiedler.
Prausnitz, Groß-Kaschütz b/Prausnitz. Vors. Fritz Neugebauer, Lehrer.

Angeschlossene Ortsgruppen im OPD Bezirk Liegnitz.

Buntzlau, Postfach 6a. Vors. Druckereibes. Benno Fernbach.
Glogau, Promenade 10. Vors. Studdir. Walter Kluge.
Haynau, Sandstr. 2. Vors. Rechtsanw. u. Notar Georg Jaeckel.
Hirschberg, Bahnhofstr. 16. Vors. Juw. Emmo Lachmich.
Lauban. Vors. Ed. Oberbreyer.
Liegnitz, Neue Glogauerstr. 22a. Vors. Ing· Wilhelm Franke.
Muskau, Schmelzstr. Vors. Lehrer Gustav Zyrus.

Angeschlossene Ortsgruppen im OPD Bezirk Oppeln.

Gleiwitz, Oberschlesische Funktechn. Ges. Gleiwitz, Bilitzstr. 13. Vors. Dipl.-Ing. Müller, Oberstud.-Dir. d. Staatl. Maschinenbauschule.
Oppeln, Ostdeutsche Kalkwerke. Vors. Direktor Ernst Bartsch.
Ratibor, Niederwallstr. 17. Vors. Direktor Alfred Sachs.

10. Bereich der OPD Bezirke Münster i. W., Minden, Coblenz, Dortmund, Düsseldorf, Köln.

Westdeutscher Funkverband e. V., Münster i. W.

1. Vorsitzender: Studienrat Dr. Henrich-Hagen, Fleyerstr. 86b.
Stellv. Vorsitzender: Dr. Gräfenberg-Köln-Lindenthal, Wüllnerstr. 110.
1. Schriftführer: Obering. Dipl.-Ing. F. Schultz, Münster i. W., Aegidiistr. 48.
Stellv. Schriftführer: Ing. H. Heuser, Barmen-Langenfeld, Kohlenstr. 65.
Schatzmeister: Studienrat Paulussen, Dortmund, Schwanenwall 36.
Geschäftsführer: Dipl.-Ing. F. K. Witte, Münster.
Geschäftsstelle: Münster i/W., Steinfurtherstr. 42.

Angeschlossene Vereine im OPD Bezirk Münster i. W.

Münster, Funktechnischer Verein e. V., Steinfurtherstr. 42. Vors. Studienrat Prof. Dr. Daniel.
Warendorf, Funkverein e. V. Vors. H. Barkey.
Lüdinghausen, Vereinigung Theopra, Mühlentor. Schriftführer: Cl. Möllerfeld.
Lengerich, Funkfreunde Lengerich u. Umg.

Angeschlossene Vereine im OPD Bezirk Minden i. W.

Minden, Vereinigung der Funkfreunde Minden i. W., Lindenstr. 14.
Bielefeld, Radiofreunde Bielefeld, Oberntorwall 3. Vors. Baumann.
Detmold, Vereinigung der Lipp. Funkfreunde e. V., Paulinenstr. 49. Vors. Dr. Altfeld.
Bünde i/W., Bünder Funkverein e. V., Bahnhofsplatz 23. Vors. Reinhold.
Pyrmont, Radio-Klub Pyrmont, Seipstr. 4. Vors. Gerh. Gauger, Landmesser u. Kulturingen.

Angeschlossene Vereine im OPD Bezirk Dortmund.

Dortmund, Funkverein Dortmund e. V., Neuer Graben 64. Vors. Studienrat Dr. Paulussen.
Altena, Funkverein Altena i. W. Vors. Postdir. Münnich.
Hagen i/W., Rheinisch-westf. Radio-Klub e. V., Lützowstr. 58. Vors. Dr. K. Henrich.
Iserlohn, Vereinigung der Funkfreunde, Weingarten 6. Vors. E. Breuer.
Barmen-Langerfeld, Radiotechn. Verein „Bergisch Land“, Kohlenstr. 65. Vors. Ing. Heuser.

Angeschlossene Vereine im OPD Bezirk Düsseldorf.

Elberfeld, Verein für Funkwesen e. V., Düppelerstr. 1. Vors. Dr. Stummer.
Wesel, Vereinigung der Funkfreunde Wesel u. Umg. e. V., Fluthgrafstr. 2 (A. Lüken). Vors. Oberpostsekr. a. D. Trog.
Essen, Essener Radio-Klub, Huyssenallee 39.
Duisburg, Verein der Funkfreunde Duisburg e. V., Kabelwerk A. G. Duisburg. 1. Vors. Obering. Dr. Birnbaum.

Angeschlossene Vereine im OPD Bezirk Köln.

Köln, Funktechn. Gesellschaft e. V., Lübecker Str. 14. Vors. Oberpostrat Frei.
Köln, Kölner Radio-Klub e. V. Vors. Dr. Vogel.
Remscheid, Bergischer Radio-Klub e. V. Vors. Ing. Wulf.

Im Mai 1924 gab das Reichspostministerium die Verordnung zum Schutze des Funkverkehrs heraus. Hiermit erschien eine Neuregelung für den gesamten Unterhaltungsrundfunk und aller damit zusammenhängenden Gebiete.

Die Vereinstätigkeit des D. R.-C. wurde durch diese Bestimmungen beschränkt auf die O.P.D.-Bezirke Berlin, Potsdam, Frankfurt a. O.,

Magdeburg und Braunschweig. Diese Einschränkung war aus verwaltungstechnischen Gründen notwendig geworden.

Im Interesse der stark angewachsenen Mitgliederzahl wurde eine große Anzahl neuer Ortsgruppen gegründet, Geschäftsstellen, die für die Mitglieder ihres Bezirkes Vorträge abhalten lassen, Laboratorien und Bastelstuben einrichten, Auskunft in technischen Dingen geben,

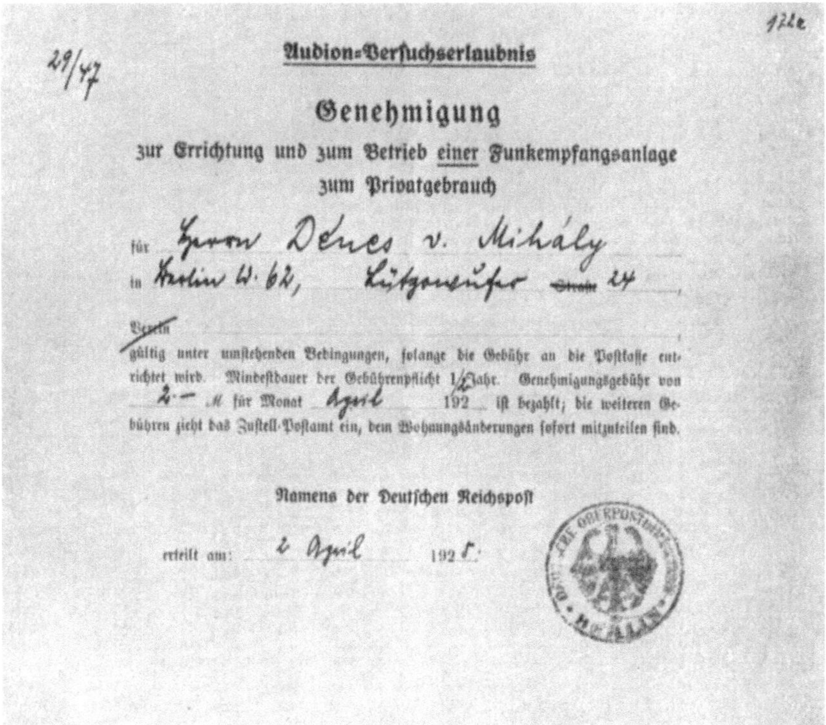

29/47

Audion-Versuchserlaubnis

Genehmigung

zur Errichtung und zum Betrieb einer Funkempfangsanlage zum Privatgebrauch

für Herrn Dénes v. Mihály

in Berlin W. 62, Lützowufer 24,

gültig unter umstehenden Bedingungen, solange die Gebühr an die Postkasse entrichtet wird. Mindestdauer der Gebührenpflicht 1/2 Jahr. Genehmigungsgebühr von 2.– M für Monat April 192.. ist bezahlt; die weiteren Gebühren zieht das Zustell-Postamt ein, dem Wohnungsänderungen sofort mitzuteilen sind.

Namens der Deutschen Reichspost

erteilt am: 2 April 1925.

Abb. 8. Genehmigungsschein der Audion-Versuchserlaubnis, ausgestellt von der Deutschen Reichspost.

Unterrichtskurse zur Erlangung der Audionversuchserlaubnis abhalten und in allen radiotechnischen Angelegenheiten Rat und Unterstützung gewähren.

Aus der Organisation des Klubs ist kurz folgendes zu sagen:

Der Hauptausschuß des Klubs, bestehend aus den Herren des geschäftsführenden Vorstandes, Vertretern von Ortsgruppen und frei hinzugewählten Mitgliedern ist für alle Klubfragen zuständig und maßgebend.

Die organisatorischen und kaufmännischen Arbeiten erledigt die Hauptgeschäftsstelle, die in engster Verbindung mit ihren zur Zeit 81 Ortsgruppen steht.

Die Aufnahme von Mitgliedern wird in erster Linie durch die Ortsgruppen getätigt. Die Veranstaltungen der Ortsgruppen werden er-

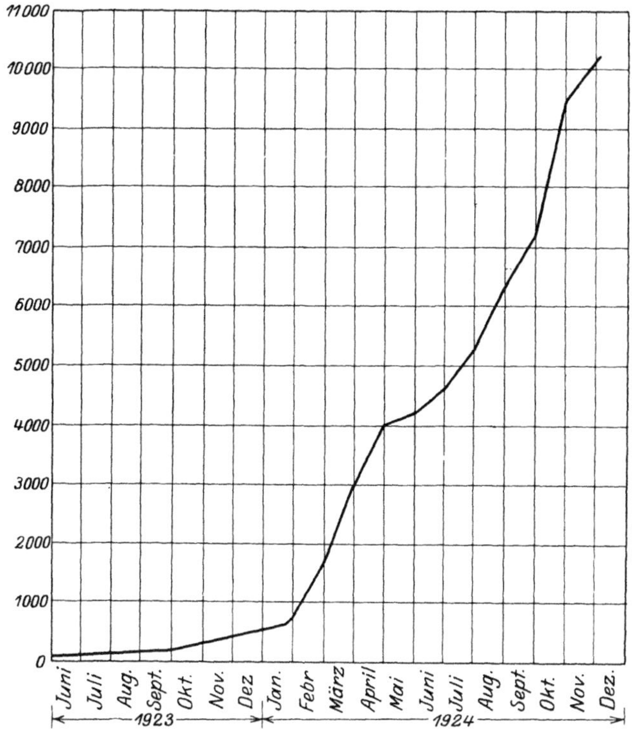

Abb. 9. Mitgliederzunahme des D. R. C. 1923/24.

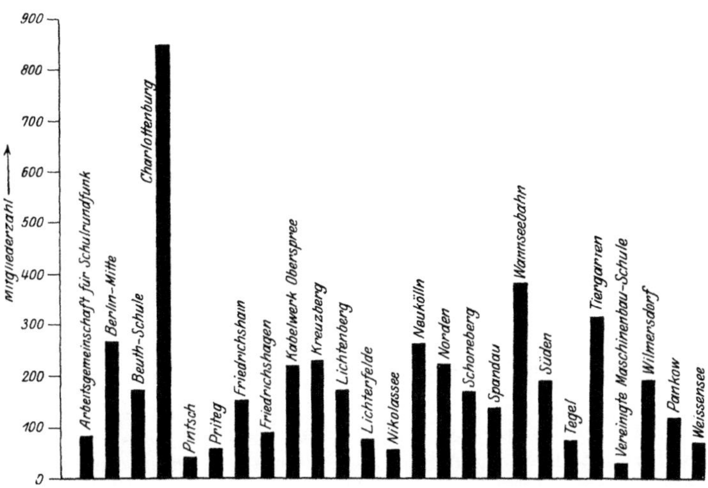

Abb. 10. Ortsgruppen des D. R. C. von Groß-Berlin.

gänzt durch solche des gesamten Klubs und Besichtigung von Großstationen, Firmen usw. Die Abrechnung der Beiträge geschieht durch die Ortsgruppen mit der Hauptgeschäftsstelle, die auf Grund ihrer Kartothek Kontoauszüge den Ortsgruppen zustellt.

Abb. 11. Ortsgruppen des Senderbezirkes Berlins.

Für jeden O.P.D.-Bezirk ist eine Ortsgruppe als Bezirksgruppe tätig, die für alle Ortsgruppen dieses Bezirkes den Verkehr mit der O.P.D. besonders in Lizenzfragen, übernimmt.

Für die Prüfung zur Erlangung der Audionversuchserlaubnis ist der Hauptprüfungsausschuß zuständig und verantwortlich. Er ermächtigt örtliche Prüfungsausschüsse zur Abhaltung von Prüfungen innerhalb ihrer Ortsgruppen nach den von ihm gegebenen Richtlinien.

Die Hauptgeschäftsstelle führt fernerhin alle Verhandlungen mit der Reichspostbehörde, dem Funkkartell in Hamburg sowie anderen Verbänden und Vereinen. Sie sorgt für Schaffung von Einkaufserleichterungen für ihre Mitglieder und stellt die Klubnachrichten zusammen, die jeden Freitag im „Radio-Amateur", der als Klubzeitschrift jedem Mitglied zugestellt wird, erscheinen.

Das rapide Wachstum des Deutschen Radio-Clubs geht am besten aus dem Diagramm der Mitgliederbewegung gemäß Abb. 9 hervor. Während sich im Anfang die Mitgliederzahl noch in der Größenordnung von wenigen Hundert bewegte, stieg sie im Januar 1924 plötzlich an.

Im Frühjahr 1924 übernahm die Geschäftsführung der Hauptgeschäftsstelle Herr Koslik; seit diesem Termin setzte das rapide Anwachsen der Mitgliederzahl ein.

Auch die Entwicklung der Ortsgruppen des Deutschen Radio-Klubs ist eine recht befriedigende. Diese ist aus den Diagrammen der Abb. 10 und 11 zu ersehen. Die erstere zeigt die Ortsgruppen des Sendebezirks Berlin.

Im Januar 1924 wurde das Deutsche Funkkartell gegründet, welches über sämtlichen deutschen Radiovereinigungen steht. Als Sitz des Kartells wurde zunächst Hamburg gewählt. (Siehe S. 26 bis S. 33.)

Abb. 12. Ausstellungsstand des D.-R.-C. Berlin auf der Deutschen Funkausstellung.

Auf der Deutschen Funkausstellung, Berlin (Dezember 1924), stellte der Deutsche Radio-Club e. V., Berlin, eine größere Anzahl von R.-T.-Apparaten, Einzelteilen, Spezialwerkzeugen, Statistiken, Diagramme usw. aus.

Da das aus dem außerordentlich großen Mitgliederkreise zur Verfügung gestellte Material von selbstgebauten Einzelteilen und Apparaten überaus groß war, konnten selbstverständlich von der Kommission nur einige wenige, besonders für die Ausstellung geeignete Gegenstände ausgewählt werden, insbesondere solche, welche auch für den R.-T.-Propagandagedanken und die Belehrung inbetracht kamen.

Einen Blick auf die Ausstellungskoje gibt Abb. 12 wieder. An der rückwärtigen Wand ist eine Tafel mit den Spezialwerkzeugen angebracht (siehe auch Abb. 822, S. 703). Daneben ist ein Universalempfänger erkennbar, welcher die Herstellung der verschiedenartigsten Schaltungen innerhalb weniger Minuten dadurch gestattet, daß eine große Anzahl von Kontaktleisten, Stöpselanschlüssen usw. vorgesehen ist. Im Vordergrunde sind Spezialempfängerausführungen, auch eine Rahmenantenne in der Pneumatik eines Fahrrades montiert, erkennbar (siehe S. 571). Daneben fehlt es auch nicht an Ausstellungsobjekten, welche in entsprechender Betonung falsche oder ungünstige Ausführungsarten, insbesondere von Montageplatten kennzeichnen.

Insbesondere dieser Ausstellungsstand erfreute sich einer ganz besonderen Beachtung, nicht nur der Radioamateure, sondern auch seitens derjenigen Ausstellungsbesucher, welche nur die landläufigen R.-T.-Empfangsinteressen besitzen, und die nicht selbst bauen und basteln wollen[1]).

G. Bastlerstuben.

Bemerkenswert ist, daß nicht nur in den deutschen Großstädten allenthalben Bastlerstuben und Bastelunterrichtskurse eingerichtet

Abb. 13. Wiener Bastlerstube.

[1]) Eine ausgezeichnete Ausstellung von fast 90 Empfangsapparaten, die nur von Amateuren angefertigt waren, vom einfachsten Kristalldetektorempfänger bis zum 8-Rohr-Super-Heterodynempfänger, veranstaltete der DRC.-Cottbus zusammen mit dem Funktechnischen Verein Lausitz am 6. und 7. Juni 1925 in Cottbus.

worden sind, sondern daß diese Institutionen auch bereits weiter nach Osten vorgedrungen sind. Eine recht hübsche Einrichtung einer Bastlerwerkstatt in Wien der Studenten Garreis und M. Fritz gibt die beistehende Abb. 13 wieder. Die Herren sind teils damit beschäftigt, Spulen zu wickeln, teils werden auch schwierigere Aufgaben, wie z. B. die Herstellung von Niederfrequenztransformatoren in Angriff genommen, wobei gegenüber den fabrikatorisch erzeugten Anordnungen der Vorteil größeren Materialaufwandes vorhanden sein kann, wodurch z. B. größere Klangreinheit erzielbar ist.

H. Senden von Radioamateuren.

Die Erlaubnis, Radioamateure senden zu lassen, setzt selbstverständlich eine weitgehende Disziplin aller Interessenten voraus, da schon durch einen Störenden der R.-T.-Betrieb in weitem Umfange lahmgelegt werden kann. Es kann infolgedessen nur inbetracht kommen, die R.-T.-Interessenten mit einer kleinen Energie und auch nur auf bestimmten Wellenbändern senden zu lassen.

Die Ende 1924 in der Schweiz herausgekommene Regelung des R.-T.-Sendens sieht die Wellenlängen von 180—200 m vor und beschränkt die Senderenergie auf 50 Watt.

Auf diese Weise soll dem Radioamateur Gelegenheit geboten wer- den, sich auch in den Senderbetrieb einzuarbeiten und die zahlreichen Schwierigkeiten kennenzulernen, welche das R.-T.-Senden mit sich bringt. Es wird fernerhin erwartet, daß auch auf diese Weise eine Bereicherung der Radiotechnik bewirkt wird, wie dies durch die Radioamateure auf den Empfangs und Verstärkergebieten schon in erheblichem Umfang der Fall war.

Nach der schweizerischen Regelung steht es dem Amateur auch frei, unter den gekennzeichneten Bedingungen sich gegenseitige Mitteilungen radiotelephonisch zu machen.

J. Radioausstellungen.

Vorläufer der Radioausstellungen, die in Deutschland mit Beginn des Jahres 1924 in großem Maßstabe einsetzten, sind die Spezialausstellungen insbesondere der älteren Radiofirmen, namentlich auf den Leipziger Messen. Dieses ist auch die Stelle, an welcher das größere Publikum zum ersten Male Gelegenheit hatte, Radioapparate zu besichtigen und in Praxi etwas genaueren Einblick zu tun.

In der Tat ist nicht nur dem Propagandagedanken von Radioausstellungen größter Wert beizulegen, sondern auch die Belehrung kann auf diese Weise am besten bewirkt werden, wenn die Ausstellung richtig organisiert und beschickt wird. Es ist hierzu nicht nur notwendig, daß eine wahllose Anzahl von R.-T.-Erzeugnissen aufgebaut und ausgestellt wird, sondern es muß auch auf die Aufnahmefähigkeit des Publikums Rücksicht genommen werden. Daß hierbei ästhetische Gesichtspunkte durchaus gewürdigt werden können, zeigt z. B. der in beistehender Abb. 14 wiedergegebene Ausstellungsstand der Birgfeld-A.-G. auf der Frankfurter Messe, welche wohl die erste R.-T.-Fachausstellung größeren Stils in Deutschland darstellte.

Abb. 14. Meßstand der W. A. Birgfeld A.-G. auf der ersten deutschen Radio-Ausstellung in Frankfurt a. M., April 1924.

An den Wänden sind Kopfhörer ausgestellt, und auf besonderen Tafeln ist der Fabrikationsgang des Kopfhörers wiedergegeben, so daß der Beschauer einen Eindruck von den verschiedenen Manipulationen erhält, die notwendig sind, um einen Hörer herzustellen. Darunter sind Empfangsapparate verschiedenster Ausführung aufgestellt, wobei gleichfalls der Entwicklungsgang berücksichtigt wurde, indem vom einfachen Kristalldetektorempfänger angefangen bis zu einem damals in Deutschland hochwertigen Hochfrequenz-Audion-Niederfrequenz-Verstärker als seinerzeitiges Spitzenfabrikat gezeigt wurde. Darunter auf den schrägen pultförmigen Flächen waren Einzelteile, gleichfalls wieder entsprechend ihrem Fabrikationsgange ausgestellt.

Aber nicht nur die Einzelstände der ausstellenden Fabrikanten sollen auf einer derartigen R.-T.-Ausstellung ein abschließendes belehrendes Bild bieten, sondern die R.-T.-Ausstellungen sind auch berufen, weitergehend anregend zu wirken.

So war es z. B. ein überaus glücklicher Gedanke, auf der Anfang Juni in Hamburg stattfindenden Radioausstellung eine Bastlerstube in vollem Betriebe vorzuführen. Man sah daselbst, wie von jungen Leuten R.-T.-Einzelteile, wie z. B. Spulen, Kontakte usw. hergestellt und wie aus diesen Einzelteilen Empfänger und Verstärker zusammengebaut und geprüft wurden.

Ein weiteres Feld, welches auf R.-T.-Ausstellungen nicht vernachlässigt werden darf, sind die Wechselwirkungen zwischen der Radioliteratur auf die diesbezüglichen Industriezweige. Auch hier war auf der Hamburger Ausstellung 1924 durch die Veranstaltungen von Boysen & Maasch ein neuer Weg eingeschlagen, indem der Interessent Gelegenheit hatte, in verschiedenartigste Radiobücher und Zeitschriften des In- und Auslandes an Ort und Stelle einen Einblick zu tun und sich das auszuwählen, was er für seine Belehrung am geeignetsten hielt.

Nicht unwesentlich sind die Beziehungen zwischen R.-T.-Industrie und der Reklame. Eine kleine Spezialausstellung, welche diesen Zweig moderner Reklamekunst pflegt, dürfte sich wohl auf jeder Ausstellung bezahlt machen.

Um auch dem größeren Publikum ein möglichst lückenloses Bild von der historischen Entwicklung der Radiotechnik zu geben, empfiehlt es sich, in einer besonderen historischen Abteilung, teils in Form von Modellen in früheren Zeiten ausgeführter Apparate, teils an Hand von Druckschriften, Tabellen, graphischen Darstellungen usw. einen Überblick über das zu bieten, was früher geschaffen wurde. Die innige Verschmelzung zwischen Radiotechnik und Wissenschaft bietet eine besonders günstige Gelegenheit, auch auf diese Weise für den Gedanken der Technik beim großen Publikum zu werben.

Die Radioausstellung soll aber nicht nur eine Messe im gewöhnlichen Sinne darstellen, sondern sie soll auch demjenigen, welcher sich über die Fortschritte und Wirkungen informieren will, Gelegenheit bieten, dieses zu tun. Dieses wird dadurch bewirkt, daß die Apparate, seien es Empfänger, Verstärker, Kopfhörer, Lautsprecher oder dergleichen, im Betriebe vorgeführt werden. Es besteht hierbei allerdings gerade bei der Radiotechnik eine grundsätzliche Schwierigkeit, da die Ausstellungsobjekte des einen im Betriebe elektrisch auf die der anderen einwirken können. Es ist daher bei derartigen Ausstellungen Vorsorge zu treffen, daß diese gegenseitigen Störungen auf ein Minimum herabgesetzt werden. Um eine Einheitlichkeit der Vorführungen zu ermöglichen, empfiehlt es sich, möglichst gleiche Empfangsbedingungen für alle Aussteller zu stellen. Dies kann z. B. in der Weise bewirkt werden, daß von einer Zentralempfangsanlage aus die Empfangsenergie allen Ausstellern gleichmäßig zugeliefert wird. Bei Empfang mit Kopfhörer sind Störwirkungen hierbei nicht allzu schwer auszuschließen.

Die Anordnung kann entweder in der Weise geschehen, daß jeder Aussteller eine Innenantenne oder Rahmenantenne ausspannt, von welcher aus er seine Empfangsapparatur betätigt und vorführt. Oder aber es kann die Anordnung auch so getroffen sein, daß von einer Hauptantenne aus ein zentraler Empfänger bedient wird, und daß von diesem aus Ringleitungen zu allen Ausstellern führen, so daß die Niederfrequenzenergie von jedem abgenommen werden kann.

Das erste Verfahren hat natürlich den Vorteil, daß der ganze Empfänger, einschließlich der Zubehörteile und Kopfhörer, begutachtet werden kann, während die zweite Vorführungsmöglichkeit lediglich eine Prüfung von Kopfhörern, Anschlußelementen usw. ermöglicht.

Selbstverständlich sind beide Anordnungen in einer großen Ausstellungshalle mit ihren zahlreichen Beeinflussungen und Störungsmöglichkeiten, welche bei vielen Ausstellerständen stets vorhanden sein werden, durchaus nicht ideal, und sie werden in den seltensten Fällen nur dasjenige Bild ergeben, was bei dem wirklichen Verbraucher, dem R.-T.-Interessenten, ohne weiteres zu erhalten ist.

Ein weiteres Verlangen auf allen Radioaustellungen, was sich naturgemäß mehr und mehr durchsetzen wird, ist die Vorführung von Lautsprechern. Abgesehen von den elektrischen Schwierigkeiten, die sich übrigens für einen guten Lautsprecherbetrieb noch wesentlich vermehren, kommen noch die akustischen Störungen hinzu, welche dann sicher auftreten, wenn in einem Ausstellungsraum eine Vielzahl von Lautsprechern betätigt wird. Auf der Deutschen Funkausstellung ist man infolgedessen auf das Kabinensystem übergegangen, d.h. man hat denjenigen Ausstellern, welche Lautsprecher und hierzu gehörende Verstärker vorzuführen beabsichtigen, neben ihrem Ausstellungsstande einen kabinenartigen Raum zur Verfügung gestellt, in welchem der oder die Lautsprecher aufgestellt waren.

Die Veranstaltung von Radioausstellungen hat natürlich nur dann einen vollen Sinn, wenn die ausgestellten Apparate oder wenigstens Typapparate im Betriebe vorgeführt werden können. Zu diesem Zweck ist es aber notwendig, daß nicht nur der Ausstellungsraum elektrisch nachteilige Baustoffe nicht enthält, teils um eine Beeinflussung auf die Apparate zu vermeiden, im wesentlichen um zu bewirken, daß die elektrischen Wellen ohne Schwächung oder Verzögerung den einzelnen Ausstellern zugeführt werden können. Infolgedessen ist die Verwendung von Eisen als Baumaterial verpönt. Es entsteht also die große Schwierigkeit, Ausstellungshallen von großer Spannweite herzustellen, ohne das hierfür offenbar wesentlichste Baumaterial, die eisernen Träger, zu verwenden.

Abb. 15. Inneres der Messehalle der Deutschen Funkausstellung Dezember 1924 in Berlin während des Bauzustandes

Diese Aufgabe ist in hervorragender Weise durch den Hallenbau der Deutschen Funkausstellung 1924 von H. Straumer gelöst worden. Die ganz aus Holz hergestellte Haupthalle war im Innern mit mächtigen Bindern versehen, welche eine außerordentlich günstige Wirkung hervorriefen. Zwischen den Bindern waren Fenster übereinander angeordnet und durch leichte Färbung des an sich weiß gehaltenen Untergrundes war eine wirksame Belebung des ganzen gegeben. Einen Blick in diese Halle während des Baues gewährt die beistehende Abb. 15.

Die erste Radioweltausstellung.

Im Laufe des Jahres 1924 hat eine Unzahl von Radioausstellungen in aller Welt stattgefunden. Die Ende September in New York zustande gebrachte Radioweltausstellung scheint jedoch über den bisherigen Rahmen erheblich hinauszugehen. Nicht nur, was den Umfang, sondern auch was die Qualität der ausgestellten Waren anbelangt, soll angeblich etwas bisher noch nicht Bekanntes geboten werden. Besonders bemerkenswert scheint es, daß diese Radioweltausstellung für Reiseschau gedacht ist. Es werden nämlich nicht nur alle Ausstellungsstände, sondern auch deren Dekorationen und Zubehör von New York aus nach Chicago in Spezialwagen geschafft. Von dort aus soll die Ausstellung nach Los Angeles und anderen großen amerikanischen Städten geschafft werden.

K. Radiofilme.

Als hervorragendes Mittel, nicht nur den R.-T.-Gedanken zu propagieren, sondern auch als wesentliche Unterstützung für Unterricht und Belehrung können Radiofilme dienen.

Beispielsweise ist es nur mit dem Film möglich, die Hertzschen Kraftlinienabschnürungen nach Art des Trickfilmes wiederzugeben. Die Entstehung der Kraftlinien und die Abschnürung derselben, die Ausbreitung der Wellen, das Vorhandensein stehender Wellen, das An- und Abschwellen von Strömen und Spannungen in Röhrenkreisen und vieles andere mehr, ist für den Film in besonderem Maße geeignet und die Darstellung kann ohne weiteres so gehalten sein, daß auch derjenige, welcher sich bisher niemals mit den näheren Fragen beschäftigt hat, ein gutes Anschauungsbild erhält und auf Grund desselben Interesse an den Erscheinungen gewinnt. Das Eindringen in die Materie wird auf diese Weise besonders begünstigt.

Leider ist bei den bisher herausgekommenen Radiofilmen auf diesen Punkt viel zu wenig Wert gelegt worden, und es muten diese Filme in den weitaus meisten Fällen mehr an, als ob sie hauptsächlich zur Reklame einzelner Persönlichkeiten oder von Radiofirmen gedreht wären.

L. Förderung der R.-T.-Bewegung.

Im nachstehenden sollen kurz einige Gesichtspunkte behandelt werden, welche teils die Gründe, teils aber auch die Maßnahmen andeuten, die zu berücksichtigen wären, um die Radiosache in Deutschland sowohl nach der industriellen als auch nach der kaufmännischen Seite zu fördern und somit auch weitere Belehrung und künstlerische Darbietungen in die Kreise weiterer Volksschichten hineinzutragen.

Die Radiosache kann gefördert werden:

I. Durch innere Maßnahmen:

Die erste Forderung wäre, daß das Verbandswesen gestärkt würde, sowohl auf seiten der Fabrikanten als auch der Händler. Es gibt zwar schon Organisationen; in welchen auch eine größere Anzahl von Firmen und Interessenten vereinigt sind. Es erscheint jedoch wünschenswert, insbesondere um den nachstehenden Punkten besser gerecht werden zu können, wenn diese Verbandsbestrebungen noch mehr als bisher ausgedehnt würden und sich weiter Geltung verschaffen könnten.

a) Kontingentierung der Produktion. Eine unerläßliche Forderung, um eine Gesundung sowohl der Produktion als auch des Vertriebs herbeizuführen, liegt in der Kontingentierung der erzeugten Gegenstände. Die fast wahllose Produktion in einem Ausmaße, welches mit der Käuferzahl sich durchaus nicht im Einklang befindet, hat zu einem nicht unerheblichen Teil zu der schweren Radiokrise von 1924 geführt, bei welcher zahlreiche Firmen eingegangen sind und viel Nationalvermögen verloren wurde. Es ist klar, daß gerade die Einsicht und Durchdrückung dieses Punktes naturgemäß auf außerordentliche Schwierigkeiten stößt, denn bei der Freizügigkeit im Handel und Gewerbe glaubt sich mehr oder weniger jeder dazu berufen, Radioteile und Apparate zu erzeugen und zu verkaufen.

b) Normalisierung. Nicht nur zur Förderung der vorstehenden Gesichtspunkte, sondern auch um den Verkehr und die Benutzung sowohl durch den Radioamateur als auch für den Rundfunkabonnenten zu erleichtern, ist eine weitgehendste Normalisierung der Einzelteile notwendig. Betrachtet man z. B. allein die zahlreichen Varianten an Röhrensockeln und die hiermit verbundene außerordentliche Erschwerung, andere Fabrikate zu verwenden, so ist die Wichtigkeit der Durchführung dieses Punktes besonders augenfällig.

c) Notwendigkeit von Radio-Spezialfabriken. Es ist vielleicht bedauerlich, daß nicht mindestens die Erzeugung von Empfängern und Verstärkern einer bestimmten Anzahl von hierzu besonders geeigneten Firmen vorbehalten werden konnte, sondern daß auch diese Teile von nahezu jeder beliebigen Fabrik hergestellt werden können. Zahlreiche Versager und viele ungerechtfertigte Vorwürfe gegen die Rundfunksender sind diesem Umstande zuzuschreiben. Von größter Wichtigkeit ist die strikte Durchführung und Innehaltung der Spezialisierung in der Fabrikation. Es ist ein mit den heutigen wirtschaftlichen Verhältnissen in keiner Weise zu vereinbarender Standpunkt, daß beispielsweise eine Radiofabrik Einzelteile, Zubehör, Apparate, Empfänger, Verstärker usw. herstellt. Höchstens ganz großen Werken könnte ein derartig weit ausgedehntes Programm in der Fabrikation vorbehalten bleiben. Alle kleineren und kleinen Fabriken müßten sich darauf beschränken, lediglich bestimmte Einzelteile, Zubehör, Apparate und Empfangseinrichtungen zu bauen, wobei nach Möglichkeit die Typisierung durchgeführt werden muß. Nur auf diese Weise ist es denkbar, daß die Fabriken hochqualifizierte Apparate und

Einzelteile heraus- und sie doch für den Konsumenten zu erträglichen Preisen auf den Markt bringen.

II. Durch Aktionen nach außen hin:

d) Propaganda-Ausstellungen. Der Radiogedanke kann außerordentlich belebt werden durch zweckentsprechende Ausstellungen. Hierunter sind nicht die meisten der Veranstaltungen zu verstehen, welche 1923 und 1924 stattgefunden haben und die, wenigstens teilweise, eher das Gegenteil von dem bewirkt haben, was beabsichtigt war. Eine Radioausstellung muß Qualitätswaren zeigen; sie muß dem großen Publikum durch Vorführungen jeder Art beweisen, was geboten werden kann, und daß dieses beispielsweise besser ist, als die landläufigen Grammophone. Sie muß, um nur einige Beispiele herauszugreifen, auch die Interessen der Radioamateure und Bastler betonen und die hierfür von der Industrie bereitzustellenden Hilfsmittel demonstrieren. Sie muß auch auf die historische Entwicklung und auf den literarischen Teil eingehen. Die Hamburger Radioveranstaltung im Frühjahr 1924 hatte schon einen sehr guten Anlauf in dieser Beziehung genommen, und auf der Leipziger Herbstmesse 1924 hat die Firma Huth schon wesentliche Teile einer Rundfunksendeanlage demonstriert. Diese Wege scheinen die richtigen zu sein. Sie müssen entsprechend weiter ausgebaut werden, und es würde hierdurch der Radiogedanke wesentlich gefördert werden.

e) Spezial-Radiogeschäfte. Vor allem notwendig erscheint die Durchführung der Forderung, daß nicht in jedem xbeliebigen Geschäft Radioapparate und Einzelteile verkauft werden, sondern daß diese gewissen Spezialgeschäften vorbehalten sind. Es ist bisher auch nicht üblich gewesen, Operngläser und photographische Apparate beispielsweise in Zigarrengeschäften zu kaufen. Dabei wäre dies noch viel eher möglich, als bei den im Verkauf ungleich schwierigeren Radioapparaten, bei denen der Käufer meist zahlreiche oft recht schwierig zu beantwortende Fragen zu stellen pflegt. Die Forderung in diesem Punkte lautet: Spezialgeschäfte mit speziell für Radioapparate vorgebildeten Verkaufspersönlichkeiten, welche auch die Technik einigermaßen beherrschen.

Als Beispiel eines gut eingerichteten Radiogeschäftes ist in Abb. 16 das Schaufenster der Radio-Vox (Budapest IV) zum Ausdruck gebracht. Es zeigt dieses u. a.:

a eine Röhrenapparatur von Peto So in London,
b den Lautsprecher von Pival,
c einen Doppelkopfhörer von Ergesult Izzó, Budapest,
d einen Röhrensockel der Radio-Industrie, Paris,
e einen Lautsprecher von C.E.M.A.,
f einen Vierröhrenapparat von Broadcasting, Wien,
g die große Überlagerungsröhrenapparatur von Radio L.L., Paris, in Superheterodyneschaltung mit Gaumontröhren,
h einen Zweiröhrenempfänger der Société d'Etudes et d'Entreprises, Paris,
i einen kleinen Lautsprecher von Sterling, London,
k Honigwabenspulen von Burndept, London,
l den Amplionlautsprecher,
m Röhrenapparatur von Gramont, Paris, in sog. Teslaschaltung,
n Vierröhrenempfänger der Radiofrequenz, G. m. b. H., Berlin-Friedenau,
o den Lautsprecher Le Las,
p Vierrohrempfänger von Paris et du Rhone.

III. Durch Ausbau des Rundfunksenderwesens:

Die Entwicklung der Rundfunksender befindet sich noch im Anfangsstadium. Der Ausbau muß nach mehreren Richtungen hin erfolgen, um

Abb. 16. Schaufenster von Radio-Vox in Budapest.

einerseits die Darbietungen immer besser zu gestalten und andererseits möglichst viele Interessenten in Stadt und Land heranzuziehen.

Während bisher in denjenigen Städten, welche einen eigenen Rundfunksender besitzen, die Bewohner selbst mit primitivsten Mitteln, vielfach ohne Antenne, mit einfachem Detektorempfänger technisch einen guten Empfang haben, sind in Kleinstädten und auf dem Lande, wo selbst die elektrischen Empfangsbedingungen an und für sich weit günstiger sind, als in der Großstadt, erheblich größere und teurere Empfangsmittel notwendig. Die Ausmerzung dieses Unterschiedes muß mehr und mehr angestrebt werden, dem jeweiligen Stande der Technik entsprechend.

Es ist inbetracht zu ziehen, ob die Erfüllung der vorgenannten beiden Gesichtspunkte ev. durch Heranziehung wesentlich kürzerer oder erheblich längerer Wellenlängen aussichtsreichere Perspektiven eröffnet. Manche namentlich von ausländischen Radioamateuren erzielten Resultate scheinen nicht ungeeignete Gesichtspunkte für die weitere Entwicklung und Ausbildung der Rundfunksender zu bieten.

Die Bestrebungen, Heranziehung möglichst einfacher Empfangsmittel, insbesondere solcher Zuleitungsanordnungen wie z. B. der Lichtleitungen, um mit Hochfrequenzenergie tunlichst zu sparen, müßten nach Möglichkeit unterstützt werden. Vielfach ist mit Bezug hierauf noch die nötige Aufklärungsarbeit beim großen Publikum zu bewirken, um zu beweisen, mit wie einfachen Mitteln, mindestens im direkten Bereich der Rundfunksender ein einfacher und doch auch künstlerisch meist recht befriedigender Empfang möglich ist.

Die weitere Entwicklung dürfte auch darauf hinzielen, den Empfang einer tunlichst großen Zahl anderer Sender mit einfachen Mitteln für die Rundfunkabonnenten zu gewährleisten. Es ist hierbei daran gedacht, daß zunächst von den eigentlichen Rundfunksendern, später aber auch von den Relaisstationen, außer der eigenen Sendung auf bestimmter Welle noch diejenigen aller übrigen Sender auf den verschiedenen anderen Wellen mit verbreitet werden. Es würde alsdann beispielsweise möglich sein, daß ein Hamburger Rundfunkabonnent, welcher mit einfachem Kristalldetektorempfänger aus der Lichtleitung empfängt, nicht nur Hamburg, sondern auch Berlin, München, Frankfurt am Main, Stuttgart, Breslau, Königsberg usw. empfangen kann.

Eine gewisse Einwirkung auf die Programme erscheint zweckmäßig. Es ist ohne weiteres zuzugeben, daß die deutschen Programme ständig besser geworden sind, und daß einige ganz ausgezeichnete Darbietungen pflegen. Es liegt aber naturgemäß in der Sache begründet, daß, wie bei jeder technischen Entwicklung auch hier entsprechende Fortschritte zu berücksichtigen sein werden. Abgesehen von der Sendung von politischen Wahlreden und Auslandspropaganda sollte im übrigen jede politische Nuance aus dem Rundfunkprogramm ferngehalten werden, denn die Zahl derer, die hieran Anstoß nehmen, ist keine geringe.

Ebenso sollte aus den Rundfunksendungen tunlichst jede Reklame fortgelassen werden. Dieselbe wirkt umso störender beim Rundfunk, als man nicht wie bei gedruckten Anschlägen und Inseraten einfach über dieselben hinwegsehen kann, sondern sie vielmehr mit anhören muß, um den Einsatz der nächsten nicht reklamehaften Darbietung nicht zu versäumen. Wenn zur Stützung der Rundfunksender tatsächlich Reklamen gesendet werden müssen, so müssen diese auf ganz bestimmte Zeiten beschränkt werden, so daß es jedem Rundfunkabonnenten, der die Reklamen nicht zu hören wünscht, möglich ist, während dieser Zeiten sich vom Empfang fernzuhalten.

M. Zukunftsaussichten der R.-T. und des Wired-Wireless.

In Amerika hat sich folgende Art für den Empfang auswärtiger Stationen in den Großstädten eingebürgert, um teure Apparate zu sparen und die zahllosen beim Fernempfang in der Großstadt vorhandenen Störungen auszumerzen:

Man stellt in den betreffenden Häusern, in denen eine Reihe von R.-T.-Interessenten für diese Empfangsart wohnen, einen sehr hochwertigen Empfänger auf, welcher mit einer möglichst guten Antenne verbunden ist. Mit diesem Empfänger werden die betreffenden auswärtigen Stationen genommen, und es wird ein kleiner Sender hiermit gespeist, welcher auf die Lichtleitung oder ein sonst hierzu in den betreffenden Häusern angebrachtes Drahtsystem arbeitet. Alsdann kann jeder Interessent sich mit billigem Detektorapparat an dieses Netz anschließen und empfängt die auswärtigen R.-T.-Darbietungen.

Es ist dieses die praktischste Form des „Wired-Wireless“.

N. Darf der Amateur Dritten patentierte Apparate und Schaltungen benutzen lassen, oder muß er hierbei patentrechtliche Vorschriften berücksichtigen?

Das deutsche Patentgesetz, das auf den Forderungen der Großindustrie und des Großkapitals beruht und vom 7. April 1891 datiert, lautet in Paragraph 4 wörtlich wie folgt:

Das Patent hat die Wirkung, daß der Patentinhaber ausschließlich befugt ist, gewerbsmäßig den Gegenstand der Erfindung herzustellen, in Verkehr zu bringen, feilzuhalten oder zu gebrauchen. Ist das Patent für ein Verfahren erteilt, so erstreckt sich die Wirkung auch auf die durch das Verfahren unmittelbar hergestellten Erzeugnisse.

Wie aus dem Wortlaut dieses Paragraphen einwandfrei hervorgeht, ist durch das Gesetz lediglich das gewerbsmäßige Inverkehrbringen, Feilhalten und Gebrauchen geschützt. Entsprechendes gilt für Gebrauchsmuster (§ 4 des Gesetzes vom 1. 6. 1891). Jede *private* Benutzung des Gegenstandes der Erfindung fällt also nicht unter das Patentgesetz. Nun stellt aber die Benutzung eines patentierten Apparates oder einer patentierten Schaltung durch den *Radioamateur* unter keinen Umständen eine gewerbsmäßige oder gewerbliche Benutzung dar, sondern erfolgt ausschließlich aus privaten Interessen der Belehrung oder Unterhaltung. Daher ist jede derartige Benutzung dem Radioamateur aus patentrechtlichen Gründen vollkommen freigestellt, ohne daß der Patentinhaber, Lizenznehmer oder dergleichen irgendein Einspruchsrecht geltend machen könnte. Für den Radioamateur gibt es keine patentrechtlichen Eingrenzungen.

Der Amateur hat lediglich die von Staats wegen erlassenen allgemeinen Vorschriften über die Benutzung radiotelegraphischer Anlagen zu berücksichtigen.

II. Geschichtlicher Überblick.

1. Vorläufer der drahtlosen Nachrichtenübermittlung.

Das berühmte Froschschenkel-Experiment von Galvani im Jahre 1789 ist als vielleicht erste Fernübertragung elektrischer Induktionsströme anzusehen[1]). Hierbei war, in drahtlosem Sinne gesprochen, der Froschschenkel der eigentliche Empfänger, der kupferne Haken, mit dem der Schenkel einschließlich der Nerven befestigt war, der Empfangsluftleiter. Jedesmal wenn aus dem Konduktor einer in der Nähe des Froschschenkels befindlichen Elektrisiermaschine Funken gezogen wurden, also der „Sender" in Tätigkeit trat, geriet der Schenkel in Zuckungen. Eine metallische Verbindung zwischen Maschine-Sender und Froschschenkel-Empfänger bestand nicht. Man hatte es vielmehr mit einer Energieübertragung zu tun, die Galvani fälschlich als eine Folge des „Lebenselixiers" ansah.

a) Erste Versuche einer drahtlosen Nachrichtenübermittlung mit Niederfrequenz.

Von späteren Versuchen, ohne Leitung sich zu verständigen, sind insbesondere die Arbeiten von Lindsay 1831 (1854) Morse und Gale 1842 und 1844 bemerkenswert.

Diese Forscher, zu denen sich noch K. A. Steinheil (1838) hinzugesellt, welcher die Erdrückleitung für Telegraphenströme entdeckte und die Möglichkeit einer drahtlosen Telegraphie versuchte, stellten eine Telegraphie ohne fortlaufenden Metalldraht unter Verwendung von elektrischen Leitungsströmen durch das Wasser hindurch her, und es gelang ihnen, eine Verständigung sogar bis auf etwa 2 km zu erreichen. Beachtenswert ist, das Morse bereits den Begriff „Abstimmung" besessen hat, welcher für die drahtlose Telegraphie von größter Bedeutung wurde.

b) Entdeckung der oszillatorischen Entladung einer Leydener Flasche von J. Henry 1840 und P. T. Rieß 1849.

Es folgen die Untersuchungen und Theorie über die oszillatorische Entladung der Leydener Flasche von H. v. Helmholtz (1847), die mathematische Diskussion von W. Thomson (Lord Kelvin) 1853, bei

[1]) Vor einiger Zeit ist das Froschschenkel-Experiment von Lefeuvre auf größere Entfernung, und zwar zwischen Rennes—Paris (310 km) in derart abgeänderter Form wiederholt worden, daß der Froschschenkel direkt als Empfangsapparat für die Signale von der Eiffelturmstation benutzt wurde. Der Schenkelnerv und der Muskel wurden mit einem leichten Hebel verbunden, der an einem dem Drehpunkt abgewandten Ende eine Spitze trug, die auf einer mit Ruß geschwärzten Trommel die Radiotelegramme der Eiffelturmantenne direkt aufschrieb.

welcher Stromstärke und Geschwindigkeit der Elektrizität als identisch angenommen werden, und von Kirchhoff (1857).

Im Jahre 1867, insbesondere fußend auf den Experimenten von Faraday, entwickelte sodann J. C. Maxwell vor der Royal Society in London seine berühmte Theorie des Elektromagnetismus einschließlich des Vorhandenseins elektromagnetischer Wellen, und in gewissem Sinne wurde bereits durch die Feststellung von v. Bezold (1870), daß die von einer Kondensatorentladung herrührenden schnellen Schwingungen „Interferenzphänomene" zeigen, ein experimenteller Beweis geliefert.

Maxwell entwickelte bereits, daß von der elektrischen Funkenentladung Kräfte ausgehen, welche sich mit Lichtgeschwindigkeit und in Wellenbewegungen durch den Raum, den er sich mit Äther ausgefüllt dachte, fortpflanzen.

Eine absolut bewußte und beabsichtigte drahtlose Nachrichtenübermittlung hat sodann 1879 der Erfinder des Mikrophons D. E. Hughes der Royal Society in London vorgeführt. Seine Anordnung war folgende: Als Sender wurde eine kleine Induktionsspule mit einer Funkenstrecke, als Empfänger, der etwa 400 m entfernt vom Sender aufgestellt war, ein loser Kohärenzkontakt benutzt, der beim Auftreten von elektromagnetischen Wellen seinen Widerstand änderte. Letztere Änderung rief in einem mit dem Kontakt verbundenen Telephon Geräusche hervor, welche man abhörte, und so wurde bei Verwendung des Morsealphabets eine Verständigung auch auf größere Entfernungen möglich.

Ferner ist auch noch in diesem Zusammenhang der „Abstimmungsapparat" von Crookes erwähnenswert, welcher eine gewisse Ähnlichkeit mit der 1904 von Telefunken benutzten „Fernwellenmeßeinrichtung" besitzt. Crookes hat auch bereits (1892) ein wahrhaft großartiges Bild von der Nutzbarmachung der Wellentelegraphie entworfen, welches heute beinahe schon zur Wirklichkeit geworden ist.

Die ersten, wenn auch noch nicht klar beabsichtigten Versuche sowohl auf der Sende- als auch auf der Empfangsstation, Ansätze von Antennen- und Erdverbindungen zu nehmen, rühren wohl von Dolbear (1882 und 1886) her.

Seine Anordnung (Abb. 17) besteht auf der Senderstation aus einer kleinen magnetoelektrischen Maschine *a*, deren einer Pol geerdet ist,

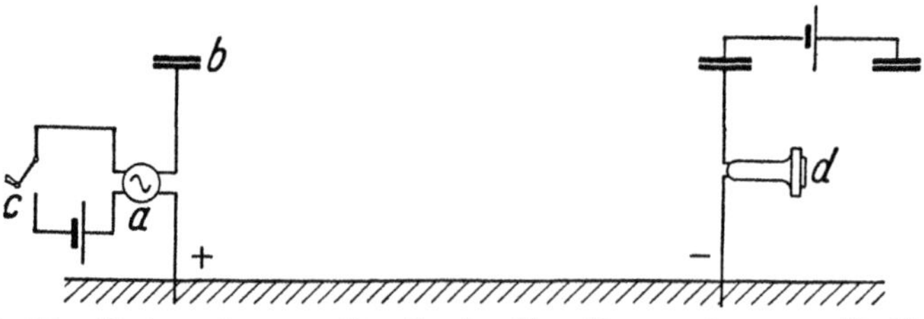

Abb. 17. Erste antennenartige Sender-Empfängeranlage von Dolbear.

während der andere mit der Kapazität *b* verbunden war; getastet wurde mit der Morsetaste *c*.

Als Empfänger wurde eine ähnliche Anordnung benutzt und als Empfangsindikator diente ein Telephon d[1]).

c) Beweis der Wesensgleichheit aller elektrischen Strahlen des Spektrums durch H. Hertz.

Zwar war, wie schon bemerkt, durch Kirchhoff und Thomson bereits in den dreißiger Jahren des vorigen Jahrhunderts eine theoretische klare und einwandsfreie Erklärung der Kondensatorentladung gegeben worden, und Feddersen hatte die Richtigkeit dieser Theorie mit dem rotierenden Spiegel bewiesen.

Aber es fehlte noch der Beweis der Wesensgleichheit aller elektromagnetischen Schwingungen und der hieraus zu ziehenden Konsequenzen. Dieser war dem genialen H. Hertz vorbehalten, welcher in seinem Buche „Untersuchungen über die Ausbreitung der elektrischen Kraft" (1888—1891) in experimenteller und theoretischer Beziehung alle noch offenen Fragen beantwortete. Hiermit waren die Grundlagen der drahtlosen Telegraphie gegeben.

Hertz ist es nicht nur gelungen, in dem begrenzten Raum des Laboratoriums kleine drahtlose Sender und Empfänger herzustellen, die Wellenlänge und Geschwindigkeit elektrischer Wellen zu messen, die Wesensgleichheit aller Strahlen des Spektrums in bezug auf Beugung, Reflexion, Interferenz und Brechung nachzuweisen (Hertzscher Resonator), und hierbei u. a. auch die grundlegenden Resonanzerscheinungen festzustellen, sondern er hat auch bereits Ausblicke dahingehend getan, daß die von ihm gefundenen Sender und Empfänger für eine Nachrichtenübermittlung auf größere Entfernungen inbetracht kommen könnten. Leider verstarb er zu früh, um seine Pläne ausführen zu können.

Auf der grundlegenden Hertzschen Theorie fußen alle nachfolgenden Forscher und Konstrukteure der drahtlosen Nachrichtenübermittlung.

d) Vervollkommnung der Hertzschen Versuchanordnungen und weiterer Ausbau der Schwingungstheorie von O. Lodge. Entwicklung des Resonanzgedankens und des geschlossenen Schwingungskreises sowie der Stoßerregung.

Nächst Hertz ist O. Lodge (seit 1889) anzuführen, welcher nicht nur die Hertzschen Versuchsanordnungen weiter vervollkommnet hat, — so hat Lodge schon 1894 der Royal Institution den Hertzschen Sender in Verbindung mit dem 1892 von E. Branly wiederentdeckten Kohärer als Empfangsdetektor vorgeführt — sondern auch bereits in erheblichem Maße die drahtlosen Sende- und Empfangseinrichtungen unter Hinzufügung von neuen Gedanken fortentwickelt.

Er ist der erste gewesen, der in konsequenter Verfolgung des Resonanzgedankens den „geschlossenen Schwingungskreis" angegeben hat,

---

[1]) Die Benutzung von + — in Abb. 17, welche den Ausführungen Dolbears direkt entnommen wurde, bei Verwendung der Wechselstrommaschine a ist nicht verständlich.

um große Antennenenergien und damit auch große Reichweiten erzielen zu können.

Den Abstimmungsgedanken finden wir bei Lodge immer wieder und in jeder Form behandelt. Die ersten Betrachtungen über das richtige Abreißen von Funkenvorgängen in Funkstrecken und damit die sog. „Stoßerregung" verdanken wir ihm.

e) N. Teslas Anordnungen einer drahtlosen Nachrichtenübermittlung für „große und kleine Entfernungen". Tesla-Transformator. Abstimmung des Empfängers auf den Sender.

Neben Lodge ist Nicola Tesla (1893/94) zu nennen, dessen außerordentliches experimentelles Geschick oft zu guten Vorschlägen für die drahtlose Nachrichtenübermittlung führte. In dem beinahe als Offenbarung anmutenden Buche von Tesla „Untersuchungen über Mehrphasenströme" (1894) finden sich mehr als die Ansätze zu vielen Erfindungen, welche erst in späteren Zeiten in vollem Umfange verwirklicht worden sind. Auch Tesla kannte bereits 1893 eine drahtlose Telegraphie zwischen zwei voneinander entfernt liegenden Orten. Zum Betriebe einer Station wollte er allerdings in erster Linie Störungen der elektrischen Feldintensität, d. h. also Potentialschwankungen ausnutzen.

Das Schema der Teslaschen Anordnung gibt Abb. 18 wieder.

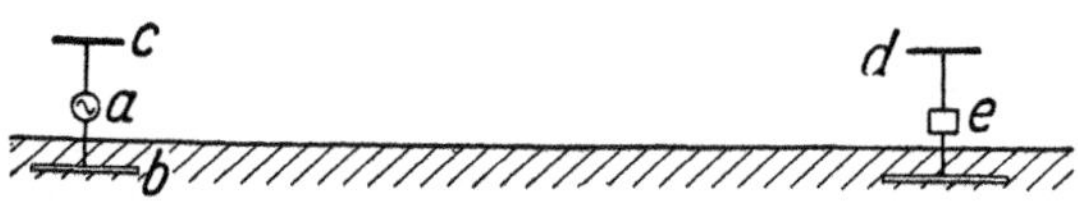

Abb. 18. Die Teslaanordnung eines Systems der drahtlosen Telegraphie.

Die Wechselstromquelle *a*, als welche sich Tesla eine Maschine denkt, die „den elektrostatischen Zustand der Erde zu stören" geeignet ist (obgleich Tesla den Hertzschen Oszillator kannte und selbst hervorragende Hochfrequenzumformer [„Tesla-Transformatoren"] schon seit ca. 1892 benutzte) ist einerseits mit einem in die Luft ragenden Körper großer Oberfläche *c*, andererseits mit einer noch größer sein sollenden Erdung *b* (z. B. Wasserleitung) verbunden.

Die von dieser Einrichtung erzeugten Wellen sollten durch die Erde nach dem dem Sender gleichgebauten Empfänger *d* hingeleitet werden. Wesentlich ist es nun, daß es Tesla bereits ausspricht, daß der „Empfänger auf den Sender abgestimmt sein soll".

Einen „Detektor" *e* kannte Tesla merkwürdigerweise nicht. Wohl infolgedessen hat er seinen Gedanken nicht in die Praxis umgesetzt. Aber an die Empfangsverstärkung mittels einer „Synchroneinrichtung" hat er bereits gedacht.

f) Erfindung der geerdeten Empfangsantenne, mit dem schon vorher von Branly wiederentdeckten Kohärer von Popoff.

Als weiterer Pionier der drahtlosen Telegraphie kommt Popoff inbetracht. Dieser versuchte 1895 die atmosphärischen Störungen zu registrieren, indem er mittels eines in die Luft ragenden Drahtgebildes *a* (Abb. 19) die atmosphärischen Potentialschwankungen auf einen von Branly 1890 wiederentdeckten geerdeten Kohärer *b*, bestehend in einer Glasröhre mit Eisenfeilspänen zwischen zwei Metallelektroden, übertrug, welcher beim Auftreten von Spannungsdifferenzen im Luftleiter leitend wurde, und eine elektrische Klingel *c* mittels eines Relais *d* und Batterie *e* in Tätigkeit setzte. Um den Kohärer wieder nichtleitend zu machen, benutzte Popoff die Signalklingel *c* gleichzeitig auch zum Klopfen der Kohärerröhre. Diese Anordnung gibt auch ein Bild des einfachsten und tatsächlich auch von Marconi in der ersten Zeit benutzten Empfängers wieder.

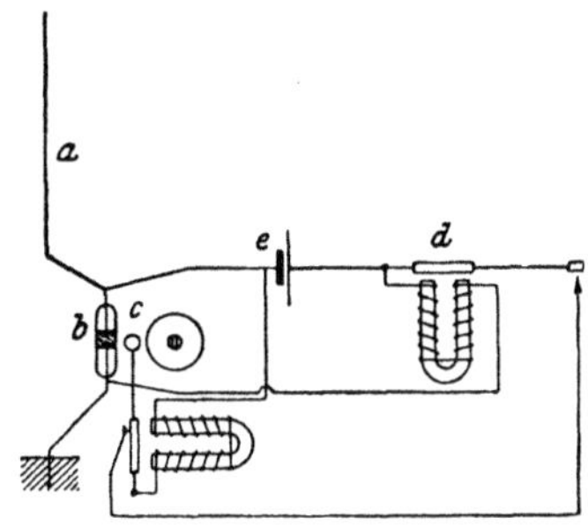

Abb. 19. Der Kohärerempfänger mit geerdeter Empfangsantenne von Popoff.

Der Empfänger mit dem Luftleiter war somit bereits 1895 vorhanden.

2. Stark gedämpfte, funkenerregte Sender und Kohärerempfänger ohne Abstimmung (1896—1900).

a) Die Righi-Anordnung. Marconis erste Versuche.

Als bald darauf A. Righi in Bologna eine aus drei Elektrodenkugeln bestehende, besonders wirksame Funkenstrecke herstellte und dieselbe in seiner Vorlesung über elektrische Wellen vorführte (1896), faßte der bei ihm studierende G. Marconi den Plan, mit Hilfe dieser Funkenstrecke und der Empfangseinrichtung von Popoff eine drahtlose Telegraphie herzustellen, nachdem er sich vergeblich bemüht hatte, mit dem Righischen Oszillator allein, auch wenn er einen Brennspiegel anwandte, einigermaßen befriedigende Resultate zu erreichen.

Zu diesem Zwecke verband Marconi (1896) die eine Außenkugel der Righischen Funkenstrecke mit einem Luftdraht, die andere Außenkugel mit der Erde und erzeugte auf diese Weise relativ weitreichende, kräftige elektromagnetische Oszillationen, welche auf den mehrere Kilometer entfernt befindlichen Empfänger übertragen wurden.

Der hochgeführte Sendeluftdraht ist somit das eigentlich Neue, das Marconi hinzufügte. Außerdem aber erdete er bereits den Luftleiter und hatte somit, ob zufälligerweise oder beabsichtigt, mag dahingestellt bleiben, die an sich wirkungsvollste und beste Anordnung geschaffen. Man wird zugeben müssen, daß gerade durch dieses Hinzufügen und durch die Experimente in größerem Maßstabe als in einem begrenzten Laboratorium, Marconi als der eigentliche Schöpfer der drahtlosen Telegraphie anzusehen ist.

Die geschilderte einfache Marconische Senderanordnung aus dem Jahre 1896 gibt Abb. 20 wieder, während die dazugehörende Empfangsanordnung, welche identisch mit dem Popoffschen Empfänger ist, in Abb. 20 rechts dargestellt ist. Es ist hierin *f* ein Induktor, der von einer Batterie gespeist wird; g ist die eigentliche Funkenstrecke, die von Hilfsfunkenstrecken h aufgeladen wird (Righischer Dreifunkenstrecken-Oszillator) und ik ein Luftleiter. Mittels des Induktors f wird der Luftleiter ik, der an seinem oberen, an einem Galgen isoliert aufgehängten Ende zweckmäßig eine vergrößerte Kapazität k besitzen sollte, und der eine gewisse Kapazität gegen Erde darstellt, aufgeladen. Es entsteht in der Funkenstrecke ein Funkenübergang, nach der Anschauung von Hertz werden elektromagnetische Kraftlinien von dem Sendeluftleiter abgeschnürt und wandern in den Raum hinaus. Ein Bruchteil derselben, — leider nur ein recht geringer —, wird von dem fernen Empfangsluftleiter aufgenommen und dem Kohärer zugeführt. Durch die aufgenommenen Schwingungen wird dieser Kohärer leitend, schließt einen Batteriestrom und bringt z. B. eine Klingel zum Tönen oder betätigt einen Morseapparat.

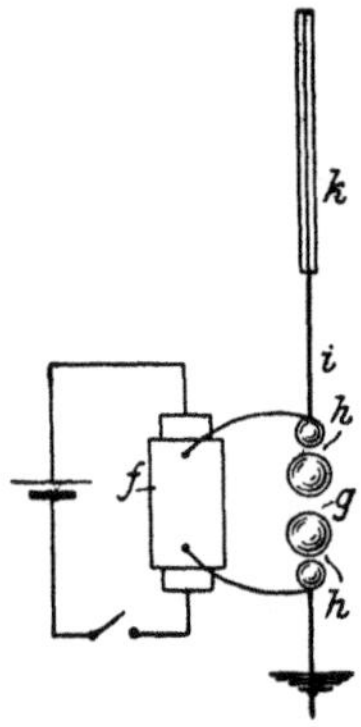

Abb. 20. Marconis Fundamentalanordnung: Der geerdete Funkensender.

Sendet man nun z. B. im Rhythmus der Morsezeichen elektromagnetische Wellen von der Sendestation aus, so kann man, wenn beide Luftdrähte gleich oder annähernd gleich lang gemacht sind, d. h. wenn sie sich „in Abstimmung“ befinden, im Empfänger die Zeichen z. B. mittels der Klingel hörbar machen, oder mit dem Morseapparat aufschreiben.

Hiermit war also eine Nachrichtenübermittlung ohne fortlaufenden Leitungsdraht gegeben.

Die grundlegende Marconianordnung hatte aber eingreifende Mängel, welche zwar einen drahtlosen Verkehr auf einige Kilometer zuließ, — Marconi telegraphierte 1897 im Golf von Specia auf ca. 18 km und im selben Jahre über den Bristolkanal zwischen Lavernack point und Breandown, an welchen Versuchen A. Slaby teilnahm, — nicht aber eine Vergrößerung der Stationen und damit der Reichweiten erlaubte.

Die Hauptfehler dieser Anordnung waren die geringe Schwingungskapazität und die große Dämpfung. Diese letztere rührte daher, daß der Luftleiter, welcher gleichzeitig auch die Schwingungskapazität darstellt, infolge seiner geradlinig ausgestreckten Form nur eine kleine Kapazität besaß und alle ihm zugeführte Energie sofort an den Raum abgibt. Ein geschlossener Schwingungskreis, welcher im Gegensatz zu diesem offenen Luftleiter die Energie in Ruhe angesammelt hätte, war nicht vorhanden. Die große Dämpfung hat aber den weiteren Übelstand der geringen Abstimmungsmöglichkeit im Gefolge. Einander benachbarte Sendestationen mußten daher, um überhaupt mit Empfangsstationen telegraphieren zu können, mit sehr voneinander verschiedenen Wellenlängen arbeiten und störten sich auch dann noch. Der zweite Übelstand dieses sog. einfachen Marconisenders war die geringe Antennenkapazität wodurch die in elektrische Wellen umzusetzende Energie nur gering sein konnte. Infolgedessen war auch die Reichweite, welche sich selbst bei Vergrößerung der Luftleitergebilde und bei Verstärkung der Energiequelle erzielen ließen, nur klein.

b) Absendung des ersten bezahlten „Marconigramms“.

Von der Station auf den needles wurde 1898 das erste bezahlte „Marconigramm“ von W. Thomson (Lord Kelvin) an Sir G. Stockes gesandt.

1898 erfolgte alsdann auch die erste drahtlose Schiffsinstallation auf dem Dampfer „Flying Huntres“.

c) Beginn der drahtlosen Arbeiten in Deutschland durch Slaby-Arco (A.E.G.) und F. Braun (später zusammen Siemens und Halske).

In Deutschland begann bald nach Bekanntwerden der ersten Marconischen Erfolge, und nachdem sich die Ankaufsverhandlungen mit Marconi zerschlagen hatten, eine intensive Tätigkeit auf diesem Gebiete.

Zuerst war es die funkentelegraphische Abteilung der Allgemeinen Elektrizitätsgesellschaft, welche auf Veranlassung von A. Slaby nach dem System Slaby-Arco drahtlose Stationen herstellte. Seit 1898 beschäftigte sich ferner auch F. Braun in Straßburg zuerst mit einem Hamburger Konsortium, später mit der Siemens und Halske-Aktiengesellschaft in industrieller Beziehung mit drahtloser Telegraphie.

Unter Zugrundelegung der Marconischen Anordnung suchten die Vorgenannten, seine Einrichtungen zu verbessern, und es gelang ihnen auch nach mancherlei Fehlschlägen, Schaltungen und Konstruktionen zu finden, welche in ihren Grundgedanken zum Teil sogar heute noch in Benutzung sind.

3. Abgestimmte, funkenerregte Sender und Empfänger mit verminderter Dämpfung, geschlossener Schwingungskreis (1900—1906).

a) Geschlossener Schwingungskreis beim Sender und Empfänger; hierdurch geringere Dämpfung und wesentliche Steigerung der Energie und Reichweite, jedoch auch Zweiwelligkeit.

Als wesentlichste Verbesserung des ursprünglichen einfachen Marconisenders muß die Verwendung des „geschlossenen Schwingungskreises“ in Verbindung mit dem Luftleiter sowohl bei der Sende- als auch bei der Empfangsstation angesehen werden (Abb. 21). Dieser geschlossene Schwingungskreis brachte den großen Vorteil mit sich, daß die Resonanz in allen ihren Einzelheiten voll und ganz ausgenutzt werden konnte. Es gelang hierdurch auf der Senderseite durch die Anwendung des geschlossenen Schwingungskreises die erzeugte und ausgestrahlte Schwingungsenergie, selbst nach heutigen Begriffen, bis zu einem hohen Betrage zu steigern. Man war nicht mehr auf die geringe Kapazität des Luftleiters angewiesen, sondern man hatte eine große

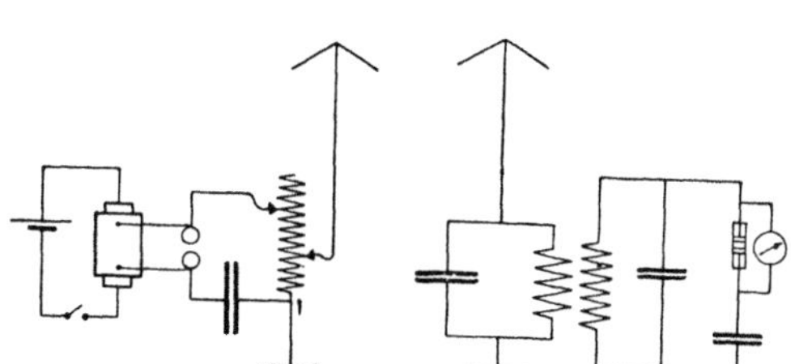

Abb. 21. Der geschlossene Schwingungskreis bei Sender und Empfänger.

Schwingungskreiskapazität, indem man einen geschlossenen Kreis aus Leydener Flaschen, welche bei kleinen räumlichen Abmessungen eine große Kapazität besitzen und der Abstimmungsselbstinduktionspulse bildete, in welchen die Funkenstrecke eingeschaltet war. Mit diesem so gebildeten Kreise wurde in irgendeiner Weise, z. B. induktiv mittels zweier eisenloser Spulen, oder durch direkte metallische Leitung, das Luftleitergebilde angekoppelt. Es konnte somit die Energie in der großen Leydener Flaschenkapazität sehr gesteigert werden und daher auch die ausgestrahlte Energie gegenüber dem einfachen Marconisender ganz wesentlich zunehmen.

Ein weiterer wesentlicher Vorteil des geschlossenen Senderschwingungskreises ist der, daß die Dämpfung der so erzeugten und ausgestrahlten Schwingungen eine erheblich geringere war, als bei der direkt in die Antenne eingeschalteten Funkenstrecke. Infolge dieser geringeren Dämpfung war auch die Abstimmung und somit die Störungsfreiheit bei mehreren vorhandenen Stationen eine wesentlich günstigere geworden.

Man konnte nunmehr auch daran gehen, Stationen für größere und große Reichweiten zu bauen. Dieses geschah denn auch; die Poldhustation der Marconi-Gesellschaft aus dem Jahre 1901, welche am 12./13. Dezember 1919 auf eine Entfernung von 1800 Meilen Signale von der Station S. John in Neufundland empfangen haben soll, ist ein Beispiel hierfür.

b) Priorität des geschlossenen Schwingungskreises (O. Lodge, G. Marconi, Slaby-Arco und Braun). Sendererdung (G. Marconi), Gegengewicht (F. Braun). Erkenntnis der Wirkungsweise des gekoppelten Funkensenders von M. Wien.

Die Frage, wer zuerst den schon früher (1897) von O. Lodge angegebenen geschlossenen Schwingungskreis bewußt in die drahtlose Telegraphie eingeführt hat, mag offen bleiben. Es scheint, daß zuerst Marconi ihn angewandt hat, und daß ihn darauf sowohl Slaby-Arco als auch Braun ziemlich gleichzeitig benutzt haben.

Die Sendererdung, und hiermit für die Anordnungen jener Zeit das Ei des Kolumbus, rührt aber von Marconi (1896) her, und es ist interessant, daß Braun auf die Erdung in jener Zeit ganz verzichten wollte und sie in seinen Veröffentlichungen entweder überhaupt nicht gezeichnet hat, oder aber in Form eines viel zu kleinen „Gegengewichtes“ zur Antenne benutzt wissen wollte. Marconi und Slaby-Arco haben hingegen von Anfang an an der Erdverbindung am Sender und Empfänger festgehalten und nur dort nach dem Vorgange von Lodge die Erdung durch ein möglichst großes Gegengewicht ersetzt, wo die Verwendung einer eingegrabenen Erdung, wie z .B. bei transportablen Stationen ausgeschlossen war.

Als einer der wichtigsten Merksteine in der Entwicklung der drahtlosen Telegraphie muß die Einführung der „Abstimmung“ angesehen werden, da nur durch sie der Maximaleffekt beim Sender und Empfänger erzielt werden kann, infolgedessen auch nur auf diese Weise große Reichweiten herzustellen waren.

Zwar hatte, wie bereits oben bemerkt, schon O. Lodge (1889/90) die ersten eingehenden Untersuchungen über das Resonanzsystem oder die „Syntonik“ angestellt. Auch hatte Lodge in seinen späteren Darstellungen und Patentschriften immer wieder das Resonanzprinzip betont. Trotzdem war es Marconi vorbehalten, dasselbe in die drahtlose Praxis einzuführen. Die wesentlichsten Gesichtspunkte finden sich in seinem britischen Patent Nr. 7777/1900 zusammen mit der Erkenntnis der Schwingungsvorgänge im offenen und geschlossenen Resonanzkreise für gekoppelte Sender und Empfänger. Die betreffende Stelle lautet wörtlich folgendermaßen:

„Um die zweite der eingangs erwähnten Voraussetzungen einer hohen Leistung zu erfüllen, müssen nicht nur Geber und Empfänger gleichgestimmt (synton) sein, sondern es müssen auch sowohl an der Gebe- als auch an der Empfangsrolle die primäre und die sekundäre Leitung des Umformers gleichgestimmt sein, indem das Produkt von Selbstinduktion und Kapazität für die vier in Betracht kommenden Leitungen denselben Wert hat.“

Auch von A. Slaby ist der Resonanzgedanke in jener Zeit klar ausgesprochen worden, und die von ihm im Winter 1900/01 angegebene Fassung ist auch heute noch von größter Aktualität, gegen welche leider immer noch manchmal verstoßen wird.

Die Slabysche Fassung lautet:

„Jeder Draht gerät durch irgendwelchen elektrischen Anstoß immer in solche Schwingungen, daß an seinen freien Enden Spannungsbäuche sind. Am stärksten werden diese Schwingungen, wenn bei den auftreffenden Wellen Resonanz vorhanden ist, d. h. wenn die auftreffenden Wellen dieselbe Schwingungsdauer haben, wie die Eigenschwingung des Drahtes.“

Eine Reihe weiterer Fortschritte war durch die Einführung des Ressonanzgedankens ermöglicht.

Später und zwar 1904 hat Fessenden bereits unter Benutzung des Prinzips der „losen Kopplung“ den „Aussiebegedanken“ noch weiter entwickelt, und mit dem Sekundärsystem ein Tertiärsystem oder noch weitere abgestimmte Kreise lose gekoppelt. Mit dem letzten Kreis wird der Detektor verbunden. Wenn man auch bei jedesmaliger Energieübertragung von einem System auf das nächste, selbst wenn man die Kreise schwach gedämpft gestaltet, etwas Energie verliert, so ist dennoch dies ein Weg, um im wesentlichen von atmosphärischen Störungen und von Schwingungen nicht gewünschter Stationen freizukommen.

c) Wellenmesser und elektrolytische Zelle.

Mit der Konstruktion des Zenneck-Franke-Dönitzschen Wellenmessers (1902/03) hörte in der drahtlosen Telegraphie die Zeit des mehr oder weniger planlosen Herumprobierens auf, und es begann eine wenn auch noch nicht mit hoher Genauigkeit arbeitende Meß- und damit Zweckmäßigkeitstechnik.

Als großer Fortschritt war es (1903) ferner anzusehen, daß der zwar manchmal sehr empfindliche, aber nie recht zuverlässige Kohärer durch den elektrolytisch wirkenden Detektor von G. Ferrié und W. Schlömilch ersetzt wurde, der aus einer äußerst feinen Spitze eines Edelmetalls in angesäuertem Wasser besteht. Wenn dieser Detektor nicht gerade von starken atmosphärischen Störungen überreizt wurde, stellte er einen hochempfindlichen, im wesentlichen integrierend wirkenden Detektor der drahtlosen Telegraphie dar.

4. Ungedämpfte Sender (Lichtbogenschwingungen und maschinell erzeugte Schwingungen), Funkensender mit gesteigerter Funkenzahl (rotierende Funkenstrecken, Stoßerregung) zwecks Erzielung eines musikalischen Tonempfangs. Detektor-, Tikker- und Schwebungsempfang, Röhrensender, Verstärkung der Empfangsschwingungen, Verbesserung der Störungsfreiheit (1906 bis etwa 1920).

a) Die Duddell-Poulsen-Anordnung.

Man suchte daher seit langem die Schwingungen möglichst kontinuierlich und ungedämpft zu gestalten, um reine, von keiner Dämpfungserscheinung und Rückwirkung beeinflußte einwellige Schwingungen zu erhalten.

Bereits Duddell war es 1900 gelungen, unter Verwendung eines Lichtbogens derartige kontinuierliche Schwingungen zu erhalten. Er verwendete hierzu anstelle der Funkenstrecke einen elektrischen Lichtbogen, der von Gleichstrom gespeist wurde.

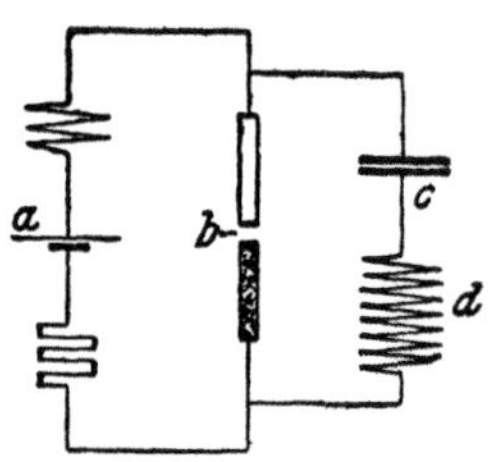

Abb. 22. Die Duddell-Poulsensche Lichtbogenanordnung, mit welcher zuerst ungedämpfte Schwingungen erzeugt wurden, die die drahtlose Telephonie (R.-T.) ermöglichten.

Seine in Abb. 22 schematisch wiedergegebene Anordnung, in welcher *a* eine Gleichstromquelle, *b* ein Lichtbogen zwischen zwei Kohleelektroden, *c* ein Kondensator sehr großer Kapazität und *d* eine Selbstinduktionsspule ist, hatte aber zwei Nachteile. Einmal war die Schwingungsfolge nicht rasch genug, die Wellenlänge war also für den drahtlosen Verkehr viel zu groß, und zweitens war die mit dieser Anordnung zu erzielende Hochfrequenzenergie zu gering. Entzog man dem Lichtbogen etwas zuviel Energie, so setzte das Schwingungsphänomen sofort aus, und im allgemeinen erlosch der Lichtbogen sogar.

Die praktische Lösung des Problems war erst V. Poulsen (1902/03) vorbehalten. Poulsen ließ den Duddellschen Lichtbogen in einer Atmosphäre von Wasserstoff oder wasserstoffhaltigen Gasen brennen. Er umgab diese Anordnung mit einem abschließenden Gefäß, brachte ferner ein Magnetfeld so an, daß die Kraftlinien den Lichtbogen schnitten oder mit ihm parallel verliefen und kühlte im Bedarfsfalle eine oder beide Lichtbogenelektroden, von denen zweckmäßig eine aus Metall, die andere aus Kohle hergestellt sein sollte. Durch diese Kombination war mit einem Male alles erreicht, was jahrelang erstrebt worden war.

Der Poulsensche Lichtbogen, welcher vorzügliche resonanzfähige Schwingungen erzeugte, lieferte Energien bis zu mehreren Kilowatt Schwingungsenergien und ließ eine Wellenskala von ca. 100—20000 m herauf und mehr erzeugen.

Es war somit eine Einrichtung geschaffen, bei welcher alle beim drahtlosen Sender erstrebten Vorteile fast mühelos erzielt wurden. Man hatte einen ungedämpften Sender, da von der Gleichstromquelle sofort die in Hochfrequenz umgesetzte und von der Antenne ausgestrahlte Energie nachgeliefert wurde und hatte somit eine fast vollkommene Resonanzfähigkeit (nur noch die Empfängerdämpfung kam inbetracht) und damit eine außerordentlich weitgehende Störungsfreiheit. Die Wellenveränderung, welche bei den Funkensendern bis dahin nur schwierig und kaum je rasch möglich war, konnte in einfachster Weise und mit handlichen Apparaten in Bruchteilen einer Sekunde vorgenommen werden, da die auftretenden Spannungen gegenüber den Spannungen bei den alten Funkensendern sehr gering waren.

Durch die Poulsensche Anordnung war nicht nur die drahtlose Telegraphie in eine neue bessere Bahn gelenkt, sondern man konnte gleichzeitig hiermit die drahtlose Telephonie ohne weiteres als gelöst betrachten, da es nur notwendig war, mit der Senderantenne ein Mikrophon zu verbinden, welches beim Besprechen die ausgesandten Wellen im Rhythmus der Schallschwingungen veränderte. Für den Empfänger konnte eine der bekannten Empfangsschaltungen unter Verwendung eines Telephons und eines integrierenden Detektors ohne weiteres verwendet werden.

Die ungedämpften Lichtbogenschwingungen sind an sich im Empfangstelephon unhörbar, da nur bei jedem Einsetzen und jedem Aufhören infolge der Gleichrichtung der Schwingungen durch den Detektor die Telephonmembran angezogen und wieder losgelassen wird, wodurch nur ein knackendes Geräusch im Telephon entstehen würde, unabhängig, ob ein Strich oder Punkt des Morsealphabets gesendet wird. Infolgedessen schaltete Poulsen für den Empfang der kontinuierlichen Schwingungen in den Empfänger einen Unterbrecher (Tikker) ein, welcher sehr häufig in der Minute einen Kontakt öffnet und schließt. Die kontinuierlichen Schwingungen werden hierdurch in einzelne Gruppen zerlegt, so daß man sie im Telephon mit oder ohne Benutzung eines Detektors abhören kann. Diese Gruppen können in längere oder kürzere Abteilungen, Strichen oder Punkten des Morsealphabets entsprechend geteilt werden, und es sind auf diese Weise Morsezeichen zu empfangen. Dadurch, daß der Tikker nur einen außerordentlich geringen Prozentsatz der Empfangsenergie verbraucht und fast den gesamten aufgenommenen Empfangsbetrag dem Telephon zuführt, arbeitet er mit einer außerordentlich geringen Dämpfung. Die mit ihm zu erzielende Empfindlichkeit und Lautstärke war etwa 4—5 mal derjenigen eines normalen Detektorempfangs überlegen.

b) Die Kristalldetektoren.

Außerdem hatte damals (etwa 1906) eine andere Art von Detektoren gerade für den Empfang von tönenden Funkensendern sich Bahn gebrochen, und zwar die Kristall- oder Mineraldetektoren (als erster ist offenbar der Karborunddetektor von Dunwoody [1906] anzusehen), welche in der Zeit von ca. 1906—1918 allein das Empfangsgebiet beherrscht haben und erst neuerdings mehr und mehr durch die Röhre abgelöst worden sind. Die Kristalldetektoren bestehen darin, daß ein Material (z. B. Tellur, Aluminium), welches mit einem anderen geeigneten Kontaktmaterial (z. B. Zinkoxyd, Bleiglanz) eine wellenempfindliche Kontaktstelle bildet, für den Detektor in der Weise gewählt wird, daß das eine als Spitze, das andere als gegen die Spitze anliegende oder gegengedrückte Platte benutzt wird. Diese wellenempfindliche Kontaktstelle arbeitet mit Ventilwirkung, indem die erzeugte Energie nur in einer Richtung durch die Kontaktstelle hindurchgelassen wird.

Der Vorteil dieser Detektoren, als deren praktisch s. Z. günstigster der Perikondetektor von Pickard (1907) anzusehen ist, ist der, daß sie einfach und rasch auf eine meist außerordentlich hohe Empfindlichkeit eingestellt werden können, wodurch die Lautstärke im Empfänger und damit die Reichweite ganz wesentlich gesteigert werden konnte.

In diese Zeit fällt noch die Einführung des ersten drahtlosen Zeitzeichendienstes durch die Station Camperdown bei Halifax und die Eröffnung des Marconischen Überseedienstes.

c) Gasdetektor von J. A. Fleming, Audion von L. de Forest. Anordnung des Hilfsfeldes (Anodenfeldes).

Außer den Kristalldetektoren begann schon damals (1904) J. A. Fleming die Wehneltsche Ventilröhre für Empfangszwecke zu benutzen. Zunächst noch ohne Hilfsfeld (Anodenfeld) und einfach in der Form, daß die beiden Detektorelektroden durch Heizdraht bzw. Anodenblech der Gasröhre ersetzt wurden. Die Ausführung war etwa folgende:

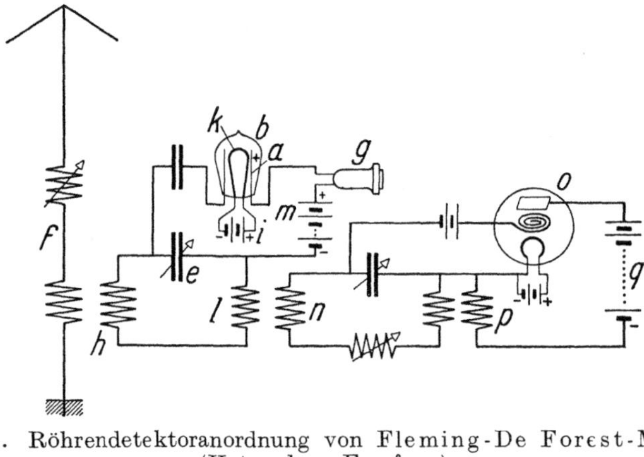

Abb. 23. Röhrendetektoranordnung von Fleming-De Forest-Marconi (Heterodyne-Empfang).

In einer evakuierten Glasröhre (Abb. 23) sind z. B. zwei voneinander isolierte Metallfäden oder besser ein Faden und ein diesen umgebender Metallzylinder eingeschmolzen. Der Draht k wird durch eine Gleichstrombatterie i zum Glühen gebracht und liegt an einem Pol des empfangenden Schwingungskreises h, e, l, während der andere Pol mit dem Zylinder a, der als Hohlzylinder (z. B. aus Kohle besteht), Sieb, Gitter oder dgl. ausgebildet sein kann, verbunden ist. Der Draht *k* (Kathode) sendet beim Glühen Elektronen aus, die durch die Schwingungen, welche während des Empfanges vom Luftleiter *f* aufgenommen und dem Kreise *e*, *h*, *l* zugeführt werden, verstärkt werden. Diese Verstärkungen, welche im Rhythmus des Morsealphabets erfolgen, werden im Empfangstelephon *g* abgehört. Die Hilfsbatterie *m* (H. Brandes, L. de Forest) dient dazu, die Empfindlichkeit ganz wesentlich zu steigern.

Lange Zeit hindurch sind diese Gasröhren für den Empfang als Ventilröhren wirkend angewendet worden. So hat namentlich die Marconi-Gesellschaft Empfänger gebaut, welche sich durch besondere Unempfindlichkeit und Störbefreiung gegenüber atmosphärischen Störungen auszeichnen sollen, und bei denen als wichtigster neuartiger Teil die Gasröhre als Detektor benutzt wurde. Aber im Verhältnis zur Gesamtzahl aller in der drahtlosen Praxis benutzten Detektoren waren diese Ventilröhrenempfänger in der Minderzahl. Eine gewisse Wandlung trat erst ein, als de Forest (1907) den Gedanken der Gitterelektrodenröhre aufgegriffen hatte und diese schon in einer technisch sehr brauchbaren Form als Audion oder Ultraaudion anwandte.

Es mag zugegeben werden, daß die Röhre als Empfangsindikator gegenüber dem gewöhnlichen Kristalldetektor, welcher nicht einmal einer besonderen Hilfsspannung bedurfte, eine nicht unwesentliche Komplikation darstellte. Mußte doch für das Heizen des Fadens, sowie für die Herstellung des Anodenfeldes je eine besondere Batterie bereitgestellt werden.

Möglicherweise kam auch als erschwerender Umstand für die Einführung noch der hinzu, daß es lange Zeit hindurch offenbar nicht gelang, brauchbare Gasröhren fabrikationsmäßig zu erzeugen, eine Fertigkeit, welche erst sehr viel später (ca. 1913) in ausgezeichneter Weise in Gestalt von Hochvakuumröhren von J. Langmuir bekanntgegeben wurde.

Immerhin erscheint es heute rätselhaft, daß sich nahezu 20 Jahre lang die drahtlose Nachrichtenübermittlung mit relativ minderwertigen Empfangsdetektoren ohne brauchbare Verstärkungsmöglichkeit begnügt hat, wie dies tatsächlich der Fall war.

Die Röhre als Empfangsdetektor hat vielleicht die größte Wandlung in der drahtlosen Telegraphie hervorgerufen, welche bisher zu verzeichnen ist.

d) Verwendung der Röhre als Verstärker.

Schon die ersten Röhrenmodelle von de Forest müssen das Charakteristikum gezeigt haben, die aufgenommenen Schwingungen zu verstärken. Jedenfalls war sowohl hinsichtlich der Röhre als auch mit Bezug auf ihre Schaltung wohl alles gegeben, um die Verstärkung der Empfangsschwingungen zu bewirken. Es ist daher nicht wunderzunehmen, daß das Verstärkerproblem, welches man zu jener Zeit und auch später noch auf verschiedenartigste Weise mit mechanischen Mitteln zu lösen versuchte, und welches durch das Ionenrelais von Lieben, Reiß und Strauß in ein neues Fahrwasser gekommen war, in geradezu glänzender Weise restlos durch den Röhrenverstärker in der Praxis seine Erledigung fand. Heute wird man wohl nur in Ausnahmefällen ohne Verstärker empfangen (z. B. beim einfachsten Kristalldetektorempfang). Derselbe ist ein integrierender Bestandteil aller drahtlosen Empfänger geworden.

Die Verstärkung mittels der Röhre kann in der Weise bewirkt werden, daß man die Verstärkerröhre vor den eigentlichen Empfangsdetektor schaltet (Hochfrequenzverstärkung). Man kann aber auch die Empfangsschwingungen zunächst durch einen Detektor gleichrichten und dann erst verstärken, bevor sie dem Empfangsindikator (Telephon, Lautsprecher) zugeführt werden (Niederfrequenzverstärkung).

Ferner kann man auch beide Modalitäten miteinander verbinden, wie dies beispielsweise bei den Rahmenempfängern (siehe Abb. 25) ausgeführt wird, und wodurch die Gesamtverstärkung naturgemäß eine entsprechend erhebliche ist.

Ferner kann man die Kombination auch so ausführen (Rückkopplungseinrichtungen), daß bei Verwendung selbst nur einer Röhre diese als Detektor, Schwebungsempfänger und Verstärker gleichzeitig dient.

e) Schwebungsempfang („Heterodyneempfang“) von Fessenden.

Die Röhre kann aber nicht nur als Detektor, sondern auch als Generator sehr schwach gedämpfter oder ungedämpfter Schwingungen benutzt werden. Selbstverständlich ist die so erzeugte Energie meist nur gering, reicht aber immerhin für den hochempfindlichen „Schwebungsempfang“ aus.

Diesem liegt ein schon 1902 von R. A. Fessenden ausgesprochener Gedanke zugrunde, auf der Sendeseite zwei Wellenzüge fast gleicher Wellenlänge auszusenden, die auf zwei miteinander gekoppelte Empfangssysteme gleichzeitig auf einen an der Kopplungsstelle liegenden Detektor einwirken. Dieser spricht alsdann nur auf die „Schwebungsfrequenz“ an.

Etwas später (1905) hatte Fessenden diese auch für ungedämpfte Schwingungen vorzüglich geeignete Schwebungsempfangsmethode, da man mit ihr die kontinuierlichen Schwingungen tönend abhörbar macht, dahingehend abgeändert, daß er vom Sender nur Schwingungen einer Wellenlänge aussendet und am Empfänger selbst die zur Schwebungsfrequenz erforderliche Hilfsfrequenz erzeugt.

Fessenden nannte diese Anordnung „Heterodynempfang“. Sie ist ebenfalls in Abb. 23 in einer beispielsweisen Schaltung dargestellt. Der die Hilfsfrequenz erzeugende Kreis *nopq* wird durch eine zweite Röhre *o* z. B. eine Audionröhre *o* (von L. de Forest), welcher Schwingungen möglichst vollkommen kontinuierlicher Frequenz liefert oder irgendeinen anderen, kontinuierlichen Schwingungen erzeugenden Generator in Schwingungen versetzt.

f) Zeitzeichen- und Wetterdienst.

In jene Zeit fallen noch folgende wichtige Ereignisse:

1910. Beginn des Zeitzeichendienstes von Norddeich (21. März) und Eiffelturm (21. Mai).

1911, 15. Juli. Beginn des Wetterdienstes vom Eiffelturm.

g) Verwendung der Röhre als Sender.

Die Möglichkeit, durch die Röhre die Empfangsschwingungen zu verstärken, schließt bereits den Fall in sich, die Röhre direkt als Generator kontinuierlicher und ungedämpfter Schwingungen zu benutzen. Allerdings hat sich erst in späterer Zeit (Generatorschaltung im Audionfrequenzbereich von de Forest [1912] für Hochfrequenz von de Forest und A. Meißner [1913], Untersuchungen der Marconi-Ingenieure H. J. Round und C. S. Franklin betreffend die Dreielektrodenröhre als Generator [Patentanmeldung vom 12. Juni 1913] und dieselben Untersuchungen in Amerika von E. H. Armstrong (welche am 29. Oktober zum Patent angemeldet werden), diese Erzeugungsart ungedämpfter Schwingungen eingebürgert. Der überaus günstige Wirkungsgrad dieser Umformungsmethode, insbesondere auch hinsichtlich der Fortpflanzung, sichert ihr mindestens ihre Einführung für Stationen für kleine und mittlere Reichweiten.

h) Antennen für gerichtete Telegraphie.

Teilweise anderen Zwecken dienen die als gerichtete oder geknickte Antennen (Abb. 24) bezeichneten Luftleitergebilde, welche zuerst Marconi anwandte. Ihr vertikaler Teil ist verhältnismäßig kurz, dafür sind aber gleichlaufend mit der Erdoberfläche eine Anzahl Drähte geführt. Man erhält auf diese Weise, ohne allzu hohe und übermäßig teure Masten anwenden zu müssen, eine Antenne sehr großer Kapazität, welcher auch eine in Abb. 24 durch den Pfeil angedeutete gewisse Richtkraft der ausgesandten Wellen zu eigen sein soll.

Abb. 24. Gerichtete (geknickte) Antenne von G. Marconi.

Auch für andere Zwecke kann die Richtkraft der ausgesandten, bzw. empfangenden Schwingungen wünschenswert sein, so z. B. um die Lage einer Schiffs- oder Landstation bei Nebel festzustellen oder für militärische Zwecke.

i) Erste Richtungsversuche von Zenneck und Braun mittels Spiegel- und Schirmwirkung. Benutzung phasenverschobener Schwingungen.

Grundlegend waren hier wohl die Versuchsantennen von Zenneck (1900) und später von Braun (1905). Ersterer nahm die „Spiegel- und Abschirmwirkung" zu Hilfe, welche ein in unmittelbarer Nähe des Sendeluftleiters angebrachter geerdeter und auf den Sendeluftleiter abgestimmter Luftdraht besitzt, während Braun z. B. in den Eckpunkten eines gleichseitigen Dreiecks aufgestellte Luftdrähte benutzte, die er mit phasenverschobenen Schwingungen erregte. Da diese mit Funkenschwingungen erzeugt werden sollen, ist es zu keinem für die Praxis voll befriedigenden Ergebnis gekommen. Durch Verwendung von Niederfrequenz-Hochfrequenztransformatoren oder auch Röhrensendern dürfte wohl die Braunsche Anordnung Aussicht auf Erfolg haben.

Auch die ersten Richtungsversuche auf der Empfangsseite sind F. Braun (1902) zu verdanken. Diese Anordnung hat Braun später (1913) dadurch wesentlich verbessert, daß er die Antenne zu einer großen Spule aufwickelte, wodurch er die Grundlage zu allen modernen Spulenempfängern (Röhrenempfängern) legte.

k) Rahmenantenne (Empfangsspulenantenne).

Durch die Ausbildung und Anwendung der Röhrenverstärker, insbesondere durch die Möglichkeit, den Schwellwert für den Empfang nahezu beliebig zu erhöhen, ist nicht nur die Möglichkeit gegeben worden, ohne geerdete Antenne und lediglich mit einer aus wenigen Windungen von geringem Durchmesser bestehenden Spule zu empfangen, sondern es ist auch das Empfangsproblem als solches in völlig neues Licht gerückt worden. Man hatte mit einem Schlage die auf vielerlei Wegen mit mehr oder weniger Erfolg versuchte Störbefreiung insbesondere von atmosphärischen Störungen erreicht.

Das im wesentlichen schematische Bild einer Empfangsanordnung mit Rahmenantenne gibt Abb. 25 wieder. *a* ist die Rahmenantenne, welche selbst beim Empfang auf mehrere 1000 km nur aus wenigen Drahtwindungen von 1—2 m Durchmesser zu bestehen braucht. *b* sind die mit der Rahmenantenne verbundenen Abstimmittel, um eine genaue Einstimmung auf den fernen Sender herbeizuführen. *c* ist der hiermit verbundene Verstärker und Detektorempfänger, wofür in den meisten Fällen ebenfalls ein oder mehrere Röhren benutzt werden. *d* ist das Empfangstelephon, welches entweder in Gestalt eines gewöhnlichen Fernhörers für subjektiven Empfang oder auch, wenn der Empfang gleichzeitig mehreren Personen objektiv kenntlich gemacht werden soll, z. B. in Gestalt eines Lautsprechers ausgeführt sein kann. Falls erforderlich, kann noch ein weiterer in der Abbildung gestrichelt angedeuteter Apparat, nämlich ein Niederfrequenzverstärker *e* angeschaltet werden, um die Amplitude der empfangenen Schwingungen noch weiterhin zu verstärken.

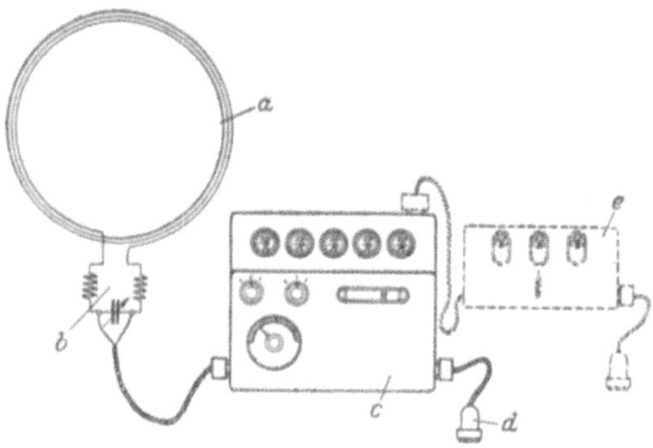

Abb. 25. Grundsätzliches Bild des Rahmenempfanges.

Anstelle der kleinen Rahmenantenne kann man selbstverständlich auch ein anderes größeres und vielleicht offeneres Antennengebilde benutzen, wobei alsdann indessen der Vorteil der leichten Beweglichkeit und großen Störbefreiung insbesondere gegen atmosphärische Störungen verloren gehen wird.

Ein weiterer Vorteil der Rahmenantenne besteht in ihrer stark ausgeprägten Richtwirkung, so daß man sich bei Benutzung derselben auch von den Empfangszeichen anderer Stationen gut freimachen kann.

5. Entwicklung der Radiotelephonie in den letzten Jahren.

a) R.-T. für jedermann.

Durch die Nutzbarmachung der Röhre, insbesondere für Verstärkerzwecke, ist nicht nur ein völliger Umschwung der Radioverkehrs-Technik eingetreten, sondern es ist auch möglich geworden, die Radiotelephonie für jedermann zu schaffen. Diese Radiotelephonie ermöglicht es, in großer Nähe vom Ortssender jedermann, mit billigen und einfachsten Mitteln die Radiotelephonie-Darbietungen abzuhören. In größerer Entfernung ist es gleichfalls möglich geworden, mit nicht allzu komplizierten und keineswegs schwierig aufzustellenden Empfangsgeräten einen Empfang mit Kopfhörer, in den meisten Fällen sogar mit Lautsprecher, von vielen Stationen zu gewährleisten.

Einige Daten, welche diese Entwicklung kennzeichnen, sind folgende:

Im Sommer 1915 (28. Juli) finden Versuche mit drahtloser Telephonie zwischen Arlington und Hawaii statt. Es wird hierbei etwa 100000fache Empfangsverstärkung angewendet.

Bereits im November 1915 wird eine drahtlose Telephonie zwischen Arlington und Paris eingerichtet.

1918 erfindet W. Hull bei der General Electric Co. of Amerika das Dynatron, eine Dreielektrodenröhre mit sekundärer Elektronenemission vom Heizdraht aus.

Am 18. März 1919 findet die erste R.-T.-Vorführung in Holland seitens der Ned. Radio-Industrie im Haag zwischen Jaarbeurs und Utrecht statt. Im November desselben Jahres beginnen die regelmäßigen R.-T.-Konzerte der Niederländischen Radio-Industrie.

Im September 1920 wird damit begonnen, von der Effektenbörse Amsterdam aus die Börsenkurse radiotelephonisch zu verbreiten.

b) Arbeiten der Radioamateure.

Vom 8.—17. Dezember 1921 werden die ersten Versuche amerikanischer Radioamateure angestellt, um den Ozean mit 1 kW zu überbrücken.

Im Februar 1922 findet der R.-T.-Dienst in die holländische Presse Eingang. Die holländische Zeitung „dagbladen“ erhält durch das Pressebureau Vaz Dias in Amsterdam regelmäßig auf radiotelephonischem Wege ihre neuesten Nachrichten.

c) Das Kurzwellensenden und -empfangen (G. Marconi).

1916 begann Marconi bereits mit seinen Versuchen, Kurzwellen gerichtet mittels Spiegeln auszustrahlen. Es gelang ihm schon 1919, kurze, ungedämpfte Schwingungen, die er mittels Röhrengenerators herstellte, für die Zwecke der Radiotelephonie bis auf 180 km zu übertragen, wobei zur Speisung des Röhrengenerators nur 700 Watt aufgewendet wurden.

1923 (April und Juni) stellte Marconi auf Grund von Versuchen auf der Yacht „Elettra“ zwischen England und den Kap-Verdischen-Inseln folgendes fest:

1. Die Reichweite von Schwingungen kurzer Wellen ist am Tage erheblich und nicht sehr variabel.

2. Die Reichweiten von Schwingungen kurzer Wellen sind bei Nacht sehr erheblich und angeblich nicht allzu variabel, so daß sie für Betriebszwecke in Betracht kommen können.

3. Zwischen Sender und Empfänger liegende Berge, Länder usw. setzen die Reichweiten im wesentlichen nicht wesentlich herab.

Am 30. Mai 1924 glückte Marconi zum ersten Male Radiotelephonie zwischen England und Australien. Der in Poldhu aufgebaute Sender besaß eine Leistung von 21 kW, eine Strahlungsleistung von etwa 17 kW bei einer Wellenlänge von 92 m. Reflektoren für die Energiekonzentration wurden nicht verwendet. Die Telephonie gelang am besten in den Morgen- und Abendstunden, so daß wahrscheinlich die Fortpflanzung der Wellen im ersten Falle westwärts, im zweiten Falle ostwärts vor sich ging, so daß die jeweilig nicht von der Sonne bestrahlten Hälften der Erdkugel die günstigere Fernwirkung zur Folge hatten. Der Strahlungswirkungsgrad soll etwa 80% betragen, das Dämpfungsdekrement soll konstant bleiben.

Seine gesamten Erfahrungen mit kurzen Wellen faßte Marconi in einer groß angelegten Arbeit, welche er am 2. Juli 1924 der Royal Society of London vorlegte, unter dem Titel:
„Results obtained over very long distances by short wave directional wireless Telegraphy more generally referred to as the beam System“ zusammen.

d) Fortschreiten der Radiowelle. Die Stimme der Welt.

Das Fortschreiten der Radiowelle und die Ausbildung des R.-T.-Dienstes in den verschiedenen Ländern ist durch folgende Daten charakterisiert:

Im Sommer 1920 beginnt in Nordamerika die große Radioamateur-Bewegung zusammen mit der Inbetriebsetzung von R.-T.-Sendern.

Im Jahre 1921 greift die Radiobewegung auf einen Teil der englischen Kolonien und Schutzgebiete über.

Im Jahre 1922 folgen Südamerika und Frankreich.

Im Herbst 1923 setzt in Deutschland die Radiobewegung ein, nachdem schon vorher Radioamateure mit ihren Arbeiten begonnen hatten. Im Januar 1924 greift die Radiobewegung auf Österreich und im Herbst 1924 auf Ungarn über.

Im Winter 1924/25 setzt der R.-T.-Dienst und das Radiointeresse in Polen, Jugoslavien und im fernen Osten ein.

Als letzte große Leistung ist folgende Meldung der Radiostation des Rudolf-Mosse-Hauses zu werten:

Die Stimme der Welt.

Der Londoner Rundfunksender auf Borneo gehört. London, 28. Januar. Die britische Rundfunkgesellschaft hat Mitteilung erhalten, daß

Teile des Londoner Rundfunkprogramms, u. a. die Glockenschläge des „Big Ben", der großen Glocke auf dem Parlamentsgebäude, auf Borneo, in einer Entfernung von 8000 englischen Meilen gehört worden sind. Das ist ein neuer Entfernungsrekord.

III. Mechanismus der Radiotelegraphie und -telephonie.

A. Mechanismus der drahtlosen Nachrichtenübermittlung.

Um in das Wesen der drahtlosen Nachrichtenübermittlung einzudringen, erscheint es zweckmäßig, zunächst einige hierfür erforderliche physikalische Grundlagen der Schwingungsvorgänge zu erörtern.

1. Physikalische Grundlagen der Schwingungserscheinungen.

a) Schwingungsvorgänge und Spektrum der elektromagnetischen Schwingungen.

Bei der Umwandlung der Energie von einer Modifikation in die andere, die unsere ganze Motorentechnik beherrscht, werden häufig Schwingungserscheinungen beobachtet. Unter Schwingungen werden Bewegungsvorgänge verstanden, bei denen ein periodischer Wechsel der Bewegungsrichtung vorhanden ist. Manche dieser Schwingungsvorgänge, wie z. B. die elektrischen Schwingungen, können von uns nicht direkt wahrgenommen werden. Andere hingegen, wie z. B. die mechanischen oder akustischen, rufen auf unsere Sinnesorgane einen direkten Eindruck hervor.

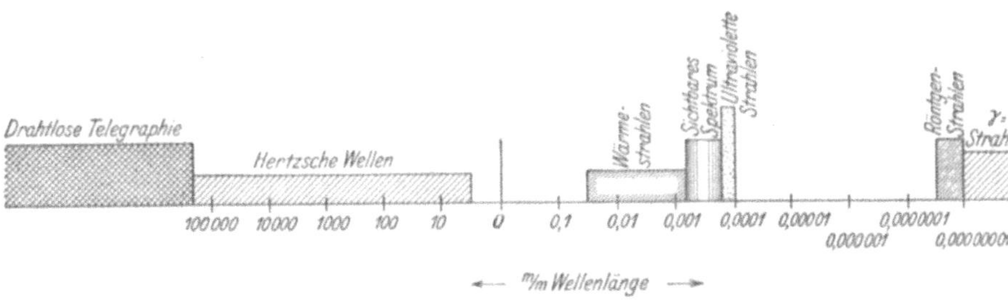

Abb. 26. Wellenlängenspektrum aller Schwingungen.

Betrachtet man das Gesamtgebiet der elektromagnetischen Schwingungen, so erhält man ein Wellenlängendiagramm, wie dies Abb. 26 darstellt. In der Mitte dieses Diagramms ist der Nullpunkt der Millimetereinteilung. Nach links hin, vom Nullpunkt aufgetragen, dehnt sich das Gebiet der elektrischen Schwingungen aus, und zwar von ca. 3 mm Wellenlänge an kennt man die Hertzschen Wellen, von etwa 300 m an die Wellen der drahtlosen Telegraphie, die jetzt bis zu etwa 25000 m herauf benutzt werden.

Rechts vom Nullpunkt kommt zuerst das Gebiet der Wärmestrahlen größerer Wellenlänge, und zwar fängt es an von 0,06 mm bis 0,0008 mm herab; sodann kommt der Bereich des sichtbaren Lichtstrahlenspektrums, und zwar von 0,0008 bis 0,0003 mm; sodann kommen die noch kürzeren ultravioletten Strahlen, deren Wellenlänge etwa zwischen 0,0003 und 0,0001 mm beträgt. Es kommt nun eine größere Lücke, und alsdann ist es das Gebiet der Röntgenstrahlen, deren Wellenlänge zwischen 0,000000005 bis 0,000000001 mm liegt. Eine noch kleinere Wellenlänge als die Röntgenstrahlen besitzen schließlich die γ-Strahlen.

Aus dieser graphischen Darstellung ist ersichtlich, daß außer dem Zwischenraum zwischen den ultravioletten Strahlen und den Röntgenstrahlen nur noch der Bereich zwischen den kürzesten Hertzschen Wellen und den längsten Wärmestrahlen bisher unerforscht ist.

Nur von dem Bereich links vom Nullpunkt des Spektrums in Abb. 26, besonders aber von dem Bereiche, der die langwelligen elektromagnetischen Schwingungen der drahtlosen Telegraphie darstellt, ist in nachfolgender Darstellung die Rede.

b) Pendelschwingungen.

Einer der einfachsten mechanischen Schwingungsvorgänge, die wir direkt mit dem Auge wahrnehmen können, ist die Pendelbewegung, bei der ein an einem Faden aufgehängtes Gewicht um eine Nullage, die der Senkrechten auf den jeweiligen Punkt der Oberfläche entspricht, schwingt.

Gedämpfte Schwingungen. Um diesen Schwingungsvorgang einzuleiten, ist es nur notwendig, das frei herabhängende Pendel aus seiner Ruhelage, z. B. durch Anstoßen des Pendelgewichtes, abzulenken; hierzu ist eine gewisse Arbeitsleistung erforderlich, die auch gewisse Widerstände bei der schwingenden Bewegung, z. B. solche durch Luftreibung, Knickung des Fadens an der Einspannungsstelle usw. zu überwinden hat. Diese Widerstände, die sich der Bewegung des Pendels entgegensetzen, dämpfen die Pendelschwingungen derart, daß die Schwingungsausschläge des Pendels immer kleiner werden und das Pendel nach einer gewissen Zeit überhaupt nicht mehr schwingt, sondern in der Ruhelage verharrt. Diese Schwingungen nennt man „gedämpfte“ oder „diskontinuierliche Schwingungen“. Trägt man die Ausschläge des Pendels bei den Schwingungen als Funktion der Zeit auf, so erhält man eine Kurve, die beispielsweise in Abb. 27 wiedergegeben ist.

Ungedämpfte Schwingungen. Diese Pendelschwingungen, die von Galiläi zuerst erkannt wurden, haben ihr wichtigstes Anwendungsgebiet in den Uhren gefunden. Jeder Regulator besitzt ein derartiges Pendel, das durch einen Federmechanismus in Schwingungen versetzt wird und hierdurch ein Rädergetriebe betätigt. Indessen weicht das in den Regulatoren verwendete Pendel insofern von dem oben erwähnten Pendel ab, als bei ersterem nicht das Pendel langsam ausschwingt und seine Be-

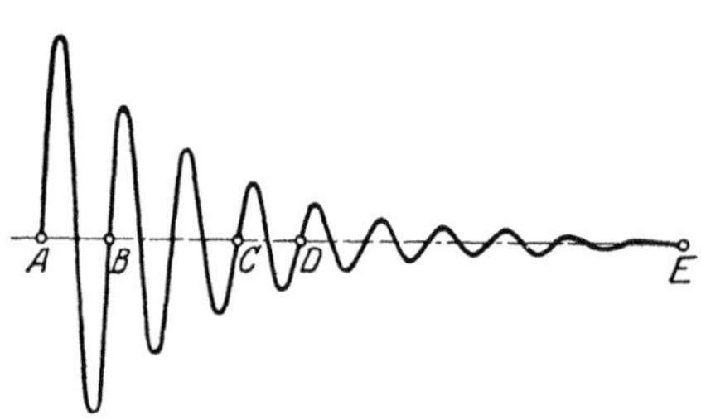

Abb. 27. Gedämpfte (diskontinuierliche) Schwingungen.

wegung gedämpft wird, sondern indem bei jeder Schwingung dem Pendel ein neuer Bewegungsimpuls, d. h. eine neue Arbeitsleistung zugeführt wird.

Die so erhaltenen Schwingungen sind in Abb. 28 dargestellt. Sie werden im Gegensatz zu den in Abb. 27 wiedergegebenen „ungedämpfte“ oder „andauernde“, bzw. „kontinuierliche“ oder „nachgelieferte“ Schwingungen genannt.

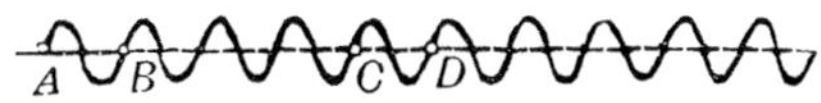

Abb 28. Ungedämpfte (kontinuierliche) Schwingungen.

Schwingungsdauer. Wellenlänge. Für die Pendelschwingungen ist es aber nun nicht nur von Wichtigkeit, ob diese gedämpft oder ungedämpft sind, sondern es ist auch wesentlich, wie lange es dauert, bis eine Schwingung ausgeführt wird, d. h. innerhalb welcher Zeit das Pendel von einem gewissen Punkte seiner Bahn, also beispielsweise von der Ruhelage ausgehend, wieder an denselben Punkt, also zum zweiten Male in die Ruhelage zurückkehrt. Man nennt die Zeit, die hierzu erforderlich ist, die Schwingungszeit oder Schwingungsdauer. In den Abb. 27 und 28 wird sie z. B. durch den Abstand der Punkte A und B oder C und D veranschaulicht. An Stelle dieser Punkte könnten selbstverständlich auch andere gewählt werden, sofern nur die Bedingung erfüllt ist, daß ein voller Ausschlag oder eine volle Schwingung stattfindet. Die so erzeugte Bewegung, mit Zeitverschiebung graphisch aufgetragen, stellt eine „Wellenlinie“ dar, ein Begriff, der den Wasserwellen entnommen ist und bei dem man unter Wellenlänge den Abstand zwischen zwei Wellenbergen oder zwei Wellentälern versteht. Der Abstand $A\,B$ oder $C\,D$ würde demnach eine Wellenlänge (λ) sein.

In der Natur gelangen verschiedentlich Wellenbilder zum Ausdruck. Am bekanntesten sind naturgemäß die Wasserwellen, von denen ja die Schwingungsbilder der R.-T. entlehnt sind. Wenn man in eine ruhende Wasserfläche einen Stein wirft, so werden Wasserwellen erzeugt in Form von konzentrischen Kreisen um die Stelle herum, an welcher der Stein mit der Wasseroberfläche in Berührung gekommen ist. Der Abstand der einzelnen Wellenberge und -täler wird als Wellenlänge bezeichnet.

Ein recht hübsches Anschauungsbild der Wasserwellen, welche von einem fahrenden Dampfer hervorgerufen werden, ist in Abb. 29 wiedergegeben. Durch die dunklen, bzw. hellen Kurven gelangen die Wellenlängen zum Ausdruck.

Das Bild zeigt aber noch mehr. Außer diesen verhältnismäßig langen Wellen ziemlich großer Höhe (Amplitude) sind auf dem Bilde noch Wellenkräuselungen zu erkennen, welche ihren Ursprung in einem leichten Winde haben, der über die Seeoberfläche dahin streicht. Sowohl die Länge als auch die Höhe dieser Kräuselungswellen ist außerordentlich viel geringer als die der ersteren. Wenn man die beiden Wellengruppen vergleicht mit den Wellen beim Radiotelephoniesender, bei besprochenem Mikrophon, also etwa gemäß Abb. 38, so entsprechen die von dem Dampfer hervorgerufenenen tiefen Wellen verhältnis-

Abb. 29. Analogon der „Wellenkräuselung" bei den Wasserwellen. Durch die Fahrt des Dampfers werden die den Trägerwellen analogen Wasserwellen erzeugt. Diese werden durch den leicht über das Wasser hinstreichenden Wind „gekräuselt". Dieses entspricht der Modulation durch das Mikrophon des Radiotelephoniesenders.

mäßig großer Wellenlänge dem Kurvenzug A von Abb. 38. Sie entsprechen also der akustischen Wellenüberlagerung, während der Wellenkräuselung die Hochfrequenzwellen entsprechen würden. Allerdings stimmt dieses Vergleichsbild nur mit Bezug auf die Wellenlänge, nicht aber auf die Amplitude. Hier ist das Bild umgekehrt. Der Wellenkräuselung würde die akustische Beeinflussung der mit großer Amplitude schwingenden Hochfrequenzwellen entsprechen.

Andere Wellenbilder, wie sie in der Natur häufig vorkommen, zeigen die Abb. 30 und 31. Das erstere Bild zeigt stehende Sandwellen,

Abb. 30.

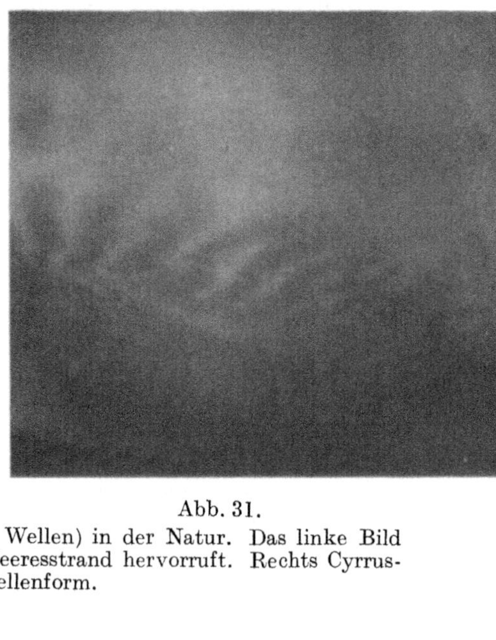

Abb. 31.

Bilder von Wellenausbildungen (stehende Wellen) in der Natur. Das linke Bild zeigt Sandwellen, wie sie der Wind am Meeresstrand hervorruft. Rechts Cyrruswolken in Wellenform.

wie sie am Meeresstrand durch den Wind erzeugt werden. Die Struktur der Wellen, insbesondere ihre Länge und Höhe, ist genau erkennbar.

Stehende Wellen bei in großer Höhe dahinziehenden Zirruswolken gibt Abb. 31 wieder. Auch hier ist die Wellenlänge deutlich erkennbar.

Abstimmung (Resonanz). Besitzen zwei Pendel die gleiche Länge zwischen Unterstützungs- und Schwingungsmittelpunkt, so ist es eine Erfahrungstatsache, daß diese Pendel auch die gleiche Schwingungsdauer (Wellenlänge) aufweisen. Man nennt diesen Fall der gleichen Schwingungsdauer die „Abstimmung" der beiden Pendel und sagt, beide Pendel sind miteinander in „Resonanz".

Dieser Grundsatz der Abstimmung oder Resonanz, der für die drahtlose Telegraphie von großer Wichtigkeit ist, kann auch noch durch ein anderes unserem Ohre bemerkbar zu machendes Beispiel dargestellt werden. Es werden hierzu Stimmgabeln in Verbindung mit Resonanzböden verwandt. Die Stimmgabel besteht bekanntlich aus einer einfachen oder doppelten Stahlzinke mit einem Fuße. Mit diesem wird die Gabel am Resonanzboden gehalten und durch Anschlagen der Zinke zum Tönen gebracht. Die Tonwirkung kommt dadurch zustande, daß die Zinken der Gabel hin- und herschwingen und so die sie umgebende Luft in Schwingungen versetzen. Der von der Stimmgabel erzeugte Ton hängt außer anderen hier zu vernachlässigenden Größen im wesentlichen von der Länge (Masse) der Zinken der Gabel ab. Wird z. B. eine Stimmgabel, die den „Ton a" beim Anschlagen erzeugt, benutzt, so weiß man, daß die Schwingungszahl der Stimmgabel 435 pro Sekunde beträgt, d. h. 435 Hin- und Herschwingungen werden von den Zinken der Stimmgabel ausgeführt und erzeugen hierdurch den Ton a.

Um nun die Abstimmung und Resonanz mittels der Stimmgabel besser zu zeigen, werden zwei auf die gleiche Schwingungszahl abgeglichene Stimmgabeln auf je einen Resonanzboden, d. h. auf einen Holzkasten, dessen Schwingungszahl gleich der der Stimmgabel gewählt ist, aufgesetzt. Besitzen beide Stimmgabeln nun die gleiche Schwingungszahl und sind beide nebeneinander aufgestellt, so wird beim Anschlagen der einen Stimmgabel die andere Stimmgabel von selbst mittönen, da die von der ersten Stimmgabel erzeugten Schallschwingungen die zweite Stimmgabel maximal erschüttern. Beide Stimmgabeln sind hierbei in Resonanz. Wird jedoch die zweite Stimmgabel, die von selbst mitgetönt hatte, verstimmt, z. B. durch Aufsetzen eines kleinen Reiters, so wird sie, wenn jetzt die erste Stimmgabel in Schwingungen versetzt wird, nicht mehr oder nur in verschwindendem Maße mittönen, da sie nicht mehr auf die erstere abgestimmt ist.

c) Elektrische Schwingungen.

Ganz ähnlich wie diese mechanischen und akustischen Schwingungen verhalten sich die im folgenden näher zu betrachtenden elektrischen Schwingungen, nur daß diese unseren Sinnesorganen nicht direkt wahrnehmbar sind, sondern erst durch entsprechende Hilfsapparate wahrnehmbar gemacht werden müssen. Um das Wesen der elektrischen Schwingungen und insbesondere das der schnellen elektrischen Schwingungen, wie sie in der drahtlosen Telegraphie gebraucht werden, zu erklären, geht man am besten von einer, wenn auch heute etwas veralteten prinzipiellen Schaltung für gedämpfte Funkenschwingungen aus.

2. Prinzip des drahtlosen Funkensenders.

Diese Anordnung ist schematisch aus Abb. 32 ersichtlich. *a* bezeichnet eine Batterie von elektrischen Elementen, *b* ist ein Unterbrecher, beispielsweise ein Wagnerscher Hammer, wie er in gewöhnlichen Klingeln angebracht wird, *c* ist ein sog. Induktionsapparat, der aus einer aus starkem Drahte gebildeten Spule *d*, die mit der Batterie und dem Unterbrecher verbunden ist, gebildet wird und einer isoliert von dieser über die erstere Spule gewickelten dünndrähtigen Spule *c* besteht. An die Wicklungsenden dieser letzteren Spule ist eine Funkenstrecke, bestehend aus zwei Metallkugeln *f*, angeschlossen. Außerdem ist mit diesen Funkenkugeln einmal die innere Belegung und das andere Mal die äußere Belegung einer Leydener Flasche *g* verbunden. Die innere Belegung ist aber nicht direkt mit der Funkenstrecke verbunden, sondern durch eine Kupferdrahtspule *h* hindurch.

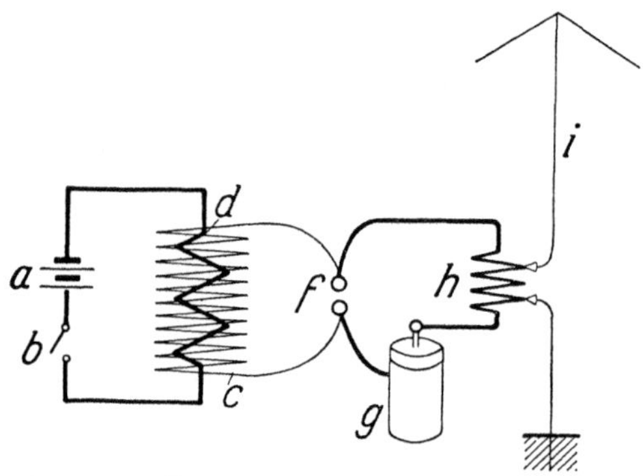

Abb. 32. Prinzipielles Schaltschema eines Funkensenders.

Schwingungs-Energie. Wenn jetzt der Unterbrecher *b* in Tätigkeit gesetzt wird. so werden durch die starkdrähtige Spule *d* hindurch Stromstöße der Batterie *a* geschickt, die in der dünndrähtigen Spule *e* Induktionsströme hervorrufen, welche zwar nicht die gleiche Stromstärke wie in der starkdrähtigen Spule *d* aufweisen, jedoch infolge der sehr vielen Windungen dünnen Kupferdrahtes der Spule *e* eine hohe Spannungsdifferenz besitzen. Infolgedessen wird die Leydener Flasche *g* innen und außen aufgeladen, und zwar so lange, bis elektrisch die Flasche gefüllt ist. Ist dies der Fall, so sucht die in die Flasche hineingeladene Elektrizitätsmenge sich zu entladen, was dadurch erfolgt, daß in der Funkenstrecke *f* ein Funken übergeht.

Der Vorgang in der Leydener Flasche ist vergleichbar mit der mechanischen Spannung einer Spiralfeder. Die Ladung der Leydener Flasche entspricht dem Zusammendrücken der Feder, die Entladung der Flasche der Tendenz der Feder, sich wieder zu entspannen.

Kurze Schwingungsdauer. Dadurch nun, daß in der Funkenstrecke *f* ein Funken übergeht, werden in dem aus der Funkenstrecke *f*, der Leydener Flasche *g* und der Drahtspule *h* gebildeten Kreise elektrische Schwingungen erzeugt, die ähnlich den Pendelschwingungen der Abb 27 sind, nur mit dem Unterschiede, daß diese in einer sehr kurzen Zeit vor sich gehen, und zwar betragen sie, wenn man annimmt — was bei den praktischen drahtlosen Stationen der früheren Zeiten, die mit seltenen Funkenentladungen arbeiteten, meistens der Fall ist —, daß etwa 100 Funken in der Sekunde übergehen und 20 Schwingungen jedesmal ausgeführt werden, für die Entladung *A E* etwa $\frac{1}{50000}$ Sekunde, während zwischen den einzelnen Entladungskomplexen ein Zeitraum von $\frac{499}{50000}$ Sekunde liegt. Der Abstand zwischen den Entladungskomplexen ist demnach etwa 500mal so groß wie der Abstand *A E* und somit die Zeit des Schwingungsüberganges selbst. Die von der Funkenstrecke erzeugte Schwingung klingt außerordentlich schnell ab und ist mithin stark gedämpft.

Die Zahl der erzeugten Schwingungen ist im wesentlichen abhängig von der Größe der Leydener Flasche *g* (allgemein Kondensator) und der Drahtspule *h* (allgemein Selbstinduktion). Werden beide in elektrischer Beziehung groß gemacht, so wird die Schwingungsdauer ebenfalls groß, und da oben gezeigt ist, in welcher Wechselwirkung Schwingungsdauer und Wellenlänge stehen, erkennt man, daß auch die Wellenlänge groß wird. Das Umgekehrte tritt ein bei Verkleinerung der Kapazität und Selbstinduktion des Kreises *f g h*.

Luftleiter und Ausstrahlung. Drahtlose Telegramme nach dem Morsealphabet. Die nun so in dem geschlossenen Schwingungskreise *f g h* erzeugten elektrischen Schwingungen werden direkt durch Leitungsdrähte oder indirekt durch Induktion auf die „Antenne“ *i* übertragen. Diese besteht im wesentlichen einerseits aus einem Drahtgebilde, das in die Höhe geführt ist und sorgfältig von Erde isoliert ist, andererseits aus einer entsprechenden, in die Erde eingegrabenen Erdungsanlage oder einem der Antenne ähnlichen, gleichfalls von Erde isolierten „Gegengewicht“.

Die auf diese Weise in das Luftleitergebilde übertragenen elektromagnetischen Schwingungen, die mittels eines Morsetasters im Rhythmus der Punkte und Striche des Morsealphabetes erzeugt werden können, werden in eben diesem Rhythmus von der Antenne gleichförmig nach allen Richtungen hin „ausgestrahlt“.

Abb. 33 zeigt nochmals schematisch den die elektrischen Schwingungen erzeugenden Hochfrequenzkreis *f g h*, der der Einfachheit halber direkt in die Antenne *i* eingeschaltet ist.

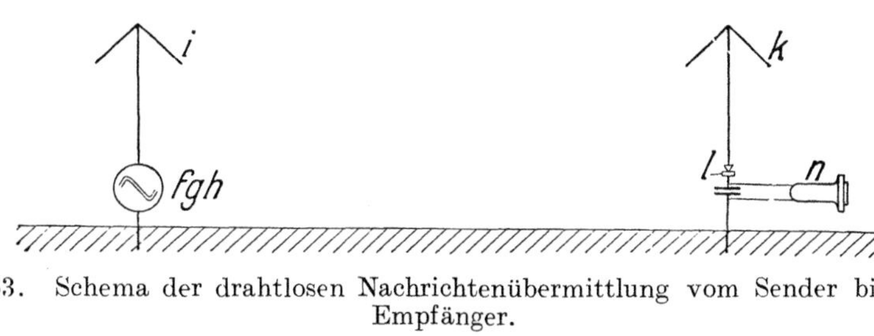

Abb. 33. Schema der drahtlosen Nachrichtenübermittlung vom Sender bis zum Empfänger.

Von dieser werden die Schwingungen, wie schon zum Ausdruck gebracht, nach allen Richtungen hin in Form von elektrischen Wellen gleichförmig oder fast gleichförmig ausgestrahlt.

Empfangsluftleiter und Empfänger. Ein leider nur verschwindend geringer Bruchteil dieser Schwingungen wird von der in entsprechender Entfernung aufgestellten „Empfangsantenne" *k* „aufgefangen".

Detektor und Telephon. In die Antenne eingeschaltet oder besser mit ihr verbunden, da die Schwingungen, wie schon bemerkt, von unseren Sinnesorganen nicht wahrgenommen werden können, ist ein „Detektor" *l*, der die von der Antenne aufgefangenen schnellen Schwingungen in, z. B. mittels eines Telephons hörbare Zeichen umwandelt. An Stelle des Telephons könnte man z. B. auch einen optischen Galvanometerempfang setzen und alsdann die Morsezeichen ablesen.

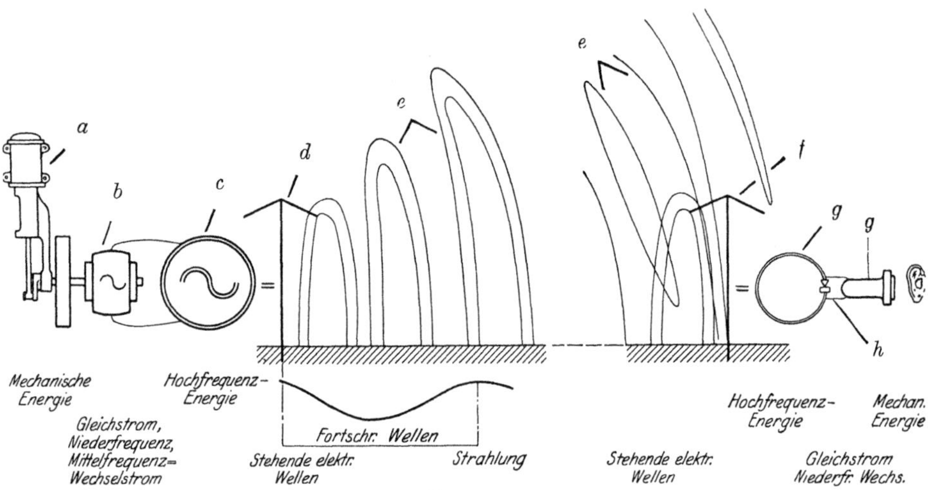

Abb. 34. Energieumformung und Übertragung in der Radiotelegraphie und -telephonie von der Kraftmaschine bis zum Telephonempfang.

Abstimmung. Die beste Wirkung im Empfänger wird ebenfalls wieder dann erzielt, wenn der Empfänger auf den Sender „abgestimmt" ist. Zu diesem Zwecke werden in die Empfangsantenne *k* Abstimmungselemente, wie Kondensatoren und Spulen, eingeschaltet, die so lange variiert werden, bis die Wellenlänge des Senders erreicht und die größte Wirkung im Empfänger (lautestes Geräusch im Telephon) erzielt ist. Der Einfachheit halber sind diese Abstimmungselemente in Abb. 33 nicht eingezeichnet.

Energieumformung bei der drahtlosen Telegraphie. Gegenüber anderen Gebieten der Technik besitzt die drahtlose Telegraphie die Eigentümlichkeit, daß die zur Übermittlung der Zeichen benutzte Energie eine mehrfache grundsätzliche Umformung verlangt.

Das Anschauungsbild gemäß Abb. 34 (teilweise nach M. Dieckmann, 1913) möge hiervon einen Begriff geben.

Im allgemeinen ist es zunächst erforderlich, sofern nicht ein elektrisches Leitungsnetz vorhanden ist, aus irgendeinem Brennstoff mittels eines Motors *a* mechanische Energie zu erzeugen. Hierdurch wird eine Dynamomaschine *b* angetrieben, die Gleichstrom, niederfrequenten oder mittelfrequenten Wechselstrom liefert. Durch diesen wird der hochfrequente Schwingungen erzeugende geschlossene Schwingungskreis *c* gespeist, wobei also die Schwingungszahl einige hunderttausend in der Sekunde beträgt. Mit diesem Schwingungskreis ist das Luftleitergebilde *d* in irgendeiner Weise gekoppelt, so daß die hochfrequenten Schwingungen auf das Luftleitergebilde übertragen werden. Die Charakteristik des Luftleitergebildes besteht darin, daß die hochfrequenten Schwingungen elektrische Kraftlinien hervorrufen, die in Gestalt von elektrischen Wellen *e* vom Luftleitergebilde nach allen Richtungen hin ausgestrahlt werden und auch von dem auf die Senderschwingungen abgestimmten Empfangsantennengebilde *f* aufgefangen werden. Nunmehr beginnt eine Zurückverwandlung der Hochfrequenzenergie in langsame Schwingungen, in ähnlicher Form, wie dies beim Sender in umgekehrter Reihenfolge der Fall war.

Die von der Empfangsantenne aufgenommenen Wellen werden in einen Hochfrequenzstrom zurückverwandelt, der den geschlossenen Schwingungskreis *g* und hierdurch den mit diesem verbundenen Detektor *h* erregt. Der Detektor wandelt den Hochfrequenzstrom in einen niederfrequenten Wechselstrom oder Gleichstrom um und betätigt hierdurch einen Indikator *g*, der einen unsere Sinnesorgane reizenden Effekt hervorruft und der in einer mechanischen, akustischen oder optischen Erscheinung bestehen kann. Der Kreislauf ist hiermit geschlossen.

Die speziellen Anordnungen von Sendern und Empfängern zeigen ein zwar etwas abweichendes Bild, im wesentlichen sind jedoch die Erscheinungen immer dieselben.

Im großen ganzen sind das Bild und die Erscheinungen dieselben, wenn man statt der Übertragung der Morsepunkte und -striche mittels Radiotelephonie Sprache und Musik übertragen will, was also für den R.-T.-Betrieb das wesentlichste ist. Es soll daher nachstehend ein kurzer Überblick über das Prinzip der Radiotelephonie gegeben werden.

B. Prinzip der Radiotelephonie.

1. Wirkungsweise und allgemeine Anordnung der drahtlosen Telephonie.

a) Vorgänge bei der Drahttelephonie.

In der Drahttelephonie ist die Lautübertragung von der Sende- nach der Empfangsstelle hin, wenn man die technisch anzuwendenden Mittel betrachtet, einfach und nur mit einem geringen Energieaufwand verknüpft. Man bespricht auf der Sendestelle ein Mikrophon, das infolge der durch die Lautwirkung hervorgerufenen Luftverdickungen und -verdünnungen einen wechselnden Widerstand zeigt. Dieses Mikrophon ist mit einem Empfangstelephon durch eine Drahtleitung verbunden, in das eine Stromquelle (häufig nur einige galvanische Elemente) eingeschaltet ist. Durch die im Mikrophon erzeugten Stromschwankungen wird durch die Drahtleitung hindurch die Telephonmembran des Hörers zu Schwingungen angeregt, die ihrerseits wieder akustische Schwingungen hervorrufen, welche den in das Mikrophon hineingesprochenen oder gesungenen Lautwirkungen sowohl hinsichtlich ihrer Wellenlänge, als auch hinsichtlich ihrer Klangfarbe (Oberschwingungen) im wesentlichen entsprechen.

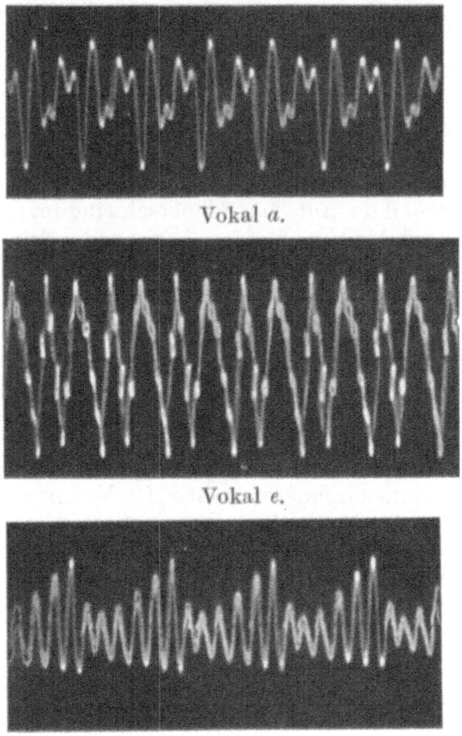

Vokal *a*. Vokal *e*. Vokal *i*.

Abb. 35. Mit einem Duddell-Oszillographen aufgenommene Einwirkung verschiedener Vokale auf die Schwingungskurven.

Da das Mikrophon bereits auf sehr geringe Luftverdikkungen und -verdünnungen anspricht, und da das Empfangstelephon eines der höchstempfindlichen Indikationsinstrumente überhaupt ist, und da ferner die Batterie für den Telephoniebetrieb praktisch stets einen Strom gleichbleibender Stärke hergibt, ist eine Drahttelephonie mit einem außerordentlich geringen Aufwande an elektrischer Energie möglich.

Eine Schwierigkeit besteht eigentlich nur darin, die stellenweise sehr erhebliche Kapazität und Selbstinduktion langer Leitungsdrähte, insbesondere aber bei Benutzung von Kabeln, zu eliminieren, da durch diese sowohl die Klangfarbe der übertragenen Sprachschwingungen eine erhebliche Änderung erfahren, als auch die Phasenverschiebung zwischen den einzelnen, die Sprache bedingenden Oberschwingungen verändert werden kann.

Es ist in diesem Zusammenhang zu bemerken, daß man den Betriebsgleichstrom unterbrechen kann bis zu einigen hundert pro Sekunde, wobei immer noch eine Sprachübertragung möglich ist, wenngleich im allgemeinen die Deutlichkeit nachlassen wird.

Man hilft sich bei der Telephonie mit Leitung durch an richtigen Stellen einzuschaltende Pupinspulen. Diese haben eine doppelte Funktion, nämlich einerseits die Amplitude der übertragenen Sprachströme infolge ihrer relativ großen Selbstinduktion annähernd gleich hoch zu halten, andererseits aber die Frequenz konstant zu halten, so daß die Tonhöhe für die Güte der Übertragung praktisch ausscheidet.

b) Einwirkung der Vokale und Konsonanten auf die Schwingungsform.

Hieraus geht schon hervor, daß für die Übertragung diejenigen Lautwirkungen am günstigsten sind, die eine möglichst große Einwirkung auf den vorhandenen Gleichstrom zulassen. In dieser Beziehung sind nun die Vokale am günstigsten.

Abb. 35 zeigt Oszillogramme für verschiedene Vokale, die von Duddell mit seinem Oszillographen aufgenommen wurden. Man erkennt hier, daß für jeden der drei durch Oszillogramme wiedergegebenen Vokale *a*, *e* und *i* die Schwingungskurven ganz besonders charakteristische sind.

Bei den Konsonanten sind die Schwingungskurven mehr verschwommen und die Amplituden im allgemeinen nicht so ausgeprägt, was zur Folge hat, daß bereits bei der Drahttelephonie Vokale leichter und vor allen Dingen besser und lautstärker übertragen werden als die meisten Konsonanten.

Infolgedessen kann man mit Vorteil so verfahren, daß man bei der Sprachübertragung zunächst den ganzen Satz in das Mikrophon hineinsagt und darauf erst die einzelnen Worte wiederholt. Besonders schwer verständliche, also insbesondere konsonantenreiche Worte müssen alsdann eventuell noch buchstabiert werden.

Dieses Vorgehen hat sich auch neuerdings beim Ausbau des drahtlosen Telephonnetzes in Deutschland wieder gut bewährt.

2. Vorgang bei der Radiotelephonie.

a) Noch wesentlicherer Einfluß der Vokale bei der drahtlosen Telephonie.

Bei der drahtlosen Telephonie ist infolge der Eigenart der Erzeugungs- und Übertragungsart der Schwingungen diese Erscheinung noch weit ausgeprägter. Es ist aus diesem Grunde bei Vergleichen erforderlich, die Güte der Leistung nicht nur nach den nach dem Empfänger übermittelten Vokalen oder musikalischen Lauten zu beurteilen, sondern am besten sind zusammenhängende Worte, etwa Zeitungstext, für den Vergleich heranzuziehen.

b) Unterschiede im Mechanismus zwischen Drahttelephonie und drahtloser Telephonie.

Bei der drahtlosen Telephonie ist die Mechanik der Lautübertragung derjenigen bei der Drahttelephonie ganz ähnlich. Abgesehen von dem Fehlen der verbindenden Drahtleitung, wodurch der große Vorteil erzielt wird, daß die Klangfarbe und Phase der übertragenen Schwingungen zwischen Sende- und Empfangsstation keine praktisch inbetracht kommende Veränderung erfährt, sind jedoch zwei wesentliche Unterschiede vorhanden.

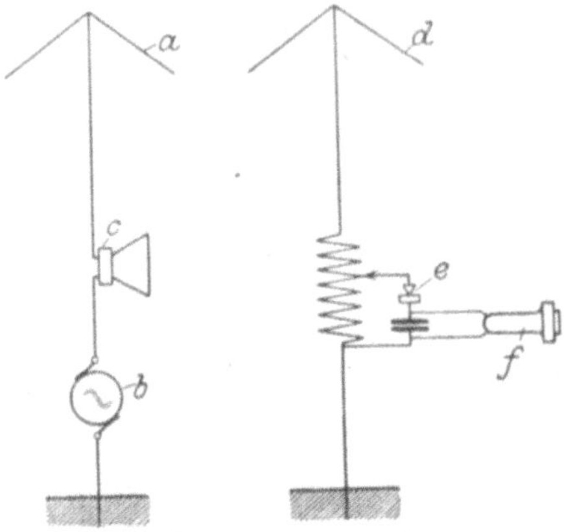

Abb. 36. Prinzip der Telephoniesender- und -empfängerschaltung.

Es fehlt einmal der dauernd vorhandene Gleichstrom, der durch die Sprachschwingungen des Mikrophons beeinflußt wird, und hierdurch die Telephonmembran in entsprechende Schwingungen versetzt. Zweitens kann infolge der in der drahtlosen Telephonie zu verwendenden hohen Periodenzahlen und der Eigenart der hochfrequenten Schwingungen nicht direkt mit dem Telephon empfangen werden, sondern es ist vielmehr ein Organ, nämlich ein Detektor erforderlich, der wieder die hochfrequenten Schwingungen in pulsierenden Gleichstrom, auf den das Telephon anspricht, umformt.

Hierbei ist noch eine nicht ganz unwesentliche Schwierigkeit zu berücksichtigen. Da außer Tönen auch die menschliche Sprache zu übermitteln ist, kommt der hierfür erforderliche Frequenzbereich inbetracht, also ein solcher von ca. 200 bis 2000 Schwingungen pro Sekunde für die Vokale und bis zu etwa 15000 Schwingungen pro Sekunde für die Konsonanten. Um also diese noch gut übertragen zu können, muß die Frequenz der Senderschwingungen groß, ihre Wellenlänge klein sein, was aber im Widerspruch steht zur Energieübertragung, die für große Wellen wieder günstiger ist, als für kleine. Man muß hier also von Fall zu Fall den günstigsten Kompromiß schließen.

Betrachten wir zunächst die Mechanik der drahtlosen Telephonie.

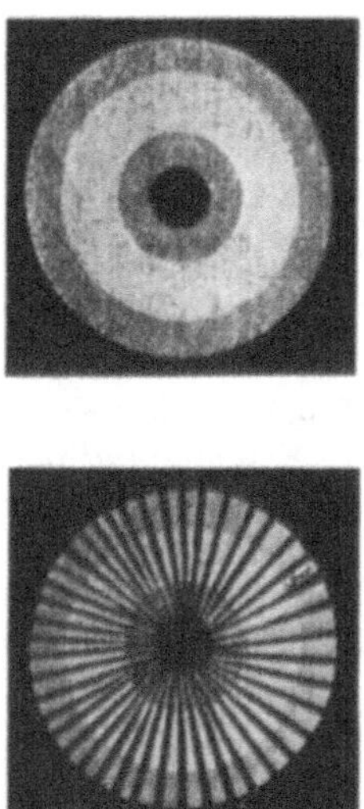

Abb. 37. Kontinuierliche Schwingungen im Schwingungsanalysator betrachtet (oben) u. die Lauteinwirkung auf das Mikrophon (unten).

c) Einfachste Sende- und Empfangsanordnung für drahtlose Telephonie.

Die einfachste Möglichkeit einer drahtlosen Telephonie stellt schematisch Abb. 36 dar.

In einer Antenne *a*, wie sie für drahtlose Telegraphie benutzt wird, und die im übrigen auch mit denselben Abstimmitteln versehen sein kann, werden ein Hochfrequenzgenerator *b* (R. A. Fessenden) und ein Mikrophon *c* eingeschaltet. Der Hochfrequenzgenerator soll schnelle elektromagnetische Schwingungen hoher Frequenz liefern, die, entsprechend dem Gleichstrom der Drahttelephonie, zunächst als kontinuierliche Strömung angenommen werden sollen.

Betrachtet man diese kontinuierlichen Schwingungen z. B. im Schwingungsanalysator (d. i. eine luftverdünnte Röhre, die im Hochfrequenzfeld, z. B. dem einer Spule des Schwingungskreises gedreht wird), so ergibt sich ein Bild gemäß Abb. 37 oben. Sobald nun eine Lautwirkung das Mikrophon beeinflußt und hierdurch im Rhythmus derselben eine Widerstandsschwankung, also Amplitudenveränderung eintritt, wird in dem Analysator ein Bild etwa gemäß Abb. 37 unten hervorgerufen, d. h. die kontinuierlichen Schwingungen werden entsprechend den auf das Mikrophon auftreffenden Lautwirkungen verändert, bei kräftiger Lautwirkung sogar völlig zum Verschwinden gebracht.

Betrachtet man die Einwirkung der Vokalbeaufschlagung auf den Hochfrequenzton im rotierenden Spiegel des Glimmlichtoszillographen, so erhält man Aufnahmen gemäß den Abb. 39 bis 49. Abb. 49 zeigt ein Anschauungsbild des Konsonanten *r* unter den gleichen Verhältnissen.

Die Ausstrahlung der auf diese Weise durch das in Tätigkeit befindliche Mikrophon modifizierten elektromagnetischen Wellen erfolgt genau so wie in der drahtlosen Telegraphie (siehe Abb. 34).

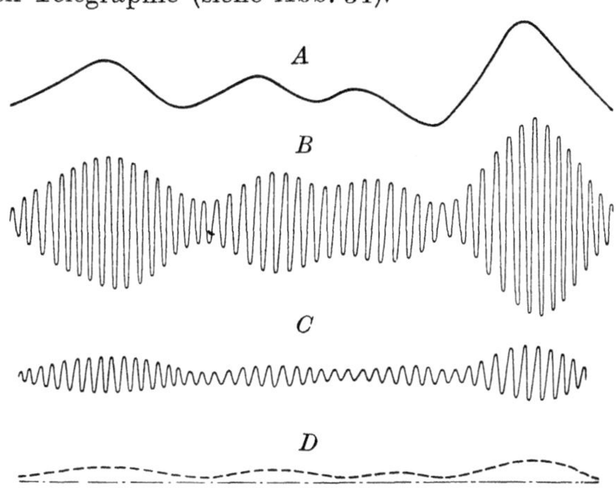

Abb. 38. Schema des Schwingungsverlaufes vom Senden bis zum Empfang.

Ein Bruchteil der Energie erreicht die Antenne *d* der fernen Empfangsstation (s. Abb. 36 rechts), mit der in einfachster Schaltung ein Detektor *e* und eine Telephonanordnung *f* verbunden seien. Anstelle der Hochantenne *d* tritt bei den Amateurempfängern häufig aus Gründen der Einfachheit eine Rahmenantenne, die Lichtleitung etc. Durch den Detektor werden die von der Antenne aufgefangenen elektromagnetischen Wellen in einen pulsierenden Gleichstrom umgewandelt und dem Telephon zugeführt, das dieselben in Form von akustischen Schwingungen dem Ohre des Empfangenden wiedergibt.

d) Schematische Darstellung des Schwingungsverlaufes vom Senden bis zum Empfang.

Der Schwingungsvorgang vom Senden bis zum Empfang hin ist in Abb. 38 skizzenhaft wiedergegeben. Die Kurve *A* soll die akustischen Schwingungen im Mikrophon grob schematisch zum Ausdruck bringen. In Wirklichkeit wird diese Kurve, entsprechend den Oberschwingungen, eine größere Vielgestaltigkeit aufweisen. Gemäß dieser Kurven-

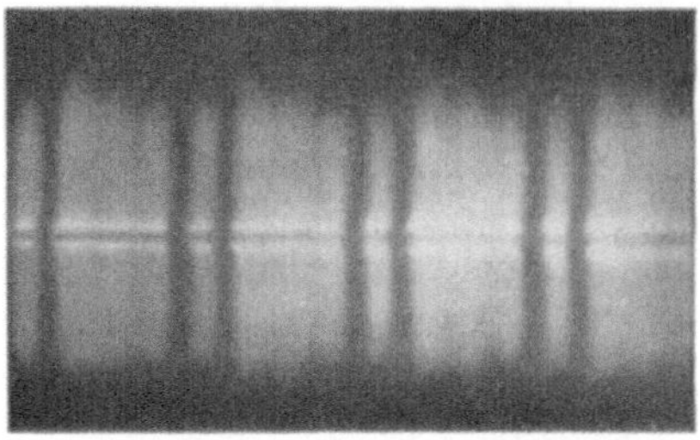

Abb. 39. a a a laut gesprochen.

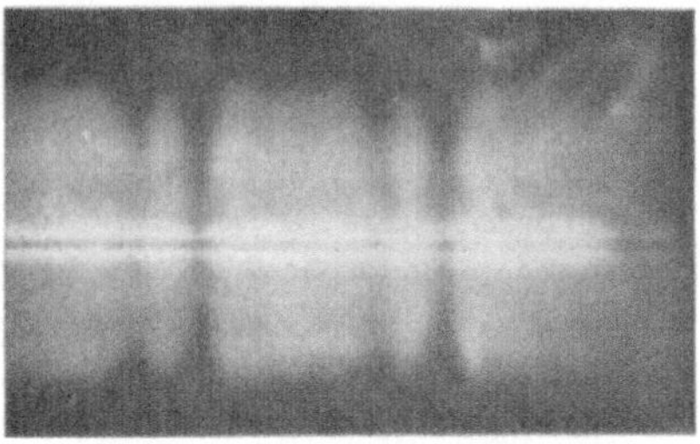

Abb. 40. a a a leise gesprochen.

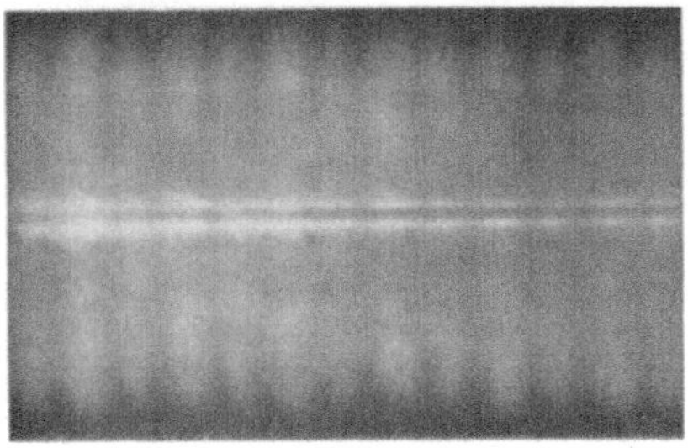

Abb. 41. e e e laut gesprochen.

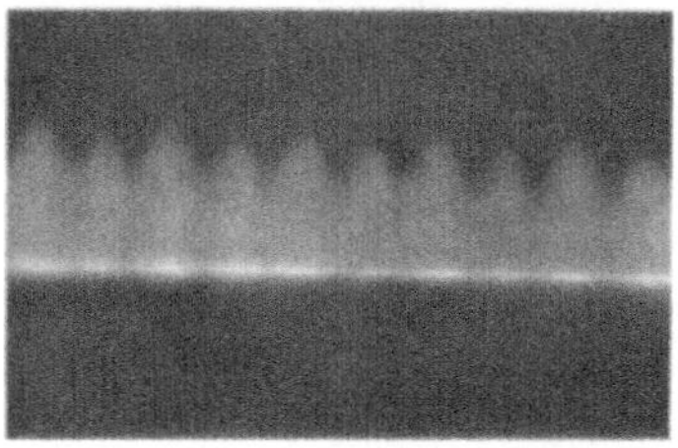

Abb. 42. e e e leise gesprochen.

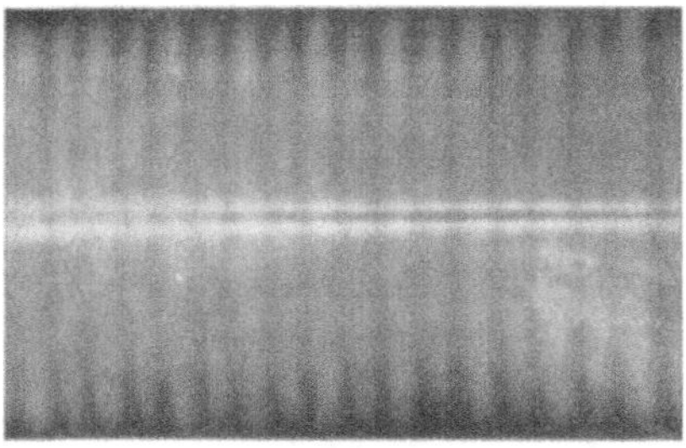

Abb. 43. i i i laut gesprochen.

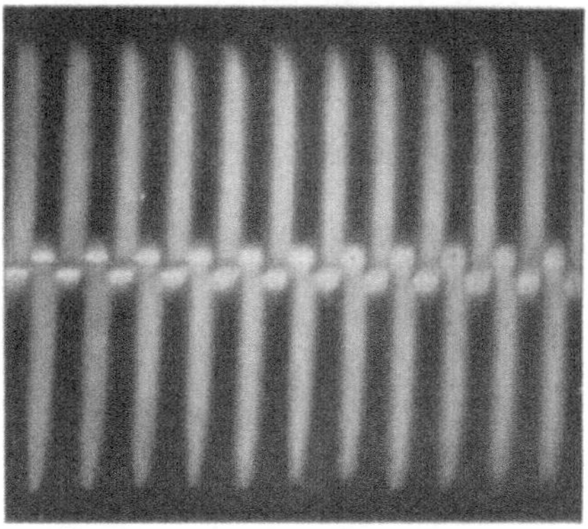

Abb. 44. i i i normal gesprochen.

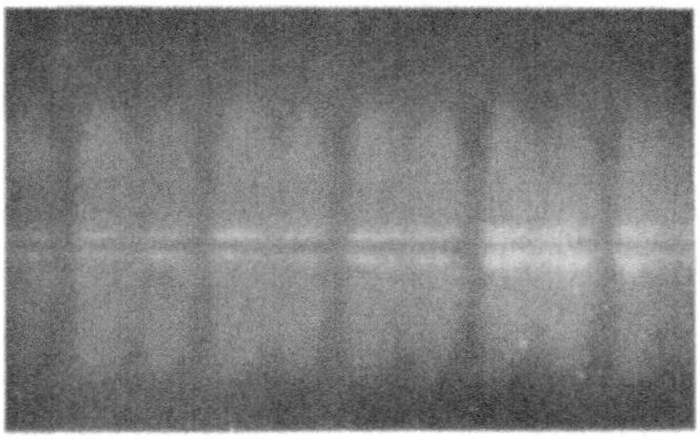

Abb. 45. o o o laut gesprochen.

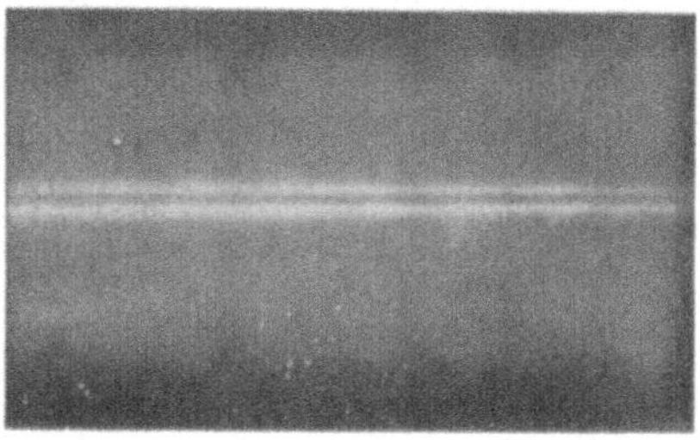

Abb. 46. o o o leise gesprochen.

[1]) Die Originale der Abbildungen 39—49 entstammen zum Teil dem Laboratorium der C. Lorenz-A.-G., Berlin.

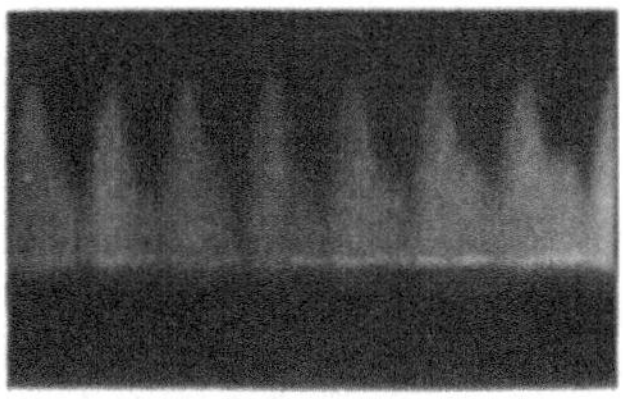

Abb. 47.
u u u normal gesprochen.

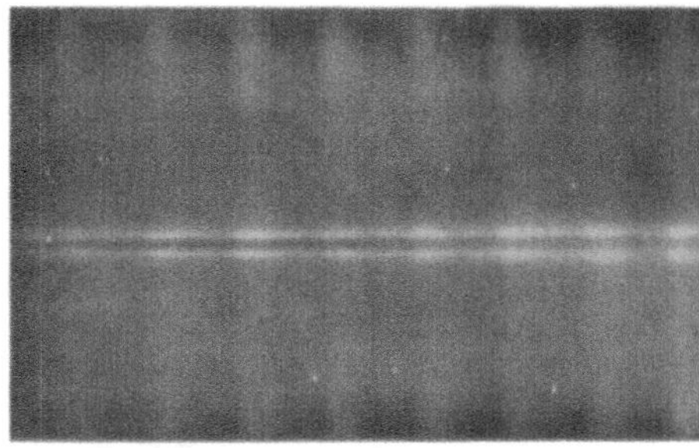

Abb. 48. u u u leise gesprochen.

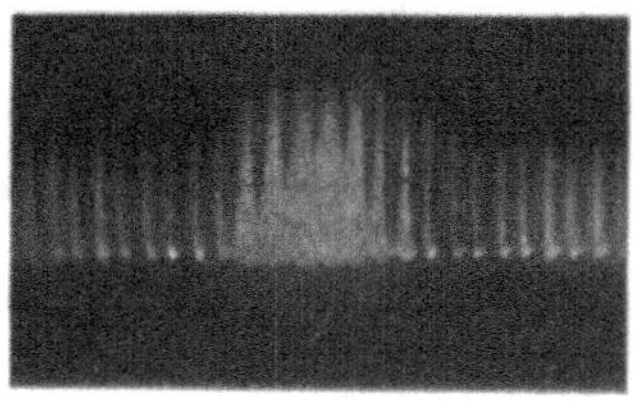

Abb. 49. r r r normal gesprochen.

gestaltung werden die in der Antenne vorhandenen kontinuierlichen und ungedämpften Schwingungen in ihrer Amplitude beeinflußt, wie dies Kurve *B* wiedergibt. Es findet nun eine dieser Amplitudengestaltung entsprechende Kraftlinienausbildung und Energieausstrahlung statt.

Mit sehr viel verringerter Amplitude (weit mehr als es zeichnerisch zum Ausdruck gebracht werden kann), aber in genauer Anlehnung an den Charakter der Senderkurvenform werden dem Detektor hochfrequente Schwingungen von der Empfangsantenne zugeführt, gemäß Abb. 38 *C*. Der Detektor, der als Kristalldetektor angenommen werden und eine Gleichrichterwirkung besitzen möge, wobei er allen Amplitudenvariationen spontan folgen soll, formt die hochfrequenten Schwingungen in pulsierenden Gleichstrom, gemäß Kurve Abb. 38 *D*, um und führt diese dem Empfangstelephon zu. In den weitaus meisten Fällen ist noch eine Verstärkung zwischengeschaltet.

Kurz zusammengefaßt findet also folgender Vorgang statt: Die Amplitude der ausgestrahlten Energie wird durch das Mikrophon moduliert in Audio- oder Vokalfrequenz, und dementsprechend wird auch das Empfangstelephon gereizt. Die Schwingungen der Telephonmembran entsprechen also denjenigen des Sendermikrophons.

Ein Anschauungsbild der radiotelephonischen Übermittlung vom Sender bis zum Empfänger nach amerikanischer Darstellung soll durch die Abbildungen 50 bis 52 zum Ausdruck gelangen. Die wesentlichsten Teile der Senderapparatur mit daran angeschlossener Antenne stellt Abb. 50 dar. Als Hochfrequenzgenerator dient eine Röhre, die aus der vor derselben befindlichen Batterie gespeist wird. Rechts neben derselben ist die Abstimmspule, links neben der Röhre der Abstimmdrehkondensator sichtbar. Davor ist das Mikrophon nebst einem Hilfsapparat angeordnet. Das Mikrophon ist noch unbesprochen, infolgedessen werden von den Antennen reine, möglichst sinusförmige Schwingungen ausgestrahlt, die in der Abbildung gleichfalls angedeutet sind.

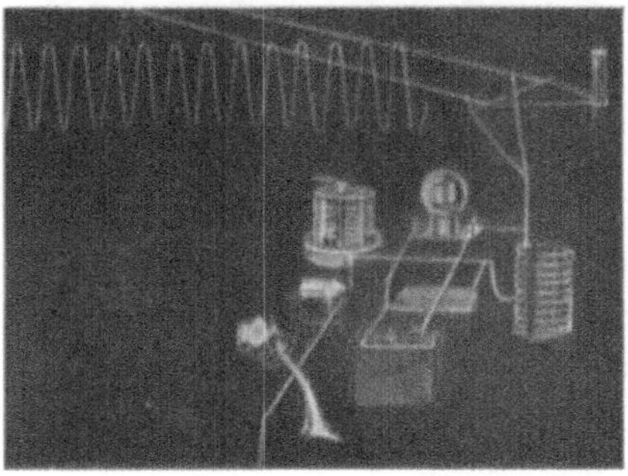

Abb. 50. Wichtigste Teile eines Radio-Telephoniesenders, der zwar kontinuierliche Wellen aussendet, wobei jedoch das Mikrophon noch unbesprochen ist. (Aus „The Wireless Age".)

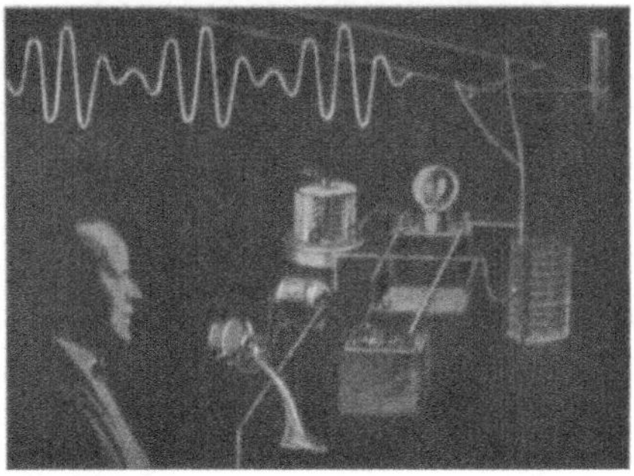

Abb. 51. Das Mikrophon des Telephoniesenders wird besprochen. (Aus „The Wireless Age".)

Dieselbe Sendeapparatur, jedoch mit einer vor dem Mikrophon abgebildeten Person, die dasselbe bespricht, ist in der darauffolgenden Abb. 51 wiedergegeben. Die von der Antenne nunmehr ausgestrahlten Schwingungen sind im Rhythmus der Sprachschwingungen moduliert, was die Abbildung gleichfalls andeutet.

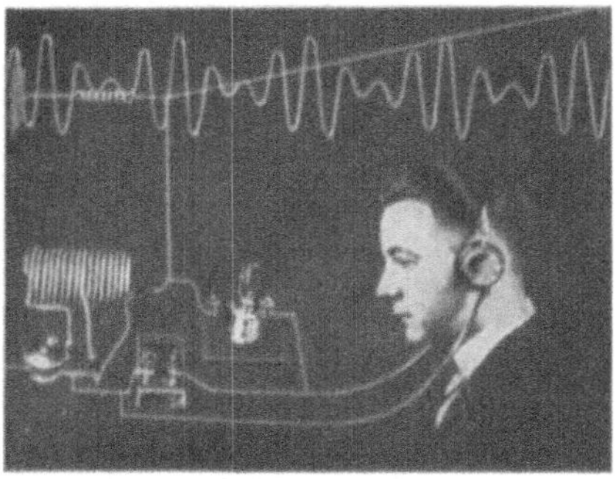

Abb. 52. Radiotelephonie-Empfangsstation. Die im Rhythmus der Sprachschwingungen modulierten Hochfrequenzschwingungen erregen den Empfänger. (Aus „The Wireless Age".)

Diese entsprechend modulierten Schwingungen werden von irgend einem Empfänger gemäß Abb. 52 aufgefangen. Bezüglich des Maßstabes der Amplitude dieser Schwingungen gilt das oben Ausgeführte. In dieser Abbildung ist eine einfache Hochantenne angenommen, die mit einem gewöhnlichen Kristall-Detektorenempfänger verbunden ist. Der Empfangende, der sich auf die Wellenlänge des Senders abgestimmt hat, hat das Doppelkopftelephon umgenommen und empfängt.

IV. Auszug aus der Theorie. Wichtige Formeln. Diagramme. Tabellen.

A. Der ideale quasistationäre Schwingungskreis.

Für die theoretische Erkenntnis radiotelegraphischer Aufgaben ist die Beherrschung mindestens nachfolgender Grundlagen erforderlich:

Die Folge des Spannungsausgleiches in Gestalt der Funkenentladung in einem durch eine Funkenstrecke erregten Kondensatorkreis (siehe Abb. 53) ist ein oszillierender Strom, dessen Richtung im ersten Zeitmoment in der in Abb. 54 gewählten Darstellung nach oben verläuft, der aber seine Richtung sofort und dauernd ändert, wobei sich die Energie allmählich verbraucht, so daß sich ein Bild der Strömung J, etwa Abb. 54 entsprechend, ergibt. Man nennt einen derartigen oszillierenden Wechselstrom, dessen Frequenz sehr hoch ist (im Mittel ca. $3{,}10^6$ bis 10^4 Perioden pro Sekunde), einen gedämpften „hochfrequenten Wechselstrom“. Gedämpft, da seine Amplituden a b c usw. beständig abnehmen. Da in jedem herausgegriffenen Zeitmoment die Stromstärke an allen Stellen des Schwingungskreises die gleiche ist, bezeichnet man ein derartiges System als „quasistationär“. Der Gegensatz hierzu ist ein offenes System, von dem später die Rede ist, und in dem man von einem „nichtquasistationären Strom“ redet. Denselben Verlauf haben selbstverständlich auch das elektrische Feld zwischen den Kondensatorbelegen c und das magnetische Feld in der Spule des Schwingungskreises.

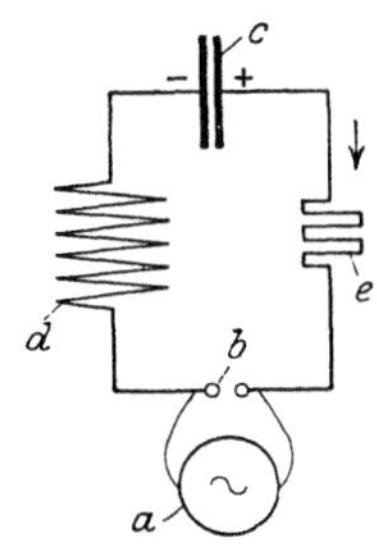

Abb. 53. Geschlossener quasistationärer Schwingungskreis.

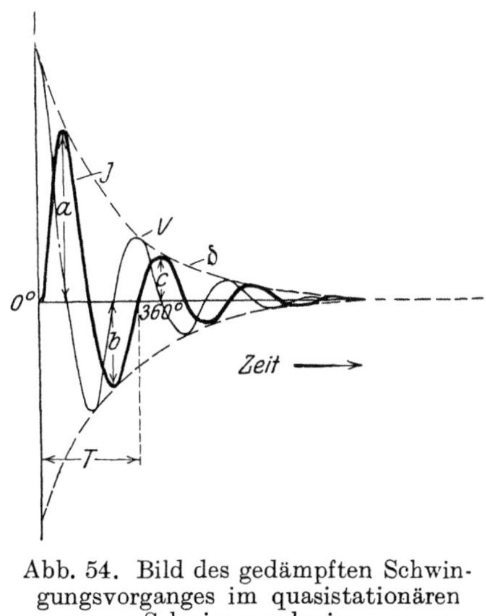

Abb. 54. Bild des gedämpften Schwingungsvorganges im quasistationären Schwingungskreis.

Die Erscheinung in dem geschlossenen Kreise bei c d besitzt infolge des Vorhandenseins von oszillierender, elektrischer und magnetischer Feldintensität den Charakter einer „elektromagnetischen Störung oder Schwingung“, und zwar nennt man diese Schwingungen „Eigenschwingungen“, da sie im Schwingungskreise selbst hervorgerufen werden.

Infolge des periodischen Hin- und Herschwingens der Energie wird dieser Vorgang als „periodische Entladung“ bezeichnet, im Gegensatz zur „aperiodischen Entladung“, von der unten die Rede ist.

Sobald die Strömung in der Funkenstrecke und damit der Schwingungsverlauf *t* aufgehört hat, entionisiert sich allmählich die Funkenstrecke *b*, und die Aufladung des Kondensators findet von neuem statt, bis von neuem ein Entladungsvorgang und damit das Einsetzen der elektromagnetischen Schwingungen stattfindet.

Der Schwingungsvorgang, entsprechend der schematischen Abb. 54, geht zu rasch vor sich, daß man ihn mit dem bloßen Auge ohne weiteres wahrnehmen könnte; er erscheint vielmehr als Lichtband in der Funkenstrecke. Um dieses aufzulösen, benutzt man einen rasch rotierenden Spiegel (W. Feddersen) oder besser einen Glimmlichtoszillographen.

Für den geschlossenen Kondensatorkreis und die auftretenden elektromagnetischen Schwingungen gelten (W. Thomson, 1855 und G. Kirchhoff, 1857) unter Bezugnahme auf Abb. 54 folgende physikalische und mathematische Beziehungen:

1. Kreiswiderstände. Resonanz.

Unter der Voraussetzung, daß die Hochfrequenzquelle einen kontinuierlichen sinusförmigen Strom J konstanter Spannung V an das Schwingungssystem abgibt, was z. B. dann annähernd der Fall ist, wenn man eine Hochfrequenzmaschine anwendet, kann man den Strom unter Berücksichtigung aller Widerstände berechnen. Man hat zu bedenken, daß durch das Vorhandensein des Kondensators *c* eine Voreilung des Stroms gegenüber der Spannung bewirkt wird, wobei ist

$$J_{Kap.} = \frac{V}{\sqrt{w^2 + \frac{1}{(\omega C)^2}}},$$

hierin ist w der im System vorhandene Ohmsche Widerstand,

$$\omega \text{ die Kreisfrequenz} = 2\pi\nu = \frac{2\pi}{T},$$

wobei ist:

ν = Anzahl der Perioden pro Sek = Schwingungszahl = Frequenz,
T = Periodendauer.

Dadurch, daß noch die lokalisierte Selbstinduktion L im System vorhanden ist, wird ein Nachhinken des Stroms gegenüber der Spannung bewirkt, entsprechend:

$$J_{Ind} = \frac{V}{\sqrt{w^2 + (\omega L)^2}}.$$

Der Gesamtwiderstand w_{ges} eines Kreises, der Kapazität und Selbstinduktion enthält, jedoch unter Vernachlässigung der Verluste im Dielektrikum, durch Skineffekt und durch Ableitungen, ist

$$w_{ges} = \sqrt{w^2 + \left(\omega L - \frac{1}{C\omega}\right)^2},$$

hierin ist:

$$w = \text{Ohmscher Widerstand,}$$
$$\omega L = \text{Induktiver Widerstand.}$$
$$\frac{1}{C\omega} = \text{Kapazitiver Widerstand.}$$

Das Voreilen und das Nachhinken setzen sich zu einer Gesamterscheinung zusammen, und man erhält:

$$J_{ges} = \frac{V}{\sqrt{w^2 + \left(\omega L - \frac{1}{\omega C}\right)^2}} = \frac{V}{\sqrt{w^2 + \left(2\pi\nu L - \frac{1}{2\pi\nu C}\right)^2}}.$$

Will man die resultierende Größe aus Voreilung und Nachhinken wissen, mit anderen Worten aber die Phasenverschiebung zwischen Strom und Spannung feststellen, so bildet man tg φ des Phasenverschiebungswinkels:

$$\operatorname{tg}\varphi = \frac{2\pi\nu \cdot L - \frac{1}{2\pi\nu C}}{w}.$$

Hieraus ist ersichtlich, daß das Maximum erzielt wird, wenn der Zähler gleich 0 ist, das heißt, wenn der selbstinduktive Widerstand $2\pi\nu L$ gleich dem kapazitiven Widerstand $\frac{1}{2\pi\nu C}$ ist, also wenn ist

$$2\pi\nu L = \frac{1}{2\pi\nu C}$$

oder anders geschrieben

$$1 = C \cdot L\,(2\pi\nu)^2$$

also

$$\nu = \frac{1}{2\pi\sqrt{CL}}.$$

Dieses galt bisher immer unter Berücksichtigung, daß ν die Frequenz der Hochfrequenzquelle *b*, bzw. der Maschine *a*, wenn diese direkt die Hochfrequenz liefert, ist.

In dem Fall nun, daß die Eigenfrequenz des Kreises *b d c e* übereinstimmt mit der aufgedrückten Frequenz ν, ist „Resonanz" vorhanden, die für nahezu sämtliche Erscheinungen und Dimensionierungen in der drahtlosen Telegraphie die Grundlage bildet.

In diesem Fall vereinfacht sich obiger Ausdruck zu

$$J_{ges} = \frac{V}{w}.$$

Es besteht also nur noch eine Abhängigkeit vom Ohmschen Widerstand w.

2. Frequenz (Kreisfrequenz), Periodendauer, Wellenlänge.

Die Frequenz pro Sekunde = Anzahl voller Perioden pro Sekunde =

$$\nu = \frac{1}{2\pi} \cdot \frac{1}{\sqrt{CL}},$$

wo C und L in Farad, bzw. in Henry gemessen sind. Sofern man beide Größen in cm angibt, folgt:

$$\nu = \frac{3.10^{10}}{2\pi} \cdot \frac{1}{\sqrt{CL}},$$

Dieser Ausdruck gilt angenähert und unter der Bedingung, daß der Widerstand im Schwingungskreise nicht sehr groß ist, d. h. daß die Dämpfung kleiner als 2π ist. Die Periodenzahl in 2π Sekunden = Kreisfrequenz (J. Zenneck) =

$$\omega = 2\pi\nu = \frac{2\pi}{T} = \frac{1}{\sqrt{CL}},$$

wo C und L in Farad und Henry anzugeben sind und worin T die Dauer der Periode ist;

also ist $$\nu = \frac{1}{T},$$

demnach $$T = \frac{1}{\nu} = \frac{1}{\frac{1}{2\pi} \cdot \frac{1}{\sqrt{CL}}} = 2\pi\sqrt{CL},$$

Zahlenbeispiel: Es sei $C = 8 \cdot 10^{-8}$ Farad,
$L = 10 \cdot 10^{-6}$ Henry,

dann ist $T = 6{,}28\sqrt{8 \cdot 10^{-8} \cdot 10 \cdot 10^{-6}} = 6{,}28\sqrt{8 \cdot 10^{-13}}$
$T = 0{,}56 \cdot 10^{-6}$.

Die Dauer einer Periode ist also etwa die Hälfte einer Millionstel Sekunde.

Wenn man den Widerstand (w′) nicht vernachlässigt, erhält man die genauere Formel:

$$T = \frac{2\pi}{\sqrt{\frac{1}{CL} - \frac{w'^2}{4L^2}}};$$

oder für ν umgeschrieben:

$$\nu = \frac{1}{T} = \frac{1}{2\pi} \cdot \sqrt{\frac{1}{CL} - \frac{w'^2}{4L^2}}.$$

Da nun der Widerstand w′ nicht lokalisiert vorhanden ist, setzt man, um ihn definieren zu können, $w' = \frac{L}{C \cdot w}$, hierin bedeutet w den Ohmschen Widerstand; diesen eingesetzt erhält man

$$\nu = \frac{1}{2\pi} \cdot \sqrt{\frac{1}{CL} - \frac{1}{4C^2w^2}}.$$

Da ferner die Geschwindigkeit der Ausbreitung der elektromagnetischen Störung[1]) (Lichtgeschwindigkeit) $= 3 \cdot 10^{10}$ cm/sec. $= v = \nu\lambda$ ist, worin λ die Wellenlänge bedeutet, d. h. der Abstand, den zwei gleichartige Punkte der elektromagnetischen Störung voneinander besitzen, so ist

$$\lambda = v \cdot T = \frac{v}{\nu}; \text{ also } \lambda = v \cdot 2\pi\sqrt{CL}.$$

Infolge dieser Abhängigkeit zwischen λ und ν kann man folgende Abhängigkeitstabelle (eine ausführliche Tabelle für den Bereich von 100 bis 10000 m λ ist auf S. 143ff. wiedergegeben, siehe auch die Nomographische Tafel IV, S. 136) aufstellen:

λ^{m}	1	10	100	1000	10000	100000
$\nu^{Per/sec}$	$3 \cdot 10^8$	$3 \cdot 10^7$	$3 \cdot 10^6$	$3 \cdot 10^5$	$3 \cdot 10^4$	$3 \cdot 10^3$
$\nu^{Per/sec}$	$1 \cdot 10^3$	$1 \cdot 10^4$	$1 \cdot 10^5$	$1 \cdot 10^6$	$1 \cdot 10^7$	$1 \cdot 10^8$
λ^{m}	$3 \cdot 10^5$	$3 \cdot 10^4$	$3 \cdot 10^3$	$3 \cdot 10^2$	$3 \cdot 10$	3

Zahlenbeispiel: Es sei die Periodenzahl ν zu berechnen, wenn die Wellenlänge $\lambda = 6000$ m beträgt.

Für $\lambda = 1000$ m ist $\nu = 3 \cdot 10^5$. Für die längere Welle $\lambda = 6000$ m ist die Periodenzahl entsprechend kleiner, also

$$\text{für } \lambda = 6000 \text{ m ist } \nu = \frac{3 \cdot 10^5}{6} = \frac{300000}{6} = 50000 \text{ Perioden pro Sekunde}$$

und wenn man in obiger Formel C und L in cm ausdrückt, erhält man

$$\lambda^{cm} = 2\pi\sqrt{C^{cm} L^{cm}}$$

oder die Wellenlänge in m

$$\lambda^{m} = \frac{2\pi}{100}\sqrt{C^{cm} L^{cm}}.$$

Für die meisten technischen Zwecke genügend genau ist der vereinfachte Ausdruck:

$$\lambda^2{}_{m} = \frac{C^{cm} \cdot L^{cm}}{256}.$$

Der Ausdruck $\lambda^{cm} = 2\pi\sqrt{CL^{cm}}$ ist die Gleichung einer elliptischen Kegelfläche, wenn man in einem dreidimensionalen Koordinatensystem λ, C und L als Ordinaten verwendet.

Zahlenbeispiel: Es sei wieder $C = 8 \cdot 10^{-8}$ Farad,
$L = 10 \cdot 10^{-6}$ Henry

und es ist $2\pi\nu = 18{,}8 \cdot 10^8{}_{m}$,

dann ist $\lambda^{m} = 18{,}8 \cdot 10^8 \sqrt{80 \cdot 10^{-14}}$,
$\lambda = 1680$ m,

[1]) M. Abraham hat die effektive Ausbreitungsgeschwindigkeit der elektrischen Wellen mit $1{,}96 \cdot 10^{10}$ cm/sec. festgestellt.

oder, was im vorliegenden Falle einfacher und gebräuchlicher ist, im statischen System ausgedrückt:

$$C = 8 \cdot 10^{-8}\ \text{Farad} = 72000\ \text{cm},$$
$$L = 10 \cdot 10^{-6}\ \text{Henry} = 10000\ \text{cm},$$

dann ist

$$\lambda^{\text{cm}} = 6{,}28\sqrt{72000 \cdot 10000} = 6{,}28\sqrt{7{,}2 \cdot 10^8},$$
$$\lambda^{\text{cm}} = 16{,}84 \cdot 10^4\ \text{cm},$$
$$\lambda = 1684\ \text{m}.$$

B. Die Kopplung.

1. Definition der Kopplungsarten.

Die Verbindung zweier oder mehrerer Schwingungskreise, gleichgültig ob sie offen oder geschlossen sind, wird „Kopplung“ genannt.

Man unterscheidet erstens verschiedene Kopplungsarten und zweitens verschiedene Kopplungsfestigkeiten (Kopplungsgrade).

2. Kopplungsarten.

Zur Kopplung kann jeder Apparat benutzt werden, der es ermöglicht, magnetische oder elektrische Kraftlinien oder beide von einem System auf ein anderes System zu übertragen.

Diese dem Wesen nach miteinander identischen Kopplungen sind in Abb. 55, der obigen Einteilung gemäß, für zwei miteinander zu koppelnde Systeme I und II, von denen in I die Energie zuerst vorhanden sein möge, dargestellt. Im besonderen kann es sein:

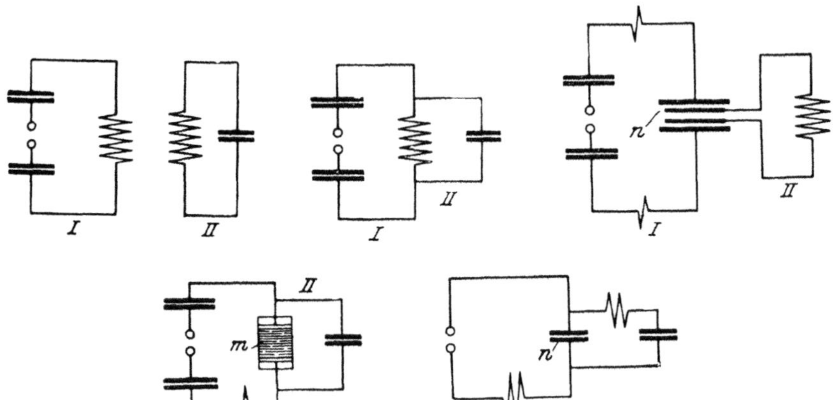

Abb. 55. Kopplungsarten.

a) Magnetische, bzw. elektromagnetische oder induktive Kopplung.

Die Energieübertragung von System I auf II findet nur durch das magnetische Feld der Kopplungsspulen, also nur durch Induktion statt (siehe Abb. 55 links oben).

b) Galvanische, konduktive oder auch durch einen Widerstand bewirkte Kopplung (in der Praxis meist mit *a*) zusammen auftretend und oftmals, namentlich früher als „direkte Kopplung" bezeichnet.

Auch hier findet die Energieübertragung im wesentlichen durch das magnetische Feld der Spule statt, die, wie dies z. B. Abb. 55 oben Mitte zeigt, beiden Systemen I und II gemeinsam ist. Außerdem tritt aber noch, da die Spule nicht widerstandslos ist, praktisch stets eine galvanische Kopplung hinzu, die allerdings, da die Selbstinduktion einer Spule meist erheblich größer ist als deren Widerstand, nur äußerst gering ist. Im Falle von Abb. 55 links unten ist ein Magnetfeld zur Kopplung nicht vorhanden, da zur Kopplung vielmehr nur ein Ohmscher Widerstand *m* (als elektrolytischer Widerstand gezeichnet) dient. An den Enden dieses Widerstandes entsteht eine Spannungsdifferenz und somit, durch den Strom von I hervorgerufen, ein Strom in II

c) Elektrische, elektrostatische, kapazitive Kopplung.

In diesem Falle findet die Energieübertragung von I auf II nur durch die elektrischen Kraftlinien des, bzw. der Kondensatoren *n* (siehe Abb. 55 rechts) statt. Nebenbei bemerkt, kann dieses die festeste überhaupt nur mögliche Kopplung sein.

3. Kopplungsfestigkeiten (Kopplungsgrade).

a) Feste und lose Kopplung. Erzwungene Schwingung und Eigenschwingung. Rückwirkung.

Allgemeines.

Die Festigkeit der Kopplung hängt lediglich von der Anzahl der beiden Systemen gemeinsamen Kraftlinien ab.

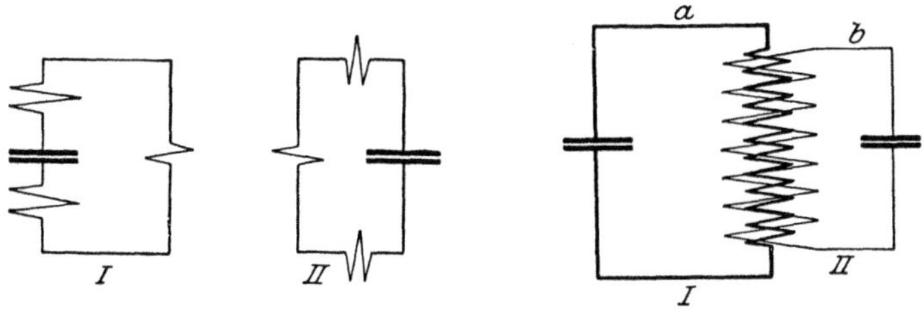

Abb. 56. Feste und lose Kopplung.

Ist die Anzahl der gemeinsamen Kraftlinien sehr klein, so ist die Kopplung auch dementsprechend sehr „lose". Abb. 56 zeigt in ihrem rechten Teil das Bild einer sehr losen induktiven Kopplung. Nur ein kleiner Teil der Selbstinduktionswindungen der beiden Systeme sind für die Kopplung überhaupt ausgenutzt. Der räumliche Abstand dieser Kopplungswindungen kann außerdem noch groß gemacht werden, wodurch eine besonders lose Kopplung erzielt wird. Ferner kann, wie in der Abbildung angedeutet, noch ein Teil der Selbstinduktionswindungen besonders, und zwar so angeordnet werden, daß diese an der Energieübertragung überhaupt nicht teilnehmen können, wodurch die Kopplung ganz besonders lose, oder wie man sagt, „extrem lose“ wird. Hierbei ist überhaupt keine nennenswerte Rückwirkung von System II auf I mehr vorhanden.

Ganz im Gegensatz hierzu steht die feste Kopplung, von der Abb. 56 links ein Beispiel zeigt. Die Kopplung ist hierbei induktiv (magnetisch). Fast die gesamte Selbstinduktion der beiden Systeme ist in den Spulen vereinigt, die zudem noch direkt übereinander gewickelt sind.

Bei dieser sehr festen Kopplung ist selbstverständlich demzufolge auch die Rückwirkung des Systems II auf I sehr groß („Rückkopplung“ siehe unten).

In jedem mit einem Primärsystem, das als Erregersystem wirkt, gekoppelten Sekundärsystem treten, ganz gleichgültig ob das Primärsystem I gedämpfte oder ungedämpfte Schwingungen erzeugt, zwei Arten von Schwingungen auf.

1. Erzwungene Schwingungen, für die die Schwingungen des Primärsystems maßgebend sind. Dieselben besitzen das Dämpfungsdekrement und die Wellenlänge des Primärsystems.

2. Eigenschwingungen des Systems, für die das Dämpfungsdekrement und die Wellenlänge des Sekundärsystems maßgebend sind.

b) Kopplungskoeffizient und Kopplungsgrad.

Für die jeweilig vorhandene Festigkeit der (magnetischen) Kopplung hat man als Maß den Kopplungskoeffizienten k oder (im allgemeinen) den Kopplungsgrad K eingeführt.

Es ist der Kopplungskoeffizient für Systeme mit quasistationärem Stromverlaufe (also z. B. zwei geschlossenen Schwingungssystemen):

$$k = \sqrt{\frac{L_{21} L_{12}}{L_1 \cdot L_2}} = \frac{L_{12}}{\sqrt{L_1 \cdot L_2}}$$

hierin ist

L_1 der Selbstinduktionskoeffizient von System I,
L_2 der Selbstinduktionskoeffizient von System II,
L_{12} der wechselseitige Selbstinduktionskoeffizient, d. h. die Induktion von System I auf II,
L_{21} der wechselseitige Selbstinduktionskoeffizient, d. h. die Induktion von System II auf I.

Der Kopplungskoeffizient für Systeme mit nicht quasistationärem Stromverlauf, wobei also die Stromverteilung eine mehr oder weniger ungleichförmige ist (z. B. sehr offene Antenne), erfährt gegenüber dem obigen Ausdruck insofern eine Abänderung, als an Stelle von L_{12} im Zähler der „wirksame“ wechselseitige Selbstinduktionskoeffizient zu setzen ist.

Die wechselseitigen Selbstinduktionskoeffizienten hängen von der Stromverteilungsart im System und von der Lage der Kopplungsstelle ab. Bei Kopplung im Interferenzpunkt ist der Kopplungskoeffizient am größten und unterscheidet sich alsdann nicht wesentlich von den obigen Ausdrücken.

Die Formel für den Kopplungskoeffizienten, die eigentlich nur eine theoretische Bedeutung hat, da L_{12} und L_{21} nicht ohne weiteres gemessen werden können, vereinfacht sich, wenn der wesentliche Teil der Selbstinduktion den beiden aufeinander abgestimmten Kreisen gemeinsam ist. Da alsdann das Produkt von Kapazität und Selbstinduktion beider Systeme gleich groß und die Selbstinduktion gemeinsam ist, erhält man

$$k = \sqrt{\frac{C_2}{C_1}} = \sqrt{\frac{L_1}{L_2}},$$

worin

C_1 die Kapazität des erregenden Systems,
C_2 die Kapazität des angestoßenen Systems ist.

Im allgemeinen wird für die Stationen der Praxis der „Kopplungsgrad K" angegeben. Derselbe errechnet sich in einfachster Weise aus den mit dem Wellenmesser gemessenen, bei fest gekoppelten Systemen stets auftretenden zwei Wellen der Kopplungsschwingungen.

Es ist dann:

$$\lambda_1 = \lambda \sqrt{1 - k}$$

$$\lambda_2 = \lambda \sqrt{1 + k}$$

$$\frac{\lambda_1}{\lambda_2} = \sqrt{\frac{1 - k}{1 + k}}.$$

Es ist alsdann (J. Zenneck):

$$k = 1 - \left(\frac{\lambda_1}{\lambda}\right)^2 = \left(\frac{\lambda_2}{\lambda}\right)^2 - 1$$

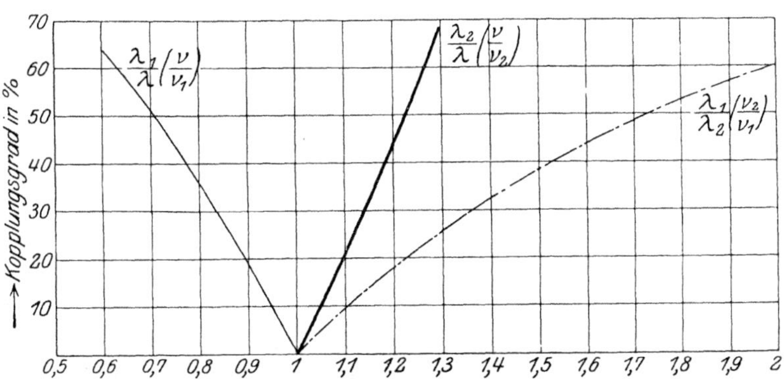

Abb. 57. Ablesung des Kopplungsgrades aus dem Verhältnis der Wellenlängen bzw. Frequenzen.

und wenn man die von Zenneck berechneten Werte graphisch aufträgt, so kann man den Kopplungsgrad für die verschiedenen Werte des Verhältnisses der Wellenlängen bzw. Frequenzen aus den Kurven von Abb. 57 ablesen.

Im übrigen gilt:

$$k \simeq \frac{\lambda_2 - \lambda_1}{\lambda}$$

oder bei Ablesung der Kapazitäten und Angabe in Prozent:

$$k = \frac{C_2 - C_1}{C_2 + C_1} \cdot 100\,\%$$

$$k = \frac{1}{2} \cdot \frac{C_2 - C_1}{C} \cdot 100\,\%.$$

Diese Formeln besagen, daß die Wellenlängen λ_1 und λ_2 (bzw. Frequenzen ν_2 und ν_1, oder Kapazitäten C_1 und C_2) um so mehr von der ursprünglichen Wellenlänge λ (bzw. Frequenz ν oder Kapazität C) abweichen, je größer der Kopplungsgrad, d. h. also, je fester die Kopplung ist.

Über die in der Praxis benutzten Kopplungsgrade lassen sich schwer allgemeine Angaben machen.

Bei Benutzung eines Funkensenders ist es eine bekannte Tatsache, daß man den Kopplungsgrad einer Station, um das Optimum zu erhalten, um so kleiner bemessen kann, je weniger gedämpft die Antenne ist. Bei einer schwach gedämpften Schirmantenne war ein Kopplungsgrad von ca. 3 Proz. üblich. Bei einer stärker gedämpften T-Antenne wurde im allgemeinen bis zu 8 % gegangen.

C. Die Dämpfung.

1. Begriff der Dämpfung.

Es ist zu beachten, daß auch im idealen Schwingungskreis, wo Widerstands- und andere Verluste durch entsprechende Gestaltung vermieden sein sollen — wodurch also die elektrische Feldenergie des Kondensators

$$\mathfrak{E}_e = \frac{C V^2}{2},$$

die bei Beginn der Schwingung ein Maximum ist, restlos in magnetische Stromenergie

$$\mathfrak{E}_m = \frac{\underset{\sim}{L} J^2}{2},$$

die bei Beginn der Schwingung Null ist, umgewandelt wurde — durch die Entladung des Kondensators und Umformung in elektrische Schwingungen stets ein Dämpfungsbetrag auftritt, einerseits hervorgerufen durch „Joulesche Wärme“ im Schwingungskreise, andererseits infolge des Entladungsvorganges (Funke, Lichtbogen usw.) selbst. Dieser kommt z. B. bei Funkenschwingungen dadurch zum Ausdruck, daß die Schwingungsamplitude a bei der nächsten Periode auf die Amplitude c gesunken ist (s. Abb. 54).

Das Verhältnis a/c kennzeichnet die „Dämpfung", die um so größer ist, je größer das Verhältnis a/c ist.

Sämtliche Punkte der Amplitudenspitzen der Schwingungskurve, wie dies z. B. mit dem Glimmlichtoszillographen aufgenommen werden kann, liegen auf einer Kurve, der Dämpfungskurve $\mathfrak{d}$. Diese ist für einen Schwingungskreis ohne Funkenstrecke, und sofern nur Verluste durch Joulesche Wärme auftreten, eine gleichseitige Hyperbel (siehe Abb. 58) und gehorcht der Gleichung:

$$y = e^x,$$

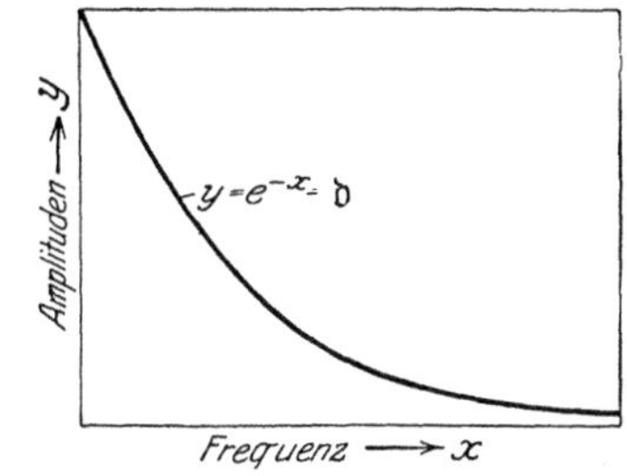

Abb. 58. Dämpfungskurve.

worin e = Basis der natürlichen Logarithmen = 2,718 ... ist; hierin hat x die Bedeutung:

$$x = \pm \frac{w}{2L} \cdot T.$$

Für einen Schwingungskreis mit Funkenstrecke nähert sich die die Amplitudenspitzen verbindende Kurve um so mehr einer Geraden, je größer die durch die Funkenstrecke bewirkte Dämpfung ist.

Für die Ermittlung der Dämpfung in der Praxis sind andere, im nachstehenden beschriebene Methoden in Anwendung. Hier kommt es zunächst darauf an, die Dämpfung rechnerisch zu erfassen. Die Berechnung kann erfolgen, indem man für einen beliebigen Zeitpunkt t die Stromgleichung ansetzt:

$$i_t = J_0 \cdot e^{-\frac{w}{2L} \cdot t} \cdot \sin \omega t = a \cdot \sin \omega t; \quad \text{wo} \quad \omega = 2\pi \nu \text{ ist,}$$

und nun das Verhältnis der Amplituden, die um eine volle Periode auseinander sind, bildet.

Dieses Verhältnis ergibt sich gemäß Abb. 54 wie folgt

$$\frac{a}{c} = \frac{i_t}{i_{t+T}} = \frac{J_0 \cdot e^{-\frac{w}{2L} \cdot t} \cdot \sin \omega t}{J_0 \cdot e^{-\frac{w}{2L} \cdot (t+T)} \cdot \sin \omega t},$$

$$\frac{a}{c} = e^{-\frac{w}{2L} \cdot T} = e^{\delta T}$$

und man bezeichnet $w/2L = \delta$ als „Dämpfungsfaktor", während man $\ln \frac{a}{c} = \delta T = \mathfrak{d}$ als „logarithmisches Dämpfungsdekrement" oder kurz als „Dekrement" bezeichnet.

Man kann dadurch, daß man für die einzelnen Werte des Dekrementes die entsprechenden Größen der Kapazität, Selbstinduktion, Widerstand und Wellenlänge einsetzt, den nachstehenden Endausdruck, der für rasche Berechnungen der Praxis sehr bequem ist, in einfachster Weise verwenden (W. Hahnemann, 1905):

$$\mathfrak{d} = \frac{w}{2L} \cdot T = \frac{w}{2L} \cdot \frac{1}{\nu} = \frac{1}{150} \cdot \frac{C^{cm} \cdot w^{Ohm}}{\lambda_r^m} = \frac{1}{0{,}591} \cdot \frac{\lambda^m \cdot w^{Ohm}}{L^{cm}}.$$

Es ist aber zu beachten, daß in den sämtlichen bisherigen Ausdrücken w als konstant angenommen war, während tatsächlich im allgemeinen der Schwingungsverlauf nicht derartig ist, daß dieser Widerstand w vollkommen konstant bleibt.

Es möge an dieser Stelle noch eine andere, weit allgemeinere Darstellung des Dämpfungsdekrementes eingeflochten werden (H. Rein, 1912), die das Wesen der Dämpfung noch nach anderer Seite hin beleuchtet.

Bezeichnet man den in einem bestimmten Zeitmoment im Schwingungskreise vorhandenen elektromagnetischen Arbeitsvorrat wieder mit $\mathfrak{E}_m = \frac{L \cdot J_0^2}{2}$, und bezeichnet man ferner den während der darauf folgenden Periode in Wärme umgesetzten Energiebetrag mit $\mathfrak{E}_w = i^2 \cdot w\,T = \frac{J_0^2 \cdot w\,T}{2}$, so kann man den Quotienten $\mathfrak{E}_w/\mathfrak{E}_m$ bilden, und man erhält:

$$\frac{\mathfrak{E}_w}{\mathfrak{E}_m} = \frac{\frac{J_0^2 \cdot w\,T}{2}}{\frac{L J_0^2}{2}} = 2 \cdot \frac{w}{2L} \cdot T = 2\delta T = 2\mathfrak{d}.$$

Das so gebildete Verhältnis $\mathfrak{E}_w/\mathfrak{E}_m$ ist also gleich dem doppelten Werte des logarithmischen Dekrementes, und man hat auf diese Weise den Dämpfungsbegriff auch für andere als rein gedämpfte Schwingungsformen gefunden.

So gilt dieses auch bei sog. ungedämpften Schwingungen, indem hier das Dekrement den bei jeder Schwingung verbrauchten und von der Hochfrequenzquelle aus nachgelieferten Energiebetrag darstellt.

2. Auftretende Dämpfungsverluste.

Die Dämpfungsverluste im geschlossenen Schwingungskreis können entstehen:

1. In der Entladestrecke;
2. durch Joulesche Wärme im Leitungsmaterial des Schwingungskreises, in den Spulen usw.;
3. in den Kondensatoren;
4. durch Wirbelströme;
5. durch mangelhafte Isolation des Hochspannungspoles.

Über die Größenordnung der durch die einzelnen Ursachen bewirkten Dämpfungen ist auszuführen, daß im wesentlichen die Dämpfung in der Entladestrecke und im Dielektrikum der Kondensatoren inbetracht kommt. Diese Dämpfungen können recht beträchtlich sein. Die übrigen Dämpfungsursachen werden sich in den meisten Fällen niedrig halten lassen.

In der Praxis sucht man die Dämpfung der geschlossenen Schwingungskreise möglichst gering zu gestalten. Eine Ausnahme hiervon machen lediglich die Schwebungsstoßsender, wo die Dämpfung des Stoßkreises unter Umständen sogar künstlich vergrößert wird, um einen guten Stoßeffekt zu erzielen. Bei allen übrigen Sendern, Empfängern usw. werden aber, sofern nicht ganz besondere Ausnahmebedingungen vorliegen, alle Ursachen, die eine zusätzliche Dämpfung herbeiführen können, nach Möglichkeit vermieden. Bei den ungedämpften Sendern findet zudem ja stets eine Energienachlieferung im Sendekreise statt, so daß eben die ungedämpften Schwingungen entstehen.

Beim Schwingungskreis, der keine Entladestrecke enthält, fällt die Dämpfung durch den Entladungsvorgang vollkommen fort, und da Luftkondensatoren ohne weiteres anwendbar sind, ist auch die zweite Dämpfungsursache vollkommen vermeidbar. Die übrigen Dämpfungsursachen lassen sich unschwer so weit herabdrücken, daß das Dekrement eines derartigen Kreises bis

$$\mathfrak{d} = 0{,}006,$$

unter besonders günstigen Verhältnissen und Vorsichtsmaßregeln sogar nur

$$\mathfrak{d} = 0{,}003$$

beträgt.

Die Dämpfungsursachen im offenen Schwingungskreis (offene Antenne) können entstehen:

1. durch Strahlungsdämpfung der Antenne;
2. durch Joulesche Wärme in der Antenne und in den Abstimmungs- und Kopplungsmitteln;
3. in der Erdleitung;
4. durch Induktion;
5. durch Sprühen.

In folgender Tabelle sind einige Dämpfungsdekremente von Antennen bei mittleren Verhältnissen, sowie deren auf eine Wellenlänge von 1000 m und eine Kapazität von 3000 cm umgerechnete Widerstände wiedergegeben. Diese haben auch insofern Bedeutung, da die in der Antenne vorhandene Leistung jetzt durchweg[1]) nach der Formel

$$\text{Leistung} = J^2 \cdot w_{ges}$$

[1]) Die von Telefunken (Graf Arco, M. Osnos) vorgeschlagene Berechnungsart: Antennenhöhe (mittlere Kapazitätshöhe) in Metern × Ampere, also z. B. beim Nauensender 150 × 400 = 60000 Meter-Ampere, hat sich bisher noch nicht eingebürgert.

angegeben wird, worin J die Antennenstromstärke und w_{ges} den Ohmschen Gesamtwiderstand von Antenne und eventuellen Verlängerungsmitteln (Spulen usw.) darstellt.

Die eigentliche „Nutzleistung" der Antenne ist hingegen:

$$\text{Nutzleistung} = J^2 \cdot w_{str}.$$

Der Gesamtwiderstand einer Antenne kann aus der Gesamtdämpfung der Antenne berechnet werden.

Es ist

$$w_{ges} = w_{str} + w_{joule} + w_{verl} = 150 \cdot \frac{\mathfrak{d}_{ges} \cdot \lambda_m}{C_{a\,cm}},$$

hierin ist

w_{ges} = der gesamte Antennenwiderstand,
w_{str} = der Strahlungswiderstand,
w_{joule} = der Widerstand durch Joulesche Wärme im Antennendraht und in den Abstimmungs- und Kopplungsmitteln,
w_{verl} = der Widerstand durch Sprüh- und Isolationsverluste in der Antenne und Erdleitung sowie durch Induktion der Pardunen, Sprühen usw.

Zu beachten ist, daß die Gesamtdämpfung und damit der Gesamtwiderstand keine Konstante ist. Diese Größen sind vielmehr im wesentlichen abhängig a) von der Wellenlänge λ, b) von der Art des Stromverlaufs und der Stromstärke in der Antenne.

Antennenform	$\mathfrak{d}$	$w_{str} \sim \left(\begin{matrix}\lambda = 1000\text{ m}\\ C_a = 3000\text{ cm}\end{matrix}\right)$
Schirmantenne	0,1	5 Ohm
T-Antenne (Schiffsantenne)	0,1—0,16	6,5 „
Harfenantenne	0,15—0,2	8,75 „
Konusantenne	0,2	10 „
Gestreckter Draht (einfache Marconiantenne)	0,2—0,35	12,5 „
Doppelkonusantenne	0,3—0,5	20 „
Flugzeugantenne	$\sim$ 0,5	$\sim$ 30 „ (λ = 100 m; C = 250 cm)
Erdantenne (auf die Erde gelegte Kabelantenne)	0,089—0,535	10—60 Ohm (λ = 600 m)

3. Ermittlung der Dämpfung.

Man kann den genauen Schwingungsverlauf am einwandfreiesten aus der Resonanzkurve erkennen. Gleichzeitig ist diese auch das beste Mittel, um die Dämpfung der Schwingungen im Schwingungskreise exakt festzustellen.

Zur Ermittlung der Dämpfung dient bisher in der Hauptsache die im nachstehenden ausführlich behandelte Resonanzmethode.

Daneben findet bei Laboratoriumsmessungen vielfach noch die Vergleichsmethode Anwendung.

Als weitere Methoden kommen inbetracht:

die Dynamometermethode,

die direkte Methode mittels Strom und Spannungsmessung,

die Methode mittels der Braunschen Röhre nach Zenneck,

die Dämpfungsmethode mittels des Magnetdetektors nach Rutherford,

die Kontaktanordnungen nach Tallqvist und Glatzel.

Es sei hier jedoch erwähnt, daß die Dynamometermethode wegen ihrer großen Einfachheit und der verhältnismäßig leicht exakt zu erzielenden Dämpfungswerte sich dann größeren Eingang in die Meßtechnik verschaffen wird, sobald die Industrie brauchbare Dynamometer herzustellen in der Lage ist.

a) Resonanzkurve des Stromeffektes. Resonanz, Isochronismus. Reduktion der Resonanzkurve.

Zur genauen Feststellung der Dämpfung mittels der Resonanzmethode ist es zwar an sich nicht unbedingt erforderlich, die volle Resonanzkurve aufzunehmen, man erhält aber von vornherein ein übersichtlicheres Bild durch die Aufzeichnung der Kurve. Für die Messung selbst genügen schon drei Punkte, und zwar die Wellenlänge, bzw. Kapazität im Resonanzpunkt und die beiden Werte für Wellenlänge, bzw. Kapazität, bei halbem Ausschlag links und rechts vom Resonanzpunkt gemessen.

Die Resonanzkurve wird z. B. mittels des Wellenmessers mit Hitzdrahtinstrument oder einem anderen geeigneten Indikator aufgenommen. Man trägt z. B. den Ausschlag des Hitzdrahtinstrumentes als Funktion der Wellenlänge auf, wobei der Wellenmeßkreis möglichst lose, aber doch so fest mit dem zu messenden Kreise gekoppelt wird, daß man noch einen genügenden Ausschlag des Hitzdrahtinstrumentzeigers erhält.

Man bezeichnet die auf diese Weise mittels eines Stromindikators aufgenommene Kurve als „Resonanzkurve des Stromeffektes“ (J. Zenneck), für die unter der bisherigen Annahme, daß die logarithmischen Dekremente $\mathfrak{d}_1$ und $\mathfrak{d}_2$ klein sind gegen 2π, und daß ferner ist: $y = e^{-x} = \mathfrak{d}_1$, gilt:

$$J^2_{2\mathrm{eff}} = \zeta \cdot \frac{(\omega \cdot L_{21} \cdot J_1)^2}{64\,\pi_2 \nu_1^3 \cdot L_2^2} \cdot \frac{\mathfrak{d}_1 + \mathfrak{d}_2}{\mathfrak{d}_1 \cdot \mathfrak{d}_2} \cdot \frac{1}{\left(1 - \frac{\nu_2}{\nu_1}\right)^2 + \left(\frac{\mathfrak{d}_1 + \mathfrak{d}_2}{2\pi}\right)^2},$$

hierin ist:

$J_{2\mathrm{eff}}$ = die effektive Stromstärke im Sekundärsystem,

$\omega L_{21} J_1$ = die vom Primärsystem im Sekundärsystem erzeugte E.M.K.,

ν_1 = Frequenz des Primärsystems (Oszillators),

ν_2 = Frequenz des Sekundärsystems (Resonators).

Es ist ferner der Stromeffekt im Resonanzpunkt

bei ungedämpften Schwingungen:

$$J_r{}^2{}_{\text{eff}} = \frac{(\omega L_{21} \cdot J_1)^2}{8 \nu_1{}^2 \cdot L_2{}^2} \cdot \frac{1}{\mathfrak{d}_2{}^2},$$

bei gedämpften Schwingungen:

$$J_r{}^2{}_{\text{eff}} = \frac{(w L_{21} \cdot J_1)}{16 \nu_1{}^3 \cdot L_2{}^2} \cdot \frac{1}{\mathfrak{d}_1 \mathfrak{d}_2 (\mathfrak{d}_1 + \mathfrak{d}_2)}.$$

Eine in einem relativ schwach gedämpften Resonanzsystem aufgenommene Kurve ist beispielsweise in Abb. 59 dargestellt. Der Punkt *R* des Resonanzmaximums kann in einfacher Weise genau dadurch bestimmt werden, daß eine Anzahl Sehnen der Resonanzkurve gehälftet, und daß die sich so ergebenden Punkte miteinander verbunden werden. An diese Verbindungskurve wird eine Tangente *T* gelegt. Der Schnittpunkt derselben mit der Resonanzkurve ist der Punkt *R* des Resonanzmaximums, also derjenige Punkt, in dem die Abstimmung zwischen dem zu messenden System und dem Meßsystem vorhanden ist.

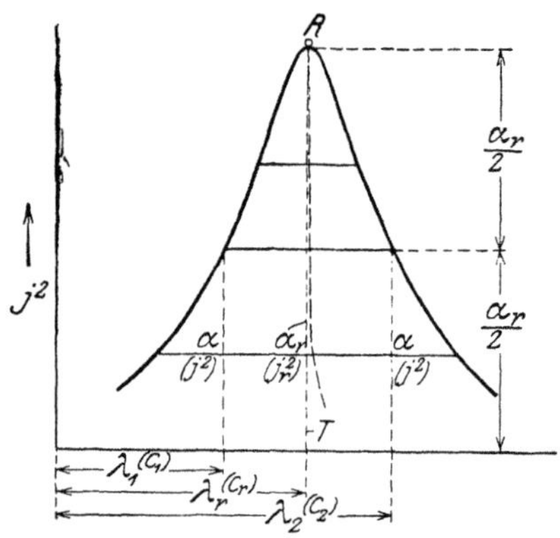

Abb. 59. Aufgenommene Resonanzkurve in einem relativ schwach gedämpften Resonanzsystem.

Es ist im übrigen zu unterscheiden zwischen „Resonanz" und „Isochronismus".

Unter ersterer versteht man die in einem Sekundärsystem, das von einem Primärsystem aus erregt wird, hervorgerufene Maximalwirkung, bestehend in der Maximalamplitude des Strom- oder Spannungs- oder Energieindikators.

Unter Isochronismus oder Isochronität wird hingegen das genaue Übereinstimmen der Schwingungszahlen (Wellenlänge, Frequenz) beider Systeme verstanden.

Bei schwach gedämpften Systemen kann man die Resonanz praktisch gleich dem Isochronismus setzen. Hierbei wird auch Spannungs- und Stromresonanz einander gleich. Bei extrem stark gedämpften Systemen kommen indessen erhebliche Abweichungen vor.

Die Resonanzkurve, entsprechend Abb. 59, stellt, wie schon zum Ausdruck gebracht, eine relativ gering gedämpfte Schwingung dar. Ohne weiteres darf man das aber aus der Kurve nicht schließen. Es ist vielmehr für die Beurteilung der Dämpfung aus der Resonanzkurve wesentlich, sowohl den Maßstab der Wellenlängen- bzw. Kapazitätswerte der Abszisse, als auch der Stromquadratwerte zu berücksichtigen. Selbstverständlich spielen außerdem auch der Kopplungsgrad zwischen Meßsystem und dem zu messenden System, sowie die Empfindlichkeit des Wellenmesserindikators eine große Rolle. Man könnte die Kurve für dieselbe Dämpfung bei loserer Kopplung des Wellenmessers oder unter

Benutzung eines anderen Maßstabes auch viel flacher zeichnen, ohne daß sich darum die Dämpfung tatsächlich geändert zu haben brauchte.

Um derartige Trugschlüsse zu vermeiden, drückt man einerseits die Dämpfung als Zahl aus, andererseits muß man, wenn es sich um den direkten Vergleich von Resonanzkurven handelt, diese auf einen bestimmten Maßstab reduzieren (J. Zenneck). Man trägt alsdann als Abszissen nicht die Wellenlängen, bzw. Frequenzen des Sekundärsystems, sondern z. B. das Verhältnis $\nu_2 : \nu_1$, also zur Frequenz ν_1 des unveränderlichen Systems auf, und als Ordinaten trägt man nicht den Stromeffekt (quadratischen Stromwert gleich J^2_{eff}), sondern vielmehr das Verhältnis des Stromeffektes bei der betreffenden Frequenz, im Verhältnis zum Stromeffekt bei Resonanz, also $\frac{J^2_{eff}}{J_r{}^2_{eff}}$ auf.

Es besteht alsdann die Beziehung, daß die Resonanzkurve im Scheitelpunkt um so spitzer, d. h. die „Resonanzschärfe" um so größer ist, je geringer die Summe der Dekremente von Primär- und Sekundärsystem und je loser die Kopplung zwischen diesen beiden Systemen ist.

b) Messung der Summe der Dämpfungsdekremente eines Oszillators und eines Resonators (Resonanzmethode V. Bjerknes).

Als Meßinstrument dient ein Wellenmesser mit einem Indikationsinstrument, das den Strom-, Spannungs- oder Energieeffekt anzeigt.

Auf dieses Schwingungssystem wird vom Oszillator her, der möglichst sinusförmige Schwingungen liefern soll, in möglichst loser Kopplung induziert, und in diesem Meßschwingungssystem wird, abhängig von der Wellenlänge, der Ausschlag des Indikationsinstrumentes aufgenommen. Wenn weiterhin vorausgesetzt werden kann, daß das logarithmische Dekrement klein ist gegenüber 2π, daß ferner $\frac{C_r - C_1}{C_1}$ klein ist gegenüber 1, so gelten nach Bjerknes für die Summe des Oszillatordekrementes $\mathfrak{d}_1$ und des Resonatordekrementes (Meßschwingungssystem) $\mathfrak{d}_2$ bei Vorhandensein einer exponentiellen Amplitudenkurve die Gleichungen:

$$\mathfrak{d}_1 + \mathfrak{d}_2 = a \cdot \frac{C_r - C_1}{C_1},$$

hierin ist a eine Konstante, die vom Ausschlagsverhältnis α/α_r abhängt und zwar ist

$$a = \pi \sqrt{\frac{\frac{\alpha}{\alpha_r}}{1 - \frac{\alpha}{\alpha_r}}};$$

C_r ist die Größe des Kondensators im Isochronitätspunkt (Resonanzpunkt), diesem entspricht α_r, C_1 ist die Kondensatorgröße nach Verstimmung des Resonators, wobei der Ausschlag α erzielt wird.

Setzt man den Wert von a ein, und schreibt man statt der Ausschläge αr und α, sofern man als Indikationsinstrument anstelle eines Galvanometers ein Hitzdrahtinstrument verwendet, so erhält man:

$$\mathfrak{d}_1 + \mathfrak{d}_2 = \pi \cdot \frac{C_r - C_1}{C_1} \cdot \sqrt{\frac{J^2}{J_r^2 - J^2}}.$$

Wenn man nun die Verstimmung des Resonators so bewirkt, daß rechts und links vom Resonanzpunkt *R*, bei dem die Kapazität C_r und der Energiebetrag J_r^2 ist, der Energiebetrag des Indikationsinstrumentes auf denselben Betrag gleich J^2 für die Kondensatorgrößen C_1 und C_2 sinkt, so kann man schreiben:

$$\mathfrak{d}_1 + \mathfrak{d}_2 = \pi \cdot \frac{C_2 - C_r}{C_2} \cdot \sqrt{\frac{J^2}{J_r^2 - J^2}},$$

oder

$$\mathfrak{d}_1 + \mathfrak{d}_2 = \pi \cdot \frac{C_2 - C_1}{C_2 + C_1} \cdot \sqrt{\frac{J^2}{J_r^2 - J^2}},$$

oder

$$\mathfrak{d}_1 + \mathfrak{d}_2 = \frac{\pi}{2} \cdot \frac{C_2 - C_1}{C_r} \cdot \sqrt{\frac{J^2}{J_r^2 - J^2}},$$

oder in den entsprechenden Wellenlängen ausgedrückt:

$$\mathfrak{d}_1 + \mathfrak{d}_2 = \pi \cdot \frac{\lambda_2 - \lambda_1}{\lambda_r} \cdot \sqrt{\frac{J^2}{J_r^2 - J^2}}.$$

Wählt man nun $\alpha = \frac{\alpha_r}{2}$ bzw. $J_2 = \frac{J_r^2}{2}$, so vereinfachen sich die obigen Ausdrücke um das Wurzelglied, also

$$\mathfrak{d}_1 + \mathfrak{d}_2 = \pi \cdot \frac{C_r - C_1}{C_1},$$

$$\mathfrak{d}_1 + \mathfrak{d}_2 = \pi \cdot \frac{C_2 - C_r}{C_2};$$

$$\mathfrak{d}_1 + \mathfrak{d}_2 = \pi \cdot \frac{C_2 - C_1}{C_2 + C_1};$$

oder

$$\mathfrak{d}_1 + \mathfrak{d}_2 = \frac{\pi}{2} \cdot \frac{C_2 - C_1}{C_r},$$

$$\mathfrak{d}_1 + \mathfrak{d}_2 = \pi \cdot \frac{\lambda_2 - \lambda_1}{\lambda_r}.$$

c) Dämpfungsmessung eines Oszillators (Resonanzmethode).

Man mißt die Summe der Dämpfungsdekremente nach einem der obigen Ausdrücke.

1. Entweder kann man z. B. bei überschlägigen Rechnungen die Dämpfung des Resonanzkreises (z. B. Wellenmessers) als bekannt annehmen und von der Summe der Dekremente abziehen. Die Dämpfung eines normalen Resonanzkreiswellenmessers mit Hitzdrahtinstrument beträgt im Mittel $\mathfrak{d}_2 = 0{,}009$. Zieht man diesen Wert von $\mathfrak{d}_1 + \mathfrak{d}_2$ ab, so erhält man das Dekrement des Oszillators $\mathfrak{d}_1$.

2. Oder wenn $\mathfrak{d}_2$ nicht bekannt ist und ein anderer Oszillator mit ungedämpften Schwingungen oder idealer Stoßerregung zur Verfügung steht, so verschwindet naturgemäß der Einfluß der Dämpfung dieses Oszillators vollkommen, und man erhält alsdann direkt für die Dämpfung des Resonators unter Berücksichtigung von $\alpha = \frac{\alpha_r}{2}$

$$\mathfrak{d}_2 = \pi \cdot \frac{\lambda_2 - \lambda_1}{\lambda_r}.$$

Man hat also auf diese Weise $\mathfrak{d}_2$ gefunden und kann $\mathfrak{d}_2$ von der für den zu untersuchenden Oszillator gefundenen Dekrementsumme $\mathfrak{d}_1 + \mathfrak{d}_2$ abziehen.

3. Oder man kann die unter δ) beschriebene Methode unter Einschaltung eines Widerstandes und Ermittlung der Zusatzdämpfung anwenden, um zunächst $\mathfrak{d}_2$ festzustellen und diesen Wert alsdann von der Summe der Dekremente abzuziehen.

d) Dämpfungsmessung eines Resonators mittels variabler Dämpfung desselben (Einschaltung eines Widerstandes).

Meßmethode bei wenig gedämpften und ungedämpften Oszillatoren. Soll die Dämpfung eines Resonators, wie z. B. eines Resonanzkreiswellenmessers auch als Funktion der Wellenlänge, wie ein solcher wegen seiner relativ kleinen Eigendämpfung häufig zu Dämpfungsmessungen benutzt wird, bestimmt werden, und stehen ungedämpfte Schwingungen nicht zur Verfügung, bzw. ist die Dämpfung des Resonators nur gering, so kann folgende Methode, entsprechend Abb. 60, angewendet werden.

Der Resonator R wird auf den Oszillator O abgestimmt, und es wird wie unter β) $\mathfrak{d}_1 + \mathfrak{d}_2$ mit Hilfe der Resonanzkurve bestimmt. Sodann wird in den Resonator ein möglichst selbstinduktions- und kapazitätsfreier Widerstand, ein sog. Hochfrequenzwiderstand f, eingeschaltet.

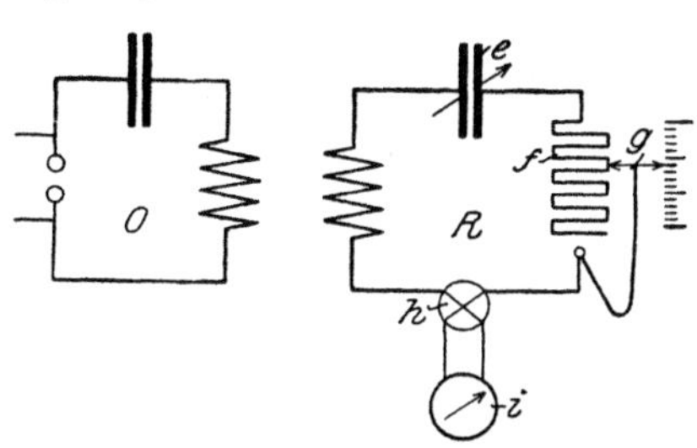

Abb. 60. Dämpfungsmessung eines Resonators mittels variabler Dämpfung desselben.

Ist dieser Widerstand nicht in Ohmwerten geeicht, so kann die durch ihn bewirkte Zusatzdämpfung $\triangle \mathfrak{d}_2$, die also eine Gesamtdämpfung $\mathfrak{d}_1 + \mathfrak{d}_2 + \triangle \mathfrak{d}_2$ herbeigeführt hat, aus nachstehendem Ausdruck berechnet werden, wobei vor Einschaltung des Widerstandes der Ausschlag am Resonanzindikationsinstrument i gleich α_r gewesen sei und nach Einschalten des Widerstandes α_{r1}, so hat man

$$\mathfrak{d}_1 + \mathfrak{d}_2 = \pi \cdot \frac{\lambda_2 - \lambda_1}{\lambda_r} \cdot \sqrt{\frac{\alpha}{\alpha_r - \alpha}},$$

$$\mathfrak{d}_1 + \mathfrak{d}_2 + \triangle \mathfrak{d}_2 = \pi \cdot \frac{\lambda_2 - \lambda_1}{\lambda_r} \cdot \sqrt{\frac{\alpha_1}{\alpha_{r1} - \alpha_1}},$$

$$\triangle \mathfrak{d}_2 = (\mathfrak{d}_1 + \mathfrak{d}_2 + \triangle \mathfrak{d}_2) - (\mathfrak{d}_1 + \mathfrak{d}_2),$$

$$\mathfrak{d}_2 = \frac{\triangle \mathfrak{d}_2}{\dfrac{\alpha_r}{\alpha_{r1}} \cdot \dfrac{\mathfrak{d}_1 + \mathfrak{d}_2}{\mathfrak{d}_1 + \mathfrak{d}_2 + \triangle \mathfrak{d}_2}} - 1.$$

Wählt man die Verhältnisse so, daß $\dfrac{\alpha_r}{\alpha_{r1}} = 2$ wird, dann erhält man

$$\mathfrak{d}_2 = \frac{\triangle \mathfrak{d}_2}{2 \cdot \dfrac{\mathfrak{d}_1 + \mathfrak{d}_2}{\mathfrak{d}_1 + \mathfrak{d}_2 + \triangle \mathfrak{d}_2}} - 1.$$

Ist jedoch der Hochfrequenzwiderstand in Ohmwerten geeicht, so kann man die durch den Widerstand herbeigeführte Zusatzdämpfung in einfacherer Weise berechnen, wozu die nachstehende Überlegung und die sich hieraus ergebende Schlußformel dienen möge.

Es sei C die resultierende Kapazität des Resonators in cm, λ die Wellenlänge des Resonators in cm, bei der er auf den Oszillator abgestimmt ist, w der Widerstand, L die Selbstinduktion in C G S und v die Lichtgeschwindigkeit, so gilt für die Dämpfung dieses Kreises $\mathfrak{d}_2$

$$\mathfrak{d}_2 = \frac{w^{cm}}{2\,L^{cm}} \cdot \frac{\lambda_r{}^{cm}}{v^{cm}},$$

$$\lambda^{cm} = 2\pi \sqrt{L^{cm} \cdot C^{cm}},$$

hieraus folgt:

$$\mathfrak{d}_2 = \frac{w^{cm}}{\dfrac{\lambda^{2\,cm}}{2\pi^2\,C^{cm}}} \cdot \frac{\lambda_r{}^{cm}}{v^{cm}} = \frac{w^{cm} \cdot C^{cm}}{\lambda^{cm}} \cdot \frac{2\pi^2}{v^{cm}};$$

und wenn für $v^2 = 3 \cdot 10^{10}$ cm, für $\lambda^{cm} = \lambda^m$, für $w^{cm} = w^{Ohm}$ eingeführt wird, erhält man für die durch den Widerstand bewirkte Zusatzdämpfung

$$\triangle \mathfrak{d}_2 = \frac{2}{3} \cdot 10^{-2} \cdot \frac{C^{cm} \cdot w^{Ohm}}{\lambda^m} = \frac{1}{150} \cdot \frac{C^{cm} \cdot w^{Ohm}}{\lambda^m} = 0{,}666 \cdot \frac{C^{cm} \cdot w^{Ohm}}{\lambda^{cm}}.$$

Die sich aldann für die Praxis ergebenden Zusammengehörigkeitswerte sind in Abb. 61 (L. Adelmann) wiedergegeben.

Da man obige Formel auch schreiben kann

$$w = 150 \triangle \mathfrak{d}_2 \cdot \frac{\lambda_r^{m}}{C^{cm}} = 1{,}5 \triangle \mathfrak{d} \cdot \frac{\lambda_r^{cm}}{C^{cm}},$$

sind auch diese Werte sinngemäß aus Abb. 61 zu entnehmen.

Sofern die Dämpfung des zu messenden Systems (Resonators) nur sehr klein ist, kann man vorteilhaft bei geeichtem Widerstand auch schreiben, wenn

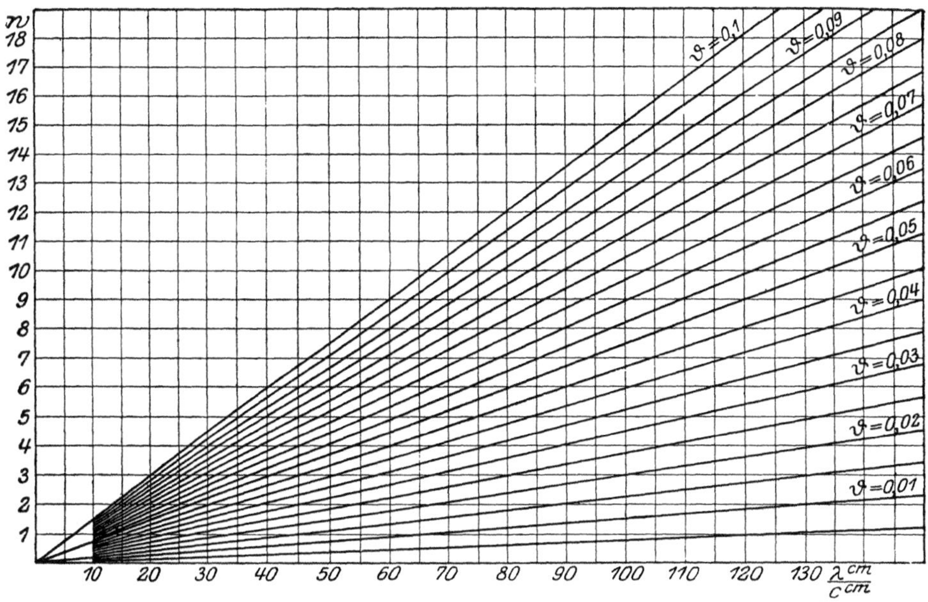

Abb. 61. Abhängigkeit von w und $\mathfrak{d}$ (= in der Abbildung ϑ) von $\frac{\lambda}{C}$.

J_1^2 die Energie, bzw. α_2 der Ausschlag des Indikationsinstrumentes vor Einschaltung des geeichten Hochfrequenzwiderstandes in den Resonator ist, wobei das Dekrement $= \mathfrak{d}_2$,

J_2^2 die Energie, bzw. α_2 der Ausschlag nach Einschaltung des Widerstandes und wobei das Dekrement gleich $\mathfrak{d}_2 + \triangle \mathfrak{d}_2$ ist:

$$\mathfrak{d}_2 = \triangle \mathfrak{d}_2 \cdot \frac{J_2^2}{J_1^2 - J_2^2} = \triangle \mathfrak{d}_2 \cdot \frac{\alpha_2}{\alpha_1 - \alpha_2}$$

gültig für gedämpfte Schwingungen des Oszillators.

Da die Kapazität und Wellenlänge des Kreises konstant bleiben, kann man statt der Dämpfungsdekremente die entsprechenden Widerstandswerte einsetzen. Man erhält alsdann:

$$w_2 = \triangle w_2 \cdot \frac{J_2^2}{J_1^2 - J_2^2}.$$

Macht man $J^2_1 = 2\,J_2^2$, so wird $w_2 = \triangle\, w_2$.

Sofern der Oszillator mit ungedämpften Schwingungen erregt wird, erhält man die Schlußgleichungen:

$$\mathfrak{d}_2 = \triangle\, \mathfrak{d}_2 \cdot \frac{J_2}{J_1 - J_2} = \triangle\, \mathfrak{d}_2 \cdot \frac{\sqrt{\alpha_2}}{\sqrt{\alpha_1} - \sqrt{\alpha_2}},$$

oder auch hier statt der Dämpfungen die Widerstände eingesetzt

$$w_2 = \triangle\, w_2 \cdot \frac{J_2}{J_1 - J_2}.$$

Macht man $J_1 = 2\,J_2$, so wird $w_2 = \triangle\, w_2$.

D. Oszillatorische und aperiodische Entladung.

Es sind nun zwei voneinander verschiedene Fälle zu unterscheiden. Bisher war vorausgesetzt, daß die Dämpfung im Schwingungskreise relativ klein sein sollte, also daß $\mathfrak{d} < 2\,\pi$ war. Das heißt im obigen Ausdrucke, daß $\frac{4\,L}{C} > w^2$ ist. Man erhält dann einen „periodischen und oszillatorischen Schwingungsvorgang" von der Form der Abb. 62.

Abb. 62. Aperiodische Entladung.

Sofern jedoch der Widerstand w im Schwingungskreise groß ist, wird

$$\frac{4\,L}{C} < w^2$$

und es resultiert alsdann eine „aperiodische Entladung", etwa entsprechend Abb. 62. Derartige aperiodische Entladungen werden in den „Schwingungskreisen" vermieden. Hingegen werden sie z. B. im „aperiodischen Detektorkreis" angewandt.

Bei $\frac{4\,L}{C} = w^2$ ist die Entladung gerade noch aperiodisch, bzw. oszillatorisch.

E. Der Ohmsche Widerstand im Stromkreis.

Als Leiter, nicht nur für Hochfrequenzsysteme, sondern auch für Niederfrequenz- und Gleichstromkreise, kommen möglichst gut leitende Materialien, wie Kupfer, Aluminium, eventuell auch Messing, in besonderen Fällen auch Silber oder versilberter Kupferleiter in Draht-, Rohr- oder Bandform inbetracht. Für Widerstandszwecke werden Legierungen wie Nikelin, Rheotan, Konstantan und ähnliches benutzt.

Der Ohmsche Widerstand eines Leiters von beliebigem massivem Querschnitt q in mm² bei einer Länge von l und der spezifischen Leitfähigkeit $\varkappa$ berechnet sich aus der Formel:

$$w^{Ohm} = \frac{1}{\varkappa} \cdot \frac{1}{q}.$$

Die spezifische Leitfähigkeit $\varkappa$ ist $= \frac{1}{\varrho}$, wo ϱ den spezifischen Widerstand bezeichnet.

Der spezifische Widerstand für am meisten gebräuchliche Materialien geht aus nachstehender Tabelle hervor:

ϱ = 0,016 für Silber,
= 0,017 für Kupfer,
= 0,032 für Aluminium,
= 0,42 für Nikelin,
= 0,47 für Rheotan,
= 0,49 für Konstantan.

Man bezeichnet mit Leitfähigkeit den Ausdruck $\frac{1}{w}$.

In der Radiotechnik ist es, wie auch sonst in der technischen Physik, üblich, Ohmsche Widerstände in verschiedenen Schaltungsanordnungen zu benutzen. Sehr häufig gebraucht wird eine Serienschaltung von zwei oder mehreren Widerständen, etwa Abb. 63 entsprechend. Der resultierende Widerstand ist hierbei

Abb. 63. Zwei Ohmsche Widerstände in Serie geschaltet.

$$w_{res} = w_1 + w_2.$$

Sofern w_1 sehr groß, w_2 sehr klein ist, kommt bei der Serienschaltung in der Hauptsache nur die Wirkung des größten Widerstandes inbetracht. Ist z. B. $w_1 = 1000$ Ohm, $w_2 = 1$ Ohm, so ist der resultierende Widerstand = 1001 Ohm.

Auch die Parallelschaltung von Ohmschen Widerständen, gemäß Abb. 64, wird zuweilen angewendet. In diesem Falle ergibt sich der resultierende Widerstand gemäß

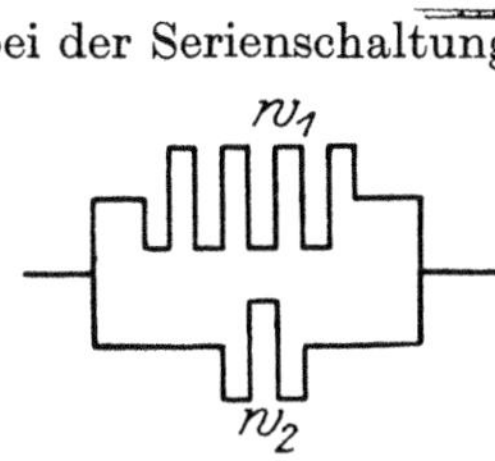

Abb. 64. Zwei Ohmsche Widerstände parallel geschaltet.

$$\frac{1}{w_{res}} = \frac{1}{w_1} + \frac{1}{w_2}.$$

Diesen Ausdruck kann man auch schreiben

$$w_{res} = \frac{w_1 \cdot w_2}{w_1 + w_2}.$$

Wenn hierin w_1 sehr groß, w_2 sehr klein ist, so kommt in der Hauptsache der Wert des kleinen Widerstandes für den resultierenden Widerstand inbetracht. Ist beispielsweise wieder $w_1 = 1000$ Ohm, $w_2 = 1$ Ohm, so ist der resultierende Widerstand

$$w_{res} = \frac{w_1 \cdot w_2}{w_1 + w_2} = 0{,}99 \text{ Ohm}.$$

Ohmsche Widerstände, bzw. Widerstandskombinationen werden in der Radiotechnik vorwiegend in zwei besonderen Fällen gebraucht.

Die erste Schaltung ist die sog. „Potentiometeranordnung" (Spannungsteiler), gemäß Abb. 65. Hierbei sind die Klemmen einer Spannungsquelle *a* unter Vermittlung eines Schalters *b* an die Enden eines meist hochohmigen Widerstandes *c* geschaltet. Dieser letztere ist mit einem festen Kontakt *d* und einem variablen Stromabnehmer *e* versehen. Auf diese Weise ist es möglich, den gesamten, an dem Widerstand *c* liegenden Spannungsbereich oder auch beliebige Teilbeträge desselben mittels des variablen Kontaktes *e* abzugreifen und einem Verbrauchsapparat, beispielsweise einem Detektor *f*, zuzuführen. Die abgegriffene Spannung entspricht dem eingeschalteten Widerstandsbetrag im Verhältnis zum gesamten Widerstand. Die Feinregulierung hängt natürlich nur von der Art der Aufwicklung des Widerstandsdrahtes *c*, sowie von der Art der Stromabnehmung ab. Durch entsprechende Kombinationen sind auch besondere Feinregulierungen möglich. Eine erhebliche Rolle spielt der Ohmsche Widerstand für Heizzwecke des Heizdrahtes von Verstärkerröhren. Hier kommt es auf tunlichst weitgehende Feinregulierung an. Man hat infolgedessen stellenweise den Stromabnehmer mit 2 Kontakten versehen, die entweder gleichzeitig oder auch unabhängig voneinander benutzt werden und infolge der entstehenden Stromverzweigung eine beliebig feine Widerstandsregulierung gestatten. Der Nachteil des Potentiometers ist der relativ große Stromverbrauch, insbesondere wenn der Widerstand keinen großen Wert besitzt.

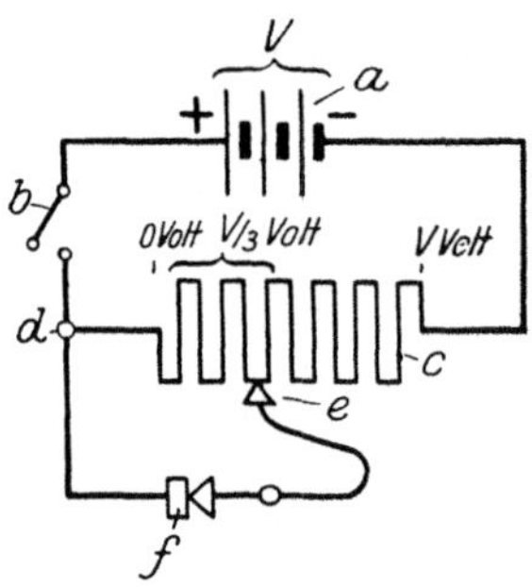

Abb. 65. Potentiometer (Spannungsteiler).

Es ist wünschenswert, die Gittervorspannung den jeweiligen Verhältnissen entsprechend günstigst zu wählen. Bei einer großen Anzahl von Empfängern ist dieses mehr oder weniger dem Zufall überlassen, und infolge der Variabilität der verwendeten Gitterableitungswiderstände, aber auch der verschiedenen Röhren, Gitterkondensatoren usw. tritt unter Umständen der Zustand einer ziemlich weitgehenden, nicht gewünschten Variabilität ein.

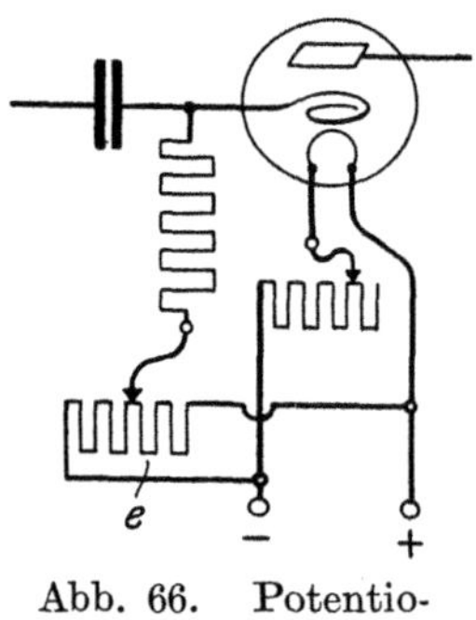

Abb. 66. Potentiometerschaltung zur wahlweisen Einregulierung der Gittervorspannung.

Infolgedessen ist es an und für sich zweckmäßig, um die Einregulierung der Gittervorspannung günstigst wählen zu können, ein besonderes Potentiometer anzuwenden. Eine derartige Schaltung, die allerdings das Vorhandensein eines besonderen Potentiometerwiderstandes voraussetzt, ist in Abb. 66 wiedergegeben.

In dieser Abbildung bedeutet *e* den Potentiometerwiderstand, welcher an die Klemmen der Heizstromquelle gelegt ist (bei Nichtgebrauch ist die Zuleitung zu *e* zu unterbrechen!) und mittels dessen es möglich ist, eine beliebige positive oder negative Vorspannung dem Gitter der Röhre aufzudrücken. Die übrigen Elemente dieses Schaltbildes sind die normalen eines Röhrenempfängers[1]).

Eine andere vielfach gebräuchliche Benutzung Ohmscher Widerstände in der Radiotechnik gibt Abb. 67 in einer beispielsweisen Schaltung wieder, und zwar ist dies die typische Anordnung für Lautstärkemessungen. Parallel zum Abhörtelephon *f* wird ein Ohmscher Widerstand *c* geschaltet und dieser allmählich immer mehr verringert, bis die Lautstärke im Telephon allmählich verschwindet. Der Wert in Ohm, der kurz vor Verschwinden der Lautstärke an der geeichten Skala *g* abgelesen werden kann, ist ein relatives Maß für die effektive Lautstärke, also für die Güte des Empfanges, bzw. der Empfangsanordnung.

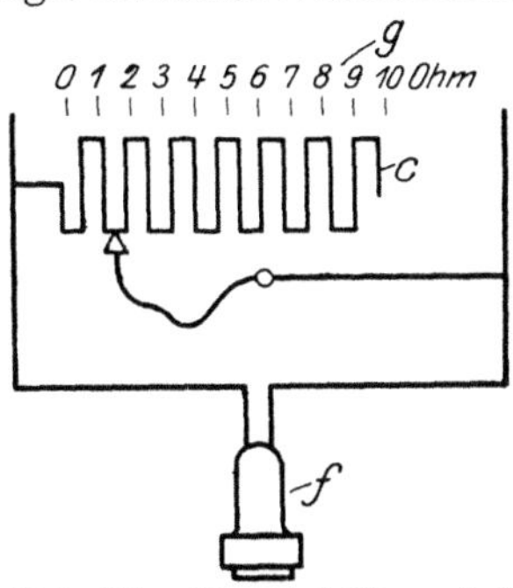

Abb. 67. Parallel-Ohmschaltung für Lautstärkemessung.

F. Kondensatoren im Hochfrequenzkreise (Parallelschaltung von Wechselstromwiderständen).

Es mögen hier einige Ausführungen über verschiedene Schaltungsmöglichkeiten von Kondensatoren, deren scheinbare Widerstände, Selbstinduktionen usw. Platz greifen.

Schaltet man zwei Kondensatoren, entsprechend Abb. 68, parallel, so ist die resultierende Kapazität C:

$$C = C_1 + C_2.$$

Sind n Kondensatoren parallel geschaltet, so ergibt sich allgemein die resultierende Kapazität:

$$C = C_1 + C_2 + C_3 + \cdots + C_n.$$

Auf diese Weise ist es also möglich, die Kapazität nahezu beliebig zu steigern. Selbstverständlich ist alsdann die Spannungsbeanspruchung an den Kondensatoren, bzw. in deren Dielektrikum eine entsprechend hohe.

Eine andere Nutzanwendung der Parallelschaltung von Kondensatoren ist folgende:

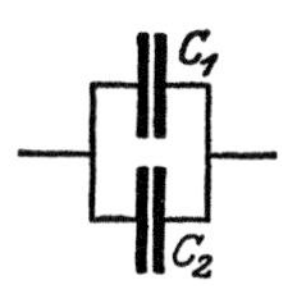

Abb. 68. Zwei Kondensatoren in Parallelschaltung.

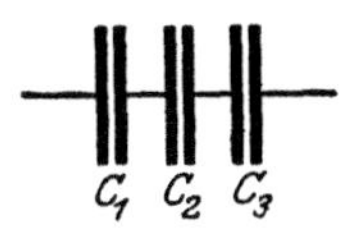

Abb. 69. Drei Kondensatoren in Serie.

Die Wirkung einer kleinen Kapazität kann in einfachster Weise dadurch aufgehoben werden, daß man einen Kondensator größerer Kapazität zu ihr parallel schaltet. Man tut dies in der Praxis z. B. in allen den Fällen, wo durch die kleine Kapazität eine Verstimmung des Kreises bewirkt werden könnte. Eine hauptsächliche praktische Anwendung dieser Anordnung ist der Kondensator

[1]) Eine noch günstigere Anordnung, welche auf das Vorhandensein eines besonderen Potentiometerwiderstandes verzichtet, siehe Abb. 314, S. 364.

mit Feineinstellung, wobei zu einem großen Drehkondensator ein solcher kleiner Kapazitätsvariation parallel geschaltet ist.

Sobald es darauf ankommt, die Kapazität zu verkleinern und die Isolationsbeanspruchung der einzelnen Kondensatoren herabzudrücken, schaltet man eine mehr oder weniger große Anzahl von Kondensatoren in Serie, so daß sich die gewünschte Kapazität ergibt (siehe Abb. 69). In diesem Falle ergibt sich die Kapazität aus:

$$\frac{1}{C} = \frac{1}{C_1} + \frac{1}{C_2}.$$

Sind n Kondensatoren vorhanden, so folgt die resultierende Kapazität aus:

$$\frac{1}{C} = \frac{1}{C_1} + \frac{1}{C_2} + \frac{1}{C_3} + \cdots + \frac{1}{C_n}.$$

Sind z. B. zwei Kondensatoren gleich großer Kapazität C_1 vorhanden, so ist die resutierende Kapazität gleich:

$$C = \frac{1}{2} C_1.$$

Schließlich ist noch die Vereinigung von Serien- und Parallelschaltung von Kondensatoren zu erwähnen, da diese bei praktischen Installationen häufig vorkommt. Ein einfaches Beispiel hierfür zeigt Abb. 70. Es ist in diesem Falle die resultierende Kapazität:

$$\frac{1}{C} = \frac{1}{C_1 + C_2} + \frac{1}{C_3 + C_4}.$$

Der Vorteil dieser Schaltung ist der, daß die Beanspruchung jedes Kondensators nur die Hälfte derjenigen ist, die vorhanden war bei nur zwei in Serie geschalteten Kondensatoren.

Noch ein besonderer Fall der Serienschaltung zweier Kondensatoren ist erwähnenswert, nämlich eine Antenne mit Gegengewicht. Hierbei besitzt

die Antenne eine Kapazität gegen Erde $= C_1$,
die Antenne eine Kapazität gegen Gegengewicht $= C_2$,
das Gegengewicht eine Kapazität gegen Erde $= C_3$.

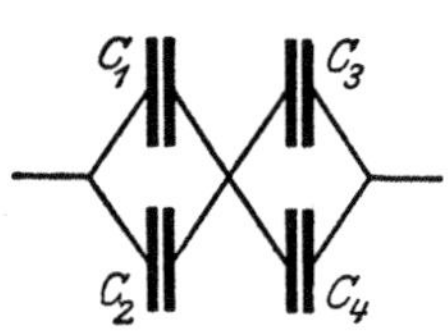

Abb. 70. Serien-Parallelschaltung.

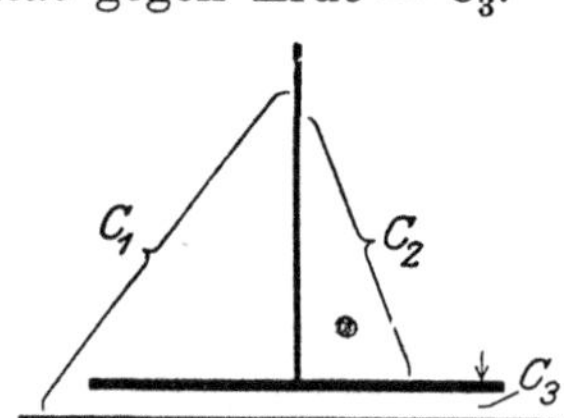

Abb. 71. Kapazität einer Antenne mit Gegengewicht.

Die resultierende Kapazität (siehe Abb. 71) ist hierbei nicht etwa

$$C = \frac{C_1 \cdot C_3}{C_1 + C_3},$$

da ja noch die Kapazität C_2 zu berücksichtigen ist, sondern sie ist vielmehr

$$C = C_2 + \frac{C_1 \cdot C_3}{C_1 + C_3}.$$

Hat der Kondensator eine einfache Form, so kann die Kapazität auch berechnet werden. Für die Kapazität eines einfachen Plattenkondensators, bestehend aus zwei Platten, die einen Abstand von d^{cm} voneinander haben, bei denen Obfl.^{cm^2} die Oberfläche der einander gegenüber stehenden Platten und ε die Dielektrizitätskonstante des Dielektrikums ist, ergibt sich die Kapazität aus der Formel:

$$C = \frac{\varepsilon \cdot \text{Obfl.}^{cm^2}}{4\pi d^{cm}}.$$

Für Luft und die meisten Gase ist $\varepsilon = 1$. Für andere Stoffe ist der entsprechende Wert der Dielektrizitätskonstante einzusetzen (siehe Tabelle O. 2, S. 156).

Für den Fall daß das Dielektrikum aus mehreren voneinander verschiedenen Stoffen, wie z. B. aus Glasplatten und Paraffinöl besteht, erweitert sich der obige Ausdruck für C gemäß

$$C = \frac{\varepsilon_{glas} \cdot \varepsilon_{öl}}{\varepsilon_{glas} \cdot d^{cm} + \varepsilon_{öl} \cdot d^{cm}} \cdot \frac{\text{Obfl.}^{cm^2}}{4\pi}.$$

Wenn andererseits der Kondensator nicht nur zwei Platten besitzt, sondern zum Teil einen Drehplattenkondensator darstellt, der m Platten insgesamt besitzt, so wird

$$C = \frac{\varepsilon \cdot (m-1) \cdot \text{Obfl.}^{cm^2}}{4\pi d^{cm}}.$$

Zahlenbeispiel: Es sei die Kapazität eines Drehplattenkondensators zu berechnen, der 49 feste und 50 drehbare Platten bei einem Plattenabstand von 5 mm besitzt. Die Größe der halbkreisförmigen Platte soll 354 cm^2 betragen (Plattenradius = 15 cm). Die Dielektrizitätskonstante des Paraffinöls sei 2,2, dann ist

$$C = \frac{2{,}2 \cdot 98 \cdot 354}{4 \cdot \pi \cdot 0{,}5} = \sim 12160\,\text{cm}.$$

Zur Umrechnung der Kapazitätsgrößen bei Angaben in verschiedenen Maßsystemen möge die folgende Tabelle dienen:

	Statisches System cm	Mikrofarad	Farad	Elektromagnetische C. G. S.-Einh.
cm	1	$1{,}11 \cdot 10^{-6}$	$1{,}11 \cdot 10^{-12}$	$1{,}1 \cdot 10^{-20}$
Mikrofarad . .	$9 \cdot 10^{5}$	1	$1 \cdot 10^{-6}$	$1 \cdot 10^{-15}$
Farad	$9 \cdot 10^{11}$	$1 \cdot 10^{6}$	1	$1 \cdot 10^{-9}$
Elektromagnet. C. G. S. . . .	$9 \cdot 10^{20}$	$1 \cdot 10^{15}$	$1 \cdot 10^{9}$	1

Abb. 72. Wechselstromwiderstände von Kapazitäten und Selbstinduktionen.

Zahlenbeispiel: Es sei gegeben die Kapazität C = 1300000 cm und es sei festzustellen, wieviel MF dieses ist.

1 cm ist = $1{,}11 \cdot 10^{-6}$ MF, also

$$\frac{1{,}11 \cdot 1300000}{10^6} = 1{,}44 \text{ MF.}$$

Zahlenbeispiel: Es sei gegeben die Kapazität C = 0,001 MF und es sei festzustellen, wieviel cm dies ist.

$$1 \text{ MF} = 9 \cdot 10^5 \text{ cm} = 900000 \text{ cm},$$

dann ist $0{,}001 \text{ MF} = 900 \text{ cm}.$

Der Kondensator stellt an sich nichts anderes als einen Wechselstromwiderstand dar, der um so größer ist, je größer die Wellenlänge und je kleiner seine Kapazität ist. Der Wechselstromwiderstand folgt aus der Formel:

$$w_c^{\mathrm{Ohm}} = \frac{1}{2\pi\nu\cdot C^{\mathrm{Farad}}} = \frac{9\cdot 10^{11}}{2\pi\nu\cdot C^{\mathrm{cm}}}\ \mathrm{Ohm} = 4{,}77\cdot\frac{\lambda^{\mathrm{cm}}}{C^{\mathrm{cm}}}.$$

Ein ähnlicher Ausdruck für den Wechselstromwiderstand einer Selbstinduktion ist weiter unten wiedergegeben.

Sowohl für den Wechselstromwiderstand einer Kapazität, als auch für den einer Selbstinduktion, in Abhängigkeit von Kapazität bzw. Selbstinduktion und Wellenlänge, sind die zueinander gehörenden Werte in Abb. 72 auf Logarithmenpapier zusammengestellt.

Aus der obigen Formel für w_c geht hervor, daß man durch Parallelschaltung von Kondensatoren und die hierdurch bewirkte Kapazitätsvergrößerung den Wechselstromwiderstand verringern kann.

Besonderes Interesse verdient noch der Fall, in dem parallel zu einer Kapazität ein Ohmscher Widerstand geschaltet ist. Hat man die Anordnung entsprechend Abb. 73 (W. Hahnemann, E. Nesper, 1907), so wird durch die Parallelschaltung von w zu C sowohl die Dämpfung des Schwingungskreises a C als auch die Kapazität selbst verändert.

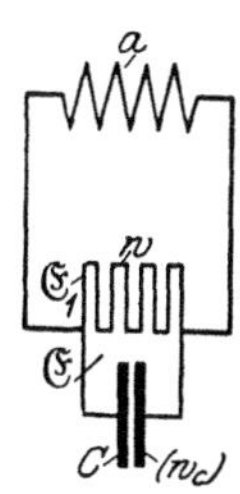

Abb. 73. Kapazität und Ohmscher Widerstand in Parallelschaltung.

Für den sich bei dieser Anordnung ergebenden scheinbaren Widerstand findet man den Ausdruck in folgender Weise:

Wenn man mit $\mathfrak{E}$ die gesamte im System C w vorhandene Energie bezeichnet, und mit $\mathfrak{E}_1$ die im Widerstand vernichtete Energie so ergibt sich nach Eintragung der obigen Bezeichnungen $\mathfrak{E}_1$

$$\frac{\mathfrak{E}_1}{\mathfrak{E}} = \frac{w_2}{\sqrt{w_c^2 + w^2}}.$$

Bezeichnet man mit w_r den resultierenden Widerstand des Systems C w, mit w_c' den scheinbaren Ohmschen Widerstand dieses Systems, so hat man

$$\frac{\mathfrak{E}_1}{\mathfrak{E}} = \frac{w_c'}{w_r}.$$

Nun ist

$$w_r = \frac{w_c\cdot w}{\sqrt{w_c^2 + w^2}}.$$

Daher ergibt sich

$$w_c' = w_c\,\frac{w^2}{w^2 + w_c^2}.$$

Dieser Ausdruck besagt, daß durch die Parallelschaltung des Widerstandes die Kapazität des Kondensators scheinbar vergrößert wird.

Das gleiche gilt mit Bezug auf einen Widerstand, zu dem man eine Kapazität parallel schaltet. Es folgt alsdann in analoger Weise für den Parallelwiderstand:

$$w' = w \cdot \frac{w_c^2}{w^2 + w_c^2}.$$

Dieser Ausdruck besagt nichts anderes, als daß durch die Parallelschaltung einer Kapazität zu einem Widerstand die durch ersteren bewirkte Dämpfung verringert werden kann. Dieses Gesetz hat z. B. bei der Konstantschaltung der Dämpfung bei Resonanzwellenmesserindikatoren seine praktische Anwendung gefunden.

In Abb. **74** sind für die in der Praxis am häufigsten vorkommenden Größen von w und w′ und die Abhängigkeitswerte von w_c aufgetragen. Sämtliche Werte gelten in Ohm.

Für den Fall, daß es sich nicht um eine Widerstandsanordnung gemäß Abb. 73, sondern vielmehr um ein einen Widerstand enthaltendes Schwingungssystem handelt, war bereits oben der Ausdruck für den sich ergebenden tatsächlichen Widerstand, sowie die Frequenz abgeleitet worden.

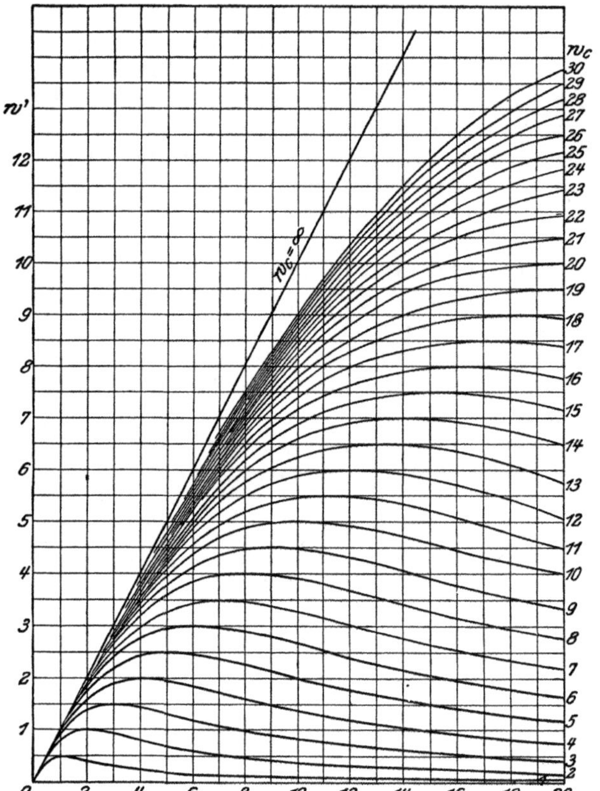

Abb. 74. Abhängigkeit von w′ w wc.

G. Selbstinduktion im Hochfrequenzkreise (Parallelschaltung von Wechselstromwiderständen).

In ganz analoger Weise lassen sich die Ausdrücke für die Selbstinduktion ableiten.

Die Selbstinduktion kann man sich in zwei Teile zerlegt denken, von denen der eine das Feld im Leiter, der andere das Feld außerhalb des Leiters darstellt. Infolgedessen wird die Größe der Selbstinduktion durch die Periodenzahl beeinflußt, und zwar wird sie c. p. um so kleiner, je mehr die Wellenlänge zunimmt.

Die Gesamtinduktion von n parallel geschalteten Einzelselbstinduktionen beträgt:

$$\frac{1}{L} = \frac{1}{L_1} + \frac{1}{L_2} + \frac{1}{L_3} + \cdots\cdots + \frac{1}{L_n}.$$

Für Serienschaltung von n Einzelselbstinduktionen ergibt sich für die Gesamtselbstinduktion der Ausdruck:

$$L = L_1 + L_2 + L_3 + \cdots\cdots + L_n.$$

Auch bei der Selbstinduktion ist eine Berechnung möglich, sobald die Leiterbahn eine nicht zu komplizierte ist.

Die Selbstinduktion eines geraden Drahtes, wie er beispielsweise als Luftleiter der Stationen inbetracht kommt, wird mit großer Annäherung nach folgender Formel berechnet:

$$L = 2l \cdot \ln \frac{2l}{r}.$$

Hierin ist l die Länge des betreffenden Leiters, 2 r der Leiterdurchmesser.

Es geht aus dieser Formel hervor, daß, wenn man die Selbstinduktion klein halten will, man den Durchmesser vergrößern muß, was im allgemeinen nur dadurch zu erzielen sein wird, daß man nicht einen einzelnen massiven Draht verwendet, sondern vielmehr den Leiter reusenförmig gemäß Abb. 75 ausbildet; alsdann ist 2 r der Durchmesser der Reuse. Die Selbstinduktion kann demgemäß erheblich herabgesetzt werden.

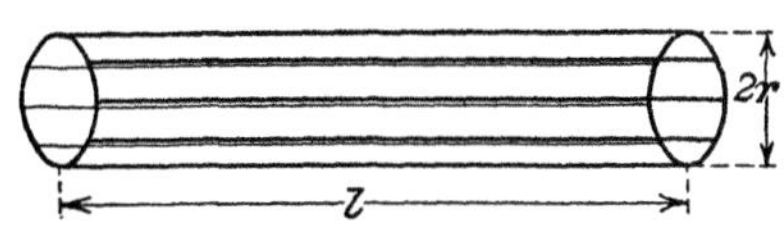

Abb. 75. Reusenförmiger Leiter.

Zahlenbeispiel: Gegeben sei l = 10 m
2r = 30 cm.
Alsdann ist die resultierende Selbstinduktion L = 56 400 cm.

Wenn man im Gegensatz hierzu bei gleicher Leiterlänge nur einen einzelnen Draht von 2 r = 3 mm verwendet, so wird die resultierende Selbstinduktion L = 76 500 cm.

Es ergibt sich z. B. ferner (Kirchhoff) für einen einfachen Drahtkreis:

$$L = 4\pi r \left(\ln \frac{8r}{\varrho} - 1{,}75\right).$$

Für eine Zylinderspule (B. Strasser, vereinfacht durch A. Esau) mit einer Windungslage und nur wenigen Windungen:

$$L = 4\pi r n \left[\ln \frac{r}{\varrho} + 0{,}333 - k\right],$$

worin k eine Konstante ist, die nur von $\frac{l}{2\,r}$ und n abhängt (siehe die Tabellen von A. Esau, Jahrbuch d. drahtl. Telegr. 5. 1912. S. 212, 378).

Als Annäherungsformel für eine Zylinderspule, deren Länge gegenüber dem Durchmesser groß **ist**, gilt:

$$L = 4\,\pi^2\,r^2\,z_1{}^2\,l.$$

Diese Formel ist insofern wichtig, als sie das im allgemeinen gültige Gesetz zum Ausdruck bringt, daß der Selbstinduktionskoeffizient der Spule proportional ist dem Quadrat der Windungszahl.

In diesen Formeln bedeutet:

ϱ Drahtradius,
r Radius einer Windung,
l die Gesamtspulenlänge,
z die Gesamtzahl der Windungen,
z_1 Anzahl der Windungen pro 1 cm.

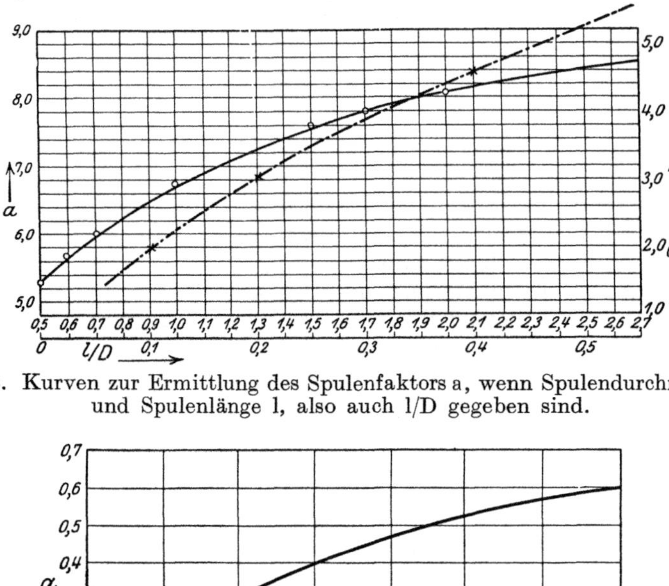

Abb. 76. Kurven zur Ermittlung des Spulenfaktors a, wenn Spulendurchmesser D und Spulenlänge l, also auch l/D gegeben sind.

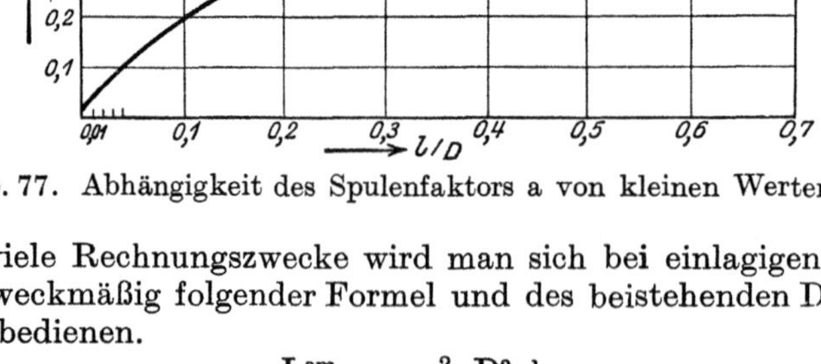

Abb. 77. Abhängigkeit des Spulenfaktors a von kleinen Werten l/D.

Für viele Rechnungszwecke wird man sich bei einlagigen Zylinderspulen zweckmäßig folgender Formel und des beistehenden Diagramms Abb. 76 bedienen.

$$L^{cm} = a \cdot z_1^2 \cdot D^2 \cdot l.$$

a = Spulenfaktor, abhängig von l/D,
z_1 = Windungszahl der Spule pro 1 cm Spulenlänge,
l = Spulenlänge in cm,
D = Spulendurchmesser in cm.

Recht brauchbare Annäherungswerte erhält man auch mittels folgender Formel:

$$L^{cm} = (\pi \cdot D z_1)^2 \cdot l \cdot a$$

hierin ist: D = mittlerer Spulendurchmesser in cm
z_1 = Windungszahl der Spule pro 1 cm Länge
l = Spulenlänge
a = Spulenfaktor.

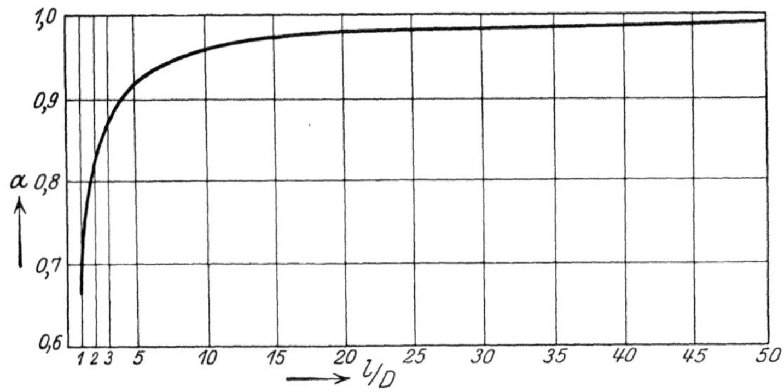

Abb. 78. Abhängigkeit des Spulenfaktors a bei großen Werten l/D.

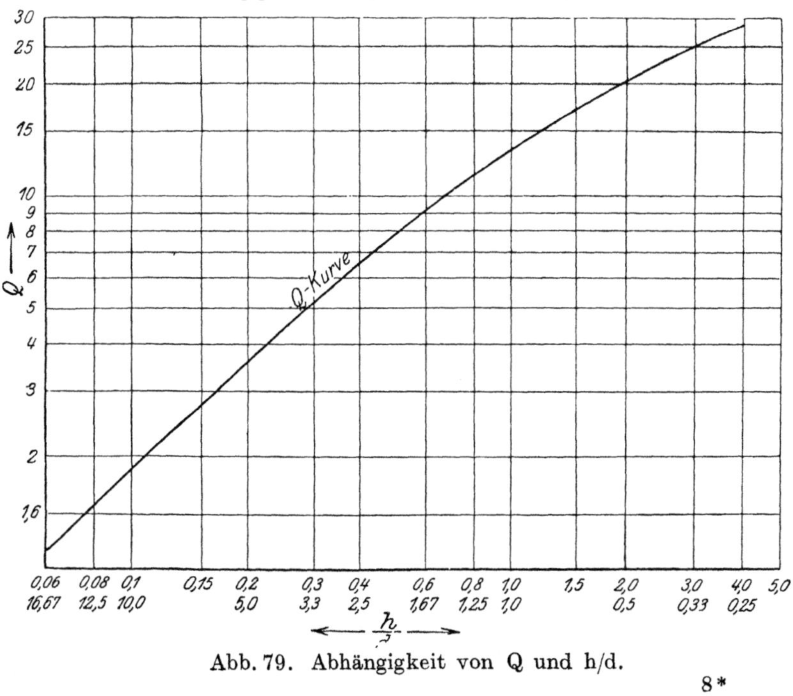

Abb. 79. Abhängigkeit von Q und h/d.

In welcher Weise a von l/D abhängt, kann man für kleine Werte von l/D aus Abb. 77, für größere Werte übrigens auch aus Abb. 78 entnehmen. Im übrigen ist entsprechend zu interpolieren.

Man erhält aus der Formel den Wert für L in cm. Wenn man diesen Wert in Henry haben will, hat man die entsprechende Umrechnungstabelle zu berücksichtigen, wonach $1\ H = 1{,}10^9$ cm.

Um bei Anwendung von Massivdraht und auch bei dem häufig benutzten unterteilten Litzendraht einlagige Zylinderspulen mit möglichst geringer Dämpfung herzustellen, bzw. um bei fest gegebener Selbstinduktion die Spulendimensionen oder bei gegebenen Spulendimensionen die Selbstinduktion festzustellen, kann man (M. Vos, 1912, C. Cordsmeyer, 1917) folgendermaßen vorgehen:

Bekannt sei die Frequenz, für die die günstigste Spule hergestellt werden soll, und gegeben sei die von der Spule zu erfüllende Selbstinduktion. Man hat alsdann (L. Lorenz, 1879) für die Spulenselbstinduktion:

$$L = a n^2 \cdot Q.$$

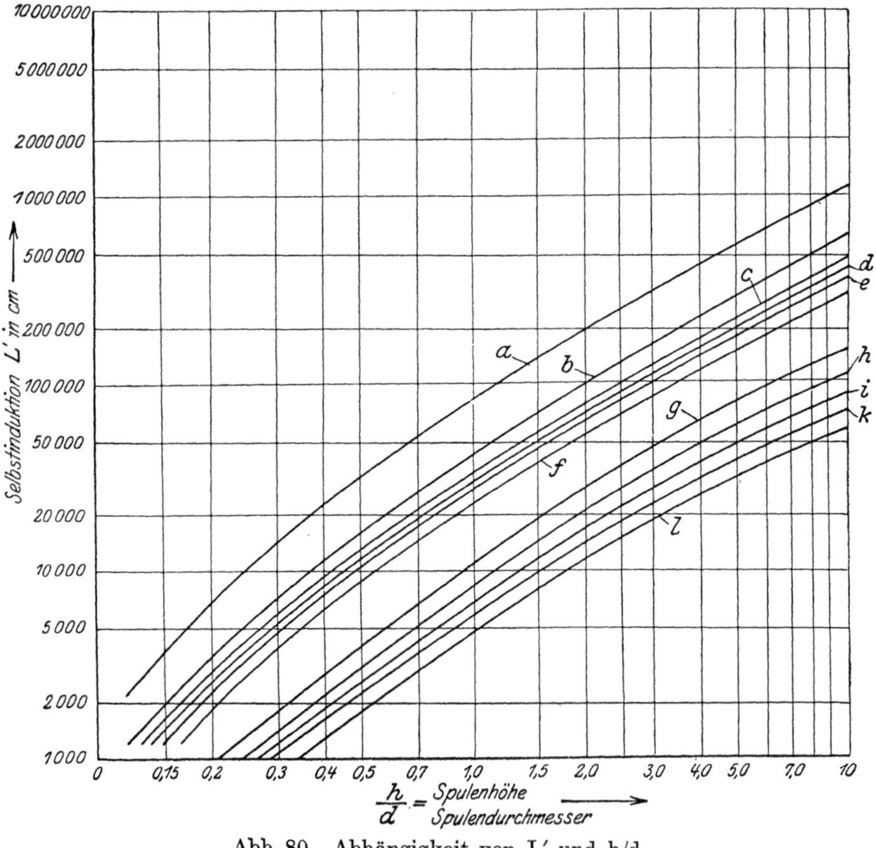

Abb. 80. Abhängigkeit von L′ und h/d.

Hierin ist:

$$a = \frac{d}{2} = \text{halber Spulendurchmesser in cm},$$

$$n = \text{Windungszahl},$$

$$Q = f\left(\frac{2a}{h}\right) = \text{Funktion}\,\frac{\text{Spulendurchmesser (d)}}{\text{Spulenhöhe (h)}}.$$

Hierbei sind weder die an sich sehr geringe Abhängigkeit des Selbstinduktionskoeffizienten von der Frequenz noch die Zwischenräume zwischen den Spulenwindungen berücksichtigt, was im allgemeinen ohne weiteres zulässig sein wird.

Für die verschiedenen Werte von h/d, also in allen Fällen, wenn die Selbstinduktion einer gegebenen Spule gesucht wird, gilt die Q-Kurve gemäß Abb. 79. Man wird sie also, wie bereits bemerkt, insbesondere dann benutzen, wenn n also auch n^2, h, d also auch h/d gegeben sind und L gesucht wird.

Wenn man somit den Wert von Q aus der Kurve ermittelt hat, kann man aus dem obigen Ausdruck L direkt berechnen oder aber aus den beistehenden Abbildungen direkt entnehmen.

Wenn andererseits der Selbstinduktionswert gegeben ist und hieraus die Spulendimensionen festgestellt werden sollen, so kann man die Kurven von Abb. 80 (für Spulendurchmesser von 5 cm), bzw. Abb. 80 benutzen.

Beträgt der Spulendurchmesser 5 cm und ist die Spulenhöhe bis zum zehnfachen Spulendurchmesser, so kann man die obige Formel für L schreiben:

$$L' = \frac{5}{2} \cdot n^2 \cdot Q.$$

Für verschiedene Litzendrahtsorten und Isolierungen sind unter diesen Berücksichtigungen in Abb. 80 die Kurven a bis l errechnet und aufgetragen, und zwar gelten die in nachstehender Tabelle ausgeführten Dimensionen:

Kurve	Lackdrahtlitze	Isolierung	Anzahl der Windungen auf 10 cm
a	56×0,07 mm ∅	1×Seide, 1×Baumw. umsponnen	98 Windungen
b	130×0,07 mm ∅	1× „ 1× „ „	72 „
c	133×0,07 mm ∅	1× „ 2× „ „	64 „
b	154×0,07 mm ∅	1× „ 1× „ „	72 „
c	154×0,07 mm ∅	1× „ 2× „ „	64 „
d	175×0,07 mm ∅	1× „ 2× „ „	60 „
e	210×0,07 mm ∅	1× „ 2× „ „	57 „
f	240×0,07 mm ∅	1× „ 2× „ „	52 „
g	1,5 ∅, 21×19×0,07 mm ∅	2× „ „	36 „
h	2 ∅, 28×19×0,07 mm ∅	2× „ „	31 „
i	2,5 ∅, 35×19×0,07 mm ∅	2× „ „	28 „
k	3 ∅, 41×19×0,07 mm ∅	2× „ „	26 „
k	4 ∅, 56×19×0,07 mm ∅	2× „ „	26 „
l	5 ∅, 68×19×0,07 mm ∅	2× „ „	23 „
l	5 ∅, 147×19×0,07 mm ∅	2× „ „	23 „

Um also für eine gegebene Selbstinduktion die betreffende Spulenform festzustellen, wählt man zunächst die anzuwendende Drahtsorte. Alsdann geht man an der linken Ordinate von dem betreffenden Selbstinduktionswert aus und verfolgt die diesem Wert entsprechende Abszisse bis zum Schnittpunkt mit der der Drahtsorte entsprechenden Kurve (a bis l) und liest für den Schnittpunkt den Abszissenwert h/d ab.

Wenn andererseits der Spulendurchmesser x nicht gleich 5 cm, sondern beliebig ist, so ist eine Umrechnung vorzunehmen, wozu die f-Kurve, entsprechend Abb. 81, dient. Wählt man $x = 5\,z$, worin z den Umrechnungsfaktor darstellt, ist also $\frac{x}{5} = z$, so geht die obige Formel für L′ über in

$$L' = \frac{z \cdot d}{2} \cdot (z\,n)^2 \cdot Q = \frac{d}{2} \cdot n^2 \cdot Q \cdot z^3.$$

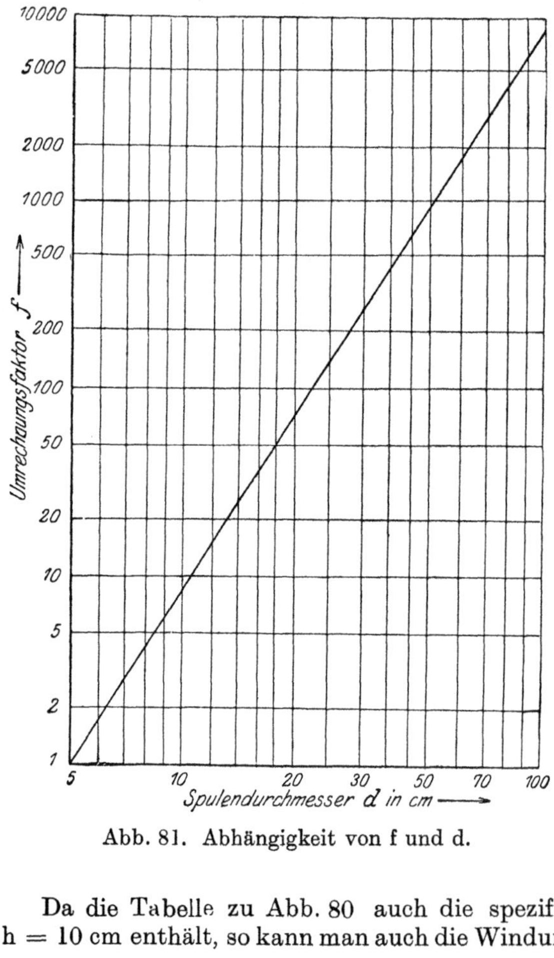

Abb. 81. Abhängigkeit von f und d.

Wenn man also 5 cm als Einheitsmaß betrachtet, kann man den Umrechnungsfaktor z in Form einer dritten Potenzkurve darstellen, wie dies Abb. 81 wiedergibt.

Man geht a so so vor, daß man einen entsprechenden Durchmesser wählt, das zugehörige f aufsucht und den gegebenen Wert von L durch das soeben ermittelte f dividiert, wodurch man den Selbstinduktionswert für einen Durchmesser von 5 cm unter denselben Verhältnissen erhält, also

$$\frac{L}{f} = L';$$

nun sucht man für dieses so ermittelte L′ das dazugehörende h/d in der beschriebenen Weise auf.

Da die Tabelle zu Abb. 80 auch die spezifische Windungszahl für h = 10 cm enthält, so kann man auch die Windungszahl der gewünschten

Spule ermitteln, denn es ist bei 10 cm Spulenhöhe:

$$\frac{x \cdot \frac{h}{d} \text{ cm}}{10 \text{ cm}} \cdot n.$$

Zahlenbeispiel: Es soll eine Spule von 30 cm Durchmesser mit einem Selbstinduktionskoeffizienten L = 5 000 000 cm hergestellt werden.

Man erhält dann aus Abb. 81 für k_1 den Durchmesser d = 30 cm, für f den Wert = 216, also

$$\frac{L}{f} = \frac{5\,000\,000}{216} = L' = 23\,000.$$

Für diesen Wert von L′ erhält man aus Abb. 80 für die verschiedenen Litzensorten die Werte von h/d = 0,42, 0,62 usw. Also bei einem Spulendurchmesser d von 30 cm erhält man Spulenhöhen h von 12,6 cm usw. und Windungszahlen n = 1235, 1340 usw.

Auch die Selbstinduktionsspule stellt nichts anderes als einen Wechselstromwiderstand dar, der um so größer ist, je größer die Selbstinduktion und je kleiner die Wellenlänge, also je größer die Periodenzahl ist. Der Wechselstromwiderstand der Spule ergibt sich aus:

$$w_L^{\text{Ohm}} = 2\pi\nu \cdot L \cdot 10^{-9\,\text{Ohm}} = 1{,}885\,\frac{L^{\text{cm}}}{\lambda^{\text{cm}}}.$$

Die zueinander gehörigen Werte von Wechselstromwiderstand und Selbstinduktion in Abhängigkeit von der Wellenlänge sind in Abb. 72 auf Logarithmenpapier dargestellt und können aus dieser Abbildung direkt entnommen, bzw. interpoliert werden.

Zur Umrechnung der Selbstinduktionswerte diene folgende Tabelle:

	Statisches System cm	Millihenry	Henry
cm	1	$1 \cdot 10^{-6}$	$1 \cdot 10^{-9}$
Henry . . .	$1 \cdot 10^{9}$	$1 \cdot 10^{3}$	1
Millihenry .	$1 \cdot 10^{6}$	1	$1 \cdot 10^{-3}$

Zahlenbeispiel: Es sei gegeben die Selbstinduktion L = 0,6 MH (Millihenry) und festzustellen, wieviel cm dies ist.

Es ist 1 Henry $= 10^9$ cm,
1 Millihenry $= 10^{-3}$ Henry $= 10^6$ cm,
also 0,6 Millihenry = 600000 cm.

Zahlenbeispiel: Es sei gegeben

$$C = 0{,}001 \text{ MF} = 900 \text{ cm},$$
$$L = 0{,}6 \text{ MH} = 600\,000 \text{ cm},$$

dann ist

$$\lambda = 2\pi\sqrt{CL} = 2\pi\sqrt{900 \cdot 600\,000},$$
$$\lambda = 2\pi\sqrt{540\,000\,000}$$
$$\lambda = 1470 \text{ m}.$$

Auch hier ist wieder der Fall interessant, daß parallel zur Selbstinduktion ein Ohmscher Widerstand geschaltet ist. Die Selbstinduktion wird durch diese Parallelschaltung verkleinert. Man erhält für den sich alsdann ergebenden scheinbaren Widerstand der Spule den Ausdruck:

$$w_L' = w_L \frac{w^2}{w_L^2 + w^2}.$$

Um also in einem System einen möglichst geringen Selbstinduktionswiderstand zu erhalten, hat man die nachstehende Formel zu berücksichtigen:

$$w' = w \frac{w_L^2}{w_L^2 + w^2}.$$

Die Berechnung von Flachspulen kann im allgemeinen nach den obigen Formeln bewirkt werden; insbesondere eignet sich hierzu die Formel

$$L^{cm} = (\pi \cdot D \cdot z_1)^2 \cdot l \cdot a$$

In dieser ist unter l indessen nicht die Länge der Spule zu verstehen, sondern vielmehr die Breite des Wickelringes. Auch hierbei ist D wieder der mittlere Spulendurchmesser.

Auch die mechanische Methode mittels der Selbstinduktionsrechenmaschine läßt sich mit guter Annäherung für die Berechnung von einlagigen Flachspulen benutzen.

Mehrlagige Spulen können mit großer Annäherung mit folgenden Ausdrücken berechnet werden:

$$L = 10{,}5 \cdot n^2 \cdot D \sqrt[4]{D/U} \text{ wenn } \frac{D}{U} \text{ zwischen 0 und 1,}$$

$$L = 10{,}5 \cdot n^2 \cdot D \quad\text{,, ,, } = 1$$

$$L = 10{,}5 \cdot n^2 \cdot D \cdot \sqrt{D/U} \quad\text{,, ,, zwischen 1 und 3.}$$

Hierin ist U = der Umfang des Wicklungsquerschnittes
n = die Gesamtwindungszahl.

Die an letzter Stelle angeführte Formel kann auch zur Berechnung von mehrlagigen Flachspulen dienen, sofern D/U zwischen 0 und 3 liegt. Für größere Werte von D/U sind diese drei Formeln indessen kaum noch anwendbar.

Rahmenspulen quadratischer Form berechnen sich nach folgender Formel:

$$L = 4 \pi n^2 \cdot m \cdot m \cdot \frac{m}{l} \cdot b$$

Hierin ist:

m = die Seitenlänge des Rahmenquadrates,
l = die Länge der Spule,
b = eine Konstante, die von dem Verhältnis m/L abhängt.

Der Zusammenhang zwischen m/l und b ist aus folgenden Diagrammen entsprechend Abb. 82 und 83 ersichtlich.

Schablone zur Wicklung von Korbbodenspulen, Spinnwebspulen usw.

Um Korbbodenspulen verschiedenen Durchmessers rasch wickeln zu können, empfiehlt es sich, eine Schablone, etwa Abb. 84 ent-

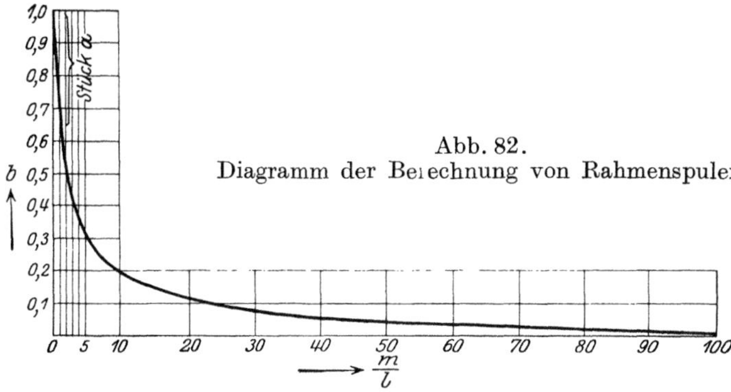

Abb. 82.
Diagramm der Beiechnung von Rahmenspulen.

sprechend, anzuwenden. Bei dieser sind Kreise verschiedenen Durchmessers gezeichnet. Der innerste Kreis ist mit 5 Zacken versehen, der äußerste mit 17. Dieses rührt daher, daß man bei Wicklung auf einen Zylinder kleineren Durchmessers mit weniger Speichen auskommt, während bei großem Durchmesser entsprechend mehr Speichen angebracht werden müssen.

Man geht am besten so vor, daß, wenn man sich zu einem bestimmten Durchmesser entschlossen hat, die Einteilung des entsprechenden Schablonenkreises mit der Nadel auf den betreffenden Kreis, den man unterlegt, durchstochen wird. Um dieses besser sichtbar machen zu können, empfiehlt es sich, das Schablonenpapier vorher zu ölen.

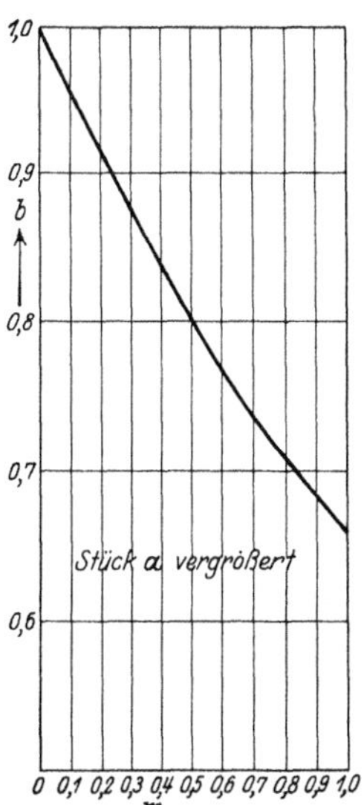

Abb. 83. Diagramm zur Berechnung von Rahmenspulen (Stück a vergrößert).

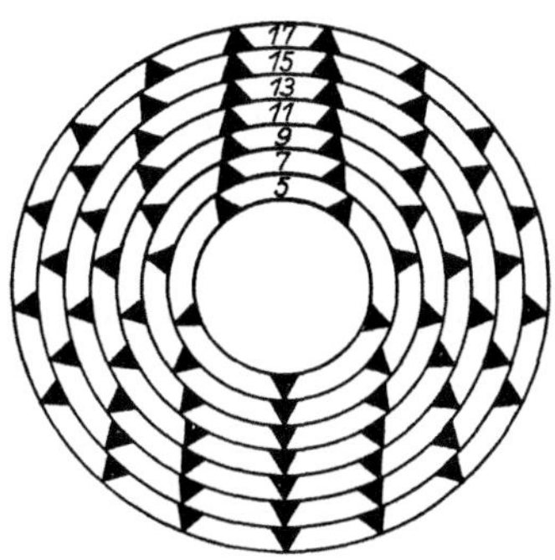

Abb. 84. Schablone zur Wicklung von Korbbodenspulen, Spinnwebspulen usw.

H. Kettenleiter (Filterkreise usw.).

Um das Wesen der Filterkreise verstehen zu können, ist es erforderlich, sich allgemein die Wirkungsweise der Kettenleiter klarzumachen.

Ein Kettenleiter wird gebildet aus Kondensatoren und Selbstinduktionsspulen, welche in verschiedensten Kombinationen dem jeweiligen Zweck entsprechend zusammengeschaltet werden.

Der in einen Stromkreis eingeschaltete Kondensator (s. Abb. 85) läßt einen Wechselstrom um so ungehinderter hindurch, je höher dessen Periodenzahl ist, während Gleichströme von ihm völlig blockiert werden. Zwischen dem hindurchgehenden Wechselstrom und der Spannung besteht eine Phasenverschiebung.

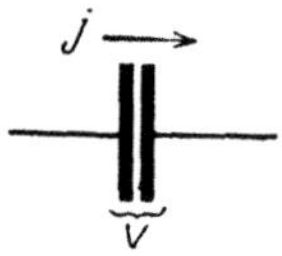

Abb. 85. Kondensator.

Der Kondensator besitzt einen scheinbaren sog. Kapazitätswiderstand, welcher berechnet werden kann nach

$$w' = \frac{1}{\omega C^{\text{Farad}}}.$$

Hierin bedeutet die Kreisfrequenz $\omega = 2\pi\nu$, worin ist ν die Periodenzahl in 2π Sekunden.

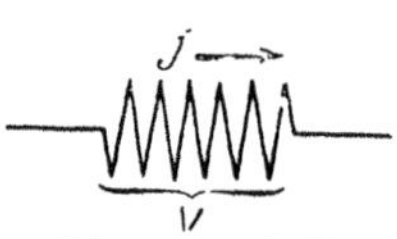

Abb. 86. Selbstinduktionsspule.

Die Selbstinduktionsspule (s. Abb. 86) läßt im Gegensatz zum Kondensator einen Gleichstrom ungehindert hindurch. Hingegen wird einem hindurchgehenden Wechselstrom ein um so höherer Widerstand entgegengesetzt, je höher die Periodenzahl des Wechselstroms ist.

Während bei Gleichstrom der Ausdruck

$$j_{=}^{\text{Amp}} = \frac{V^{\text{Volt}}}{w^{\text{Ohm}}}$$

gilt, ändert sich dieser Ausdruck bei Wechselstrom in

$$j_{\sim}^{\text{Amp}} = \frac{V^{\text{Volt}}}{w'^{\text{ Ohm}}}.$$

Hierbei bedeutet w′ den scheinbaren Widerstand in Ohm, welcher sich aus dem tatsächlichen Widerstand w und dem selbstinduktiven Widerstand ωL zusammensetzt. Der selbstinduktive Widerstand ωL (auch als Blindwiderstand bezeichnet) enthält außer dem Selbstinduktionskoeffizienten L noch die oben schon erwähnte Kreisfrequenz

$$\omega = 2\pi\,\nu,$$

worin wieder ν die Periodenzahl pro Sekunde ist.

Es ergibt sich der scheinbare Widerstand mit

$$w' = \sqrt{w^2 + (\omega L)^2}.$$

Ferner ist die beim Hindurchgehen von Wechselstrom durch die Selbstinduktionsspule auftretende Phasenverschiebung, welche um so größer ist, je höher die Periodenzahl ist, zwischen dem Strom J und der Spannung V zu bestimmen aus der Formel

$$\operatorname{tg}\varphi = \frac{\omega L}{w}.$$

Aus dem vorgenannten Kondensator und der Selbstinduktionsspule setzen sich, wie bemerkt, die Kettenleiter zusammen, und es kommt auf die Zusammenschaltung an, ob sie einen an den Kettenleiter gelegten Wechselstrom glatt hindurchlassen oder absorbieren, bzw. welche Frequenzen des Wechselstromes absorbiert oder im Gegenteil hervorgehoben werden.

Der Kettenleiter kann entweder als Kondensatorkette oder als Drosselkette oder als Kombination dieser ausgeführt sein.

Die Kondensatorkette besteht gemäß Abb. 87 aus in Serie geschalteten Kondensatoren *a* und wie gezeichnet, hierzu senkrecht geschalteten Selbstinduktionsspulen *b*. Gemäß vorstehendem ist klar, daß ein die Kondensatorkette passierender Wechselstrom um so leichter durchgelassen wird, je höher seine Frequenz ist. Es ist also beispielsweise möglich, mittels einer Kondensatorkette die Grundschwingungen eines Wechselstroms zu unterdrücken (blockieren), die höheren Oberschwingungen hingegen hindurchgehen zu lassen.

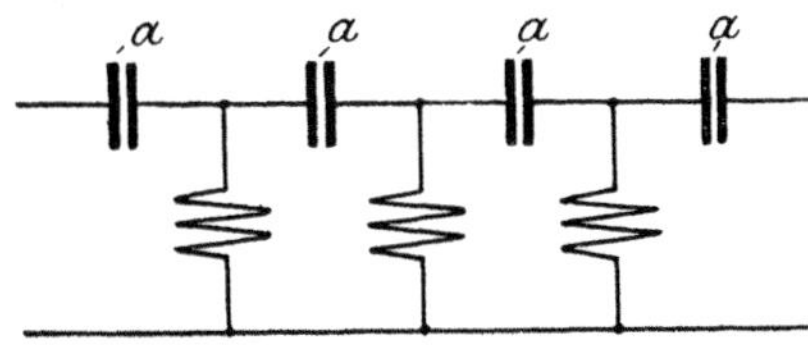

Abb. 87. Kondensatorkette.

Bei der Drosselkette gemäß Abb. 88 liegen die Selbstinduktionsspulen *b* in Serie, während senkrecht hierzu die Kondensatoren *a* geschaltet sind. Die Folge hiervon ist, daß Gleichstrom durch die Drosselkette glatt hindurchgeht und daß Wechselströme um so mehr zurückgehalten werden, je höher deren Periodenzahl ist. Infolgedessen besteht ein Anwendungsgebiet der Drosselketten darin, daß sie benutzt werden, um die Grundschwingungen hindurch zu lassen, hingegen Oberschwingungen ganz oder teilweise zu unterdrücken. Infolgedessen benutzt man Drosselketten beispielsweise, um in Stromkreisen (Verstärkern) die Pfeifneigung zu unterdrücken.

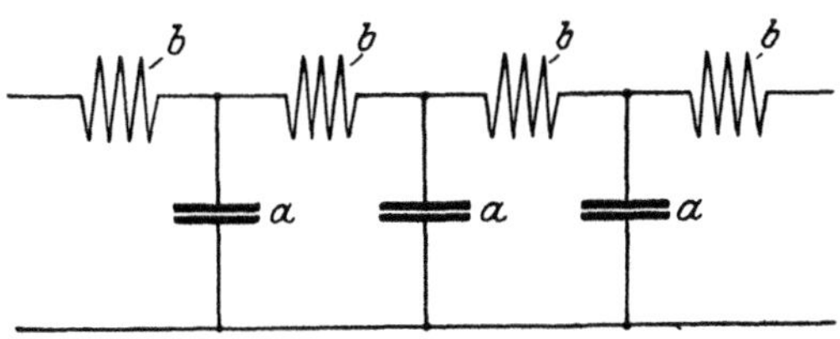

Abb. 88. Drosselkette.

Bei der elektrischen Weiche gemäß Abb. 89 ist eine Kombination der Kondensatorkette mit der Drosselkette vorgesehen. Die Kondensatorkette ist beispielsweise in der Abbildung oben gezeichnet, die Drosselkette ist unten dargestellt. Wenn also den Klemmen *c* ein bestimmter

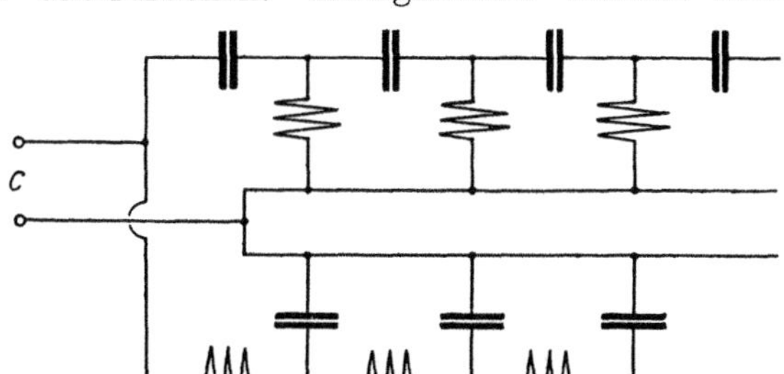

Abb. 89. Elektrische Weiche.

Wechselstrom zugeführt wird, so kann durch die elektrische Weiche eine Trennung der Ströme bewirkt werden, welche unterhalb und oberhalb der Grundschwingung liegen. Man kann also eine Trennung in hochfrequente und niederfrequente Wechselströme durch die Weiche bewirken.

Wenn man Kondensatoren und aus Selbstinduktionsspulen und Kondensatoren bestehende Kreise gemäß Abb. 90 zusammenschaltet, so erhält man eine Siebkette. Mittels einer solchen ist es möglich, aus einem bestimmten an den Klemmen *c* zugeführten Wechselstrom einen bestimmten Bereich mit einem gegebenen Frequenzbande herauszusieben, dessen Breite und Lage von dem Wechselstrom und der Größe der Schaltungsmittel abhängt. Die Siebketten ermöglichen es vor allem, eine gleichmäßige Übertragung der zugeführten Frequenzen ohne besondere Bevorzugung der Schwingungen einzelner Frequenzen zu bewirken.

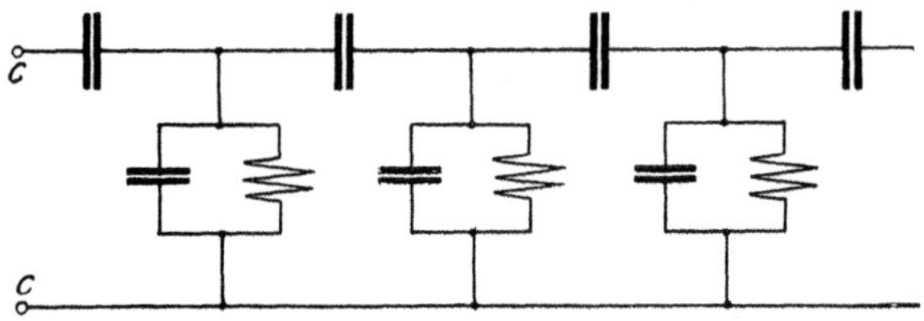

Abb. 90. Mehrfache Siebkette.

Im Gegensatz zur Siebkette steht der Wellenschlucker. Mit dem Wellenschlucker ist es möglich, Schwingungen einer bestimmten Frequenz, die jeweilig nicht gewünscht werden, zu unterdrücken. Zu diesem

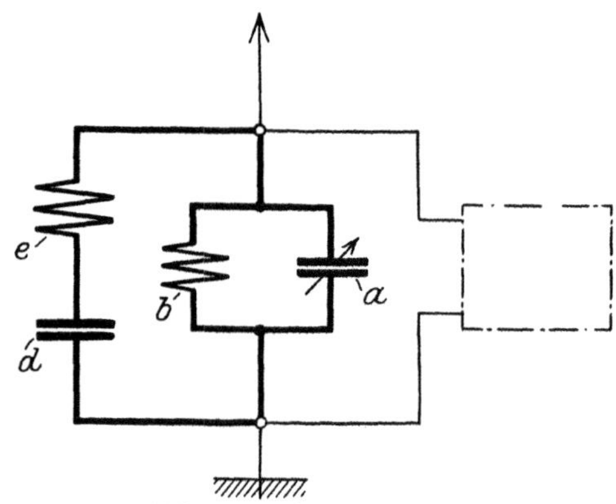

Abb. 91. Wellenschlucker.

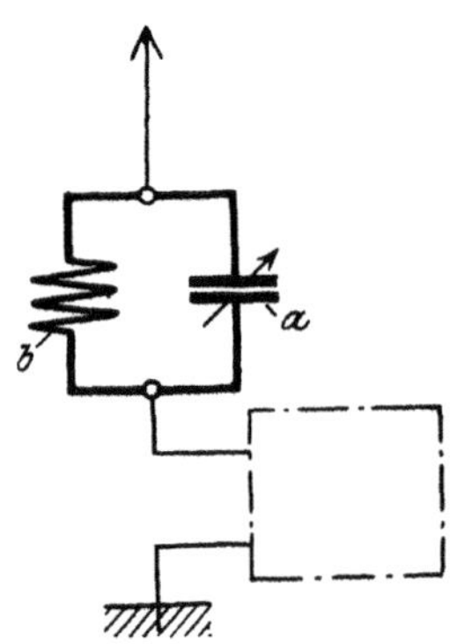

Abb. 92. Einschaltung eines Filterkreises.

Zweck besteht der Wellenschlucker gemäß Abb. 91 aus einem Filterkreis *a b*, der auf die Welle abgestimmt wird, die man zu empfangen wünscht, und einem Schluckkreis (Saugkreis) *d e*, der auf die Welle abgestimmt wird, die man aus dem Empfang herauswerfen will (z. B. Welle des Ortssenders). Der Kreis *d e* hat hier die Funktion, die nichtgewünschte Welle nach Erde abzuleiten und so für den Empfang unschädlich zu machen.

Es sind selbstredend noch andere Ausführungsformen des Wellenschluckers möglich.

Das für die R.-T.-Technik wichtigste Anwendungsgebiet der Kettenleiter besteht in den Filterkreisen, von welchen in Abb. 92 eine Ausführungs- und Einschaltungsform wiedergegeben ist. Der Filterkreis wird aus einem abstimmbaren Kondensator *a* und einer Selbstinduktionsspule *b* gebildet. Der so entstandene, in der Abbildung stark wiedergegebene Kreis wird auf die störende Welle abgestimmt, welche hierdurch für den Empfang ausgemerzt wird, indem dieser Frepuenz ein theoretisch unendlich hoher Widerstand entgegengesetzt wird, während Schwingungen aller anderen Frequenzen durch den Filterkreis glatt hindurchgehen.

J. Das offene Schwingungssystem (Antenne).

Bei dem bisher betrachteten geschlossenen Schwingungssystem war stets ein quasistationärer Stromzustand vorausgesetzt. Die Stromamplitude besaß an sämtlichen Stellen der Leiterbahn dieselbe Größe, oder mit anderen Worten, die räumliche Länge der Leiterbahn war im Verhältnis zur halben Wellenlänge gering.

Dieses soll bei dem nun zu betrachtenden offenen Oszillator, der die Funktion hat, die erzeugten elektromagnetischen Wellen auszustrahlen und somit eine Fernwirkung auszuüben, nicht mehr vorausgesetzt werden. Im Gegenteil ist bei diesem die Stromamplitude an verschiedenen Stellen der Leiterbahn verschieden groß.

Hingegen soll weiterhin angenommen werden, daß wie bisher der Strom gleichphasig ist, und daß das Dämpfungsdekrement sehr klein ist gegenüber 2π.

Eine Abänderung erfahren diese Betrachtungen nur bei den modernen Rahmenantennen, die infolge ihrer Geschlossenheit einen nahezu quasistationären Stromverlauf besitzen.

1. Der geradlinige Oszillator.

a) Entstehung des offenen Oszillators aus dem geschlossenen.

Man kann sich das offene Schwingungssystem aus dem geschlossenen, entsprechend Abb. 93, entstanden denken. Das geschlossene Schwingungssystem (Abb. 93 oben) hatte den Sitz seiner Energie im elektrischen Feld des Kondensators *a*, diese wechselte mit der magnetischen Energie in Form von geschlossenen Kraftlinienkreisen um den Verbindungsdraht und insbesondere dem Feld der Spule *b* ab. Die elektrischen Kraftlinien von *a* verlaufen im wesentlichen zwischen den Kondensatorbelegen und besitzen höchstens eine ganz geringfügige Streuung. Der Summationswert beider Energieformen ist, abgesehen vom Energieverbrauch und unabhängig von der Periodenzahl, konstant.

Vergrößert man gemäß dem mittleren Bilde von Abb. 93 den Abstand der Kondensatorbelege, so nimmt die Kraftlinienstreuung, da das elektrische Feld an Gleichförmigkeit eingebüßt hat, bereits zu, ohne daß sich aber etwas Wesentliches geändert hätte. Es sind beim Arbeiten der Entladestrecke nach wie vor elektrische Schwingungen im System vorhanden, aber es fehlt noch jede Fernwirkung, da die Kraftlinien im System erhalten bleiben.

Entfernt man nun aber gemäß Abb. 93 unten die Kondensatorbelege so weit voneinander, daß fast sämtliche Kraftlinien sich nur nach außen herumschließen[1]), daß die Gleichförmigkeit der Kraftlinienausbildung fast vollkommen aufgehört hat, also die Streuung ihren Höchstwert annimmt, so ist zwar die Selbstinduktion des Systems konstant geblieben, aber die Kapazität hat wesentlich abgenommen, und wir haben damit diejenige Anordnung erreicht, die eine „Fernwirkung" besitzt, und die, wenn auch in etwas modifizierter Form, bei sämtlichen „Luftleitern" der drahtlosen Telegraphie Anwendung findet.

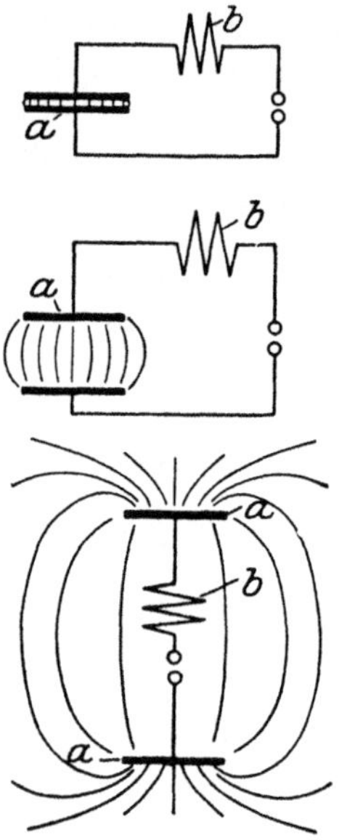

Abb. 93. Entwicklung des offenen aus dem geschlossenen Schwingungssystem.

Läßt man nämlich die Kondensatorplatten *a* fort, so erhält man den sog. einfachen Hertzschen Oszillator (siehe Abb. 94).

Ein derartiger einfacher Oszillator kann direkt oder mittels irgendeiner der oben beschriebenen Kopplungseinrichtungen erregt werden. Der Einfachheit halber sei hier die direkte Erregung z. B. mittels einer Funkenstrecke angenommen.

b) Verteilung von Strom und Spannung. Magnetisches und elektrisches Feld.

Es besitzt alsdann der einfache Oszillator, der vollkommen frei im Raum angeordnet sein möge, so daß in der Nähe befindliche Körper keinen nennenswerten Einfluß auf ihn auszuüben vermögen, folgenden Schwingungsverlauf. Die beiden Oszillatorhälften werden genau wie der bisher betrachtete Kondensator des geschlossenen Schwingungssystems von einer Hochspannungsquelle aus aufgeladen, da sie einen Kondensator gegenüber dem sie umgebenden Raum darstellen. Sobald die Aufladung erreicht ist, geht in der Funkenstrecke *c* ein Funke über, und es entstehen, genau wie beim geschlossenen Kreise, elektromagnetische Schwingungen, die in Grundschwingungen und Oberschwingungen zerfallen.

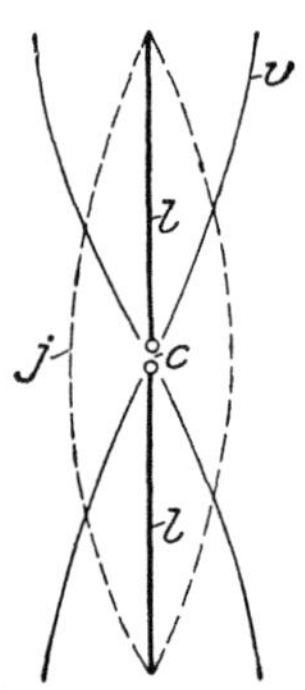

Abb. 94. Hertzscher Oszillator. Sinusförmige Verteilung von Strom und Spannung.

[1]) Ein ausgezeichnetes Anschauungsbild der Hertzschen Kraftliniendarstellungen erhält man, wenn man nach Art des Trickfilms den Vorgang kinematographisch wiedergibt.

Es ist aber auch möglich, nur die Grundschwingung oder auch nur die Oberschwingungen auf dem Oszillator herzustellen.

Wir betrachten hier nur die Grundschwingung. Die Oberschwingungen lassen sich nämlich in einfacher Weise wie in der Akustik ableiten und sind ihrem Wesen nach identisch mit der Grundschwingung, so daß auch hier sinusförmiger Verlauf herrscht. Wie wir schon gesehen haben, ist zwar die Stromphase praktisch an den verschiedenen Punkten des Oszillators gleich, aber die Stromamplitude besitzt an den verschiedenen Stellen des Oszillators voneinander abweichende Größen. Trägt man die Stromkurve als Funktion des Ortes auf, so erhält man die gestrichelte Kurve, die etwa einen sinusförmigen Verlauf besitzt, wie in Abb. 94 dargestellt. Dieselbe weist in der Mitte einen Höchstwert auf, da die Ladungsenergien in ihrer Wirkung sich in der Mitte des Leiters summieren müssen, und nimmt nach den Oszillatorenden hin beiderseits ab. Man bezeichnet den Höchstwert als Strombauch, die Werte an den Enden als Stromknoten.

In zeitlicher Aufeinanderfolge wechselt der Strom in seiner Richtung und nimmt in seiner Größe nach stattgehabtem Funkeneinsatz ab, wie dies Abb. 95 schematisch für eine Oszillatorseite veranschaulicht. Der größte Stromwert J_1 tritt zuerst auf, ihm folgt ein kleinerer Stromwert J_2 in umgekehrter Richtung usw. Alle diese zeitlich aufeinander folgenden Stromwerte zeigen stets dieselbe Gesetzmäßigkeit, nämlich in der Mitte des Oszillators ein Maximum, an den Enden des Oszillators Minima.

Abb. 95. Zeitliche Aufeinanderfolge der Stromwerte nach Größe und Richtung.

Wie beim geschlossenen Schwingungskreis sind auch beim offenen Oszillator Strom und Spannung nicht gleichphasig, sondern vielmehr um 90° in Phase gegeneinander verschoben, da gleichzeitig mit dem Stromübergang in der Funkenstrecke in positiv angenommener Richtung die Ladung des Kondensators abnimmt und in negativ angenommener Stromrichtung darauf wieder zunimmt.

Infolgedessen weist eine um 90° gegen den Strom verschobene Verteilung die gleichfalls in Abb. 94 eingezeichnete Spannungskurve auf. Dieselbe besitzt im Gegensatze zur Strömung an den Enden Spannungsbäuche, in der Mitte einen Spannungsknoten.

Unter Berücksichtigung dieser zeitlichen Phasenverschiebung sind also die in Abb. 94 eingezeichneten Maximalwerte für den Strom J nur vorhanden, wenn die Spannungswerte V Null sind und umgekehrt. Dazwischen nehmen Strom und Spannung alle möglichen Zwischenwerte an, so daß, für alle Zeitmomente dargestellt, eine Kurvenschar für J (siehe hiervon einige in Abb. 95) und eine solche Schar für V sich ergibt.

Sofern man die mittlere Stromstärke J_{mittel} oder die mittlere Spannung V_{mittel} berechnen will, ergibt sich bei sinusförmiger Verteilung für die Stromstärke:

$$J_{\text{mittel}} = \frac{2}{\pi} \cdot J_{\max}$$

und für die Spannung:

$$V_{\text{mittel}} = \frac{2}{\pi} \cdot V_{\max}.$$

Die Energie pendelt auch hier, genau wie beim geschlossenen Schwingungssystem, zwischen der Energie des elektrischen Feldes und der hiergegen um 90^0 verschobenen Energie des Magnetfeldes hin und her. Gemäß Abb. 94 sind in Abb. 96 die magnetischen und elektrischen Kraftlinien, erstere in verschiedenen, willkürlich angenommenen Ebenen perspektivisch, letztere in der durch den Oszillator gelegten Ebene für einen bestimmten Zeitmoment eingezeichnet.

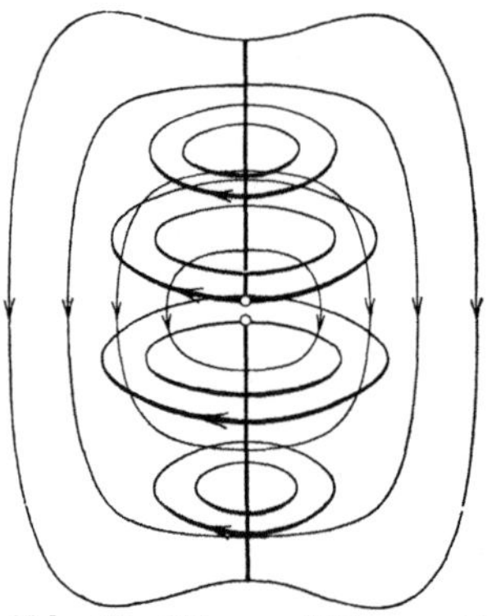

Abb. 96. Hin- und Herpendeln der Energie zwischen derjenigen des elektrischen Feldes und der hiergegen um 90^0 verschobenen Energie des Magnetfeldes.

c) Fortpflanzungsgeschwindigkeit und Wellenlänge.

Das Bild von Abb. 94 entspricht dem einer stehenden Welle. Derartig stehende Wellen sind die Folge zweier fortschreitender Wellen gleicher Wellenlänge und Amplitude, aber entgegengesetzter Fortpflanzungsrichtung. Die Wellenlänge, d. h. der doppelte Abstand zweier Schwingungsbäuche oder zweier Schwingungsknoten, ergibt sich daher als diejenige Weglänge, die die Welle während einer Periode zurücklegt. Bezeichnet man mit T die Dauer einer Periode, so sind in einer Sekunde T gleich ν volle Perioden vorhanden. Zwischen der Fortpflanzungsgeschwindigkeit v und der Wellenlänge, d. h. der Geschwindigkeit der Welle in einer Sekunde, also angenähert $= 3{,}10^{10}$ cm/sec, besteht demnach folgender bereits oben erwähnter Zusammenhang:

$$v = \nu \cdot \lambda = \frac{\lambda}{T}.$$

Da man nun bei dem offenen Oszillator die Wellen als stehende betrachten kann, hat man für die Frequenz den Ausdruck:

$$\nu = \frac{v}{\lambda}.$$

Die halbe Wellenlänge ist nun nach dem obigen Ausdruck gleich der gesamten Länge des Oszillators $= 2\,l$, und man erhält daher:

$$2\,l = \frac{\lambda}{2},$$

also

$$l = \frac{\lambda}{4}.$$

Dieser Ausdruck für die Grundschwingung ist für die drahtlose Telegraphie aus dem Grunde von besonderer Wichtigkeit, da er direkt die von einer Antenne erzeugte Wellenlänge ergibt.

Wie wir nämlich weiter unten sehen werden, ist es möglich, die untere Oszillatorhälfte einfach durch Erdung oder ein passendes Gegengewicht zu ersetzen, ohne daß sich an dem Schwingungsverlauf praktisch etwas ändert. Man erhält dann für einen derartigen einfachen Sender die Wellenlänge der Grundschwingung, indem man die Antennenlänge mit 4 multipliziert.

2. Aufwicklung des geradlinien Oszillators zur Spule.

Wenn man den geradlinigen Oszillator zur offenen Spule aufwickelt, so bleibt bezüglich der Schwingungsausbildung und Strahlung qualitativ alles genau so wie beim geradlinigen Oszillator (E. Nesper, 1904); es treten also an den Enden der Spule bei der Grundschwingung Knoten des Stromes und Bäuche der Spannung auf. Aber die Strahlung ist nur sehr gering, und zwar c. p. um so geringer, je kleiner der Spulendurchmesser ist.

Über die Wellenlänge der Spule läßt sich nichts Allgemeines aussagen, da diese je nach dem Verhältnis von Spulendurchmesser zur Spulenlänge verschieden ist.

Bemerkenswert ist bei dem spulenförmigen Oszillator seine hohe Empfindlichkeit gegen die Umgebung („Kapazitätsempfindlichkeit“).

3. „Wirksame Länge (Höhe)“ des Oszillators.

Mit Rücksicht auf die bei der Antenne vorliegenden besonderen Stromverteilungsverhältnisse, die für die Strahlung und somit auch für die Fernwirkung maßgebend sind, erscheint es wichtig, für den Oszillator den Begriff der „wirksamen Länge (Höhe)“ zu fassen.

Unter Berücksichtigung der Einschränkung, daß sowohl die Länge des geradlinig anzunehmenden Oszillators, als auch die Wellenlänge der verwandten Schwingungen sehr klein sein soll gegenüber dem Abstand zwischen Oszillator und betrachtetem Punkt, in dem die Feldstärke der magnetischen und elektrischen Kraftlinien bestimmt werden soll, gilt bei Betrachtung eines in der Mitte des Oszillators gelegenen Punktes folgendes.

Es ist alsdann bei der Grundschwingung:

$$\text{Amplitude}_{\text{magnetisch}} = 2\pi \cdot \frac{1}{m\lambda} \Sigma J_{\text{mittel}} \cdot h$$

und die Amplitude der elektrischen Feldstärke

$$\text{Amplitude}_{\text{elektrisch}} = 2\pi v \cdot \frac{1}{m\lambda} \Sigma J_{\text{mittel}} \cdot h.$$

Hierin ist:

m = der Abstand des betrachteten Punktes vom Oszillator,

h = die Länge bzw. Höhe des Oszillators,

J_{mittel} = der mittlere Stromwert des Oszillators, der, da derselbe nicht direkt gemessen werden kann, zu bestimmen ist aus

$J_{mittel} = J_{max} \cdot a$ (also $a = \frac{J_{mittel}}{J_{max}}$ ist), wo

J_{max} = der maximale Stromwert im Strombauch (= „Indifferenzpunkt" bei der Antenne), und

a = ein Faktor ist, der von der Oszillator-(Antennen-)form abhängig ist. Das Produkt a · h wird die „wirksame Oszillatorlänge" (bzw. „wirksame Antennenhöhe") genannt.

Unter Einführung der obigen Ausdrücke wird

$$\text{Amplitude}_{\text{magnetisch}} = 2\pi \cdot \frac{1}{m\lambda} \cdot J_{max}\, a \cdot h,$$

$$\text{Amplitude}_{\text{elektrisch}} = 2\pi v \cdot \frac{1}{m\lambda} \cdot J_{max}\, a \cdot h\,.$$

Das Produkt $J_{max}\, a \cdot h$ bestimmt also im wesentlichen die Ausstrahlung des Oszillators (Antenne) und kann zeichnerisch in Form eines Flächendiagramms dargestellt werden, indem man zu jeder Oszillatorlänge als Abszisse den dazugehörigen Stromwert als Ordinate aufträgt. Hierbei sind eventuell nach abwärts verlaufende Oszillatorteile, in denen die Stromrichtung entgegengesetzt gerichtet ist, zu berücksichtigen.

Im übrigen gilt, daß die Strahlung um so größer ist, je größer die Amplitude der magnetischen und elektrischen Feldstärke ist.

Noch übersichtlicher und in der drahtlosen Technik gebräuchlicher ist die Benutzung der „wirksamen Antennenhöhe", um den „Strahlungswiderstand" zu definieren.

Es ist der Strahlungswiderstand des einfachen Oszillators

$$w_{str} = 80\pi^2 \left(\frac{2\,l}{\lambda}\right)^2,$$

der des geerdeten Oszillators

$$w_{str} = 160\,\pi^2 \left(\frac{l}{\lambda}\right)^2$$

bei gleichförmiger Stromverteilung.

Wenn man, was meistens der Fall sein wird, diese nicht als vorhanden annehmen kann, so ist, wie schon oben bemerkt, der Faktor a einzuführen und mit diesem die Oszillatorlänge l zu multiplizieren. Man erhält also für ungleichförmige Stromverteilung

$$w_{str} = 160\pi^2 \left(\frac{a\,l}{\lambda}\right)^2.$$

Die Abhängigkeit des Strahlungswiderstandes w_{str} von der wirksamen Antennenhöhe und Wellenlänge folgt am deutlichsten aus nachstehenden Kurven:

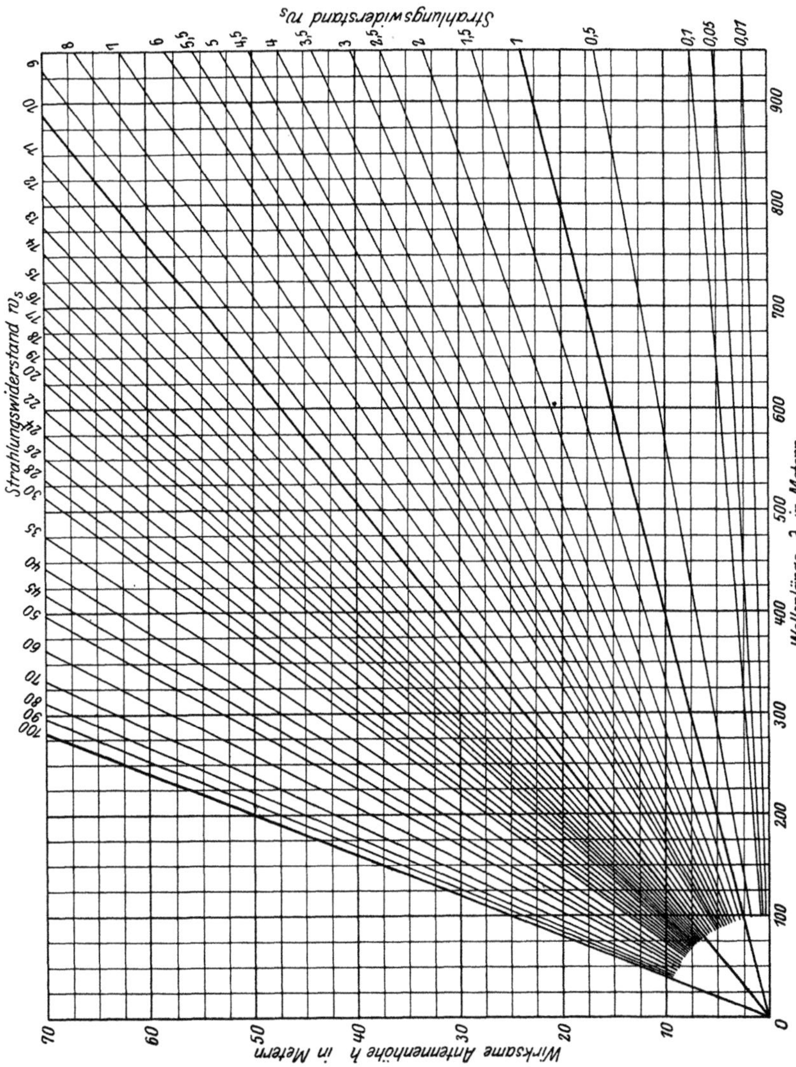

Abb. 97. Zusammenhang zwischen dem Strahlungswiderstand w_{str} in Ohm, der wirksamen Antennenhöhe h_w und der Wellenlänge.

4. Reichweite, elektrische Feldstärke, Strom und Energie im Empfänger.

Vereinfacht man die tatsächlich vorliegenden Bedingungen dahingehend, daß man eine ideale Leitfähigkeit der Erdoberfläche zugrunde legt, die Energieabsorption in der Atmosphäre und die Streuung nicht berücksichtigt, sondern lediglich Wellenlänge, Senderstromstärke, wirksame Antennenhöhe und Form, Strom in der Sende- und Empfangsantenne sowie den Abstand zwischen Sender und Empfänger einsetzt, so ergibt sich für die elektrische Feldstärke im Empfänger der Ausdruck:

$$\mathfrak{E} = \frac{120 \cdot \pi \cdot J_1 \cdot h_1}{\lambda \cdot m}.$$

Hierin und in den nachstehenden Formeln bedeutet:

J_1 = die Stromstärke in der Sendeantenne,
J_2 = die Stromstärke in der Empfangsantenne,
h_1 = die wirksame Höhe der Sendeantenne,
h_2 = die wirksame Höhe der Empfangsantenne,
w_2 = den auf den Strombauch des Empfängers bezogenen Gesamtwiderstand,
w_{nz} = den Nutzwiderstand im Detektor,
λ = die Wellenlänge,
m = den Abstand zwischen Sende- und Empfangsstation.

Eine besondere Bedeutung in den vorstehenden und nachfolgenden Formeln kommt der Höhe h_1 der Sendeantenne und h_2 der Empfangsantenne zu. Besitzt die Antenne eine T-Form, so würde diese Höhe gleich der tatsächlichen Antennenhöhe sein. Für alle übrigen Antennenformen ist jedoch diese Höhe, die man „wirksame Antennenhöhe" genannt hat, kleiner als die tatsächliche Höhe und variiert zwischen dem Größenverhältnis 0,5 bis zu 0,99 der tatsächlichen Antennenhöhe herab. Man hat also in fast allen Fällen die tatsächliche Antennenhöhe mit einem der Antennenform entsprechenden Korrektionsfaktor zu multiplizieren, um die wirksame Antennenhöhe zu erhalten.

Es ergibt sich alsdann (L. W. Austin, H. Barkhausen u. a.) die Stromstärke in der Empfangsantenne, sofern der Sender mit ungedämpften Schwingungen arbeitet:

$$J_{2\,\text{unged}} = \frac{120 \cdot \pi \cdot J_1 \cdot h_1 h_2}{w_2 \cdot \lambda \cdot m}.$$

Sofern der Sender mit gedämpften Schwingungen betrieben wird, kommt noch zu obigem Ausdruck das Dämpfungsverhältnis hinzu, und es ergibt sich die Stromstärke im Empfänger mit:

$$J_{2\,\text{gedämpft}} = \frac{120 \cdot \pi \cdot J_1 \cdot h_1 h_2}{w_2 \cdot \lambda \cdot m \sqrt{1 + \frac{\mathfrak{d}_1}{\mathfrak{d}_2}}}.$$

Unter Zugrundelegung des obigen Ausdruckes für die Feldstärke kann man übrigens auch annäherungsweise den Wert für den Empfangsantennenstrom aus folgendem Ausdruck finden:

$$J_2 = \frac{\mathfrak{E} \cdot h_2}{w_2}.$$

Berücksichtigt man ferner sowohl die Absorption als auch die Streuung, so findet man die Stromstärke des Empfängers aus der folgenden Formel (Austin, U. S. Navy):

$$J_{2\,\mathrm{unged}} = \frac{120\pi \cdot J_1 \cdot h_1 h_2}{w_2\,\lambda\,m} \cdot e^{-\frac{0{,}0015\,m}{\sqrt{\lambda}}} \quad \text{für ungedämpfte Schwingungen}^{1)}$$

$$\text{und } J_{2\,\mathrm{ged}} = \frac{120\pi}{w_2} \cdot \frac{J_1 h_1 h_2}{\lambda m \sqrt{1 + \frac{\mathfrak{d}_1}{\mathfrak{d}_2}}} \cdot e^{-\frac{0{,}0015\,m}{\sqrt{\lambda}}} \quad \text{für gedämpfte Schwingungen.}$$

(Nach genauen Messungen von L. W. Austin in Darien (Pa.) liefert die theoretische Formel von A. Sommerfeld,

$$J_2 = \frac{120\pi \cdot J_1 h_1 h_2}{w_2\,\lambda\,m} \cdot e^{-\frac{\frac{0{,}0019\,m}{s}}{\sqrt{\lambda}}}$$

möglicherweise durch Verstärkung der Empfangsenergie aus der oberen Atmosphäre, die also noch zusätzlich zu berücksichtigen wäre, zu geringe Werte.)

Es ergibt sich somit unter Nichtberücksichtigung des Zerstreuungsgliedes für die dem Detektor in der Empfangsstation zugeführte Energie unter Zugrundelegung der obigen Bezeichnungen für gedämpfte Schwingungen der Ausdruck:

$$A_{\mathrm{gedämpft}} = J_2^2 \cdot w_{nz} = \left(\frac{120 \cdot \pi}{w_2}\right)^2 \cdot \left(\frac{h_1 \cdot h_2}{\lambda \cdot m}\right)^2 \cdot \frac{J_1^2 \cdot w_{nz}}{1 + \frac{\mathfrak{d}_1}{\mathfrak{d}_2}}$$

und für ungedämpfte Schwingungen der Ausdruck:

$$A_{\mathrm{ungedämpft}} = J_2^2 \cdot w_{nz} = \left(\frac{120 \cdot \pi}{w_2}\right)^2 \left(\frac{h_1 h_2}{\lambda m}\right) \cdot J_1^2 \cdot w_{nz}.$$

Für die Reichweite wird oft für überschlägige Rechnungen die Annäherungsformel angewendet:

$$\text{Reichweite} \sim 800 \sqrt{\text{Antennenenergie.}}$$

K. Wirkungsgrad einer drahtlosen Nachrichtenübermittlung.

Wir können diesen Abschnitt nicht schließen, ohne noch kurz den gesamten Wirkungsgrad einer drahtlosen Nachrichtenübermittlung, die ja nichts anderes als eine Energieübertragung darstellt, in einem Beispiel zahlenmäßig festzulegen.

Betrachtet man den Gesamtwirkungsgrad der drahtlosen Nachrichtenübermittlung von der zugeführten Primärenergie bis zu der im Empfänger erhaltenen Energie, so kommt man allerdings auf ein sehr ungünstiges Energieübertragungsverhältnis.

Wenn man z. B. in den Gleichstrommotor eines Gleichstrom-Wechselstromumformers 13 Amp. bei 110 Volt aus dem Netz hinein-

---

1) In diesen Formeln ist offenbar der Wert des Dispersionsfaktors nicht ausreichend, denn sonst würde der außerordentliche Wirkungsgrad der kleinen Wellen nachts nicht erklärlich sein.

schickt und hiermit bei Verwendung tönender Funken in einer Antenne von etwa 300 cm Kapazität und 8 Ohm Widerstand einen Antennenstrom von 7 Amp. erhält, so hat man auf der Sendeseite das Verhältnis $J_g \cdot V_g = 13 \cdot 119 = 1{,}43$ kW und

$$J_1^2 \cdot w_{str} = 49 \cdot 8 = 0{,}392 \text{ kW},$$

also

$$\eta = \frac{0{,}392}{1{,}43} = 27{,}5 \text{ Proz.}$$

Bei einer Entfernung der Empfangsstation vom Sender von 100 km erhält man bei Benutzung einer Hochantenne in dem parallel zum Detektor geschalteten Milliamperemeter noch eine Stromstärke von etwa 0,005 Amp. Die Spannung beträgt etwa 0,001 Volt. Die im Empfänger erhaltene Energie **ist** somit nur 0,00005 Watt!

Der Gesamtwirkungsgrad ist also somit:

$$\eta_{ges} = \frac{0{,}00005}{1430} = 0{,}35 \cdot 10^{-8}\ !$$

Infolge der hochempfindlichen Detektoren, die noch auf weit geringere Stromstärken als 0,005 Amp. ansprechen, insbesondere aber dadurch, daß man durch Verstärker auf der Empfangsseite die Energie fast beliebig hochschaukeln kann, und daß eine moderne Hochfrequenz-Audion-Niederfrequenzverstärkung noch auf Empfangsenergien anspricht und betriebssicher arbeitet, die selbst hochempfindliche Thermodetektoren weit unter ihrer Reizschwelle ließen, wird allerdings dieser schlechte Wirkungsgrad wieder vollkommen wettgemacht.

L. Nomographische Tafeln (Fluchtlinientafeln).

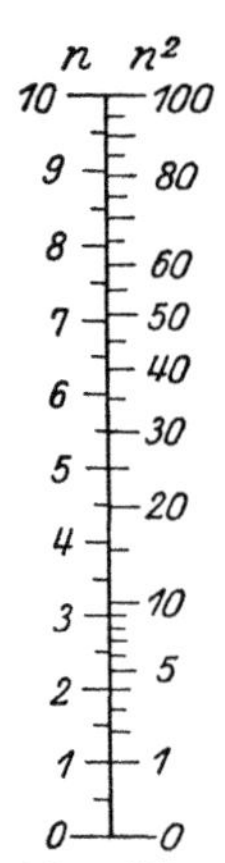

Abb. 98. Nomographische Tafel I. Abhängigkeit zweier variabler Größen von einander.

In überaus einfacher Weise und ohne irgendwelche Vorkenntnisse können eine ganze Reihe von rein mechanischen Rechnungen mittels der nomographischen Tafeln (M. Pirani, R. Rosenberger, Laboratorium Dr. G. Seibt) ausgeführt werden.

Das Schema derselben geht am besten aus Tafel I, Abb. 98, hervor. Links von dem senkrechten Strich sind die Zahlen und rechts von dem Strich ihre Quadrate aufgetragen. Man kann die Quadratwurzeln direkt ablesen; so steht z. B. rechts von der Zahl 2 die Zahl 4. Nicht direkt zahlenmäßig oder durch einen Strich vermerkte Größen können in bekannter Weise interpoliert werden.

Mittels dieser Tafeln können auch Quadratwurzeln direkt abgelesen werden. Die Wurzelgröße ergibt sich alsdann links vom Strich.

In gleicher Weise kann die Abhängigkeit zwischen ν und T gemäß Nomogramm Abb. 100 aufgetragen werden.

In gleicher Weise wie Tafel I werden die Größen für Wellenlänge λ[1]), Periodenzahl ν und Kreisfrequenz ω gemäß der nomographischen Tafel IV (Abb. 101) abgelesen.

Man kann auch die Abhängigkeit von 3 und mehr Variablen graphisch auftragen. Als einfachstes Beispiel ist die Multiplikations- bzw. Divisionstafel gemäß Abb. 99 gewählt, bei der eine direkte Ablesung nicht mehr möglich ist. Man muß vielmehr die ge-

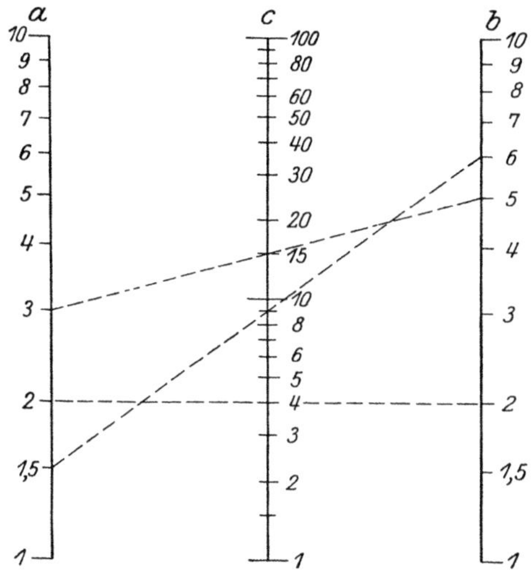

Abb. 99. Tafel III. $\left.\begin{array}{l} a \times b = c \\ \frac{c}{a} = b \end{array}\right\}$ 3 Variable.

gebenen Größen, die auf den Linien *a* und *b* liegen mögen, entweder durch einen Bleistiftstrich verbinden, oder man muß, um die Tafeln nicht zu beschädigen, ein durchsichtiges, mit einem Strich versehenes Lineal verwenden, das man an die betreffenden gegebenen Werte anlegt. Um z. B. das Produkt von 3 × 5 zu finden, verbindet man den Zahlenwert 3 auf der Skala *a* mit dem Zahlenwert 5 auf der Skala *b* und liest auf der Skala *c* den Wert 15 ab.

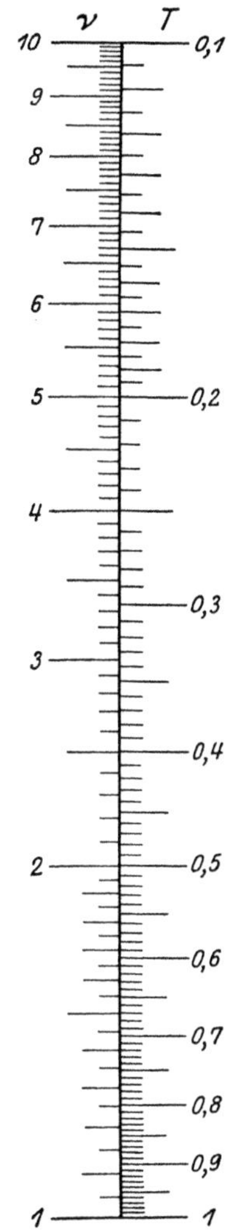

Abb. 100. Tafel II. Abhängigkeit zwischen der Frequenz ν und der Schwingungsdauer T; $\nu = \frac{1}{T}$.

In gleicher Weise kann man Divisionen ausführen, indem die Skala *c* als Zähler, die Skala *b* oder *a* als Nenner benutzt werden. Alsdann ergibt sich nach erfolgter Division der entsprechende Wert für *b* oder *a*[2]).

[1]) Abkürzungen siehe S. 87.

[2]) Die Abb. 104, 105 und 106 sind entnommen dem Bändchen L. Bergmann, Nomographische Tafeln, aus der Bibliothek des Radioamateurs, herausgegeben von Dr. E. Nesper. Berlin: Julius Springer.

Der Multiplikationstafel mit 3 Variablen gem. Abb. 99 entsprechen die Tafeln V (Abb. 102) für Wellenlänge, Selbstinduktionskoeffizient

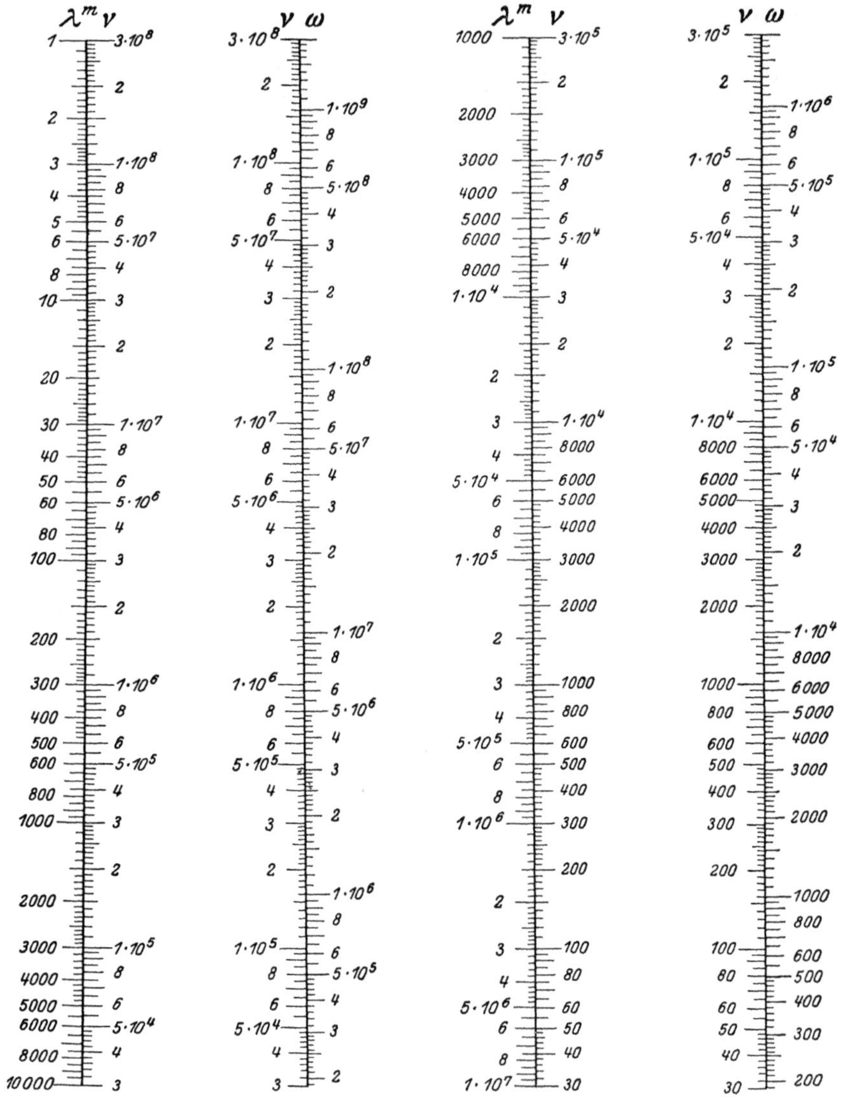

Abb. 101. Tafel IV. Wellenlänge (λ), Periodenzahl pro Sekunde (ν) und Kreisfrequenz (ω).

und Kapazität, und Tafel VI (Abb. 103) für Periodenzahl, Selbstinduktionskoeffizient und Kapazität. Hierbei findet man den entsprechenden dritten Wert durch Ziehen von Bleistiftstrichen oder besser durch Anlegung eines durchsichtigen Lineals mit eingraviertem Strich.

$$\lambda^{m} = \frac{3 \cdot 10^8}{\nu}$$

$$\omega = 2\pi\nu$$

hierin ist λ = Wellenlänge in m,
ν = Anzahl voller Perioden pro Sek.

Zahlen- und Ablesungsbeispiele:

Skala I: $\lambda = 100$ m ergibt rechts $\nu = 3 \cdot 10^6$ Per. pro Sek.,
„ II: $\nu = 3 \cdot 10^6$ Per. pro Sek. ergibt rechts $\omega = 1{,}88 \cdot 10^7$,
„ III: $\nu = 1000$ Per. pro Sek. ergibt links $\lambda = 3 \cdot 10^5$ m,
„ IV: $\nu = 1000$ Per. pro Sek. ergibt rechts $\omega = 6300$.

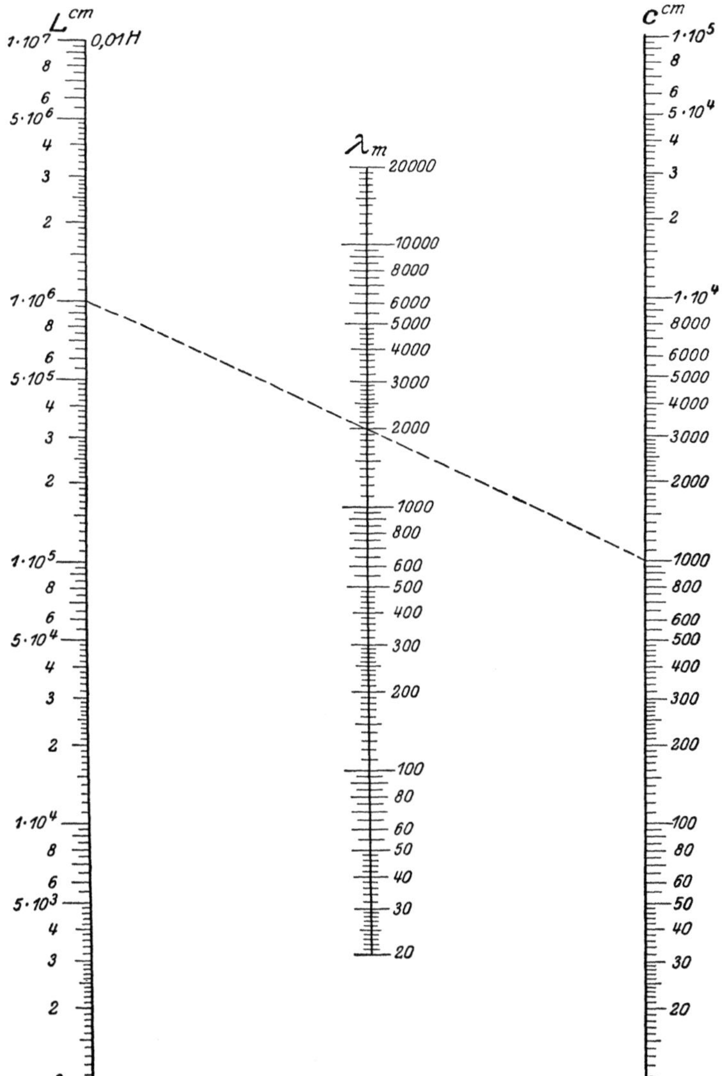

Abb. 102. Tafel V.
Wellenlänge (λ), Selbsinduktionskoeffizient (L) und Kapazität (C).

Für die Umrechnung dienen:

$$\lambda^{m} = \lambda^{cm} \cdot 10^{-2},$$

$$\lambda^{m} = \frac{3 \cdot 10^{8}}{\nu},$$

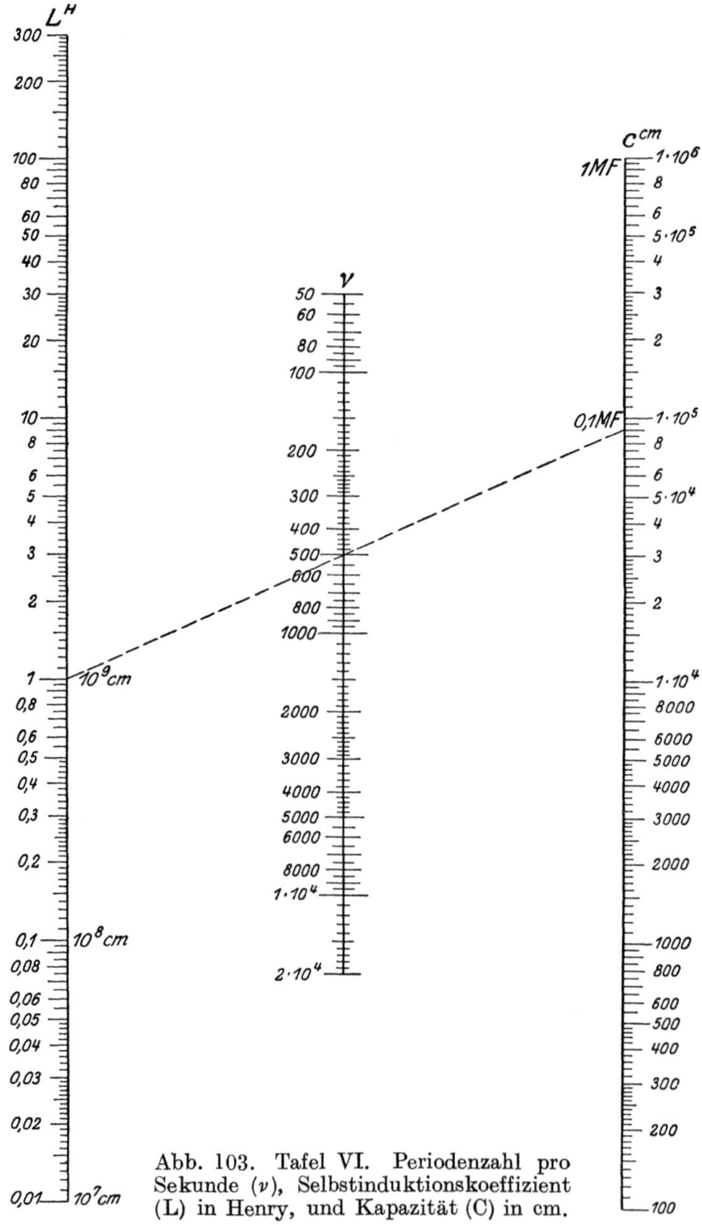

Abb. 103. Tafel VI. Periodenzahl pro Sekunde (ν), Selbstinduktionskoeffizient (L) in Henry, und Kapazität (C) in cm.

$$\lambda^{\mathrm{cm}} = \frac{3 \cdot 10^{10}}{\nu},$$

$$\lambda \quad = \mathrm{v} \cdot \mathrm{T}; \quad \mathrm{T} = \frac{1}{\nu}.$$

$$\lambda^{\mathrm{m}} = \frac{2\pi}{100} \sqrt{C^{\mathrm{cm}} L^{\mathrm{cm}}}.$$

Zahlen- und Ablesungsbeispiele: Gegeben sei C und L, gesucht sei λ; dann verbindet man Skala I mit III, und zwar die Werte $L = 1 \cdot 10^6$ cm mit $C = 1000$ cm und erhält auf Skala II: $\lambda = 1980$ m

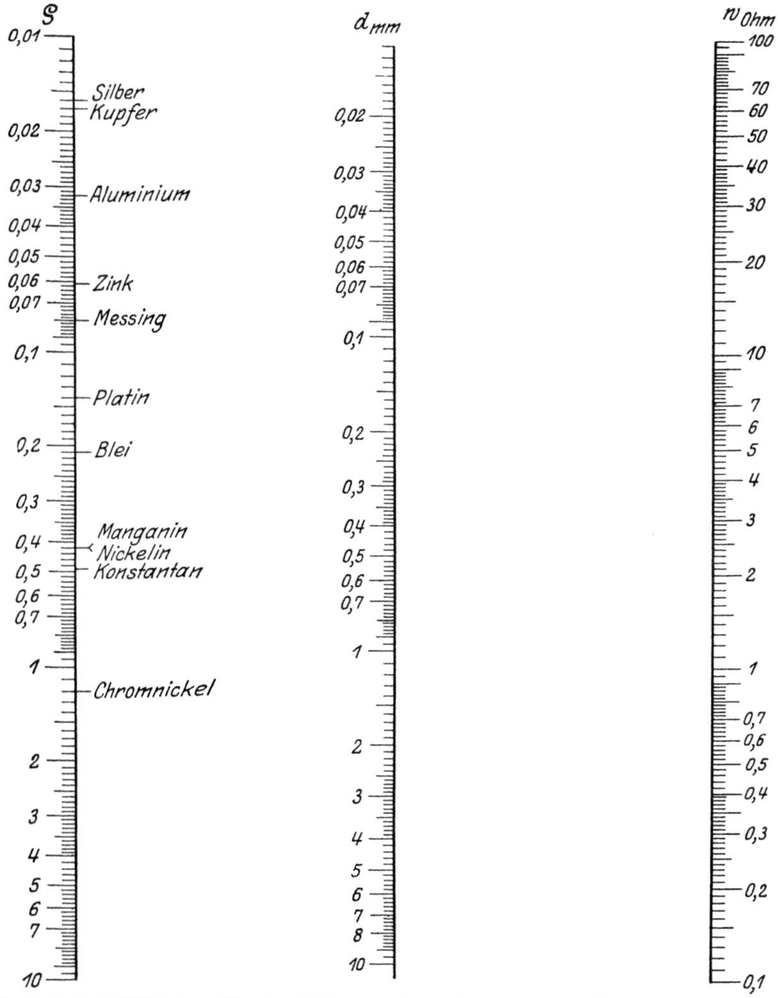

Abb. 104. Tafel VII. Spezifischer Widerstand (ϱ), Durchmesser (d) in mm eines Drahtes von kreisförmigem Querschnitt und Ohmschem Widerstand (w) in Ohm pro m;

$$w = \frac{4\varrho}{d^2 \pi}.$$

oder:

gegeben sei L und λ, gesucht sei C; dann verbindet man Skala I und II und liest auf Skala III das Resultat ab.

Sofern das gegebene L oder C größer als der Maßbereich der Skala ist, rechnet man mit $\frac{1}{100}$ des gegebenen Wertes und multipliziert das erhaltene Resultat mit 10.

Sofern das gegebene L oder C zu klein ist, rechnet man mit dem 100fachen Wert und dividiert das Resultat durch 10.

Gegeben $L = 4{,}10^7$ cm
$C = 50$ cm.

Gesucht sei λ.

Man rechnet mit $L = 4 \cdot 10^5$ cm und $C = 50$ cm und findet $\lambda = 280$ m, also ist die gesuchte $\lambda = 2800$ m.

Für den Gebrauch dienen:

$$C^{\text{Centimeter}} = C^{\text{cm}} = 9 \cdot 10^{11}\, C^{\text{F}},$$
$$C^{\text{Farad}} = C^{\text{F}} = 1{,}11 \cdot 10^{-12}\, C^{\text{cm}},$$
$$C^{\text{cm}} = 9 \cdot 10^{5}\, C^{\text{MF}},$$
$$C^{\text{Mikrofarad}} = C^{\text{MF}} = 1{,}11 \cdot 10^{-6}\, C^{\text{cm}},$$
$$C^{\text{F}} = 10^{-6}\, C^{\text{MF}}.$$
$$C^{\text{MF}} = 10^{6}\, C^{\text{F}},$$
$$L^{\text{Centimeter}} = L^{\text{cm}} = 10^{9}\, L_{\text{H}},$$
$$L^{\text{Henry}} = L^{\text{H}} = 10^{-9}\, L^{\text{cm}},$$
$$\lambda^{\text{m}} = \frac{2\pi}{100}\sqrt{L^{\text{cm}} \cdot C^{\text{cm}}},$$

Für die Umrechnung dienen:

$$\lambda^{\text{cm}} = 2\pi\sqrt{L^{\text{cm}} \cdot C^{\text{cm}}},$$
$$\lambda^{\text{cm}} = 1{,}98 \cdot 10^{5}\sqrt{L^{\text{H}} \cdot C^{\text{cm}}},$$
$$\lambda^{\text{cm}} = 5{,}96 \cdot 10^{3}\sqrt{L^{\text{cm}} \cdot C^{\text{MF}}},$$
$$\lambda^{\text{cm}} = 5{,}96 \cdot 10^{6}\sqrt{L^{\text{cm}} \cdot C^{\text{F}}},$$
$$\lambda^{\text{cm}} = 1{,}885 \cdot 10^{11}\sqrt{L^{\text{H}} \cdot C^{\text{F}}}.$$

Zahlen- und Ausführungsbeispiele:

1. Gegeben sei L und C, gesucht ist ν.

Man verbindet Skala I mit II und liest das Resultat auf Skala III ab, z. B. $L = 1$ Henry, $C = 9 \cdot 10^4$ cm, dann ist $\nu = 5000$ Per. pro Sekunde.

2. Gegeben sei L und ν, gesucht ist C.

Man verbindet Skala I und III und liest das Resultat auf Skala II ab.

3. Gegeben sei C und ν, gesucht sei L.

Man verbindetSkala II und III und liest das Resultat auf Skala I ab.

Sofern das gegebene L oder C größer ist als der Maßbereich der Skala, rechnet man mit $\frac{1}{100}$ des gegebenen Wertes und dividiert das erhaltene Resultat durch 10.

Sofern das gegebene L oder C zu klein ist, rechnet man mit dem 100fachen Wert und multipliziert das Resultat mit 10.

Gegeben L = 10 H,
C = 40 cm.

Gesucht sei ν.

Man rechnet mit L = 10 H und C = 4000 cm und findet ν = 750 Per. pro Sek., also ist das gesuchte ν = 7500 Per. pro Sek.

Für den Gebrauch dienen:

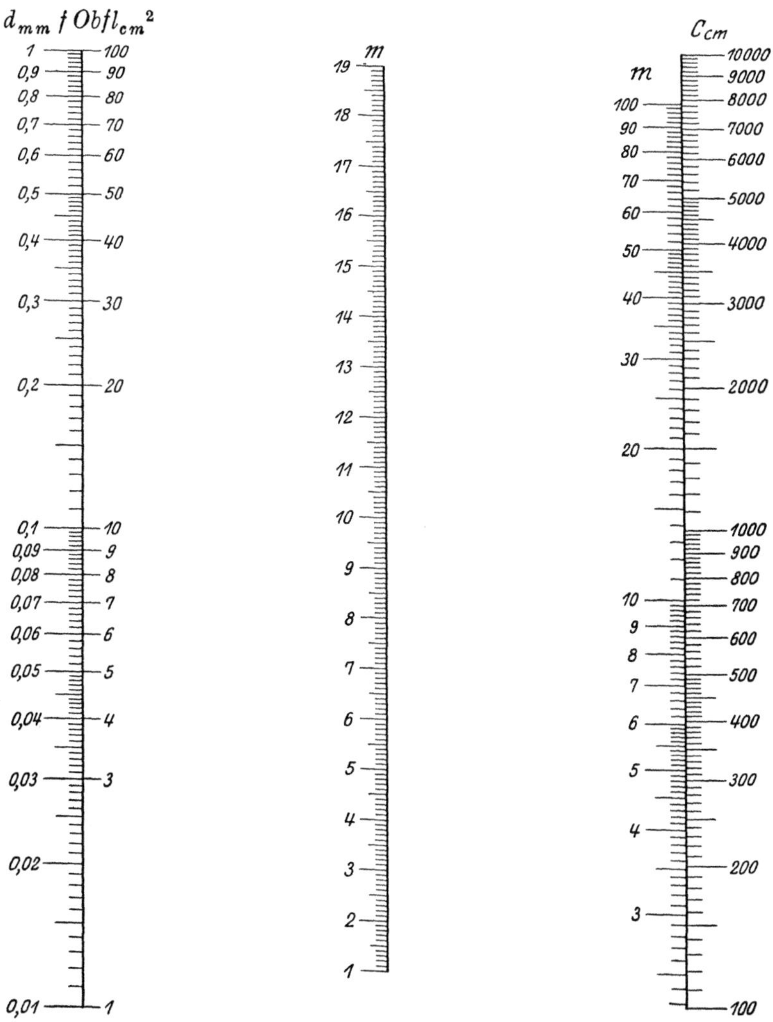

Abb. 105. Tafel VIII. Plattenkondensator: Plattenabstand (a) in mm, wirksamer Plattenoberfläche (Obfl) in cm², Plattenzahl (m), Resultierende Kapazität (C) in cm;

$$C = \frac{(m-1) \cdot Obfl.}{4\pi \cdot d}.$$

$$\frac{1}{\nu} = 2\pi\sqrt{L^{H}\,C^{F}},$$

$$\frac{1}{\nu} = 2\pi\cdot 10^{-3}\sqrt{L^{H}\cdot C^{MF}},$$

$$\frac{1}{\nu} = 6{,}6\cdot 10^{-6}\sqrt{L^{H}\cdot C^{cm}},$$

$$\frac{1}{\nu} = 1{,}98\cdot 10^{-4}\sqrt{L^{cm}\cdot C^{F}},$$

$$\frac{1}{\nu} = 1{,}98\cdot 10^{-7}\sqrt{L^{cm}\cdot C^{MF}},$$

$$\frac{1}{\nu} = 2{,}09\cdot 10^{-10}\sqrt{L^{cm}\cdot C^{cm}},$$

$$\frac{1}{\omega} = \sqrt{L^{H}\cdot C^{F}}$$

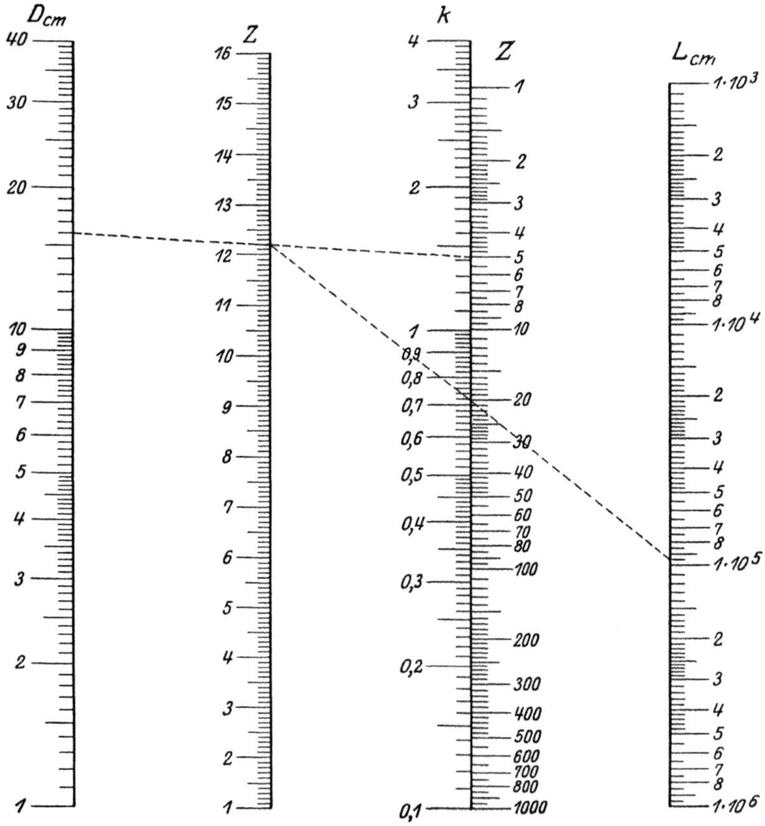

Abb. 106. Tafel IX. Selbstinduktionsspule: Mittlerer Spulendurchmesser (D) in cm, Konstante (k), Windungszahl (Z), Selbstinduktion (L) in cm; Korndörfersche Formel: $L^{cm} = 10{,}5\,z^2\cdot D\,k$.

M. Wellenlängen-Tafeln, -Schieber und -Diagramme.

1. Tabelle der Wellenlängen (λ), Periodenzahlen (ν) und der Schwingungskonstante (CL).

Letztere ist in Mikrofarad und Mikrohenry angegeben. Derjenige, dem das Maßsystem (Spalte $\mathfrak{C}$) Mikrofarad und Mikrohenry ungewohnt ist, kann auch nach folgendem Schlüssel umrechnen:

1. Um die Werte Spalte $\mathfrak{C}$ zu erhalten in Farad und Henry, multipliziert man mit $10^{-6} \times 10^{-6} = 10^{-12}$.
2. Um die Werte Spalte $\mathfrak{C}$ zu erhalten in cm, multipliziert man mit $9 \cdot 10^5 \times 1 \cdot 10^3 = 9 \cdot 10^8$.

3. Zahlenbeispiel: Für $\lambda = 100$ m ist nach Spalte $\mathfrak{C}$ die Schwingungskonstante

$$\mathrm{CL} = 0{,}0028 \text{ in MF, MH}$$
$$= 0{,}0028 \cdot 9 \cdot 10^8 \text{ cm}$$
$$= 2\,520\,000 \text{ cm},$$

also

$$\lambda^{\mathrm{cm}} = 2\pi\sqrt{2\,520\,000} = 2\pi \cdot 1585^{\mathrm{cm}}$$
$$= 10000^{\mathrm{cm}} = 100 \text{ m}.$$

$\mathfrak{A}$	$\mathfrak{B}$	$\mathfrak{C}$	$\mathfrak{A}$	$\mathfrak{B}$	$\mathfrak{C}$	$\mathfrak{A}$	$\mathfrak{B}$	$\mathfrak{C}$
λ^m	ν Perioden pro Sekunde	$C^{MF} \cdot L^{MH}$	λ^m	ν Perioden pro Sekunde	$C^{MF} \cdot L^{MH}$	λ^m	ν Perioden pro Sekunde	$C^{MF} \cdot L^{MH}$
100	3000000	0,00281	400	750000	0,0450	700	428600	0,138
110	2727000	0,00341	410	731700	0,0473	710	422500	0,142
120	2500000	0,00405	420	714300	0,0496	720	416700	0,146
130	2308000	0,00476	430	697700	0,0520	730	411000	0,150
140	2143000	0,00552	440	681800	0,0545	740	405400	0,154
150	2000000	0,00633	450	666700	0,0570	750	400000	0,158
160	1875000	0,00721	460	652200	0,0596	760	394700	0,163
170	1765000	0,00813	470	638300	0,0622	770	389600	0,167
180	1667000	0,00912	480	625000	0,0649	780	384600	0,171
190	1579000	0,01016	490	612200	0,0676	790	379800	0,176
200	1500000	0,0113	500	600000	0,0704	800	375000	0,180
210	1429000	0,0124	510	588200	0,0732	810	370400	0,165
220	1364000	0,0136	520	576900	0,0761	820	365900	0,189
230	1304000	0,0149	530	566000	0,0791	830	361400	0,194
240	1250000	0,0162	540	555600	0,0821	840	357100	0,199
250	1200000	0,0176	550	545500	0,0851	850	352900	0,203
260	1154000	0,0190	560	535700	0,0883	860	348800	0,208
270	1111000	0,0205	570	526300	0,0915	870	344800	0,213
280	1071000	0,0221	580	517200	0,0947	880	340900	0,218
290	1034000	0,0237	590	508500	0,0981	890	337100	0,223
300	1000000	0,0253	600	500000	0,101	900	333300	0,228
310	967700	0,0270	610	491800	0,105	910	329700	0,233
320	937500	0,0288	620	485300	0,108	920	326100	0,238
330	909100	0,0307	630	476200	0,111	930	322600	0,243
340	882400	0,0326	640	468700	0,115	940	319100	0,249
350	859100	0,0345	650	461500	0,119	950	315900	0,254
360	833300	0,0365	660	454500	0,123	960	312500	0,259
370	810800	0,0385	670	447800	0,126	970	309300	0,265
380	789500	0,0406	680	441200	0,130	980	306100	0,270
390	769200	0,0428	690	434800	0,134	990	303000	0,276

𝔄 λ^m	𝔅 ν Perioden pro Sekunde	ℭ $C^{MF} \cdot L^{MH}$	𝔄 λ^m	𝔅 ν Perioden pro Sekunde	ℭ $C^{MF} \cdot L^{MH}$	𝔄 λ^m	𝔅 ν Perioden pro Sekunde	ℭ $C^{MF} \cdot L^{MH}$
1000	300000	0,281	1500	200000	0,633	2000	150000	1,13
1010	297000	0,287	1510	198700	0,642	2100	142900	1,24
1020	294100	0,293	1520	197400	0,650	2200	136400	1,36
1030	291300	0,299	1530	196100	0,659	2300	130400	1,49
1040	288400	0,305	1540	194800	0,668	2400	125000	1,62
1050	285700	0,310	1550	193600	0,676	2500	120000	1,76
1060	283600	0,316	1560	192300	0,685	2600	115400	1,90
1070	280400	0,322	1570	191100	0,694	2700	111100	2,05
1080	277800	0,328	1580	189900	0,703	2800	107100	2,21
1090	275200	0,335	1590	188700	0,712	2900	103400	2,37
1100	272700	0,341	1600	187500	0,721	3000	100000	2,53
1110	267300	0,347	1610	186300	0,730	3100	96770	2,70
1120	267900	0,353	1620	185200	0,739	3200	93750	2,88
1130	265500	0,359	1630	184100	0,748	3300	90910	3,07
1140	263100	0,366	1640	182900	0,757	3400	88240	3,26
1150	260900	0,372	1650	181800	0,766	3500	85910	3,45
1160	258600	0,379	1660	180700	0,776	3600	83330	3,65
1170	256400	0,385	1670	179600	0,785	3700	81080	3,85
1180	254200	0,392	1680	178600	0,794	3800	78950	4,06
1190	252100	0,399	1690	177500	0,804	3900	76920	4,28
1200	250000	0,405	1700	176500	0,813	4000	75000	4,50
1210	247900	0,412	1710	175400	0,823	4100	73170	4,73
1220	245900	0,419	1720	174400	0,833	4200	71430	4,96
1230	243900	0,426	1730	173400	0,842	4300	69770	5,20
1240	241900	0,433	1740	172400	0,852	4400	68180	5,45
1250	240000	0,440	1750	171400	0,862	4500	66670	5,70
1260	238100	0,447	1760	170500	0,872	4600	65220	5,96
1270	236200	0,454	1770	169400	0,882	4700	63830	6,22
1280	234400	0,461	1780	168500	0,892	4800	62500	6,49
1290	232600	0,468	1790	167600	0,902	4900	61220	6,76
1300	230800	0,476	1800	166700	0,912	5000	60000	7,04
1310	229000	0,483	1810	165700	0,923	5100	58820	7,32
1320	227300	0,490	1820	164800	0,933	5200	57690	7,61
1330	225600	0,498	1830	163900	0,943	5300	56600	7,91
1340	223900	0,505	1840	163000	0,953	5400	55560	8,21
1350	222200	0,513	1850	162000	0,963	5500	54550	8,51
1360	220600	0,521	1860	161300	0,974	5600	53570	8,83
1370	218900	0,529	1870	160400	0,985	5700	52630	9,15
1380	217400	0,536	1880	159600	0,995	5800	51720	9,45
1390	215800	0,544	1890	158700	1,006	5900	50850	9,81
1400	214300	0,552	1900	157900	1,016	6000	50000	10,1
1410	212800	0,559	1910	157100	1,206	6100	49180	10,5
1420	211300	0,567	1920	156300	1,037	6200	48550	10,8
1430	209800	0,576	1930	155400	1,048	6300	47620	11,1
1440	208300	0,584	1940	154600	1,059	6400	46870	11,5
1450	206900	0,592	1950	153800	1,070	6500	46150	11,9
1460	205500	0,600	1960	153100	1,080	6600	45450	12,3
1470	204100	0,608	1970	152300	1,092	6700	44780	12,6
1480	202700	0,617	1980	151500	1,103	6800	44120	13,0
1490	201300	0,625	1990	150800	1,114	6900	43480	13,4

𝔄 λ^m	𝔅 ν Perioden pro Sekunde	ℭ $C^{MF} \cdot L^{MH}$	𝔄 λ^m	𝔅 ν Perioden pro Sekunde	ℭ $C^{MF} \cdot L^{MH}$	𝔄 λ^m	𝔅 ν Perioden pro Sekunde	ℭ $C^{MF} \cdot L^{MH}$
7000	42860	13,8	8000	37500	18,0	9000	33330	22,8
7100	42250	14,2	8100	37040	18,5	9100	32970	23,3
7200	41670	14,6	8200	36590	18,9	9200	32610	23,8
7300	41100	15,0	8300	36140	19,4	9300	32260	24,3
7400	40540	15,4	8400	35710	19,9	9400	31910	24,9
7500	40000	15,8	8500	35290	20,3	9500	31590	25,4
7600	39470	16,3	8600	34880	20,8	9600	31250	25,9
7700	38960	16,7	8700	34480	21,3	9700	30930	26,5
7800	38460	17,1	8800	34090	21,8	9800	30610	27,0
7900	37980	17,6	8900	33710	22,3	9900	30310	27,6
						10000	30000	28,1

Streng genommen sind die in der Kolonne 𝔅 enthaltenen Werte etwas kleiner als angegeben. Das Departement of Commerce des Bureau of Standard in Washington hat eine umfassende Tabelle ausgerechnet, wobei in dem nachstehenden Ausschnitt die Kolonnen für λ^m und ν (Perioden pro Sekunde) in Kilocycles gegeneinander vertauscht werden können.

λ^m	$\nu^{\text{Kilocycles}}$	λ^m	$\nu^{\text{Kilocycles}}$
30	9994	80	3748
40	7496	90	3331
58	5996	100	2998
60	4997	110	2726
70	4283	120	2499

2. Abhängigkeitstabelle der Wellenlänge (λ) von der Kapazität (C) und der Selbstinduktion (L).

Um eine bestimmte Wellenlänge, bzw. einen verlängerten Wellenbereich zu erhalten, kann man aus nachstehender Tabelle entnehmen, welche Kapazitäts- und Selbstinduktionsgrößen der Schwingungskreis aufweisen muß.

C^{MF} ↓	L^{cm} → 1000	2000	3000	4000	5000	6000	7000	8000
0,0001	19	27	33	38	42	46	50	53
0,0002	27	38	46	53	60	65	71	75
0,0003	33	46	57	65	73	80	86	92
0,0004	38	53	65	75	84	92	100	107
0,0005	42	60	73	84	94	103	112	119
0,0006	46	65	80	92	103	113	122	131
0,0007	50	71	86	100	112	122	132	141
0,0008	53	75	92	107	119	131	141	151
0,0009	57	80	98	113	126	139	150	160
0,0010	60	84	103	119	133	146	158	169
0,0011	63	88	108	125	140	153	165	177
0,0012	65	92	113	131	146	160	173	185
0,0013	68	96	118	136	152	166	180	192
0,0014	70	100	122	141	158	173	187	199
0,0015	73	103	126	146	163	179	193	206

C^{MF} ↓	L^{cm} → 1000	2000	3000	4000	5000	6000	7000	8000
0,0016	75	107	131	150	169	185	199	213
0,0017	78	110	135	155	174	190	206	220
0,0018	80	113	139	160	179	196	212	226
0,0019	82	116	142	164	184	201	217	232
0,0020	84	119	146	169	188	206	223	238
	9000	10 000	12 000	14 000	16 000	18 000	20 000	25 000
0,0001	57	60	65	71	75	80	84	94
0,0002	80	84	92	100	107	113	119	133
0,0003	98	103	113	122	131	139	146	163
0,0004	113	119	131	141	151	160	169	188
0,0005	126	133	146	158	169	179	188	211
0,0006	139	146	160	173	185	196	206	231
0,0007	150	158	173	187	199	212	223	249
0,0008	160	169	185	199	213	226	238	267
0,0009	170	179	196	212	226	240	253	283
0,0010	179	188	206	223	238	253	267	298
0,0011	188	198	217	234	250	265	280	313
0,0012	196	206	226	244	261	277	292	326
0,0013	204	215	235	254	272	288	304	340
0,0014	212	223	244	264	282	299	315	353
0,0015	219	231	253	273	292	310	326	365
0,0016	226	238	261	282	302	320	337	377
0,0017	233	246	269	291	311	330	348	389
0,0018	240	253	277	299	320	339	358	400
0,0019	246	260	285	304	329	349	367	411
0,0020	253	267	292	315	337	358	377	421
	30 000	40 000	50 000	60 000	70 000	80 000	90 000	100 000
0,0001	103	119	133	146	154	169	179	188
0,0002	146	169	188	206	223	238	253	267
0,0003	179	206	231	253	273	292	310	326
0,0004	206	238	267	292	315	317	358	377
0,0005	231	267	298	326	353	377	400	421
0,0006	253	292	326	358	386	413	438	462
0,0007	273	315	353	386	417	446	473	499
0,0008	292	337	377	413	446	477	506	533
0,0009	310	358	400	438	473	506	536	565
0,0010	326	377	421	462	499	533	565	596
0,0011	342	395	442	484	523	559	593	625
0,0012	358	413	462	506	546	584	619	653
0,0013	372	430	481	526	569	611	645	680
0,0014	386	446	499	546	590	631	669	705
0,0015	400	462	516	565	611	653	690	730
0,0016	413	477	533	584	631	674	715	754
0,0017	426	491	550	602	650	695	737	777
0,0018	438	506	565	619	669	715	759	800
0,0019	450	520	581	637	687	735	780	822
0,0020	462	533	596	653	705	754	800	843
	120 000	140 000	160 000	180 000	200 000	250 000	300 000	400 000
0,0001	206	223	238	253	267	298	326	377
0,0002	292	315	337	358	377	421	462	533
0,0003	358	386	413	438	462	516	566	653

C^{MF} ↓	L^{cm} → 120000	140000	160000	180000	200000	250000	300 000	400000
0,0004	413	446	477	506	533	596	653	754
0,0005	462	499	533	565	596	666	730	843
0,0006	506	546	584	619	653	730	800	923
0,0007	546	590	631	669	705	789	864	997
0,0008	584	631	674	715	754	843	923	1066
0,0009	619	669	715	759	800	894	979	1131
0,0010	653	705	754	800	843	942	1032	1192
0,0011	685	940	791	839	884	975	1083	1250
0,0012	715	772	826	846	923	1032	1131	1306
0,0013	744	804	859	912	961	1075	1177	1359
0,0014	772	834	892	946	997	1115	1221	1410
0,0015	800	864	923	979	1032	1154	1264	1460
0,0016	876	892	954	1011	1066	1192	1306	1509
0,0017	851	920	983	1042	1099	1229	1346	1554
0,0018	876	946	1011	1073	1131	1264	1385	1599
0,0019	900	972	1041	1102	1162	1299	1423	1643
0,0020	923	997	1066	1131	1192	1333	1460	1686

	500000	600000	700000	800000	900000	1000000	1200000	1400000
0,0001	421	462	499	533	565	596	653	705
0,0002	596	653	705	754	800	843	923	997
0,0003	730	800	864	920	979	1032	1131	1221
0,0004	843	923	977	1066	1131	1192	1306	1410
0,0005	942	1032	1115	1192	1264	1333	1460	1577
0,0006	1032	1131	1221	1306	1385	1460	1599	1727
0,0007	1115	1221	1320	1410	1446	1577	1727	1886
0,0008	1192	1306	1410	1509	1599	1686	1846	1995
0,0009	1264	1385	1496	1599	1696	1788	1959	2116
0,0010	1333	1460	1577	1686	1788	1885	2065	2230
0,0011	1396	1531	1654	1768	1875	1977	2165	2339
0,0012	1460	1599	1727	1846	1959	2065	2262	2443
0,0013	1520	1665	1798	1922	2039	2149	2354	2543
0,0014	1597	1727	1866	1995	2116	2230	2443	2639
0,0015	1632	1788	1932	2065	2190	2308	2529	2732
0,0016	1686	1846	1995	2133	2262	2384	2612	2821
0,0017	1777	1904	2056	2198	2332	2457	2692	2908
0,0018	1788	1954	2116	2262	2399	2529	2770	2992
0,0019	1837	2012	2174	2324	2465	2598	2846	3074
0,0020	1885	2065	2230	2384	2529	2665	2920	3154

	1600000	1800000	2000000	2500000	3000000	4000000	5000000
0,0001	754	800	843	942	1032	1192	1333
0,0002	1066	1131	1192	1333	1460	1686	1885
0,0003	1306	1385	1460	1632	1788	2065	2308
0,0004	1509	1599	1686	1825	2065	2384	2665
0,0005	1686	1788	1885	2108	2308	2665	2980
0,0006	1846	1959	2065	2308	2529	2920	3264
0,0007	1995	2116	2230	2493	2732	3154	3526
0,0008	2133	2262	2384	2665	2920	3372	3770
0,0009	2262	2399	2529	2827	3097	3576	4000
0,0010	2384	2529	2665	2980	3264	3770	4214
0,0011	2500	2652	2795	3125	3424	3953	4420
0,0012	2617	2770	2920	3264	3576	4129	4617
0,0013	2718	2883	3039	3398	3722	4298	4805
0,0014	2821	2992	3154	3526	2863	4460	4987
0,0015	2920	3097	3264	3650	3998	4617	5161

C^{MF} ↓	L^{cm} → 1 600 000	1 800 000	2 000 000	2 500 000	3 000 000	4 000 000	5 000 000
0,0016	3016	3199	3372	3770	4129	4768	5331
0,0017	2108	3297	3475	3885	4256	4915	5495
0,0018	3199	3392	3576	3998	4379	5057	5654
0,0019	3206	3485	3674	4108	4500	5196	5809
0,0020	3372	3576	3770	4214	4617	5331	5960
	6 000 000	7 000 000	8 000 000	9 000 000	10 000 000	12 000 000	14 000 000
0,0001	1460	1577	1686	1788	1885	2065	2230
0,0002	2065	2230	2364	2529	2665	2920	3154
0,0003	2529	2732	2920	3097	3264	3576	3863
0,0004	2920	3154	3372	3576	3770	4129	4460
0,0005	3264	3526	3770	3998	4214	4617	4987
0,0006	3578	3863	4129	4379	4617	5057	5462
0,0007	3863	4172	4460	4731	4987	5462	5900
0,0008	4129	4460	4768	5057	5331	5840	6306
0,0009	4379	4731	5057	5364	5654	6192	6693
0,0010	4617	4987	5331	5654	5960	6529	7052
0,0011	4842	5230	5591	5910	6251	6848	7396
0,0012	5057	5462	5840	6129	6529	7152	7724
0,0013	5264	5685	6109	6449	6796	7444	8040
0,0014	5462	5900	6306	6693	7052	7724	8344
0,0015	5454	6109	6529	6902	7299	7996	8677
0,0016	5840	6306	6741	7152	7539	8261	8922
0,0017	6020	6502	6949	7373	7771	8411	9196
0,0018	6192	6693	7152	7587	7996	8761	9459
0,0019	6365	6872	7348	7796	8215	9000	9721
0,0020	6529	7052	7539	7996	8429	9230	9973
	16 000 000	18 000 000	20 000 000	25 000 000	30 000 000	40 000 000	50 000 000
0,0001	2384	2529	2665	2980	3264	3770	4214
0,0002	3372	3576	3770	4214	4617	3331	5960
0,0003	4129	4379	4617	5161	5659	6529	7299
0,0004	4768	5057	5331	5960	6529	7539	8429
0,0005	5331	5654	5960	6663	7299	8429	9423
0,0006	5840	6192	6529	7299	7996	9233	10320
0,0007	6306	6693	7052	7885	8637	9973	11150
0,0008	6741	7152	7539	8429	9233	10660	11920
0,0009	7152	7587	7996	8940	9794	11310	12640
0,0010	7539	7996	8429	9423	10320	11920	13330
0,0011	7909	8386	8840	10750	10830	12500	13980
0,0012	8261	8761	9233	10320	11710	13060	14600
0,0013	8594	9119	9611	10750	11770	13590	15900
0,0014	8922	9459	9973	11150	12210	14100	15770
0,0015	9233	9794	10320	11540	12640	14600	16320
0,0016	9536	10110	10660	11920	13060	15090	16860
0,0017	9828	10420	10990	12290	13460	15540	17370
0,0018	10110	10730	11310	12640	13850	15990	17880
0,0019	10410	11020	11620	12990	14230	16430	18370
0,0020	10660	11310	11920	13330	14600	16860	18850
	60 000 000	70 000 000	80 000 000	90 000 000	100 000 000	120 000 000	140 000 000
0,0001	4617	4987	5331	5654	5960	6529	7052
0,0002	6529	7052	7539	7996	8429	9233	9973
0,0003	7996	8637	9233	9794	10320	11310	12210
0,0004	9233	9973	10660	11310	11920	13060	14100

C^{MF} ↓	L^{cm} → 60 000 000	70000000	80000000	90000000	100000000	120000000	140000000
0,0005	10320	11150	11920	12640	13330	14600	15770
0,0006	11310	12210	13060	13850	14600	15990	17270
0,0007	12210	13200	14100	14960	15770	17270	18660
0,0008	13060	14100	15090	15990	16860	18460	19950
0,0009	13850	14960	15990	16960	17880	19590	21160
0,0010	14600	15770	16860	17880	18850	20650	22300
0,0011	15310	16540	17680	18760	19770	21650	23390
0,0012	15990	17270	18640	19590	20650	22620	24430
0,0013	16650	17980	19220	20390	21490	23540	25430
0,0014	17270	18660	19950	21160	22300	24430	26390
0,0015	17880	19320	20650	21900	23080	25290	27320
0,0016	18460	19950	21330	22620	23840	26120	28210
0,0017	19040	20560	21980	23320	24570	26920	29080
0,0018	19590	21160	22620	23990	25290	27700	29920
0,0019	20120	21740	23240	24650	25980	28460	30740
0,0020	20650	22300	23840	25270	26650	29200	31540

	160000000	180000000	200000000	250000000	300000000	400000000	500000000
0,0001	7539	7996	8429	9423	10320	11920	13330
0,0002	10660	11310	11920	13330	14600	16860	18850
0,0003	13060	13850	14600	16320	17880	20650	23080
0,0004	15090	15990	16860	18850	20650	23840	26850
0,0005	16860	17880	18850	21080	23080	26650	29800
0,0006	18460	19590	20650	23080	25290	29200	32640
0,0007	19950	21160	22300	24930	27320	31540	35260
0,0008	21230	22620	23640	26650	29200	33720	37700
0,0009	22620	23990	25290	28270	30970	35760	39980
0,0010	23840	25290	26650	29800	32640	37700	42140
0,0011	25000	26520	27950	31250	34240	39530	44200
0,0012	26120	27700	29200	32640	35760	41290	46170
0,0013	27180	28830	30390	33980	37220	42980	48050
0,0014	28210	29920	31540	35260	38630	44600	49870
0,0015	29200	30970	32640	36500	39980	46170	51610
0,0016	30160	31990	33720	37700	41290	47685	53310
0,0017	31080	32800	34750	38850	42560	49150	54950
0,0018	31990	33720	35760	39980	43790	50570	56540
0,0019	32860	34850	36740	41080	45000	51960	54090
0,0020	33720	35760	37770	42140	46170	53310	59600

3. Wellenlängenbestimmungstafel von Eccles.

Eine mindestens für rasche und ungefähre Wellenlängenbestimmungen sehr brauchbare Aufzeichnung der Zusammengehörigkeit von Kapazität, Selbstinduktion und Wellenlänge ist von W. Eccles (1918) angegeben und mit einigen kleinen Abänderungen versehen in Abb. 107 wiedergegeben. Die Auftragung der Kapazität sowohl in Zentimetern als auch in Mikrofarad (MF) ist auf dem oberen Kurvenstück der Ellipse, die Auftragung der Selbstinduktion in Mikrohenry (MH) sowie in Zentimetern auf dem unteren Teil der Ellipse bewirkt, während auf der großen Achse die Wellenlänge λ in Metern wiedergegeben ist. Es gilt also für die Auftragung in cm der Ausdruck

$$\lambda^{cm} = 2\pi\sqrt{C^{cm} \cdot L^{cm}}$$

und bei Benutzung des Maßsystems in Mikrofarad und Mikrohenry der Ausdruck

$$\lambda^{m} = 1{,}885 \cdot 10^{5} \sqrt{C^{MF} \cdot L^{MH}}.$$

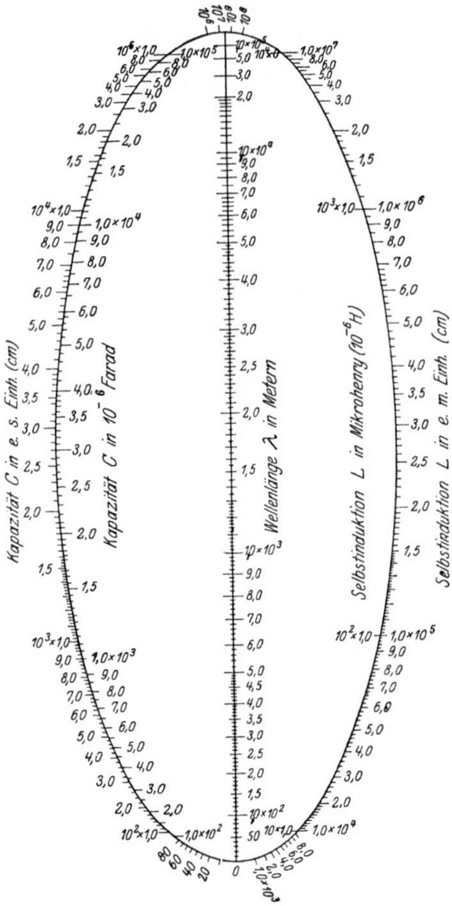

Abb. 107. Wellenlängenbestimmungstafel von Eccles.

Die Benutzung der Tafel ist überaus einfach. Man hat mit einem Faden oder einem Lineal die beiden bekannten Punkte in eine gerade Linie zu bringen und auf diese Weise den Schnittpunkt der dritten verlangten Größe zu ermitteln, der, je nachdem, ob es sich um Wellenlänge, Kapazität oder Selbst-

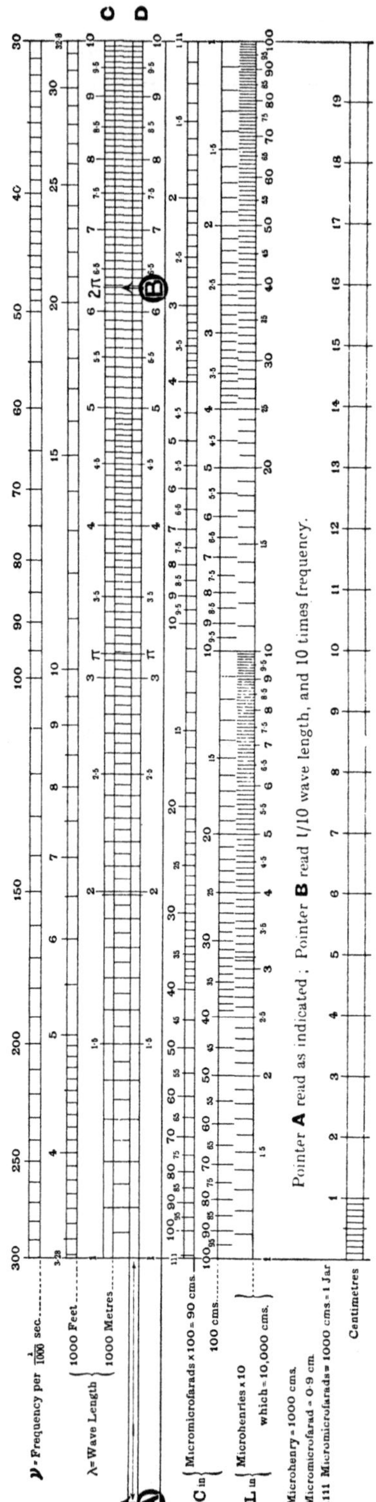

Abb. 108. Wellenlängenschieber von Belcher-Hickmann.

induktion handelt, entweder auf der großen Achse, dem oberen oder unteren Ellipsenstück liegt. Ein weiterer Vorteil der Tafel ist der, daß dieselbe ohne weiteres für den gesamten in der Radiotechnik gebräuchlichen Wellenbereich verwendet werden kann ohne Anstellung irgendwelcher Rechnungen.

4. Der Wellenlängenschieber von H. R. Belcher-Hickmann.

Ein für viele Zwecke brauchbarer Rechenschieber, mit Hilfe dessen man die Wellenlänge oder Frequenz einstellen kann, wenn Kapazität und Selbstinduktion gegeben sind, oder der umgekehrt erlaubt, die Kapazität und Selbstinduktion aus der gegebenen Wellenlänge oder Frequenz festzustellen, ist in Abb. 108 wiedergegeben. Zur Benutzung ist es nur erforderlich, den mittleren Teil, den „Läufer", auf dem die Zeiger A und B vermerkt sind, herauszuschneiden und als Schieber zwischen dem übrig bleibenden oberen und unteren Teil anzuordnen, wozu zweckmäßig alle drei Teile auf Pappe geklebt werden, und wobei der obere und der untere Teil rückwärtig durch ein besonderes Pappestück verbunden werden.

Hat man den Rechenschieber in dieser Weise aufgezogen, so verfährt man zur Benutzung folgendermaßen:

Die Wellenlänge ist gegeben aus der Formel:

$$\lambda^{\mathrm{cm}} = 2\pi\sqrt{C^{\mathrm{cm}} \cdot L^{\mathrm{cm}}}\,.$$

Die Frequenz wird dargestellt:

$$\nu = \frac{3 \cdot 10^{10}}{\lambda}\,.$$

Man setzt die Kapazität (C) ein in Mikrofarad multipliziert mit 100, oder in cm multipliziert mit 100, die Selbstinduktion L in 10000 cm oder in Mikrohenry multipliziert mit 10 und liest die Wellenlänge λ oder die Frequenz ν mittels der Zeiger A oder B, welcher von beiden sich jeweilig auf der Skala befindet, ab. Benutzt man für die Ablesung den Zeiger A, so liest man die Wellenlänge λ oder Frequenz ν direkt ab, benutzt man zur Ablesung die Marke B, so multipliziert man für die Wellenlänge den abgelesenen Wert mit 0,1, für die Frequenz mit 10.

Ist andererseits die Wellenlänge oder Frequenz gegeben und soll die Kapazität oder Selbstinduktion gefunden werden, so verfährt man wie folgt:

Ist die Wellenlänge im Bereiche von 1000 m, wählt man den Zeiger A, so daß man die Wellenlänge oder Frequenz erhält und liest die übereinstimmenden Divisionswerte auf der C- oder L-Skala ab. Wenn die passenden Werte sich nicht auf der Skala befinden, so benutzt man die Marke B und multipliziert die erhaltenen Werte für C oder L mit 100.

Wenn die Wellenlänge im Bereiche der Hunderte Meter ist, benutzt man die Marke B an Stelle von A. Sind brauchbare Werte nicht auf der Skala enthalten, benutzt man die Marke A und teilt C oder L durch 100.

Ähnliche Rechenschieber sind zeitlich später von der Marconigesellschaft (Wireless Press) und von Telefunken angegeben worden.

5. Wellenlängendiagramme für bestimmte Spulen und Kondensatoren.

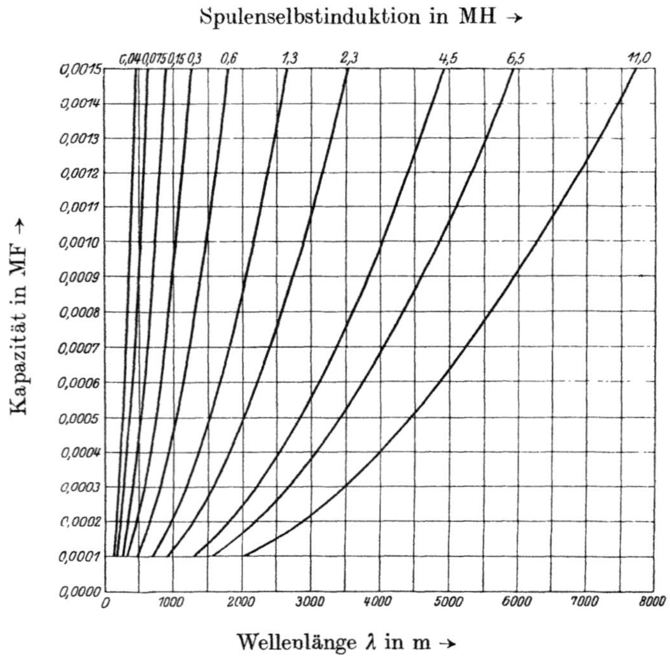

Abb. 109. Mit Honigwabenspulen (fester Induktanz) und kontinuierlich variablen Kondensatoren erzielbare Wellenlängen.

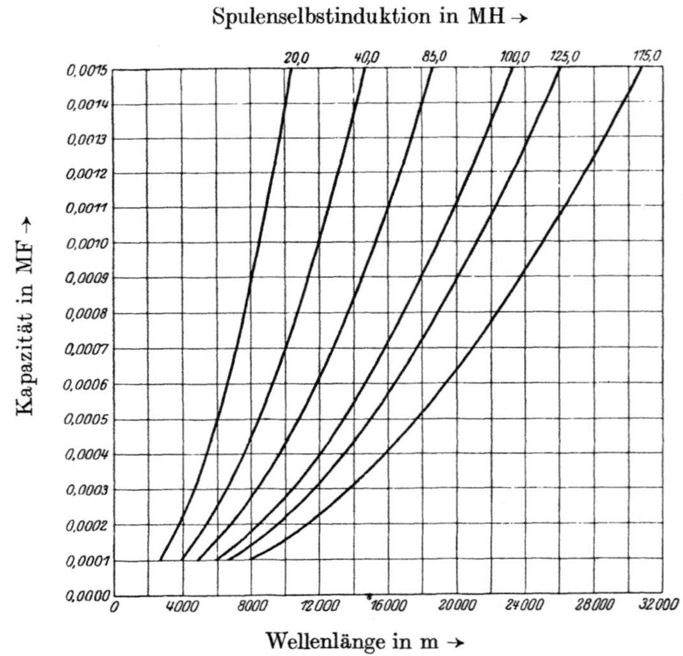

Abb. 110. Mit Spulen verschiedener Selbstinduktion und kontinuierlich variablen Kondensatoren erzielbare Wellenlängen.

N. Abkürzungen und Umrechnungstabellen.

1. Abkürzungen.

NF = Niederfrequenz = Frequenzen unter 100 Wechsel pro Sek.
AF = Audiofrequenz (Tonfrequenz, Schwebungsfrequenz) = Mittelfrequenz = Frequenzen bis zu ca. 10000 Wechsel pro Sek. (Grenze der akustischen Hörbarkeit bei ca. 20000 Wechseln pro Sek.)
HF = Radiofrequenz = Hochfrequenz = Frequenzen über 10000 Wechsel pro Sek. (Praktisch gebraucht wird der Bereich von ca. 20000 bis 1000000 Wechsel pro Sek.)
F = Farad
MF = Mikrofarad
H = Henry
MH = Millihenry
MO = Megohm
CL = Schwingungskonstante
A-Batterie = Heizbatterie
B-Batterie = Anodenbatterie.

2. Vorsatzbezeichnungen.

Um die Vielfachen oder Bruchteile des dekadischen Systems zu bilden, setzt man vor den Ausdruck (Volt, Ampere, Ohm usw.):

1 Dezi-	(Volt,	Ampere,	Ohm	usw.)	$= 10^{-1}$,
1 Zenti-	„	„	„	„	$= 10^{-2}$,
1 Milli-	„	„	„	„	$= 10^{-3}$,
1 Mikro-	„	„	„	„	$= 10^{-6}$,
1 Deka-	„	„	„	„	$= 10$,
1 Hekto-	„	„	„	„	$= 10^{2}$,
1 Kilo-	„	„	„	„	$= 10^{3}$,
1 Meg(a)-	„	„	„	„	$= 10^{6}$.

Beispiele:

1 Megohm	$= 10^{6}$ Ohm.
1 Mikroampere	$= 10^{-6}$ Ampere,
1 Milliampere	$= 10^{-3}$ Ampere,
1 Millivolt	$= 10^{-3}$ Volt.

3. Umrechnungstabellen für Kapazitäten und Induktanzen

(siehe auch S. 109 und S. 119).

a) Kapazitäten.

1 F $= 10^{6}$ MF $= 9{,}10^{11}$ cm

1 cm	$= 1{,}11 \cdot 10^{-6}$ MF	= 0,00000111 MF
10 cm	$= 1{,}11 \cdot 10^{-5}$ MF	= 0,0000111 MF
100 cm	$= 1{,}11 \cdot 10^{-4}$ MF	= 0,000111 MF
1000 cm	$= 1{,}11 \cdot 10^{-3}$ MF	= 0,00111 MF
10000 cm	$= 1{,}11 \cdot 10^{-2}$ MF	= 0,01111 MF

1 MF	$= 9 \cdot 10^{5}$ cm	= 900000 cm
0,1 MF	$= 9 \cdot 10^{4}$ cm	= 90000 cm
0,01 MF	$= 9 \cdot 10^{3}$ cm	= 9000 cm
0,001 MF	$= 9 \cdot 10^{2}$ cm	= 900 cm
0,0001 MF	$= 9 \cdot 10$ cm	= 90 cm
0,00001 MF	$= 9$ cm	= 9 cm

β) Induktanzen.

$$1\ \mathrm{H} = 10^3\ \mathrm{MH} = 10^9\ \mathrm{cm}$$

$$\begin{aligned}
1\ \mathrm{cm} &= 1\cdot10^{-6}\ \mathrm{MH} = 0{,}000001\ \mathrm{MH}\\
10\ \mathrm{cm} &= 1\cdot10^{-5}\ \mathrm{MH} = 0{,}00001\ \mathrm{MH}\\
100\ \mathrm{cm} &= 1\cdot10^{-4}\ \mathrm{MH} = 0{,}0001\ \mathrm{MH}\\
1000\ \mathrm{cm} &= 1\cdot10^{-3}\ \mathrm{MH} = 0{,}001\ \mathrm{MH}\\
10000\ \mathrm{cm} &= 1\cdot10^{-2}\ \mathrm{MH} = 0{,}01\ \mathrm{MH}\\
100000\ \mathrm{cm} &= 1\cdot10^{-1}\ \mathrm{MH} = 0{,}1\ \mathrm{MH}\\
1000000\ \mathrm{cm} &= 1\ \mathrm{MH} = 1\ \mathrm{MH}
\end{aligned}$$

$$\begin{aligned}
1\ \mathrm{MH} &= 1\cdot10^{3}\ \mathrm{cm} = 1000\ \mathrm{cm}\\
0{,}1\ \mathrm{MH} &= 1\cdot10^{2}\ \mathrm{cm} = 100\ \mathrm{cm}\\
0{,}01\ \mathrm{MH} &= 1\cdot10\ \mathrm{cm} = 10\ \mathrm{cm}\\
0{,}001\ \mathrm{MH} &= 1\cdot10^{-1}\ \mathrm{cm} = 1\ \mathrm{cm}\\
0{,}0001\ \mathrm{MH} &= 1\cdot10^{-2}\ \mathrm{cm} = 0{,}1\ \mathrm{cm}\\
0{,}00001\ \mathrm{MH} &= 1\cdot10^{-3}\ \mathrm{cm} = 0{,}01\ \mathrm{cm}\\
0{,}000001\ \mathrm{MH} &= 1\cdot10^{-4}\ \mathrm{cm} = 0{,}004\ \mathrm{cm}
\end{aligned}$$

Umrechnung englischer Drahtstärken in Millimeter.

Bezeichnung SWG =	Engl. Zoll	mm	Bezeichnung SWG =	Engl. Zoll	mm
50	0,0010	0,0254	21	0,032	0,813
49	0,0012	0,0305	20	0,036	0,914
48	0,0016	0,0406	19	0,040	1,01
47	0,0020	0,0508	18	0,048	1,22
46	0,0024	0,061	17	0,056	1,42
45	0,0028	0,071	16	0,064	1,62
44	0,0032	0,081	15	0,072	1,83
43	0,0036	0,091	14	0,080	2,03
42	0,0040	0,101	13	0,092	2,33
41	0,0044	0,111	12	0,104	2,64
40	0,0048	0,122	11	0,116	2,94
39	0,0052	0,132	10	0,128	3,25
38	0,0060	0,150	9	0,144	3,65
37	0,0068	0,172	8	0,160	4,06
36	0,0076	0,193	7	0,176	4,47
35	0,0084	0,213	6	0,192	4,87
34	0,0092	0,233	5	0,212	5,38
33	0,0100	0,254	4	0,232	5,89
32	0,0108	0,274	3	0,252	6,40
31	0,0116	0,294	2	0,276	7,01
30	0,0124	0,315	1	0,300	7,62
29	0,0136	0,345	0	0,324	8,23
28	0,0148	0,376	2/0	0,348	8,84
27	0,0164	0,416	3/0	0,372	9,45
26	0,018	0,457	4/0	0,400	10,16
25	0,020	0,508	5/0	0,432	10,97
24	0,022	0,559	6/0	0,464	11,78
23	0,024	0,610	7/0	0,500	12,70
22	0,028	0,711			

In dieser Tabelle bezeichnet:

SWG = Imperial Standard Wire Gauge.

In englischen Veröffentlichungen haben ferner folgende Abkürzungen die beistehende Bedeutung:

s.s.c. = einmal mit Seide umsponnen, s.c.c. = einmal mit Baumwolle umsponnen,
d.s.c. = zweimal „ „ „ d.c.c. = zweimal „ „ „

De amerikanische Dimensionierung, welche nach B. & S. Gauge (Brown & Sharpe) gerechnet wird, weicht von der obigen Tabelle etwas ab. So ist z. B. Nr. 18 genau 1,01 mm, Nr. 30 = 0,253 mm, Nr. 40 = 0,081 mm. Die übrigen Werte können aus der Kurve Abb. 111 entnommen werden.

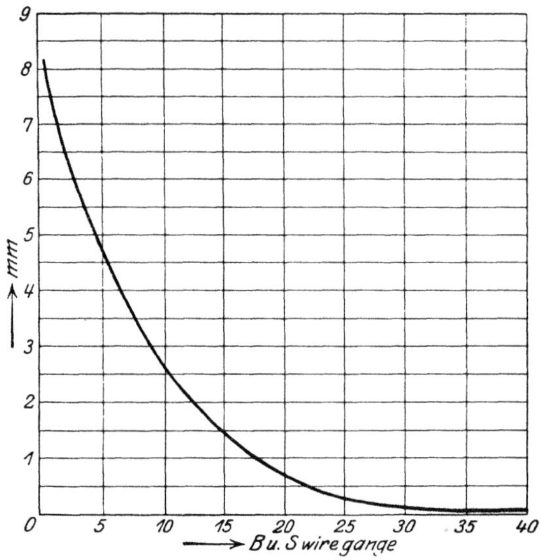

Abb. 111. Verhältnis der mm zu den Nummern beim Brown & Sharpe Wire Gauge.

O. Konstante.

1. Spezifische Gewichte fester Körper bei 0° C.

Teilweise nach W. Biscan.

Platin, gemünzt	22,10
„ gewalzt	22,07
„ geschmolzen	20,86
Gold, gemünzt	19,32
Wolfram	17,60
Blei, geschmolzen	11,35
Silber	10,47
Wismut	9,82
Kupfer, gehämmert	8,88
„ gegossen	7,79
„ gezogen (Draht)	8,78
Molybdän	8,61
Messing	8,39
Nickel	8,28
Stahl	7,82
Eisen, geschmiedet	7,79
„ gegossen	7,21
Bleiglanz	7,76
Zinn	7,29
Zink	7,00
Antimon	6,71
Aluminium	2,67
Tellur	6,11
Flintglas	3,78—3,2
Flaschenglas	2,60
Spiegelglas	2,37
Bergkristall	2,68
Nußbaum	0,68
Zypresse	0,60
Zeder	0,65
Pappel	0,38
Kork	0,24
Porzellan	2,49—2,14
Alabaster	1,87
Graphit	1,8—2,4
Anthrazit	1,80
Phosphor	1,77
Magnesium	1,74
Bernstein	1,08
Wachs	0,97
Ebenholz	1,23
Eichenholz, getrocknet	1,71
Buchsbaum	1,33
Ahorn, frisch	0,90
„ trocken	0,65

Buchenholz, frisch	0,98	Hainbuchenholz trocken	0,70
„ trocken	0,59	Lindenholz, frisch	0,82
Edeltanne, frisch	0,89	„ trocken	0,44
„ trocken	0,45	Mahagoni	1,06
Erlenholz, frisch	0,86	Flußspat	3,15
„ trocken	0,50	Marmor	2,84
Eschenholz, frisch	0,90	Gips, kristallisiert	2,31
„ trocken	0,64	Schwefel	2,03
Hainbuchenholz, frisch	0,94		

Zelluloid, Dielektrizitätskonstante = 4.

2. Dielektrizitätskonstante[1]).

Luft, bezogen auf das Vakuum	= 1,0006
Wasser	= 81
Petroleum	= 2,0
Terpentin	= 2,3
Rizinusöl	= 4,7
Kastoröl	= 4,7
Ölpapier	= 2,0
Gummi(Natur-)	= 2,5
Vulkanisierter Gummi (Hartgummi)	= 2,9 bis 3,0
Kautschuk	= 2,2 bis 3,5
Hartkautschuk	= 2,8
Guttapercha	= 3,0
Bernstein	= 2,8
Kolophonium	= 2,6
Schellack	= 3,0 bis 3,8
Siegellack	= 4,0
Zelluloid	= 4,0
Paraffin	= 1,7 bis 2,0 bis 2,3
Glas	= 5 bis 12
Schottglas	= $\sim$ 8,5
Porzellan	= 5 bis 6
Quarz	= 4,5
Glimmer	= 4 bis 7 bis 8
Marmor	= 8,5
Alaun	= 6,4
Schwefel	= $\sim$ 4
Schwefelkohlenstoff	= 2,5

P. Materialtabellen.

1. Drahttabelle nach J. Corver.

Kupferdraht Nr.	Kupferdraht Stärke in mm	Auf 1 kg entfallen in m: bei einfacher Baumwollumspinnung	Auf 1 kg entfallen in m: bei Emailledraht	Widerstand per 1 m in Ohm
19	1	127	130	0,022
20	0,9	156	160	0,027
21	0,8	202	207	0,035
22	0,7	253	260	0,045
23	0,6	320	330	0,062
25	0,5	495	530	0,089
27	0,4	730	845	0,138
31	0,3	1210	1327	0,247
36	0,2	2782	3340	0,554
42	0,1	10900	13200	2,215

[1]) Siehe auch die Tabelle der Konstante und Isoliermaterialien im Anhang.

2. Gewichts-, Querschnitts- und Widerstandstabellen von Kupfer- und Widerstandsdrähten der C. J. Vogel A.-G. in Berlin-Adlershof.

Draht-durch-messer in mm	Draht-quer-schnitt in mm²	Widerstand pro 1 m in Ohm				Gewicht in g pro 1 m	
		Kupfer	Manganin Nikelin	Konstantan Resistin Spezial Rheotan	Chrom-nickel	Kupfer Konstantan Spezial Rheotan Nikelin	Manganin Resistin Chrom-nickel
		0,0175	0,42	0,49	0,9	8,9	8,3
0,05	0,00196	8,95	215	250	460	0,018	0,017
0,08	0,0050	3,5	84	98	180	0,045	0,042
0,1	0,0079	2,22	53,2	62	114	0,070	0,065
0,11	0,0095	1,84	44,2	51,5	94,8	0,085	0,079
0,12	0,0113	1,55	37,2	43,3	79,5	0,101	0,094
0,13	0,0133	1,32	31,6	36,8	67,7	0,118	0,110
0,14	0,0154	1,14	27,3	31,8	58,5	0,137	0,128
0,15	0,0177	0,99	23,7	27,7	50,8	0,158	0,147
0,16	0,0201	0,87	20,9	24,4	44,7	0,178	0,166
0,17	0,0227	0,772	18,5	21,6	39,6	0,202	0,188
0,18	0,0255	0,685	16,5	19,2	35,4	0,227	0,212
0,19	0,0284	0,617	14,8	17,2	31,7	0,253	0,236
0,20	0,0314	0,557	13,4	15,6	28,7	0,280	0,261
0,22	0,0380	0,460	11,0	12,9	23,7	0,339	0,317
0,25	0,0491	0,357	8,55	10,0	18,3	0,437	0,407
0,30	0,0707	0,248	5,95	6,95	12,7	0,630	0,585
0,35	0,0962	0,182	4,37	5,15	9,35	0,857	0,80
0,40	0,1260	0,139	3,33	3,89	7,15	1,130	1,045
0,45	0,1590	0,110	2,64	3,08	5,66	1,417	1,32
0,50	0,1960	0,0895	2,15	2,50	4,59	1,750	1,63
0,60	0,2830	0,0618	1,48	1,73	3,18	2,520	2,35
0,70	0,3850	0,0455	1,09	1,27	2,34	3,430	3,20
0,80	0,5030	0,0348	0,835	0,975	1,79	4,480	4,18
0,90	0,6360	0,0275	0,660	0,770	1,61	5,670	5,30
1,00	0,7850	0,0223	0,535	0,625	1,15	7,070	6,60
1,20	1,1310	0,0155	0,372	0,443	0,795	10,980	10,25
1,50	1,7670	0,00992	0,238	0,277	0,51	15,750	14,65

Temperaturkoeffizienten:

Manganin	± 0,00001	Resistin	0,00002
Nikelin	0,000067	Spezial	± 0,00004
Konstantan	— 0,000005	Rheotan	+ 0,00023

Chromnickel 0,00027.

3. Baumwolldrähte.

Kupferdrähte, besponnen mit rohweißer Baumwolle für elektrische Instrumente, Spulen etc. von C. J. Vogel A.-G.

Durchmesser des blanken Drahtes mm	Doppelt besponnen: Isolationszunahme ca. 0,20 mm, Gewicht per 1000 m, kg ca.	Doppelt besponnen: Isolationszunahme ca. 0,15 mm, Gewicht per 1000 m, kg ca.
0,10	0,160	0,140
0,12	0,200	0,180
0,15	0,270	0,240
0,18	0,350	0,315
0,20	0,410	0,370
0,22	0,480	0,440
0,25	0,580	0,540
0,28	0,725	0,670
0,30	0,800	0,750
0,35	1,070	1,—
0,40	1,350	1,280
0,45	1,660	1,590
0,50	1,920	1,950
0,55	2,320	2,350
0,60	2,720	2,750
0,70	3,760	3,650
0,80	4,900	4,750
0,90	6,100	5,920
1,—	7,600	7,400
1,10	9,090	8,980
1,20	10,900	10,600
1,30	12,500	12,420
1,40	14,490	14,470
1,50	16,660	16,660
1,60	18,880	18,880
1,70	21,280	21,280
1,80	24,300	23,700
1,90	26,300	26,300
2.—	29,500	28,800
2,20	35,080	35,080
2,40	41,660	41,660
2,50	45,150	45,150

4. Emailledrähte.

Kupferdrähte, emailliert, Isolationszunahme ca. 0,02 mm von C. J. Vogel A.-G.

Durchmesser der blanken Drähte mm	Widerstand per Meter bei 15° C in Ohm	Gewicht per 1000 m kg
0,05	8,913	0,021
0,06	6,189	0,029
0,07	4,547	0,037
0,08	3,482	0,049

4. Emailledrähte (Fortsetzung).

Durchmesser der blanken Drähte mm	Widerstand per Meter bei 15° C in Ohm	Gewicht per 1000 m kg
0,09	2,751	0,061
0,10	2,228	0,074
0,11	1,841	0,088
0,12	1,547	0,105
0,13	1,318	0,125
0,14	1,136	0,146
0,15	0,990	0,168
0,16	0,870	0,188
0,17	0,771	0,210
0,18	0,688	0,235
0,19	0,617	0,260
0,20	0,557	0,290
0,22	0,460	0,360
0,24	0,386	0,420
0,25	0,357	0,450
0,28	0,284	0,570
0,30	0.248	0,650
0,32	0,217	0,740
0,35	0,182	0,890
0,38	0,154	1,040
0,40	0,140	1,160
0,42	0,126	1,280
0,45	0,110	1,480
0,50	0,089	1,830
0,55	0,074	2,200
0,60	0,062	2,620
0,70	0,045	3,550
0,75	0,040	4,050
0,80	0,035	4,650
0,90	0,028	6,—
1,—	0,022	7,200

5. Antennenlitzen

der C. J. Vogel A.-G. in Berlin-Adlershof, bestehend aus emaillierten Kupferdrähten, doppelt Seide umsponnen.

Leiterzahl u. Durchmesser in mm:	10 × 0,07	20 × 0,07	30 × 0,07
Gewicht pro 100 m in kg:	0,044	0,088	0,136
Leiterzahl u. Durchmesser in mm:	40 × 0,07	50 × 0,07	3 × 20 × 0,07
Gewicht pro 100 m in kg:	0,178	0,212	0,278
Leiterzahl u. Durchmesser in mm:	3 × 30 × 0,07	3 × 40 × 0,07	3 × 50 × 0,07
Gewicht pro 100 m in kg:	0,426	0,50	0,647
Leiterzahl u. Durchmesser in mm:	3 × 3 × 30 × 0,07	3 × 3 × 40 × 0,07	10 × 0,12
Gewicht pro 100 m in kg:	1,185	1,620	0,12

Ferner kommt inbetracht: Phosphorbronzelitze

6 × 15 × 0,05 mm	7 × 12 × 0,15 mm	9 × 13 × 0,15 mm
7 × 7 × 0,15 mm	7 × 13 × 0,15 mm	

Außerdem liefert Vogel hartgezogene Kupferlitzen.

6. Widerstandsdraht- und -bandtabelle.

(Siehe auch die Tabelle 8, S. 161.)

	Rheotan	Nikelin
Spezifischer Widerstand:	0,47	0,40
Temperaturkoeffizient für 1° C:	+ 0,00023	+ 0,00016

Durchmesser mm	Querschnitt in mm²	Annähernd. Gewicht für 1 m g	Annähernder Widerstand für 1 m Draht		
			Rheotan Ohm	Nikelin Ohm	Extra Prima Ohm
0,10	0,008	0,070	60	51	38
0,15	0,018	0,158	26	22	17
0,20	0,031	0,28	15	13	10
0,25	0,049	0,44	9,5	8	6
0,30	0,071	0,63	6,7	5,6	4,2
0,35	0,096	0,86	4,9	4,1	3,1
0,40	0,126	1,12	3,7	3,2	2,4
0,45	0,159	1,42	2,9	2,5	1,9
0,50	0,196	1,75	2,4	2,0	1,5
0,55	0,238	2,11	1,99	1,68	1,26
0,60	0,283	2,52	1,67	1,41	1,06
0,65	0,332	3,00	1,42	1,20	0,90
0,70	0,385	3,42	1,23	1,04	0,78
0,75	0,442	3,93	1,07	0,90	0,68
0,80	0,503	4,48	0,94	0,79	0,59
0,85	0,568	5,06	0,83	0,70	0,53
0,90	0,636	5,67	0,74	0,63	0,47
0,95	0,709	6,32	0,66	0,56	0,42
1,00	0,785	7,00	0,60	0,51	0,38
1,13	1,000	9,00	0,47	0,40	0,30
1,2	1,131	10,08	0,42	0,35	0,26
1,3	1,328	11,83	0,35	0,30	0,23
1,4	1,539	13,72	0,31	0,26	0,20
1,5	1,767	15,75	0,27	0,23	0,17
1,6	2,009	17,92	0,235	0,199	0,149
1,7	2,270	20,23	0,208	0,176	0,132
1,8	2,545	22,68	0,186	0,157	0,118
1,9	2,835	25,27	0,167	0,141	0,106
2,0	3,141	28,00	0,150	0,127	0,095
2,1	3,464	30,87	0,137	0,115	0,086
2,2	3,801	33,88	0,124	0,105	0,079
2,3	4,155	37,03	0,114	0,096	0,072
2,4	4,524	40,32	0,105	0,088	0,066
2,5	4,909	43,75	0,096	0,081	0,061
2,6	5,309	47,32	0,089	0,075	0,056
2,7	5,725	51,03	0,082	0,070	0,053
2,8	6,158	54,88	0,077	0,065	0,049
2,9	6,605	58,87	0,072	0,061	0,046
3.0	7.069	63,00	0,067	0,057	0,043

Vorstehende Maximalwerte sind bei besten Abkühlungsverhältnissen gefunden worden, indem einzelne, horizontal ausgespannte Drähte und Streifen bis zu eben beginnender Dunkelrotglut belastet wurden.

Bei Stromregulatoren ist mit wesentlich ungünstigeren Abkühlungsverhältnissen zu rechnen, und je nach der Dauer der Belastung sollten die Drähte und Streifen bei solchen Apparaten nur bis zur Hälfte oder höchstens bis zu zwei Drittel der oben angegebenen Stromstärken beansprucht werden, es sei denn, daß auf Grund besonderer Versuche mit den betreffenden Apparaten eine stärkere Belastung zulässig erscheint.

Maximalbelastungen:

Nikelindrähte		Nikelinstreifen, 0,3 mm stark			
Durchmesser mm	Maximal-Belastung Amp.	Breite mm	Annähernd. Gewicht für 1 m g	Widerstand für 1 m Länge Ohm	Maximalbelastung Amp.
0,4	3	10	27,0	0,133	40
0,6	7	15	40,5	0,0889	60
0,8	11	20	54,0	0,0667	80
1,0	15	25	67,5	0,0533	90
1,25	20	30	81,0	0,0444	120
1,50	28	35	94,5	0,0381	150
1,75	35	40	108,0	0,0333	160
2,0	40	45	121,5	0,0296	170
3,0	60	50	135,0	0,0267	180

7. Silitwiderstände von Gebr. Siemens in Berlin-Lichtenberg.

Widerstand:	Dimensionen:
100 Ohm bis 15 · 10⁶ Ohm	6 × 43 mm
10 ,, ,, 3000 ,,	10 × 135 ,,
0,4 ,, ,, 15 ,,	14 × 135 ,,
100 ,, ,, 1000 ,,	18 × 40 ,,
0,02 ,, ,, 1 10⁶ ,,	18 × 100 ,,
0,02 ,, ,, 1 10⁶ ,,	mit Metallkappen
10⁶	18 × 150 mm mit Metallkappen
1 ,, bis 10⁶ ,,	19 × 150 ,,
5 ,, ,, 10000 ,,	25 × 250 ,,
5 ,, ,, 5000 ,,	30/8 × 65 ,,
2000 ,, ,, 4000 ,,	30/8 × 165 ,,
500 ,, ,, 1000 ,,	30/8 × 300 ,,
5 ,, ,, 10⁶ ,,	30/8 × 500 ,,

8. Ruhstrat-Miniatur-Schieberwiderstände von Gebr. Ruhstrat A.-G. in Göttingen.

Länge 60 mm

Bestell-Nr.	77001	77002	77003	77004	77005	77006	77007	77008	77009	77010	77011
Maximale Strombelastung in Ampere*)	0,25	0,3	0,45	0,6	1,0	1,2	1,5	2,0	3,0	4,0	5,0
ca. Ohm	500	220	125	65	40	28	20	9	5	3	1,8

Länge 100 mm

Bestell-Nr.	77021	77022	77023	77024	77025	77026	77027	77028	77029	77030	77031
Maximale Strombelastung in Ampere*)	0,25	0,3	0,45	0,6	1,6	1,2	1,5	2,0	3,0	4,0	5,0
ca. Ohm	900	400	230	125	80	55	35	15	10	7	4

Die Widerstände werden auch mit induktions- und kapazitätsfreier Kreuzwicklung geliefert.

*) Die Dauerstrombelastung beträgt höchstens 0,6 dieser Werte. (Siehe oben.)

Wattverbrauch verschiedener Lampentypen für eine Kerzenstärke.

Kohlefadenlampe, alte Edison.	4,5 Watt
Kohlefadenlampe, Sparlampe	2,5 „
Wolfram- und Osramlampe	1,0 „
Halbwattlampe	0,5 „
Bogenlampe	0,5—0,8 „

Lampenwiderstände.

Ohmscher Widerstand einer 3-Watt-Kohlefadenlampe.

	a) für 110 Volt	b) für 220 Volt
10 kerzig	400 Ohm	1600 Ohm
16 „	245 „	980 „
25 „	170 „	680 „
32 „	130 „	520 „

Ohmscher Widerstand einer Osramlampe.

	a) für 110 Volt	b) für 220 Volt
16 kerzig	600 Ohm	2400 Ohm
32 „	300 „	1200 „

Q. Spulen.

Tabelle für die Wicklung von Honigwabenspulen, teilweise nach J. Corver.

Anzahl der Windungen auf dem Spulenkörper	Draht mit einfacher Baumwollisolation Drahtdurchmesser ∅	Erzielte Selbstinduktion in MH	Ungefährer Ohmscher Widerstand	Außendurchmesser der Spule in cm	Mit 2 Kondensatoren von 0,001 MF erzielte Wellenlänge	Drahtlänge in m
25	0,56	0,052	0,5	5,5	180—430 λ	4
35		0,088	0,75	5,6	200—560 „	6
50		0,106	1,25	5,7	250—613 „	9
75		0,293	1,50	5,9	400—1020 „	14
100		0,543	1,75	6,2	500—1310 „	20
150		1,140	2,5	6,6	700—2010 „	30

Tabelle für die Wicklung von Honigwabenspulen (Fortsetzung).

Anzahl der Windungen auf dem Spulenkörper	Draht mit einfacher Baumwollisolation Drahtdurchmesser ∅	Erzielte Selbstinduktion in MH	Ungefährer Ohmscher Widerstand	Außendurchmesser der Spule in cm	Mit 2 Kondensatoren von 0.001 MF erzielte Wellenlänge.	Drahtlänge in m
200	0,5	2,190	4,25	6,9	1000—2790 λ	42
250		3,675	5,5	7,2	1300—3610 „	50
300		5,170	6,0	7,6	1600—4260 „	63
400		8,750	9,0	8,0	2000—5575 „	84
500		14,350	11,0	9,2	2500—7150 „	115
600	0,36	19,660	12,5	7,8	3200—8350 „	122
750		31,700	20,5	8,2	4000—10600 „	160
1000		59,260	36,0	9,3	6000—14500 „	225
1250		97,150	51,0	10,3	8000—18500 „	280
1500		145,000	62,0	11,5	9000—22700 „	370

Wellenbereiche von Honigwabenspulen von 0,3 mm Drahtstärke (nach R. Ettenreich).

Windungszahl	50 cm	mit Kondensatorkapazität 100 cm	200 cm	500 cm	1000 cm	2000 cm
		erzielbare Wellenlänge in Metern				
25	100 λ	140 λ	190 λ	300 λ	420 λ	590 λ
35	130 „	180 „	250 „	390 „	550 „	780 „
50	180 „	250 „	350 „	540 „	760 „	1070 „
75	260 „	360 „	500 „	780 „	1100 „	1550 „
100	345 „	470 „	660 „	1030 „	1450 „	2050 „
150	505 „	690 „	970 „	1520 „	2130 „	3000 „
200	640 „	870 „	1270 „	1990 „	2800 „	3950 „
250	800 „	1100 „	1540 „	2540 „	3450 „	4900 „
300	1000 „	1360 „	1950 „	2950 „	4200 „	5900 „
400	1600 „	1730 „	2430 „	3860 „	5500 „	7700 „

R. Isolatoren.

Porzellanisolatoren der Porzellanfabrik H. Grau[1]).

Radio-Porzellane der Porzellanfabrik H. Grau.

Porzellane farbig oder weiß.

Benennung	Querschnitt mm	Gewicht per Stück g	Fabriknummer
Ei-Isolator	97 × 63	420	73
„ „	78 × 52	190	71
„ „	58 × 41	105	68
„ „	40 × 28	30	106/76
„ „	30 × 20	12	107
Muschel-Isolator	65 × 54	85	74
„ „	35 × 35	23	69
Zylinderform-Isolator	58 × 33	100	118

[1]) Cremers: Baumaterialien. Bibliothek des Radio-Amateurs Bd. 16. Berlin: Julius Springer.

Porzellanisolatoren (Fortsetzung).

Benennung	Querschnitt mm	Gewicht per Stück g	Fabrik-Nummer
Rillen-Isolator	77 × 30	60	66
„ „	100 × 37	150	21
„ „	36 × 35	38	109
Durchführungsröhre	118 × 80	225	19
„	130 × 54	233	20
„	50 × 13	8 ÷ 10	23

S. Stromquellen.

a) Klemmenspangen von Stromquellen.

Bleiakkumulator . . . . $\sim$ 2 Volt
Eisen-Nickel-Akkumulator (Edisonakkumulator) . . . $\sim$ 1,2 „
Chromsäureelement . . . . $\sim$ 1,9 „
Leclanchéelement . . . . $\sim$ 1,5 „

b) Primärelemente.

Elementart	Negative Elektrode	Elektrolyt		Positive Elektrode	Innerer Widerstand	Spannung Volt
Daniell	Zink	25 % Schwefelsäure	Kupfervitriol	Kupfer	0,7 — 1	1,07
Bunsen	„	Schwefelsäure	Rauchende Salpetersäure	Kohle	0,24	1,88
Meidinger . . . . (Ballonelement)	„	Bittersalz	Kupfervitriol	Kupfer	7,5 — 10	1,06
Krüger . . . . . (Reichspostelem.)	„	„	„	„	3 — 8	1,06
Leclanché	„	Salmiaklösung		Braunsteinkohle	—	1,4
Beutelelment . .	„	„		„	0,06 — 0,09	1,5
Trockenelement .	„	„		„	0,15 — 0,5	1,5

c) Hellesen-Trockenelemente von Siemens & Halske A.-G. $V \simeq 1{,}5$ Volt pro Element.

Type	Ungefährer innerer Widerstand	Grundfläche mm	Höhe mm
T 1	0,10	100×100	197
T 2	0,15	76×76	182
T 3	0,20	63×63	155
T 4	0,20	57×57	122
T 5	0,25	38×38	112
T 6	0,35	32×32	83
T 7	0,15	90×45	165

d) Daimon-Anodenbatterien (Schmidt & Co., Berlin N. 39)

werden für alle Spannungen und mit zweckmäßigen Unterteilungen hergestellt. Die gebräuchlichsten Typen sind in nachstehender Tabelle aufgeführt:

Type Nr.	Volt	Zahl der Elemente	Ausführung	Buchsen-Anzahl	Maß	Gewicht kg ca.
16221	15	10	Messingfedern	0	110 × 45 × 75	—,600
16222	15	10	Messingklemmen	0	110 × 45 × 75	—,600
16223	15	10	Daht-(Litze)Abltg.	0	110 × 45 × 75	—,600
16224	22½	16	„ „ „	0	90 × 90 × 75	—,850
16236	30	21	mit Stecksösen in nachstehenden Unterleitungen	3	153 × 68 × 75	1,200
16225	36	25		4	111 × 111 × 75	1,400
16226	45	32		5	174 × 90 × 75	1,700
16227	50	35		6	153 × 111 × 75	1,850
16232	54	38		6	174 × 111 × 75	2,—
16228	60	42		7	153 × 131 × 75	2,200
16233	66	45		7	195 × 110 × 75	2,400
16231	90	64		6	242 × 134 × 75	3,400
16229	100	70		6	262 × 134 × 75	3,700
16230	110	77		7	242 × 154 × 75	4,100
16234	120	84		8	262 × 154 × 75	4,500
16220	45	33	Messingfedern	0	170 × 49 × 75	0,750

ohne Wanderstecker

Unterteilt werden die Batterien von 30 Volt Spannung aufwärts an und zwar:

Nr. 16236/25	von 18 Volt ab,	von 6 zu 6 Volt
„ 16226/27/32	„ 21 „ „	„ 6 „ 6 „
„ 16228/33	„ 30 „ „	„ 6 „ 6 „
„ 16231/29/30/34	„ 54 „ „	„ 9 „ 9 „

Wenn andere Unterteilungen erwünscht sind, dann muß dies bei Bestellung besonders angegeben werden.

e) Akkumulatortabellen der Firma Pfalzgraf, Berlin N. 4.

Elemente mit Masseplatten für schwache Entladung, Rippenglasgefäße (System Pfalzgraf).

Elemente mit Masseplatten für schwache Entladung.

Typ	Spannung in Volt	Kapazität bei 10 stdg. Entldg. i. Amp.-Std.	Kapazität schwache Entladung Amp. Std.	Kapazität schwache Entladung bei Ampere	Höchstzulässige Belastung in Amp.	Außenmaße in mm lang	Außenmaße in mm breit	Außenmaße in mm hoch	Gewicht in kg des ungefüllten Elements	Gewicht in kg der Säure
				in Rippengefäßen						
BM ½	2	13	28	0,05	1,3	51	127	195	2,3	0,5
BM I	2	24	54	0,10	2,4	75	125	230	3,7	0,8
BM II	2	48	100	0,15	4,8	117	125	230	5,2	1,9
BM III	2	72	175	0,30	7,2	159	125	230	7,5	2,7
BM IV	2	96	225	0,50	9,6	201	125	230	10,9	3,5
BM¼/4	4	13	28	0,05	1,3	94	127	195	4,2	1,06

Batterien aus Masseplattenelementen in grau lackierten, mit eisernen Traggriffen versehenen Hartholzkästen fest eingebaut. Klemmen verbleit und isoliert befestigt.

Type	Kapazität in Ampere-Stunden bei 10stünd. Entldg.	Kapazität in Ampere-Stunden bei 0,5 Amp. Stromentn.	Höchste Belastung in Ampere	Spannung in Volt	Außenmaß des Kastens einschließlich Deckel und Beschlägen in mm: lang	breit	hoch	Gewicht in kg der Batterie	Gewicht in kg der Säure
3 M 1/2	12	20	1,2	6	220	165	235	9,3	1,55
4 „				8	280	165	235	11,8	2,06
5 „				10	338	168	235	15,0	2,55
6 „				12	400	168	235	18,0	3,09
2 M I	20	35	2	4	235	158	260	8,5	1,6
3 „				6	300	158	260	13,0	2,4
4 „				8	375	160	265	17,0	3,2
5 „				10	450	160	265	21,0	4,0
6 „				12	525	160	265	26,0	4,8
2 M II	40	80	4	4	315	158	260	12,6	3,8
3 „				6	435	158	260	20,3	5,7
4 „				8	555	160	265	27,5	7,6
5 „				10	675	160	265	34,5	9,5
6 „				12	795	160	265	41,0	11,4
2 M III	60	130	6	4	395	160	265	18,0	5,4
3 „				6	555	160	270	27,0	8,1
4 „				8	560	162	270	36,0	10,8
2 M IV	80	175	8	4	485	160	268	24,0	7,0
3 „				6	685	162	270	36,0	10,5
4 „				8	888	162	270	48,0	14,0

Elemente mit Rapidplatten für starke Belastung (Rippenglasgefäße).

Type	Kapazität in Ampere-Stunden	Bei Entladung in Stunden	Bei Entladung mit Ampere	Höchste Belastung in Ampere	Außenmaß des Glasgefäßes in mm: lang	breit	hoch	Gewicht in kg der Zelle	Gewicht in kg der Säure
R I	10	3	3,3	3,3	75	125	205	3,9	0,85
	12	5	2,4						
	14	10	1,4						
R II	20	3	6,6	6,5	117	125	205	5,5	1,9
	24	5	4,8						
	28	10	2,8						
R III	30	3	9,9	10,0	159	125	205	7,9	2,7
	36	5	7,2						
	42	10	4,2						
R IV	40	3	13,3	13,0	201	125	205	10,5	3,5
	48	5	9,6						
	56	10	5,6						

Batterien aus Rapidplattenelementen in grau lackierten, mit eisernen Traggriffen versehenen Hartholzkästen fest eingebaut. Klemmen verbleit und isoliert befestigt.

Type	Kapazität in Ampere-Stunden	Bei Entladung in Stunden	Bei Entladung mit Ampere	Höchste Belastung in Ampere	Spannung in Volt	Außenmaß des Kastens einschließlich Deckel und Beschlägen in mm lang	breit	hoch	Gewicht in kg der Batterie	Säure
2 R I					4	235	158	260	8,75	1,6
3 ,,	10	3	3,2		6	300	158	260	13,5	2,4
4 ,,	12	5	2,4	3,3	8	375	160	265	18,25	3,2
5 ,,	14	10	1,4		10	450	160	265	22,0	4,0
6 ,,					12	525	160	265	27,25	4,8
2 R II					4	315	158	260	13,1	3,8
3 ,,	20	3	6,6		6	435	158	260	20,8	5,7
4 ,,	24	5	4,8	6,5	8	555	160	265	28,25	7,6
5 ,,	28	10	2,8		10	675	160	265	35,5	9,5
6 ,,					12	795	160	265	42,25	11,4
2 R III	30	3	9,9		4	395	160	265	18,25	5,4
3 ,,	36	5	7,2	10,0	6	555	160	270	27,5	8,1
4 ,,	42	10	4,2		8	560	162	270	36,75	10,8
2 R IV	40	3	13,3		4	485	160	268	24,25	7,0
3 ,,	48	5	9,6	13,0	6	685	162	270	36,5	10,5
4 ,,	56	10	5,6		8	890	162	270	48,75	14,0

f) Nickel-Eisen-Accumulatoren, geliefert von den Physikalischen Werkstätten, Göttingen.

Type	Kapazität	Dimensionen in mm Länge	Breite	Höhe	Gewicht in kg	Entladestrom Amp. normal	maximal
Nife 10	10 Ampst.	60	150	170	0,9	1,25	10
Ni e 15	15 ,,	75	120	170	1,2	1,9	15
Nife 22	22 ,,	60	150	225	1,6	2,75	22
Nife 45	22 ,,	90	150	225	2,9	5,6	45

g) Elemente der Akkumulatoren-Fabrik Aktiengesellschaft, Abt. Varta, Berlin SW. 11.

Elemente in Glasgefäßen mit Masseplatten.

Type	Kapazität in Amp.-Std. bei ununterbrochener langsamer Entladung	mit Amp.	bei 10stünd. Entladung ununterbrochen	mit Amp.	Maximaler Ladestrom Amp.	Außenmaße der Glasgefäße in mm lang	breit	hoch	Gewicht des Elem. ca. kg	der Säure ca. kg
L 1/4	8,6	0,02	3,5	0,35	0,35	51	72	115	0,85	0,18
L 1/2	14	0,03	6,5	0,65	0,65	51	74	170	1,30	0,30
L 1	27	0,05	12	1,2	1,2	53	123	180	2,30	0,52
L 2	54	0,10	24	2,4	2,4	83	123	180	3,60	0,94
L 3	81	0,15	36	3,6	3,6	113	123	180	4,60	1,34
Mn 2	160	1,30	66	6,6	6,6	104	188	230	8,10	2,32
Mn 3	235	0,50	100	10	10	141	188	230	11,10	3,30

Heizbatterien der Akkumulatoren-Fabrik Aktiengesellschaft, Abt. Varta, Berlin SW. 11.

Batterien aus Elementen mit Masseplatten in Rippenglasgefäßen.

Type	Kapazität in Amp.-Std. bei tägl. 1 stünd. Entldg. ca.	Kapazität in Amp.-Std. mit Amp.	Benutzungsdauer in Stunden bei Belastung täglich 1 Stunde mit 1 Röhre = 0,6 A	2 Röhren = 1,2 A	4 Röhren = 2,4 A	Maximaler Ladestrom Amp.	Außenmaße des Holzkastens in mm lang	breit	hoch	Gewicht der Batterie kg	Gewicht der Säure kg
					6 Volt						
3 Le 1	18 16	0,6 1,2	30	13	—	1,2	202	151	222	9,2	1,55
3 Le 2	40 36 32	0,6 1,2 2,4	67	30	13	2,4	289	151	222	13,4	2,80
3 Le 3	65 60 55	0,6 1,2 2,4	110	50	23	3,6	412	177	222	19,6	4,02
					4 Volt						
2 Le 1	18 16	0,6 1,2	30	13	—	1,2	142	151	222	6,5	1,03
2 Le 2	40 36 32	0,6 1,2 2,4	67	30	13	2,4	202	151	222	9,3	1,87
2 Le 3	65 60 55	0,6 1,2 2,4	110	50	23	3,6	279	151	222	12,7	2,68

h) Elemente der Gottfried Hagen A.-G., Köln-Kalk.

Elemente mit Gitterplatten.

Bestell-Nr.	Type	Kapazität in Amperestunden bei 10stündiger Entladung	Ladestrom Ampere	Außenmaße in mm Länge	Breite	Höhe mit Pol	Gewicht in kg Zelle	Säure
*100	VGH $^1/_4$	1,5	0,3	30	52	110	0,27	0,03
101	VGH $^1/_2$	3,5	0,5	73	47	140	0,77	0,11
102	VGH	7	1	72	45	195	0,15	0,22
103	GH 3	10	0,6	7	42	195	1,62	0,23
004	H 1 E	13	2	125	50	200	2,12	0,43
105	GH 5	20	3,5	94	74	195	2,50	0,45
106	H 2 E	27	4,5	125	80	200	3,55	0,80
107	GH 7	30	5	90	95	200	3,35	0,85

Von diesen Elementen eignen sich die letzten vier zur Zusammenstellung zu Heizbatterien. Solche Batterien werden von der Firma in Kästen eingebaut geliefert.

i) Alkalische Akkumulatoren der deutschen Edison Akkumulatoren Co., Berlin SW. 11, der Typen S, F, FB und FA.

Zellentype	S6/4	F6/4	F6/6	F6/8	F12/6	F12/8	FB9	FB12	FB15	FB18	FB24	FA12	FA15	FA18	FA24	FA30
Kapazität in Amperestunden	5	7	10	13	20	26	37	50	65	75	100	100	125	150	200	250
Entladestrom 8stündig Ampere	0,63	0,87	1,25	1,7	2,5	3,4	5	6,5	8	9,5	12,5	12,5	15,5	19	25	31
Entladestrom 4stündig Ampere	1,5	1,75	2,5	3,4	5	6,8	10	13	16	19	25	25	31	38	50	62
Mittl. Entladespannung in Volt bei 8stünd. Entladung	1,25	1,25	1,25	1,25	1,25	1,25	1,25	1,25	1,25	1,25	1,25	1,25	1,25	1,25	1,25	1,25
Bei 4stündiger Entladung Volt	1,2	1,2	1,2	1,2	1,2	1,2	1,2	1,2	1,2	1,2	1,2	1,2	1,2	1,2	1,2	1,2
Nomale Ladung, Ampere, 4 Stunden	1,8	2,5	3,6	4,8	7,2	9,6	14	19	23	27	36	36	45	55	72	90
Höchsterforderliche Ladespannung . . . Volt	1,8	1,8	1,8	1,8	1,8	1,8	1,8	1,8	1,8	1,8	1,8	1,8	1,8	1,8	1,8	1,8
Gewicht 1 Zelle gefüllt ca. kg	0,5	0,6	0,72	0,9	1,23	1,6	2,48	3,02	3,64	4,22	5,38	5,6	6,7	7,8	10,2	12,5
Einbaugewicht 1 Zelle im Batteriekasten ca. kg	0,6	0,7	0,81	1	1,35	1,75	2,83	3,56	4,3	5,03	6,17	6,02	7,22	8,45	10,8	13,7
Für Neufüllung erforderliche Laugemenge kg	0,11	0,15	0,16	0,22	0,30	0,36	0,55	0,72	0,91	1,08	1,43	1,32	1,54	1,75	2,17	3,27

Die Zellen der Typen S 6/4 bis einschl. F 12/8 werden auf Verlangen auch mit dicht verschließbarem Gefäß geliefert und erhalten dann in der Typenbezeichnung den Zusatz „C", also z. B. SC 6/4, FC 6/8 usw. Änderungen in den elektrischen Daten und den Maßen treten dadurch nicht ein. Mehrpreis auf Anfrage. Für besondere Zwecke und wenn es sich um größere Lieferungen handelt, können alkalische Zellen auch in Glasgefäßen mit Hartgummideckel geliefert werden. Mehrpreis und Lieferzeit auf Anfrage.

Es ist beim Laden nicht erforderlich, die oben angegebenen Ladestromstärken genau einzuhalten, sie können nach oben auf ganze Zahlen abgerundet werden.

k) Anodenbatterien (Akkumulatoren).

Anodenbatterien aus Doppelelementen zusammengebaut. In Hartholzkästen fest eingebaut, die einzelnen Elemente durch Verguß untereinander und gegen den Holzkasten isoliert (Pfalzgraf).

Type	Spannung in Volt	Kapazität	Höchst zulässige Belastung in Ampere	Außenmaße des Holzkastens in mm			Gewicht in kg	
				lang	breit	hoch		
6 L/4	24	1,2 Ampere-Stunden bei 30 Milli-Amp. Stromentnahme	150 Milli-Ampere	275	145	145	5,0	0,4
12 L/4	48			480	150	155	8,2	0,8
15 L/4	60			385	185	155	10,7	1,0
24 L/4	96			250	250	155	17,3	1,6

Der Strom kann von 4 zu 4 Volt abgeklemmt werden; zu diesem Zwecke wird jeder Anodenbatterie eine Wanderklemme mit isolierter Schraube beigegeben.

Anodenbatterien von Gottfried Hagen A.-G., Köln-Kalk, zusammengestellt aus Zelle Nr. 100, Type VGH in Tabelle V.

Type		Spannung	Kapazität in Amp.-Stunden b. 10stündiger Entladung	Ladestrom	Gewicht in kg	
					Zelle	Säure
23	Radio 100	46 Volt	1,5	0,3	6,5	0,69
25		50 „	1,5	0,3	7	0,75
30		69 „	1,5	0,3	8,2	0,9
40		80 „	1,5	0,3	11	1,2

Anodenbatterien der H. F. Akkumulatorenfabrik, Berlin NO. 18

(20 Volt in Glasgefäßen, zu 40—80 Volt in Holzkästen eingebaut).

Type	Volt	Kapazität bei unterbrochener Entladung in 5 Milliampere	Außenmaße der Batterie in mm			Gewicht der Batterie kg
			lang	breit	hoch	
Rag 4	40	3 Amperestd.	220	128	95	3,00
Rag 6	60	3 „	220	175	95	4,25
Rag 8	80	3 „	220	128	175	5,60

Anodenbatterien der Akkumulatoren-Fabrik Aktiengesellschaft, Abt. Varta, Berlin SW. 11,

aus Elementen mit Masseplatten in fünfteiligen Hartgummigefäßen.

Type	Spannung	Maximale Leistung bei unterbrochener Entladung mit einigen Milliampere	Maximaler Ladestrom	Außenmaße des Holzkastens in mm			Gewicht der Batterie	Gewicht der Säure
	Volt	ca. Stunden	Amp.	lang	breit	hoch	ca. kg	ca. kg
15 Qh	30	600	0,14	210	150	149	4,43	0,70
20 „	40			265	150	149	5,74	0,93
25 „	50			325	150	149	6,99	1,16
30 „	60			375	150	149	8,40	1,39
40 „	80			265	265	149	10,81	1,85

Anodenbatterien aus Elementen mit Masseplatten in runden Glasgefäßen (Varta).

Leichte Montage. Leichtes Auswechseln von Einzelteilen.

Type	Spannung	Kapazität in Amperestd. bei 10stünd. Entladung ununterbrochen	mit Ampere	Maximalleistung bei unterbrochener Entladung	Maximaler Ladestrom Amp.	Außenmaße in mm lang	breit	hoch	Gewicht der Batt. ca. kg	Säure ca. kg
15 U	30	0,5	0,05	0,8	0,5	150	210	145	2,1	0,53
20 „	40					190	210	145	2,7	0,70
25 „	50					227	210	145	3,3	0,88
30 „	60					265	210	145	3,9	1,05
40 „	80					340	210	145	5,2	1,40

l) Wichtige Daten betr. Füllsäure für Akkumulatoren.

Spezifisches Gewicht der verdünnten Schwefelsäure bei 18° Celsius, bezogen auf Wasser von 4°.

0	5	10	15	20	25	30	35	40	45	50	60	100
1	1,03	1,07	1,10	1,14	1,18	1,22	1,26	1,30	1,35	1,40	1,50	1,83

Hier bedeutet die obere Reihe den Prozentgehalt, d. i. die in 100 Gewichtsteilen der Lösung enthaltenen Gewichtsteile der wasserfreien Schwefelsäure. In der zweiten Reihe stehen die entsprechenden spezifischen Gewichte.

m) Baumé-Skala für Akkumulatorensäure (+ 15° C).

Baumé-Grade	Spezifisches Gewicht	Schwefelsäure in %
0	1,000	0,9
10	1,075	10,8
11	1,083	11,9
12	1,091	13
13	1,1	14,1
14	1,108	15,2
15	1,116	16,2
16	1,125	17,3
17	1,134	18,5
18	1,142	19,6
19	1,152	20,8
20	1,162	22,2
21	1,171	23,3
22	1,18	24,5
23	1,19	25,8
24	1,2	27,1
25	1,21	28,4
26	1,22	29,6
27	1,231	31
28	1,241	32,2
29	1,252	33,4
30	1,263	34,7
40	1,383	48,3
50	1,53	62,5
60	1,711	78,1
66	1,842	100

n) Strombedarfsangaben für besondere Zwecke.

Stromtabelle von Liman & Oberländer, Berlin N. 4.

Röhrentype		Heizspannung	Heizstrom	Anodenspannung	1 Röhrenempfänger zu betreiben mit			2 Röhrenempfänger zu betreiben mit			3 Röhrenempfänger zu betreiben mit			4 Röhrenempfänger zu betreiben mit		
		Volt	Amp.	Volt	Heizbatterie Type	Betr.-tage ca.	Preislisten-Nr.	Heizbatterie Type	Betr.-tage ca.	Preislisten-Nr.	Heizbatterie Type	Betr.-tage ca.	Preislisten-Nr.	Heizbatterie Type	Betr.-tage ca.	Preislisten-Nr.
Huth	L. E. 228	3,4—3,8	0,5	80—100	3 JG 2[1]	10	575	5 JG 2	10	583	5 OG2	14	591	7 OG2	16	595
	L. E. 229	2,5—3,1	0,5	40—90	5 JG 2	27	583	5 OG2	23	591						
	L. E. 241	2,0—2,6	0,19—0,22	40—70	3 JG 2[1]	32	575	3 JG 2[1]	14	575	5 JG 2	23	583	5 JG 2	14	583
	L. E. 244	1,0—1,25	0,075—0,09	50—70	3 AG	28	501	3 AG 3 JG	10 45	501 504	3 JG	30	504	3 JG	22	504
	L. E. 245	0,9—1,0	0,2—0,23	50—70	3 JG	32	504	3 JG	14	504	5 JG	23	505	5 JG	14	505
Loewe-Audion	A. R. 23	3,0—3,5	0,5—0,55	50—100	3 JG 2[1] 5 JG 2	10 7	575 583	5 JG 2 5 OG2	10 23	583 591	5 OG2	14	591	7 OG2	16	595
	L. A. 75	2,0—2,5	0,15—0,17	50—100	3 AG2[1] 3 JG 2[1]	10 45	571 575	3 JG 2[1]	22	575	3 JG 2 5 JG 2	12 30	575 583	5 JG 2	22	583
Dr. Nickel (Ultra-Röhren)	N. 30	2,7	0,03	10—50	3 AG2[1]	70	571	3 AG2[1]	35	571	3 AG2[1]	23	571	3 AG2[1]	15	571
	N. 80	2,3	0,08	—	3 AG2[1]	25	571	3 JG 2[1]	40	575	3 JG 2[1]	25	575	3 JG 2[1]	19	575
	N. 110	2,0	0,11	—	3 AG	17	501	3 JG	30	504	3 JG	20	504	3 JG	14	504
	N. 220	1,7	0,22	—	3 JG	32	504	3 JG	14	504	5 JG	23	505	5 JG	14	505
	N. 550	1,1	0,55	25—50	3 JG 5 JG	10 27	504 505	5 JG 5 OG	10 23	505 506	5 OG	14	506	7 OG	16	509
Philips	B. II	1,6—1,8	0,15	30—75	3 AG	10	501	3 JG	22	504	3 JG	12	504	5 JG	22	505
	B. VI	1,6—1,8	0,15	2—10	3 JG	45	504				5 JG	30	505			
	D. Iu. D. IV	3,5	0,5	25—30												
	D. IIu. D. V	3,5	0,5	30—75	3 JG 2[1]	10	575	5 JG 2	10	583	5 OG 2	14	591	7 OG 2	16	595
	D. III	3,0	0,5	30—75	5 JG 2	27	583	5OG2[1]	23	591						
	D. VI	3,5	0,5	2—10												
	E.	4,0	0,7	60—100	5 JG 2	18	583	5 OG2[1]	16	591	7 OG2	15	595	9 OG2	16	599

[1] Anstelle der folgenden Heizbatterien können die entsprechenden Doppelzellen geliefert werden: Statt 3 AG2 die Type 3 A 2 G (Preisliste Nr. 520). Statt: 3 JG 2 die Type 3 J 2 G (Preisliste Nr. 521).

Röhrentype	Heizspannung Volt	Heizstrom Amp.	Anodenspannung Volt	1 Röhrenempfänger zu betreiben mit: Heizbatterie Type	Betr.-tage ca.	Preislisten-Nr.	2 Röhrenempfänger zu betreiben mit: Heizbatterie Type	Betr.-tage ca.	Preislisten-Nr.	3 Röhrenempfänger zu betreiben mit: Heizbatterie Type	Betr.-tage ca.	Preislisten-Nr.	4 Röhrenempfänger zu betreiben mit: Heizbatterie Type	Betr.-tage ca.	Preislisten-Nr.
Radio-Valvo-O-Röhren-Fabrik Reflex	1,5—2,0	0,25	20—100	3 JG	27	504	3 JG 5 JG	10 27	504 505	5 JG	16	505	5 OG	23	508
„ -Ökonom	3,5—4,0	0,06—0,07	20—100	3 AG2[1]	30	571	3 AG2[1] 3 JG 2[1]	12 50	571 575	3 JG 2[1]	34	575	3 JG 2[1]	24	775
„ -Lautsprecher	5,0—5,5	2,05	20—100	3 JG 3	27	576	3 JG 3 5 JG 3	10 27	576 584	5 JG 3	16	584	5 OG 3	23	592
„ -Normal „ -Normal B	3,0—3,5 3,0—3,5	0,45—0,5 0,45—0,5	20—100 10—80	3 JG 2[1] 5 JG 2	10 27	575 583	5 JG 2 5 OG 2	10 23	583 591	5 OG 2	14	591	7 OG 2	16	595
T.K.D. V. T. 100	1,5	0,25	90	3 JG	27	504	3 JG 5 JG	10 27	504 505	5 JG	16	505	5 OG	23	508
V. T. 102	2,5	0,5	90	3 JG 2[1] 5 JG 2[1]	10 27	575 583	5 JG 2 5 OG 2	10 23	583 591	5 OG 2	14	591	7 OG 2	16	595
V. T. 103	1,8	0,25	60	3 JG	27	504	3 JG 5 JG	10 27	504 505	5 JG	16	505	5.OG	23	508
V. T. 104	2,4	0,5	60	3 JG 2[1] 5 JG 2	10 27	575 583	5 JG 2 5 OG2	10 23	583 591	5 OG 2	14	591	7 OG 2	16	595
Telefunken A B RE. 11 u. R.E. 71	3,5 3,0 2,8	0,5 0,5 0,5	30—75 30—75 50—70	3 JG 2[1] 5 JG 2	10 27	575 583	5 JG 2 5 OG2	10 23	583 591	5 OG 2	14	591	7 OG 2	16	595
R.E. 78 u. RE. 79 R. E. 82	2,5 3,0	0,07 0,07	40—80 4—12	3 AG2[1]	28	571	3 AG2[1] 3 JG 2[1]	10 45	570 575	3 JG 2[1]	30	575	3 JG 2[1]	22	575
R.E. 83 u. R.E. 89	2,5	0,2	50—100	3 JG 2[1]	32	575	3 JG 2[1]	14	575	5 JG	23	583	5 JG 2	14	583
R.E. 84, 88 u. 95 R.E. 86	1,5 1,5	0,25 0,25	50—100 50—100	3 JG	27	504	3 JG 5 JG	10 27	504 505	5 JG	16	505	5 OG	23	508

[1] Anstelle der folgenden Heizbatterien können die entsprechenden Doppelzellen geliefert werden: Statt: 3 AG 2 die Type 3 A 2 G (Preisliste Nr. 520). Statt: 3 JG 2 die Type 3 J 2 G (Preisliste Nr. 521).

T. Gleichrichterdaten.

Spannungstabellen für die Belastung der elektrolytischen Gleichrichter.

a) Für eine Einzellenanordnung.

Gleichspannung Volt	Gleichstrom in Ampere 0,5	1,0	1,5	2,0
2	18	24	28	33
5	22	28	32	36[1])
10	28	35	41[1])	47[1])

b) Für eine Vierzellenanordnung.

Gleichspannung Volt	Gleichstrom in Ampere 0,5	1,0	2,0	3,0	4,0
5	20	24	33	41	50
10	24	30	38	46	54[1])
15	30	36	44	52	59[1])
20	37	43	51	58[1])	64[1])

Die in den Tabellen angegebenen Gleichspannungs- und Gleichstromwerte kann man entnehmen, wenn man die Wechselspannung auf die zugehörigen Beträge heruntertransformiert.

[1]) Im Dauerbetrieb nicht zulässig.

Dimensionen, Gewicht und Leistung der Phywe (Physikalische Werkstätten, Göttingen) Gleichrichter.

Type	Wechselstrom Volt	Länge cm	Breite cm	Höhe cm	Gewicht kg	Max.-Gleichstr.-Leist., dauernd Ampere	Volt	Watt
G 1	30	12	12	18	0,6	1	15	15
G 2	30	14	14	30	1,4	2	15	30
G 3	120	24	9,5	19	1,8	0,5	10	5
G 4	220	24	9,5	19	1,8	0,5	10	5
G 5	60	35	25	18	4,8	2	30	50
G 6	60	35	25	30	7,1	4	30	100
G 7	220	37	30	26	11,8	2	30	50
G 8	220	37	30	26	11,8	2	30	50
G 9	120	36	30	34	14	4	30	100
G 10	220	36	30	34	14	4	30	100

Dimensionen, Gewicht und Leistung der Phywe Transformatoren.

Type	Wechselstrom Volt primär	Länge cm	Breite cm	Höhe cm	Gewicht kg	Wechselstrom, sekundär Volt	Ampere
T 1	120	13	9	6	0,7	30	0,5
T 2	220	13	9	6	0,7	30	0,5
T 3	120	20	18	13	3,6	10, 20, 30, 40, 50	3
T 4	220	20	18	13	5,3	10, 20, 30, 40, 50	3
T 5	120	20	18	13	3,6	10, 20, 30, 40, 50	5
T 6	220	20	18	13	5,3	10, 20, 30, 40, 50	5
T 7	120	24	20	28	7,5	20—60	5
T 8	220	24	20	28	9	20—60	5

U. Verschiedenes.

a) Die vier astronomischen Jahreszeiten.

Mitteleuropäische Zeit.

Frühlingsanfang . . .	am 21. März	um 4 Uhr	13 Min.	morgens
Sommersanfang . . .	„ 21. Juni	„ 23 „	50 „	abends
Herbstanfang	„ 23. September	„ 14 „	44 „	nachm.
Wintersanfang	„ 22. Dezember	„ 9 „	37 „	vorm.

b) Relationen von π.

Größe	Zahl	Größe	Zahl
π	3,14159265	$\frac{1}{4}\pi^2$	2,467401
$\pi\sqrt{2}$	4,44288		
$\frac{1}{3}\pi$	1,570796	$\frac{1}{16}\pi^2$	0,616850
$\frac{1}{2}\pi$	1,047198	π^3	31,006277
		$\sqrt{\pi}$	1,772454
$\frac{1}{4}\pi$	0,785398	$2\sqrt{\pi}$	3,544908
		$\sqrt{2\pi}$	2,506628
$\frac{\pi}{\sqrt{2}}$	2,221442	$\sqrt[3]{\pi}$	1,464592
π^2	9,869604	$\log\pi$	0,49715
$4\pi^2$	39,478418	$\log\pi^2$	0,9943029

c) Umrechnungswerte.

1 engl. Zoll = 25,39998 mm,
1 „ Fuß = 304,7997 „ ,
1 „ Pfund = 1 lb = 0,4535 kg.

d) Lautstärkentabelle.

Das amerikanische „Bureau of Standards“ hat Ende 1923 eine Tabelle herausgegeben, in welcher die Lautstärken nach Zahlen einigermaßen festgestellt werden. Allerdings ist zu bemerken, daß sich diese Lautstärken auf Radio-Telegraphier-Zeichen beziehen. Immerhin sind sie im großen ganzen auch auf Telephonie zu übertragen.

Die Tabelle selbst zeigt folgende Rubriken:

9 sehr stark
8 stark
7 gut
6 ausreichend
5 ziemlich schwach
4 schwach
3 lesbar
2 unlesbar
1 hörbar
0 kein Empfang.

Aus dieser Tabelle geht hervor, daß Rundfunkabonnenten mindestens einen Empfang der Lautstärke 6 haben müssen, während Radio-Amateure je nachdem, wieweit sie geschult und physiologisch veranlagt sind, noch bis zur Lautstärke 1 unter Umständen herabhören werden.

e) Tabelle über Leistungs- und Stromabgabe bei Niederfrequenztransformatoren nach P. Lertes.

Die Tabelle zeigt, wie bei schlechter werdender Anpassung des Transformator an die Röhre die Stromstärke und Nutzleistung sinkt.

Röhrenwiderstand R_i in Ohm	Transformatorwiderstand R_a in Ohm	Maximale Leistungsabgabe in %	Maximale Stromabgabe in %
100000	100000	100	100
100000	75000	98,5	99
100000	66000	96,5	98
100000	50000	89,2	94
100000	33000	75,2	87
100000	25000	64,1	80
100000	10000	31,8	55,5
100000	5000	18,2	42,5
100000	2500	9,5	31
100000	1000	3,9	20

f) Löwenherz-Gewinde mit Angabe des dazu passenden Lochbohrers[1]).

Dasselbe ist vielfach in der Feinmechanik und Elektrotechnik in Deutschland so wohl als auch in Österreich in Gebrauch.

Außendurchmesser mm	Kerndurchmesser mm	Dazu passender Spiralbohrer mm	Außendurchmesser mm	Kerndurchmesser mm	Dazu passender Spiralbohrer mm
1	0,625	0,65	4	2,95	3,1
1,2	0,825	0,85	4,5	3,375	3,5
1,4	0,95	1	5	3,8	3,9
1,7	1,175	1,2	5,5	4,15	4,2
2	1,4	1,5	6	4,5	4,5
2,3	1,7	1,75	7	5,35	5,3
2,6	1,925	2	8	6,3	6,25
3	2,25	2,35	9	7,05	7,1
3,5	2,6	2,7	10	7,9	7,9

g) Metrisches Einheitsgewinde mit Angabe des dazu passenden Lochbohrers.

(Nach den deutschen Industrie-Normen.)
* Diese Gewinde sind tunlichst zu vermeiden.

Außendurchmesser mm	Kerndurchmesser mm	Dazu passender Lochbohrer mm	·Außendurchmesser mm	Kerndurchmesser mm	Dazu passender Lochbohrer mm
1	0,65	0,65	3	2,31	2,35
1,2*	0,85	0,85	3,5*	2,67	2,7
1,4	0,98	1	4	3,03	3,1
1,7*	1,21	1,2	4,5*	3,46	3,5
2	1,44	1,5	5	3,89	3,9
2,3*	1,74	1,75	5,5*	4,25	4,2
2,6	1,97	2	6	4,61	4,5

[1]) Diese und die folgenden Tabellen sind entnommen aus Cremers: Baumaterialien. Bibliothek des Radio-amateurs. Herausgegeben von Dr. E. Nesper. Berlin: Julius Springer.

h) Withworth-Schraubengewinde mit Angabe des dazu passenden Lochbohrers.

Außendurchmesser Zoll	Außendurchmesser mm	Kerndurchmesser mm	Dazu passender Lochbohrer mm	Außendurchmesser Zoll	Außendurchmesser mm	Kerndurchmesser mm	Dazu passender Lochbohrer mm
$^1/_{16}$	1,587	1,045	1,1	$^1/_2$	12,700	9,989	10,26
$^3/_{32}$	2,381	1,703	1,8	$^9/_{16}$	14,287	11,577	11,75
$^1/_8$	3,175	2,362	2,44	$^5/_8$	15,875	12,918	13
$^4/_{32}$	3,969	2,952	3,05	$^{11}/_{16}$	17,462	14,575	14,5
$^3/_{16}$	4,762	3,407	3,5	$^3/_4$	19,050	15,797	16
$^7/_{32}$	5,556	4,201	4,3	$^{13}/_{16}$	20,637	17,384	17,5
$^1/_4$	6,350	4,724	4,8	$^7/_8$	22,225	18,610	19
$^5/_{16}$	7,937	6,130	6,3	$^{15}/_{16}$	23,812	20,198	20,5
$^3/_8$	9,525	7,492	7,7	1	25,400	21,324	21,5
$^7/_{16}$	11,112	8,789	9				

i) SI-Schraubengewinde (Système Internationale) mit Angabe des dazu passenden Lochbohrers.

* Diese Gewinde sind tunlichst zu vermeiden.

Außendurchmesser mm	Kerndurchmesser mm	Dazu passender Lochbohrer mm	Außendurchmesser mm	Kerndurchmesser mm	Dazu passender Lochbohrer mm
1	0,65	0,65	4,5	3,4	3,45
1,2	0,85	0,85	5,0	3,88	3,91
1,4	0,98	1	6,0*	4,61	4,6
1,7	1,21	1,2	7,0	5,61	5,6
2,0	1,44	1,45	8,0	6,26	6,3
2,3	1,74	1,78	9,0*	7,26	7,3
2,6	1,97	1,99	10,0	7,92	7,9
3,0	2,3	2,37	11,0*	8,92	9,0
3,5	2,66	2,71	12,0	9,57	9,6
4,0	3,0	3,05	14,0	11,22	11,2

k) Holzgewinde-Schrauben bis 10 mm Durchmesser.

Die Schaftstärken sind normalisiert wie folgt: Bei versenkten Köpfen bildet das Versenk einen rechten Winkel, und der Durchmesser des Kopfes = 2 × Schaftstärke + 1 mm bei der deutschen Lehre. Bei den ausländischen Lehren, sowie bei allen Rund- und Linsenköpfen ist der Durchmesser des Kopfes = 2 × Schaftstärke. Die Gewindetiefe beträgt immer $^1/_6$ der Schaftstärke.

Schaftstärke mm	Steigung des Gewindes mm	Schlitzbreite im Kopf mm	Nummer der Lehre: Alte Deutsche	Neue Deutsche	Österreichische	Englische	Französische	Spanische
1,35	0,6	0,4	000	13	14	000	11	10
1,5	0,7	0,4	00	15	16	00	12	11
1,65	0,8	0,5	0	16	18	0	13	12
1,85	0,3	0,6	1	18	20	1	14	13
2,1	1,0	0,6	2	21	22	2	15	14

Holzgewinde-Schrauben (Fortsetzung).

Schaftstärke mm	Steigung des Gewindes mm	Schlitzbreite im Kopf mm	Nummer der Lehre					
			Alte Deutsche	Neue Deutsche	Österreichische	Englische	Französische	Spanische
2,4	1,1	0,7	3	24	25	3	16	15
2,7	1,2	0,8	4	27	28	4	17	16
3,0	1,3	0,9	5	30	31	5	18	17
3,3	1,4	1,0	6	34	34	6	—	18
3,6	1,5	1,0	7	36	38	7	19	19
3,9	1,6	1,1	8	39	—	8	20	20
4,2	1,8	1,2	9	42	42	9	—	—
4,6	2,0	1,3	10	46	46	10	21	21
5,0	2,2	1,4	11	50	50	11	22	22
5,4	2,4	1,5	12	54	55	12	—	—
5,8	2,5	1,6	13	58	60	13	23	23
6,2	2,6	1,7	14	62	—	14	—	—
6,6	2,8	1,7	15	66	65	16	24	24
7,0	3,0	1,8	16	70	70	17	25	—
7,4	3,3	1,8	17	74	76	18	—	25
7,8	3,5	1,9	18	78	—	20	26	—
8,2	3,7	2,0	19	82	82	21	—	26
8,6	4,0	2,1	20	86	88	22	27	27
9,0	4,3	2,2	21	90	—	23	—	—
9,5	4,5	2,3	22	95	94	24	28	28
10,0	4,5	2,4	23	100	100	25	29	29

l) Der Strom von 1 Ampere scheidet aus:

Zeit	Silber mg	Kupfer mg	Quecksilber mg	Nickel mg	Wasser mg
In 1 Sekunde . . .	1,118	0,3294	1,040	0,3050	0,0933
„ 1 Minute . . .	67,08	19,76	62,40	18,30	5,60
„ 1 Stunde . . .	4025,00	1186,—	3744,—	1098,—	335,9

m) Elektrisches Leitvermögen wäßriger Lösungen bei 15° C.

Die Prozente bedeuten Gewichtsteile des wasserfreien Körpers in 100 Gewichtsteilen der Lösung.

Lösung	NaCl	$ZnSO_4$	$CuSO_4$	$AgNO_3$	KOH	HCl	HNO_3	H_2SO_4
5 %	0,670	0,019	0,019	0,026	0,172	0,395	0,258	0,209
14 „	0,121	0,032	0,032	0,048	0 315	0 630	0 461	0,392
15 „	0,164	0,042	0,042	0,068	0,425	0,745	0,613	0,543
20 „	0,196	0,047	—	0,087	0,499	0,762	0,711	0,653
25 „	0,214	0,048	—	0,106	0,540	0,723	0,770	0,717
30 „	—	0,044	—	0,124	0,542	0,662	0,785	0,740
40 „	—	—	—	0,157	0,450	0,515	0,733	0,680
50 „	—	—	—	0,186	—	—	0,631	0,541
60 „	—	—	—	0,210	—	—	0,513	0,373
70 „	—	—	—	—	—	—	0,396	0,216
80 „	—	—	—	—	—	—	0,267	0,111

n) Nauener Zeitzeichen, internationales Onogosystem

(Zeichen für *O n g*).

Vorzeichen 12^{55}, Hauptzeichen 12^{57}—1^{00} morgens und mittags.

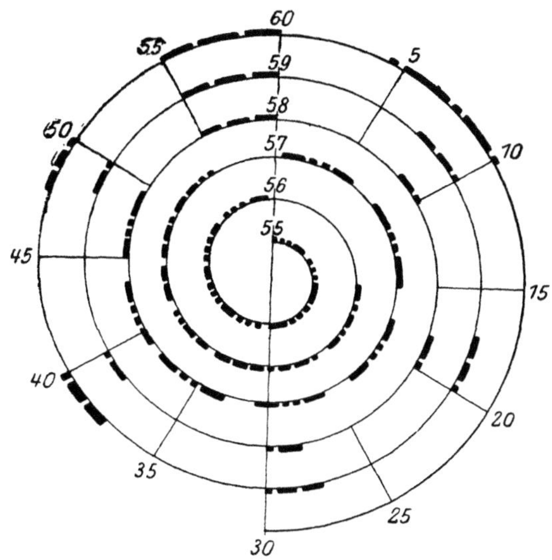

Abb. 112. Das Zeitzeichen.

V. Rezepte.

a) Herstellung von Polreagenzpapier.

Man kann in sehr einfacher Weise das zur Feststellung der Polarität notwendige Polreagenzpapier sich selbst herstellen, indem man Natron oder Kalisalpeter in Wasser löst und einige Tropfen Phenolphtaleïn hinzusetzt. Mit dieser gut durchgerührten Lösung werden eine Anzahl von weißen Filtrierpapierstreifen oder Blättern getränkt und zum Trocknen aufgehängt. Diese braucht man zur Benutzung nur an einer kleinen Stelle anzufeuchten, die Pole der zu untersuchenden Stromquelle in einem geringen Abstand voneinander darauf zu halten, um festzustellen, daß an dem negativen Pol der Stromquelle ein roter Fleck auftritt.

b) Zusammensetzung von Woodschem Metall.

z. B. Blei: 2,	Zinn: 1,	Wismut: 4,	Kadmium: 1,	Schmelzpunkt:	60 °C.
„ 8,	„ 4,	„ 15,	3,	„	70 °C.
„ 8,	„ 4,	„ 15,	8,	„	79 °C.

c) Rezepttafel verschiedener Kitte[1]).

Es ist zu befestigen:	Dazu rühre man an:
Metalle auf Glas	2 Wachs, 1 Pech, 4 Harz, geschmolzen mit 1 Ziegelmehl, angerührt und warm verstrichen oder 15 Kopalfirnis, 5 Leinöl, 3 Terpentin, 2 Terpentinöl und 5 Marineleim im Wasserbade warm angerührt, darauf mit 10 pulverförmig gelöschtem Kalk vermischt
Glas in Metallhülsen	Warmer Brei aus Siegellack und Terpentin oder Schmelze aus 8 Kolophonium, 2 Wachs, 4 Englischrot mit 1 Terpentin verrührt.
Holz oder Glas auf Eisen	In geschmolzenem Schellack etwa die gleiche Gewichtsmenge Schlämmkreide verrührt und warm aufgetragen
Eisen in Stein	4 Zement, 4 Ziegelmehl, 1 Eisenfeilspäne wäßerig angerührt
Eisen auf Eisen	Auf die mit konzentrierter Schwefelsäure bestrichenen Eisenflächen bringt man ein Gemisch von 3 Schwefel, 3 Bleiweiß und 1 Borax auf und preßt fest zusammen. Die Erhärtung dauert mehrere Tage

W. Das Morsealphabet[2]).

● = Punkte (kurzer Strich) bedeutet einen Ton von der Zeitdauer 1 Sekunde[3]).
▬ = Strich (langer Strich) „ „ „ „ „ „ 3 Sekunden.

Zwischen zwei Teilen eines Morsezeichens die Zeitdauer eines Punktes = 1 Sekunde . . . . [Punkt = ●].

Nach jedem Morsezeichen (Buchstaben oder Zahl) die Zeitdauer eines Striches = 3 Sekunden . . . . [Strich = ▬].

Eine Pause hat die Zeitdauer von 2 Strichen = 6 Sekunden . . [Pause = ▬ ▬].

a) Morsebuchstaben.

● ▬	a	● ▬ ▬ ▬	j	● ● ●	s
▬ ● ● ●	b	▬ ● ▬	k	▬	t
▬ ● ▬ ●	c	● ▬ ● ●	l	● ● ▬	u
▬ ● ●	d	▬ ▬	m	● ● ● ▬	v
●	e	▬ ●	n	● ▬ ▬	w
● ● ▬ ●	f	▬ ▬ ▬	o	▬ ● ● ▬	x
▬ ▬ ●	g	● ▬ ▬ ●	p	▬ ● ▬ ▬	y
● ● ● ●	h	▬ ▬ ● ▬	q	▬ ▬ ● ●	z
● ●	i	● ▬ ●	r		

Beim Buchstabieren benutzt man noch folgende Morsezeichen:

● ▬ ● ▬	ä
▬ ▬ ▬ ●	ö
● ● ▬ ▬	ü
▬ ▬ ▬ ▬	ch

---

[1]) Nach Cremers: Baumaterialien. Bibliothek des Radioamateurs. Berlin: Julius Springer.

[2]) Teilweise entnommen dem Morsesignaltaschenbuch, herausgegeben vom Deutschen Seefischerei-Verein, Berlin 1910.

[3]) Bei raschem Morsen ist die Zeitdauer naturgemäß viel geringer; sie beträgt alsdann etwa 0,1 Sekunde.

β) Morsezahlen.

· — — — —	1	— · · · ·	6
· · — — —	2	— — · · ·	7
· · · — —	3	— — — · ·	8
· · · · —	4	— — — — ·	9
· · · · ·	5	— — — — —	0.

γ) Interpunktion usw. Morsehilfszeichen.

— · · — ·	Bruchstrich.
· · · · · ·	Punkt (dreimal i).
— · — · — ·	Semikolon.
· — · — · —	Komma.
— — — · · ·	Doppelpunkt.
· · — — · ·	Fragezeichen (oder Aufforderung zur Wiederholung einer nicht verstandenen Mitteilung).
— — · · — —	Ausrufungszeichen.
· — — — — ·	Apostroph (Abkürzungszeichen).
— · · · · —	Bindestrich oder Strich.
— · — — · —	Klammer.
· — · · — ·	Anführungszeichen.
— · — · —	Anruf.
· · · — ·	Verstanden.
— · —	Aufforderung zum Senden.
· — · · ·	Warten.
· · · · · · · · · · · · ·	Vorbereitung.
— · — · — · — · — ·	Klarzeichen.
· · · · · · · · · · · ·	Ausstreichen.
— · · — · ·	Schluß (zweimal d).
— — · · — — · ·	Es folgen Morsezahlen (zweimal z).
· · — · · · — ·	Es folgen Buchstaben (zweimal f).
— · — — · —	Zahlen oder Buchstaben beendet (zweimal k).
· — · · — — ·	Wiederholen (RP).

δ) Erlernung der Morsezeichen.

Um die Erlernung der Morsezeichen zu erleichtern und zu beschleunigen, teilt man sie zweckmäßig in 5 Gruppen ein:

1. Gruppe:

· —	a
— · · ·	b
— · ·	d
· · — ·	f
— — ·	g
— · — —	y

2. Gruppe:

· — ·	r
— · —	k
· — — ·	p
— · · —	x

3. Gruppe:

· — — —	j
— — · ·	z
— · — ·	c

4. Gruppe:

·	e
· ·	i
· · ·	s
· · · ·	h

5. Gruppe:

—	t
— —	m
— — —	o

Man übt erst das „Geben" einzelner Buchstaben, und wenn diese erlernt sind, geht man auf das „Empfangen" derselben nach dem Gehör über. Erst alsdann geht man bezüglich der weiteren Buchstaben in gleicher Weise vor.

X. Übersicht über die europäischen R.-F.-Sender[1]).

a) Stationen nach Wellenlängen geordnet.

Wellenlänge m	Darbietungen: Sendezeit	Darbietungen: Unterhaltungsstoff	Sendestelle (Sendegesellschaft)	Rufzeichen	Energie kW
87	abends	Versuche	Lyon	YN	0,3
115	5-6, 10.40-11 V., 3.20—3.55 und 6—6.30 N.	Wetternachrichten	Eiffelturm	FL	6
200	unregelmäßig	Vorträge, Konzert	Paris (La T. S. F. Moderne)	—	0,3
265	6—7 N. 7—7.30 N. 9 und 10 V. 9.15—11 N.	Vorträge, Konzert, Tagesneuigkeiten Vorträge, Konzert, neueste Nachrichten, zeitweise Opernübertragung	Brüssel (Radio Belgique)	SRB	2,5
270	12.30 N. 12.55 N. 7 N. 8 N.	Wetterbericht, Börsenmeldung, Zeitzeichen von Nauen, Vorträge Konzert, Vorträge, neueste Nachrichten, Wetterbericht	Malmö (Aktiebolaget Radiotjaenst)	SASC	0,5
287	1, 6 und 9.30 N.	Konzert, neueste Nachrichten	Radio Lyon (Comp. franç. de Radiophonie)	—	2
288	—	verbreitet als Zwischensender die Frankfurter Darbietung.	Cassel (Südwestdeutscher Rundfunkdienst A.-G.)	—	0,8
290	12.30 N. 12.55 N. 7 N. 8 N.	Wetterbericht, Börsenmeldung Zeitzeichen von Nauen, Vorträge, Konzert, Vorträge, neueste Nachrichten, Wetterbericht	Gothenburg (Aktiebolaget Radiotjaenst)	SASB	0,5
292	—	verbreitet als Zwischensender die Leipziger Darbietungen	Dresden (Mitteldt. Rundfunk A.-G.)	—	0,8
296	—	verbreitet als Zwischensender d. Hamburger Darbietungen	Hannover (Nord. Rundfunk A.-G.)	—	0,7
300	unregelmäßig	Vorträge, musikal. Darbietungen, neueste Nachrichten	Agen (Südwestfrankreich)	—	0,2
301	—	verbreitet als Zwischensender im allgemeinen die Londoner Darbietungen, nur Freitags eigenes Programm	Sheffield (British Broadcasting Co.)	6 FL	0,2
306	—	desgl.	Stoke-on-Trent (Brit. Broadcasting Co.)	6 St	0,2
310	—	desgl.	Bradford (British Broadcasting Co.)	2 LS	1,5

[1]) Nach der Zeitschrift Radio-Amateur. Verlag Julius Springer. Bd. III. 1925. Heft 15. Bearbeitet von A. Kanberg.

Wellenlänge m	Darbietungen: Sendezeit	Darbietungen: Unterhaltungsstoff	Sendestelle (Sendegesellschaft)	Rufzeichen	Energie kW
315	—	desgl.	Liverpool (British Broadcasting Co.)	6 LV	1,5
322 (326)	—	desgl.	Nottingham (British Broadcasting Co.)	5 NG	0,2
325 (350)	6.30—7.30 und 9.30—11.30 N.	Vorträge, Konzert, vereinzelt Tanzmusik	Barcelona	EAJ 1	0,6 (soll auf 1,5 erhöht werden)
330	—	verbreitet als Zwischensender d. Hamburger Darbietungen	Bremen (Nordische Rundfunk A.-G.)	—	0,8
331	—	verbreitet als Zwischensender im allgemeinen die Londoner Darbietungen, nur Freitags eigenes Programm	Dundee (British Broadcasting Co.)	2 DE	0,2
335	—	desgl.	Hull (British Broadcasting Co.)	6 KH	1
335 (338)	—	desgl.	Plymouth (British Broadcasting Co.)	5 PY	0,2
335	7 N.	Konzert, Gesang, Vorträge	Madrid (Radio España)	EAJ 2	
340	—	verbreitet als Zwischensender d. Münchener Darbietungen	Nürnberg (Deutsche Stunde in Bayern	—	1,5
340 (350)	10.40 V. und 5.40 N.	nur Sonntags: Gottesdienst	Bloemendaal	—	0,2
340 (440)	— 8.30 N.	noch Versuchsverkehr Konzert, Vorträge, Tagesneuigkeiten	Oslo	—	0,5
346	—	verbreitet als Zwischensender im allgemeinen die Londoner Darbietungen, nur Freitags eigenes Programm	Leeds (British Broadcasting Co.)	2 LS	1,5
346	4—6 N. 10.30—11.30 N.	Konzert, Gesang, (meist nur Sonntag, Dienstag und Donnerstag) Konzert	Paris (Le Petit Parisien)	—	0,8
350	7—10.30 N.	Vorträge, Konzert, neueste Nachrichten	Sevilla (Radio Iberica Co.)	EAJ 5	0,3
350 bis 400	—	Versuchsverkehr zu unregelmäßigen Zeiten	Bilbao und Cadiz	—	0,5
350	—	dient im allgemeinen der Abgabe von Wetterberichten u. verbreitet zu unregelmäßigen Zeiten vereinzelt Konzert	Pic-du-Midi	—	0,3
351	4—5.30 N. 6—6.45 N. 6.45—7.30 N. ab 7.30 N.	Konzert Hausfrauenfragen, Kindervorträge, wie London	Cardiff (British Broadcasting Co.)	5 WA	1,5

Wellenlänge m	Darbietungen: Sendezeit	Darbietungen: Unterhaltungsstoff	Sendestelle (Sendegesellschaft)	Rufzeichen	Energie kw
360	12—1 N. 10—11 N.	Konzert, Tagesneuigkeiten (nicht jeden Tag) Vorträge, Konzert	Nizza (Compagnie française de Radiophonie)	—	—
365	Sonntags: 4—6 N. 6—6.30 N. 9.30—10 N. 10—11.45 N. 11—11.15 N. Werktags: 2—3 N. 4.15—4.45 N. 5—6 N. 6.30—7.15 N. 7.40—7.55 N. 8 und 10.30 N. 8.30—11 bzw. 12 N.	 Uhrzeit, Konzert Kindervorträge, Gottesdienst, Konzert, dazwischen Uhrzeit, Wettervorhersage, neueste Nachrichten (Dienstag, Donnerstag, Freitag) Uhrzeit, Konzert, Schülervorträge, Uhrzeit, Konzert, Kindervorträge, Vorträge, Uhrzeit, Wetterbericht, neueste Nachrichten Abendkonzert, Vorträge	London (British Broadcasting Co.)	2 LO	2,5
375	meist 9.30 N.	Vorträge, Konzert, (noch Versuchsbetrieb)	Lissabon	—	0,5
375	4.30—5.30 N. 5.30—6 N. 6—7 N. ab 7.40 N.	Konzert, Schülervorträge, Hausfrauenfragen, Kindervorträge, wie London	Manchester (British Broadcasting Co.)	2 ZY	1
375 (385)	unregelmäßig	Versuchsbetrieb (Konzert, Vorträge)	Warschau (Radiopol Co.)	—	—
385	4,30—6 N. 6—7.30 N. 7.30—8 N. ab 8 N.	Konzert, Kinder- und Schülervorträge, Landwirtschaftsfunk, wie London	Bournemouth (Brit. Broadcasting Co.)	6 BM	1,5
392	8.15—9 und 10—11.30 N. 5.30—7 N.	Wirtschaftsnachrichten, Uhrzeitangabe, Wetterbericht, Vorträge, Konzert, neueste Nachrichten Sonntags: Konzert, Gesang	Madrid Radio Iberica)	RJ	3
395	7.25 V., 12.55 N. 7.30 V., 1.25 u. 7.55 N. 8 V., 3, 3.30 u. 10 N. 8.30 V., 1.30, 4, 6 u. 6.40 N. 8—10 N. bis 12 N.	Uhrzeitangabe, Wetterbericht Neueste Nachrichten, Wirtschaftsdienst, Vorträge, Konzert, Gesang, vereinzelt Tanzmusik	Hamburg (Nordische Rundfunk A.-G.)	—	0,7

Wellenlänge m	Darbietungen: Sendezeit	Darbietungen: Unterhaltungsstoff	Sendestelle (Sendegesellschaft)	Rufzeichen	Energie kW
400	4.45—5.45 N. 5.45—6.15 N. 6.15—7 N. 7—7.30 N. ab 7.40 N.	Unterhaltungsmusik, Hausfrauenfragen, Kindervorträge, Schülervorträge, wie London	Newcastle-on-Tyne (British Broadcasting Co.)	5 NO	1,5
400	unregelmäßig	Versuche	Haelsiukki (Finnl.)	—	—
404	unregelmäßig	Versuche (Zwischensender, von Wien gesteuert)	Graz (Österr. Radioverkehrs-A.-G.)	—	0,5
410	12.30, 3.30 u. 9.30 N. 12.55 u. 7.40 N. 7—7.40 u. 10—10.45 N. 8—8.30 N. 4—5 u. 8.30 bis 9.30 N.	Neueste Nachrichten, Wirtschaftsberichte, Zeitzeichen von Nauen, Sprachunterricht, Vorträge, Konzert, Gesang	Münster, Westfalen (Westdeutsche Funkstunde A.-G.	—	1,5
418	11.15 V., 1.30, 3 u. 9.30 N. 12.55 u. 1.25 N. 1.30, 3.30 u. 5 N. 12.05—12.55 N. 7—8.15 N. 5—6 u. ab 8.30 N.	Neueste Nachrichten, Wirtschaftsberichte, Uhrzeitangabe Wetterbericht und Nachrichten für d. Landwirtschaft Arbeiterrundfunk, Vorträge, Konzert, Gesang	Breslau (Schlesische Funkstunde A.G.)	—	1,5
420	4.30—5.30 N. 6.15—7 N. 7—7.10 N. ab 7.40 N.	Konzert, Kindervorträge, Wettervorhersage, wie London	Glasgow (British Broadcasting Co.)	5 SC	1,5
426	8.30 u. 9.20 V. 10.30 N. 5—6 u. 8.40—10.20 N. 9.15 N. 10 N.	Neueste Nachrichten, Wetterbericht, Konzert, Gesang, Vorträge, (vereinzelt) Tanzmusik	Rom (Unione Radiofonica Italiana)	1 RO	4
427	Sonntags: 11 V. u. 6 N. 5 N. 8 N. 9.30 N. Werktags: 12.30 u. 9.30 N. 12.55 N. 7 N. 8 N.	 Gottesdienst, Kindervorträge, Konzert, Gesang, Zeitungsdienst, Wetterbericht Wirtschafts-, Zeitungsdienst, Wetterbericht, Zeitzeichen von Nauen, Vorträge, Konzert, Gesang, Vorträge	Stockholm (Aktiebolaget Radiotjaenst)	SASA	0,9
430	unregelmäßig	Konzert, Gesang, Vorträge, Tagesneuigkeiten	Straschnitz	—	0,5
435	—	wie London	Belfast (British Broadcasting Co.)	2 BE	1,5

Wellenlänge m	Darbietungen		Sendestelle (Sendegesellschaft)	Rufzeichen	Energie kW
	Sendezeit	Unterhaltungsstoff			
440	unregelmäßig	Vorträge, Konzert	Lyon	YN	0,3
440	8 N.	Konzert, Vorträge	Stockholm	—	0,3
443	6.30 u. 9.15 N. 7.30—8 N. 5—6.30, 8—9 u 9.15—11 N.	Zeitangabe, Wettervorhersage Vorträge, Konzert, Gesang	Stuttgart (Süddeutsche Rundfunk A.-G.)	—	0,7
445 (510)	—	verbreitet Dienstag, Donnerstag und Sonnabend teilweise die Kopenhagener Darbietungen	Aalborghus (Dänemark)	—	—
450	6 N.	Montag u. Mittwoch: Konzert	Moskau	—	—
454	10, 1, 4 u. 6 N. 12.55 N. 12—12.45 N. 4.30—6 N. ab 8.15 N. 7—8 N.	Wirtschafts- u. Zeitungsdienst, Zeitzeichen von Nauen, Konzert, Gesang, Vorträge	Leipzig (Mitteldeutsche Rundfunk A.-G.)	—	0,9
458	3 u. 5 N. 5.30—6.30 N. 9.30—11 N.	(nicht täglich) Vorträge, Konzert, neueste Nachrichten, (nicht tägl.) Vorträge, Konzert	Paris (Post- u. Telegraphenschule)	FPTT	0,4
460	7—8.45 N.	Dienstag, Freitag und Sonnabend Konzert	Gothenburg	SMZX	0,2
463	9 V., 1.05, 4 u. 9 N. 12.55 N. 7.30 N. 4.30—6, 8—9, 9.15—10 N.	Wirtschaftsberichte, Neueste Nachrichten, Zeitzeichen von Nauen, Vorträge, Konzert, Gesang	Königsberg/Preußen (OstmarkenRundfunk A.-G.)	—	1
465	—	verbreitet als Zwischensender im allgemeinen die Londoner Darbietungen, nur Freitags eigenes Programm	Edinburgh (British Broadcasting Co.)	2 EH	0,2
470	11.55 V., 12.55 u. 9.55 N. 12, 4.20 und 9.30 N. 4 und 6 N. 4.30—6, 8.30 u. 10—11 N. 6—6.30 und 7.30—8.30 N.	Uhrzeitangabe. Neueste Nachrichten, Wetter- und Sportbericht, Wirtschaftsnachrichten, Konzert, Gesang Vorträge	Frankfurt/Main (Südwestdeutscher Rundfunkdienst A.-G.)	—	1
470	8 N.	Mittwoch und Donnerstag: Konzert	Kopenhagen (Dänischer Radioklub)	—	1
470	unregelmäßig	Konzert, Vorträge	Rom	—	0,1
470	7.30—9 N.	Dienstag, Donnerstag u. Sonntag: Konzert	Stockholm (Radio-Gesellschaft)	—	0,5

Wellenlänge m	Darbietungen		Sendestelle (Sendegesellschaft)	Rufzeichen	Energie kW
	Sendezeit	Unterhaltungsstoff			
475	4.30—5.30 N. 6—6.30 N. 6.30—7.30 N. ab 7.40 N.	Konzert, Hausfrauenfragen, Kindervorträge, wie London	Birmingham (Brit. Broadcasting Co.)	5 JT	0,8
485	2, 3.30 u. 9.30 N. 6 N. 7.15—8 N. 4,30—5.30, 6.30—7.30 und 8.30—9.30 N.	Wirtschafts- und Pressenachrichten Landwirtschaftl. Nachrichten, Vorträge, Konzert, Gesang, Vorträge	München (Deutsche Stunde in Bayern)	—	0,8
485	—	verbreitet als Zwischensender im allgemeinen die Londoner Darbietungen, nur Freitags eigenes Programm	Swansea (British Broadcasting Co.)	5 SX	0,2
495	4.30—6 N. 6.30—7 N. 7.30 N. ab 8 N.	Konzert, Kindervorträge, Vorträge, wie London	Aberdeen (British Broadcasting Co.)	2 BD	1,5
505	10 u. 10.15 V. 12.15, 1.05 2.15 n. 3.15 N. 12.55 N. 11—12.50 Mitt. 4.30—6 und 8.30—10 N. ab 10.30 N. 6.40—8.30 N.	Wirtschaftsnachrichten, Tagesneuigkeiten, Zeitzeichen von Nauen, Konzert, Gesang, Vorträge, anschließend (nicht täglich) Tanzmusik, Vorträge	Berlin (Funk-Stunde A.-G.)	—	1,5
515	12, 1 u. 7 N. 12.55 N. 1.10, 7.10 u. 10 N. 1.20 N. 4—6 N. 6.15 N. 8.15—10 N. 10.15 N.	Wetterbericht, Zeitzeichen von Nauen, Neueste Nachrichten, Börsenberichte, (nicht täglich) Unterhaltungsmusik, Kindervorträge, Vorträge, Konzert, (nicht täglich) Tanzmusik	Zürich (Radiogenossenschaft)	—	0,5
530	9-9.15 V., 3.30 N. 1.05 u. 8 N. 1.20 u. 7.50 N. 4, 7.45 u. 9 N. 11-12.50, 4.10-6, 8—9 N. 9.30 N.	Wirtschaftsnachrichten, Uhrzeitangabe, Wettervorhersage, Zeitungsnachrichten, Sportberichte, Konzert, Gesang, Vorträge, (nicht täglich) Heitere Vorträge, Tanzmusik	Wien (Österr. Radio-Verkehrs-A.-G.)	—	1,5
550	11.30 V. u. 9 N. 12.30, 12.45, 1.15 u. 5.15 N.	Neueste Nachrichten, anschließend Konzert, Börsenbericht	Lyon	YN	0,3

Wellenlänge m	Darbietungen: Sendezeit	Darbietungen: Unterhaltungsstoff	Sendestelle (Sendegesellschaft)	Rufzeichen	Energie kW
624	11.30 V. 12 Mittags 3.20 N. 8 N.	Tagesneuigkeiten, Uhrzeitangabe, Konzert, Börsenberichte, Konzert	Rom (Radioraldo)	—	0,5
650	unregelmäßig	Versuche	Mailand	—	—
680	unregelmäßig	Versuche	Sundsvall (Aktiebolaget Radiotjaenst)	SASD	0,5
850	8.05 V., 1.30 u. 6.55 N. 1.40 N. 5 N. 8.15 N. anschließend	Wetterbericht, Uhrzeitangabe, Wirtschafts- u. Zeitungsdienst, (nicht täglich) Kindervorträge, (nicht täglich) Vorträge, Konzert, vereinzelt Tanzmusik	Lausanne	HB 2	0,3
950	11 V. ab 7.45 V.	Konzert, halbstündlich Börsenberichte und neueste Nachrichten	Budapest	MT 1	—
1010	Sonntags: 10 V. 11 V. 2.30 N. 6 N.	Vorträge, Unterhaltungsmusik, neueste Nachrichten, Vorträge, Konzert, (Dienstag, Donnerstag, Freitag) Vorträge, Konzert	Moskau (Sokolniki-Station)	—	—
1025	unregelmäßig	Vorträge, Konzert	Kopenhagen (Radio Union)	—	—
1050	Mittwoch und Sonnabend: 8.40—9.40 N.	Konzert	Amsterdam (Smith & Hooghoudt)	PA 5	0,5
1050	Montag: 9.40—11.40 N.	Konzert, Vorträge	Amsterdam (Fa. Boosmann)	PX 9	0,4
1050	—	verbreitet in der Hauptsache Wetternachrichten, zu unregelmäß. Zeiten Vorträge u. Unterhaltungsmusik	Groningen	—	—
1050	7.40—9.40 N. 10.40—11.40 N.	(Dienstag, Donnerstag) Konzert, (Sonn- u. Feiertags) Vorträge	Heussen (Laboratorium)	PCUU	0,3
1050	8.40—9.40 N.	(meist nur Sonnabends): Vorträge, Konzert	Ijmuiden (Middelroad)	PCMM	0,4
1050	—	verbreitet hauptsächl. Wetterberichte, dazwischen zu unregelmäß. Zeiten Vorträge, Konzert	Soesterberg	—	—
1050	—	desgl.	Vossegat	BE	—

Wellenlänge m	Darbietungen: Sendezeit	Darbietungen: Unterhaltungsstoff	Sendestelle (Sendegesellschaft)	Rufzeichen	Energie kW
1050 (1060)	9.40—10.40 V. 6.40 N. 8.40 N. 9.40—11 N.	(Sonntags) Konzert, Kindervorträge, Vorträge, Unterhaltungsmusik, (nicht täglich) Vorträge, Konzert, Gesang, Tagesneuigkeiten	Hilversum (Ned. Seintoestellenfabriek)	NSF (WDO)	2,5
1050	11.40—12.40 N. 9.40—11.40 N.	Freitags Vorträge, Sonnabends Konzert	Haag	PCKK	—
1070	2.40—5.40 N. 9.40—11.40 N.	Sonntags: Vorträge, Konzert, Montag u. Donnerstag: Konzer	Haag	PCGG	1,3
1100	1.15 N.	Konzert, Vorträge, Tagesneuigkeiten, Sportberichte	Genf (Société Romande de Radiophonie)	HB 1	0,3
1100	2, 3, 5.50 und 7.50 N. vereinzelt	Wettervorhersage Vorträge, Konzert	Haaren (bei Brüssel)	BAV	0,15
1150 (1160)	10 u. 11.30 V., 1, 1.30, 5 u. 6N. 11 V. 7.30 N.	Börsenberichte, (nur Sonntags) Konzert, Vorträge, Konzert, neueste Nachrichten	Prag (Kbely) (Radiojournal, radiotelephonischer Nachrichtendienst)	OKP	1
1190	7.30 N. 8 N.	(nicht täglich) Vorträge, Sprachunterricht, (nicht täglich) Unterhaltungsmusik	Ryvangen (Militärfunkstelle)	—	—
1200	unregelmäßig	Versuche	Kowno	—	—
1200	unregelmäßig		Cartagene (Span.)	BX	—
1450	Sonntags: 1.45 N. 4.30 N. 5.15 N. Werktags: 2 N. 4.30 N.	Vorträge, Neueste Nachrichten, Konzert Wirtschaftsnachrichten, Tagesneuigkeiten, Unterhaltungsmusik	Moskau (Zentralstation)	—	—
1525	10.45V. u. 8.45N. vereinzelt	Wettervorhersage, Vorträge, Konzert	Toulouse	MKD	—
1600	wie London		Chelmsford (British Broadcasting Co.)	5 XX	25
1650	4.45—5.45 und 6.30—7.30 N.	Tagesneuigkeiten, Wetterbericht, außerdem nicht täglich Konzert	Belgrad	—	1,5
1780 (soll in 1125 geändert werden)	1.30, 5.30 und 6.45 N. 1.45 u. 5.45 N. 7 N. 9.30 N. 10 N. 11 N.	Wirtschaftsnachrichten, Zeitungsberichte, Unterhaltungsmusik, Vorträge, Vorträge, Tagesneuigkeiten, Uhrzeit, anschließend Konzert, (nicht täglich) Sonderveranstaltungen, Tanzmusik	Radio Paris (Clichy) (Compagniefrançaise de Radiophonie)	SFR	8

Wellenlänge m	Darbietungen		Sendetelle (Sendegesellschaft)	Rufzeichen	Energie kW
	Sendezeit	Unterhaltungsstoff			
1800	10—11 V. 2.30 N. 6.30—7.30 N.	(nur Sonntags) Konzert, Börsen-, Sport- und neueste Nachrichten, Wetterbericht (nicht täglich) Konzert, Vorträge	Brünn (Komarov) (Radiojournal, radiotelephonisch. Nachrichtendienst)	OKB	1
1800	4 u. 8.30 N.	(nicht täglich) Tagesneuigkeiten, Vorträge, Konzert	Cento Celle (Italien)	JCD	6
1980	unregelmäßig	Vorträge, Konzert	Dubendorf(b.Zürich)	HBK	—
2000 (2125)	8.55, 9.55 V. 12.10, 1, 1,45 3.40 u. 4.55N.	Wirtschaftsnachrichten,Presse, Börsenmeldungen, Uhrzeitangabe	Amsterdam (Persbüro Vaz Dias)	PCFF	1
2400 und 2700	7.20 N. 9 u. 10 N.	Zeitungsdienst,Börsenberichte, Zeitungsdienst, Wetterbericht, Uhrzeitangabe	Lyngby	OXE	6
2500	7 N.	Konzert, Vorträge (noch Versuchsbetrieb)	Boden (Schweden)	SASE	0,5
2600	7.40 u. 11.20 V. 12.20, 8 u. 11.10 N. 11.55 V., 3.45, 4.35 u. 5.30 N. 10.25, 11 u. 11.44 V., 12.14, 11 u. 11.44 N. 7—7.55 N.	Wettervorhersage, Wirtschaftsnachrichten, Zeitzeichen, Konzert, neueste Nachrichten	Eiffelturm (Comp. française de Radiophonie)	FL	6 (soll auf 15 erhöht werden)
(2800 2900)	11.30—12.30 V.	(nur Sonntags) Konzert	Königswusterhausen (Dtsch.Reichspost)	LP	6
3200	unregelmäßig 2N	Vorträge	Moskau	—	—

b) Stationen nach Zeiten geordnet.

Die Sendung beginnt	und dauert Min.	Name der Station	Wellenlänge	Programm
7 25	5	Hamburg	395	ZWN
40	20	Paris-Eiffelturm	2600	W
45	20	Budapest (den ganzen Tag). . . .	950	NW
55	5	Münster	410	Z
8 —	40	Hamburg	395	NV
—	10	Münster	410	N
05	15	Lausanne	850	W
30	50	Frankfurt	470	P[1]
30	15	Berlin-Wolffbureau	2550	N
55	10	Amsterdam	2125	N

[1]) Nach Radio-Welt, Wien. Chefredakteure: Dr. A. Ladanyi und Oberst F. Anderle.

Die Sendung beginnt	und dauert Min.	Name der Station	Wellenlänge	Programm
9 —	5	Lyon	15200	Z
—	60	Berlin	505	P[1]
—	45	Hamburg	395	P[1]
—	10	Königsberg	463	M[4 5]
—	60	Leipzig	454	P[1]
—	15	Radio-Wien	530	M
10	15	Berlin-Wolffbureau	2550	N
10 —	60	Leipzig	454	V[1]
—	20	Berlin	430 505	MN
—	60	Brünn-Komarov	1180	K[1]
—	15	Prag-Kbely	1160	B
10	15	Berlin-Wolffbureau	2550	N
15	10	Berlin	505	N
23	5	Paris-Eiffelturm	2600	Z
55	10	Amsterdam	2125	N
11 —	60	Budapest	950	K
—	60	Münster	410	K[1]
—	60	Prag-Kbely	1160	K[1]
—	150	Radio-Wien	530	K
—	110	Berlin	430 505	BK
10	120	Stockholm	440	K[1]
10	10	Frankfurt a. M.	470	M
15	15	Breslau	418	BM
30	10	Königsberg	463	B
30	80	Berlin-Telefunken	750	K × V ×
30	60	München	485	K[1]
30	55	Königswusterhausen	2800	K[1]
30	60	Lyon	470	K
30	15	Prag-Kbely	1160	B
30	60	Stuttgart	443	K[1]
30	20	Berlin-Wolffbureau	2550	N
35	120	Berlin	505	BK
44	5	Paris-Eiffelturm	2600	Z
55	80	Leipzig	454	NKM
55	5	Paris-Eiffelturm	2600	N
12 —	60	Münster	410	NP[1]
—	15	Paris-Eiffelturm	2600	M
—	5	Rom-Radioaraldo	624	Z
—	10	Zürich	518	W
—	50	Breslau	415	VK
10	20	Amsterdam	2125	N
15	15	Hamburg	395	B
15	15	Berlin-Wolffbureau	2550	N
15	10	Berlin	430 550	B[2 3 4 5]
30	30	Budapest	950	NB
30	60	Chelmsford	1600	K
55	10	Nauen	3100	Z

Die Sendung beginnt	und dauert Min.	Name der Station	Wellen-länge	Programm
13[1])—	10	Amsterdam	2125	N
—	20	Leipzig	554	BNM
—	15	Zürich	515	WNB
05	20	Berlin	430 505	WN
05	10	Wien	530	Z
10	20	Hamburg	395	Z
15	45	Genf	1100	V
20	10	Wien	530	W
30	15	Berlin-Wolffbureau	2550	N
30	15	Breslau	418	WB
30	15	Lausanne	850	WMZNB
30	15	Prag-Kbely	1150	BN
30	60	Radio-Paris	1780	KNB
45	10	Amsterdam	2125	N
14		Aberdeen	495	
—	80	Birmingham	475	KV
		London 2 LO	365	
		Manchester	375	
—	10	Brünn-Komarov	1180	BN
—	15	Montesanto	2450	W
—	20	München	485	MZWN
—	15	Radio-Paris	1780	N[1]
—	5	Stockholm	440	Z
—	10	Haeren	1100	W
15	20	Berlin-Wolffbureau	2550	N
15	10	Berlin	505	B[2, 3, 4, 5]
15	20	Königsberg	463	BNM
45	15	Hamburg	395	B
45	15	Radio-Paris	1780	N Sp
15 —	10	Breslau	418	MN
15	135	Hamburg	395	KVNF
15	25	Berlin-Wolffbureau	2550	N
30	15	Münster	410	MBN
30	10	Wien	530	B
40	10	Amsterdam	2125	N
45	10	Paris-Eiffelturm	2600	BN
16 —	60	Lyngby-Radioavis	2400	K[1]
—	30	Berlin-Wolffbureau	2550	N
—	60	Münster	410	V
—	10	Radio-Wien	530	N
—	10	Rom	1800	W
—	45	Zürich	515	KWN
10	110	Radio-Wien	530	K, VK
		Aberdeen	495	
15	5	Birmingham	475	VN
		London 2 LO	365	
		Manchester	375	
15	10	Berlin	505	B
30	105	Leipzig	454	BNK
30	90	Berlin I	430	K
30		Berlin II	505	
30	50	Frankfurt a. M.	470	P[1]

[1]) 1 Uhr nachmittags.

Die Sendung beginnt	und dauert Min.	Name der Station	Wellen-länge	Programm
30	60	Königsberg	463	KN
30	60	München	485	K
17 —	30	München	485	VF
		Aberdeen	495	
—	60	Birmingham	475	K
		London 2 LO	365	
		Manchester	375	
—	60	Breslau	418	K
—	60	Lausanne	850	V ×
—	50	München	485	V ×
—	45	Paris-Ecole super.	470	V
—	15	Prag-Kbely	1160	B
—	15	Berlin-Wolffbureau	2550	N
10	60	Götheborg	460	$K^{3\,5\,7}$
			680	$K^{2\,4\,5}$
30	60	Chelmsford	1600	K
30	15	Paris-Eiffelturm	2600	BN
30	80	Radio-Paris	1780	KMB
30	90	Stuttgart	443	MNK
40	60	Boden	2500	K^{1} N
18 —	60	Radio-Wien	530	K^{1} V
—	120	Barcelona	325	K ×
—	15	Berlin-Wolffbureau	2550	N
—	60	Brüssel	265	KTV
—	60	Frankfurt a. M.	470	B V
—	80	Hamburg	395	VN
—	30	Leipzig	454	MNV
—	60	Paris-Eiffelturm	2600	K
—	5	Berlin	505	B
15	40	Zürich	515	VK
15	75	Radio-Wien	530	$V^{2\,5\,6}$
20	25	Berlin	430	F
			505	
		Aberdeen	495	
30	50	Birmingham	475	KV
		London 2 LO	365	
		Manchester	375	
30	60	München	485	VK
40	—	Boden (Schweden)	2500	$K^{3\,6}$
45	—	Belgrad	1650	$K^{3\,5\,7}$
45	60	Radio-Paris	1780	VNB
55	15	Lausanne	850	WN
19 —	110	Frankfurt a. M.	470	O^{3} V
—	45	Berlin	430	V
			550	
—	15	Brüssel	265	N
—	—	Madrid, Radio Iberica	392	WZ
—	60	Paris-Eiffelturm	2600	KN
—	145	Stockholm	470	K^{1}
—	90	Stuttgart	443	VNK
—	15	Zürich	515	WN
—	60	Leipzig	454	V

Die Sendung beginnt	und dauert Min.	Name der Station	Wellenlänge	Programm
20	30	Lyngby-Radioavis	2400	NB
30	60	München	485	V
30	10	Radio-Wien	530	NBWSp
30	60	Prag-Kbely	1160	KNZ
30	165	Breslau	418	WKZNSt
30	60	Frankfurt a. M.	470	V
30	90	Königsberg	436	KVWN
30	30	Leipzig	454	V
30	10	Ryvang Radio	1025	W
30	75	Sevilla	350	K
40	20	Aberdeen	495	N
		Birmingham	475	
		London 2 LO	365	
		Manchester	370	
40	10	Münster	410	WZ
20 —	30	London 2 LO	365	ZNV
—	×	Berlin-Telefunken	750	K ×
—	60	Götheborg	460	K[1,3,6]
—	105	Hamburg	395	K
—	×	Kopenhagen	750	K[1,4]
—	60	Königsberg	463	KWN
—	30	Münster	410	VNF
—	70	Paris-Ecole Super.	458	K
—	15	Paris-Eiffelturm	2600	W
—	105	Radio-Wien	530	KN
—	50	Rom-Centoceilo	1800	K
15	75	Lausanne	850	K
15	160	Leipzig	454	KNV
15	90	Madrid, Radio Iberica	392	WBKM
15	60	Zürich	515	NK
20	60	Boden	440	K[3,6]
20	60	Stockholm	2500	KN[2,4,6]
30	150	London 2 LO	365	KZNV
30	140	Berlin I	430	KWN
30	140	Berlin II	505	Sf[2]Sp
30	60	Chelmsford	1600	K
30	60	Frankfurt a. M.	470	SpK
30	105	München	485	KVNWZ
30	100	Münster	410	V
30	30	Rom U. R. J.	425	VK
40	90	Hilversum	1005	K[1] V[2]
21 —	10	Bordeaux (L Y)	19000	Z
—	90	Lausanne	850	KT
—	60	Stockholm	470	K[3,5]
—	60	Stockholm	440	K[7]
—	105	Brüssel	265	VKO[2,4]
—	30	Lyngby-Radioavis	2400	NWZ
—	60	Zürich	515	K
—	145	Stuttgart	443	TVZNW
10	50	Münster	410	T
10	60	Königsberg	463	NWKV
15	60	Brüssel	265	—
15	90	Lausanne	820	KT
30	130	Radio-Paris	1780	VNSp

Die Sendung beginnt	und dauert Min.	Name der Station	Wellenlänge	Programm
30	60	Radio-Wien	530	$T^{1\,6\,7}$
30	60	Kopenhagen	750	T^{15}
30	30	Frankfurt a. M.	470	FNZ
30	25	Berlin-Wolffbureau	2550	N
55	5	Moskau (rai)	5000	Z
22 —	60	Frankfurt a. M.	470	KO^{6}
—	60	München	485	T
—	60	Radio-Wien	530	$T^{3\,4\,7}$
—	20	Hamburg	395	NWSt.
—	30	Lyngby-Radioavis	2400	NWZ
—	15	Zürich	515	N
15	105	Königsberg . . . . ca.	463	K
20	10	Rom	425	BNW
30	90	Chelmsford	1600	K
30	60	Berlin	430 505	$T^{3\,5\,7}$
30	30	Engl. Stationen	—	NZT
30	90	Madrid, Radio Iberica	392	K
30	90	Petit Parisien	345	$K^{1\,3\,7}$
23 —	15	Brüssel	265	N
—	60	Radio-Paris	1780	T
—	×	Rom-IOO	117	V
10	10	Paris-Eiffelturm	2600	W
44	10	Paris-Eiffelturm	2600	Z
24 —	120	Chelmsford	1600	T
—	15	Montesanto	2450	W
30	60	Madrid, Radio Iberica	392	KT
55	10	Nauen	3100	Z
60	×	Rom-IDO	117	V

Amerika.

24 —		Schenectady	380	WGY
24 —		Springfield	337	WBZ
1 —		Chicago	448	WJRZ
1 30 **1** 30		Pittsburgh	326 66	KDKA

Erklärungen: B = Börsennachrichten; F = Frauenstunde (Haushalt, Wirtschaft, Unterhaltung); K = Konzert (Klavier, Singstimme, Grammophone usw.); M = Marktberichte; N = Allgemeine Nachrichten; O = Opernübertragung; P = Predigt; Sf = Schachfunk; St. = Sprachstunde; Sp = Sportnachrichten; T = Tanzmusik; V = Vorträge; Vk = Kinderstunde (Märchen, Erzählungen, Musik); W = Wetterbericht; Z = Zeitzeichen. — Rubrik I = die mitteleuropäische Zeit des Sendebeginns — Rubrik II = Dauer der Sendung in Minuten d. i. 90 = 1 Stunde 30 Min. — Rubrik III = Ort der Sendestation. — Rubrik IV = Wellenlänge. — Rubrik V = Programme (in Reihenfolge). — 1 = Sonntag; 2 = Montag; 3 = Dienstag; 4 = Mittwoch; 5 = Donnerstag; 6 = Freitag; 7 = Samstag; × = unregelmäßig.

V. Wie sieht ein R.-T.-Sender aus?

A. R.-T.-Sendereinrichtungen.

1. Der Eiffelturmsender.

Für das Senden von radiotelephonischen Nachrichten für den R.-T.-Betrieb kommen nach dem heutigen Stande der Technik in erster Linie Röhrensender inbetracht, bei denen alle elektrischen Anforderungen für den Radiotelephonverkehr in zurzeit bester Weise erfüllt werden können. Die Tatsache, daß sich Röhrensender, insbesondere für Telephoniezwecke, mit sehr großen Energien für den Dauerbetrieb wirtschaftlich noch nicht herstellen lassen, hat hier nur wenig Bedeutung, denn die R.-T.-Sender sollen durchschnittlich Distrikte bestreichen, deren Radien verhältnismäßig gering sind. Im allgemeinen wird man mit Entfernungen von 500—1000 km vollkommen zufrieden sein. Die meisten Empfänger werden sogar viel näher am Sender liegen. Im übrigen ist es durch Benutzung moderner Verstärkerschaltungen, wie z. B. hochwertiger Reflexschaltungen, ohne weiteres möglich, R.-T.-Anlagen auf erheblich größere Entfernungen hin einwandsfrei im Empfänger zu erhalten. Man kann z. B. mit einer verhältnismäßig niedrigen Hausantenne, selbst u. U. mit Innenantenne oder Ersatzantenne, die sich im Zentrum Berlins befindet, mit ausreichender Lautstärke die Londoner Oper (900 km Entfernung) empfangen, trotz der gerade in Berlin zahlreich vorhandenen energieverzehrenden Leitungsnetze aller Art Gestänge, Schornsteine usw.

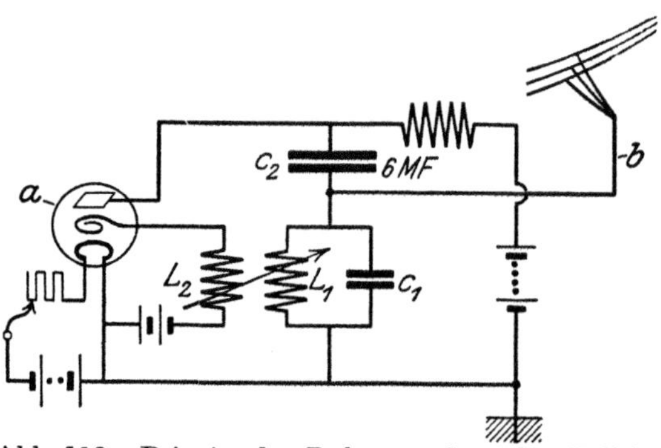

Abb. 113. Prinzip des Röhrensenders der Eiffelturmstation.

Als Beispiel einer besonders für den R.T.-Betrieb hergestellten Radiotelephonieanlage soll der Röhrensender der Eiffelturmstation Paris zunächst besprochen werden.

Mit dem Aufbau derselben wurde im Frühjahr 1921 begonnen, und bis in die neuere Zeit wurden noch dauernd Verbesserungen an dieser Anlage vorgenommen. Der Eiffelturmsender ist einerseits für Telegraphie und andererseits für Telephonie eingerichtet. Zum Verständnis des letzteren ist es zweckmäßig, auch die für das Senden der Morsezeichen vorgesehene Anlage zu betrachten. Abb. 113 zeigt das prinzipielle Senderschema. *a* sind die Senderröhren, vier, fünf oder sechs parallel geschaltet, von denen jede etwa 300 Watt leistet (4 Ampere Heizstrom, 12 Volt Heizspannung, 2300 Volt Anodenspannung, Fabrikat der Société Indépendante de T. S. F.). Durch die

Röhren wird in dem Kreise C_1 L_1 der Hochfrequenzstrom erzeugt. Dieser Kreis ist rückgekoppelt mit dem aperiodischen Gitterkreis durch die Kopplungsvorrichtung L_1 L_2. Die Antenne ist mit b dem Schwingungssystem durch den Kondensator C_2 verbunden, der die außerordentliche Größe von 6 MF besitzt. Der Heizstromkreis wird durch eine Batterie von 10 Einheiten von je 300 Amperestunden parallel geschaltet mit einer Dynamo für 30 Volt Spannung gespeist. Die Einregulierung erfolgt durch einen Widerstand 10 (siehe Abb. 115). Zur Ablesung der Maschinen- oder Batteriespannung dient das Voltmeter 20, das mittels eines Wahlschalters 19 angeschaltet werden kann. Durch den Maximalschalter 34 wird verhindert, daß sich Strom von der Batterie über die Maschine ausgleicht. Der gesamte Heizstrom wird am Amperemeter 21 abgelesen. 26 ist ein Differentialamperemeter, das den Batteriestrom zu bestimmen gestattet. Es kommt außerordentlich darauf an, die Heizspannung konstant zu halten, da hiervon der Antennenstrom abhängt. Die Heizspannung darf infolgedessen nicht unter den normalen Wert sinken, andererseits darf sie nicht größer werden, da sonst die Lebensdauer der Röhren merklich abnimmt. Aus diesem Grunde ist ein Stromunter-

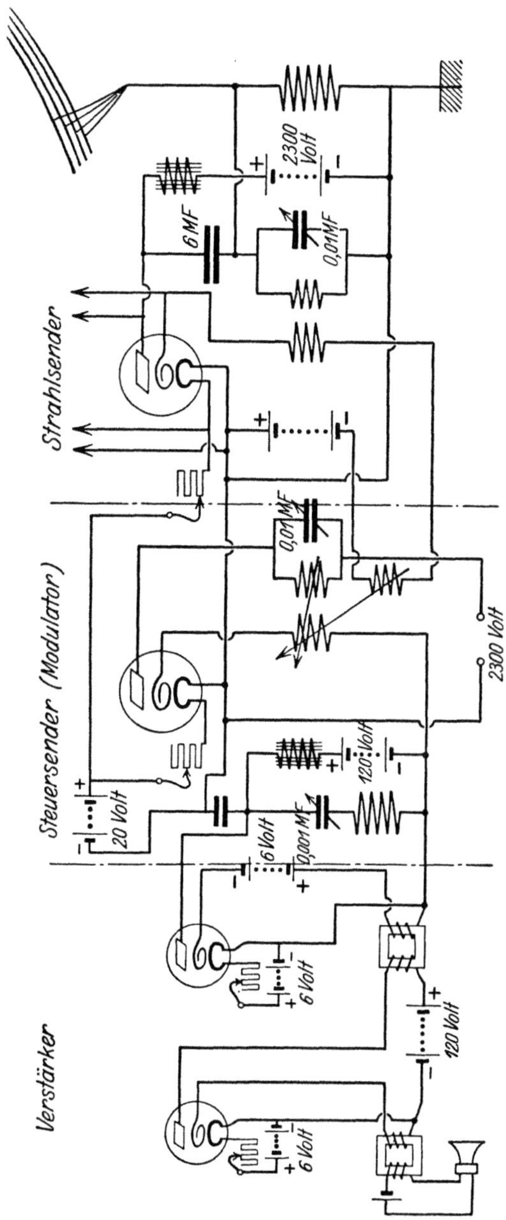

Abb. 114. Theoretisches Schaltungsschema des Telephoniesenders der Eiffelturmstation.

brecher vorgesehen, der das Relais 29 betätigt und in Funktion tritt, sobald die Spannung im Bereiche des Normalwertes um 1 Volt variiert. Ein kleiner Kommutator 18 dient zur Betätigung der Senderröhren. Besondere Widerstände 10 bis 17 gestatten im einzelnen, den Heizstrom jeder der Senderröhren speziell einzuregulieren.

Bezüglich des Gitterkreises gilt folgendes: Die Gitter sind sämtlich parallel geschaltet und werden auf einem negativen Potential von ungefähr 70 Volt durch eine Batterie geringer Kapazität gehalten. Dadurch, daß man so weit auf dem linken Ende der Gitteranodenstromcharakteristik arbeitet, wird jeweilig nur der Impuls des positiven Wechsels ausgenutzt. Hierdurch werden stärkere Beeinflussungen, insbesondere beim Telephonieren, erzielt. Die Selbstinduktion des Gitterkreises kann stufenweise durch einen Kommutator 40 verändert werden. Ein Milliamperemeter 22 ist durch einen Kondensator geshuntet.

Bezüglich des Anodenstromkreises ist folgendes zu bemerken: Dieser Kreis ist allen Senderröhren gemeinsam. Der Resonanzkreis C_1 L_1 besteht aus einem Kondensator von 0,1 MF und einer Selbstinduktion, deren Größe durch eine Kontaktanordnung 42 variiert werden kann. Der Kopplungsgrad zwischen Gitter und Anode wird mittels eines Variometers 41 verändert. Antenne und Erdung sind an den Schwingungskreis angeschlossen. Die Antennenkapazität (Eiffelturmantenne) beträgt 0,007 MF und ist mit einem veränderlichen Kondensator C_2 in Serie geschaltet. Die Wellenlänge des gesamten Systems beträgt 2600 m. Die Speisung der Anoden erfolgt über eine Drosselspule (siehe Abb. 114). Der Anschluß der Anoden an den Schwingungskreis geschieht durch den schon erwähnten Kondensator von 6 MF. Dieser Kondensator ist so groß gewählt, um gleichsam als Akkumulator zu dienen.

Mit Rücksicht auf die verhältnismäßig sehr ungünstige Eiffelturmantenne, die prädestiniert ist, atmosphärische Ladungen in starkem Maße aufzunehmen, ist ein Shunt, bestehend in einer Selbstinduktionsspule hoher Induktanz, vorgesehen, um die atmosphärischen Ladungen nach Erde abzuleiten, ohne den hochfrequenten Schwingungen hierdurch einen Kurzschluß zu bieten. Der Anodenstrom wird durch ein Milliamperemeter 23 gemessen, die Anodenspannung durch einen Voltmeter 24, während der Strom in der Antenne an einem Hitzdrahtamperemeter 25 abgelesen wird.

Für die Hochspannungsanlage sind folgende Teile kennzeichnend: 32 ist ein Ölschalter, der in dem einen Zweig der Hochspannungsquelle eingeschaltet ist. Mittels eines Kommutators 33 kann die Erregung variiert werden. Der Widerstand 36 erlaubt die Maschinenspannung einzuregulieren.

Der vorgenannte Sender bildet die Grundlage für die eigentliche Telephonieeinrichtung. Anstelle der reinen Telephonieanordnung ist hierbei eine Modulatoranordnung (Steuersender) für die Besprechung durch die Mikrophonanordnung gesetzt.

Das prinzipielle Schema des Radiotelephonsenders ist in Abb. 114 dargestellt. Abb. 115 gibt die Ansicht des Sendertisches. Die ein-

Abb. 115. Ansicht des Telephonieröhrensendertisches der Eiffelturmstation.

getragenen Zahlenwerte beziehen sich teils auf das Obige, teils auf die nachstehende Beschreibung.

Der Telephoniesender besteht aus drei wesentlichen Teilen:

1. Aus der Mikrophonanordnung mit den Verstärkern.
2. Aus dem Steuersender (Modulator).
3. Aus dem Hauptsender, der die Schwingungsenergie erzeugt und auf die Antenne zur Ausstrahlung überträgt.

Zu der Mikrophonanordnung einschließlich der Verstärker ist folgendes zu bemerken: Die Sprachschwingungen, die das Mikrophon entweder direkt oder durch eine Linienführung beaufschlagen, werden zunächst verstärkt. Dies geschieht durch einen Zweifachverstärker, der mit kleinen französischen Röhren mit zylindrischer Anode und Gitter ausgerüstet ist. Die beiden Transformatoren sind Auftransformatoren. Das negative Gitterpotential beträgt 6 Volt. In den Anodenstromkreis der zweiten Röhre sind eine Selbstinduktion und ein Kondensator von ungefähr 0,001 MF in Serie geschaltet. Diese Impedanz ist notwendig, um am Gitter der Steuerröhre eine den Mikrophonschwingungen entsprechende Variation des Potentials zu erhalten. Auf diese Weise werden die Schwingungen des Kreises $C_3 L_4$ auf Hochfrequenz moduliert, und durch die Kopplungsvorrichtung $L_2 L_3$ werden diese modulierten Schwingungen auf den Antennenkreis übertragen. Im übrigen ist eine direkte Kopplung zwischen der Selbstinduktion des

Gitterkreises des Steuersenders und des Hauptsenders vorhanden. Die Art und Amplitude der Modulation hängt in hohem Maße von der Kopplung zwischen den Induktanzen ab. In Abb. 115 sind die Selbstinduktionen L_2 L_3 L_4 durch die Nummern 37, 38 und 39 gekennzeichnet. Durch Lagenänderung der Spulen ist es möglich, Kopplungsänderungen in weiten Grenzen herzustellen. Nr. 40 bezeichnet ein Amperemeter im Steuersenderkreis, Nr. 41 die Kapazität C 3 von Abb. 113.

Zur Einregulierung und Bedienung ist eine gewisse Geschicklichkeit erforderlich. Der Sender arbeitet ausgezeichnet.

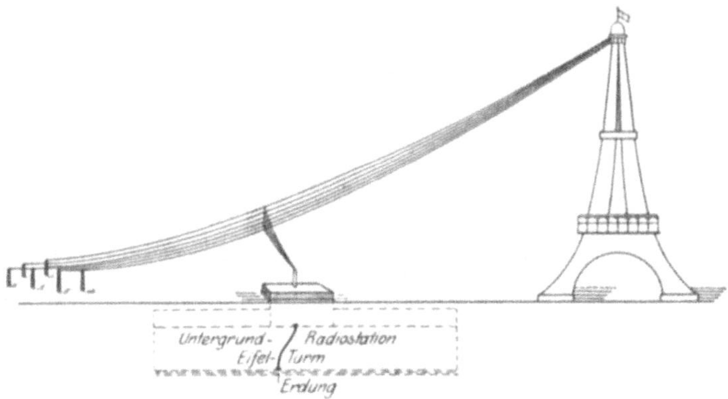

Abb. 116. Anordnungsschema der Eiffelturmstation sowie der Antenne.

Die Antenne besteht aus 4 galvanisierten Stahlkabeln, die, gemäß der Skizze Abb. 116, von der Spitze des Eiffelturms herabgeführt sind. Die Drähte sind sämtlich an ihrem oberen Ende gegeneinander isoliert. Die Antennenkapazität beträgt 0,007 MF, ihre Grundschwingung 2000 m. Als Erdung dienen eine große Anzahl von Zinkplatten, die unter der Station eingegraben sind, und die eine Fläche von 600 m² bedecken. Der Antennenschalter für den Hauptsender wird elektrisch durch einen Knopf (Nr. 42 in Abb. 115) bedient. Er wirkt vollkommen automatisch und verhindert, daß während des Sendens empfangen wird.

Der Antennenstrom während des Telephonbetriebes beträgt ungefähr 11,5 Ampere.

2. Der R.-T.-Sender in Pittsburg.

Eine andere moderne R.-T.-Senderanlage der Westinghouse Electric and Manufacturing Company in East-Pittsburg soll nachstehend kurz erläutert werden. Es ist dies die Sendestation, welche am 3. November 1920 als erste R.T.-Sendestation der Erde in Betrieb genommen wurde, (s. auch Kap. I S. 4), die aber seitdem eine Reihe von Umbauten erfahren hat.

Das Schema der genannten Anlage zeigt Abb. 117. Die Anlage besteht aus drei kompletten Sendereinrichtungen, welche völlig unabhängig von einander arbeiten können. Die Anordnung ist hierbei so getroffen, daß die von den Besprechungsräumen, von den Theatern, Kirchen usw. einlaufenden Leitungen in dem sog. Operationsraum, d. h. in der Niederfrequenzzentrale zusammenlaufen, um von hier aus gemeinsam zu den betreffenden Sendern weitergeleitet zu werden.

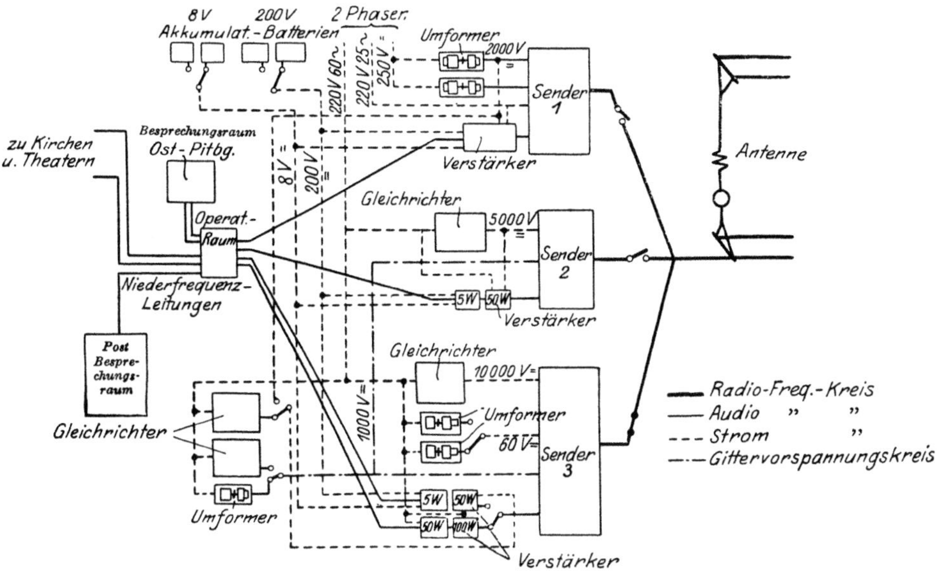

Abb. 117. Gesamtbild der Senderanlage der Westinghouse E. M. Co. in Pittsburg.

Bevor die Energie dem Sender zugeführt wird, wird sie jedoch noch durch je einen Verstärker verstärkt. Diese Verstärker sind entsprechend der jeweilig auszustrahlenden Energie verschieden groß bemessen, und sind nicht nur in Form fester Verstärker ausgeführt, sondern es sind auch transportable Einrichtungen vorgesehen, welche es ermög-

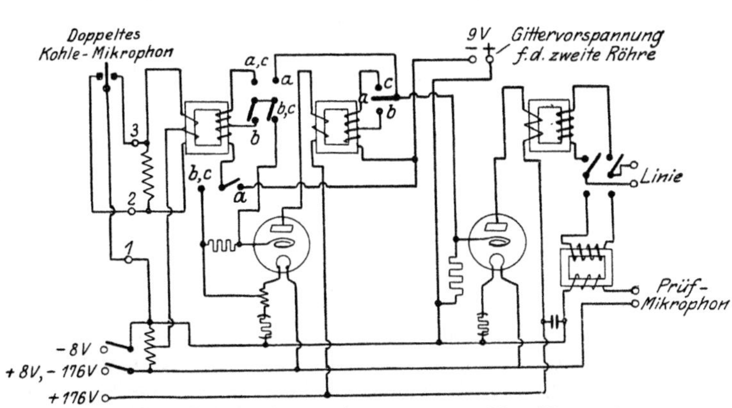

Abb. 118. Schaltschema des transportablen Verstärkers.

lichen, daß der Verstärker auch nach einen anderen, jeweilig gewünschten behelfsmäßigen Besprechungsraum hingebracht wird.

Abb. 119. Einrichtung des Senderraums der R.-T.-Station Pittsburg.

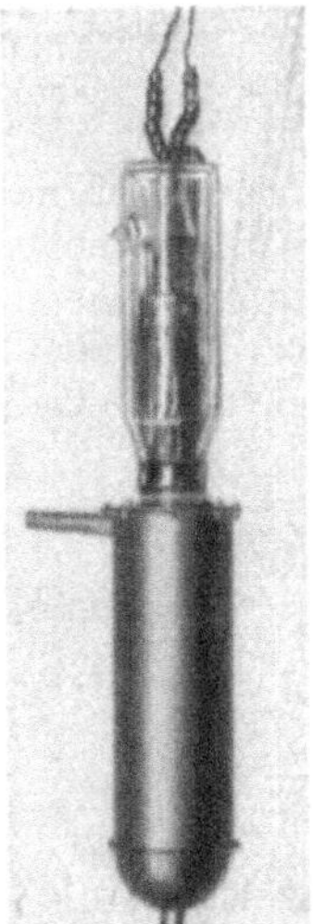

Abb. 120. Wassergekühlte Umformerröhre.

Es soll nunmehr nur der Sender 1 erklärt werden, da dieser der größte ist, und da die anderen Sender ähnlich aufgebaut sind.

Die von dem Operationsraum ankommende Energie wird, wie schon bemerkt, dem Verstärker zugeführt. Das Schaltungsschema des transportablen Verstärkers zeigt Abb. 118, welches auf Grund der Eintragungen ohne weiteres klar sein dürfte.

Die Einrichtung des Senderaumes ist in Abb. 119 wiedergegeben. Alle den Sender bildenden Röhren, Abstimmungselemente, Widerstände, Schalter usw. sind auf Schalttafeln montiert, derart, daß sie jederzeit von vorwärts und rückwärts besichtigt und kontrolliert werden können.

Die erste und zweite Schalttafel links haben den Zweck, den 60-periodigen, zweiphasigen Wechselstrom von 220 Volt auf 10000 Volt Gleichstrom umzuformen, was mittels Hochvakuumröhren geschieht. Diese Röhren sind mit Wasserkühlung versehen. Eine solche wassergekühlte Röhre ist in Abb. 120 zum Ausdruck gebracht. Das Schaltungsschema der Gleichrichteranlage ist in Abbg. 121 wiedergegeben. Der zugeführte Wechselstrom wird durch Transformatoren T_1 und T_2

auf die notwendige Spannung transformiert, wobei für jede Phase ein Transformator verwendet wird. Nunmehr sind vier Gleichrichterröhren R_1, R_2, R_3 und R_4 vorgesehen, also für jede Phase zwei Stück. Die Heizdrähte der Röhren sind parallel geschaltet und werden mit 15 Volt des 60 periodigen Wechselstromes geheizt, auf diese Weise werden für die Anodenspannung und für die Steuerung 10000 Volt Gleichstrom erzielt.

Die Kühlung dieser Röhren ist sehr erheblich. Es werden ungefähr 100 l Wasser pro Stunde verbraucht. Das Wasser wird durch einen Gummischlauch von der Wasserleitung aus zugeleitet. Der Verlust der Gleichrichteranlage soll jedoch nicht über 500 Watt betragen.

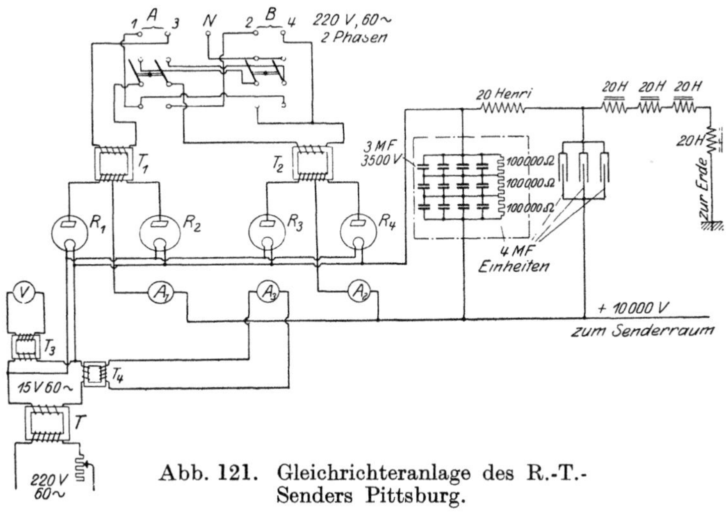

Abb. 121. Gleichrichteranlage des R.-T.-Senders Pittsburg.

Auf den Schalttafeln ist je ein Gleichstromamperemeter für jede Phase, A_1 und A_2, sowie ein Voltmeter V und ein Amperemeter A_3 für den Heizstrom montiert. Die Meßinstrumente für den Heizstrom sind mittels Meßtransformatoren T_3 und T_4 angeschlossen, da die Spannung an den Röhren 10000 Volt beträgt.

Die Schalter sind so angeordnet, daß man die Primärwindungen der Anodenstromtransformatoren auf 110 oder 154 oder 220 Volt schalten kann, um eine entsprechende Regulierung bewirken zu können. Indessen muß der Strom für die Benutzung im Anodenkreise erst noch gesäubert werden. Dieses geschieht durch sog. Filterkreise, von denen in Abb. 121 einer dargestellt ist.

Der Filterkreis besteht aus Drosselspulen und Kondensatoren. Es ist je ein 4-MF-Kondensator angeordnet. Hinter diese Kondensatoren ist eine Drosselspule von 20 Henry in der positiven Stromableitung montiert. Dahinter ist ein 12-MF-Kondensator angeordnet. Außerdem sind noch 4 Stück Gleichstromdrosselspulen hintereinander geschaltet von je 20 H.

Die dritte Schalttafel in Abb. 119 enthält die Schalter, die vom Operationsraum aus bedient werden. Durch diese Schalter kann man die Kühlwasserventile öffnen oder schließen, den elektrischen Strom ein- oder ausschalten usw. Jeder Schaltvorgang wird durch ein elektrisches Lichtzeichen im Operationsraum bemerkbar gemacht.

Der modifizierte Strom gelangt nunmehr aus dem Verstärker mit entsprechend vergrößerter Amplitude zum Sender, dessen Schema Abb. 122 wiedergibt. Er wird auf das Gitter der beiden Steuerröhren übertragen, wobei die Ankopplung mittels eines Transformators ge-

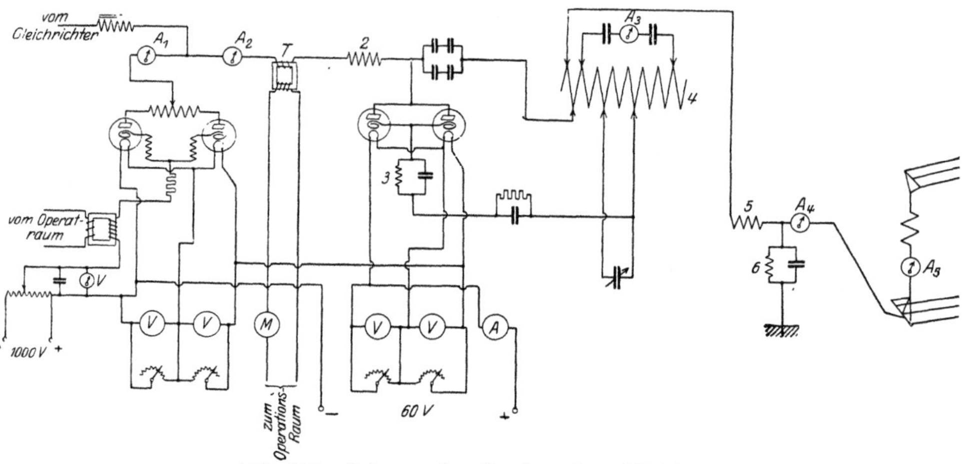

Abb. 122. Schema der Senderanlage Pittsburg.

geschieht. Die Sekundärwindungen des Transformators sind durch einen 20000 ohmigen Widerstand und je eine Hochfrequenzdrossel mit je einem Gitter verbunden. Das Gitter der Steuerröhre wird mit 400 bis 800 Volt Gitterspannung gespeist. Der Strom hierzu wird aus einem besonderen Gleichrichter entnommen.

Die Steuerung wird mittels eines Hitzdrahtinstrumentes festgestellt, dessen Skala von 0—100 geeicht ist, um die Steuerung direkt in Prozenten ablesen zu können. Sprechen des Ansagers ruft 70—80 % hervor, Klavier bis 30 %, Violine 20—30 % und Gesangsvorträge 40—50 %. Es ist auf diese Weise sehr leicht möglich, den richtigen Abstand der Schallquelle vom Mikrophon einzustellen.

Die Anoden der Steuerröhren werden mit dem Gleichstrom von 10000 Volt gespeist. Dieser Strom geht zuerst durch die Windungen der eisengefüllten Gleichstromdrosselspule, darauf folgt das Amperemeter A_1, zu der Mittelhochfrequenzspule. Da die Gitter der Steuerröhren ein stark negatives Potential besitzen, so fließt ein kaum merkbarer Anodenstrom durch sie, d. h. die Steuerröhren stellen für den Anodenstrom einen großen Widerstand dar. Da die Senderröhren mit den Steuerröhren parallel geschaltet sind, muß der gesamte Anodenstrom durch die Senderröhren hindurchfließen.

Ein Bild der Schwingungsbeaufschlagung bei dem gesprochenen Vokal a gibt Abb. 123 wieder. Die stark durchgezogene Mittellinie zeigt den ungesteuerten Strom, die Spitzen bei Lautbeaufschlagung bei den Vokal a.

Durch die Induktionsspule *2* in Abb. 122 sollen die Hochfrequenzschwingungen sowohl von den Steuerröhren, als auch von der Gleichstromleitung ferngehalten werden. Der Anodenstrom der Senderröhre wird durch das Amperemeter A_2 gemessen, und zwar ist ein solches Amperemeter im Operationsraum, das andere im Senderaum angebracht.

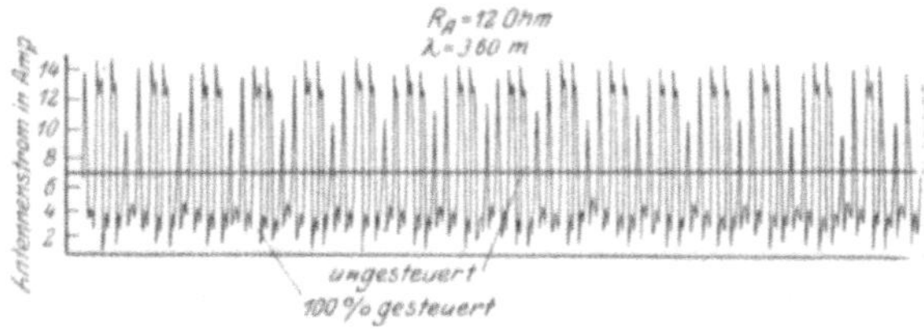

Abb. 123. Oszillogramm des gesprochenen Vokals „*a*“.

Die Heizdrähte der Steuerröhren und der Senderröhren sind in Serie geschaltet und werden durch eines der beiden Umformeraggregate mit 60 Volt Gleichstrom gespeist. Mit je einem Heizdraht ist je ein Voltmeter V_1, V_2 und ein Drehwiderstand parallel geschaltet zur Einregulierung der jeweilig gewünschten Spannung.

Die vierte Schalttafel von links aus gesehen, und die fünfte ist für die Erzeugung der Hochfrequenzschwingungen bestimmt. Außer den schon erwähnten Meßinstrumenten sind hier noch die Anzeigevorrichtungen für die Wasserkühlung der Röhren vorgesehen.

Auf der letzten Schalttafel rechts ist der Senderschwingungskreis angeordnet. Dieser besteht aus zwei in Serie geschalteten Ölkondensatoren von 0,01 MF Kapazität und einer Selbstinduktionsspule, welche oberhalb der Tafel sichtbar ist. Durch einen besonderen Schwingungskreis, welcher rechts in Abb. 122 wiedergegeben ist, soll das Zustandekommen von Oberschwingungen unterdrückt werden.

Es ist ferner in dem Senderaum noch ein Normalwellenmesser aufgestellt, um bei 0,1 % Genauigkeit die Frequenz des Senders überwachen zu können.

Mit dem Primärkreis ist durch die Induktionsspule *5* von Abb. 122 die Antenne angekoppelt.

Die Antennen- und Gegengewichtsanordnung ist aus Abb. 124 zu er-

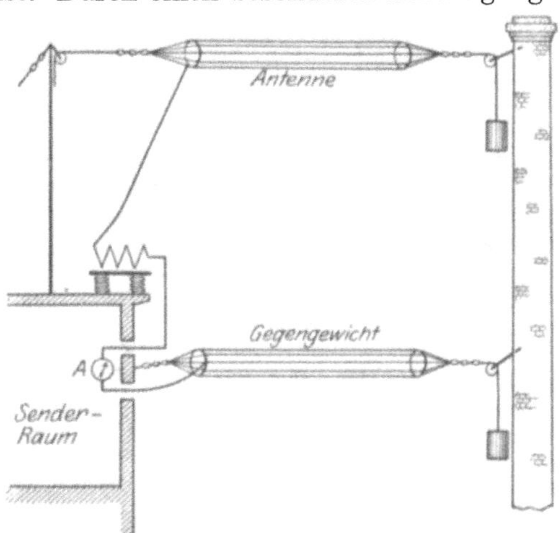

Abb. 124. Antennenanlage des R.-T.-Senders Pittsburg.

sehen. Die Antenne besteht aus 8 Stück 1,6 mm starkem Draht, die reusenförmig angeordnet sind, und besitzt eine Länge von 52 m. Sie ist einerseits an einen Stahlrohrmast, andererseits an einen Schornstein derart aufgehängt, daß die Gesamthöhe 64 m über dem Erdboden beträgt. Durch die gewählte Anordnung wird eine gleichmäßige Spannung der Anordnung erzielt. Das Gegengewicht ist 33,6 m unterhalb der Antenne in entsprechender Weise befestigt.

3. Sender von 2 LO.

Den typischen Aufbau eines Marconi-Röhrensenders der 2 LO-Station gibt Abb. 125 wieder. Besonders bemerkenswert ist die gute Übersichtlichkeit und leichte Zugänglichkeit aller Teile.

Abb. 125. Marconiröhrensender für Radiotelephonie.

4. Röhrensender von Königswusterhausen.

Einen Blick in den allen R.-T.-Teilnehmern vom Anhören bestens bekannten Sender der Großstation Königswusterhausen gibt Abb. 126 Die hier aufgestellten Röhrensender sind von Telefunken geliefert.

Abb. 126. Inneres der Station Königswusterhausen: Die Telefunkenröhrensender.

5. Energien verschiedener R.-T.-Sender.

Berlin „Voxhaus“	= ca.	600 Watt,
„ Magdeburger Platz . .	= „	900 „ ,
Königswusterhausen	= „	3000 „ .

B. Mikrophone für R.-T.-Sendezwecke.

Ein sehr wesentlicher Teil für das gute Gelingen der R.-T.-Darbietungen kommt den Sendermikrophonen zu. Vorweg kann bemerkt werden, daß gerade an diesem Senderbestandteil die Technik noch sehr intensiv arbeitet, und daß insbesondere für einen beliebig langen Senderdauerbetrieb das Optimum durchaus noch nicht erreicht zu sein scheint, wenngleich vielfach schon recht gute Resultate erzielt werden. Von der Sendermikrophon-Anordnung wird nicht nur verlangt, daß in ihr die nötige Energie untergebracht werden kann, um eine entsprechend kräftige Modulation der Hochfrequenzwellen zu erreichen, sondern es wird auch praktisch Trägheitslosigkeit und Verzerrungsfreiheit im gesamten akustischen Tonbereich, also etwa von 30 hinauf bis auf 10000 Schwingungen verlangt.

Die Lösung dieses Teils der Aufgabe ist eine recht schwierige. Sie ist aber notwendig, damit nicht nur Sprache, sondern auch Musikvorträge und namentlich hohe Sopranstimmen gut im R.-T.-Betrieb wiedergegeben werden können.

Die Lösung des Problems ist auf verschiedenartige Weise versucht worden.

1. Kohlekörnermikrophone.

Der historischen Entwicklung entsprechend hat man sich anfangs bemüht, Kohlekörner-, bzw. Kohlestaubmikrophone zu verwenden. Ein einzelnes Mikrophon kann einen Strom von etwa 0,2 Ampere aufnehmen, so daß bei einem Widerstand von ungefähr 50 Ohm rund 1 Watt vernichtet wird. Dieses an sich günstige Resultat, welches die Tatsache einer sehr erheblichen Verstärkung der die Membrane beaufschlagenden Schallschwingungen ausdrückt, ist jedoch aus dem Grunde nicht ausreichend, weil einerseits diese Mikrophone doch immerhin eine gewisse Trägheit besitzen, andererseits weil bestimmte Resonanzlagen bevorzugt sind. Auch wünscht man, die Energie steigern zu können, was selbst bei entsprechend hochwertigen Parallelschaltungen, selbst wenn diese einwandfrei arbeiten, praktisch nur schwer möglich ist.

Abb. 127. Kohlenstaubmikrophon der Western Electric Co.

Meist recht gute Resultate sind mit dem Gruppenmikrophon der Telegraphon A.-G. erzielt worden, welches aus 12 einzelnen Mikrophonen besteht, die parallel geschaltet, an kleinen Gummibändchen aufgehängt, auf eine gemeinsame Membrane einwirken. Durch entsprechende Dämpfungseinrichtungen ist es gelungen, besonders ausgesprochene Resonanzwirkungen hierbei aurzuschließen.

Diese Anordnung ist recht ähnlich der älteren Kohlestaubmikrophon-Kombination der Western-Electric Co. gemäß Abb. 127, welche bei zahlreichen R.-T.-Sendungen in aller Welt verwendet wurde und auch heute noch benutzt wird.

Die einzelnen Mikrophone, welche je mit einer starkgespannten Membrane versehen sind, so daß die Eigenfrequenz über derjenigen der akustischen Schwingungen liegt, sind hierbei in sehr sorgfältiger Weise mechanisch ausgeglichen aufgehängt.

Es kann bei Verwendung dieser Mikrophone die Wirkung insbesondere in unmittelbarer Nähe des R.-T.-Senders eintreten, daß ein leicht rauschender Unterton, ähnlich wie beim Grammophon, sich im Empfänger wenig angenehm bemerkbar macht. Dieses ist indessen durchaus nicht immer der Fall und kann bei richtiger Einstellung auch meist ganz vermieden werden (z. B. beim Sender Zürich-Köngg).

2. Ionenmikrophone.

Eine nahezu ideale Lösung des Mikrophonproblems ist durch das sog. Ionenmikrophon gegeben. Dieses kann z. B. in Form einer Entladestrecke ausgebildet sein, wie dies Abb. 128 zeigt. Es ist dieses das Thomasmikrophon der Western-Electric-Co. Es beruht darauf, daß zwischen den Elektroden eine Glimmentladung erzeugt wird, welche einen veränderlichen Widerstand darstellt, der als Mikrophon dient. Ob die Betriebssicherheit dieser Anordnung ausreichend ist, erscheint zweifelhaft, denn der Londoner 2 LO-Sender, welcher einige Zeit hiermit ausgerüstet war, ist von der Anordnung wieder abgegangen.

Abb. 128. Ionenmikrophon der Western Electric Co.

Auf einem ähnlichen Prinzip beruht das Ionenmikrophon, Katodophon genannt, von Voigt-Engel-Massolle. Zwischen zwei Elektroden, von denen die eine in Glühzustand versetzt wird, wird eine Spannung von etwa 500 Volt gelegt. Es fließt alsdann von der glühenden Kathode nach der Anode ein Ionenstrom, welcher durch die Schallschwingungen modifiziert wird.

Wenngleich die Trägheit dieser Anordnung nur äußerst gering ist, so scheinen doch häufige plötzlich einsetzende, nicht gewünschte Entladungsvorgänge an der Kathodenoberfläche stattzufinden, welche die gleichmäßige, zuverlässige Wirkung des Katodophons für den R.-T.-Betrieb ungünstig beeinflussen können.

Auch diese Ausführung des Ionenstrommikrophons hat infolgedessen praktisch bisher noch keine Einführung erlangt.

3. Elektromagnetische Mikrophone.

Am aussichtsvollsten sind diejenigen Lösungen des Mikrophonproblems, welche auf elektromagnetischen Prinzipien beruhen.

Das elektromagnetische Mikrophon von Marconi-Sykes und Round ist in einem im wesentlichen schematisch gehaltenen Schnitt und im Grundriß in Abb. 129 wiedergegeben. Es ist hierbei ein dreischenkliges Magnetsystem (Topfmagnetsystem) *a* verwendet, welches von einer Spule *b* erregt wird. Diese wird bei 8 Volt mit 4 Ampere gespeist. In dem Felde dieses Magneten ist die Spirale *c* angeordnet, welche an einer Papiermembrane *d* befestigt ist.

Um ein Schwirren dieser Membrane zu verhindern, ist eine besondere Dämpfung vorgesehen, teils in einer Vaselineschicht *e*, teils in einem Polster *f*.

Beim Betrieb wird das Magnetfeld erregt, und es werden infolgedessen, sobald die Membrane durch den Schall beaufschlagt wird, das Magnetfeld beeinflußt. Selbstverständlich ist die Wirkung nur außerordentlich gering und muß durch entsprechende Verstärker verstärkt werden. Durch Vorschaltung von Drossel- und Siebketten werden evtl. Verzerrungen unterdrückt.

Ein anderes elektromagnetisches Mikrophon ist das Bandmikrophon von Siemens & Halske gemäß Abb. 130. In dem kräftigen Magnetfeld *NS* ist ein außerordentlich dünnes, nur einige Tausendstelmillimeter starkes, geriefeltes Aluminiumbändchen *a* aufgehängt, welches etwa 1 cm breit und 10 cm lang ist. Die Masse dieses Bändchens ist infolgedessen außerordentlich gering. Durch die Riefelung ist eine hinreichende Versteifung im allgemeinen erzielt. Die Luft und das Magnetfeld wirken ziemlich stark dämpfend, so daß störende Resonanzlagen kaum zum Ausdruck gelangen können.

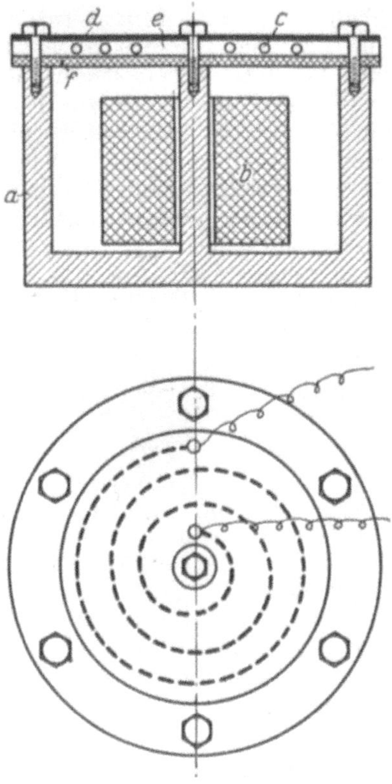

Abb. 129. Elektromagnetisches Mikrophon von Marconi-Sykes-Round.

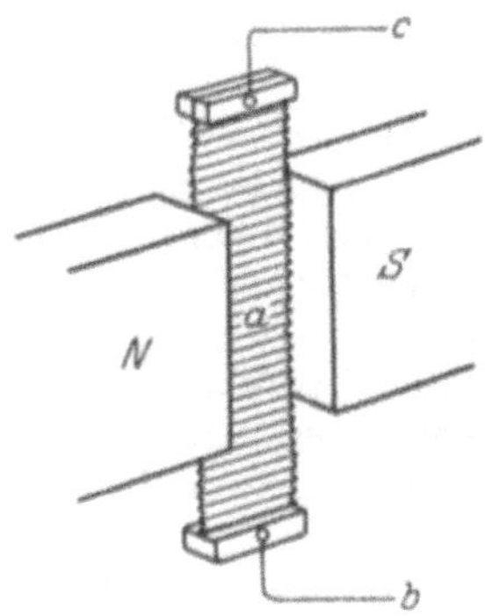

Abb. 130. Bandmikrophon von Siemens & Halske.

Sobald das Bändchen durch Lautschwingungen beaufschlagt wird, entstehen an den Zu- und Ableitungen *b* und *c* entsprechende Wechselspannungen, welche zur Betätigung des Senders entsprechend verstärkt werden müssen. Niedrigere Schwingungszahlen geben recht gute Effekte, während hohe Tonlagen mit besonders hervortretenden Oberschwingungen, wie z. B. bei Sopranstimmen in der Übertragung sich meist nicht so günstig verhalten.

4. Kondensatormikrophone.

Auch Kondensatormikrophone sind schon verschiedentlich in den Dienst der R.-T.-Sender gestellt worden, vor allem ein Kondensatormikrophon der Western-Electric-Co. gemäß Abb. 131, welches mit einem früher von Dr. Seibt angegebenen Mikrophon ziemlich identisch zu sein scheint. Ein Anschauungsbild von der Ausführung des Mikrophons zeigt Abb. 132. Das Mikrophon stellt einen Kondensator von etwa 0,0005 MF Kapazität dar. Einerseits ist

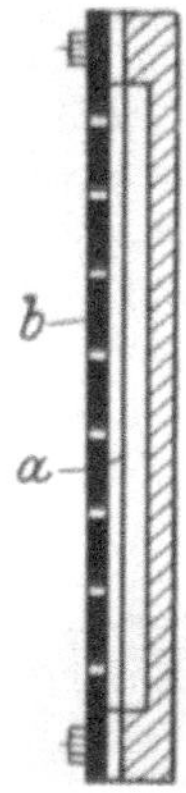

Abb. 131. Kondensatormikrophon der Western Electric Co.

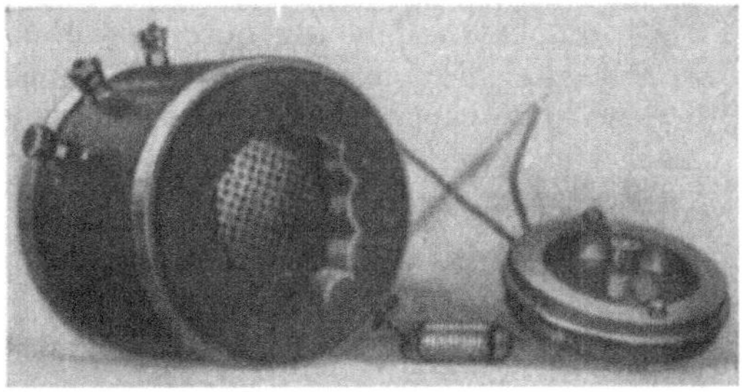

Abb. 132. Ausführung des Kondensatormikrophons der Western Electric Co.

dies die dünne Stahlmembrane *a* und andererseits eine durchlöcherte Metallplatte *b*, welche in einem äußerst geringen Abstand (ca. einige Tausendstelmillimeter) von der Metallmembrane *a* angeordnet ist. Durch die in der Metallplatte *b* vorgesehenen Löcher kann die Luft entweichen. Durch die Lautbeaufschlagung wird eine Kapazitätsvariation des Mikrophons und dadurch entsprechende Stromschwingungen verursacht. Die mit dem Kondensatormikrophon erzielten Resultate sind ganz ausgezeichnete.

C. Der Besprechungsraum.

Um einwandfreie R.-T.-Darbietungen, insbesondere solche künstlerischer Art zu erzielen, ist es notwendig, den Besprechungsraum besonders auszustatten.

Der Idealzustand wäre natürlich, wenn es möglich wäre, die Darbietungen von Opern direkt aus dem Theater, von Konzerten direkt aus dem Konzertsaal usw. zu senden. Einmal würde dieser Betrieb der denkbar wirtschaftlichste sein, da das Gebotene nicht nur für den berechneten Zuhörerraum, sondern für jedermann veranstaltet würde; ferner aber sind naturgemäß die künstlerischen Effekte derartiger öffentlicher Darbietungen, bei welchen eine Resonanzwirkung zwischen Künstlern und Publikum vorhanden ist, einer solchen überlegen, bei welcher in einem abgeschlossenen Raum der Künstler in das Mikrophon hineinsingt oder spricht und die Rückwirkung auf die Zuhörer überhaupt nicht kennt.

Wenn man trotzdem im allgemeinen von diesem Modus meist grundsätzlich abgegangen ist, und besondere Besprechungsräume vorgesehen hat, so liegt dies zu einem wesentlichen Teil an den akustischen Unzuträglichkeiten der Theater und Konzertsäle für die spezielle R.T.-Übertragung. Nicht nur, daß z. B. in der Oper die Sänger infolge der notwendigen Bewegungen während des Spiels einen ständig wechselnden Abstand von dem oder den Mikrophonen einnehmen, wodurch außerordentliche Lautstärkenunterschiede hervorgerufen werden, tritt in besonders unangenehmer Weise eine Klirr- und Echowirkung dieser Räume auf, welche eigentümlicherweise durch das Mikrophon viel stärker übertragen und im Hörer oder Lautsprecher des R.-T.-Abonnenten bemerkbar gemacht werden, als beim gewöhnlichen Zuhören im Theater oder Konzertsaal. Es mag auch sein, daß manche dieser als lästig zu empfindenden Nebengeräusche automatisch beim Anhören im Theater oder Konzertsaal vom Ohr ausgemerzt werden, daß man also gleichsam über dieselben hinweg hört.

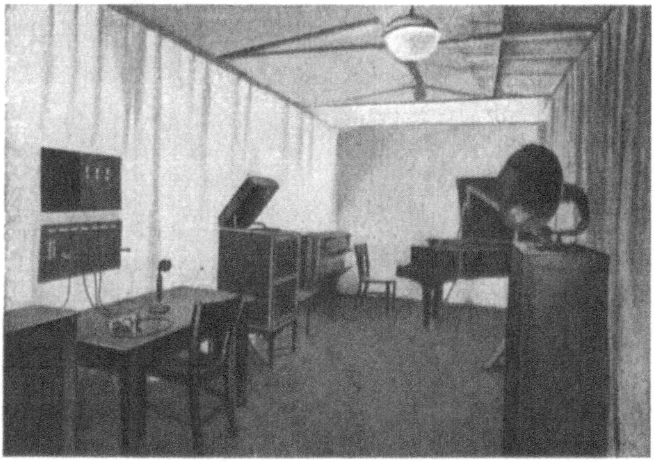

Abb. 133. Besprechungsraum der Station 2 LO, London.

Bei der Sprache liegen die Verhältnisse vielleicht nicht ganz so ungünstig. Ansprachen und Reden können auch aus größeren akustisch nicht allzu ungünstigen Räumen recht gut durch das Mikrophon auf R.-T.-Sender übertragen werden, allerdings wird sich auch hier häufig eine Mitklirrwirkung des Raumes wenig angenehm bemerkbar machen.

Infolgedessen sind in allen Ländern, in welchen heute den Zuhörern R.-T.-Darbietungen gewährt werden, besondere Besprechungsräume vorgesehen, welche eine besonders gut durchgebildete Inneneinrichtung besitzen. Infolge der historischen Entwicklung ist auch in dieser Beziehung Nordamerika tonangebend gewesen.

Der Besprechungsraum der bekannten englischen 2 LO-Station ist in Abb. 133 wiedergegeben. Durch entsprechende Portieren an den Wänden, durch eine keine Echowirkung aufkommen lassende Deckenbespannung und einen Fußbodenbelag sind die Störgeräusche nach Möglichkeit eliminiert. Auch durch zweckmäßige Anordnung von Zwischenportieren kann die künstlerische Wirkung noch weiterhin verbessert werden. Es gibt heute schon Sender, welche auch in dieser Beziehung den künstlerischen Anforderungen weitgehendst nachkommen.

Ein anderer sehr wesentlicher Teil betrifft natürlich die Anordnung des oder der Mikrophone. Die in akustischer Beziehung offenbar vielfach günstigen Resultate sind bisher mit Kohlekörnermikrophonen bzw. Kohlepulvermikrophonen erzielt worden, die bei Orchestern in einer größeren Anzahl für die Sendung benutzt werden. (Siehe oben.)

Ein Anordnungsbild, wie es sich besonders gut bewährt hat, zeigt Abb. 134. Es zeigt dieses Bild ein kleineres Orchester mit einer Singstimme, wobei 3 getrennte Mikrophone verwendet wurden. Auch der Abstand dieser Mikrophone von den Schallquellen ist bemerkenswert. Er ist

Abb. 134. Anordnung mehrerer Mikrophone bei Orchester- und Gesangsübertragung.

bei den Flötisten am geringsten, da die von diesem Instrument erzeugte Schallamplitude naturgemäß am kleinsten ist. Bei der Singstimme und den Cellisten kann er bereits erheblich sein. Der größte Abstand kommt natürlich inbetracht für diejenigen Instrumente, deren Schallenergie verhältnismäßig groß ist, wie z. B. bei Posaunen, Pauken usw.

In welcher Weise in einem amerikanischen Besprechungsraum die Mikrophone bespielt werden, ist in der Abb. 135 zum Ausdruck gebracht.

D. Hören und Sprechen bei der Drahttelephonie und beim R.-T.

Ein besonderer Vorteil kommt der Übermittlung des gesprochenen Wortes zugute. Durch langjährige Gewöhnung des Drahttelephonhörens sind die meisten Menschen in der Lage, das gesprochene Wort auch dann zu verstehen, selbst wenn nur das Sprachskelett übertragen wird. Bei der Drahttelephonie sind ja bekanntlich große und zum Teil wohl kaum überbrückbare Schwierigkeiten vorhanden, die Sprache auch nur einigermaßen so gut und deutlich zu übertragen, wie dies im R.-T.-Verkehr ohne weiteres möglich ist. Es muß aber trotzdem bei der weiteren Entwicklung, insbesondere wenn das Verlangen gestellt wird, z. B. Nachrichten in großem Umfange durch R.-T. zu vertreiben, die Forderung gestellt werden, daß die Sprechenden über eine bessere Sprachtechnik verfügen, als dies heute noch teilweise der Fall ist. Auf diesen Punkt scheint bisher noch nicht in allen Fällen genügender Wert gelegt worden zu sein. Für die Weiterentwicklung ist er jedoch von mindestens ebensolcher Bedeutung wie die Indienststellung guter Sender und Empfänger.

Abb. 135. Ein amerikanisches Saxophon-Orchester konzertiert für eine R.-T.-Übertragung.

Nicht nur die Technik der musikalischen Beaufschlagung des Sendermikrophons muß eine den beim R.-T.-Betrieb eigentümlichen Verhältnissen entsprechende sein, sondern auch bei Übertragung der Sprache ist auf diesen Punkt weitgehendste Rücksicht zu nehmen. Leider sind die bisherigen sprachlichen Übertragungen vieler R.-T.-Sender keineswegs auf der Höhe. Die Mimik des Sprechers ist dem Zuhörer im Gegensatz zum Theater und Vortragssaal nicht sichtbar. Er muß infolgedessen diese noch mehr als an den genannten Orten durch die Sprachmodulation zu ersetzen suchen. Vor allem muß von den Sprechern verlangt werden, daß dieselben nicht nach Art expressionistischer Schauspieler Endsilben verschlucken und nur die ersten Silben deutlich wiedergeben. Ferner muß er sich aber davor hüten, die Sprachschallstärke allzu sehr zu steigern oder gar übermäßig in Zischlauten zu sprechen. Der Theaterraum ist in jahrhunderterlanger Erfahrung diesen Verhältnissen angepaßt worden. Das Sendermikrophon kann solche starken Differenzen nicht ausgeglichen wiedergeben. Im ersteren Falle wird es überschrien, im zweiten Fall überwiegen Verzerrungen, welche namentlich durch Zischlaute der Sprache stark begünstigt werden. Das Anhören derartiger Darbietungen wirkt häufig äußerst peinlich, und der geringe Erfolg mancher Versuche der Sendespielbühnen liegt hierin begründet.

Selbstverständlich hat der Sprecher auch besondere Rücksicht auf das Tempo zu nehmen. Eine sich überstürzende Sprache, die auf der Bühne, namentlich in Affektmomenten, durchaus natürlich wirken kann, ist für den R.-T.-Hörer einfach unerträglich, weil die Sprachschwingungskomplexe ineinanderfließen und außer Verzerrungen noch heulende Geräuschtöne, insbesondere im Lautsprecher, hervorrufen.

Genau so wie die Filmtechnik Jahre gebraucht hat, um meisterhafte Filme zu schaffen, wird es einer eingehenden Schulung des Sprechers für den R.-T.-Betrieb bedürfen, um für die Hörer Ersprießliches erzielen zu lassen.

Dieses wird noch durch den Punkt wesentlich erschwert, daß beim Sprecher im R.-T. die Resonanzwirkung zwischen ihm und dem Publikum vollkommen fortfällt. Der sensible Schauspieler empfindet stets, welche Wirkung seine Leistung auf den Zuhörer ausgeübt hat. Der Sprecher im R.-T. redet in das tote Mikrophon, ohne eine Rückwirkung empfinden zu können. Die Ansager von Nachrichten, neuesten Mitteilungen usw. haben sich meist schon eine recht gute R.-T.-Sprachtechnik angeeignet. Die hierdurch gewonnenen Erfahrungen müssen sinngemäß auch auf künstlerische und wissenschaftliche Sprachdarbietungen übertragen werden.

E. Dimensionierung und Anordnung der R.-T.-Sender.

Man kann das Senden auf zwei prinzipiell verschiedene Weisen betreiben.

Entweder kann man die Senderenergie so stark machen, daß alle Empfänger in dem betreffenden Bereich betriebssicher mit genügender Lautstärke ansprechen. Dieser Fall würde für Abb. 136 erreicht sein für alle in einem Umkreis a von 150 km um Berlin herumliegenden Empfänger. Man erkennt z. B., daß ein in Halle, Leipzig oder Dresden befindlicher Empfänger, welche gerade auf der 150 km-Luftlinie um Berlin herumliegen, ansprechen würden; hingegen würde dieses für einen in Weimar oder Erfurt befindlichen Empfänger schon nicht mehr betriebssicher gewährleistet sein. Man könnte nun den Sender Berlin so stark machen, daß er z. B. auch die Empfänger in Erfurt und Weimar zum sichern Ansprechen bringen würde. Dies hätte jedoch ganz besondere Nachteile: es wäre alsdann nötig, die Senderenergie erheblich größer als 1—2 KW zu währen, welche Energie für den Umkreis a ausreicht. Hierdurch würde der weitere Nachteil vorhanden sein, daß die Mikrophonanordnung und überhaupt die Beherrschung mehrerer Senderenergien naturgemäß wesentlich schwieriger sein würde als die des normalen kleinen 1—2-KW-Senders. Ferner ist der weitere Nachteil, vorhanden, daß infolge des größeren Bereiches zwischen Sender und Empfängern der Empfangsbetrieb leichter durch atmosphärische Störungen leiden könnte. Infolgedessen ist man mit Vorteil zu einem andern System übergegangen.

Dieses andere System besteht in der Relaisanordnung. Man wählt einen Empfänger, welcher von Berlin aus noch betriebssicher zum Ansprechen gebracht wird, wie z. B. Leipzig und in diesen Empfänger baut man einen Sender ein, welchen man gleich groß oder kleiner als den erstgenannten wählen kann — in Abb. 136 ist eine etwas kleinere Sendertype angenommen, welche nur einen Reichweitenkreis b von etwa 100 km Radius besitzt — betätigt man am besten automatisch von dem erstgenannten Sender, einfach in der Weise, daß der aufgenommene Empfang direkt auf diesen kleineren Sender einwirkt, so daß ohne Zeitverlust und ohne nennenswerte Verschlechterung alle im Empfangsbereich von Leipzig liegenden Empfänger denselben Empfang erhalten, wie die des Bereiches von Berlin.

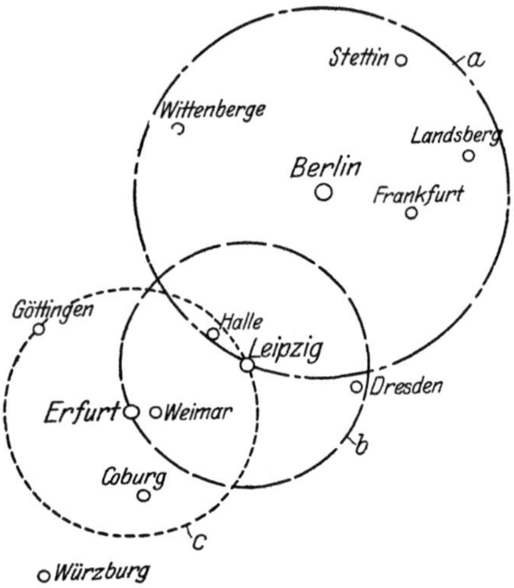

Abb. 136. Beispiel eines radiotelephonischen Relaissystems bei R.-T.-Sendern.

Selbstverständlich kann man dieses System noch weiter ausbauen, indem man z. B. von Leipzig aus einen Sender Erfurt betreibt, der den Bereich der Kreislinie c umfassen würde.

Auf diese Weise wird in sehr rationeller Art R.-T.-Musik oder -Sprache verzerrungsfrei und gleichzeitig großen Distrikten eines Landes zugeführt.

Dieses Relaissystem ist aber noch in anderer Weise abänderungsfähig. Man kann nämlich z. B. gleichzeitig dieselbe Sprach- oder Musikübertragung von Berlin aus einmal mit kleiner Welle, z. B. für einen Kreis von kleinerem Radius benutzen und gleichzeitig auf einer längeren Welle und mit entsprechend größerer Energie eine weiter entfernte Relais-Sendestation betätigen. Wegen der großen Vorteile dieses Systems ist anzunehmen, daß es in der Praxis künftiger Zeiten eine gewisse Rolle spielen wird.

F. Radiosender-Entfernungskarte.

Diese Einrichtung hat natürlich nur einen Sinn entweder für Länder, in denen sich eine größere Anzahl von Radiosendern befindet, von denen empfangen wird, oder wenn von mehreren Ländern eines Erdteiles oder von kleineren Landkomplexen aus, in denen Sender arbeiten, empfangen werden soll und es darauf ankommt, rasch die Entfernung der betreffenden Sendestation von der Empfangsstelle aus festzustellen.

Wie die Abb. 137 zeigt, ist die Anordnung überaus einfach. Man schneidet sich aus festem Papier, etwa aus Karton, einen Streifen, welcher direkt in Kilometer geeicht wird. Den Nullpunkt dieses Streifens befestigt man leicht drehbar genau an der Empfangsstelle durch eine Stecknadel oder besser durch einen Reißnagel, und nun dreht man das freie Ende der Skala so lange, bis der obere, mit der Eichskala versehene Rand die betreffende Radiostation, von welcher aus empfangen wird, gerade schneidet. Alsdann kann man die Distanz direkt auf der Skala ablesen. Bei der Einstellung, welche der Abbildung zugrunde gelegt ist, ist New York als Empfangsstelle angenommen, während beispielsweise aus der Stadt Denver in Kolorado empfangen wird, was einer Entfernung von rund 2650 km entspricht, die direkt auf der Skala abgelesen werden kann.

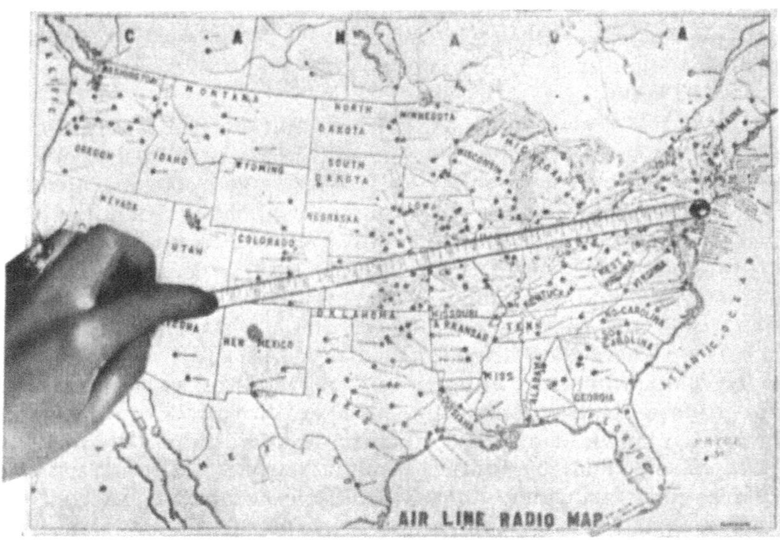

Abb. 137. Senderentfernungskarte.

VI. Der Radioempfänger[1]).

Empfangsapparate für R.-T. von Lieferungsfirmen.

A. Allgemeine an R.-T.-Empfänger zu stellende Anforderungen und Gesichtspunkte.

1. Einteilung der R.-T.-Empfänger.

Die Zahl der von der Industrie fabrizierten und im Handel erhältlichen Empfänger ist eine außerordentlich große und die Ausführung

1) Der Bau von Empfangsapparaten ist in Deutschland bisher nur demjenigen gestattet, welcher die postalische Erlaubnis hierzu besitzt. Insbesondere sind für

derselben eine sehr mannigfaltige. Im wesentlichen lassen sich freilich immer wieder dieselben Richtlinien und Konstruktionsgesichtspunkte feststellen, wenn auch die äußere Formgebung voneinander abweicht.

Für Anfänger und für diejenigen Amateure, die sich mit einfachen Apparaten begnügen wollen, werden Kristalldetektorempfänger gebaut, die meist eine sehr einfache Schaltung aufweisen. Im allgemeinen ist nur eine Abstimmspule, manchmal sogar ohne besonders fein variable Abstimmittel, vorgesehen. Eine derartige Primärschaltung ohne irgendwelche Besonderheiten ist zwar sehr einfach, besitzt aber nur eine geringe Störungsfreiheit und kleine Lautstärke. Da der Kristalldetektor keine Verstärkung bewirkt, ist der Empfang, selbst bei Benutzung einer Hochantenne, nur verhältnismäßig leise, falls der Sender sich nicht in unmittelbarer Nachbarschaft befindet. Immerhin wurden und werden mit derartigen Empfängern für manche Zwecke recht gute Resultate erzielt, namentlich wenn sich der R.-T.-Interessent einen Extraverstärker, wohl meist in Form eines Niederfrequenzverstärkers, hierzu beschaffen kann.

Ungleich bessere Resultate erhält man mit einem Röhrenempfänger, dessen Lautstärke von vornherein ein Vielfaches, meist etwa das Hundertfache derjenigen eines Kristalldetektorempfängers ausmachen kann, bei sonst gleichen Verhältnissen. Auch bei den im Handel üblichen Röhrenempfängern ist an sich die Mannigfaltigkeit der Schaltungen keine allzu große. Im allgemeinen wird einfacher Rückkopplungsaudionempfang bevorzugt, und häufig werden 1—2 weitere Röhren zur Verstärkung dahinter geschaltet. Nur bei im Handel zu habenden Empfängern, die zu Teil schon besonderen Luxusanordnungen entsprechen sollen, ist man auf selektivere und größere Lautstärken ergebende Schaltungsanordnungen übergegangen, ähnlich denjenigen, die für radiotelephonische und radiotelegraphische Verkehrszwecke benutzt werden. Alsdann ist außer Hochfrequenzverstärkung hinter den Röhrenempfänger noch ein besonderer, meist mit der Apparatur vereinigter Mehrfachverstärker geschaltet, der es ohne weiteres ermöglicht, mit einer entweder im Zimmer ausgespannten Antenne oder einer Rahmenantenne zu empfangen. Diese Apparate sind vielfach in ähnlicher Weise wie die Luxusgrammophone ausgestattet, so daß sie direkt einen Zimmerschmuck darstellen (siehe auch Radiomöbel Kap. XVIII, S. 166).

Im nachstehenden sollen aus der großen Anzahl der möglichen und geschaffenen Ausführungsformen einige besonders typische herausgegriffen und kurz beschrieben werden.

---

den Radioamateur die Bestimmungen für den Bau von Röhrenempfängern und Verstärkern besonders zu beachten. Diese dürfen zur Zeit nur von denjenigen hergestellt werden, die sich im Besitze der Audionversuchs-Erlaubnis befinden. Wahrscheinlich wird die D. P. den Audionversuchserlaubniszwang (A. V. E.) zum 1. September 1925 aufheben.

2. Einfluß von Geschmack und Mode auf die Empfängergestaltung.

Die Entwicklung der Empfangsapparate der älteren drahtlosen Telegraphie erfolgte nach bestimmten Gesetzen, welche im wesentlichen im Fortschritt der Technik und in den militärischen Anforderungen begründet waren. Es hat infolgedessen auch hierbei gewisse Perioden gegeben, welche vom technisch-physikalischen Standpunkt aus als teilweise Rückschritte aufgefaßt werden konnten, so z. B. bei manchen Kriegsempfängesn, bei denen im Gegensatz zu den früher fabrizierten hochwertigen Sekundär- und Tertiärempfängern wieder auf Primärempfang zurückgegangen wurde.

Dieses waren jedoch im großen ganzen nur einzelne Erscheinungen, und das Bild der stetigen Entwicklung wurde hierdurch kaum wesentlich getrübt.

Mit dem Augenblick, in welchem die Radiotelephonie Allgemeingut aller Bevölkerungsschichten der ganzen Welt wurde, ist in die Entwicklung ein anderes Moment hineingekommen, welches man am treffendsten als „Modesache" bezeichnen kann. Die Entwicklung der letzten Jahre hat dies einwandfrei gezeigt. In einer Saison war beispielsweise die Type „Ultraaudionempfänger" mit einer Röhre modern. Dann fand man, daß die Empfangslautstärke nicht ausreichte und ging auf den Vierröhrenempfänger mit einer Hochfrequenz-, einer Audion- und zwei Niederfrequenzstufen über. In jener Zeit war es für den Verkäufer schwierig, andere Apparattypen abzusetzen. Auch diese Empfangstype hat sich nicht allzu lange der allgemeinen Gunst erfreut, wenngleich sie selbstverständlich für den erfahrenen Benutzer ganz außerordentliche Vorteile besitzt.

Es sind andere Schaltungen auf den Markt gekommen, welche hauptsächlich mit den Namen von Armstrong, Reinartz, Flewelling, Cockaday, Harkness usw. belegt wurden. Wenngleich diese Schaltungen für Spezialzwecke selbstverständlich besondere Vorteile ergeben können und sich auch tatsächlich oft nicht unerheblich gut bewährt haben, so ist doch zu beachten, daß sie von vielen nur deswegen nachgemacht und verlangt werden, weil sie gerade zu der betreffenden Zeit als „Schlager der Saison" bezeichnet werden.

Es muß Sache der einschlägigen Radioliteratur und der fortgeschrittenen Radioamateurbewegung sein, auch in dieser Beziehung aufklärend zu wirken und den wirklichen Fortschritten von den nur jeweilig als modern bezeichneten Anordnungen Geltung zu verschaffen.

Für die Radioindustrie hat diese Art der Entwicklung natürlich auch gewisse Nachteile. Der ohnehin in seiner Fabrikation aus vielerlei Gründen nicht allzu bewegliche Radiofabrikant behält unter Umständen, wenn er den von allen möglichen Umständen abhängigen Bedarf überschätzt hat, ein zu großes Quantum seiner Apparate übrig, welche schwer verkäuflich oder unverkäuflich sind weil in der nachfolgenden Zeit die Schaltung nicht mehr als modern angesehen wird. Die Aufklärung des Publikums ist daher auch aus volkswirtschaftlichen Gründen ratsam.

3. Unterschiede des Empfängers für Stadt- und Landgebrauch. Vorteile der Rahmenantenne.

Der R.-T.-Empfänger hat zwei Hauptverwendungsgebiete, nämlich in der Stadt und auf dem Lande. Die Anforderungen, die an jede dieser beiden Kategorien gestellt werden müssen, weichen grundsätzlich voneinander ab. In einem städtischen Gebäude ist häufig nicht nur die Montage einer Hochantenne schwierig, sondern es tritt vor allem der Übelstand hinzu, daß, wenn mehrere Interessenten in einem Gebäude empfangen wollen, die hierfür erforderlichen Hochantennen sich miteinander koppeln, d. h. die Empfänger stören sich alsdann. Außerdem sind durch die zahlreichen Elektromotoren, Straßenbahnen, elektrischen Vorgänge in Lichtleitungen usw. derart viele Störungen vorhanden, die durch den Erdanschluß (Gas- und Wasserleitungen usw.) mehr oder weniger auf den Empfänger übertragen werden, und die so erheblich sein können, daß sie den R.-T.-Genuß sehr in Frage stellen können. Bisher ist es nicht gelungen, derartige Störungen praktisch immer vom Empfänger fernzuhalten. Daher ist für den städtischen R.-T.-Empfänger eine Innenantenne oder auch eine Rahmenantenne vorzuziehen, die keine Erdung benötigt, infolge ihrer geringen Streuung die Aufstellung beliebig vieler Rahmenantennen in einem Hause gestattet, ohne daß diese sich gegenseitig stören, und infolge ihrer Richtwirkung eine gewisse Selektion und eine immerhin schon wesentliche Abkehr von Störungsherden zuläßt. Der große Vorteil der spulenförmigen Rahmenantenne besteht nämlich in ihrer Störbefreiung gegenüber atmosphärischen und sonstigen elektrischen Störungen der Nachbarschaft. Die Rahmenantenne erfordert aber Röhrenempfängerverstärker, die ganz anders gebaut sind als die Detektorempfänger.

Bei einem auf dem Lande aufgestellten Empfänger sind alle diese einschränkenden Bedingungen nicht vorhanden, da sich hier meist in einfachster Weise die Möglichkeit zur Ausspannung einer Hochantenne ergibt. Die Erde ist nicht durch Störungen usw. verseucht; eine ausreichend gute Erdung ist leicht zu erhalten und somit eine genügend große Empfangslautstärke, so daß man mit einem Kristalldetektor, häufig sogar ohne besonderen Verstärker, empfangen kann. Infolgedessen genügt auf dem Lande meist die Anschaffung eines Kristalldetektorempfängers, sei es in Form eines einfachen Primärempfängers oder in Gestalt eines hochwertigen Primär-, Sekundär- eventuell auch Tertiärempfängers. Eventuell kann man noch eine besondere Verstärkung dadurch bewirken, daß man einen Niederfrequenzverstärker an die Empfangsapparatur dranhängt.

4. Welcher Empfangsapparat kommt für den Radiointeressenten in Betracht?

Die Radiointeressenten gliedern sich in Rundfunkabonnenten und Radioamateure. Die ersteren rekrutieren sich im großen ganzen aus Laien, welche von der Radiotelephonie meist nur unzureichende Vorstellungen haben, während die Radioamateure meist auch Bastler sind, die ihre Apparate den jeweiligen Bedürfnissen und Anforderungen entsprechend zusammenstellen. Im Gegensatz zu diesem wünscht der Rundfunkabonnent mit der Apparatur und ihrer Wartung möglichst wenig zu tun zu haben. Er will tunlichst seinen Apparat nur an die Antenne anschalten, sofern er Röhren benutzt, dieselben höchstens einregulieren und möglichst selten Aufladungen oder Ergänzungen seiner Batterien vornehmen. Mit anderen Worten: Er möchte nach Möglichkeit eine Apparatur besitzen, wie sie etwa ein Haustelephonapparat darstellt, mit dem man tatsächlich seine Verbindung bekommt und sprechen kann.

Bevor sich der Interessent über eine Apparattype entscheidet, muß er sich klar darüber werden, nicht nur welche geldlichen Mittel ihm für die Beschaffung und Wartung zur Verfügung stehen, sondern auch, welche Stromquelle er zu benutzen wünscht, und vor allem, von welchen Sendern er aufnehmen will. Mit Bezug auf den letzten Punkt sind allerdings gerade durch den Ausbau des Europäischen Rundfunknetzes gewisse Grenzen gezogen, denn stellenweise ist die Wellendifferenz so gering gewählt, daß eine Überlappung einzelner Sender in Betracht kommt, und daß es daher selbst unter Aufwendung sehr hochwertiger Mittel im allgemeinen nicht möglich sein wird, eine scharfe Trennung der einzelnen betreffenden Sender voneinander zu bewirken. So sendet z. B. Breslau mit 415 Meter, Glasgow mit 420 m und Rom mit 426 m, also nur Wellendifferenzen von etwa 5 m, welche bei der gegenüber der Radiotelegraphie geringeren Selektivität im Empfang wohl kaum voneinander getrennt werden können.

Es ist ferner auch wesentlich, zu unterscheiden, ob der Empfang mit Doppelkopfhörer oder mit Lautsprecher wiedergegeben werden soll. Der letztere erfordert gegenüber hochwertigen Doppelkopfhörern eine größere Energie. Infolgedessen ist es meist notwendig, für den Lautsprecher noch eine besondere Verstärkungsstufe vorzusehen.

B. Welche Apparate kommen in Betracht?

1. Empfang im direkten Bereich des Rundfunksenders (Senderenergie mindestens 500 Watt).

Unter dem direkten Bereich eines Rundfunksenders wird ein Kreis mit etwa 25—30 km Radius um den Sender herum verstanden.

In Deutschland ist die Organisation des Unterhaltungsrundfunkes bisher in der Weise vorgenommen, daß in den unbesetzten Teilen des Reiches eine Anzahl von Sendern vorgesehen sind, wodurch bei normalen atmosphärischen Verhältnissen der größere Teil des Landes bestrichen wird.

Besonders bevorzugt hierbei sind natürlich die großen Städte, in welchen Sender arbeiten, da die hierbei zur Verfügung stehende Empfangsenergie außerordentlich viel größer ist, als auf dem flachen Lande.

a) Doppelkopfhörer-Empfang mit Innenantenne (Lichtleitung).

Diese Empfangsart ist besonders in den Städten, welche gleichzeitig Orte der Rundfunksender sind, sehr beliebt. Manche Hausbesitzer machen heute bei der Montage von Hochantennen noch besondere Schwierigkeiten. Diese fallen bei Benutzung einer Innenantenne durch die Lichtleitung vollkommen fort. Außerdem hat man bei letzteren den Vorteil größerer Störungsfreiheit. Die im direkten Bereich eines Rundfunksenders zur Verfügung stehende Energie ist selbst bei den heute zur Verfügung stehenden Mitteln groß genug, um einen Detektorempfänger zu betreiben, an welchem ein oder mehrere Doppelkopfhörer angeschlossen werden können.

An Stelle des Detektorempfängers kann natürlich auch ein Einrohrempfänger verwendet werden, da infolge größerer Konstanz das Arbeiten mit der Röhre vielen Interessenten heute bequemer ist als mit dem Kristalldetektor, namentlich älterer Ausführug; notwendig ist dieses bei der vorgenannten Aufgabenstellung indessen nicht. Als Erde wird man häufig, namentlich bei Straßenbahnnähe, ein Gegengewicht wählen, das in der Wohnung einfach anzubringen ist.

b) Lautsprecherempfang mit Innenantenne (Lichtleitung).

Die vorgenannten Mittel können auch ohne weiteres benutzt werden, um einen Lautsprecherbetrieb durchzuführen, wie er für die Familie und den Freundeskreis, also für Räume nicht allzu großer Ausdehnung in Betracht kommt. Es ist alsdann meist nur erforderlich, hinter den Empfänger einen Einfach- oder evtl. Zweifachverstärker zu schalten, um die Empfangsenergie entsprechend zu vergrößern. Nur unter besonders günstigen Umständen, beispielsweise bei sehr geringer Entfernung vom Sender, ist es möglich, einen Lautsprecherbetrieb ohne besondere Verstärkungseinrichtung dauernd zu gewährleisten.

Die Meinung, wenn man für den 1-Rohr-Verstärker ohnehin schon Heiz- und Anodenbatterie braucht, daß nunmehr auch an Stelle des Detektorempfängers ein Röhrenempfänger verwendet werden sollte, ist nicht zutreffend, denn einmal bedingt ein derartiger Betrieb natürlich erhöhte Stromkosten, da an Stelle des einen zu betätigenden Rohres nunmehr 2 Röhren kommen würden, was insbesondere mit Bezug auf die Heizstromquelle häufig nicht angenehm ist, und ferner ist aber der elektrische Vorteil beim Detektorempfang vorhanden, daß automatisch gewisse Störungen, die den Genuß beeinträchtigen können, durch den Kristalldetektor ausgesiebt werden. Die Kombination Kristalldetektorempfänger und 1-Rohr-Verstärker ist gerade für den Lautsprecherbetrieb in der Familie eine besonders glückliche, um Musik, Vorträge usw. zu Gehör zu bringen.

2. Empfang im weiteren Bereiche des Rundfunksenders.

In Betracht kommt ein Kreis mit dem Radius von etwa 100 km mit dem Rundfunksender als Mittelpunkt.

a) Empfang mit Innenantenne und 1-Rohr-Empfänger.

Bei Benutzung einer Innenantenne ist es im allgemeinen notwendig, bei größerer Entfernung vom Rundfunksender mindestens einen Einrohrempfänger anzuwenden. Ist dieser jedoch dem heutigen Stande der Technik entsprechend gebaut, so ist ein Empfang mit einem solchen bei Benutzung einer Innenantenne sichergestellt.

b) Empfang mit Innenantenne, 2-Rohr-Empfänger und Lautsprecher.

Soll ein Lautsprecher betätigt werden, ist die Hinzuschaltung eines zweiten Rohres, zweckmäßig in verstärkter Schaltung, erforderlich. Nur in seltenen Fällen wird man auf diesen besonderen Niederfrequenzverstärker verzichten können.

c) Empfang mit Hochantenne, Detektorempfang und Doppelkopfhörer.

Ist die Anbringung einer Hochantenne möglich, so sollte man diese bei größeren Abständen vom Rundfunksender vorziehen, da es mittels derselben möglich ist, entweder mit erheblich einfacheren Empfangsmitteln auszukommen oder aber leichter eine größere Empfangsamplitude zu erhalten. In dem genannten Bereich kann man mit einem richtig gebauten Kristalldetektorempfänger bei Benutzung der Hochantenne und ausreichender Sendung, welch letztere keineswegs zu vernachlässigen ist, sehr gut einen Empfang mit einem oder mehreren Doppelkopfhörern bewirken.

d) Empfang mit Hochantenne, Röhrenempfänger und Lautsprecher.

Nur unter ganz besonders günstigen Umständen wird bei Benutzung der Hochantenne in weiterer Entfernung vom Rundfunksender sich ein Lautsprecherbetrieb mit 1-Röhrenempfang durchführen lassen. Im allgemeinen wird man, um den gewünschten Sender betriebssicher zu erhalten, hinter den 1-Rohr-Empfänger noch eine mindestens 1-Rohr-Verstärkungsstufe einschalten müssen.

3. Empfang von europäischen Telephoniesendern.

Zur Zeit sind in Mitteleuropa mit einigermaßen gut gebauten Empfangsmitteln allabendlich etwa 40 Telephoniesender zu hören. Um diese möglichst störungsfrei zu empfangen, ist in den nachstehenden beiden Rubriken angenommen, daß nur mit Innenantenne empfangen wird. Selbstverständlich ist es möglich, auch an deren Stelle eine Hochantenne zu benutzen, wodurch ohne weiteres ein erheblich höherer Schwellwert für den Empfang, also eine größere Lautstärke, erzielt wird.

a) Empfang mit Innenantenne, Mehr-Rohr-Empfänger und Doppelkopfhörer.

Für den Europaempfang wählt man entweder die typische 4-Rohr-Schaltung: 1 oder 2 Hochfrequenzröhren, eine Audion- und 1 oder 2 Niederfrequenzröhren, oder man nimmt eine moderne 3-Rohr-Reflexschaltung, Beide sind in ihrer Wirkung ungefähr gleich. Sie ermöglichen einen meist recht guten, störungsfreien Empfang von den meisten europäischen Telephoniesendern, sofern die baulichen Verhältnisse nicht allzu ungünstig sind. (Eisenbetonbau ist natürlich sehr schlecht.)

b) Empfang mit Innenantenne und Lautsprecher.

Will man einen Lautsprecherempfang demonstrieren, so ist es fast stets erforderlich, einen besonderen Kraftverstärker zwischen Empfang und Lautsprecher zu schalten. Die hierfür anzuwendenden Mittel sind indessen verhältnismäßig einfach, und es genügt meistens ein genügend kräftig arbeitender 1-Rohr-Verstärker.

Will man an Stelle der Innenantenne eine Hochantenne verwenden, so kommt man unter günstigen Umständen schon mit einem 2-Rohr-Verstärker für den Lautsprecherbetrieb aus. Dieses kann jedoch nicht als Norm angesehen werden, hängt vielmehr von den räumlichen Verhältnissen, der Atmosphäre und der Geschicklichkeit des Bedienenden ab, abgesehen von der Ausführung und Instandhaltung der Empfangsapparatur.

4. Empfang auf sehr große Entfernungen. (Amerikaempfang in Europa.)

Es lassen sich allgemeine Regeln hierfür nicht angeben, da es ganz besonders auf die zur Verfügung stehenden Mittel, den Empfangsraum und die Geschicklichkeit des Betreffenden ankommt. Es ist bestimmt anzunehmen, daß die Empfangstechnik auf sehr große Entfernungen in nicht allzu ferner Zeit Allgemeingut der Radiointeressenten sein wird. Heute ist die Entwicklung noch nicht so weit vorgeschritten, und die Fälle, wo in welchen beispielsweise in Europa Radiotelephonie von Amerika empfangen wird, sind noch nicht allzu häufig. Es kommt hierbei auf die Ausnutzung aller zur Verfügung stehenden Mittel wesentlich an.

C. Welche Schaltungen, Röhren usw. kommen in Betracht?

Bei der Auswahl ist naturgemäß nicht nur im besonderen Maße auf die örtlichen Verhältnisse Rücksicht zu nehmen, sondern es kommt auch im wesentlichen auf die Geschicklichkeit und Erfahrung des Betreffenden an, der die Apparatur bedienen soll. In den weitaus meisten Fällen wird es nicht zweckmäßig sein, von vornherein mit einer sehr hochwertigen Röhrenapparatur anzufangen, sondern es ist vorteilhaft, sich erst einmal mit einfacheren Apparaten zu begnügen. Dabei ist nicht etwa der Nachteil vorhanden, daß diese einfachen Apparate später nicht mehr benutzbar sind, wie dies etwa beim Einüben in die Liebhaberphotographie bei Beschaffung eines billigen photographischen Apparates der Fall sein würde, sondern es ist eine besonders eigene Art gerade des drahtlosen Telephonieempfanges, daß auch diese einfachen Instrumentarien nach Anschaffung hochwertiger Apparate dauernd ihren Wert besitzen, da sie auch dann meist noch oft verwendet werden.

1. Detektorempfänger ohne Selektion.

Diese primitivste Empfängerform wird natürlich nur derjenige wählen, welcher einen möglichst billigen Apparat mit einfachsten Mitteln zu betreiben wünscht. Man kann hiermit bereits recht gute Resultate erhalten, da der Kristalldetektor automatisch manche Störungen und Empfangsgeräusche, wenigstens teilweise, zu beseitigen vermag. Will man von mehreren Stationen aus empfangen, so reicht naturgemäß ein solcher primitiver Empfänger, welcher keine Welleneinregulierung erlaubt, nicht meht mehr aus.

2. Detektorempfänger mit Selektion.

Die Einhaltung und praktische Durchführung des Abstimmungsgedankens ist immer dann nötig, wenn von verschiedenen Sendern aus empfangen werden soll. Allerdings liegen manche Sendewellen europäischer Telephoniesender bereits so nahe beieinander, daß eine Trennung selbst mit sehr hochwertigen Apparaten für Radiotelephonie nicht mehr möglich ist. Immerhin ist bisher die Zahl dieser Stationen keine allzu große, und eine Störung kann erst dann eintreten, wenn sie gleichzeitig arbeiten.

3. Normale Röhrenschaltungen.

Es sind zwar in letzter Zeit von mehreren Radio-Amateuren sehr hochwertige 1- und 2-Röhrenschaltungen ausgeführt worden, mit welchen selbst der Empfang weiter abgelegener Telephoniesender einwandfrei bewirkt werden konnte. So ist es beispielsweise gelungen, Rundfunksender auf 700 km und mehr mit 1-Röhren-Empfängern zu erhalten. Immerhin ist natürlich zu beachten, daß derartige Anordnungen schon erhebliche Erfahrungen und nicht unwesentliche Geschicklichkeit des Experimentierenden bei relativ sehr günstigen elektrischen Verhältnissen voraussetzen, da sonst auf Erfolge kaum sicher gerechnet werden kann.

Auch mit der Benutzung der Rückkopplung sollte man vorsichtiger sein. Die Rückkopplungsanordnung ist zwar bequem und sichert ohne Aufwendung besonderer Mittel eine größere Empfangslautstärke, aber der Empfänger bzw. Verstärker kann unstabil werden, und es empfiehlt sich, für praktische Fälle mehr, mindestens bei größeren Wellen, einen Empfang mit drosselspulengekoppelten Hochfrequenzverstärkern. Die heute normalgebräuchliche Röhrenschaltung, mit welcher auch bei Zimmerantenne gute Resultate, auch von weit abgelegenen Telephoniesendern, erzielt werden können, besitzt ein Hochfrequenzrohr, ein Audionrohr und ein Niederfrequenzrohr. Eventuell können auch zwei Hochfrequenzrohre oder zwei Niederfrequenzrohre vorgesehen sein.

4. Sparschaltungen, insbesondere Reflexschaltungen.

Der Radio-Empfang zwingt, ebenso wie jede andere technische Anordnung, nach Möglichkeit Energie und Kosten zu sparen. Bei normalen Röhrenschaltungen, auch wie sie soeben erwähnt wurden, werden die Röhren nicht voll ausgenutzt. Infolgedessen besitzen alle diejenigen Anordnungen, bei denen eine doppelte oder überhaupt mehrfache Benutzung der Röhre vorgesehen ist, erhebliche Vorteile. Hier kommen namentlich in Betracht 1- oder 2-Rohr-Reflexapparate, bei welchen als reflektierendes Glied ein Kristalldetektor oder eine weitere Röhre Verwendung finden kann. Es sind da bereits eine große Anzahl praktischer brauchbarer Schaltungen angegeben worden.

5. Unidyneschaltungen.

Auch an Bestrebungen, eine besondere Anodenbatterie zu vermeiden, um den Betrieb zu vereinfachen und zu verbilligen, hat es nicht gefehlt. Die auf diesen Prinzipien beruhenden Solodyne- oder Unidyneschaltungen haben schon recht gute Resultate ergeben, allerdings bisher meist in Form von selbstgebauten Apparaten, da sich die Industrie, wenigstens in Deutschland, bisher diesen Schaltungen offensichtlich wenig zugewandt hat. Eine Erschwerung liegt bei diesen Schaltungen in den im allgemeinen anzuwendenden Doppelgitterröhren, welche im Handel bisher überall meist nicht ohne weiteres zu haben sind.

6. Crystodyneschaltungen.

Die Crystodyneschaltungen sind gleichfalls Detektorschaltungen, welche unter besonderen elektrischen Bedingungen arbeiten, insbesondere für die Anordnungen, bei welchen mittels einer Potentiometeranordnung dem Kristalldetektor eine Hilfsspannung aufgedrückt wird. Der Kristalldetektor arbeitet unter diesen Umständen ganz anders als bei älteren Empfangsschaltungen. Er kann hierbei äußerst empfindlich werden, so daß die Lautstärke, welche mit einem Crystodyneempfänger erzielt wird, ein Vielfaches derjenigen bei einem normalen Kristalldetektorempfänger darstellt.

Auch diese Empfänger werden offensichtlich von der deutschen Industrie nur wenig hergestellt.

D. Welche Antennen sind zu verwenden?

Auch hierbei wird es in besonderem Maße einerseits auf die örtlichen Verhältnisse, andererseits auf die Wünsche des Empfangenden ankommen. In der Kleinstadt und auf dem Lande kann man gegen die Hochantenne nicht viel einzuwenden haben. In der Großstadt sind häufig Anbringungsschwierigkeiten vorhanden, und andererseits kann eine größere Störung des Empfanges leichter durch sie eintreten. Man wird gut tun, in der Großstadt mehr und mehr auf die Innenantenne überzugehen, insbesondere in Form von Rahmenanordnungen oder aber die Lichtleitung zu wählen, namentlich, wenn mit Kristalldetektorempfänger gearbeitet wird. Mit Innenantenne, beispielsweise zick-zack-förmig parallel zur Decke eines Zimmers ausgespannt, können ausgezeichnete Empfangsresultate erhalten werden. So ist es z. B. möglich, mit einer derartigen Zimmerantenne auch bei Anschluß von mehreren Doppelkopfhörern bei Verwendung eines 4-Röhren-HF-Audion-NF-Apparates oder einer 3-Röhren-Reflexschaltung etwa 40 Radio-Telephoniesender in Mitteleuropa zu empfangen.

E. Die Kostenfrage.

Die Kostenfrage dürfte in den meisten Fällen bei der Beschaffung für den Interessenten ausschlaggebend sein. Während ein einfacher Detektorempfänger, der an die Lichtleitung angestöpselt wird, mit einem hochwertigen Doppelkopfhörer nur etwa den Betrag von 20 M. erfordert, ein Betrag, der bei Hinzufügung eines 1-Rohr-Verstärkers und Lautsprechers nebst Batterien auf etwa 90 M. ansteigt, müssen für einen hochwertigen Röhrenempfänger einschließlich der Batterien und Zubehörteile etwa 150—200 M. angelegt werden. Dieser Betrag ist nicht hoch, wenn man bedenkt, daß beispielsweise in England und Amerika wesentlich teurere Apparate in großen Mengen vom Publikum gekauft werden.

Neben der Beschaffungsfrage sind aber auch die Instandhaltungskosten wesentlich zu berücksichtigen. Es ist zu beachten, daß bei Benutzung von Röhren diese geheizt werden müssen, und daß für die Spannungsquellen des Anodenfeldes gesorgt werden muß. Die hierfür auflaufenden Kosten sind keineswegs gering anzuschlagen, und man sollte, bevor man sich zu irgendeiner Apparatur entschließt, sich erst einen Anschlag über die hierfür auflaufenden Beträge machen.

1. Gesichtspunkte für den Bau von R.-T.-Empfängern.

Der Entwurf und der Bau eines drahtlosen R.-T.-Empfängers ist durchaus nicht so einfach, wie es auf den ersten Blick scheinen könnte. Es sind eine Unmenge von Erfahrungen notwendig, zu denen sich noch ein gewisses konstruktives Geschick hinzugesellen muß, um für dieses Spezialgebiet der Radiotechnik etwas Brauchbares zu erzielen. Die außerordentlich große Menge von Radiogerät, die insbesondere in den Vereinigten Staaten von Nordamerika für das R.-T.-Betrieb gebraucht wird, hat es mit sich gebracht, daß die verhältnismäßig wenigen alten Radiofirmen in keiner Weise mehr ausreichten, um alle Bedürfnisse zu befriedigen, und daß daher eine große Anzahl neuer Firmen entstanden sind. Die von diesen gelieferten Empfänger haben nicht immer den Erwartungen entsprochen, vor allem hat häufig die fabrikationsmäßige Ausführung der Apparate zu wünschen übrig gelassen. Es muß verlangt werden, daß die Lieferungsfirma jeden zu entwerfenden oder fertiggestellten Apparat einer gründlichen Durchprüfung in ihrem Laboratorium unterzieht, und daß alle in letzter Zeit hauptsächlich von Amerika und England ausgehenden Neuerungen und Verbesserungen weitgehendste Berücksichtigung finden. Die im nachstehenden enthaltenen Gesichtspunkte dürften zum großen Teil das wiedergeben, was bei der Durchbildung und Fabrikation eines brauchbaren R.-T.-Empfängers von Wichtigkeit ist.

2. Soll man die Apparate mit Einstellvorrichtungen versehen?

Grundsätzlich wird man unterscheiden müssen zwischen Apparaten, die von Radioamateuren benutzt werden, und solchen, die nur den Zwecken für Rundfunkabonnenten dienen sollen. Bei den ersteren kann man bezüglich der Bedienungsfertigkeit ungefähr das voraussetzen, was früher in der Radiotelegraphie gang und gäbe war. Vielleicht ist es sogar möglich, das Niveau noch etwas höher zu setzen; denn in der alten Radiotelegraphie bauten sich die Beamten die Apparate nicht selbst, sondern verwendeten sie lediglich zu Verkehrszwecken, während der Radioamateur in vielen Fällen weit darüber hinausgehend die Apparate und Schaltungen sich selbst herstellt und auch theoretisch vielfach tiefer in die Sache eingedrungen ist, als dies früher der Fall war.

Es erübrigt sich daher, Einstellvorrichtungen an Apparaten zu besprechen, welche der Radioamateur benutzt. Je nach der Geschicklichkeit des Betreffenden wird man konzedieren können, daß die Einregulierungsmöglichkeit der Apparate weitgehendst vorgesehen sein kann.

Anders liegen die Dinge naturgemäß bei denjenigen Apparaten, die den Rundfunkabonnenten zur Benutzung übergeben werden. Hier handelt es sich um das große Publikum schlechthin, und in vielen Fällen wird man nicht allzu viel voraussetzen können. Der normale Rundfunkabonnent schafft sich die Radioanlage an, um in der Lage zu sein, die verschiedenen Genüsse anzuhören, welche der eine oder andere Sender ausstrahlt. Er will diese Darbietungen im allgemeinen mit einem Minimum an Aufwand jeglicher Art genießen und möchte tunlichst wenig in technischer Beziehung mit seiner Apparatur zu tun haben.

Allerdings ist entgegenzuhalten, daß der Radioempfänger immerhin etwas höhere Anforderungen an jeden Benutzer stellt, als dies beispielsweise bei einem Grammophon der Fall ist, wo lediglich der Mechanismus aufzuziehen ist, die Platte und die Nadel aufzulegen bzw. einzustecken sind. Diese so überaus einfache Betätigung hat ja gerade im Verein mit der Möglichkeit, das jeweilig gewünschte Musikstück anzuhören, die außerordentliche Einführung und Popularität des Grammophons bedingt. Bei der Benutzung des Radioapparates sind von vornherein schon gewisse Punkte in zeitlicher und örtlicher Beziehung zu berücksichtigen, und es ist deshalb, um das Maximum an Genußmöglichkeit zu bieten, nicht unangebracht, auch von dem Rundfunkabonnenten ein etwas tieferes Eindringen in die Apparatur zu verlangen. Hierzu gehört aber auch, daß mindestens diejenigen Einstellmöglichkeiten, welche einfach sind, auch von dem laienhaftesten Rundfunkabonnenten beherrscht werden.

So wird z. B. jeder, der einen mit Abstimmung versehenen Empfänger besitzt, nicht darum herum können, die Wellenlänge einzustellen.

Jeder, der einen Röhrenempfänger besitzt, muß je nach der Röhrenart, der Schaltung usw. die Röhren richtig heizen, da sie entweder sonst keine genügende Elektronenemission ergeben, und die Lautstärke alsdann zu wünschen übrig läßt, oder aber durchbrennen und Kosten für die Neuanschaffung verursachen.

In gewissen Grenzen ist auch die Rückkopplung von dem Rundfunk-Abonnenten einzuregulieren, sofern eine solche an der Apparatur angebracht ist.

Der Rundfunkabonnent, welcher einen Heizakkumulatur anwendet, muß ferner feststellen, wie weit die Entladung des Akkumulators fortgeschritten ist, da dieser sonst entweder seinen Dienst versagt oder aber auch Schaden leiden kann.

Man sieht, daß eine ganze Reihe von Tätigkeiten nötig ist, um einen guten Empfang zu gewährleisten, welche bei Anwendung eines Lautsprechers noch komplizierter werden.

Infolgedessen ist es wohl kaum ungerechtfertigt, zu verlangen, daß diejenigen Apparate, welche für den Effekt maßgebend sind, wie der Doppelkopfhörer und der Lautsprecher, mit Einrichtungen versehen sein sollen, die eine Einstellmöglichkeit zulassen, um das jeweilige Optimum zu erhalten.

Andererseits ist bei der Anbringung und Konstruktion derartiger Einstellvorrichtungen naturgemäß darauf zu achten, daß sie einerseits auf die unumgänglich nötige Zahl beschränkt bleiben, und daß sie andererseits so ausgeführt sind, daß auch bei unzweckmäßiger Handhabung eine Zerstörung oder Beeinträchtigung der Wirkungsweise nicht stattfindet. Bei manchen mit Einstellvorrichtung versehenen Apparatkonstruktionen ist gerade auf diesen Punkt entweder gar nicht oder zu geringer Wert gelegt. Für die Weiterentwicklung und Ausbreitungsmöglichkeit der Radiotelegraphie ist dieses jedoch von größter Bedeutung.

3. Inwieweit muß der Amateurempfänger selektiv sein?

Eine allzu große Selektivität wird von dem R.-T.-Empfänger gar nicht verlangt, ist sogar meist nicht einmal wünschenswert, da alsdann eine gute Sprachwiedergabe kaum erreicht wird. Für radiotelephonische Zwecke soll der Empfänger im Gegenteil eine gewisse Dämpfung und eine nicht allzu hohe Abstimmschärfe besitzen.

4. Besondere Anforderungen an die Empfängerausführung.

Besonderer Wert ist auch auf die Ausbildung der Anschlußklemmen des Empfängers für Erde und Antenne, bzw. für die Rahmenantenne zu legen. Tritt an diesen Stellen ein nennenswerter Übergangswiderstand auf, so wird bereits hier ein wesentlicher Teil der Empfängerenergie verloren. Diese Forderungen gelten natürlich nicht nur für den Kristalldetektorempfänger, sondern ganz besonders auch für den Röhrenempfänger, bei dem von vornherein nur etwa mit einem Bruchteil der Empfangsenergie als bei der Hochantenne gerechnet werden kann.

5. Notwendige Prüfung des Empfängers durch den R.-T.-Interessenten vor dem Ankauf.

Sofern der Amateur sich den Empfänger nicht aus gekauften oder selbstangefertigten Apparaten zusammenstellt, sondern ihn von einer Firma oder einem Händler fertig kauft, sollte er größte Vorsicht bei der Wahl und Ausprobierung an den Tag legen. Selbst bei den Erzeugnissen alter renommierter Firmen laufen zuweilen Herstellungsfehler unter, die sich bei der Benutzung des Apparates sehr unangenehm bemerkbar machen können. Eine eingehende Ausprobierung und Kontrolle, am besten in normaler Empfangsstellung, ist daher vor dem Ankauf dringend anzuraten.

Bei der Auswahl des Empfängers sollte der Amateur jedenfalls weniger auf die äußere Ausstattung, als vielmehr auf die Güte der Ausführung der Einzelelemente sehen, wie z. B. der Schalter, Kontakte, Leitungsführung usw. achten. Darum prüfe man diese Einzelteile, wie insbesondere die Drehkondensatoren und den Innenzusammenbau aufs genaueste[1]), damit man später nicht unliebsame Enttäuschungen erfährt, denn manche Apparate machen wohl äußerlich einen guten Eindruck, weisen aber bei näherer Besichtigung eine minderwertige Ausführung auf. Insbesondere sind die Einzelelemente daraufhin zu untersuchen, wie sie sich bei starker Benutzung, also nach erfolgter Abnutzung verhalten, denn Schalter, Steckkontakte, Schraubverbindungen und ähnliche Teile sind im Betriebe einer ständigen mehr oder weniger starken Abnutzung unterworfen.

Entsprechend der historischen Entwicklung und zum besseren Verständnis der ausgeführten Apparatur, werden zunächst Kristalldetektorempfänger und darauf Rahmen Röhrenempfängerverstärker besprochen werden.

F. Kristalldetektorempfänger.

1. Allgemeine Anforderungen und Gesichtspunkte.

Die Kristalldetektorempfänger werden für den R.-T.-Betrieb meist in Form von Primärempfängern benutzt. Um eine bessere Selektion zu erhalten, wird man jedoch häufig auf einen Sekundärempfänger übergehen müssen. Im Handel sind eine große Anzahl von Primärempfängern für Kristalldetektoren zu haben, die jedoch oft keineswegs den billigerweise zu stellenden Anforderungen genügen. Als Abstimmittel dient bei vielen Apparaten eine Zylinderspule mit Schleifkontakt, also eine sog. Schiebespule. Selbst wenn, was häufig nicht der Fall sein wird, die Kontaktgebung zwischen dem Stromabnehmer (Schieber) und den Spulenwindungen eine gute ist, so bleibt immer noch der Nachteil vorhanden, daß mehrere Spulenwindungen kurzgeschlossen werden und daß das nichtbenutzte Spulenende mitschwingt, Energie aufzehrt und die Abstimmung wesentlich beeinflußt. Der Schiebespulenempfänger sollte daher nur ausnahmsweise und alsdann auch nur in besonders guter Ausführung für den Gebrauch herangezogen werden.

Wesentlich besser sind alle diejenigen Empfänger, bei denen gewisse Spulenwindungen nach einer Kontaktbahn hin abgezweigt sind. Hierbei ist die Kontaktgebung eine außerordentlich viel bessere, und das Mitschwingen nicht benutzter Spulenteile ist im wesentlichen vermieden.

Am zweckmäßigsten sind naturgemäß diejenigen Anordnungen, die eine einwandfreie Abstimmung ermöglichen. Diese Anordnung besteht aus einer möglichst dämpfungslos gewickelten Spule in Kombi-

[1]) Siehe auch Kap. XIX, S. 770, Fehler und Störungen.

nation mit einem Drehkondensator, u. U. auch mit einem Variometer. Sehr zu empfehlen ist z. B. eine geringe Eigenkapazität besitzende, für den betreffenden Wellenbereich abgeglichene Flachspule mit einem Drehkondensator.

Um günstige Resultate zu erzielen, muß an den Kristalldetektorempfänger unbedingt die Forderung der variablen, auf ein Optimum einstellbaren Detektorkopplung gestellt werden. Dieser Forderung kommen die meisten Schiebespulenempfänger gleichfalls nicht nach, so daß sie auch aus diesem Grunde unzweckmäßig sind. Die Detektorkopplung muß in Funktion von der jeweilig benutzten Wellenlänge eingestellt werden. Wenn man die Detektorkopplung fest macht, kann man sie höchstens auf einen mittleren Wert regulieren, der für den Betrieb meist nicht ausreichend erscheint.

2. Einfachster aperiodischer Detektorempfänger.

Daß es selbst auf dem Gebiete eines ganz einfachen, mit primitivsten Mitteln zusammengebauten Kristalldetektorempfängers noch möglich ist, Überraschungen auszulösen, beweist eine Ausführung der ehem. Perfect Wireless Corporation A.-G., Berlin SO. Dieser Empfänger, welcher nahezu aperiodisch wirkt, besitzt kein Abstimmittel, sondern besteht lediglich aus 2 eng aufeinandergewickelten Spulen *a* und *b* entsprechend Abb. 138, welche infolge ihrer starken Induktion und Gestaltung eine nicht unwesentliche Kapazität aufweisen. Diese sind mit einem Kristalldetektor *c* verbunden, während an die Klemmen *d* der normale Doppelkopfhörer *e* angeschaltet wird. Der Anschluß von Antenne und Erde wird an den Klemmen *f* und *g* bewirkt.

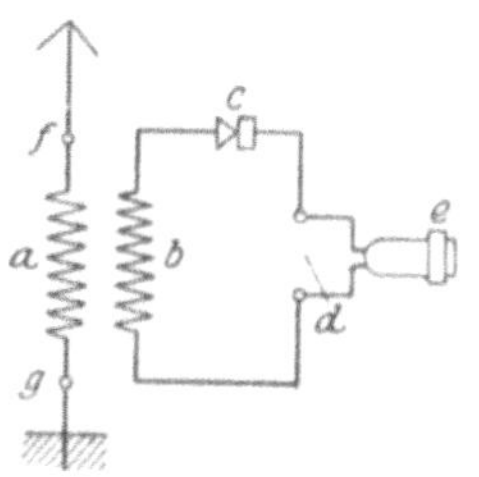

Abb. 138. Schaltung des aperiodischen Detektorempfängers.

Abb. 139. Ansicht des Miniaturdetektorempfängers von Perfect W. C.

Die technisch recht hübsche Ausführung dieses Empfängers gibt Abb. 139 wieder. Der Empfänger beansprucht nur wenige Kubikzentimeter Rauminhalt und ist so ausgeführt, daß er bequem z. B. in der Hosentasche mitgeführt werden kann. An den 4 Klemmen werden die genannten Teile, also Doppelkopfhörer und Antenne, angeschlossen.

Besonders bemerkenswert ist der im Innern der Spulen angeordnete Kristalldetektor, welcher ohne weiteres nicht nachstellbar ist, der aber auch offenbar selbst bei längerem, mehrwöchigem Dauerbetrieb eine Nachstellung nicht verlangt.

Ein Kristalldetektorempfang aus der Lichtleitung unter Benutzung von einem Doppelkopfhörer, wobei übrigens in den weitaus meisten Fällen ohne weiteres auch mehrere Doppelkopfhörer verwendet werden können, zeigt Abb. 140. *a* ist der normale, an der Wand angebrachte Lichtleitungssteckkontakt, in dessen eine Buchse ein kleiner, zweckmäßig als Bananenstecker ausgebildeter, mit Ableitung versehener Kontakt *b* eingestöpselt wird. Die Ableitung des letzteren ist an einen Festkondensator *c* geführt, welcher eine Kapazität von etwa 1000 cm aufweisen soll. Von diesem Fest-

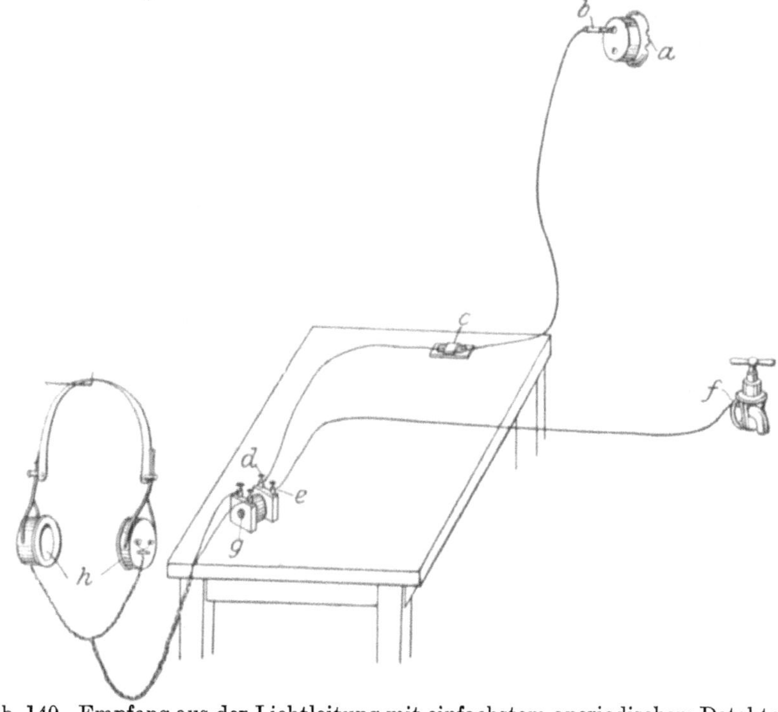

Abb. 140. Empfang aus der Lichtleitung mit einfachstem aperiodischem Detektorempfänger.

kondensator muß verlangt werden, daß er eine genügende Durchschlagsfertigkeit gegen den Lichtstrom besitzt. Es ist daher bei Beschaffung desselben auf gute Ausführung zu achten. Vom Kondensator führt eine Zuleitung zur Antennenklemme *d* eines Detektorempfängers, dessen Erdklemme *e* beispielsweise mit einem Wasserhahn *f* verbunden ist. Im vorliegenden ist ein ganz primitiver aperiodischer Detektorempfänger gezeichnet. Selbstverständlich könnte an dessen Stelle auch ein hochwertigerer, eine Selektivität zulassender Detektorempfänger gewählt werden. Bei dem Beispiel ist der Kristalldetektor im Innern des Empfängers angeordnet und von außen mittels einer Schraube *g* einstellbar. An den Telephonklemmen können ein oder bei genügender Lautstärke, wie im allgemeinen der Fall sein wird, mehrere Doppelkopfhörer *h* angeschaltet werden.

Mit dieser Empfangsanordnung sind, wie gesagt, im direkten Bereich eines R.-T.-Senders, also etwa im Umkreise mit einem Radius von etwa 10 bis 20 km um den Sender als Mittelpunkt die Darbietungen gut hörbar.

3. Einfacher Schiebespulenempfänger mit Kristalldetektor von G. Seibt.

Eine wegen ihrer Einfachheit beliebte Empfängerform gibt Abb. 141 im Schaltungsschema, Abb. 142 in Ansicht wieder. In die Antenne-Erdverbindung, deren Kontaktanschlußklemmen *a b* auf der rückwärtigen Spulenhalteplatte, in Abb. 142 nicht sichtbar, angebracht sind, ist als Ab-

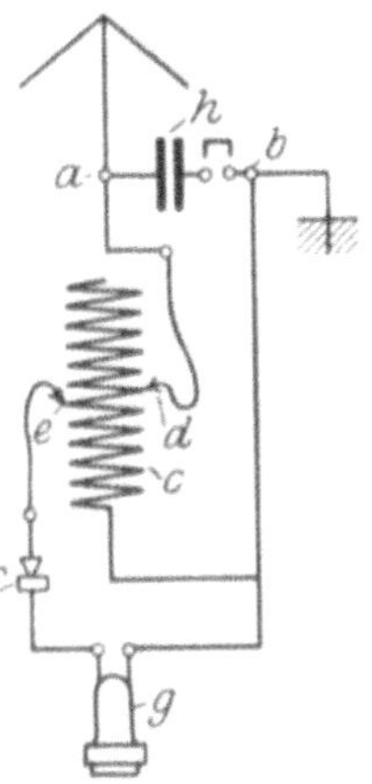

Abb. 141. Schaltschema des einfachen Kristalldetektor-Schiebespulenempfängers von G. Seibt.

Abb. 142. Einfacher Schiebespulenempfänger mit aufgestöpseltem Kristalldetektor von G. Seibt.

stimmittel lediglich die Schiebespule *c* eingeschaltet. Die Windungslänge derselben wird wahlweise mit dem rechts sichtbaren Schiebekontakt *d* eingestellt. Der linke Kontakt *e* reguliert die Ankopplung des Kristalldetektors *f*, der auf der Vorderplatte erkennbar ist, ein. An die Klemmen vorn unten wird das Telephon *g* angeschaltet. Parallel zur Schiebespule liegt ein kleiner, in den Apparat eingebauter Festkondensator *h*. Die Wellenlänge ist zwischen 150 und 2000 m in kleinen Sprüngen, entsprechend den Spulenwindungen, variabel. Die Abstimmschärfe und die Lautstärke sind naturgemäß meist nur gering, insbesondere deshalb, weil die Schiebekontakte gleichzeitig mehrere Windungen betätigen, wodurch in diesen Windungen Kurzschlußströme entstehen können. Dieser Apparat besitzt indessen den Vorteil, daß er in ziemlich kleinen Dimensionen hergestellt werden kann, so daß man ihn eventuell in der Manteltasche bei Touren usw. mitnehmen kann.

4. Taschen-Detektorempfänger „Sensiblator“.

Die Industriebedarf-Gesellschaft Breker, Loeffler & Co. m. b. H. Frankfurt am Main hat einen besonders kleinen und leichten Taschen-Detektorempfänger herausgebracht, welcher trotz seiner außerordentlich geringen räumlichen Dimensionen elektrisch unter Berücksichtigung der überaus einfachen Schaltung recht hochwertig ist.

Das Schaltungsschema zeigt Abb. 143. Eine räumlich sehr kleine Flachspule *a* ist mit 2 Gruppen von Abzweigungen, *b* und *c*, versehen. Die eine Gruppe der Abzweigungen *b* bewirkt eine Grobregulierung, indem etwa von allen vier Windungen abgezweigt ist. Die andere Gruppe *c* ist eine Feinregulierung, bei welcher ungefähr von Windung zu Windung abgezweigt ist. Sowohl die Grobregulierung als auch die Feinregulierung werden durch je einen besonderen Schalter eingestellt. Auf diese Weise ist es möglich, innerhalb gewisser Bereiche eine Feinregulierung zu bewirken. Man erhält infolgedessen eine recht gute Abstimmschärfe. Mit den Schaltern von *b* und *c* ist der Detektor Sensiblator *d* und ein Kopfhörer *e* verbunden.

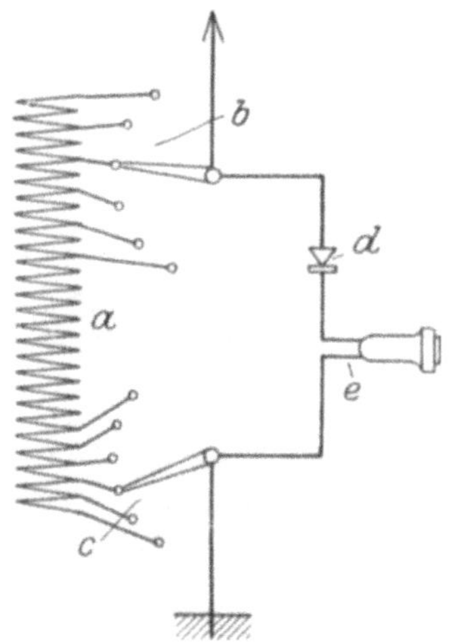

Abb. 143. Schaltschema des Detektorempfängers „Sensiblator“.

Abb. 144. Sensiblator-Detektorempfänger „Liliput“.

Die Ausführung dieses, wie gesagt, äußerst geringe Dimension erfordernden Empfängers zeigt Abb. 144. Vorn sind die Schalter und Griffe für die Grob- und Feinregulierung erkennbar. Dahinter ist der eingestöpselte Kristalldetektor zu sehen. Der Buchsenabstand dieses Sensiblator-Detektors ist unter normal. Infolgedessen ist noch eine zweite Buchse vorgesehen, um auch bei normalem Buchsenabstand von 19 mm einen beliebigen anderen Detektor einstöpseln zu können.

In die rückwärtigen Klemmen wird Antenne und Erde eingestöpselt, in die vorderen Klemmen der Kopfhörer.

5. Selektiver Detektorempfänger der Österreichischen Telephon-Fabriks-A.-G. vorm. J. Berliner.

Ein hochwertiger Primär-Sekundär-Kristalldetektorempfänger der Österreichischen Telephon-Fabrik ist in Abb. 145 wiedergegeben. Derselbe wird für einen Wellenbereich von 400—850 m hergestellt. Um einen möglichst großen Wellenbereich mit dem Apparat beherrschen zu

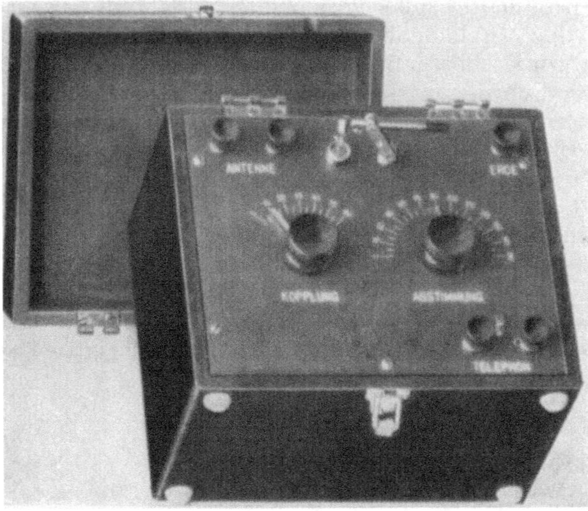

Abb. 145. Kristalldetektorempfänger der Österreichischen Telephonfabriks-A.-G. Wien.

können, ist die Antennenspule unterteilt, so daß die Antenne an den linken oder rechten Kontakt angeschlossen werden kann. Zur Welleneinstellung dient ein im Kasteninnern montiertes Variometer. Die Detektorkopplung ist induktiv und kann mittels des Kopplungsschalters auf das Optimum eingestellt werden.

Da nicht nur hochwertige Isoliermaterialien für den Bau des Empfängers benutzt wurden, sondern die Montage sorgfältigst ausgeführt ist, ist der Empfänger als elektrisch sehr hochwertige Konstruktion anzusprechen.

Abb. 146. Kristalldetektorempfänger mit geschlossenem Schwingungskreis der Radio-Instruments Ltd., London.

6. Kristalldetektorempfänger mit geschlossenem Schwingungskreis der Radio-Instruments Ltd.

Einen sehr hochwertigen, bereits den Anforderungen der Verkehrsradiotelegraphie nachkommenden Empfänger gibt Abb. 146 wieder. Die Schaltung kann entweder so getroffen werden, daß die Stufenspule, die durch den Gruppenschalter links vorn in der Abbildung geschaltet wird, in Serie mit dem Drehkondensator, dessen Griff rechts vorn sichtbar ist, geschaltet wird, oder daß beide parallel liegen und alsdann einen geschlossenen Schwingungskreis darstellen. Eigentümlicherweise ist die Detektorkopplung nicht variabel einstellbar, was man bei einem derartigen hochwertigen Empfänger erwarten dürfte. Es scheint vielmehr, als ob der Detektor fest mit der Selbstinduktionsspule gekoppelt ist.

7. Mit Einrohrverstärker zusammengebauter Kristalldetektorempfänger der Österreichischen Telephon-Fabriks-A.-G. vorm. J. Berliner.

Die namentlich beim Musikempfang besonders hervortretenden großen Vorzüge des Kristalldetektors können oftmals wegen der zu ge-

Abb. 147. Kristalldetektorempfänger, kombiniert mit Einfachverstärker der Österreichischen Telephonfabriks-A.-G., Wien.

ringen Lautstärke nicht richtig ausgenutzt werden. Die Anschaltung einer Verstärkerstufe ist wünschenswert.

Um diese Aufgabe mit besonders bequemen Mitteln erfüllen zu können, hat die Österreichische Telephon-Fabriks-A.-G. vorm J. Berliner einen Empfangsapparat entwickelt, welcher in Abb. 147 dargestellt ist, und bei welchem ein hochwertiger Detektorempfänger mit einem Einrohrniederfrequenzverstärker, in Serie geschaltet, benutzt werden kann. Die Abstimm- und Kopplungsmittel des Detektorempfängers entsprechen im wesentlichen den Ausführungen zu Abb. 145. Die Ausführung entsprechend Abb. 147 zeigt ferner noch einen Kippschalter, welcher entweder in Stellung unverstärkt gestellt werden kann, wobei also alleiniger

Kristalldetektorempfang bewirkt wird, oder in Stellung verstärkt, wobei der Einrohrniederfrequenzverstärker dahinter geschaltet wird. Der Kippschalter bewirkt auch gleichzeitig die Anschaltung der Heizung der Röhre und der Anodenspannung.

G. Röhrenempfänger.

1. Allgemeine Gesichtspunkte.

Bei Röhrenempfängern werden meist sehr viel bessere Resultate, insbesondere mit Bezug auf die Lautstärke, erzielt. Diese ist häufig etwa 50—100 mal größer als bei einem Kristalldetektorempfänger, und die Bedienung des Apparates ist kaum schwieriger. Allerdings besteht ein Nachteil darin, daß eine Heizstromquelle und eine Anodenfeldbatterie für die Röhre gebraucht werden.

Erstere spielt aber bei den modernen Sparröhren keine allzu wesentliche Rolle mehr, da es ohne weiteres möglich ist, selbst mehrere Röhren in ökonomischer Weise mit einem Trockenelement zu heizen, und da auch die Anodenbatterien, die ja im übrigen beim Empfängerbetrieb nur verhältnismäßig wenig beansprucht werden, heute schon preiswert in den Handel kommen, ist auch dieser Punkt nicht allzusehr mehr ins Gewicht fallend.

2. Einrohrgerät von Dr. W. Lissauer.

Das Schaltungsschema eines verhältnismäßig äußerst günstige Resultate ergebenden Empfangsgerätes mit nur einer Röhre von Dr. Walter Lissauer gibt Abb. 148 wieder. Es zeigt die Anordnung eines rückgekoppelten Audions.

Um den Apparat der jeweilig vorhandenen Antenne nach Möglichkeit anpassen zu können, sind drei Anzapfstellen der Antennenspule *e* angebracht. Sowohl die Antennenspule als auch die Rückkopplungsspule *f* ist in Form einer Duolateralspule (zweiseitigen Spule) ausgeführt, um mit tunlichst geringer Dämpfung arbeiten zu können. Infolgedessen arbeitet der Empfänger äußerst selektiv.

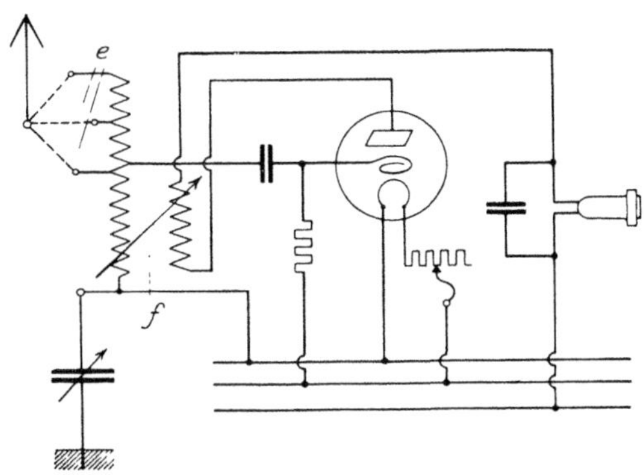

Abb. 148. Schaltschema des Einrohrempfängers von Dr. W. Lissauer.

Die Einfachheit der Bedienung geht aus der Ansicht der oberen Bedienungsplatte des Empfängers gemäß Abb. 149 hervor. Die Anschlüsse bzw. Bedienungshandgriffe sind in dieser Abbildung direkt bezeichnet.

Ein Bild des trotz der hochwertigen Ausführung sehr handlich gehaltenen Empfängers zeigt die Ansicht entsprechend Abb. 150.

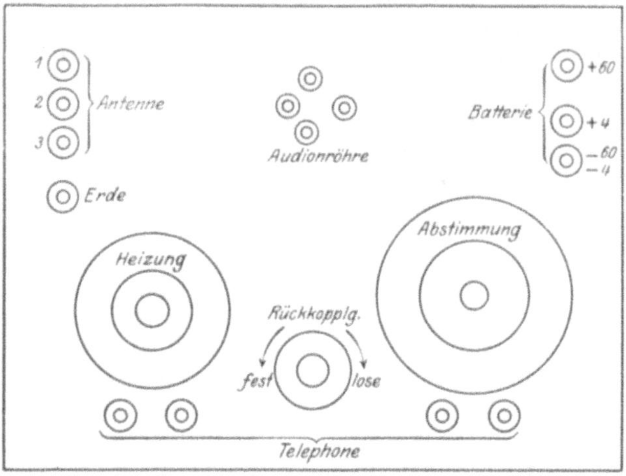

Abb. 149. Schaltplatte des Einrohrempfängers Type P_5 von Dr. W. Lissauer.

3. Rundfunk-Audion-Primär-Empfänger von Dr. G. Seibt.

Der Empfänger ist zu dem Zweck gebaut worden, um mit möglichst einfachen Mitteln einen tunlichst hochwertigen Röhrenempfang herzustellen und um für einen geringen Verkaufspreis einen guten Apparat auf den Markt zu bringen.

Abb. 150. Einrohrempfänger Type P_5 von Dr. W. Lissauer.

Die Wellenskala des Apparates ist von 250—700 m vorgesehen, wobei eine tunlichste Trennung der einzelnen R.-T.-Sender in dem genannten Bereiche bewirkt werden kann. Bei günstigen Verhältnissen können Sender, die bis zu 1000 km entfernt sind, hereingeholt werden.

Das Schaltungsschema ist in Abb. 151 wiedergegeben. Je nach der Anordnung der Antenne sind die Anschlüsse links zu treffen. Dementsprechend wird mehr oder weniger von der Primärspule *e* an die Antenne geschaltet. Ein Schalter *f* dient dazu, einerseits den Drehkondensator *g*, der geerdet ist, mit der Spule zu verbinden, andererseits den Anschluß der Röhre *a*, *d*, *c* zu bewirken, deren Gitter *d* über den Festkondensator *h* und den Parallelwiderstand *i* angeschlossen ist. Die Rückkopplung des Anodenkreises wird durch die Spule *k* bewirkt; *l* ist ein Festkondensator, welcher parallel zu dem bei *m* anzuschaltenden Telephon liegt. Zwischen den Klemmen *n* wird die Anodenbatterie,

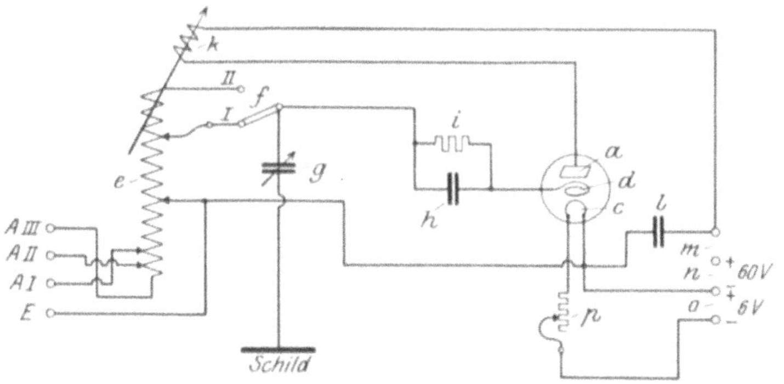

Abb. 151. Schaltschema des Rundfunk-Audion-Primärempfängers Type EAF 22 von Dr. G. Seibt.

zwischen den Klemmen *o* die Heizbatterie angeschlossen, deren Heizstromstärke durch den Drehwiderstand *p* einreguliert werden kann.

Die zu dieser Schaltung gehörenden Einzelteile sind in einen viereckigen Kasten gemäß Abb. 152 eingebaut. Aus der oberen Schaltplatte ragen die Bedienungsgriffe sowie die Knöpfe und die Röhre entsprechend dem Schaltschema Abb. 151 heraus.

Abb. 152. Audion-Primärempfänger Type EAF 22 von Dr. G. Seibt.

Die Einschaltung und Abstimmung des Empfängers erfolgt in der Weise, daß bei der zu der Röhre gehörenden normalen Heizung der Kondensator langsam von der Anfangs- in die Endstellung eingedreht wird, so daß gerade der Schwingungszustand vorhanden ist.

4. Zweirohrempfänger von Dr. W. Lissauer.

Bei diesem Empfänger ist der Grundsatz befolgt, die Bedienung möglichst einfach zu halten und trotzdem dem Benutzer einen möglichst hochwertigen Empfangsapparat in die Hand zu geben.

Zu diesem Zweck ist die Antenne über einen aperiodischen Kreis geerdet. Mit der Antennenspule *e* ist die Spule des Sekundärkreises *f*—*g* gekoppelt. Die Rückkopplung wird durch die Spule *h* gegen die Spule *f* hin bewirkt.

Infolge dieser Gestaltung kommt man mit einer Einstellung der Wellenlänge aus, und trotzdem ist die Selektivität so gut, daß in einer Entfernung von etwa 5 km von dem eigenen R.-T.-Sender, welcher mit 1,5 kW Energie sendet, auswärtige Stationen empfangen werden können.

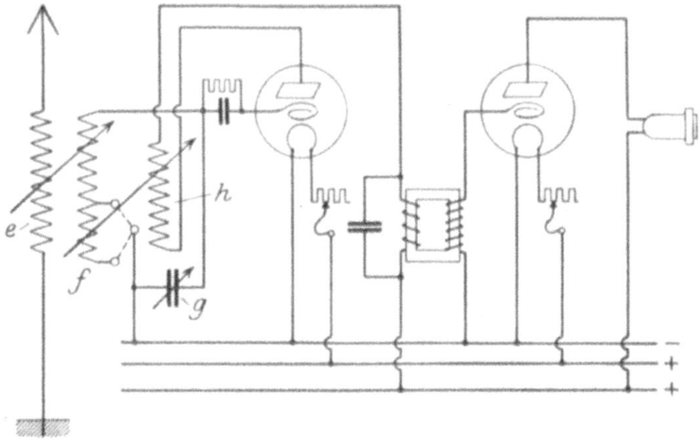

Abb. 153. Schema des Zweirohrempfängers Type P_2 von Dr. W. Lissauer.

Dieses ist erreicht durch die tunlichst dämpfungsfreie Ausführung der Gesamtapparatur, vor allem aber durch die Ausführung des aperiodischen Antennenkreises (s. Abb. 153).

Abb. 154. Zweirohrempfänger von Dr. W. Lissauer.

Um die Rückkopplung auf den günstigsten Wert einstellen zu können, ist neben der gewöhnlichen Einstellmöglichkeit durch einen gewöhnlichen Drehknopf noch weiterhin im Apparat eine Einstellschraube vorhanden, welche es erlaubt, beide Spulen gegeneinander um einige Millimeter zu verschieben. Diese Einstellung wird natürlich nur einmal bei der Montage des Apparates von einem Fachmanne bewirkt, nachdem er die günstigsten Verhältnisse für die betreffenden Empfangsstellen ermittelt hat.

Hinter der Hochfrequenzröhre ist, angekoppelt durch einen Niederfrequenztransformator, eine Niederverstärkung dahintergeschaltet.

Ausführung des Apparates siehe Abb. 154.

5. Zusammengebauter Empfängerverstärker der „Afra“.

Die ehem. Afra, A.-G. für Radioapparatebau, hat u. a. einen Empfangsapparat herausgebracht, welcher entweder mit einem Verstärker, organisch zusammen angeordnet, ein Ganzes bildet, oder aber auch ohne diesen Verstärker benutzt werden kann.

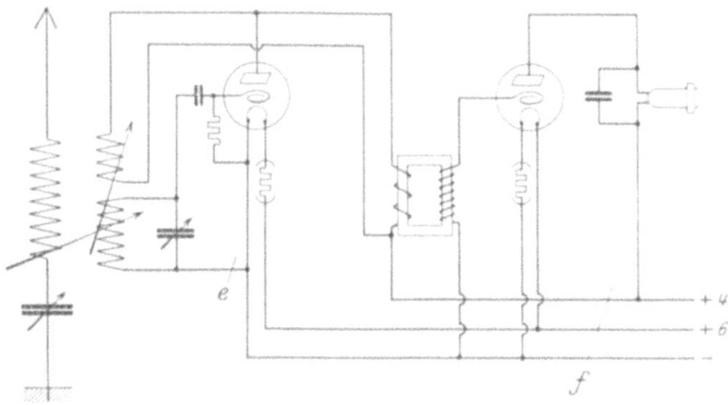

Abb. 155. Schaltschema des Afra-Empfängers Type RE 2.

Das keine wesentlichen Besonderheiten aufweisende jedoch gut erprobte Schaltungsschema zeigt Abb. 155. Der rückgekoppelte Audionkreis *e* ist mit der Antenne verbunden und arbeitet unter Zwischenschaltung eines Niederfrequenztransformators auf dem Verstärkerteil *f*. Der Einfachheit halber ist jeweilig nur eine Röhre gezeichnet, während tatsächlich je zwei Röhren, in bekannter Weise in Serie geschaltet, benutzt werden.

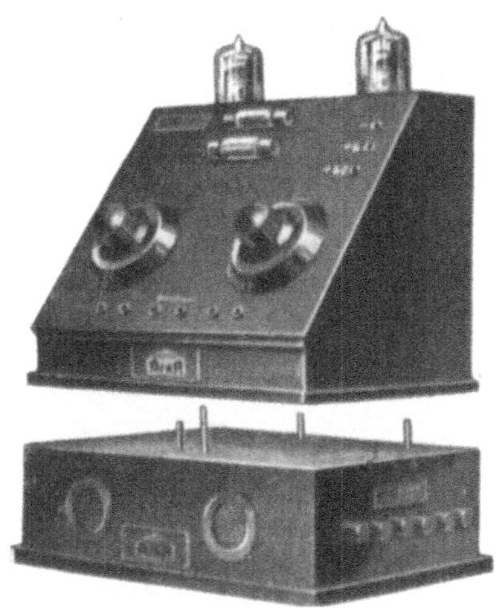

Abb. 156. Zusammenbau des Empfängers mit dem Verstärker von Afra.

Von dem originellen Zusammenbau gibt Abb. 156 ein Bild. Der Zweirohr-Audionteil *e* ist oben in der Abbildung wiedergegeben und zeigt die Formgebung eines pultförmigen Kastens. Sofern der Niederfrequenzverstärker dazu benutzt werden soll, wird der viereckige Verstärkerkasten *f* darunter gesetzt, welcher sich automatisch durch die aus der oberen Schaltplatte herausragenden Stöpselkontakte *g* anschaltet.

Bei einem derartig direkten, so außerordentlich nahen Zusammenbau besteht stets mehr oder weniger die Gefahr besonderer, nicht gewünschter Rückkopplungen. Wahrscheinlich ist diese Gefahr auch bei der vorliegenden Ausführung nicht in vollem Umfange vermieden.

6. Zweirohr-Reflexapparat der W. A. Birgfeld A.-G.

Die Aufgabenstellung bei Schaffung dieses Apparates war einerseits die, eine möglichst hochwertige Apparatur, welche mit wenig Röhren Fernempfang ermöglicht, zu schaffen, andererseits dafür Sorge zu tragen,

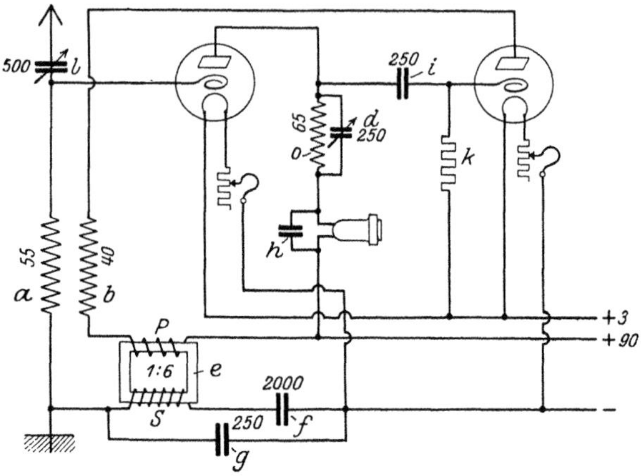

Abb. 157. Theoretisches Schaltungsschema des Zweirohr-Reflexapparates der Birgfeld A.-G.

daß auswärtige Stationen rasch gefunden werden können.

Das theoretische Schaltungsschema des Zweirohr-Reflexempfängers (W. Most) zeigt Abb. 157. Die Anordnung arbeitet mit Rückkopplung, welche jedoch so bemessen ist, daß ein Ausstrahlen von der Antenne praktisch vermieden ist.

Die erste Röhre, welche an der Spule des Primärkreises liegt, verstärkt in Hochfrequenzschaltung und leitet die verstärkte Energie über den Sperrkreis auf die zweite Röhre, welche als Audion wirkt. Nunmehr wird die Energie über den Transformator auf die erste Röhre reflektiert, welche als Niederfrequenzverstärker wirkt und den entsprechend verstärkten Empfangsstrom im Telephon oder Lautsprecher auszunutzen gestattet. Die in den Anodenkreis der zweiten Röhre eingeschaltete Dämpfungsreduktionsspule ist mit der Primärspule, wie schon erwähnt, rückgekoppelt.

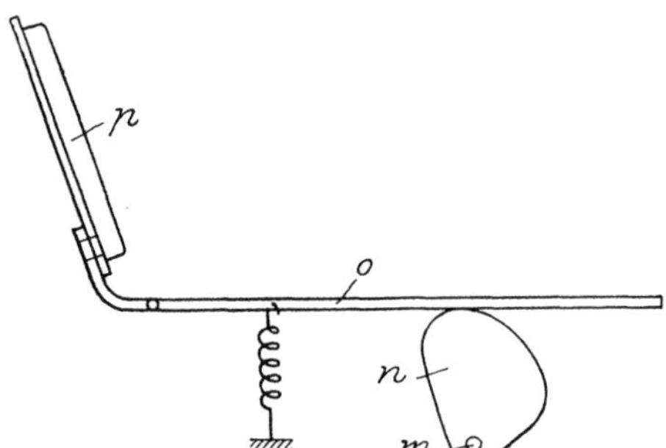

Abb. 158. Ausführung der zwangsläufig arbeitenden strahlungslosen Rückkopplung.

Um auch bei größeren Wellen eine genügende Dämpfungsreduktion zu erhalten, und um andererseits zu gewährleisten, daß auch bei kleinen Wellenlängen ein Ausstrahlen von der Antenne sicher vermieden wird, ist eine zwangläufige Kupplung mit dem Sperrkreiskondensator vorgesehen. Zu diesem Zweck wird, wie dies Abb. 158 darstellt, die Achse des Sperrkreiskondensators *m* mit einem aus Isoliermaterial hergestellten Nockenstück *n* versehen, welches einen Hebel *o* berührt, an welchem die Rückkopplungsspule *p* befestigt ist.

Um die Gestaltung des Nockenstückes zu bestimmen, geht man wie folgt vor. Man befestigt auf der Kondensatorachse *m* ein Holzplättchen, koppelt den Empfänger mit einem Wellenmesser und bestimmt für jede Wellenlänge den Grenzwert für das Einsetzen der Schwingungen. Die so gefundenen Entfernungen des Hebelarmes von der Achse des Kondensators werden auf diesem Holzplättchen markiert. Man verbindet

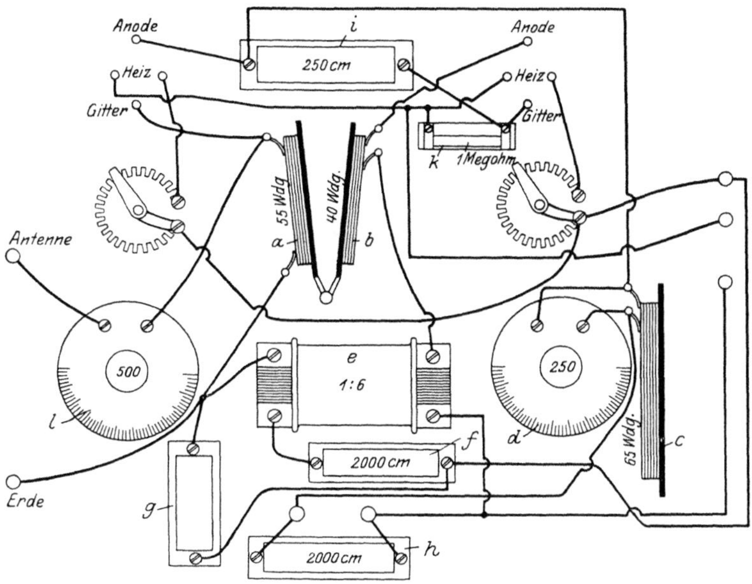

Abb. 159. Praktisches Schaltungsschema des Zweirohr-Reflexempfängers der Birgfeld A.-G.

die einzelnen Markierungspunkte und schneidet die so erhaltene Kurve mit der Laubsäge aus.

Das praktische Schaltungsschema des Zweirohrempfängers ist aus Abb. 159 zu ersehen. Die Buchstaben der hier abgebildeten Apparate entsprechen denjenigen des theoretischen Schaltungsschemas Abb. 157.

Ein Bild, dieser Ausführung entsprechend, in das Innere des Empfangskastens zeigt Abb. 160. Die hieraus ersichtlichen Teile sind insbesondere aus Abb. 159 ohne weiteres verständlich.

Eine Außenansicht des Empfängers jedoch mit nicht eingestöpselten Röhren ohne die Batterien und ohne Lautsprecher zeigt Abb. 161. Die Apparatur ist in einen pultförmigen Kasten eingebaut, und abgesehen von den Heizwiderständen ist nur der Griff des Primärkreises und des Sperrkreiskondensators zu bedienen.

Die mit diesem Apparat zu erzielenden Resultate sind z. B. folgende:

Abb. 160. Inneres des Zweirohr-Reflexempfängers.

In den Sendestädten und deren näherer Umgebung ausreichender Lautsprecherempfang selbst in größeren Räumen. Eine Ausschaltung des eigenen Senders unter Berücksichtigung der bisherigen Senderenergien kann in einem Abstand von über 3 km vom Sender bewirkt werden. Alsdann ist es möglich, mit dem Apparat bei guter Innenantenne oder Außenantenne die deutschen und englischen Sender sowie Rom, Zürich, Wien usw. zu erhalten.

7. Dreiröhrenempfänger von Dr. W. Lissauer.

Das Schaltungsschema des Dreiröhrenempfängers, Type A 4, von Dr. Walter Lissauer zeigt Abb. 162. Die Antenne ist auch bei diesem Empfänger aperiodisch um eine tunlichste Vereinfachung der Bedienung zu erhalten. Die erste Röhre ist als Hochfrequenzröhre geschaltet, die mittlere als Audion und die dritte zur Niederfrequenzverstärkung.

Die Benutzung der Spulen bei diesem für Exportzwecke gebauten Empfänger geht aus der Anordnungsskizze Abb. 163 hervor, welche den Empfänger im Aufriß darstellt. Die linke Honigwabenspule ist in den

Abb. 161. Außenansicht des Zweirohr-Reflexempfängers der Birgfeld A.-G.

Antennenkreis geschaltet, die mittlere dient zur Gitterabstimmung, die rechte ist die Anodenkreis-Rückkopplungsspule, welche mit einem Dreh-

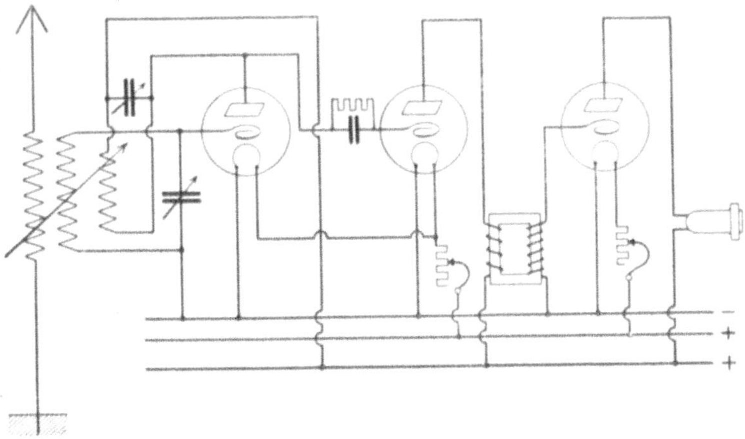

Abb. 162. Dreiröhrenempfänger Type A 4 von Dr. W. Lissauer.

kondensator abgestimmt wird. Hierdurch wirkt der Sperrkreis der Hochfrequenzverstärkerröhre hochselektiv, und es ergibt sich eine sog. unterstützte Rückkopplung.

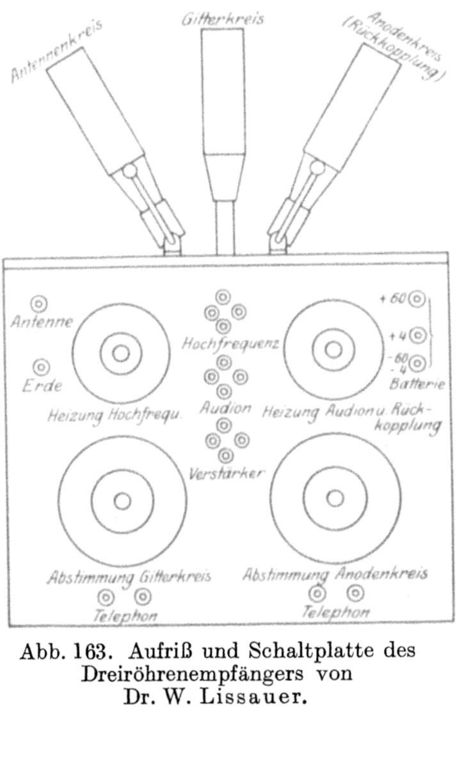

Abb. 163. Aufriß und Schaltplatte des Dreiröhrenempfängers von Dr. W. Lissauer.

Abb. 164. Ansicht des Dreiröhrenempfängers von Dr. W. Lissauer.

Ein Bild von dem sehr einfach zu bedienenden hochselektiven Apparat zeigt Abb. 164.

8. Rundfunkempfänger, Type E. A. R. 20a, von Dr. G. Seibt.

Diese Empfängertype benutzt die bekannte hochwertige Schaltung: 1 Hochfrequenzröhre, 1 Audion und 2 Niederfrequenzröhren, welche es in einfachster Weise auch hinsichtlich der Bedienung ermöglichen, einen außerordentlich hochwertigen Fernempfang erzielen zu lassen.

Abb. 165. Aufbau des betriebsfertigen Vierröhrenempfängers Type EAR 20a von Dr. G. Seibt.

Durch die jetzt ohne weiteres erhältlichen Sparröhren entfällt die Notwendigkeit, für den Heizbetrieb einen Akkumulator zu benutzen.

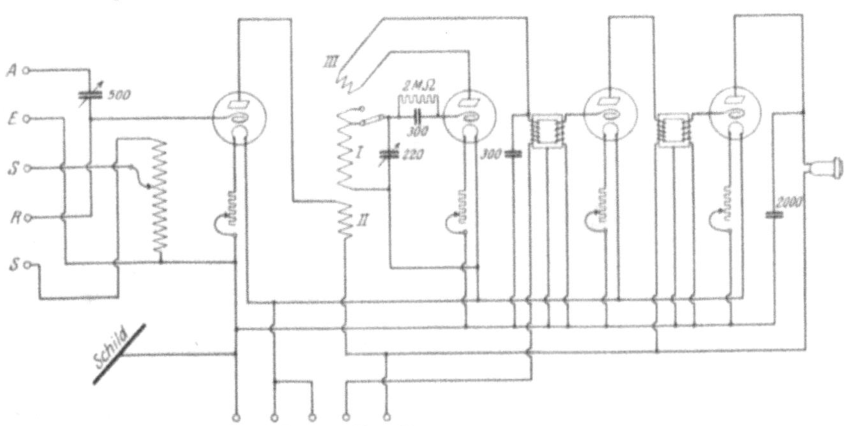

Abb. 166. Schaltungsschema des Vierröhrenempfängers von Dr. G. Seibt.

Es ist vielmehr möglich, in sehr ökonomischer Weise alle vier Röhren des Empfängers monatelang mit einem Trockenelement zu betreiben.

Ein besonderer Vorteil des Apparates besteht ferner noch in der Verwendung der Einzelheizung der Röhren, sowie in der konstruktiven Formgebung, derart, daß das sonst übliche Drahtgewirr für die verschiedenartigen Zuleitungen vermieden wird.

Das erstere wird dadurch bewirkt, daß gemäß Abb. 165, welche den pultförmig gestalteten Empfänger in Vorderansicht wiedergibt, in der unteren Front vier Drehknöpfe vorgesehen sind, deren jeder einen Heizwiderstand für die darüber angebrachte Röhre bedient. Der zweite Punkt der Vermeidung des Drahtgewirrs ist dadurch erzielt, daß alle Zu- und Ableitungen an eine Pertinaxleiste geführt sind, welche rückwärts am Apparat angebracht ist.

Der erste Griff dient zur Abstimmung des Primärkondensators, der zweite für den Sekundärkondensator, während die Rückkopplung durch den dritten Griff bewirkt wird. Es empfiehlt sich auch hierbei eine geringe Verstimmung, um das Optimum an Klangreinheit zu erzielen.

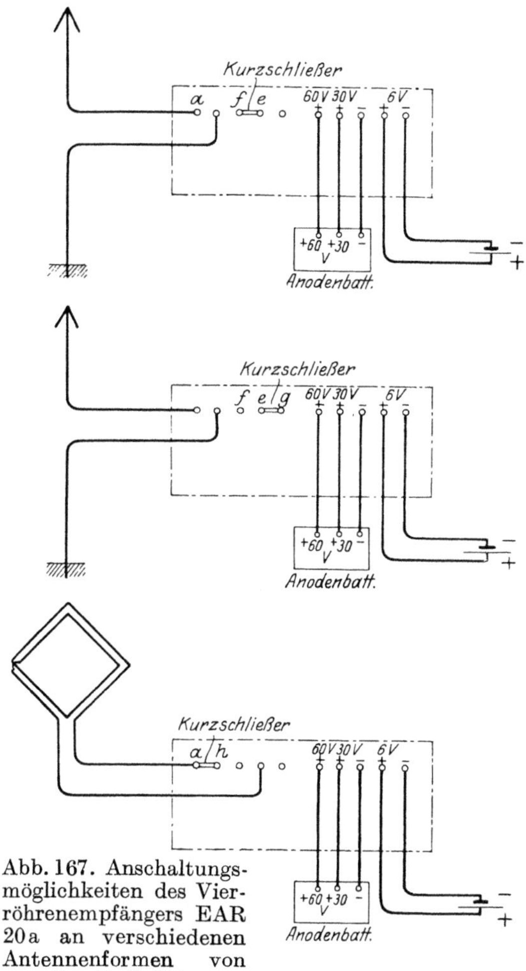

Abb. 167. Anschaltungsmöglichkeiten des Vierröhrenempfängers EAR 20a an verschiedenen Antennenformen von Dr. G. Seibt.

Die Bedienung des Apparates ist überaus einfach. Bei mäßiger Heizung wird zunächst der Sekundärkondensator auf das Maximum des Empfanges eingestellt. Darauf erfolgt die Feinregulierung des Primärkreises, allmählich wird die Rückkopplung größer gemacht, bis das Optimum des Empfanges gegeben ist. Eine geringe Nachregulierung des Sekundärkreises ist meist noch erforderlich.

Das Schaltungsschema geht aus Abb. 166 hervor. Die Antennenspule ist mit einer Anzapfung versehen, um in einfacher Weise es zu ermöglichen, eine der drei Schaltungen gemäß Abb. 167 erzielen zu lassen, und zwar ist die oberste Schaltung für Hoch- oder Innenantenne bei kurzen Wellen (250—500 m), wobei ein Kurzschließer zwischen den Punkten *e* und *f* eingeschaltet ist, die zweite Schaltung für lange Wellen (500—700 m), wobei der Kurzschließer zwischen *e* und *g* eingeschaltet

Abb. 168. Vierröhrenempfängerverstärker der Radio Instruments Ltd. London.

ist, und die dritte Schaltung schließlich für Rahmenempfang, wobei also die Erde fortfällt und der Kurzschließer zwischen der Klemme *a* (Antenne) und *h* (Erde) angebracht ist.

Die Rückkopplung wird vom Anodenkreis der Audionröhre aus auf den Gitterkreis ausgeführt, so daß bereits hierdurch ein Strahlen der Antenne mit größter Sicherheit vermieden ist. Bei Verwendung einer Zimmerantenne ist im übrigen die Gefahr des Strahlens ja an und für sich äußerst gering.

9. Vierröhrenempfängerverstärker der Radio Instruments Ltd., London.

Die Ausführung dieses Empfängers, den Abb. 168 darstellt, entspricht sehr weit getriebenen Luxusbedürfnissen. Im mittleren Teil, dessen Türen aufgeklappt sind, ist die Schaltplatte mit den dahinter montierten Apparaten angeordnet. Die Abstimmungselemente kommen allen modernen Radioverkehrszwecken nach. Eine der vier Röhren dient als Audion, die übrigen zur Verstärkung. Über dieser Apparatur befindet sich das mit Jalousiebrettern abgedeckte Lautsprecherhorn, das im Inneren des Kastens eingebaut ist. In dem unter der Apparatur befindlichen Schubkasten werden die Zubehörteile aufbewahrt. Dieser Empfänger ist auch für Rahmenempfang bestimmt.

10. Einheitliches Grundempfangsgerät von der Kramolin-A.-G.

Einen besonderen Weg in der Zusammenschaltung und Ausbildung der Empfangsapparatur ist die Kramolin A.-G. gegangen. Diese Firma steht auf dem Standpunkt, daß eine ständige Entwicklungs- und Abänderungsmöglichkeit der Empfangsgeräte nicht nur dem Radioamateur, sondern auch demjenigen Rundfunkabonnenten möglich sein muß, welcher seine Wünsche sehr hoch schraubt und der infolgedessen glaubt, mit einer Standard-Empfangsapparatur nicht auskommen zu können.

Infolgedessen hat Kramolin eine große Reihe von Empfangsschaltungsschemen in einzelne Bestadnteile aufgelöst und kombiniert diese nun in der jeweilig gewünschten Schaltung. Zu diesem Zweck ist es natürlich notwendig, daß ein oder mehrere Einheitskästen oder dgl. vorhanden sind, welche bausteinartig zusammengeschaltet werden können, um die gewünschten komplizierteren Schaltungen zu erreichen.

Man kommt zu diesem Zweck mit drei Einheitsgeräten aus, und zwar einem Einheitsabstimmgerät 1, einem Einheitsabstimmgerät 2 und einem Röhrengerät.

Abb. 169. Einheitsabstimmgerät in Detektorschaltung (Kramolin).

Diese drei Geräte sind verhältnismäßig einfach konstruktiv gestaltet. Ein aus Eisenblech gestanzter und zusammengebogener Kasten enthält einen eingebauten Drehkondensator, eine Anzahl von Kontaktbuchsen und Klemmen sowie Leitungsverbindungen. Alle diese Teile müssen natürlich hochisoliert und sehr ausgeklügelt verlegt montiert werden.

Alles übrige, was noch dazu gehört, wird aufgestöpselt. So sind z. B.

Sätze von Flachspulen vorhanden, um die Wellenbereiche herzustellen. Aufgestöpselt wird der Kristalldetektor, werden die Niederfrequenztransformatoren, die Röhren, Kopplungshalter usw.

Abb. 170. Einheitsröhrengerät von Kramolin.

Das Bild eines Abstimmgerätes, für den Kristalldetektorempfang geschaltet, zeigt Abb. 169. Das Bild des Einheitsgerätes mit Audionröhre gibt Abb. 170 wieder, wobei die Spule nicht eingestöpselt ist. Die Zusammenschaltung eines rückgekoppelten 5-Röhrenempfängers

Abb. 171. Rückgekoppelter 5-Röhrenempfänger von Kramolin.

nebst den Abstimmitteln für Telephonempfang zeigt Abb. 171, während Abb. 172 die Kombination eines 4-Röhrenempfängers für Lautsprecherbetrieb darstellt.

Ein weiterer Vorteil dieses Zusammenbaues besteht noch darin, daß man auch in sich nicht starr an irgendeine Schaltung gebunden ist, sondern daß man beispielsweise einfach, wenn man einen Hochfrequenzmehrrohrverstärker mit Widerstandskopplung geschaltet hat, ohne weiteres auf Kopplung mit Hochfrequenztransformatoren umschalten kann. Dieses ist durch das Anordnungsschema und die beiden dar-

Abb. 172. 4-Röhrenempfänger für Lautsprecherbetrieb von Kramolin.

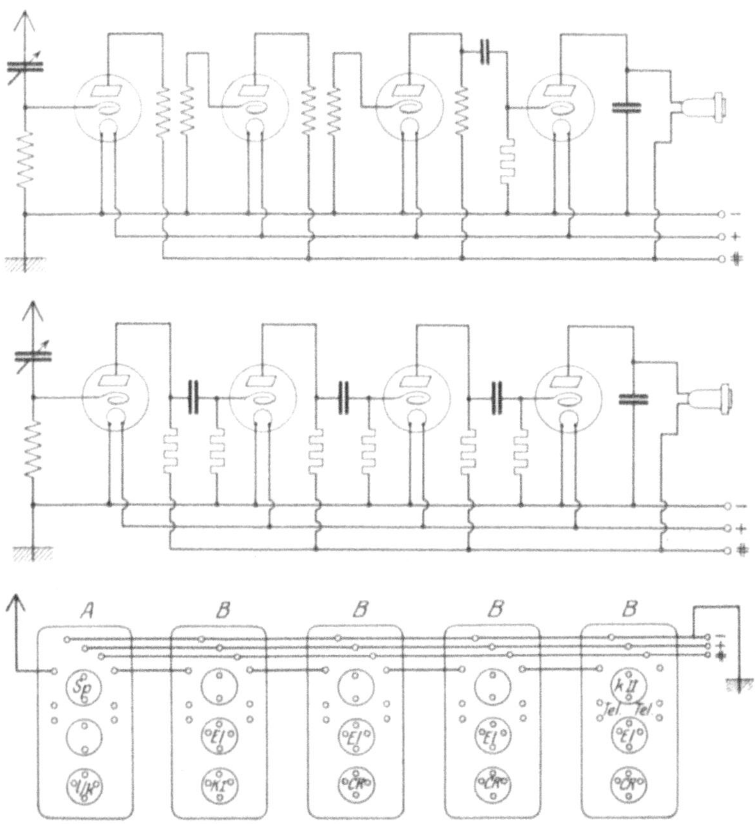

Abb. 173. Zusammenschaltung des Grundempfangsgerätes von Kramolin bei Hochfrequenzmehrrohrempfang.

untergesetzten Schaltungsschemen von Abb. 173 gezeigt. Links unten ist die Schaltung mit Widerstandskopplung, wobei auf dem Aufsteckkondensator die hochohmigen Steckwiderstände aufgesteckt sind.

Um die rechts unten in der Abbildung wiedergegebene Hochfrequenztransformator-Kopplung zu bewirken, werden an Stelle der Kondensatoren Hochfrequenztransformatoren aufgesteckt.

Aber auch zu Meßzwecken kann ein derartiges Grundgerät benutzt werden. Abb. 174 zeigt dies, wobei das Grundgerät mit aufgestecktem Summer als geeichter Wellenmesser dient.

Abb. 174. Das Grundgerät von Kramolin ist als Summer-Wellenmesser geschaltet.

H. Rahmen-Röhrenempfänger.

Zum Teil sind die unter C angeführten Röhrenempfänger direkt für den Anschluß an eine Rahmenantenne geeignet. Spezielle Konstruktionen hierfür sind z. B. die folgenden:

1. Rahmen-Empfänger-Verstärker von P. Floch, W. de Colle und E. Nesper.

Anordnung und Konstruktion stammen bereits aus dem Jahre 1918/19, also aus einer Zeit, wo wohl kaum jemand sonst an die Ausführung derartiger hochwertiger Anordnungen dachte. Die Schaltung ist auch heute noch nicht überholt, wie zahlreiche Nachahmungen selbst bis in die neueste Zeit hinein beweisen.

Es ist die Schaltung des kapazitiv rückgekoppelten Hochfrequenzverstärkers, welche von den verschiedensten Autoren beansprucht wird, die aber damals von den Obenstehenden neu gefunden in die Praxis umgesetzt wurde.

Die Möglichkeit, mit Rahmenspulen zu empfangen, deren Durchmesser z. B. für den Empfang europäischer Großstationen in Mitteleuropa nur etwa 1,5 m^2, für den Empfang von amerikanischen Großstationen nur etwa 4 m^2 zu betragen braucht, beruht auf der Ausnutzung des magnetischen Kraftfeldes. Infolgedessen ist die Spule beim Empfang auch möglichst so zu orientieren, daß ein Maximum von Kraftlinien senkrecht durch die Spulenebene hindurchgeht. Der Richteffekt einer derartigen Rahmenspule ist verhältnismäßig scharf, so daß hiermit auch gut fremde Stationen gesucht werden können.

Selbstverständlich ist es nicht erforderlich, den Rahmen, der im allgemeinen aus 10 bis 40 Windungen besteht, genau kreisförmig zu gestalten. Man kann ihn beispielsweise auch rechteckig, z. B. an einer Zimmerwand anordnen. Um die Spulenfläche zu vergrößern, kann man auch zwei senkrecht aufeinander stehende Wände benutzen. Die Richtwirkung wird alsdann der Lage und Größe der aufeinander senkrecht stehenden Spulenflächen entsprechen. Man kann im übrigen mit kleineren Spulenabmessungen auskommen, wenn man die Hochfrequenz-Niederfrequenzverstärkung noch weiter treibt, als dies bei dem nachfolgenden Beispiel angenommen ist. Dieses hat jedoch aus praktischen Gründen meist nicht viel Zweck, da die Ersparnis an Spulengröße in keinem Verhältnis zu den für die notwendige größere

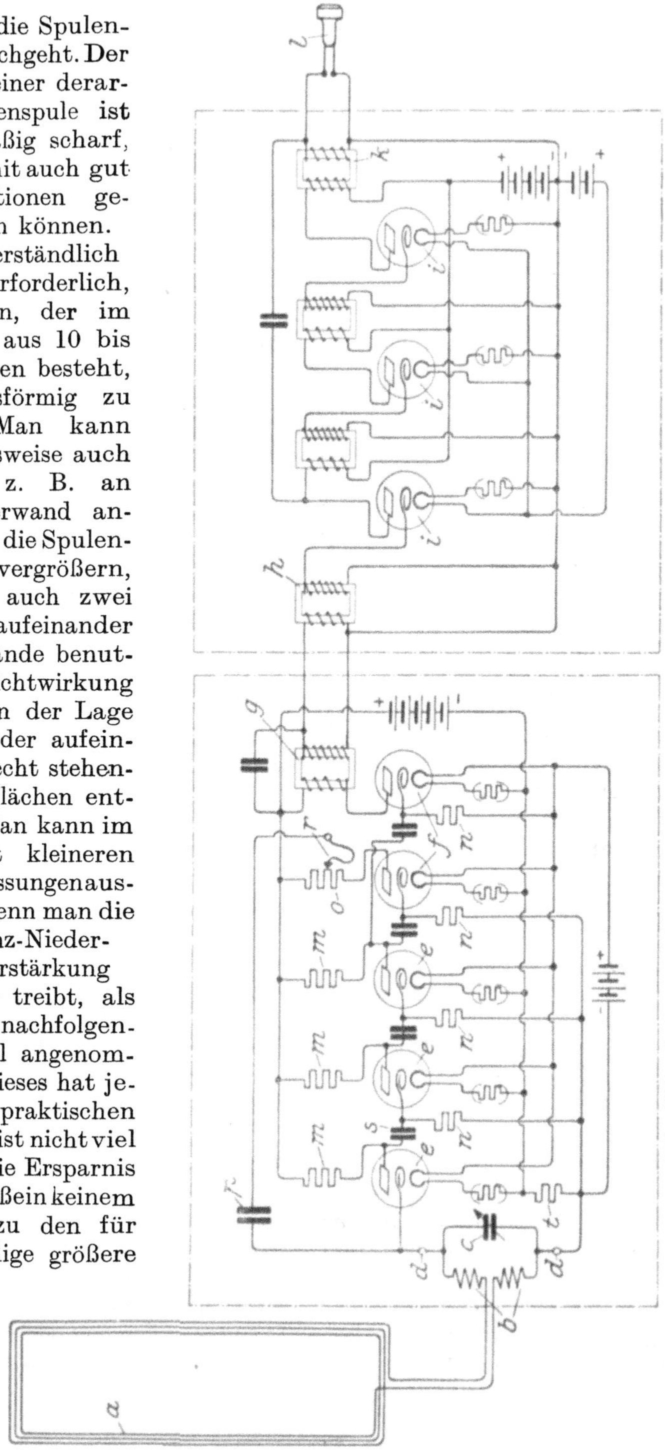

Abb. 175. Röhrenempfängerverstärker von P. Floch, W. de Colle und E. Nesper.

Verstärkung erforderlichen komplizierteren Verstärkungseinrichtungen steht und sich bei einer zu weit gehenden Lautverstärkung auch zuviel Störungen einstellen.

Der Rahmenempfänger besteht außer der bereits erwähnten, mit Abstimmitteln versehenen Spule aus einer Röhrenapparatur, die z. B. gemäß der Abb. 175 geschaltet sein kann. *a* ist der Rahmen, die die Empfangsenergie aus dem Raume aufnimmt und einer zweckmäßig symmetrisch gestalteten Abstimmspulenanordnung *b*, sowie einem Abstimmkondensator *c* zuführt. An den Klemmen *d* ist die auf die fernen Senderschwingungen abgestimmte Empfangsenergie vorhanden und könnte, wenn die Amplitude genügend groß wäre, einem Detektor zugeführt werden, um in gewöhnlicher Weise mittels eines Telephons wahrnehmbar gemacht zu werden. Da indessen gegenüber gewöhnlichen Empfangsintensitäten die vorhandene Amplitude bei der relativ außerordentlichen Kleinheit der Aufnahmespule *a* nur verschwindend gering ist (sie beträgt etwa den tausendsten Teil derjenigen beim Empfang mit Hochantenne), ist es notwendig, eine intensive Verstärkung anzuwenden. Diese besteht teils, um den Schwellwert der Empfangsenergie genügend zu erhöhen, in einer Hochfrequenzverstärkung, teils aber, um die Lautstärke hinreichend groß zu machen, in einer Niederfrequenzverstärkung. Es sind aber, wie bereits bemerkt, ohne weiteres die verschiedensten Varianten dieses Grundgedanken möglich, um mit besonders kleinen Antennenspulen auszukommen. So kann man, wenn es sich z. T. darum handelt, für besonders bequemen Transport die Antenne in der Tasche mit sich zu führen, eine Mehrfachhochfrequenzverstärkung anwenden und dann erst die Niederfrequenzverstärkung daranschalten. Ist dieses nicht erforderlich, und steht für den Empfang einer nicht allzu weit entfernten Station eine Wandfläche zur Verfügung, so kann man auch mit einer Einfachhochfrequenzverstärkung auskommen und kann sich mit einer aus mehreren Röhren bestehenden Niederfrequenzverstärkung begnügen. Bei dem vorliegenden Beispiel von P. Floch, W. de Colle und E. Nesper (1918/19) gemäß Abb. 175 bis 179 ist etwa der erste Fall vorausgesetzt.

Die an den Klemmen *d* abgenommene Empfangsenergie wird drei in Serie geschalteten Hochfrequenzverstärkerröhren *e* zugeführt, wodurch der Schwellwert der Empfangsenergie etwa um das Fünfhundertbis Tausendfache erhöht wird. Darauf geht die Energie in die beiden als Audion und Niederfrequenzverstärkungsröhren wirkenden, parallelgeschalteten Röhrenpaare *f* über und kann von hier aus mittels eines Transformators entweder direkt einem Abhörtelephon zugeführt werden, oder, wie in der Abbildung gleichfalls angedeutet, nach Passieren eines Eingangstransformators *h* einem aus drei Röhren bestehenden besonderen Niederfrequenzverstärker *i* zugeführt werden. Erst an dem letzten Ausgangstransformator *k* liegt das eigentliche Empfangstelephon *l*.

Besonders beachtenswert an dieser Schaltung ist der Fortfall aller Transformatoren zwischen den Hochfrequenzverstärkerröhren. Um die der jeweilig nächstfolgenden Hochfrequenzverstärkerröhre aufzudrückende erhöhte Spannungsamplitude herzustellen, sind an Stelle von Transformatoren hochohmige Widerstände *m* vorgesehen. Hierdurch ist nicht nur eine Ersparnis an teuren Apparaten bewirkt, die durch billige Widerstände ersetzt sind, sondern es ist auch der elektrische Vorteil erreicht, daß praktisch jede Verzerrung, Phasenverschiebung usw. vermieden ist. Übrigens könnte auch der Ausgangstransformator *g* vermieden werden, wenn ein entsprechend abgeglichenes, hochohmiges Telephon benutzt werden würde. Um sich jedoch auch die Verwendung beliebiger und speziell niederohmiger, genügend empfindlicher Telephone freizuhalten, ist es vorteilhafter, diesen Transformator *g* beizubehalten. An Stelle der Widerstände *m* könnten im übrigen etwa mit demselben Effekt Drosselspulen mit großen Selbstinduktionskoeffizienten, die etwa in der Größenordnung von 1×10^6 bis 200×10^6 cm liegen, Verwendung finden.

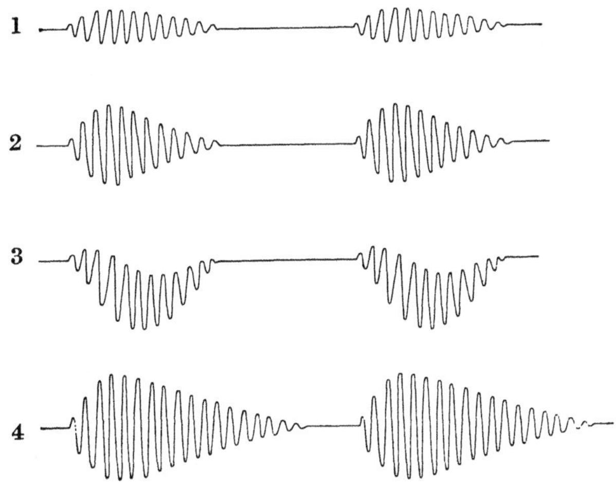

Abb. 176. Schwingungsvorgänge im Röhrenempfängerverstärker.

Die Gitterableitungswiderstände *n* sind zwischen Gitterelektrode und Kathode angeordnet, um die statischen Gitterladungen abzuleiten, da sich sonst durch die auftretenden Entladungen knackende Geräusche im Telephon unangenehm bemerkbar machen würden.

Um bei dem Spulenempfänger, sofern ungedämpfte Schwingungen im Morserhythmus empfangen werden, einen tönenden Schwebungsempfang sicher zu erreichen, ist vor die für Audion und Niederfrequenz dienende erste Röhre *f* ein Kondensator *p* nebst regulierbarem Ohmschen Widerstand *o* vorgeschaltet.

Die auf dem Widerstand auftretenden verstärkten Amplituden werden infolgedessen an das Schwingungssystem *abc* zurückübertragen und überlagern sich über die Empfangsschwingungen, was infolge der Hochfrequenzverstärkung den verstärkten tönenden Empfang liefert. Um die lokale Schwingungsenergie zu variieren, wird der Kontakt *r*, der mit dem Kondensator *p*, also mit dem Schwingungssystem *abc* in Verbindung steht, einregulierbar gestaltet, so daß auf das Optimum der Lautstärke eingestellt werden kann.

Der Schwingungsvorgang bei Empfangsstellung von Morsezeichen ist etwa folgender:

Die an den Klemmen *d* von dem Empfangsapparat aufgenommenen Schwingungen werden einerseits an das Gitter, andererseits an die Kathode der ersten Röhre *e* übertragen, stellen also einen Schwingungsverlauf gemäß Abb. 176 1 dar und verursachen Schwankungen des Anodenstromes dieser Röhre. Infolgedessen werden an dem ersten Widerstand *m* phasengleiche Spannungsschwankungen mit vergrößerter Amplitude gemäß Abb. 176, Diagramm 2 hervorgerufen, die mittels des Kondensators *s* an das Gitter der zweiten Röhre übertragen werden, wobei der Kondensator *s* eine Aufladung des Gitters auf das positive Potential verhindert. Für den Wert des Widerstandes *m* gibt es ein Optimum, das sich aus der Röhrencharakteristik ermitteln läßt. Die Energie wird nunmehr auf die zweite und alsdann auf die dritte Röhre übertragen. In beiden findet eine entsprechende Amplitudenverstärkung statt, so daß die im dritten Widerstand *m* auftretenden Spannungsschwankungen bereits die Form von Nr. 3 Abb. 176 besitzen.

Wenn man nun dem Gitter der dritten Röhre unter Benutzung des Widerstandes *t* ein genügend hohes negatives Potential aufdrückt, so kann die negative Aufladung desselben vermieden werden, und es kann auch die dritte Röhre lediglich zur Verstärkung verwendet werden.

Dadurch, daß der variable Widerstand *ro* in der Audion-Niederfrequenzverstärkungsröhre *f* vorgesehen ist, findet die bereits oben erwähnte Rückführung der Energie statt, wobei die so erzielten rückgeführten Spannungsschwankungen um so größer sind, je größer der Widerstand *ro* gewählt ist. Hierdurch wird sowohl beim Empfang gedämpfter Schwingungen als auch ungedämpfter Schwingungen eine weitere Vergrößerung der Schwingungsamplituden erzielt. Beim Empfang gedämpfter Schwingungen wird außerdem noch der Vorteil erreicht, daß gemäß Abb. 176 eine Verlängerung des Wellenzuges erzielt wird.

Dadurch, daß nun noch weitere Niederfrequenzverstärkungsröhren *i* mit der geschalteten Apparatur in Serie geschaltet sind, wird dieses Phänomen der Amplitudensteigerung bei gedämpften und ungedämpften Schwingungen und der Verlängerung der Wellenzüge bei gedämpften Schwingungen noch weiterhin gesteigert.

In Abb. 177 ist ein praktisches Schaltungsschema des Apparates wiedergegeben. Die wesentlichsten Bezeichnungen sind eingetragen.

Eine Ausführung des Rahmenempfängers, die sich durch große Lautstärke auszeichnet, ist in Abb. 178 wiedergegeben. Hierbei sind insgesamt sieben Röhren benutzt, die in der Mitte der Apparatur erkennbar sind. Die Schaltung ist hierbei so getroffen, daß die ersten vier Röhren für Hochfrequenzverstärkung dienen, die fünfte Röhre für Audionempfang (Gleichrichtung) benutzt wird und die letzten beiden Röhren für Niederfrequenzverstärkung Anwendung finden.

Die Abstimmungselemente, Selbstinduktionsspulen und Kondensatoren sind bei dieser Ausführung im Apparatkasten eingebaut, und zwar befinden sich die Stufenspulen hinter der rechts unter Glas und Rahmen erkennbaren Skala, in welcher die wichtigsten Stationsnamen, deren Sendezeiten, Wellenlängen usw. eingetragen sind. Der Drehplattenkondensator ist in der Mitte unten ersichtlich. Die Wellenlänge

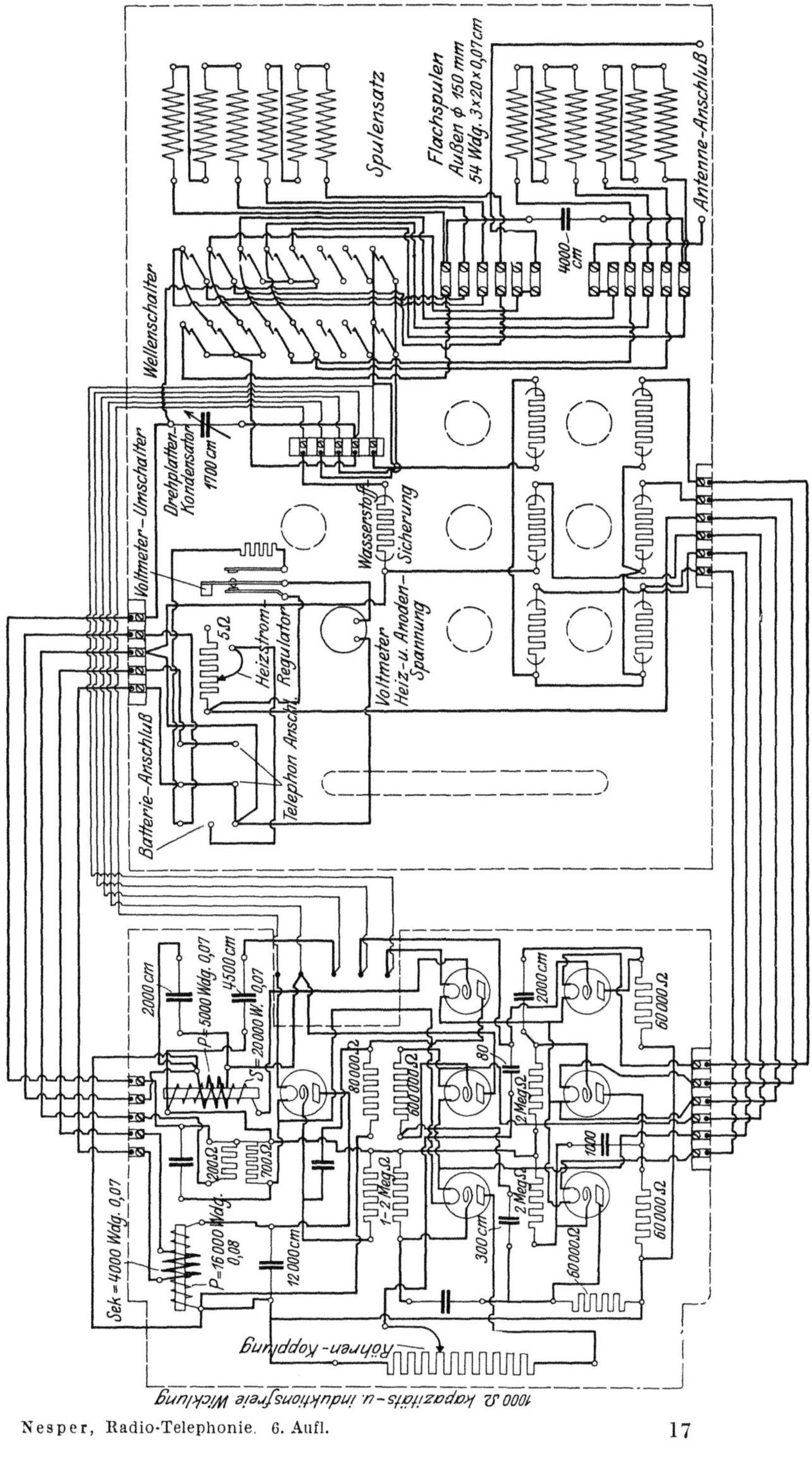

Abb. 177. Praktisches Schaltungsschema des 7-Röhrenempfängers von P. Floch, W. de Colle und E. Nesper.

kann kontinuierlich im Bereich zwischen 2200 und 24000 m variiert werden. Die stufenweise Einschaltung der Spulen — es sind insgesamt drei Stufen vorgesehen — wird durch den über dem Drehplattenkondensatorhandgriff erkennbaren Stufenschalter bewirkt. Zur Ablesung des Heizstromes dient das kleine neben dem Kondensator angeordnete Amperemeter. Links davon sind zwei Handgriffe erkennbar, von denen der untere einen Widerstand für die Regulierung der Heizstromstärke darstellt, während der darüber befindliche Handgriff Heizstrom und die Anodenspannung für die Röhren ein- und ausschaltet.

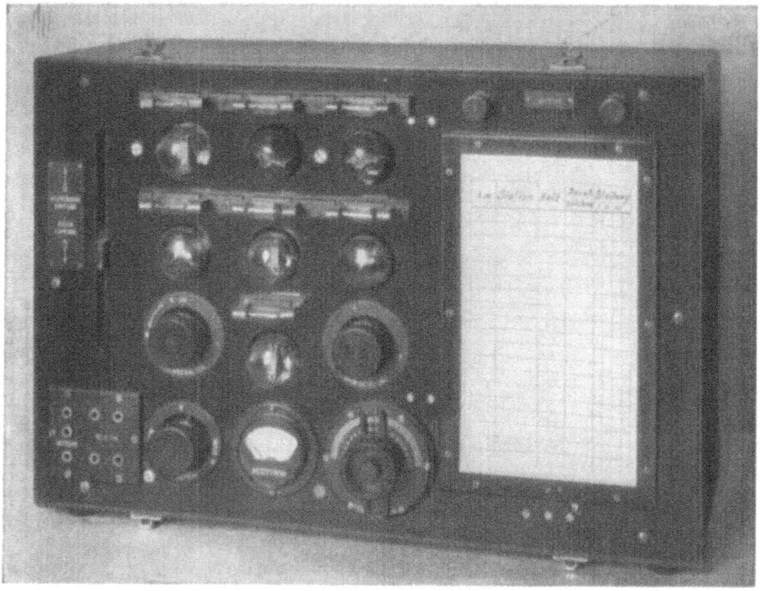

Abb. 178. Ausführung des 7-Röhrenempfängers.

In der Ecke links unten ist eine kleine Schaltplatte zum Anstöpseln von zwei Telephonen und des Steckers für die Batterie des Anodenfeldes ersichtlich. Der darüber befindliche Handgriff dient zur Regulierung des in die Anodenleitung der vierten Röhre eingeschalteten Widerstandes (Reaktionswiderstandes), um im oberen Bereich Schwebungsempfang, im unteren Bereich Audionempfang durchzuführen. Die Antenne wird an die oberhalb des Rahmens erkennbaren Klemmen angeschlossen.

Die Heizbatterie wird mittels Stöpselschnüren an die links unten erkennbaren Stöpsellöcher angestöpselt, während die Batterie für das Anodenfeld (Trockenelementbatterie) sich im Inneren des Kastens, leicht auswechselbar eingebaut, befindet.

Die an dem Kasten links unten anzustöpselnden Telephone sind in der Abbildung nicht wiedergegeben.

Den gesamten Aufbau einer kompletten Rahmenempfangsanlage gibt Abb. 179 wieder. Auf dem Tisch ist der in Abb. 178 dargestellte

Abb. 179. Gesamtanordnung des Röhren-Empfänger-Verstärkers nach Floch-de Colle-Nesper mit Rahmenantenne, Lautsprecher, Batterien und Ladevorrichtung.

Rahmenempfänger aufgestellt. Die Zuleitungen zu der über dem Empfänger hängenden Rahmenspule sind rechts sichtbar. Diese ist ebenso einfach wie z. B. bei einer Petroleumhängelampe an der Decke angebracht und kann mittels des Handgriffes leicht in jede beliebige Lage gedreht werden. Als Indikationsinstrument dient der hinter der Rahmenspule sichtbare Lautsprecher, der durch eine Leitung mit dem Rahmenempfänger verbunden ist. Links unten sind die Zuleitungen für die Heizbatterie und die Batterie des Anodenfeldes, die unter dem Tisch erkennbar sind, angeschaltet. Zur Aufladung der Heizbatterie dient der an der Wand leicht aufgehängte Ladewiderstand, der aus einem Schalter, einem kleinen Spannungsmesser, zwei Sicherungen und sechs Glühlampen besteht, so daß der Heizstrom durch Zu- oder Abschalten von Glühlampen stufenweise reguliert werden kann. Abgesehen von der Erneuerung der Anodenfeldbatterie ist diese Anlage also so beschaffen, daß sie dauernd Tag und Nacht benutzt werden kann.

Der Spulenempfängerverstärker ist bezüglich Abstimmschärfe und Selektivität (Störbefreiung gegen nicht gewünschte Sender) einem sehr guten Sekundärempfänger mit Hochantenne im allgemeinen mindestens gleichwertig, bezüglich Störbefreiung gegen atmosphärische Störungen sehr erheblich überlegen.

Infolge der geringen Gedämpftheit der Spulenantenne und der in dieser vorhandenen quasistationären oder annähernd quasistationären Strömung ist infolgedessen von vornherein durch Benutzung eines Sekundärkreises eine größere Selektivität gegenüber Spulenantenne-Primärempfang kaum zu erwarten. In der Tat haben ausgeführte Versuche gezeigt, daß die Störungsfreiheit eines Rahmenempfängers mit Sekundärkreis praktisch gegenüber einem solchen, der nur Primärschaltung besitzt, nicht wesentlich besser ist.

2. Three-Reflexempfänger der Sterling Co.

Der Three-Reflexempfänger, in Betriebsstellung wiedergegeben gemäß Abb. 180, zeigt bereits deutlich die Entwicklungslinien, welche die Empfangsapparate wahrscheinlich auch in Deutschland nehmen werden. Die Türen des schrankartig gebauten Empfängers werden für den Betrieb aufgeklappt. An den Innenseiten der Türen sind Eichdaten, Stationstabellen und R.-T.-Programme angebracht. Das Brennen der Röhren kann durch drei Fenster beobachtet werden. Außerdem aber ist, was bei den meisten Sparröhrentypen zweckmäßig ist, links wahlweise einschaltbares Meßinstrument vorgesehen, um die Röhren nicht zu überheizen.

Abb. 180. Three-Reflexempfänger der Sterling Co., London.

Darunter befinden sich die Handgriffe für die Einregulierung, welche trotz der hohen Selektivität des Empfangsapparates auf ein Minimum reduziert sind. Die Anschaltung des Telephons bzw. Lautsprechers erfolgt in gewöhnlicher Weise mittels doppelpoligen Steckers. Die Entwicklung dürfte hierbei wahrscheinlich zugunsten des Einkontaktsteckers entschieden werden, vor allem auch mit aus dem Grunde, weil falschpoliges Anschalten des Telephons bzw. Lautsprechers hierdurch automatisch unmöglich gemacht ist.

Unten im Kasten wird Heiz- und Anodenbatterie leicht herausnehmbar angeordnet. Oben auf den Kasten wird die Rahmenantenne aufgesteckt, welche für den Transport leicht abnehmbar und auf ein kleines Paket zusammenlegbar ist.

Die Inbetriebsetzung des Empfängers ist fast sofort und ohne jede Schwierigkeit zu bewirken, da weder das Vorhandensein einer Hochantenne, Innenantenne oder dergleichen, noch der Anschluß an eine Erdung erforderlich ist. Der Empfänger ist hochselektiv und arbeitet äußerst ökonomisch.

3. Aus Einzelapparaten zusammengesetzte Rahmenempfängeranlage der C. Lorenz A.-G.

Manchmal wird es als zweckmäßig hingestellt, vor allem um die Rückkopplungserscheinungen auszuschließen, die zum Empfänger gehören-

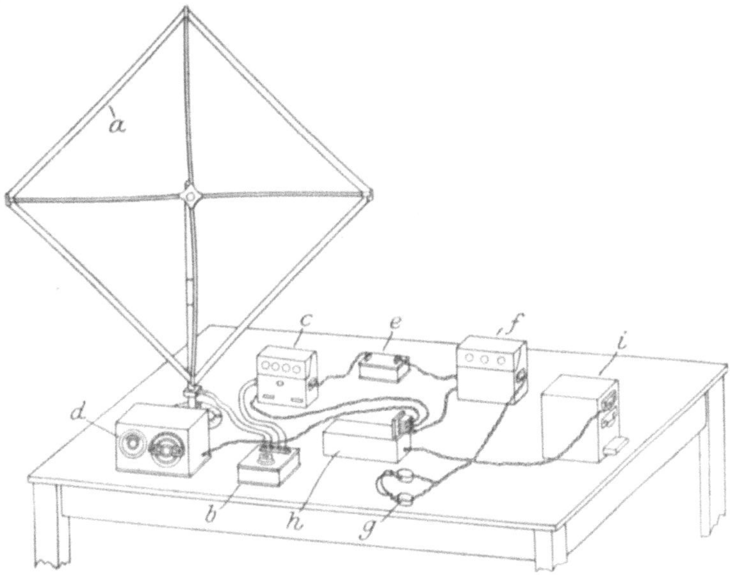

Abb. 181. Rahmen-Empfängeranlage der Lorenz A.-G. bei Trennung der einzelnen Empfangselemente.

den Einzelapparate getrennt zu benutzen. Eine sich ergebende Anordnung, wie sie die C. Lorenz A.-G. in Berlin benutzt, geht aus Abb. 181 hervor. Die an sich außerordentlich schwache Empfangsenergie wird mit der Rahmenantenne *a* aufgenommen und den Verlängerungs- und Abstimmspulen *b*, die in einen Kasten eingeschlossen sind, zugeführt. Darauf wird die Empfangsenergie durch den Vierröhrenverstärker *c* in ihrer Amplitude so verstärkt, daß sie ausgenutzt werden kann. Um die schnellen kontinuierlichen und ungedämpften Schwingungen, die infolge ihrer hohen Frequenz an sich nicht direkt wahrnehmbar sind, hörbar zu machen, ist bei dieser Anordnung ein besonderer Schwebungszusatzapparat *d* vorgesehen, der auf die ankommenden Schwingungen einwirkt und bei passender Einstellung im Empfangstelephon *g* einen musikalisch hörbaren Ton hervorruft; dieser wird beim Radio-Telephonieempfang natürlich nicht benutzt. *f* ist ein Niederfrequenzverstärker, um die Empfangsamplitude, die durch die Hochfrequenzverstärkung nur bis zu einem gewissen Grade hochgeschaukelt werden kann, noch weiterhin zu vergrößern. Zwischen *f* und *c* ist ein besonderer Zwischentransformator

Abb. 182. Vierröhren-Rahmenempfänger Type „Radiola" der Société Française Radio-Electrique, Paris.

e eingeschaltet. *h* ist die Anodenhochspannungsbatterie für die Verstärker, *i* die Akkumulatorenbatterie für die Heizung der Verstärkerröhren.

4. Vierröhren-Rahmenempfänger der Société Française Radio-Electrique.

Eine auch äußerlich sehr elegante Empfängerform, die Abb. 182 in Gebrauchsstellung wiedergibt, bringt die Société Française auf den Markt. Der vollständig in Holz einmontierte Empfangsrahmen ist direkt auf den die Abstimmittel enthaltenden Kasten aufgebaut. Die Wellenvariation erfolgt durch den vorn herausragenden Handgriff. Auf dem Kasten sind die Röhren aufgestöpselt. Bei dieser Anordnung ist der rechts sichtbare Lautsprecher mit dem Empfänger verbunden. Dieser Empfänger entspricht in seinem Aufbau, seiner Ausführung und der Einfachheit seiner Bedienung wohl allen zu stellenden Ansprüchen. Es ist aber nicht sicher, ob in der Apparatur Rückkopplungen immer ganz vermieden werden.

5. Reise-Röhrenapparat von M. Baumgart.

Obwohl die Mitnahme einer Empfangsapparatur auf Spaziergängen, Reisen usw. nicht mit allzu vielen Schwierigkeiten verbunden ist, kann es doch vorteilhaft sein, alle für den Empfang benötigten Teile in einer Koffer- oder Kastenapparatur zusammengebaut zu verwenden.

Eine solche ist durch den Rahmen-Reiseempfänger von M. Baumgart gegeben, welche in den Abb. 183—185 dargestellt ist. Das Schaltungsschema folgt aus Abb. 183. In den Kasten hineingewickelt ist die Rahmenantenne *f*, welche aus etwa 80 m 0,35 mm starkem emailliertem Kupferdraht, einlagig gewickelt, besteht. *g* ist ein Drehkondensator von 1000 cm. Der abgestimmte Kreis arbeitet auf die Hochfrequenzr

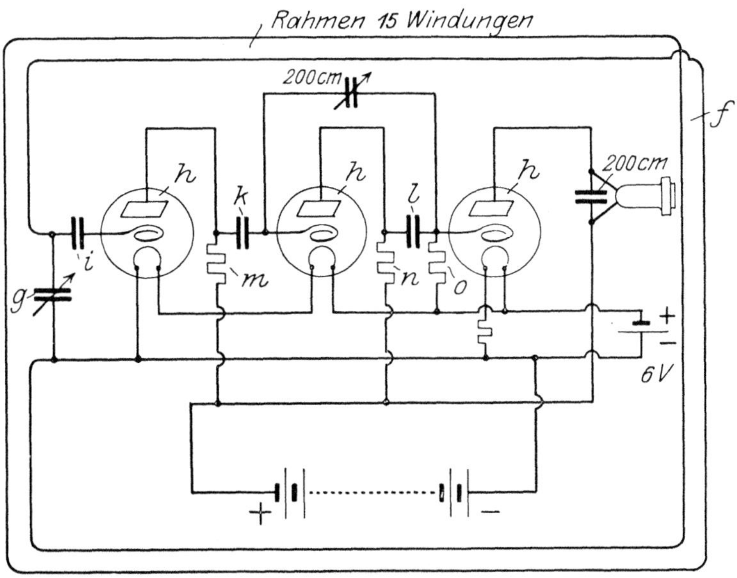

Abb. 183. Schema des Reise-Röhrenempfängers von M. Baumgart.

Abb. 184. Außenansicht des Reise-Röhrenempfängers.

Abb. 185. Reise-Röhrenempfänger von M. Baumgart von d. Rückseite gesehen mit aufgeklapptem Deckel.

verstärkerröhren h, welche in Widerstandskopplung geschaltet sind. Die Gitterkondensatoren haben folgende Größen: $i = 4000$ cm, $k = 500$ cm, $l = 500$ cm. Die Kopplungssilitwiderstände haben folgende Größen: $m = 4 \times 10^6$ Ohm, $n = 3 \times 10^6$ Ohm; der Widerstand o ist ein gewöhnlicher Gitterableitungswiderstand in der Größenordnung von etwa 5×10^6 Ohm.

Sämtliche Teile, einschließlich der Stromquellen und der Anodenbatterie, sind im Transportkasten, in welchem unterhalb der äußeren Holzdeckplatte die Rahmenantenne gewickelt ist, einmontiert. Die sehr einfache Regulierung und Abstimmung wird durch aus der Vorderplatte herausragende Griffe bewirkt.

6. Zeitsignalempfänger von M. Baumgart.

Außer den gewöhnlichen R.-T.-Empfängern, welche ja meist ohne weiteres gestatten, die in allen Rundfunkprogrammen heute enthaltenen Zeitsignale zur Uhrenkontrolle festzustellen, ist aber noch der weitere Wunsch vorhanden, insbesondere für Uhrmacher, größere Institute und Banken, Postanstalten usw., in denen die Aufnahme des Zeitzeichens mit großer Genauigkeit festgestellt werden muß, ein hierfür besonders bestimmtes tragbares Empfangsgerät zu besitzen, welches an das Ausspannen einer bestimmten Antenne nicht gebunden ist, sondern das, abgesehen von den Stromquellen, alle zur Aufnahme erforderlichen Einrichtungen in sich vereinigt.

Der Zeitsignalempfänger ist von M. Baumgart gemäß den Abb. 186 bis 188 derart gestaltet, daß in den Empfängerkasten eine Rahmenantenne hineingewickelt ist, welche mit einem Vierrohr-Hochfrequenzverstärker ausgerüstet ist.

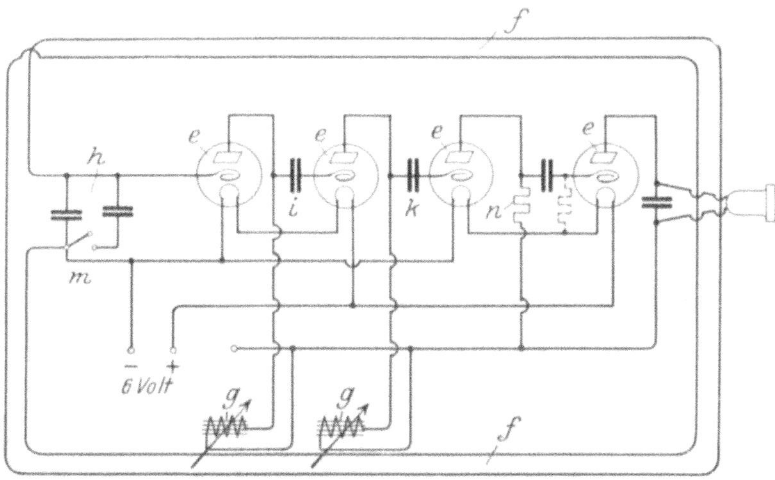

Abb. 186. Schaltschema des Zeitsignalempfängers.

Zu diesem Zweck sind gemäß dem Schaltungsschema Abb. 186 vier Röhren *e* in Hochfrequenzschaltung benutzt, welche von dem Rahmen *f* aus die Empfangsenergie erhalten. Die erste Röhre ist auf die zweite und die zweite auf die dritte Röhre mittels Drosselspulen *g* gekoppelt. Die beiden letzten Röhren sind durch einen Silitwiderstand *n* von 10^6 Ohm verbunden. Die letzte Röhre arbeitet als Audion.

Abb. 187. Zeitsignalempfänger von M. Baumgart.

Außerdem sind aus dem Schaltbild noch die Abstimmungskondensatoren *h* zu ersehen, welche eine Größe von 460 cm bzw. 180 cm besitzen, sowie die Gitterkondensatoren *i* von 300 cm, *k* von 500 cm und *l* von 1000 cm.

Wenn das Zeitzeichen des Eiffelturms auf Welle 2500 m empfangen werden soll, wird der Schalter *m* geöffnet, so daß nur der 460 cm-Kondensator benutzt wird.

Sofern jedoch das Zeitzeichen von Nauen auf der Welle 3100 m empfangen werden soll, wird der Schalter *m* geschlossen.

Es kommt ganz besonders auf die richtige Ausführung und Schaltung der Drosselspule *g* an. Die Drosselspule hinter der ersten Röhre ist von 0,1 mm starkem, emailliertem Kupferdraht gewickelt mit einem Widerstand von 900 Ohm. Die Drosselspule zwischen der Röhre 2 und 3 ist aus demselben Draht gewickelt, besitzt jedoch nur 180 Ohm.

Abb. 188. Inneres des Zeitsignalempfängers von M. Baumgart.

Der Wicklungssinn der Drosselspulen muß richtig gewählt sein, da die Drosselspulen auf die Windungen der Rahmenantenne rückgekoppelt sind. Eine Art Feinabgleichung wird dadurch bewirkt, daß die Drosselspulen mit Eisenkernen versehen sind, welche mehr oder weniger weit in die Spulen eingeführt werden.

Der richtige Wicklungssinn und die richtige Kopplung wird in bekannter Weise durch das Schwingen der Röhren, was im Telephon abgehört wird, festgestellt.

J. Zukunftsaussichten für fertige R.-T.-Empfänger.

Wie weit das Bestreben geht, die Einregulierung des Empfangsapparates den Rundfunkabonnenten nach Möglichkeit zu erleichtern, zeigt ein moderner Magnavoxapparat gemäß Abb. 189. Es ist dies ein Fünfröhren-Empfänger, welcher zur Einregulierung und Abstimmung nur drei aus der Vorderplatte des Apparates herausragende Handgriffe besitzt. Der vierte in der Mitte unten befindliche Handgriff dient zur Feineinregulierung.

Dieser Apparat zeigt auch in gewissem Sinne die Entwicklungsaussichten der hochwertigen R.-T.-Empfänger:

Die Hochantenne ist verschwunden und durch eine Innenantenne (Kapazitätsantenne) ersetzt. Diese dient nicht nur für den Empfang der Sendungen des nahen R.-T.-Senders, und für die Sendungen, welche nach dem Relaissystem von auswärtigen Stationen hereingeholt und weiter gegeben werden, sondern auch für den tatsächlichen Fernempfang. Die Störbefreiung ist in weitgehendstem Maße durchgeführt, teils in Form von hochselektiven Empfangsanordnungen an und für sich, teils durch besondere Sperrkreisvorrichtungen.

Abb. 189. Moderner amerikanischer Magnavox-Empfänger.

Evtl. hineinkommende Störungen werden durch Transponierung herausgebracht, derart, daß der Empfänger mit wenigen Handgriffen sich rasch und bequem die gewünschte Sendung heraussuchen kann.

Die Installation des Apparates ist denkbar einfach, da alle Stromquellen in Form von Primärelementen in den Apparat eingebaut bzw. in den Empfangstisch montiert sind. Die Einregulierung ist durch Skalen und Messinginstrumente, welche die Heizstromstärke rasch abzulesen gestattet, sehr einfach und viel zuverlässiger geworden, als dies heute meist der Fall ist. Die Dimensionierung auch der Verstärkungselemente, der Spulenhörer, Lautsprecher usw. ist so, daß für Sprache und Musik das Optimum der Wiedergabe gewährleistet ist, so daß auch künstlerische Darbietungen mit Genuß empfangen werden können.

VII. Empfangsschaltungen.

A. Allgemeine Gesichtspunkte.

Aus der überaus großen Zahl aller möglichen Empfangsschaltungsanordnungen sind im nachstehenden nur die am meisten typischen Anordnungen ausgewählt, die sich besonders für die Benutzung durch den Amateur eignen, sei es für den Empfang von Morsezeichen (Telegraphie) oder für R.-T.-Empfang oder auch teilweise für Meß- und Laboratoriumszwecke. Es ist hierbei so vorgegangen, daß stets nur die für den Empfang unbedingt erforderlichen Einzelapparate in den Schaltungsschemen angegeben sind, daß also alle Meßinstrumente, Zusatzapparate usw., soweit sie nicht ausdrücklich angegeben sind, fortgelassen wurden. Dies geschah einerseits, um das Übersichtsbild zu vereinfachen, andrerseits, um dem Amateur von vornherein darzulegen, mit wie verhältnismäßig einfachen Mitteln er einen brauchbaren Empfang herstellen kann.

Im nachstehenden sind im wesentlichen bei Detektorempfang Hochantenne oder bei großer Nähe vom R.-T.-Sender auch Ersatzantenne vorausgesetzt; bei Benutzung der Röhre ist meist Ersatzantenne oder Rahmenantenne angenommen. Die Hochantenne läßt unter allen Umständen den Empfang geringerer Empfangsenergien zu, bzw. man kann ohne besondere Verstärkungseinrichtungen auskommen, welche bei der Rahmenantenne stets notwendig sind. Im Mittel kann man annehmen, daß die Empfangsenergie bei der Rahmenantenne etwa tausendmal kleiner ist c. p. als bei der Hochantenne. Der R.-T.-Interessent ist auch heute noch im allgemeinen darauf angewiesen, mit möglichst einfachen Mitteln zu arbeiten, was insbesondere auf Verstärker zutrifft, da bei diesen nicht nur die Anschaffungskosten zu berücksichtigen sind, sondern auch die nicht unwesentlichen Betriebskosten, Ersatz für entzweigegangene Röhren usw. Der Nachteil der Hochantenne ist im wesentlichen in ihrem besonderen, für den Amateur meist nicht ganz bequemen Aufbau bedingt. Da es sich hierbei jedoch nur um eine einmalige Aufwendung handelt, ist diese Müheleistung nicht allzusehr inbetracht zu ziehen. Elektrisch ist allerdings die Rahmenantenne viel störungsfreier als die Hochantenne. Die Hochantenne sollte nach Möglichkeit den Gesichtspunkten, die in Kap. XII S. 543 entwickelt sind, entsprechen. Indessen wird sie, den jeweiligen Veränderungen gemäß, von Fall zu Fall gewisse Abänderungen erfahren. Grundsätzliche Forderung ist jedoch einerseits, daß ihre Isolierung gegen die Antennenträger, Gebäudeteile usw. dauernd eine möglichst gute ist, da sonst sehr erhebliche Verluste an Empfangsenergie auftreten, und andererseits, daß sie dem jeweilig verlangten Wellenbereich, mit dem man zu arbeiten beabsichtigt, einigermaßen angepaßt ist. Sofern man nicht sehr große Verluste an Empfangsenergie in Kauf nehmen will, ist es ferner nicht möglich, die Grundschwingung der Antenne beliebig zu verkürzen. Unter 70 Proz. der Grundschwingung sollte man nicht gehen. Aber auch die Verlängerung durch in die Antenne geschaltete Spulen mit und ohne Kombination von Kondensatorkreisen ist nicht beliebig, und jedenfalls kann man mit einer allzu kleinen Antenne nicht die sehr großen Wellen von 5000 m und darüber empfangen. Welche prinzipiellen Einschaltungen von Spulen und Kondensatoren möglich sind, geht aus Abb. 130 hervor. Im übrigen ist es eine selbstverständliche Voraussetzung, daß die Antenne möglichst günstig für das Auffangen von Schwingungen angebracht wird, und daß man sie tunlichst nicht in einem schachtartigen Hof oder dergleichen aufhängt.

Eine Schaltungsanordnung, die für die Abstimmung einer Hochantenne fast stets benutzt wird, besteht darin, daß für kurze Wellen

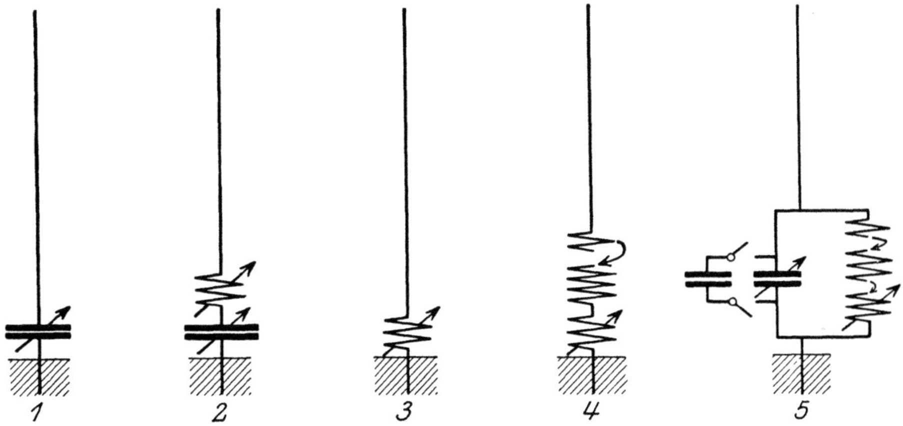

Abb. 190. Prinzipielle Einschaltungsmöglichkeiten von Kondensatoren und Selbstinduktionsspulen in die Antenne.

Schaltung 1: Einschaltung eines Kondensators zur Verkürzung der Antennengrundschwingung möglichst in die Nähe der Erdungsstelle, also in den Stromknoten. (Siehe auch Abb. 191 A.) Verkürzung nicht unter 0,7 der Antennengrundschwingung.

Schaltung 2: Serienschaltung eines Selbstinduktionsvariometers und eines Drehkondensators, wobei anstelle des Variometers auch eine feste oder stufenweise veränderliche Selbstinduktionsspule treten kann. Schaltung für kleine bis mittlere Wellen.

Schaltung 3: Für mittlere und größere Wellen wird das Variometer allein ohne Kondensator benutzt, wobei selbstverständlich noch Kopplungsspulen und dergleichen eingeschaltet werden können.

Schaltung 4: Für noch größere Wellenlängen wird das Selbstinduktionsvariometer in Serie mit stufenweise veränderlichen Spulen in die Antennen geschaltet. Bei dieser und der vorhergehenden Schaltung kann infolge der Eigentümlichkeit des Variometers das Luftleitergebilde mehrwellig, stärker gedämpft und weniger selektiv werden. Außerdem können kleine Wellen leicht durch die Apparatur hindurchgehen.

Schaltung 5: Für große Wellen dient die nunmehr folgende Schaltung 5, wobei in die Antenne ein aus Selbstinduktion und Kapazität bestehender Schwingungskreis geschaltet ist. (Siehe auch Abb. 191 B.) Da der Kondensator um so mehr Energie verzehrt, je größer sein Kapazitätswert ist und um tunlichst die Einwelligkeit des Luftleiters zu wahren, soll die zum Kondensator parallel geschaltete Selbstinduktion groß sein gegenüber der Antennenselbstinduktion.

ein Drehkondensator in Serie mit der Abstimmungsselbstinduktion in die Antenne eingeschaltet wird (siehe Abb. 191 *A*), und daß derselbe zur Erzielung längerer Wellen parallel zu der Abstimmungsselbstinduktion geschaltet wird (siehe Abb. 191 *B*). Für die Serienkombination ist, wie schon bemerkt, darauf zu achten, daß der Kapazitätswert tunlichst nicht unter 0,7 der Antennenkapazität sinkt, keinesfalls aber kleiner als 0,5 dieses Wertes wird, da sonst ein zu erheblicher Verlust an Lautstärke eintritt.

Im allgemeinen wird man sowohl für die kurzen Wellen als auch für die langen Wellen denselben Kondensator benutzen. Man wird also einen möglichst einfachen Schalter vorsehen, der es mit einem Schaltgriff ermöglicht, die Umschaltung einschließlich der Erdung vorzunehmen. In beistehender Abb. 191 *C* ist ein derartiger, die Leitungsverbindungen besonders übersichtlich ergebender Doppelschalter mit den Schaltmitteln und den erforderlichen Verbindungen dargestellt,

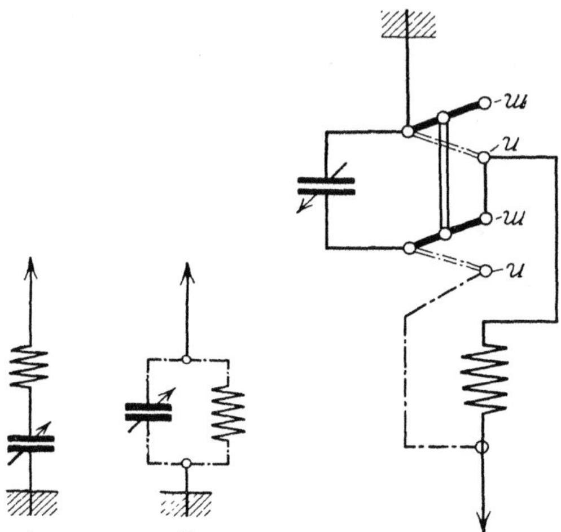

A B C

A Spule und Kondensator in Serie in der Antenne.

B Spule und Kondensator parallel in der Antenne (Schwungradschaltung).

Durch Betätigen des Schalters wird wahlweise die Serien- (—) oder die Parallelschaltung (-----) bewirkt.

Abb. 191. *EN* 0 Schaltungsanordnung zur Wellenvariation der Antenne in weiten Grenzen.

Legt man den Doppelschalter in stark gezeichnete Kontaktstellung *m*, so ist Spule und Kondensator in Serie gelegt, entsprechend Schema *A*; legt man den Schalter in —·—·—-Stellung *n*, so hat man sog. Schwungradschaltung.

Es sind verschiedene Anordnungen bekannt geworden, um die Schaltung kurz-lang, welche man zweckmäßiger mit „Parallel"-„Serie" benennen würde, in die Praxis umzusetzen.

Nach einem Vorschlag von W. Naumann gemäß den Abb. 192 bis 194 sollen 5 Stöpselbuchsen am Empfangsapparat nach außen geführt werden, so daß dieser bei Betätigung dieser Buchsen etwa durch einen Vierkontaktstöpsel gemäß Abb. 194 entweder in Parallelschaltung (Schwungradschaltung), gemäß Abb. 192 rechts oder Serienschaltung gemäß Abb. 192 links arbeitet. Bei der gewöhnlichen Steckeranordnung würde dies immerhin eine ziemlich saubere Fabrikationsarbeit des Steckers voraussetzen. Durch Verwendung von Bananensteckern läßt sich die erforderliche Kontaktgebung indessen leichter erzielen.

Eine andere Ausführungsform ist in Abb. 193 dargestellt. Hierbei wird nur ein gewöhnlicher überall erhältlicher Zweikontaktstecker gebraucht, welcher entweder in die Buchsen 1—2, 2—3 oder 3—4 eingestöpselt wird. Ist er in 1—2 eingestöpselt, so liegen Spule und Kondensator in Serie. Ist er in 2—3 eingestöpselt, so wird die Feder *f* durch den eingesteckten Kontakt abgedrückt und die Antenne ist über den Kondensator geerdet. Wird er in 3—4 eingestöpselt, so liegen Spule und Kondensator parallel.

Schließlich ist in Abb. 195 noch eine Schalterkonstruktion von Paul Brandenburg, Berlin, wiedergegeben, bei der die Schaltung in einfachster Weise mit einem Handgriff bewirkt wird. Die Stellung links zeigt die Schaltung kurz, rechts lang.

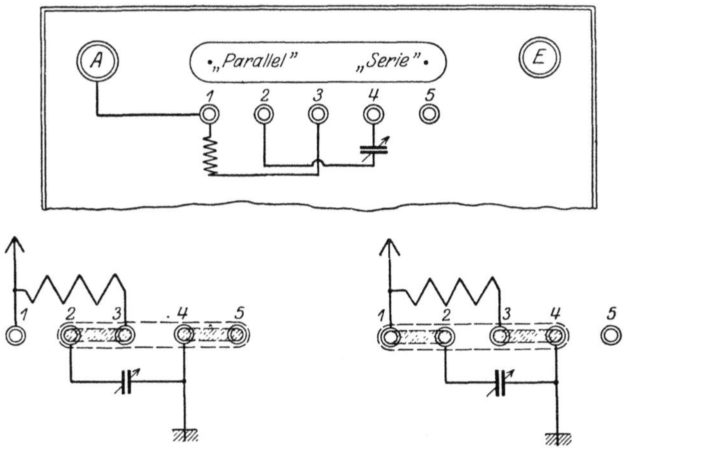

Abb. 192. Verwirklichung der Schaltung Kurz-Lang durch vier Kontaktstecker

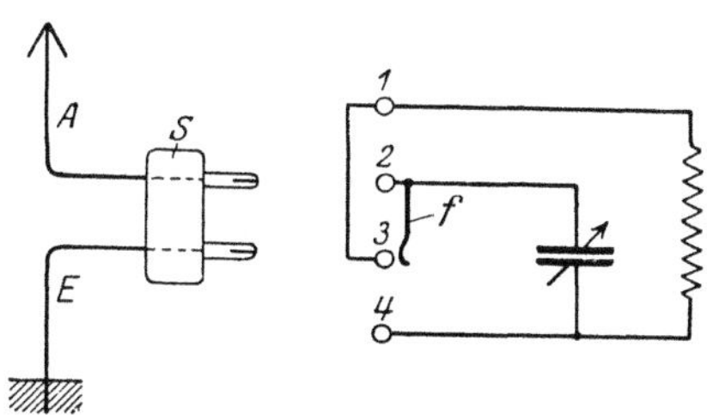

Abb. 193. Herstellung der Schaltung durch einen Zweikontaktstecker.

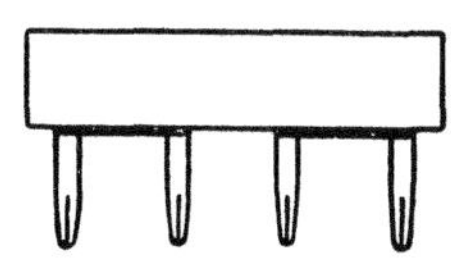

Abb. 194. Kontaktstecker mit vier Kontakten.

Eine besondere Schwierigkeit liegt für den Amateur meist in der Schaffung einer guten Erdung. Die für drahtlose Verkehrsstationen hierfür geltenden Gesichtspunkte können natürlich für den Amateurempfänger, der ja von vornherein nur für erheblich kleinere Reichweiten, geringere Selektionen usw. bestimmt ist, nicht in Anwendung kommen. Der Amateur wird sich meist damit begnügen müssen, seinen Empfänger an die Wasser- oder Gasleitung anzuschließen. Sehr gut ist eine etwa vorhandene Blitzableitererdung, wobei er besonders darauf zu achten hat, daß diese Leitung so kurz wie möglich wird.

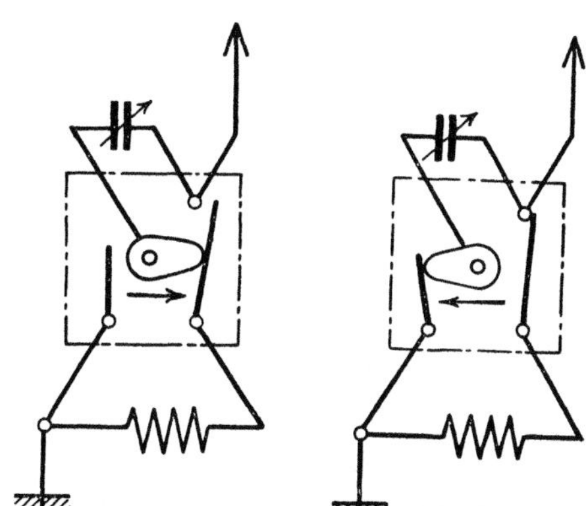

Abb. 195. Schalter zur Umschaltung von Kurz auf Lang von P. Brandenburg, Berlin.

B. Der Filterkreis (Wellenschlucker, Siebkreis usw.).

Bereits seit langem war es in der Radiotelegraphie üblich, sich diejenige Welle aus dem Spektrum evtl. vorhandener mehrerer Sender dadurch herauszufiltrieren, daß man mit Sekundär- oder sogar Tertiärempfang arbeitete, wobei die einzelnen Kreise lose miteinander gekoppelt waren und besondere Sorgfalt darauf gelegt wurde, daß nicht etwa die Detektorspule von der Antenne direkt Energie erhielt.

Man hat versucht dieses System auch bei den modernen R.-T.-Empfängern anzuwenden, und ist überrascht gewesen, daß die Selektionswirkung in den weitaus meisten Fällen äußerst gering war und jedenfalls nicht ausgereicht hat, um z. B. im direkten Bereich eines R.-T.-Senders diesen zu eliminieren. Der Grund für diese mit den Erfahrungen der älteren Radiotelegraphie kaum in Zusammenhang zu bringenden Tatsache liegt offenbar darin, daß die modernen R.-T.-Empfänger im Gegensatz zu früher eine eigentliche den elektrischen Anforderungen nachkommende Erdung nicht besitzen, sondern in den weitaus meisten Fällen an die in den Häusern vorhandenen Röhrenleitungen angeschlossen sind. Hierdurch kommen naturgemäß Schwingungen in die Empfangsapparatur hinein, welche bei richtig ausgeführter Erdung ausgemerzt werden könnten.

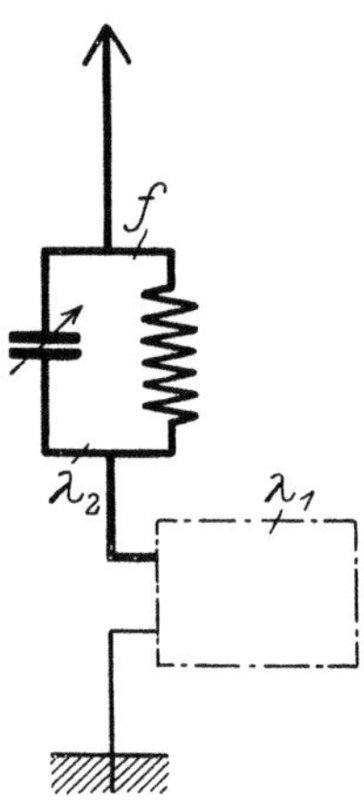

Abb. 196. Der Filterkreis f ist direkt in die Antenne eingeschaltet.

Da sich nun die Zahl der Rundfunksender mehr und mehr häufen wird, und da andererseits der selbstverständliche Wunsch besteht, sich von diesen Sendern freizumachen und den jeweilig gewünschten Sender „herauszufiltrieren“, mußte man zu andern Mitteln greifen.

Hierzu kann man sich mit Vorteil der sog. „Filterkreise“ bedienen (siehe auch Kap. IV H. S. 121ff.), worunter aus Kapazität und Selbstinduktion bestehende Systeme verstanden werden, anderen Klemmen im Falle der Abstimmung auf die betreffende auszumerzende Wellenlänge, sagen wir λ_2, die Wechselspannung, Null herrscht. Wenn man daher ein derartiges System z. B. in die Leitung zum Empfänger gemäß Abb. 196 einschaltet — das System bildet den Kreis f —, so kann derjenige Sender, welcher auf die Welle λ_2 abgestimmt ist, für den Empfang unwirksam gemacht werden, und nur die anderen Wellen kommen in den Empfänger hinein, von welchen die Welle λ_1 in der Empfangsapparatur in bekannter Weise herausgesiebt wird.

Dieser Filterkreis hat also die Wirkung, da er für die Welle, auf welche er abgestimmt ist, einen unendlich hohen Widerstand darstellt, diese abzusperren, Schwingungen aller anderen Wellen, hingegen hindurch zulasssen.

Vor allem ist es naturgemäß wichtig, wenn der Filterkreis den gewünschten Effekt haben soll, daß man ihn möglichst ungedämpft ausbildet, so daß sich eine tunlichst scharfe Resonanzkurve, welche möglichst spitze Form besitzt, ergibt. Infolgedessen ist es notwendig, die für die Filterkreise benutzten Spulen mit geringster Eigendämpfung und Eigenkapazität zu bauen. Auch der Drehkondensator sollte ein solcher mit Luftdielektrikum sein und so ausgeführt sein, daß er keine Verluste in den Zuleitungen besitzt. Drehkondensatoren mit Feineinstellung sind vorzuziehen.

Man erhält praktisch meist gute Dimensionen, wenn man den Kondensator des Filterkreises f nach der Drehkondensatortype mit einer Maximalkapazität von etwa 1000 cm wählt und die Dimensionen der Selbstinduktionsspule so bemißt, daß sie zusammen mit einer entsprechenden Einstellung des Drehkondensators die Welle λ_2 des nicht gewünschten Senders ergibt.

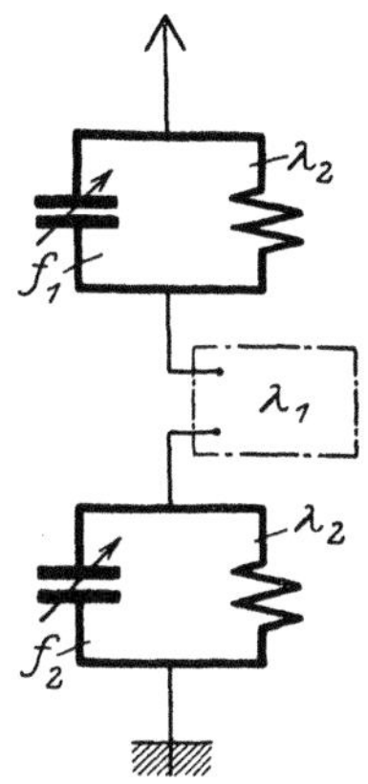

Abb. 197. Filterkreisanordnung. Die Welle λ_2 soll eliminiert werden, d. h. vom Empfänger ferngehalten werden.

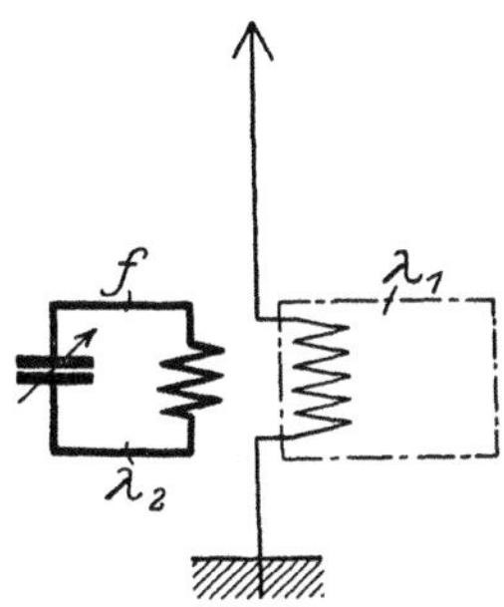

Abb. 198. Der Filterkreis f ist induktiv mit der Antenne gekoppelt.

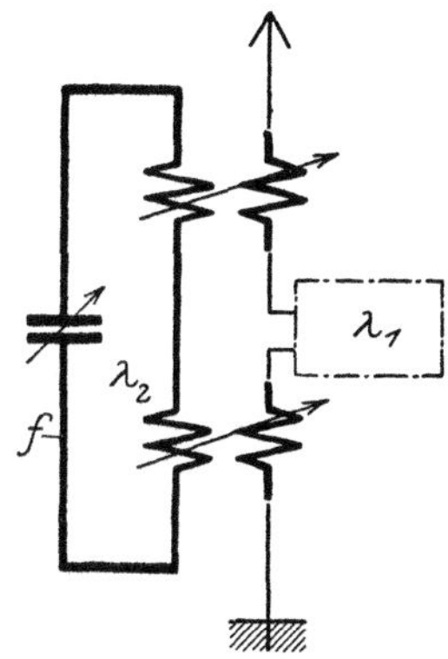

Abb. 199. Filterkreisschaltung mit zwei Klappspulenanordnungen.

Die Schaltung des Filterkreises kann in mannigfaltigster Weise variiert werden, und es ist durchaus nicht gesagt, daß die Anordnung gemäß Abb. 196 das Optimum ergibt. So ist z. B. eine Teilung des Filterkreises in zwei Kreise gemäß Abb. 197 oft als günstig festgestellt worden. In die Antennenzuleitung ist der Filterkreis f_1, in die Erdleitung der Filterkreis f_2 eingeschaltet worden; jeder der beiden ist auf die Welle λ_2 abgestimmt, während der Empfänger natürlich wieder auf λ_1 abgeglichen ist.

Im allgemeinen erhält man noch bessere Resultate, wenn man den Filterkreis induktiv mit dem Empfänger koppelt.

Eine sehr beliebte, verhältnismäßig einfache und nur geringe Mittel erfordernde Anordnung stellt Abb. 198 dar. Die Bezeichnungen derselben sind wieder dieselben wie bisher.

Auch eine Trennung der Kopplungsspulen gemäß Abb. 199 scheint oft günstige Resultate ergeben zu haben. Diese Anordnung wirkt sehr symmetrisch und dürfte daher in der Lage sein, recht selektiv arbeiten zu können. Allerdings erfordert sie auch verhältnismäßig viele Einzelapparate.

Auch eine Anordnung gemäß Abb. 200, welche verhältnismäßig leicht durchzuführen ist, ist oft mit Erfolg angewendet worden.

Wenn man mit möglichst einfachen Mitteln auskommen will, kann man übrigens mit Vorteil ein Kugelvariometer und einen Festkondensator benutzen, die man in Serieschaltung direkt an den Klemmen des Empfangsapparates anschließen kann, wie dies Abb. 201 zeigt, oder auch induktiv mit dem Empfänger koppeln kann.

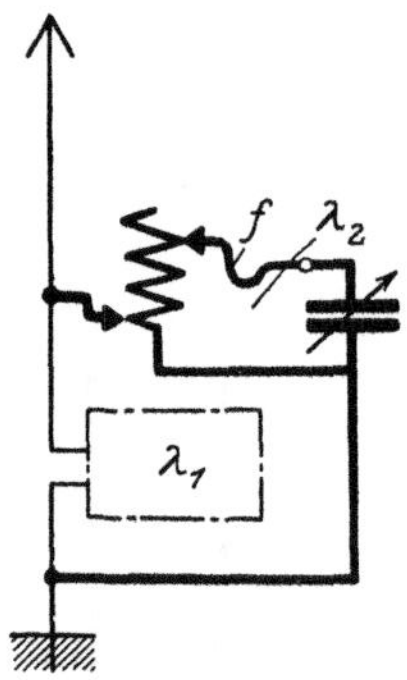

Abb. 200. Der Filterkreis ist als Shunt zum Empfänger geschaltet.

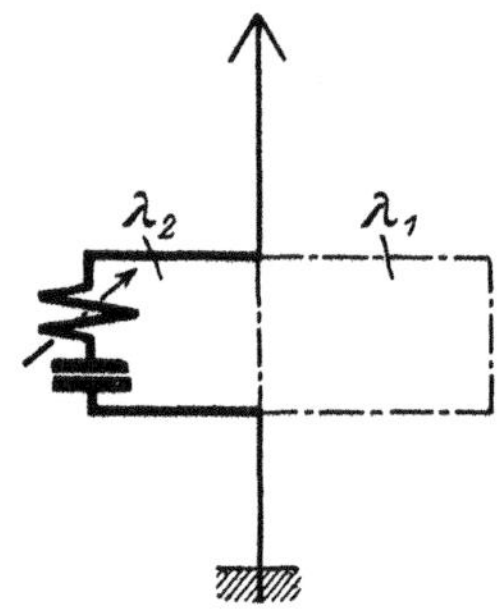

Abb. 201. Parallelschaltungsfilter.

Selbstverständlich sind noch andere Anordnungen und Schaltmöglichkeiten für den Filterkreis denkbar. Die wiedergegebenen Varianten weisen bereits den Weg für die jeweilig zu wählende zweckmäßigste Anordnung. Mit Rücksicht auf die zahlreichen Möglichkeiten, welche am Empfangsort vorliegen, sind generellere Gesichtspunkte nur schwer anzugeben.

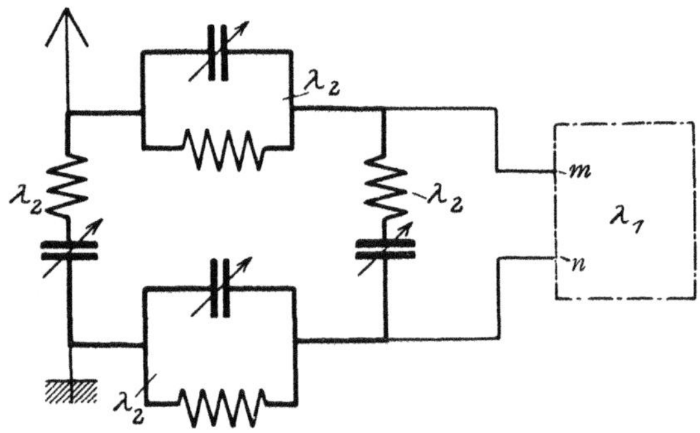

Abb. 202. Kombinierte Sperrkreis- und Filterkreisanordnung (Wellenschlucker).

Die Fälle sind nicht selten, in denen man mit diesen mehr oder weniger einfachen Filter- oder Sperrkreisanordnungen nicht auskommt. Es hat sich namentlich in der Großstadt als zweckmäßig herausgestellt, Kombinationsanordnungen zu verwenden, wie sie beispielsweise Abb. 202 darstellt. Die Abbildung zeigt eine ganze Reihe von Kreisen, bei denen zum Teil die Kapazität und Selbstinduktion in Serie, zum Teil parallel geschaltet angeordnet ist. Im ersteren Falle stellen die Serienschaltungen, Kurzschlüsse für diejenige Wellenlänge dar, welche jeweilig ausgesiebt werden soll. Im zweiten Fall sind sie für die betreffenden Wellenlänge unendlich hohe Widerstände. Es bildet sich infolgedessen an den Klemmen *m*, *n* ein resultierender Effekt heraus, welcher darin besteht, daß die Schwingungen derjenigen Wellenlänge, welche ausgesiebt werden soll, tatsächlich eliminiert werden.

Wenn auch diese Anordnung erheblich komplizierter ist, als die vorstehend beschriebene, so gewährt sie doch auf der anderen Seite in den weitaus meisten Fällen die Sicherheit, einer tatsächlichen Ausfiltrierung der nicht gewünschten Schwingungen. Man hat infolgedessen eine solche Kombinationanordnung auch als „Wellenschlucker“ bezeichnet.

Bei der Neuprojektierung von Empfängern tut man gut, ihn von vornherein mit einzubauen. Bei Röhrenempfängern kann man ihn z. B. mit der Gitterzuleitung der Röhre verbinden.

C. Empfang mit Kristalldetektor.

Das einfachste Schaltungsschema stellt die direkte Einschaltung eines Kristalldetektors in die Antenne dar, ohne die Benutzung irgendwelcher Abstimmittel (siehe Abb. 93 *EN* 1).

Materialbedarf[1]) zu Abb. 203

1 Kristalldetektor,

1 Festkondensator 1000 cm.

Mit dem Kristalldetektor[2]) ist die Serienkombination eines Blockkondensators *f* von ∼ 5000 cm Kapazität und eines Telephons *g* verbunden (wobei anstelle des Telephons für objektive Tonwiedergabe prinzipiell auch ein Lautsprecher usw. treten kann). Diese Serienkombination kommt bei allen nachstehenden Kristalldetektorschaltungen wieder zur Verwendung, da sie sich in der Praxis am meisten bewährt hat. Die jeweilig benutzte Amperewindungszahl des Telephons richtet sich nach dem Detektorwiderstand der benutzten Schaltung sowie nach der Wellenlänge, mit der empfangen wird.

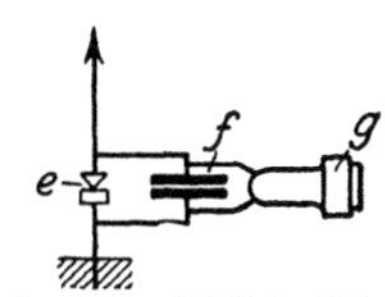

Abb. 203. EN 1. Direkte Einschaltung eines Kristalldetektors in eine Antenne ohne Abstimmmittel.

Anstelle der Amperewindungszahl wird im allgemeinen ihr korrespondierender Widerstandswert in Ohm angegeben. Gebräuchlich sind Te-

[1]) In den nachstehenden Materialbedarfsaufstellungen ist sowohl die Antenne als auch die Erdleitung sowie Kopfhörer, bzw. Lautsprecher (wenn solcher benutzt werden soll) und die Isolierplatte nebst Anschlußkontakten, Verbindungsleitungen und Befestigungsschrauben, stets fortgelassen, da diese Teile sich von selbst verstehen, bzw. aus der Abbildung direkt hervorgehen.

[2]) Im allgemeinen wird man den Kristalldetektor ohne Anlegung einer besonderen Hilfsspannung benutzen. In besonderen Fällen und bei manchen Detektormaterialkombinationen (siehe Kap. VIII) kann es vorteilhaft sein, ein Potentiometer anzuwenden. Zweckmäßige Anordnungen sind in den beiden nachstehenden Schaltungen Abb. 204 und 205 wiedergegeben.

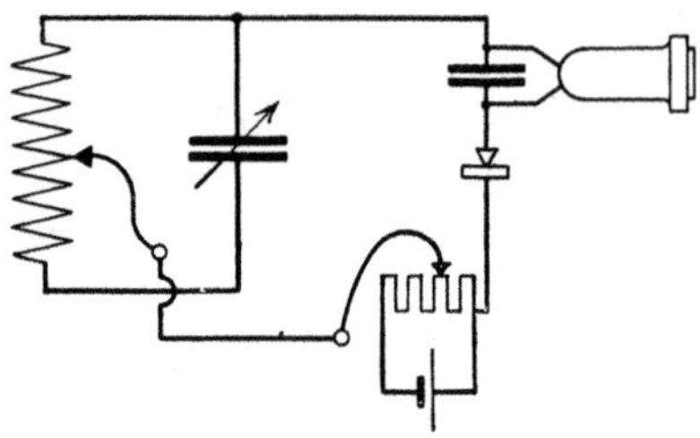

Abb. 204. Schaltung des Detektors mit Potentiometer.

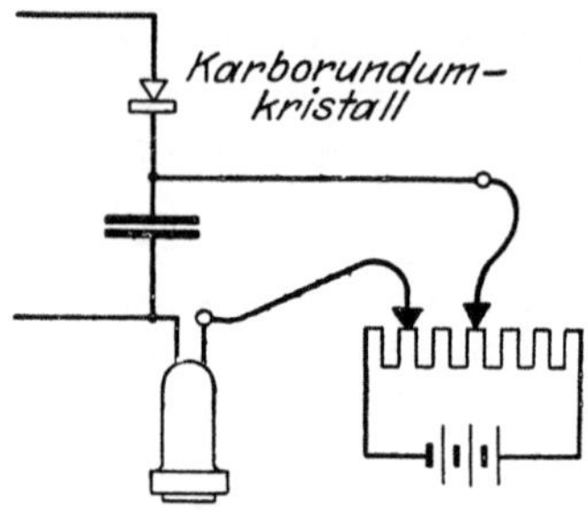

Abb. 205. Potentiometer-Schaltung nach J. Scott-Taggart.

lephone, die pro Hörmuschel einen Widerstand von 500, 1000, 2000, 4000 oder noch mehr Ohm besitzen. Der Amateur tut gut, sich wenn möglich mehrere, mit verschiedenen Widerstandswerten versehene Telephonhörer anzuschaffen, so daß er in der Lage ist, sich die jeweilig günstigsten Verhältnisse auszuwählen. Mit der Schaltung gemäß Abb. 203 *EN* 1 ist naturgemäß ein selektiver Empfang nicht möglich, da die Antenne ohne Abstimmmittel verwendet ist und nur den einen Ohmschen Widerstand darstellenden Detektor enthält, dessen stark dämpfende Eigenschaften nur teilweise durch den Blockkondensator *f* gemildert werden. Infolgedessen ist es möglich, mit dieser, nahezu einen aperiodischen Empfang darstellenden Schaltung Wellen in großem Bereich zu empfangen.

Hier und bei den folgenden Schaltungsschemen soll der Radioamateur seine Empfangsresultate, die er bei der besten Einregulierung erzielen konnte, eintragen. Die günstigsten Werte erhielt er bei:

Notizen:

C (der Antenne) =
L („ „) =
λ =

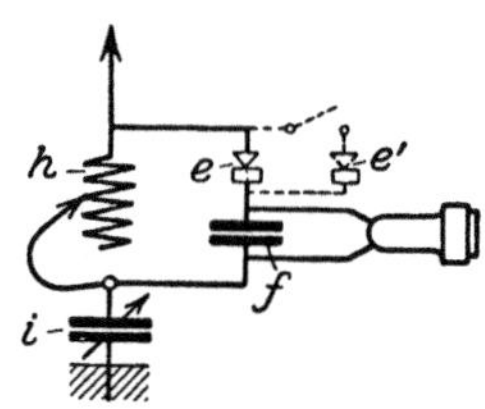

Abb. 206. *EN* 2. Primär-Kristalldetektorschaltung mit Schiebespule[1]) als Abstimmmittel für kurze Wellen und feste Detektorankopplung.

Das Schaltungsschema der Abb. 94 *EN* 2 verwirklicht den Abstimmungsgedanken etwas besser.

Materialbedarf zu Abb. 206 *EN* 2:

1 Schiebespule,
1 Drehkondensator 500 cm,
1 Kristalldetektor,
evtl. noch 1 Normalkristalldetektor mit Schalter,
1 Festkondensator 1000 cm.

Zur Resonanzabgleichung auf den fernen Sender sind hierbei eine Schiebespule[1]) und ein Drehkondensator *i* als vorhanden angenommen.

[1]) Anstelle der Schiebespule kann auch eine Stufenspule, Stöpselspule, ein Variometer, evtl. mit entsprechenden Anzapfungen, oder überhaupt irgendeine Vorrichtung benutzt werden, welche die Selbstinduktion stufenweise oder kontinuierlich zu verändern gestattet.

Um kleinste Wellen zu erzielen, wird der Schieber der Spule *h* auf den obersten Kontakt gestellt und der Drehkondensator *i* auf den geringstmöglichen Wert gedreht. Um die Wellenlänge zu vergrößern, wird zunächst der Drehkondensator *i* auf einen höheren Kapazitätswert eingestellt, da aus den oben angeführten Gründen bei allzu kleinen Stellungen zu viel Empfangsenergie verloren geht; alsdann wird der Schieber der Spule *h* abwärts bewegt, die Selbstinduktion also vergrößert. Bezüglich des Detektors *e*, des Blockkondensators *f* und des Telephons *g* gilt für diese und die nächstfolgenden Schaltungen das oben Ausgeführte.

Notizen:

C =

L =

λ =

Bei allen Kristalldetektorschaltungen ist es, bevor man den Empfänger auf den fernen Sender abstimmt, dessen Telegramme man zu erhalten wünscht, zunächst zweckmäßig, sich zu überzeugen, ob der Detektor in Ordnung ist, d. h. ob er tunlichst hochempfindlich eingestellt ist. Man kann dies am einfachsten dadurch bewirken, daß man in loser Kopplung von einem Summerkreis aus, der durch eine kleine Trockenelementbatterie gespeist wird, in zunächst fester und allmählich immer loser werdender Kopplung auf die Spule *h* induziert und den Detektor *e* auf maximale Empfangslautstärke einreguliert. Ein anderer, häufig gebräuchlicher und recht praktischer Weg besteht darin, daß man zu dem Gebrauchsdetektor *e* wahlweise noch einen Normaldetektor *e'* parallel schaltet, wie dies die Abbildung punktiert andeutet. Sobald man mit dem Normaldetektor den Empfänger auf den fernen Sender eingestellt hat, geht man zum eigentlichen Empfang auf dem Gebrauchsdetektor *e* über.

Mit der Schaltung, entsprechend Abb. 94 *EN* 2, kann eine gewisse Abstimmung erreicht werden, wobei jedoch von einer Störbefreiung noch keine Rede sein kann, da die Abstimmung im allgemeinen nicht scharf zu erzielen ist.

Wesentlich bessere Resultate bezüglich Abstimmung und meist auch mit Rücksicht auf die Empfangslautstärke sind mit der bereits einen geschlossenen Schwingungskreis in der Antenne darstellenden Schaltung gemäß Abb. 207 *EN* 3 erreichbar.

Materialbedarf zu Abb. 207 *EN* 3:

1 Schiebespule, 1 Drehkondensator
1 Schiebespule,
1 Drehkondensator 500 cm,
1 Kristalldetektor,
1 Festkondensator 1000 cm.

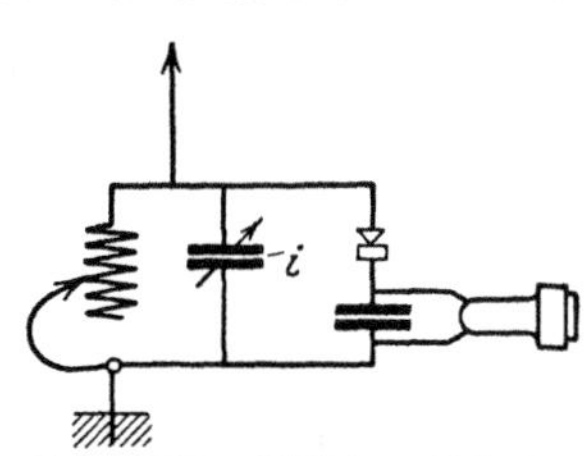

Abb. 207. *EN* 3. Primäre Kristalldetektorschaltung mit Resonanzkreis für lange Wellen und fester Detektorankopplung.

Die Kapazitätsgröße des Kondensators *i* soll etwa 0,001 MF = 90 cm betragen. Mit dieser Schaltung sind bereits recht günstige

Resultate zu erzielen, obwohl die Detektorkopplung noch fest ist und keineswegs auf das günstigste Maß einreguliert werden kann.

Notizen:

C =

L =

Abstimmschärfe:

Letzteres ist bis zu einem gewissen Grade mit der ebenfalls noch einen Primärempfangskreis darstellenden Schaltung gemäß Abb. 96 *EN* 4 möglich.

Materialbedarf zu Abb. 208 *EN* 4:

1 Schiebespule, zweiteilig,
1 Drehkondensator 500 cm,
1 Kristalldetektor,
1 Festkondensator 1000 cm.

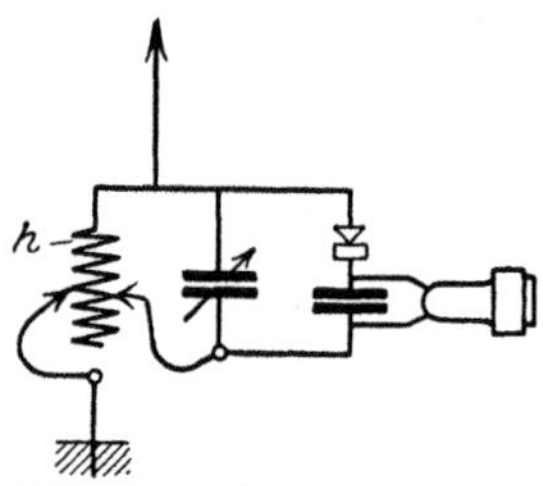

Abb. 208. *EN* 4. Primär-Kristalldetektorschaltung mit Resonanzkreis und variabler Detektorankopplung.

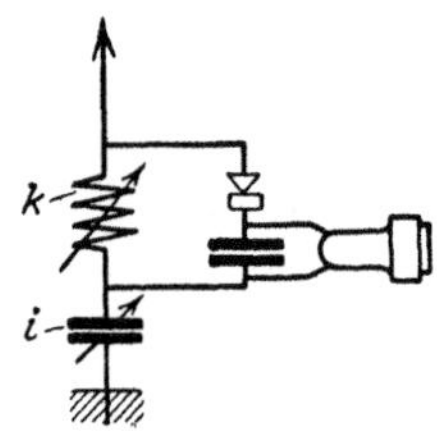

Abb. 209. *EN* 5. Primär-Kristalldetektorschaltung mit Variometer und Serienkondensator in der Antenne für sehr kleine Wellenlängen.

Hier ist die Stufenspule *h* mit zwei voneinander getrennten Schleifkontakten versehen, von denen der in der Abbildung links zur Abstimmung, der rechts teilweise auch zur Abstimmung des geschlossenen Kreises, in der Hauptsache aber zur Einregulierung der günstigsten Detektorkopplung dient.

Mit der Schaltung gemäß Abb. 209 *EN* 4 können, falls die dazu gehörige Antenne nicht allzu geringe räumliche Dimensionen besitzt, bereits mittlere Wellenlängen, also solche in der Größenordnung von 200 bis 3000 m empfangen werden.

Notizen:

C =

L =

Für den Empfang sehr kleiner Wellen kommt eine Schaltung, Abb. 209 *EN* 5 entsprechend, in Frage.

Materialbedarf zu Abb. 209 *EN* 5:

1 Drehspulenvariometer,
1 Drehkondensator 500 cm,
1 Kristalldetektor,
1 Festkondensator.

Hierbei sind ein Selbstinduktionsvariometer *k* und ein Drehkondensator *i* als Abstimmittel in die Antenne geschaltet. Bei Einregulierung des Variometers und des Drehkondensators auf kleine Beträge kommt man mit dieser Schaltung auf sehr kleine Wellen herunter, wobei jedoch im allgemeinen die Abstimmung nicht allzu scharf zu sein pflegt. Auch die Lautstärke läßt meist erheblich zu wünschen übrig.

Notizen:

Diese Nachteile sind zum Teil wieder bei der Schaltung gemäß Abb. 210 *EN* 6 vermieden, bei der die Detektorkopplung variabel, also auf einen günstigsten Wert einstellbar ist.

Materialbedarf zu Abb. 210 *EN* 6:

1 Spulenhalter mit angezapften Honigwaben, Spinnweb- oder Flachspulen,
1 Kristalldetektor,
1 Festkondensator 1000 cm.

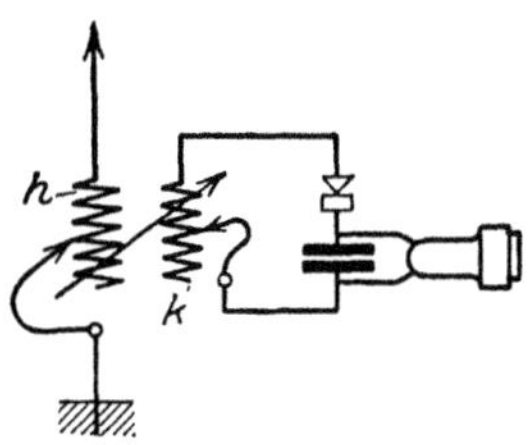

Abb. 210. *EN* 6. Primär-Kristalldetektorschaltung mit Schiebespulen.

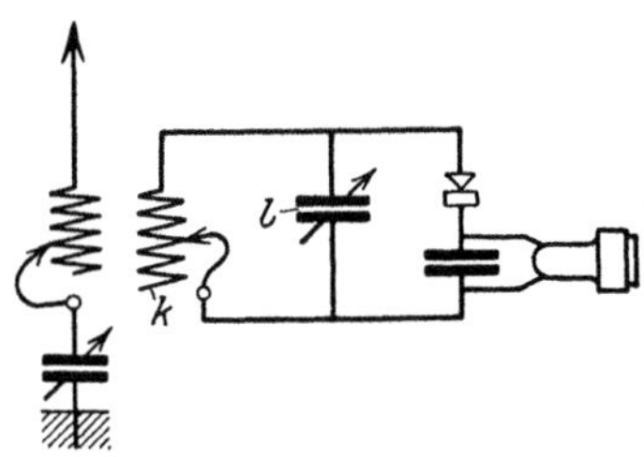

Abb. 211. *EN* 7. Primär-Sekundär-Kristalldetektorschaltung für kleine und mittlere Wellenlängen.

Da außerdem die Kopplung zwischen der Antennenspule *h* und der Detektorkreisspule *k* als kontinuierlich veränderlich angesehen werden soll, ist es möglich, für jeden bestimmten Wellenbetrag sich die günstigsten Verhältnisse empirisch auszuwählen.

Notizen:

Durch die Schaltung gemäß Abb. 211 *EN* 7 kann die Abstimmung noch wesentlich verbessert werden.

Materialbedarf zu Abb. 211 *EN* 7[1]):

1 Spulenhalter mit angezapften Honigwaben-, Spinnweb- oder Flachspulen,
2 Drehkondensatoren, je 500 cm,

[1]) Bei diesen und den nachfolgenden Schaltungsschemen sind im allgemeinen die Drehkondensatoren mit 500 cm angegeben. Unter Umständen kann es günstiger sein, einen Drehkondensator mit größerem Maximalkapazitätswert, also etwa einen solchen von 1000 cm zu wählen. Jedenfalls wird in den seltensten Fällen ein größerer Kondensator einen ungünstigeren Effekt bewirken. Es kommt selbstverständlich stets darauf an, sofern nicht ausdrücklich anderes gewünscht ist, mit Abstimmung zu arbeiten.

1 Kristalldetektor,
1 Festkondensator.

Zu der sekundären Stufenspule k ist ein Drehkondensator l parallel geschaltet, so daß ein gutresonanzfähiger sekundärer Kreis vorhanden ist.

Notizen:

Unter Berücksichtigung des oben Ausgeführten bezüglich der Parallel- und Serienschaltungsmöglichkeiten für Selbstinduktionsspule h und Kondensator i kann mit der Schaltung gemäß Abb. 212 *EN* 8 ein sehr großer Wellenbereich bestrichen werden. Außerdem ist es mit dieser Schaltung in einfachster Weise möglich, durch Betätigung des Schalters m von Primärempfang auf Sekundärempfang überzugehen. In der gezeichneten Schalterstellung ist letzterer offen; die Spule k dient daher als Detektorkopplungsspule, wobei die Anordnung so getroffen ist, daß die Detektorkopplung auf ein Optimum einreguliert werden kann. Wenn man den Schalter m schließt, wird die Spule k zur Sekundärspule, an deren Enden der Drehkondensator l liegt. Man hat alsdann eine sehr resonanzfähige Sekundärkreisschaltung, bei der wiederum die Detektorkopplung auf den günstigsten Wert eingestellt werden kann. Um auf beste Verhältnisse zu kommen, macht man zweckmäßig die Kopplung zwischen der Primärspule h und der Sekundärspule k innerhalb weiter Grenzen einregulierbar. Dieses ist mit Stufen- oder Schiebespulen möglich. Man kann aber auch Honigwabenspulen oder überhaupt Flachspulen benutzen, die in den Spulenhalter eingestöpselt sind, der jede beliebige Kopplung einzustellen und abzulesen gestattet.

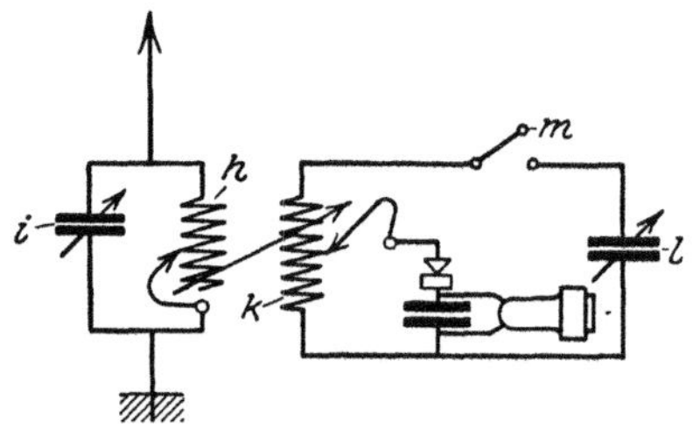

Abb. 212. *EN* 8. Primär-Sekundär-Kristalldetektorempfänger für alle Wellenlängen mit einregulierbarer Detektorkopplung.

Notizen:

Materialbedarf zu Abb. 212 *EN* 8:
1 Spulenhalter mit angezapften Honigwaben-, Spinnweb- oder Flachspulen,
2 Drehkondensatoren, je 500 cm,
1 einpoliger Schalter,
1 Kristalldetektor,
1 Festkondensator.

Noch günstigere Abstimmungsverhältnisse werden mit der Marconianordnung gemäß Abb. 101 *EN* 9 erzielt, wobei die Sekundärkreisspule k und k_1 und k_2 unterteilt ist.

Materialbedarf zu Abb. 213 *EN* 9:

2 Spulenhalter mit angezapften Honigwaben - Spinnweb - oder Flachspulen mit Abzweigungen,
2 Drehkondensatoren,
1 Kristalldetektor,
1 Festkondensator.

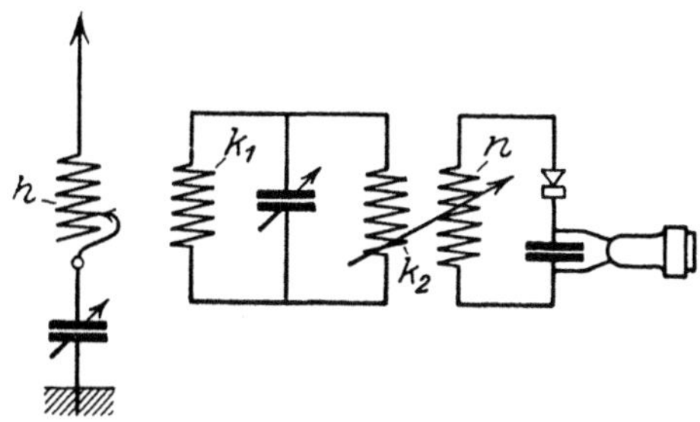

Abb. 213. *EN* 9. Primär-Sekundär-Kristalldetektorschaltung mt geteilter Sekundärkreisspule und variabler Detektorankopplung (Marconi-Empfangsschaltung).

Durch die räumlich getrennte Anordnung der beiden Spulen wird mit großer Sicherheit vermieden, daß die Empfangsenergie von der Spule *h* etwa direkt in die Detektorspule *n* hineingelangt. Infolgedessen ist diese Anordnung noch weit resonanzfähiger und selektiver als die vorhergehenden Schaltungen. Um ein Optimum zu erzielen, wird vorteilhaft die Kopplung zwischen k_2 und *n* einregulierbar gemacht.

Notizen:

Die Schaltungsanordnung gemäß Abb. 214 *EN* 10 ergibt wohl noch günstigere Selektionsverhältnisse.

Materialbedarf zu Abb. 214 *EN* 10:

1 Variometer,
3 Spulenhalter mit Honigwaben- oder Flachspulen, 1 Flachspule muß mit Anzapfung für die einregulierbare Detektorkopplung versehen sein,
3 Drehkondensatoren, je 500 cm,
1 Kristalldetektor,
1 Festkondensator.

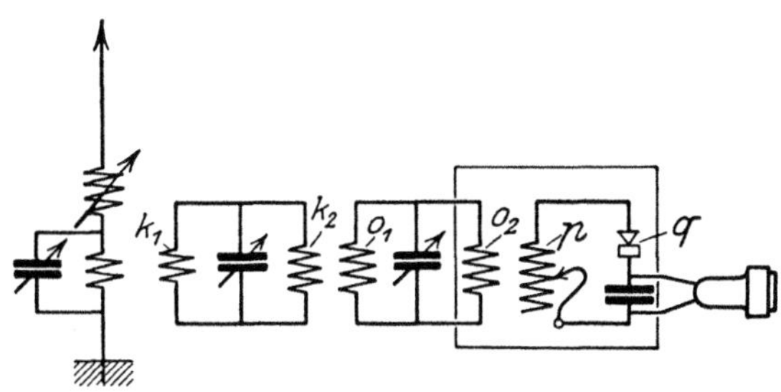

Abb. 214. *EN* 10. Primär-Sekundär-Tertiärempfänger mit geteilten Sekundär- und Tertiärkreisspulen, wobei der Detektorkreis in einen Metallkasten eingeschlossen ist.

Bei dieser Schaltung ist außer dem Sekundärkreis k_1 k_2 noch ein Tertiärkreis 0_1 0_2 vorgesehen. Die Energiewanderung von der Antenne auf den Detektorkreis *p q* ist hierbei eine besonders langsame. Um sicher zu vermeiden, daß der Detektor lediglich die durch den Sekundär-Tertiärkreis ausgesiebte Energie übertragen erhält und ausnutzen kann, ist die Detektorspulenanordnung samt Detektor und Blockkondensator in einen Metallkasten eingeschlossen.

Notizen:

Als Muster kapazitiver Ankopplung des Sekundärkreises dient die Schaltung gemäß Abb. 215 *EN* 11.

Materialbedarf zu Abb. 215 *EN* 11:

1 Schiebespule,
2 Festkondensatoren, je 500 cm,
1 Drehkondensator 1000 cm,
1 doppelseitige Schiebespule,
1 Kristalldetektor,
1 Festkondensator.

Notizen:

Zur Kopplung dienen die Kondensatoren *r*, die bei den angegebenen Dimensionen eine sehr lose Kopplung repräsentieren. Man kann dieselben fest, oder, um ihren Einfluß besser feststellen zu können, auch kontinuierlich variabel machen. Die Abstimmung des Sekundärkreises *l k* wird nicht beeinflußt, wenn die Kondensatoren *r* variiert werden.

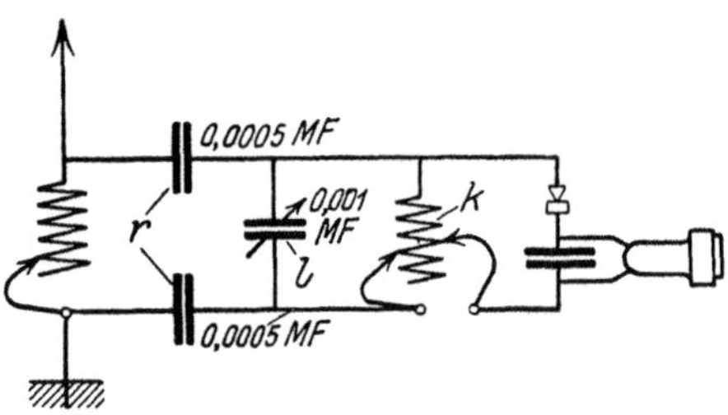

Abb. 215. *EN* 11. Primär-Sekundärempfänger mit kapazitiver Ankopplung des Sekundärkreises und variabler Detektorankopplung.

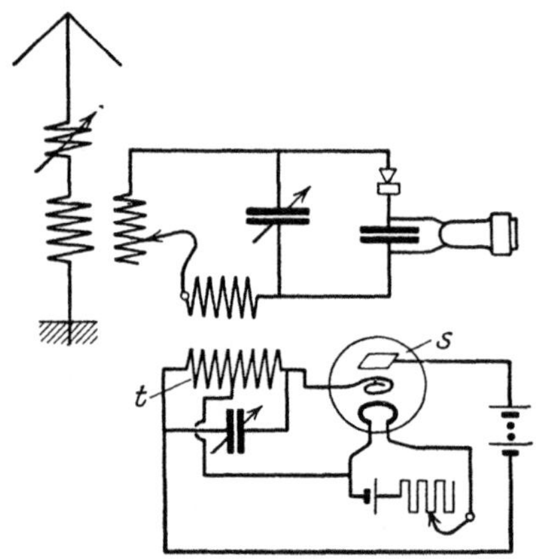

Abb. 216. *EN* 12. Schwebungsempfangsschaltung mit besonderem Röhrengeneratorkreis und Kristalldetektorempfang.

Einen besonderen Fall der Detektorschaltungen stellt die Anordnung für Schwebungsempfang (Interferenzempfang, Heterodyneempfang, Überlagerungsempfang) dar. Als Beispiel dient die Anordnung gemäß Abb. 216 *EN* 12, bei der die Schwebungsfrequenz durch einen besonderen Röhrenkreis *s t* erzeugt wird.

Materialbedarf zu Abb. 216 *EN* 12:

1 Variometer,
2 Spulenhalter mit angezapften Honigwaben-, Spinnweb- oder Flachspulen mit Abzweigungen,
2 Drehkondensatoren, je 500 cm,
1 Kristalldetektor,
1 Festkondensator,
1 Röhre, nebst Röhrensockel und Heizwiderstand,
Batterien.

Selbstverständlich könnte anstelle des Röhrengenerators auch eine andere Hochfrequenzquelle für Schwingungsenergie genügender Konstanz und schwacher Intensität verwendet werden. Indessen ist hierfür die Röhre der geeignetste Generator.

Notizen:

D. Röhrenempfang und Verstärkung.

Abgesehen von möglichst guter Isolation der zur Benutzung gelangenden Apparate, Leitungsführungen usw. ist bezüglich der Abstimmungselemente für Röhrenempfang gegenüber Detektorempfang kaum etwas Besonderes zu bemerken. Prinzipiell kann man daher für die Abstimmung und Kopplung auch Schiebespulen und Stufenspulen benutzen; meist reichen allerdings weder die Güte der Kontaktgebung, z. B. des Schiebespulenschleifkontaktes, noch die Qualität der Isolation aus. Infolgedessen tut man gut, für Röhrenempfangverstärkung, Schwebungsempfang, Supergenerativschaltungen, Reflexschaltungen usw. nur solche Apparate zu benutzen, die ihrerseits eine ausgezeichnete Kontaktgebung gewährleisten, und bei denen andererseits die Isolation unter allen Umständen gewahrt ist. Feineinstellungsmöglichkeit ist erforderlich, Ablesungsmöglichkeit, um dieselbe Einstellung wieder zu erreichen, ist anzustreben. Diese Einzelapparate sind von der Technik so ausgebildet, daß auch alle am meisten inbetracht kommenden wichtigen Gesichtspunkte eingehalten sind. Besonders berücksichtigt ist z. B., daß die Eigenkapazität, sowie die Kapazität der Zuleitungen möglichst gering gehalten sind. Die Isolation muß sehr hochwertig sein. Es ist dem Radioamateur daher zu empfehlen, für alle hochwertigeren Röhrenschaltungen, insbesondere solange er noch keine genügenden Empfangserfahrungen besitzt, nur die besten von der Radioindustrie in den Handel gebrachten Apparate zu benutzen.

Für alle Arbeiten mit Röhren ist es ferner zweckmäßig, die Heizspannung fein einzuregulieren. Die in Deutschland leider immer noch stellenweise gebräuchlichen Eisenwasserstoffwiderstände ohne Verwendung irgendeines fein regulierbaren Schiebewiderstandes für die Heizspannung besitzen nicht nur in elektrischer Beziehung für das Arbeiten mit der Röhre erhebliche Nachteile, da man nur zufällig das Optimum der Wirkung erreichen kann, snodern sie haben auch häufig noch den weiteren Übelstand, daß die Lebensdauer der Röhren ungünstig beeinflußt wird. Im allgemeinen brennen nämlich bei dieser Anordnung die Fäden zu stark, wodurch die Haltbarkeit der Röhre außerordentlich leidet. Bei den amerikanischen und englischen Anordnungen sind daher diese Eisenwasserstoffwiderstände wohl kaum je benutzt worden, man verwendet vielmehr generell einen vor die Röhre geschalteten, eine Feinregulierung der Heizspannung erlaubenden Widerstand. Infolgedessen ist diese Anordnung bei sämtlichen der nachstehenden Röhrenschaltungsschematas gezeichnet. Die Messung der Heizspannung der

Röhre durch ein besonderes Voltmeter kommt namentlich bei teureren Apparaten mehr und mehr in Aufnahme.

Die einfachste Anordnung des de Forestschen Audionempfanges gibt Abb. 217 *EN* 13 wieder[1]).

Materialbedarf zu Abb. 217 *EN* 13.

1 Schiebespule,
1 Drehkondensator 500 cm,
1 Festkondensator *r* 500 cm,
1 Röhre mit Sockel und Heizwiderstand,
Batterien.

Die Schaltung dient für den Empfang gedämpfter Wellen. Bezüglich der Abstimmittel gilt das oben bei den Detektorschaltungen Aus-

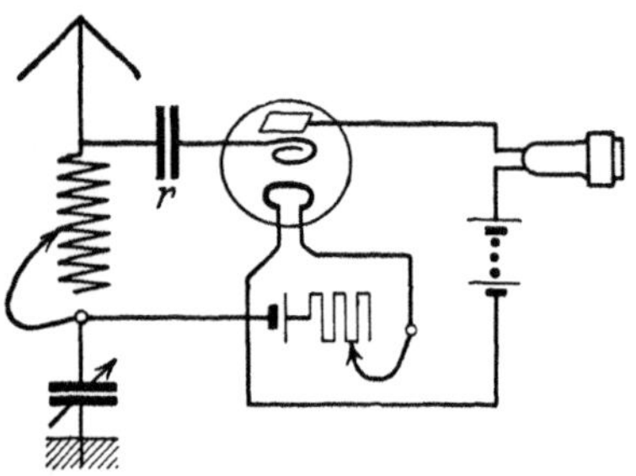

Abb. 217. *EN* 13. Einfachste Audionempfangsschaltung (De Forest-Schaltung).

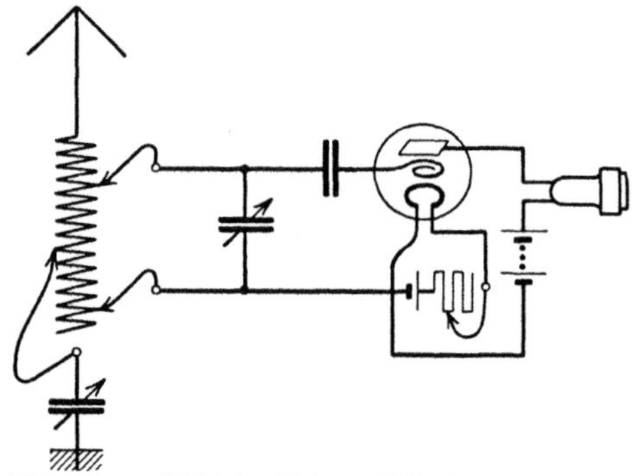

Abb. 218. *EN* 14. Primär-Sekundär-Audionschaltung mit dreiseitiger Schiebespule.

geführte. Bei dieser und den nachfolgenden Schaltungen kann zu der Serienkombination: Telephon und Batterie (Anodenstromquelle) auch stets noch ein Kondensator parallel geschaltet werden. Es ist zweckmäßig, die Kapazität des Kondensators *r* zu variieren. Für den subjektiven Empfang kann anstelle des Telephons, das im allgemeinen in Form eines Doppelkopffernhörers Anwendung finden wird, bei genügender Verstärkung auch stets ein Lautsprecher benutzt werden.

Notizen:

Günstiger arbeitet die Audionschaltung mit Primär-Sekundärkreis unter Benutzung von dreiseitigen Schiebespulen gemäß Abb. 218 *EN* 14.

Materialbedarf zu Abb. 218 *EN* 13:

1 Schiebespule mit 3 Schiebekontakten,
2 Drehkondensatoren, je 500 cm,
1 Festkondensator 300 cm,
1 Röhre mit Sockel und Heizwiderstand,
Batterien.

Notizen:

[1]) Siehe auch Fußnote 1 auf S. 271.

Genau wie beim Detektorempfang kann man den Röhrenkreis auch kapazitiv mit der Antenne koppeln. Dies ist in Abb. 219 *EN* 15 wiedergegeben.

Materialbedarf zu Abb. 219 *EN* 15:

2 Schiebespulen,
3 Drehkondensatoren, je 500 cm,
1 Festkondensator 300 cm,
1 Röhre mit Sockel und Heizwiderstand,
Batterien.

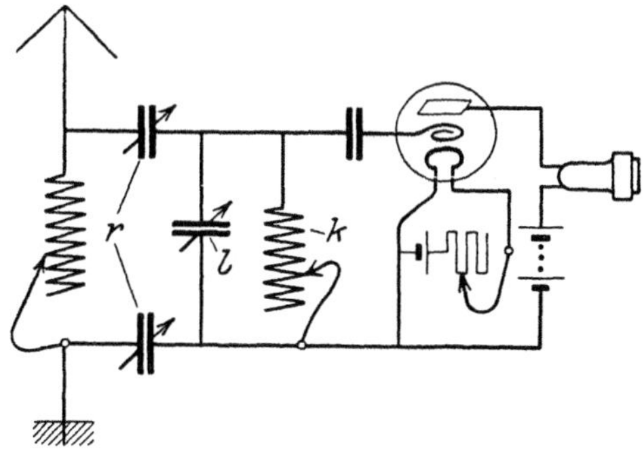

Abb. 219. *EN* 15. Primär-Sekundär-Audionschaltung mit kapazitiver Ankopplung des Sekundärkreises.

Die beiden Kopplungskondensatoren werden zweckmäßig variabel gewählt. Die Veränderung der Wellenlänge des Schwingungskreises *lk* übt auf die Kopplung keinen allzu großen Einfluß aus, sofern die Kondensatorkopplung lose ist, die Kondensatoren also klein sind.

Notizen:

Vorteilhafter ist es, den Sekundär-Audionkreis lose mit der Antenne zu koppeln, wie dies Abb. 220 *EN* 16 wiedergibt.

Materialbedarf zu Abb. 220 *EN* 16;

1 Spulenhalter mit angezapften Honigwaben, Spinnweb- oder Flachspulen mit Abzweigungen,
1 Drehkondensator 500 cm,
1 Festkondensator 300 cm,
1 Röhre mit Sockel und Heizwiderstand,
Batterien.

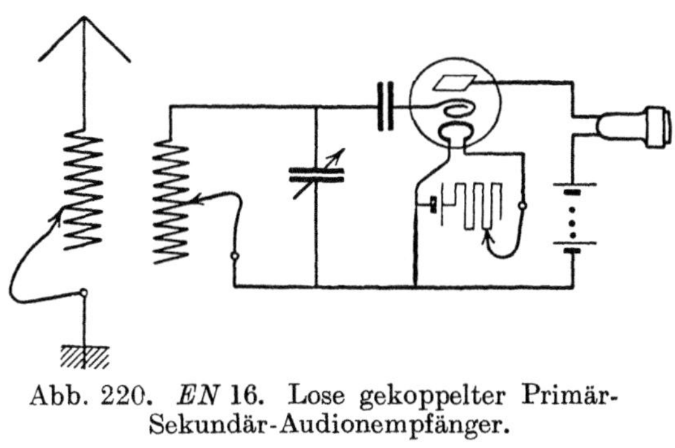

Abb. 220. *EN* 16. Lose gekoppelter Primär-Sekundär-Audionempfänger.

Notizen:

Sofern man sehr große Wellen empfangen will, ist es gemäß Abb. 221 *EN* 17 vorteilhaft, entsprechend große Honigwabenspulen zu verwenden, die im übrigen aber auch, wie schon bemerkt, für alle übrigen Empfangsschaltungen angewendet werden können.

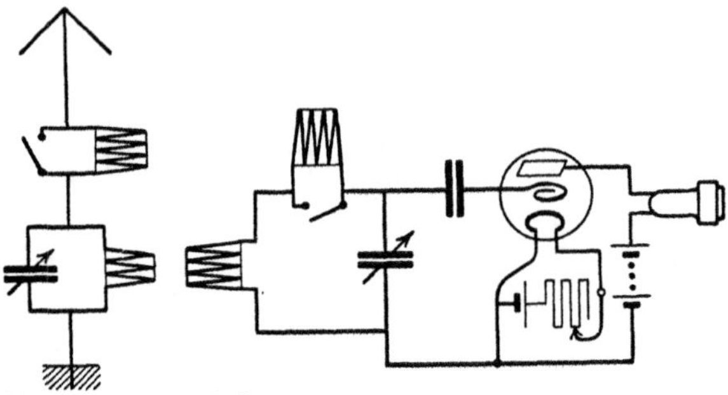

Abb. 221. *EN* 17. Audionschaltung für sehr große Wellenlängen unter Benutzung von Honigwabenspulen.

Materialbedarf zu Abb. 221 *EN* 17:

2 Honigwabenspulen mit Kurzschlußschalter,
1 Spulenhalter mit Honigwabenspulen,
2 Drehkondensatoren, je 500 cm,
1 Festkondensator 300 cm,
1 Röhre mit Sockel und Heizwiderstand,
Batterien.

Diese Honigwabenspulen können auch mit Kurzschlußvorrichtungen versehen sein, um rasch eine stufenweise Wellenvariation zu bewirken. Da jedoch die Ein- und Ausschaltung derartiger Spulen, die die Industrie hochwertig ausgebildet liefert, durch einfache Stöpselung möglich ist, erscheint es zweckmäßiger, die Wellenvariation durch Austausch entsprechender Honigwabenspulen zu bewirken.

Notizen:

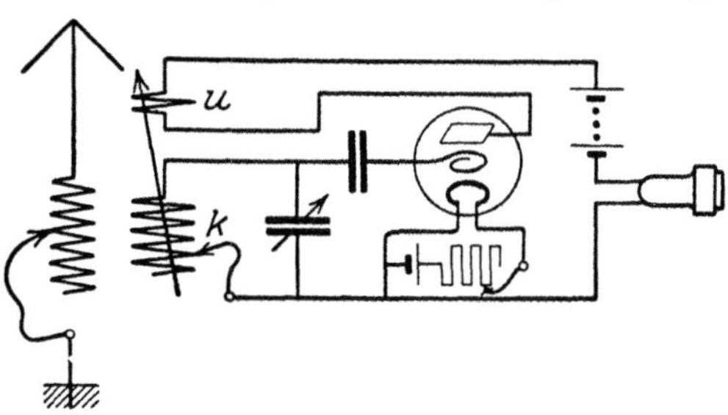

Abb. 222. *EN* 18. Rückkopplungsschaltung zum Empfang ungedämpfter Schwingungen.

Abb. 222 *EN* 18 gibt die einfachste Rückkopplungsschaltung zum Empfang ungedämpfter Schwingungen wieder[1]).

Materialbedarf zu Abb. 222 *EN* 18:

1 Spulenhalter mit 3 Spulen, von denen 2 mit Abzweigungen versehen sind, während die dritte Spule für die Rückkopplung dient,
1 Drehkondensator 500 cm,
1 Festkondensator 300 cm,
1 Röhre mit Sockel und Heizwiderstand,
Batterien.

[1]) Bei den Schemen gemäß Abb. 222, 225, 226, 228, 229, 230 kann zweckmäßig parallel zum Telephon ein Festkontensator geschaltet werden.

Ein Teil der Energie des Anodenkreises wird durch die Spule *u* ververhältnismäßig kleiner Induktanz auf die Abstimmspule *k* rückübertragen. Insbesondere für Untersuchungs- und Meßzwecke ist es vorteilhaft, die Kopplung zwischen *u* und *k* in weiten Grenzen variabel und ablesbar zu gestalten.

Notizen:

Eine Schaltung zur Abstimmung des Anodenstromkreises durch Einschaltung von Drehkondensator und Selbstinduktionsspule, die den Kreis *v* darstellen, zeigt Abb. 223 *EN* 19.

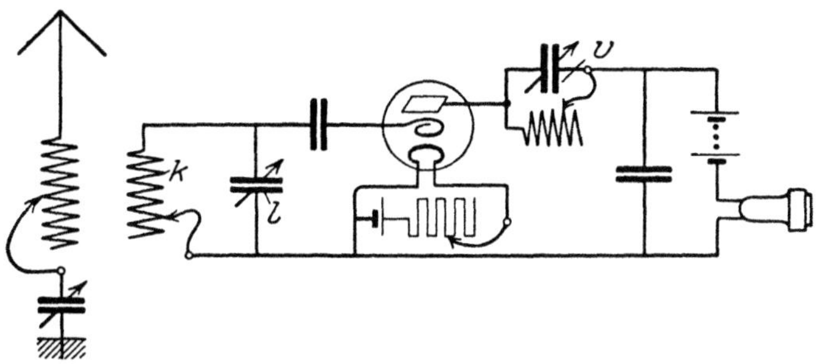

Abb. 223. *EN* 19. Rückkopplungsschaltung, bei der in den Anodenkreis ein abgestimmter Schwingungskreis eingeschaltet ist.

Materialbedarf zu Abb. 223 *EN* 19:

1 Spulenhalter nebst Flachspulen mit Abzweigungen,
2 Drehkondensatoren, je 500 cm,
1 Festkondensator 300 cm,
1 Röhre mit Sockel und Heizwiderstand,
1. Drehkondensator 500 cm,
1 Spule mit Abzweigungen,
1 Festkondensator 2 MF,
Batterien.

Auch hierbei findet eine Reaktionswirkung der Energie statt. Die Dimensionen des Kreises *v* entsprechen im wesentlichen denjenigen des Sekundärkreises *k l*.

Notizen:

Sofern man sehr kleine Wellen empfangen will, wählt man zweckmäßig eine Rückkopplungsschaltung gemäß Abb. 224 *EN* 20.

Materialbedarf zu Abb. 224 *EN* 20:

1 Spulenhalter mit Flachspulen und Abzweigungen,
2 Drehkondensatoren, je 500 cm,
2 Variometer,
1 Röhre mit Sockel und Heizwiderstand,
1 Festkondensator 1000 cm.
Batterien.

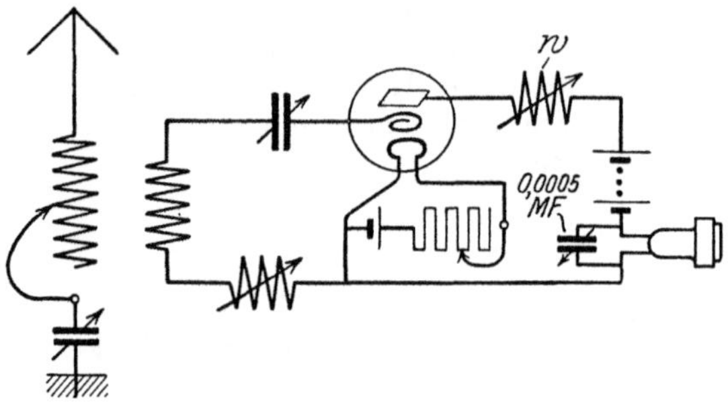

Abb. 224. *EN* 20. Rückkopplungsschaltung für sehr kleine Wellenlängen.

Bei dieser Schaltung ist sowohl in den Sekundärkreis als auch in den Anodenstromkreis je ein Selbstinduktionsvariometer *w* eingeschaltet, mit dem die Einregulierung erfolgt.

Notizen:

Eine Rückkopplungsschaltung unter Benutzung von Honigwabenspulen gibt Abb. 225 *EN* 21 wieder.

Materialbedarf zu Abb. 225 *EN* 21:

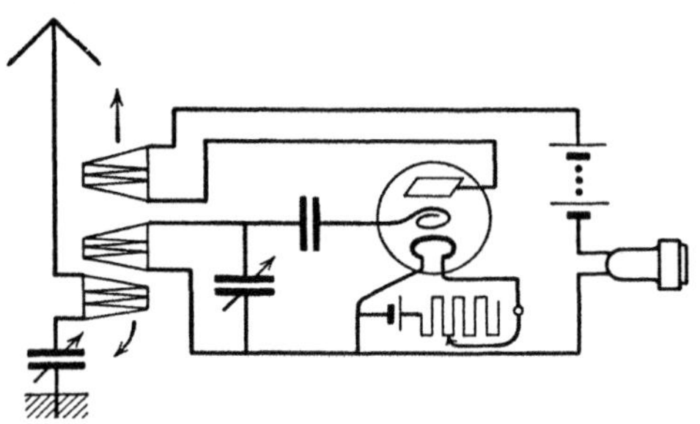

Abb. 225. *EN* 21. Rückkopplungsschaltung unter Benutzung von Honigwabenspulen.

1 Spulenhalter mit 3 Honigwabenspulen, hiervon die eine für Rückkopplungszwecke,
2 Drehkondensatoren, je 500 cm,
1 Festkondensator, 300 cm,
1 Röhre mit Sockel und Heizwiderstand,
Batterien.

Unter Verwendung eines Spulenhalters können die drei Honigwabenspulen in jede beliebige Lage zueinander und somit in weitem Bereich veränderlich gekoppelt werden. Diese Schaltung kommt insbesondere für mittlere und kleinere Wellen inbetracht.

Notizen:

Sofern man den Anodenkreis direkt mit dem Sekundärkreis koppelt, erhält man gemäß Abb. 226 *EN* 22 die Original-Ultraaudionschaltung (L. de Forest).

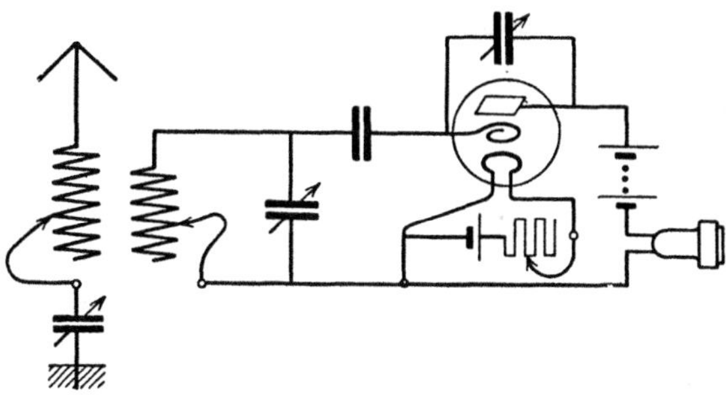

Abb. 226. *EN* 22. Original-Ultraudionschaltung.

Materialbedarf zu Abb. 226 *EN* 22:

1 Spulenhalter nebst Flachspulen mit Abzweigungen,
3 Drehkondensatoren, je 500 cm,
1 Festkondensator,
1 Röhre nebst Sockel und Heizwiderstand,
Batterien.

Notizen:

Eine sehr beliebte Anordnung der Ultraudionschaltung zeigt Abb. 227 *EN* 22a. Diese Schaltung liefert bei sorgfältigem Aufbau

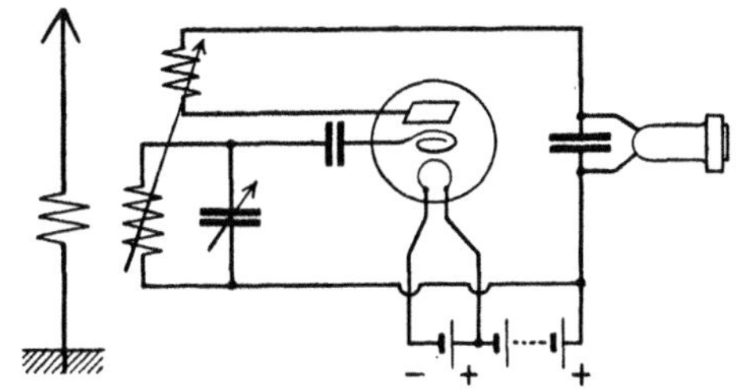

Abb. 227. *EN* 23. Besonders beliebte Ultraudionschaltung.

und guten elektrischen Verhältnissen ausgezeichnete Resultate, z. B. Englandempfang in Groß-Berlin mit Innenantenne.

Materialbedarf zu Abb. 227 *EN* 23.

1 Spulenhalter nebst Flachspulen (3 Sätze),
1 Drehkondensator 500 cm,
1 Festkondensator 300 cm,
1 „ 1 MF,
1 Röhre nebst Sockel und Heizwiderstand,
Batterien.

Notizen:

Eine andere Ultraudionschaltung, bei der allerdings leicht Abstimmungsschwierigkeiten auftreten können, ist in Abb. 228 *EN* 24 dargestellt. Hierbei ist die Anode direkt mit der Antenne verbunden[1]).

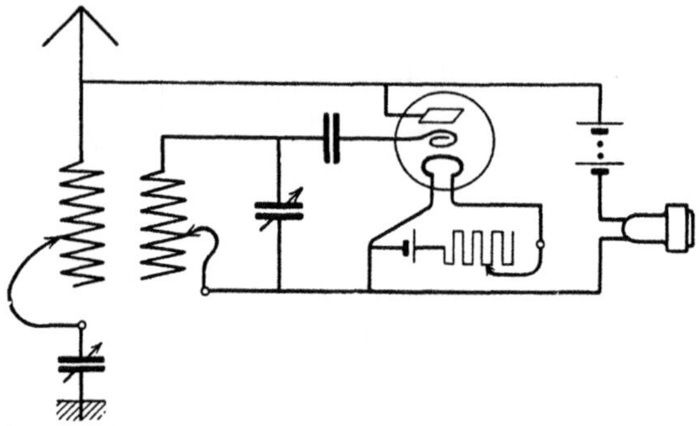

Abb. 228. *EN* 24. Ultraudionschaltung, bei welcher die Antenne direkt mit der Anode verbunden ist.

Materialbedarf zu Abb. 228 *EN* 24:
1 Spulenhalter nebst Flachspulen und Abzweigungen,
2 Drehkondensatoren, je 500 cm,
1 Festkondensator 300 cm,
1 Röhre nebst Sockel und Heizwiderstand,
Batterien.

Notizen:

Eine Ultraudionschaltung, bei der zwischen Anode und Gitter ein variabler Kondensator geringer Kapazität geschaltet ist, ist in der Schaltung gemäß Abb. 229 *EN* 25 wiedergegeben.

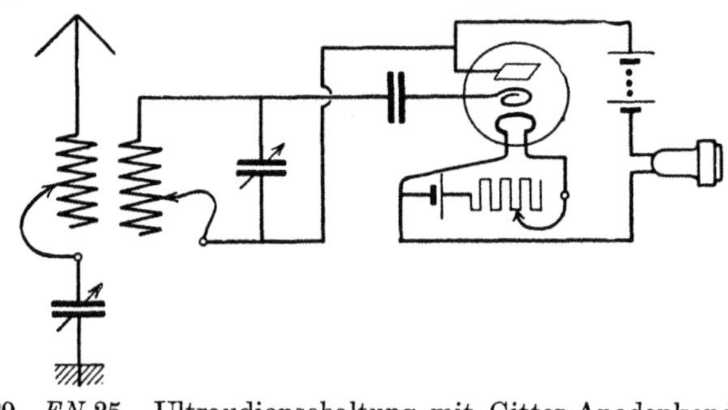

Abb. 229. *EN* 25. Ultraudionschaltung mit Gitter-Anodenkondensator.

[1]) Bei diesem und den nachfolgenden Schaltungsschemen ist unter Umständen eine Rückkopplung auf die Antenne, bzw. eine Strahlwirkung der Antenne möglich. Da hierdurch Schwingungen von der Antenne ausgestrahlt werden können („Hundegeheul"), welche geeignet sind, den Betrieb anderer Empfänger ev. in weitem Bereich lahmzulegen, ist sorgfältig darauf zu achten, daß dieser Effekt unter keinen Umständen eintritt. Er wird z. B. mit ziemlicher Sicherheit stets dann vermieden, wenn der Empfang mit Innenantenne oder Rahmenantenne durchgeführt wird.

Materialbedarf zu Abb. 229 *EN* 25:

1 Spulenhalter mit Flachspulen und Abzweigungen,
2 Drehkondensatoren, je 500 cm,
1 Festkondensator 300 cm,
1 Röhre nebst Sockel und Heizwiderstand,
Batterien.

Notizen:

Sofern man mit sehr einfachen Mitteln arbeiten will, ist die Schwebungsempfangsschaltung gemäß Abb. 230 *EN* 26 zu empfehlen. Hierbei sind sowohl der Heizdraht als auch die Anode an Stufenspulenkontakte geführt[1]).

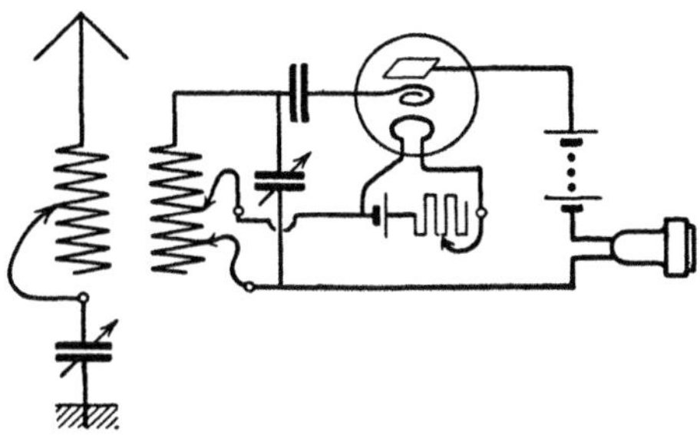

Abb. 230. *EN* 26. Schwebungsempfangsschaltung.

Materialbedarf zu Abb. 230 *EN* 26:

1 Spulenhalter nebst Flachspulen und Abzweigungen, wobei jedoch die in den Sekundärkreis einzuschaltende Flachspule mit verschiedenen Abzweigmöglichkeiten versehen sein muß,
2 Drehkondensatoren, je 500 cm,
1 Festkondensator 300 cm,
1 Röhre mit Sockel und Heizwiderstand,
Batterien.

Notizen:

Einen größeren Regulierungsbereich ergibt die Schwebungsempfangsanordnung gemäß Abb. 231 *EN* 27, bei der ein besonderer Schwebungszusatz *z* vorgesehen ist.

Materialbedarf zu Abb. 231 *EN* 27:

2 Spulenhalter nebst Flachspulen und Abzweigungen,
2 Drehkondensatoren, je 500 cm,
1 Festkondensator 300 cm,
2 Röhren mit Sockeln und Heizwiderständen,
2 Batterien, 1 Anodenbatterie,
1 Festkondensator, 1000 cm.

[1]) Bei den Ultraudionschaltungen usw. dieses Kapitels sind im allgemeinen die Gitterableitungswiderstände nicht gezeichnet. In manchen Fällen, z. B. dann, wenn die Isolation des Gitterkondensators eine nicht allzu gute ist, kann auf die Verwendung eines besonderen Gitterableitungswiderstandes verzichtet werden. Es empfiehlt sich im übrigen, Gitterableitungswiderstände in der Größenordnung von etwa 1—5 Megohm bereitzuhalten. Recht vorteilhaft können Gitterableitungswiderstände sein, welche eine kontinuierliche Widerstandsvariation gewährleisten. (Siehe S. 673.) Allerdings ist auf feste Kontaktgebung bei diesen Widerständen zu achten!

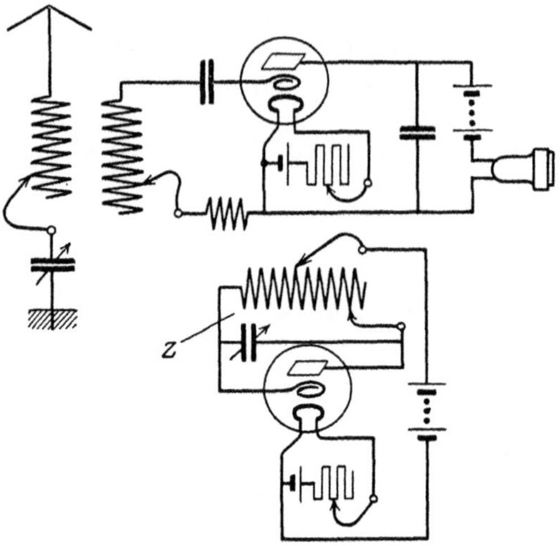

Abb. 231. *EN* 27. Schwebungsempfangsschaltung mit besonderem Schwebungszusatz.

Die Kopplung kann mit dem sekundären Röhrenkreis beliebig fest oder lose gemacht werden, da vollkommen getrennte Apparaturen angewendet sind. Infolgedessen sind Energie, Abstimmung und Audiofrequenz in weiten Grenzen regulierbar, und die einzelnen Empfangsanordnungsteile sind unabhängig voneinander.

Notizen:

Während bisher für den Empfang stets eine Hochantenne oder Innenantenne vorausgesetzt war, werden bei den Empfangsschemen gemäß den Abb. 232 *EN* 28 und 233 *EN* 29 auch Rahmenantennen benutzt.

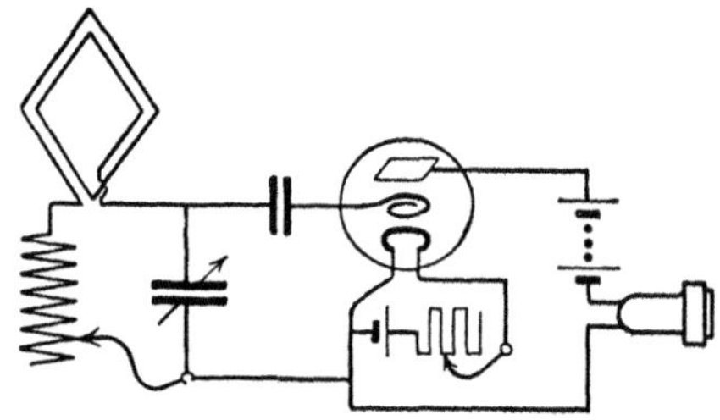

Abb. 232. *EN* 28. Doppelseitig gerichteter Empfang mit Rahmenantenne (Primärkreis).

Materialbedarf zu Abb. 232 *EN* 28:

1 Schiebespule,
1 Drehkondensator 500 cm,
1 Festkondensator 300 cm,
1 Röhre mit Sockel und Heizwiderstand,
Batterien.

Notizen:

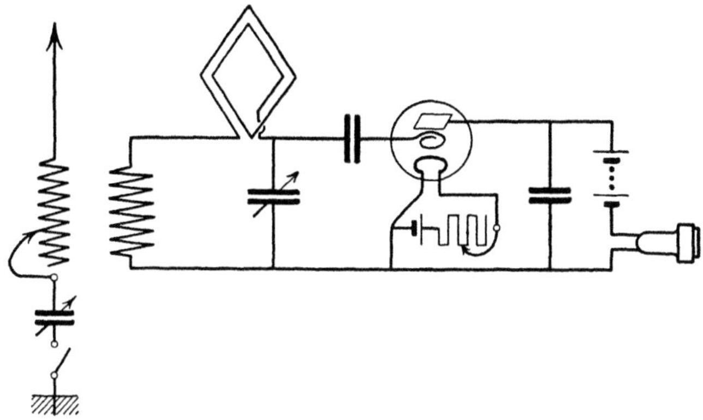

Abb. 233. *EN* 29. Einseitig gerichteter Empfang mit Hochantenne und Rahmenantenne. Abgeblendete Antenne.

Die Abstimmung erfolgt durch eine Spule nebst Kondensator. Die größte Lautstärke wird erzielt, wenn die Rahmenebene auf den Sender hin gerichtet ist. Die geringste Lautstärke ist dann vorhanden, wenn die Rahmenebene senkrecht auf dieser Verbindungslinie steht. Macht man die Rahmenspule allseitig drehbar, erhält man bei 360° Drehung 2 Maxima der Lautstärke.

Materialbedarf zu Abb. 233 *EN* 29:

1 Spulenhalter mit Flachspulen und Abzweigungen,
2 Drehkondensatoren, je 500 cm,
1 einpoliger Schalter,
1 Rahmenspule,
1 Festkondensator 300 cm,
1 Festkondensator 1000 cm,
1 Röhre mit Sockel und Heizwiderstand,
Batterien.

Notizen:

Will man auf einseitig gerichteten Empfang übergehen, so wählt man eine teilweise abgeblendete Anordnung gemäß dem Schema Abb. 120 *EN* 29, bei der außer dem Rahmenempfangskreis noch ein Hochantennenkreis vorgesehen ist, der gleichfalls auf den eigentlichen Empfänger einwirkt. Bei dieser Anordnung erhält man von einem bestimmten Abstand zwischen Sender und Empfänger an ein ziemlich ausgesprochenes Maximum der Lautstärke.

Als dritte Möglichkeit, die besonders für Meß- und Versuchszwecke für den Amateurbetrieb von Interesse ist, ist die Kondensatorantenne zu erwähnen. Die schematische Anordnung zeigt Abb. 234 *EN* 30. Eine derartige Antenne besteht z. B. aus 2 Kupfernetzen, z. B. zickzackförmig geführten Innenantennen, die in nicht zu großem Abstand voneinander angeordnet sind[1]).

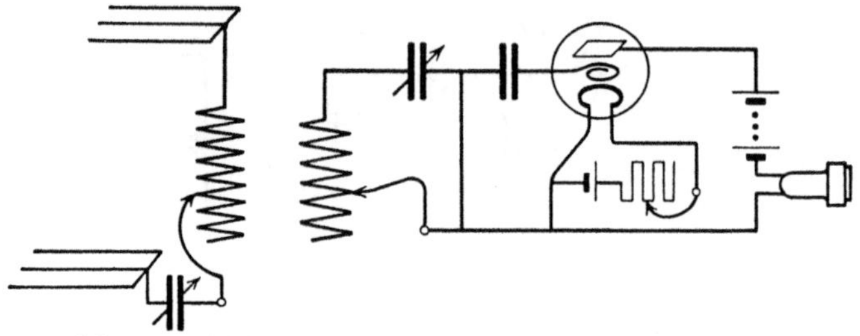

Abb. 234. *EN* 30. Empfang mit Kondensatorantenne.

Materialbedarf zu Abb. 234 *EN* 30:

1 Spulenhalter nebst Flachspulen und Abzweigungen,
2 Drehkondensatoren, je 500 cm,
1 Festkondensator 300 cm,
1 Röhre nebst Sockel und Heizwiderstand,
Batterien.

Notizen:

Die Audionschaltung mit sehr fester Rückkopplung gemäß Abb. 235 *EN* 31 gewährleistet, insbesondere bei weniger geübten Radioamateuren, einen sehr sicheren und lautstarken Empfang. Selbst weitentlegene Sender sind mit guter Lautstärke zu hören. Zusammenbau und Bedienung des Apparates sind dabei verhältnismäßig sehr einfach.

Indessen ist infolge der bei dieser Schaltung vorhandenen doppelten Rückkopplung zu beachten, daß ein Strahlen der Antenne im allgemei-

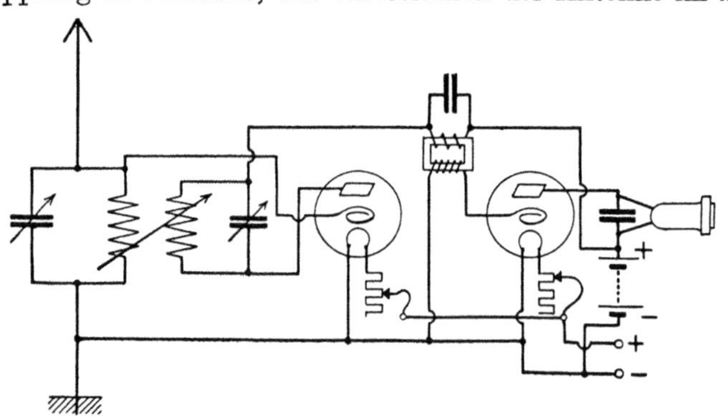

Abb. 235. *EN* 31. Empfangsschaltung mit sehr fester (doppelter) Rückkopplung.

[1]) Bei dieser und den nachfolgenden Schaltungen ist im allgemeinen der Parallelkondensator zum Telephon bzw. zur Anodenbatterie nicht gezeichnet. Die Verwendung desselben ist meist zweckmäßig, schon aus dem Grunde, um Anodengeräusche von der Röhre fernzuhalten, bzw. dieselben abzuschwächen.

nen nicht vermieden sein wird, im Gegenteil sogar meist eine wesentliche Strahlungsgefahr besteht. Die Schaltung ist daher nur mit Vorsicht anzuwenden.

Materialbedarf zu Abb. 235 *EN* 31:

2 Drehkondensatoren, je 500 cm,
1 Spulenhalter mit 2 Satz-, Flach- oder Honigwabenspulen,
2 Röhren mit Röhrensockeln,
2 Heizwiderstände,
1 Niederfrequenztranformator 1 : 4,
1 Festkondensator 1000 cm,
1 „ 500 cm.

Notizen:

Audionschaltung mit weicher Rückkopplung. Diese Audionrückkopplungsschaltung, gemäß Abb. 236 *EN* 32 bei welcher ein besonders konstruiertes Rückkopplungsvariometer[1]) und ein Sekundärkreis zur Erhöhung der Selektivität verwendet ist, soll sich ganz besonders für den Empfang in der Großstadt eignen, um namentlich die Straßenbahn- und Telephonstörungen herauszubringen. Die Zusammenschaltung ist so vorgenommen, daß die obere Spule *e* die Induktion der unteren *f* vermindert, zu welchem Zweck der Wicklungssinn der beiden Spulen verschieden gerichtet ist. Dadurch indessen, daß die in der Mitte gezeichnete Rückkopplungsspule *g* fest angeordnet ist, wirkt die untere Spule dem durch die obere Spule hervorgerufenen Rückkopplungseffekt entgegen, da sich auch zwischen der unteren und der mittleren Spule eine gewisse Rückkopplung herausbildet. Infolge dieser gegeneinandergeschalteten Rückkopplungsspulenanordnung ist die Einstellungsmöglichkeit besonders erleichtert, da infolge der Anordnung eine besonders weiche Rückkopplungseinstellung möglich ist.

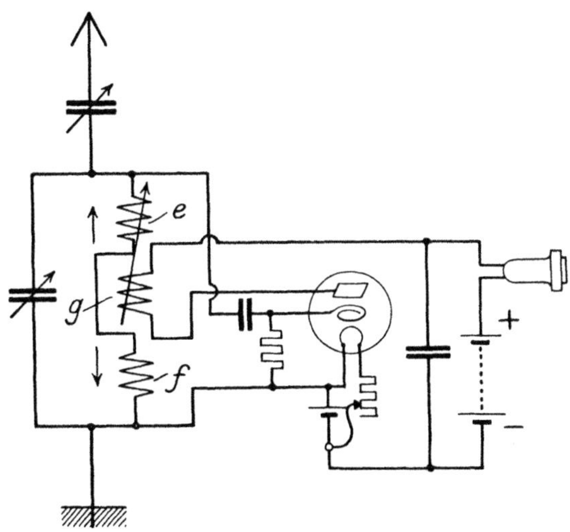

Abb. 236. *EN* 32. Audion-Rückkopplungsschaltung, welche eine sehr weiche Rückkopplung ermöglicht.

[1]) Es kann natürlich auch ein Dreifachspulenkoppler mit festen Flachspulen und Feinregulierung verwendet werden.

Materialbedarf zu Abb. 236 *EN* 32:

1 Drehkondensator 300 cm,
1 „ 1000 „ ,
1 Spulenhalter für 3 Honigwaben- oder Flachspulen, von denen die eine 25, die zweite 50 und die dritte 1000 Windungen besitzt,
1 Röhre mit Röhrensockel,
1 Heizwiderstand,
1 Silitwiderstand 2 Megohm,
1 Festkondensator 300 cm,
1 „ 1000 „ .

Notizen:

E. Verstärkeranordnungen.

Während bei den vorgenannten Schaltungsanordnungen zum Teil schon in der Röhre oder in der Schaltungsanordnung oder in beiden vor allem aber in der Rückkopplung eine gewisse Verstärkung der Empfangsschwingungen begründet ist, werden in der Radiotechnik noch eine große Anzahl von besondern Verstärkern angewendet. Man unterscheidet in der Hauptsache die Hochfrequenzverstärkung (Radiofrequenzen) und die Niederfrequenzverstärkung (Audiofrequenzen). Außerdem sind noch Zwischentypen geschaffen worden. Man unterscheidet ferner, ob diese Kreise aperiodisch arbeiten, was meist der Fall sein wird, oder ob sie mit Abstimmung versehen sind.

Die für den Empfang inbetracht kommenden wichtigsten Schaltungsanordnungen und Gesichtspunkte sind z. B. im Kap. X auf S. 455ff. wiedergegeben. An dieser Stelle sind auch prinzipielle und Ausführungsschaltungen angegeben, deren Rekapitulation dem Amateur zu empfehlen ist. Die nachstehenden Verstärkerschaltungen sind solche, die sich allgemein für die Verstärkung eignen. Daneben enthalten sie auch besondere Gesichtspunkte für Lehr- und Übungszwecke.

Materialbedarf zu Abb. 237 *EN* 33:

1 Spulenhalter mit Flachspulen und Abzweigungen,
1 Drehkondensator 500 cm,
1 Festkondensator 250 cm,
2 Festkondensatoren, je 500 cm,
2 Silitwiderstände 50000 Ohm,
2 Silitwiderstände 2 Megohm,
3 Röhren mit Sockeln und Heizwiderständen,
Batterien und Anodenbatterien.

Bei dem Schema von Abb. 237 *EN* 33 ist ein Niederfrequenzverstärker (Audiofrequenzverstärker) mit einem Röhrenempfänger wiedergegeben. Die Kopplung zwischen den Röhren wird hierbei durch hohohmigec Widerstände bewirkt. Selbstverständlich ist es bei dieser und den folgenden Verstärkungsschaltungen ohne weiteres möglich, noch weitere Verstärker, insbesondere Niederfrequenzverstärker vor den Indikations-

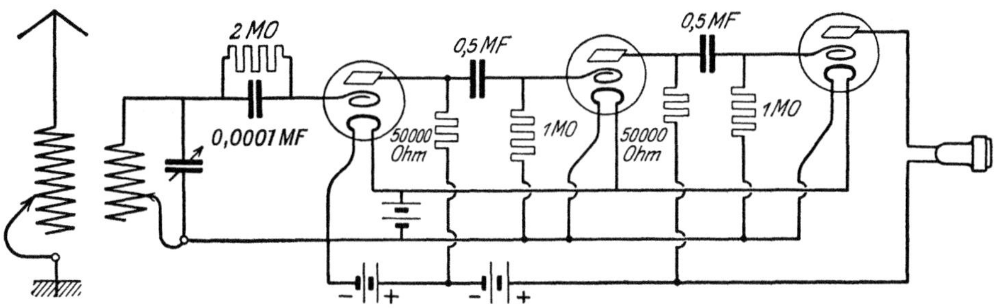

Abb. 237. *EN* 33. Niederfrequenzverstärker-Empfangsschaltung mit Widerstandskopplung.

apparat (Telephon, Lautsprecher) zu schalten, um die für den Empfang auszunutzende Energie noch weiter zu erhöhen.

Notizen:

Abb. 238 *EN* 34 gibt die Kombination eines Zweifach-Niederfrequenzverstärkers mit einem Röhrenempfänger wieder.

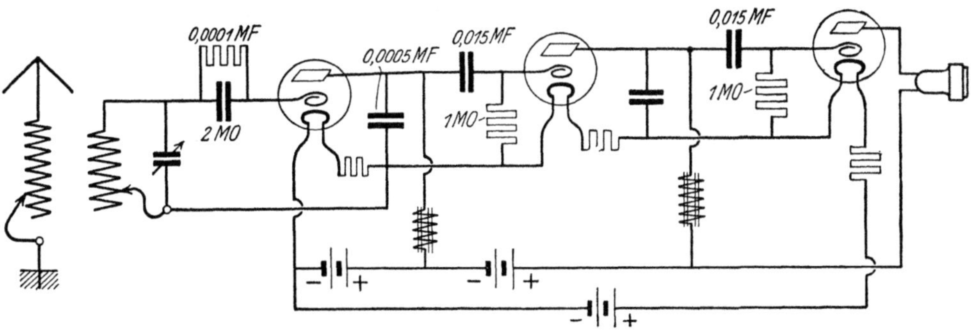

Abb. 238. *EN* 34. Zweifach-Niederfrequenzverstärker-Empfangsschaltung mit Drosselspulenkopplung.

Materialbedarf zu Abb. 238 *EN* 34:

1 Spulenhalter mit Flachspulen und Abzweigungen,
1 Drehkondensator 500 cm,
1 Festkondensator 100 cm,
2 Festkondensatoren, je 150 cm,
2 ,, , je 500 cm,
2 Silitwiderstände je 1 Megohm,
1 Silitwiderstand 2 Megohm,
2 Drosselspulen,
3 Röhren mit Sockeln und Heizwiderständen,
1 Batterie,
2 Anodenbatterien, je 20 Volt.

Notizen:

Die Kopplung wird durch Drosselspulen bewirkt. Die eingetragenen Dimensionen sind nur beispielsweise, sie können, entsprechend der jeweiligen Benutzung, variiert werden.

Zur Verstärkung des Schwebungsempfangs kann eine Schaltung gemäß Abb. 239 *EN* 35 benutzt werden. Die Kopplung wird hierbei durch einen eisengefüllten Transformator bewirkt.

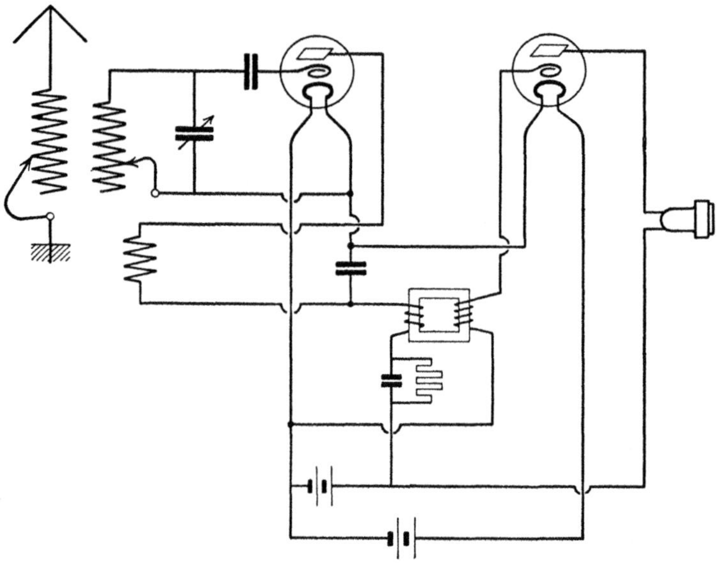

Abb. 239. *EN* 35. Schwebungsempfangsverstärker.

Materialbedarf zu Abb. 239 *EN* 35:

1 Spulenhalter für 3 Spulen mit Abzweigungen,
1 Drehkondensator 500 cm,
1 Festkondensator 250 cm,
2 Festkondensatoren, je 1000 cm,
1 einregulierbarer Silitwiderstand bis 1 Megohm,
1 Niederfrequenztransformator 1 : 6,
2 Röhren mit Sockeln und Heizwiderständen,
Batterien.

Notizen:

Im Schema Abb. 240a *EN* 36 ist ein Hochfrequenzverstärker-Niederfrequenzverstärker mit eisengefülltem Transformator als Kopplungsglied dargestellt. Die zweite Röhre wirkt auch als Audionröhre.

[1]) Beim Gitterableitungswiderstand (links) ist die Bezeichnung zu vertauschen mit derjenigen des Gitterkondensators.

Materialbedarf zu Abb. 240a *EN* 36:
1 Spulenhalter mit 2 Spulen und Abzweigungen,
1 Drehkondensator 500 cm,

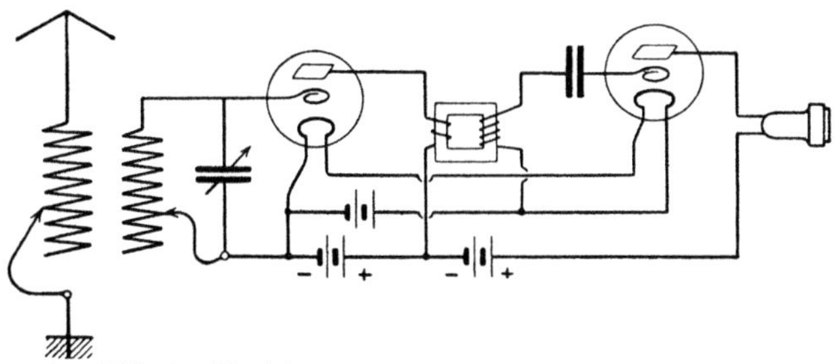

Abb. 240. *EN* 36. Hochfrequenzverstärker-Niederfrequenzverstärker.

1 Festkondensator 300 cm,
1 Niederfrequenztransformator 1 : 6,
2 Röhren mit Sockeln und Heizwiderständen,
Batterien.

Notizen:

Eine vielfach angewendete Verstärkerschaltungsanordnung für Wellen in weitem Bereich gibt das Schema Abb. 241b *EN* 37 wieder.

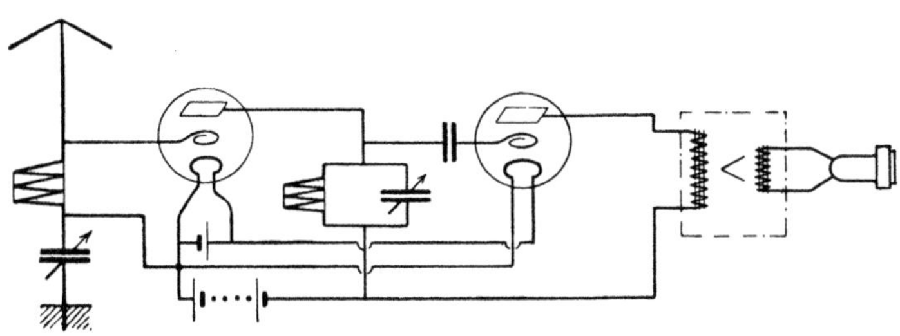

Abb. 241. *EN* 37. Hochfrequenzverstärker-Audionempfänger-Niederfrequenzverstärker.

Materialbedarf zu Abb. 241b *EN* 37:
2 Satz Honigwabenspulen,
1 Drehkondensator 1000 cm,
1 ,, 500 cm,
1 Festkondensator 300 cm,
2 Röhren mit Sockeln und Heizwiderständen,
Batterien,
1 kompletter Niederfrequenzverstärker.

Benutzt werden z. B. Honigwabenspulen, und zwar sowohl für die Antennenabstimmung als auch für den Anodenkreis der ersten Verstärkerröhre. Beide Spulen sollen miteinander lose rückgekoppelt sein.

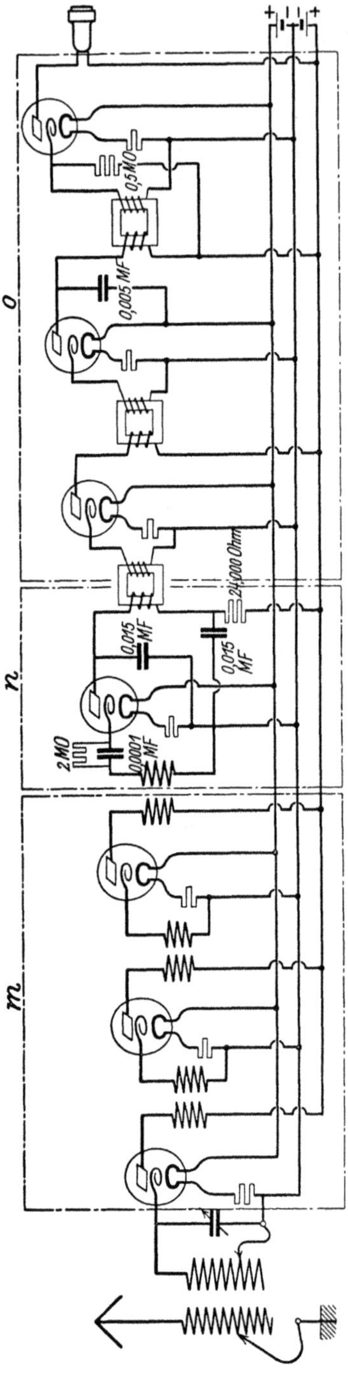

Abb. 242. *EN* 38. Hochfrequenz-Detektor-Niederfrequenzverstärkeranordnung, bestehend aus einem Dreifachfrequenzverstärker *m* (Radiofrequenzverstärkung) einer Audionröhre *n* und einem Dreifachniederfrequenzverstärker *o* (Audiofrequenzverstärkung).

Hinter die zweite Röhre kann ein gewöhnlicher Niederfrequenzverstärker geschaltet werden.

Notizen:

Die Möglichkeit der Serienschaltung mehrerer spezieller Verstärker wird durch das Schema der Abb. 242 *EN* 35 veranschaulicht.

Materialbedarf zu Abb. 242 *EN* 38:

1 Spulenhalter nebst Flachspulen mit Abzweigungen,
1 Drehkondensator 500 cm,
3 Spulenhalter mit je 2 Satz Flachspulen,
3 Röhren mit Sockeln und Heizwiderständen,
1 Festkondensator 100 cm,
2 Festkondensatoren, je 150 cm,
1 Silitwiderstand 24000 Ohm,
1 Festkondensator 2 Megohm,
3 Niederfrequenztransformatoren 1 : 4—1 : 8,
1 Röhre nebst Sockel und Heizwiderstand,
1 Festkondensator 500 cm,
1 Silitwiderstand 0,5 Megohm,
3 Röhren nebst Röhrenfassungen,
1 gemeinsamer Heizwiderstand für alle Röhren,
1 Heizbatterie,
1 Anodenbatterie,
3 Isolierplatten, nebst Anschlußkontakten, Verbindungsleitungen und Befestigungsschrauben.

Notizen:

Der erste Röhrenteil *m* dient als Hochfrequenzverstärker der aufgenommenen Schwingungsenergie. Dieser erhöht den Schwellwert und überträgt ihn auf den Audionröhrenteil *n*. Nun erst wird, unter Zwischenschaltung eines eisengefüllten Transformators, die verstärkte und gleichgerichtete Energie dem Dreifachniederfrequenzverstärker *o* zugeführt. Besonders instruktiv und für die Empfangsresultate günstig ist es, wenn die Gitterwiderstände regulierbar gemacht werden.

Selbstverständlich stellt auch dieses Schaltungsschema noch keineswegs die oberste Grenze der Röhrenzahl dar. Für besondere Zwecke hat man Anordnungen bis zu 20 Röhren und mehr ausgeführt.

F. Superregenerativ-Schaltung.

Ferner ist noch die namentlich in amerikanischen Radioamateurkreisen sehr beliebte superregenerative Schaltung von E. H. Armstrong zu erwähnen. Abb. 243 *EN* 39 stellt wohl die einfachste Ausführung dieser Art mit nur einer Röhre dar.

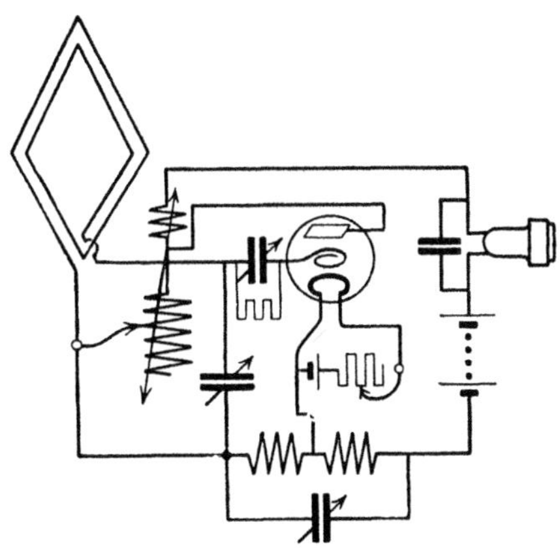

Abb. 243. *EN* 39. Armstrong-Supergenerativschaltung mit einer Röhre.

Materialbedarf zu Abb. 243 *EN* 39:

1 Spulenhalter nebst Flachspulen mit Abzweigungen,
2 Drehkondensatoren, je 500 cm,
1 Drehkondensator 300 cm,
2 Flachspulensätze,
1 Satz Silitwiderstände in der Größe 1—5 MO,
1 Festkondensator 1 MF,
1 Röhre nebst Sockel und Heizwiderstand,
Batterien.

Notizen:

G. Reinartzempfänger.

Der Reinartzempfänger gibt trotz Aufwendung verhältnismäßig geringer Mittel recht gute Resultate und ist infolgedessen, von Amerika ausgehend, sehr in Aufnahme gekommen. Grundsätzliche Bedingung ist hierbei jedoch wieder, daß auf eine ausreichende Isolation aller Teile gesehen und peinlichst darauf geachtet wird, nicht gewünschte Rückkopplungen zu vermeiden. Die im Empfänger vorhandene Rückkopplung ist sowohl eine induktive als auch eine kapazitive.

Bei der Reinartzschaltung wird zuweilen über hartes, unregelmäßiges Arbeiten der Rückkopplung geklagt. Dieses kann an verschiedenem liegen; meist liegt es an der Spulenanordnung und Ausführung, insbesondere auch an der Bemessung der Kopplung mit der Antenne. Bei richtig ausgeführter und durchgeführter Schaltung ist es gerade ein Vorteil des Reinartzempfängers, daß er eine sehr weiche Einstellung der Rückkopplung gewährleistet.

Ein weiterer Vorteil der Reinartzschaltung ist die im allgemeinen große Klangreinheit und gute Kapazitätsunempfindlichkeit gegenüber anderen hochwertigen Schaltungen.

Mit Bezug auf Selektivität dürfte die Reinartzschaltung kaum besondere Vorteile gegenüber anderen hochwertigen Schaltungen aufweisen. Ist die Entfernung zum R.-T.-Sender nur gering, so ist die

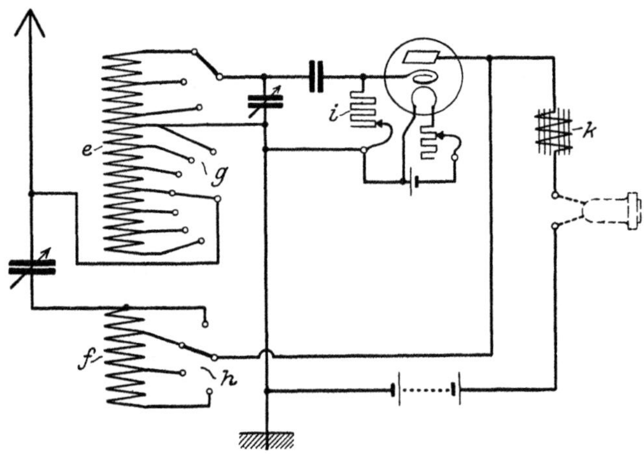

Abb. 244. *EN* 40. Reinartzschaltung (ohne Niederfrequenzverstärkung).

Selektivität mit Sendern gleicher Lautstärke gut. Ungleich größer wird sie natürlich, wenn z. B. auf dem Lande Fernempfang ausgeführt wird.

Gemäß dem Schema Abb. 244 sind die Spulen *e* und *f* Zylinderspulen, die zweckmäßig auf einen oder zwei nahe aneinanderzusetzende Pertinaxzylinder von etwa 70—80 mm Durchmesser gewickelt werden, am besten in der Form, daß zunächst etwa 45 Windungen (Spule *f*) aufgewickelt werden, welche bei der 10., 15., 20., 25. und 30. Windung Anzapfstellen erhalten. Diese Anzapfstellen sowie die Wicklungsenden werden an Kontakte des Stufenschalters *g* geführt.

In unmittelbarer Nachbarschaft von dieser Spule wird die zweite Spule *e* gewickelt, welche eine möglichst große Zahl von Anzapfstellen enthält, mindestens nach der 2., 3., 4., 5., 6., 7., 8., 9., 10., 15., 30. und 35. Windung. Diese Anzapfstellen werden gleichfalls wieder an Kontakte eines Stufenschalters *g* geführt. Die Anschaltung der Röhre an diese Spule geht aus dem Schaltschema hervor.

Zweckmäßig werden diese Spulen aus gut durchgeprüfter, einwandsfreier isolierter Litze hergestellt.

Der hochohmige Widerstand *i* wird zweckmäßig regulierbar gemacht, um während des Betriebes die richtige Größe einstellen zu können.

Meist ist es üblich, hinter den Reinartzempfangskreis noch einen Niederfrequenzverstärker zu schalten, um die Lautstärke zu erhöhen. Es kann hierzu jede der bekannten Anordnungen gewählt werden. Indessen ist zu beachten, daß Pfeifneigung, welche leicht eintreten kann, vermieden werden muß. Zu diesem Zweck kann man in die Zuleitung zur Wicklung des Niederfrequenztransformators eine Drosselspule *k* einschalten, zu welchem Zweck gut ein hochohmiger Kopfhörer benutzt werden kann.

Für den Reinartzempfänger gemäß Abb.244 *EN* 40 werden folgende Einzelteile gebraucht:

1 zylindrischer Spulenkörper mit guter Isolationsfähigkeit nebst Emaille- oder Seidendraht,
1 Stufenschalter mit Kontakten,
1 ,, ,, ,,
1 ,, ,, ,,
1 Drehkondensator mit 500 cm Maximalkapazität,
1 ,, ,, 500 ,, ,, ,
1 Festkondensator ,, 300 ,, ,, ,
1 veränderlicher Gitterableitungswiderstand,
1 Röhre mit Röhrensockel,
1 Heizwiderstand,
die erforderlichen Heiz- und Anodenstromquellen,
1 hochisolierende Hartgummiplatte für die Empfängermontage nebst Anschlußklemmen.

Notizen:

H. Die Flewellingschaltung.

Die Flewellingschaltung ist eine Superregenerativschaltung und wahrscheinlich aus der Armstrongschen Idee hervorgegangen. Beabsichtigt war, eine möglichste Vereinfachung in der Anordnung und Bedienung zu erzielen, und tunlichst auch mit geringeren Anodenspannungen auszukommen.

Das wesentlichste Kennzeichen der Flewellingschaltung besteht darin, daß die Anodenspannung über den Silitwiderstand am Gitter anliegt, wobei die Abgleichung so vorgenommen wird, daß der Gitterstrom die Anodenspannung gerade ausbalanciert. Infolgedessen muß die Rückkopplung verhältnismäßig fest gewählt werden. Isolation der Heizbatterie gegen Erde empfiehlt sich.

Eine der möglichen Flewellingschaltungen ist in Abb. 245 dargestellt. Sie ist insbesondere für den Empfang mit Rahmen gedacht. Die Superregeneration wird durch die möglichst dämpfungsfrei und kapazitätsschwach herzustellenden Spulen *e* und *f* bewirkt. Der Drehkondensator *g* dient zur Abstimmung.

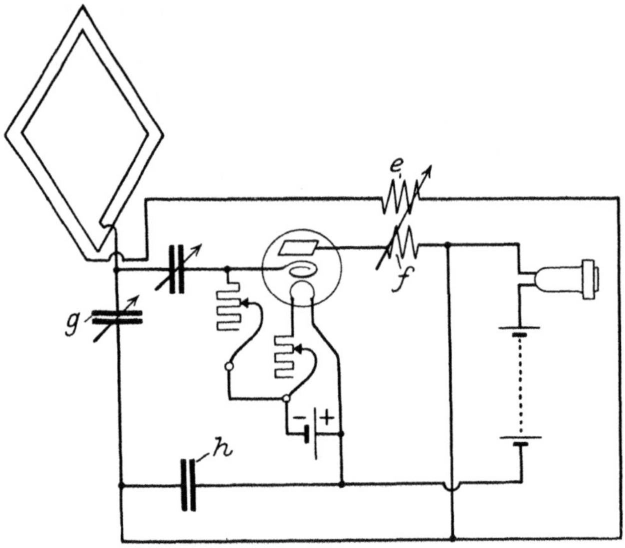

Abb. 245. *EN* 41. Flewellingschaltung.

Es ist notwendig, den Gitterwiderstand variabel zu gestalten. Unter allen Umständen muß die Kontaktgebung hierbei vollkommen verlustfrei sein.

Da die variablen Gitterwiderstände nicht immer ohne weiteres zu haben sind, hat man auch den Ausweg vorgeschlagen, zwei Silitstäbe von etwa je 2 Megohm zu verwenden, die man aufeinander schleifen läßt. Indessen ist auf gute Kontaktgebung hierbei unbedingt zu achten.

Die Flewellingschaltung eignet sich insbesondere für Wellen über 1000 m.

Materialbedarf für die Flewellingschaltung gemäß Abb. 245 *EN* 41:

1 kapazitäts- und dämpfungsverringerte Spule (*e*) von etwa 60 Windungen,
1 kapazitäts- und dämpfungsverringerte Spule (*f*) von etwa 100 Windungen,
2 Drehkondensatoren, je 500 cm,
1 Festkondensator (*k*) 5000 cm,
1 Röhre nebst Röhrensockel,
1 Heizwiderstand,
1 einregulierbarer Silitwiderstand, etwa 2×10^6 Ohm,
1 Telephon,
1 Schaltplatte nebst Klemmen, Anschlußkontakten und Leitungsmaterial,
1 Heizbatterie,
1 Anodenbatterie.

Notizen:

J. Reflexschaltungen (Multiflexschaltungen).

Es war ein an sich naheliegender Gedanke, bei einer Röhrenapparatur dieselben Röhren nicht nur zur Hochfrequenzverstärkung, sondern auch noch zur Niederfrequenzverstärkung auszunutzen. Dieser Gedanke war praktisch dann durchführbar, wenn es gelang, in den Empfangskreis ein Schaltungselement einzubauen, welches die Empfangsenergie nicht direkt für die Telephone oder den Lautsprecher ausnutzte, sondern gleichsam auf die Röhre „reflektierte". Die Schaltungen, welche dieses bewirken, haben daher die Bezeichnung „Reflexschaltungen" halten.

Die wohl einfachste mögliche Anordnung ist in Abb. 246 wiedergegeben. Es werden hierzu nur eine Röhre und ein Kristalldetektor gebraucht. Die von der Antenne aufgenommene Schwingungsenergie wird

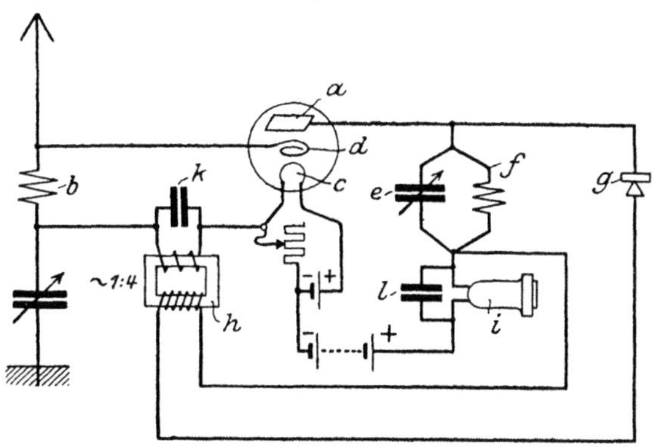

Abb. 246. *EN 42.* Einfachste Reflexschaltung mit einer Röhre und einem Kristalldetektor.

in bekannter Weise mittels der Spule *b* auf die Röhre *a d c* übertragen. In den Anodenkreis der Röhre, welche als Hochfrequenzverstärker wirkt, ist ein abgestimmter Schwingungskreis *e f* eingeschaltet. An diesem Anodenkreis liegt ferner der Kristalldetektor *g*, welcher die Schwingungsenergie gleichrichtet. Anstatt nun die so gleichgerichtete Energie direkt im Telephon oder Lautsprecher auszunutzen, wird sie unter Verwendung des Niederfrequenztransformators *h* auf die Röhre *adc* reflektiert, welche nun als Niederfrequenzverstärker wirkt und die Energie entsprechend verstärkt für das Telephon *i* zur Verfügung stellt.

Um ein Selbsttönen durch unerwünschte Rückkopplung zu vermeiden, sind Festkondensatoren parallel geschaltet, z. B. der Kondensator *k* parallel zur Sekundärwindung des Niederfrequenztransformators *h*. Auf diese Weise erhalten ferner die durchgehenden Hochfrequenzströme einen entsprechenden Durchlaß.

In Abb. 247 ist eine schematische Darstellung der Wirkung der obigen Reflexschaltung wiedergegeben. Aus der Pfeilrichtung ist der Stromverlauf zu ersehen: Die Energie gelangt zunächst in die Röhre *adc*, von dort auf den Kristalldetektor *g*, nachdem sie gleichgerichtet ist, auf den Niederfrequenztransformator *h*, auf die Röhre zurück und wird im Telephon *i* ausgenutzt. Auch die Erhöhung der Lautstärke bei diesem Verlauf soll durch die Vergrößerung der Strichstärke in diesem schematischen Bild angedeutet werden.

Wenngleich die Zuleitungsanordnung und der Schwingungsverlauf verhältnismäßig einfach und übersichtlich ist, so sind doch eine Reihe von Maßnahmen erforderlich, um ein einwandfreies Funktionieren der Reflexschaltung zu ermöglichen.

Vor allem ist darauf zu achten, daß die Leitungsverbindungen tunlichst kurz und sauber ausgeführt werden, um insbesondere nichtgewollte Rückkopplungen sicher zu vermeiden. Ferner ist die richtige Einschaltung des Kristalldetektors auszuprobieren, da bei falscher Ventilwirkungsrichtung der Effekt ausbleiben kann.

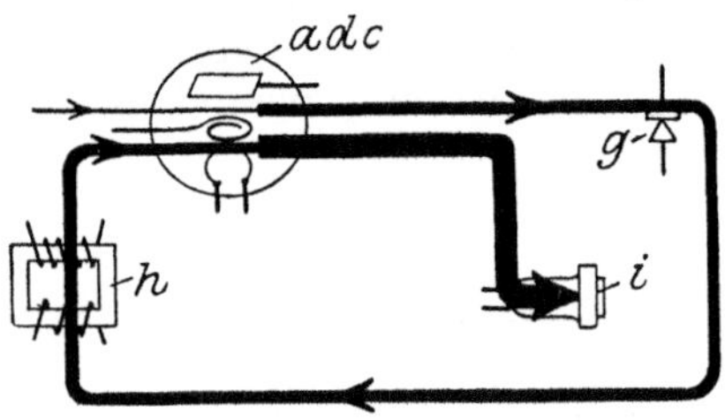

Abb. 247. Schematische Darstellung des Reflexvorganges.

Auch auf die Einschaltung und Polung des Transformators kommt es sehr wesentlich an.

Bei richtiger Schaltung und Abgleichung ist der mit einem Reflexempfänger erzielbare Effekt den bei den gewöhnlichen Schaltungen wesentlich überlegen. Die Reflexschaltung arbeitet mit einem weit besseren Gesamtwirkungsgrad als die übliche Schaltung: Hochfrequenzverstärkung, Audion, Niederfrequenzverstärkung.

Selbstverständlich kann die vom Reflexempfänger gelieferte Empfangsenergie genau so weiter verstärkt und z. B. für den Lautsprecher ausgenutzt werden, wie die jedes anderen Empfängers.

Es werden für diese Schaltung gemäß *EN 42* gebraucht:

1 Antennenspule, etwa 75 Windungen,
1 Antennen-Drehkondensator 1000 cm,
1 Röhre mit Röhrensockel,
1 Heizwiderstand, entsprechend der jeweilig benutzten Röhre,
1 Drehkondensator *e*, 500 cm,
1 Spule *f*, 50 Windungen,
1 Kristalldetektor *g*,
1 Festkondensator *k*, 500 cm,
1 ,, *l*, 1000 cm,
1 Niederfrequenztransformator 1 : 4, sowie
die zu der Röhre gehörenden Batterien.

Notizen:

Die Zahl der möglichen Reflexschaltungen ist heute schon eine ungeheuer große und geht weit in die Hunderte. Es kommt hierbei sehr wesentlich nicht nur auf die genaueste Beachtung aller derjenigen

Punkte an, welche überhaupt für hochwertige Schaltungen gelten, sondern es kommt auch noch hinzu, daß einerseits die häufig variablen Widerstände, z. B. der Kristalldetektoren, der Ableitungswiderstände usw. infolge ihrer Variabilität Störungen hervorrufen können und infolgedessen neue Abgleichungen erfordern, und andererseits, daß die benutzten Schaltungselemente mehrere Rollen gleichzeitig spielen, und daß die Beanspruchung infolgedessen erheblich wächst, wenn die zweite oder dritte Funktion des betreffenden Schaltungselementes gefordert wird. Mit anderen Worten heißt dieses: Wenn man sich z. B. einen Zweirohrreflexempfänger vorstellt, so wird das erste Rohr zunächst zur Hochfrequenzverstärkung und das zweite Rohr beispielsweise als Audion benutzt. Nunmehr wird die Energie wieder auf das erste Rohr reflektiert, welches ebenso wie das zweite als Niederfrequenzverstärker wirkt. Die infolgedessen in diesen Röhren schwingende Energie besitzt eine ungleich höhere Amplitude, und es werden infolgedessen auch ganz andere Forderungen beim zweiten Arbeitsbereich an diese Röhre gestellt, als dies während ihrer ersten Funktion als Hochfrequenzverstärker und Audion der Fall war. Dieser Zustand wird natürlich noch mehr gesteigert, wenn in sog. Duo-Reflex-, oder Triflex- oder sogar in Multiflexschaltung gearbeitet wird. Alsdann schwingt die Energie durch die Röhre mit immer weiter verstärkter Amplitude, und es werden infolgedessen auch parasitäre Schwingungen, Störungen usw. mitverstärkt, so daß der Endeffekt wesentlich beeinträchtigt werden kann.

Es ist ferner bei allen Reflexschaltungen auf die Wirkung der Erdkapazität Rücksicht zu nehmen. Reflexschaltungen pflegen im allgemeinen sehr kapazitätsempfindlich zu sein. Infolgedessen sollten auch bewegliche Schaltungen sowohl nach den Batterien als auch nach den Telephonen, Lautsprechern usw. möglichst vermieden werden. Dieses ist auch mit ein Grund, warum der Lautsprecherbetrieb bei Reflexschaltungen häufig günstiger arbeitet, als dies bei Empfang mit Kopfhörern der Fall ist. Eine Verbesserung kann man bei Kopfhörerbetrieb im übrigen dadurch erreichen, daß man den Kopfhörer nicht direkt, sondern vielmehr über einen Transformator anschließt.

Ein weiterer wesentlicher Punkt, in welchem die Reflexschaltungen gegenüber den anderen Schaltungen abweichen, ist die Spannung der Anodenbatterie. Bei Mehrfachverstärkung sind im allgemeinen höhere Anodenspannungen anzuwenden. Der Gebrauch von Oxydkathoden- und Thoriumröhren ist im übrigen recht empfehlenswert.

Die Berücksichtigung dieser Gesichtspunkte fordert daher kategorisch sauberste Dimensionierung und Abgleichung und die Verwendung höchstwertiger Schaltungselemente, Röhren usw.

Selbst der erfahrenere Radioamateur, welcher über hinreichende Geschicklichkeit verfügt, wird sich kaum mit Sicherheit darauf verlassen können, daß eine neue, von ihm aufgebaute Reflexschaltung sofort allen Erwartungen entspricht. Im allgemeinen wird stets eine mehr oder weniger Zeit beanspruchende Nacharbeit, ein Auswechseln von Teilen, günstigerer Abmessungen usw. notwendig sein.

Trotzdem kann gerade dem Radioamateur und Bastler eingehendst zum Aufbau und zur Durchführung von Reflexschaltungen geraten werden, da diese nicht nur geeignet sind, auch nach der theoretischen Seite hin die R.-T.-Kenntnisse weitgehendst zu vertiefen, sondern weil sie auch praktisch infolge ihres hohen Wirkungsgrades mehr und mehr in Aufnahme kommen sollten.

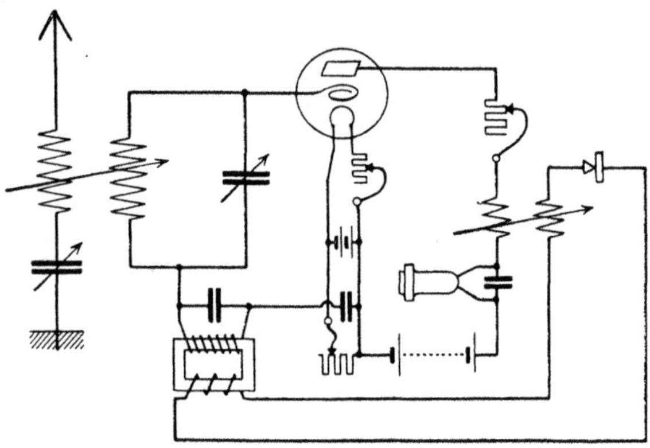

Abb. 248. *EN 43.* Einfache Reflexschaltung mit Hochfrequenz und Niederfrequenzverstärkung.

Aus der großen Zahl der möglichen Reflexschaltungen sind nachstehend folgende angegeben:

Abb. 248 stellt wiederum eine Einrohrreflexschaltung mit Kristalldetektor dar. Die Schaltung ist der obenstehenden ähnlich, indessen ist zwischen dem Anodenkreis der Röhre und dem Kristalldetektor eine induktive Kopplung eingefügt. Der Schwingungsverlauf entspricht im wesentlichen in Abb. 247 wiedergegebenem Schema.

Materialbedarf für Schaltung Abb. 248 *EN 43*:

2 Spulenhalter mit Flachspulen ohne Abzweigungen,
2 Drehkondensatoren, je 500 cm,
1 Röhre nebst Röhrensockel,
2 Heizwiderstände,
Batterien,
1 regulierbarer Silitwiderstand,
1 Festkondensator 1000 cm,
1 Satz Festkondensatoren von 1000—10000 cm,
1 Kristalldetektor,
1 Niederfrequenztransformator 4 : 1,
1 Isolierplatte, Anschlußkontakte, Verbindungslitzen und Befestigungsschrauben.

Notizen:

Abb. 249 stellt die Reflexschaltung St. 100 von Scott-Taggart dar. Die Schaltung ist für Lautsprecherbetrieb vorgesehen. Infolgedessen ist noch eine besondere Niederfrequenzverstärkungsröhre hinter dem eigentlichen Reflexsystem angeordnet.

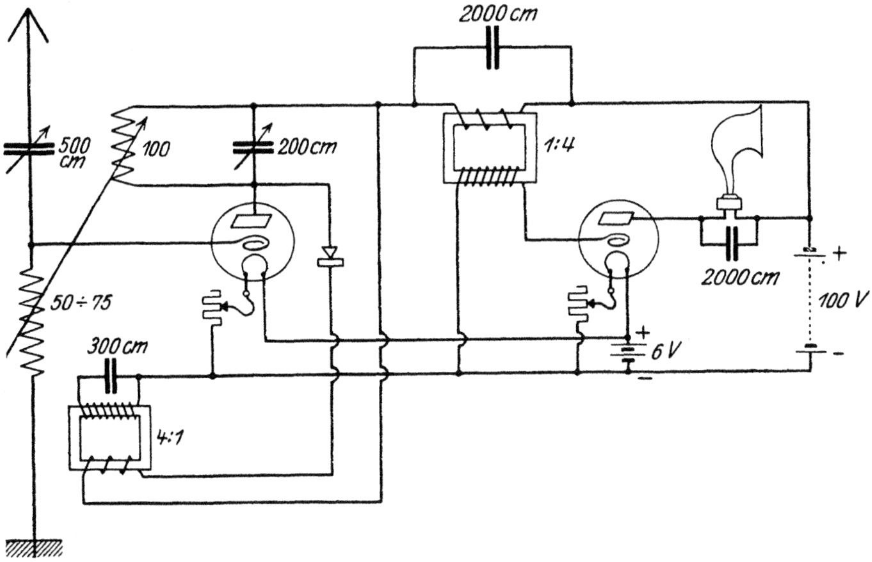

Abb. 249. *EN 44.* Reflexschaltung St 100 von J. Scott-Taggart.

Materialbedarf für Abb. 249 *EN 44*:
1 Spulenhalter mit Flachspulen,
2 Drehkondensatoren 200 cm,
2 Röhren nebst Röhrensockeln und Heizwiderständen,
1 Festkondensator 300 cm,
2 Festkondensatoren je 2000 cm,
2 Niederfrequenztransformatoren 1 : 4, bzw. 4 : 1.

Notizen:

Eine Reflexschaltung, bei welcher zwischen den ersten beiden Röhren widerstandsgekoppelte Hochfrequenzverstärker verwendet werden, gibt Abb. 250 wieder. Dieses Schema ist deswegen bemerkenswert, weil an den verschiedensten Punkten, z. B. durch Klinkenschalter, die wahlweise gestöpselt werden können, man infolgedessen sehr wohl in der Lage ist, sich genau über die durch die Reflexschaltungskreise hervorgerufene Verstärkung zu informieren, bzw. die Möglichkeit gegeben ist, mit weniger Verstärkung auszukommen, falls dieses genügt.

Materialbedarf für Schaltung Abb. 250 *EN 45*:
3 Spulenhalter mit Flachspulen,
2 Drehkondensatoren 500 cm,
1 Festkondensator 1000 cm,
1 Satz auswechselbarer Festkondensatoren,
2 Festkondensatoren, je 500 cm,
2 Niederfrequenztransformatoren 1 : 4,
1 Silitwiderstand 1 Megohm,

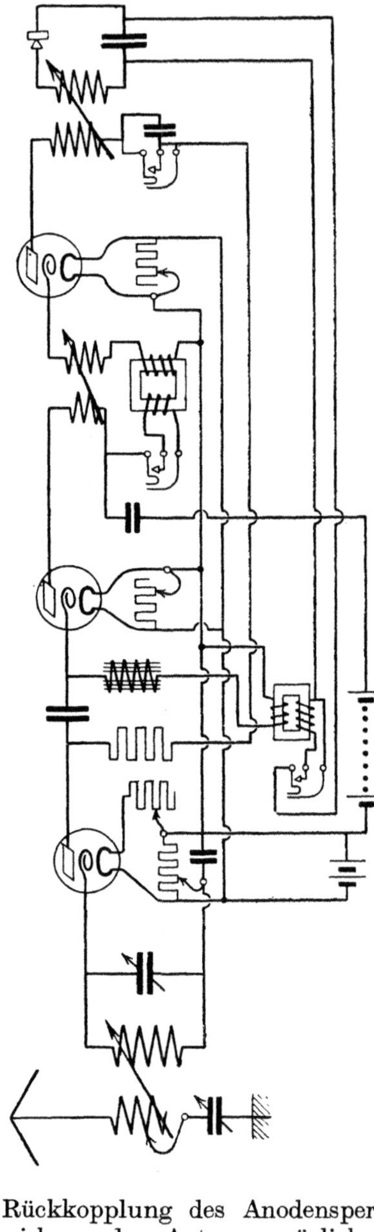

Abb. 250. *EN 45.* Reflex-Röhrenschaltung.

1 Hochfrequenzdrosselspule,
1 regulierbarer Widerstand,
3 Röhren mit Röhrensockeln und Heizwiderständen,
1 Kristalldetektor,
3 Klinkenanordnungen,
1 Heizbatterie,
1 Anodenbatterie 100 Volt.

Notizen:

Während bei den bisherigen Reflexschaltungen der Reflextransformator in die Schaltung von der Antenne zum Heizdraht gezeichnet war, und wobei für die Hochfrequenzverstärkungswirkung ein Parallelfestkondensator angegeben war, welcher allerdings unter Umständen leicht zu Pfeifneigung Veranlassung geben kann, ist bei dem nun folgenden Schaltungsschema Abb. 251 St 76 von Scott-Taggart der Reflextransformator direkt in die Antenne eingeschaltet. Hierbei verwendet man, um eine bessere Abstimmung des Antennenkreises zu erzielen, zweckmäßiger einen Drehkondensator parallel zur einen Wicklung des Reflextransformators. Sofern im übrigen die Eigenkapazität des Reflextransformators ausreichen sollte, kann auf diesen Parallelkondensator verzichtet werden.

Während bei einigen der vorstehenden Schaltungen infolge der Rückkopplung des Anodensperrkreises auf die Antenne eine Strahlwirkung der Antenne möglich war, soll dies bei der Schaltung St 76 im wesentlichen verhindert werden. Allerdings wird dies nur in bestimmten Grenzen möglich sein, da eine einigermaßen zuverlässige Sicherung, daß die Antenne nicht strahlt, nur dadurch gegeben sein kann, daß mit Vorröhre gearbeitet wird, welche besondere Heiz- und

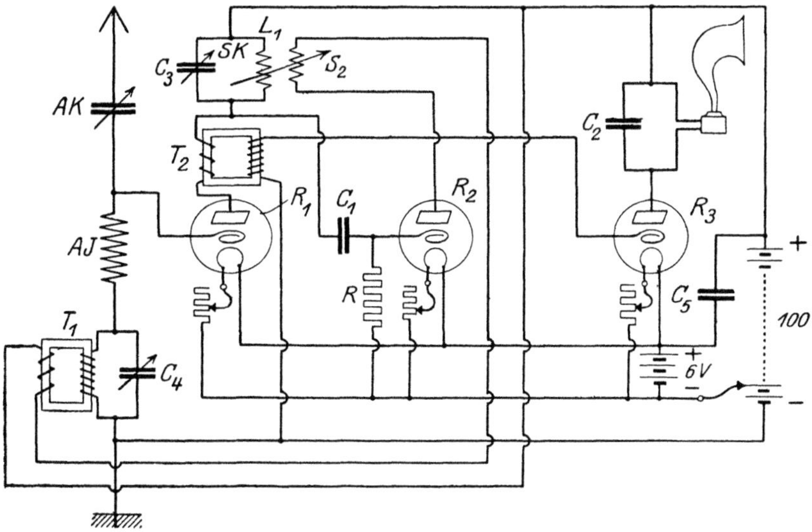

Abb. 251. *EN 46.* Reflexschaltung St 76 von J. Scott-Taggart.

Spannungsquellen besitzt, deren Leitungen nicht mit denen der anderen Röhrenspeiseanordnungen verbunden sind.

Bei Schaltung St 76 ist ferner die Bereitstellung der negativen Gittervorspannung bemerkenswert, welche von einigen Elementen der Anodenbatterie aus abgezweigt ist.

Materialbedarf für Abb. 251 *EN 46*:

1 Antennenspule,
1 Spulenkoppler mit Flachspulen,
3 Drehkondensatoren, je 500 cm.
2 Festkondensatoren, je 2000 cm,
1 Gitterkondensator 150 cm,
1 Festkondensator 1 MF,
1 Silitwiderstand 1 Megohm,
1 Niederfrequenztransformator 4 . 1,
2 Röhren mit Röhrensockeln, und Heizwiderständen,
1 Heizbatterie,
1 Anodenbatterie von 100 Volt.

Notizen:

Eine weiterhin verbesserte Reflexschaltung (G. Nagel) ist in Abb. 252 dargestellt. Hierbei ist eine zweite Rückkopplung vom Anodenkreis der zweiten Röhre vorgesehen. Ferner ist noch eine weitere Rückkopplungsanordnung eingebaut, um noch eine besondere Verstärkung zu erzielen. Es soll vorteilhaft sein, bei *d*, *f* und evtl. auch bei *e* hinreichend große Silitwiderstände (Ableitungswiderstände) einzuschalten.

Es soll ferner hierbei auf die Einregulierung der Heizspannung, insbesondere der ersten Röhre sehr wesentlich ankommen.

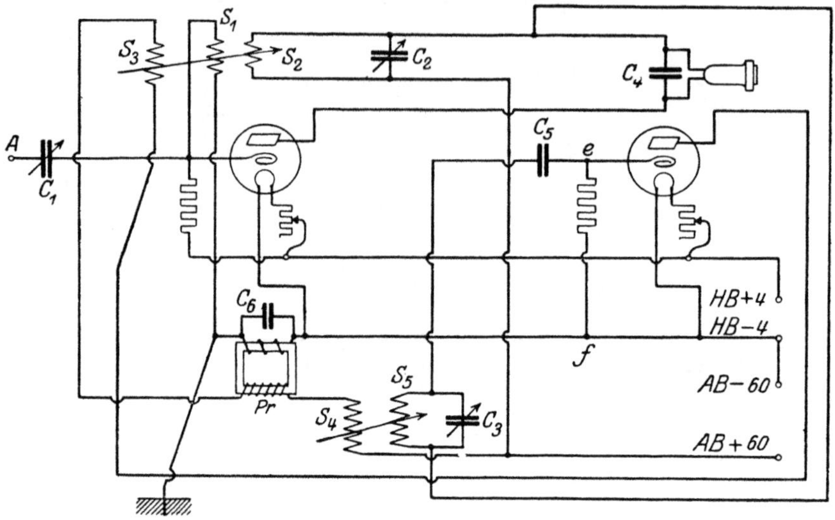

Abb. 252. *EN 47*. Verbesserte Reflexschaltung von G. Nagel.

Materialbedarf für Abb. 252 *EN 47*:

1 Spulenhalter mit 3 Honigwabenspulen oder Flachspulen,
1 „ „ 2 „ „ „ ,
3 Drehkondensatoren, je 500—1000 cm,
1 Festkondensator 4000 cm,
1 „ 1000 „ ,
1 „ 250 „ ,
1 Niederfrequenztransformator 4 : 1,
2 Röhren nebst Röhrensockeln und Heizwiderständen,
1 Heizbatterie und 1 Anodenbatterie.

Notizen:

Das Schema der Autoplexschaltung von Muhlemann zeigt Abb. 252. Es ist hierbei direkte Rückkopplung des Anodenkreises der ersten Röhre auf die Antenne vorhanden. Infolgedessen ist die Wahrscheinlichkeit des Strahlens nicht ausgeschlossen. Im übrigen ist die Wirkungsweise der Schaltung direkt aus dem Schema zu ersehen.

Materialbedarf für Abb. 252 *EN 48*:

2 Spulenhalter mit Feinregulierung für je 2 Flachsspulen,

Spule	$L_1 = 46$	Windungen,	10 cm ∅	Variokomplex,
„	$L_4 = 46$	„	8,5 „ ∅	
„	$L_2 = 31$	„	7,5 „ ∅	Hochfrequenztransformatoren,
„	$L_3 = 51$	„	darüber	

Tr = Niederfrequenztransformator, Übersetzungsverhältnis 1 : 4,
1 Röhrensockel nebst Heizwiderstand und Röhre,

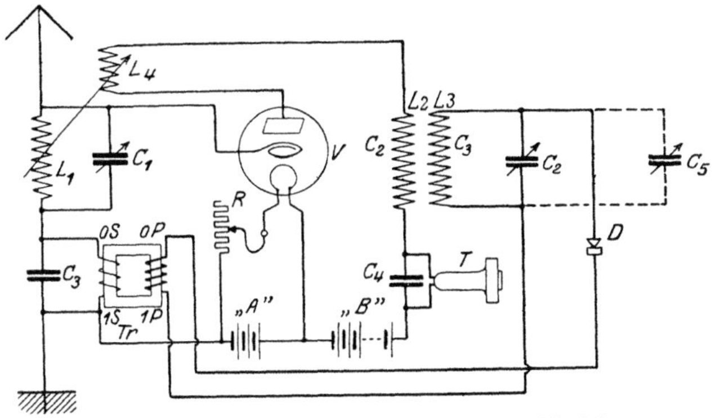

Abb. 253. *EN48.* Autoplexschaltung von Muhlemann.

Drehkondensator . . . C_1 = 1000 cm,
,, . . . C_2 = 500 cm mit Feineinstellung.
Festkondensator . . . C_3 = 1000 ,, ,
,, . . . C_4 = 1000 ,, .

Notizen:

K. Harkness-Schaltung.

Die Harkness-Schaltung ist eine Einrohrreflexschaltung mit Kristalldetektor (siehe Abb. 254) und einem angeschalteten Niederfrequenzverstärker, wobei im Gegensatz zu anderen Schaltungen der Kristall-

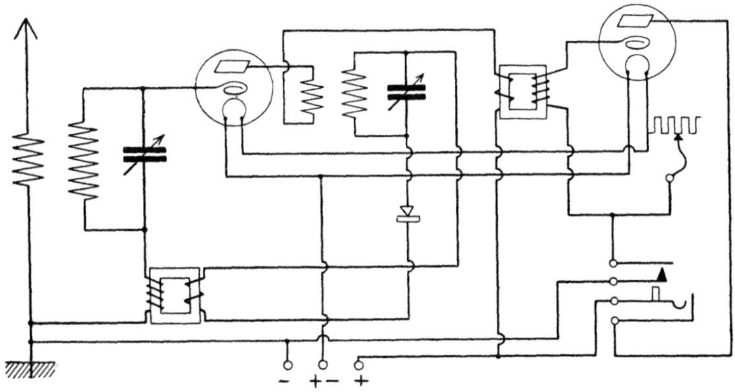

Abb. 254. *EN 49.* Harkness-Schaltung.

detektor nicht direkt in den Anodenkreis geschaltet ist, sondern vielmehr an die Sekundärspule des Detektors gelegt ist. Hierdurch kann die Selektivität noch weiterhin erhöht werden, da der Kristalldetektor mit abstimmbarem Kreis angeschlossen ist.

Materialbedarf für Abb. 254 *EN 49*:

2 Spulenhalter mit Feinregulierung für je 2 Flachspulen usw., je 2 Satz Flachspulen, Spinnwebspulen oder dergleichen, als Primär- und Sekundärspulen gewickelt,
2 Drehkondensatoren, je 500 cm,
2 Röhrensockel nebst Röhren und 1 Heizwiderstand,
2 Niederfrequenztransformatoren, je 1 : 4, 5000 : 20000,
1 Stöpselschalter, entweder gemäß der Ausführung des Schaltungsschemas oder 2 gewöhnliche Schalter.

Notizen:

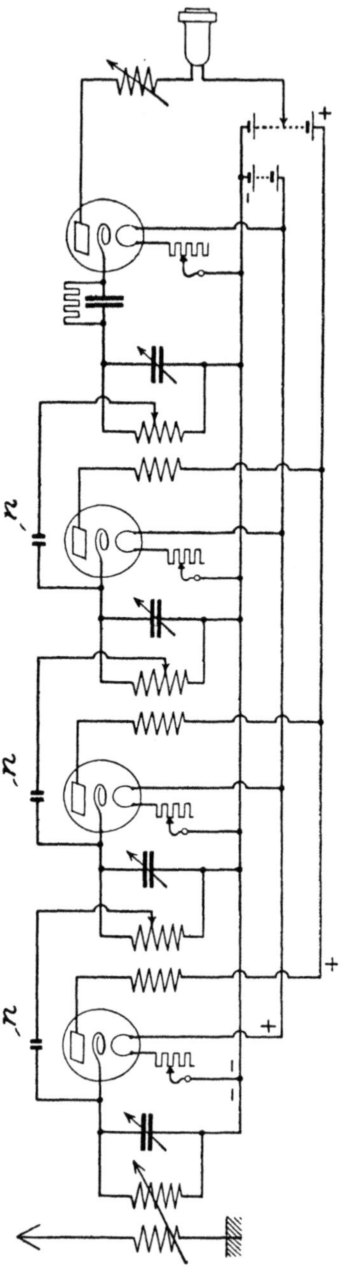

Abb. 255. *EN 50*. Vierrohr-Neutrodyne-Empfänger.

L. Neutrodyne-Empfänger.

Der Neutrodyneempfang hat sich, namentlich in Amerika, eine große Anzahl von Freunden erworben, weil es mit ihm möglich ist, einen sehr selektiven Empfang zu bewirken, da verhältnismäßig leicht die nicht gewünschten Sender herausgeworfen werden können. Ein weiterer Vorteil ist der, daß die Antenne nicht abgestimmt zu werden braucht, sondern daß sie im wesentlichen aperiodisch wirkt. Die in die Antenne eingeschaltete Spule überträgt die Energie direkt auf die erste Röhre, welche ebenso wie die nachfolgenden als Hochfrequenzverstärker arbeitet.

Die Neutrodyneschaltung ist eine Hochfrequenzverstärkerschaltung, welche mit Transformatorkopplung arbeitet und bei der die Sekundärwicklungen der Transformatoren durch parallel geschaltete Drehkondensatoren genau abgestimmt werden. Da nun aber eine derartige Schaltung verhältnismäßig leicht zum Schwingen und Tönen kommt, ist es notwendig, um diese Schwingungen, welche im wesentlichen durch die immerhin vorhandene Röhrenkapazität zwischen Gitter und Anode entsteht, unmöglich zu machen, diese zu neutralisieren. Dies geschieht durch Kondensatoren sehr kleiner Kapazität, etwa in der Größenordnung der Röhrenkapazität, also etwa unter 50 cm, welche „Neutrodons" genannt werden. Diese Neutrodonkondensatoren *n* werden zwischen das Gitter der vorhergehenden Röhre und die Sekundärspule des nächstfolgenden Hochfrequenztransformators geschaltet. Eine Einregulierung dieser Kondensatoren, den jeweilig vorhandenen Verhältnissen entsprechend, ist notwendig.

Eine beispielsweise Neutrodyneschaltung gibt Abb. 255 wieder. In dieser sind die ersten 3 Röhren als Hochfrequenzverstärkung geschaltet mit darauffolgenden sekundär-abstimmbaren Hochfrequenztransformatoren; die letzte Röhre wirkt als Audion.

Zur Neutrodyneschaltung gemäß Abb. 255 *EN 50*, werden gebraucht:

4 Röhren nebst Röhrensockeln,
4 Heizwiderstände,
1 Antennenspule, ca. 75 Windungen,
1 Gitterankopplungsspule, ca. 50 Windungen,
Drahtkondensatoren, je 500 cm,
1 Variometer,
1 Spulenkopplung,
1 Festkondensator 300 cm,
1 Silitwiderstand, ca. 2—3 Megohm,
Heiz- und Anodenbatterien wie gewöhnlich, sowie Anschlußklemmen.

Notizen:

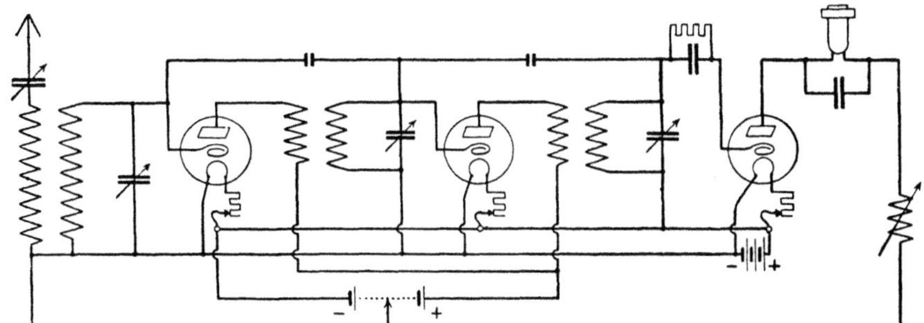

Abb. 256. *EN 51.* Hazeltine-Neutrodyne-Schaltung.

Die Neutrodyneschaltungen sind im wesentlichen von Hazeltine ausgebildet worden. Eine seiner Originalschaltungen, die in vielen Tausenden in Amerika sich in Anwendung befindet, gibt Abb. 256 wieder.

M. Unidyneschaltung (Solodyneschaltung).

Diese besteht darin, daß die Anodenspannungsquelle überhaupt gespart wird und daß nur mit einer Heizbatterie, also mit der *A*-Batterie, gearbeitet wird. Bei diesem Prinzip, welches als Unidyne- oder Solodyneanordnung bekannt geworden ist, handelt es sich weder um eine oder mehrere besondere Schaltungen noch um besondere Röhrenausführungen. Es ist vielmehr möglich, die verschiedenartigsten Schaltungen zu benutzen, und es können grundsätzlich auch verschiedenartige Röhrenausführungen benutzt werden. Allerdings ist zu beachten, daß mit Bezug auf letzteren Punkt die guten Resultate bisher offenbar nur mit Zweigitterröhren erzielt worden sind.

Der größte Vorteil, welcher durch den Fortfall der Anodenbatterie erreicht werden soll, besteht darin, daß die Zahl der durch die Anodenbatterie bedingten Störungen wesentlich herabgesetzt werden kann.

Bereits 1922 hat O. Kappelmayer eine derartige Unidyneschaltung angewendet. Dieselbe geht aus Abb. 257 hervor, welche für Rahmenempfang gezeichnet ist. Benutzt ist ein Zweigitterrohr, dessen Heizdraht von einer 6-Volt-Batterie, jedoch mit Unterspannung von nur rund 2 Volt, geheizt wird, während einpolig die 6-Volt-Batterie an der Anode über das Telephon anliegt. Die Röhre, welche in diesem Falle normal mit 0,5 Ampere brennen sollte, wurde nur mit $^1/_4$ bis $^1/_3$ Ampere geheizt, wodurch nicht nur ihre Lebensdauer erheblich erhöht, sondern auch der Empfang wesentlich geräuschfreier wurde. Das Anodenpotential, auf die Mitte des Heizfadens gerechnet, betrug etwa 5 Volt, die Gittervorspannung war stark negativ, und der Durchgriff der Röhre betrug etwa 42 %.

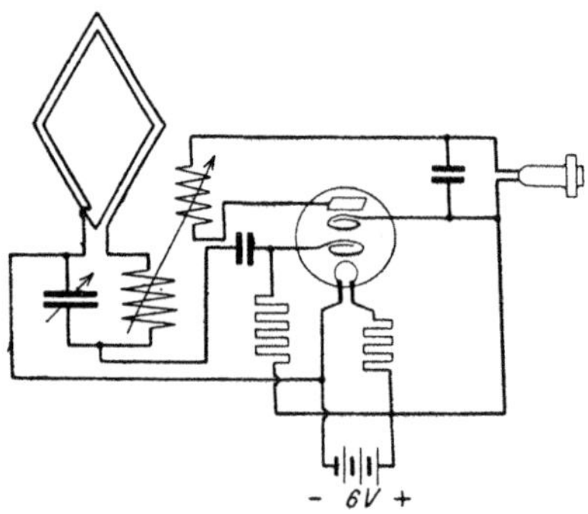

Abb. 257. *EN 52.* Unidyneschaltung von O. Kappelmayer.

Mit dieser Anordnung erzielte Kappelmayer bei 2 qm Rahmenfläche guten Amerikaempfang von Telegraphiezeichen im Zentrum Berlins.

Die nunmehr in Amerika und England hauptsächlich angewendeten Unidyne- oder Solodyneschaltungen sind in zwei Beispielen in Abb. 258 und 259 wiedergegeben, und zwar Abb. 258 für Primärempfang, Abb. 259 für Sekundärempfang.

Es kommt bei der Ausführung dieser Schaltungen besonders darauf an, alle Verlustquellen möglichst zu vermeiden; insbesondere sollen alle Schaltelemente wie auch Kondensatoren und Selbstinduktionsspulen möglichst verlustfrei arbeiten. Auf peinlichst gute Kontakte ist natürlich Wert zu legen.

Abgesehen von dem Vorteil, die Anodenbatterie zu sparen, kommt als weiterer Vorteil inbetracht, daß weniger Leitungen zu verlegen sind und daß infolgedessen der Apparat übersichtlicher wird und weniger leicht zu Störungen neigt. Auch unerwünschte Rückkopplungen sollen auf diese Weise besser vermieden werden.

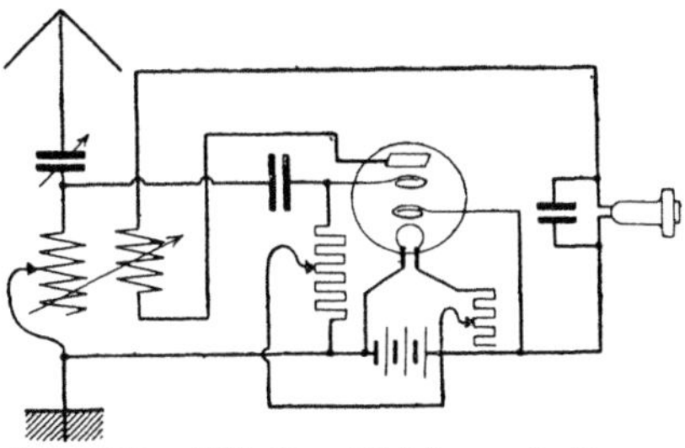

Abb. 258. *EN 53*. Unidyneschaltung für Primärempfang.

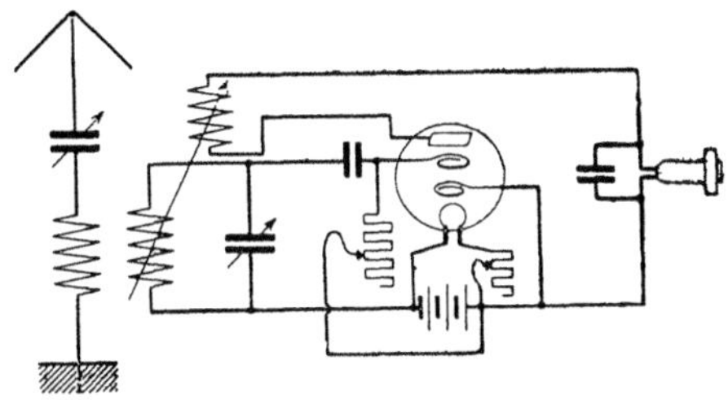

Abb. 259. *EN 54*. Unidyneschaltung für Sekundärempfang.

Bei der Solodyneanordnung ist natürlich nicht grundsätzlich zu erwarten, daß eine größere Lautstärke erzielt wird als mit einem gleichwertigen normalen Empfänger. Hingegen werden bei richtig ausgeführter Apparatur die Anodenbatteriegeräusche vermieden, und der Empfang wird klarer und reiner. Insbesondere beim Musikempfang scheinen sich wesentliche Vorteile zu ergeben.

Noch ein anderer Vorteil ist offenbar mit dem Solodyneprinzip verbunden. Ein erheblicher Teil der Röhrendefekte wird bei den normalen Empfängern dadurch bewirkt, daß die Benutzer die Röhren falsch gepolt anschalten usw. Dieses ist hierbei natürlich praktisch so gut wie ausgeschlossen.

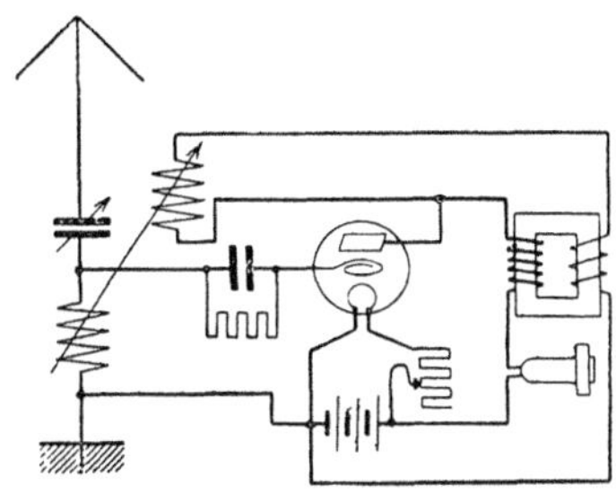

Abb. 260. *EN 55*. Unidyneschaltung unter Benutzung einer normalen Eingitterröhre.

Während bisher die Erfolge, wie schon bemerkt, nur mit Zweigitterröhren erzielt wurden, ist es im Prinzip mindestens ohne weiteres möglich, auch mit Eingitterröhren denselben Effekt zu erzielen. Den höchsten Grad an Vereinfachung wird man also erhalten durch Benutzung einer modernen Miniwattröhre, welche durch eine kleine Batterie gespeist wird. Abb. 260 zeigt beispielsweise die Solodyneschaltung unter Benutzung einer Eingitterröhre.

N. Der Superheterodyneempfang.

1. Der ursprüngliche Superheterodyneempfänger von E. H. Armstrong (Transponierungsempfänger).

Bekanntlich ist es besonders schwierig, die Amplitude kleiner Wellen durch Hochfrequenzverstärkung entsprechend zu verstärken. Die Kapazität der Röhren, insbesondere zwischen Gitterelektrode und

Kathode, macht hier infolge ihrer Durchlaßwirkung außerordentliche Schwierigkeiten. Nicht nur, daß hierdurch die Verstärkungswirkung außerordentlich herabgeht, treten leicht Eigenschwingungen des Empfängers auf, welche die bekannten Überlagerungsgeräusche hervorrufen. Die durch die nicht lokalisierte Kapazitätswirkungen hervorgerufenen Verluste sind ferner sehr erheblich. Wenn diese auch zum Teil durch entsprechend sorgfältige Leitungsverlegung behoben werden können, so sind diesen doch gewisse Schranken gesetzt.

Auf der anderen Seite ist gerade diese Aufgabe für den R.-T.-Betrieb eine der aktuellsten, da Wellen unter 700 m für die meisten R.-T.-Sender benutzt werden, und da ferner, um eine möglichste Heraussiebung nicht gewünschter R.-T.-Sender und sonstiger Störungen bewirken zu können, ein Empfang mit tunlichst kleinem Rahmen im Zimmer angestrebt werden muß, also Hochfrequenzverstärkung erforderlich ist. Bei gewöhnlicher Hochfrequenzverstärkerschaltung ist ohne Anwendung von Niederfrequenzröhren die Lautstärke, selbst für Kopfhörerbetrieb im allgemeinen zu gering; und bei Hinterschaltung von Niederfrequenzverstärkerröhren sind hineinkommende Störungen, Rückkopplungen usw. für den Empfang ungünstig.

Es bedeutete daher einen außerordentlichen Fortschritt, als es E. H. Armstrong gelang, ohne allzuviel Röhren anwenden zu müssen, mit verhältnismäßig kleinem Rahmen im Zimmer Weitempfang von R.-T.-Sendern durchführen zu können. Dieses geschah, indem er das Heterodyneprinzip (Schwebungsempfangsprinzip von R. A. Fessenden) weiter ausbaute und die einlangenden kurzen Wellen in lange Wellen umwandelte, „transponierte“.

Zu diesem Zweck wird mittels eines kleinen, nur mit geringer Energie schwingenden Röhrenzusatzes eine von der ersteren empfangenden Welle etwas abweichende Welle erzeugt, wodurch Schwebungen, also Interferenzen erzeugt werden, deren Frequenz der Dfferenz der einlangenden Wellen und der im Empfänger mittels des Zusatzes erzeugten Welle entspricht.

Bei praktisch ausgeführten Anlagen hat man die Anordnung meist so getroffen, daß die transponierte Welle eine solche von etwa 10000 m ist.

Diese transponierte Welle wird mittels eines abgestimmten Mehrfachhochfrequenzverstärkers entsprechend hochverstärkt, wozu besonders Filterkreise und abgestimmte Hochfrequenztransformatoren verwendet werden.

Die letzte der Hochfrequenzverstärkerröhren arbeitet als Audion, und es kann die Energie, falls sie ausreichend ist, direkt im Telephon ausgenutzt werden, oder aber es ist möglich, sie noch weiterhin durch Niederfrequenzverstärkung zu verstärken.

Der Mechanismus des Superheterodyneempfanges ist gemäß Abb. 261 außerordentlich einfach. Die Antenne empfängt normalerweise die Schwingungen des fernen Senders mit der Frequenz ν_1 und überträgt die Schwingungen auf den eigentlichen Empfangskreis I (sog. Kurzwellenempfänger). Der Kreis II ist ein kleiner Röhrensender, welcher Schwingungen der Frequenz ν_0 erzeugt, die der Frequenz ν_1 überlagert werden.

Infolgedessen gelangt die tiefere Frequenz $\nu_2 = \nu_0 - \nu_1$ im Kreise I zum Ausdruck, d. h. also, die kleine Empfangswelle ist auf die erheblich größere Empfangswelle transponiert, wobei die Schwingungen so gewählt werden, daß sie jenseits der Hörbarkeitsgrenze liegen.

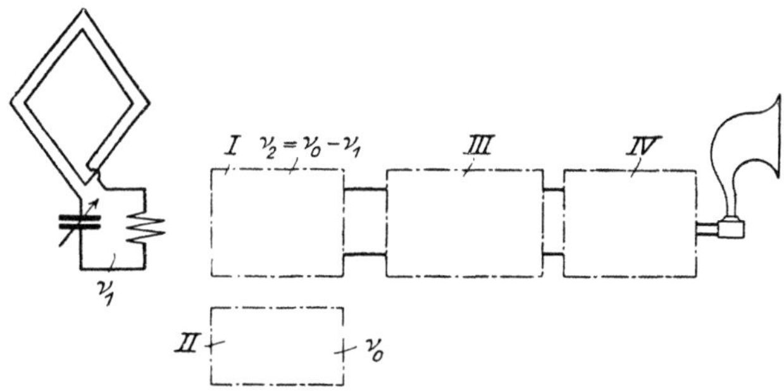

Abb. 261. Schema des Transponierungsempfangs.

Nun hat man den großen Vorteil, diese verhältnismäßig lange Welle in beliebiger Weise verstärken zu können, wobei alle die Schwierigkeiten in Fortfall kommen, die bei der Verstärkung kleiner Wellen auftreten. Diese Verstärkung wird im Kreise III (Langwellenempfänger) bewirkt. Nunmehr hat man nur noch weiterhin zu verstärken, was z. B. durch den Niederfrequenzverstärker IV bewirkt wird. Die letzte Röhre des Hochfrequenzverstärkers muß als Gleichrichter wirken.

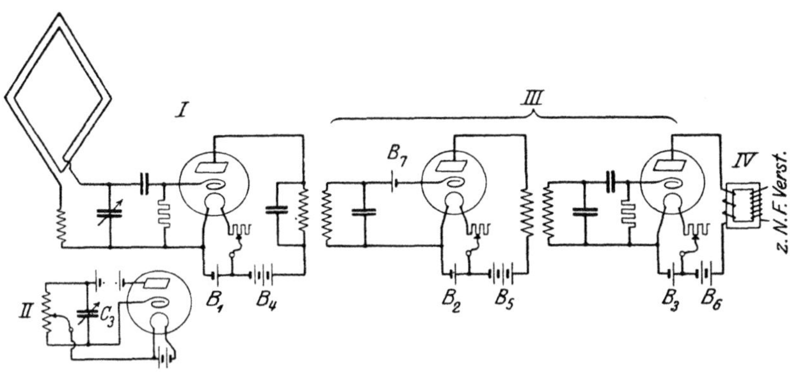

Abb. 262. Schaltschema des Transponierungsempfängers.

Dieses an sich einfache Schema ist das des Originalsuperheterodynes. Es ist, wie weiter unten gezeigt wird, noch erheblich vereinfacht worden, in der Form des Ultradyneempfängers und schließlich des Tropadynes.

Betrachten wir die einzelnen Teile dieses Empfängers gemäß Abb. 262.

I. Der Kurzwellenempfänger ist ein normaler Empfänger, wie er zum R.-T.-Empfang im allgemeinen verwendet wird. Dieser Teil kann mit oder ohne Hochfrequenzverstärkung in Betrieb gesetzt werden. Die letzte Röhre[1]) ist als Audion geschaltet.

II. Der Senderkreis dient zur Erzeugung der notwendigen Überlagerungsschwingungen. Die Anzahl der Schwingungen hängt

1. von der aufzunehmenden Wellenlänge und
2. von der Wellenlänge des Langwellenempfängers ab. Wenn diese Wellenlängen reziprok der Frequenzzahlen ausgedrückt werden, so kann man die Schwingungszahl der zu erzeugenden Hilfsschwingungen durch die obige Formel berechnen:

$$\nu_2 = \nu_0 \pm \nu_1 ,$$

wo ν_0 die Frequenzzahl der erzeugten Überlagerungsschwingungen,
ν_1 „ „ der aufzunehmenden Schwingungen und
ν_2 „ „ des Langwellenempfängers bedeuten.

Beispiel: Die aufzunehmende Station sendet mit einer Wellenlänge von 500 m, die Wellenlänge des Langwellenempfängers ist 10000 m; wie groß soll die Wellenlänge der zu erzeugenden Hilfsschwingungen sein?

Bei $\lambda = 500$ m ist die Frequenz $\nu_1 = 600000$,
„ $\lambda = 10000$ „ „ „ „ $\nu_0 = 30000$,

somit ist deren Differenz $\nu_0 - \nu_1 = \nu_2 = 570000$, also die entsprechende Wellenlänge $\lambda = 526{,}3$ m.

Die Überlagerungsschwingungen müssen also eine Wellenlänge von 526,3 m haben.

III. Der Langwellenempfänger dient zur Verstärkung der Schwebungen, die durch die Überlagerung entstanden sind. Das letzte Rohr ist als Audion geschaltet.

IV. Der Niederfrequenzverstärker, der die angekommenen niederfrequenten Schwingungen im Kopfhörer, oder für den Lautsprecher gut hörbar macht. Nach der Niederfrequenzverstärkung kann man noch Kraftverstärkung anwenden.

Zur Selbstherstellung benötigt man die unbedingte Kenntnis der angewendeten Röhren, Transformatoren, Spulen, Kondensatoren und sonstigen Schaltelemente. Man verwende nur mechanisch und elektrisch völlig einwandfreie Fabrikate, da nur dann ein Erfolg erwartet werden kann. Die Kondensatoren, Heizwiderstände und Kopplungsvorrichtungen müssen mit Feineinstellung versehen sein. Es ist zweckmäßig den Kasten und die einzelnen Stufen mit Metallblech auszufüttern, um schädliche induktive Wirkungen zwischen den Spulen untereinander und kapazitive Einflüsse vermindern zu können.

Im folgenden werden etliche Winke für die Selbstherstellung dieses Apparates gegeben.

a) Für den Empfang bzw. dessen Verstärkung verwendet man 2 Hochfrequenzverstärker- und 1 Audionröhre, und als Kopplung Hochfrequenztransformatoren, die sekundärseits durch Drehkondensatoren abstimmbar sind. Der Hochfrequenztransformator hat primärseits 15 Windungen 0,7 mm Durchmesser, einmal Baumwolle umsponnenen Draht. Als Spulenkern benutzt man ein 100 mm langes Hartgummirohr mit 69 mm Außendurchmesser. Diese 15 Windungen

[1]) Abb. 262 stellt nur die Anordnung schematisch dar. Anstelle des einen gezeichneten Rohres können in Wirklichkeit deren mehrere treten.

sind auf eine Länge von 50 mm zu verteilen. Die Sekundärwindungen werden ebenfalls auf ein 100 mm langes Rohr, mit 75 mm Außen- und 72 mm Innendurchmesser gewickelt. Sekundärseits hat der Transformator 62 Windungen desselben Drahtes, wie die Primärwindungen. Bei 15 Windungen ist eine Abzweigung zu machen, wo die Antenne evtl. angeschlossen wird. Die Primär-, wie auch die Sekundärwindungen nehmen eine Breite von 50 mm ein und haben von jedem Rohrende gleichen Abstand (25 mm). Die Anschlüsse von den Primärwindungen sind innerhalb, und die von den Sekundärwindungen außerhalb der Spulen zu führen. Die Transformatoren sind an die zugehörigen Drehkondensatoren befestigt derart, daß die Befestigungsschrauben gleichzeitig als Verbindung zwischen Kondensator und Sekundärwindungen des Transformators dienen (Abb. 263).

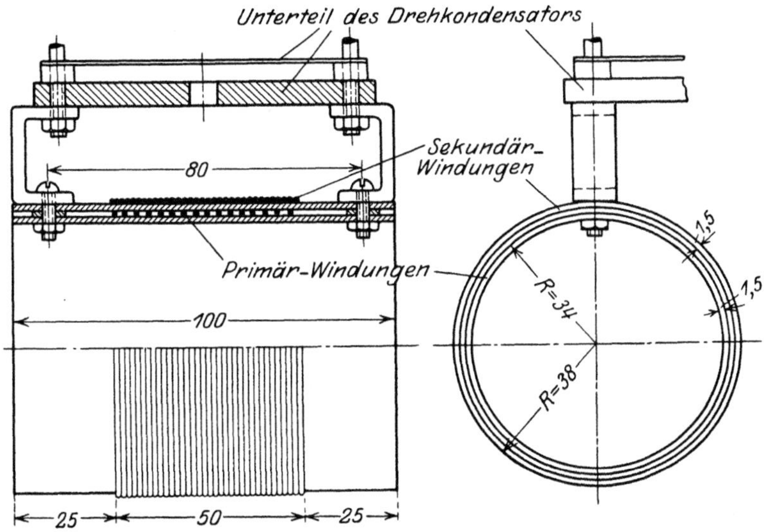

Abb. 263. Spulen- und Kopplungsvorrichtung des Transponierungsempfängers.

b) Der Gitterkreis der Audionröhre ist mit dem Schwingungserzeugerkreis gekoppelt. Wenn zu diesem Zwecke ein besonderes Rohr verwendet wird, muß man 3 Spulen miteinander koppeln. Die Schaltung ist aus der Abb. 262 ersichtlich. Die Anordnung der 3 Spulen gibt Abb. 264 wieder. Die Spule L ist auf ein Rohr von 100 mm Durchmesser gewickelt (6 Windungen, Drahtdurchmesser 0,8 mm, doppelt mit Baumwolle umsponnen), und mit dem Gitterkreis der Audionröhre verbunden. Die Spule L_1 hat einen Rohrdurchmesser von 90 mm (21 Windungen, Drahtstärke wie bei L). Die Spule L_2 hat einen Rohrdurchmesser von 60 mm (Drahtstärke wie bei L, Windungszahl 42). Die Spulen L_1 und L_2 sind im gleichen Sinne zu wickeln; der Anfang der Spule L_1 ist mit der Anode und das Ende mit dem Festkondensator C_5, das andere Beleg des Kondensators ist mit dem Anfang der Spule L_2 und mit dem Drehkondensator verbunden.

c) Der dritte Teil des Apparates ist als Mittelfrequenzverstärker ausgebildet (man könnte diesen Teil auch als Hochfrequenzverstärker bezeichnen, da dessen Wellenlänge entsprechend der Schwingungszahl 30000 = 10000 m λ noch ziemlich hoch ist). Hierfür kann man entweder Widerstand-, abgestimmte Transformator- oder Drosselspulenkopplung verwenden. Die auf diese Weise verstärkten Schwingungen müssen mittels einer Audionröhre nochmals gleichgerichtet werden Die Anode der Audionröhre ist mit dem IV. Teil des Apparates, mit dem Niederfrequenzverstärker, verbunden. Die hier angewendeten Transformatoren

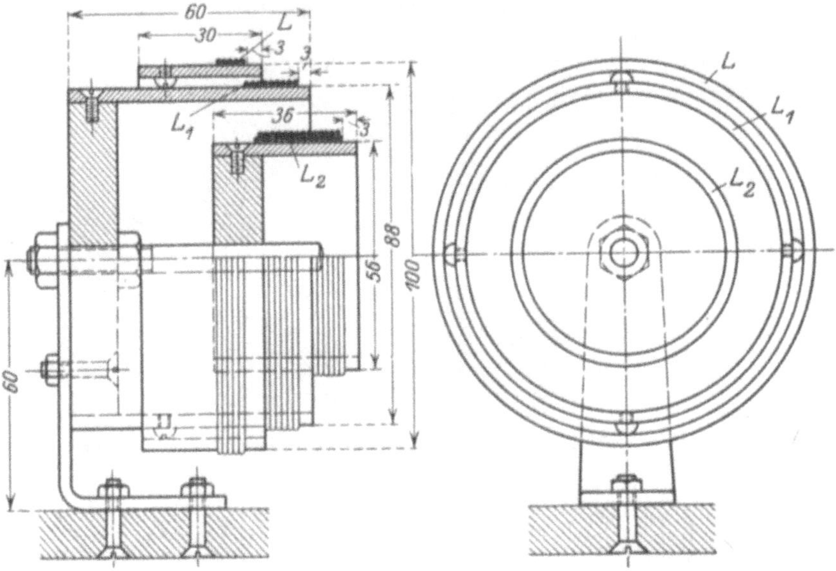

Abb. 264. Dreifachspulenanordnung des Transponierungsempfängers.

müssen sehr gute Fabrikate sein, damit sie keine unangenehmen Nebengeräusche verursachen.

Ein der Praxis entnommenes Schaltungsschema eines hochwertigen Transponierungsempfängers (im wesentlichen nach M. M. Hausdorff), welcher allerdings zu seinem Betriebe eine erhebliche Anzahl von Röhren erfordert, gibt Abb. 265 wieder.

Um die einzelnen Funktionen besser erkennen zu können, sind hierbei an die betreffenden Kreise Klammern gemacht. Es sind gemäß den obigen Ausführungen die diesen Kreisen entsprechenden lateinischen Zahlen angeschrieben.

Es ist hierin V_1 die erste Detektorröhre, V_2 die Hilfssenderröhre, V_3—V_5 der vierstufige Hochfrequenzverstärker, wobei V_5 als Detektor arbeitet. V_6 und V_7 stellen den Niederfrequenzverstärker dar. Die Zusatzschaltung *CDE* ist ein Spezialkraftverstärker (Niederfrequenzverstärker).

Ein anderes praktisch erprobtes Schaltungsschema (im wesentlichen nach F. Ehrenfeld) eines Superheterodyneempfängers zeigt Abb. 266.

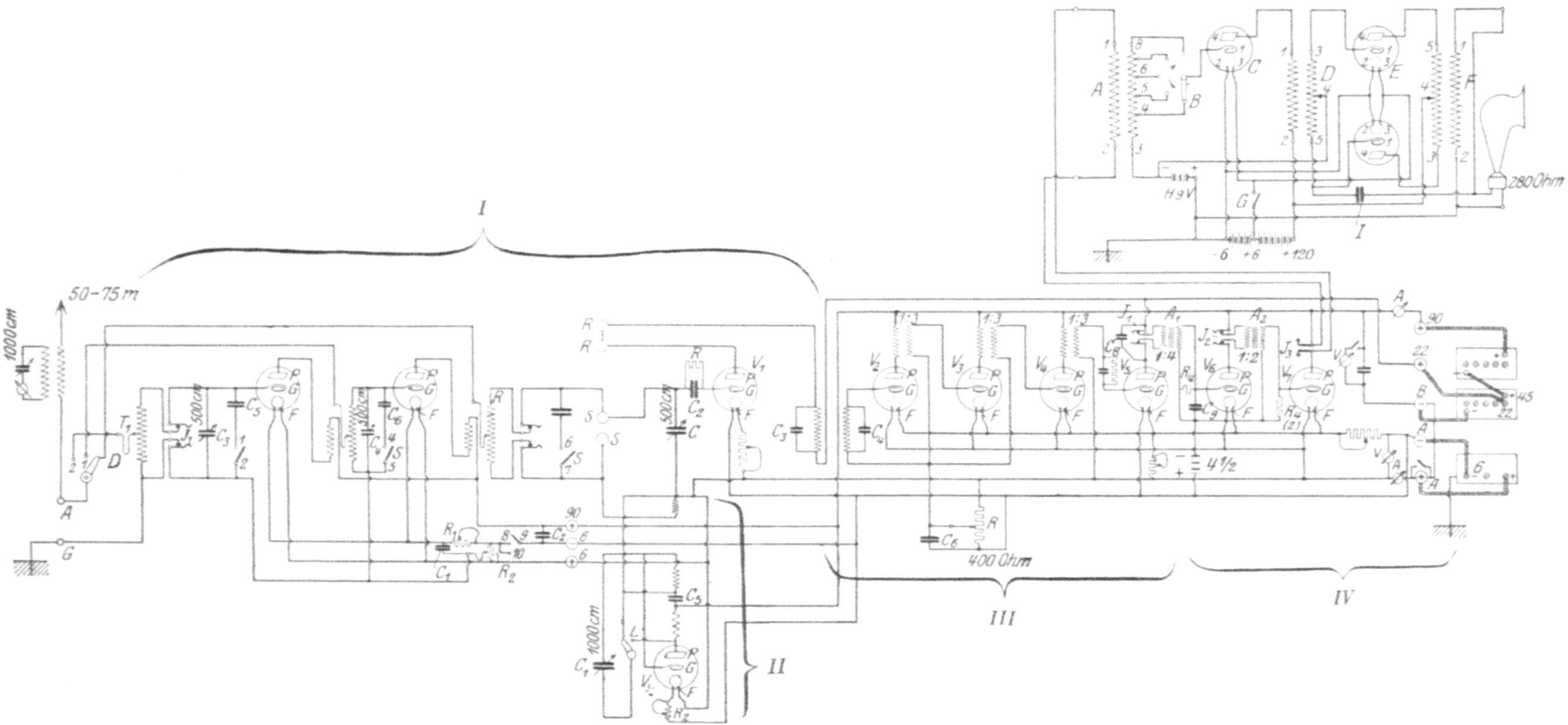

Abb. 265. ***EN 56.*** Schaltungsschema eines großen Transponierungsempfängers.

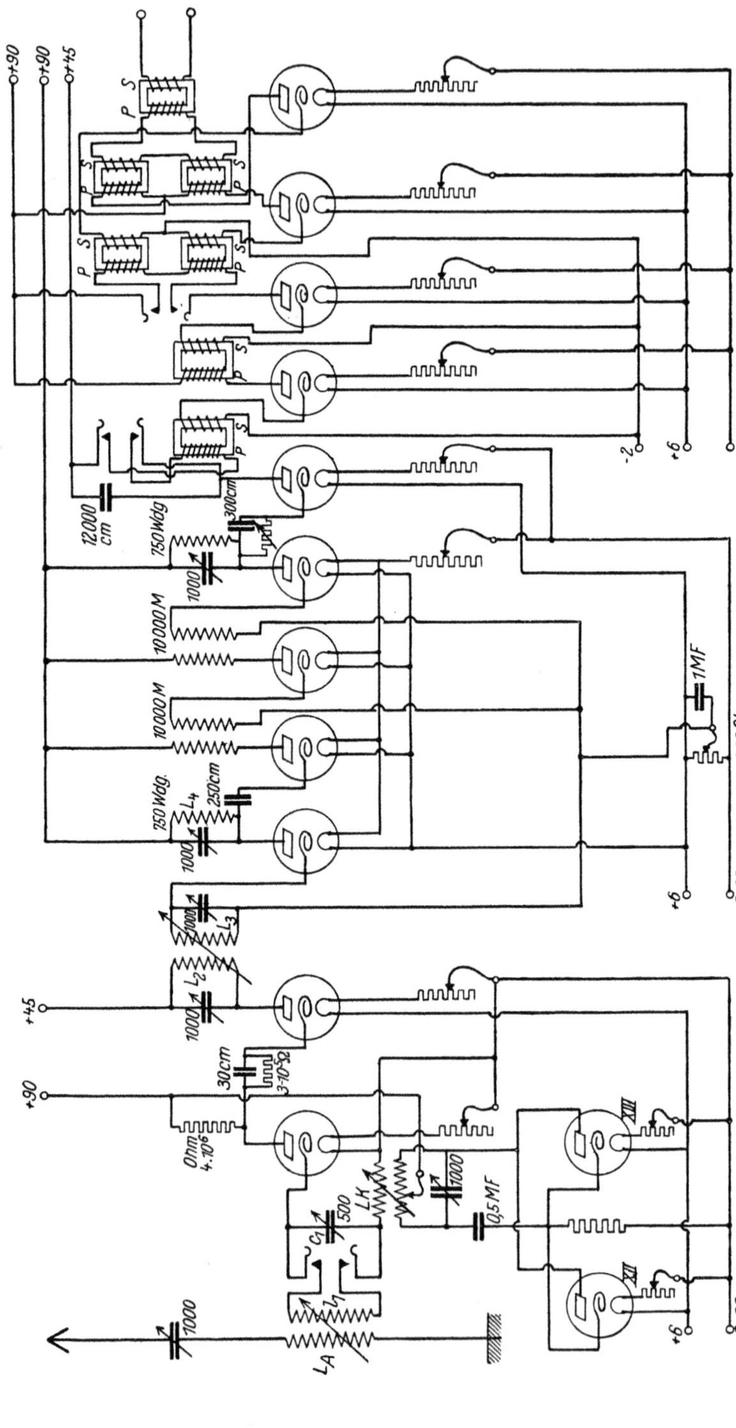

Abb. 266. *EN 57*. Anderes Schaltungsschema eines Superheterodyne-Empfängers.

Materialbedarf für den Superheterodyneempfänger gemäß Abb. 266 *EN 57*:

6	Drehkondensatoren von 1000 cm Maximalkapazität,
1	„ „ 500 „ „ ,
1	Empfangsspule,
1	Variokoppler,
1	Festkondensator ca. 1 MF,
1	„ „ 0,5 „ ,
1	„ „ 13000 cm,
3	„ je 300 „ ,
13	Röhren nebst Röhrensockeln, davon 4 Verstärker-, bzw. Lautsprecherröhren,
10	Heizwiderstände,
3	Klinkenschalter mit je 4 Federn,
1	„ „ „ 2 „ ,
4	Klinkenstecker,
2	Spulenkopplungen mit 2 Spulenhaltern,
4	Flach- oder Honigwabenspulen,
2	Silitwiderstände, 3×10^6 Ohm,
1	variabler Silitwiderstand,
1	Potentiometer, 600 Ohm,
2	Hochfrequenztransformatoren für 1000 m Wellenlänge,
1	Niederfrequenztransformator 1 : 6,
3	„ 1 : 4,
3	„ 1 : 3,
1	großes oder 3 kleine Hartgummischaltungsblätter nebst Leitungsmaterial, Klemmen, Anschlußbuchsen, Schrauben usw.,
	Heizstromquellen und Anodenbatterien, den jeweilig gewählten Röhren entsprechend.

Notizen:

Die Resultate, welche mit einem richtig zusammengebauten Superheterodyneempfänger erzielt werden können, sind außerordentlich günstige. Es gelingt mit kleinem Rahmen von etwa 50 cm Seitenkante, selbst in unmittelbarer Nähe des R.-T.-Senders meist diesen zu eliminieren und Fernempfang selbst weitabgelegener Sender auch dann zu erreichen, wenn die Wellendifferenz nur gering ist. Hierbei ist es notwendig, auf einwandsfreie Isolation und tadellose Ausführung aller Einzelteile besonderen Wert zu legen.

Die Bedienung eines derartigen, richtig zusammengebauten Superheterodyneempfängers ist verhältnismäßig einfach, da nach einmaliger Abgleichung nur wenige Handgriffe bei der Einstellung auf die jeweilig gewünschte Wellenlänge notwendig sind.

2. Der Ultradyneempfänger.

Eine nicht unwesentliche Verbesserung des ursprünglichen Superheterodyneempfängers ist 1924 von R. E. Lacault angegeben worden, welcher die Bezeichnung Ultradyne führt. Der Unterschied gegenüber dem Superheterodyneempfänger besteht in der Anschaltung und dem Zusammenwirken des Senders mit der ersten Empfangsröhre.

Abb. 267 (A. Cl. Hofmann) zeigt das Wesen der Eingangsschaltung. Der Empfangskreis ist wieder durch *I*, der Senderkreis durch *II* gekenngezeichnet. Die Rückkopplung wird hierbei von der Anodenspule L_4 auf die Gitterkreisspule L_3 des Senders *II* bewirkt. Die durch C_3 einregulierbare Schwingung wird durch C_2 auf den Anodenkreis der ersten Röhre übertragen. Die Wirkungsweise des Empfangskreises *I* entspricht im wesentlichen den bekannten, jedoch werden die in ihrem

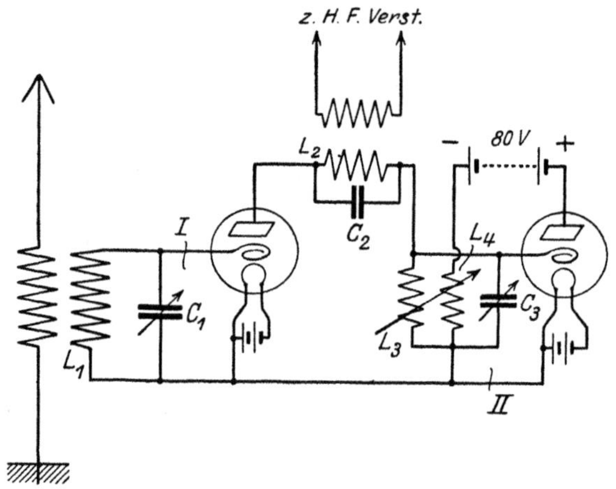

Abb. 276. *EN 58.* Eingangsröhren am Ultradyneempfänger von Lacault.

Anodenkreise auftretenden Schwingungen durch das Arbeiten des Senders *II* entsprechend gesteigert.

Diese Schaltung zeichnet sich durch erheblich größere Empfindlichkeit aus, da die Röhre I entweder überhaupt keine Reizstellen besitzt oder aber dieselben wesentlich höher liegen.

Das sich demgemäß ergebende Schaltungsschema ist in Abb. 268a dargestellt. Hierfür gelten folgende Dimensionen:

L_1 = Spule mit 10 Windungen mit 1,0 mm Kupferdraht, 2 × Seide, Spulenkörper 8 cm Durchmesser,

L_2 = Spule mit 85 Windungen mit 1,0 mm Kupferdraht, 2 × Seide, Spulenkörper 8 cm Durchmesser,

L_1 und L_2 werden auf einen gemeinsamen Körper gewickelt, der Abstand zwischen beiden Wicklungen beträgt 4 cm,

L_3 = Spule mit 35 Windungen mit 1,0 mm Draht, 2 × Seide, Spulenkörper 8 cm Durchmesser,

L_4 = Spule mit 25 Windungen mit 1,0 mm Draht, 2 × Seide, Spulenkörper 8 cm Durchmesser,

L_3 und L_2 werden mit 1 cm Abstand auf einen gemeinsamen Körper gewickelt,

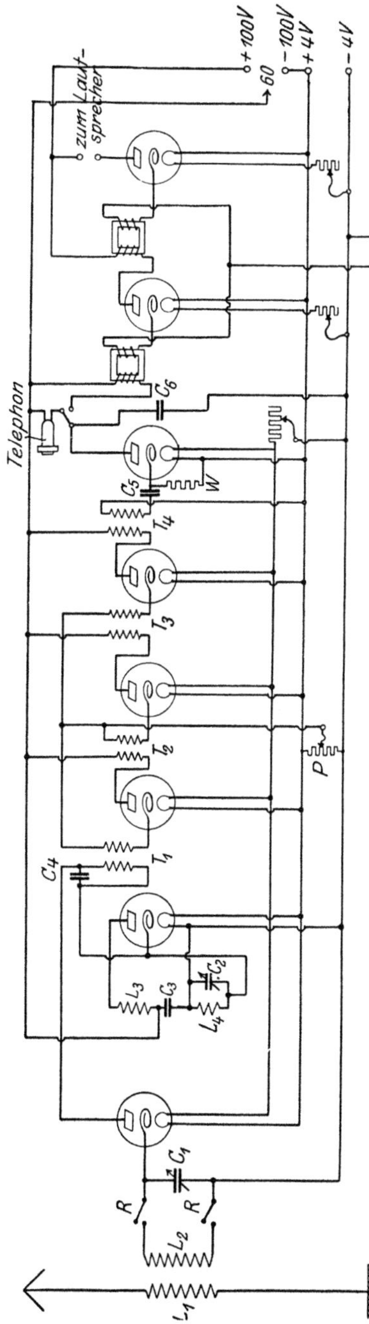

Abb. 268a. *EN 59.* Ultradyne-Empfänger nach R. E. Lacault.

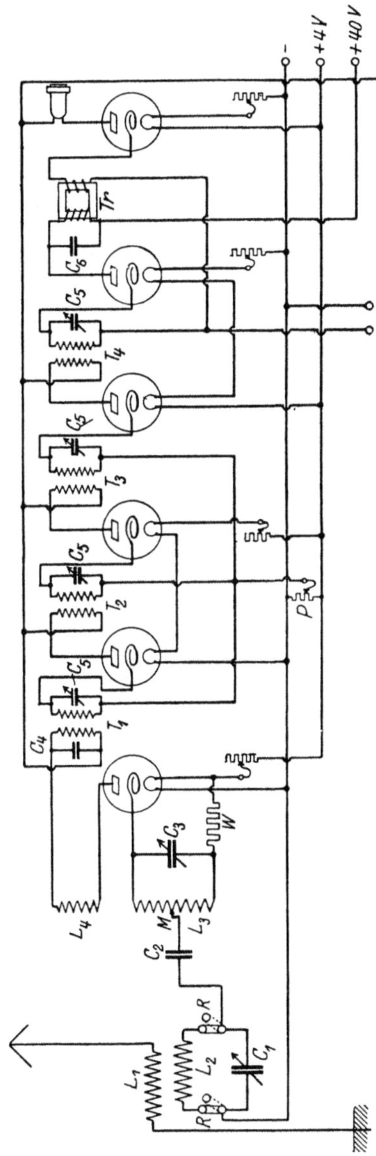

Abb. 268b. *EN 60.* Tropadyne-Empfänger.

C_1 = Drehkondensator von 500 cm,
C_2 = „ „ 1000 „ ,
C_3 = Blockkondensator von 1000 cm,
C_4 = Festkondensator von 200 cm,
C_5 = „ „ 200—300 „ ,
C_6 = „ „ 3000—5000 „ ,
P = Potentiometer, nicht unter 300 Ohm,
W = Silitstab, 1 bis $2 . 10^6$ Ohm,
$T_1 T_2$ = Niederfrequenztransformatoren 1 : 4 und 1 : 3,
RR = Anschluß für Rahmen.

3. Der Tropadyneempfänger.

Wenn schon der Ultradyneempfänger nicht nur eine wesentliche Steigerung der Empfindlichkeit und Leistungsfähigkeit, sondern auch eine nicht unerhebliche Vereinfachung gegenüber dem Originalsuperheterodyneempfänger darstellt, so ist dies in noch höherem Grade bei dem Tropadyneempfänger der Fall, welcher von C. J. Fitch 1924 angegeben wurde. Zur Abstimmung sollen lediglich zwei Handgriffe und die Einregulierung des Potentiometers erforderlich sein bei mindestens gleicher Lautstärke und Selektivität wie die obenstehenden Superheterodyne- und Ultradyneempfänger.

Das Schaltungsschema des Tropadyneempfängers gibt Abb. 268b wieder (A. Cl. Hofmann). Die Röhre des Kreises *II* dient hierbei als Detektor- und Senderröhre, welche zwei getrennt abstimmbare Systeme aufweist, die so gekoppelt sind, daß sie sich gegenseitig nicht beeinflussen können, so daß außerdem die Antenne hierdurch nicht strahlen kann.

Besonders kommt es hierbei auf die Ausbildung der Spulen L_1, L_2, $L_{\circ}$ und L_3 an. Im elektrischen Mittelpunkt der Spule L_4 ist der Kondensator C_2 abgezweigt. Die eigenartige Anschaltung des Gitterableitungswiderstandes ist hierbei ferner zu berücksichtigen. Es wird infolgedessen eine Änderung der Abstimmung des Kreises *II* im Kreis L_1, L_2 sich nicht bemerkbar machen, sofern, wie dies schon bemerkt war, die Spulen entsprechend entkoppelt angeordnet sind.

Die Dimensionen dieses Empfängersystems sollen nach A. Cl. Hofmann folgende sein:

L_1 und L_2 sind auf einem gemeinsamen Körper von 8 cm Durchmesser gewickelt, und zwar besitzt L_1 8 und L_2 50 Windungen von 0,5 mm Kupferdraht (2mal Seide umsponnen). Zwischen beiden Wicklungen ist ein Abstand von 2 cm einzuhalten. L_3 hat 30 und L_4 25 Windungen von 1,0 mm Kupferdraht auf einem gemeinsamen Körper von ebenfalls 8 cm Durchmesser, Abstand zwischen L_3 und L_4 beträgt 1,5 cm. C_1 und C_2 haben eine Kapazität von 500 cm, C_5 von 1000 cm, C_4 von 500 cm und C_6 von 5000 cm. Es empfiehlt sich, die erste Röhre zwischen die beiden Drehkondensatoren C_1 und C_2 zu setzen, um möglichst kurze Leitungen zu bekommen. Die Hochfrequenztransformatoren T_1—T_4 besitzen einen offenen Eisenkern aus ganz dünnen Eisenblechen. Die

5. Röhre arbeitet als Detektor; dabei ist folgendes zu überlegen: es ist eine bekannte Tatsache, daß bei der Gleichrichtung von bereits stark verstärkten Schwingungen sehr leicht eine Verzerrung auftritt, wenn man auf dem oberen Teil der Röhrencharakteristik gleichrichtet (bewirkt durch die positive Gittervorspannung mittels Blockkondensators und Silitstabs). Um auf dem unteren Teil der Charakteristik arbeiten zu können, ist nur der Gitterkondensator mit Silitstab wegzulassen und das untere Ende der Gitterspule mit dem negativen Punkt des Heizdrahtes zu verbinden. Da die Gleichrichtwirkung bei vielen Röhren sehr verschieden ist, so muß durch Versuch auf dem oberen und unteren Knick der Röhrenkurve die beste Gleichrichtwirkung gesucht werden. Arbeitet man im unteren Knick, so bringt gewöhnlich eine konstante negative Gittervorspannung (Trockenbatterie) in der Größenordnung von 2 bis 10 Volt eine beträchtliche Verbesserung des Empfanges und Erhöhung der Selektivität.

Wie die Schaltskizze zeigt, besitzt jeder der Hochfrequenztransformatoren noch einen Drehkondensator von 500 cm. Diese Kondensatoren werden nur einmal eingestellt und bleiben dann stets unverändert. Da es fabrikatorisch nicht möglich ist, die Transformatoren absolut gleichmäßig herzustellen, so wird beim ersten Abstimmen jede Hochfrequenzstufe mittels den Kondensatoren C_5 auf die für den ganzen Verstärker günstigste Transponierwelle abgestimmt. Dadurch wird die Abstimmschärfe sehr erhöht, und die Verstärkung erreicht ein Maximum.

Der Tropadyneempfänger arbeitet nicht nur im Wellenbereich bis auf 200 m herunter, um alle Vorteile des Kurzwellen-R.-T.-Empfanges nutzbar zu machen, sondern er ist bei entsprechend sorgfältiger Herstellung der Abstimmittel auch geeignet einen wirklichen Kurzwellenempfang bis auf etwa 80 m herab in einwandfreier Weise zu gewährleisten, so daß diese Empfangstype heute wohl die überhaupt günstigste darstellt.

O. Die Chrystodyneschaltungen.

Bis in die neueste Zeit hinein war die Ansicht vorhanden, daß der Kristalldetektor eben infolge seiner gleichrichtenden Eigenschaften nur als Empfangsdetektor benutzt werden könnte, und die Frage, ob die Kontaktstelle etwa Schwingungen selbst nur äußerst geringer Größenanordnung erzeugen könnte, wurde in sämtlichen Veröffentlichungen strikt verneint[1]).

Durch die bahnbrechenden Untersuchungen von E. v. Lossev in Nishnij Nowgorod wurde gezeigt, daß der Kristalldetektor, mindestens sofern gewisse Materialien benutzt werden, und sofern gewisse Schaltungsanordnungen und Dimensionen gewählt werden, insbesondere als solche, welche mit Potentiometer arbeiten, in der Lage ist, Eigenschwingungen zu erzeugen. Nach bisherigen günstig verlaufenen Feststellungen ist es allerdings klar, daß die Amplitude derselben äußerst gering ist. Im-

[1]) Eine Ausnahme bildet: G. W. Pierce: Der piezoelektrische Kristall. Jahrb. d. drahtlosen Telegraphie. Bd. 23, 1924, S. 79.

merhin ist dieselbe einerseits so groß, daß die Lautstärke eines derartigen Crystodyneempfängers unter Umständen eine wesentlich größere sein kann als die eines normalen Kristalldetektorempfängers, daß ferner ein Crystodyneempfänger Schwingungen erzeugen kann, welche nicht nur zur Empfangsverstärkung dienen und auch zum Schwingungsempfang benutzt werden können, sondern daß es schließlich auch in extremen Fällen möglich ist, mittels einer derartigen Anordnung Wellen auszustrahlen, vorläufig bis auf etwa 500 m Reichweite.

Mit dieser Anordnung ist prinzipiell von den früheren Kristalldetektoreinrichtungen abgegangen worden, und es ist wahrscheinlich, daß der Röhre hierdurch ein um so empfindlicherer Konkurrent entstanden ist, als die Beschaffungs- und Wartungskosten für einen Crystodyneempfänger bzw. -verstärker nur einen geringen Bruchteil derjenigen eines Röhrenempfängerverstärkers ausmachen. Wie sich die Anordnung im normalen R.-T.-Empfangsverkehr praktisch auswirkt, bleibt natürlich noch abzuwarten.

Das Potentiometer besteht meist aus einer 4- bis 10-Volt-Batterie, welche über einen eine Feinregulierung erlaubenden Schiebewiderstand von ca. 400 Ohm kurzgeschlossen ist. Dieser Widerstand muß zwei Klemmen besitzen, von denen die eine direkt an den Crystodynekreis angeschlossen wird. In den nachstehenden Schaltungen ist dies die Minusklemme, während der Schieber eine beliebige Spannung abzunehmen gestattet.

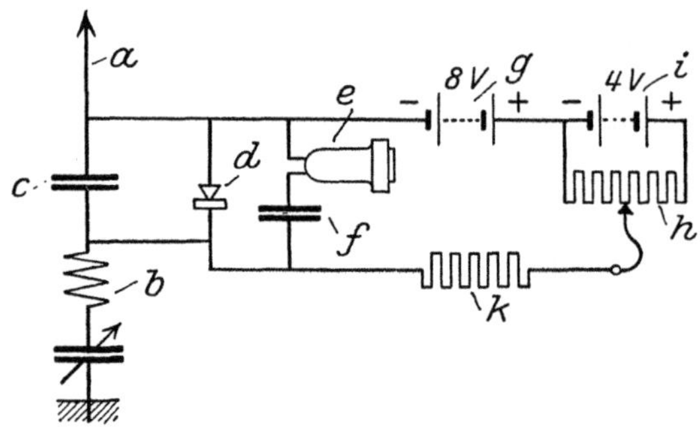

Abb. 269. *EN 61.* Ursprüngliche Crystodyne-Detektorschaltung mit Potentiometer.

Als weiteres wichtiges, bei vielen Crystodyneschaltungen gebrauchtes Glied kommt ein weiterer Schiebewiderstand von etwa 1000—2000 Ohm infrage. Häufig braucht dies indessen kein Schiebewiderstand zu sein, sondern man kann auch einen Festwiderstand in dieser Größenanordnung wählen.

Die Typanordnung, welche offenbar auch die Ausgangsschaltung von v. Lossev war, ist in Abb. 269 wiedergegeben. In die Antenne *a* sind die normalen Abstimmungsmittel *b* in Form von Spulen und Kondensatoren eingeschaltet, ferner auch ein Festkondensator *c*, welcher zur Erregung des Crystodynedetektors *d* dient; parallel zu diesem liegt die Kombination eines Telephons (Doppelkopfhörers) *e* und eines Kondensators *f*.

Die Schaltung dieses Kondensators erscheint eigentümlich, da er dem vom Detektor gelieferten Gleichstrom direkt den Durchgang blockiert. Andererseits ist aber zu beachten, daß ja sonst über das Telephon ein dauernder Strom fließen würde, welcher die Empfindlichkeit wesentlich herabzusetzen in der Lage wäre. Es ist nämlich außerdem eine Hilfsbatterie *g* vorgesehen, die 8-Volt-Spannung besitzt, ferner das oben geschilderte, aus dem Schiebewiderstand *h* und der Stromquelle *i* bestehende Potentiometer und der Festwiderstand *k*. Für die Widerstände gelten die oben bezeichneten Dimensionen.

Es sind nun selbstverständlich eine Unzahl von verschiedenen Schaltungen möglich, welche in vielen Fällen quantitativ keine allzu großen

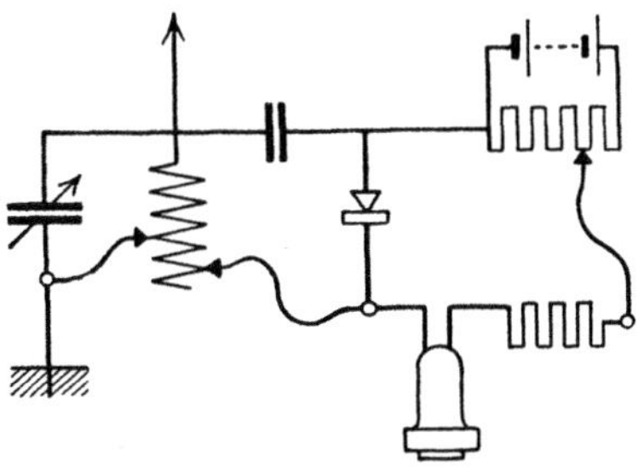

Abb. 270. *EN 62.* Regenerationsschaltung des Crystodyneempfängers.

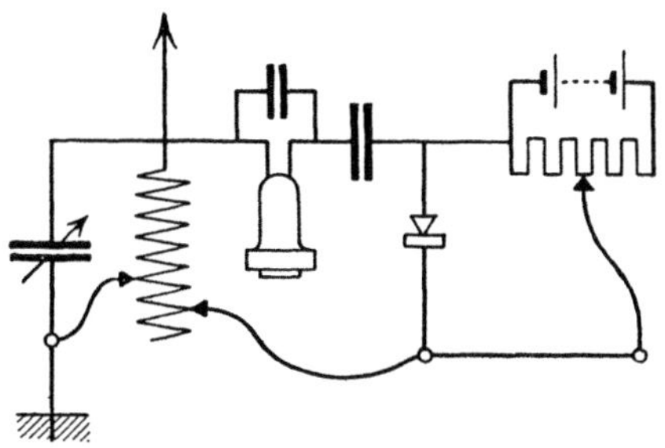

Abb. 271. *EN 63.* Regenerationsschaltung des Crystodyne-Empfängers für Telegraphie und Telephonie.

Unterschiede ergeben dürften, immerhin sich für gewisse Zwecke besser eignen als andere Schaltungen.

So stellt Abb. 270 eine Regenerationsschaltung dar, welche für Telegraphie und Telephonie geeignet ist. Ähnlichen Zwecken dient die Schaltung Abb. 271. Bei beiden ist zu beachten, daß niederohmige Telephone offenbar besser arbeiten als hochohmige.

Um ungedämpfte Schwingungen zu empfangen, welche im normalen Kristalldetektorempfänger unhörbar sein würden, ist bei Anwendung des Crystodyneprinzips eine Schaltung, etwa gemäß Abb. 272, erforderlich. Der Crystodynekreis erzeugt hier in sich eine Hilfsschwingung, welche den ankommenden Schwingungen überlagert wird.

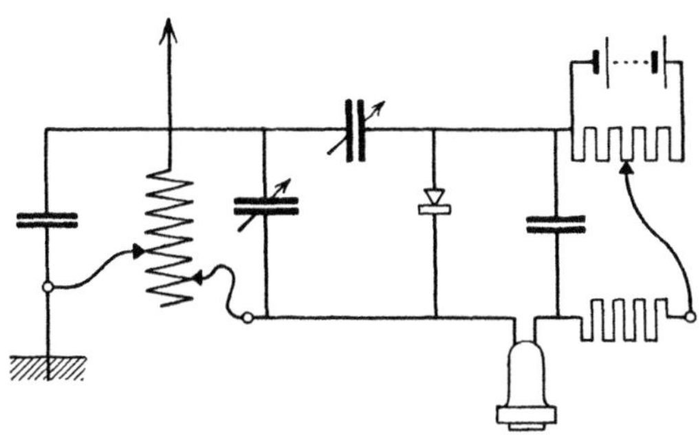

Abb. 272. *EN 64.* Crystodyne-Schaltung für ungedämpften Empfang.

Das Schema Abb. 273 zeigt eine Anordnung mit besonderem Oszillatorkreis *I*, welcher die Schwingungen für den Heterodyneempfang liefert.

Eine normale Crystodyne-„Audion“-Schaltung gibt Abb. 274 wieder, und zwar ist der Kreis im wesentlichen für die Aufnahme langer Wellen geschaltet.

Die Möglichkeit der Verstärkung durch den Crystodyneempfänger ist durch Abb. 275 zum Ausdruck gebracht. Hier ist in dem Kreis *I* der normale Crystodyne- bzw. Kristalldetektorempfang dargestellt. Der Kreis *II* ist mit *I* durch einen aus der Röhrentechnik bekannten eisengefüllten Niederfrequenztransformator *l* gekoppelt. Dieser soll ein

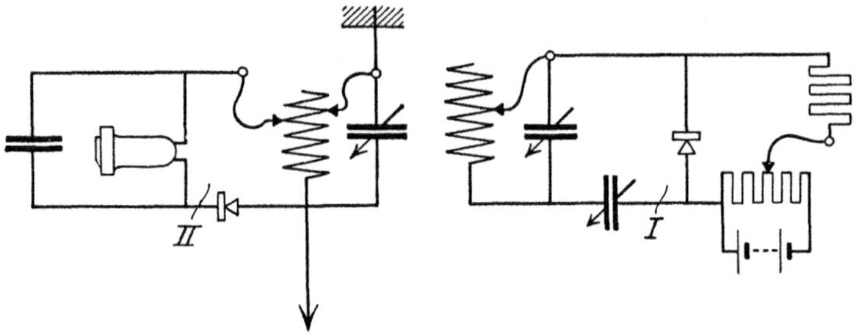

Abb. 273. *EN 65.* Schwebungsempfangsschaltung zum Empfang kontinuierlicher Schwingungen. Der linke, einen Crystodynedetektor enthaltende Oszillationskreis I dient zur Erzeugung kontinuierlicher Schwingungen. Hiermit werden zusammen mit den kontinuierlichen Empfangsschwingungen Schwebungen erzeugt, die mit dem rechts befindlichen Empfänger II abgehört werden können.

Übersetzungsverhältnis von etwa 1 : 3 besitzen. Der Kondensator *m* soll eine Größe von etwa 1 MF aufweisen. Der Widerstand *n* hat die Größe von 1500 Ohm.

Um mit dem schwingenden Kristalldetektor gute Resultate zu erzielen, werden folgende Regeln angegeben:

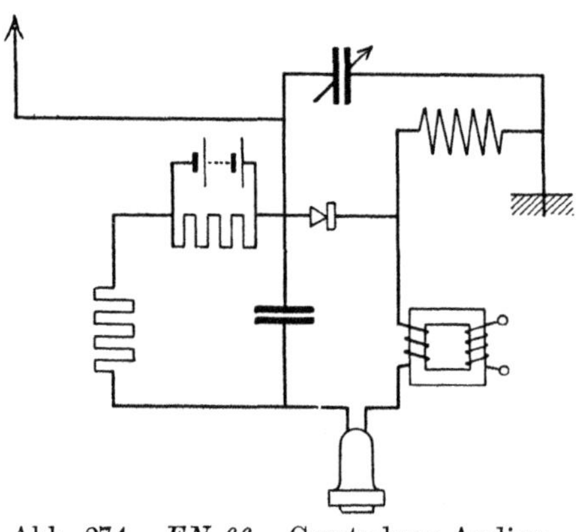

Abb. 274. *FN 66.* Crystodyne-Audionempfangsschaltung für lange Wellen.

1. Die Schwingungen sollen konstanter werden, wenn der zwischen Potentiometer und Detektor eingeschaltete Widerstand entsprechend groß gewählt wird.
2. Es ist zu beachten, daß derjenige Punkt der Charakteristik des Kristalldetektors, welcher die beste Gleichrichtung ergibt, nicht auch der günstigste Punkt für die Schwingungserzeugung ist.
3. Ein Crystodyneempfänger in Oszillatorschaltung kann gleichzeitig Schwingungen verschiedener Amplitude erzeugen.
4. Es ist zweckmäßig, den Kontaktdruck der Detektorelektroden ziemlich fest zu wählen.
5. Mit dem Potentiometer kann nicht nur die Hilfsspannung variabel einreguliert werden, sondern man soll auch hiermit die Abstimmung verändern können.
6. Es ist zu beachten, daß man im allgemeinen schwächere Schwingungen prozentual mehr verstärken kann als solche größerer Amplitude.

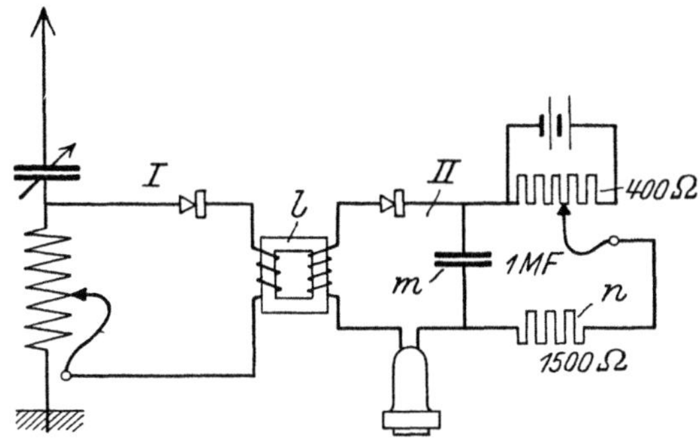

Abb. 275. *EN 67.* Crystodyne-Detektorschaltung mit Crystodyne-Verstärkerschaltung.

P. Schaltungen für verschiedene Zwecke.

1. Einrohrempfangsschaltung zur Vermeidung von Straßenbahngeräuschstörungen.

Um in der Großstadt auch in unmittelbarer Nähe von Straßenbahnen störungsfrei empfangen zu können, kann die Einrohrschaltung gemäß Abb. 276 verwendet werden. Die Anodenkreisspule *k* ist auf die Schwingungskreisspule *i* rückgekoppelt.

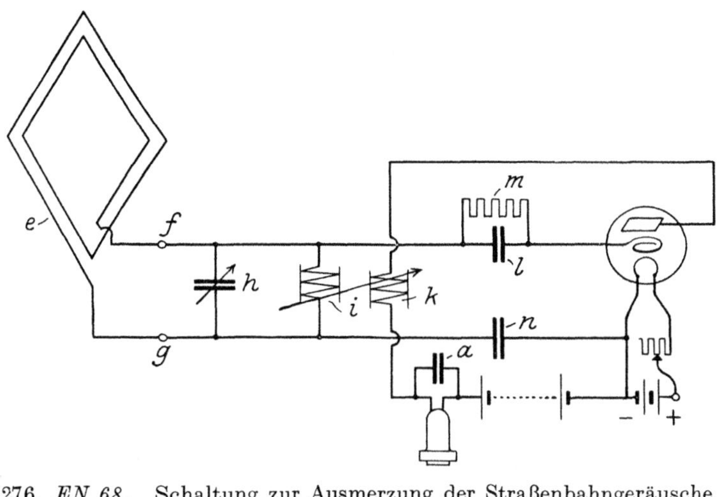

Abb. 276. *EN 68.* Schaltung zur Ausmerzung der Straßenbahngeräusche in der Großstadt.

Die Apparatur gemäß der Schaltung und unter Berücksichtigung der nachstehenden Dimensionen ermöglicht R.-T.-empfang in der Großstadt von dem R.-T.-Sender, also in einem Umkreis bis zu etwa 10 km mit dem Sender als Mittelpunkt. Soll Empfang aus größerer

Entfernung bewirkt werden, so muß noch Hochfrequenz- evtl. auch Niederfrequenzverstärkung hinzugenommen werden.

Selbstverständlich kann bei dieser Schaltung, wie bei ähnlichen Anordnungen anstelle der Rahmenantenne *e* bei *f* eine Innenantenne und bei *g* die Erdverbindung angeschlossen werden. Gegebenenfalls kann die Innenantenne bei *f* überhaupt in Fortfall kommen. Im allgemeinen wird jedoch dann die Störungsfreiheit nicht so groß sein wie bei Benutzung der Rahmenantenne.

Die anzuwendenden Materialien und Dimensionen sind gemäß *EN 68* folgende:

e = Rahmenantenne, ca. 120 cm Seitenlänge, 10 Windungen mit Abstand 1 cm der Windungen voneinander,
h = Drehkondensator 500 cm,
i = Honigwabenspule ~ 50 Windungen,
k = „ ~ 75 „ ,
l = Festkondensator ~ 250 cm,
m = Hochohmwiderstand 2 MO,
n = Festkondensator ~ 2000 cm,
o = „ ~ 2000 „ .

2. Autoflexempfänger.

Angeblich sind mit dieser Schaltung, welche in Abb. 277 wiedergegeben ist, ganz außerordentliche Resultate erzielt worden. Die Empfängerreichweite soll bis zu 4000 km über Land bei nächtlichen R.-T.-Vorführungen betragen haben.

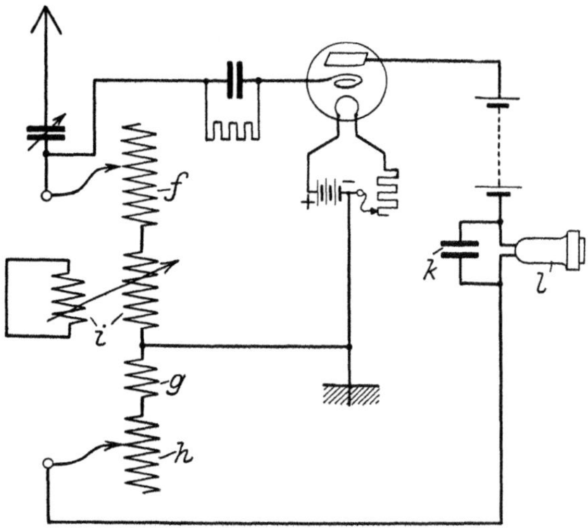

Abb. 277. *EN 69.* Autoflexempfänger.

Gemäß dem Schaltungsschema besteht die Selbstinduktion aus verschiedenen Teilen: *f*, *g* und *h* sind Zylinderspulen, und zwar soll *f* 65 Windungen mit 13 Kontaktabnahmestellen, *h* 12 Windungen mit 12 Kontaktabnahmestellen besitzen, während die Spule *g* aus 10 Windungen gebildet werden soll.

Die Spulen sind auf Pappröhren von etwa je 10 cm Durchmesser aufgewickelt; das Drahtmaterial soll etwa 0,8 mm stark sein.

i ist als Variokoppler ausgebildet, bei welchem die äußere Spule 40 Windungen haben soll, während der bewegliche Teil aus 36 Windungen bestehen soll, die in sich kurz geschlossen werden. Dieser Variokoppler soll als „Stabilisator" wirken. Die Verbindung zwischen den Spulen soll so kurz wie möglich gehalten sein und soll gut verlötet werden.

Die übrigen Dimensionen sind die bekannten. Der Telephonkondensator *k* soll nicht über 1000 cm groß sein, bei einem Telephon *I* von 2000 Ohm.

3. Die Cockadayschaltung.

Ein Vorteil der Cockadayschaltung soll darin bestehen, daß sie mit verhältnismäßig einfachen Schaltungsmitteln herstellbar ist.

In der Anordnung gemäß Abb. 278 bezeichnen *e*, *f* und *g* Spulen, welche auf einem gemeinsamen zylindrischen Körper von etwa 8 cm Durchmesser gewickelt sind, und zwar besitzt die Spule *e* etwa 55 Windungen, *f* 34 Windungen, während *g* nur aus einer einzigen Windung besteht, die entweder zwischen die Spulen *e* und *f* oder über die Spule *f* gewickelt ist. Die variable Spule *h* dient lediglich zu Abstimmzwecken und wird senkrecht zu den vorgenannten Spulen angeordnet, um zu verhindern, daß eine Streuwirkung Einfluß ausübt. Die übrigen Teile der Schaltung sind die normalen, und entsprechen deren Angaben den früher genannten.

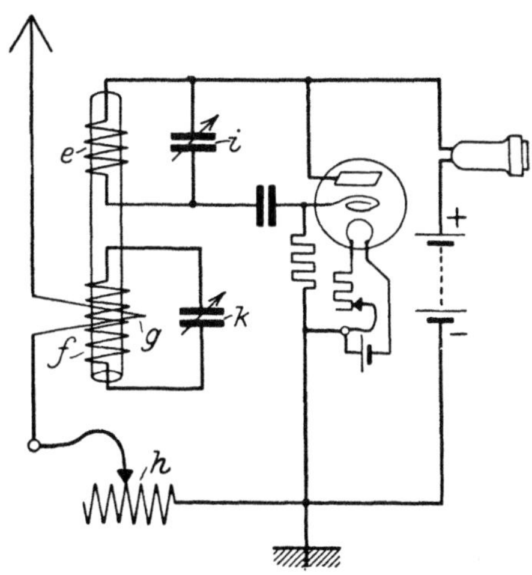

Abb. 278. *EN 70*. Cockaday-Schaltung.

Materialbedarf für die Cockadayschaltung gemäß *EN 70*:

Spule *e*: Seidenisolierter Draht 0,8 mm Stärke, 55 Windungen,
„ *f*: „ „ 0,8 „ „ 34 „ ,
„ *g*: Isolierter Draht 2 mm Stärke, 1 Windung,
„ *h*: Seidenisolierter Draht mit Schiebe- oder Steckkontakten,
Drehkondensatoren *i* und *k*, je 500 cm,
1 Festkondensator 250 cm,
1 Silitwiderstand, 2 Megohm,
1 Röhre mit Fassungen,
1 Heizwiderstand,
Heizstromquellen und Anodenbatterie der jeweilig gewünschten Röhre entsprechend,
1 Hartgummischaltplatte nebst Anschlußklemmen, Schrauben usw.

Notizen:

4. Besondere Schaltungen.

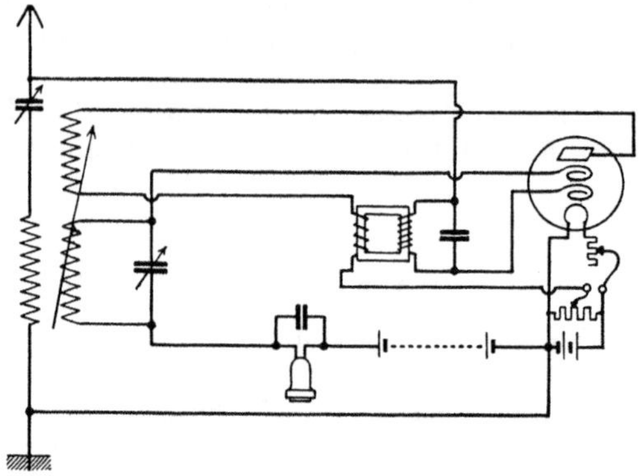

Abb. 279. *EN 71*. Dreifachverstärkerschaltung der Power-Electric-Ltd.

Eine Dreifachverstärkerschaltung der Power-Electric-Ltd., London, zeigt Abb. 279. Benutzt wird eine Doppelgitterröhre dieser Firma, welche in einer Art Unydineschaltung angewandt wird.

Materialbedarf (Dreifachverstärkerschaltung der Power-Electric-Ltd., London) gemäß Abb. 279 *EN 71*:

2 Drehkondensatoren, je 500 cm,
1 Spulenhalter für drei Spulen mit Feinregulierung,
3 Satz Flachspulen,
2 Festkondensatoren, je 1000 cm,
1 Niederfrequenztransformator,
1 Röhre mit Sockel nebst Heizwiderstand und Doppelgitterröhre,
1 Potentiometerwiderstand, 400 Ohm.

Notizen:

5. Schaltung für Fernempfang.

Die Empfangsresultate, welche mit der beistehenden Schaltung Abb. 280 erreicht werden können, sind beispielsweise folgende: Bei einer Entfernung des R.-T.-Senders bis zu 50 km kann ein Lautsprecher anstelle des in der Zeichnung eingezeichneten Telephons laut betrieben werden.

Im übrigen wurden folgende Resultate erreicht:

Berlin	laut	auf 450 km	
Zürich	„	„ 310 „	
München	befriedigend	„ 300 „	
Stuttgart	leise	„ 165 „	
Münster	laut	„ 215 „	
Hamburg	leise	„ 400 „	

Chelmsford sowie einige andere englische Stationen:

	sehr laut	,,	600—1000 km
Breslau	laut	,,	600 km

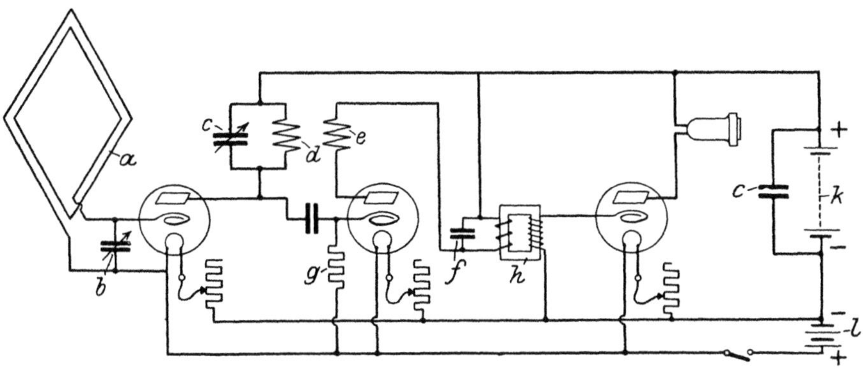

Abb. 280. *EN* 72. Schaltung für Fernempfang.

Materialbedarf zu Abb. 280 *EN* 72:

a = Rahmen, Seitenlänge = 100 cm, 8 Wdg., 2 cm Abstand, λ = 350—700 m,
b = Drehkondensator 1000 cm,
c = ,, 300 cm,
d = Spule 75 Wdg,
e = ,, 100 Wdg,
f = Festkondensator 1000 cm,
g = 2 MO,
h = NFT 5000 : 20000 = 1 : 4,
i = 5000 cm,
k = 40—100 Volt,
l = 2—6 Volt.

Notizen:

6. Zusatzapparat für sehr kurze R.-T.-Wellen.

Die Verstärkung hoher Periodenzahlen (kurzer Wellenlängen) ist sehr schwierig. Selbst wenn man noch soviele Kunstgriffe anwendet, kann es vorkommen, daß die Verstärkung bei den kleinen Wellen unter 80 bis 100 m ganz unbedeutend bleibt. Durch die in Abb. 281 wiedergegebene Schaltungsart wird es ermöglicht, einen jeden Neutrodyneempfänger auch für den Empfang sehr kurzer Wellenlängen zu verwenden. Dieses geschieht mittels eines Zusatzapparates, den man vor den normalen Neutrodyneempfänger *r* vorschaltet. Die Übertragung auf die

R.-T.-Wellenlänge erfolgt mit einer Tropadyne-Schaltung. In die aperiodische Antenne ist die Spule *e* eingeschaltet; *f* und *g* bilden den Schwingungskreis für die zu empfangenden Schwingungen, *h* und *m* erzeugen mittels der Röhre die erforderlichen Überlagerungsschwingungen.

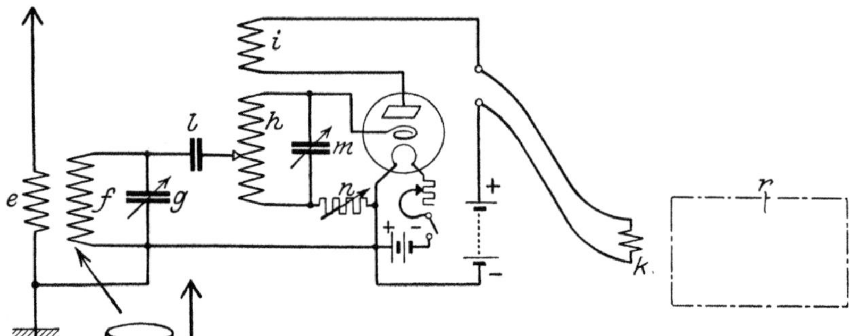

Abb. 281. *EN* 73. Zusatzapparat für sehr kurze R.-T.-Wellen.

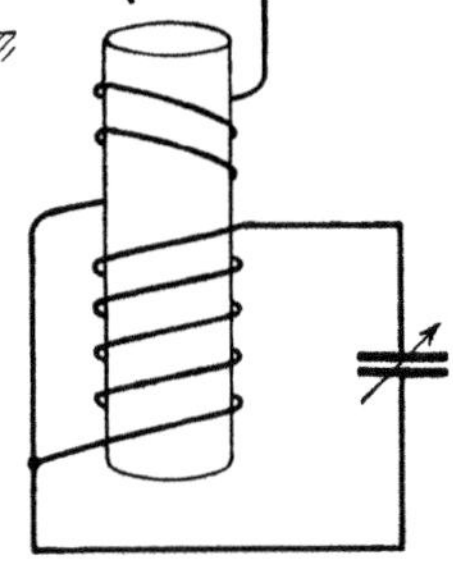

Abb. 282. Ausführung der Antennenspulen-Kopplungsanordnung auf den geschlossenen Schwingungskreis.

Die Kopplung zwischen beiden Empfängern erfolgt durch eine Spinnwebespule *k*, die 60 Windungen hat.

Materialbedarf für *EN* 73:

e = Spule mit 6 Wdgn.
f = ,, ,, 21 Wdgn.
h = ,, ,, 21 Wdgn. (in der Mitte angezapft)
i = ,, ,, 10 Wdgn.
k = ,, ,, 60 Wdgn.
g = Drehkondensator 250 cm Maximalkapazität
m = ,, 250 cm Maximalkapazität
l = Festkondensator 200 cm
n = Silitwiderstand 0,5—10 Megohm.

Kurzwellenempfänger für Wellen von 50—160 m mit induktiver Rückkopplung.

Die Antenne gemäß Abb. 283 ist aperiodisch mit dem Gitterkreis der ersten Röhre gekoppelt. Hierzu genügen 4 Windungen, die am besten auf ein paraffiniertes Holzgerüst gewickelt sind. Diese Spule ist jedoch einstellbar anzuordnen, Die Gitterkreisspule hat 13 Windungen auf einem Gerüst von 100 mm Durchmesser. Diese Spule ist feststehend. Zwischen den Windungen ist ein Raum von ungefähr 3 mm zu lassen, damit die Spulenkapazität möglichst heruntergedrückt wird. Die Rückkopplungsspule hat 12 Windungen und ist als Korbbodenspule gewickelt mit einem Durchmesser von 100 mm. Die Drahtstärke für die Rückkopplungsspule beträgt 0,8 mm. Es ist zweckmäßig, das Gitter an ein Potentiometer zu legen, um einen weicheren Übergang an der Schwingungsgrenze erreichen zu können.

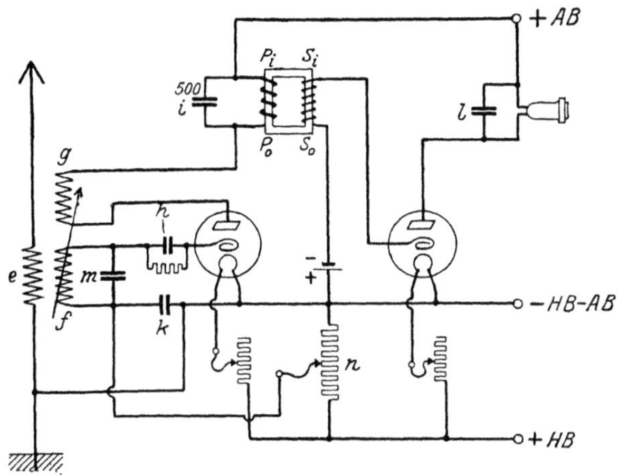

Abb. 283. *EN* 74. Kurzwellenempfänger für Wellen von 50 bis 160 m mit induktiver Rückkopplung.

Die zweite Röhre dient als Niederfrequenzverstärker. Das Gitter dieser Röhre muß mit besonderer Gitterspannungsquelle versehen werden.

Zum Kopfhörer und den Primärwindungen des Niederfrequenztransformators sind Festkondensatoren parallel zu schalten.

Materialbedarf für *EN* 74:

e = Spule mit 4 Wdgn. 100 mm Durchm., Drahtstärke 1,6 mm
f = „ „ 13 Wdgn. 100 mm Durchm., Drahtstärke 1,6 mm
g = „ „ 12 Wdgn. 100 mm Durchm., Drahtstärke 0,8 mm
(kapazitätsfrei gewickelt)
m = Festkondensator 200 cm
k = „ 90000 cm = 0,1 MF
i = „ 500 cm
h = „ 200 cm
l = „ 1000 cm
n = Widerstand 300 Ohm.

7. Kurzwellenempfänger für Wellen von 60—200 m mit kapazitiver Rückkopplung.

Wenn der Antennenkreis gemäß Abb. 284 nicht aperiodisch mit dem Gitterkreis gekoppelt wird, so muß die Antenne entsprechend den zu empfangenden Wellenlängen eine möglichst kleine Eigenwelle haben.

Zwecks besserer Leitung verbindet man die Antenne mit dem feststehenden Teil eines Drehkondensators. Der drehbare Teil wird mit einer Spule von 3 Windungen (auf 100 m Durchmesser gewickelt) verbunden. Es ist zweckmäßig, die Antennen- und Gitterspule auf drei Isolierkörper derartig zu wickeln, daß die Teile der Windungen, die nicht festgehalten sind, frei in der Luft schweben. Die Gitterspule hat 11 Windungen und besitzt denselben Durchmesser wie die Antennenspule.

Die verwendeten Kondensatoren müssen eine sehr geringe Anfangskapazität besitzen, die kaum 5 bis $6^0/_0$ übersteigt. Der Drehkondensator *h* dient zur Rückkopplung.

Um den Weg für Hochfrequenzströme zu versperren, ist die Drosselspule *m* mit 300 Windungen im Anodenkreis gemäß Abb. 284 einge-

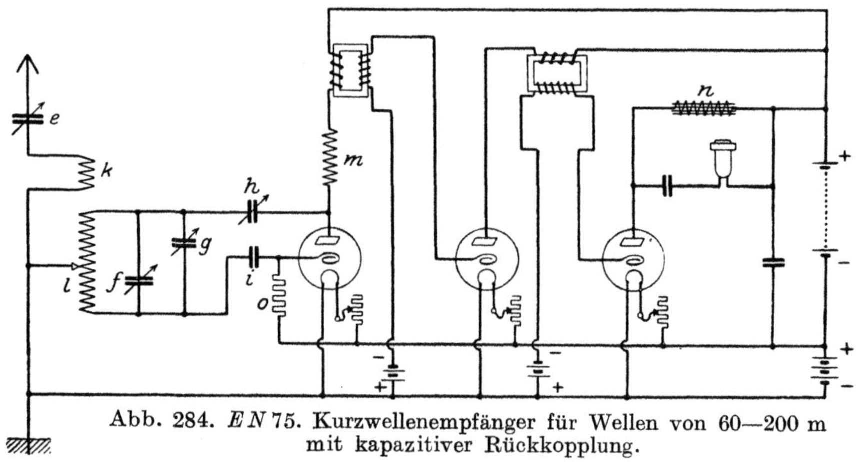

Abb. 284. *EN* 75. Kurzwellenempfänger für Wellen von 60—200 m mit kapazitiver Rückkopplung.

schaltet. Bei der Wicklung dieser Spule muß jedoch darauf geachtet werden, daß sie möglichst geringe Eigenkapazität haben soll. Die zweite und dritte Röhre dienen zur Niederfrequenzverstärkung.

Materialbedarf für *EN* 75:

e = Kondensator von 100 cm
f = „ „ 100 cm
g = „ „ 20 cm
h = „ „ 20 cm
i = „ „ 200 cm
k = Spule 3 Wdgn. 100 mm Durchm., Drahtstärke 1,6 mm
l = „ 11 Wdgn. 100 mm Durchm., in der Mitte angezapft
m = „ 300 Wdgn., 0,3 mm Emailledraht
n = Drosselspule von 1 Henry
o = Widerstand $2{,}10^6$ Ohm.

VIII. Der Kristalldetektor.

1. Physikalisches Verhalten.

a) Gesichtspunkte für die Herstellung und Anforderungen, die an Detektoren zu stellen sind.

Da die in der Empfangsstation aufgenommenen elektrischen Schwingungen unseren Sinnesorganen nicht ohne weiteres und direkt wahrnehmbar sind, müssen sie durch Hilfsapparate, nämlich durch Detektoren, z. B. akustisch oder optisch wahrnehmbar gemacht werden. Der Detektor dient also in erster Linie zum Nachweis der elektrischen Schwingungen und erst in zweiter Linie zum Messen der Schwingungsintensität. Als Detektormaterialien kommen fast alle bekannten Halbleiter, Metallsulfide usw. in Betracht, und man hat gefunden, daß nahezu alle unvollkommenen Kontakte zwischen zwei verschiedenen Materialien bei Erregung mittels schwacher Hochfrequenzspannung einen geringen Gleichstrom hervorrufen, sich also als Detektoranordnung eignen.

Hingegen können wegen zu geringer Empfindlichkeit alle diejenigen Meßanordnungen wie Bolometer, Thermoelemente, Thermogalvanometer und Thermoindikatoren im allgemeinen, sofern die Empfangsenergie nicht gerade ungewöhnlich groß ist, nicht in Frage kommen.

Der Detektor hat z. B., wenn dieser ein Kohärer ist, den Morseschreiber oder, wenn er ein Kristalldetektor ist, das Telephon des Empfängers zu betätigen, da in ersterem Falle die Empfindlichkeit des Morseschreibers für den direkten Empfang nicht ausreichend ist, im letzteren das Telephon allerdings über hohe Empfindlichkeit verfügt, der Detektor die empfangenen Schwingungen aber erst gleichrichten muß. Die Detektoren sind zwar der Nachweisapparat „von gestern". Die Röhre hat ihn zum großen Teil verdrängt und ist berufen, in Zukunft neben dem Kristalldetektor, abgesehen von Spezialanordnungen, das Feld zu beherrschen. Immerhin wird gerade in Deutschland, insbesondere bei Steigerung der Senderenergie, der Kristalldetektor schon wegen seiner Wohlfeilheit in Beschaffung und im Betrieb immer Anhänger besitzen.

In der Praxis der drahtlosen Nachrichtenübermittelung kommt es bei der Beurteilung der Detektoren (Empfangsröhren) im wesentlichen auf folgende Gesichtspunkte an:

a) Empfindlichkeit und Konstanz des Detektors, Unempfindlichkeit gegen luftelektrische (atmosphärische) Störungen und Überreizungen (Nahverkehr und Zwischenhören).

b) Energieverbrauch des Detektors.
c) Zuverlässigkeit des Arbeitens während des Betriebes.
d) Einfachheit in der Handhabung des Detektors und der zur Kenntlichmachung der elektromagnetischen Schwingungen dienenden Apparate.
e) Möglichkeit eines Anrufes und Verwendung des Detektors für Hör- oder Schreibempfang oder für beides.
f) Betriebsbereitschaft des Detektors, d. h. der Detektor braucht eine Klopfer- oder andere Einrichtung, um wieder betriebsbereit zu sein.

Diese Gesichtspunkte gelten im wesentlichen auch für den R.-T.-Betrieb; besonders kommt es hierbei an auf Punkt a, c und d, während Punkt b infolge der jetzt möglichen Verstärkung weniger bedeutungsvoll geworden ist, Punkt e angestrebt wird und f heute kaum noch in Betracht kommt.

b) Theoretische Gesichtspunkte für alle Detektoren mit Gleichrichtung und thermoelektrischen Eigenschaften (Kristalldetektoren).

Diese Detektoren wurden bis vor kurzem in der drahtlosen Nachrichtenübermittlung überwiegend angewendet, da sie bei guter Empfindlichkeit selbst bei beliebig hoher Wortzahl in der Minute einen guten Sprach- und Musikempfang gewährleisten und es außerdem noch bei vielen der neueren Konstruktionen gelang, wenigstens eine gewisse Unempfindlichkeit gegen mechanische Stöße zu erreichen. Die außerordentlichen Vorzüge namentlich beim Musikempfang zusammen mit der Billigkeit der Beschaffung und Wartung sichern dem Kristalldetektor gerade bei der R.-T. ein großes Anwendungsgebiet.

Worin die Wirkungsweise dieser Detektoren besteht, läßt sich mit voller Sicherheit bis heute nicht sagen. Die meisten haben unstreitig vorwiegend thermoelektrische Eigenschaften, zu denen bei fast sämtlichen Kristalldetektoren noch die Ventilwirkung hinzutritt. Bei einigen Kombinationen läßt sich ferner noch ein wesentlicher elektrolytischer Vorgang nachweisen. Meist werden wohl Elektronenvorgänge noch sehr wesentlich sein.

Charakteristik der Gleichrichterdetektoren (Detektoren mit Ventilwirkung). Die meisten der vorstehend beschriebenen elektrolytischen Detektoren, wie insbesondere auch alle nachfolgenden Kristalldetektoren und Gasdetektoren (Röhren) zeigen eine sog. „unipolare Leitung"; es entspricht bei ihnen denselben absoluten Werten der Spannung bei positivem Vorzeichen eine andere Stromstärke als bei negativem Vorzeichen (H. Brandes 1906). Im übrigen beruhen, wie schon bemerkt, die meisten dieser Detektoren auf einer Thermowirkung, teils auf einem Gleichrichtereffekt. Die bis heute vorliegenden Ergebnisse ermöglichen es leider nicht, eine scharfe Trennung der einzelnen Erscheinungen vorzunehmen. Es erscheint sogar als wahrscheinlich, daß die meisten Phänomene gemeinsam und in einer komplizierten Abhängigkeit voneinander auftreten. Auch dürfte eine Trennung der Erscheinungen um so schwieriger sein, da nicht nur die Elektrodenform, ihre Beschaffenheit und materielle Zusammensetzung, sondern auch das Gefüge, die besonderen kristallinischen Eigenschaften, die Reinheit des Materials und schließlich auch äußere Einflüsse wie z. B. die Temperatur und ähnliche Faktoren eine wesentliche Rolle spielen.

Nicht unerwähnt darf bleiben, daß auch die Art der den Detektor erregenden Schwingungen, insbesondere die Amplitudenform, sehr erheblich sein können.

Als wesentlichster Gesichtspunkt kann, wie bereits oben bemerkt, nach den bisher vorliegenden Untersuchungen jedoch der angesehen werden (H. Brandes 1906, W. H. Eccles 1910), daß diese Detektoren nicht einfach dem Ohmschen Gesetz folgen, d. h. bei Veränderung der EMK. im Detektorkreise ändert sich die Stromstärke nicht proportional mit ihr. Es ist also die „Charakteristik des Detektors", wenn man die Stromstärke in Abhängigkeit von der Spannung aufträgt, was z. B. mittels der Anordnung nach Abb. 286 erfolgen kann (hierin bedeutet *a* den Kristalldetektor, dessen Charakteristik aufgenommen werden soll, *b* ein Millivoltmeter, *c* ein Milliamperemeter, *e* einen Potentiometerwiderstand etwa in der Größenordnung von 400—600 Ohm, *d* eine kleine, absolut konstant bleibende Spannungsquelle [etwa zwei parallel geschaltete Trockenelemente], *f* einen Egalisierungswiderstand, welcher während der Aufnahme der Charakteristiken konstant bleibt), eine mehr oder weniger gekrümmte Kurve, die im übrigen in den verschiedenen Quadranten eine verschiedenartige sein kann (Gleichrichtung, Ventilwirkung).

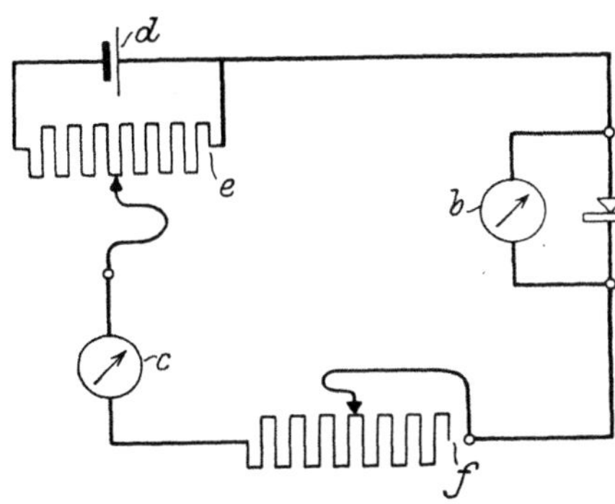

Abb. 285. Anordnung zur Aufnahme der Charakteristik eines Kristalldetektors.

Unsymmetrische Charakteristik (Gleichrichtung, Ventilwirkung). Sofern die Charakteristik im ersten und dritten Quadranten unsymmetrisch verläuft (siehe Abb. 286), ist die „unipolare Leitung" ausgesprochen vorhanden. Bei Erregung des Detektors mit hochfrequentem Wechselstrom, also beim Empfang, wird vom Detektor selbst der Hilfsstrom erzeugt, der das Indikationsinstrument zum Ansprechen bringt. Sofern nun die Charakteristik auf eine gewisse Strecke *v* mit der Abszisse zusammenfällt, so daß in einem gewissen Spannungsbereich kein Strom fließt, bezeichnet man dieses als „Ventilwirkung". Die Abbildung

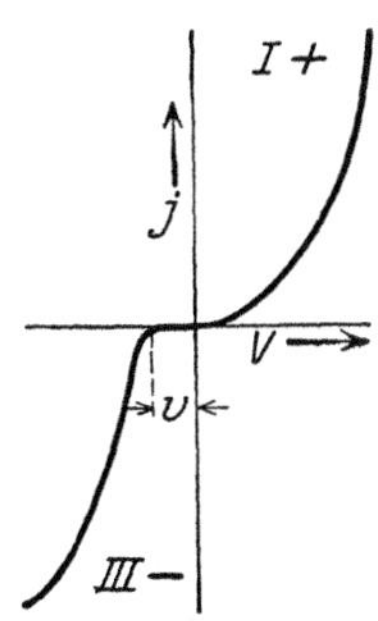

Abb. 286. Unsymmetrische Charakteristik.

zeigt auch, daß bei verschiedenen Spannungsbeträgen die vollkommene Ventilwirkung (Bereich *v*) in eine unvollkommene Ventilwirkung übergehen kann. Beispiel: Beim Rotzinkerz-Tellurdetektor (Perikondetektor) ist der Widerstand in Richtung Rotzinkerz-Tellur $^1/_{10}$ von demjenigen in umgekehrter Richtung.

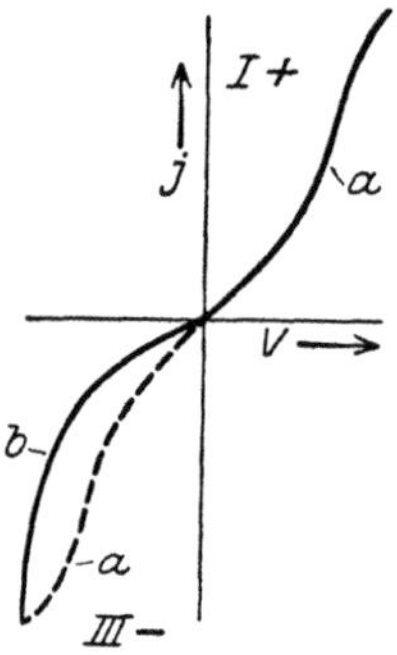

Abb. 287. Symmetrische Charakteristik (Kurve *a*). Erzwungene Unsymmetrie (Kurve *b*).

Symmetrische Charakteristik (erzwungene Gleichrichtung und Ventilwirkung). Die andere Möglichkeit ist die, daß die Charakteristik im Quadranten I und III vollkommen symmetrisch verläuft (siehe Kurve *a*, Abb. 287), wobei also keine unipolare Leitung mehr vorhanden ist. Der vom Detektor erzeugte Strom ist nach beiden Richtungen hin derselbe, und im Indikationsinstrument würde kein Effekt hervorgerufen werden.

Die Sachlage wird aber sofort geändert, wenn an die Elektroden des Detektors eine Hilfsspannung (Potentiometer) angelegt wird, wenn man also den Empfangsdetektorschwingungen kleiner Amplitude einen richtig bemessenen Gleichstrom überlagert. Man macht alsdann den symmetrischen Verlauf der Kurve *a* unsymmetrisch durch Überführung in Kurve *b*. Auf diese Weise ist die Gleichrichtung (Ventilwirkung) wieder hergestellt, und das mit dem Detektor verbundene Indikationsinstrument wird erregt.

Man hat nun, um den besten Effekt zu erzielen, die Spannung so einzuregulieren, daß man an der günstigsten Stelle der Charakteristik arbeitet, was der Fall ist, wenn an der betreffenden Stelle der Krümmungshalbmesser der Kurve möglichst klein, die Kurve möglichst steil ist.

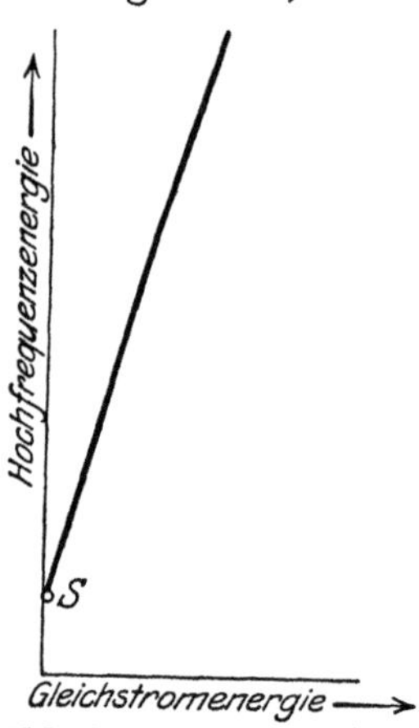

Abb. 288. Dem Detektor zugeführte Hochfrequenzenergie und die von ihm umgeformte Gleichstromenergie.

Zusammenhang zwischen der dem Detektor zugeführten Hochfrequenzenergie und der erzeugten Gleichstromenergie. Die Abhängigkeit zwischen beiden ist gemäß Abb. 288 eine Gerade (W. H. Eccles 1910), wobei zu beachten ist, daß stets ein gewisser Betrag an Hochfrequenzenergie erforderlich ist, um überhaupt Gleichstrom zu erzeugen. Man bezeichnet den Punkt *S*, bei dem die Produktion von Gleichstrom zuerst eintritt, als „Schwellpunkt“ oder „Schwellwert“.

Bezüglich der Größenordnung der erzeugten Gleichstromenergie gilt, daß im Mittel Stromstärken von 10^{-4} bis 10^{-8} Ampere auftreten.

Die Stromerzeugung (Umformung) beim Kristalldetektor. Es sind nun zwei grundsätzlich voneinander verschiedene Möglichkeiten für die Benutzung von Kristalldetektoren gegeben und zwar richten sich dieselben nach der

Art der Materialien der Kombination. Bei den ersteren, in der überwiegenden Mehrzahl gebrauchten Detektorkombinationen wird eine Hilfsspannung nicht angewendet, sondern es genügt der dem Detektor vom Empfangskreise zugeführte, bei nicht vorhandener Verstärkung außerordentlich schwache Empfangsstrom, welcher einen äußerst geringen Gleichstrom in der Größenordnung von etwa 10^{-7} Ampere hervorruft. Dieser reicht jedoch aus, um einen oder mehrere Doppelkopfhörer zu betätigen.

Hierunter fallen die fast durchweg gebrauchten Kombinationen, welche einen Metallkontakt und als Gegenkontakt Rotzinkerz, Bleiglanz, Pyritglanz oder dergl. besitzen.

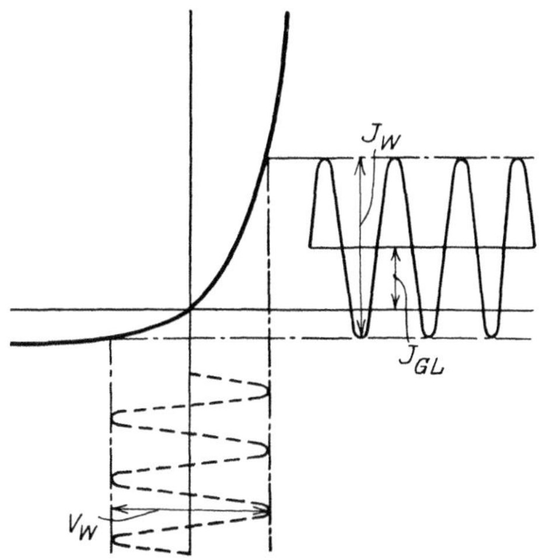

Abb. 289. Charakteristik des Detektors, der ohne Hilfsspannung arbeitet.

Zeichnet man von einem derartigen Detektor die Charakteristik, d. h. die Abhängigkeit von aufgedrückter Spannung und entsprechendem Strom auf, so erhält man eine Kurve, deren mittlerer Teil in Abb. 289 wiedergegeben ist. Aus dieser Kurve geht hervor, daß die dem Detektor aufgedrückte Wechselspannung V_W einen Strom J_W hervorruft, von welchem jedoch nur die Größe der Gleichstromkomponente J_{GL} interessiert, da diese allein für die Wirkung im Telephon bzw. Saitengalvanometer in Betracht kommt.

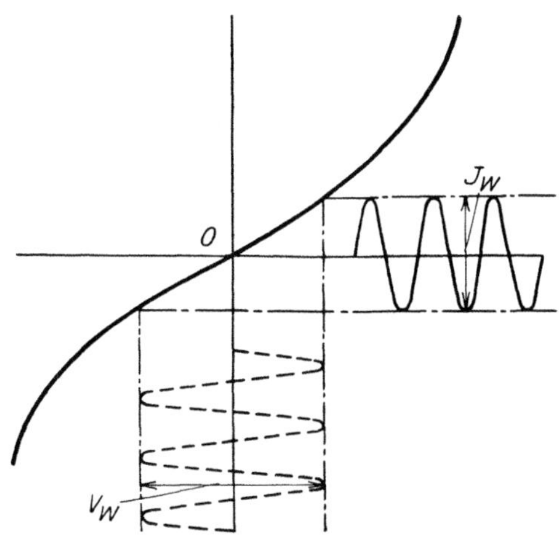

Abb. 290. Charakteristik des Karborunddetektors ohne Hilfsspannung.

Ein derartiger Detektor hat den Vorteil, keine besondere Stromquelle zu seiner Wirkung zu benötigen und doch eine gute Empfindlichkeit aufzuweisen. Jedoch hat er den Nachteil, mindestens bei einigen Kombinationen, nicht sehr zuverlässig zu arbeiten und einer gelegentlichen Wartung und Nachregulierung zu bedürfen.

Bei der zweiten Kategorie wird dem Detektor eine Hilfsspannung aufgedrückt, da nur auf diese Weise die für die Telephonerregung erforderliche Gleichstromkomponente zu erzielen ist. Zu diesen Detektoren gehören in erster Linie der Karborunddetektor, welcher aus der Kontaktstelle eines Karborundkristalles mit Metallspitze besteht.

Betrachtet man bei einem derartigen Kristalldetektor die Charakteristik, so erhält man eine Stromausbildung gemäß Abb. 290, welche besagt, daß einer aufgedrückten Wechselspannung V_W ein Wechselstrom J_W entspricht, ohne daß eine Gleichstromkomponente vorhanden wäre. Um diese zu gewinnen, ist es eben erforderlich, dem Detektor eine Hilfsspannung aufzudrükken, so daß nicht am Nullpunkt der Charakteristik, sondern möglichst an einem Punkt starker Krümmung gearbeitet wird. (Siehe Abb. 291). Man erhält alsdann eine mehr oder weniger stark ausgeprägte Gleichstromkomponente, welche von Fall zu Fall empirisch einreguliert werden muß, zu welchem Zweck ein genügend fein einstellbares Potentiometer anzuwenden ist.

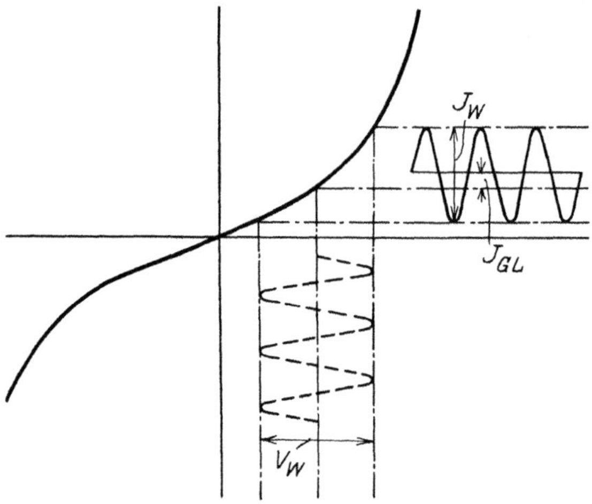

Abb. 291. Charakteristik des Karborunddetektors mit aufgedrückter Hilfsspannung.

Verhalten des Crystodynedetektors. Die vorstehend beschriebenen Erscheinungen beziehen sich auf die normalen Detektoren, wie sie bei R.-T.-Empfang verwendet werden.

Sie ändern sich zum Teil sehr wesentlich und in bisher wissenschaftlich noch nicht vollkommen geklärter Weise beim Crystodyneempfang. Offenbar tritt die Crystodynewirkung, d. h. die Schwingungserzeugung mittels des besonders gestalteten und geschalteten Crystodyne-Detektors nur unter ganz bestimmten Bedingungen ein, wobei wahrscheinlich an der Kontaktstelle des Detektors eine Art geringer Lichtbogenwirkung vorhanden sein muß. Offenbar ist stets, wie beim Lichtbogengenerator, eine fallende Charakteristik erforderlich, wenn mittels des Crystodynedetektors Schwingungen erzeugt werden sollen. Für den praktischen R.-T.-Betrieb hat diese Anwendungsform bisher noch keine besondere Bedeutung erlangt.

2. Detektormaterialien, -Kombinationen und Verwendung.

Die Zahl der möglichen Kombinationen, um einen brauchbaren Kristalldetektor herzustellen, ist außerordentlich groß, da fast jeder schlechte Kontakt zwischen verschiedenartigen Materialien benutzt werden kann. Im besonderen haben sich folgende Kombinationen der aktiven Detektorelektroden bewährt:

Arsenkies (FeAsS, natürliches Mineral) hat bleigraues, glänzendes Aussehen und besteht aus Arsen, Eisen und Schwefel. Die meist vorkommenden Stücke besitzen ein kristallinisches Gefüge. Die Empfangsresultate sind nicht sehr günstig.

Bleiglanz [Galenit] (PbS, natürliches Mineral) zeigt einen blauweißen, groß kristallinischen Bruch, welcher spiegelnd, metallglänzend aussieht. Er ist eine Verbindung von Blei und Schwefel, wird in Verbindung mit einer Gegenelektrode aus Rotzinkerz, Karborund oder mit einer Metallspitze, insbesondere Tellur (gut angespitzt), verwendet, welche sämtlich einen guten Empfang gewährleisten.

Buntkupferkies (CuS, natürliches Mineral) sieht gelb aus und läuft bei längerem Liegen an der Luft blaurot an. Die Kristalle an derBruchstelle sind verhältnismäsig klein. Das Mineral besteht aus Kupfer, Schwefel und Eisen. Die Empfangsresultate sind günstig.

Karborund (SiC, künstliches Material), besteht aus Siliziumkarbid und ist ein Kunstprodukt, kommt als dunkelgraue oder dunkelblaue nadelförmige Kristalle in den Handel, welche eine große Härte besitzen. Empfangsresultate, sowohl als Kristalle als auch als Gegenelektrode verwendbar, sind günstig, insbesondere mit Messing, Neusilber oder Kupfer.

Kupferkies ($CuFeS_2$, natürliches Mineral) ist ziemlich stark gelb glänzend und besitzt eine kleinkristallinische Bruchfläche, gibt sowohl mit anderen Mineralien, wie z. B. Rotzinkerz oder Karborund, wenn letztere als Spitzenelektrode benutzt werden, einen guten Empfang.

Markasit (künstliches Mineral) hat ein stark metallglänzendes, hellgelbes Aussehen, einen kristallinischen Bruch und besteht aus Eisen und Schwefel, ist für Empfang geeignet.

Molybdänglanz (MoS_2, natürliches Mineral) Sulfit des Metalloids, sieht kristallinisch hellgrau glänzend aus, mit Tellurspitze, wobei der Kontaktdruck ziemlich stark sein muß.

Nickelantimonglanz (NiSbS, natürliches Mineral Ullmanit) sieht dunkelgrau aus und ist stark metallglänzend, zeigt kristallinische Bruchfläche mit meist kleinen Kristallen, wird aus Antimon, Nickel und Schwefel gebildet und zeigt einen hohen Härtegrad. Empfang gut.

Pyrit (FeS_2, natürliches Mineral) (andere Bezeichnung für Schwefelkies) sieht metallglänzend gelb aus und zeigt eine kleine kristallinische Bruchfläche. Es wird aus Schwefel und Eisen gebildet. Pyrit wird nur für Empfangszwecke gebraucht und zwar in Verbindung mit Rotzinkerz in Spitzenform und mit einer Metallspitze, insbesondere Golddraht (Kontaktdruck gering!) als Flächenkontakt. Es besitzt noch den weiteren Vorteil, daß die Empfindlichkeit und Betriebsbereitschaft des Detektors durch elektrische Überreizung nicht gemindert werden. Es ist sogar meist möglich, in unmittelbarer Nähe eines derartigen Detektors, der sich in Aufnahmestellung befindet, mit Funken zu arbeiten, ohne die Empfindlichkeit der Kontaktstellen zu beeinträchtigen.

Rotzinkerz [Zinkit, Pirikon] (ZnO, natürliches Mineral) hat ein dunkelrotes, mehr oder weniger stark glänzendes Aussehen und zeigt, soweit es für den Empfang in Betracht kommt, große Kristallflächen. Es wird aus Zinkoxyd und Manganoxyd gebildet. Für Empfangszwecke wird es in den verschiedensten Kombinationen verwendet, und zwar entweder in Spitzenform, wenn als Gegenelektrode z. B. Pyrit, Kupferkies, Wismut, Tellur oder dergleichen genommen wird (Kontaktdruck ziemlich hoch), oder als Gegenelektrode eine Metallspitze. Es ist nicht nur für gewöhnliche Empfangszwecke hervorragend gut zu verwenden, da es meist einen äußerst lautstarken und konstanten Empfang gewährleistet, sondern es ist auch das geeignetste Material für die Cristodyneschaltungen.

Silizium [auch englisches Kristall genannt] (Si, natürliches Mineral) hat ein stark glänzendes, dunkelgraues Aussehen und einen sehr kleinen Kristallbruch. Es wird in Kombination mit Metallspitze, insbesondere Golddraht (Kontaktdruck gering!) verwendet und ist für Empfangszwecke sehr geeignet.

Recht empfehlenswert ist die Kombination Silizium mit Tellur in Spitzenform, wobei jedoch der Kontaktdruck ziemlich gering sein soll.

Wismutglanz (B_2iS_3, natürliches Mineral) besitzt eine etwas ins rötlich spielende, silberweiße, äußerst klein kristallinische Bruchfläche. Es wird meist in Kombination mit einer Rotzinkerzspitze verwandt und gibt gute Empfangsresultate.

Ferner kommen noch besonders in Betracht: Tellur mit Aluminium oder Silizium, Bornit, Titanoxyd (Anatas), Eisenglanz, Roteisenerz und Myronit.

Für Fernempfang günstige Detektormaterialkombinationen:
Pyrit gegen Bronzedraht,
Merkurit, Selenit gegen Silberdraht, Golddraht.
Für Nahempfang ist günstig:
Karborund gegen Bronzeblech.

Wohl den lautstärksten Empfang kann man, soweit man natürliche Mineralien verwendet, dann erhalten, wenn man eine Spitze von Rotzinkerz gegen eine Kupferkiesplatte verwendet. Die Lautstärke dieser Kombination ist allerdings nicht allzu lange anhaltend. Bei starker Benutzung, d. h. wenn die Empfangsenergie verhältnismäßig groß ist, kann schon nach einiger Zeit ein merkliches Altern und Nachlassen der Lautstärke eintreten.

Die Detektorkombinationen, bei denen Bleiglanz und Silizium verwendet werden, ergeben vielleicht eine etwas geringere Lautstärke, indessen ist die Konstanz auch bei intensiverer Benutzung eine bessere.

Als künstliche Kristalle kommen noch in Betracht: Markonit, Magicus, Idealit „B“, Marvelit (Schmidt & Co., Berlin N. 39), Fefit (F. Ehrenfeld) mit Bronzespitze. (Der Kontaktdruck muß gering sein.) Ferner Kathoxyd. Dieses soll eine verhältnismäßig große Empfindlichkeit an sämtlichen Stellen der Oberfläche besitzen, so daß das Suchen, um die günstigste Einstellung zu finden, fortfällt[1]). Eltaxit (Firma Eltax, Berlin) ist ein bleiglanzähnliches Detektormaterial, welches insbesondere für Reflexschaltungen verwendet werden soll, da es einen relativ geringen Ohmschen Widerstand besitzt. Als Gegenelektrode wird Silberspiraldraht verwendet.

Auch Progressit wird vielfach empfohlen.

3. Maßnahmen für die Verwendung von Detektormaterialien.

Die Detektorkristalle sollen mit einem scharfen Instrument, beispielsweise mit einem sauberen Meißel oder einer Zange, zerkleinert werden. Auf keinen Fall dürften sie mit der Feile oder dem Schmirgelpapier bearbeitet oder poliert werden.

Beim Einsetzen von Kristallen in die Hülse bzw. das Näpfchen von Detektoren, gleichgültig ob dieselben eingeklemmt oder mittels Woodschem Metall eingegossen werden, ist peinlichst darauf zu achten, daß die aktive Fläche auf keinen Fall mit den Fingern in Berührung kommen darf. Hierdurch würde nämlich die Gefahr vorhanden sein, daß die aktive Fläche eine Fettschicht erhält, welche die Wirkung in Frage stellen bzw. völlig ausschließen kann. Sollte der Kristall dennoch einer Reinigung bedürfen, so wird dies am besten mittels eines Wattebäuschchens bewirkt, das in eine Mischung von reinem Alkohol mit Äther getaucht ist.

Es ist darauf zu achten, daß bei den meisten Kristallen der Kontaktdruck ziemlich leicht gewählt werden muß, da nur dann die größte Lautstärke erzielt werden kann.

Die Kristalle in Detektoren werden entweder eingeklemmt, zu welchem Zweck recht sinnreiche Konstruktionen angegeben worden sind. (Siehe z. B. Abb. 294, S. 351). Beispielsweise in der Form, daß der Kristall mit einer mehrfachen Lage dünner Metallfolie umgeben wird, wobei man das Ganze alsdann in den Behälter einsetzt. Auf diese Weise kann die notwendige, gute Kontaktgebung zwischen Kristall und dem mit der Stromableitung verbundenen Behälter erzielt werden.

Die andere sehr gebräuchliche Methode besteht darin, daß der Kristall in den Behälter eingeschmolzen wird. Diese Maßnahme ist nicht ganz einfach durchzuführen und erfordert gewisse Übung und Sachkenntnis. Vielfach werden die Kristalle dadurch verdorben, daß die flüssig gemachte Legierung einen zu hohen Temperaturgrad besitzt, was immer dann der Fall ist, wenn man gewöhnliches Lötzinn oder dergleichen benutzt. Es ist allerdings erforderlich, eine leicht flüssige Metallegierung, sogenanntes Woodsches Metall, zu verwenden, welches einen möglichst niedrigen Schmelzpunkt besitzt. Es kommen in Betracht:

Blei	2,	Zinn	1,	Wismut	4,	Kadmium	1,	schmilzt bei ca. 60° C.
„	8,	„	4,	„	15,	„	3,	„ „ „ 70° C.
„	8,	„	4,	„	15,	„	8,	„ „ „ 79° C.

[1]) Die Mineralien sowie die Gegenelektroden, bestehend in Goldspitzen, Federn mit Bronzespitze, Katzenschwanz-Spiralfedern versilbert, Katzenschwanz-Spiralfedern (cats-whispers) vergoldet, können z. B. von F. Ehrenfeld, Frankfurt a. Main, Zeil 100, bezogen werden.

4. Ausführungen von Kristalldetektoren.

Kaum ein Gegenstand der Radiotechnik hat im Laufe der Zeit so verschiedenartige Ausführungsformen erfahren wie gerade der Kristalldetektor. Auch Geschmack und Mode haben hier in weitgehendstem Maße mitgewirkt und die verschiedenen Konstruktions- und Materialformen wesentlich beeinflußt.

Grundsätzlich sind zwei verschiedene Formen der Anbringung der aktiven Detektormaterialien möglich. Die eine erlaubt eine Nachstellung und Einregulierung, bis das Optimum des Empfanges erreicht ist. In früheren Zeiten, wo der Empfang hauptsächlich durch eingeübtes Personal bewirkt wurde, hat man eigentümlicherweise dieser Konstruktionstype nur wenig Sympathie entgegengebracht und immer wieder hervorgehoben, daß die Einstellung zu schwierig sei. Durch die Einführung der R.-T. für jedermann hat sich indessen ein Wandel vollzogen, und man nimmt durchaus keinen Anstand mehr, den einstellbaren Kristalldetektor auch dem wenig Geübten in die Hand zu geben. Er ist sicherlich auch diejenige Form, welche die weiteste Verbreitung verdient.

Bei der zweiten Ausführungsform ist eine Einstellung auf das Optimum nicht möglich. Die Detektormaterialien sind vielmehr fest zueinander angeordnet, werden einmal einreguliert und höchstens von der Fabrik gelegentlich einmal wieder nachgestellt bzw. ausgewechselt. Infolgedessen ist bei dieser Form die patronenartige Ausführung der Detektormaterialkombination üblich.

Zunächst sollen einige typische einstellbare Kristalldetektoren besprochen werden.

5. Detektorkonstruktionen.

a) Einstellbare Detektoren.

Kugelgelenkkristalldetektor von G. Marconi. Von der Marconigesellschaft wird in einer kleinen Metallpfanne die Detektorelektrode, z. B. mittels Woodschen Metalls, eingeschmolzen, während die Gegenelektrode an einem Griffel befestigt ist, der in einem Kugelgelenk bewegt werden kann. Bei einem in der Stärke kaum regulierbaren Kontakt können bei dieser Konstruktion in einfacher Weise die empfindlichsten Kontaktstellen gesucht werden.

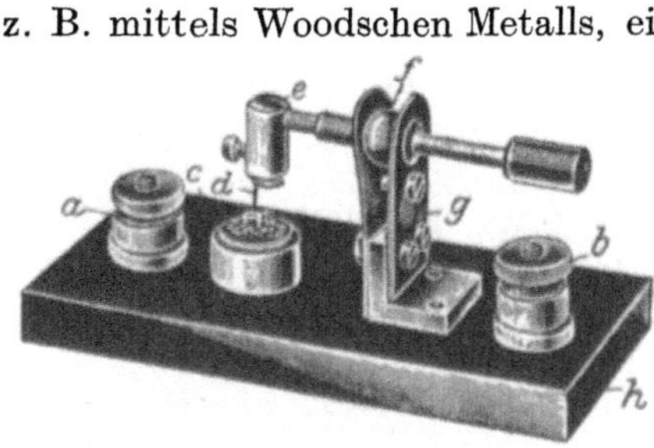

Abb. 292. In England und Amerika viel gebrauchter Kugelgelenkkristalldetektor.

Diese Kugelgelenkform für den Detektor erfreut sich namentlich in England und Amerika großer Beliebtheit und hat eine Unzahl von verschiedenen Varianten erfahren, da tatsächlich und insbesondere für den R.-T.-Betrieb die Einstellungs- und Bedienungsform eine recht einfache und zuverlässige ist.

Eine in England vielfach gebräuchliche Ausführungsform gibt Abb. 292 wieder. *a* und *b* sind die Zuführungsklemmen zum Detektor. *a* führt zu einem kleinen Metallkontaktstück *c*, in das die wirksame Detektorpille leicht auswechselbar eingesetzt ist. Mit dieser macht Kontakt die Spitze *d* einer kleinen Metallspiralfeder (siehe eine der obigen Kombinationen), die in einen Halter *e* eingesetzt ist. Dieser Halter wird durch einen Griff mittels eines Kugelgelenkes *f* bewegt und kann infolge dieses Kugelgelenkes in fast jede beliebige Lage gebracht werden. Die Kugel macht mit zwei Haltefedern *g* Kontakt, die mit der andern Zuführungsschraube *b* verbunden sind. Der gesamte Aufbau erfolgt auf einer isolierenden Platte *h*.

Einfache Stellzelle von G. Seibt. Bei dem Kristalldetektor in Form der einfachen Stellzelle von G. Seibt werden als aktive Detektormaterialien Silizium und Gold, bzw. Bronze benutzt, wobei der Vorteil eines besonders guten Wirkungsgrades durch den hohen Thermoeffekt des Siliziums und einer mechanischen Erschütterungsunempfindlichkeit infolge der großen Härte und des dadurch zulässigen hohen Berührungsdruckes ermöglicht sein soll. Die Anordnung gemäß Abb. 293 zeigt den Aufbau auf einer Grundplatte *a*, die normalerweise von einer Schutzkappe überdeckt wird. Die Zuleitung erfolgt durch die Stöpselkontakte *b*. Das Silizium ist in das Innere eines Zahnrädchens *c* eingeschmolzen, dessen Einstellung durch ein mit einem Reguliergriff *d* verbundenes zweites Zahnrädchen besonders empfindlich möglich ist. Mit dem Silizium macht die an der Feder *e* befestigte Goldspitze Kontakt, wobei das die Feder *e* tragende Winkelstück *f* so ausgeführt ist, daß sich der Druck der Feder durch eine besondere Reguliermutter *g* einstellen läßt. Ferner kann die Feder zusammen mit dem Golddraht auch seitlich auf dem Siliziumstückchen verschoben werden, so daß also stets neue Kreise einstellbar sind, auf denen eine Punktberührung erfolgen kann.

Abb. 293. Einfache Stellzelle von G. Seibt.

Einstellbarer Detektor von Schmitt, Elektrizitätsgesellschaft. Der Detektor (siehe Abb. 294) ist auch als Steckdetektor ausgeführt und erlaubt eine Einstellung in weitgehendsten Grenzen. Das Näpfchen *a* ist exzentrisch angeordnet und leicht drehbar, so daß die verschiedensten Stellen der hierin eingeschmolzenen Kristalloberfläche berührt werden können. Die Gegenelektrode *b* ist gleichfalls doppelt nachstellbar und gestattet mittels eines Knopfes *d*, dessen Stift gegen eine Feder *c* drückt, eine weitgehende Feinregulierung.

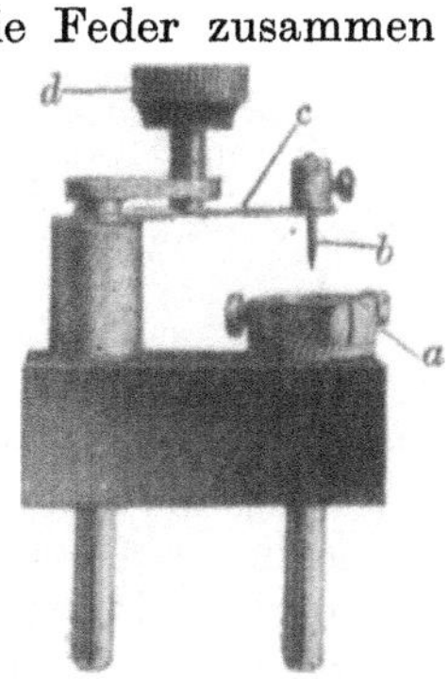

Abb. 294. Einstellbarer Detektor von Schmitt, Elektrizitätsgesellschaft Berlin.

Die Konstruktion dieses Detektors ist ferner derart, daß ohne Schwierigkeiten ein Auswechseln der Spitze gegen eine andere bewirkt werden kann. Dieses ist insbesondere dann wesentlich, wenn verschiedene Kristallspitzen-Kombinationen ausprobiert werden sollen.

Es kommt dieser Aufgabe auch die Ausbildung des Napfes für den Kristall besonders nach.

In dem Napf sind drei unter 120 Grad angeordnete Schrauben vorgesehen, welche den Kristall fest packen und einen Wackelkontakt verhindern. Das umständliche und häufig nicht ganz einwandsfreie Einschmelzen mittels Woodschen Metalls ist hierdurch vermieden.

Die Regulierung des Druckes und der Einstellung ist in weitgehendsten Grenzen möglich. In horizontaler Richtung erfolgt diese durch die am Kordelknopf schwenkbare Blattfeder, an deren Ende sich die schon erwähnte Buchse für das Einsetzen der Metallspitze befindet. Die Druckregulierung der Metallspitze gegen die Kristalloberfläche erfolgt durch die mittels eines Hartgummiknopfes isolierte Feineinstellungsschraube.

Infolgedessen ist es möglich, eine so feine Einstellung zu bewirken, daß erhebliche Widerstandsunterschiede ohne weiteres erzielt werden können. Dabei ist die Konstruktion derart, daß trotz solidester Ausführung auf möglichst geringen Raumbedarf Rücksicht genommen ist.

Abb. 295. Detektor „Sensiblator" mit Feineinstellung.

Detektor mit Feineinstellung „Sensiblator". Eine andere Detektorausführung, welche bei höherer Empfindlichkeit eine sehr leichte Einstellung und damit einen sicheren Empfang ermöglicht, ist die Konstruktion der Industriebedarfsgesellschaft Breker, Loeffler & Co. G. b. H., Frankfurt am Main, Type „Sensiblator".

Die Anordnung zeigt Abb. 295. In das Näpfchen ist das wirksame Material eingesetzt. Als Gegenkontakt dient ein äußerst feines Drähtchen, welches bei dieser Ausführung durch eine ränderierte Kordelschraube beliebig fein einstellbar ist, um den günstigsten Kontaktdruck von Fall zu Fall herzustellen. Ein Vorteil dieser Ausführung sind auch die außerordentlich kleinen räumlichen Abmessungen.

b) Feste, nicht verstellbare Detektoren.

Unverstellbarer Detektor (Karborunddetektor) von Telefunken. Für manche Zwecke ist es angebracht, einen unverstellbaren Detektor zu verwenden, z. B. wenn es sich darum handelt, den Empfänger von ungeübtem Personal bedienen zu lassen, man also nicht erwarten kann, daß ein verstellbarer Detektor richtig einreguliert werden würde. Andererseits ist es aber auch vorteilhaft, einen Vergleichsdetektor, der wenigstens stets eine gewisse Empfindlichkeit besitzt, zur Verfügung zu haben, um auf jeden Fall empfangen zu können. Dieses gilt allerdings mit der Einschränkung, daß der Detektor nicht durch mechanische Erschütterungen oder Überreizung derartig Schaden gelitten hat, daß er überhaupt nicht mehr anspricht.

Der in Abb. 296 dargestellte Karborunddetektor von Telefunken erfüllt die Anforderung, sofern nicht mechanische oder elektrische Überbeanspruchung stattgefunden hat, stets eine gewisse Empfindlichkeit zu besitzen, die nicht besonders vom Bedienungspersonal nachreguliert zu werden braucht. Die Nachregulierung wäre auch schwierig, da der aus der Abbildung ersichtliche Karborundkristall, der sich gegen eine federnde Metallelektrode mit geringem Druck anlegt, leicht zerbricht.

Abb. 296. Unverstellbarer Karborunddetektor von Telefunken.

Bemerkenswert bei dieser Konstruktion sind ferner noch die gut federnden, einen vorzüglichen Kontakt ergebenden Kontaktstöpsel mit Federeinrichtung nach H. Schnoor (siehe unten), neuerdings Bananenstecker genannt, die es ermöglichen, den Detektor in einfachster Weise in das Empfangssystem einzustöpseln.

Fester Detektor von Grewol in Newark. Um den Detektor gegen äußere Einflüsse zu schützen, ist über die aktiven Teile eine kleine Glashaube gestülpt. Der Behälter mit dem wirksamen Kristall ist, wie Abb. 297 zeigt, doppelseitig ausgeführt, so daß, wenn die eine Seite inaktiv geworden sein sollte, das Näpfchen umgedreht und die andere Seite benutzt werden kann.

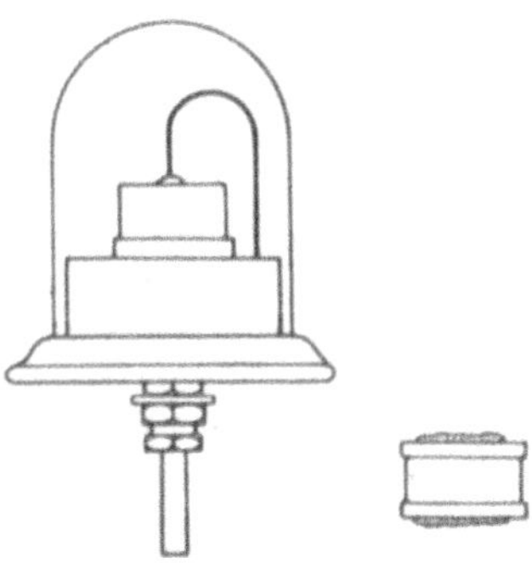

Abb. 297. Luftabgeschlossener Detektor von Grewol Mfg. Co., Newark. Rechts eine leicht auswechselbare Patrone.

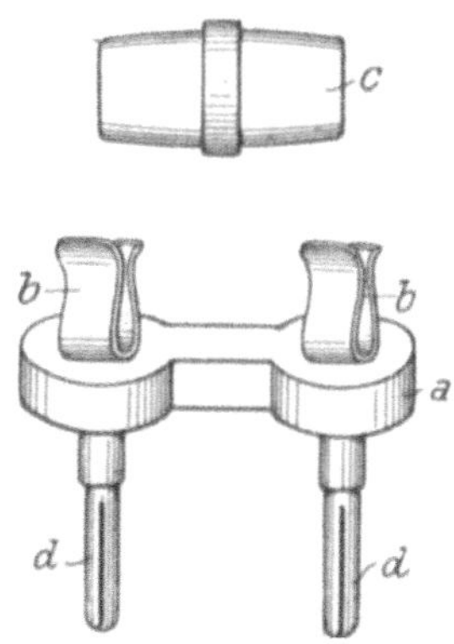

Abb. 298. Patronendetektor der Imperator Metallwarenfabrik.

Patronendetektor. Der Kristalldetektor der Imperator Metallwarenfabrik gemäß Abb. 298 ist in Patronenform ausgeführt. Er besteht aus einer Grundplatte *a*, auf welcher zwei Federn mit den Kontaktstiften *d* angeordnet und verbunden sind. In diese Federn wird die Patrone *c* eingesetzt, wobei natürlich auf ausgezeichnete Kontaktgebung Wert gelegt werden muß. Sind die aktiven Materialien unwirksam geworden, so wird die Patrone durch eine neue ersetzt.

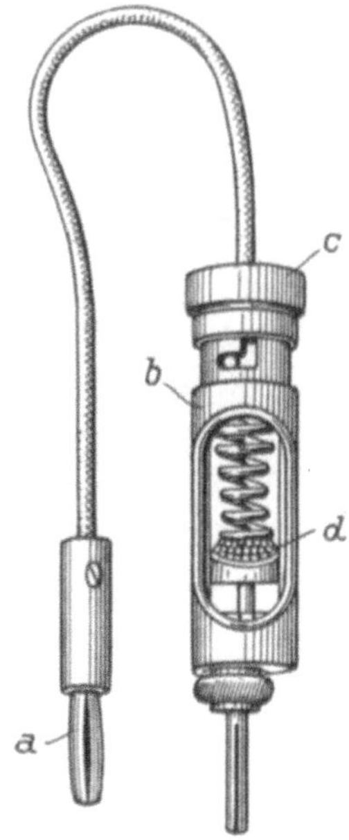

Abb. 299. Eigengewichtsdetektor.

Eigengewichts-Detektor. Die Einstellung eines Detektors, insbesondere der zu wählende Kontaktdruck, ist häufig, namentlich in der Hand der ersten Anfänger, nicht allzu einfach zu finden. Infolgedessen kann eine Konstruktion gemäß Abb. 299, welche von A. Pertz vertrieben wird, von Vorteil sein. Hierbei wird mittels eines Bananensteckers *a* der Detektor eingestöpselt und zwar so, daß die Orientierung des Detektors *b* stets senkrecht ist. Alsdann übt der als Gewichtsteil ausgebildete obere federförmige Kontakt *c* einen gewissen Druck gegen das aktive Detektormaterial *d* aus, wodurch die Detektorempfindlichkeit stets gewährleistet sein soll.

Der Crystodynedetektor. Um mit Erfolg die Chrystodyneschaltungen ausführen zu können, ist die Berücksichtigung einer ganzen Reihe von Maßnahmen erforderlich. U. a. kommt es auch sehr auf eine zuverlässige Detektorkonstruktion an. Eine solche wird z. B. von der Apparate - Bau - Gesellschaft Steffens & Co. in Fürstenwalde a.d.Spree in den Handel gebracht. Eine Ansicht dieses Detektors ist in beistehender Abb. 300 wiedergegeben.

Der Detektor ist als Steckdetektor ausgeführt; die Kontaktgebung wird durch zwei normale Steckkontakte *a* bewirkt. Diese sind mit einer aus isoliertem Material hergestellten Platte *b* schraubbar befestigt. Mit dem einen Kontakt *a* ist drehbar ein mit Riefelung versehenes Kristallbehälterchen *c* verbunden. In dieses ist in bekannter Weise mittels leicht schmelzbaren Metalls das Rotzinkerzstück bzw. dessen Ersatz *d* eingeschmolzen. Die Anordnung ist so getroffen, daß durch Drehung des zu *a* exzentrisch angeordneten Behälterchens *c* beliebige Kontaktstellen von *d* benutzt werden können. Diese werden erzielt durch Berührung mit einer dünnen, sehr elastischen Stahlfeder *e*, deren Druck durch eine Gegenfeder *f* reguliert wird. Letztere wird durch eine Schraube *g* eingestellt. Der Sockel der Schraube *g* einerseits und des Behälterchens *c* andererseits sind je in ein Kontaktstück *a* geführt bzw. mit demselben gutleitend verbunden. Diese stellen die Elektroden des Detektors dar.

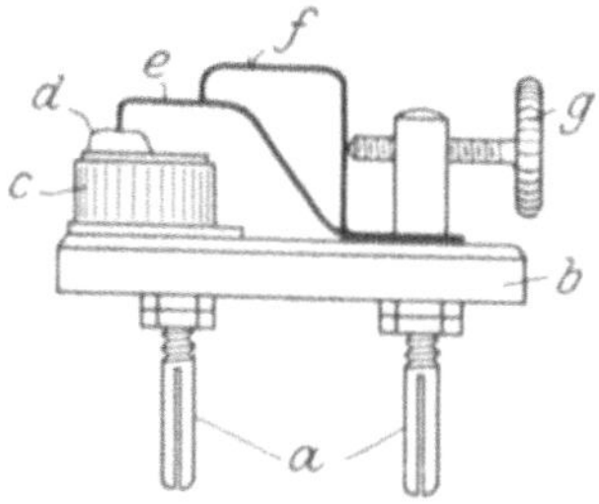

Abb. 300. Crystodynedetektor.

IX. Die Röhre.

1. Die typische Röhrenform.

Die Röhre in den bisherigen Ausführungsformen, wie sie sich in der Radiopraxis für die verschiedenartigsten Sende-, Empfangs- und Verstärkerzwecke bewährt hat, ist ein auf ein äußerst hohes Vakuum ausgepumptes Glasgefäß, in welchem mindestens zwei, meist jedoch drei oder mehr Elektroden eingeschmolzen sind. Abgesehen von Gleichrichtungszwecken, bei welchen häufig zwei Elektrodenröhren verwendet werden, herrscht z. Z. die Mehrelektrodenröhre, und zwar vorwiegend das Dreielektrodenrohr. Von diesem gibt Abb. 301 ein typisches Bild. *b* ist das Glasgefäß, welches mit einem Sockel *g* fest verbunden ist, aus dem die Elektrodenzuleitungen *f* herausragen. Mittels dieser wird die Röhre in das betreffende elektrische System eingeschaltet. Im Innern der Röhre ist als wesentlichster Teil der glühende Heizdraht *c* (auch Glühkathode, Glühfaden, Heizfaden, Oxydkathode oder dgl. genannt) angeordnet, welchem die Gitterelektrode *d* (auch Steuerelektrode, Rostelektrode oder dgl. genannt) gegenübersteht. Die gesamte Anordnung ist bei der typischen Röhrenform von der Anode *a* (auch Plattenelektrode genannt) umgeben. Die Zuleitungen dieser Elektroden sind an die schon erwähnten Kontakte *f* geleitet.

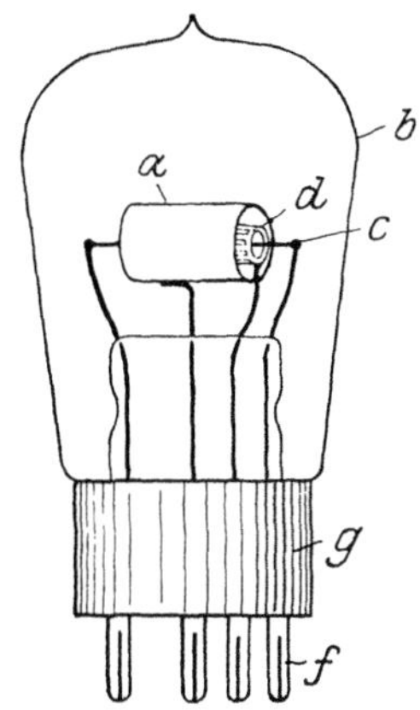

Abb. 301. Typische Ausführung der Dreielektrodenröhre.

2. Notwendigkeit der Evakuierung.

Die Erzeugung des leicht steuerbaren Elektronenflusses, also des elektrischen Stromes wie er für alle Röhrenverstärkungszwecke gebraucht wird, ist in freier Luft praktisch nicht möglich. Dies hat seinen Grund darin, daß in einem Kubikzentimeter Luft durchschnittlich 20 Trillionen Moleküle enthalten sind, welche einer normalen Ausbildung, bzw. Fortbewegung der Elektronen entgegenstehen würden. Die z. B. von einer Glühkathode erzeugten Elektronen würden auf ihrem Wege mit den Molekülen der Luft zusammenprallen, es würden sogen. Stoßionisationen entstehen, wodurch neue Elektronen erzeugt werden würden. Ein normaler Elektronenfluß wäre also nicht möglich. Um diesen zu erreichen, ist es notwendig, das die Elektronenerzeugungsstelle (Glühkathode, Heizdraht) enthaltende Gefäß sehr hoch zu evakuieren, und zwar bis auf $\frac{1}{10000000}$ mm Quecksilber[1]). Dieses wird in der Radiotechnik durch die Diffusionspumpe erreicht, und man hat dafür Sorge zu tragen, daß die Anordnung im Innern des Glasgefäßes (Röhre) derart ist, daß das hohe Vakuum dauernd aufrecht erhalten bleibt.

[1]) Das höchste überhaupt z. Z. erreichte Vakuum beträgt etwa 10^{-13} mm Quecksilber.

3. Die Einelektrodenröhre.

Diese besitzt zwar nur ein theoretisches Interesse. Um jedoch das Verständnis der Röhre besser zu vermitteln, soll dieselbe wenigstens kurz beschrieben werden.

Die Ausführungsform entspreche beispielsweise Abb. 302. Es ist ein Glasgefäß vorgesehen, welches auf hohes Vakuum ausgepumpt $\left(\frac{1}{10000000}\ \text{mm Hg}\right)$, und in welches der Heizdraht c eingeschmolzen ist. Dieser möge mittels einer Batterie e geheizt werden und zwar so, daß er bei einer normalen Röhre mit Wolframheizdraht auf Weißglut geheizt wird. Bei der neueren Oxyd-Kathodenröhre (Sparröhre) ist nur eine Heizung auf dunkle Rotglut erforderlich (daher dull emitter = Rotglutstrahlen), um denselben Effekt zu erzielen. Ist dieses der Fall, so werden aus der Oberfläche des Heizdrahtes negative Elektrizitätsatome, sogen. „Elektronen" emittiert, welche mit verschiedenen Geschwindigkeiten zum größten Teil in das Vakuum übertreten. Ein bestimmter Teil jedoch dringt wieder in die Oberfläche des Heizdrahtes ein, um wenigstens im allgemeinen zu späteren Zeitpunkten wieder emittiert zu werden. Um die Heizdrahtoberfläche herum bildet sich demgemäß eine „Elektronenwolke" aus, welche in unmittelbarer Nähe des Heizdrahtes dichter sein wird als weiter entfernt von ihm. Da nun die Ladungen aller Elektronen gleichmäßig negativ ist, suchen sich die Elektronen gegenseitig zu behindern und den Austritt aus dem Draht zu erschweren, und zwar um so mehr, je dichter die Elektronenwolke ist. Die Folge davon ist, daß sich ein Gleichgewichtszustand herausstellt, und daß der emittierte Elektronenstrom, sofern die Heizung konstant bleibt, was praktisch stets der Fall ist, sich gleichfalls auf einen bestimmten Wert einstellt. Würde man indessen den Heizstrom ändern, so würde auch die ausstretende Elektronenmenge variiert.

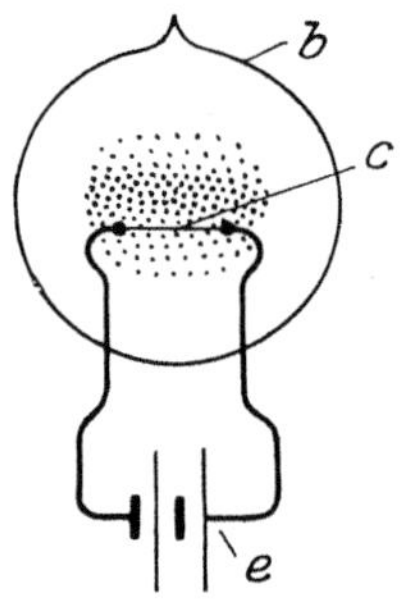

Abb. 302. Schema einer Einelektrodenröhre.

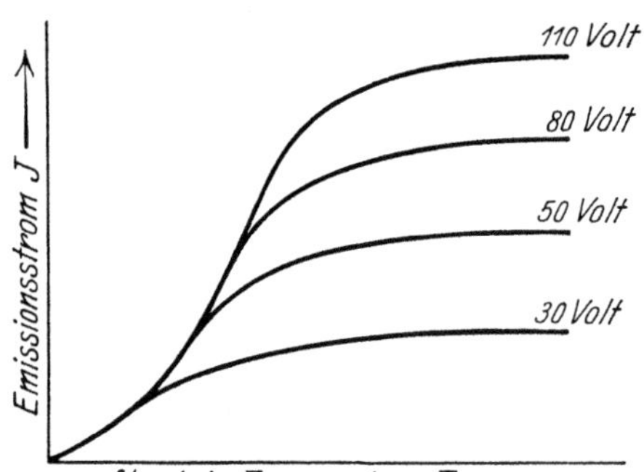

Abb. 303. Abhängigkeit des Emissionsstromes von der Temperatur bei verschiedenen Anordnungen.

Es war schon gesagt, daß die Elektronenwolke in unmittelbarer Umgebung des Heizdrahtes am dichtesten ist und daß sie mit der Entfernung abnimmt. Dies besagt mit andern Worten, daß die Elektronenwolke eine „Raumladung" (J. Langmuir) darstellt. Man bezeichnet den abstoßenden

Effekt, welcher die bereits ausgetretenen Elektronen auf die austretenwollenden Elektronen bei Erhitzung des Heizfadens ausüben, als „Raumladungseffekt". Dieser Effekt ist, wie aus dem Vorausgehenden ohne weiteres klar ist, am dichtesten in der unmittelbaren Umgebung des Heizdrahtes.

Der Raumladungseffekt spielt naturgemäß nur eine Rolle bei der Mehrelektrodenröhre. Bei dieser wird praktisch stets der Anode eine Spannung aufgedrückt, welche die geringe Geschwindigkeit der aus dem Heizdraht austretenden Elektronen vergrößert. Die sich alsdann ergebenden Verhältnisse sind aus dem Bild der Charakteristiken entsprechend Abb. 303 zu entnehmen. In dieser Abbildung ist der Emissionsstrom J als Funktion der absoluten Temperaturen T bei verschiedenen, an die Anode gelegten Spannungen aufgetragen. Es geht auch aus diesen Kurven hervor, daß bei entsprechend hoher Anodenspannung der Raumladungseffekt entsprechend verringert und der Emissionsstrom bei großer Heiztemperatur entsprechend vergrößert wird.

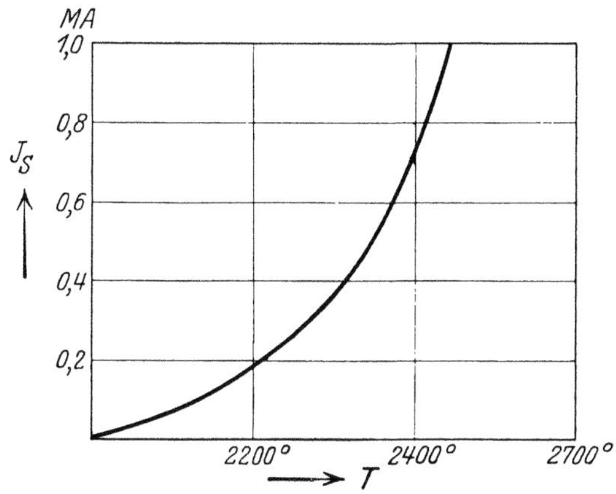

Abb. 304. Kurve des Sättigungsstromes $J_s = \sqrt{T} \cdot e^{-\frac{b}{T}}$, nach Richardson.

Der Emissionsstrom J ist nur bis maximal zum Sättigungsstrom J_s steigerbar.

Der Sättigungsstrom J_s für eine derartige Elektronenröhre folgt aus der Formel von Richardson (siehe auch die Kurve Abb. 304):

$$J_s = a\,\text{Obfl} \cdot \sqrt{T}\, e^{-\frac{b}{T}},$$

hierin sind a und b = Materialkonstanten, und zwar gelten folgende Werte:

für	a	b
Tantal	$1{,}12 \cdot 10^{10}$	50000
Molybdän	$2{,}1 \cdot 10^{10}$	50000
Wolfram	$2{,}36 \cdot 10^{10}$	52200
Erdalkalimetalle	zwischen 10 und $23 \cdot 10^7$	20000 bis 23000
Thorium	$20 \cdot 10^6$	38000

Obfl = Oberfläche der Glühkathode,
T = die absolute Temperatur,
e = die Basis der natürl. Logarithmen = 2,71 1828 1828 4590 . . .

Führt man die Rechnung für einige Werte durch, so ergibt sich z. B. für

Wolfram die notwendige Heiztemperatur $T = 2450^0$, um zu erhalten

$$\text{ein } J_s \simeq 630 \text{ MA};$$

während nur nötig ist für:

Erdkaliglühkathode die Heiztemperatur 1400^0, um zu erhalten

$$\text{ein } J_s \simeq 590 \text{ MA}.$$

4. Die Zweielektrodenröhre.

a) Der Edison-Effekt.

Schon vor einer ganzen Reihe von Jahren beobachtete Th. A. Edison an einer Kohlefadenglühlampe eine eigenartige Zerstäubungserscheinung, welche als Edison-Effekt bezeichnet wird. Hierzu kann eine Versuchsanordnung gemäß Abb. 305 dienen, bei welcher in die Kohlefadenglühlampe *b* außer dem Kohlefaden *c* noch eine Blechplatte *a* eingeschmolzen ist.

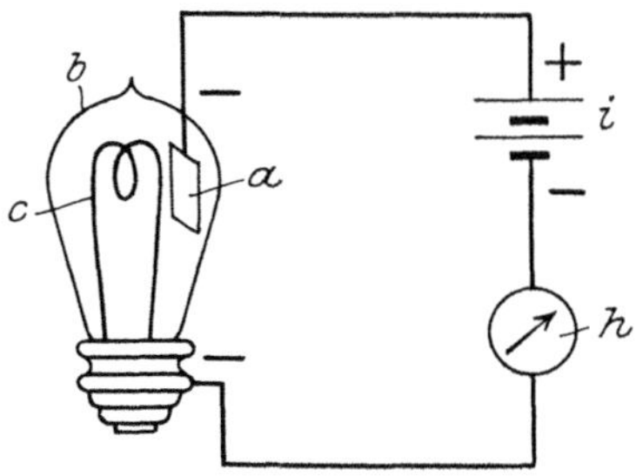

Abb. 305. Anordnung zur Demonstration des Edison-Effektes.

Bei dieser Anordnung ist nun folgendes zu konstatieren. Solange der Kohlefaden *c* nicht glüht, macht das Meßinstrument *h* in der gezeichneten Anordnung keinen Ausschlag. Sobald man denselben jedoch heizt, zeigt das Meßinstrument *h* einen Ausschlag an, ein Beweis dafür, daß Ionen von *c* nach *a* übergehen. Der Stromkreis *a i h c* wird hierdurch geschlossen. Dieser Ionenstrom oder bei entsprechend hoher Evakuierung dieser Elektronenstrom verläuft in seiner Richtung dem Batteriestrom entgegengesetzt, da er von der negativen Elektrode der Batterie durch die Glühlampe nach der positiven Elektrode hin stattfindet, und zwar ist dieser Strom um so größer, je höher die Fadentemperatur gewählt ist, bis schließlich die Sättigung erreicht ist. Er wächst ferner mit der Spannung *i* (Anodenspannung), ebenfalls bis sein Grenzwert erreicht ist. Alsdann ist eine weitere Steigerung der Heiztemperatur, bzw. der Anodenspannung zwecklos.

Von Interesse ist noch ein weiterer Versuch, welcher Einblick in die Verhältnisse gewährt. Schaltet man nämlich an *c* den positiven Pol der Batterie *i* und an *a* den negativen, so zeigt das Meßinstrument *h* keinen Ausschlag, gleichgültig, wie hoch man die Heiztemperatur, bzw. die Batteriespannung *i* wählen mag. Man nennt infolgedessen eine derartige Lampe einen „Gleichrichter“, da er den Strom nur in einer Richtung durchläßt.

Diese Grundlagen sind für das Verständnis auch der Hochvakuumröhre wesentlich.

b) Die Zweielektroden-Vakuumröhre.

Wir gehen nunmehr wieder auf die Hochvakuumröhre über und stellen uns vor, daß außer der in Abb. 306 dargestellten Heizelektrode *c* gemäß der Glühlampe von Abb. 305 nunmehr auch noch eine Anode *a* gemäß Abb. 306 vorgesehen ist.

Im Gegensatz zu Abb. 305 ist bei dieser Anordnung im Innern des Glasgefäßes *b* ein hohes Vakuum angenommen. Nach erfolgter Heizung von *c* wird von dieser ein Elektronenstrom emittiert, welcher nach der Platte (Anode) *a* hin verläuft. Wenn an letztere die positive Elektrode einer Batterie *i* gelegt wird, so wird, wie wir dies bei der Glühlampe gesehen hatten, ein Ausschlag des Instrumentes *h* erzielt, welcher ein Maß für den im Kreise *a i h c* fließenden Anodenstrom darstellt, wobei zu beachten ist, daß die Richtung des Elektronenstromes dem im Batteriestromkreis fließenden Strom entgegengesetzt gerichtet ist.

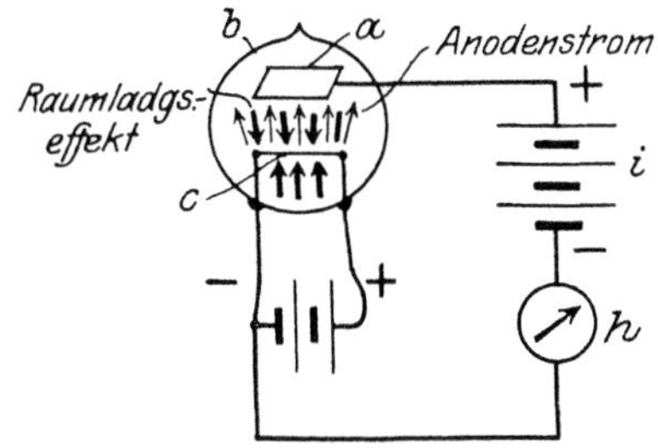

Abb. 306. Zweielektrodenrohranordnung.

Es kommt wesentlich auf die Größe der Spannung der Anodenbatterie *i* an. Ist diese nur gering, so werden nur die Elektronen, welche die größte Geschwindigkeit besitzen, nach der Anode *a* hingeschleudert, was seinen Grund in dem bereits oben betrachteten Raumladungseffekt hat, welcher versucht, den aus dem Heizdraht austretenden Elektronen den Austritt zu erschweren (siehe auch Abb. 307). Je größer die Anodenspannung der Batterie *i* gewählt wird, um so mehr kann dieser Raumladungseffekt überwunden werden, und um so größer wird der durch die Röhre *b* hindurchgehende Elektronenstrom. Infolgedessen ist es möglich, die Anodenspannung so groß zu wählen, daß der Raumladungseffekt vollkommen aufhört. Ist dieses erreicht, so erhalten wir einen Anodenstrom, der als Sättigungsstrom bezeichnet wird. Eine weitere Steigerung des Anodenstromes würde nur möglich sein durch entsprechend höhere Temperatur des Heizdrahtes. Man reguliert beide so ein, daß sie unter den Gesichtspunkten der Wirtschaftlichkeit das Maximum ergeben.

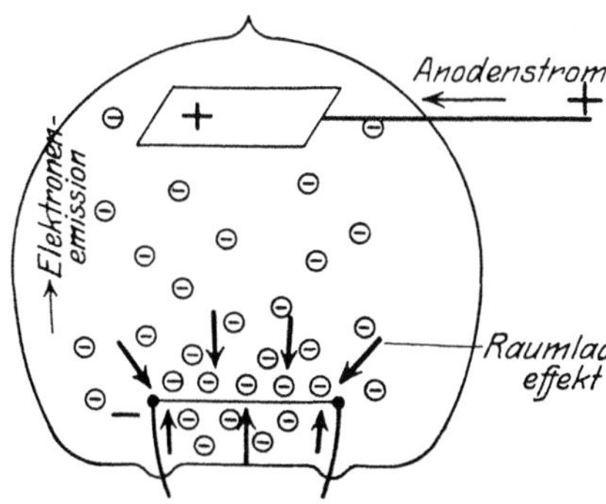

Abb. 307. Wirkung des Raumladungseffektes.

Die hierdurch auftretenden Verhältnisse werden am besten durch ein Schaubild dargestellt, welches als „Charakteristik“ oder „Kennlinie“ bezeichnet wird. Eine solche Kennlinie und zwar die sog. Anodenstromcharakteristik gibt Abb. 308 wieder. Links von der Senkrechten sind die negativen Anodenspannungen, rechts von ihr die positiven aufgetragen. Bei *1* beginnt das Arbeiten der Röhre, also bereits im negativen Bereich der Anodenspannung. Bis zum Punkt *2*, also bis zum Schnittpunkt mit der Senkrechten, ist das Gebiet eines energischen mehr und mehr abnehmenden Entgegenwirkens des Raumladungseffektes. Beim Punkt *2* beginnt der steile Teil der Charakteristik, welcher in den meisten Fällen für das Arbeiten der Röhre herangezogen wird. Dieser Teil reicht bis zum Punkt *3*. In ihm wird der Raumladungseffekt mehr und mehr beseitigt.

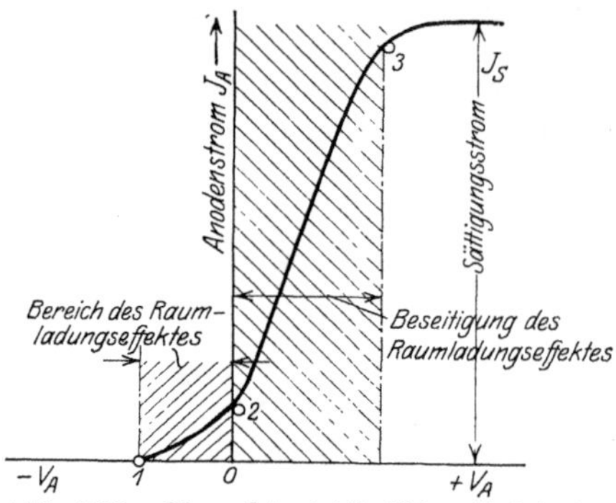

Abb. 308. Charakteristik (Kennlinie) einer Vakuumröhre.

Vom Punkt *3* an wird der Sättigungsstrom J_s erreicht, bei welchem eine weitere Steigerung des Heizstromes, bzw. der Anodenspannung zwecklos ist.

Wir hatten oben für den Sättigungsstrom J_s festgestellt die Formel von Richardson (siehe oben):

$$J_s = a \sqrt{T} \cdot e^{-\frac{b}{T}} \qquad \text{(Senderformel)}$$

welche auch hier Gültigkeit besitzt.

Es gilt ferner die Formel von Langmuir:

$$J_A = \text{konst.} (\sqrt{V_A})^3. \qquad \text{(Verstärkerformel)}$$

Diese Formel besagt in Übereinstimmung mit der Charakteristik für den Sättigungsstrom gemäß Abb. 309 und den obigen Ausführungen der Abb. 308, daß der Thermionenstrom J_A infolge des Raumladungseffektes unter dem Sättigungsstrom bleibt, sofern die Anodenspannung gering ist; ferner daß bei großer Anodenspannung der Thermionenstrom sich mehr und mehr dem Sättigungsstrom J_s nähert, und daß er schließlich bei relativ sehr großer Anodenspannung gleich dem Sättigungsstrom J_s wird. Es würde keinen Sinn haben, die Anodenspannung alsdann noch weiter zu steigern, da ein größerer Thermionenstrom als der letzterwähnte nicht zu erzielen ist.

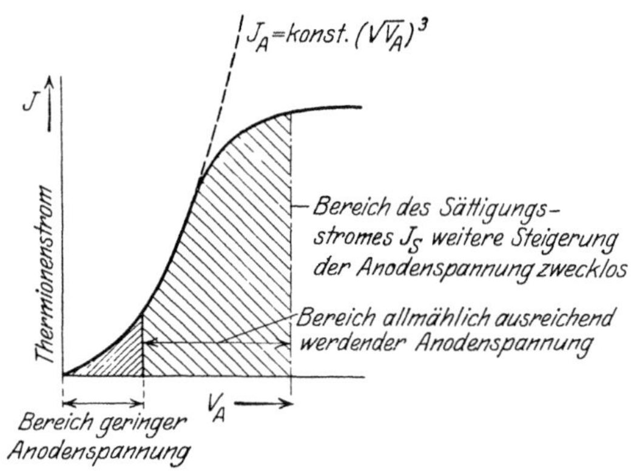

Abb. 309. Abhängigkeit des Thermionenstromes von der Anodenspannung.

5. Die Dreielektrodenröhre.

Eine Bedeutung hat die Elektrodenröhre in der Radiotelegraphie und Telephonie erst erlangt, als die Gitter- oder Steuerelektrode als dritte zwischen den beiden oben beschriebenen Elektroden, der Kathode und der Anode, von L. de Forest (1907?) hinzugefügt wurde. Hierdurch erst war es möglich, die Röhre als Relais zu benutzen, indem der aus der Anodenbatterie entnommene, also innerhalb gewisser Grenzen fast beliebig stark zu machende Strom durch die Gitterelektrode willkürlich gesteuert wurde.

Um sich die Wirkungen der Gitterelektrode anschaulich zu machen, soll zunächst die Anordnung von Abb. 310 dienen. In dieser Abbildung ist links eine Dreielektrodenröhre in absichtlich vergrößertem, auseinandergezogenem Maßstabe wiedergegeben; rechts sind die in dieser Röhre auftretenden Spannungen als Funktion des Abstandes vom Heizdraht aufgetragen. Man erkennt aus dieser Spannungsverteilungskurve, welche für eine bestimmte Anodenspannung V_A gilt, daß die Spannung zwischen Heizdraht und Gitterelektrode zunächst nur langsam ansteigt, daß sie aber um so mehr wächst, je mehr sie sich der Anode nähert. Auch hierbei ist wieder die Größe des Raumladungseffektes in der Nähe des Heizdrahtes zu erkennen und seine allmähliche Abnahme mit der Entfernung vom Heizdraht. Ferner geht hieraus hervor, daß die Wirkung der Anodenspannung um so mehr abnimmt, je mehr man sich dem Heizdraht nähert.

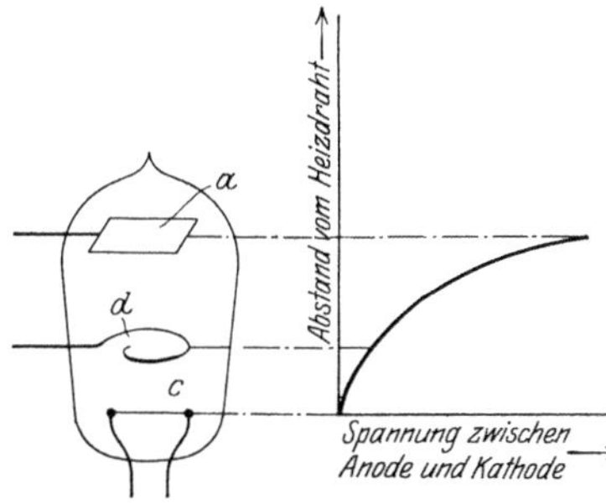

Abb. 310. Spannungsverteilung in der Röhre.

Abb. 310 zeigt aber ferner noch, daß man nur eine sehr geringe negative Spannung an die Gitterelektrode *d* an-

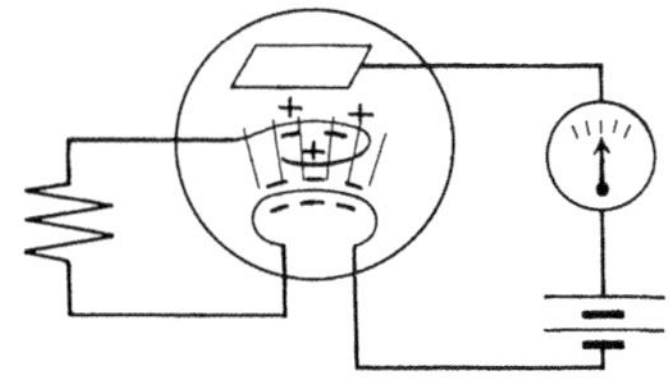

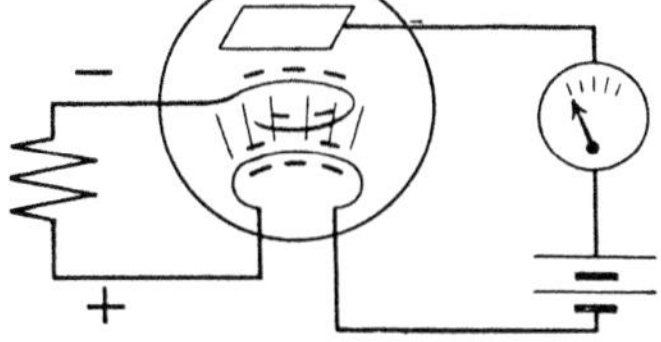

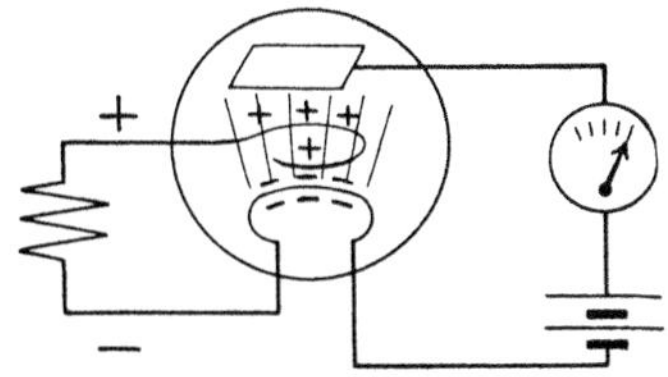

Abb. 311. Einfluß der Gitterspannung auf den Anodenstrom.

zulegen braucht, um die Wirkung der Anodenspannung völlig auszuschalten, also den Anodenstrom gleich Null zu machen, und zwar wird die hierfür notwendige negative Gitterspannung um so geringer sein, je näher man die Gitterelektrode *d* an den Heizdraht *c* heranrückt.

Andererseits geht aus der Abbildung noch hervor, daß durch Aufdrücken einer positiven Gitterspannung der Raumladungseffekt mehr und mehr aufgehoben werden kann. Auch zeigt das Bild, daß diese

Wirkung um so wesentlicher sein wird, je näher man die Gitterelektrode *d* an den Heizdraht *c* heranbringt.

Das Resultat dieser Überlegungen ist also, daß selbst geringe positive Gitterspannungen ein erhebliches Anwachsen des Anodenstromes zur Folge haben, und daß geringfügige negative Gitterspannungen ein Aussetzen des Anodenstromes bewirken können.

Anschauungsbilder, die sich bei den verschiedenen Gitterspannungen ergeben, sind in Abb. 311 dargestellt. Der nach links gerichtete Ausschlag des Meßinstrumentes zeigt die Schwächung des Anodenstroms, der nach rechts gerichtete die Verstärkung desselben an.

Das Gitter und die an ihm liegende Spannung ist also für die Arbeitsweise der Röhre maßgebend. Die Gitterelektrode steuert mithin den Thermionenstrom in der Röhre. Selbst geringe Spannungsdifferenzen, die der Gitterelektrode *d* aufgedrückt werden, rufen sehr erhebliche Variationen des Anodenstromes hervor.

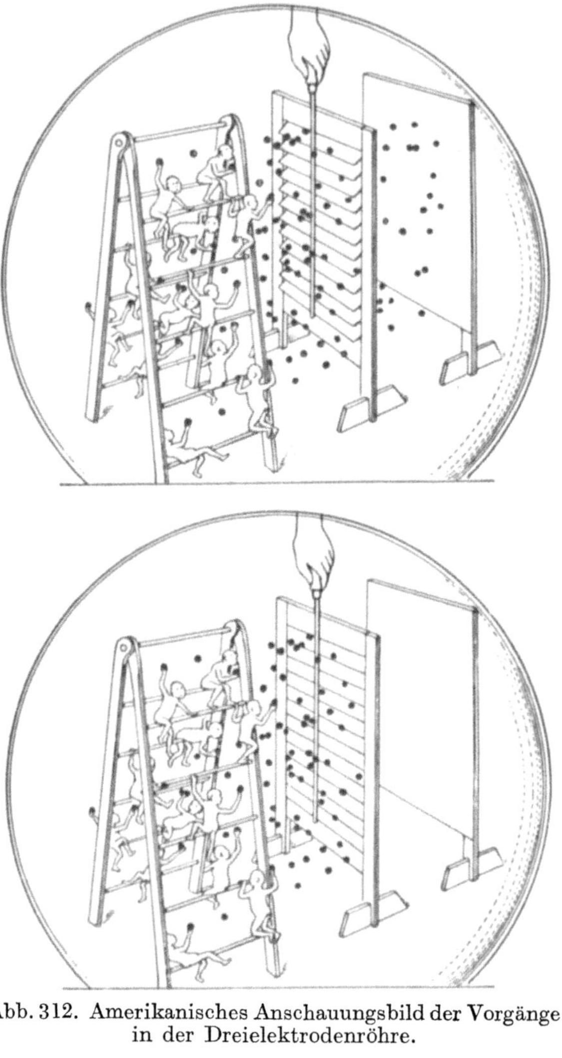

Abb. 312. Amerikanisches Anschauungsbild der Vorgänge in der Dreielektrodenröhre.

In dieser Wirkung der Gitterelektrode beruht die z. Z. universelle Anwendung der Röhre in der drahtlosen Telegraphie und Telephonie und die hierdurch überhaupt erst vorhandene Möglichkeit eines Rundfunkverkehrs.

Ein hübsches Demonstrationsbild der Erscheinungen in der Dreielektrodenröhre, entsprechend amerikanischen Zeichnungen, geben die Abb. 312 wieder. Auf einer Leiter, welche den Heizdraht versinnbildlicht, sitzen eine Anzahl von Kobolden, welche mit Bällen nach einer von einer Hand gesteuerten Jalousie werfen. Diese Bälle stellen die Elektronen dar, welche vom Heizdraht emittiert werden. Ein Teil derselben fliegt gegen die Jalousiebretter, welche in unserm Beispiel der Gitteraufladung in der Röhre entsprechen. Ein anderer Teil der Bälle hingegen geht zwischen den Jalousiebrettern hindurch und trifft auf den rückwärts aufgestellten Schirm (bei der Röhre das Anodenblech) auf, woselbst die Bälle, bzw. Elektronen haften bleiben.

Das Bild zeigt aber weiterhin noch in anschaulicher Weise die verschiedene Elektronengeschwindigkeit, indem die rechts auf her Leiter sitzenden Kobolde die Bälle mit großer Vehemenz schleudern, was einer entsprechenden größeren Elektronengeschwindigkeit entspricht, während die links und unten auf der Leiter abgebildeten Kobolde die Bälle nur verhältnismäßig langsam abzuschleudern scheinen, was denjenigen Elektronen entspricht, die mit geringerer Geschwindigkeit emittiert werden, und die durch den Raumladungseffekt in der Röhre zurückgedrängt werden.

Das zweite Bild stellt das abgeriegelte Gitter dar. Hierbei werden durch die oben ersichtliche Hand die Jalousiebretter sämtlich vertikal gestellt, so daß die Bälle nicht mehr durch die Jalousie hindurchfliegen können, vielmehr sämtlich zurückgehalten werden.

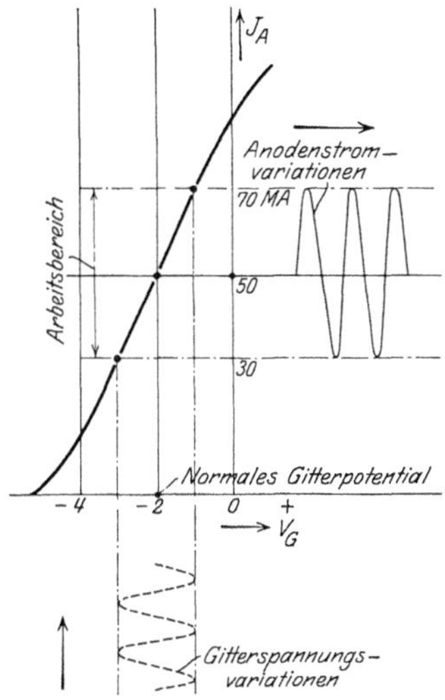

Abb. 313. Verstärkung kontinuierlicher Schwingungen durch die Röhre.

Dieses wird in besonders augenfälliger Weise dadurch klar, daß man sich die Anodenstromcharakteristik aufzeichnet und den Arbeitsbereich betrachtet. In Abb. 313 ist unten eine gestrichelte Linie eingetragen, welche einen Teil der Gitterspannungsvariationen wiedergibt. Rechts oben sind die infolge der Verstärkerwirkung der Röhre hervorgerufenen Anodenstromvariationen aufgetragen. Es ist hieraus ersichtlich, daß bei dem gewählten Beispiel durch Gitterspannungsvariationen im Bereich von — 1 bis — 3 Volt Anodenstromvariationen zwischen 30 und 70 MA hervorgerufen werden können. Die Variationsmöglichkeit durch die Steuerwirkung des Gitters der Röhre ist also eine außerordentlich große.

Ein besonders anschauliches Bild der Verhältnisse in der Röhre, welche durch die Gitterelektrode hervorgerufen werden, erhält man, wenn man sich analog Abb. 311 einige typische Bilder für die Spannungsverteilung in der Röhre aufzeichnet. Einige solche sind in Abb. 315 wiedergegeben, und zwar für verschiedene Anoden- und Gitterspannungen. Hieraus ist auch ersichtlich, welchen Einfluß das Gitter ausübt, je nachdem, ob es die Ladung Null hat oder ob es positiv oder negativ geladen ist. Ist es negativ, so sucht es die Elektronen nach Möglichkeit zum Heizfaden zurückzustoßen. Ist es positiv geladen, so wird die Elektronenemission zur Anode begünstigt; der Anodenstrom wächst alsdann.

Eine recht zweckmäßige Anordnung, dem Gitter eine beliebige positive oder negative Vorspannung zu erteilen, welche gleichzeitig auch die Möglichkeit darstellt, verschieden hohe Spannungsbeträge an das Gitter anzulegen, ist in Abb. 314 wiedergegeben. Es ist bei dieser Anordnung der Ableitungswiderstand e mit einer

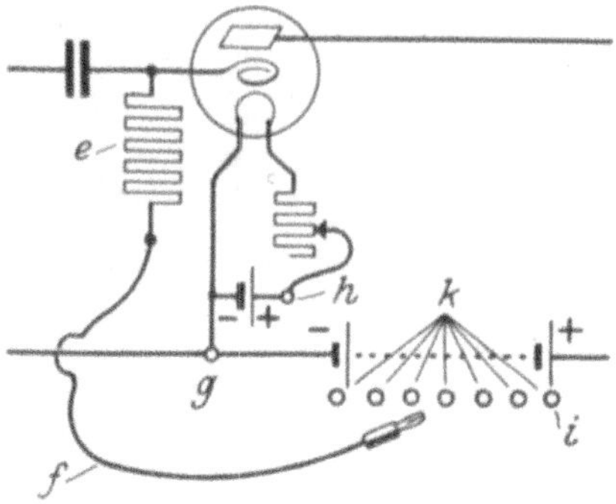

Abb. 314. Anordnung, um beliebige positive oder negative Spannungen dem Gitter aufzudrücken.

kurzen biegsamen Leitung und Stecker *f* versehen, welche wahlweise in eines der Stöpsellöcher *g* (negative Heizspannung), *h* (positive Heizspannung) oder *i* (positive Anodenspannung) eingestöpselt werden kann. Es ist aber auch ferner möglich, da die Anodenbatterie mit einer Anzahl von Stöpselbuchsen *k* ausgerüstet ist, in eine der Buchsen *k* den Stöpsel einzustöpseln und auf diese Weise eine entsprechend bemessene Spannung an das Gitter anzulegen.

Um die Wirkungsweise der Röhre besser zu verstehen, ist ferner noch Einführung einiger Bezeichnungen notwendig. Es bezeichnet gemäß den obigen Auseinandersetzungen:

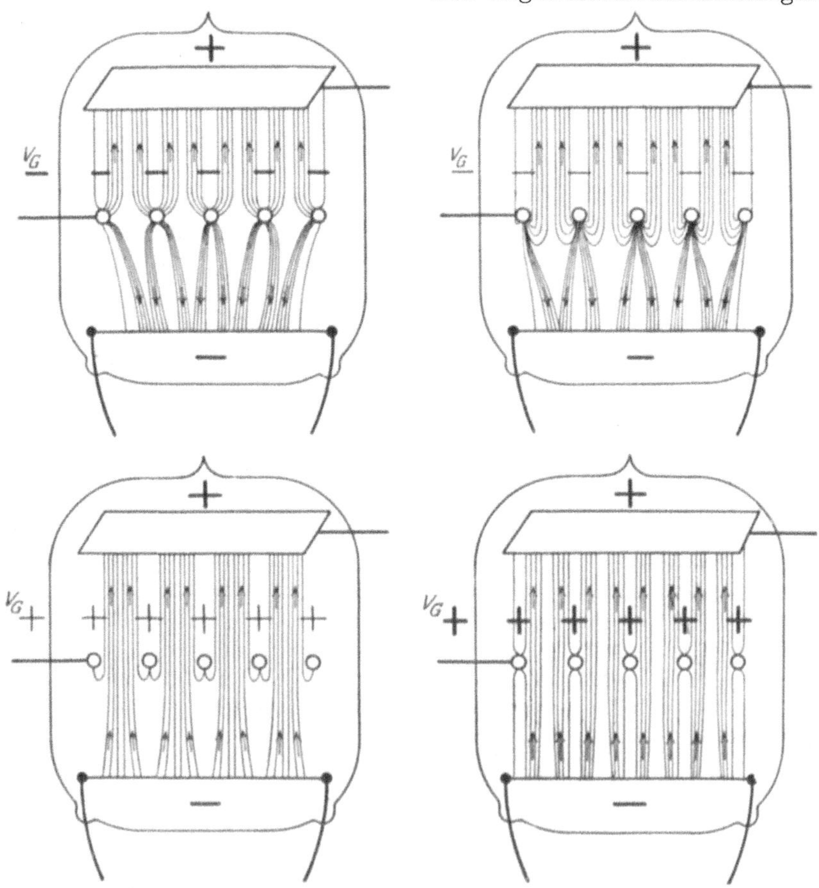

Abb. 315. Wichtigste Phasen der Feldausbildung in der Eingitterelektrodenröhre bei verschiedenem Gitterpotential.

J_A = den Anodenstrom,
J_G = den Gitterstrom, welcher dadurch erzeugt wird, daß Elektronen auf die Gitterelektrode auftreffen,
J_T = den gesamten Thermionenstrom,
V_A = die Anodenspannung,
V_G = die Gitterspannung.

Demzufolge ergibt sich

$$J_T = J_A + J_G,$$

d. h. der Thermionenstrom setzt sich zusammen aus dem Anodenstrom und dem Gitterstrom und wir können demgemäß eine Charakteristik ähnlich wie Abb. 309 zeichnen (siehe Abb. 317). Es ist zu beachten, daß bei zu kleinem Durchgriff der nach der Anode hinübergehende Elektronenstrom zu gering werden würde, die Wirkung der Röhre also ungünstig beeinflußt würde. Es gibt ein Optimum, welches bei der Dimensionierung der Röhre eingehalten werden muß.

Um die Größenordnung von D in $^0/_0$ zu kennzeichnen, mögen folgende Werte dienen:

	D:
Radiotron der General Electric Co. UV 201 . . .	6,8 $^0/_0$
Verstärkerröhre Huth	10 $^0/_0$
Seddigröhre	11 $^0/_0$
Senderröhre	$\sim$ 5 $^0/_0$

In den meisten praktischen Fällen wird die Gitterladung negativ gewählt, so daß die Elektronen vom Gitter abgestoßen werden und der Gitterstrom $J_G = 0$ wird. Infolgedessen erfährt die oben für den Raumladungsstrom angegebene Formel von Langmuir eine Abänderung. Sie lautet nämlich genauer:

$$J_A + J_G = \text{konst.}\,(V_G + D \cdot V_A)^{\frac{3}{2}}.$$

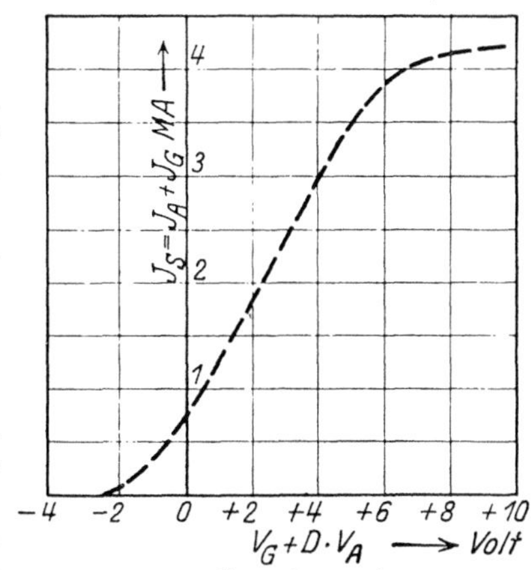

Abb. 316. Thermionenstromcharakteristik.

Bei den bisherigen Ausdrücken war stillschweigend vorausgesetzt worden, daß die Elektronen sämtlich mit derselben Geschwindigkeit den Heizdraht verlassen. Dieses ist tatsächlich, wie schon bemerkt, nicht der Fall. Auch gilt, streng genommen, nicht die weitere Voraussetzung, daß die Austrittsgeschwindigkeit klein ist gegenüber der durch das Anodenfeld bewirkten beschleunigten Geschwindigkeit. Berücksichtigt man aber diese beiden in der Praxis unbedingt notwendigen Bedingungen, so erhält man für die „Anlaufstromstärke" den Ausdruck:

$$J_A = J_0 \cdot e^{\frac{V_A}{\text{konst.}}} \quad \text{(Audionschaltung, Empfängerformel).}$$

Hierin ist: konst. = $8{,}6 \cdot 10^{-5} \cdot T$, wo $T = 2300^0$ ist.

Man kann den Durchgriff auch noch anders definieren. Betrachtet man nämlich die Spannungen, welche einerseits das Gitter, andererseits die Anode gegen den Heizdraht besitzen, und bezeichnet man die erstere mit C_A, die letztere mit C_G, so stellt das Verhältnis C_A/C_G den Durchgriff D dar. Der Durchgriff D gibt also direkt das Verhältnis des Anodeneinflusses zum Gittereinfluß auf den Heizdraht bezogen an.

Hieraus geht die Wirkung des Durchgriffes klar hervor. Um eine möglichst große Steuerwirkung der Röhre zu erzielen, soll der Durchgriff recht klein sein. Man erreicht dies entweder dadurch, daß man das Gitter mit verhältnismäßig kleinen Löchern versieht oder bei Spiralform die Ganghöhe der Spirale klein wählt, indem man die Heizelektrode nahe bei der Gitterelektrode anordnet, oder dgl., also alles Mittel, welche darauf abzielen, daß möglichst viele Elektronen von der Gitterelektrode abgefangen werden. Indessen ist insofern eine Grenze gegeben, als Gitterspannungen aufgedrückt zu werden brauchen, die mehr und mehr in das negative Gebiet hinüberwandern. Ferner geht aus diesen Kurven hervor, daß der Sättigungsstrom J_s schon bei geringen Gitterspannungen erreicht werden kann. Die Steuerwirkung der Röhre wird um so besser, je steiler die Kurve verläuft. Man versteht unter Steilheit S den Begriff $\frac{dJ}{dV}$ (siehe Abb. 318), also

$$S = \frac{dJ}{dK} = \frac{\text{Anwachsen des Anodenstroms}}{\text{Anwachsen der Gitterspannung}}.$$

Man bezeichnet mit Verstärkungsfaktor $\mathfrak{v}$ den reziproken Wert des Durchgriffes, also

$$\mathfrak{v} = \frac{1}{D}.$$

Man kann als Verstärkungsfaktor den reziproken Wert des Durchgriffs bezeichnen, wodurch in eindeutiger und technisch offensichtlicherweise die Verstärkungsmöglichkeit einer Röhre demonstriert wird. Es ist der Verstärkungsfaktor.

Es könnte hiernach also den Anschein haben, als ob die Kurve für die Anodenspannungen 100 Volt am günstigsten wäre, da sie am steilsten verläuft. Dieses ist aber nicht der Fall, da zur Erzielung dieser Wirkung verhältnismäßig große negative Gitterspannungen aufzudrücken sind. Im allgemeinen wird man günstigere Wirkungen bei der untersuchten Röhrentype für kleinere Anodenspannungen erhalten. Indessen ist dabei zu berücksichtigen, daß es wesentlich darauf ankommt, an welchem Punkt der Kurve die Röhre arbeiten soll. Wie später noch auseinandergesetzt werden wird, kommen für die verschiedenen Anwendungsformen verschiedene Kurvenbereiche inbetracht.

Noch eine andere physikalische Tatsache wird durch die Kurvenschar von Abb. 318 dargestellt, und zwar die Erscheinung der Ventilwirkung der Röhre und die dadurch vorhandene Anwendungsmöglichkeit in bestimmten Gleichrichter-Detektorschaltungen. Betrachten wir z. B. die links stehende Kurve für 100 Volt Anodenspannung, so erkennen wir, daß bei Aufdrückung einer negativen Gitterspannung der Anodenstrom nicht verstärkt, sondern vielmehr geschwächt wird. Bei der ganz rechts stehenden Kurve für 19 Volt Anodenspannung ist, gleichgültig, welche negative Gitterspannung man aufdrückt, ein Anodenstrom überhaupt nicht zu erzielen; d. h. die Röhre wirkt nur noch als Ventil.

Für das Verständnis und die Untersuchungen der Wirkungsweise kommt es nun weniger darauf an, die Charakteristik für den gesamten Thermionenstrom aufzuzeichnen; vielmehr interessieren in erster Linie der Anodenstrom und der Gitterstrom. Die Beziehungen, welche zwischen den drei Größen bestehen, macht man sich am besten aus dem Diagramm von Abb. 317 klar, bei welchem J_T als Funktion der Gitterspannung aufgetragen ist. Rein zeichnerisch kann man sehen, daß man von der Thermionenstromcharakteristik J_S bzw. $J_T = J_A + J_G$ nur jeweilig den Betrag des Gitterstromes J_G abzuziehen hat, um die Anodenstromkurve J_A zu erhalten. Dies ist in der Abbildung durch den Buchstaben m für einen Punkt der Kennlinie gekennzeichnet. In gleicher Weise können die andern Punkte erhalten werden.

Selbstverständlich ist es auch möglich, wenn man die Anodenstromcharakteristik und die Gitterstromcharakteristik aufzeichnet, auch durch entsprechende Summation die Kurve für den Thermionenstrom J_T zu erhalten.

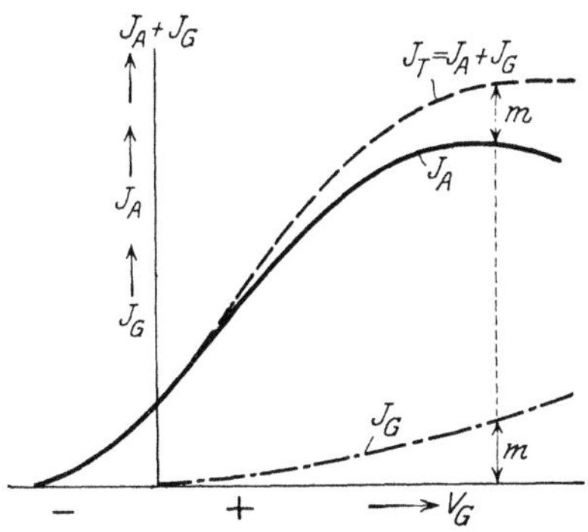

Abb. 317. Thermionenstromcharakteristik, Anodenstromcharakteristik, Gitterstromcharakteristik.

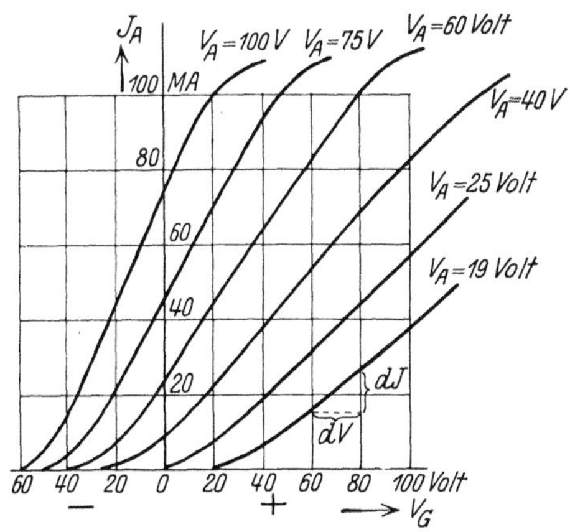

Abb. 318. Anodenstromcharakteristiken bei verschiedenen Anodenspannungen.

Die Kurven von Abb. 317 zeigen, daß für negative Werte der Gitterspannung der Gitterstrom J_G Null ist, und daß infolgedessen die Kurven für den Thermionenstrom und den Anodenstrom zusammenfallen.

Um die Arbeitsweise der Röhre vollkommen klar zu machen, ist es nur erforderlich, der Anode verschiedene Spannungen aufzudrücken und festzustellen, welche Anodenstromstärken bei den verschiedenen Gitterspannungswerten erzielt werden. Da wir oben gesehen hatten, daß es wesentlich darauf ankommt, in welchem Maße die Anodenspannung auf den Heizdraht durchgreift, sind naturgemäß die hier bei verschiedenen Anodenspannungen entstehenden Kurven voneinander abweichend. Eine Anzahl derartiger Kurven sind in Abb. 318 dargestellt. Sie zeigen einerseits, daß mit größer werdender Anodenspannung die Kurven immer steiler werden und andererseits, daß entsprechend größere Anodenstromwerte erzielt werden. Diese Kurven stimmen gut überein mit oszillographisch aufgenommenen, was z. B. Abb. 319 beweist. Die sich ergebende Kurve sieht derjenigen von Abb. 318 ähnlich. Es ist hierbei also die Wirkung der Gitterspannung sowie derjenige Teil der Anodenspannung berücksichtigt, welcher durch das Gitter hindurch auf den Heizdraht einwirkt. Da gleichsam ein „Durchgreifen" der Anodenspannung durch das Gitter hindurch stattfindet, hat man diese Größe als „Durchgriff" bezeichnet und durch den Buchstaben D gekennzeichnet.

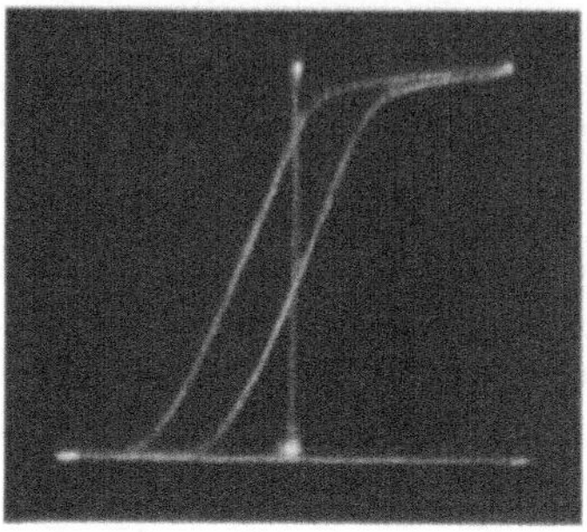

Abb. 319. Oszillographische Aufzeichnung der Anodenstromcharakteristik als Funktion der Gitterspannung. Die obere Kurve ist bei einem $V_a = 930$ Volt, die untere bei 712 Volt aufgenommen.

Es ergibt sich demgemäß:

$$V = V_G + D \cdot V_A,$$

hierin ist:

V = die auf die Kathode wirkende Spannung,

D = Durchgriff.

$D \cdot V_A$ ist also derjenige Teil der Anodenspannung, der unter Berücksichtigung des Durchgriffs noch übrig bleibt; oder auch so ausgedrückt: Wirkung der Anodenspannung auf den Heizdraht $= D \cdot V_A$.

Für das Verständnis der Vorgänge in der Röhre können ferner noch folgende Ausdrücke dienen:

$$J_A = \frac{\text{Konst.}\ V_A}{W_i} + S \cdot V_G \ \text{(Grundformel der Röhre)},$$

W_i = Innerer Widerstand der Röhre,

$$W_i = \frac{D}{S} = \frac{\text{Anodenspannungsbereich}}{\text{Gitterspannungsbereich}},$$

$$\text{„Güte" der Röhre} = \frac{S}{D},$$

$$\eta_{ges} = \frac{J_a^2 \cdot w_a}{V_H \cdot J_H + V_A \cdot J_A} = \text{Gesamtwirkungsgrad},$$

$$\eta_{elektr} = \frac{J_a\, w_a}{V_A \cdot J_A} = \text{Elektrischer Wirkungsgrad.}$$

Hierin ist:

J_a = Antennenstrom in Amp.,

w_a = Gesamtantennenwiderstand in Ohm.

6. Bildkraft.

Das Anodenfeld wirkt, wie oben auseinandergesetzt, dem Raumladungseffekt entgegen, und zwar *c. p.* um so mehr, je größer die Batteriespannung ist. Würde man den Raumladungseffekt ganz beseitigen, so würden alle Elektronen aus der Kathode nach der Anode hin übergehen. In diesem Falle ist der Anodenstrom ein Maximum und wird als Sättigungsstrom bezeichnet. Für die Berechnung des Raumladungseffektes scheint die sog. „Bildkraft" wesentlich zu sein. Unter dieser versteht man, daß durch die aus dem Heizdraht emittierten Elektronen in dem Draht positive Ladungen, sog. „elektrische Bilder" erzeugt werden. Diese Bilder wirken offenbar stark anziehend auf die in unmittelbarer Nähe des Drahtes befindlichen Elektronen (W. Thomson, W. Schottky). Diese Bildkraft kann anscheinend durch starke elektrische Felder, also das Anodenfeld, erheblich vermindert werden.

7. Die Rückkopplungsanordnung.

Um mittels einer Röhre Senderschwingungen zu erzeugen, ist es nur nötig, dem Gitter eine hochfrequente Wechselspannung aufzudrücken. Alsdann werden im Anodenkreise entsprechend verstärkte Schwingungen hervorgebracht, wie dies schon oben auseinandergesetzt war. Tatsächlich wird diese Anordnung auch bei Röhrensendern benutzt, insbesondere bei solchen für mittlere und große Energien (siehe Abb. 325, S. 373). Immer hin stellt diese Fremderregungsschaltung eine gewisse Erschwernis dar, da eine besondere hochfrequente Speisungsquelle hierzu erforderlich ist.

Es bedeutete daher einen großen Fortschritt und hat wesentlich zur Einführung der Röhrenanordnung sowohl für Sende- als auch Empfangszwecke beigetragen, als es gelang, auf verhältnismäßig einfache Weise die Gittererregung gleichsam automatisch gesteuert zu bewirken. Dies wurde durch die Rückkopplungsanordnung erzielt, die offenbar zuerst von L. de Forest und später von A. Meißner angegeben wurde. Diese Rückkopplungsanordnung hatte ihre Analogie nicht nur in einer ganzen Reihe anderer Anordnungen der Technik, wie z. B. bei der Kolbendampfmaschine, beim Klingelunterbrecher usw., sondern sie war von E. Ruhmer (1904) auch schon in der Radiotechnik für die Erzeugung kontinuierlicher Schwingungen mittels des Lichtbogengenerators angegeben worden.

Das Prinzip der Rückkopplungsschaltung besteht darin, daß nicht die gesamte erzeugte Energie ausgenutzt wird, sondern nur ein Teilbetrag derselben, und daß der übrigbleibende Energiebetrag einem Schwingungssystem zugeführt wird, welches die Aufrechterhaltung der Schwingungen bewirkt. Dieser Vorgang ist also genau analog wie beim Schwungrad einer Dampfmaschine. Die durch die Expansion des Dampfes im Zylinder erreichte Vorwärtstreibung des Kolbens und der hierdurch bewirkte Arbeitsüberschuß wird bekanntlich einem Schwungrad zugeführt. Für die Rückwärtsbewegung des Kolbens (unter der Voraussetzung, daß es sich nur um eine einseitig wirkende Anordnung handelt, würde kein Energiebetrag zur Verfügung stehen. Dieser wird vielmehr vom Schwungrad geleistet, welches einen Teil seines Arbeitsüberschusses auf den Kolben überträgt und somit die Rückwärtsbewegung desselben, bzw. die Überwindung des toten Punktes veranlaßt.

Genau ebenso wird im rückgekoppelten Röhrensenderkreis nicht die gesamte von der Röhre erzeugte Hochfrequenzenergie ausgestrahlt, sondern ein Teilbetrag derselben wird einem Schwingungssystem zugeführt, welches, ähnlich wie das Schwungrad der Dampfmaschine, einen Teil wieder hergibt und zur Aufrechterhaltung des Schwingungsvorganges beiträgt.

Die Rückkopplungsschaltung, welche zwar nicht genau der z. Z. praktischen Ausführungsform entspricht, die aber am besten das Prinzip klar macht, ist in Abb. 320 wiedergegeben. Sobald man den Schalter *g* schließt, fließt im Anodenstromkreis *a* der Anodenstrom. Es findet eine Aufladung des Kondensators *h* statt, welcher sich über die Spule *i* entladet. Die hierdurch hervorgerufene Stromvariation erzeugt eine entsprechende Stromvariation über die Spule *k* im Gitterkreis *d*. Infolge dieser Einwirkung auf das Gitter *d* wird der Anodenstrom entsprechend beeinflußt, also, wenn die Kreise aufeinander abgestimmt sind, in seiner Amplitude entsprechend verstärkt. Hierdurch findet nun wieder eine Verstärkung des Stromes im Kreise *h i* statt, wodurch der Gitter- und somit der Anodenstrom *h* in der Röhre verstärkt werden.

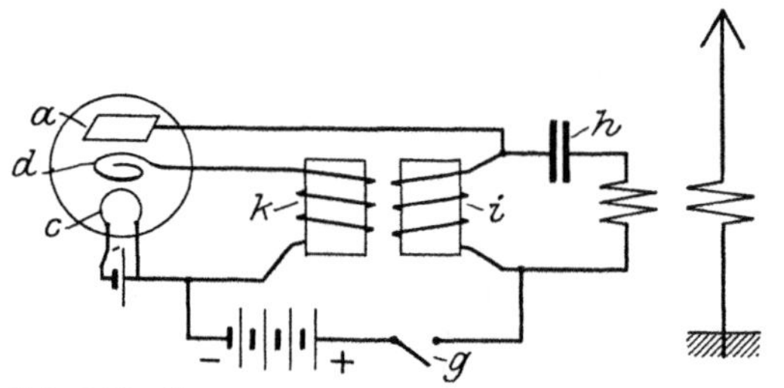

Abb. 320. Grundsätzliche Rückkopplungsschaltung.

Dieser Vorgang der gegenseitigen Verstärkung und Aufschaukelung der Energie wird in dem Maße bewirkt, bis schließlich ein Gleichgewichtszustand eintritt. Dieser hängt lediglich von der Röhre, den Schaltmitteln und den Strom- und Spannungsquellen ab.

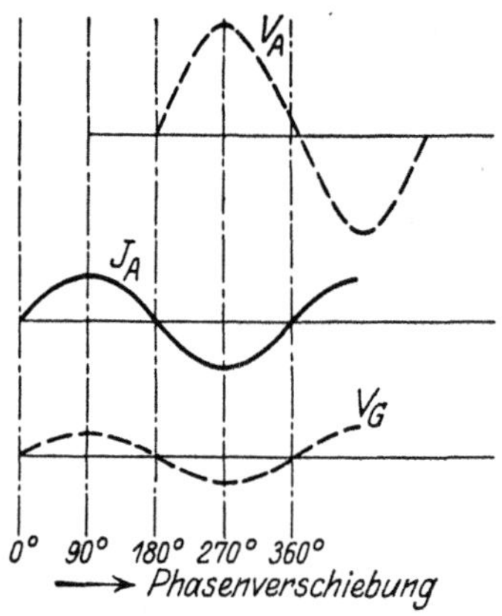

Abb. 321. Phasenverschiebung zwischen Va und Vg, die notwendig ist, damit Schwingungserzeugung eintritt (Rückkopplung).

Die Anordnung der Spulen *i k*, also der Rückkopplungsspulen, muß so getroffen sein, daß der Anodenstrom durch das Gitter im richtigen Zeitmoment steuert; es müssen also folgende Phasenverhältnisse gewährleistet sein: die Gitterspannung V_G und der Anodenstrom J_A müssen in gleicher Phase schwingen, hingegen muß die rückgekoppelte Gitterspannung V_G 180° gegen die in der Spule *i* verschoben sein. Der Vorgang ist in Abb. 321 dargestellt. Dieses wird meistens dadurch bewirkt, daß der Wicklungssinn der beiden Spulen *k* und *i* entgegengesetzt gemacht wird. Tritt also ein Schwingungszustand in einem derartigen Rückkopplungssender (Rückkopplungsverstärker, Rückkopplungsempfänger) nicht ein, so muß man z. B. die Polarität der einen der beiden Spulen umwechseln.

8. Dämpfungsreduktion (Negativer Widerstand).

Sofern eine Phasenverschiebung von 180° zwischen Anodenspannung und Gitterspannung vorhanden ist, tritt der Maximaleffekt für die Schwingungserzeugung ein. Er ist jedoch auch schon bei kleineren Phasenverschiebungen zu erhalten, wie aus dem Schaubild von Abb. 322 hervorgeht. Im linken Sektor von 0° bis 90° ist das Gebiet des Ohmschen Widerstandes W. Derselbe nimmt immer mehr ab, je weiter das Diagramm im Uhrzeigersinne gegen 90° hin durchlaufen wird. Von 90° an

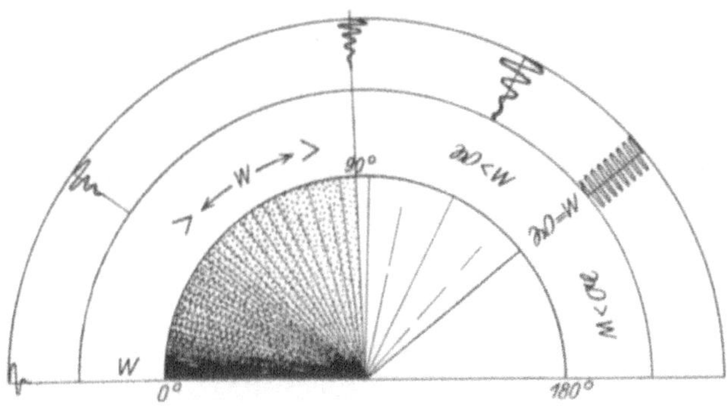

Abb. 322. Übersichtsbild über die Wirkung der Phasendifferenz zwischen Gitterspannung V_G und Anodenspannung V_A, über die Dämpfungsreduktion und den negativen Widerstand: $\mathfrak{W} = \frac{1}{W}$.

beginnt der Bereich der Dämpfungsreduktion, d. h., der Widerstand wird mehr und mehr negativ. Schreibt man diesen Widerstand $\mathfrak{W}$, so heißt dies in dem Ausdruck $\mathfrak{W} = \frac{1}{W}$, daß der Bruch immer kleinere und kleinere Werte annimmt. Physikalisch bedeutet es, daß Schwingungszüge im Bereiche von 90° anfangend immer weniger gedämpft werden, je kleiner der negative Widerstand wird.

Im Bereiche $\mathfrak{W} = W$ ist die Dämpfung des betreffenden Systems gleich Null. Physikalisch heißt dies, daß in diesem Bereich die aufgedrückte Schwingung mit konstanter Amplitude bestehen bleiben würde.

Vermindert man den Widerstand immer mehr, nähert man sich also der Phasenverschiebung 180°, so heißt dies im Ausdruck $\mathfrak{W} > W$, und physikalisch, daß ein Anwachsen der zugeführten Schwingungsamplitude stattfinden würde, mithin also eine Schwingungssteigerung.

Für Sender und Verstärker spielen diese Vorgänge eine große Rolle. Von beinahe noch größerer Bedeutung sind sie für den Empfänger, wo, insbesondere beim Audionempfänger, auf Dämpfungsreduktion hingearbeitet wird, um sowohl die Empfindlichkeit der Apparatur als auch die Lautstärke nach Möglichkeit zu steigern.

Es sind in der Technik eine große Zahl von Schaltungsanordnungen bekannt geworden, welche darauf abzielen, mit möglichst ausgebildeter Dämpfungsreduktion zu arbeiten. Hierzu gehören neuerdings in ganz besonderm Maße die Reflexschaltungen.

9. Historische Entwicklung der Röhrensender und der Rückkopplung.

1. Erste Röhren(Audio)senderschaltung von L. de Forest.

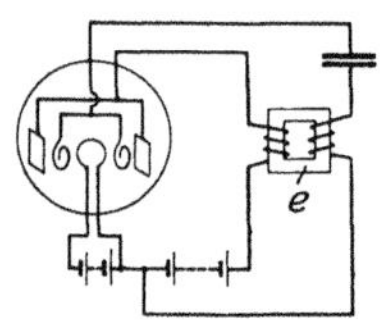

Abb. 323. Röhrensender(audio)-Schaltung von L. de Forest.

Offenbar die überhaupt erste Senderanordnung, um mittels der RöhreSchwingungen, wenn auch zunächst noch nicht von Radiofrequenz so doch Audiofrequenz zu erzeugen, wurde von L. de Forest (Sommer 1912) angegeben.

Das Schaltungsschema zeigt Abb. 323. Die Rückführung der Energie hat de Forest hierbei offenbar mittels eines eisengefüllten Transformators *e* bewirkt.

2. Röhrensendereinrichtung von S. Strauß.

Auch schon frühzeitig (Dezember 1912) hat S. Strauß eine Senderanordnung z. B. gemäß Abb. 324 angegeben, um elektrische Senderschwingungen unter Benutzung einer Gitterröhre (z. B. Lieben-Röhre) zu erzeugen. Wie das Schaltungsschema zeigt, ist hierbei der Kreis Kathode-Gitterelektrode mit dem Kreis Kathode-Anode durch die Spulen *f* und *e* rückgekoppelt, so daß Stromschwankungen im ersten Kreise auf den zweiten übertragen werden, mit dem Effekt, daß eine Verstärkung der ursprünglichen Stromschwankungen bewirkt wird. In der durch die Spule *g* induktiv angekoppelten Antenne *h* werden infolgedessen kontinuierliche elektrische Schwingungen hervorgerufen, deren Frequenz im wesentlichen durch die Kapazität und Selbstinduktion der benutzten Stromkreise bedingt ist, und zwar konnten nicht nur Audio- sondern auch Radiofrequenzen erzielt werden. Die Anordnung der Stromquelle *i* für das Heizen der Kathode *c* und das Feld der Anode *a* stimmt im wesentlichen mit allen späteren Einrichtungen überein.

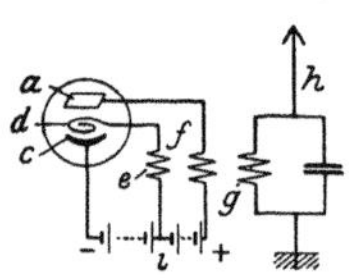

Abb. 324. Röhrensendereinrichtung mit Rückkopplung von S. Strauß.

Nach Einschaltung der Röhre *a d c* sollte sich das den ganzen Raum erfüllende Glimmlicht ausbilden und nur an der Gitterelektrode *d* sollte sich auf der nach der Anode zugekehrten Seite der Kathodendunkelraum zeigen. Sobald nun durch einen Stromstoß, z. B. beim Einschalten, die an die Gitterelektrode gelegte Gleichstromspannung verkleinert wird, nimmt die Stärke des Glimmstromes im Rohre *a d c* zu, weil infolge der Verringerung des Verarmungsbereiches an Ionen (Kathodendunkelraum) der Gesamtwiderstand in der Röhre abgenommen hat. Es wird alsdann eine größere Stromstärke in der Spule *f* erzielt, welche auf die Spule *e* zurückwirkt und somit auch auf die Gitterelektrode *d*, wodurch eine Variation der an *d* angelegten Spannung herbeigeführt wird, so daß von der Anode *a* nach der Spule *f* ein Stromstoß zustande kommt. Es bildet sich demgemäß in den Windungen *f* und *e* ein kontinuierlich verstärkter Wechselstrom aus, welcher in der Antenne nutzbar gemacht wird.

10. Röhren-Senderschaltungen.

Wir hatten schon oben gesehen, daß die Röhre geeignet ist, Senderschwingungen zu erzeugen, sobald eine Wechselspannung an das Gitter angelegt wird.

Die sich infolgedessen ergebende prinzipiell einfachste Schaltung eines fremd erregten Röhrensenders zeigt Abb. 325. An das Gitter *d* ist von einer hochfrequenten Wechselspannungsquelle *f* aus eine Wechselspannung gelegt. *f* ist andererseits über die Spule *g* mit der Anode *a* verbunden. Der infolge der Gitterspannungsvariation im Anodenkreis erzeugte verstärkte Wechselstrom wird durch die Spule *g* und die Kopplungsspule *h* auf die Antenne übertragen und von dieser ausgestrahlt.

Da es eigentlich nur in dem Fall bequem ist, diese Schaltung anzuwenden, wenn für *f* eine weitere Röhre, die sog. Vorröhre, benutzt wird, hat man bisher im allgemeinen, mindestens bei kleinen, aber auch bei mittleren Röhrensendern, wohl ausschließlich nur den Rückkopplungsgedanken angewendet. Eine besonders einfache Ausführungsform

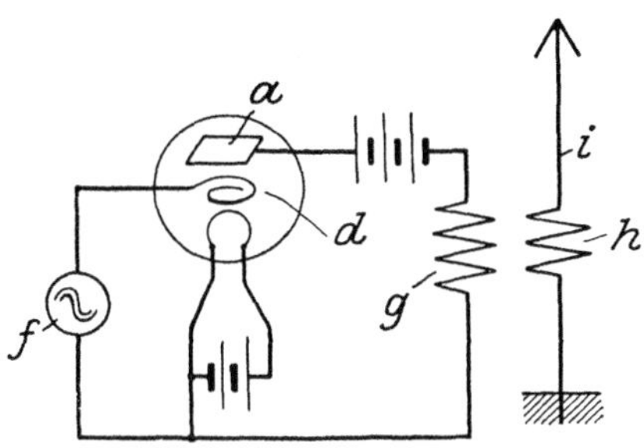

Abb. 325. Prinzipanordnung des fremderregten Röhrensenders.

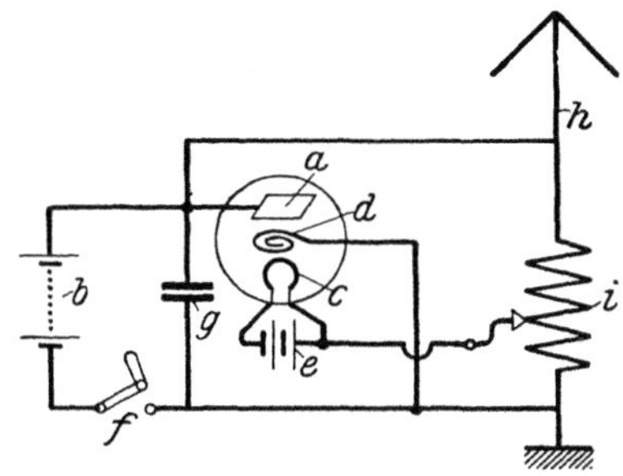

Abb. 326. Einkreis-(Spannungsteiler-) senderschaltung von Telefunken.

einer derartigen Rückkopplungsschaltung ist die sogen. Einkreisschaltung von Telefunken gemäß Abb. 326. *a d c* ist die Eingitterröhre, die von einer Heizbatterie *e* aus geheizt wird. *b* ist die Anodenfeldbatterie, *f* ein Taster, *g* ein Parallelkondensator großer Kapazität zur Anodenbatterie. Die Gitterelektrode liegt am unteren Ende der Antennenspule *i*, der Heizdraht ist einpolig mit einem variablen Kontakt der Spule *i* verbunden. Hierdurch wird eine Art Spannungsteilung erzielt, weshalb die Schaltung auch als Spannungsteilerschaltung bezeichnet wird.

Da eine derartige Einrichtung verhältnismäßig kapazitätsempfindlich sein würde, müßte man sie durch Metalltrennungswände gegen ungewollte Kapazitätsbeeinflussungen schützen, was aber, schon wegen der Leitungszuführungen zu den Batterien usw., nur teilweise möglich wäre. Auch die Wellenkonstanz ist bei einer derartigen Apparatur nicht ganz einfach zu erreichen, aber immerhin ist der Vorteil einer einfachen Leitungsführung und übersichtlichen Montage und Reparaturmöglichkeit bei einer so einfachen Senderschaltung vorhanden.

Einen prinzipiell andern Weg ist die Huthgesellschaft bei der Senderschaltung nach Kühn gegangen, die zeitlich etwa gleichzeitig und unabhängig von J. A. Armstrong angegeben wurde. Bei dieser Schaltung gemäß Abb. 327 ist ein besonderer abstimmbarer Gitterkreis *k l* vorhanden, der auf den Anodenkreis *a i m c* abgestimmt wird. Das Anodenfeld wird in diesem Falle durch den von der Wechselstrommaschine *n* gelieferten, bei *o* transformierten und durch den Gleichrichter *p* gleichgerichteten Strom hergestellt. *r* sind Drosselspulen. Auch hier tritt die Selbsterregung dadurch ein, daß beim Schließen des Anodenkreises Elektronen auf das Gitter emittiert werden und hierdurch den Kondensator *k* aufladen, durch dessen Entladnng im Schwingungskreis *k l* Schwingungen einsetzen, die durch das Gitter die Variation des Anodenstromes und damit die Ausbildung von Schwingungen im Röhrenkreise bewirken. Durch den entsprechend verstärkten Anodenstrom wird eine

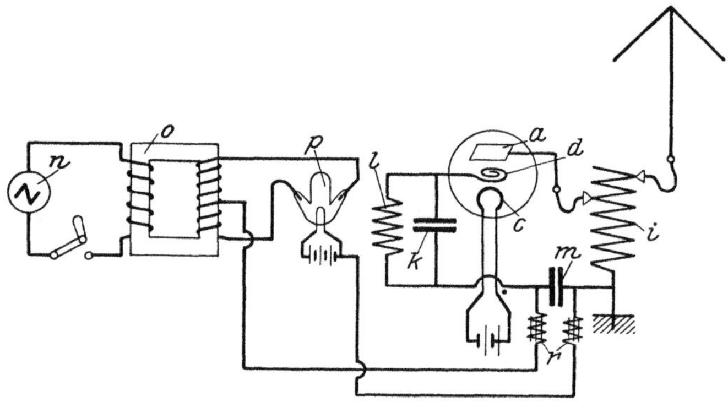

Abb. 327. Zweikreis-Röhrensenderschaltung von Kühn (Huthgesellschaft).

Neuaufladung des Kondensators *k* bewirkt und hierdurch eine Aufschaukelung der Energie bis zu einem gewissen Betrage herbeigeführt.

Für größere und große Senderenergien ist man indessen genötigt, auf Fremderregung überzugehen, da alsdann die selbstinduktive Rückkopplung im Betrieb schwierig einzustellen ist und mit größeren Verlusten arbeitet, insbesondere wenn eine Anzahl parallel geschalteter Röhren zur Schwingungserzeugung verwendet wird. Um bei derartigen Schaltungen mit kleinen Gitterenergien auszukommen und einen betriebssicheren Zustand zu gewährleisten, erteilt man von einem kleinen Hilfsröhrensender aus die Schwingungsenergie an die Gitter der Hauptröhren, wobei die Kreise in Abstimmung arbeiten (siehe z. B. die Schaltung des Eiffelturmsenders, Abb. 113 und 114, S. 196 und 197).

11. Schwingungsvorgänge beim Röhrensender.

Für den mittelsten Teil der Charakteristik schwankt die Gitterspannung um die Nullpunktlage nur um sehr geringe Beträge und zwar um nur wenige Volt, wobei zwischen den Variationen der Gitterspannung und des Anodenstromes volle Proportionalität herrscht. Wenn die Gitterspannung sinusförmigen Verlauf besitzt (siehe Kurve Abb. *a*, Abb. 328), so tritt im Anodenkreise ebenfalls sinusförmiger Stromverlauf ein (A. Meißner), da der Anodenstrom die Kurvenform besitzt, welche der der Gitterelektrode aufgedrückten Spannung entspricht. Nutzt man jedoch den ganzen Bereich der Charakteristik aus, so nimmt bei sinusförmigem Spannungsverlauf der Anodenstrom die Gestalt von Kurve *b* an. Der Anodenstrom fließt während der Zeiten T_1, während welcher die Anodenfeldstromquelle auch nur Energie liefert, wohingegen während der Zeiten T_2 kein Anodenstrom fließt, also die Stromquelle auch keine Energie hergibt. Es ist dieses der Anodenstromverlauf, der im allgemeinen wenigstens bei selbstinduktiv rückgekoppelten Sendern auftritt.

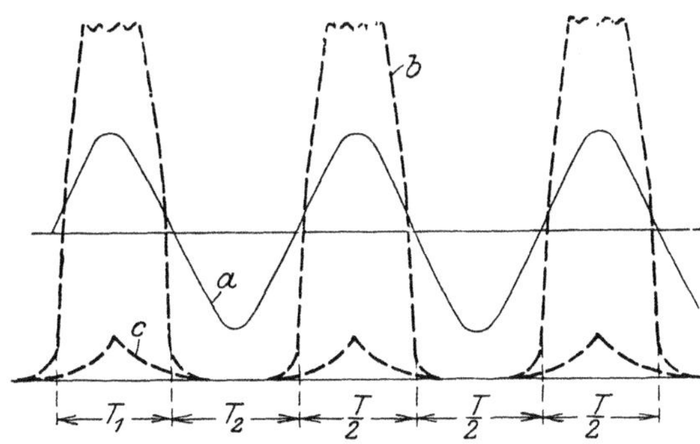

Abb. 328. Gitterspannung und Anodenstrom sind sinusförmig.

Die Amplitude der Anodenstromkurve soll, um große Leistung des Senders zu erhalten, möglichst groß sein. Hingegen soll die Amplitude der ebenfalls in Abb. 328 eingezeichneten Gitterstromkurve tunlichst gering sein. Eine große Amplitude deutet hier unter anderm auf ein schlechtes Vakuum in der Röhre hin.

Beziehungen zwischen Anodenspannung, Röhrenspannung und Spannung an der Selbstinduktion des Schwingungssystems.

Wie sich unschwer zeigen läßt (A. Meißner, 1919), kann man unter Zugrundelegung eines sinusförmigen Strom- und Spannungsverlaufes, also unter Vernachlässigung von Oberschwingungen, für

die Anodenspannung $= V_A$
die Spannung an der Selbstinduktion des Schwingungskreises $= V_L$
die Gesamtspannung an der Röhre $= V_R$
die Spannung zwischen Gitter und Heizdraht $= V_G$

die nachbezeichneten Beziehungen ableiten:

$$V_A = V_R + V_L, \quad \text{wobei} \quad V_L = 2\pi n L \cdot J;$$

J ist hierin der Strom im Schwingungssystem,

also $$V_R = V_A - V_L.$$

Wenn man unter Zugrundelegung mittlerer Verhältnisse die sich ergebenden Kurven für einen Halbwechsel $= \frac{T}{2}$ aufzeichnet, erhält man ein Bild gemäß Abb. 329, welche für eine ganz bestimmte Anodenkopplung gilt. Da nun die Gitterspule induktiv mit der Schwingungskreisspule gekoppelt ist und infolgedessen auch mit dem in diesem fließenden Strom J, so ergibt sich auch für die in dieser vorhandenen Spannung V_G ein sinusförmiger Verlauf. wie er in Abb. 328 gleichfalls angedeutet ist.

Die jeweiligen Momentanwerte des Anodenstromes J_A, welche zu denen der jeweiligen Gitterspannung V_G gehören, kann man bei verschie-

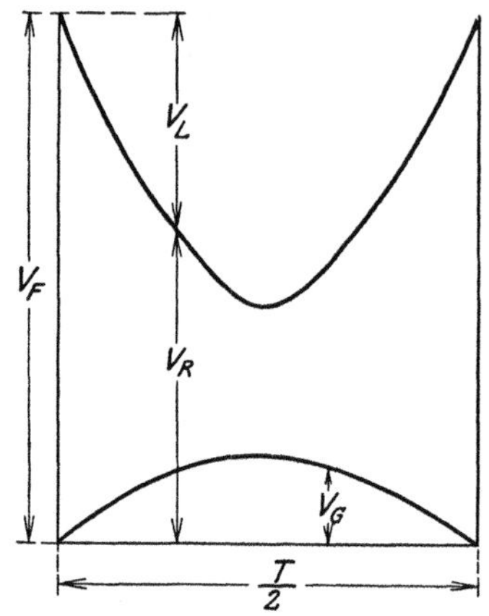

Abb. 329. V_A, V_L und V_G in $\frac{T}{2}$.

dener für jeden Bereich konstantgehaltener Anodenspannung V_A, bzw. V_G entnehmen. Man kann also eine Schar von Charakteristiken aufzeichnen, von denen jede einer bestimmten Anodenspannung V_A, bzw. an der Röhre befindlichen Spannung V_R entspricht. Der Anodenstrom besitzt bei allen für die Praxis inbetracht kommenden, selbstinduktiv rückgekoppelten Sendern, welche auf günstigsten Kopplungsgrad eingestellt sind, wie schon in Abb. 328 dargestellt ist, trapezförmige Gestalt, welche sich in ihre Oberschwingungen zerlegen läßt. Übrigens stellt diese Kurve gleichzeitig den Verlauf der aufgewendeten Leistung dar.

12. Größenordnung der in der Röhre auftretenden Verluste.

Die in der Röhre auftretenden Verluste kann man einteilen in Verluste, hervorgerufen durch Erhitzung der Anode beim Aufprall der Elektronen, welche in jedem Zeitmoment andere sind und gegeben sind durch das Produkt $= V_R \cdot J_A$. Dieselben sind durch Kurve *h* in Abb. 330 wieder für eine ganz bestimmte Anodenkopplung wiedergegeben.

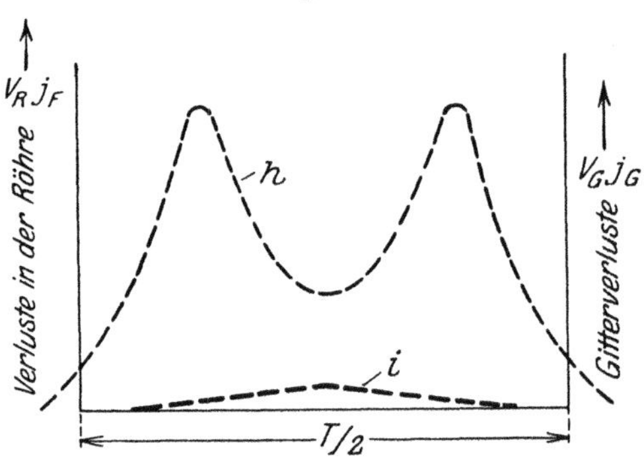

Abb. 330. Die in der Röhre auftretenden Verluste.

Außerdem sind noch Verluste im Gitterkreis vorhanden, welche allerdings gegenüber ersteren kaum inbetracht kommen. Der Gitterstrom J_G ist in Abb. 328 durch die Kurve *c* dargestellt. Die Gitterstromverluste $= V_G \cdot J_G$ in zur Kurve *h* entsprechendem Maßstabe sind in Abb. 329 durch die Kurve *i* für die Halbperiode gezeichnet.

13. Gitterstromcharakteristik.

Man kann im übrigen genau so, wie man die Abhängigkeitscharakteristik des Anodenstromes von der Gitterspannung gemäß Abb. 318 aufgezeichnet hat, in gleicher Weise die Abhängigkeitscharakteristik des Gitterstromes von der Gitterspannung aufzeichnen, wie dies beispielsweise in Abb. 331 für eine bestimmte Anodenspannung zum Ausdruck gebracht ist. Auch hier würde man, wenn man eine Anzahl von verschiedenen Anodenspannungen annimmt, eine entsprechende Schar von Gitterstromcharakteristiken erhalten.

Eine Berücksichtigung des Gitterstromes bei Betrachtung der betreffenden Charakteristiken ist im allgemeinen nur bei Röhren für größere Senderleistung notwendig.

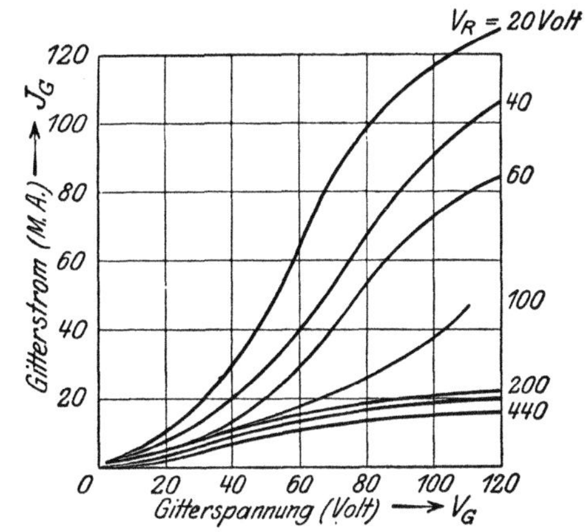

Abb. 331. Gitterstromcharakteristiken.

Feststellung von Steilheit und Durchgriff beim Röhrensender.

In der Grundformel der Röhre

$$J_A = \frac{c}{w_i} V_A + S \cdot V_G$$

ist Steilheit S und Durchgriff D enthalten in dem Ausdruck:

$$S \cdot w_i = D.$$

Die Dimensionierung der Röhre allein bestimmt Durchgriff und Steilheit. Durch besonders sorgfältige Fabrikation gelingt es, Röhren gleicher Type mit praktisch hinreichend übereinstimmenden Charakteristiken herzustellen.

Für den Vergleich von Röhren verschiedener Typen genügt es meist, den Durchgriff und die Steilheit aufzunehmen.

Die Steilheit einer Röhre wird gewonnen durch Aufnahme der Anodenstromcharakteristik. Die an die Kurve gelegte Tangente (Ampere pro Volt) ist die Steilheit. Bei Verstärkerröhren ist die Steilheit im Arbeitsgebiet d. h. bei — 1 Volt Gitterspannung anzugeben. Bei Senderöhren gibt man häufig die Maximalsteilheit an.

Der Durchgriff D ist das Verhältnis:

$$D = \left(\frac{d V_G}{d V_A}\right) \cdot J_A.$$

Hierin ist:

V_G = die Gitterspannung,
V_A = die Anodenspannung,
J_A = der Anodenstrom.

Man bestimmt den Durchgriff dadurch, daß man die Anodenspannung auf 400, 300, 200, 100 Volt einreguliert und die Gitterspannung so verändert, daß man denselben Anodenstrom erhält, welcher im linearen Teil der Charakteristik liegt. Die Differenzen der eingestellten Gitterspannungen ergeben alsdann den Durchgriff direkt in %. Bei Spulenempfangsverstärkern beträgt z. B. die Steilheit: $2 \cdot 10^{-4}$ bis $3 \cdot 10^{-4}$, der Durchgriff 4 bis 5%.

Kurve der Nutzleistung im Schwingungssystem. Oszillographenbild des im Schwingungskreis erzeugten Hochfrequenzstromes.

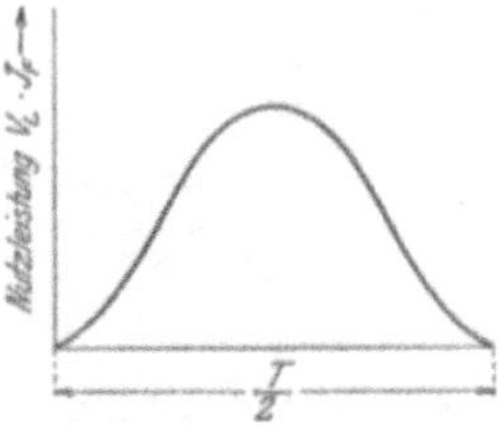

Abb. 332. Kurve der Nutzleistung im Schwingungssystem.

Nachdem alle Größen im Röhrenkreise derart definiert sind, ist es auch möglich, die Leistungskurve im Nutzkreise zeichnerisch zu fixieren. Unter Zugrundelegung einer Senderschaltung ergibt sich für die Nutzleistung im Schwingungskreise $= V_L \cdot J_F$ ein Bild für die Halbperiode, etwa Abb. 332 entsprechend, welches ebenfalls wieder für eine ganz bestimmte Anodenkopplung gilt.

Ein Oszillographenbild (J. Langmuir, A. Hund) der erzeugten Schwingungen, welches im linken normalen Teil Oberschwingungen nicht erkennen läßt, und das im rechten Teile auch manchmal auftretende Unregelmäßigkeiten zeigt, gibt Abb. 333 wieder.

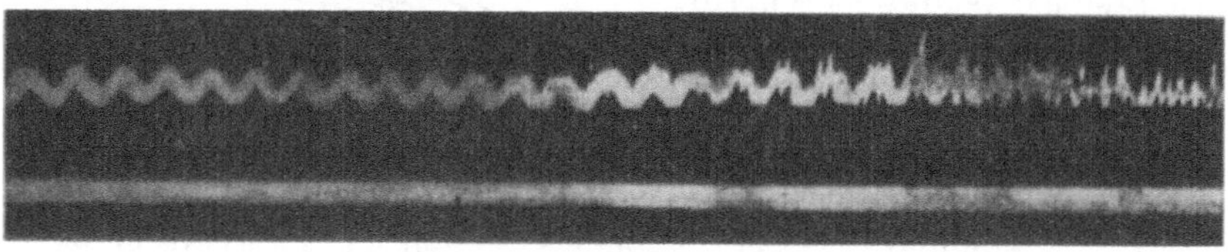

Abb. 333. Oszillographenbild der Schwingungen des Röhrensenders.

14. Einfluß der Anoden- und Gitterkopplung.

a) Die Anodenkopplung.

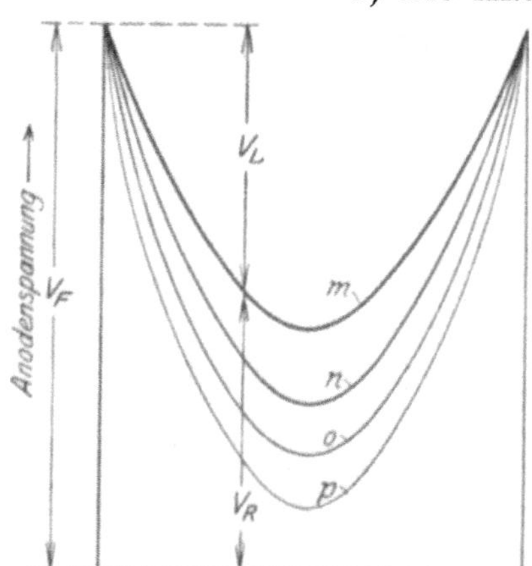

Abb. 334. Abhängigkeit zwischen V_L der Spannung an der Selbstinduktion und V_R der Gesamtspannung.

Durch Variation der Windungszahlen, bzw. des Spulenabstandes der Rückkopplungsspulen hat man es in der Hand, die Kopplung des Anodenfeldes entsprechend lose oder fest zu gestalten. Es ändert sich dementsprechend V_L und demgemäß der Anodenstrom J_A und somit auch die Nutzleistung im Kreise *o g i l n* entsprechend $V_L \cdot J_A$.

Unter Zugrundelegung verschiedener Werte für die Spannung $V_{L\,max}$ sind in Abb. 334 verschiedene Kurven gezeichnet, welche die jeweilige Abhängigkeit zwischen V_L, also der Spannung an der Selbstinduktion und V_R, also der Gesamtspannung, welche an der Röhre liegt, darstellt, und wobei die

Anodenspannung $V_A = 440$ Volt angenommen ist. Die Kurve *m* gilt für $V_{L\,max} = 415$ Volt. Die Kurve *n* für 365 Volt, Kurve *o* für 328 Volt, Kurve *p* für 240 Volt.

Unter denselben Voraussetzungen sind in Abb. 335 durch die Kurven *m*, *n*, *o* und *p* die diesen Selbstinduktionsspannungen, bzw. Röhrenspannungen entsprechenden Anodenstromstärken gezeichnet. Im übrigen ist durch die Kurve *c*, wieder entsprechend Abb. 335, die Gitterstromkurve dargestellt.

Bemerkenswert ist an den Kurven für die Anodenstromstärke, daß dieselben eine um so stärkere Einbuchtung in der Mitte des Halbwechsels zeigen, je fester die Anodenkopplung gewählt ist. Obwohl hierdurch zwar eine Verbesserung des Wirkungsgrades erzielt wird, ist zu bemerken, daß die Oberschwingungen offenbar so zunehmen, daß Sender

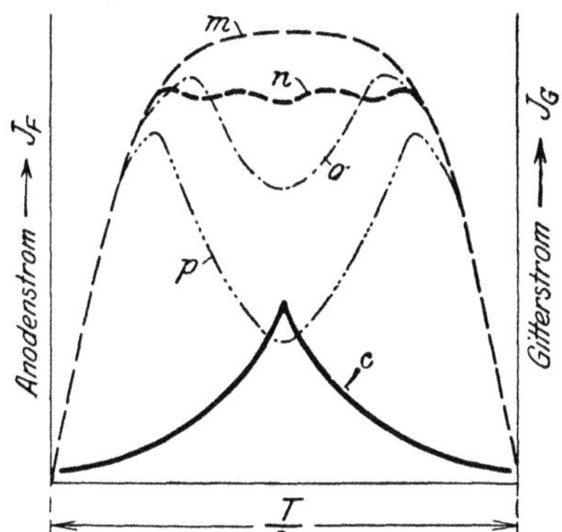

Abb. 335. Anodenstromstärken als Funktion der Selbstinduktionsspannung, Röhrenspannung usw.

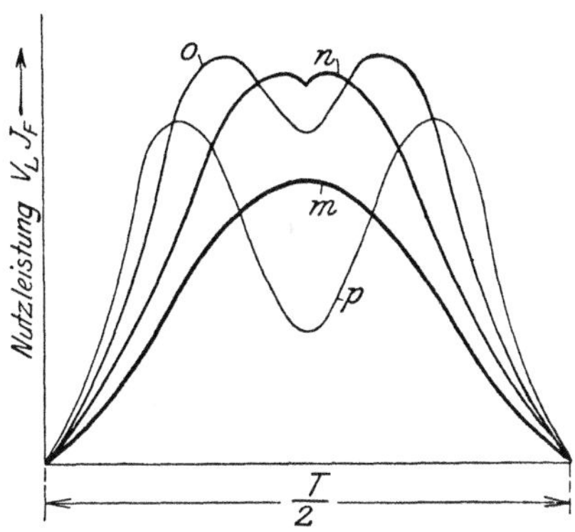

Abb. 336. Nutzleistungskurven.

mit derartiger fester Anodenkopplung für den praktischen Betrieb wohl nicht inbetracht kommen dürften.

Wählt man die Anodenkopplung ganz lose, so daß man also einen trapezförmigen Verlauf, etwa Kurve *m* entsprechend, erhält, so sind Oberschwingungen zwar nicht nachweisbar, hingegen sind infolge der großen Stromstärke und der gleichzeitig vorhandenen erheblichen Spannungen an der Röhre die Verluste in derselben sehr große. Man erhält hierfür einen Verlauf entsprechend Kurve *h*, Abb. 336. Die an den Nutzkreis abgegebene Leistung $V_L . J_A$ ist hierbei relativ gering; sie ist durch Kurve *m* in Abb. 336 wiedergegeben.

Bei sehr fester Kopplung erhält man den Anodenstrom gemäß Kurve *p*, also eine sehr starke Einsenkung des Stromverlaufes in der Mitte, wobei nicht nur die Leistungsabgaben an den Nutzkreis, sondern auch die Verluste in der Röhre sich im wesentlichen auf das erste und letzte Drittel des Wechsels konzentrieren. Indessen sind die hierbei auftretenden Oberschwingungen so wesentlich, daß an eine praktische Ausnutzung einer so festen Kopplung wohl kaum zu denken ist.

Es geht also hieraus hervor, daß man stets eine günstigste Kopplung (etwa den Kurven n entsprechend) für die Dimensionierung der Apparatur zugrunde legen muß, wobei also J_A auch in der Mitte des Halbwechsels keine zu starke Einsenkung erfahren darf, andererseits aber auch V_L nicht zu klein werden darf, um die Verluste in der Röhre nicht zu groß werden zu lassen. Im allgemeinen dürfte der günstigste Kopplungsgrad dann erreicht werden, wenn $V_{L\,max}$ zwischen 70—80% der Betriebsspannung liegt.

b) Die Gitterkopplung.

Für die Gitterkopplung gelten ähnliche Erwägungen. Es lassen sich unter Zugrundelegung verschiedener Gitterkopplungen bei Konstanthaltung der Anodenspannung Kurvenscharen wie die besprochenen ermitteln, um aus diesen die Nutzleistung in Abhängigkeit von der variablen Gitterkopplung zu finden.

Es ist zu bemerken, daß, je kleiner die Gitterkopplung gewählt wird, um so mehr der Anodenstrom von der trapezförmigen in eine sinusförmige, bzw. sinusquadratförmige Kurvenform übergeht. Hierdurch werden zwar die Oberschwingungen geringer und die Verluste in der Röhre kleiner, aber die Leistung sinkt ebenfalls, und man läuft auch bei gewissen Röhrenausführungen Gefahr, daß die Röhren leicht aussetzen, insbesondere bei Röhren mit zu geringem Durchgriff.

Im übrigen gilt sowohl für die Wahl der Gitterkopplung als auch der Anodenkopplung und der sonstigen Varianten des Röhrenkreises, daß unter Berücksichtigung der obigen Gesichtspunkte die endgültige Wahl erst auf Grund der experimentellen Feststellung von Fall zu Fall gewonnen werden kann, da die Anzahl der zum Teil voneinander abhängigen Variablen eine zu große ist, um alle Gesichtspunkte von vornherein theoretisch berücksichtigen zu können.

15. Oberschwingungen. Sinusförmige Schwingungen.

Ein Nachteil vieler Röhrensenderschaltungen sind die Oberschwingungen. Diese haben zum Teil ihren Grund in der Antennenform und Dämpfung, zum Teil aber in der Aufbauart des Senders selbst. Begünstigt werden sie, wenn der Röhrengenerator direkt in die Antenne geschaltet ist, herabgesetzt werden sie durch Sekundär- und Tertiärkreise, die zwischen Generator und Antenne geschaltet werden. Die ersten diesbezüglichen Anordnungen sind von M. C. White angegeben worden.

Mindestens ebenso wichtig ist es aber, um möglichst rein sinusförmige Schwingungen zu erhalten, nur den geradlinigen Teil der Charakteristik zu benutzen, also denjenigen Teil, in dem die Gitterspannungsvariationen nur verhältnismäßig gering sind. Würde man die Gitterspannungsvariationen größer werden lassen, so verlieren die Schwingungen ihre Sinusform, und die Ausbildung von Oberwellen wird begünstigt. Obwohl man die Grundlagen zu einem Sender rechnerisch festlegen kann, sind zum Aufbau die Aufnahme der Charakteristik sowie die richtige Einregulierung der Gitterrückkopplung, der Anodenkopplung und Spannung notwendig, um jeweilig die günstigsten Verhältnisse zu erreichen.

Ziehen. Ein Nachteil der Sekundärkreissender, der aber auch bei manchen anderen Senderanordnungen eintritt, beruht in der, wenig charakteristischerweise, mit „Ziehen“ bezeichneten Erscheinung. Diese besteht darin, daß man einen andern Maximalstromwert in der Antenne erhält, wenn man vom Kreis *k* ein auf große Wellen oder von großen auf kleine Wellen variierendes Resonanzmaximum herstellt. Ferner versteht man unter dem Ziehen noch gewisse Sprünge der Antennenstromkurve bei Aussetzen der Wellenlänge. Unter Umständen ist es sogar möglich (H. Edler, G. Glage), daß der Anodenstrom, wenn die Antenne auf den Anodenkreis abgestimmt war, darauf unterbrochen und wieder geschlossen wurde, nicht aber denselben vorher gehabten Maximalwert aufweist. Wählt man die Koppelung zu fest, so kann der Fall eintreten, daß Schwingungen überhaupt nicht mehr zustande kommen. Jedenfalls ist die Zieherscheinung um so mehr hervortretend, je fester die Gitterrückkopplung gewählt ist.

Tasten. Getastet wird der Sender zwischen Vollast und Leerlauf. Bei kleinen Sendern ist es meist ganz beliebig, wo man die Taste hinlegt, bei größeren Anordnungen wird zweckmäßig der Anodenstrom getastet, bzw. es wird der Primärkreis des den Anodenstrom erzeugenden Hochspannungstransformators getastet. Bei Sendern für große Leistungen (Steuersender) tastet man das Gitter des Steuersenders.

16. Röhrensenderschaltungen für Radiotelephonie. Mikrophonschaltungen.

a) Allgemeine Gesichtspunkte.

In Kap. IX waren die allgemeinen Schwierigkeiten auseinandergesetzt worden, welche für einen Radiotelephoniesender zu überwinden sind Es ist notwendig, daß die kontinuierlichen, von der Radiotelephonieantenne ausgestrahlten Schwingungen genau im Ryhthmus der Sprech- oder Tonschwingungen moduliert werden, wobei nicht nur alle Feinheiten der Tonwiedergabe exakt reproduziert werden müssen, sondern auch die das Sendermikrophon beeinflussenden Schallschwingungen in ihrer Stärke, also vom leisesten Piano bis zum stärksten Forte, entsprechend übertragen werden müssen. Ferner ist zu berücksichtigen, daß nicht nur die Vokale, sondern auch die Konsonanten, deren Frequenz bis zu etwa 10000 Schwingungen pro Sek. heraufreichen, exakt wiedergegeben werden müssen. Besondere Schwierigkeiten bieten hierbei die Zischlaute, weswegen diejenigen Sprachen, welche reich an Vokalen und arm an Zischlauten sind, am geeignetsten für die Radiotelephonie sind.

Es ist also notwendig, wie gleichfalls schon an anderer Stelle auseinandergesetzt wurde, daß alle irgendwie hervortretenden Resonanzlagen in sämtlichen Übertragungsmitteln peinlichst vermieden werden.

b) Vorteile des Röhrensenders.

Für kleine und mittlere Reichweiten, bzw. Antennenenergien bildet für drahtloses Fernsprechen der Röhrensender einen nahezu idealen Hochfrequenzgenerator, da insbesondere bei induktiv mit dem Luftleiter verbundener Generatorröhre ausgezeichnete sinusförmige Schwingungen bis zu den kleinsten Wellenlängen herab in der Antenne ohne weiteres erzielbar sind, wobei die Schwingungsamplituden und die Wellenzugsfolge praktisch vollkommen konstant bleiben. Diese Konstanz kann so ausgezeichnet sein, daß das Empfangstelephon, wenn der Generator brennt, das Mikrophon aber nicht lautbeaufschlagt wird, absolut ruhig bleibt.

Infolge der nahezu vollkommenen Regelmäßigkeit der von der Röhre erzeugten Schwingungen ist die Laut- und Sprachübertragung frei von allen Störungen und Nebengeräuschen.

Übrigens würde der Röhrensender an und für sich auch die Möglichkeit bieten, ihn für größere Reichweiten geeignet zu machen, indem entweder die Dimensionen der Röhre (Heizfaden) entsprechend groß gewählt werden, oder indem eine gewisse Anzahl normaler Senderöhren parallel geschaltet wird. Von letzterer Anordnung ist in der Praxis wiederholt Anwendung gemacht worden. Es werden hierbei indessen im allgemeinen die Energieunterbringungsschwierigkeiten in der Mikrophonanordnung nicht vermieden. Der Röhrensender bietet aber ein ausgezeichnetes Mittel, um auch über diese Schwierigkeiten prinzipiell hinwegzukommen und unter Anwendung von Verstärkungskreisen am Sender selbst bei geringer Sprachbeaufschlagung auch nur eines normalen Mikrophons sehr kräftige Beeinflussungen der von der Sendeantenne ausgestrahlten Wellen herbeizuführen. Die Röhre ist mithin prädestiniert für sog. „Relaisschaltungen", so daß man mit wenigen Watt Mikrophonbeanspruchung mehrere hundert Watt Hochfrequenzenergie steuern kann.

c) Anordnungen für geringe Antennenenergie.

In den weitaus meisten Fällen wird bisher bei den Radiotelephoniesendern das Kohle-Körnermikrophon benutzt, um die kontinuierlichen Schwingungen zu beeinflussen. Obwohl verschiedene Methoden angegeben worden sind, um die von einem derartigen Körnermikrophon aufzunehmende Leistung zu erhöhen, bzw. Schaltungsanordnungen bekannt geworden sind, welche diesen Effekt anstreben, ist immerhin die auf diese Weise durch das Mikrophon zu vernichtende Energie nur verhältnismäßig gering. Infolgedessen kann auch die einfachste Schaltungsanordnung, bei welcher die Antenne direkt in das Mikrophon eingeschaltet wird, nur für sehr kleine Energien verwendet werden. Für die normalen Rundfunksender spielt diese Anordnung praktisch keine wesentliche Rolle mehr.

d) Der Mikrophonverstärker.

Um die von einem Mikrophon modulierten Schallschwingungen in genügender Stärke für die Radiotelephonie zu liefern, hat man eine Einrichtung geschaffen, welche als Mikrophonverstärker bezeichnet worden ist. Das Prinzip derselben ist in Abb. 337 wiedergegeben. e ist das Mikrophon, f eine Stromquelle, g ein Transformator, welcher auf eine Röhre h einwirkt.

Setzt man bei passender Dimensionierung diese Anordnung in Betrieb, so können die durch das Mikrophon bei Besprechen oder Besingen hervorgerufenen Variationen mit entsprechender Verstärkung an den Klemmen *i* des Anodenkreises der Röhre *h* abgenommen werden. Die so erzielbare Verstärkung beträgt etwa das Zehnfache der hineingeleiteten Energie, und bei richtiger Dimensionierung des Apparates ist die Verstärkung vollkommen verzerrungsfrei. Um dies zu erreichen, darf der Transformator *g* keine hervortretenden Eigenschwingungen besitzen, ebenfalls muß die Ausbildung von Kapazitäten in den Zuleitungen usw., insbesondere zur Röhre, peinlichst vermieden werden. Die der Röhre *h* zu erteilende Vorspannung muß so gewählt werden, daß die Charakteristik in ihrem geradlinigen Teil benutzt wird.

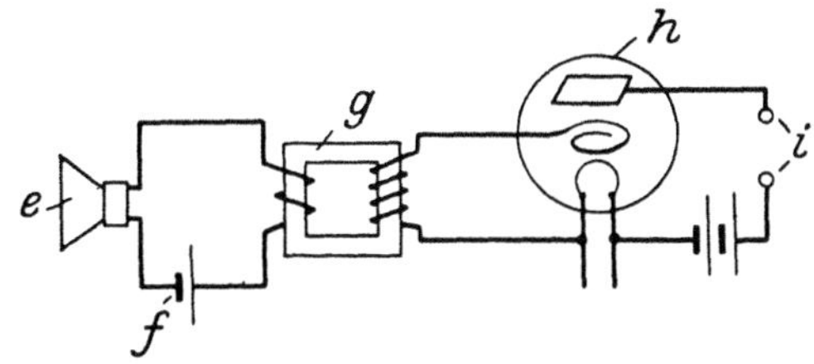

Abb. 337. Grundsätzliche Mikrophonverstärkerschaltung.

Sollte die an den Klemmen *i* zur Verfügung stehende Energie noch nicht ausreichen, um den eigentlichen Telephoniesender zu steuern, so würde ein zweiter und ein dritter Verstärker in Serie zu schalten sein. In praktischen Fällen gelingt es meist ohne weiteres, die nötige Verstärkung zu erzielen.

e) Die Modulation.

Sobald durch den Mikrophonverstärker genügend kräftige Schwingungen erzeugt sind, müssen diese dem eigentlichen Hochfrequenzkreis des Telephoniesenders aufgedrückt werden. Diesen Vorgang bezeichnet man nach dem Vorgang von P. A. Weagant, welcher wohl als erster diese Methode vorgeschlagen hat, als Modulation. Eine Modulation des von der Antenne auszustrahlenden Hochfrequenzstromes ist natürlich nur denkbar, wenn eine bestimmte Antennendämpfung vorhanden ist. Bei allen praktischen Installationen wird dies der Fall sein, da allein schon die Strahlungsdämpfung der Antenne hinreichend ist.

Die Modulation kann auf dreifache Weise beim Röhrentelephoniesender, der z. Z. allein interessiert, bewirkt werden, und zwar:

1. Indem man den Heizstrom der Senderröhrenanordnung moduliert, wodurch mit dem Sprechstrom der Thermionenstrom verändert wird. Diese Anordnung ist insofern bedenklich, als der Schwingungsvorgang hierdurch gestört werden kann. Eine alte Erfahrungstatsache der Radiotelephonie besagt, daß durch die Mikrophonanordnung die Schwingungserzeugung in keiner Weise beeinflußt werden darf, da im äußersten Falle ein Abreißen der Schwingung eintreten kann.

2. Indem man die Anodenspannung moduliert. Dies kann man in der Weise bewirken, daß man z. B. mit einer Vorröhre arbeitet, deren innerer Widerstand durch die Mikrophonwechselspannungen modifiziert werden, die dem Gitter dieser Röhre aufgedrückt werden. Die Haupt-

röhre erhält alsdann eine Anodenspannung, welche von der Mikrophonspannung beeinflußt wird. Hiermit findet eine entsprechende Modulation und Variation der Antennenstromstärke statt.

3. Indem man die Gitterspannung beeinflußt. Diese Methode ist praktisch von größter Wichtigkeit geworden, und die meisten Radiotelephoniesender dürften nach derselben arbeiten. Gemäß dem Schema von Abb. 338 besteht dieselbe in folgendem: *i* ist das Modulationsrohr, welchem mittels eines eisenlosen Transformators *k* Hochfrequenzenergie zugeführt wird. In dem Gitterkreis ist einerseits die Sekundärspule dieses Transformators *k* eingeschaltet, andererseits ein Gitterkondensator *l*. Die Dimensionen des so gebildeten Kreises müssen derart gewählt werden, daß keine Eigenschwingungen im akustischen Frequenzbereich hervorgerufen werden können, weil sonst eine Verzerrung der dem Kondensator *l* aufgedrückten akustischen Schwingungen bewirkt werden könnte. Dem Kondensator *l* von kleinem Kapazitätswert wird nun die akustische Frequenz von dem Mikrophonkreis, der an den Klemmen *m* angeschlossen zu denken ist, über den Transformator *n* aufgedrückt. Der Kondensator *l* ist erforderlich, um die Mikrophonspannungen nicht sofort auszugleichen, sondern überhaupt dem Gitter aufzudrücken.

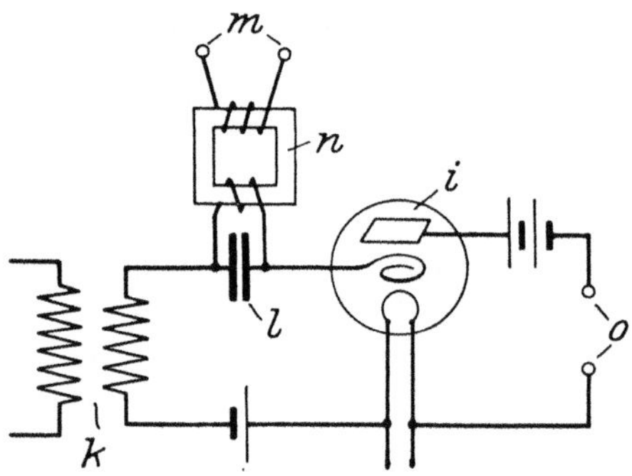

Abb. 338. Modulationsanordnung.

Die auf diese Weise von *k* der Modulationsröhre *i* aufgedrückten und durch die Mikrophonanordnnng *n l* modifizierten Hochfrequenzschwingungen werden mit entsprechend verstärkter Amplitude im Anodenkreis der Röhre *i* zum Ausdruck gelangen und ausgenutzt werden können. Zu diesem Zweck kann an den Klemmen *o* entweder ein geschlossenes Schwingungssystem angeschlossen werden, oder man kann die Antenne hier direkt anschalten. Die Anzahl der möglichen Anordnungen ist eine außerordentlich große. Dieselben besitzen teils Vorteile teils Nachteile, welche von Fall zu Fall in Erwägung zu ziehen sind.

f) Schaltung von Radiotelephoniesendern.

Unter Benutzung der vorstehenden Modulationsschaltung kann der Sender gemäß dem theoretischen Schema von Abb. 339 aufgebaut werden. Bei dieser wird der Gitterkreis durch das Mikrophon beeinflußt, so daß die Spannung am Gitter innerhalb bestimmter Grenzen periodisch variiert dadurch, daß das Mikrophon *b* unter Zwischenschaltung einer Stromquelle und eines eisengeschlossenen Transformators *f* auf den Gitterkreis einwirkt. Ein Kondensator kann ferner wie bei obiger Abbildung noch zwischen Gitter und Kathode vorgesehen sein. Besonders günstige Verhältnisse erhält man, wenn man zwischen dem Mikrophonkreis und

Gitterkreis der Senderöhre einen Verstärker schaltet. Man nähert sich alsdann den zuerst von A. R. Heising angegebenen Schaltungen, wobei

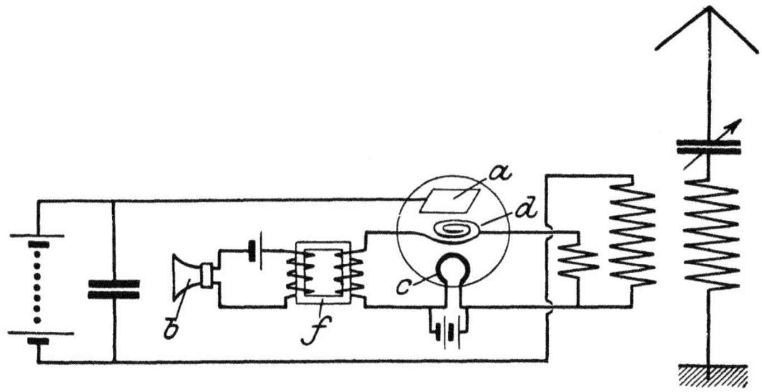

Abb. 339. Steuerung des Gitterkreises durch das Mikrophon.

durch gewöhnliche Besprechung oder sonstige Lautbeaufschlagung des Mikrophons sehr erhebliche Stromvariationen im Gitterkreise bewirkt werden können.

g) Telephoniesenderschaltung von Kühn-Huth.

Unter teilweiser Benutzung der obenstehenden Schaltung sind, insbesondere von den deutschen Firmen Huth und Telefunken, besondere Telephoniesenderschaltungen ausgebildet worden, welche beim Ausbau des deutschen Rundfunknetzes Verwendung gefunden haben.

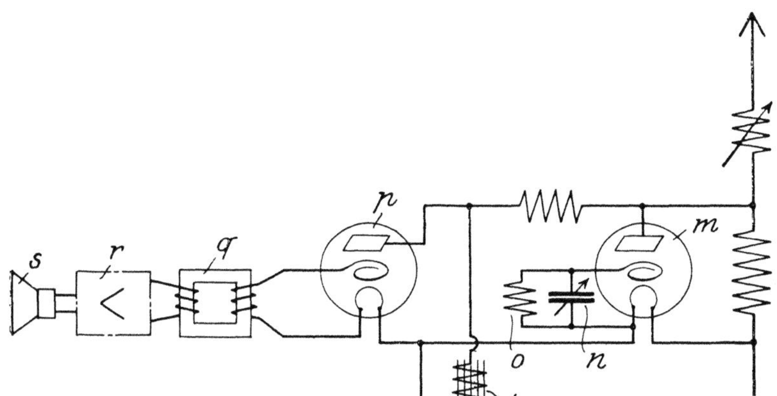

Abb. 340. Radio-Telephoniesenderschaltung der Kühn-Huthgesellschaft.

Abb. 340 zeigt entsprechend der Senderschaltung von Abb. 327 von Kühn-Huth die Anordnung für Radiotelephonie. Die Hauptschwingungsröhre *m* ist mit einem besonders schwingenden Gitterkreis *n o* derart verbunden, daß sie auf die Antenne, die in diesem Fall den Anodenkreis vertritt, abgestimmt ist; die Selbstinduktion ist für die Senderschwingungen wesentlich. Infolgedessen wird die Gitterspannung durch Rückwirkung dieses Systems erzeugt. Auch hier ist wieder eine Modulation vorgesehen, wozu die zur Röhre *m* parallel geschaltete zweite Röhre *p* dient, welche über einen Transformator *q* und einen Mikrophonverstärker *r* die vom Mikrophon *s* laut beaufschlagten Schwingungen zugeführt erhält. Um die Anodenspannung beliebig ändern zu können, ist eine Drosselspule *t* angeordnet, welche beim Arbeiten des Senders den hindurchgehenden Strom variiert.

h) Telephoniesenderschaltung von Telefunken.

Abweichend hiervon ist die Radiotelephoniesenderschaltung von Telefunken gemäß Abb. 341, welche insbesondere für kleine Wellen, wie

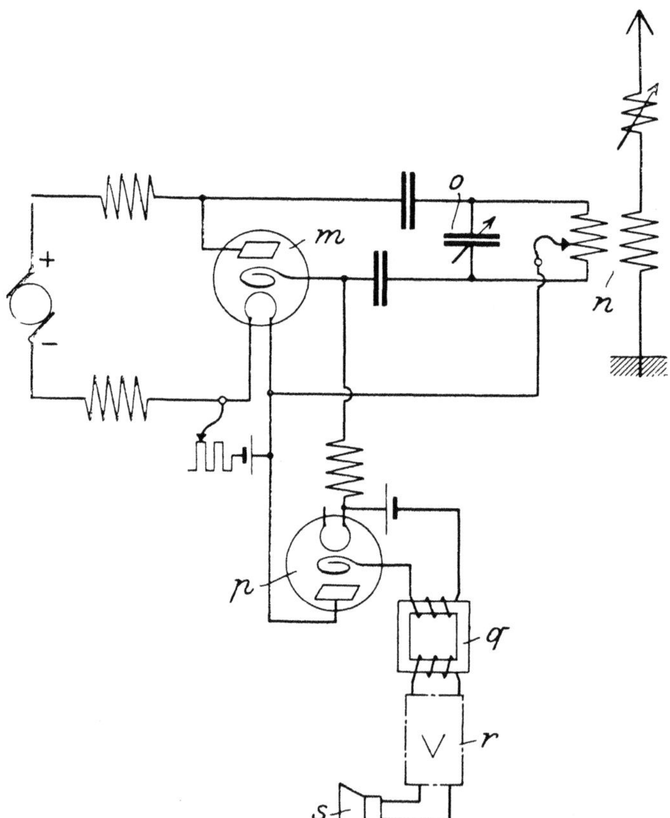

Abb. 341. Radiotelephoniesenderschaltung von Telefunken.

sie bisher im Rundfunkverkehr in Deutschland hauptsächlich verwendet werden, sich gut bewährt hat. Die Rückkopplung von der Schwingungsröhre *m* erfolgt durch die Anodenspule des Sekundärkreises *n o*. Gitterspannung und Anodenspannung sind um 90—180° in der Phase gegeneinander verschoben. Hierdurch wird bewirkt, daß nur eine geringe Gitterenergie erforderlich ist, um den Schwingungszustand im Anodenkreise dauernd aufrecht zu erhalten.

Als Modulatorröhre wird eine zweite Röhre *p* verwendet, welche den Gitterstrom der ersten Röhre steuert. Das Gitter dieser Modulatorröhre wird auch in diesem Fall durch einen Transformator *q* und einen Mikrophonverstärker *r* von der Mikrophonanordnung *s* aus beeinflußt.

i) Telephoniesenderanordnung mit Zweigitterröhre.

Eine bessere Sprachbeeinflussung, mindestens in theoretischer Beziehung, kann mit der Zweigitterelektrodenröhre erzielt werden, da es hierbei möglich ist, den einen Gitterkreis nur für die Modulation, den andern für die Aufdrückung der hochfrequenten Spannungen auszunutzen.

Ein sich ergebendes Prinzipschema ist in Abb. 342 wiedergegeben. Die eine Gitterelektrode d_1 wird, wie obenstehend auseinandergesetzt,

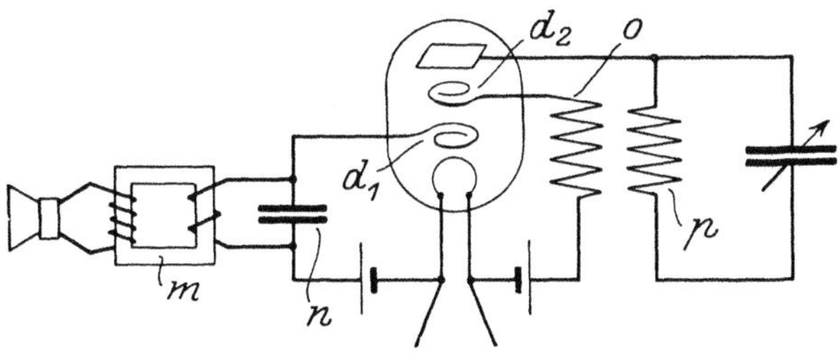

Abb. 342. Theoretisches Schema der Telephoniesenderanordnung mit Zweigitterröhre.

durch eine Mikrophonmodulationsanordnung *m* bestätigt, z. B. über einen Gitterkondensator *n*. Die andere Gitterelektrode d_2 ist mit einer Spule *o* verbunden, welche ihrerseits mit dem Hochfrequenzkreis *p* rückgekoppelt ist. Anstelle des Kreises *p* kann selbstverständlich direkt die Antenne gesetzt werden; ferner kann auch eine Fremderregung dieses Kreises stattfinden.

k) Telephoniesenderanordnung von R. A. Heising mit Zweigitterverstärkerröhre.

Eine recht geschickte, für beliebig große Energien geeignete Lösung ist von R. A. Heising gemäß Abb. 343 angegeben worden. *b* ist ein Generator kontinuierlicher Hochfrequenzschwingungen, welcher nur geringe Leistung zu besitzen braucht, zweckmäßig also auch eine Röhrenanordnung. Dieser Generator arbeitet durch einen Transformator *e* auf die Gitterelektrode d_2 einer Röhre *f*, wobei die der Gitterelektrode d_1 aufgedrückte Spannung möglichst hoch sein soll. Die Röhre *f* ist außerdem noch mit einer zweiten Gitterelektrode d_2 versehen, welche ihrerseits mit einem Transformator *g* verbunden ist, in dessen primären Stromkreisen ein Mikrophon *h* nebst Batterie *i* eingeschaltet ist. Damit die Gitterelektroden d_1 und d_2 stets genügend negative Spannungen gegenüber dem Heizdraht *c* besitzen, sind Batterien *k* in die Gitterzuleitungen eingeschaltet; *l* ist die Anodenfeldbatterie, *m* eine normale Heizstromquelle. Die von dem bisher geschilderten System erzeugte Energie wird mittels eines Transformators *n* auf ein z. B. aus zwei parallel geschalteten Röhren bestehendes Verstärkungssystem *o* übertragen. Die Sekundärwicklung des Transformators *n* ist über einen Kondensator *p* und einen parallel geschalteten Widerstand *q* geschlossen, wodurch die Abstimmschärfe des Kreises *n p* erhöht werden soll und wahrscheinlich in der Hauptsache die für die Verstärkung erforderliche Impedanz des Gitterkreises der Verstärkerröhren (Eingangskreises) bewirkt wird.

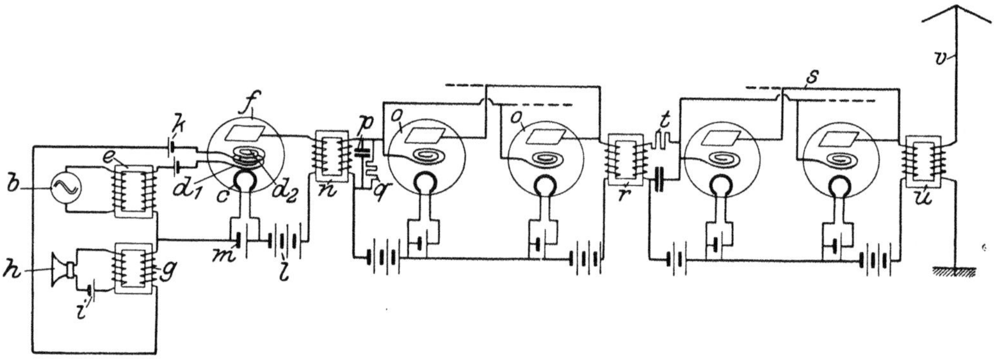

Abb. 343. Mikrophon-Verstärkerröhrenschaltung von R. A. Heising.

Die auf diese Weise verstärkte Energie wird mittels eines weiteren Transformators *r* auf ein aus zwei parallel geschalteten Röhren bestehendes Verstärkungssystem übertragen. Die sekundäre Transformatorspule ist wiederum über einen Kondensator zu einem Abstimmkreis geschlossen; der Ohmsche Widerstand *t* ist jedoch hierbei in den Kreis eingeschaltet, um die Wirkung der Röhren stabiler zu machen.

Die somit weiterhin verstärkte Energie wird durch den Transformator *u* auf die Antenne *v* übertragen.

Die Wirkungsweise der Anordnung ist folgende:

Der Hochfrequenzgenerator *b* arbeitet auf die Gitterelektrode d_1, wobei infolge des Arbeitens der Batterien *k* und der hierdurch bewirkten, den Gittern aufgedrückten negativen Spannungen kein Elektronenstrom nach den Gitterelektroden hin fließen kann und infolgedessen in den Gitterstromkreisen kein Stromfluß stattfindet. Immerhin wird jedoch durch die im Betrieb befindliche Verstärkungsanordnung der von dem Hochfrequenzgenerator *b* erzeugte Hochfrequenzstrom entsprechend verstärkt auf die Antenne *v* übertragen.

Sobald das Mikrophon *h* besprochen wird, wird der erzeugte Hochfrequenzstrom, den das Mikrophon beaufschlagenden Sprachlauten entsprechend, modifiziert, und es ist auf diese Weise möglich, mit schwachen Lautschwingungen und kleinen im Mikrophon vernichteten Schwingungsenergien erhebliche Aplitudenveränderungen von der Antenne auszustrahlen. Unter Benutzung einer nur geringe Energien erzeugenden Hochfrequenzquelle, eines normalen Mikrophons und nur geringer Lautwirkungen auf die Mikrophonmembran würde diese Anordnung somit eine ideale drahtlose Fernsprechmöglichkeit darstellen, wenn durch die zwischengeschalteten Verstärkungseinrichtungen, insbesondere durch die Transformatoren, die Schwingungsform und somit die Lautwirkung nicht allzu sehr verzerrt wird.

17. Die Röhre als Verstärker.

Nicht nur in der Radiotechnik, sondern auch in der Draht- und Leitungsgerichteten Telephonie und Telegraphie spielt die Röhre als Verstärker eine besondere Rolle. Die diesbezüglichen Ausführungen und Erklärungen sind in Kap. X, S. 455ff. wiedergegeben.

18. Historisches über Röhrenempfang.

Gasdetektoren, welche Gleichrichtung besaßen, sind schon verhältnismäßig frühzeitig in der Radiotelegraphie angewendet worden. Merkwürdigerweise war sogar die erste derartige Anordnung von A. Wehnelt (1904) eine Oxydkathodenröhre, welche mit einem aus Aluminium hergestellten Hohlzylinder als Anode versehen war.

Die zuerst von J. A. Fleming (1905) vorgeschlagene Anordnung arbeitete mit Stoßionisation. Sie ist im Prinzip in Abb. 344 dargestellt. *c* ist der durch eine Batterie *g* geheizte Heizdraht, welcher von Fleming in Form eines Kohlefadens wie bei einer gewöhnlichen Kohlefadenglühlampe hergestellt war. *d* ist die Anode, *e* die Kopplungsvorrichtung auf die Antenne.

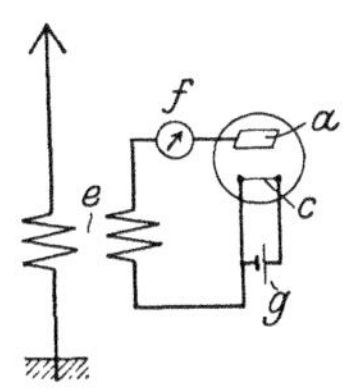

Abb. 344. Gasrohrdetektorschaltung von J. A. Fleming.

Sobald Schwingungen von der Antenne aufgenommen wurden, zeigte das Galvanometer *f* einen Ausschlag; ev. soll auch schon anstelle des Galvanometers ein Telephon benutzt worden sein. Es ist klar, daß bei dieser und der folgenden Anordnung das Telephon, bzw. das Galvanometer lediglich die Energie der Empfangsströme erhielt, und daß von einer Relaiswirkung, welche erst durch die de Forestsche Gitterelektrodenröhre möglich war, hierbei keine Rede sein konnte.

Ein erheblich besserer Effekt wurde erzielt, wenn mit einer besonderen Anodenbatterie gearbeitet wurde, die nach dem Vorschlag von H. Brandes (1906) als Potentiometeranordnung *h* gemäß Abb. 345 ausgebildet war.

Wenngleich diese Anordnungen zuweilen günstige Resultate ergeben haben und sogar von C. Tissot zu Meßzwecken auf größere Entfernungen gebraucht wurden, so waren sie doch noch äußerst inkonstant, abgesehen von ihrem Mangel bezüglich der Lautstärke.

Eine grundsätzliche Änderung trat erst ein, als 1907 L. de Forest die Gitterelektrode in die Röhre einführte, die jedoch noch Gasreste aufwies, und welche infolgedessen nicht stets mit einem reinen Thermionenstrom arbeitete. Ähnliche Anordnungen sind von R. v. Lieben angegeben worden. Eine außerordentliche Verbesserung, welche gleichzeitig die Ära der Röhren-Sender-Verstärker und -Empfänger geschaffen hat, war dadurch gegeben, daß J. Langmuir (1913) die an sich nunmehr bekannten Röhren auf ein extrem hohes Vakuum auspumpte. Er bezeichnete die nur Kathode und Anode besitzende Röhre als „Kenotron", die Eingitterröhre als „Pleiotron". Diese Anordnungen sind darauf mit gewissen Varianten von allen Röhren und Röhrenapparate erzeugenden Firmen und Behörden nachgebaut worden.

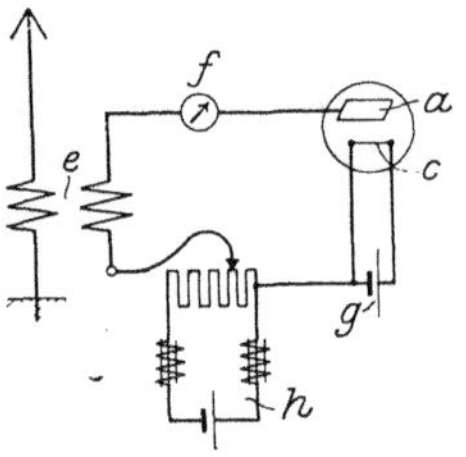

Abb. 345. Gasrohrdetektorschaltung von H. Brandes mit Anodenpotentiometer.

Seitdem datiert die eigentliche Röhrenära.

19. Die Röhre als Detektor[1]).

Schwierigkeiten beim Empfang.

Gedämpfte Schwingungen rufen bekanntlich Komplexe hervor, deren Abstand so gehalten werden kann, daß dieselben mittels eines Detektors und Telephons ohne weiteres entweder als Geräusche oder als Töne sofern der Abstand der Komplexe im musikalischen Tonbereich liegt, abgehört werden können.

Bei ungedämpften Schwingungen ändert sich das Bild. Hier besitzen die Amplituden nach beiden Seiten der Nullinie etwa die gleiche Größe. Außerdem ist die Schwingungsfolge so rasch, daß weder die Telephonmembrane noch das menschliche Ohr zu folgen vermag. Einzelne Schwingungskomplexe sind bei den gewöhnlich benutzten kontinuierlichen Schwingungen nicht vorhanden. Auch die im Sprach- oder Tonrhythmus modulierten kontinuierlichen Schwingungen würden aus den angegebenen Gründen ohne weiteres nicht abgehört werden können, da bei den normalen Wellen der Radiotelephoniesender eine Schwingungszahl von etwa 600000 Schwingungen pro Sek. vorhanden ist.

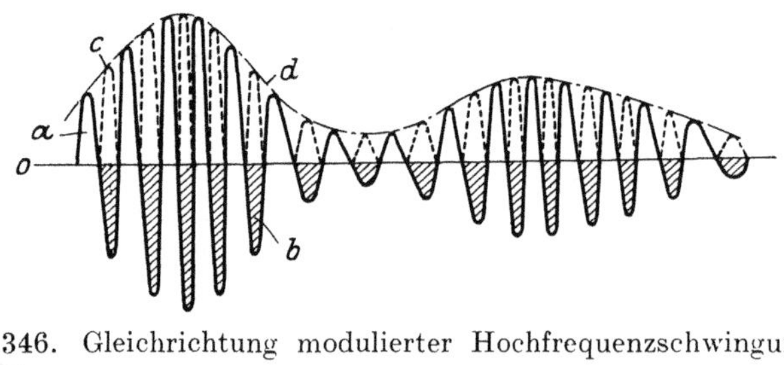

Abb. 346. Gleichrichtung modulierter Hochfrequenzschwingungen.

[1]) Um den Zusammenhang nicht zu stören, sind in diesem Kapitel einige Reihen von Schaltbildern aufgenommen, welche zum Teil in ähnlicher Ausführung bereits in Kap. VII (Empfangsschaltungen) gebracht sind. Es empfiehlt sich, bei Reproduktionen der Schaltungen, Unterrichtskursen usw. auf die Anordnungen und Angaben in beiden Kapiteln zurückzugreifen.

Um eine Abhörungsmöglichkeit zu schaffen, müssen diese Schwingungen gleichgerichtet werden. Dieses kann entweder gemäß Abb. 346 in der Weise geschehen, daß die unter der Nullinie verlaufenden, in der Abbildung schraffierten Amplituden *b* verschluckt werden, oder aber, daß dieselben, ebenso wie die nach oben gerichteten Amplituden *a* gemäß den in der Abbildung punktiert eingezeichneten Amplituden *c* hochgeklappt werden. In letzterem Falle würde man also die doppelte Frequenz erhalten.

Es resultiert ein Schwingungszug, welcher durch die strichpunktierte Kurve *d* in Abb. 346 angedeutet ist; würde z. B. mittels eines Gleichrichterdetektors bzw. einer Röhre, welche diese Eigenschaft besitzt, ohne weiteres abgehört werden können.

Um nun die Röhre als Detektor verwenden zu können, sind zwei grundsätzlich voneinander verschiedene Schaltungen möglich.

20. Die Röhre in Detektorschaltung.

Bei der ersten Schaltung, welche auch Röhrenschaltung mit Anodengleichrichtung genannt wird, und deren grundsätzliches Schema aus Abb. 347 hervorgeht, wird an das Gitter *d* eine meist negative oder aber auch entsprechend große positive Spannung mittels eines Potentiometers *e* gelegt. Auf diese Weise wird erreicht, daß nicht im steilen Teile der Anodenstromcharakteristik gearbeitet wird, sondern entweder an der unteren oder oberen Knickstelle der Charakteristik.

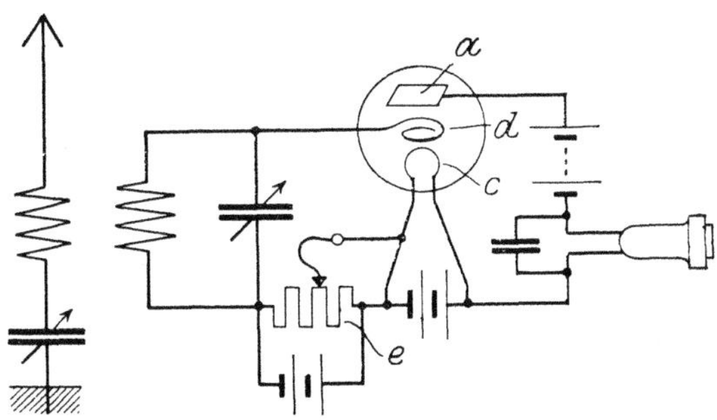

Abb. 347. Die Röhre als Detektor geschaltet.

Es gelingt auch, ohne Anwendung eines besonderen Potentiometers, z. B. indem man direkt die Heizbatterie verwendet, die erforderliche Vorspannung dem Gitter aufzudrücken. Der Vorteil eines besonderen Potentiometers beruht jedoch darin, daß es nicht nur ohne weiteres möglich ist, negative Gittervorspannungen zu erzielen, sondern daß man auch positive Vorspannungen leicht hervorrufen kann, was durch entsprechende Umpolung des Potentiometers bewirkt werden kann.

Nimmt man zuerst an, daß dem Gitter eine negative Vorspannung gemäß Abb. 348 aufgedrückt wird, so ergibt sich der Arbeitspunkt *m* der Charakteristik. Die dem Gitter aufgedrückte Wechselspannung V_W ruft einen Anodenwechselstrom J_W, wie in der Abbildung dargestellt, hervor. Es ergibt sich somit der gleichfalls aus der Abbildung ersichtliche Anodengleichstrom J_{gleich}.

Es ist also nur erforderlich, die Gitterspannung so negativ zu machen, daß der Anodenstrom nicht zum Ausdruck gelangen kann. Auf diese Weise erreicht man, daß bei den einfallenden Schwingungskomplexen zwar bei den positiv gerichteten Amplituden ein gewisser Anodenstrom fließen wird, daß hingegen die negativen Amplituden desselben unterdrückt werden.

Selbstverständlich wird bei den Radiotelephoniesendern die aufgedrückte Wechselspannung moduliert sein und demzufolge einen entsprechend modulierten Anodenwechselstrom hervorrufen, so daß die Anodengleichstromkurve nicht geradlinig, sondern entsprechend gekrümmt verläuft.

Dieser letztere Fall unter Benutzung des oberen Knicks der Anodenstromcharakteristik ist in Abb. 349 wiedergegeben. Um in der starken

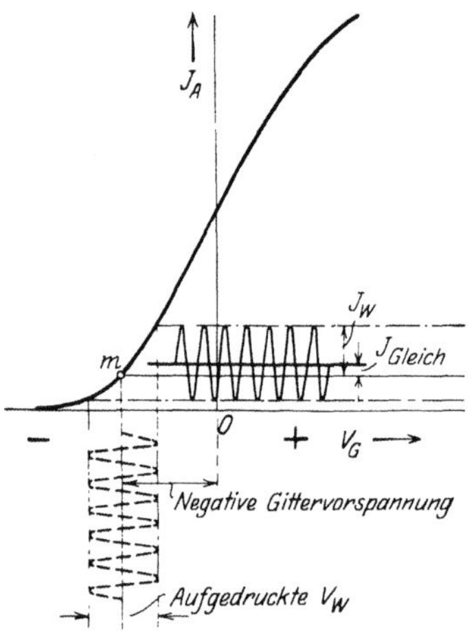

Abb. 348. Arbeiten der Röhre als Detektor im unteren Knick der Charakteristik. Reine, nicht modulierte kontinuierliche Schwingungen.

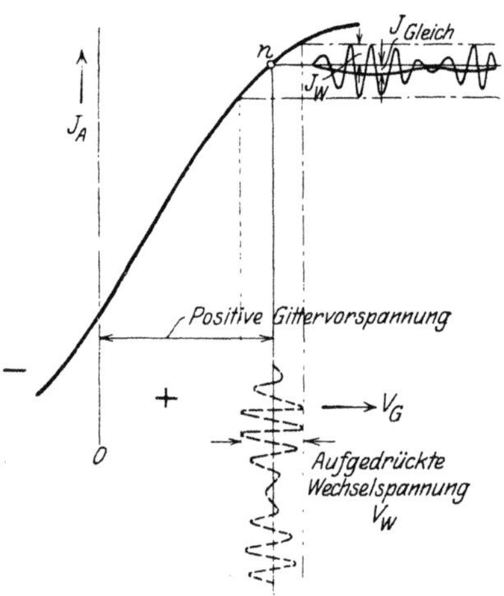

Abb. 349. Arbeiten des Detektors im oberen Knick der Charakteristik. Modulierte kontinuierliche Schwingungen der Radiotelephonie.

Krümmung des oberen Knicks im Arbeitspunkte n arbeiten zu können, ist eine entsprechende positive Gittervorspannung erforderlich. Die in diesem Fall modulierten aufgedrückten Wechselspannungen V_W rufen einen entsprechend modulierten Anodenwechselstrom J_W hervor, der einen Anodensgleichtrom, wie gezeichnet, erzeugt. (Es ist in dieser theoretischen Übersicht gleichgültig, wie man diesen Gleichstrom mißt, also ob man ihn auf die durch n gelegte Abszisse bezieht, oder ob man ihn, was meist gebräuchlich ist, zur Nullinie der Charakteristik hin mißt.)

Aus beiden Abbildungen geht hervor, daß die Arbeitsweise des Detektors als Röhre um so besser sein wird, je stärker ausgebildet die Krümmungen der Kurve der Charakteristik ist. Infolgedessen sind für derartige Schaltungen Röhren von Vorteil, welche einen tunlichst geringen Abstand zwischen Gitter und Heizdraht besitzen.

Der Nachteil dieser Schaltungsanordnungen besteht darin, daß mit einer eigentlichen Verstärkung nicht zu rechnen ist, sondern daß die

Röhre in der Hauptsache nur als Gleichrichtungsdetektor arbeitet, wobei die an das Gitter gelegte Wechselspannung, welche der Empfangsenergie entspricht, ausgenutzt wird.

21. Die Röhre als Audion geschaltet.

Grundsätzlich andere Verhältnisse erhält man, wenn man die Röhre als Audion nach dem Vorgehen von L. de Forest schaltet. Alsdann wirkt dieselbe nämlich erst eigentlich als Relais, indem sie den von der Anodenbatterie gelieferten Strom auslöst. Infolgedessen ist hierbei die erzielbare Empfangslautstärke erheblich größer, selbst wenn man, worauf noch weiter unten zurückgekommen wird, nicht mit Rückkopplung arbeitet.

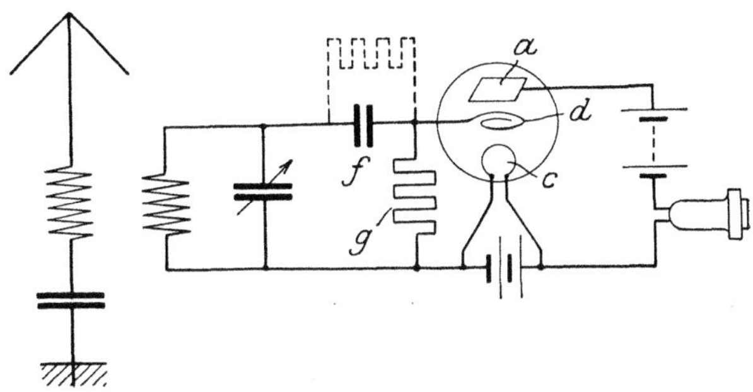

Abb. 350. Audionschaltung von L. de Forest.

Die nunmehr zu besprechende Schaltungsanordnung wird auch als Gittergleichrichtungsschaltung bezeichnet. Das Schema derselben geht aus Abb. 350 hervor. Zunächst fällt hierbei auf, daß die negativen Gitterladungen sich nicht wie bei der bisher betrachteten Schaltung ohne weiteres über die Selbstinduktionsspule nach dem Heizdraht *c* hin ausgleichen können, sondern daß sie durch einen Kondensator *f*, dem sogenannten Gitterkondensator (ca. 300 cm Kapazität), abgeriegelt sind. Es würde sich jedoch hierbei der Effekt einstellen, daß bei idealer Isolation des Kondensators die negative Aufladung des Gitters schließlich so groß werden würde, daß ein Zustandekommen des Anodenstromes unmöglich gemacht würde. Um dies zu verhindern, um also für die sich allmählich immer weiter ausbildende negative Gitterladung eine Ableitung zu schaffen, ist ein hochohmiger Widerstand (ca. 1 bis 2 Megohm) *g* vorgesehen[1]), welcher die Ableitung nach dem Heizdraht *c* hin bewirkt, sobald der betreffende Schwingungskomplex, der empfangen wurde, abgelaufen ist. Dieses wird auch aus der Charakteristik gemäß Abb. 351 ersichtlich, welche zeigt, daß die dem Gitter

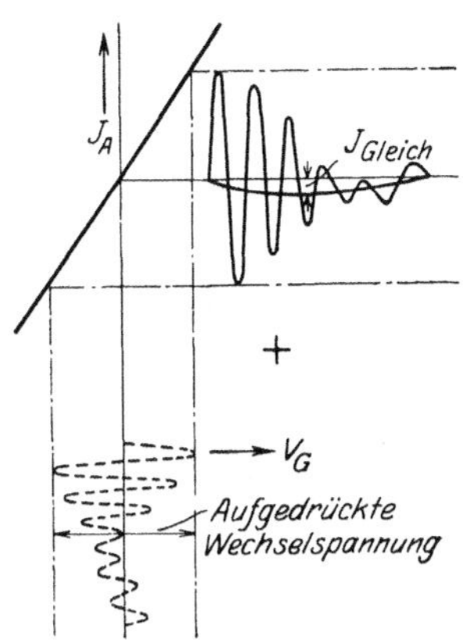

Abb. 351. Arbeiten der Röhre des Audion im mittleren (steilen) Teil der Charakteristik. Modulierte kontinuierliche Schwingungen der Radiotelephonie.

[1]) In den amerikanischen Schaltungsschemen ist der Widerstand *g* meist wie in Abb. 350 punktiert angedeutet angeordnet.

aufgedrückte Wechselspannung sich mehr und mehr nach dem negativen Bereich hin verschiebt. Eine entsprechende Wirkung wird demgemäß auf den Anodenwechselstrom ausgeübt, wie gleichfalls aus der Abb. 351 hervorgeht. Der auf diese Weise erzeugte Anodengleichstrom ist ebenfalls aus der Abb. 351 ersichtlich.

Aus dieser letzteren Abbildung geht aber auch hervor, daß im Gegensatz zu der obigen gewöhnlichen Röhrendetektorschaltung im steilen Bereich der Charakteristik gearbeitet wird.

Unterschiede beim Empfang gedämpfter und ungedämpfter Schwingungen. Oszillographenbilder. Es sind zwei Fälle zu unterscheiden, wobei die Erscheinungen etwas differieren. Zunächst der Empfang gedämpfter Schwingungen: Diese möge Bild *a* von Abb. 352 wiedergeben. Betrachtet man nun die rechte Belegung des Kondensators *f* (Abb. 350), so erfährt diese durch die aufgenommenen Schwingungen abwechselnd positive und negative Ladungen.

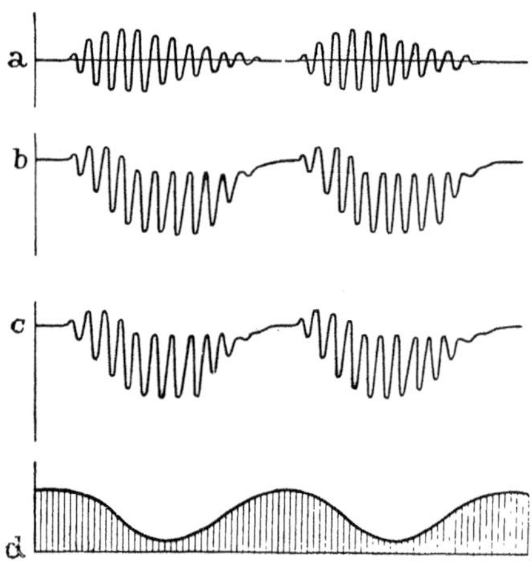

Abb. 352. Empfang gedämpfter Schwingungen.

Nimmt man nun zunächst an, daß das Gitter positiv geladen ist, so findet eine Elektronenemission nach dem Gitter hin statt, und der Anodenstrom geht über. Die nach dem Gitter hin emittierten Elektronen vermögen nun aber nicht ohne weiteres nach der Kathode hin abzufließen, da einerseits der Gitterkondensator *f* dieses verhindert und da andererseits der Widerstand *g*, geichgültig ob er parallel zum Gitterkondensator oder zwischen Gitterelektrode und Kathode geschaltet ist, nur einen langsamen Abfluß gestattet. Infolgedessen erfährt das Gitter eine negative Aufladung, was durch Bild *b* von Abb. 352 zum Ausdruck gelangt, und der Anodenstrom erfährt eine Schwächung, entsprechend Bild *c* von Abb. 352. Dieses tritt während der negativen Wechsel der ankommenden Schwingungen in noch verstärkterem Maße in die Erscheinung, und es findet ein weiteres Abnehmen des Anodenstromes statt. Hieran kann auch durch die folgenden positiven Wechsel nichts prinzipiell Wesentliches geändert werden. Gitterspannung und Anodenstrom sinken entsprechend, und das Gitter wird immer negativer aufgeladen, bis schließlich ein stationärer Zustand erreicht ist, wobei jedoch zu beobachten ist, daß die Gitterspannungskurven (Bild *b*) und die Anodenstromkurve (Bild *c*) nicht unter die Gitterspannung und den Anodenstrom im Ruhezustand herabgehen können.

Daß diese Schwingungsbilder gut mit tatsächlich aufgenommenen Oszillographenbildern übereinstimmen, zeigt die Aufnahme von Abb. 353 (E. H. Armstrong). Die Bilder entsprechen den Nummern von Abb. 352.

Im wesentlichen dieselben Erscheinungen werden beim Empfang von ungedämpften Schwingungen erzielt, wie die 4 Bilder von Abb. 354 zeigen. So nimmt auch hier wieder zugleich mit der Energiezunahme am

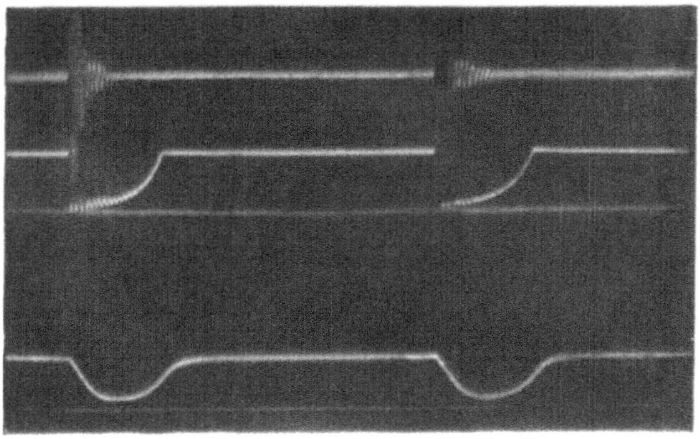

Abb. 353. Oszillographenbilder beim Röhrenempfang.

Kondensator l die negativ gerichtete Spannung der Gitterelektrode gegen die Kathode hin zu (Bild b von Abb. 354), und zwar hier so lange, bis der Verlust des Kondensators f pro Periode gerade durch die aufgenommene Energie ersetzt wird. Hierdurch wird in dem das Telephon enthaltenden Stromkreise $a\ k\ f\ c$ bei parallel geschaltetem Kondensator ein Strom (Anodenstrom) von der Form von Bild c erzeugt, während der Telephonstrom selbst den Charakter von Bild d besitzt. Man erhält hier also im Telephon nicht einen Ton entsprechend der (hier nicht vorhandenen) Wellenzugsgruppenfrequenz wie bei den gedämpften Schwingungen tönender Funkensender, sondern es wird im Telephon nur ein Geräusch erzielt, das der Länge der einzelnen Morsezeichen entspricht (Abb. 354).

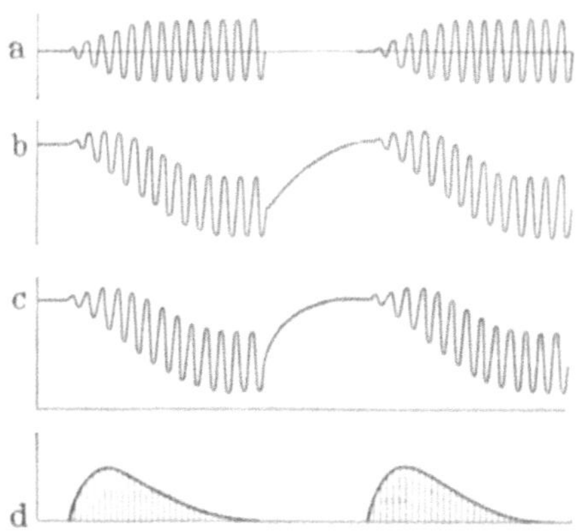

Abb. 354. Empfang ungedämpfter Schwingungen.

Wirkung des die Röhre erfüllenden Gases. Es war bereits zum Ausdruck gebracht worden, daß im Gegensatz zu den Senderöhren, die keine Beimengung von Gas oder Luft enthalten dürfen und sogar, wenigstens bei den zur Zeit in der Praxis gebrauchten Ausführungsformen, zweckmäßigerweise ein möglichst hohes Vakuum besitzen, die für Detektorzwecke gebrauchte Röhre im Gegenteil eine gewisse Gas- oder Dampfmenge aufweisen kann, da bei Anwendung eines gewissen Dampf-

oder Gasdruckes in der Röhre die Stromänderung im Anodenkreis besser der Spannungsänderung im Gitterkreis folgt als bei hochevakuierter Röhre mit reiner Elektronenemission. Die Detektorwirkung kann also bei einer Röhre, die eine Beimengung von Gasen oder Dämpfen enthält, ausgeprägter sein, als wenn die Röhre ein hohes Vakuum besitzt. Man gibt daher vielfach vor dem Zuschmelzen in die Röhre eine geringe Menge einer verdampfbaren Substanz, wie z. B. Phosphorsäureanhydrid, Amalgam oder dergleichen. Bei Vorhandensein von letzterem kann sich alsdann Quecksilberdampf in der Röhre ausbilden. Indessen ist eine gewisse Dosierung des Dampf- oder Gasdruckes notwendig, um das Optimum der Wirkung zu erhalten.

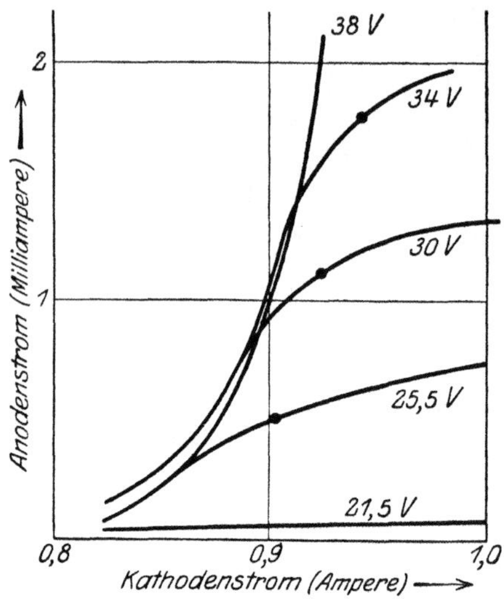

Abb. 355. Anodenstromcharakteristiken bei verschiedenen Anodenspannungen.

Übrigens sei in diesem Zusammenhang bemerkt, daß häufig Röhren, die für Sender- bzw. Verstärkerzwecke nicht mehr benutzt werden können, und die das sog. blaue Glühlicht zeigen, noch für Empfangszwecke angewandt werden können, wenn man den Heizdraht entsprechend weniger heizt und eine kleinere Anodenspannung wählt. Vielfach ist eine Erwärmung der Glaswandung vorteilhaft, um die verringerte Erzeugung positiver Ionen wieder zu heben. Stellt man die Abhängigkeit der Anodenstromstärke von der Heizstromstärke fest, so erhält man für verschiedene Heizdrahtspannungen Kurven, deren Charakter etwa Abb. 355 entspricht. Wegen des niedrigen Gitterpotentials ist das Feld zwischen Gitter und Anode nur klein. Wenn man annimmt, daß in der Röhre überhaupt kein Gas vorhanden sei, so ist die Schirmwirkung des Gitters für Ionen und Elektronen nahezu vollständig. Durch die Einführung des Gases in die Röhre wird die Gitterwirkung indessen mehr oder weniger aufgehoben. Es bilden sich alsdann positive Ionen, die sich mit Elektronen zusammen in den Gitterzwischenräumen ansammeln. Infolgedessen kann die Anode mehr Elektronen anziehen, als wenn negative Elektronen allein vorhanden wären. Die Kurven von Abb. 355 zeigen, daß das Gitter positive Ionen aufhebt.

Ein Gitter mit negativem Potential vermag nur wenig positive Ionen anzuziehen, dagegen belädt sich das positiv geladene Gitter mit vielen Elektronen, weil eben gleichsam eine Überproduktion an Elektronen erzielt wird. Dieses geht direkt aus dem steilen Ansteigen der Kurve hervor.

Steigerung der Anodenspannung. Progressive Ionisation. Sofern man die Anodenspannung erheblich über ihren normalen Wert hinaus steigert, erscheint in der Röhre eine leuchtende Entladung, die als hellblaue Glüherscheinung zwischen Gitter und Anode auftritt und sich manchmal auch noch um das Gitter gegen die Kathode hinaus ausdehnt. Die Entstehungsursache ist eine übergroße Ionisation des Gases durch Elektronenbombardement. Häufig ist das Auftreten dieses blauen Glühlichtes mit einem Zischen im Telephon verbunden.

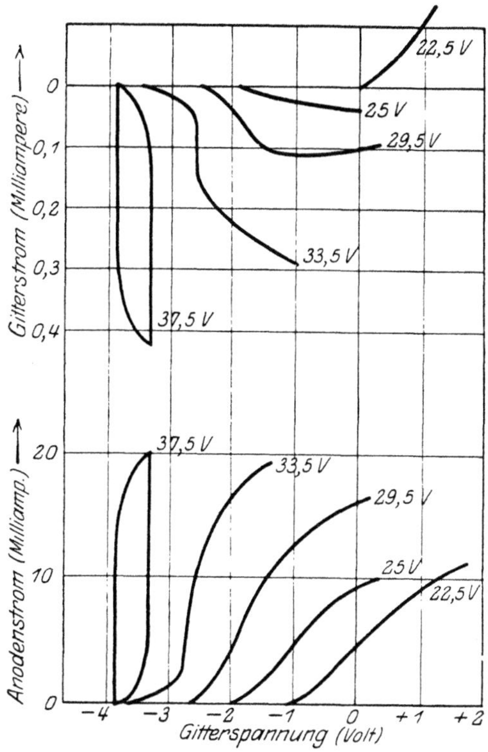

Abb. 356. Funktion des Gitterstroms, bzw. Anodenstroms von der Gitterspannung bei verschiedenen Heizspannungen.

Die Charakteristiken der Detektorröhre erleiden alsdann um so wesentlichere Abänderungen, je höher die aufgedrückte Spannung ist. Der Charakter einiger typischer Feststellungen für die Abhängigkeit der Gitterstromstärke, bzw. der Anodenstromstärke von der Gitterspannung ist in den Abb. 356 und 357 wiedergegeben. Die Kurven für 22,5 Volt waren die normalen, bei denen mit oder ohne Gitterkondensator eine gute Detektorwirkung erzielt werden konnte. Bei der Kurve für 25 Volt konnte die Röhre ohne den Gitterkondensator noch gut arbeiten. Bei Steigerung der Spannung zwischen 25 Volt und 33,5 Volt arbeitete die Röhre als Detektor schlecht, hingegen wirkte sie gut als Verstärker. Eine weitere Spannungssteigerung zeigte, daß die Röhre unbrauchbar wurde. Die hierbei auftretende außerordentliche Zunahme der Ionisation verändert die Verhältnisse um das Gitter herum in der Weise, daß sie eine höhere Anodenstromstärke zuläßt, die ihrerseits wiederum eine stärkere Ionisation hervorruft, wodurch die Anodenstromstärke wie-

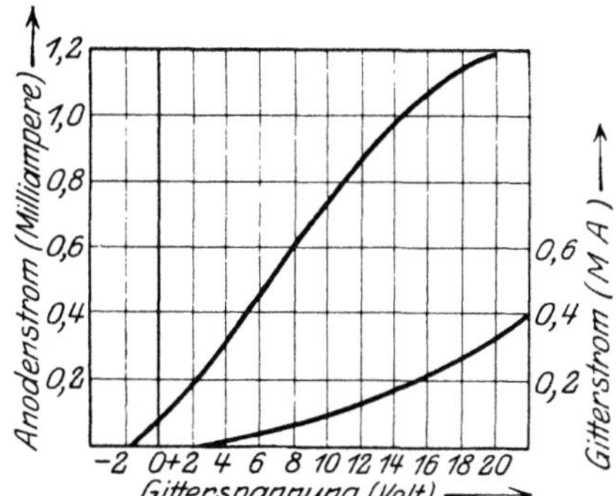

Abb. 357. Abhängigkeit des Anodenstromes, bzw. des Gitterstroms von der Gitterspannung.

der wächst u. s. f., also ein instabiler Zustand eintritt, den man als „progressive Ionisation" bezeichnet hat.

Die häufig bei Verwendung der Röhre als Detektor festgestellte außerordentlich große Empfindlichkeit beruht wahrscheinlich nicht auf der progressiven Ionisation (R. Bown), obgleich sowohl die Anodenstromkurve als auch die Gitterstromkurve in dem betreffenden Bereich sehr steil sind.

22. Die Ultraaudionschaltung (Schwingaudionschaltung).

Es ist ferner L. de Forest schon frühzeitig gelungen, durch Anwendung des Rückkopplungsprinzipes die Audionschaltung in ihrer Lautstärke ganz erheblich zu verbessern und auf diese Weise überhaupt erst die Empfindlichkeit so wesentlich zu steigern, daß auch mit verhältnismäßig einfachen Mitteln Radioempfang selbst bei geringer Empfangsamplitude möglich ist. Hierbei wirkt die Rückkopplung wie ein negativer Widerstand, welcher der Dämpfung eines entsprechend großen positiven Widerstandes entgegenarbeitet, und es ist ohne weiteres möglich, die Schaltungsanordnung so zu treffen, daß eine beliebige Feineinregulierung der Rückkopplungsschwingungen erfolgen kann, so daß die Empfangsschaltung kurz vor dem Schwingungszustand arbeitet. Andererseits muß naturgemäß peinlichst dafür Sorge getragen werden, daß praktisch keine Schwingungsenergie auf die Antenne übertragen wird, da diese ausgestrahlt wird und den Empfang benachbarter Apparate wesentlich stören könnte.

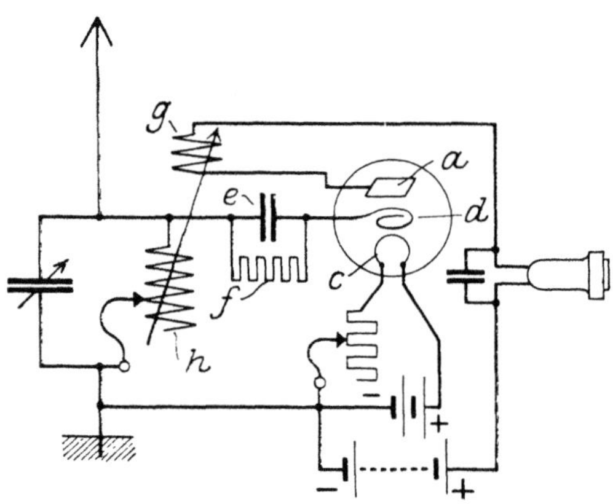

Abb. 358. Ultraaudionschaltung (Rückgekoppeltes Audion, Schwingaudion).

Abb. 358 gibt die ursprüngliche Ultraaudionschaltung wieder. Die Gitterelektrode *d* ist wie bei der Audionschaltung durch den Gitterkondensator *e* abgeriegelt; die sich allmählich ansammelnden negativen Gitterladungen werden durch den Hochohmwiderstand *f* abgeleitet. Abweichend von der bisherigen Audionschaltung ist die Anordnung der Rückkopplungsspule *g* in dem Anodenkreis, welche beispielsweise auf die Schwingungskreisspule *h* rückgekoppelt ist. Bei dieser Anordnung muß eine hinreichende Feineinregulierung der Spulen gegeneinander möglich sein.

Die Rückkopplung kann auch mit andern Mitteln bewirkt werden und braucht nicht unbedingt induktiv zu sein. In Abb. 359 ist sie durch einen kleinen Drehkondensator *i* erzielt, welcher die Wirkung des negativen Widerstandes besitzt.

Es ist auch möglich, die Rückkopplung galvanisch, z. B. durch einen Widerstand zu bewirken, den man z. B. in den Anodenkreis einschaltet. Der Widerstand muß mit einem Stromabnehmerkontakt versehen sein, welcher mit dem Gitter verbunden wird.

Da es wegen der Abhängigkeit von den Empfangsqualitäten und von der Wellenlänge nicht möglich ist, die Rückkopplung konstant auf einen bestimmten Betrag zu dimensionieren, muß durch die ausführende Apparatur dafür Sorge getragen werden, daß sie vollkommen kontinuierlich und sehr fein variabel einstellbar ist.

Die Zahl der möglichen Schaltungsvariationen ist eine außerordentlich große.

Den Effekt der Rückkopplung bei der Ultraaudionschaltung kann man am besten verstehen, wenn man sich die nach Oszillographen-

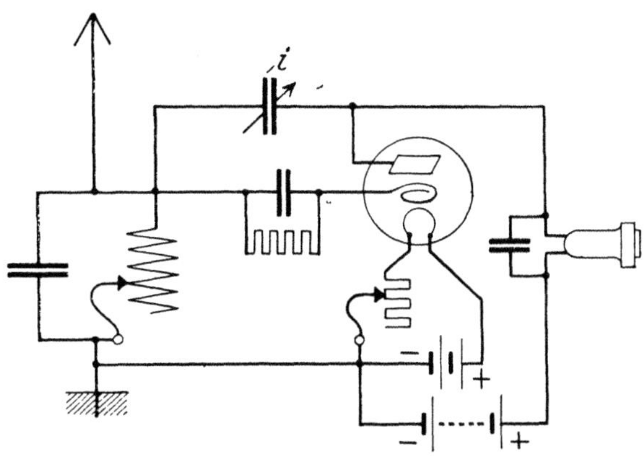

Abb. 359. Kapazitiv rückgekoppelte Audionschaltung.

aufnahmen gezeichneten Kurvenbilder gemäß Abb. 360 vergegenwärtigt, welche für die Aufnahme gedämpfter Schwingungen (Funkenschwingungen) wiedergegeben sind.

In Reihe *a* sind die bei gewöhnlichem Empfang (z. B. Morsezeichenempfang) aufgenommenen Schwingungen zum Ausdruck gebracht, welche Telephonströme, entsprechend Abb. *b*, ergeben.

Wendet man die Ultraaudionschaltung an, so erhält man ein Schwingungsbild gemäß Abb. 360*c*, wobei Telephonströme gemäß *d* die Folge sind. Man erkennt das Zustandekommen eines länger ausgebildeten Schwingungskomplexes und eine demgemäße Steigerung der Telephonenergie.

Steigert man die Stärke der Rückkopplung, nähert man sich also mehr dem Bereiche des Selbstschwingens der Röhre, so erhält man Schwingungszüge gemäß Bild *e*, welche bereits ineinander übergehen, und einen Detektorstrom gemäß Bild *f* hervorrufen.

Bei noch weiterer Steigerung der Rückkopplung tritt Selbstschwingen der Röhre ein, da die Dämpfung nunmehr vollkommen negativ ist. Man erhält ein Schwingungsbild gemäß *g* und einen Strom gemäß *h*.

Dieser Zustand des Strahlens der Empfangsantenne ist für den Betrieb der Radiotelephonieempfänger natürlich unzulässig.

Es ist nochmals besonders zu betonen, daß die günstigste Wirkung des Ultraaudions, insbesondere für den Radio-Telephonie-Empfang,

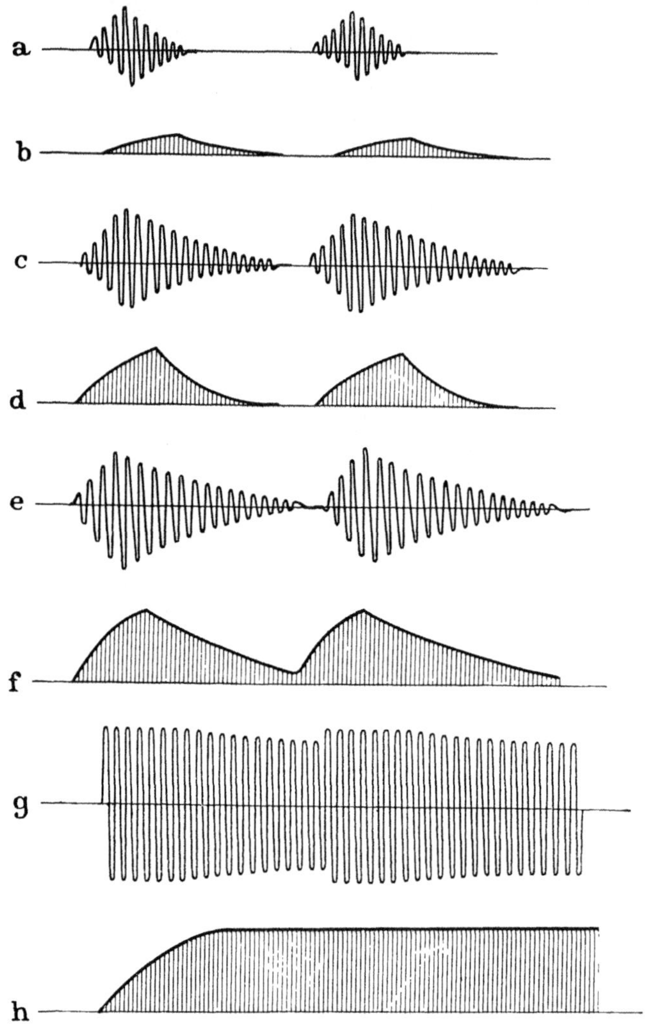

Abb. 360. Schwingungsbilder beim Empfang mit Röhre als: Audion, Ultraaudion und selbstschwingendem Ultraaudion.

dann vorhanden ist, wenn die Röhre kurz vor dem Einsetzen der Schwingungen arbeitet.

Aus vorstehendem geht hervor, wie verhältnismäßig leicht es sein kann, eine Röhrenapparatur zum Selbstschwingen zu bringen. Mit Rücksicht einerseits auf den hierdurch bewirkten scheinbaren Effekt im

Empfänger selbst, andererseits aber auf die weitgehenden Störungen, welche derartige Empfänger in größerem Umkreise hervorrufen können (Hundegeheul), sollte nach Möglichkeit darauf geachtet werden, nur Schaltungen zu benutzen, welche strahlungsfrei arbeitende Rückkopplungsschaltungen besitzen.

Es sind verschiedene automatisch wirkende Vorrichtungen hierfür in Vorschlag gebracht worden, jedoch sind diese im allgemeinen verhältnismäßig kompliziert und stellen schon aus diesem Grunde eine Erschwernis für die Einführung dar. Sie stellen meist auch keinen absoluten Schutz dar, da es unter Umständen durch gewisse Manipulationen

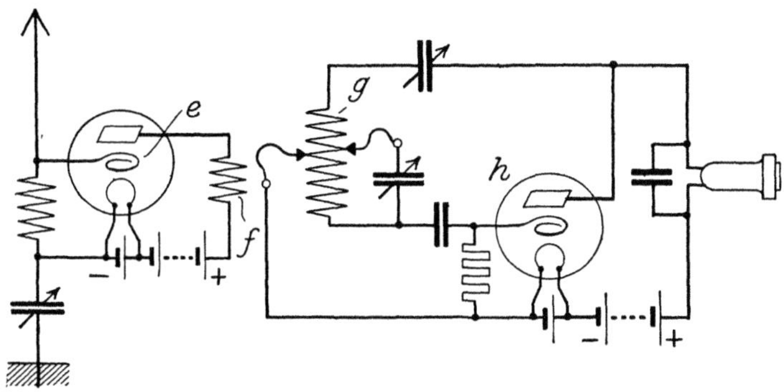

Abb. 361. Praktisch strahlungsfreie Ultraaudionschaltung.

möglich ist, doch noch ein Aussenden von Schwingungen von der Antenne aus zu bewirken.

Als wirklich strahlungssichere Rückkopplungsschaltung kann nach den bisherigen Erfahrungen nur eine Anordnung angesehen werden, welche mit Vorröhre arbeitet, und bei welcher sowohl die Heizung als auch das Anodenfeld durch besondere Stromquellen bewirkt werden. Eine solche Schaltung ist in Abb. 361 wiedergegeben. Die erste Röhre *e* ist als Vorröhre geschaltet, der Anodenkreis derselben ist durch die Spule *f* auf die Rückkopplungsspule *g* des Ultraaudions *h* rückgekoppelt. Es ist hierbei klar, daß die von der Rückkopplungsspule *g* auf die Anodenspule *f* übertragenen Schwingungen von der Antenne nicht ausgestrahlt werden können.

23. Schwebungsempfang (Heterodynempfang, Überlagerungsempfang).

Für den gewöhnlichen Rundfunkabonnenten spielt der Schwebungsempfang keine Rolle, wohl aber für denjenigen, der Signale von ungedämpften Sendern aus zu empfangen wünscht. Da es sich um kontinuierliche Schwingungen handelt, welche von einem derartigen Sender ausgestrahlt werden, würde jeder Schwingungskomplex, gleichgültig ob Punkt oder Strich, nur ein einmaliges Knacken im Empfangstelephon hervorrufen. Es wäre infolgedessen nicht möglich, die Punkte und Striche auseinanderzuhalten.

Es sind infolgedessen verschiedene Methoden ersonnen worden, um die Morsezeichen ungedämpfter Sender zu empfangen und auch dann einen Empfang zu gewährleisten, wenn dieselben in Schnelltelegraphie gegeben werden.

Zu den älteren, heute verlassenen Einrichtungen gehören z. B. die Tikkeranordnungen von Poulsen und Pedersen. Diese beruhten darauf, daß an der Empfangsstelle entweder unter Benutzung eines

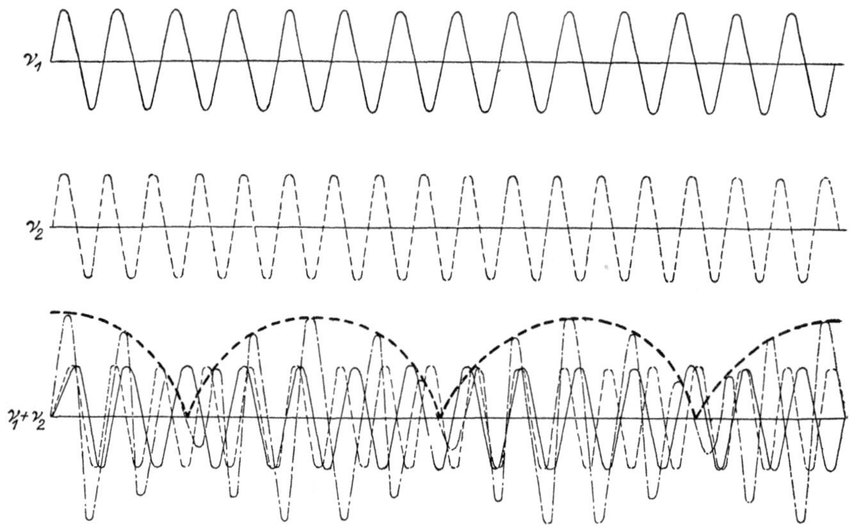

Abb. 362. Schwebungsempfang (Heterodynempfang, Überlagerungsempfang).

Kristalldetektors, oder auch ohne diesen, eine Unterbrechungseinrichtung nach Art eines genügend rasch und zuverlässig arbeitenden Klingelunterbrechers eingeschaltet war, welche die kontinuierlichen Schwingungszüge an der Empfangsstelle zerhackte. Auf diese Weise konnten Punkte und Striche des Morsealphabetes im Empfang getrennt werden. Diese Methode besaß vor allem den Nachteil, daß die erzielten Geräusche sich nur schwer von atmosphärischen Störungen trennen ließen.

Erheblich aussichtsvoller waren daher von vornherein diejenigen Methoden, welche von R. A. Fessenden angegeben wurden, die den Schwebungsempfang benutzen. Hierunter ist folgende Erscheinung zu verstehen: Die ankommenden kontiniuerlichen Schwingungen — der Einfachheit halber sei ein Wellenzug angenommen, welcher dem Strichzeichen entsprechen möge — mögen eine Frequenz ν_1 besitzen. Wenn man nun an der Empfangsstelle unabhängig von diesem Wellenzug Schwingungen von nahezu derselben Frequenz — sagen wir von der Frequenz ν_2 — erzeugt, so tritt im Empfänger eine Superpositionswirkung der beiden Schwingungszüge ein.

Es ist nun aus der Akustik her bekannt, daß, wenn Schwingungen nahezu derselben Frequenz übereinander gelagert werden, Schwebungen entstehen, welche einen bestimmten Ton besitzen, welcher abgehört werden kann, sofern er im akustischen Hörbarkeitsgebiet liegt. Solche Schwebungen sind in der Abb. 362 durch die dritte Kurve dargestellt. Die Frequenz dieser Schwebungen $\nu_1 \pm \nu_2$ ist so niedrig, daß sie sowohl das Telephon als auch den Lautsprecher anregen, so daß sie im menschlichen Ohr als Toneindrücke wahrgenommen werden können. Durch Veränderung der Frequenz einer der beiden Schwingungszüge wird naturgemäß auch die Frequenz der Schwebungen und somit die Tonhöhe variiert.

Diese Methode hat nicht nur den Vorteil einer erheblichen Erhöhung der Lautstärke durch die Übereinanderlagerung der ungedämpften Wellenzüge, sondern sie besitzt vor allem den weiteren wesentlichen Vorteil, daß ein akustischer Ton erzielt wird, der leicht aus atmosphärischen Geräuschen herausgehört und dessen Tonhöhe überdies noch beliebig einreguliert werden kann, indem man z. B. die Frequenz an der Empfangsstelle verändert.

Die Schwebungsanordnung von Fessenden, welche diesen Gedanken enthält, besaß jedoch noch den Nachteil, zur Erzeugung der Schwebungsfrequcenz eines besonders gebauten und in den meisten Fällen nicht recht betriebssicher wirkenden Telephons zu bedürfen.

Auch die späterhin von R. Goldschmidt vorgeschlagenen Tonradanordnungen besaßen noch den Nachteil einer viel zu großen Komplikation.

Die Sachlage änderte sich mit einem Schage durch Einführung des Röhrenempfanges. Hierdurch war es in einfacher Weise möglich, z. B. unter Anwendung eines kleinen Röhrensenders an der Empfangsstelle, welcher nur äußerst geringe Energie zu erzeugen brauchte, das für das Zustandekommen der Schwebungen notwendige Hilfsschwingen (Gruppe 2 des Diagramms von Abb. 362) zu erzeugen.

Es ist aber auch möglich geworden, die Anordnung noch wesentlich dadurch zu vereinfachen, daß man mit ein und derselben Röhre, welche den Empfang und die Verstärkung bewirkt, auch gleichzeitig noch die für die Schwebungen erforderliche Hilfsfrequenz hervorruft. Diese Schaltung ist ohne weiteres durch die Ultraaudionschaltung gegeben, wie sie z. B. in Abb. 358 oder Abb. 359 dargestellt ist.

Um mit den Ultraaudionschaltungen Schwebungen zu empfangen, ist es nur notwendig, den Empfänger etwas gegen die Empfangsschwingungen zu verstimmen, sei es, daß man die Wellen des Empfängers etwas größer oder etwas kleiner als die Wellen des fernen Senders abstimmt. Es entstehen alsdann Schwebungen, deren Tonhöhe abgehört und, wie schon ausgeführt, in einfachster Weise, z. B. durch Drehen des Kondensators des Ultraadionempfängers variiert werden können.

Die günstigste Wirkung kann auch hier nur durch Einregulieren des Empfängers empirisch festgestellt werden[1]).

[1]) Ein weiteres Eingehen auf die verschiedenen möglichen Empfangs- und in Kombination mit ihnen Verstärkerschaltungen findet an dieser Stelle nicht statt. Es wird diesbezüglich verwiesen auf Kap. VII, S. 267ff. (Empfangsschaltungen) und Kap. X. S. 455ff. (Verstärkeranordnungen).

24. Von den bisherigen Röhrenformen abweichende Konstruktionen und Schaltungsanordnungen.

a) Mehrgitterröhren.

Man hat auch Zwei- und Dreigitterröhren gebaut, welche ohne weiteres den Vorteil einer größeren Verstärkerwirkung besitzen, da ihr Durchgriff erheblich kleiner sein kann; mit andern Worten, man kann bei einer derartigen Röhre den gleichen Verstärkungsgrad wie bei einer Röhre mit einem Gitter bei kleinerer Anodenspannung erhalten.

Die älteste diesbezügliche Anordnung rührt wohl von J. Langmuir (1914) her. Bei ihr soll man auch noch mit weniger Heizstrom für die Kathode auskommen als bei den bisher betrachteten Röhren.

Außer dem Steuerungsgitter für den Anodenstrom ist noch ein zweites Gitter, das sog. „Sauggitter" angeordnet, welches ein geringes positives Potential aufgedrückt erhält und infolgedessen die Raumladung beseitigt. Infolgedessen braucht hierbei die Anodenspannung nur erheblich geringer zu sein als bei Röhren mit nur einem Gitter.

Bei den Doppelgitterröhren hat man zwei prinzipiell voneinander verschiedene Ausführungsformen zu unterscheiden: die eine Form besitzt zwischen der eigentlichen Steuerelektrode eine Vorgitterelektrode, bei der andern ist die zunächst der Kathode liegende Gitterelektrode die eigentliche Steuerungselektrode, während die zweite Gitterelektrode als Voranode wirkt. Die Charakteristik ist im ersteren Falle eine steilere, da der Durchgriff ein kleinerer ist als bei einer Röhre, entsprechend der zweiten Ausführungs- und Schaltungsform. Man wird also diese Röhre in erster Linie für Verstärkerzwecke anwenden. Die Röhre mit Voranode kommt, obwohl man selbstverständlich mit ihr auch verstärken kann, in der Hauptsache für Schwingungserzeugung in Frage.

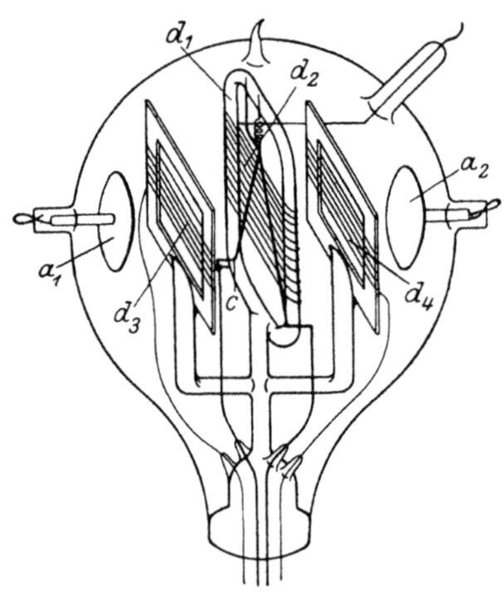

Abb. 363. Röhre mit 2 Gitterelektroden und 2 Anoden von J. Langmuir.

Beide Fälle unterscheiden sich naturgemäß in ihrem konstruktiven Aufbau etwas voneinander. Der übrige wesentliche Unterschied der Wirkungsweise wird durch die entsprechenden Anschlüsse an die Feldbatterie erzielt.

b) Röhre mit mehreren Gitterelektroden von J. Langmuir.

Das sich im Prinzip ergebende Anordnungsbild hauptsächlich für Verstärkerzwecke in perspektivischer Darstellung gibt Abb. 363 wieder. c ist der z. B. aus Wolfram hergestellte Heizdraht, d_1 und d_2 sind die auf das aus Hartglas hergestellte Glasgestell in unmittelbarer Nähe des Heizfadens aufgewickelten, aus feinem Metalldraht bestehenden ersten Gitterelektroden, d_3 und d_4 sind die in etwas größeren Abstand, sonst in gleicher Weise ausgeführten, jedoch auf Metallrähmchen aufgewickelten zweiten Gitterelektroden. a_1 und a_2 sind die aus Wolframscheiben hergestellten Anoden.

c) Röhre mit 2 Gitterelektroden von Siemens & Halske (für Verstärkungszwecke).

Um insbesondere für Verstärkungszwecke mit erheblich geringerer Energie für das Anodenfeld und für die Fadenheizung auszukommen, hat Siemens & Halske eine Elektrodenanordnung gemäß Abb. 364 ausgebildet, wobei gegenüber der gewöhnlichen Röhrenanordnung mit drei Elektroden folgende prinzipielle Unterschiede vorhanden sind:

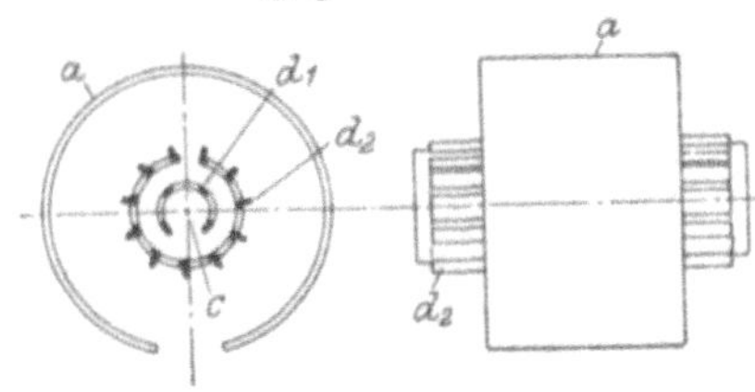

Abb. 364. Röhre mit 2 Gitterelektroden von Siemens & Halske.

1. ist nicht nur eine Gitterelektrode, sondern deren zwei vorhanden, von denen die eine, d, welche dem Faden c nähersteht, als Haupt- oder Regelungsgitterelektrode, die zweite, d_2, weiter abstehende als Hilfsgitterelektrode bezeichnet werden möge.

2. ist die Lochweite sowohl der Hauptgitterelektrode als auch der Hilfsgitterelektrode wesentlich größer als bei den bekannten Dreielektrodenröhren, und die Speichen der letzteren sind radial gestellt, so daß der von der Kathode ausgehende Thermionenstrom an den Kanten der Speichen nur einen geringen Widerstand findet.

Ein Bild der Röhre mit Sockel, wobei 4 Anschlußstöpsel notwendig sind, gibt Abb. 365 wieder. Um denselben Verstärkungsgrad mit einer Dreielektrodenröhre, also einer solchen mit einfacher Gitterelektrode, zu erzielen, ist bei dieser Röhre nur aufzuwenden für das Heizen bei 3 Volt 0,4 Ampere und für das Anodenfeld 35 bis 40 Volt bei ca. 2,5 MA. Da eine gewöhnliche Verstärkerröhre (also keine Sparröhre!) für dieselbe Anordnung 3 Volt und 0,52 Amp. und für das Anodenfeld 100 Volt und 1,5 MA. braucht, so ist daraus klar, daß man für denselben Verstärkungsgrad bei der Röhre mit zwei Gitterelektroden ca. 50% weniger Energie benötigt.

Diese günstigeren Verhältnisse, welche bei der Wirkungsweise dieser Röhre auftreten, kann man sich vielleicht wie folgt vorstellen:

Bei der Konstruktion einer Röhre sind grundsätzlich zwei Bedingungen für das richtige Funktionieren derselben zu erfüllen, und zwar

Abb. 365. Siemens-Zwei-Elektrodenröhre.

1. ist zur Erzielung einer geringen Raumladungsspannung notwendig, den Radius des Anodenzylinders (Abstand des Zylindermantels vom koaxialen Faden) klein zu halten, wie sich dies aus der Formel von Langmuir

$$V = k \cdot \sqrt[3]{r \cdot i^2}$$

ergibt,

2. ist der Abstand Anode vom Heizdraht relativ viel größer zu machen als der Abstand vom Gitter zum Heizdraht.

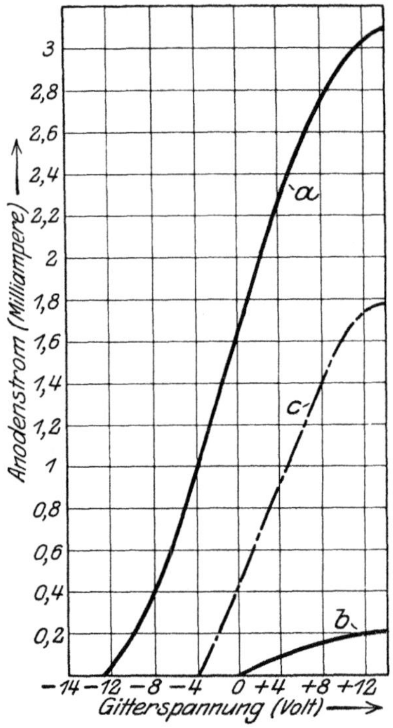

Abb. 366. Charakteristiken der Zweigitterröhre.

Aus konstruktiven Gründen ist jedoch eine gleichzeitige Erfüllung dieser beiden Bedingungen nicht möglich. Die Röhre in ihrer Form ohne Hilfsgitterelektrode würde zwar der zweiten Bedingung gut entsprechen, jedoch wäre die anzulegende Spannung infolge des großen Abstandes Kathode—Anode sehr groß. Die eingeführte Hilfsgitterelektrode hat den Zweck, die Elektronen bloß aus dem Gitter zu ziehen, sie aber nicht aufzunehmen, sondern nur an die Anode weiterzuleiten, was erstens durch die den Elektronen bereits innewohnende Geschwindigkeit sowie die vorhandene Potentialstufe zwischen Hilfsgitterelektrode und Anode gewährleistet erscheint. Das Hilfsgitter wirkt also gleichsam zur „Führung" der Elektronen zwischen Kathode und Anode und verhindert eine mehr oder weniger große Dispersion.

Tatsächlich ist jener Teilstrom Hilfsgitterelektrode—Batterie—Anode sehr klein im Verhältnis zu dem für die Verstärkungszwecke benutzten Teilstrom Anode — Batterie — Heizdraht, welche Bedingung durch richtige Wahl der Potentialstufe Hilfsgitterelektrode—Anode, welche ausgesprochene Optima besitzen, erzielt werden kann. Die Aufkantung der Hilfsgitterstäbe begünstigt die Weiterleitung der Elektronen an die Anode, ohne daß infolge der sehr kleinen Auftreffflächen ein wesentlicher Verlust entsteht.

Die Charakteristiken, welche mit derartigen Röhren aufgenommen werden, unterscheiden sich nicht wesentlich von denen der Dreielektrodenröhren. In Abb. 366 ist die Abhängigkeit des Anodenstromes vom Gitterpotential für einen Durchschnittswert bei 40 Volt Anodenfeldspannung, 37 Volt Hilfsgitterspannung, 3 Volt Heizspannung bei 0,4 Amp. Heizstrom in Form von Kurve *a* aufgezeichnet, während Kurve *b* die bei demselben Verhältnis sich ergebende Hilfsgitterstromstärke darstellt. Kurve *c* stellt eine normale Durchschnittskurve der Abhängigkeit des Anodenstromes vom Gitterpotential bei einer gewöhnlichen Dreielektrodenröhre zum Vergleich für Kurve *a* dar.

d) Andere Mehrgitterröhrenkonstruktionen

Es hat auch nicht an andern Vorschlägen gefehlt, Mehrgitterelektrodenröhren zu bauen. Besonders unter Berücksichtigung niedriger Anodenspannung wurde von M. Seddig, R. Rüchard und H. Seemann (1918) eine Röhre konstruiert, bei welcher der Wolframheizdraht zwischen zwei plattenförmigen Elektroden, welche nur einen Abstand von knapp 2 mm besaßen, ausgespannt war. Man war hierbei also auf die ursprüngliche Audionkonstruktion von de Forest zurückgekommen. Obwohl man mit einer Anodenspannung von nur 10 Volt auskommen konnte, erhielt man eine etwa 5fache Verstärkung.

Der oben geschilderten Röhrenkonstruktion ähnlich ist eine Anordnung der Western Electric Co. von 1915. Der Heizdraht ist auf einem andern mit Nickeloxyd überzogenen Draht aufgewickelt, welch letzterer als Steuerelektrode dient. Die Nickeloxydschicht reicht für die Isolation aus. Um das Ganze sind zwei plattenförmige Anoden angeordnet.

25. Das Dynatron.

Unter der Bezeichnung des „Dynatrons" ist von A. W. Hull (General Electric Company) eine Röhre entwickelt worden, welche sich sowohl als Verstärker als auch als Schwingungserzeuger eignet und die vom Kenotron und Pliotron abweicht, indem dieselbe auf der Benutzung von „sekundärer Emission" beruht.

Das Dynatron besteht aus einem möglichst vollkommen evakuierten Glasgefäß *b* (siehe Abb. 367), in welches ein Heizdraht *c* wie bei der bisher betrachteten Eingitterröhre eingeschmolzen ist. Abweichend von dieser ist jedoch nächst dem Heizdraht *c* noch eine mit einem oder mehreren Löchern versehene Anode *a* und hinter derselben eine Plattenelektrode *e* vorgesehen, so daß sich eine Anordnung entsprechend der Abb. 367 ergibt. Der Heizdraht *c* wird durch eine Batterie *f* geheizt. Die Anode liegt im positiven Pol einer Hochspannungsbatterie *g*. Von einem Punkt *h*, welcher zweckmäßig durch den Versuch festgestellt wird, wird die Spannung für die Platte *e* abgenommen.

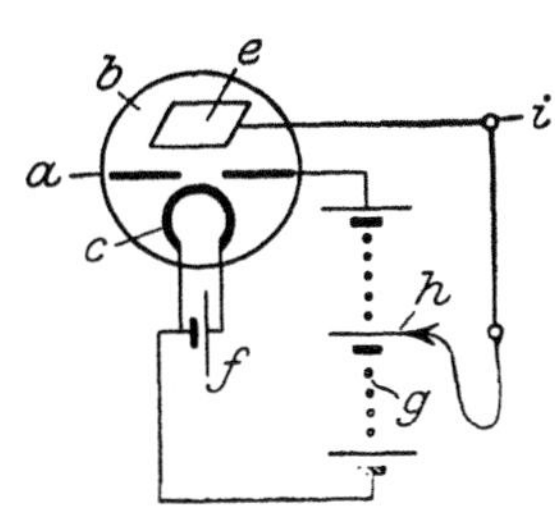

Abb. 367. Grundsätzliche Dynatronschaltung.

Sobald die Glühkathode *c* geheizt wird, geht von ihr bei der gezeichneten Anordnung ein Elektronenstrom aus, welcher auf die Platte *e* auftrifft, daselbst Elektronen freimacht, welche infolge der zwischen

Platte und Anoden herrschenden Potentialdifferenz zur Anode hingezogen werden. Es ist hierbei bemerkenswert, daß die Geschwindigkeit der durch den Aufprall des Elektronenstromes auf die Platte *e* in dieser freigemachten Elektronen geringer ist, als die des primären Elektronenstromes. Es wird also beim Dynatron nicht wie bei der gewöhnlichen Röhre der von dem Heizdraht *c* emittierte primäre Elektronenstrom, welcher durch ein Gitter beeinflußt wird, ausgenutzt, sondern vielmehr werden die durch den Aufprall des primären Elektronenstromes in der Platte *e* freigemachten Elektronen, also die sogenannte „sekundäre Emission" benutzt. Es ist also für die Wirkungsweise des Dynatrons in der Röhre die Strecke *e a* und für das Zustandekommen des Effektes die Anordnung der Hochspannungsbatterie *g* und die Wahl des Punktes *h* wesentlich.

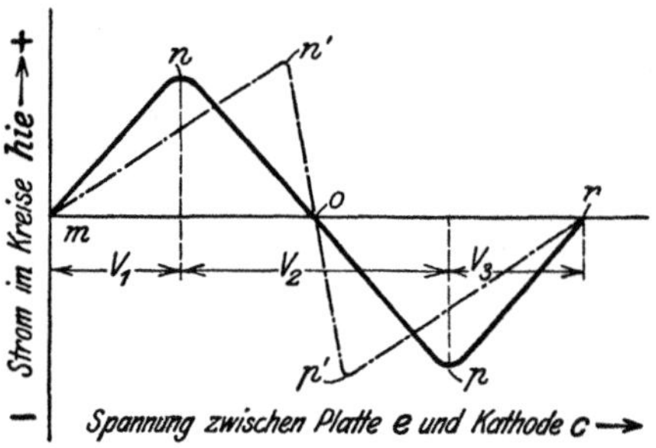

Abb. 368. Abhängigkeit des Plattenstromes von der Spannung zwischen Platte und Heizdraht.

Verfolgt man die Abhängigkeit des Stromes im Leiterzweige *hie*, also die Funktion der Spannung zwischen Platte *e* und Heizdraht *c*, so ergibt sich ein Diagramm gemäß Abb. 368. Für den Nullpunkt *m* des Stromes ist die Spannung zwischen Platte und Heizdraht ebenfalls Null. Mit steigender Spannung wächst wie bei jeder Röhre der Strom gemäß dem Kurvenstück *m n* an. Im Punkte *n* beginnt die sekundäre Emission. Der Strom im Kreise *h i e* nimmt mit zunehmender Spannung zwischen Platte und Heizdraht ab, durchschneidet beim Punkte *o* die Nullinie und erreicht im Punkte *r* ein Minimum. Hierselbst hat die Kurve wiederum einen Wendepunkt, da der ständig zunehmende primäre Elektronenstrom bewirkt, daß die sekundäre Emission abnimmt, bis schließlich im Punkte *r* der Nullwert wieder erreicht ist.

Das Kurvenstück *n p* ist also von besonderem Interesse, da während dieses Spannungsbereiches V_2 die sekundäre Emission, auf welcher die Wirkung des Dynatrons beruht, vor sich geht. Man bezeichnet diese Strecke, analog beim Lichtbogengenerator dem Ausdrucke $\frac{dI}{dV} =$ negativ, als „negativen Widerstand", wobei hier allerdings zu beachten ist, daß infolge der vollkommenen Evakuierung der Dynatronröhre und infolge des Fortfalles jeglicher Ionenemission weder Hysteresis noch Verschiebungsströme auftreten können, die Röhre vielmehr in jedem Augenblicke sofort reagiert.

Die Einstellung des Punktes *h* und die Verbindung der Stromquelle *g* mit dem positiven Potential an der Anode *a* hat so zu erfolgen, daß für den Betrieb des Dynatrons die Spannungsbereiche V_1 und V_2, in denen keine sekundäre Emission stattfindet, ausgeschlossen sind.

Um das Dynatron für Verstärker- und Senderzwecke besonders geeignet zu gestalten, ist es erforderlich, daß das Kurvenstück *n o p* möglichst senkrecht zur Abszisse verläuft. Dieses kann dadurch bewirkt werden (siehe Abb. 367), daß in den Zweig *e i h* ein Widerstand *k* eingeschaltet wird, welcher so abgeglichen wird, daß seine positive Größe gleich oder nahezu gleich dem absoluten Wert des negativen Widerstandes des Dynatronplattenkreises *e i h l c* ist. Man erhält alsdann eine Kurve, deren Charakter in Abb. 368 strichpunktiert eingezeichnet ist. Der Spannungsbereich V_2, entsprechend der senkrechten Projektion von *n p* auf die Abszisse, ist hierbei erheblich kleiner, die sekundäre Emissionskurve also wesentlich steiler abfallend als bei der Kurve *m n o p r*. Schaltet man in die Anordnung von Abb. 369 in den Kreis *i h* einen aus Selbstinduktionsspule *s* und Kondensator *t* bestehenden Schwingungskreis ein, so werden durch die negativen Eigenschaften des Widerstandes des Dynatrons in derselben Weise wie beim Poulsenlichtbogen dauernde Schwingungen in dem Kreise *s t* erzeugt, wobei die erzeugte Frequenz den Kreiskonstanten entspricht.

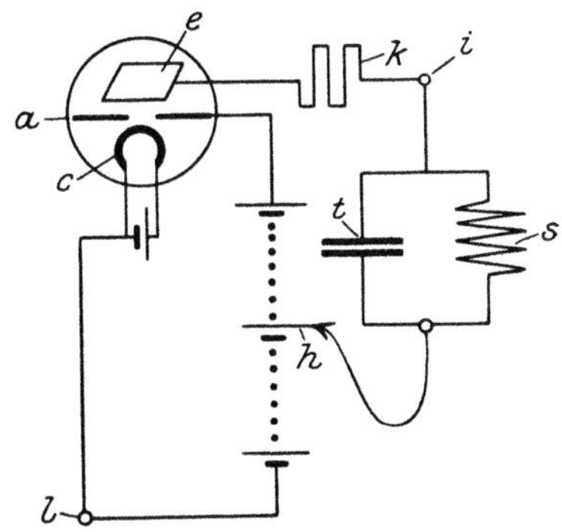

Abb. 369. Dynatronschaltung für Verstärker- und Senderzwecke.

26. Das Plio-Dynatron.

Es ist ohne weiteres eine Kombination des Dynatrons mit dem Pliotron, also der vorerwähnten Dreielektrodenröhre, möglich. Man erhält alsdann eine Anordnung, welche beispielsweise in Abb. 370 wiedergegeben ist. Zwischen der Anode *a* und dem Heizdraht *c* ist die Gitterelektrode *d* vorgesehen. *e* ist wieder die Plattenelektrode. Als Stromquelle für das der Gitterelektrode *b* aufzudrückende Potential dient die Batterie, und durch Veränderung des Gitterpotentials wird bei dieser Anordnung genau wie bei der normalen Röhre eine Variation der Stromstärke im Schwingungssystem hervorgerufen.

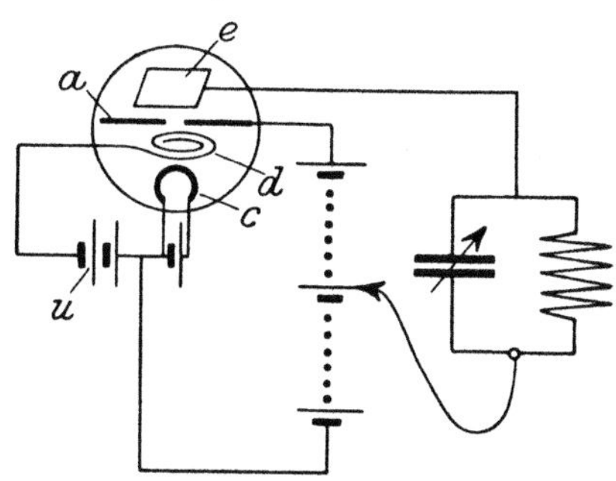

Abb. 370.

Eine wesentliche Beeinflussung der Wirkungsweise sowohl des Dynatrons als auch des Pliodynatrons kann durch ein Magnetfeld bewirkt werden, und zwar wird die Beeinflussung um so größer, je kräftiger das Magnetfeld ist. Man kann es sogar ohne weiteres dahin bringen, daß eine anfänglich vorhandene sekundäre Emission durch das Magnetfeld vollkommen unterdrückt wird.

Vergegenwärtigt man sich noch einmal die Erscheinung, welche bei der sekundären Emission auftritt, so erhält man ein schematisches Bild, etwa Abb. 371 entsprechend, welches den Querschnitt durch eine mit einem axialen Heizdraht versehene Dynatronröhre darstellt, *c* ist der Querschnitt durch die Kathode, *a* sind die Anodendrähte, *e* ist die zylindrisch gestaltete Platte. Die Richtung der von *c* ausgehenden Elektronenstrahlung und der durch den Aufprall derselben an der Platte *e* bewirkten sekundären Emission ist durch mit Pfeilen versehene dünne Linien gekennzeichnet.

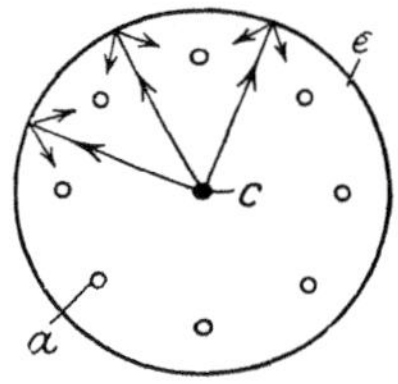

Abb. 371. Elektronenbewegung bei der sekundären Emission.

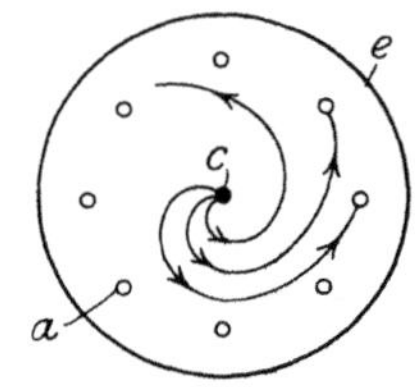

Abb. 372. Änderung der Elektronenbewegung durch Einfluß eines Magnetfeldes.

Sobald ein Magnetfeld auf die Röhre einwirkt, beispielsweise dadurch, daß eine wechselnde Transformatorspannung zwischen Anode *a* und Kathode *c* gelegt wird, kann sich ein Schaubild etwa Abb. 372 entsprechend ergeben. Die Elektronenwege zeigen eine mehr oder weniger spiralförmige Gestalt, wobei die Elektronen nicht mehr radial und geradlinig sich von der Kathode fortbewegen, sondern sich vielmehr schräg gegen die Anode hin fortpflanzen. Eine sekundäre Emission wird sich also um so weniger ausbilden können, je stärker die Wirkung des Magnetfeldes ist.

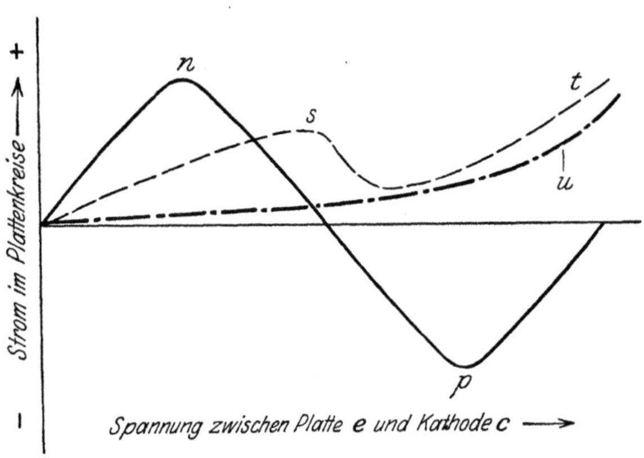

Abb. 373. Charakteristik des Pliodynatrons.

Die Charakteristik des Pliodynatrons, welches in Abb. 373 durch die vollausgezogene Kurve *n p* nochmals wiedergegeben ist, erfährt infolgedessen eine entsprechende Modifikation. Bei einem mäßig starken Magnetfeld wird die gestrichelte Kurve *s t* erhalten. Diese zeigt, daß die sekundäre Emission bereits klein ist. Eine Stromumkehr ist nicht mehr vorhanden. Wirkt das Magnetfeld noch kräftiger, so ergibt sich eine Kurve vom Charakter der strichpunktierten Linie *u*, welche anzeigt, daß eine sekundäre Emission überhaupt nicht mehr vorhanden ist.

27. Außensteuerungselektrodenröhre von R. Weagant.

Es ist ferner von R. Weagant (1913/14) versucht worden, eine Steuerungselektrode außen anzuordnen und zwar gleichgültig, ob die Röhre für Detektor-, Verstärker- oder Senderzwecke dient. Eventuell soll allerdings noch außerdem eine innenliegende Gitter-Steuerungselektrode vorgesehen sein.

Man erhält entspr. der ersteren Form eine Anordnung gemäß Abb. 374. Hierin ist *c* der Heizdraht (z. B. Tungstendraht), *a* die Anode (z. B. Molybdänblech), *d* die außen am Glasgefäß *b* angeordnete Steuerungselektrode, welche z. B. aus Kupferblech hergestellt sein kann oder wohl auch als metallischer Niederschlag auf der Glasoberfläche aufgebracht sein mag und welche von Weagant als „metallisch-elektrostatisches Kontrollelement" bezeichnet wird, die zum Elektronenstrom parallel liegt, jedoch rechtwinklig auf diesen einwirkt. Angeblich ist diese Röhre einfacher in der Konstruktion und billiger in der Herstellung, da die immerhin sowohl in ihrer Bauart als auch in der Kombination mit den anderen Röhrenbestandteilen weder ganz einfache noch billige fadenförmige Gitterkonstruktion der Steuerungselektrode hier vermieden ist. Jedoch erscheint nicht immer und unter allen Umständen die außerhalb des Vakuums liegende Steuerungselektrode vorteilhaft. Häufig wird die Luftschicht, welche sich zwischen dem Metallbelag von *d* und der Oberflächenschicht des Glases befindet, zu nicht ganz einwandfreien Verhältnissen führen.

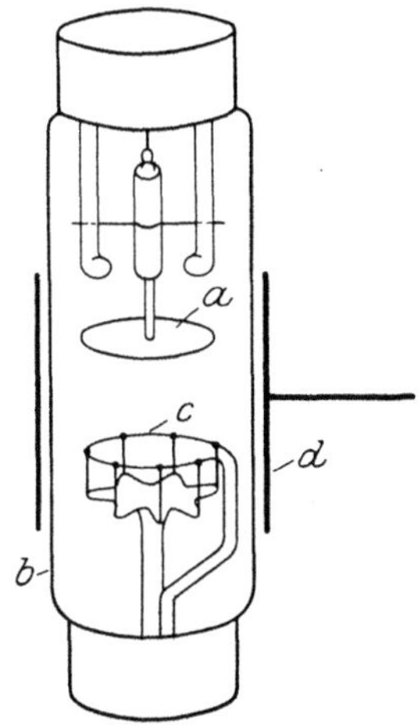

Abb. 374. Außensteuerungselektrodenröhre von R. Weagant.

28. Röhre mit vier Elektroden von Weagant.

Die Röhre mit vier Elektroden, also zwei Steuerungselektroden, von Weagant zeigt schematisch Abb. 375. Es ist hierbei außer der Außensteuerungselektrode d_1 gemäß obigem noch die von der normalen Röhre her bekannte, im Innern zwischen Anode und Kathode angebrachte Gitterelektrode d_2 ersichtlich, welch letztere — und dieses ist besonders bemerkenswert — keinen Außenanschluß besitzen soll. Angeblich soll sich diese Röhre besonders gut eignen für das Arbeiten im günstigsten Bereich der Charakteristik, insbesondere beim Audionempfang. Der Hauptvorteil der Röhre soll darin bestehen, daß man bei kurzem Abstand der Elektroden voneinander hohe Anodenfeldspannungen anwenden kann und dennoch den Vorteil gewahrt hat, bei gleichmäßiger Wirkungsweise der Röhre sowohl beliebig schwache als auch kräftige Signale gleichmäßig empfangen zu können.

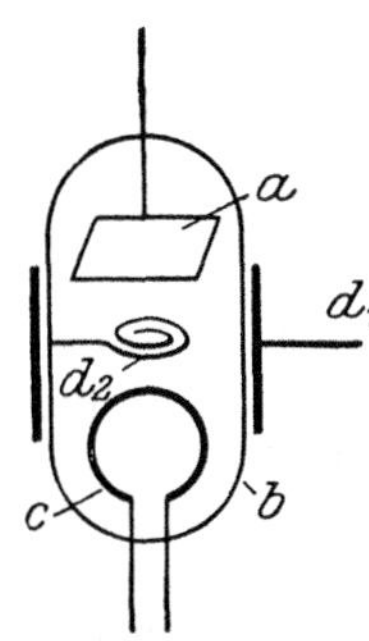

Abb. 375. Vierelektroden-Außensteuerungsröhre von R. Weagant.

29. Das Magnetron.

Beim Magnetron (Siemens & Halske A. G. 1910, A. W. Hull 1921) ist die im Innern der Röhre angebrachte Gitterelektrode (Steuerelektrode) vermieden. Statt dieser ist außen um das Rohr eine Spule herumgelegt, welche von Gleichstrom durchflossen als Magnet wirkt. Die Anordnung ist schematisch in Abb. 376 wiedergegeben. Der Heizdraht (Wolframfaden), die Kathode *c* ist axial durch das Rohr hindurchgeführt. Koaxial zu ihr ist der zylindrische Anodenblechmantel *a* angeordnet. Außen um das Rohr ist die das Gitter ersetzende Kupferdrahtspule *d* gewickelt, welche von einer Batterie *b* gespeist wird. Es fließt also in der Spule *d* ein Gleichstrom, dem noch ein zu verstärkender Wechselstrom überlagert werden kann. Das Anodenfeld wird durch die Batterie *e* hergestellt, während die Heizung des Fadens durch die Stromquelle *f* erfolgt.

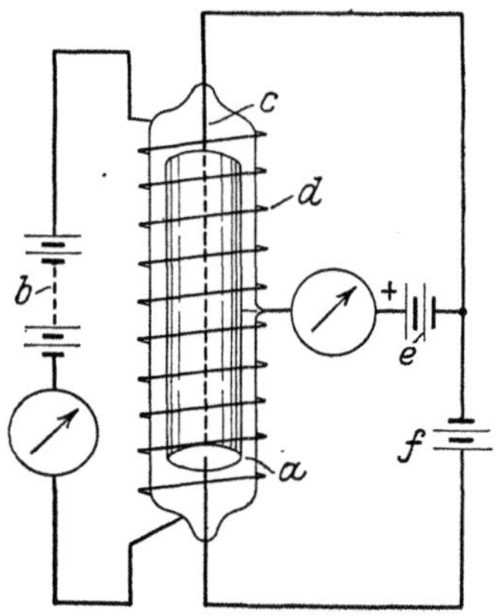

Abb. 376. Magnetron von A. W. Hull.

Analog den Gleichungen der gewöhnlichen Eingitterröhre erhält man für das Magnetron die Gleichungen der Charakteristiken:

$$J_A = f\,(V_A \cdot J_{mag})$$
$$\mathfrak{M} = f'\,(V_A \cdot J_{mag}).$$

Hierin bedeutet:

J_{mag} = der Magnetisierungsstrom,
$\mathfrak{M}$ = die Magnetfeldstärke.

Hieraus ist ersichtlich, daß die Stärke des Magnetfeldes ebenfalls von V_A abhängt, was daher rührt, daß unter dem Feldeinfluß der Verlauf der Elektronen in der Röhre spiralförmig vor sich geht.

Man erhält für jede Anodenspannung V_A und jeden Anodenradius r einen kritischen Wert der Feldstärke $\mathfrak{M}$, der aus folgendem Ausdruck hervorgeht:

$$\mathfrak{M}^{\text{Feldlinien/cm}^2} = \frac{\sqrt{\frac{8\,m}{e} \cdot V_A^{\text{Volt}}}}{r^{\text{cm}}} = \frac{6{,}72}{r}\sqrt{V_A}.$$

In Abb. 377 ist die Abhängigkeit des Anodenstroms von der Magnetfeldstärke dargestellt; hierin gelangt besonders die außerordentliche Steilheit der Kurve zum Ausdruck. Die Vorteile des Magnetrons bestehen in folgendem:

1. Der Aufbau des Rohres ist vollständig symmetrisch.
2. Man vermeidet die Einführung der Gitterelektrode, was unbedingt als fabrikatorischer Vorteil anzusehen ist.
3. Man hat die Möglichkeit, das magnetische Feld außen beliebig anordnen und dimensionieren zu können.

4. Infolge dieses Aufbaues ist der Vorteil vorhanden, mit großen Stromstärken bei nicht allzu hohen Spannungen bequem arbeiten zu können, wobei die große Steilheit besonders vorteilhaft in die Erscheinung tritt.

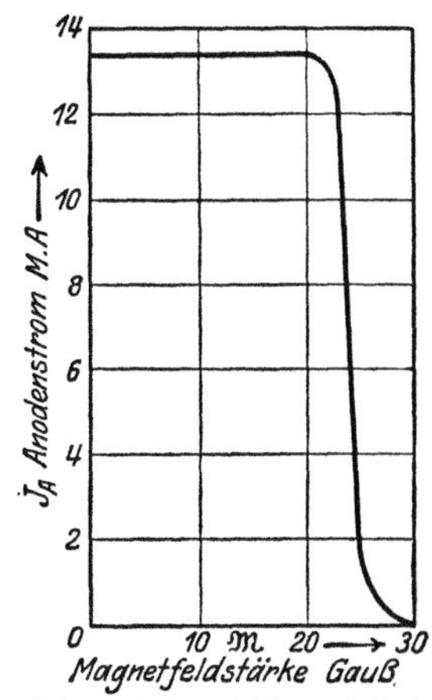

Abb. 377. Abhängigkeit des Anodenstroms J_A von der Magnetfeldstärke 𝔐 beim Magnetron.

30. Das Negatron.

Das von J. Scott-Taggart 1921 konstruierte Negatron stellt einen negativen Widerstand dar und besitzt (Abb. 378) einen Heizdraht *c* (Kathode), eine Gitterelektrode *d*, eine große Anode a_1 (die Ablenkungsanode = Diversionsanode) und dieser entgegengesetzt eine kleinere Anode a_2 (Hauptanode = Mainanode). Zwischen jeder der beiden Anoden und der Kathode liegt je eine Batterie *e* und *f*, deren Spannungen so gewählt sind, daß jeweilig Sättigung vorhanden ist. Zwischen der Anode a_2 und dem Gitter *d* liegt eine Batterie, welche das Gitter positiv gegen die Kathode macht. Infolgedessen wird ein Teil der Elektronen zur Ablenkungsanode a_1 übergehen, wodurch im Hauptanodenkreis die Stromstärke sich vermindert. Sofern man die Spannung an der Hauptanode a_2 erhöhen würde, würde der Strom nach der Hauptanode hin, sofern nicht gleichzeitig hiermit das Gitterpotential zunähme, gesteigert werden. Infolgedessen tritt eine Verminderung des Stromes nach der Hauptanode ein, sobald die Spannung an der Hauptanode sinkt, was also nichts anderes als einen negativen Widerstand bedeutet. Um die Wirkung herbeizuführen, ist es notwendig, daß mit Sättigung gearbeitet wird.

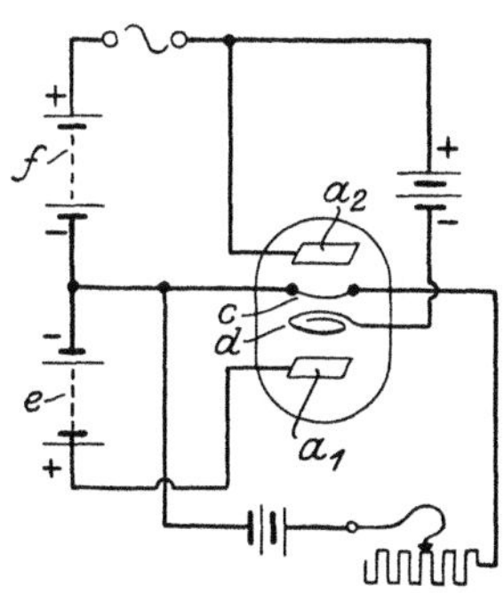

Abb. 378. Das Negatron von J. Scott-Taggart.

31. Das Biotron.

Auch die von J. Scott-Taggart 1921 angegebene Biotron-Schaltung, welche eine Anordnung zweier Eingitterröhren darstellt, stellt nichts anderes als einen negativen Widerstand dar. Die Schaltung zeigt Abb. 379: Die linke Röhre erzeugt einen Anodenstrom in gewöhnlicher Weise, die rechte dient zur Umkehrung der Phase. Erhöht man die Spannung an a_1, so nimmt nicht, wie man denken könnte, die Stromstärke in dieser Röhre zu, sondern durch das Wachsen des positiven Gitterpotential des Gitters der zweiten

Röhre d_2 wird der Anodenstrom nach der Anode a_2 dieser Röhre vergrößert, der Spannungsabfall am Widerstand e wächst, und das Gitter der ersten Röhre d_1 wird negativ, so daß tatsächlich der Strom in der ersten Röhre nach a_1 abnimmt. Als Effekt wird eine sehr steil abfallende geradlinige Charakteristik erzielt.

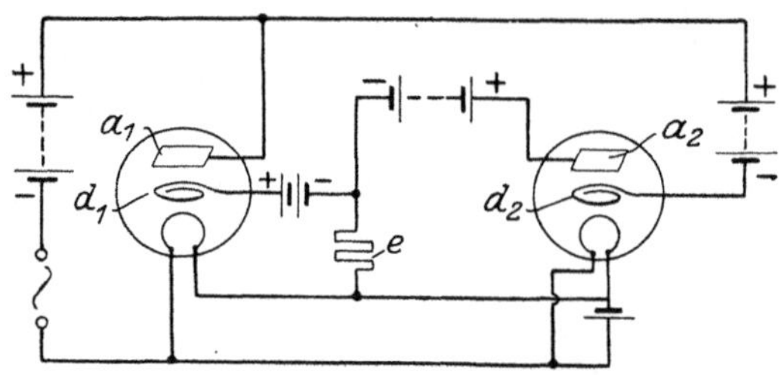

Abb. 379. Biotronschaltung von J. Scott-Taggart.

32. Röhrenfabrikation.

Die Entwicklung der Hochvakuumröhre aus der de Forestschen, bzw. der Flemingschen Ventilröhre hat sich im Zusammenhang mit der Verbesserung der Auspumpmethoden logisch vollzogen. Als die ersten Gleichrichterröhren 1905 von Fleming und die ersten Audionröhren kurz darauf von de Forest ausgebildet und angewendet wurden, war allerdings bereits die Erzeugung eines sehr hohen Vakuums nicht nur bekannt, sondern in der Technik z. B. beim Bau von Röntgenröhren ganz und gäbe. Man konnte damals bereits das sog. „Coolidge Vakuum" herstellen, aber es wäre gerade für die damalige Zeit doch als eine besondere Erfindung anzusehen gewesen, wenn man Röhren mit derartig hohem Vakuum mindestens für Verstärkerzwecke hergestellt und benutzt hätte. Die ersten, die das Hochvakuum für derartige Röhren gefordert haben, waren Hollweck und Q. Majorana. In die Praxis scheint jedoch erst J. Langmuir das hohe Vakuum 1912/13 eingeführt zu haben, und er scheint auch der erste gewesen zu sein, dem es praktisch gelungen ist, okkludierte Gase aus den Elektroden völlig auszutreiben oder wenigstens praktisch unwirksam zu machen.

Wenngleich es schon infolge des hohen, dauernd aufrecht zu erhaltenden Vakuums bei der Röhrenfabrikation mehr als bei anderen ähnlichen Fabrikationszweigen, wie beispielsweise in der Glühlampenindustrie, auf besondere Materialbeschaffenheiten und Arbeitsmethoden ankommt, so erscheint es doch kaum recht verständlich, aus welchem Grunde eine übergroße Geheimhaltung in den meisten Röhrenfabriken angewendet wird; denn die Zahl der heute allein in Mitteleuropa technisch leistungsfähigen Röhrenfabriken ist immerhin eine schon recht erhebliche.

Eine Hauptschwierigkeit, das hohe Vakuum in den Röhren herzustellen und dauernd aufrechtzuerhalten, besteht in der in den Röhren vorhandenen relativ großen Metallmassen insbesondere der Anode. Infolgedessen und da das Vakuum ein ganz außerordentlich viel höheres sein muß als bei gewöhnlichen Glühlampen, bei denen im übrigen die Metallteile, abgesehen vom Glühfaden an und für sich bei weitem nicht so heiß werden als in den Röhren für Radio und infolgedessen schon aus diesem Grunde okkludierte Luft und Gase nicht wesentlich abgeben, haben auch alle dort ohne weiteres anwendbaren Methoden, wie z. B.

das Phosphorpumpverfahren, versagt. Aber auch die wesentlich verbesserten Pumpmethoden, welche in der Röntgentechnik angewendet werden, haben nicht zu den Resultaten geführt, welche von den Röhren der drahtlosen Technik verlangt werden müssen.

Nicht nur die ersten brauchbaren, sondern auch wohl heute noch besten Pumpverfahren sind in Amerika, insbesondere von J. Langmuir (1914—1916) angegeben worden. Sie eignen sich auch in hervorragender Weise für die aus anderen Gründen besonders günstigen Tungstenelektroden, welche ein sehr prekäres Pumpverfahren zu benötigen scheinen. Sehr wesentlich ist hierbei, daß es Langmuir u. a. auch gelungen ist, die Röhre haltbar zu machen, so daß auch bei nahezu beliebig langer Brenndauer eine Verschlechterung des Vakuums nicht eintritt. Besonders kritisch sind die Verhältnisse natürlich bei größeren Senderröhren, bei denen im Betriebe auch die Anode sich dauernd im Glühzustand befindet.

Eine Hauptschwierigkeit des Pumpverfahrens wird durch folgende Überlegung klar: Die in der Glühlampentechnik und auch für die Erzeugung von Röntgenröhren angewendeten Pumpverfahren beruhen auf einer Diffusion der Gase aus dem zu evakuierenden Raum. Man ist also an der Grenze, wenn die Diffussion nach außen stärker ist als die Diffusion im Pumpraum (T. G. Petersen, 1920). Es müssen also Mittel angewendet werden, um ein Rückströmen der Gase zu verhindern.

Während in Deutschland im allgemeinen so vorgegangen wird, daß als Vorpumpe eine rotierende Quecksilberpumpe nebst Kapselpumpe und zur Erzielung des Hauptvakuums eine Gaedesche Diffusionspumpe benutzt wird, wobei darauf zu achten ist, daß im Hauptvakuum jeder Fettschliff peinlichst vermieden wird (E. Rüchardt, 1919), scheinen die amerikanischen Röhren ausschließlich mittels des nachstehenden von J. Langmuir angegebenen Kondensationspumpenanordnung hergestellt zu werden. Die gewöhnliche Pumpe scheint den wesentlichen Nachteil zu besitzen, daß Spuren von Quecksilberdampf die Röhre passieren müssen. Die Öffnungsweite der Gaedepumpe ist, um größtmögliche Geschwindigkeit zu erzielen, gleich der mittleren freien Weglänge der Gase. Infolgedessen kann die Tendenz vorhanden sein, daß die Gase in den zu evakuierenden Raum zurückverdampfen, wodurch eine Kondensation von Hg mindestens partiell möglich erscheint; infolgedessen wird das Vakuum verschlechtert.

Langmuir hat diesen Nachteil dadurch vermieden, daß er unter sorgfältiger Anordnung der Einzelteile die Trichteröffnungen erweiterte und insbesondere intensiv kühlte. Die Langmuirsche Anordnung ist in Abb. 380 wiedergegeben. *a* ist die eigentliche Pumpe, *b* die Auffangvorrichtung für die sich bildende flüssige Luft, *c* die zu evakuierende Röhre mit Fadenheizvorrichtung *d* und Spannungsquelle *e* für das Anodenfeld. In der Pumpe *a* befindet sich über dem Quecksilber, welches stark erhitzt wird, ein Gitter *f* und ein Reflektor *g*. Infolge der Gestaltung des Trichters *h* wird der aufsteigende Quecksilberdampf in seiner Intensität gesteigert gegen den gleichfalls geheizten Reflektor *g* getrieben, und an den gekühlten Pumpenwänden kondensiert. Bei der Abwärtsbewegung der Hg-Atome werden die Gase, welche aus der Röhre austreten, mitgerissen. Das Quecksilber wird wieder unten am Boden der Pumpe gesammelt. Das durch die vertikal gerichteten Dämpfe nach unten mitgerissene Gas wird bei der Öffnung *i* durch eine weitere Pumpe abgesaugt. Die Dampfmenge gewinnt an Intensität ihrer Strömung, sobald sie sich dem Boden der Pumpe nähert, und das Quecksilber kondensiert sich. Die Langmuirsche Pumpe kann daher beliebig hoch evakuieren; angeblich liegt bei 10^{-11} mm noch nicht die Grenze.

Sehr wesentlich ist es, daß während des Pumpens nicht nur der Heizdraht geheizt wird, sondern daß auch gleichzeitig das Elektronenbombardement auf die Anode ausgeübt wird. Zweckmäßig wählt man hierzu Gleichstrom, welchen man z. B. aus Wechselstrom mittels Gleichrichter erzeugen kann. Das Phänomen des Elektronenbombardements ist äußerlich durch Rotglut der Anode gekennzeichnet. Die okkludierte Luft wird von den Metallteilen abgegeben und laufend durch die Pumpe abgesaugt.

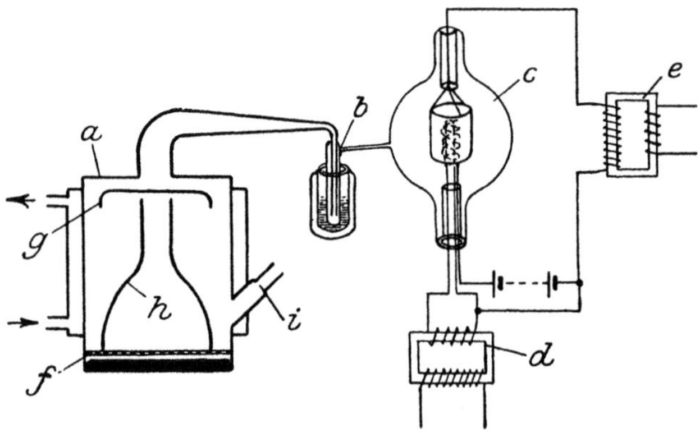

Abb. 380. Kondensationspumpanordnung von J. Langmuir.

Hierdurch wird auch der ohnehin geheizte Faden angegriffen, und es ist Vorsicht geboten, daß er nicht zerstört wird.

Senderöhren, namentlich solche für größere Leistungen müssen bisher wohl stets einzeln evakuiert und behandelt werden, was etwa 3 bis 5 Stunden dauert. Bei kleineren Röhren hingegen, also z. B. normalen Verstärkerröhren kann man gleichzeitig eine größere Anzahl behandeln, so daß man für das Auspumpen der Röhre etwa 10 Minuten in Ansatz bringen kann.

Zeitlich zerfällt der Evakuierungsprozeß in drei Manipulationen (E. Rüchard) (siehe auch unten):

1. Ausglühen der Elektroden vor der Herstellung der Röhren,
2. Ausheizen oder Auspumpen der Röhren (oben besprochen),
3. Ausglühen der Anoden.

Zu 1. Bevor die Elektroden in die Röhren eingesetzt werden, sollten sie in einem Porzellanrohr unter Ausglühen im elektricshen Ofen evakuiert werden, wobei zweckmäßig das Vakuum so hoch als möglich bemessen wird. Die Abkühlung der Metallteile hat selbstverständlich ebenfalls im Vakuum zu erfolgen. Auf diese Weise vorbereitete Metallteile absorbieren in der Zwischenzeit bis zum Einsetzen in die Röhre verhältnismäßig wenig Luft und Gas, und man kann im allgemeinen bei kleinen Röhren auf Elektronenbombardement während der Entgasung verzichten.

Zu 2. Das Wesentlichste ist diesbezüglich in den obigen Ausführungen über das Auspumpen und Ausheizen der Röhren enthalten.

Zu 3. Es ist darauf zu achten, daß Wasserdampf, sowie Spuren organischer Substanzen ferngehalten werden, da sonst die Gefahr eintritt, daß die Fäden rasch dünn werden und leicht durchbrennen (J. Langmuir, 1913). Bei der Herstellung kleiner Röhren kann man unter Umständen von der Anwendung flüssiger Luft, wie sie oben bei der Langmuir-Anordnung vorgesehen ist, absehen und mit einer Kohlensäurekühlung auskommen, nämlich dann, wenn man die Kühlung erst anlegt, wenn die Röhren leer gepumpt sind (E. Rüchardt). Dann erst werden die Röhren geheizt. Vor Schluß der Heizung wird die Kühlung für kurze Zeit entfernt, um einen ev. im Kühlrohr kondensierten Wassertropfen zu entfernen.

Gleich nach Fertigstellung, während die Pumpe noch läuft, sollten die Röhren abgeschmolzen werden. Die Fäden werden 5—10 Minuten überlastet geheizt mit etwa 25% über der normalen Stromstärke.

Die Schilderung der nachstehenden Fabrikationsvorgänge ist der Röhrenfabrik von Schrack in Wien XVIII entnommen, welche Interessenten, wenigstens soweit sie nicht direkt zum Kreise der Konkurrenz gehören, ohne weiteres ihre Fabrikationsmethode demonstriert.

Der Beginn der Fabrikation ist das Auseinanderschneiden der Spezialglasrohre für die Herstellung der Röhre selbst. Hierzu wird bei der Röhre SV_7 Rohr von 10 mm Durchmesser genommen, welches durch eine Art Kreissäge in entsprechend kurz bemessene Stücke zerteilt wird.

Abb. 381. Tellerdrehmaschine.

Sobald diese Prozedur erledigt ist, wird jedes der Rohrstücke in eine Amerikanerzange eingespannt, und mittels einer Anzahl kreuzförmig gestellter, entsprechend heißer Bunsenflammen wird der Rohrrand rotglühend gemacht, so daß er mittels eines Spachtels entsprechend tellerförmig aufgewulstet werden kann. Dieser Arbeitsvorgang ist in Abb. 381 wiedergegeben, welcher das Arbeiten an der Tellerdrehmaschine darstellt.

Abb. 382. Anodenschweißmaschine.

Das auf diese Weise vorgearbeitete Röhrchen gelangt in die Fußquetschmaschine, welche eine Karussellformeinrichtung besitzt, die erlaubt, daß die einzelnen Aufsätze sich nicht nur um eine mittlere Achse drehen können, sondern außerdem noch eine Rotation jeder dieser Einrichtungen um die eigene Achse bewirkt. Zu diesem Zweck wird auf jede dieser Einrichtungen ein Tellerrohr aufgesteckt, mit den Durchführungsdrähten versehen und durch eine Vorwärmflamme angewärmt. Nach hinreichender Anwärmung erfolgt wiederum ein Hellrotglühendmachen dieses Teils mittels kreuzförmig gestellter Stichflammen. Sobald hinreichende Erwärmung stattgefunden hat, wird der Rohrteil flach gequetscht.

Abb. 383. Einziehen des Heizdrahtes in das fertige Füßchengestell.

Nunmehr werden die Elektroden der Röhre, also Heizdraht, Gitter und Anode, elektrisch an die Haltedrähte angeschweißt. Die Anschweißung des Anodenzylinders geht aus Abb. 382 hervor. Auf dem Gestell vor der Schweißmaschine sind die halbfertigen, eben beschriebenen Aufbauten zu erkennen.

Nachdem die Anode aufgeschweißt ist, folgt die Aufschiebung der Gitterelektrode. Als letztes wird der Heizdraht eingezogen. Diese Manipulation ist aus Abb. 383 zu ersehen. Hierbei ist nicht nur besondere Vorsicht und Sorgfalt notwendig, sondern es ist auch nötig, die atmosphärische Luft fernzuhalten, was dadurch geschieht, daß die Prozedur unter einer Glocke mit indifferenten Gasen stattfindet.

Nachdem der Innenteil der Röhre auf diese Weise fertiggestellt ist, wird derselbe in die Einschmelzmaschine, entsprechend Abb. 384, gebracht und in den übergeschobenen Glasballon eingeschmolzen. Auch hier muß, bevor die Stichflamme zu arbeiten anfängt, eine hinreichende Erwärmung stattfinden. Dabei ist wiederum eine Rotation notwendig, um eine gleichmäßige Erhitzungszone zu bewirken.

Abb. 384. Einschmelzmaschine für das Füßchen.

Vor dem Einschmelzen wird der Glasballon angestengelt, d. h. jedes Rohrstück, welches ausgepumpt wird und das später im fertigen Zustand den bekannten Abschmelzzipfel an der Spitze besitzt, wird an den Ballon angesetzt. Dieser Arbeitsvorgang wird durch die Anstengelmaschine gemäß Abb. 385 bewirkt. Im Hintergrund dieser Abbildung ist die Lochmaschine erkennbar, durch die in den Ballon ein geeignetes kleines Loch gestochen wird. In der Mitte befindet sich die Anstengelmaschine, mittels derer das Auspumpröhrchen an das Loch angeschmolzen wird. Beide Maschinen werden von einer Arbeiterin betätigt.

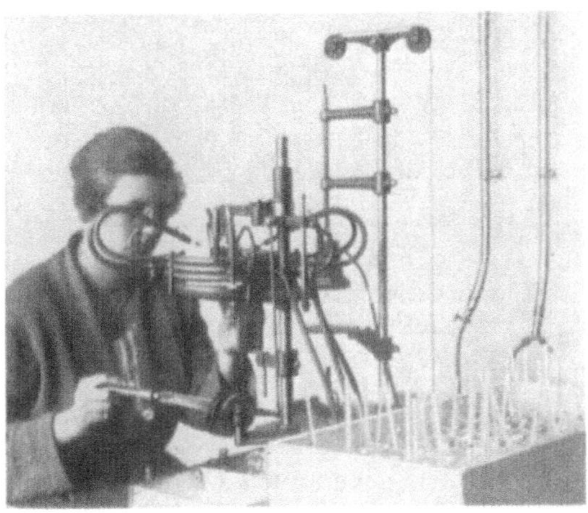

Abb. 385. Lochmaschine und Anstengelmaschine.

Sobald die Röhre auf diese Weise fertiggestellt ist, wird mit dem Evakuieren begonnen. Es werden zu diesem Zweck etwa 40 Röhrchen auf eine gemeinsame Gasrohrleitung aufgesetzt (siehe Abb. 386), welche Rechen genannt wird. Über die Röhrchen senkt sich ein elektrisch geheizter Behälter. Auf diese Weise werden durch Erwärmen der Glasteile Gasreste vom Innern leichter abgesaugt. Es ist notwendig, daß diese Prozedur möglichst exakt bewirkt wird, um das spätere Vorhandensein von okkludierten Gasen sicher zu vermeiden. Um diese Evakuierung zu bewirken, werden Quecksilberdampfstrahlpumpen mit entsprechenden Vorvakuumpumpen benutzt. Um zu verhindern, daß Quecksilberdämpfe in die Glasballons eindringen, ist in die Leitung eine Luftfalle eingesetzt, bestehend aus einem U-Rohr, welches flüssige Luft enthält und auf minus 180° gekühlt ist. Die eventuell noch vorhandenen Dämpfe werden in dieser Falle festgefroren.

Abb. 386. Evakuierungsvorrichtung.

Es gelingt auf diese Weise, ein Vakuum von einem millionstel Millimeter Quecksilberdruck zu erzielen.

Um an die Elektroden noch gebundene Gase sicher zu entfernen und um ein dauerndes Arbeiten der Röhre zu gewährleisten, also ständig dafür zu sorgen, daß das hohe Vakuum erhalten bleibt, muß man vor dem Abstechen das Rohr in Betrieb nehmen, also ein sogenanntes Elektronenbombardement ausführen, welcher Arbeitsvorgang durch Abb. 386 wiedergegeben ist. Bevor das Abstechen stattfindet, wird erst noch mittels eines Mac Leodschen Manometers festgestellt, ob tatsächlich ein Druck von einem millionstel Millimeter vorhanden ist. Alsdann erst erfolgt der Abstich.

Die auf diese Weise hergestellten Röhren werden gesockelt, etikettiert, verpackt und versandt.

33. Konstruktive und Betriebsgesichtspunkte für Röhren.

Anforderungen an mit Elektronenemission arbeitende Röhren. Obwohl die Einzelelemente dieser mit einem Thermionenstrom arbeitenden Röhren sehr einfache sind — sie bestehen z. B. im allgemeinen aus einer Glühkathode, die den Thermionenstrom erzeugt, einer Anode und z. Z. in den meisten praktischen Fällen noch aus einer Hilfs-, Zwischen- oder Gitterelektrode, die sämtlich in ein evakuiertes Glasgefäß eingeschlossen sind, das in einem oder zwei Sockeln die Anschlußenden für die Elektroden aufweist —, ist es aus verschiedenen physikalischen Gründen immer noch recht schwierig, genau einander gleiche und gleichmäßig hoch empfindliche und hochaktive Röhren zu erzeugen.

Elektrodenausbildung in der Röhre. Beim Kenotron sind nur zwei Elektroden, und zwar die Glühkathode (Heizdraht) und die platten- oder blechförmige Anode vorhanden.

Beim Pliotron kommt zu den beiden Elektroden noch eine Zwischen- (Gitter-, Rost- oder Steuerungs-) Elektrode hinzu. Bei den meisten Ausführungsformen ist die Gitterelektrode spiral-, sieb- oder gitterförmig ausgeführt. Die Lochweite, bzw. Wicklungsweite (Spiralform) richtet sich danach, ob mit der Röhre gesendet, verstärkt oder empfangen (Audion) werden soll.

Es sind auch mehrere Gitter- oder Zwischenelektroden angewendet worden (siehe oben), wodurch der Vorteil erzielt wurde, mit einem geringeren Anodenstrom und auch kleinerem Heizstrom, bzw. geringerer Spannung auszukommen. Zweckmäßigerweise wird hierbei die Lochweite (Durchgriff) relativ sehr groß gemacht, um den Elektronenaufprall zu verringern und die Elektronen möglichst verlustlos zur Anode weiterzuleiten.

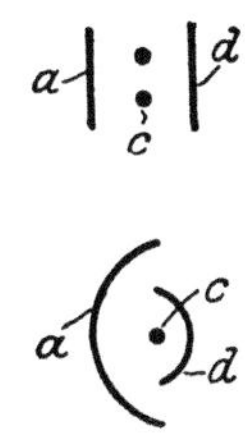

Abb. 387. Von der normalen Ausführung abweichende Elektrodenanordnungen in der Röhre.

Aber die Zwischen- oder Gitterelektrode muß keineswegs sieb- oder gitterförmige Form aufweisen, es ist vielmehr möglich, wie dies schon von de Forest (1909) für das Audion angegeben wurde, sie in Form eines massiven Blechzylinderstückes vorzusehen. Der Grundriß der Elektrodenanordnung wird alsdann entsprechend Abb. 387 oben oder unten sein, in denen *a* die Anode, *c* die Kathode (Heizdraht) und *d* die Steuerungselektrode (für die die Bezeichnung Gitter- oder Zwischenelektrode eigentlich keinen rechten Sinn mehr hat) ist.

Es ist wesentlich, die Elektronenemission vom Heizdraht aus möglichst gleichmäßig zu gestalten. Wenn man beispielsweise eine zu hohe Spannung wie etwa 440 Volt an den Faden legen würde, so würde infolge des eingehenden Heizdrahtwiderstandes die Glühtemperatur an der Zuführungsstelle des Heizdrahtes eine andere sein als an der Stromableitungsstelle. Die Folge davon wäre eine ungleichmäßige Elektronenemission, die das Arbeiten der Röhre ungünstig beeinflussen könnte. Es ist hierauf nicht nur in der Wahl des Heizdrahtmateriales und der Anordnung Rücksicht zu nehmen, sondern auch bei der Wahl der Heizspannung, die deshalb zweckmäßig möglichst niedrig gehalten wird.

Damit die Leistung einer Röhre groß ist, soll:

1. Der Sättigungsstrom bei möglichst kleinen Gitterspannungen erreicht werden, d. h. die Anodenstromcharakteristik muß möglichst steil verlaufen (also langer Heizdraht und geringe Stromdichte). Da hierdurch eine Reduktion der Gitterspannung erreicht wird, bei der der Sättigungsstrom erzielt wird, sind Röhren mit $\wedge$-förmigem Heizfaden schlechter als solche mit ⌒-gebogenem.

2. Der Sättigungsstrom tunlichst hoch liegen. Dieses wird erreicht durch eine hohe Heiztemperatur des Fadens, weshalb man zweck-

mäßig z. B. Wolfram wählt, das ca. 3000° C aushält (siehe oben bezüglich Oxydkathode und Thoriumheizdraht).

Die Abhängigkeit des Emissionsstromes vom Heizstrom ist sehr erheblich, so beträgt z. B. in einem bestimmten Bereich bei einer 3%igen Erhöhung des Heizstromes die Vergrößerung des Emissionsstromes 40%. Die Innehaltung eines bestimmten Heizstromes während der Benutzung ist daher notwendig. Dieses ist im Betriebe z. B. eines Senders bei Benutzung verschiedener Röhren sehr erschwert, da:

1. Die verschiedenen Röhren verschiedene Heizdrahtstärke haben.
2. Die Ablesung am Amperemeter keine genügend genaue, bzw. empfindliche ist.

Die Brenndauer der Röhren hängt sehr wesentlich von den Dimensionen des Heizdrahtes (Kathode) ab. Durch Vergrößerung der Heizdrahtabmessungen (stärkerer Draht) ist es im allgemeinen möglich, die Brenndauer zu verlängern, jedoch auf Kosten der Heizenergie, die hierdurch größer bemessen werden muß.

Die Entwicklung der Metallfaden-, insbesondere der Wolframdrahtröhren, ist technisch zu einem gewissen Abschluß gelangt. Es ist praktisch für Empfangs- und Verstärkerröhren kaum möglich gewesen, bei einem Heizstrom von etwa 0,5 Ampere und einer Heizspannung von rund 2,5 Volt einen höheren Emissionsstrom als etwa 2 MA bei normalen Empfangsverhältnissen zu erzielen.

Nach dem Vorgang von J. A. Fleming ist in den weitaus meisten Fällen die Anode zylindrisch gestaltet worden, so daß sie Gitter- und Glühkathode nahezu vollständig umschließt.

Die Anode braucht aber keineswegs blechförmig ausgeführt zu sein, sondern kann ebenfalls gitterförmige oder spiralförmige Gestalt besitzen. Man wird diese Form namentlich bei kleinsten Röhren und solchen, die für kleine Wellen dienen sollen, vorziehen, da man alsdann in einfacher Weise die Anoden hälften kann.

Mit Rücksicht auf das Elektronenbombardement, bzw. die Evakuierung ist Kupfer als Elektrodenmaterial, insbesondere in Form von Elektrolytkupfer im blank gewalzten Zustande, gut brauchbar. Bei der Bearbeitung muß jedoch eine Oxydation des Materials tunlichst vermieden werden.

Stellt man die Anode aus Eisen her, so muß dieses kohlenstofffrei sein, und es ist darauf zu achten, daß Rostbildung vermieden wird. Im allgemeinen ist es alsdann erforderlich, die Röhre gleich nach erfolgtem Zusammenbau mit trockner Luft zu trocknen und provisorisch zu evakuieren.

Auch Nickel kann als Elektrodenmaterial inbetracht kommen. Es muß hierbei jedoch angestrebt werden, vorhandene Unreinigkeiten, namentlich Arsen, zu beseitigen, da sich sonst nach Heizen der Röhre leicht ein Arsenspiegel an der Glaswand niederschlagen kann.

In besonderem Maße eignen sich Tantal, Wolfram (insbesondere Kristalldraht von Pintsch) und Molybdän wegen ihres hohen Schmelzpunktes und ihrer geringen Luftokklusion für die Herstellung der Elektroden.

Nicht unwesentlich ist die Art, in der die Elektrodenmaterialien mit den Zuführungsmaterialteilen in der Röhre verbunden werden. Wendet man eine Lötung an, so ist darauf zu achten, daß nur Hartlot, z. B. Silber und Messing, ohne jede Verunreinigung durch leichter schmelzbare Metalle, Anwendung findet. Zweckmäßiger wird die Verbindung durch Schweißen erzielt, eventuell genügt z. B. bei Wolframelektroden eine möglichst innige Klemmverbindung.

Als Zuführungsmaterial kann neben Platin recht gut verkupferter Stahldraht benutzt werden.

Für die Wahl des Abstandes zwischen Anode und Heizdraht, bzw. Gitterelektrode ist der jeweilige Verwendungszweck der Röhre maßgebend. Dient die Röhre für Empfangszwecke, ist also die Anodenspannung nur verhältnismäßig gering, so kann man sich mit einem relativ kleinen Abstand begnügen. Bei Verstärkerröhren, wo die Anodenspannung u. U. bis auf mehrere 100 Volt steigen kann, wird man jedoch zweckmäßigerweise auf einen erheblich größeren, also etwa 2- bis 4fachen Abstand des bei Empfangsröhren üblichen übergehen; unter anderem spricht hier die von der Röhre umzuformende Energie wesentlich mit. Bei ganz großen Röhren, die für sehr große Energiebeträge bestimmt sind, ist es naturgemäß notwendig, den Abstand relativ sehr groß zu wählen, so daß die Anodenoberfläche groß wird, um das Elektronenbombardement auf eine größere Fläche zu verteilen.

Ursprünglich war es, abgesehen von gewissen Ausführungsformen, nach de Forest üblich, die Anode als dünnen Blechzylinder, beispielsweise aus Tantalblech, herzustellen. Man war z. T. später insbesondere während des Krieges aus Sparrücksichten dazu übergegangen (Schott & Gen.), den Anodenzylinder aus starkwandigem Kupferblech zu formen. Es zeigte sich die eigentümliche Erscheinung, daß die Anode bei sonst etwa gleichen Verhältnissen um so wärmer wird, je starkwandiger der Anodenzylinder ausgeführt ist, und je mehr Metallmasse er besitzt.

Bei manchen Ausführungsformen wird, wenigstens bei kleinen Röhren, die Anode sattelähnlich aus dünnem Messing- oder Kupferblech gestaltet. Die Erwärmung erhält sich hierbei in befriedigenden Grenzen. Bei Senderöhren ist man stellenweise von dem Blechmaterial vollkommen abgegangen, und es ist an dessen Stelle ein Geflecht aus Molybdändraht benutzt worden, wobei der Abstand zwischen der Anode und Gitterelektrode relativ sehr groß gewählt wurde, indem die Anodenfläche nahezu die Glaswand berührt. Die hierbei auftretende Erwärmung der Anode ist ein Minimum. Selbstverständlich ist schon mit Rücksicht auf die bei einer sattelförmigen Anode vorhandene größere Streuemission die zylindrische Form günstiger.

Es ist auch von J. Langmuir vorgeschlagen worden, überhaupt auf eine körperliche Anode zu verzichten und an deren Stelle auf der inneren Glaswandung einen metallischen Niederschlag zu benutzen. Die Ausführungsform für eine Röhre mit zwei Elektroden, jedoch ohne Gitterelektrode, von denen die eine lediglich zur Herstellung des metallischen Niederschlages a an der inneren Glaswandung verwendet wird, gibt Abb. 388 wieder. Das von einer Verdampfungselektrode m, die beispielsweise aus Wolfram bestehen soll, verdampfende Metall legt sich als hartes, stark anhaftendes Häutchen *a* an die Innenwandung des Glasgefäßes an und soll trotz seiner außerordentlich geringen Stärke, die es durchsichtig erscheinen läßt, geeignet sein, einen verhältnismäßig starken elektrischen Strom im Betriebe durchzulassen (angeblich bis zu 100 MA.). Die Vorteile, die diese Art der Anodenausführung besitzt, sind zweifellos folgende:

1. Die Anodenschicht okkludiert kein Gas, ist daher auch nicht befähigt, das Vakuum der Röhre zu beeinträchtigen.
2. Statische Ladungen auf der Glaswandung können sich nicht ausbilden, da das Häutchen direkt an der Wandung anliegt.
3. Alle z. T. schwierigen baulichen Maßnahmen, um die Anode stoßsicher aufzubauen, kommen in Fortfall.
4. Die Erwärmung einer derartigen Anode wird sich leicht in geringen Grenzen halten lassen.

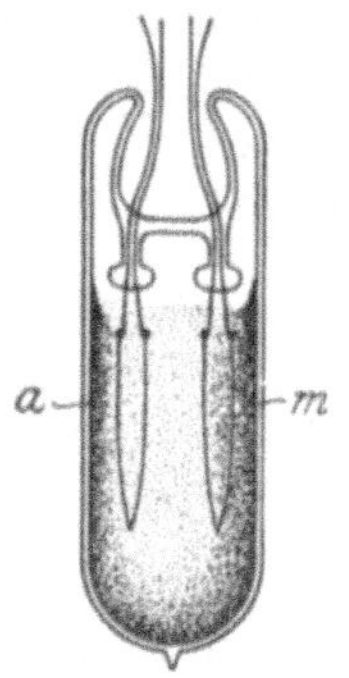

Abb. 388. Anode in Form eines Metallniederschlages auf der inneren Glaswandung.

Der wohl einzige Nachteil, der diesen Vorteilen gegenübersteht, besteht darin, daß sich leicht bei der Herstellung des Häutchens durch Verdampfen des Heizdrahtes die metallische Schicht an der gesamten Innenfläche niederschlägt, und daß infolgedessen zwischen Anode und den anderen Elektroden eine direkte metallische Verbindung hergestellt werden kann. Dies kann dadurch vermieden werden, daß man gemäß Abb. 388 die Ansätze so formt, daß sie zum Teil nach außen gebracht und mit Knöpfchen versehen werden.

Die Materialien, die für die einzelnen Elektroden verwendet wurden, sind mannigfaltig. Insbesondere kommt es darauf an, möglichst schwer verdampfbare, keine Luft okkludierende Materialien, also in der Hauptsache Metalle mit hohem Schmelzpunkt zu verwenden. In Frage kommen vor allen Dingen, wie schon bemerkt, Platin, Tantal, Wolfram, Molybdän und ähnliche.

Von größter Wichtigkeit ist es, nicht nur die Kapazität der Röhre, sondern auch des Sockels so gering wie möglich zu halten; durch diese Kapazität kann nicht nur der Verstärkungseffekt außerordentlich herabgesetzt werden, so daß bei den größeren inneren Röhrenkapazitäten die Verstärkungsziffer außerordentlich herabgehen kann, sondern es wird hierdurch auch noch der weitere Nachteil gezeitigt, daß nicht gewünschte Rückkopplungen auftreten können. Dieses ist insbesondere bei Hochfrequenzverstärkern außerordentlich ungünstig, stellenweise so, daß die gewünschten Effekte überhaupt nicht erzielt werden können. Es scheint nunmehr gelungen zu sein, auch in dieser Beziehung große Vorteile zu erzielen. Man hat Röhren gebaut, welche eine innere Kapazität von etwa 10 cm besitzen. Mit derartigen Röhren wird es selbstverständlich möglich sein, im wesentlichen die theoretisch zu erwartenden Vorteile zu erzielen.

Evakuierung der Röhre (siehe auch den Abschnitt „Röhrenfabrikation"). Das Vakuum muß möglichst hoch sein (das höchste zurzeit herstellbare Vakuum, das sog. Coolidge-Vakuum ist höchstens 10^{-13} mm Hg und darf auch während eines längeren Betriebes nicht merklich schlechter werden, da sonst nicht nur die Lebensdauer der Röhre noch weiterhin wesentlich beschränkt wird, sondern vor allen Dingen auch die Elektronenemission der Kathode außerordentlich viel schlechter wird. Infolgedessen ist es nötig, nach Möglichkeit alle in die Röhre einzuschmelzenden Metallteile, Elektroden und Zuführungen während des Evakuierens auf Weißglut zu erhitzen, so daß sie alle ihnen anhaftende und von ihnen okkludierte Luft abgeben, und in diesem Zustand die Röhre hochgradig luftleer zu pumpen. Insbesondere ist dies wesentlich bei der eine große Fläche darstellenden Anode.

Außerdem wird, sobald die Evakuierung genügend weit gediehen ist, zwischen die Elektroden eine während der Formierung ständig wachsende Spannung angelegt, um das Elektronenbombardement herbeizuführen, wobei die Entstehung blauen Glühlichtes peinlichst vermieden wird, da sonst eine Zerstörung des Heizdrahtes bewirkt werden würde.

Außer der Luftabgabe, insbesondere der Anode während des Betriebszustandes, macht sich ferner noch häufig in unangenehmster Weise der Umstand geltend, daß durch das Elektronenbombardement der Kathode eine wenn auch nur geringfügige Zerstäubung der Anode bewirkt wird. Dies scheint in besonders ausgesprochenem Maße bei gewissen aus Kupfer hergestellten Anoden der Fall zu sein. In diesen Fällen zeigt die Innenglaswand der Röhre einen hauchartigen, grünlichblauen Schimmer, der offenbar von feinverteiltem Kupfer herrührt. Hierdurch wird übrigens das Vakuum höher.

Sparröhren. Man hat infolge des oben geschilderten Nachteils der notwendigen relativ großen Heizstromstärke wieder auf Anordnungen zurückgegriffen, welche im Jahre 1904 den Ausgang der Glühkathodenröhren durch Wehnelt überhaupt ergaben, und der darin besteht, daß Oxydkathoden verwendet werden. Von W e h n e l t wurde 1904 eine mit Kalziumoxyd bestrichene Kathode benutzt, welche jedoch praktische Nachteile sowohl mit Bezug auf das Vakuum als auch auf die Lebensdauer ergab. Infolge der wesentlich fortgeschrittenen Technik ist es inzwischen möglich geworden, hochevakuierte Oxydkathodenröhren mit hoher Betriebssicherheit herzustellen. Diese Röhren zeichnen sich ebenso wie andere Oxyde der Erdalkalimetalle durch einen hohen Emissionsstrom aus. Dieses geht aus nachstehender Tabelle hervor, welche den Unterschied zwischen der alten Wolframelektrodenröhre und den modernen Thorium- und Oxyddrahtröhren zeigt. Übrigens hat man auch anstelle der Oxydkathoden Ultrahydridkathoden hergestellt (Dr. G. N i c k e l), bei denen ebenfalls der Heizverbrauch erheblich geringer ist.

Die Verhältnisse gehen aus nachstehender Tabelle hervor:

		Heizstrom	Heizspannung	Anodenspannung	Emission in MA
Wolframdraht-Röhre	RE 71	0,5 A	2,8 V	50— 70 V	2,5— 2
Oxydfaden- „	RE 82	0,07 „	3,0 „	4— 12 „	5
Thoriumdraht „	RE 78	0,07 „	2,5 „	40— 80 „	5— 8
	RE 83	0,2 „	2,5 „	50—100 „	10—25

Die Tabelle zeigt ferner noch die außerordentliche Überlegenheit der Thoriumdrahtröhre. Diese Sparröhre fällt unter den Begriff der Dull-Emitter (Rotglutstrahler). Schon bei etwa 750° ergibt der mit Thorium etwa katalytisch in außerordentlich dünner Schicht behandelte Heizdraht einen Emissionsstrom von rund 10 MA bei einem Heizstrom von nur 0,07 Ampere und 2,5 Volt. Es sind Röhrenausführungen bekannt geworden, welche noch günstiger arbeiten.

Diesen Röhren dürfte voraussichtlich die nächste Zukunft gehören, da vor allem die Heizschwierigkeiten auf ein Minimum reduziert sind.

Die Thoriumröhren und im allgemeinen auch die Oxydkathodenröhren bedürfen einer besonders sorgfältigen Beheizung, da bei zu hoher Heiztemperatur das Thorium aus der Kathode verdampft und die Röhre unbrauchbar wird. Da die erforderliche Glühtemperatur im allgemeinen nur mit einer sehr geringen Lichtwirkung verbunden ist — meist genügt schon geringe Rotglut — so ist es erforderlich, da insbesondere bei hellem Wetter das richtige Brennen nur schwer wahrnehmbar ist, daß diese Röhren in Kombination mit einem Meßinstrument verwendet werden.

Eine Steigerung der Heiztemperatur über die angegebene Größe hinaus liefert keineswegs eine Verbesserung der Wirkung, sondern führt nur zu einer mehr oder weniger raschen Zerstörung der Kathode. Besonders leicht tritt die Zerstörung übrigens bisher bei den Ultrahydridröhren auf, wo schon eine nur Bruchteile von Sekunden betragende Überlastung die Röhre zerstören kann.

Infolgedessen sind die Bestrebungen der Technik verständlich, Anordnungen zu treffen, bei denen einerseits das Durchbrennen des Heizdrahtes erschwert ist, und andererseits die Möglichkeit einer Regenerierung der Röhren besteht.

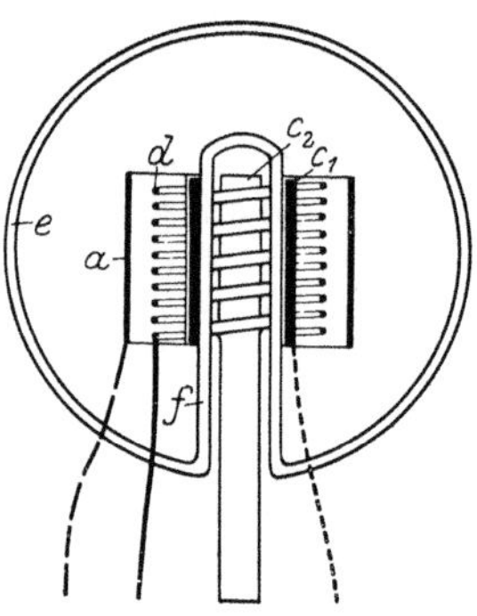

Abb. 389. Auswechselbarer Heizeinsatz bei der De Witt Lee-Röhre.

Ein recht brauchbarer Vorschlag nach dieser Richtung ist vor kurzem von De Witt Lee gemäß Abb. 389 gemacht worden. Bei dieser Röhre soll die Lebensdauer etwa 10 mal so groß wie die einer normalen Röhre gewährleistet sein, und außerdem soll noch die leichte Möglichkeit bestehen, die Heizelektrode auswechseln zu können.

In das Glasgefäß e ist ein kleines Quarzröhrchen f eingeschmolzen. In dieses ist der eine Pol der Heizelektrode c_2 eingeschoben. Der andere Pol der Heizelektrode c_1 befindet sich im Innern des Blasballons, also im Vakuum. Bezüglich der Gitterelektrode d und der Anode a ist nichts besonderes zu sagen.

Verhältnis der Metalloberfläche zur Lochweite bei der Gitterelektrode (konstruktive Form des „Durchgriffs"). Für alle Röhren mit Gitterelektrode, gleichgültig ob dieselben für Sendezwecke (Verstärker) oder für Empfangszwecke (Audion) angewendet werden, spielt das

Verhältnis $\frac{\text{Metalloberfläche}}{\text{Lochweite des Gitters}}$, das die konstruktive Form des elektrischen Ausdrucks $\frac{\text{Anodenspannung } V_F}{\text{Gitterspannung } V_G} = D$ darstellt, welch letzteres in der Hauptsache für die Gitterelektrode, aber auch für die Anode verwendet wird, eine prinzipielle Rolle (siehe auch S. 365 ff. [„Steilheit und Durchgriff"]).

Dieses Verhältnis $\frac{\text{Metalloberfläche}}{\text{Lochweite des Gitters}}$ ist für Senderöhren (Verstärker) ca. $^1/_4$ bis $^1/_6$. Bei Empfangsröhren (Audion) 1 bis $^1/_2$. Die konstruktive Gestaltung hat sich dem anzupassen.

Um ein Übersichtsbild über die in der Praxis tatsächlich vorkommenden Werte zu haben, möge die nachstehende Tabelle von Röhren der Süddeutschen Telephonapparate-, Kabel- und Drahtwerke dienen (siehe auch die Tabellen S. 433 ff.):

Röhren Type	Durchgriff = D	Steilheit = S	Innerer Widerstand
VT 16	28,5 %	$2{,}8 \cdot 10^{-4}$	16800 Ohm
VT 47	13,5 %	$2{,}65 \cdot 10^{-4}$	28000 Ohm
VT 17	13,5 %	$2{,}65 \cdot 10^{-4}$	28000 Ohm
VT 46	27 %	$2{,}37 \cdot 10^{-4}$	15600 Ohm

Die große Maschenweite wurde früher demgemäß entweder in Form einer ebengewickelten, weitgängigen Spirale gemäß Abb. 390 oder in Gestalt einer Zylinderspirale gemäß Abb. 391 oder in Käfigform gemäß Abb. 392 erzielt.

Für Empfangszwecke wird das Verhältnis $\frac{\text{Metalloberfläche}}{\text{Lochweite des Gitters}}$ etwa 1. Es ist also ein engmaschiges Gitter anzuwenden und zwar zweckmäßig ein Blechzylinder, in dem viereckige Ausstanzungen vorgenommen werden, wie dies beispielsweise Abb. 392 zum Ausdruck bringt.

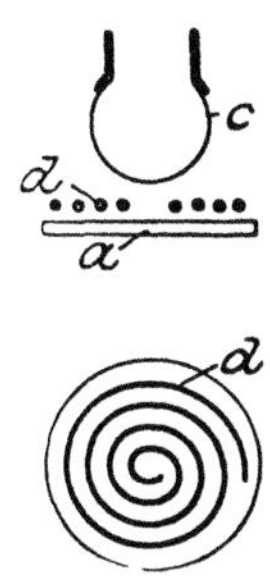

Abb. 390. Ältere Ausführungsform der Elektroden in der Röhre.

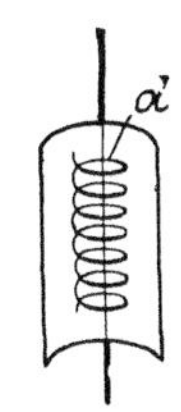

Abb. 391. Im allgemeinen übliche Elektrodenanordnung.

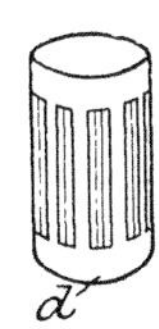

Abb. 392. Käfigförmige Gitterelektrode, selten angewendet.

Man kann das Durchgreifen auch erklären als die Kraft, mit der die Anode durch das Gitter hindurch die von der Kathode ausgehenden Elektronen beeinflußt. Das Durchgreifen ist c. p. um so größer, je größer die Maschenweite ist.

Sockelausbildung der Röhre. Der Sockel einer Röhre sollte möglichst nur aus einem Isoliermaterial unter Vermeidung jedes metallischen Umhüllungsbleches hergestellt sein, da letzteres nicht nur bei direkter Berührung zu Betriebsstörungen der Röhre Veranlassung geben kann, sondern schon beim Nähern der Hand, abgesehen von den

Hochspannungszuführungen zu den Anodenelektroden, die besonders gut isoliert werden müssen.

Von dem Röhrensockel muß unbedingt verlangt werden, daß er eine ausgezeichnete Isolationsfähigkeit besitzt. Es hat keinen Zweck, die Isolation der Röhre und ev. in den Zuleitungen den theoretischen Anforderungen entsprechend hoch zu treiben, wenn man eine Sockelausführung verwendet, welche nicht mindestens einen Widerstand von 10^6 Ohm aufweist. Die metallischen Durchführungen sollen so gering wie möglich bemessen sein, schon um die hierdurch bewirkte Kapazitätszunahme tunlichst klein zu halten. Die Verwendung von Metallringen usw., um dem Sockel ein besseres Aussehen zu erreichen, ist durchaus nicht ratsam.

Bei denjenigen Röhrenkonstruktionen, bei denen in einem Glasfuß die Zuführungen zur Kathode und Anode eingeschmolzen sind, ist darauf zu achten, daß bei genügendem Abstand der Zuführungsleiter voneinander die Glasmasse nicht zu gering ist, da insbesondere dann, wenn die betreffende Röhre zur Schwingungserzeugung größerer Energien benutzt werden soll, der Fall eintreten kann, daß der Glasfuß zerstört wird.

Volumen der Röhre. Wesentlich für das Zustandekommen des jeweilig gewünschten Effektes, insbesondere aber auch für die Lebensdauer der Röhre ist es, den Kubikinhalt der Röhre richtig zu bemessen. Eine Röhre, die für Empfangszwecke dienen soll, wird ohne weiteres kleiner dimensioniert werden können als eine Senderöhre. Im wesentlichen dürfte es hierbei auf die Energie des Anodenfeldes ankommen.

Abgesehen hiervon, wird man aber überhaupt die Röhren, auch wenn sie für Empfangszwecke dienen sollen, nicht allzu klein wählen dürfen, da sonst direkt die Gefahr besteht, daß infolge Luftabgabe der von den Elektroden okkludierten Luft das Vakuum in unzulässigem Maße, insbesondere nach kurzer Benutzungsdauer, derartig verschlechtert wird, daß die Röhre schließlich unbrauchbar wird. Man wird daher den Rauminhalt von Röhren, die für sehr kleine Energien, bzw. Empfangszwecke benutzt werden sollen, nicht unter ein Mindestmaß bringen, das etwa mit 5 cm^3 angenommen werden kann.

Senderöhren wird man selbstverständlich schon mit Rücksicht auf den größeren Anodenabstand vom Gitter und vom Heizdraht c. p. um so größer wählen, je größer die von der Röhre in Hochfrequenz umzuformende Energie ist.

Die Röhrenkapazität muß, wie schon oben ausgeführt, namentlich bei Hochfrequenzverstärkern tunlichst klein gehalten werden, um auch bei kleinen Wellenlängen gut verstärken zu können.

Glasbeschaffenheit der Röhre. Von wesentlicher Bedeutung für die Röhre ist die Beschaffenheit des Glases. Ist dieses sehr leicht schmelzbar (Bleiglas), so ist hierdurch zwar die Bearbeitung wesentlich vereinfacht, die Röhre kann jedoch alsdann das Vakuum nicht gut halten. Es ist daher erforderlich, ein schwer schmelzbares Glas anzuwenden.

Für Verstärkerröhren hat sich z. B. Thüringsches Röhrenglas bewährt, das ohne weiteres bis etwa 470^0 erwärmt werden kann.

Röhren für größere Sendeenergien und Ersatzmaterialien. Sobald man Edelmetalle, Wolfram- oder Tungstendraht für die Kathode, Platin oder Platiniridium für die Spirale, das Netzwerk oder Sieb der Gitterelektrode und Platin- oder Tantalblech oder Molybdängitterwerk für die Anode verwendet, bestehen für die Evakuierung, Einschmelzung und Weißgluterhitzung keine besonderen Fabrikationsschwierigkeiten. Diese treten erst auf, wenn anstelle der vorerwähnten Materialien Kupfer, Eisendraht, Eisenblech usw. verwendet werden. Im übrigen gilt auch diesbezüglich, daß die aktiven Röhrenteile mindestens für Empfangs- und Verstärkerzwecke und für kleine Sendeenergien auch aus Ersatzmaterialien nicht schwer herzustellen sind, wenn nur die obigen Gesichtspunkte berücksichtigt werden.

Bei Röhren für größere Energien tritt jedoch eine wesentliche Erschwerung z. B. dadurch auf, daß der Heizdraht durch die Erwärmung länger wird und sich infolgedessen durchbiegt. Es ist daher notwendig, bei derartigen Röhren für größere Energien den Heizdraht zu spannen, was durch eine Spiralfeder oder auch durch eine Blattfeder bewirkt wird.

Hierbei ist das Federmaterial zu berücksichtigen. Macht man die Feder aus Stahl, so kann man sie bei der Herstellung der Röhre nicht weißglühend einbringen, da sie sonst zerstäuben, mindestens aber ihre Elastizität verlieren würde. Bringt man sie jedoch nicht weißglühend ein, so gibt sie nachher Luft ab und verschlechtert das Vakuum.

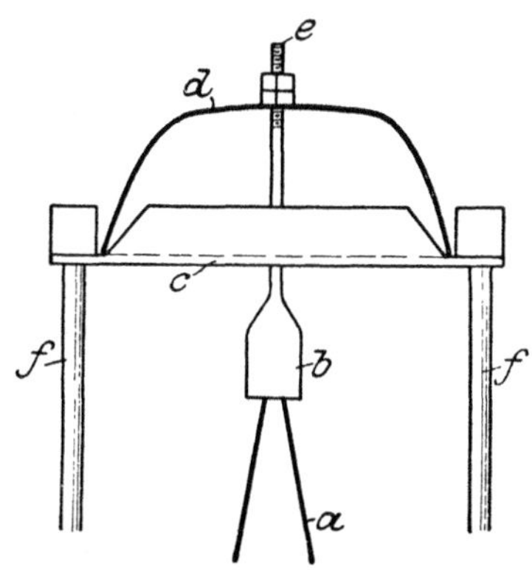

Abb. 393. Fadenspannvorrichtung für V-förmigen Heizdraht.

Die mechanische Spannung des Heizdrahtes, namentlich für Röhren, die mit größerer Energie geheizt werden und sofern die Fadenlängen wesentlich sind, muß durch Federkraft aufrechterhalten werden. Man kann die Federkonstruktion dadurch bewirken, daß man, wenn beispielsweise der Heizdraht eine V- oder W-förmige Gestalt hat, die Spitze des V-förmigen Drahtes durch eine Spiralfeder gegen einen in der Röhre feststehenden Punkt abfängt — eine Ausführung, die bei Benutzung von nicht durch die Hitze beeinflußbaren Federmaterialien recht zweckmäßig ist — oder indem man eine Konstruktion gemäß Abb. 393 wählt. Hierin ist *a* der obere Teil des V-förmigen Heizdrahtes, der mit seinem umgebogenen Teil in ein Gleitstück *b* eingepreßt ist. Dieses ist in einer Traverse *c* gleitbar geführt und wird einerseits durch die Fadenspannung, andererseits durch eine Feder *d* gehalten. Zur Einregulierung sind auf einem Gewindestück *e* kleine Muttern vorgesehen, die auf dem Gewinde des zylindrischen Teiles von *b* verstellbar sind. *f* sind Glasstützen.

Sobald der Heizdraht *h* heiß wird und sich längen will, wird er durch die Feder *d* nachgespannt.

Verspiegelung von Röhren. Hierdurch sollen zwei Vorteile erreicht werden: einmal soll hierdurch ein gewisser statischer Schutz erzielt werden, andererseits soll das Vakuum dauernd aufrechterhalten bleiben infolge Absorption der Elektronen an den Wandungen.

Insbesondere bei Thoriumröhren ist die Verspiegelung noch aus einem andern Grunde erforderlich. Das Thorium zeigt gegenüber Spuren von Wasserstoff und Sauerstoff große Empfindlichkeit. Wenn man in eine derartige Röhre Magnesium einbringt, etwa dadurch, daß man es in Form eines sich an den Wandungen niederschlagenden Spiegels verdampft, so affiniert es die genannten Gasreste und macht die Röhre eigentlich erst praktisch brauchbar.

Konstanthaltung des Heizstromes. Anschaltung des Anodenkreises. Die Konstanthaltung des Heizstromes wurde früher bei Audion- und Verstärkerröhren angenähert durch die Eisen-Wasserstoffwiderstände gegeben; vorteilhafter jedoch wird, wie an anderen Stellen ausgeführt, ein besonderer fein einregulierbarer Vorschaltwiderstand (Heizwiderstand) benutzt.

Bei Senderöhren hingegen wendet man an:

a) Die Spannungsheizung, d. h. man mißt mit einem Voltmeter die Spannung am Faden.

b) Die Emissionsstromheizung, die vorzuziehen ist, da sie genauere Werte ergibt und darin besteht, daß man Gitter und Anode verbindet, also auf dieselbe Anodenspannung bringt. Die Messung erfolgt mittels eines Milliamperemeters.

Bei der Schaltung der Röhre ist prinzipiell zu beachten, daß man bei Gleichstromheizung den Anodenkreis an das positive Fadenende anschalten muß, da nämlich, wenn man den Anodenkreis an das negative Heizdrahtende legt, sich Heizstrom und Emissionsstrom addieren, was um so unangenehmer ist, da am negativen Ende der Faden ohnehin heißer ist, als am positiven, was zu einer Zerstörung der Röhre führen kann.

Sicherung der Röhren, insbes. Oxydkathodenröhren gegen Durchbrennen. Es kann zweckmäßig sein, insbesondere um ein Durchbrennen durch zufälliges Anlegen der Anodenspannung an den Heizdraht auszuschließen, zwischen die Anodenbatterie und Heizbatterie eine 110 Volt Glühlampe zu schalten. Vorteilhaft kann eine fünfkerzige Glühlampe gewählt werden.

34. Röhrenausführungen der Radioindustrie verschiedener Länder[1]).

Es ist bei allen Röhren besonders darauf zu achten, daß der Isolationswiderstand zwischen Gitter und Heizdraht mindestens 10^6 Ohm betragen muß, da sonst, außer anderen Nachteilen, auch z. B. die Verstärkung sehr vermindert wird.

[1]) Der Käufer von Röhren wird gut tun, sich nicht blindlings auf die Verkäufer oder Herstellerfirmen zu verlassen, sondern sich vor Ankauf die Röhre tunlichst im Betriebe vorführen zu lassen. Es genügt nicht, daß der Heizdraht der Röhre bei entsprechender Heizung zum Glühen kommt, sondern es ist auch

Während bei den älteren, aber auch heute noch häufig gebräuchlichen Röhren die Heizspannung ca. 3,5 Volt beträgt (siehe z. B. die Tabelle auf S. 433), ist es zuerst in Amerika gelungen, Röhren für 1,5 Volt und darunter herzustellen, was insbesondere für den R.-T.-Betrieb eine große Erleichterung darstellt, da mit sehr geringer Heizleistung auszukommen ist. Statt des bisherigen Heizakkumulators kann man vielfach schon bei Sparröhren mit einem Trockenelement die gewünschte Heizleistung erzielen.

a) Ältere Verstärkerröhre der AEG., Berlin.

Diese Ausführung der Verstärkerröhren ist derjenigen der älteren Senderöhren überaus ähnlich, nur muß gemäß den obenerwähnten Anforderungen der Durchlaß der Gitterelektrode entsprechend groß bemessen sein.

Eine früher viel gebrauchte Röhrenanordnung der AEG gibt Abb. 394 wieder. (Siehe auch die Abb. 750, S. 665, welche in ihrem oberen Teil eine Röhre gleicher Bauart darstellt.) Der Heizdraht, als halbkreisförmiger dünner Draht in der Abbildung erkennbar, ist bis auf einen äußerst geringen Abstand der spiralförmig gewickelten tellerartigen Gitterelektrode genähert. Unter dieser mit äußerst geringem Abstande ist die Anode in Form eines kreisförmigen Bleches angeordnet.

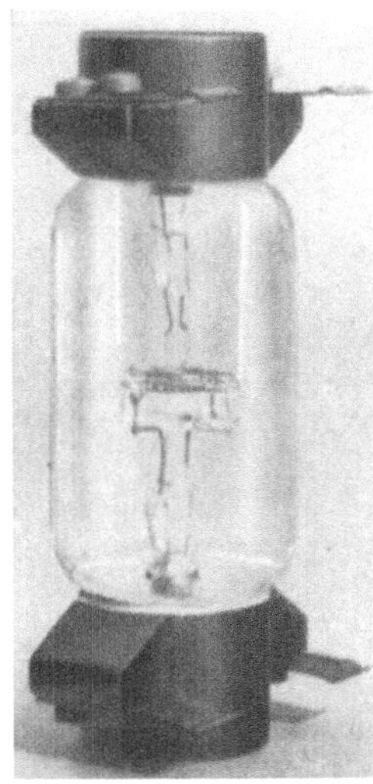

Abb. 394. Ältere Verstärkerröhre der AEG.

Der Heizstrom der Röhre beträgt 0,52 Ampere bei 6 Volt. Die Anodenspannung ist 90 Volt.

Der große Variationsbereich für das Gitterpotential ist für Verstärkerzwecke günstig, hingegen ist der flache Verlauf der Charakteristik wenig vorteilhaft.

b) Röhren von Telefunken, Berlin.

Die Telefunken-Gesellschaft erzeugt neuerdings neben den gewöhnlichen Wolfram-Röhren auch Sparröhren, welche entweder mit Thoriumfaden oder Oxydfaden versehen sind.

In nachstehender Tabelle sind die zur Zeit wichtigsten Daten nebst den erforderlichen elektrischen und mechanischen Daten der Besockelung sowie den hauptsächlichsten Verwendungszwecken angegeben. In dieser Tabelle sind nicht die bekannten Röhren EVN 171, EVE 173,

wichtig, vor erfolgtem Ankauf festzustellen, ob die elektrischen Eigenschaften, insbesondere bezüglich der Verstärkung, den Anforderungen entsprechen. Der hierdurch bedingte geringe Mühe- und Zeitaufwand macht sich reichlich bezahlt, da sonst leicht Mißhelligkeiten und Geldverluste infolge unbrauchbarer Röhren eintreten können.

RE 16 enthalten, von welchen Abb. 395 ein Bild zeigt. Bei dieser letzteren, in großen Mengen in der Radiotechnik eingeführten Röhre ist axial zu der geradlinig ausgespannten drahtförmigen Kathode (siehe Abb. 301)

Abb. 395. Ältere Röhre von Telefunken.

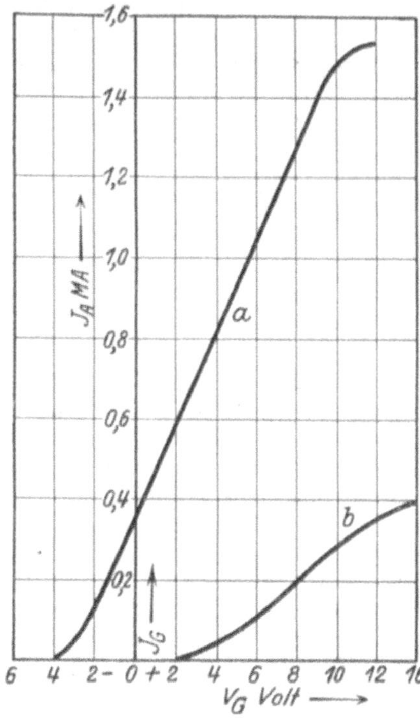

Abb. 396. Anodenstrom- und Gitterstromcharakteristiken von älteren Telefunkenröhren.

die zylindrische Zwischenelektrode aus spiralförmig aufgewickeltem Draht oder entsprechend ausgestanztem Blech angeordnet und in geringem Abstand von dieser die zylindrische aus dünnem Blech hergestellte Anode.

Der Heizstrom beträgt 0,52 Ampere bei 6 Volt.

Die Anodenspannung ist 90 bis 100 Volt.

Der Anodenstrom ist ca. 1 MA.

Die Anodenstromcharakteristik ist in Abb. 396 durch die Kurve *a*, die Gitterstromcharakteristik durch die Kurve *b* gekennzeichnet.

Die Röhre eignet sich hiernach auch für Verstärkerzwecke.

Die in obiger Tabelle enthaltene Röhre RE 11 gibt Abb. 397 wieder. Bei äußerst geringen räumlichen Abmessungen soll die Lebensdauer etwa 3000 Brennstunden betragen. Die Charakteristiken der Röhre bei verschiedenen Anodenspannungen sind in Abb. 398 dargestellt.

Auch Zweigitterröhren werden von Telefunken hergestellt. Die Type RE 26 ist in Abb. 399 wiedergegeben. Die verhältnismäßig steil verlaufenden Charakteristiken dieser Röhre sind in Abb. 400 dargestellt.

	Heizfaden	Type	Emission ca. MA	Heizstrom ca. Amp.	Heizspannung ca. Volt	Anodenspannung ca. Volt	Steilheit ca. MA/Volt	Durchgriff ca. %	Sockel	Höhe mit Sockel und ohne Stifte in mm	Durchm. Glas- in mm	Bemerkungen	Verwendung
	Wolfram	RE 58	Gruppe A: 5—15	1,00	5,0	40—100	0,3	12	amerik.	105	45		A. H. N. E.
	,,	RE 11	1,5—2	0,50	2,8	50—70	0,15	12	Telef.	75	32		A. H. N.
	,,	RE 71	1,5—2	0,50	2,8	50—70	0,15	12	engl. frz.	80	32		
	,,	„A“	3	0,50	3,5	30—75	0,2	10	,, ,,	80	32	Besonders gute Batterieausnutzung	
	,,	„C“	3	0,50	3,0	30—75	0,2	10	Telef.	82	32		
Sparröhren	Thorium	RE 78	Gruppe B: 5—8	0,07	2,5	40—80	0,3	12—14	Telef.	90	35	Raumlad.-Gitter-Spannung = Anoden-Gitter-Spannung; Verspiegelt	A. H. N.
	,,	RE 79	5—8	0,07	2,5	40—80	0,3	12—14	engl. frz.	90	35		
	,,	RE 83	10—15	0,2	2,5	50—100	0,4	18—22	Telef.	90	35		A. H. N. E.
	,,	RE 89	10—15	0,2	2,5	50—100	0,4	18—22	engl. frz.	90	35		
	,,	RE 82	5	0,07	3,0	4—12	0,3—0,6	35	spezial a	90	35		A. H. N.
	Oxyd	RE 84 [1]	10—15	0,25	1,5	50—100	0,4—0,5	30	Telef.	80	40		A. N. E.
	,,	RE 88 [1]	10—15	0,25	1,5	50—100	0,4—0,5	30	amerik.	80	40		
	,,	RE 95 [1]	10—15	0,25	1,5	50—100	0,4—0,5	30	engl. frz.	80	40		
	,,	RE 86 [2]	5—10	0,25	1,5	50—100	0,4—0,5	7—8	Telef.	80	40		A. H. N.
	,,	RE 96 [2]	5—10	0,25	1,5	50—100	0,4—0,5	7—8	engl. frz.	80	40		

[1] Bei den Oxydfadenröhren kann die Emission nur annähernd angegeben werden.

[2] Es bedeuten in dieser und den nachstehenden Tabellen:
A, daß die Röhre als Audion verwendet werden kann,
H, ,, ,, ,, zur Hochfrequenzverstärkung verwendet werden kann,
N, ,, ,, ,, ,, Niederfrequenzverstärkung verwendet werden kann.
E, ,, ,, ,, als Endröhre dienen kann.

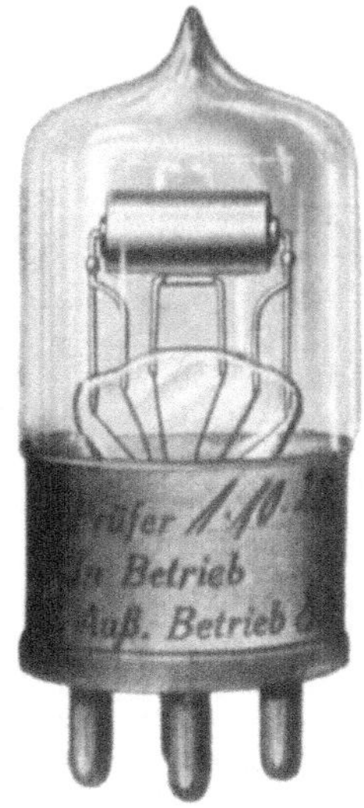

Abb. 397. Telefunkenröhre RE 11.

Die besonderen Eigenschaften dieser Röhre bestehen in einem äußerst geringen inneren Widerstand, wodurch ein leichtes Einsetzen der Schwingungen gewährleistet ist. Das zweite Gitter wird als Raumladegitter geschaltet, die Heizspannung beträgt 4 Volt bei 0,5 Ampere. Die Anodenspannung ist 16 Volt.

Die Röhre RE 38, entsprechend Abb. 401, eignet sich insbesondere für Mehrfachverstärker, sowohl in Niederfrequenz als in Hochfrequenz geschaltet. Die Charakteristik ist in Abb. 400 wiedergegeben. Die Heizspannung beträgt 4 Volt bei 0,5 Ampere, die Anodenspannung 50 Volt.

Die Röhre RE 58, also die erste Röhre, welche in der Tabelle aufgeführt ist, besitzt einen besonders hohen Thermionenstrom und ist insbesondere als Endröhre für Lautsprecherbetrieb zu verwenden.

Die Röhren RE 78 und RE 79 sind Thoriumröhren, welche sich nur durch die Sockelung unterscheiden. Sie werden insbesondere dort verwendet, wo mit geringem Heizstrom gearbeitet werden muß. Besonders große Endleistungen sind von diesen Röhren nicht zu erwarten. Die Röhren sind innen ver-

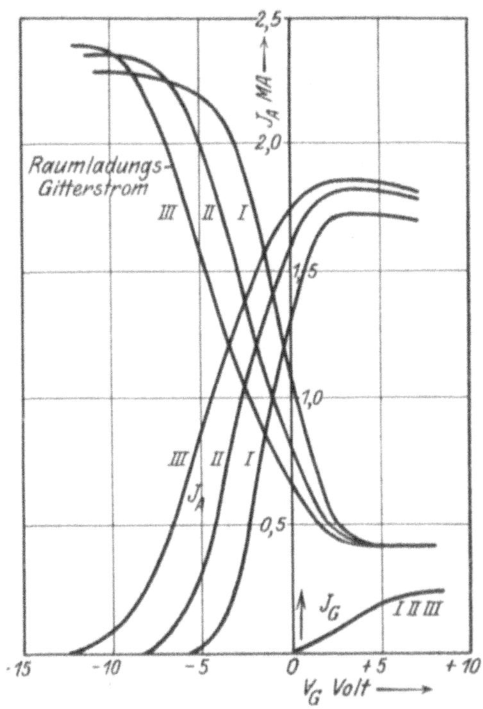

Abb. 398. Charakteristiken der Telefunkenröhre RE 11.

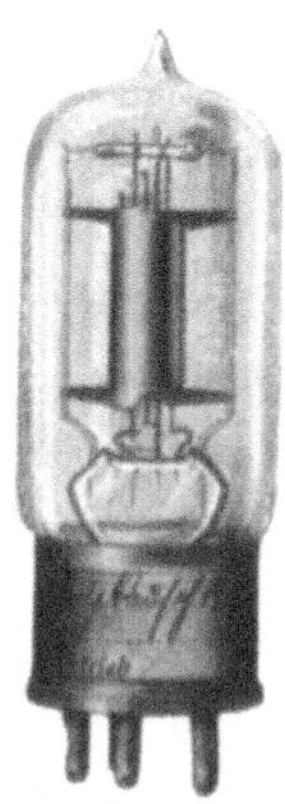

Abb. 399. Zweigitter-Telefunkenröhre RE 26.

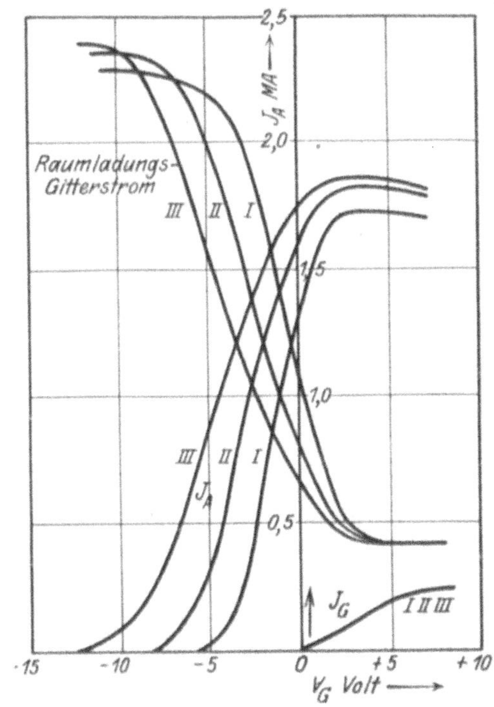

Abb. 400. Charakteristiken der Zweigitter-Telefunkenröhre RE 26.

spiegelt, wodurch das Vakuum besser aufrecht er-

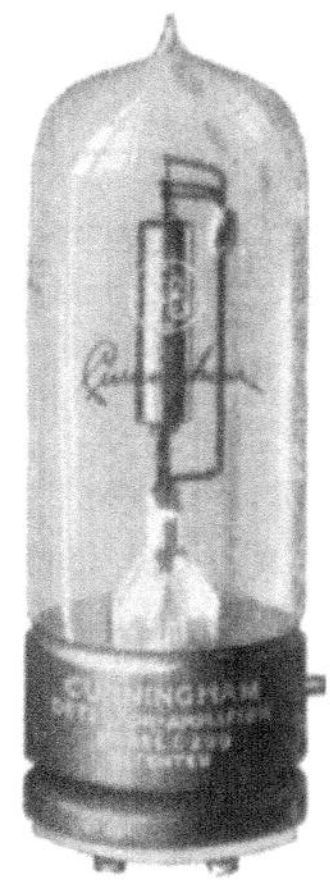

Abb. 401. Eingitterröhre von Telefunken RE 38.

halten werden soll. Im übrigen gelten für diese Röhren bei der Beheizung alle

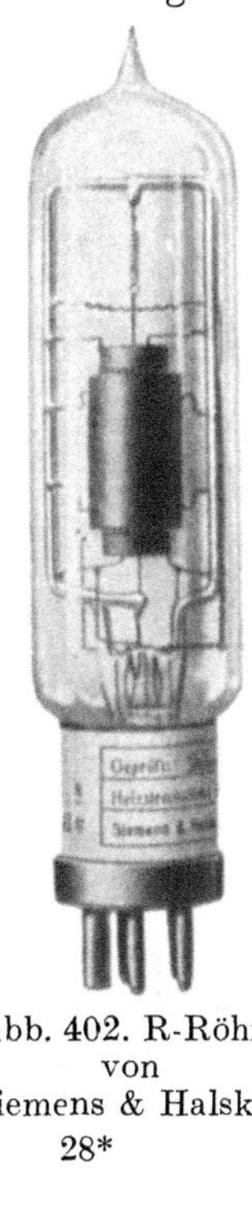

Abb. 402. R-Röhre von Siemens & Halske.

für Thorium- und Oxydkathodenröhren geltenden Vorsichtsmaßregeln; insbesondere soll die Heizung nur so schwach gewählt werden, daß die Röhrenspitze dunkelgelb, aber niemals heller erscheint.

Die Thoriumröhren und Oxydkathodenröhren sind insbesondere dann am Platze, wenn eine hohe, tunlichst unverzerrte Verstärkung bereits vorverstärkter Schwingungen verlangt wird. Sie kommen also namentlich für die letzte und vorletzte Stufe eines Niederfrequenzverstärkers in Frage.

c) Röhren der Siemens & Halske A.-G., Berlin-Siemensstadt.

Eine Wolfram-Kathodenröhre Type R ist in Abb. 402 dargestellt. Die von Siemens angefertigten weiteren Röhren nebst den wichtigsten Daten gehen aus nachstehender Tabelle hervor:

Type	Heizstrom	Heizspannung	Emission	Anode	Raumladenetz	Anodenschutznetz	Durchgriff	Steilheit	Innerer Widerstand
	A	A	MA	V	V	V	*D*	*S*	*Ω*
VS 27 . . .	3	10	90	600—1000	—	—	9 %	1,1	10000
BE.	2,1	4,8	30	400	—	—	9 %	0,8	14000
R	2,1	4,3	25	90	45	—	3,5%	3,8	8000
BF.	1,1	3,5	8	220	—	—	7 %	0,5	30000
110	0,55	3,2	3	24	24	—	15 %	0,5	13000
SS III (114) .	0,55	3,2	3	120	—	45	1 %	0,25	400000

d) Röhren der Huth-Gesellschaft, Berlin.

Bei der Empfangsröhre Type LE 219 der Huth-Gesellschaft sind, wie bei den meisten Elektrodenanordnungen in Röhren dieser Firma, sowohl die Gitterelektrode als auch die Anode kastenförmig um den Heizfaden herum ausgebildet. Die Röhre ist hierbei ein kugelförmiges Glasgefäß gemäß Abb. 403 von etwa 4 cm Durchmesser. Die gesamte Höhe der Röhre beträgt nur 8,5 cm. Der Sockel ist mit vier Federsteckern versehen, wobei der zur Anodenzuführung gehörende Stecker unsymmetrisch zu den drei andern angebracht ist, um Verwechselungen beim Einstöpseln auszuschließen. Die Anodenzuführung ist außerdem rot umrandet.

Abb. 403. Röhre LE 219 der Huth-Gesellschaft.

Die von der Huth-Gesellschaft zur Zeit hergestellten Röhren nebst deren Besockelungen folgen aus nachstehender Tabelle:

Type	Heizspannung	Heizstrom	Anodenspannung	Durchgriff *D* in %	Steilheit MA/V	Bemerkungen
LEA 229 H	2,4—3,1	0,5—0,6	40—90	11	0,20	Huthsockel
LEA 229 D	2,4—3,1	0,5—0,6	40—90	11	0,20	Telefunken-sockel
LEA 229 S	2,4—3,1	0,5—0,6	40—90	11	0,20	Franz. u. schweiz. Sockel
LE 241 H	2,0—2,6	0,19—0,22	40—70	11	0,20	Huthsockel
LE 241 D	2,0—2,6	0,19—0,22	40—70	11	0,20	Telefunken-sockel
LE 241 S	2,0—2,6	0,19—0,22	40—70	11	0,20	Franz. u. schweiz. Sockel

Die Röhrentype LE 229 ist nicht verspiegelt gemäß Abb. 404 ausgeführt, während die Type LE 241 verspiegelt ist (siehe Abb. 405).

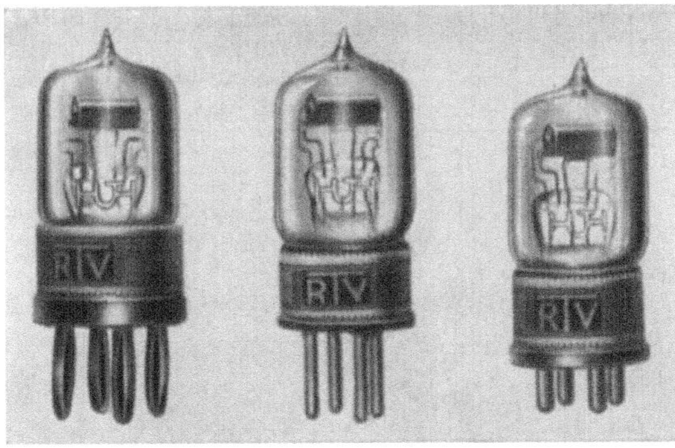

Abb. 404. Röhren-Type LE 229 der Huth-Gesellschaft.

Die Heizleistung ist hierbei nur ca. 0,5 Watt. Die Charakterstiken dieser Röhre folgen aus Abb. 406.

e) Röhren der Radio-Röhrenfabrik, Hamburg.

Die Radio-Röhrenfabrik stellt verschiedene Röhrentypen her, welche zum Teil als „Valvo"-Röhren bezeichnet werden, und wobei in der

Abb. 405. Verspiegelte Röhren-Type LE 241 der Huth-Gesellschaft.

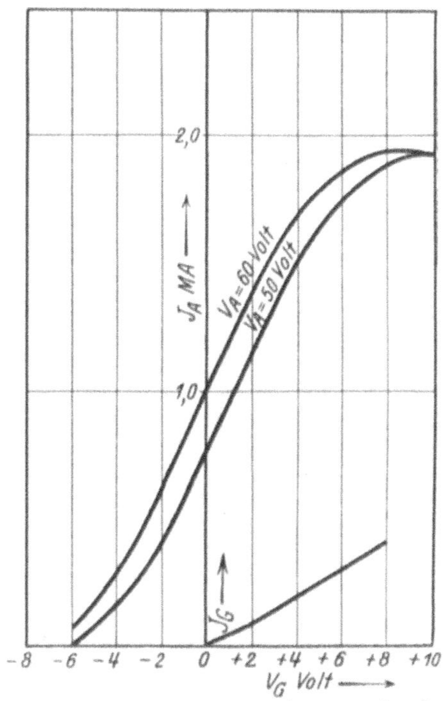

Abb. 406. Charakteristiken der verspiegelten Huthröhre LE 241.

weiteren Bezeichnung auch gleichzeitig die wichtigsten Gebiete der Fabrikationsentwicklung dieser Röhre gekennzeichnet sind. Eine Zu-

zusammenstellung der verschiedenen Röhrentypen nebst der charakteristischen Daten ist in folgender Tabelle enthalten:

Type	Heiz-strom in Amp.	Heiz-spannung in Volt	Zulässige Anoden-spannung in Volt	Durch-griff in %	Steil-heit in MA/V	Innerer Widerstand in Ohm
Valvo Normal	0,45—0,5	3—3,5	20—100	11	0,2	45000
Valvo Normal B	0,45—0,5	3—3,5	10—80	24	0,2	20000
Valvo-O-Reflex	0,25	1,5—2	20—100	22	0,2	23000
Valvo-Ökonom (199)	0,06—0,07	3,5—4	20—100	12	0,2	40000
Valvo-Lautsprecher 201 A	0,25	5—5,5	10—100	17	0,85	6900

Während die vier erstgenannten Röhren als Audion- und Verstärker verwendet werden können, muß bei der Benutzung für Detektorzwecke darauf geachtet werden, daß die Anodenspannung nicht mehr als 40 Volt beträgt. Die Charakteristiken der Valvo-Normalröhren sind in Abb. 407 wiedergegeben.

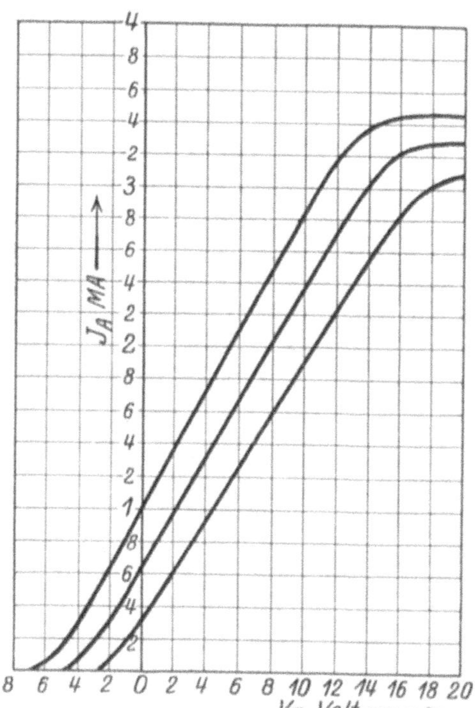

Abb. 407. Charakteristik der Valvo-Röhre „Normal“ der Radio-Röhrenfabrik Hamburg.

Abb. 408. Valvo-O-Röhre der Radio-Röhrenfabrik Hamburg.

Ein Bild der Valvo-O-Röhre zeigt Abb. 408; die Charakteristiken derselben sind in Abb. 409 wiedergegeben.

Die Valvo Ökonomröhre ist in Abb. 410 wiedergegeben, die Charakteristiken dieser Röhre zeigt Abb. 411.

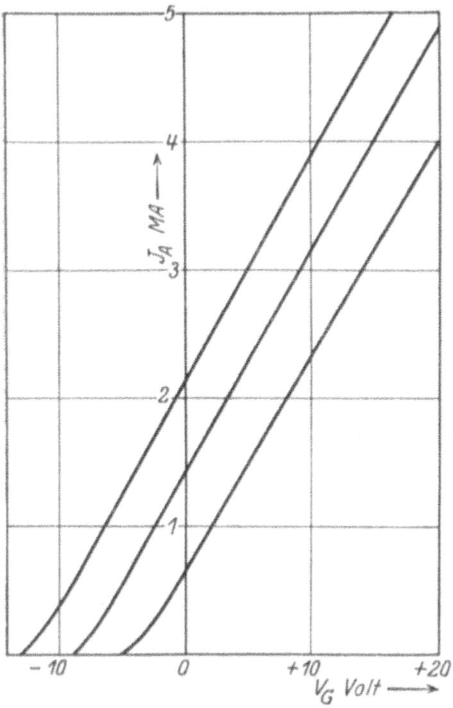

Abb. 409. Charakteristiken der Valvo-O-Röhre.

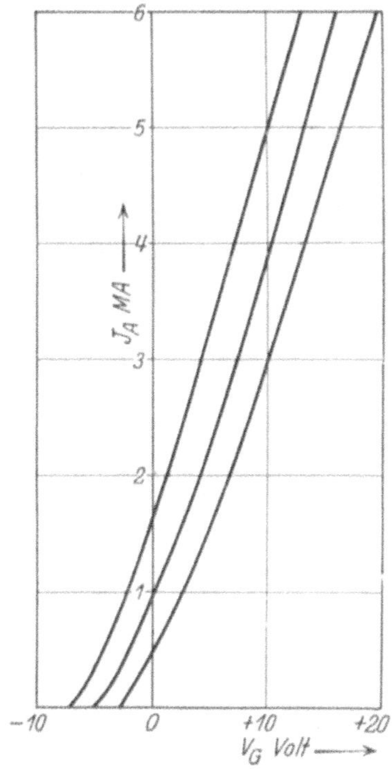

Abb. 411. Charakteristiken der Valvo-Ökonomröhre.

Abb. 410. Valvo-Ökonomröhre.

Abb. 412. Valvo-Lautsprecherröhre.

Die Valvolautsprecherröhre 201 A gemäß Abb. 412 ist besonders als Kraftverstärkerröhre für Endverstärkung anzuwenden. Die Charakteristiken folgen aus Abb. 413. (Siehe folgende Seite).

f) Röhren des Radioröhren-Laboratoriums Dr. Gerd Nickel G. m. b. H., Berlin N.

Das Radioröhren-Laboratorium stellt ,,Ultraröhren" her, welche als Sparröhren gebaut sind. Die zur Zeit erzeugten fünf verschiedenen Typen folgen aus nachstehender Tabelle:

Type	Heizspannung in Volt	Heizstrom in Amp.	S MA/V	D %	Ri in Ohm	Anodenspannung in Volt
Ultra-Lautspr.						
UL 550	1,3	0,55	0,6	16	10200	3—60
UL 110	2,6	0,11	0,8	16	7800	3—60
Ultra-Gebrauchsr.						
U 220	1,4	0,22	0,55	18	10100	3—60
Um 110	1,6	0,11	0,45	16	14000	3—60
Ultra-Spezial						
U 45	1,5	0,045	0,29	20	17200	3—60

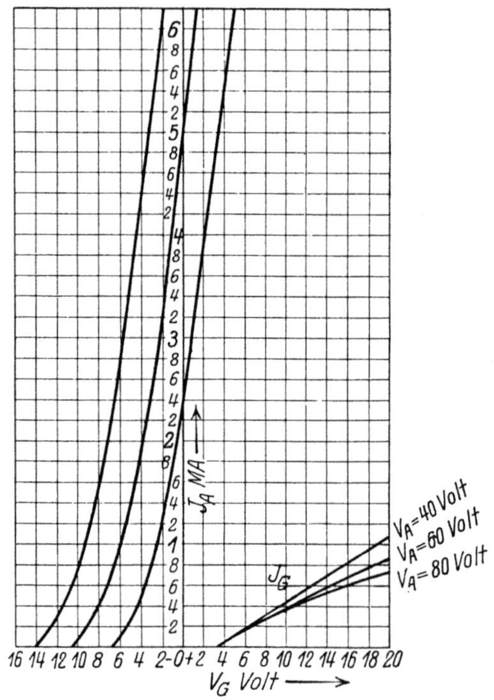

Abb. 413. Charakteristiken der Valvo-Lautsprecherröhre.

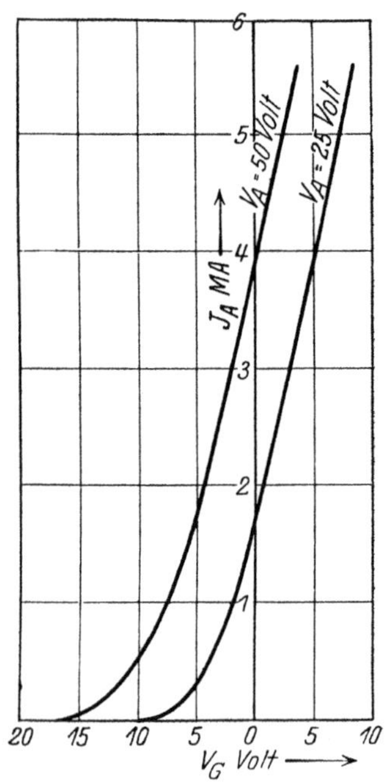

Abb. 414. Charakteristiken der U-80-Röhre von Dr. Gerd Nickel.

Diese Röhren sollen in besonderem Maße geeignet sein, durch automatische Variation des inneren Widerstandes jeder Apparatur angepaßt zu werden. Die in der Tabelle angegebenen Werte von S, D und Ri sind statisch angegeben, der Sättigungsstrom der Ultraröhren liegt so hoch, daß die Anode früher schmelzen würde, bevor der Sättigungsstrom erreicht wäre. Schon bei Anodenspannungen von 30 Volt soll Kraftverstärkung erreicht werden können, um mit Lautsprecher einen großen Saal zu füllen.

Abb. 415. Ultraröhre UL 110 von Dr. Gerd Nickel.

Die Charakteristiken der Ultraröhre U 80 sind für verschiedene Anodenspannungen in Abb. 414 wiedergegeben. Die Charakteristiken der neusten Röhrenkonstruktionen verhalten sich noch günstiger.

Bemerkenswert sind die kleinen räumlichen Dimensionen der Ultraröhren.

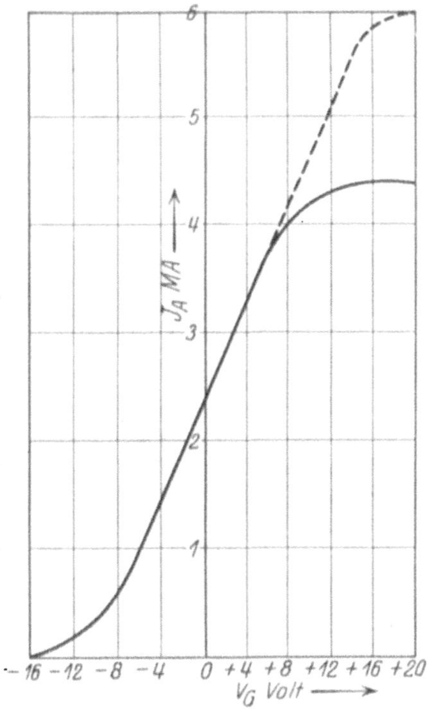

Abb. 416. Charakteristiken der Loewe-Röhre, Type AR 23 und LA 75.

g) Röhren der Loewe-Audion G. m. b. H., Berlin-Friedenau.

Die Firma fertigt zur Zeit hauptsächlich zwei Typen an, für welche die charakteristischen Daten aus nachstehender Tabelle zu entnehmen sind:

Type	Heiz- spannung	Heiz- strom	Anoden-spannung	*S*	*D*
AR 23 . .	3—3,5	0,5 —0,55	50—100	0,25	10%
LA 75 . .	2—2,5	0,15—0,17	50—100	0,25	10%

Abb. 417. Loewe-Röhre, Type AR 23.

Die Ausführung der Röhre AR 23 zeigt Abb. 417. Der Sättigungsstrom ist 6 MA.

Eine Charakteristik der Röhre LA 75 ist in Abb. 416 wiedergegeben.

h) Röhren der Süddeutschen Telephonapparate-, Kabel- und Draht-Werke A.-G., Nürnberg.

Die genannte Firma bringt ihre Röhren unter der Bezeichnung „Tekade" in den Handel und liefert sie mit verschiedenartigen deutschen, amerikanischen und holländischen Sockeln. Eine Zusammenstellung der wichtigsten Daten, aus denen die letzten beiden als Oxydkathodenröhren ausgeführt sind, ist in nachstehender Tabelle enthalten:

Type	Heizspannung	Heizstrom	Zulässige Anodenspannung	Normale Anodenspannung	Zulässige Anodenspannung	Normale Anodenspannung	Durchgriff	Steilheit	Innerer Widerstand
			als Verstärker oder Audion		als Detektor		in %	$\times 10^{-4}$	in Ohm
VT 16	3,5	0,52	20—60	45	—	—	27,5	2,25	16000
VT 17	3,5	0,52	60—120	90	30—50	35	13,5	2,65	28000
VT 100	1,8	0,25	60—120	90	30—50	35	9	2,5	40000
VT 103	1,8	0,25	40—80	60	20—30	25	16	1,5	41000
VT 105	1,1	0,15	60—120	90	30—50	35	12	2,5	28000

Die an zweiter Stelle genannten Oxydkathodenröhren benötigen einen Heizstrom, welcher infolge seiner geringen Größe leicht von einem Trockenelement geliefert werden kann.

Die Charakteristiken der Wolframkathodenröhre gemäß Abb. 418 gehen aus Abb. 419 hervor, die Charakteristik der Oxydkathodenröhre VT 105 folgt aus Abb. 420.

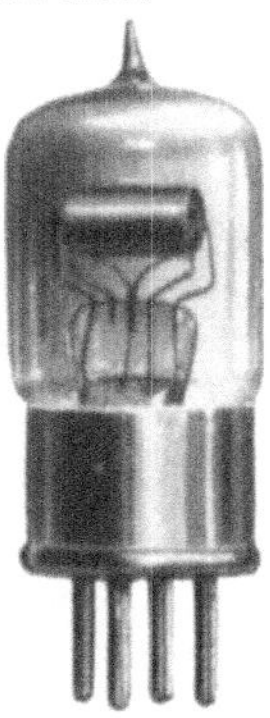

Abb. 418. Tekade-Röhre Type VT 17 und VT 105 der Süddeutschen Telephonapparate, Kabel- und Drahtwerke A.-G.

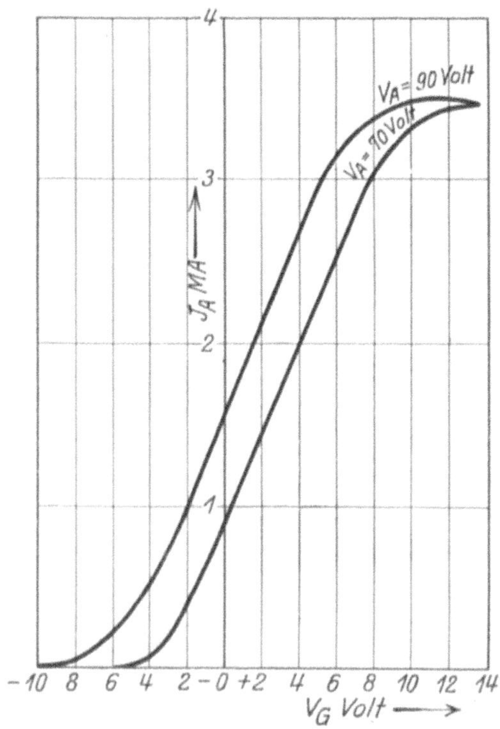

Abb. 419. Charakteristiken der Wolframkathodenröhre Type V 17 der K. T. D.

Eine Verspiegelung bei diesen Röhren wird nicht angewendet; infolgedessen ist der Glühzustand des Heizdrahtes verhältnismäßig gut zu übersehen. Die Empfindlichkeit gegen Überheizung soll gering sein.

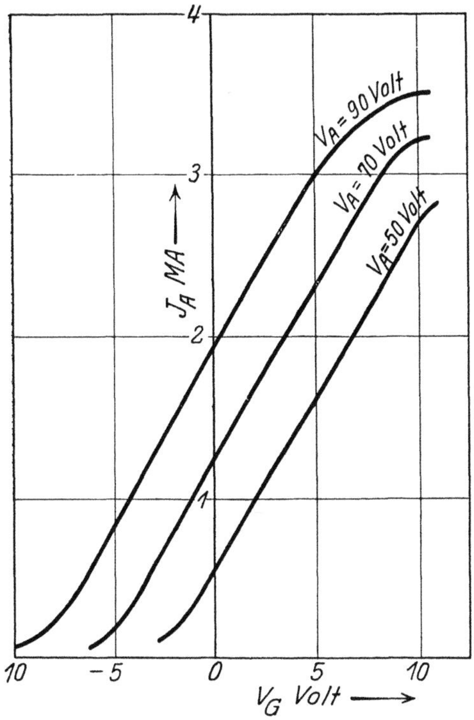

Abb. 420. Charakteristiken der Oxydkathodenröhre Type VT 105 der K. T. D.

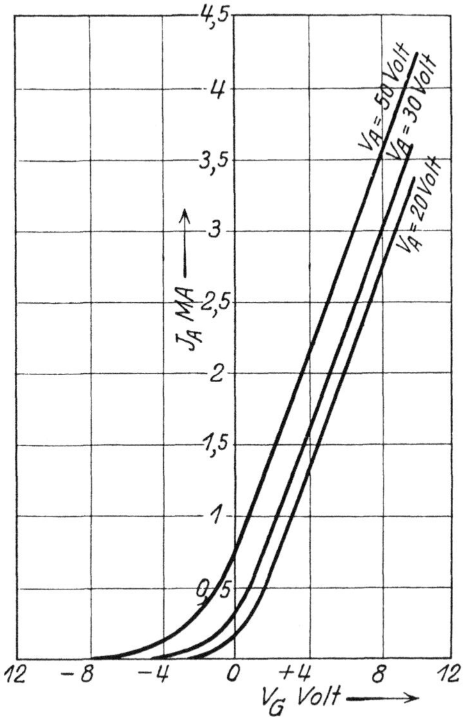

Abb. 421. Charakteristiken der Dull-Emitterröhre AR 0,06 der Edison-Swan-Electric-Co.

Auch eine weit getriebene Erhöhung der Anodenspannung soll keine Gefahr bedeuten. Die für die Heizung aufzuwendende Leistung ist nur gering.

i) Röhren der Edison-Swan-Electric-Co. Ltd., London.

Eine Tabelle der wichtigsten von dieser Gesellschaft hergestellten Röhrentypen ist nachstehend wiedergegeben:

Type	Heizspannung	Heizstrom	Anodenspannung
AR	4	0,75	30—80
R	4	0,75	50—100
ARDE	1,8—2,0	0,30	20—50
AR 0,06	2,5	0,06	20—50

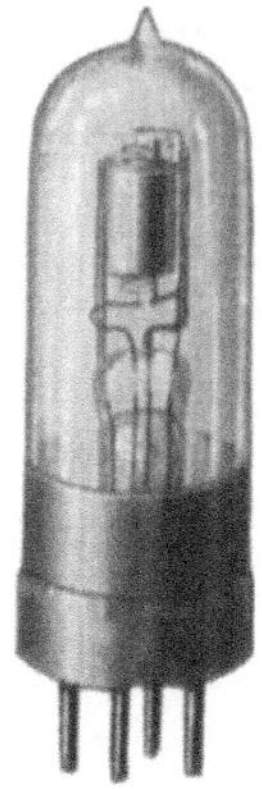

Abb. 422. Edisvan - Empfängerröhre Type AR der Edison-Swan-Electric-Co. Ltd., London.

Eine für den auswärtigen Amateur besonders in Betracht kommende Röhrenform für alle Empfangs- und Verstärkerzwecke ist die Type AR. Bei dieser (siehe Abb. 422) beträgt der Heizstrom 0,75 Ampere, die Heizspannung 3,5 bis 6 Volt und die Anodenspannung 30 bis 80 Volt. Die Verstärkungsmöglichkeit mit einer solchen Röhre soll sehr günstig sein, wobei die Röhre absolut geräuschfrei arbeitet. Eine ähnliche Konstruktion ist durch Abb. 751, S. 666 veranschaulicht.

Die Charakteristiken von Abb. 421 zeigen den steilen Verlauf und die Notwendigkeit, nur verhältnismäßig geringe Anodenspannungen anwenden zu müssen.

k) Röhren der Mullard-Radio-Valve-Co. Ltd., London.

Die Mullard-Werke stellen vor allem auch Kraftverstärkerröhren her, welche sich namentlich für die letzten Stufen für große Lautsprecher eignen. Die einzelnen Röhrentypen sind aus der Tabelle zu entnehmen:

Type	Heizspannung	Heizstrom	Anodenspannung	Steilheit mA/V	Durchgriff in %
PA 1	6,0	1,5	s. Diagramm	0,9	13
PA 2	5,2	0,85	„	0,55	25
PA 3	4,0	0,75	„	0,35	25
DF ORA . . .	2—3	0,06	„	0,33	18
S 3	3,4—3,8	0,6—0,7	„	0,15	27
S 5	3,4—3,8	0,6—0,7	30—50	0,1	2
HF	3,2—3,8	0,6	s. Diagramm	0,26	10
LF	3,2—3,8	0,6	30—90	0,27	11,9
DFA 0	3,5	0,35	50—100	0,8	—
DFA 1	5,5	0,20	50—100	0,8	—
DFA 2	3,5	0,25	50—100	0,45	—
LF ORA . . .	1,4—1,8	0,3	s. Diagramm	0,23	20
Weco	0,8—1,1	0,25	„	0,23	21
ORA	3,4—3,8	0,6—0,7	„	0,22	11,7

Die Ausführung der Röhren PA 2 und PA 3, welche auch für verhältnismäßig große Endleistungen bestimmt sind, sind in Abb. 423 wiedergegeben. Die Charakteristiken folgen aus den Abb. 424, 425 und 426.

Die Röhre DFOra ist in Abb. 423 rechts dargestellt. Sie kommt insbesondere für äußerst geringe Heizleistung in Betracht. Ihre Charakteristik ist in Abb. 426 dargestellt.

Die Röhre HF dient sowohl für Detektor- als auch für Hochfrequenzverstärkung. Sie ist so gebaut, daß nach Möglichkeit eine Rückkopplung durch die Röhre vermieden werden soll. Dies kann allerdings nur insofern geschehen, als die innere Kapazität der Röhre gering gehalten ist.

Abb. 423. Kraftverstärkerröhren Type PA 2, PA 3 und DFO.a von The Mullard-Radio-Valve-Co.

Die Röhren DFA sind Kraftverstärkerröhren nach der Dull-Emitter-Type mit geringer Heizleistung. Die Elektronenemission ist verhältnismäßig groß und beträgt 30 bis 40 MA. Die hierbei aufzuwendenden Spannungen gehen aus der Tabelle hervor:

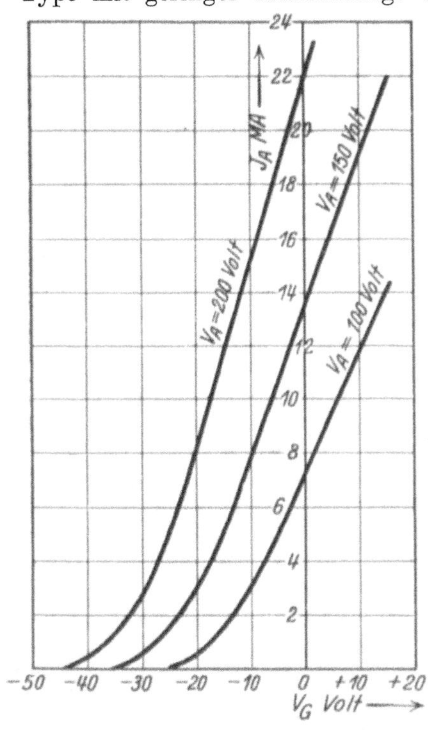

Abb. 424. Charakteristik der Kraftverstärkerröhre Type PA 1 der Mullard-Co.

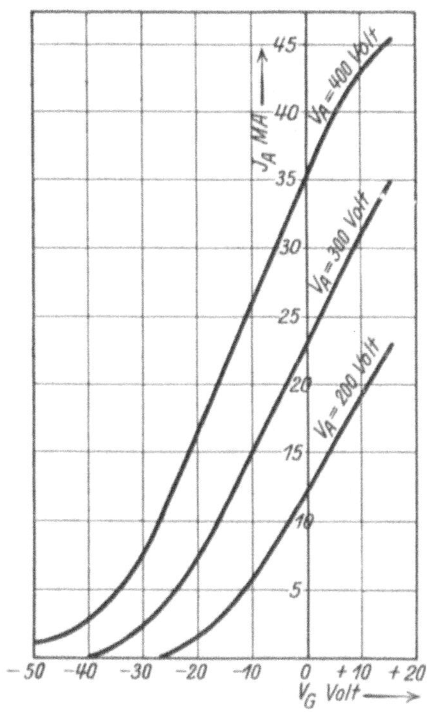

Abb. 425. Charakteristiken der Endverstärkerröhre Type PA 2 der Mullard-Co.

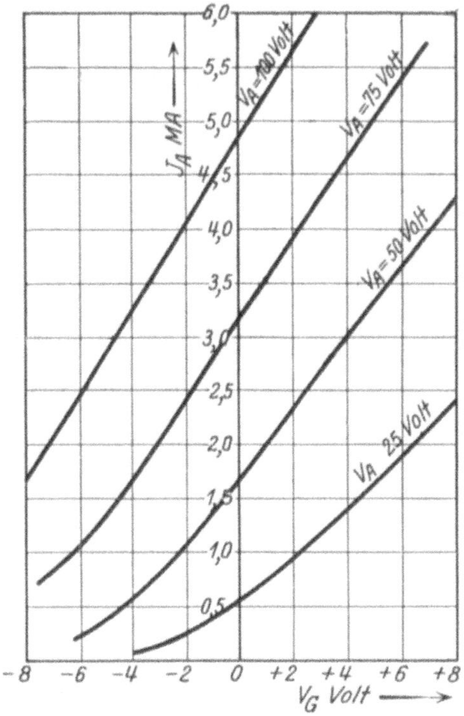

Abb. 426. Charakteristik der Röhre Type DF Ora der Mullard-Co.

Anodenspannung	Negative Gittervorspannung		
	DFA 0	DFA 1	DFA 2
50	3	3	4
75	5	5	7
100	8	8	9

Die Wecoröhre gemäß Abb. 427 besitzt sehr geringe Abmessungen bei kleiner Heizleistung.

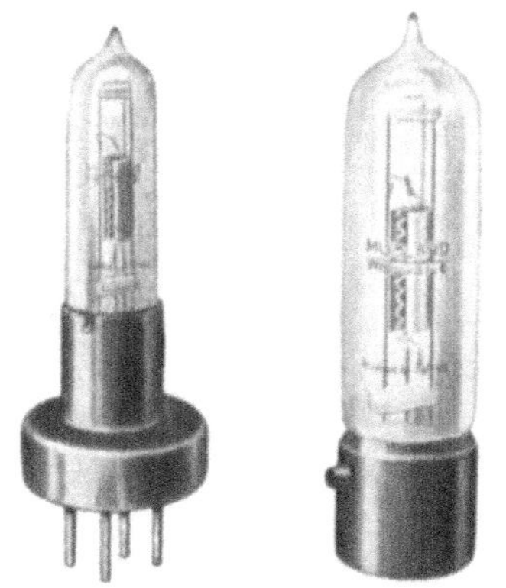

Abb. 427. Wecoröhre (Sparröhre) der Mullard-Co.

Die Anodenspannung beträgt 15 bis 25 Volt, sofern die Röhre für Detektor benutzt wird, und 30 bis 50 Volt, sofern sie als Verstärker dient. Die Wecoröhre, welche eine Oxydkathoden-Röhre ist, hat den Vorteil, verhältnismäßig ruhig und klar sowohl Musik als auch Sprache zu übertragen. Indessen arbeitet sie verhältnismäßig leise und braucht etwa 0,25 Ampere Heizstrom bei rund 1 Volt Heizspannung. Ein weiterer Vorteil der Röhre ist die Tatsache, daß selbst nicht ganz rückkopplungsfreie Kreise verhältnismäßig schwer ins Schwingen kommen bei ihrer Benutzung.

Ein Nachteil der Röhre besteht darin, daß sie nur äußerst schwach glüht und daß dieser Zustand mit bloßen Augen, insbesondere im hellen Raum, nur schwer kontrollierbar ist, und daß infolgedessen, namentlich für den weniger geübten R.-T.-Interessenten, ein Meßinstrument kaum entbehrt werden kann.

Die Charakteristiken der Wecoröhre sind in Abb. 428 wiedergegeben.

l) Röhren von E. B. Myers Co. Ltd., Montreal, Canada und Cunningham & Morrison, London.

Die Myersröhre, von welcher Abb. 429 ein Bild zeigt, ist mit 2 Sockeln versehen. An dem einen Sockel ist Gitter und Anode, am anderen die

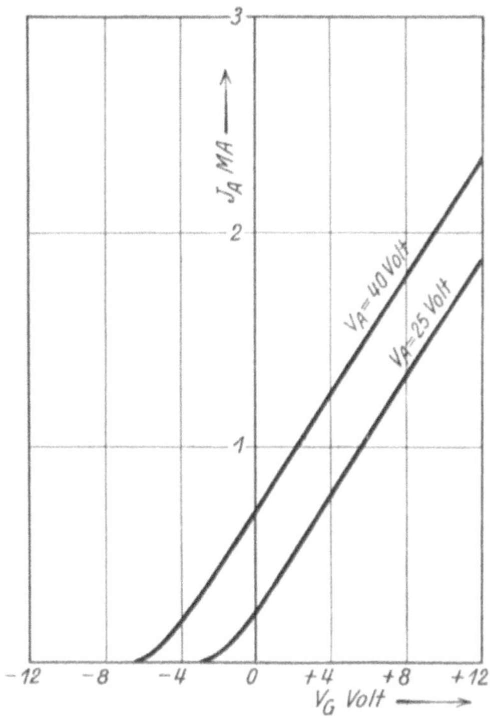

Abb. 428. Charakteristiken der Wecoröhre.

Heizung angeschlossen. Die Röhre wird in entsprechende Heizkontakte eingesteckt. Sie ist zu diesem Zweck mit Messerkontakten versehen.

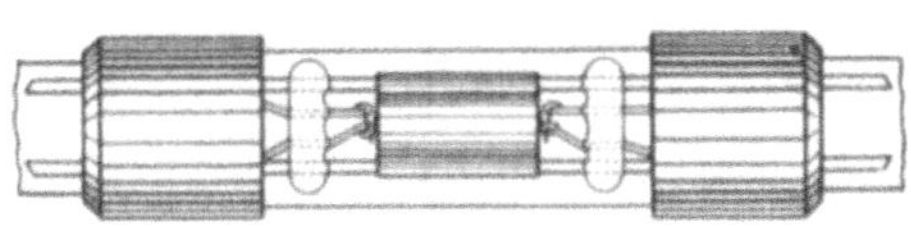

Abb. 429. Myers-Röhre.

Die verschiedenen Typen sind aus nachstehender Tabelle zu entnehmen:

Type	Heiz-spannung	Heizstrom	Anodenspannung bei Verw. als Det.	Anodenspannung bei Verw. als Verst.	D %	Neg. Vorsp. in Volt
Himu.	3,5—4	0,5—0,55	12—45	45—300	8	3
Universal . . .	3,5—4	0,4—0,45	12—45	45—300	11	3
Sparröhre . .	2,5	0,25	12—45	45—300	16,6	3

m) Röhren der G. W J. Imperial Works Ltd., London.

Bei dieser Röhre ist die Anode nicht als Metallzylinder, sondern als innere Verspiegelung ausgeführt. Die Konstruktion ist so getroffen, daß das Röhrenglas Gitter und Heizdraht völlig umschließt. Ein Weichwerden der Röhre soll auf diese Weise vermieden werden. Die Heizspannung beträgt 4 bis 6 Volt, die Heizstromstärke etwa 0,3 bis 0,5 Ampere.

n) Röhren von A. C. Cossor, London.

Die Cossor-Röhren, welche aus folgender Tabelle zu entnehmen sind, arbeiten zum Teil als Detektor, zum Teil für Niederfrequenzverstärkungszwecke (die Röhre P 1 und P 3), während die Röhre P 4 besonders für

Type	Heiz-spannung	Heiz-strom	Anoden-spannung	*Ri*	*D* %
P 1	4	0,72—0,75	20—80	20000	15
P 2	4	0,72—0,75	60—80	40000	9
P 3	0,8—1,1	0,22	20—60	20000	15
P 4	0,8—1,1	0,22	20—60	40000	9

Hochfrequenzverstärkung in Betracht kommt. Letztere besitzt eine besonders geringe Eigenkapazität und soll für den Empfang kurzer Wellen geeignet sein. Die Charakteristiken gehen aus den Abb. 430 und 431 hervor.

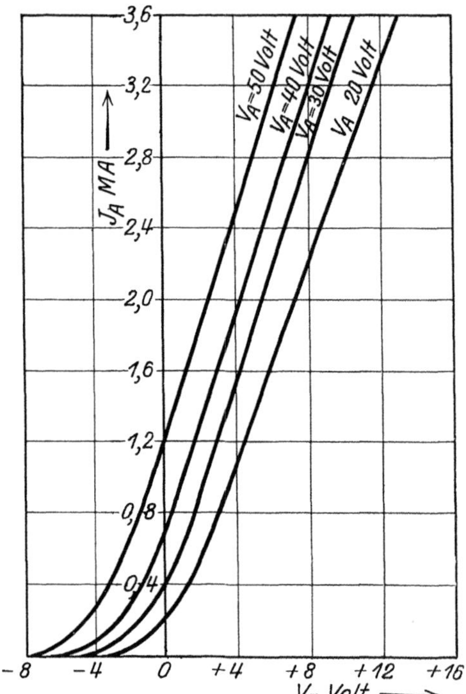

Abb. 430. Charakteristiken der Röhre P_1 von Cossor.

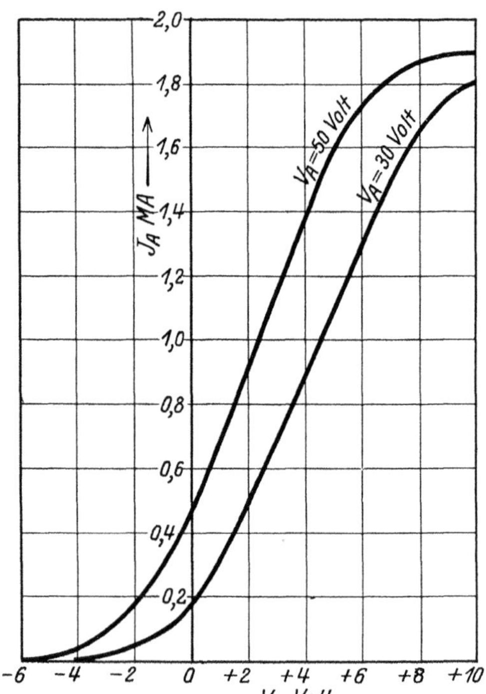

Abb. 431. Charakteristiken der Röhre P_2 von Cossor.

Die Firma baut auch besondere Kraftverstärkerröhren, welche aus der Tabelle folgen.

Type	Heiz-spannung	Heiz-strom	Anoden-spannung	Impedanz	D %
1	6	1,5	120	15000	18
2	2	1,0	120	15000	18
3	4	0,5	120	15000	18

o) Röhren der E. T. Cunningham Inc., San Francisco.

Die Cunningham-Röhre, gemäß Abb. 432, besitzt als Kathode einen Platindraht, der mit einer Oxydschicht bedeckt ist. Die Heizspannung beträgt 11 Volt bei 0,5 Ampere Stromstärke. Gegen Überheizung sind angeblich diese Röhren unempfindlich. Sie dienen sowohl als Detektor

Abb. 432. Sparröhre von Cunningham.

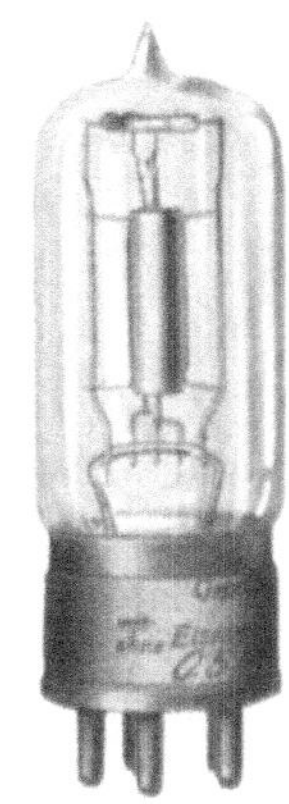

Abb. 433. Gasenthaltende Detektorröhre Type C 300 von Cunningham.

als auch für Niederfrequenzverstärkung. Für Hochfrequenzverstärkung scheinen sie weniger in Betracht zu kommen.

Die Cunningham-Sparröhre gemäß Abb. 432 soll besonders ruhig arbeiten, wobei eine genaue Einstellung von Heizstromstärke und Anodenspannung nicht erforderlich ist.

Die wichtigsten Daten einiger Cunningham-Röhren folgen aus der Tabelle:

Type	Heiz-spannung	Heiz-strom	Anoden-spannung	Durch-griff %	Steilheit MA/V
C 11 u. C 12	1,1	0,25	20—100	16,6	0,32
C 299 . . .	3	0,06	20—80	15,3	0,34
C 300 . . .	5	1,0	18—25	—	—
C 301 A .	5	0,25	40—100	12,5	0,47

Einige dieser Röhren scheinen für den praktischen Betrieb besonderer Anforderungen zu bedürfen. So erfordert beispielsweise die Röhre C 300

p) Röhren der General-

Die General-Electric-Co. erzeugt die rühmlichst bekannten „Radio-

Radiotron Type	Heiz-spannung in Volt	Heiz-strom in Amp.	Anodenspannung bei Verwendung als Detektor	Ver-stärker	Bei Verwendung als Detektor soll haben d. Gitter-widerstand Megohm	der Gitter-kondensator cm
WD 11 . .	1,1	0,25	20—45	40—100 s. Anm. 2	2—3	200
WD 12 . .	1,1	0,25	20—45	40—100 s. Anm. 2	2—3	200
UV 199 . .	3,0	0,06	20—45	40—100 s. Anm 3	2—9 s. Anm. 4	200
UV 200 . .	5,0	1,0	15—23,5		0,5—2	200—400
UV 201 A .	5,0	0,25	20—45	40—120 s. Anm. 1	2—9 s. Anm. 4	200

Anmerkung 1 (UV 201 A):

Anodenspannung	Negative Gittersvorpannung
40	0,5—1,0
60	1,0—3,0
80	3,0—4,5
100	4,5—6,0
120	6,0—9,0

Anmerkung 2 (WD 11 und WD 12):

Anodenspannung	Negative Gittervorspannung
45	0
60	1,5
80—100	3,0

eine genaue Regulierung der Heizspannung (siehe die Charakteristiken Abb. 434). Dieses rührt offenbar daher, daß diese Röhren absichtlich mit Gasfüllung versehen werden.

q) Röhren des Radio-Werkes E. Schrack, Wien.

Die Firma bringt insbesondere zwei Röhrentypen, nämlich SV 9 und SV 10, auf den Markt, die gegenüber der bisherigen Type SV 7 mit nicht unerheblicher Stromersparnis brennen sollen. Die Type in Liliput-

Electric-Co. Shenectady, N.-Y.

trons", von welchen folgende Tabelle eine Übersicht bietet:

Innerer Widerstand in Ohm (angenähert)	Durchgriff in % etwa	Steilheit MA/V	Anodenstrom in MA: Anodenspannung	Anodenstrom in MA: Anodenstrom
19000 bei 40 V 17000 bei 80 V	15	0,34	20 40 80	0,3 1,2 3,9
19000 bei 40 V 17000 bei 80 V	15	0,34	20 40 80	0,3 1,2 3,9
18500 bei 40 V und o V am Gitter 16000 bei 80 V u. — 4,5 V am Gitter	16	0,34	20 40 60 80	0,25 1,1 2,4 3,9
9000				
16500 bei 40 V und 0 V am Gitter 12500 bei 100 V u. — 6 V am Gitter	12,5	0,485	40 60 80 90 100	1,0 2,6 4,8 6,0 7,5

Anmerkung 3 (UV 199):

Anodenspannung	Negative Gittervorspannung
40	0,5—1,0
60	1,3—3,0
80	4,5—6,0
100	6,0—7,5

Die Verwendung von 100 Volt empfiehlt sich nicht für den gewöhnlichen Betrieb. Außer in Spezialfällen sollen 80 Volt nicht überschritten werden.

Anmerkung 4:

Ein Gitterableitungswiderstand zwischen 2 und 5 Megohm ist im gewöhnlichen Betriebe an sich ausreichend, doch ist ein solcher zwischen 5 und 9 Megohm bei sehr schwachen Zeichen angebracht.

Ausführung ist in Abb. 436 wiedergegeben. Die einzelnen Daten folgen aus nachstehender Tabelle:

Type	Heizspannung	Heizstrom	Anodenspannung	Anodenstrom MA	Durchgriff %
SV 9	1,3	0,4	40—100	1—6	5,5
SV 10	2	0,2	40—100	1—4	5,5
SS	2,3	0,06	40—100	1—2	5,5

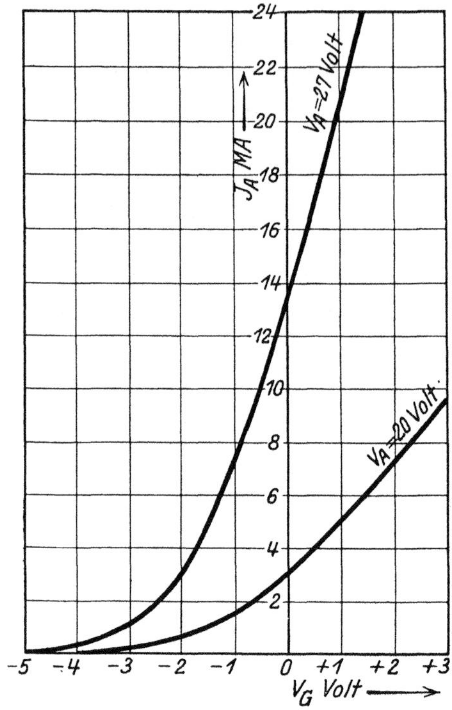

Abb. 434. Charakteristik der Gas-Detektorröhre C 300 von Cunningham.

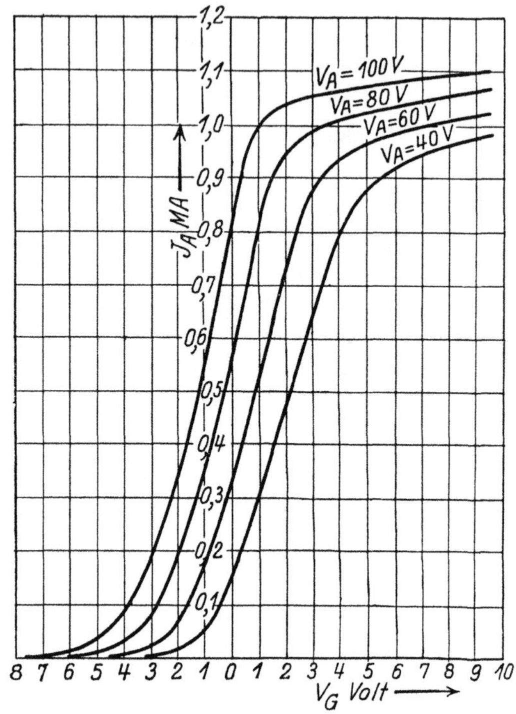

Abb. 435. Charakteristiken der Liliputröhre von Schrack.

Die Charakteristiken bei verschiedenen Anordnungen der Liliputröhre gehen aus Abb. 435 hervor.

r) Röhren von J. Kremenezki, Wien.

Die von Kremenezki hergestellten Röhren gehen aus folgender Tabelle hervor:

Type	Heizspannung	Heizstrom Amp.	Anodenspannung Volt	Sättigung MA	Steilheit MA/V	Durchgriff %
D	4	0,5	50—180	—	—	—
A 8	3,5—4	0,48—0,5	40—100	6	0,30	9
A 9	2—2,5	0,15—0,18	30—100	6	0,90	9
A 11	2,4	0,06	25—90	6	2,10	15

Die Charakteristiken der Kremenezki-Röhre A 11, welche in Abb. 437 wiedergegeben ist und die zur Type der Dull-Emitter-Röhre gehört, die aber keinen Oxyd- oder Thoriumfaden, sondern vielmehr eine besonders hergestellte Kathode enthält, die angeblich auch bei längerem

Dauerüberheizen in ihren Eigenschaften nicht leiden soll, zeigt eine gute Geradlinigkeit und Steilheit. Um hohe Thermionenströme zu erhalten, muß man allerdings verhältnismäßig hohe Anodenspannung von 100 Volt und darüber anwenden. Für gewöhnliche Nie-

Abb. 436. Liliputröhre von Schrack.

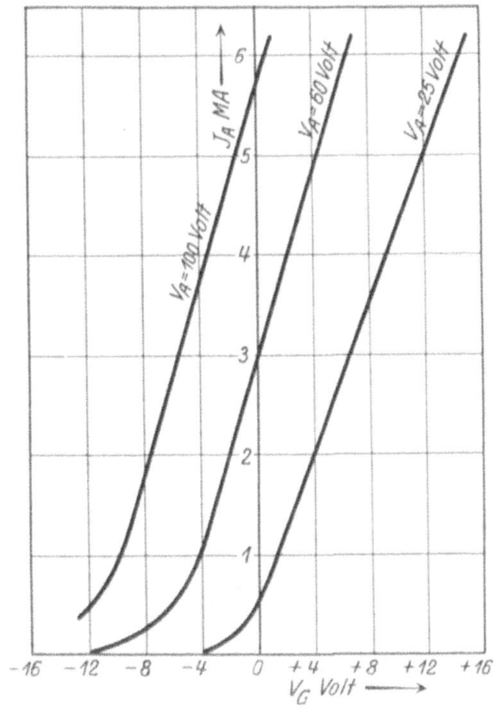

Abb. 437. Charakteristiken der Röhre Type A 11 von Kremenezki.

derfrequenzverstärkung genügen indessen schon niedrigere Anodenspannungen.

Für Detektorzwecke kommt man schon mit einer Anodenspannung von etwa 12 Volt aus, was nicht nur für tragbare, sondern auch für stationäre Empfänger außerordentlich angenehm ist.

s) Röhren der Marconi Osram Valve Co Ltd., London.

Die namentlich in England und in den englischen Kolonien eingeführten Marconi-Osram-Röhren werden in mannigfaltigster Ausführung hergestellt. Einige der am meisten gebrauchten Typen sind in den Abb. 438 bis 441 wiedergegeben.

Die Sparröhre DE 3 ist für die verschiedenartigsten Zwecke geeignet. Für Detektorzwecke wird eine Anodenspannung von 60 Volt benutzt, für die Niederfrequenzverstärkung eine solche von 80 Volt. In letzterem Falle beträgt die negative Gitterspannung etwa 6 Volt.

Die Röhre LS 1 ist, wie auch die in der Tabelle nachfolgenden, besonders für Verstärkung, namentlich für Kraftverstärkung, bestimmt.

Die Röhre DE 7 ist eine Doppelgitterröhre.

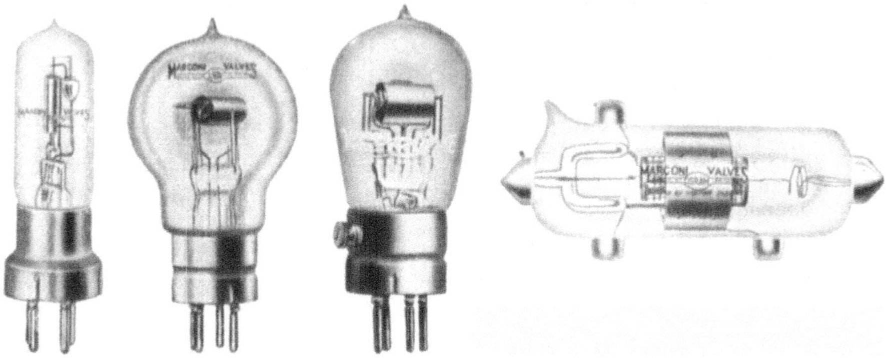

Abb. 438—441. Röhren der Marconi Osram Valve Co.

Type	Heiz-spannung	Heiz-strom	Anodenspannung bei Verwendung als: Detektor und Hochfrequenz-verstärker	Anodenspannung bei Verwendung als: Niederfrequenz-verstärker	Durch-griff %	Innerer Widerstand Ohm	Steilheit MA/V	Steilheit in MA/V bei Verwendung einer: Anoden-spannung	Steilheit in MA/V bei Verwendung einer: Gitter-pannung
R	4	0,7	30—60	60—100	11	40000	0,22	60	0
						36000	0,25	100	—3
R 5 V	5	0,7	30—60	60—120	11	30000	0,30	60	0
						25000	0,36	120	—4
DER	1,8	0,35	30—50	50—80	11	32000	0,28	50	0
						30000	0,30	80	—2
DE 3	2,8	0,06	20—40	40—80	16,5	18500	0,32	40	0
						15500	0,38	80	—3
DE 4	3,8	0,30	20—60	60—120	14	11000	0,63	60	0
						10000	0,70	110	—5
DE 5	5—6,0	0,25	20—60	60—120	14	8500	0,82	60	0
						8000	0,87	110	—5
DE 5b	5—6,0	0,25	60—120	60—120	5	30000	0,66	110	0
DE 6	1,8	0,40	—	60—120	20	13000	0,38	110	—7
DE 7	1,8	0,4	6—15	6—15	22	20000	0,22	6	0
						8000	0,56	14	0
DEV	3,0	0,20	20—30	—	16,6	24000	0,25	30	0
DEQ	3,0	0,20	20—30	—	5	100000	0,20	30	+1
V 24	5,0	0,75	20—30	—	16,6	20000	0,30	30	0
QX	5,0	0,75	20—100	—	4	80000	0,31	100	0
FE 3	4,0	0,7	6—15	6—15	22	20000	0,22	6	0
						8000	0,56	14	0
LS 1	5,5—6,0	1,5	—	150—600	10	16000	0,62	350	—10
LS 2	5,5—6,0	1,5	—	150—600	16,6	8000	0,75	350	—20
LS 3	4,0	0,7	—	60—120	22	12000	0,37	120	—8
LS 5	4,5	0,80	—	60—400	20	6000	0,83	150	—4,5
						4500	1,11	400	—20

t) Röhren der Philips Glühlampen-Fabriken, Eindhoven (Holland).

Die rühmlichst bekannten Philips-Röhren, welche normal mit Wolframkathode versehen werden, sind in verschiedenen Ausführungen mit einem und zwei Gittern in den Abb. 442 bis 445 wiedergegeben.

Einige der wichtigsten Daten sind in nachstehenden Tabellen wiedergegeben:

Type	Sockel	Heizstrom Amp.	Heizspannung Volt	Anodenspannung Volt
D II: Eingitterröhren	A	0,5	3,5	30—75
D III: Eingitterröhren	B	0,5	3,5	30—75
D IV: Eingitterröhren	C	0.5	3,5	30—75
E: Eingitterröhren	A	0,7	4	60—100
D VI: Doppelgitterröhren	A	0.5	3,5	2—10

Abb. 442. Doppelgitterröhre Type D VI von Philips.

Abb. 443. Empfängerröhre Type E von Philips.

Abb. 444. Miniwatt-Eingitterröhre von Philips.

Abb. 445. Miniwatt-Doppelgitterröhre von Philips.

Type	Sockel	Heizstrom Amp.	Heizspannung Volt	Anodenspannung Volt
B II: Miniwattröhren	A	0,15	1,6—1,8	30—75
B VI: Doppelgitterröhren	A	0,15	1,6—1,8	2,10
Z I: 2,5 Watt Doppelgitterröhren	A	ca. 1,4	3,8	200—300

X. Verstärker.

Die Verstärkung der Empfangsschwingungen.

1. Allgemeine Gesichtspunkte und Einteilung der Röhrenverstärker.

Solange es keine brauchbaren Röhrenverstärker gab, war die selbst mit Hochantennen erheblicher Dimensionen erzielbare Energie bei Empfang von weiter abgelegenen Stationen so gering (ca. 10^{-4} bis 10^{-8} Amp.), daß es großer Übung und Vorsichtsmaßregeln bedurfte, um die Zeichen durch besonders geschultes Personal zuverlässig aufnehmen zu können. Zwar sind mannigfaltige Versuche gemacht und viele Apparate konstruiert worden, um auf mechanischem Wege eine Verstärkung zu erzielen. Alle diese Einrichtungen haben jedoch zu keinem dauernden Erfolg geführt, da die mechanisch wirkenden Verstärker von vornherein viel zu große Stromstärke erforderten, um überhaupt anzusprechen; außerdem waren sie zu vielen Zufälligkeiten im Betriebe ausgesetzt.

Eine Änderung trat erst ein, als durch L. de Forest (1907) prinzipiell die Möglichkeit der Verstärkung durch die Dreielektrodenröhre gezeigt wurde, und als es ferner J. Langmuir gelungen war, für die Praxis brauchbare Hochvakuumröhren herzustellen. Seitdem (1913) hat eine Entwicklung der Röhrenverstärker im wesentlichen nach zwei Gesichtspunkten hin stattgefunden. Sofern die von der Antenne aufgenommene Energie dem Verstärker direkt zugeführt und erst darauf in den Detektor und in den Indikationsapparat geleitet wird, spricht man von einer Hochfrequenzverstärkung (Radiofrequenzverstärkung). Diese wird angewendet, sofern der Schwellwert der Empfangsenergie so gering ist, daß der Detektor an sich nicht oder nur unzureichend ansprechen würde (z. B. bei Rahmenantenne).

Die andere Art der Verstärkung ist die Niederfrequenzverstärkung (Audiofrequenzverstärkung), bei der die von der Antenne aufgenommene Energie zunächst in den Detektor geleitet, in Niederfrequenz umgewandelt und darauf dem Indikationsapparat (Telephon, Lautsprecher) zugeführt wird. Für die Verstärkung von Empfangsschwingungen ist es also wesentlich, ob die Intensität derselben unterhalb oder oberhalb des „Schwellwertes" liegt, bei dem ein Empfang mit Kristalldetektor und empfindlichem Telephon noch möglich sein würde.

Ist die Empfangsintensität unterhalb dieses Schwellwertes, so kommt man mit einer reinen Niederfrequenzverstärkung allein nicht aus. Selbst wenn man eine große Anzahl von Niederfrequenzverstärkern hintereinanderschalten würde, würden sich dennoch keine brauchbaren Resultate erzielen lassen, da schließlich parasitäre Ströme, Ladeströme, Eigenschwingungen usw. eine erheblich intensivere Verstärkung erfahren würden als der eigentlich zu verstärkende Strom, und da außerdem der mit Lautverstärkern versehene Empfänger selbst Senderschwingungen aussendet. Vielmehr ist man alsdann, um den Schwellwert zu erreichen, bzw. zu erhöhen, genötigt, zunächst eine Hochfrequenzverstärkung vorzusehen, die je nach dem gewünschten Verstärkungsgrad, bzw. entsprechend der Empfangsintensität, aus einer Einfach- oder Mehrfachhochfrequenzverstärkung bestehen wird. Erst nachdem der Schwellwert genügend hoch gerückt ist, kann man unter Zwischenschaltung eines Audions oder anderen Detektors eine entsprechend weitere Verstärkung der Lautintensität durch eine Niederfrequenzverstärkungsanordnung anwenden.

Das Wesen der Hochfrequenzverstärkung besteht also darin, die durch die Sprache modulierte Empfangswelle zu verstärken, während durch die Niederfrequenzverstärkung lediglich die geringen Modulationsschwankungen der Empfangswelle verstärkt werden können. Gerade aus dieser Betrachtung, welche in der Praxis immer noch viel zu wenig berücksichtigt wird, geht hervor, daß, wenn man überhaupt verstärken will, man mehr mit Hochfrequenzverstärkung arbeiten sollte, als dies bisher der Fall ist. Als wesentlicher Punkt kommt ferner hinzu, daß die Hochfrequenzverstärkung bei richtiger Bauart nahezu verzerrungsfrei wirken kann, während die Niederfrequenzverstärkung infolge der hierbei bisher meist verwendeten eisengefüllten Transformatoren stets mit gewissen Verzerrungen arbeiten wird, was sich insbesondere bei Musikempfang störend bemerkbar macht.

Während es für die Niederfrequenzverstärkung im wesentlichen gleichgültig ist, ob die ihr zugeführte zu verstärkende Energie einem schwingungsfähigen oder aperiodischen System entnommen wird, ist es für die Hochfrequenzverstärkung vorteilhaft, wenn die ihr zugeführte Energie aus einem Schwingungskreise herrührt.

Neben der Hochfrequenz- und Niederfrequenzverstärkung sind noch eine große Anzahl von Varianten geschaffen worden, die insbesondere durch den Radioamateurbetrieb in Amerika und England entstanden sind, und die als Kombinationen oder Zwischenglieder aufzufassen sind. Die Wirkungsweise dieser Schaltungen und Anordnungen ist oft eine recht komplizierte, auf die im einzelnen hier nicht eingegangen werden soll.

Der Röhrenverstärker hat revolutionierend auf die gesamte drahtlose Nachrichtenübermittlung eingewirkt. Durch ihn ist es möglich geworden, einen betriebssichern Empfang mit einem geringen Bruchteil derjenigen Energie herzustellen, die vorher unbedingt erforderlich war, und mit recht störungsfreien, ziemlich scharf gerichteten Rahmenantennen und ähnlichen Gebilden, die teilweise unter dieses Charakteristikum fallen, zu empfangen. Der R.-T.-Betrieb ist überhaupt erst durch den Röhrenverstärker möglich geworden.

2. Anfangs- und Endverstärkung. Energiesteigerungsmöglichkeit.

Im nachstehenden soll bei Verstärkern mit zwei oder mehreren Röhren verstanden werden: unter „Anfangsverstärkung“ die erste Verstärkerröhre, in die der zu verstärkende Strom direkt oder mittels eines Transformators hineingeleitet wird, unter „Endverstärkung“ die letzte Verstärkerröhre, die den entsprechend verstärkten Strom in den Indikationsapparat (Telephon, Lautsprecher) abgibt.

Dadurch, daß man mehrere Verstärkerröhren unter Zwischenschaltung von Transformatoren in Serie schaltet, kann man prinzipiell, gleichgültig ob es sich um Hochfrequenz- oder Niederfrequenzverstärkung handelt, die Energie außerordentlich steigern. Bei zweckentsprechender Dimensionierung, hochwertiger Röhrenform und Sockel geringer Kapazität und gut durchgeführter Leitungsmontage sind ohne weiteres folgende Energiesteigerungszahlen zu erreichen:

durch die erste Röhre ca. 10 bis etwa 40fache Energiesteigerung,
durch die erste und zweite Röhre ca. 100 bis 400fache Energiesteigerung,
durch die 1., 2. und 3. Röhre ca. 1000 bis 4000fache Energiesteigerung.

Bei einer etwa 10000fachen Energiesteigerung liegt zurzeit die praktische Grenze.

Es erscheint im übrigen nicht unbedenklich, die Verstärkung, insbesondere die Niederfrequenzverstärkung, allzu weit zu treiben. Bei sehr stark mit atmosphärischen Entladungen gesättigter Luft, wie z. B. kurz vor Gewittern, kann es z. B. möglich sein, daß, wenn die Empfangsenergie des fernen Senders nicht sehr groß ist, man mit dem Rahmenempfänger-Hochfrequenzverstärker allein die Zeichen noch leidlich abfangen kann, während bei Benutzung derselben Apparatur in Serie mit einem Niederfrequenzverstärker die atmosphärischen Störungen so erheblich verstärkt werden, daß an ein Abhören der Morsezeichen nicht mehr zu denken ist.

Es ist im übrigen zu beachten, daß es sich nicht um eine Transformation der Energie bei dem Röhrenverstärker, sondern um einen tatsächlichen Energieverstärkungsvorgang handelt, indem die pro Stufe verstärkte Energie aus der betreffenden jeweiligen Anodenfeldbatterie entnommen wird.

Wählt man die Schaltung so, daß die Verstärkung erfolgt, bevor die Schwingungen dem Detektor zugeführt werden, so erhält man gemäß obigem die beste überhaupt denkbare Verstärkungsart, nämlich die sog. „Hochfrequenzverstärkung". Eine Verzerrung der verstärkten Schwingungen findet hierbei alsdann nicht statt, wohl aber können andere Störungen, die unbeabsichtigt in den Primärkreis hineingelangen, mit verstärkt werden.

Im umgekehrten Fall, der dann vorliegt, wenn die Empfangsenergie den Detektor passiert hat, also erst in dem durch den Detektor umgeformten Zustand dem Verstärker zugeführt wird, hat man die sog. „Niederfrequenzverstärkung".

Im übrigen ist, da die Elektronenröhre ein praktisch masseloses Relais darstellt, eine nach Phase- und Kurvenform unverzerrte Verstärkung gewährleistet, soweit nicht durch Zwischentransformatoren, die Schaltungsanordnung etc. Störungen in die Apparatur hineinkommen. Der Verstärker ist also mechanisch unempfindlich. Man kann diese Art der Verstärkung als aperiodisch bezeichnen.

3. Wirkungsweise der Röhre als Verstärker.

Um sich von der Verstärkungswirkung mittels einer Röhre ein Bild zu machen, möge zunächst die Schaltung gemäß Abb. 446 dienen. Die Röhre ist durch einen Transformator e an ein System angeschlossen, dessen Energie verstärkt werden soll. An und für sich würde dieser Anschluß durch den Transformator keine Verbesserung bedeuten, denn wenn auch die Spannungsamplitude infolge des Wicklungsverhältnisses von V_1 auf V_2 herauftransformiert wird, so wird hierdurch doch nicht gleichzeitig eine Erhöhung der Stromstärke, also eine Vermehrung der Amperewindungen erzielt. Im Gegenteil, der höheren Sekundärstromstärke V_2 entspricht ein entsprechend geringerer Strom J_2.

Bei der in Abb. 446 gezeichneten Anordnung wird der Gitterelektrode d der Röhre einerseits die durch den Transformator zugeführte Wechselspannung V_2 aufgedrückt, andererseits besitzt sie durch das Element f oder durch eine andere Spannungsquelle eine konstante Gleichstromspannung V_{Gleich}. Es tritt also ein Zustand ein, welcher durch die Charakteristik gemäß Abb. 447 gut veranschaulicht wird. Der negativen Spannung des Elementes f entspricht der Spannungsbetrag V_{Gleich} der Charakteristik. Dieser konstanten Spannung entspricht der konstante Anodenstrom J_A.

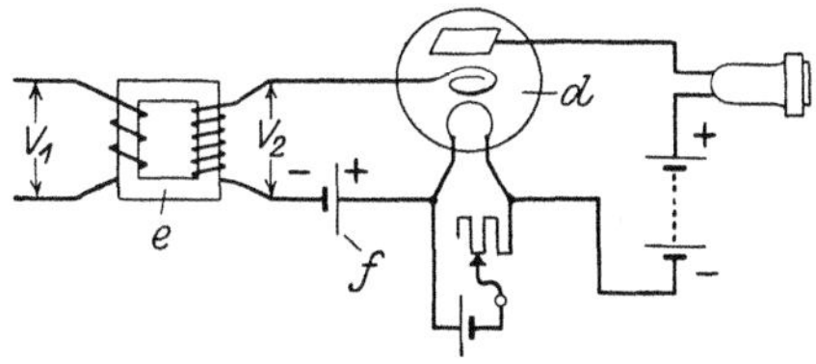

Abb. 446. Schaltung der Röhre zur Verstärkung.

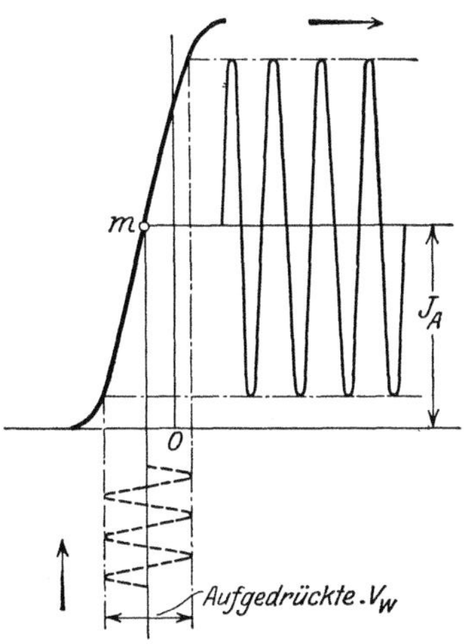

Abb. 447. Verstärkungswirkung der Röhre.

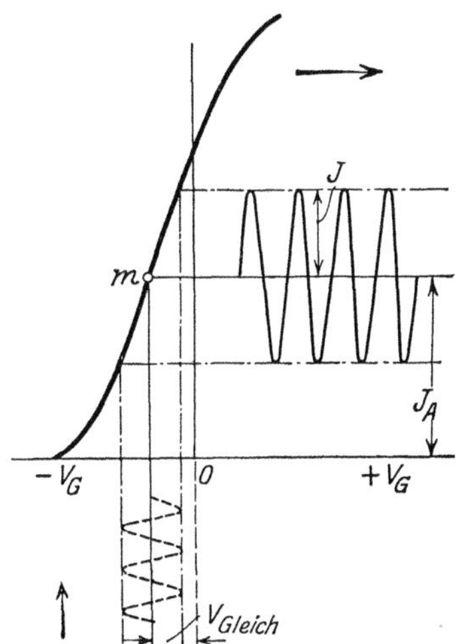

Abb. 448. Mögliche Verstärkerwirkung durch die Röhre.

Das Bild ändert sich sofort, wenn Sprachschwingungen aufgenommen und verstärkt werden. Diesen entspricht die Wechselspannung V_W, welche den Anodenstromwechsel J_A hervorruft. Man erkennt hieraus, daß die Amplitude des Anodenwechselstroms um so größer ist, je steiler der Verlauf der Charakteristik ist. Man bezeichnet infolgedessen als Verstärkungsgrad das Verhältnis der verstärkten Schwingungen zu den zugeführten Schwingungen.

Weiterhin zeigt die Charakteristik, daß theoretisch bei der aufgedrückten negativen Gitterspannung sich überhaupt kein Gitterstrom ausbilden könnte, d. h. mit andern Worten, daß eine theoretisch unendlich große Verstärkung durch die Röhre eintreten könnte. In Wirklichkeit besitzt die Schaltungsanordnung, insbesondere der Transformator stets Verluste, so daß praktisch nur die eingangs erwähnte Verstärkung höchstens um das etwa 10- bis 20fache pro Röhre zu erreichen ist.

Im allgemeinen arbeitet man praktisch so, daß man eine negative Gitterspannung von ca. 1 Volt verwendet, welche allerdings in den weitaus meisten Fällen nicht aus einer besonderen Spannungsquelle entnommen wird, sondern hinter dem Heizwiderstand der Röhre abgezweigt wird. (Siehe auch die Schaltung Abb. 314, S. 364.)

Um eine reine Verstärkerwirkung zu erhalten, um also sicher zu bewirken, daß der Anodenstrom genau den dem Gitter aufgedrückten Wechselspannungen entspricht, ist es erforderlich, daß im geradlinigen Teil der Charakteristik gearbeitet wird. Allerdings kann man die Grenzen ziemlich weit setzen. Es ist also zuverlässig, etwa ein Schwingungsbild gemäß Abb. 448 zu erhalten, wobei darauf Rücksicht zu nehmen ist, daß der Arbeitspunkt m tunlichst in der Mitte des geradlinigen Teils der Charakteristik liegt. Hierdurch ist die Gitterspannung V_G, welche der Röhre aufgedrückt werden muß, gegeben.

4. Niederfrequenzverstärkung.

a) Prinzip der Niederfrequenzverstärkung.

Man kann die vom Detektor empfangene und umgeformte Energie (also die Mittelfrequenz, Audiofrequenz) mittels der Röhre verstärken, erhält jedoch alsdann nur eine wesentlich geringere Amplitudenvergrößerung.

Eine hierfür in Betracht kommende prinzipielle Schaltung für Einfachverstärkung zeigt Abb. 449.

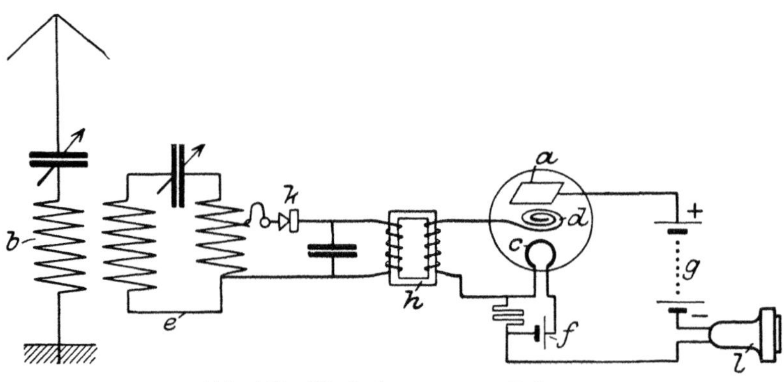

Abb. 449. Niederfrequenzverstärkung.

Die Empfangsenergie wird in bekannter Weise auf den Detektor k übertragen und von diesem in einen Niederfrequenzstrom, den Schwingungsimpulsen des Senders entsprechend, umgeformt. Anstatt nun ein

Empfangstelephon zur Wahrnehmung dieser Impulse direkt mit dem Festkondensator zu verbinden, ist an diesen ein kleiner, zweckmäßig eisengeschlossener Transformator *h* (Telephontransformator) angeschlossen, der einerseits mit dem Heizdraht *c*, andererseits direkt mit der Gitterelektrode *d* verbunden ist.

Die Anordnung ist im wesentlichen so zu treffen, daß im geradlinigen Teil der Charakteristik gearbeitet wird, so daß die dem Gitter aufgedrückten Wechselspannungen nicht größer sind als höchstens 0,5 Volt. Alsdann überlagert sich dem Anodenstrom ein den aufgedrückten Wechselspannungen genau entsprechender Wellenstrom, welcher im Telephon bzw. Lautsprecher abgehört werden kann. Das Telephon *l* ist in den aus Anode *a* und Batterie *g* (bei älteren Röhren ca. 90 bis 100 Volt Spannung, bei neueren Röhren ungefähr die Hälfte oder nur einen Bruchteil derselben) bestehenden Kreis eingeschaltet. An Stelle der direkten Anschaltung des Telephons könnte selbstverständlich auch wiederum ein Transformator mit einem zweiten Verstärker verwendet werden und auf diese Weise eine abermalige Verstärkung der Detektorenenergie herbeigeführt werden.

Die Wirkung der Anordnung ist eine ähnliche, wie oben geschildert. Die glühende Kathode *c* sendet Elektronen aus, die durch die Gitterelektrode *d* nach der Anode *a* hin gelangen. Außerdem ist zwischen der Kathode *c* und der Anode *a* noch die Spannung des Feldes der Batterie *g* vorhanden, so daß bei Betätigung der Röhre ein, wenn auch schwacher andauernder Strom zwischen *c* und *a* vorhanden ist. Derselbe erfährt eine Verstärkung, sobald bei Empfang von Schwingungen der Detektor einen Niederfrequenzstrom hervorruft und infolgedessen die Leitfähigkeit zwischen dem Heizdraht *e* und der Gitterelektrode *f* verändert wird. Dieser so veränderte Strom gelangt im Empfangstelephon *l* zur Auswirkung.

Der Verstärkungsgrad eines Niederfrequenzverstärkers ist verhältnismäßig um so größer, je geringer die dem Gitter aufgedrückte Energie ist. Diese Energie muß einerseits die Verluste in der Röhre und andererseits auch in den Schaltungselementen, wie z. B. den Transformatoren, ausgleichen. Infolgedessen ist es wesentlich, daß diese Verluste so gering wie möglich gemacht werden. Die modernen hochwertigen Röhren verbürgen im großen ganzen die Kleinheit der Verluste, hingegen entsprechen die Transformatoren häufig noch nicht allen Anforderungen, um das Minimum der Verluste zu erzielen. Daher muß man beim Zusammenbau der Niederfrequenzverstärker diesem Punkt besondere Beachtung schenken.

Die Verwendung von mehreren Niederfrequenzverstärkerstufen muß mit Vorsicht geschehen. Wenngleich die hierdurch bedingte Verstärkung meist günstiger ist, als man sie mit reiner Hochfrequenzverstärkung erhalten kann, so wird die verstärkte Sprache oder Musik doch leichter verzerrt, als dies bei Hochfrequenzverstärkungen im allgemeinen der Fall ist.

b) Erzeugung des negativen Gitterpotentials.

Um die günstigste Stelle der Charakteristik meist etwa im Bereiche von — 1 bis — 2 Volt zu erzielen, muß bei der Niederfrequenzverstärkung dem Gitter eine negative Spannung aufgedrückt werden. Ursprünglich wurde dies dadurch bewirkt, daß vor das Gitter ein Element bzw. eine kleine Batterie *v* geschaltet wurde (siehe Abb. 450). Infolge der hierdurch bewirkten Komplikation und Schwierigkeit im Betriebe ging man jedoch bald auf eine Schaltung gemäß Abb. 451 über (siehe auch die Abb. 314, S. 364 und Abb. 66, S. 106), bei der der Eingangstransformator mit dem negativen Pol der Heizbatterie verbunden ist. Es ist hierbei also der Heizwiderstand in die negative Leitung zum Heizdraht eingeschaltet und hiervon zum Gitter abgezweigt. Übrigens ist es nicht notwendig, den Kontakt *m* variabel zu machen. Man kann ihn vielmehr fest an das obere Ende des in die negative Heizleitung eingeschalteten Widerstandes legen, zur Spannungssteigerung werden eisengefüllte Transformatoren zwischen der vorhergehenden Anode und dem Gitter der folgenden Röhre benutzt.

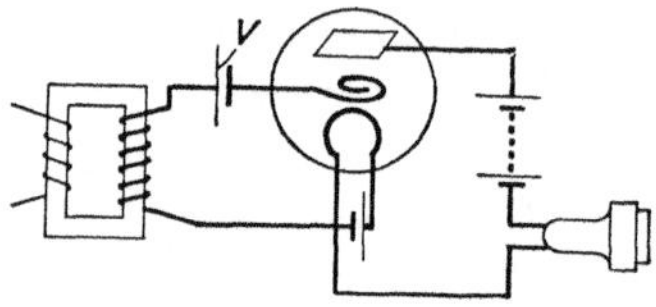

Abb. 450. Vorschaltung einer Spannungsquelle vor das Gitter.

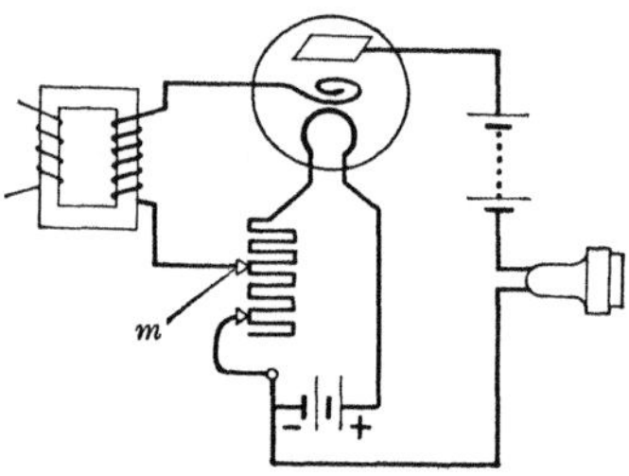

Abb. 451. Verbindung des Eingangstransformators mit dem negativen Pol der Heizbatterie.

Das Telephon kann entweder in den Anodenkreis der letzten Röhre eingeschaltet werden, oder es kann, was vielfach üblich ist, auch hier noch ein Ausgangstransformator verwendet werden.

Bei der Schaltung gemäß Abb. 451 sind alle Heizkreise und Anodenkreise parallel geschaltet. Man kann sie jedoch auch in Serie schalten, wodurch vor allem geringe Spannungsvariationen erzielt werden.

c) Der Mehrfach-Niederfrequenzverstärker.

Nach Möglichkeit wird man schon aus Ersparnisgründen (billigere Anschaffungs- und Wartungskosten) danach trachten, mit einfacher Niederfrequenzverstärkung auszukommen. Wenn man jedoch bezüglich des Verstärkungsgrades höhere Ansprüche stellt, so muß man auf eine Mehrfach-Niederfrequenzverstärkung übergehen. Die grundsätzlichste Forderung für die Schaltung und den Aufbau derartiger Apparate ist die, die sog. „wilden Rückkopplungen“, welche leicht durch unzweckmäßige Leitungsverlegung auftreten können, zu vermeiden. Dieser Nachteil tritt insbesondere bei der Verwendung zu vieler Verstärkerröhren auf. Er besteht auch noch in den auftretenden Rückkopplungen, wodurch Pfeiftöne und Röhrengeräusche begünstigt werden, derart, daß ein Arbeiten überhaupt in Frage gestellt wird.

Außerdem wird hierdurch noch die Kontinuität des Stromüberganges zwischen Heizdraht und Anode in Frage gestellt, so daß man gleichsam die Elektronenquanten übergehen zu hören glaubt (Schroteffekt). Aus diesem Grunde ist es notwendig, die Leitungen, besonders die Gitterzuleitungen so kurz wie möglich zu machen und sie außerdem tunlichst kapazitätsfrei zu halten. Man hat deshalb auch die Ein- und Ausgangsseite der Niederfrequenzverstärker vielfach über Festkondensatoren großer Kapazität geerdet. Auch eine Umwicklung der Leitungen, insbesondere der Gitterzuleitungen, mit Metallfolie (Stanniol) und eine Erdung derselben ist als wirksam angegeben worden. In derartigen Fällen konnten die sog. Entkopplungskondensatoren vermieden werden.

Ein weiterer wesentlicher Punkt für das gute Arbeiten eines Niederfrequenzverstärkers besteht selbstverständlich in den Transformatoren, welche möglichst wenig gedämpft sein sollen und vor allem nicht verzerren dürfen. Indessen ist es erforderlich, um das ziemlich große Spektrum beim Musikempfang wirkungsvoll beherrschen zu können, eine gewisse Dämpfung den Transformatoren zu geben bzw. künstlich herzustellen. Es kann daher zweckmäßig sein, parallel zur Sekundärwicklung des Transformators einen hochohmigen Widerstand bis zu etwa 10000 Ohm zu schalten. Die Verwendung von Festkondensatoren ist zu diesem Zweck nicht ratsam, da insbesondere dann, wenn man den Kondensator zu groß wählt, die Energie diesen Weg vorzieht und nicht über den Transformator geht.

Selbstverständlich ist die Benutzung von (gewünschten) Rückkopplungen, welche an sich bei Niederfrequenzverstärkern ebenso möglich wäre, wie bei der Hochfrequenzverstärkung, und welche gelegentlich sogar einmal eine Verbesserung des Verstärkungseffektes ergeben kann, im allgemeinen zu vermeiden, da in den meisten Fällen die Möglichkeit besteht, daß hierdurch nicht unerhebliche Verzerrungen bewirkt werden können.

Ein weiteres wesentliches Erfordernis, das für das gute Funktionieren von Niederfrequenzverstärkern unbedingt zu berücksichtigen ist, besteht in der richtigen Röhrenheizung. Es ist zweckmäßig, jede Röhre mit einem besonderen Heizwiderstand zu versehen, um das Optimum der Heizung auch mit Bezug auf die Lebensdauer der Röhre günstigst einstellen zu können. Die Schaltungsanordnung ist so zu treffen, daß eine gleichsinnige Heizung aller im Niederfrequenzverstärker benutzten Röhren stattfindet. Aus diesem Grunde ist es notwendig, darauf zu achten, daß die Heizleitung richtig gepolt angeschlossen wird.

Die Übersetzungsverhältnisse der Niederfrequenztransformatoren wählt man zweckmäßig wie folgt: Für den Eingangstransformator etwa 1 : 6, für die weiteren Transformatoren etwas kleiner. Die im Handel üblichen Transformatoren haben ein Übersetzungsverhältnis, welches zwischen 1:4 und 1:20 liegt. Neuerdings verwendet man mehr und mehr erheblich kleinere Übersetzungsverhältnisse und geht sogar bis auf 1:1 herab (siehe beim Niederfrequenztransformator). Es ist sowohl auf gute Isolation als auch auf geringe Streuung und auf kapazitätsfreie Wicklung der Spulen besonders zu achten. Die letztere beträgt im allgemeinen zwischen 50 und 80 cm. Man hat also so zu rechnen, als ob parallel zur Selbstinduktion der Wicklung ein entsprechender Kondensator geschaltet wäre.

Die Eingangstransformatoren besitzen Windungszahlen, primär 15000—30000, sekundär 50000—180000 Windungen. Am günstigsten scheint seidenumsponnener Kupferdraht zu sein. Primär wird meist eine Drahtstärke von 0,07 mm gewählt, sekundär von 0,05 mm. Die Tonfrequenz eines derartigen Transformators, die tunlichst wenig ausgesprochen sein soll, um nicht etwa Resonanzlagen zu bevorzugen, liegt meist um 1000.

Bei dem Schema gemäß Abb. 452 ist Dreifach-Niederfrequenzverstärkung angenommen. Die Detektorenergie wird bei den Klemmen *g* dem Verstärker zugeführt und zunächst mittels eines kleinen, eisengeschlos-

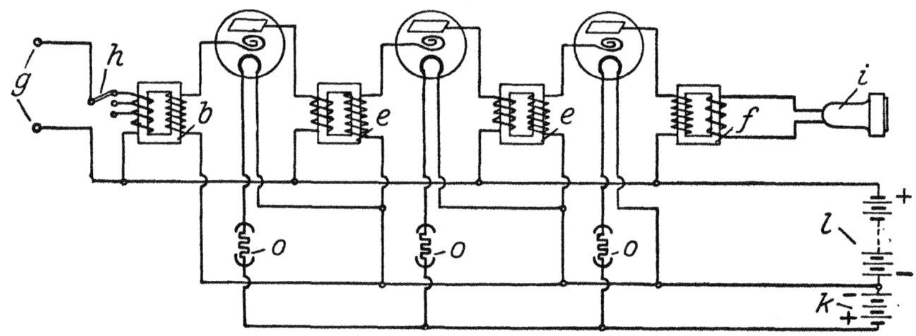

Abb. 452. Schema eines Dreiröhrenniederfrequenzverstärkers.

senen Transformators *b* dem Gitterkreis der ersten Röhre zugeführt, wobei eine Herauftransformierung auf Spannung bewirkt wird. Da die verschiedenen Empfangsdetektoren voneinander abweichende Spannungsamplituden für den Verstärker liefern werden, ist die Primärwicklung des Transformators *b* mit einem Schalter *h* versehen, der drei verschiedene Anzapfungen der Primärwicklung einzuschalten gestattet.

Derselbe Vorgang wiederholt sich für die zweite Verstärkerröhre. Man müßte allerdings, wenn dies nicht zu große Komplikationen im Gefolge haben würde, die Röhre anders, und zwar der durch den Transformator *e* erzeugten höheren Spannung gemäß, dimensionieren. Dies wird man jedoch nur bei Spezialausführungen bewirken.

Schließlich ist noch eine dritte Verstärkerröhre vorgesehen, die die Endverstärkung vorzunehmen hat, und deren Charakteristik infolge der weiterhin gesteigerten Spannungsamplitude verläuft. Entsprechend dieser höheren Spannung, wäre es theoretisch zweckmäßig, wenn die Gitterelektrode dieser Verstärkerröhre größeren Durchgriff als die erste Röhre besitzen würde.

Nun erst wird der vom Transformator *f* herabtransformierte Strom dem Telephon *i* zugeführt.

Das Schaltungsschema von Abb. 452 zeigt, daß sowohl die Heizenergie als auch die Energie für das Anodenfeld mittels der Batterien *k* und *l* für alle drei Röhren gemeinsam zentralisiert sind. Es sind hierbei

Eisenwasserstoffwiderstände oder Nickeldrahtwiderstände vorgesehen, um ein Durchbrennen der Heizdrähte zu verhindern und die Heizstromstärke wenigstens teilweise automatisch einzuregulieren. Selbstredend würde ein regulierbarer Schiebewiderstand vorteilhafter sein.

Um eine möglichst große Endverstärkung zu erhalten, hat man bei Mehrfachverstärkern häufig die beiden letzten Röhren parallel geschaltet

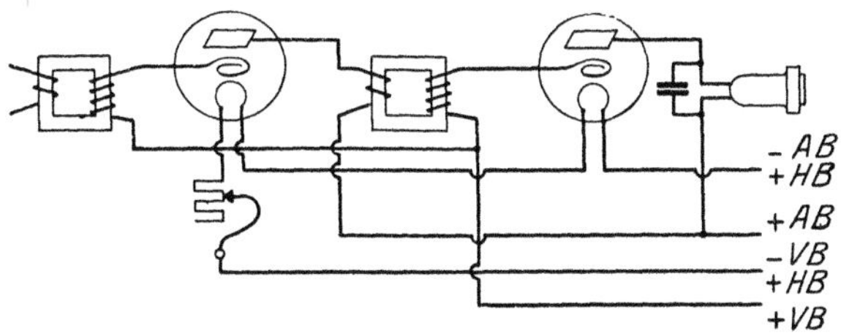

Abb. 453. Schema des Zweiröhrenniederfrequenzverstärkers bei Sparröhrenbetrieb.

angewendet. Diese Anordnung ergibt nicht unwesentliche Vorteile bezüglich der Endlautstärke und besitzt eigentlich nur den einen Nachteil, daß eine weitere Röhre erforderlich ist. Jedoch kommt dieser Nachteil mit Rücksicht auf die bessere Arbeitsweise des Verstärkers kaum in Betracht.

Da in Zukunft mehr und mehr die Sparröhren auch für Verstärkungszwecke herangezogen werden dürfen, ist in Abb. 453 das Schaltungsschema eines Zweiröhrenniederfrequenzverstärkers für Sparröhren wiedergegeben.

5. Hochfrequenzverstärkung.

a) Prinzipielle Anordnung.

Sofern die von der Antenne aufgenommene Schwingungsenergie nicht mehr ausreicht, den Detektor direkt zum Ansprechen zu bringen, was insbesondere stets dann der Fall sein wird, wenn mit Rahmenantenne gearbeitet wird, nutzt die Niederverstärkung nichts mehr, da es mit ihr dann nicht gelingt, den Schwellwert genügend hoch zu setzen. Man ist alsdann genötigt, auf die sog. Hochfrequenzverstärkung überzugehen.

Die sich ergebende prinzipielle Anordnung stellt Abb. 454 dar. In gewöhnlicher Weise kann die mit dem Antennensystem *b* aufgenommene Schwingungsenergie einem Sekundärkreise *e* zugeführt werden, an welche die Hochfrequenzverstärkerröhre *a d c* angeschaltet ist. Ferner ist zwischen den Heizdraht *c* und die Anode *a*, also in das Anodenfeld, noch ein Kopplungstransformator *h*, der kein Eisen enthält, vor den Detektor *k* geschaltet. Man kann auch, statt mit nur einem Telephon abzuhören, zwei oder mehr Telephone gleichzeitig einschalten, wobei alsdann die Energie in jedem Telephon, der jeweilig benutzten Zahl entsprechend, geringer wird. Die Verstärkung ist im übrigen bei

Serienschaltung der Telephone meist günstiger als bei Parallelschaltung. Indessen ist der resultierende Telephonwiderstand von Fall zu Fall zu berücksichtigen.

Selbstverständlich ist es auch hier wieder erforderlich, im richtigen Bereich der Röhrencharakteristik zu arbeiten. Zu diesem Zweck wird es im allgemeinen erforderlich sein, dem Gitter ein negatives Potential aufzudrücken, wozu eine der bekannten, oben besprochenen Einrichtungen benutzt werden kann. Da jedoch bei negativem Gitterpotential die Röhre in der Hochfrequenzschaltung besonders dazu neigt, Schwingungen zu erzeugen, kann es zweckmäßig sein, das Gitterpotential nicht allzu negativ zu wählen, unter Umständen sogar positiv zu machen. Allerdings wird hierdurch der Gitterstrom verkleinert und die Verstärkungsmöglichkeit verringert. Es gilt eben auch hier, den richtigen

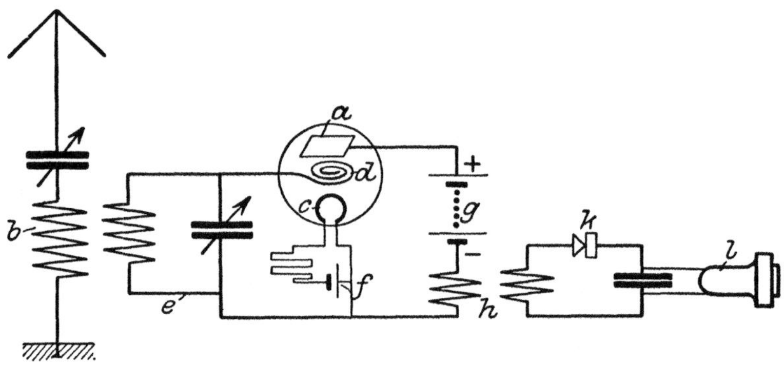

Abb. 454. Prinzipielles Schaltschema für Hochfrequenzverstärkung.

Arbeitspunkt durch Probieren zu finden. Infolgedessen ist bei den meisten Apparaten als wesentlicher Bestandteil eine regulierbare Rückkopplung vorgesehen.

Wenn der Hochfrequenzverstärker richtig arbeitet, tritt etwa folgende Wirkung ein: Durch die Heizung des Heizdrahtes *c* bis zu heller Weißglut im Hochvakuum der Röhre werden in den Metallmolekülen des Heizdrahtes Elektronen gelockert, so daß sie an und für sich schon die Tendenz haben, sich von der Kathode mit einer gewissen Geschwindigkeit abzulösen. Dadurch nun, daß an den Heizdraht *c* und die Anode *a* die Anodenspannung gelegt ist, würde auch im Ruhezustand ein permanenter, intensiver Elektronenstrom von *c* nach *a* hin übergehen, wenn nicht die diese Wirkung zum Teil verhindernde Gitterelektrode *d* vorgesehen wäre. Diese hält vielmehr in der Röhre eine Art Gleichgewichtszustand aufrecht. Sobald nun bei Empfang Wellen auf das Gitter *d* einerseits und an die Kathode *c* (über die Transformatorspule von *h*) andererseits auftreffen, wird dieser Gleichgewichtszustand gestört, die retardierende Wirkung des Gitters zeitweilig aufgehoben, und es bildet sich ein entsprechend intensiver Elektronenstrom zwischen *c* und *a* aus, wobei dieser Elektronenstrom durchaus im Rhythmus der aufgenommenen Wellen schwankt. Infolge des zwischen Heizdraht und Anode liegenden Feldes wird also die Amplitude der empfangenen Schwingungen, dem Felde entsprechend, vergrößert (siehe z. B. Abb. 447 und 448). Diese in ihrer Amplitude vergrößerten Schwingungen wirken auf den Detektor ein und bringen bei richtiger Einstellung in diesem eine außerordentlich viel lautere Empfangswirkung oder bei Tonempfang einen erheblich lauter tönenden Empfang hervor, als dies bei alleiniger Verwendung des Detektors der Fall sein würde.

Allerdings können durch diese Anordnung auch störende Wellen in ihrer Wirkung verstärkt werden, und man muß darauf achten, daß sich in der Nähe des Empfängers keine funkenden Kollektoren oder dergleichen befinden. Viel günstiger hinsichtlich der erzielbaren Lautstärke sind im übrigen die Schaltungen mit „Rückkopplung" (siehe Kap. IX z. B. S. 369).

Selbstverständlich ist man nicht bei der Schaltung gemäß Abb. 222ff., S. 286 stehen geblieben. De Forest hat, kurz nach Erfindung seiner Dreielektrodenröhre die Anordnung so getroffen, daß an Stelle des Kristalldetektors eine zweite Röhre, welche vorwiegend Ventileigenschaften besaß, verwendet wurde. Diese Röhre war damals nicht hochevakuiert, sondern besaß Gasreste, ähnlich den Röhren, wie sie heute in Amerika wieder in Aufnahme zu kommen scheinen.

Die grundsätzliche Forderung für jede Hochfrequenzverstärkung für den R.-T.-Empfang ist die, daß im gesamten Wellenbereich, in dem empfangen werden soll, eine gleichmäßig gute, nicht verzerrte Verstärkung gesichert ist.

Der Hochfrequenzverstärker ist in besonderem Maße für den Empfang von musikalischen Darbietungen geeignet und zwar aus dem Grunde, weil Verzerrungen zwischen den einzelnen Röhren kaum auftreten können infolge des Fortfalls von mit Eisen gefüllten Transformatoren. Dieses Ziel wird erreicht durch den widerstandsgekoppelten Hochfrequenzverstärker, insbesondere durch den mit entsprechend abgeglichenen Drosselspulen gekoppelten Apparat.

Der Hochfrequenzverstärker ist nicht nur der ideale Empfangsapparat an und für sich, da es allein mit ihm möglich ist, auch mit fast störungsfrei arbeitenden Antennen wie kleinen Rahmenantennen mit scharf ausgeprägter Richtwirkung zu arbeiten, sondern er ist auch in meßtechnischer Hinsicht als hervorragender Behelf anzusprechen. Alle Untersuchungen, welche auf Peilungen usw. herauslaufen, sind direkt auf Hochfrequenzverstärkung angewiesen.

b) Schwierigkeiten der Hochfrequenzverstärkung.

Schon beim Bau eines Einrohr-Hochfrequenzverstärkers treten Schwierigkeiten auf, die sich bei Mehrrohr-Hochfrequenzverstärkern außerordentlich steigern, insbesondere dann, wenn kleine Wellen empfangen werden sollen.

Diese Schwierigkeiten haben ihren Grund im wesentlichen in der Röhre selbst. Infolge der notwendigen Formgebung stellt die Röhre eine gewisse Kapazität zwischen den Elektroden und den nahe aneinander vorbeigeführten Zuführungen im Glaskörper dar. Dieser Effekt wird durch den Röhrensockel noch mehr begünstigt. Man kann die Röhrenkapazität durchschnittlich mit ungefähr 50 cm veranschlagen.

Leider ist es bisher kaum gelungen, diese höchst unerwünschte Kapazitätserscheinung zu beseitigen. Sie ergibt den weiteren Nachteil, da sie als eine zur Röhre parallel geschaltete Kapazität aufzufassen ist, daß die erzielten Anodenwechselspannungen nicht unerheblich in ihrer Amplitude verkleinert werden. Diese Erscheinung ist noch nicht so schlimm, da sie lediglich eine Verringerung des Verstärkungseffektes darstellt, im Zusammenhang mit ihr tritt jedoch durch die Kapazitätswirkung eine unerwünschte Rückkopplung des Gitterkreises auf den Anodenkreis ein, wodurch ein leichtes Inschwingunggeraten der Verstärkungsröhre erfolgt.

Infolgedessen sind diejenigen Röhrenkonstruktionen für Hochfrequenzverstärkung vorzuziehen, bei denen die Eigenkapazität gering ist. Es scheint, daß man bei besonderen Ausführungen in letzter Zeit bis auf etwa 10 cm Röhrenkapazität heruntergekommen ist. Im übrigen hat man aber durch die Anordnung der Röhren und Schaltungselemente dafür Sorge zu tragen, namentlich die Schwingungsneigung zu verringern. Dies geschieht, indem man die Zu- und Ableitungen zur Röhre auf dem kürzesten Wege bewirkt und möglichst aus einwandfreiem, nicht isoliertem Kupferdraht herstellt.

Der Bau von Hochfrequenzverstärkern für Wellen über 2000 m ist schon seit längerer Zeit theoretisch praktisch gut gelöst. Für kleinere Wellen, wie sie für den R.-T.-Empfang in Betracht kommen, kommt es wesentlich auf die Ausführung der Kopplungselemente zwischen den Röhren und auf die Zusammenschaltung und Ausführung der einzelnen Schaltungselemente an. Die günstigsten Resultate dürften bisher wohl mit drosselspulgekoppelten Hochfrequenzverstärkern erzielt worden sein, namentlich bei richtiger Ausführung der Drosselspulen.

Die relativ besten Resultate bei kleinen Wellen wurden dann erzielt, wenn die einzelnen Röhrenkreise bei einer Mehrfach-Hochfrequenzverstärkung auf die einfallende Welle abgestimmt werden, wobei die Kopplung recht lose gewählt werden muß, so daß wohl mit Dämpfungsreduktion, nicht aber im eigentlichen Schwingungsbereich der Röhren gearbeitet wird. Die Berücksichtigung dieser Punkte ist deshalb von Wichtigkeit, weil manche Hochfrequenzverstärker so labil gebaut sind, daß schon eine geringe Kapazitätsvariation, z. B. die Annäherung der Hand gegen den Griff eines Abstimmungselementes, genügt, um den Schwingungszustand derart hervortreten zu lassen, daß ein verzerrungsfreier Empfang ausgeschlossen ist.

Stellenweise hat man versucht, den besonders bei Hochfrequenzverstärkern für kleine Wellen auftretenden Schwingungserscheinungen, welche dann leicht möglich sind, wenn die Kopplung zwischen den einzelnen Röhrenkreisen zu fest gewählt wird, dadurch zu begegnen, daß man Dämpfungswiderstände usw. eingeschaltet hat. Wenngleich hierdurch vielfach das unerwünschte Einsetzen von Eigenschwingungen in der Apparatur herabgesetzt, bzw. vermieden werden konnte, so wird doch selbstverständlich der große Nachteil bewirkt, daß der Wirkungsgrad des Verstärkers erheblich gemindert werden kann. Ferner ist die Möglichkeit, hierdurch wieder Verzerrungen in die Übertragung hinein zu bringen, nicht ausgeschlossen.

c) Heizung bei Hochfrequenzverstärkern.

Es ist stellenweise bei Hochfrequenzverstärkern gefordert worden, die Röhren so zu schalten, daß mit nur einem Heizwiderstand ausgekommen wird und zwar nicht nur aus dem Grunde, um die durch die Heizwiderstände hineinkommenden Rückkopplungen und Zusatzkapazitäten zu vermeiden, sondern auch weil behauptet wird, daß die Heizenergie bei der Hochfrequenzverstärkerröhre keine allzu große Rolle spielt. Derartige Fälle können dann in Erwägung gezogen werden, wenn einerseits mit praktisch vollkommen gleichen Röhrenfabrikaten gerechnet werden kann und wenn andererseits die Anodenspannung vollkommen konstant zu halten ist. In der Praxis dürften diese Fälle nur selten vorkommen, und es ist daher entschieden vorzuziehen, jede Röhre mit ihrem besonderen Heizwiderstand zu versehen, um das Optimum für den Arbeitspunkt der Charakteristik zu erreichen.

d) Anforderungen und Gesichtspunkte bei der Hochfrequenzverstärkung.

Beim Bau jedes Hochfrequenzverstärkers ist, worauf schon oben hingewiesen wurde, vor allem darauf zu achten, daß nicht nur die Eigenkapazitäten der Röhre, sondern auch des Röhrensockels, der Zwischenleitungen und der sonst benutzten Schaltungselemente so gering wie möglich sind, um nicht gewünschte Rückkopplungen peinlichst zu vermeiden. Infolgedessen muß jeder Hochfrequenzverstärker so gebaut werden, daß die Schaltungselemente auf dem kürzesten Wege miteinander verbunden werden, und zwar durch nicht isolierten Leitungsdraht, welcher kleinere Kapazität und geringere Ableitungen ergibt. Dies gilt ganz besonders für die Zuleitungen zur Gitterelektrode, wo Rückkopplungen besonders unangenehm sind.

Mit Rücksicht auf die andererseits unbedingt zu fordernde hohe Isolation im Zusammenbau ist es notwendig, den Zwischenraum in die Einführung in den Hochfrequenzverstärker und der Ableitung aus demselben so groß als möglich zu machen.

Um die Lautstärke im Hochfrequenzverstärker zu erhöhen, wird meist eine Dämpfungsreduktion in der Weise angewendet, daß ein kleiner Drehkondensator benutzt wird, der hinter der Anodenleitung des letzten Hochfrequenzverstärkungsrohres abgezweigt und mit dem Gitter des ersten Hochfrequenzverstärkungsrohres verbunden wird.

Dieser Kondensator wird für das Suchen des fernen Senders auf den kleinsten Wert einreguliert, und wenn der ferne Sender gefunden und die Abstimmung erfolgt ist, langsam so lange gedreht, bis das Maximum der Lautstärke erzielt ist. Unter Umständen ist es nötig, die in der Apparatur vorgesehenen anderen Abstimmittel noch etwas nachzuregulieren. Bei möglichst dämpfungsfreien und sauber hergestellten Apparaturen ist ein sehr ausgesprochenes Abstimmungsmaximum des Dämpfungsreduktions-Kondensator vorhanden.

Bei einem Mehrfach-Hochfrequenzverstärker müßte die Forderung aufgestellt werden, daß alle in dem Verstärker benutzten Röhren fabrikationsmäßig vollkommen einwandsfrei und vielleicht mit Ausnahme der letzten als Audion geschalteten Röhre außerordentlich hochwertig hergestellt sind und vollkommen gleiche Charakteristiken besitzen. Sehr wesentlich ist hierbei selbstverständlich, daß die Kapazität in der Röhre, insbesondere zwischen Gitter und Kathode möglichst gering ist und tunlichst erheblich unter 50 cm liegt.

Da diese Forderungen in der Praxis meist nicht vollkommen erfüllt sein werden, so ist es nicht möglich, wenn man einmal einen Hochfrequenzverstärker auf das Optimum der Verstärkung gebracht hat, nun die einzelnen Röhren willkürlich gegeneinander zu vertauschen, denn hierdurch würde dann stets eine wesentliche Verminderung der Verstärkung eintreten.

Die Gitterkondensatoren bei Mehrfach-Hochfrequenzverstärkern sollen nicht allzu groß gewählt werden. Der Gitterkondensator der ersten in Betracht kommenden Röhre wird mit etwa 100 cm angenommen, die folgenden Kondensatoren müssen etwas größer sein.

Für die Arbeitsweise eines Hochfrequenzverstärkers ist es wesentlich, den Anodenkreis der ersten Röhre abzustimmen und zwar aus den schon früher mitgeteilten Gründen.

e) Kopplung der Röhren bei Mehrfach-Hochfrequenzverstärkern.

Bei Niederfrequenzverstärkern wird die Kopplung der einzelnen Röhren durch Niederfrequenztransformatoren, welche keiner Veränderung bedürfen, bewirkt. Dies läßt sich bei Hochfrequenzverstärkern in dem großen gewünschten Wellenbereich nicht erzielen. Infolgedessen ist man dazu übergegangen, die einzelnen Kreise aufeinander abzustimmen, was jedoch in der Bedienung, insbesondere für weniger geübte mit nicht unerheblichen Schwierigkeiten verknüpft ist.

In der R.-T.-Praxis sind im wesentlichen folgende Anordnungen in Anwendung.

α) Kopplung durch Eisentransformatoren.

Es ist nun wesentlich, die Röhren eines Mehrfachverstärkers richtig miteinander zu koppeln. Man kann dies mit Transformatoren, wie bei der Niederfrequenzverstärkung (s. unten) bewirken, wobei jeweilig eine Abstimmung auf die Empfangsschwingungen herzustellen ist. Dies ergibt jedoch eine schwierige und zeitraubende Bedienung, da bei dem großen Wellenbereich der drahtlosen Telegraphie die Nachstimmung aller dieser Kreise erforderlich wäre.

β) Kopplung durch eisenlose Kopplungsspulen (Stromkopplung, Kopplunng mit abstimmbaren Anodenkreis).

Die nachstehenden Kopplungsanordnungen kommen hauptsächlich für kleine und mittlere Wellenlängen in Betracht.

Die einfachste Kopplungsmöglichkeit, welche aperiodisch wirkt, um die Anodenwechselspannung der vorhergehenden Röhre auf das Gitter der nächstfolgenden Röhre zu übertragen, besteht darin, daß eisenlose Kopplungsspulen zwischen Anode und Gitter geschaltet werden, etwa in der Anordnung, wie sie Abb. 455. zeigt.

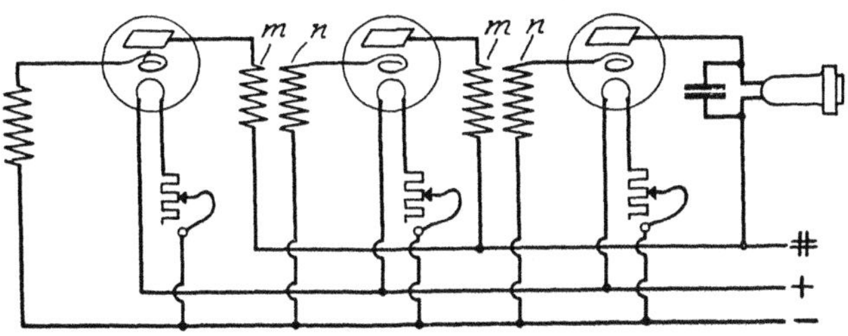

Abb. 455. Stromübertragungskopplung.

An Stelle der eisenlosen Kopplungsspulen können übrigens auch Kondensatoren geringer Kapazität oder Ohmsche Widerstände oder auch eisengefüllte Drosselspulen verwendet werden (siehe unten).

Diese Schaltung wird auch Stromübertragungsanordnung oder Stromkopplungsschaltung genannt. Meist werden mehrere Röhren hintereinander verwendet; zum Schluß kommt entweder eine Audionröhre oder ein Kristalldetektor für die Ausnutzung der Empfangsenergie im Telephon, bzw. Lautsprecher in Betracht. Am Schluß muß, wie gesagt, stets eine Gleichrichtung vorgenommen werden, und die Amplituden müssen so groß sein, daß sie entweder den Sättigungsstrom übertreffen oder daß der Anodenstrom während der negativen Wechsel auf Null geht.

Eine andere Schaltungsmöglichkeit mit eisenlosen Kopplungsspulen, bei welcher allerdings leicht die Zieherscheinung eintritt, um die Übertragung vorzunehmen, ist in Abb. 456 wiedergegeben. Hier-

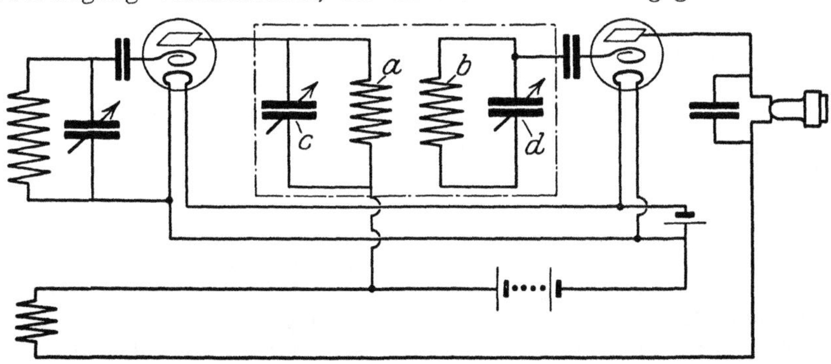

Abb. 456. Abgestimmte Hochfrequenzverstärkerschaltung.

bei ist zwischen den eisenlosen Kopplungsspulen *a b* je ein Drehkondensator *c d* parallel geschaltet, so daß sich ein abstimmbarer Anodenkreis und ein abstimmbarer Gitterkreis ergeben. Wenngleich diese Schaltung gewisse Vorteile aufweist, so besitzt sie doch den Nachteil, daß insbesondere wenn man größere Empfangsenergie für das Telephon erhalten will, eine Anzahl derartiger Röhren hintereinander geschaltet werden muß, daß eine ganze Reihe von Kreisen auf die Empfangswelle abgestimmt werden müßte, was einerseits zeitraubend ist, andererseits aber zur völligen Angleichung gewisse Nachstimmungen erforderlich macht. Die Abstimmung wird in der Weise vorgenommen, daß zunächst die miteinander gekoppelten Kreise fest gekoppelt werden, und daß die Kopplung allmählich loser gemacht wird.

Besonders regelbare Kopplungsanordnungen zur Erfüllung dieser Aufgabe und zur weiteren Erhöhung der Selektion sind von J. Scott-Taggart angegeben worden. Bezüglich der Bedienbarkeit dürfte das eben Ausgeführte gelten. Übrigens scheint es sich ziemlich allgemein als zulässig herausgestellt zu haben, daß bei diesen Schaltungen die Anodenkreise aperiodisch gehalten werden, und daß lediglich eine Abstimmung der Gitterkreise erforderlich ist.

Die am meisten angewendete Schaltung mit abgestimmtem Anodenkreis dürfte sich wohl wegen ihrer großen Bedienungsvorteile die große Verbreitung verschafft haben. Sie ist in Abb. 457 für eine Hochfrequenz-

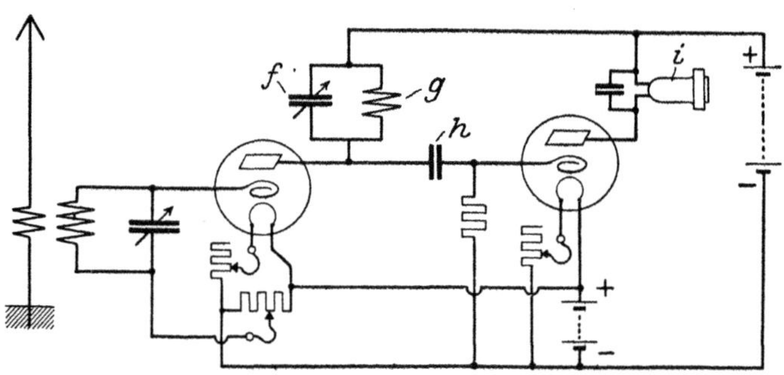

Abb. 457. Hochfrequenzverstärker mit abgestimmtem Anodenkreis.

verstärkerröhre und eine Audionröhre wiedergegeben. In den Anodenkreis ist hinter die erste Röhre ein abstimmbarer Kreis *f g* geschaltet, welcher auf die einfallende Welle abgestimmt wird (Sperrkreis, Filterkreis), für welche er alsdann einen sehr hohen Wechselstromwiderstand darstellt, so daß an seinen Anschlußstellen große Spannungsvariationen auftreten, welche für die Schaltung ausgenutzt werden. Diese werden einerseits über einen Gitterkondensator *h* z. B. auf das Gitter der zweiten Röhre übertragen, andererseits an die Anode dieser zweiten Röhre gelegt, in deren Ableitung das Telephon *i* direkt geschaltet ist. Die vorstehende Hochfrequenzverstärkungsschaltung mit abgestimmtem Anodenkreis arbeitet sehr selektiv, besitzt jedoch den Nachteil, daß bei Verwendung mehrerer hintereinander geschalteter Rohre die Anordnung leicht ins Schwingen kommen kann. Sorgfältige Einstellung der Gitterspannungen ist daher notwendig.

Der Vorgang hierbei ist im wesentlichen folgender: Nachdem die Abstimmung auf den fernen Sender stattgefunden hat, wird die an der Spule entstehende Maximalspannungsdifferenz auf das Gitter der ersten Röhre übertragen und mit entsprechend verstärkter Amplitude im Anodenkreis wiedergegeben. Da nun der in die Anodenleitung eingeschaltete Sperrkreis gleichfalls auf die Empfangswelle abgestimmt ist, wird eine entsprechend gesteigerte Amplitude auf das Gitter des zweiten Rohres übertragen. In diesem Rohr wird nun wiederum die Amplitude verstärkt, so daß in der Anodenleitung des zweiten Rohres ein schon außerordentlich verstärkter Strom vorhanden ist. Die in die Anodenleitung eingeschalteten Elemente, insbesondere die Drosselspule, falls eine solche vorhanden ist, setzt den Hochfrequenzschwingungen einen sehr hohen Widerstand entgegen. Hingegen findet der verstärkte Anodenstrom einen fast ungeschwächten Durchlaß.

Dieser verstärkte Anodenstrom kann entweder direkt im Telephon oder Lautsprecher ausgenutzt werden oder aber eine noch weitere Verstärkung erfahren, wobei sich im wesentlichen die vorher geschilderten Vorgänge wiederholen.

Neuerdings ist es von J. F. Johnston vorgeschlagen worden, den abgestimmten Kreis nicht in die Anodenableitung, sondern vielmehr in die Leitung zum Heizdraht zu legen. Man erhält also ein Anordnungsbild, welches prinzipiell in Abb. 458 zum Ausdruck gebracht ist.

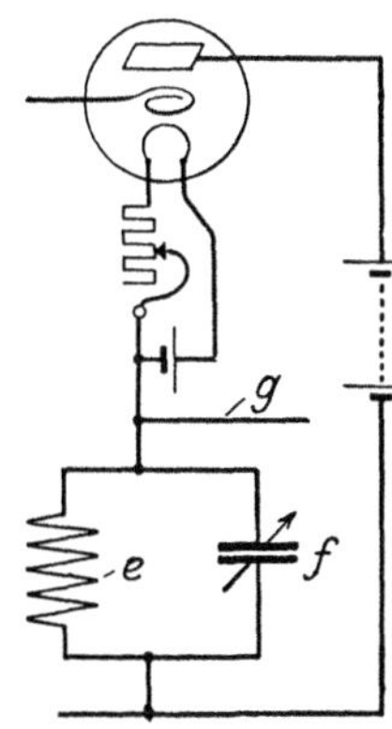

Abb. 458. Einschaltung des Sperrkreises in die Heizdrahtleitung.

Der Kreis *e f* wird auch hier auf die ankommende Wellenlänge abgestimmt. Es ist hierbei fernerhin notwendig, die Leitung zur Gitterelektrode der nächstfolgenden Röhre von einem anderen Punkte aus abzuzweigen, und zwar geschieht dies hierbei durch die Leitung *g*. Diese Leitung führt also von der Heizdrahtzuleitung ab.

Diese Schaltung besitzt offenbar eine etwas stärkere Dämpfung, da hierbei Anodenkreis und Gitterkreis miteinander gekoppelt sind. Infolgedessen kommt wahrscheinlich eine derartige Anordnung weniger leicht ins Schwingen als die gewöhnliche Sperrkreisanordnung, bei welcher dieser in die Anodenableitung geschaltet ist. (Auf richtigen Wicklungssinn der Kopplungsspule achten!)

Durch diese Schaltungsvariation sollen nach Johnston folgende Vorteile erreicht werden:

1. Die Selektivität soll gegenüber der alten Anordnung verbessert sein, ohne daß es mehr Mittel oder mehr Handgriffe als bei der alten Anordnung bedarf.

2. Es sollen mehr Hochfrequenzverstärker in Reihe geschaltet benutzt werden können, um die Schwingungswirkung zu steigern.

Das Schaltungsbild, welches sich demgemäß für einen 3-Rohr-Verstärker ergibt, bei welchem die ersten beiden Rohre zur Hochfrequenzverstärkung das letzte als Audion dient, stellt Abb. 450 dar.

Die abgestimmten Sperrkreise sind hier durch *h* und *i* gekennzeichnet. Bei Benutzung von Sparröhren spielt die Notwendigkeit, drei besondere Stromquellen *k* anwenden zu müssen, keine wesentliche Rolle, da hierfür nur je ein Trockenelement notwendig ist.

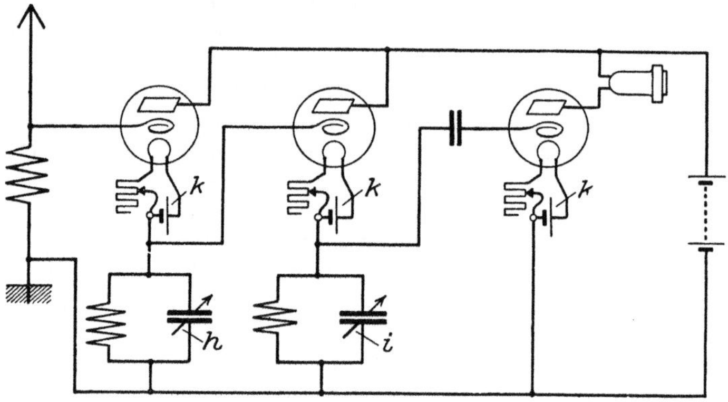

Abb. 459. Dreirohrverstärker mit in die Heizleitung eingeschaltetem Sperrkreis.

Im übrigen ist es selbstverständlich möglich, wenn gewöhnliche Verstärkerrohre angewendet werden, auch mit einer gemeinsamen Heizbatterie auszukommen.

Um mit möglichst wenigen Handgriffen auszukommen, und besonders bei Mehrfach-Hochfrequenzverstärkern ein schwieriges Nachstimmen zu vermeiden, müßte verlangt werden, daß die Transformatoren aperiodisch wirken. Die günstigsten Schaltungs- und Anordnungsarten bei Verstärkern über zwei Rohren sind offenbar die, bei welchen die Primärwicklungen der Hochfrequenztransformatoren nicht abgestimmt werden, die Sekundärwicklungen hingegen mittels eines Parallelkondensators abgestimmt werden, wobei an Stelle der Transformatoren für die letzten Spulen aperiodisch arbeitende Hochfrequenzdrosselspulen Verwendung finden.

γ) Kopplung durch Widerstände.

Die Kopplung durch Widerstände, sei es in Form von Ohmschen Widerständen oder von Drosselspulen mit hoher Selbstinduktion (mindestens ca. 10^7 cm), wird für mittlere und lange Wellen, also insbesondere solche über 3000 m angewendet.

Das nächste sich ergebende Schaltungsbild, wie es namentlich früher in Amerika in zahlreichen Ausführungen verwendet wurde, zeigt Abb. 460. Die Kopplung zwischen der ersten und zweiten, sowie zwischen der zweiten und dritten als Audion geschalteten Röhre wird durch Ohmsche Widerstände *o* bewirkt, welche eine Größe von etwa 150000—200000 Ohm besitzen. Die Gitterkondensatoren *m n* sind normal. Selbstverständlich ist auch bei dieser Schaltung darauf zu achten, daß nichtgewünschte

Eigenschwingungen, welche leicht bei mehreren in Serie geschalteten Hochfrequenzrohren auftreten können, vermieden werden, und was durch die wiederholt schon angegebenen Mittel peinlichst vermieden werden muß. Es ist übrigens auch bei dieser Schaltung zweckmäßig, an Stelle der in der Abbildung wiedergegebenen automatisch wirkenden Heizwiderstände solche zu verwenden, welche eine genaue Einregulierung der jeweilig günstigsten Heizspannung zulassen.

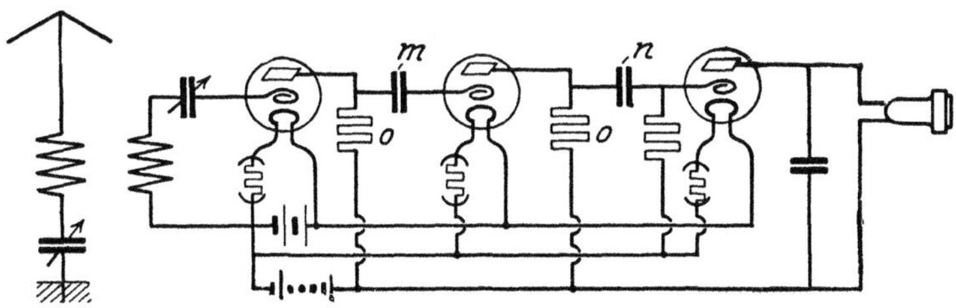

Abb. 460. Widerstandsgekoppelter Dreifach-Hochfrequenzverstärker.

Die mittels einer derartigen Widerstandskopplung mögliche Hochfrequenzverstärkung ist verhältnismäßig sehr groß und kann ohne weiteres 0,5 Volt oder sogar noch mehr betragen.

Die Heizung der Röhren für Hochfrequenzverstärkung muß so einreguliert werden, daß möglichst im steilen Bereich der Charakteristik gearbeitet wird. Um den günstigsten Arbeitspunkt aussuchen zu können, ist eine hinreichende Feinregulierung des Heizwiderstandes erforderlich, und es wird angestrebt, den Verstärkungseffekt rein und ohne Gleichrichtung zu erhalten.

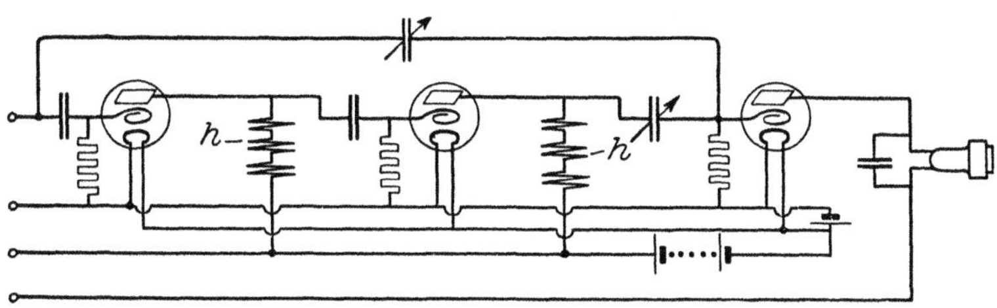

Abb. 461. Drosselspulgekoppelter Hochfrequenzverstärker.

Für den widerstandsgekoppelten Hochfrequenzverstärker gilt als wesentliche Forderung, daß der zur Kopplung benutzte Widerstand einen möglichst hohen Spannungsabfall bei geringster zugeführter Energie ergeben muß, und daß das Auftreten bzw. die Begünstigung von Eigenschwingungen in ihm nach Möglichkeit vermieden wird.

Eine ähnliche Schaltung, bei welcher jedoch an Stelle der Ohmschen Widerstände eisengefüllte Drosselspulen *h* verwendet sind, gibt Abb. 461 wieder. Die Größenordnung dieser Drosselspulen darf nicht zu gering gewählt werden, und soll mindestens 10^7 cm betragen. (Bezüglich der Ausführung dieser Spulen siehe Kap. XIV).

Eine etwas andere Variante der Widerstandskopplungsschaltung, welche von H. de Forest-Arnold angegeben wurde, stellt Abb. 464 dar. *a* sind zwei in Serie geschaltete Hochfrequenzrohre für die Anfangsverstärkung. Darauf folgen drei parallel geschaltete Rohre, um eine möglichst hohe Endverstärkung zu erzielen. Die Ohmschen Widerstände *f* sollen in der Größenordnung von je 100000 Ohm liegen. Die Gitterspannung soll auf etwa — 5 Volt gebracht werden.

Die Art der drosselspulgekoppelten Hochfrequenzverstärkung ist nicht nur deswegen die vorteilhafteste, weil sie die stabilsten elektrischen Verhältnisse ergibt, sondern weil bei richtiger Dimensionierung und Ausführung der Drosselspule hierdurch auch der praktisch beste

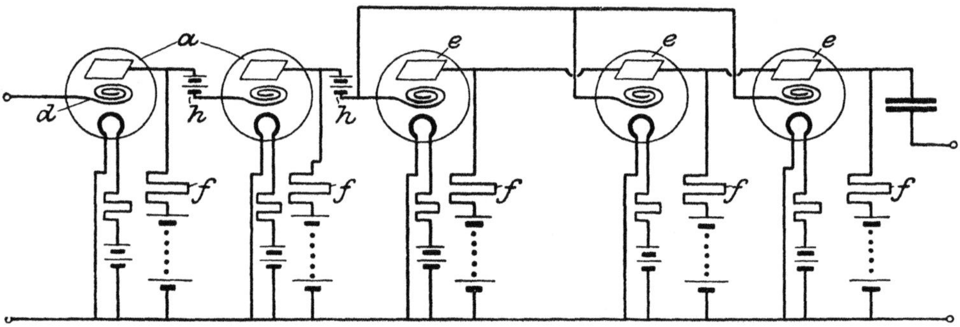

Abb. 462. Widerstandskopplungsschaltung von H. de Forest-Arnold.

Wirkungsgrad und die verzerrungsfreiste Wiedergabe von Sprache und Musik erzielt wird. Die praktisch allerdings nicht ganz leicht zu erfüllende Forderung gipfelt darin, die Eigenkapazität der Drosselspule so gering als irgendmöglich zu gestalten. Am günstigsten sind Drosselspulen in Form von Igeltransformatoren, welche als Eisenkern ganz dünne lackierte Eisendrähte besitzen in der Stärke unter 0,05 mm, wie sie auch für Transformatoren der maschinellen Hochfrequenzerzeugung angewendet werden. Hierbei sind ferner die räumlichen Dimensionen der Drosselspule so klein als möglich zu halten. Anzustreben ist, die Kapazität der Drosselspulen unter etwa 15 cm zu machen, was durch entsprechende Scheibenwicklung annähernd zu erreichen ist, denn nur alsdann ist die Forderung erfüllt, daß ein derartiger drosselspulengekoppelter Hochfrequenzverstärker einigermaßen gleichmäßig im Wellenbande von etwa 250 m bis 20000 m verstärkt.

Unbedingt erforderlich ist es, die Schaltungselemente des drosselspulgekoppelten Hochfrequenzverstärkers so nahe als irgendmöglich aneinander zu rücken, wobei die früheren Ausführungen zu berücksichtigen sind. Die bisher günstigsten Resultate sind mit einem gedrängten Zusammenbau eines Vierrohrverstärkers von etwa 20 cm × 5 cm × 13 cm erzielt worden, also in Anbetracht der benutzten Schaltungselemente äußerst kleine räumliche Dimensionen.

Während der Empfänger und der Verstärker für Sprachempfang mit einer weitgehenden Dämpfungsreduktion arbeiten kann, ist dies für

Musikempfang weniger günstig, weil leicht Verzerrungen in die Apparatur hineinkommen können.

δ) Kopplung durch Kondensatoren.

Sofern nicht besondere Vorsichtsmaßregeln angewendet werden, neigen die vorstehenden Schaltungen mehr oder weniger zu Eigenschwingungen.

Um diesen Übelstand möglichst restlos zu beseitigen, und um ferner die Dämpfungsreduktion tunlichst zu steigern, sind kapazitive Rückkopplungen angegeben worden, welche infolge der hierbei ohne weiteres möglichen Verwendung mehrerer Hochfrequenzverstärkerröhren besonders für den Empfang mit Rahmen- oder Innenantenne geeignet sind.

Die erste zielbewußte kapazitive Rückkopplungsschaltung wurde wohl von P. Floch, W. de Colle und E. Nesper (1918) angegeben. Das diesbezügliche Schema stellt Abb. 463 dar. Die ersten drei Rohre

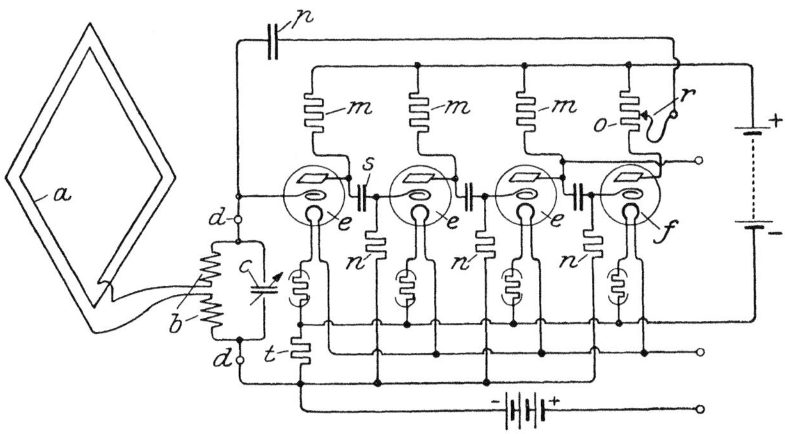

Abb. 463. Kapazitive Rückkopplung (Dämpfungsreduktionsschaltung) von P. Floch, W. de Colle und E. Nesper. (Siehe auch das Schaltungsschema Kapitel VI Abb. 175 ff.)

wirken als Hochfrequenzverstärker, das vierte Rohr arbeitet als Audion. Von letzterem wird ein Teil der verstärkten Energie unter Vermittlung des Stabilisierungswiderstandes *o*, welcher durch einen regelbaren Kontakt *r* auf das Optimum einstellbar ist, durch den Dämpfungsreduktionskondensator *p* auf den mit der Rahmenantenne *a* verbundenen abgestimmten Kreis *b c* zurückübertragen.

Obwohl 1918 noch kaum gute Röhren und einwandsfreie Schaltmittel zur Verfügung standen, war es mit dieser Schaltung schon damals möglich mit Rahmenantenne in Wien nicht nur europäische, sondern auch nord- und südamerikanische Telegraphiestationen einwandsfrei zu empfangen. Die von Königswusterhausen damals gelegentlich erfolgten Sendungen konnten mit Rahmenantenne mit so großer Lautstärke wiedergegeben werden, daß der Lautsprecher einen Raum von etwa 400 m³ gut füllte.

Andere ähnliche Schaltungen sind sodann von G. Leithäuser und Th. Heiligtag angegeben worden.

Bei der Schaltung gemäß Abb. 464 ist das Inschwingunggeraten dadurch vermieden, daß das Gitter der ersten Röhre unter Zwischen-

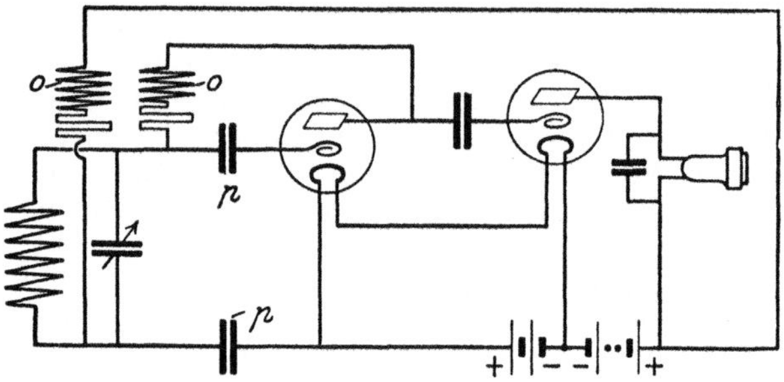

Abb. 464. Kapazitäts-Kopplungsschaltung von G. Leithäuser.

schalten eines hochohmigen selbstinduktiven Widerstandes *o* mit der Anode der zweiten Röhre verbunden ist.

Der auf diese Weise entstehende Kreis wird auf die Empfangswelle abgestimmt. In der dargestellten Schaltung ist auch der Anodenkreis der zweiten Röhre, gleichfalls unter Zwischenschaltung eines hochohmigen Widerstandes, an den abgestimmten Empfangskreis mit angeschlossen, wobei ferner noch die beiden Kondensatoren *p* eingeschaltet

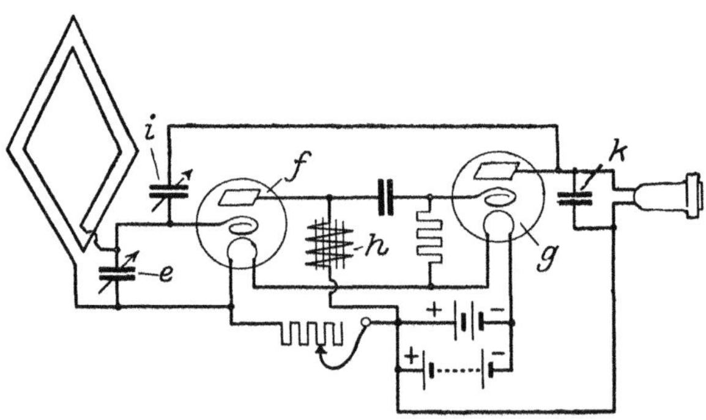

Abb. 465. Kapazitiv rückgekoppelter Hochfrequenzverstärker von Leithäuser-Heiligtag.

sein müssen. An Stelle der Widerstände *o* können auch Drosselspulen genügenden Widerstandes benutzt werden.

Eine vielfach im Gebrauch befindliche Hochfrequenzverstärkungsschaltung mit kapazitiver Rückkopplung und Rahmen stellt Abb. 465 dar. Der abgestimmte Rahmen *e* ist an das erste Rohr *f* geschaltet, welches mit dem zweiten Rohr *g* das im wesentlichen als Audion wirkt, eine gemeinsame Heizung besitzt. Die Energieübertragung der Anode der ersten Röhre auf das Gitter der zweiten Röhre findet durch eine Drosselspule *h* statt, welche eine Selbstinduktion von etwa 10^7 cm besitzt. Diese ist namentlich für Wellen zwischen 300 und 800 m günstig, während für kleinere Wellen die Kapazität, welche etwa 50 cm beträgt, aus den früher angegebenen Gründen sehr nachteilig sein kann. Die kapazitive Rückkopplung des zweiten Rohrs auf das Empfangssystem findet mittels des Drehkondensators *i* statt.

Im allgemeinen wird bei dieser Schaltung ein unerwünschtes Inschwingunggeraten ziemlich sicher vermieden. Durch den Festkondensator *k* kann dieses bei richtiger Abgleichung desselben vollkommen zum Aussetzen gebracht werden. Dieser soll im allgemeinen in der Größenordnung von etwa 1 MF liegen, da bei größeren Dimensionen zu viel Energie durch ihn hindurchgehen würde, wodurch der Empfang leise wird.

Für alle Verstärker, insbesondere Hochfrequenzverstärker, gilt, daß der zu erzielende Verstärkungsgrad nicht nur von der Güte und Beschaffenheit der Röhren, ihrer Anzahl, Schaltung usw., sondern von der Art und dem Zustande des Zusammenbaues der Gesamtanordnung, namentlich der Kopplungsteile, sowie von der Isolierung abhängt. (Siehe auch die Vorsichtsmaßregeln S. 770 ff.).

6. Kraftverstärker.

Um einen guten Kraftverstärkerbetrieb zu erhalten, ist die Berücksichtigung aller Gesichtspunkte, welche für die Verstärkung gelten, wesentlich. Insbesondere ist auch auf die einwandsfreie Ausführung der Niederfrequenztransformatoren Wert zu legen. Scheibenwicklung der Spulen ist unbedingt erforderlich. Zweckmäßig ist es, diese Scheiben einzeln in Staniol zu wickeln, jedoch schmale Luftspalte zu lassen. Die Verwendung von alten Transformatoren, von Löschfunkensendern, kommt hierbei durchaus in Betracht.

Im übrigen ist es notwendig, sich von vornherein darüber klar zu sein, daß die gewöhnlichen Empfänger-Verstärkerröhren wohl dazu ausreichen können, einen Lautsprecher für einen kleineren Raum zu betreiben, daß sie hingegen für Saallautsprecher nicht genügen. Die von einer normalen Röhre gelieferte Anodenstromstärke beträgt etwa 0,0005 Ampere. Sparröhren der Thoriumtype geben allerdings einen größeren Strom her und zwar etwa 0,01 Ampere. Für einen Saallautsprecher sind aber erheblich größere Stromstärken, etwa über das Doppelte erforderlich, zu welchem Zweck unbedingt kleine Senderöhren oder besser noch spezielle für Lautsprecherbetrieb gebaute Kraftverstärkerröhren benutzt werden (siehe Kap. IX). Mit diesen ist es ohne weiteres möglich, im geradlinigen Teil der Charakteristik zu arbeiten, so daß Verzerrungen vermieden werden können. Viele Mißerfolge bei Saallautsprechern sind auf zu kleine Verstärkerröhren zurückzuführen, welche überlastet sind und bei denen jenseits des Kniees der Charakteristik gearbeitet wurde.

Am geeignetsten sind für den Kraftverstärkerbetrieb nach den bisherigen Erfahrungen die sogen. Zweitaktschaltungen, bei welchen zwei

Röhren benutzt werden, derart, daß der Anodenstrom der einen Röhre abnimmt, wenn der der andern zunimmt.

Eine solche Zweitaktschaltung ist in dem Schaltungsschema gemäß Abb. 466 von F. Ehrenfeld wiedergegeben. Es werden benutzt 2 Kraftverstärkerröhren *f* und *g* in möglichst genau gleicher Ausführung parallel geschaltet, welche beispielsweise von einer 6-Voltbatterie *h* geheizt werden. Die negative Gittervorspannung wird durch die Vorspannungsbatterie *i* von 9 Volt geliefert. Als Anodenbatterie *k* dient eine solche von 120 Volt.

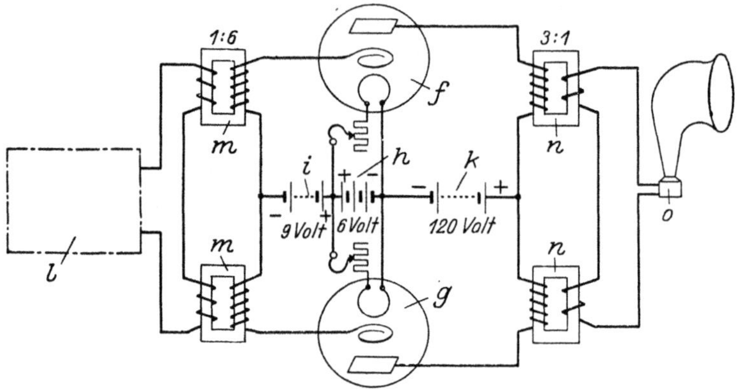

Abb. 466. Kraftverstärkerschaltung von F. Ehrenfeld.

Diese Röhrenanordnung erhält vom Empfänger l aus die Empfangsenergie über zwei Niederfrequenztransformatoren *m*, welche gemäß der Abb. 466 geschaltet sind. Das Übersetzungsverhältnis derselben ist je 1:6. Die hochtransformierte, durch die Vorspannungsbatterie negativ gemachte Spannung wird an die Gitterelektroden der Röhren *f* und *g* geleitet. Der entsprechend verstärkte Anodenstrom, welcher im Rhythmus der vom Empfänger zugeführten Schwingungen moduliert ist, wird den mit hoher Windungszahl versehenen Spulen der Ausgangstransformatoren *n* zugeführt. Diese besitzen ein Übersetzungsverhältnis von je 3:1. In die Primärwicklungen dieser Transformatoren ist der Lautsprecher *o* geschaltet.

Material für vorstehenden Kraftverstärker:

2 Kraftverstärkerröhren tunlichst gleicher Ausführung und Charakteristik nebst Röhrensockeln,
2 Heizwiderstände,
2 eisengekapselte Niederfrequenztransformatoren 1:6,
2 eisengekapselte Niederfrequenztransformatoren 3:1,
1 Hartgummiplatte nebst Klemmen, Anschlußkontakten und Schnüren,
1 Heizbatterie 6 Volt,
1 Vorspannbatterie 9 Volt,
2 Anodenbatterien je 60 Volt.

Im übrigen ist es günstig, bei Kraftverstärkern mit Dämpfungswiderständen zu arbeiten, welche parallel zum Gitterkreis geschaltet werden. Nach O. Kappelmayer verwendet man am besten Silitstäbe, die auf 1000, 3000, 5000 und 10000 Ohm abgeglichen sind und durch einen Wahlschalter zu- bzw. abgeschaltet werden können. Hierdurch wird die Klarheit der Sprache bewirkt und allzu große Überempfindlichkeit vermieden.

Eine weitere Schaltung für Kraftverstärkerbetrieb ist in Abb. 467 wiedergegeben.

In Frage kommen nur gut geschlossene Hochfrequenztransformatoren in Scheibenwicklung, am besten Igeltransformatoren. Die Über-

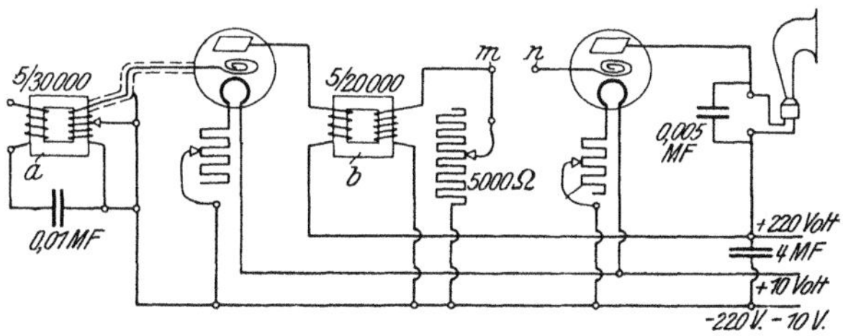

Abb. 467. Normale Zweirohr-Kraftverstärkerschaltung für größere Lautsprecher.

setzungen sind nicht kritisch. Wichtig ist jedoch, daß beide Übertrager primär genügend Amperewindungszahlen besitzen. So ist z. B. zweckmäßig das Verhältnis 1 : 4 d. h. 7000 : 28000 oder besser noch 4000 : 16000. Die Gitterzuleitungen sollen möglichst kurz und evtl. in Staniolschutz verlegt sein.

Der an die Klemme *m* angeschlossene Dämpfungswiderstand ist ein solcher von 5000 Ohm. Er hat die Funktion eines kleinen Potientiometers, und es soll sein Widerstand mindestens so groß sein wie der der Primärspule des Transformators *b*. Besser ist es, wenn sein Widerstand

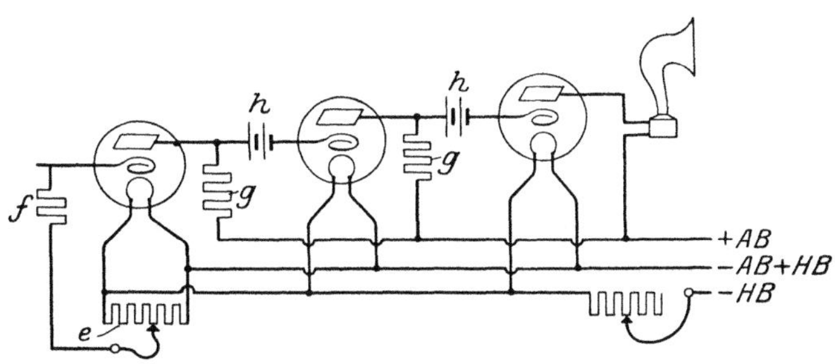

Abb. 468. Widerstandsgekoppelter Kraftverstärker.

etwas größer ist; man kann große Silitstäbe mit Schleifkontakten verwenden.

Bei den Klemmen *m*, *n* können entweder 2—4 Vorspannungselemente oder ein 1000 cm Drehkondensator mit parallel geschaltetem Silitwiderstand oder auch eine Batterie mit Potentiometer angeschaltet werden. In besonderen Fällen kann in die Klemmen auch ein Kurzschlußstecker eingestöpselt werden.

Schließlich stellt Abb. 468 noch einen aperiodischen widerstandsgekoppelten Kraftverstärker dar, welcher gemäß den eingetragenen Bezeichnungen klar sein dürfte.

Es werden hierfür gebraucht:

3 Kraftverstärkerröhren nebst Röhrensockeln.
1 Heizwiderstand.
1 Potentiometerwiderstand *e* von etwa 400 Ohm.
1 Silitwiderstand *f* ca. 75000 Ohm.
2 Silitwiderstände *g* zweckmäßig variabel.
2 Vorspannbatterien *h* bis zu etwa 40 Volt.
1 Heizbatterie.
1 Anodenbatterie zu den benutzten Röhren passend.

7. Störungen, welche in Verstärkern auftreten.

Nicht nur durch Konstruktions- und Fabrikationsfehler, sowohl der Einzelteile als auch des Zusammenbaus, sondern auch durch nicht genügende Eignung, z. B. bei Auswechselung von Röhren, können in Verstärkern gewisse Störungen auftreten. Es handelt sich im wesentlichen um folgende:

1. Die Verstärkung ist entweder überhaupt nicht vorhanden oder sie ist zu gering.

Dieser Übelstand gelangt dadurch zum Ausdruck, daß bei Ein- oder Ausschalten des Anodenstroms der Kopfhörer taub bleibt, während bei richtigem Funktionieren ein Knacken bemerkbar sein müßte. Zunächst werden alle Leitungen verfolgt, um eventuelle Unterbrechungen festzustellen. Auch die Windungen des Transformators sind gegebenenfalls zu untersuchen, da leider vielfach noch recht unzuverlässige Typen im Gebrauch sind, bei denen unter Umständen Unterbrechungsstellen auftreten können. Alsdann wird untersucht, ob die angegebene Heizspannung und Anodenspannung vorhanden sind, und ob die benutzten Röhren allen Anforderungen entsprechen.

a) Pfeifen bei Mehrfachverstärkern.

Ein Übelstand, der sich manchmal schon bei Zweifachverstärkern, häufiger aber bei Dreifach- und Vierfachverstärkern zeigt, sind Geräusche in Audiofrequenz, die sich bis zu Pfeiftönen steigern können. Dieses kann in verschiedenen Umständen begründet sein.

Im allgemeinen werden diese Geräusche durch Hervorrufung der Eigenfrequenz der Transformatorspulen erzeugt, was auf irgendeine Rückkopplung der Apparatur schließen läßt. Meist liegt es alsdann in einer unsachgemäßen Leitungsführung, die abgeändert werden muß. Auch die Verstauschung der Anschlüsse des Transformators kann manchmal vorteilhaft sein, besonders häufig treten diese Pfeifgeräusche bei Mehrgitterröhren auf.

Vielfach rührt das Pfeifen auch von zu starker Heizung her. Dies ist mit ein Grund, daß die Heizspannung fein einreguliert werden muß.

Die Pfeifspannung kommt ferner alsdann dadurch zustande, daß meist die erste der Röhren infolge von irgendeiner nicht gewollten Rückkopplung zu schwingen beginnt, und daß infolge der großen Selbstinduktion der Transformatorspulen der erzeugte Ton im musikalischen Bereich liegt. Diese Rückkopplung kann entweder durch Kapazitätserscheinungen zwischen Gitterkreis und Anodenkreis, namentlich bei der ersten Röhre erfolgen, oder sie kann durch unsachgemäß geführte Leitungen hervorgerufen werden, welche stets so kurz wie irgendmöglich gehalten sein sollten, tunlichst nicht parallel laufen sollen, immer aber einen gewissen Abstand voneinander haben müssen. Eine derartige Rückkopplung kann aber auch durch gegenseitige Einwirkung der Felder der Transformatoren herrühren. Infolgedessen müssen auch die Transformatoren einen nicht zu geringen Abstand voneinander besitzen und ihre Achsen müssen senkrecht zueinander stehen. Unter Umständen können auch geerdete Eisenblechgehäuse um den einen oder andern Transformator herum schon den Pfeifeffekt beseitigen, was allerdings immerhin schon eine nicht unwesentliche Veränderung in der Apparatur bedeutet. Um die Pfeiftöne möglichst ganz zu unterdrücken, ist es günstig, auf die Transformatorkerne Kurzschlußwindungen aufzubringen (G. Seibt). Manchmal liegt die Ursache aber auch in der Anodenbatterie, insbesondere wenn dieselbe schon zu sehr erschöpft ist, da alsdann der innere Widerstand der Batterie ziemlich hoch wird. Man kann sich dann dadurch helfen, daß man einen Kondensator genügend großer Kapazität (ca. 1 MF.) zur Batterie parallel schaltet.

Es ist ferner darauf zu achten, daß auch die Aufstellung des Verstärkers richtig gewählt wird, und daß vor allem vermieden wird, daß Lichtleitungen in großer Nähe vorbeigehen, welche im Verstärker Induktionswirkungen auf die Leitungen hervorrufen können. Bei Senkrechtstellung der Drahtrichtungen kann man diese Übelstände im allgemeinen vermeiden.

b) Auftreten von Nebengeräuschen.

Diese außerordentlich störende Erscheinung kann durch verschiedene Umstände hervorgerufen werden, häufig dadurch, daß die einzelnen Elemente der Batterien schlecht geworden sind oder, was bei Akkumulatorenzellen häufig der Fall ist, daß durch überlaufende Schwefelsäure Isolation vermindert ist. Auch wenn die Isolation anderer Teile der Apparatur gelitten hat, können solche Nebengeräusche auftreten. Infolgedessen ist es notwendig, die Apparatur nicht nur möglichst sauber, sondern auch trocken zu halten, da Feuchtigkeit meist sehr schädlich wirkt.

Selbstverständlich sind alle Kontakte, insbesondere diejenigen der Röhrensockel, der Anschlüsse usw. zu kontrollieren, ob sie zuverlässig arbeiten, da Wackelkontakte fast stets mit Nebengeräuschen verbunden sind.

8. Kombination von Verstärkern verschiedener Art.

Abgesehen von den bisher beschriebenen Hochfrequenz-, Niederfrequenz- und Kraft-Verstärkern, ist es natürlich noch möglich, die verschiedensten Kombinationen und Übergänge anzuwenden. Es lassen sich da allgemeine Regeln und Angaben umso weniger machen, als es nicht nur auf die jeweilig zur Verfügung stehenden Empfangsverhältnisse, sondern vor allem auch darauf ankommt, welche Art der Verstärkung und Wiedergabe erfolgen soll. Ein Interessent, welcher nur mit einem hochwertigen Kopfhörer in der Nähe befindliche R.-T.-Sender abzuhören wünscht, braucht selbstverständlich in der Verstärkung, wenn er überhaupt eine solche anwenden muß, nicht so weit zu gehen, wie, wenn ein Zimmerlautsprecher betrieben werden soll. Völlig anders sind die Verhältnisse, wenn sogar in einem großen Raum durch einen Saal-Lautsprecher musikalische Genüsse vermittelt werden sollen. In letzterem Falle kann man auf eine Kraftverstärkung wohl kaum verzichten. Es ist also nötig, hinter die letzte, gewöhnliche Verstärkungsstufe noch einen besonderen Kraftverstärker zu setzen, welcher die nötige Energie tunlichst verzerrungsfrei für den Saal-Lautsprecher herzugeben gestattet.

Es wird also darauf ankommen, von Fall zu Fall die Entscheidung zu treffen, welche Verstärkerkombinationen anzuwenden sind. Indessen sei auch an dieser Stelle wieder darauf hingewiesen, daß man mit Niederfrequenzverstärkung allein meist nicht auskommt, wenn größere Lautsprecher betrieben werden sollen, da es alsdann im allgemeinen nicht genügt, nur die Modulation zu verstärken, man vielmehr darauf angewiesen ist, die empfangene Hochfrequenzwelle in ihrer Amplitude zu verstärken, was nur durch entsprechende Hochfrequenzverstärkung geschehen kann.

Selbstverständlich ist weiterhin bei der Wahl der Verstärkung noch in besonderem Maße die zur Verfügung stehende Antenne zu berücksichtigen. Eine Innenantenne wird meist eine Hochfrequenzverstärkerstufe erfordern, eine Rahmenantenne wohl stets.

Durch die modernen hochwertigen Schaltungen, welche die größte bisher erreichbare Wirtschaftlichkeit des Empfanges verbürgen, kann die bewirkte Verstärkung so groß sein, daß selbst ohne irgendeine Antenne, und nur mit den in der Apparatur vorhandenen Spulen selbst aus sehr großen Entfernungen empfangen werden kann. Allerdings bezieht sich dies hauptsächlich auf den Empfang von Telegraphierzeichen und weniger von Telephonie, da hierbei meist zuviel von der Modulation verloren gehen wird.

9. Ausführung von Röhren-Verstärkern.

Nach den obigen Ausführungen ist es selbstverständlich, daß nicht nur die Apparatur den jeweiligen Wünschen und Verhältnissen entsprechend gewählt und gestaltet werden muß, sondern daß auch die Röhren entsprechend angepaßt werden. Eine Röhre, welche für die Anfangsverstärkung (Hochfrequenz-Verstärkung) günstig sein kann, braucht dies durchaus noch nicht für die Endverstärkung zu sein. Im allgemeinen wird dies sogar nicht einmal der Fall sein. Eine bei vielen Empfangs-Verstärker-Apparaturen gemachte Erfahrung bestätigt, daß durch eine Vertauschung der Röhren häufig eine außerordentliche

Steigerung der Verstärkung und der Empfangsgüte bewirkt werden kann. Es ist daher für den Benutzer wichtig, die charakteristischen Daten seiner Röhren genau zu kennen, ebenso wie er mit der Gestaltung und der Arbeitsweise seiner Apparatur genauestens vertraut sein muß.

Selbstverständlich ist, wie dies auch schon ausführlich geschildert ist, auf die richtige Einregulierung des Gitterpotentials größter Wert zu legen. Man findet selbst jetzt noch in der Praxis Verstärker, welche den grundsätzlichsten diesbezüglichen Forderungen nicht entsprechen, und welche infolgedessen eine schlechte Musik- oder Sprach-Widergabe im Lautsprecher zur Folge haben.

Die R.-T.-Industrie hat Niederfrequenzverstärker in den verschiedenartigsten Ausführungen geschaffen, welche für sich käuflich sind und die gewöhnlich auch zu bereits vorhandenen Empfangsapparaten hinzugenommen werden können.

Ähnlich verhält es sich mit Kraftverstärkern, welche bisher wohl kaum mit Empfangsapparaten zusammengebaut geliefert werden, die vielmehr stets für sich gesondert hergestellt und angeboten werden. Da letztere meist für Anschluß an die Lichtleitung zum Betrieb der Kraftverstärkerröhren gebaut werden, ist es notwendig, sich über die Anschlußmöglichkeit zu vergewissern, bevor man zur Beschaffung des Kraftverstärkers schreitet. Gegebenenfalls wird die Aufstellung einer besonderen Umformungseinrichtung erforderlich sein.

Im Gegensatz hierzu sind Hochfrequenzverstärker in gesonderter Ausführung bisher wohl nur vereinzelt auf den Markt gelangt. Vielmehr werden diese stets in Form von vollständigen Empfängern, also mit dem Audionteil zusammengebaut geliefert.

Bei den nachstehenden Ausführungen sind infolgedessen nur Niederfrequenzverstärker erwähnt, und es muß dem Benutzer überlassen bleiben, wieviel Stufen Niederfrequenzverstärkung er anwenden will, um den von ihm gewünschten Effekt zu erzielen. Vor der Benutzung allzu vieler Niederfrequenzverstärkerstufen muß indessen gewarnt werden, da schließlich, etwa über drei Röhren hinaus zuviel parasitäre Schwingungen mit verstärkt werden und infolgedessen zuviel Nebengeräusche die Folge sein würden. Zwei Niederfrequenzstufen sind das übliche.

Recht zweckmäßig sind diejenigen Niederfrequenzverstärkerbestandteile, welche nur 1 Rohr besitzen, und welche in beliebiger Anzahl hintereinander kombiniert werden können.

a) Niederfrequenzverstärkerbestandteil.

Wie die Radioindustrie vollständige Röhrensockelkombinationen geschaffen hat, welche nicht nur die Anschlußkontakte und den Heizwiderstand, sondern zum Teil auch weitere Schaltungselemente, wie z. B. den Gitterkondensator und den Gitterableitungswiderstand enthalten, so sind auch und zwar zunächst in Amerika Verstärkerbestandteilkombinationen auf den Markt gekommen, die alle zu einer einstufigen Niederfrequenzverstärkung erforderlichen Teile enthalten.

Eine Ausführung der General Radio Co. in Cambridge, Massach. zeigt Abb. 469.

Die Montageplatte *e* ist winkelförmig gebogen. Auf ihr ist der Heizwiderstand *f* befestigt, welcher eine besondere Feineinregulierung der Heizspannung erlaubt. Ferner ist mit dem horizontalen Teil der Montageplatte der Röhrensockel *g* verbunden und außerdem der Niederfrequenztransformator *h*. Sämtliche Schaltungselemente sind durch aus blankem Kupferdraht hergestellte Leitungen miteinander verbunden, wodurch nicht nur der Vorteil erzielt wird, geringe Leitungslängen zu erhalten, sondern wodurch außerdem in der Fabrik die zweckmäßigste Anordnung getroffen werden konnte, so daß auf diese Weise dieser Niederfrequenzverstärkungsbestandteil jedem Benutzer ohne weiteres zur Verfügung steht.

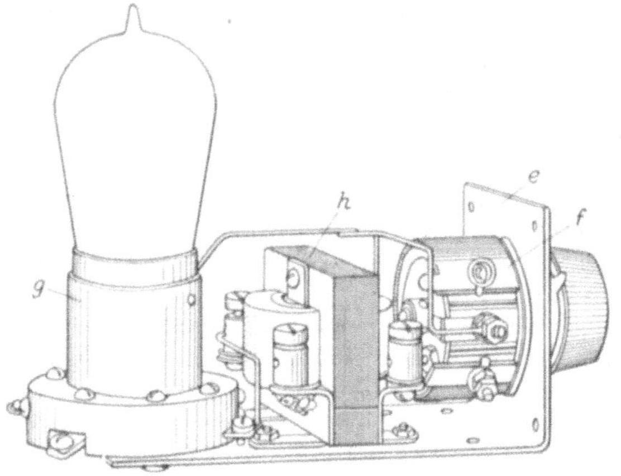

Abb. 469. Niederfrequenzschaltungselement der General Radio Co. in Cambridge, Mass.

b) Einrohrniederfrequenzverstärker der Birgfeld-A.-G.

Etwa dieselben Verstärkerleistungen wie das vorstehend beschriebene Niederfrequenzschaltungselement weist der Einrohrniederfrequenzverstärker gemäß den Abb. 470 bis 473 auf. Das theoretische Schaltungsbild zeigt Abb. 470. Die Anordnung der praktischen Ausführung entsprechend, zeigt Abb. 471. *e* sind die Zuführungsklemmen zum Niederfrequenzverstärker. *f* ist der Niederfrequenztransformator mit einem Übersetzungsverhältnis von 1:6. *g* ist die Verstärkerröhre, bzw. in Abb. 471 die Buchsen dieser Röhre. *h* ist der Heizwiderstand, welcher

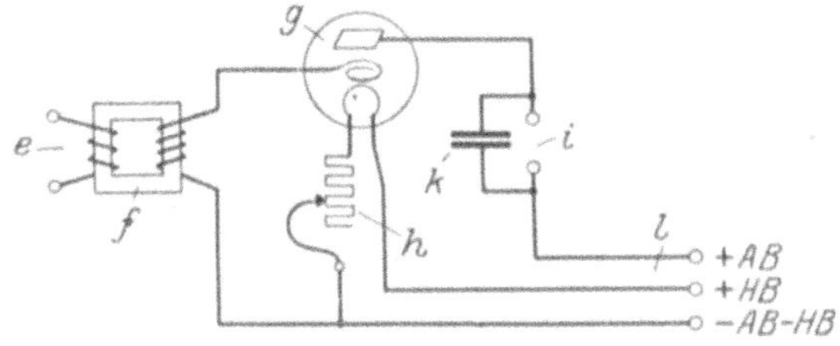

Abb. 470. Theoretisches Schaltungsschema des Einrohr-Niederfrequenzverstärkers der W. A. Birgfeld-A.-G.

der jeweilig benutzten Verstärkerröhre entsprechend dimensioniert sein muß, wobei die übliche Forderung gestellt ist, daß eine genügende Feinregulierung der Heizstromstärke möglich ist, um das Optimum der

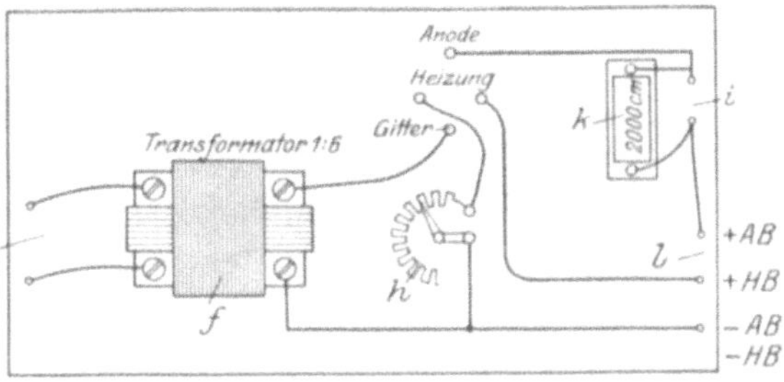

Abb. 471. Praktisches Schaltungsschema des Einrohr-Niederfrequenzverstärkers von W. A. Birgfeld.

Verstärkung zu erzielen. An den Klemmen *i* wird der Kopfhörer bzw. Lautsprecher eingestöpselt, *k* ist ein Festkondensator von 2000 cm Ka-

Abb. 472. Einrohr-Niederfrequenzverstärker (Innenansicht) von W. A. Birgfeld.

Abb. 473. Einrohr-Niederfrequenzverstärker (Außenansicht) von W. A. Birgfeld.

pazität. An den Klemmen *l* wird die Anodenbatterie bzw. die Heizbatterie, wie gezeichnet, angeschaltet.

Die Ausführung eines derartigen überaus wenig Raum einnehmenden, etwa in der Größe einer Zigarettenschachtel ausgeführten Niederfrequenzverstärkers der Birgfeld A.-G. geben die Abb. 472 und 473 in Innenansicht und von außen gesehen wieder.

c) Zweifachniederfrequenzverstärker von Telefunken.

Die Ausführung eines Zweifachniederfrequenzverstärkers von Telefunken in Gestalt eines Zusatzapparates, der insbesondere in Kombination mit einem Kristalldetektorempfänger, aber auch mit einem Audionempfänger benutzt werden soll, ist in Abb. 474 wiedergegeben.

Abb. 474. Zweirohr-Niederfrequenzverstärker von Telefunken.

Durch diesen Apparat soll eine etwa 400fache Verstärkung der Empfangsenergie bewirkt werden. Der Empfänger wird hierbei an den oberen linken Klemmen angeschlossen, das Telephon und der Lautsprecher an den Klemmen oben rechts. Die beiden mittleren Griffe bedienen die Heizwiderstände jeder der beiden oben auf den Apparat gestöpselten Verstärkerröhren. Die Batterien werden unten links und rechts angeschaltet. Die Bedienung dieses Apparates ist also auf ein Minimum reduziert, da lediglich ein Drehgriff nach Einschaltung des Apparates zu betätigen ist.

d) Zweifachniederfrequenzverstärker von Dr. G. Seibt.

Die Konstruktion und Lieferung von hochwertigen Niederfrequenzverstärkern wird heute ohne Schwierigkeit von den meisten Radiofirmen bewirkt. In Abb. 475 ist das für zwei Röhren gezeichnete Schaltungsschema eines im allgemeinen als Dreifachverstärker gelieferten Apparates der Firma G. Seibt wiedergegeben. Bei letzterem ist

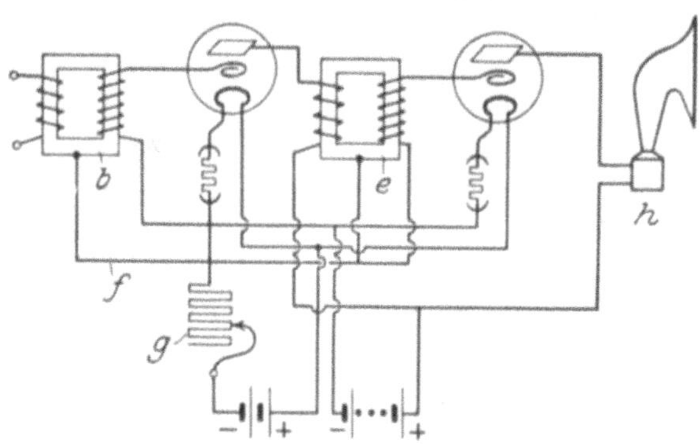

Abb. 475. Schaltungsschema des Zweirohrniederfrequenzverstärkers von Dr. G. Seibt.

auf die Dimensionierung, Ausführung und Schaltungsanordnung der Transformatoren ganz besonderer Wert gelegt, wodurch alle für den Zusammenbau und Anschluß von Telephonen und Lautsprechern geltenden Gesichtspunkte berücksichtigt wurden. Hierbei hat es sich als zweckmäßig herausgestellt, die Eisenkerne der Transformatoren *b* und *e* (beim Dreifachverstärker kommt noch ein weiterer Zwischentransformator inbetracht) durch eine Verbindungsleitung *f* aneinander zu schließen und diese an die Kathodenzuführung der Heizleitung anzulegen, um ein Pfeifen des Verstärkers tunlichst auszuschließen. Als sehr zweckmäßig hat sich auch hier die Einschaltung eines besonderen Regulierwiderstandes *g* zur Kathodenheizung bewährt, einmal, um den günstigsten Bereich der Charakteristik für die Verstärkung festzustellen, andererseits aber, um an Heizenergie zu sparen, wodurch auch die Lebensdauer der Röhren günstig beeinflußt werden kann. Bei dem Schaltungsschema gemäß Abb. 475 ist an die Ausgangsröhre für die objektive R.-T. ein Lautsprecher angeschlossen.

Abb. 476. Zweirohrniederfrequenzverstärker von Dr. G. Seibt.

Die Ausführung des Niederfrequenzverstärkers mit zwei Röhren von G. Seibt ist in Abb. 476 wiedergegeben.

Die elektrischen und mechanischen Teile sind auf einer Hartgummiplatte montiert, die auf einen polierten Holzkasten aufgeschraubt ist. Die Klemmen links von hinten nach vorn gesehen bezeichnen: Eingang und Heizanschluß, rechts: Ausgang (Telephon- bzw. Lautsprecheranschluß und Anodenfeld). In der Mitte sind zwei Heizwiderstände für die beiden rückwärtigen Röhren angebracht.

XI. Telephon- und Lautsprecher-Zubehörteile.

A. Telephone.

1. Kennzeichnung des Radio-Telephons.

Der Hörer ist ein Apparat, welcher äußerst geringe elektrische Stromschwankungen, die auf ein Magnetsystem einwirken, auf eine Membran überträgt, die ihrerseits Schallschwingungen emittiert. Die Bewegungen der Membran hierbei sind äußerst gering und betragen nur winzige Bruchteile eines Millimeters. Bei dem geringen Abstand zwischen Membran und Ohr ist aber eine sehr feste Luftkopplung vorhanden, welche es ermöglichen läßt, diese äußerst geringen Schwankungen mit hinreichender Lautstärke auf den Gehörgang zu übertragen, und zwar derart, daß auch Oberschwingungen meist überraschend verzerrungsfrei mitübertragen werden, so daß beim einfachen Hörer auch die Übermittlung künstlerischer Genüsse ohne weiteres möglich ist.

Die Anschaltung eines Telephons in Empfangskreisen wird wohl stets so bewirkt, daß das Magnetfeld des Telephons durch den Empfangsstrom entsprechend verstärkt wird.

2. Empfindlichkeit des Fernhörers.

Bei den Telephonen für drahtlose Telegraphie und Telephonie kommt es ganz besonders auf eine hohe Empfindlichkeit an. Ein hochempfindliches Telephon reagiert bei richtiger Einstellung noch gut auf 10^{-10} Watt. Die Eigenschwingung ist im allgemeinen nur schwach ausgeprägt und die Dämpfung ist groß. Infolgedessen erhalten diese Telephone auch meist eine sehr viel größere Amperewindungszahl als die in der Drahttelephonie üblichen Fernhörer. Es ist keineswegs selten, daß eine Amperewindungszahl, entsprechend mehreren 1000 Ohm, auf die Telephonmagnetspulen aufgewickelt wird. 2000 bis 4000 Ohm sind sogar z. Z. die Norm. Die Telephontype der Western Compagny für drahtlose Zwecke besitzt einen Gleichstromwiderstand von 2200 Ohm und einen Wechselstromwiderstand von 22700 Ohm.

3. Einfluß der Niederfrequenzen auf die Empfindlichkeit.

Im gesamten Bereiche des drahtlosen Empfanges kann nicht mit einer rein sinusförmigen Erregung der Telephonmembran, sondern vielmehr stets nur mit einer „periodisch ballistischen“ Erregung gerechnet werden. Die Telephonmembran führt Eigenschwingungen aus, die mehr oder weniger rasch abklingen, bis ein neuer Erregungsimpuls erfolgt (M. Vos 1914, L. Kühn, 1917). Es ist daher verständlich, daß die Steigerung der Funkenzahl in der älteren Radiotelegraphie im allgemeinen keine Erhöhung der Telephonempfindlichkeit bewirken konnte, daß vielmehr ganz besondere Umstände zusammentreffen müssen, um wirklich eine größere Lautstärke im Telephon zu erzielen. Der durch die höhere Funkenzahl und hiermit größere ausgestrahlte Energie im Detektor hervorgerufene größere Stromeffekt bleibt hiervon selbstverständlich ganz unberührt, denn es handelt sich bei dieser Betrachtung lediglich um die Empfindlichkeit des Telephons selbst.

Bei der periodisch ballistischen Membranerregung ist nicht mit rein sinusförmigen Schwingungen zu rechnen, es ist vielmehr eine Reihe von Obertönen vorhanden. Infolgedessen hängt die Empfindlichkeit des Telephons wesentlich vom menschlichen Ohr, von der Tonhöhe und der relativen Stärke der einzelnen Obertöne ab.

Die Empfindlichkeit bei einer bestimmten Tonfrequenz wird also durch folgende drei Faktoren bestimmt (siehe auch S. 497):

1. Durch die Größe der Membranamplitude bei einer bestimmten Stromintensität.

2. Durch die relative Stärke der im Tonbereich auftretenden Oberschwingungen.
3. Durch die Empfindlichkeit des menschlichen Ohres auf diese verschiedenen Obertöne.

Hierdurch wird bewirkt, daß die Membranempfindlichkeit für verschiedene Tonzahlen eine ganz verschiedene ist, wobei bei allen tönenden Funkensendern die erzeugten Töne in dem Bereiche liegen, in dem das menschliche Ohr die größte Empfindlichkeit besitzt (ca. 500 bis 2500 Schwingungen pro Sek.). Die Empfindlichkeit der beim drahtlosen Empfang gebräuchlichen Telephone zusammen mit dem menschlichen Ohre wird, wie sich theoretisch ergibt, ein Maximum, wenn die Eigenfrequenz der Membran ein ganzes Vielfaches der Tonfrequenz ist. Soweit man also hiernach die Senderfrequenz wählen kann, erhält man das Optimum, wenn man die Senderfunkenfrequenz oder generell die Audiofrequenz so wählt, daß sie ein ganzer Bruchteil der Eigenfrequenz der Telephonmembran ist.

Unter Berücksichtigung dieses Umstandes ist es klar, daß beim Telegraphie-Senderbetrieb nur unter diesen bestimmten Voraussetzungen durch Steigerung der Funkenzahl eine größere Lautstärke gewonnen wird, während bei niedrigen Funkenzahlen stets eine hohe Telephonempfindlichkeit erzielt wird, insbesondere auch dadurch, daß die Membran scharfe ruckähnliche Stöße erfährt, die sie kräftig in Bewegung setzen.

4. Dämpfungsdekrement und Resonanzfähigkeit des Telephons.

Das Dämpfungsdekrement der Telephonmembran ist gegeben durch den Ausdruck (G. Seibt, 1920):

$$\mathfrak{d} = \frac{a}{2\,\nu \cdot \mathfrak{M}}.$$

Hierin bedeutet:

a = ein Faktor, der die Schallabgabe an die Luft, die innere Reibung der bewegten Massen, die Luftreibung an den Wänden, Entstehung von Luftwirbeln und die Energieabgabe an die Weichteile des Ohres involviert,

ν = die Frequenz,

$\mathfrak{M}$ = die Masse der bewegten Telephonmembran.

Es ist aus diesem Ausdruck für die Dämpfung ersichtlich, daß man das Dekrement vermindern, also die Resonanzfähigkeit erhöhen kann, da die andern Größen sämtlich gegeben sind, indem man die Masse der Telephonmembran erhöht. Allerdings geht dieses nur bis zu einem gewissen Grade, da von einer gewissen Membranstärke an die Dämpfung wieder wächst.

Eine erhebliche, bisher nicht beachtete Dämpfung der Telephonmembran erfolgt durch den menschlichen Körper, da an denjenigen Stellen, wo Berührung des Fernhörers mit den Weichteilen des Ohrs stattfindet, die sich ausbildende Amplitude erheblich ist. Eine Herabsetzung der Dämpfung kann offenbar nur bewirkt werden, indem man das Mitschwingen des Telephongehäuses möglichst gering macht. Dieses aber führt dazu (H. W. Sullivan 1908, G. Seibt 1920), den Durchmesser der Telephonmembran gering zu halten, und, um die größere Masse herzustellen, diese ev. künstlich durch ein aufgesetztes Gewicht oder dergleichen zu vergrößern.

5. Berücksichtigung der Eigenschwingungszahl der Membrane.

Ein Umstand, auf den offenbar bisher viel zu wenig geachtet worden ist, liegt in der Berücksichtigung der Eigenschwingungszahl der Membrane. Die bisher üblichen Membranen haben Eigenschwingungen unter 2000 pro Sekunde, meistens von etwa 1200, was für die Buchstaben a, o und u günstig ist, hingegen nicht für solche, die höhere Eigenschwingungszahlen besitzen. Für letztere wären Membranen mit Eigenschwingungszahlen in der Größenordnung von mehreren tausend pro Sekunde erheblich geeigneter.

Die Membrane eines Hörers muß im übrigen so dimensioniert und verspannt werden, daß sie Eigenschwingungen nach Möglichkeit nicht ausführen kann, sondern lediglich erzwungene Schwingungen. Nur Hörer, welche dieser Anforderung genügen, sind für den R.-T.-Empfang brauchbar.

Diese Forderung wird um so besser erreicht, je schärfer die Membrane angespannt ist, und je dünner und hochwertiger das Blech ist, aus welchem sie besteht. Allerdings ist durch die magnetische Sättigung, welche bald erreicht ist, eine Grenze gesteckt, welche nicht überschritten werden darf, da sonst zuviel an Lautstärke verloren geht.

Um die Wirkung des Unterdrückens der Eigenschwingungen noch weiterhin zu verbessern, sind bei manchen Telephonen besondere Dämpfungsmittel angebracht worden. So hat sich z. B. das Auftropfen von etwas Wachs auf die Membrane oft als zweckmäßig herausgestellt (siehe auch unter 3).

6. Vermeidung von Verzerrungen.

Für den Bau und Betrieb eines Kopfhörers ist es von größter Wichtigkeit, dafür Sorge zu tragen, daß die Sprachströme in ihrer Kurvenform möglichst wenig verzerrt werden. Die Aufgabe ist es, den Hörer so zu bauen, daß eine sinusförmige zugeführte Schwingung eine möglichst oberschwingungsfreie Tonwirkung ergibt. Dieses wird nun durch die Anordnung der Membrane zu den Polschuhen um so mehr erschwert, je näher der Abstand der Membrane von den Polschuhen gemäß Abb. 477 ist. Je geringer dieser Abstand ist, desto größer innerhalb gewisser Grenzen ist allerdings die Schallwirkung, aber

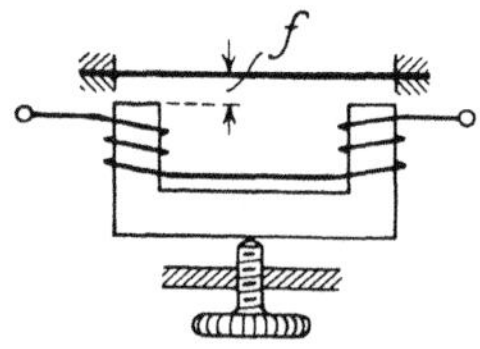

Abb. 477. Schema des einstellbaren Telephons.

desto mehr ist auch die Gefahr der Kurvenverzerrung gegeben. Das ungefähre Verhältnis zwischen der vom Telephon abgegebenen Lautstärke zum Abstand zwischen Membran und Polschuhen ist aus Abb. 478 zu ersehen. Wenn man jedoch mit dem Oszillographen bei sehr geringem Abstande, also wenn die Lautstärke groß ist, die Kurve, welche der Hörer umformt, aufzeichnet und links in Abb. 479 der in das Telephon hineingesandte sinusförmige Wechselstrom dargestellt ist, so entsteht eine dem Bild von Abb. 480 entsprechende verzerrte Sinuskurve. Letzteres besagt, daß Oberschwingungen im Hörer zur Ausbildung gelangen, welche vorher vielleicht nur mit äußerst geringer Amplitude vorhanden waren und die sich bei größerem Abstande der Membran nicht bemerkbar machen konnten. Durch dieses Auftreten und Vergrößern der Oberschwingungen wird aber die Klangfarbe stark beeinträchtigt, was sich insbesondere bei der Übertragung von Musik äußerst störend bemerkbar macht. Es ist hierdurch ferner auch die Möglichkeit gegeben, daß derartige Oberschwingungen zu akustischen Schwebungserscheinungen führen, was eine höchst unerwünschte Tonwiedergabe zur Folge haben kann.

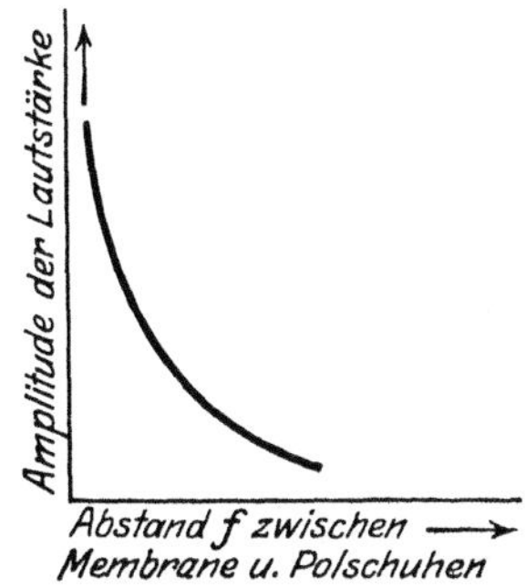

Abb. 478. Abhängigkeit der Lautstärkenamplitude vom Membranabstand.

Diese Verhältnisse sind in besonderem Maße bei musikalischen Übertragungen vorhanden; sie treten aber auch bei der Sprache auf, wenn-

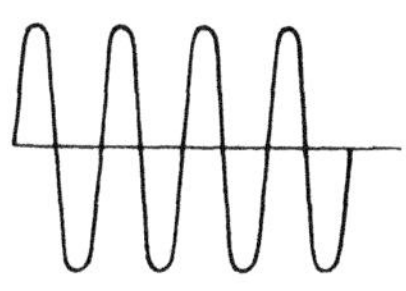

Abb. 479. Sinusförmiger Strom, der dem Telephon zugeführt wird.

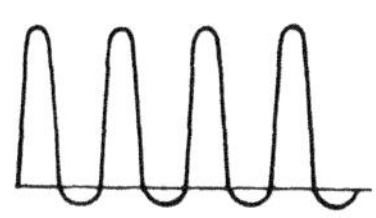

Abb. 480 Durch das Telephon wiedergegebene verzerrte Schwingungsform.

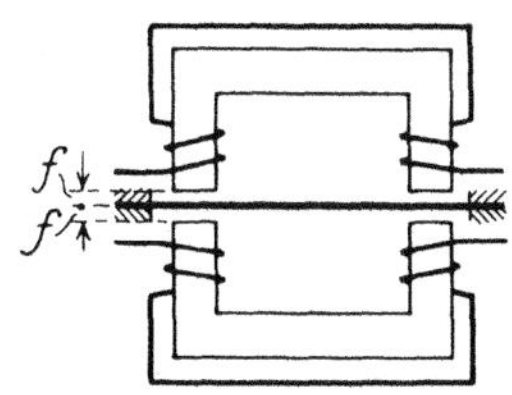

Abb. 481. Schema des Telephons nach dem Doppelprinzip.

gleich sie hier schon infolge des viel kleineren Schwingungsbereiches, der zur Verwendung gelangt, unerheblicher sind.

Es sind verschiedene Mittel angegeben worden, um diese Kurvenverzerrung zu beseitigen; und eigentlich besteht die Haupttätigkeit eines Telephonkonstrukteurs darin, Mittel und Wege zu finden, um möglichst verzerrungsfreie Hörer zu bauen.

Theoretisch recht wirkungsvoll sind Telephone, welche nach dem sogenannten Doppelprinzip, entsprechend der schematischen Abb. 481 gebaut sind. Hier sind zwei entsprechend gegenüberstehende Magnetsysteme *a* und *b* angeordnet, welche gemeinsam auf die Membran einwirken.

Selbstverständlich müssen die Magnete so gewickelt und geschaltet sein, daß, wenn eine Anziehung der einen Seite stattfindet, ein Loslassen der Membran seitens der anderen Seite bewirkt wird. Nur dadurch kann eine gegenseitige Unterstützung der Doppelmagnete bewirkt werden.

Wenn entsprechend Abb. 482 die Abhängigkeit der Schallstärke von dem Abstand der Membran von den Polschuhen in einem Diagramm aufgetragen sind, so erhält man für jeden der beiden Magnete eine Kurve *m*, bzw. *n*, welche die effektive Wirkung gemäß der resultierenden Kurve *o* ergeben. Infolgedessen ist eine verzerrungsfreiere Wiedergabe durch ein derartiges doppelseitiges Telephon möglich. Selbstverständlich ist es auch hier erforderlich, den Abstand der Polschuhe von der Membran einregulierbar zu gestalten, da, wenn die Membran einseitig in der Nähe eines Magneten sich befinden würde, im äußersten rechten oder linken Teil des Diagramms gearbeitet würde, wodurch wieder Verzerrungen entstehen würden.

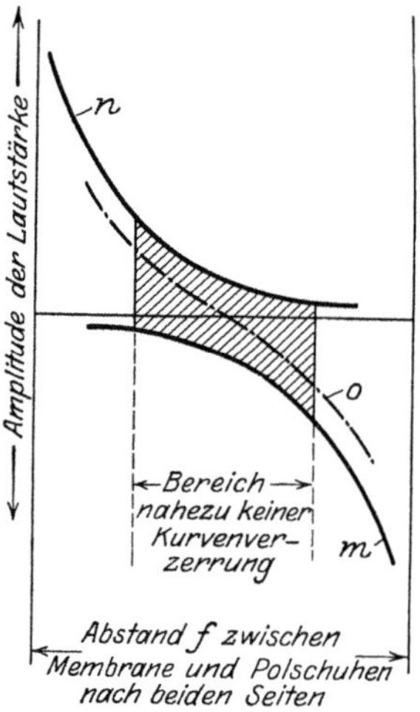

Abb. 482. Abhängigkeit der Lautstärkenamplitude vom Membranabstand.

Der Arbeitsbereich eines derartigen Telephons liegt also in der Mitte und ist durch Schraffur angedeutet.

Praktisch für die Konstruktion eines Telephons bedeutet dies, daß auch mit Bezug auf verzerrungsfreie Tonwiedergabe der Hörer gebaut sein muß, daß eine Einstellung der Membran von den Polschuhen gewährleistet ist. Bei den meisten der hochwertigen Hörer wird aus diesem Grunde dieser Abstand leicht einregulierbar gestaltet, zu welchem Zweck eine Schraubvorrichtung angeordnet ist (siehe z. B. die Konstruktionszeichnung eines Hörers gemäß Abb. 491).

7. Erhöhung der Lautstärke durch konstruktive Maßnahmen im Telephon selbst.

Es ist G. Seibt, abgesehen von der Anwendung besonders geeigneten Materials (hochlegierten Eisen für Polschuhe und Membran), durch Anwendung zweier Kunstgriffe gelungen, die Lautstärke eines gewöhnlichen elektromagnetischen Telephons zu erhöhen. Der erste Kunstgriff besteht darin, daß er die Polschuhe aus dünnen geblätterten Eisenblechen und nicht wie bisher aus massiven Eisenstücken herstellt. Hierdurch wurde bereits eine gewisse Erhöhung der Lautstärke erzielt, die an sich jedoch nicht erheblich genug gewesen wäre, um die sehr kostspielige Umstellung in der Fabrikation auf die neue Ausführungsform zu bewirken.

Der zweite neue Konstruktionsgedanke, bestehend in der Anbringung eines magnetischen Nebenschlusses, wurde durch folgende Erwägungen herbeigeführt. Es stellte sich bei Versuchen heraus, daß die permanenten Magnete eines gewöhnlichen Telephons bei schwachen Wechselstrommagnetisierungen nur schwer durchlässig waren. Infolgedessen ist, wie dies Abb. 483 zeigt, ein Teil der Wechselstromkraftlinien am Fuße der Polschuhe gezwungen, sich zum größten Teil durch die Luft hindurch zu schließen. Der sehr große magnetische Widerstand des Telephons, der einerseits verursacht ist durch die dünne Membran, den Luftspalt zwischen Membran und Polschuhen und andererseits durch die geringe Permeabilität des Eisens bei geringer Magnetisierung, erfährt also infolge der großen Luftwege, die der magnetische Kraftfluß zu überwinden hat, eine erhebliche Zunahme. Infolgedessen ging das Bestreben von **Seibt** dahin, diesen Weg nach Möglichkeit abzukürzen, also einen magnetischen Nebenschluß an der Unterkante der Polschuhe vorzusehen, wie dies schematisch Abb. 484 zeigt. Es stellte sich heraus, daß die besten Resultate erzielt werden, wenn der Luftspalt nur etwa 2 mm beträgt. Bei geringerem Luftspalt würde ein zu starker dauernder Kraftfluß durch den Nebenschluß hindurchgehen, wodurch eine Schwächung in den Polschuhen und in der Membran bewirkt würde.

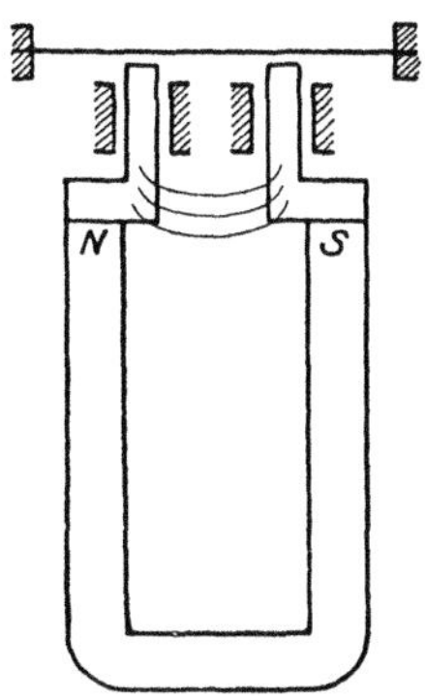

Abb. 483. Gewöhnliche Magnetform der normalen Telephone.

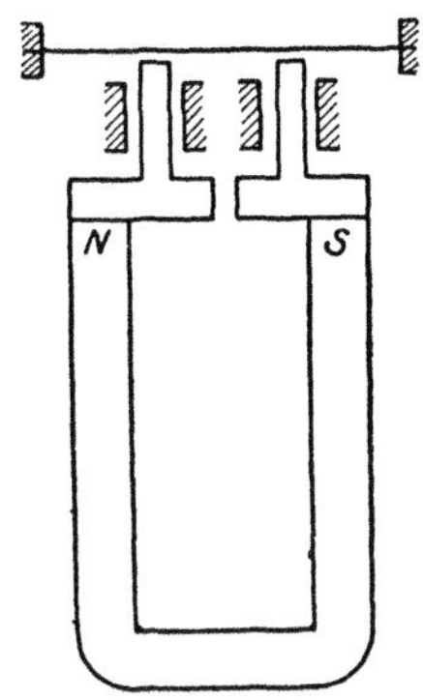

Abb. 484. Neue Magnetform von G. **Seibt**.

In welcher Weise durch Verwendung entspr. hochqualifizierten Materials und die Kombination der beiden angegebenen Kunstgriffe die Eigenschaft des Telephons verbessert wurde, zeigt Abb. 485, und zwar ist hierin ein alter Dosenfernhörer, wie er bei den Handapparaten des ZB-Betriebes benutzt wurde, in Vergleich gezogen mit

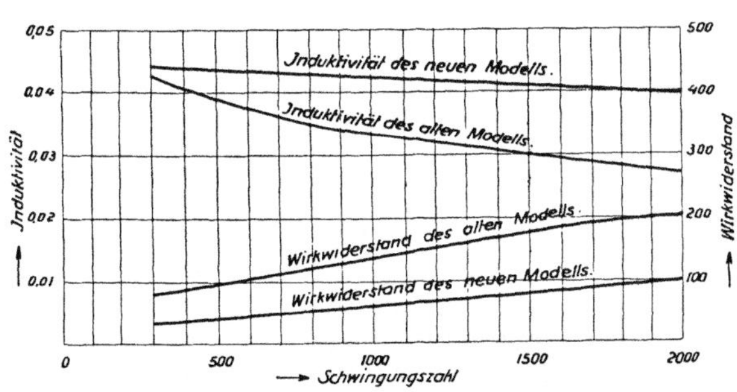

Abb. 485 Widerstand und Selbstinduktion beim alten und neuen Telephon.

einem neuen Seibtschen Telephon. Die Selbstinduktion der alten Ausführung betrug etwa 0,04 H, der Gleichstromwiderstand 60 Ohm. Für die Wicklung war einmal mit Seide besponnener Draht von 0,13 mm benutzt, bei einer Windungszahl von 550. Bei dem neuen Telephon wurde die gleiche Selbstinduktion bereits bei 500 Windungen erzielt, wobei der Drahtdurchmesser von 0,13 auf 0,17 erhöht wurde und der Gleichstromwiderstand von 60 auf 30 Ohm sank. Die charakteristischen Kurven von Abb. 485 lassen den sehr erheblichen Einfluß der Eisenunterteilung deutlich erkennen. Die Lamellen waren aus hochlegiertem Blech mit 4 $^0/_0$ Si von 0,25 mm Dicke ebenso wie die Membran hergestellt. Die Erhöhung der Lautstärke betrug gegenüber der alten Ausführung das 2,4fache.

8. Einfluß der Einschaltung des Hörers in Röhrenkreisen auf die Dimensionierung.

Bei der Dimensionierung des Telephons für den Radioempfang spielen aber auch die besonderen, jeweilig vorliegenden Einschaltverhältnisse eine gewisse Rolle.

Eine kurze Überlegung möge dieses zeigen:

Wenn man das in den Anodenkreis einer Röhre eingeschaltete Telephon mit äußerst geringer Amperewindungszahl versieht, so ist es klar, daß die Erregung und somit die Lautstärke auch nur gering sein können. Allerdings ist hierbei der Vorteil vorhanden, daß sich der Anodenstrom fast ungeschwächt ausbilden kann. Dieser Vorgang ist in Abb. 486 durch den linken Bereich der Kurve dargestellt.

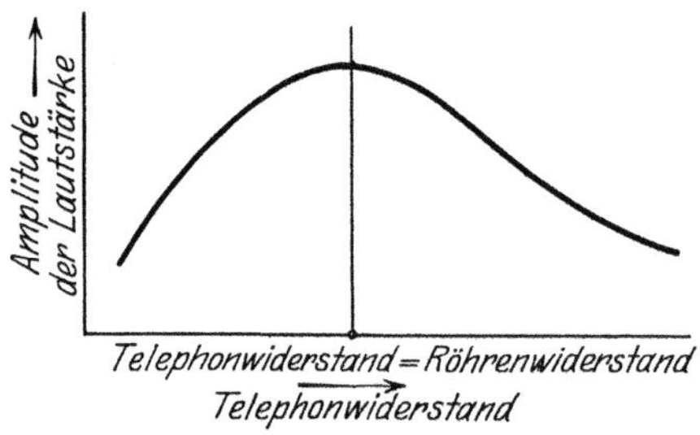

Abb. 486. Abhängigkeit des Wattverbrauches vom Telephonwiderstand (Röhrenwiderstand.

Der andere extreme Fall ist der, daß die Amperewindungszahl des Telephons, somit also auch der Ohmsche Widerstand, außerordentlich groß sind. Alsdann kann theoretisch der Vorteil vorhanden sein, daß die Lautstärke sehr groß ist; indessen tritt im Röhrenkreise der Nachteil auf, daß sich nur ein erheblich verminderter Anodenstrom ausbilden kann, da nur verhältnismäßig wenig Energie für die Röhre verbleibt. Diese Erscheinung ist in der Kurve rechts zum Ausdruck gebracht.

Wenn man nun eine größere Reihe von Telephonen (Kopfhörern) mit verschiedenen Widerständen (Amperewindungszahlen) nacheinander in den Anodenkreis einschaltet, so findet man ein mehr oder weniger ausgesprochenes Maximum der Lautstärke, welches theoretisch dann vorhanden ist, wenn der Telephonwiderstand gleich dem Röhrenwiderstand ist. Praktisch läßt sich dies nicht erreichen, da hierzu ein Telephonwiderstand entsprechend dem Röhrenwiderstand im Bereiche zwischen 10000 Ohm und etwa 100000 Ohm erforderlich wäre. Man begnügt sich daher praktisch mit einem Kompromiß, indem man entweder das noch wirtschaftlich mögliche Höchstmaß an Amperewindungen auf die Doppelkopfhörerspulen aufwickelt (ca 4000 bis 8000 Ohm), oder indem man einen Transformator in den Anodenkreis einschaltet, welcher mit einem entsprechenden Übersetzungsverhältnis versehen wird und welcher gestattet, einen billigen, niederohmigen Hörer sekundär anzuschalten.

9. Physiologische Eigentümlichkeit beim Abhören.

Auf eine physiologische Eigentümlichkeit beim Abhören mittels des Telephones sei nur kurz hingewiesen. Im allgemeinen sind die übertragenen, bzw. von der Membran wiedergegebenen akustischen Schwingungen verzerrt, da die hohen Töne und die den Konsonanten entsprechenden hohen Schwingungszahlen sehr viel kleinere Amplituden besitzen als die der Vokale und der tiefen Töne. Die letzteren werden infolgedessen erheblich besser und mit größerer Lautstärke wahrgenommen als die ersteren. Um die tiefen Töne und Vokale in ihrer Wirkung auf das Ohr nach Möglichkeit zu eliminieren, genügt im allgemeinen der sehr einfache Kunstgriff, die Telephonmuschel nicht ans Ohr anzudrücken, sondern vielmehr einige Zentimenter vom Ohr entfernt zu halten, da alsdann eine gewisse Egalisierung der Amplituden eintritt.

10. Gesichtspunkte für die Konstruktion von Telephonen für drahtlose Nachrichtenübertragung. Anforderungen und konstruktive Gesichtspunkte für die Haltevorrichtung.

Der Doppelkopfhörer soll auch von denjenigen R.-T.-Interessenten ständig benutzt werden, welche empfindlich sind, und die im lang andauernden Abhören von Telegraphierzeichen nicht die Erfahrung und Übung besitzen, wie dies z. B. bei Bord- oder Post-Telegraphisten der Fall ist.

Es ist infolgedessen bei einem Hörer für R.-T.-Zwecke besonders darauf zu achten, daß:

1. Das Gewicht des Hörers möglichst leicht ist, um den Kopf nicht unnötig zu belasten.

2. Der Druck, mit welchem die Hörer gegen die Ohren angedrückt werden, nicht allzu stark ist, da sonst unter Umständen ein Schmerzgefühl entstehen kann.

Nur wenn diese Bedingungen erfüllt sind, ist ein genußreiches dauerndes Anhören der R.-T.-Darbietungen möglich.

Die Telephonmembran wird im allgemeinen etwas schwächer gewählt als bei Drahttelephoniehörern üblich. Indessen ist hier Vorsicht geboten, da bei zu schwachen Membranen leicht die Sättigungsgrenze überschritten ist und hierdurch die Empfindlichkeit und die Lautstärke wieder abnehmen.

Die günstigsten Resultate, sowohl was Lautstärke als auch Tonreinheit anbelangt, scheinen bisher mit Ferrotypblech erzielt worden zu sein, und zwar benutzt man für Kopfhörermembrane eine Stärke von etwa 0,16—0,18 mm, während für Lautsprecher Stärken bis zu etwa 0,5 mm in Betracht kommen.

Da meist die Gefahr eines Anrostens dieser Membran vorliegen wird, ist man häufig dazu übergegangen, diese Membran zu lackieren. Dieses muß mit Vorsicht geschehen, damit nicht durch den Lacküberzug eine Verschlechterung der Tonreinheit eintritt.

Es sind, um diesem Übelstand zu begegnen, hochlegierte deutsche Membranebleche von Schoenwerck, G. m. b. H., Berlin NO. 18, in Vorschlag gebracht worden, welche eine Brünierung der Oberfläche aufweisen und infolgedessen einer Rostgefahr nicht ausgesetzt sind.

Auch die Vergoldung der Membran ist namentlich früher zuweilen ausgeführt worden.

Da der Abstand der Magnetpole von der Membran wesentlich ist, wird derselbe vielfach durch eine aus der Telephonkapsel herausgeführte Schraubanordnung einstellbar gemacht (siehe z. B. die Konstruktionszeichnung Abb. 491). Kaum billiger und auch weniger zweckmäßig, da insbesondere im Betriebe eine Einregulierung nicht möglich ist, ist die Ausführung, bei der der Abstand durch verschieden stark bemessene Unterlagsringe am Rande der Telephonkapsel einreguliert wird, wobei außerdem noch Gefahr der Exzentrizität vorliegen kann.

Da Anrufsvorrichtungen bei den üblichen Detektoren wohl nur selten in der Praxis Anwendung finden und man auch bei Röhrenempfängern mit Anrufseinrichtungen, um Strom und Röhren zu sparen, diese meist nicht betätigen wird, ist es, falls nicht besondere Telegraphierzeiten vereinbart werden, erforderlich, daß der die Telegramme abhörende Beamte mit dem Telephon am Ohr in Empfangsstellung verbleibt. Infolgedessen und wegen der oft mehrstündigen Darbietungen der R.-T.-Sender hat sich die Notwendigkeit einer leichten und guten Bügelkonstruktion der Telephone am Kopf herausgebildet.

Ist der von den Bügeln ausgeübte Druck zu gering, so ist das zwischen Hörmuscheln und der Membran befindliche Luftkissen zu groß, die Kopplung zwischen Membran und Trommelfell des Ohres ist zu lose, und die Lautstärke wird viel geringer als bei entsprechend festem Andrücken. Wird der Druck jedoch zu groß, so tritt, insbesondere bei längerem Gebrauch, ein Schmerzgefühl ein, und die Anordnung kann u. a. sogar gesundheitsschädlich wirken. Die Aufgabe ist keineswegs so einfach zu erfüllen, wie es zuerst den Anschein haben könnte, vor allem auch deshalb, weil die Kopfformen sehr abweichen und der Bügel für jeden beliebigen Kopf passen muß.

Man hat sich häufig dadurch zu helfen versucht, daß man die Telephonmuschel mit einem Filzring, Gummiwulst oder einem ähnlichen elastischen Material versehen hat. Diese Anordnungen haben sich jedoch nicht bewährt, da einmal diese Materialien infolge Hartwerdens ihre Elastizität allmählich einbüßen, andererseits aber, namentlich bei längerem Gebrauch in feuchten Räumen, im Freien und dergleichen sich zwischen dem aufgesetzten Ring und dem Ohr Feuchtigkeitsniederschläge bilden, die evtl. zu Ohrenentzündungen Veranlassung geben können.

Während früher und auch heute noch von manchen Firmen die Bügelanordnung in Form eines einfachen oder doppelten Stahlbandes, die in gewissen Grenzen mit Langlöchern verstellbar war (siehe Abb. 487 das Telephon von Brown), ausgeführt wurde, ist man heute meist zu belederten dünnen Bändern oder Drähten übergegangen.

Abb. 487. Bügelanordnung mit Einsteckvorrichtung beim Doppelkopftelephon von J. G. Brown Ltd., London.

Von den zahlreichen Einstellvorrichtungen, die vorgeschlagen worden sind, scheint sich eine in Amerika übliche Ausführung, von der Abb. 488 den unteren Teil der Haltevorrichtung samt Telephon wiedergibt, bewährt zu haben. Die Bügelvorrichtung besteht hierbei aus einem zweiteiligen elastischen Draht *a*, dessen untere Enden auf der Abbildung wiedergegeben sind. Dieser ist mit einem gegabelten Endstück *b* fest verbunden. In letzterem kann mittels einer Schraube *c* ein zylindrischer Halteteil *d* beliebig eingestellt werden. Die Einstellung erfolgt nach der Kopfform, dem Ohrabstand usw. Der zylindrische Halteteil besitzt an seinem unteren Ende eine Gabel *e*, in der das eigentliche Telephon samt Muschel *f* nahezu allseitig drehbar ist. Durch die mögliche Drehung des zylindrischen Teils *d* und des Telephons *f* kann in einfachster und bequemster Weise das Telephon jeder beliebigen Kopfform angepaßt werden und liegt auch während längerer Gebrauchsperioden so am Ohr an, daß ein unangenehmer Druck nicht auftritt.

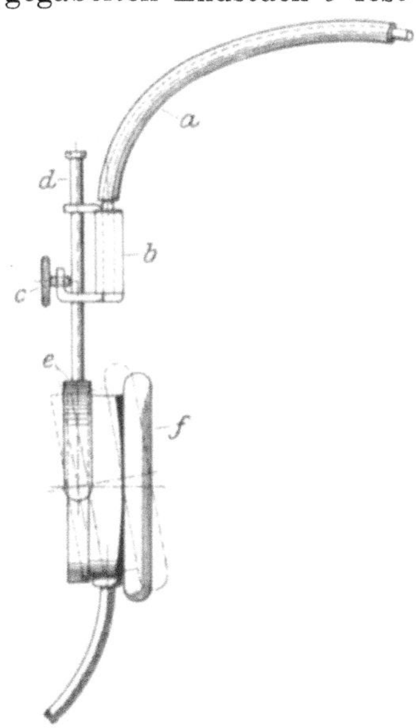

Abb. 488. Amerikanische Halte- und Einstellvorrichtung.

Wenn durch diese Konstruktion auch bereits der Vorteil erzielt ist, ein ungleich besseres Anliegen der Hörmuscheln am Kopf zu gewährleisten, so ist doch der Nachteil der verhältnismäßig umständlichen Einstellung der Hörmuscheln noch nicht völlig beseitigt. Zweckmäßiger ist daher die mit einem Klemmbügel versehene Haltevorrichtung der W. A. Birgfeld A.-G., die Abb. 489 wiedergibt. *a* sind die beiden belederten Kopfbügel, an deren unteren Teilen eine zwingenförmig aus Metallblech gebogene Öse *b* befestigt ist. In dieser kann der zylindrische Halteteil *c* des Kopffernhörers *d* leicht nach oben oder unten geschoben werden, sofern die Zwinge *e* aufwärts geklappt ist. Die Einstellung ist daher in einfacherWeise und rasch am Kopf möglich.

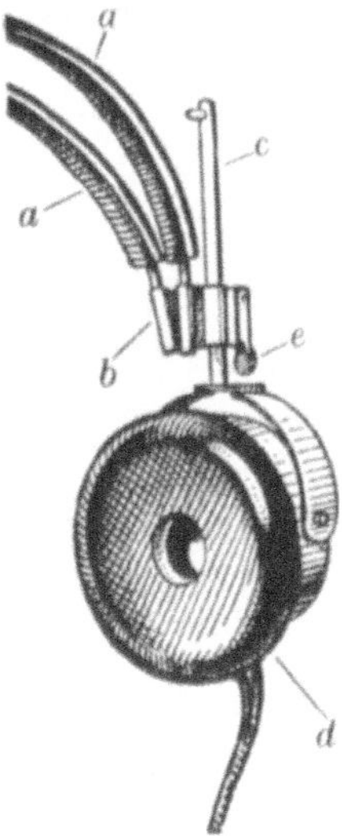

Abb. 489. Einstell- und Haltevorrichtung der W. A. Birgfeld A.-G.

Sobald die Hörmuscheln die richtige Lage eingenommen haben, wird die Zwinge *e* heruntergeklappt und die Hörmuscheln sind somit vollständig in ihrer Lage fixiert.

Neuerdings läßt man derartige Haltevorrichtungen frei und begnügt sich mit der natürlichen Reibung und Festhlatung des Halteteiles im Gleitlager.

Ein Beispiel hierfür zeigt Abb. 490. *a* sind zwei belederte dünne Stahldrähte, welche eine genügende Elastizität besitzen, um die Kopfhörer richtig gegen den Kopf andrücken zu können, andererseits aber gestatten, daß wenigstens innerhalb gewisser Grenzen die Bügel etwas gebogen und der Kopfform angepaßt werden können. Die Belederung ist durch untere Kappen *b* abgeschlossen, aus welchen die Enden der vorher erwähnten Stahldrähte *c* herausragen. Diese sind in ein Gleitlager *d* fest eingesetzt, welch letzteres auf der Achse des Halteteiles leicht hin- und herbewegt werden kann, jedoch so, daß immerhin noch genügende Reibung vorhanden ist, um nach erfolgter Einstellung am Kopf die Lage der Halteteile und damit der Kopfhörer beizubehalten.

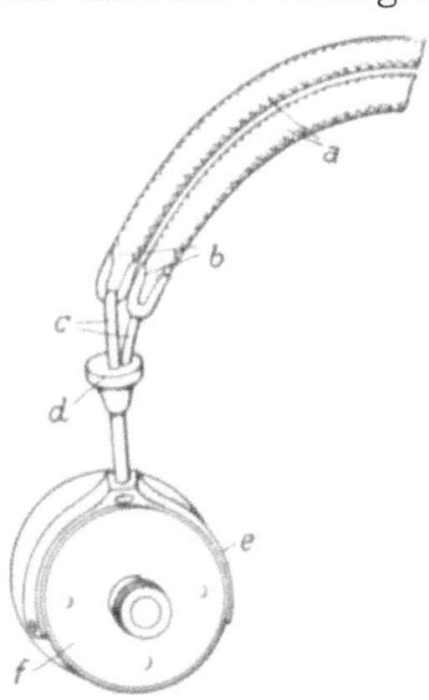

Abb. 490. Moderne Bügelanordnung beim Birgfeldhörer.

Die Gabel *e* des Halteteiles ist so ausgeführt, daß die Kopfhörermuschel *f* leicht herausnehmbar angeordnet ist, da z. B. der Wunsch bestehen kann, den einzelnen Kopfhörer ohne den Bügel zu verwenden.

Bei der Beschaffung von Hörern ist auch noch darauf zu achten, daß die Muscheln nicht etwa aus einem Isoliermaterial hergestellt sind, welches Phenol oder Phenolverbindungen enthält. Hierdurch können, insbesondere bei längerer Benutzung nicht nur Hautkrankheiten, sondern auch noch tiefergehende Erkrankungen des Ohres hervorgerufen werden.

Es ist überhaupt bei der Beschaffung von Hörern darauf zu achten, daß das Muschelmaterial einwandsfrei ist, was allerdings nicht ganz einfach ist, da sich die Veränderungen meist erst nach längerer Benutzung unangenehm bemerkbar machen.

Die Konstruktionsausführung eines guten Hörers mit Einstellvorrichtung zeigt Abb. 491 in zwei Schnitten und einer Draufsicht auf das Magnetsystem nebst Polschuhen usw. nach Entfernung der Hörermuschel und der Membrane. Aus der Abbildung ist auch der Zusammenbau der in diesem Fall zweifachen Magnete mit den Polschuhen erkennbar, welche, aus massivem Material hergestellt, mit einigen Einschnitten

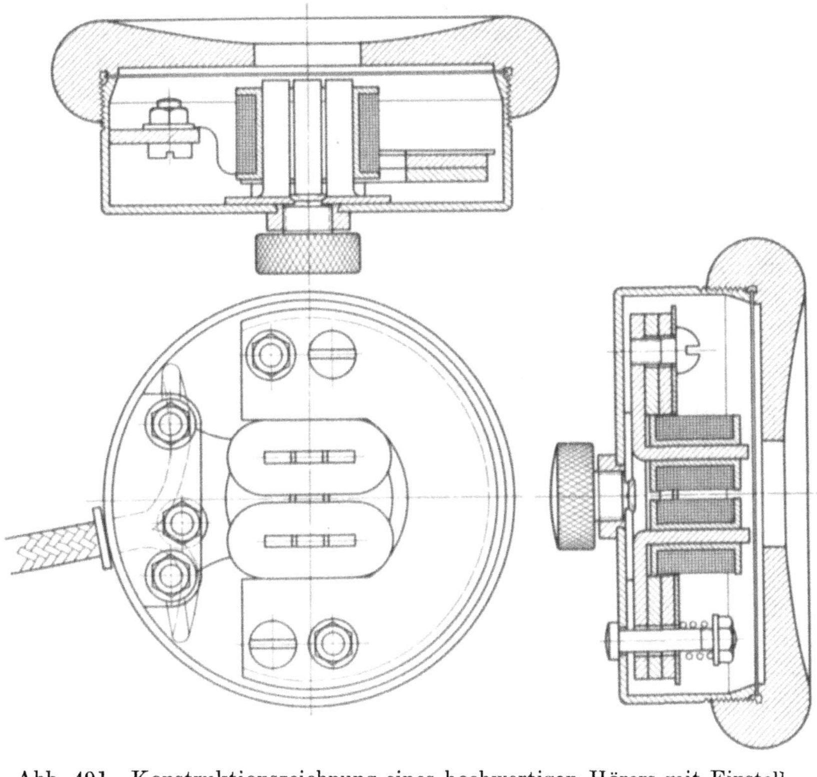

Abb. 491. Konstruktionszeichnung eines hochwertigen Hörers mit Einstellvorrichtung.

ausgeführt sind, um das Auftreten von Wirbelströmen möglichst zu verhindern.

Die Einregulierung, welche durch die aus dem Gehäuse herausragende Schraube bewirkt wird, arbeitet allerdings nicht völlig symmetrisch, d. h., es ist eine gewisse Exzentrizität der Einstellung möglich. Immerhin ist diese so gering, daß sie praktisch keine wesentliche Bedeutung hat.

11. Telephone für Radiotelegraphie und -telephonie.

Die Empfindlichkeit eines Hörers hängt weiterhin ab (siehe auch oben unter 3, S. 490):

1. Von der Stromstärke, die durch die Magnetwindungen fließt.

2. Von der Amplitude der Membran, die ihrerseits eine Funktion der Frequenz ist und im übrigen auch von den elektrischen Werten der Magnetspulen beeinflußt wird.
3. Von der Kurvenform des durch die Magnetwindungen hindurchfließenden Stromes, wobei die Verhältnisse um so günstiger werden, je sinusförmiger der Strom ist.
4. Von den Eigenschaften der das Telephon erregenden Speisequelle. Dieses ist in besonderm Maße wesentlich, wenn das Telephon durch einen Transformator mit der Apparatur (Empfangskreis) verbunden ist.

Abgesehen von den vorgenannten Punkten ist es grundsätzlich verschieden, ob der Hörer für Radiotelegraphie oder -telephonie benutzt werden soll. Im ersteren Fall werden meist die Morsezeichen mit einem bestimmten Ton gegeben. Um diese Tonwirkung am besten ausnutzen zu können, muß das Telephon tunlichst die Eigenschaft eines Monotelephons besitzen; infolgedessen werden Telephone mit besonders hervortretender Resonanzschwingung vorteilhaft sein.

Ganz anderer Art sind die Anforderungen, die an einen Hörer für Radiotelephonie gestellt werden. Hier wird gerade im Gegensatz verlangt, daß jede Resonanzwirkung nach Möglichkeit vermieden ist, und daß der Hörer im Gesamtgebiet der übertragenen Sprachlaute oder Töne ohne irgendwelche Resonanzwirkung gleichmäßig empfindlich ist. Es kommt hierbei besonders darauf an, daß die Membran ohne jede Verzerrung die Sprechströme im gesamten Bereich wiedergibt.

a) Telephon für Radiotelegraphie von H. W. Sullivan.

In Abb. 492 ist eine derartige vielfach gebräuchliche Telephonkonstruktion von H. W. Sullivan in London wiedergegeben. Es ist hier für jedes Ohr ein Telephon vorgesehen, die durch die biegsame Schnur in Reihe geschaltet sind. Um eine leichte Beweglichkeit herbeizuführen, ist jedes Telephon mit einem kugelförmig gestalteten Gelenk ausgerüstet und mit je einem federnden Halteteil verbunden. Jeder dieser Halteteile gabelt sich in zwei mit Hartgummi überzogene Blattfedern, wobei durch eine be-

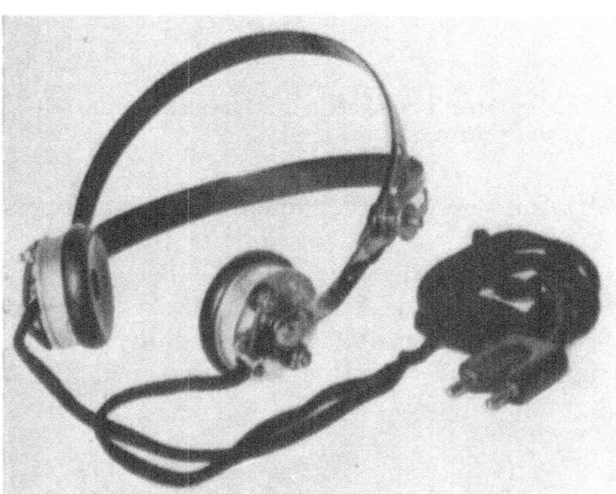

Abb. 492. Telephon mit ausgesprochener Resonanzlage für Radiotelegraphie von H. W. Sullivan.

sondere Schraube eine bequeme Einstellung am Kopf ermöglicht ist.

Obwohl die Telephone bei sehr klein gehaltenen Membranen klein und leicht gehalten sind, kann sich doch der Übelstand herausbilden, daß bei lange währender Bedienung der Bügeldruck auf die Ohren unangenehm empfunden wird. Bei anderen Konstruktionen ist dieses durch eine geschicktere Formgebung des Bügels oder dadurch vermieden, daß an Stelle des zweiten Bügels ein bequemes, durch einen Schieber einstellbares Band vorgesehen ist.

b) Doppelkopfhörer für Radiotelephonie der W. A. Birgfeld A.-G.

Bei dem Doppelkopfhörer der W. A. Birgfeld A.-G. sind die Erfahrungen des amerikanischen Radiotelephonwesens ausgenutzt. In elektrischer Beziehung sind dadurch die für Radiotelephonie günstigsten Verhältnisse erzielt worden, daß das Telephon für eine nicht hervortretende Eigenschwingung dimensioniert und konstruiert worden ist. (Siehe Abb. 493.) Infolgedessen arbeitet dasselbe im gesamten Sprach- und Tonbereich mit annähernd gleicher Empfindlichkeit. Diese konnte verhältnismäßig hoch dadurch erzielt werden, daß sowohl für die Magnete als auch für die Membran bestes Material (Ferrotypeisen) benutzt wurde. Infolgedessen sind die im Telephon entstehenden Verluste nur gering. Durch eine sorgfältige und stabile Konstruktion und Fabrikation wurde ferner erreicht, daß der ein Minimum betragende Abstand zwischen Polschuhen und Membran an allen Punkten derselbe ist. Eine Nachstellung durch den Benutzer wurde bei dieser Ausführung absichtlich vermieden. Außerdem ist das Gewicht der Gesamtanordnung so gering, daß eine Belästigung auch bei längerem Betriebe nicht eintritt.

Abb. 493. Geöffneter Hörer des Doppelkopfhörers der Birgfeld A.-G.

c) Glockenmagnet-Doppelkopftelephon von Kramolin & Co.

Praktisch neue Anordnungs- und Konstruktionsgesichtspunkte sind von der Firma Kramolin & Co. in München in den Telephonhörerbau für Radiozwecke gebracht worden. In erster Linie ist das Bestreben bemerkenswert, die Wirkung des Magnetsystems auf die Membrane tunlichst zentral zu gestalten. Zu diesem Zweck ist entgegen den sonst gebräuchlichen Anordnungen ein Glockenmagnetsystem gewählt worden, das eine konzentrische Magnetspulenanordnung darstellt. Hierdurch ist der zweite Vorteil der Anordnung ermöglicht worden, die Magnetspulen mit zwei Steckkontakten leicht auswechselbar zu machen. Es ist also sowohl dem Verkäufer als dem Benutzer ohne weiteres möglich, nach Abschrauben der Hörermuschel und der Membran durch Auswechseln der Spule rasch die gewünschte Ohmzahl des Telephons herzustellen. Bei den auch in werkstattechnischer Beziehung sehr gut durchkonstruierten Hörern sind die Hörmuscheln und die Membran durch einen elfenbeinartigen Zelluloidüberzug gegen Verschmutzen, Feuchtigkeit usw. geschützt. Auch die Bügel sind durch einen solchen Zelluloidüberzug unempfindlich gemacht. Infolgedessen kann man diese Teile durch Abwaschen säubern.

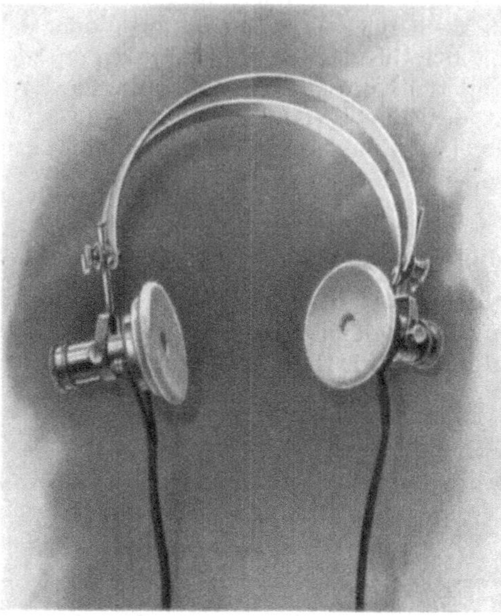

Abb. 494. Glockenmagnethörer von Kramolin.

Abb. 494 zeigt ein vollständiges Doppelkopftelephon. Infolge des gewählten Glockenmagnetsystems ist die Konstruktion länger ausgeführt als bei sonst gebräuchlichen Hörmuscheln.

In Abb. 495 sind die Einzelteile des Telephons dargestellt, und zwar ist *a* die ebenso wie die Membran *b* mit Zelluloid überzogene Hör-

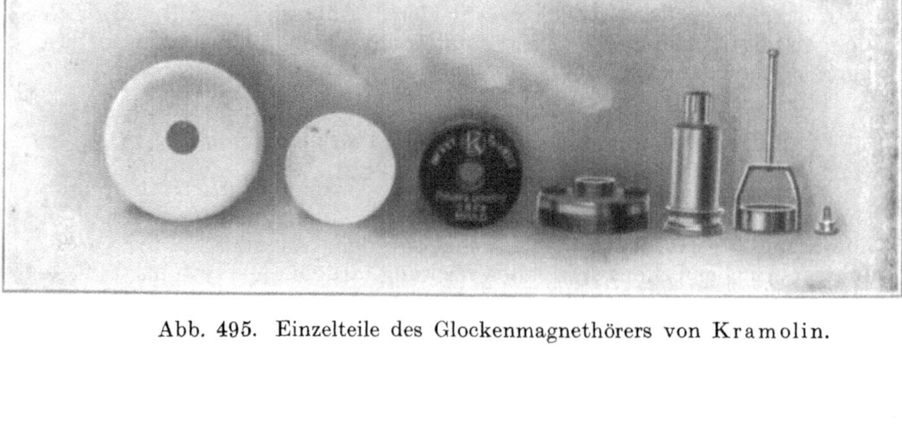

Abb. 495. Einzelteile des Glockenmagnethörers von Kramolin.

muschel; *c* ist ein Spulenkörper von 3000 Ohm Widerstand, der nach Lösen zweier Muttern bequem ausgewechselt werden kann; *d* ist die Hörerkapsel, *e* das Glockenmagnetsystem, dessen Mittelpol durch Schraube und Gegenmutter leicht eingestellt, bzw. befestigt werden kann. *f*, *g* und *h* sind Hebel, Befestigungsring und Feststellschraube, womit das Einzeltelephon in leicht verstellbarer Weise am Kopfbügel befestigt ist.

d) Das Brownsche Zungentelephon.

Im Telephonbau hat S. G. Brown wohl als erster das bis dahin praktisch kaum angewendete Zungenprinzip mit gutem Erfolg benutzt. Teils schematisch, teils den wirklichen Verhältnissen entsprechend, gibt Abb. 496 ein derartiges Zungentelephon in zwei Schnitten, Abb. 497 in Ansicht von oben wieder. Das Magnetsystem wird aus den Spulen *a* gebildet, welche auf die Polschuhe *b* aufgeschoben sind. Letztere bilden die Fortsetzung des Magneten *c*. Die Polschuhe wirken auf die aus Weicheisen gebildete Zunge *d*, die ihrerseits auf dem Haltebock *e* befestigt ist, andererseits auf dem Anschlag *f* aufruht. Die Einstellung erfolgt mittels der Schraube *g*, wodurch der Luftspalt zwischen der Zunge *d* und den Polschuhen *b* außerordentlich fein einreguliert werden kann. Hierdurch wird eine Variation des Magnetschlusses herbeigeführt. Gleichzeitig wird die Empfindlichkeit und auch die Abstimmung der Zunge variiert. Mit der Zunge *d* ist die Membrane *h* fest verbunden, wodurch die äußerst geringen Bewegungen der Zunge in Schallintensität umgeformt werden. Auch die Befestigung der Membrane an der Dose des Telephons stellt eine Besonderheit dar, indem sie entweder aus sehr dünnem Papier, aus Fischblase oder dergleichen angebracht ist. Bei neueren Konstruktionen scheint Brown dieses vermieden zu haben, indem er die Membran mit einer zentrischen Eindrückung versieht, wodurch eine besonders gute Elastizität und somit verzerrungsfreie Schallwidergabe erzielt wird.

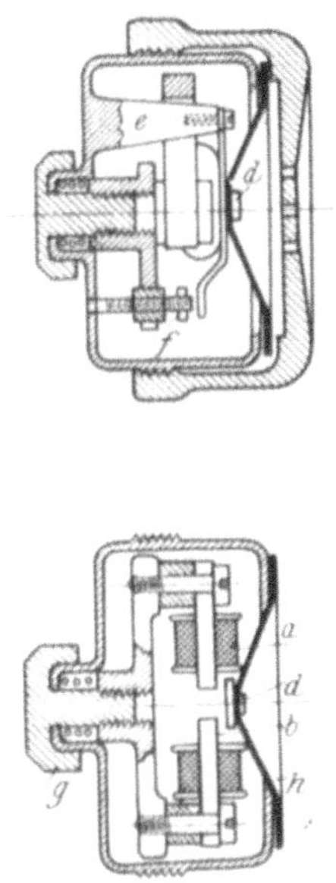

Abb. 496. Schnitte durch das Brownsche Zungentelephon.

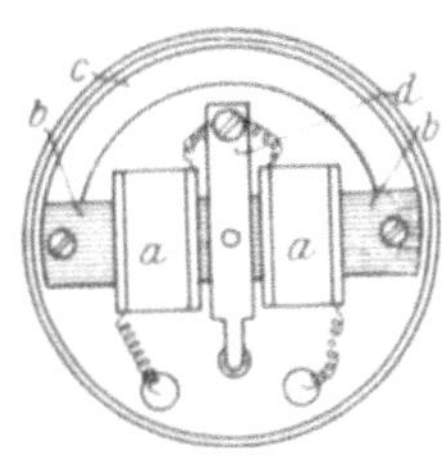

Abb. 497. Ansicht von oben auf das Brownsche Zungentelephon.

e) Saba-Hörer von Ehrhardt & Hamann.

Die einzelnen Bestandteile eines Doppelkopfhörers von Ehrhardt & Hamann (sog. Saba-Hörer) ist in Abb. 498 wiedergegeben. Hieraus sind nicht nur die Magnete nebst den geschlitzten Polschuhen vor und nach der Montage sowie die Telephonspulen, die Membran, das Gehäuse, die Muschel, der Abschlußdeckel und die Befestigungselemente

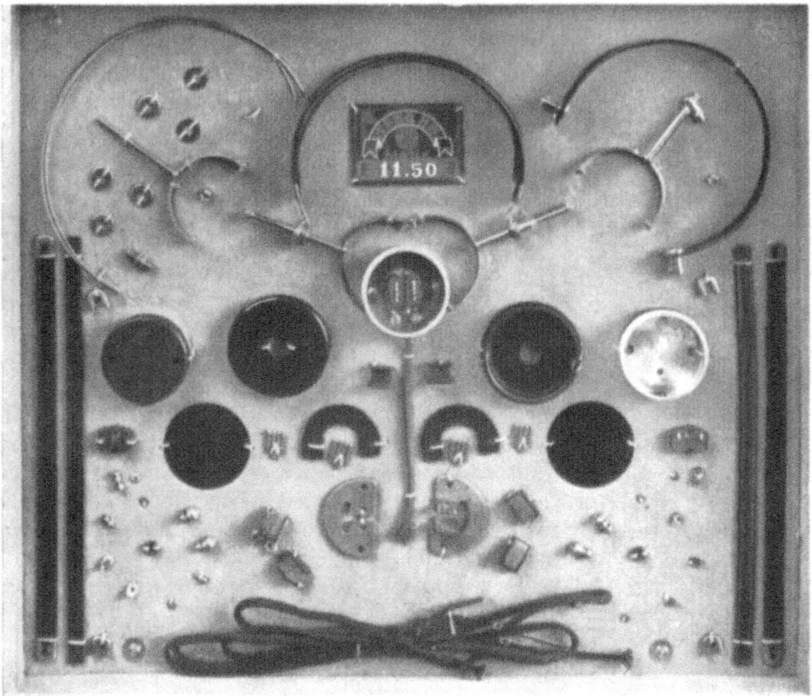

Abb. 498. Einzelteile zu einem Sabahörer.

zu ersehen, sondern es gehen hieraus auch die Bügel nebst den Haltevorrichtungen, sowie sonstige Einzelteile hervor.

f) Der Benaudi-Hörer.

Der Benaudi-Hörer von C. Hausdorf kann sowohl in Form einer Hörmuschel oder wie beim Doppelkopftelephon in Form von 2 Hörmuschel oder wie beim Doppelkopftelephon in Form von 2 Hörmuscheln gemäß Abb. 499 ausgeführt werden. Jede dieser Muscheln besteht aus einer wulstförmigen Kapsel, welche ohne weiteres aufs Ohr gehängt werden kann. Da die Konstruktion sehr leicht ausgeführt ist, tritt keine nennenswerte Belastung des Ohres ein. Die Anordnung könnte einen Nachteil haben, der darin besteht, daß der Abstand zwischen der Membran und dem Trommelfell des Ohres entweder überhaupt zu groß ist, da ja die Anpressung fehlt, oder daß, namentlich bei Bewegung des Kopfes, der Abstand veränderlich ist. Dies kann aber einerseits dadurch behoben werden, daß man beim einmuscheligen Benaudi-Hörer die Hörmuschel mit der Hand leicht an das Ohr drückt, oder, was in den meisten Fällen zweckmäßiger sein wird, indem man die beiden Muscheln durch einen lediglich sie zusammenhaltenden und nur in äußerst geringem Maße gegen die Ohren leicht andrückenden Bügel zusammenhält, welcher so gestaltet ist, daß der Benaudi-Hörer ohne weiteres angelegt werden kann, also ohne die Kopfbedeckung abzunehmen oder zu verrücken.

Abb. 499. Benaudi-Hörer mit Bügel.

Die Abbildung zeigt einen derartigen Benaudi-Hörer in Gebrauchsstellung. Die Funktion des aus der Abbildung ersichtlichen, sehr leicht ausgeführten Bügels dürfte hiernach ohne weiteres klar sein.

B. Lautsprecher.

1. Resonanz- und Verzerrungserscheinungen beim Lautsprecher.

Von einem brauchbaren Lautsprecher wird verlangt, daß er im Bereich zwischen 30 und 10000 Schwingungen pro Sekunde ohne Hervorhebung irgendwelcher Resonanzlagen und tunlichst verzerrungsfrei eine möglichst laute Schallwiedergabe gewährleistet.

Diese Aufgabe zerfällt in einen elektrischen und einen akustischen Teil, wobei allerdings zu beachten ist, daß der akustische Teil zum Teil dieselben Probleme behandelt wie der elektrische.

Die Gesamtaufgabestellung ist scheinbar nicht allzu schwierig. In Wirklichkeit ist es aber trotz der ganz enormen Arbeit, die in der ganzen Welt auf das Lautsprecher-Problem bisher verwendet wurde, nicht gelungen, eine allgemein befriedigende Lösung zu finden. Sofern die Schallwiedergabe verhältnismäßig nicht allzu groß sein soll, sind allerdings eine ganze Reihe brauchbarer Lautsprecher auf den Markt gekommen. Um jedoch große Räume zu füllen, bzw. Wiedergabe im Freien zu vermitteln, sind die bisher erzielten Resultate nicht allzu befriedigend, und es ist zu hoffen, daß noch wesentliche Vervollkommnungen erreicht werden.

Die außerordentliche Schwierigkeit, mit dem Lautsprecher insbesondere künstlerische musikalische Genüsse zu vermitteln, besteht in allen Fällen in der verhältnismäßigen Kleinheit seiner Membrane, bezogen auf den Schallraum, welcher gefüllt werden soll. Infolgedessen ist die Wirkung, die ein einzelner Lautsprecher vermitteln kann, stets nur eine zentrale, während eine Kapelle, bzw. ein Orchster stets mehr flächenhaft die akustischen Schwingungen erzeugt, so daß auf den Zuhörer auch die Phasendifferenz zwischen den einzelnen Instrumenten und Tönen zum Ausdruck gelangt. Um einen Vergleich heranzuziehen: Der Lautsprecher entspricht in seiner Wirkung etwa derjenigen eines Scheinwerfers, also einer punktförmigen Lichtquelle, während das Analogon zum Orchester etwa dem Sonnenlicht mit den der parallelen Beleuchtung entsprechenden Schattenwirkungen gleichen würde. Das räumliche Hören, welches bisher mit einem einzelnen Lautsprecher nicht erreicht werden kann, wird in gewissem Maße durch mehrere gleichzeitig betriebene Lautsprecher hervorgerufen.

Während beim Hörer die Luftkopplung zwischen Telephonmembrane und menschlichem Ohr infolge des äußerst geringen Abstandes sehr fest ist, wodurch sich außerordentlich günstige Betriebsbedingungen ergeben, ist beim Lautsprecher das Gegenteil der Fall. Hier wird verlangt, da selbst in einem Abstande von mehreren Metern die Membrane noch so stark schwingt, daß eine genügende Schallintensität auf das Ohr übermittelt werden kann.

Die Folge davon ist, daß einerseits in den weitaus meisten Fällen die Membrane des Lautsprechers überbeansprucht wird, und andererseits, daß gerade die Oberschwingungen, welche für den Charakter von Sprache und namentlich von Musik von größter Bedeutung sind, mehr und mehr verloren gehen. Es kommt noch hinzu, daß hierdurch auch die Phasendifferenzen, welche bei normaler Musikerzeugung durch eine Kapelle hervorgerufen werden, infolge der begrenzten Ausdehnung der Membrane mehr und mehr zum Verschwinden gebracht werden.

Der Wirkungsgrad eines Lautsprechers ist außerordentlich gering. Während nämlich, wenn die dem Lautsprecher zugeführte elektrische Energie 2 Milliwatt ausmacht, beträgt die Schallenergie bei normalem Sprechen nach englischen Messungen nur etwa 125 Erg, also 0,0125 Milliwatt, d. h. also der Wirkungsgrad beträgt kaum $1^0/_0$.

Die meisten Lautsprecherkonstruktionen benutzen eine Membran, welche die Schallintensität wiedergibt. Das Optimum wird erreicht mit verhältnismäßig stark gespannten Membranen, welche tunlichst klein und leicht ausgeführt sind.

Um die Wirkung der Membrane zu erkennen, ist es erforderlich, sich eine Versuchsanordnung aufzubauen, welche die Aufnahme der Frequenz objektiv gestattet. Dieses kann z. B. mittels einer Einrichtung gemäß Abb. 500 geschehen. *a* ist ein Mittelfrequenzerzeuger, welcher Schwin-

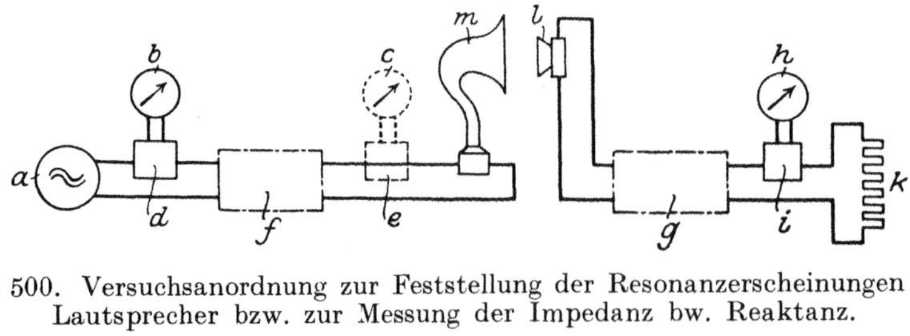

Abb. 500. Versuchsanordnung zur Feststellung der Resonanzerscheinungen beim Lautsprecher bzw. zur Messung der Impedanz bw. Reaktanz.

gungen im Bereiche zwischen 10 und etwa 16000 pro Sekunde herzugeben gestattet. *b*, *c* und *h* sind Milliamperemeter, *d*, *e* und *i* sind Thermosäulen, *f* und *g* sind geeichte Verstärker, *k* ist ein Widerstand, welcher zur Regulierung der Impedanz der abgegebenen Energie dient, welche dem Verstärker *g* zugeführt wird. *l* ist ein Mikrophon als Sender und *m* der zu versuchende Lautsprecher.

Wenn man mit einer solchen Anordnung die Lautstärke, welche die Lautsprechermembrane erzeugt, bei verschiedenen Frequenzen aufnimmt, so wird man eine Kurve finden, deren Charakter ungefähr in Abb. 501 wiedergegeben ist (F. Trautwein). Diese stark ausgezogene Kurve zeigt, daß die Schallstärke nicht eine gerade, sondern vielmehr eine, abgesehen von gewissen Resonanzhöckern, fallende Charakteristik darstellt. Sie zeigt ein deutliches Maximum bei der Grundschwingung von 300 Perioden pro Sekunde und weiterhin ausgesprochene Maxima bei den Vielfachen dieser Grundschwingungen, nämlich bei 600, 900, 1200, 1500 usw. Perioden. Das bedeutet, daß diejenigen Schwingungen der übertragenen Sprache und Musik, welche in die genannten Bereiche hineinfallen, übermäßig lautstark wiedergegeben werden, während die anderen Bereiche entsprechend geschwächt nur in Erscheinung treten.

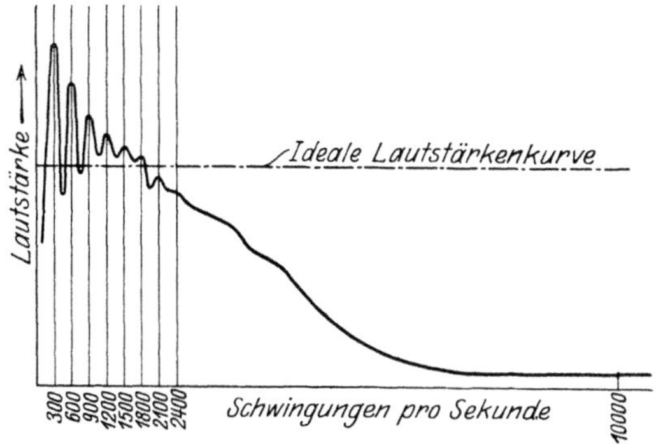

Abb. 501. Verhalten der Lautsprechermembrane bei verschiedenen Frequenzen.

Darüber hinaus zeigt aber die Kurve die weitere, vielleicht noch unangenehmere Erscheinung, daß die tieferen Frequenzen mehr und mehr lautschwach wiedergegeben werden, und daß schließlich über etwa 5000 Perioden eine sehr geringe, sich allerdings alsdann ziemlich konstant haltende Schallwiedergabe einstellt.

An einen idealen Lautsprecher müßte die Forderung gestellt werden, daß er für einen bestimmten Frequenzbereich und für jede ihm aufgedrückte Stromstärke eine konstante Impedanz besitzt. In Wirklichkeit zeigen Messungen an ausgeführten Lautsprechern außerordentliche Unregelmäßigkeiten, d. h. das Hervortreten von Resonanzlagen bei bestimmten Frequenzen, wie dies schon Abb. 501 zeigt. Man erhält als Abhängigkeit zwischen der akustischen und elektrischen Impedanz eine Kurve, welche beispielsweise der Abb. 502 entspricht. Hierin bedeutet jeder Knotenpunkt eine bestimmte Resonanzlage. Angestrebt würde eine Kurve, entsprechend Abb. 503, welche ziemlich frei von Resonanzlagen sein würde.

Die ideale Charakteristik eines Lautsprechers würde eine Parallele zur Abszisse darstellen, wie sie in Abb. 501 durch die —·—·—-Linie dargestellt ist.

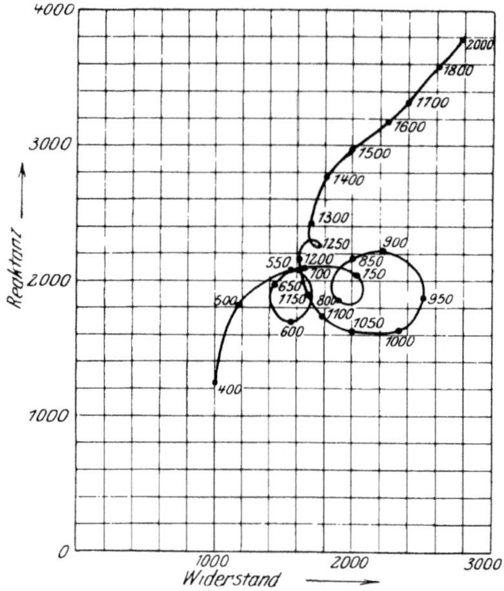

Abb. 502. Impedanzkurve eines Lautsprechers, die zahlreiche Resonanzlagen zeigt.

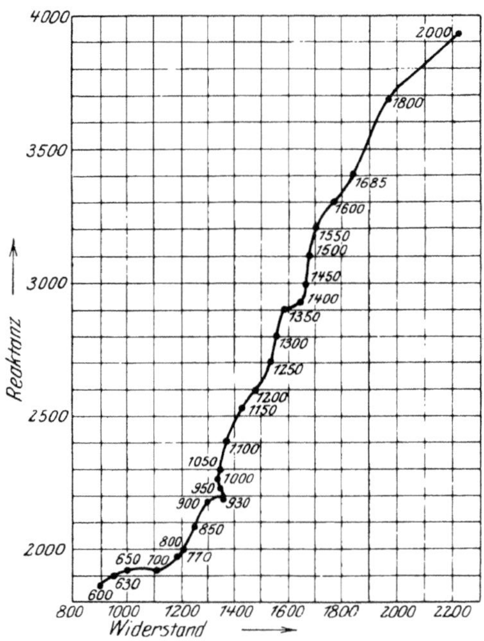

Abb. 503. Nahezu ideale Impedanzkurve, welche bei geschickter Anordnung erzielt werden kann.

Die Folge dieser höchst unerfreulichen Erscheinungen macht sich sowohl bei Sprache als auch bei Musik sehr unangenehm bemerkbar. Bei der Sprache werden gewisse Oberschwingungen, etwa gewisse Zischlaute oder auch Vokale hervorgehoben und im Verhältnis zu der übrigen Sprache zu lautstark wiedergegeben. Allerdings ist das Ohr hierfür nicht allzu empfindlich, da es sich infolge der langen Übung im Draht-Telephonieverkehr daran gewöhnt hat, mehr das Skelett der Sprache zu hören, als die volle akustische Form der Schwingungen.

Bei der Musikübertragung indessen, wobei das Ohr außerordentlich viel empfindlicher ist, wird die vorbeschriebene Erscheinung des Herausziehens besonderer Resonanzlagen unter Umständen so unangenehm empfunden, daß jede künstlerische Qualität verloren gehen kann. Um für Musikempfang einen guten Lautsprecherbetrieb durchzuführen, ist daher peinlichst darauf zu achten, daß Resonanzlagen möglichst vermieden, bzw. auf ein erträgliches Maß reduziert werden. Für den guten Musikempfang ist es unbedingt notwendig, daß die Grundschwingungen und die Obertöne in möglichst voller Reinheit durch den Lautsprecher zum Ausdruck gelangen.

Abgesehen von der Heraussiebung besonderer Resonanzlagen durch die Membran ist bei der Konstruktion und Dimensionierung eines elektromagnetischen Lautsprechers naturgemäß in noch größerem Maße auf die Vermeidung jeder Verzerrungsmöglichkeit peinlichst Rücksicht zu nehmen. Die diesbezüglichen Gesichtspunkte waren bereits in dem Abschnitt über Verzerrungsvermeidung beim gewöhnlichen Kopfhörer besprochen worden. Beim Lautsprecher spielen diese Verhältnisse eine ungleich wesentlichere Rolle, da mit außerordentlich verstärkter Amplitude, und zwar um so mehr, als die Lautstärke hierbei größer ist, die Verzerrung bewirkt wird und Oberschwingungen herausgezogen werden.

Auch das Entstehen von Schwebungen und der hierdurch als Mißtöne stark empfundenen Erscheinungen werden beim Lautsprecher um so mehr begünstigt, je größer die Schallamplitude ist. Es kann daher bei den meisten Konstruktionen beobachtet werden, daß bei verhältnismäßig geringer Erregung und demzufolge geringer Lautstärke die Schallwiedergabe noch verhältnismäßig sauber ist, und daß sie um so schlechter wird, je mehr die Schallintensität wächst. Es ist auch aus diesem Grunde erforderlich, wenn man Lautsprecher miteinander vergleichen will, dieses bei gleicher Lautstärke zu bewirken.

Die für die Kopfhörer geltenden diesbezüglichen allgemeinen Gesichtspunkte zur Vermeidung von Verzerrungswirkungen kommen in erhöhtem Maße für den Lautsprecher in Betracht. Infolgedessen sind an und für sich, soweit das elektromagnetische Prinzip berücksichtigt wird, Konstruktionen günstiger, bei welchen das Doppelprinzip durchgeführt ist, bei denen also die Membran unter entsprechender Schaltung und entsprechendem Wicklungssinn zweiseitig erregt wird, und in der Tat sind recht brauchbare Lautsprecherkonstruktionen auch nach diesem Prinzip auf den Markt gekommen.

Wenn es sich darum handelt, Lautsprecher für sehr große Räume, bzw. für das Freie zu schaffen, wird, soweit überhaupt das elektromagnetische Prinzip hierfür herangezogen werden soll, die Berücksichtigung des doppelseitigen Magnetsystems in erster Linie in Betracht kommen.

Ein Hauptererfordernis, um gute Resultate mit dem Lautsprecher zu erzielen, ist es natürlich, daß genügende Energie zur Verfügung steht. Infolgedessen ist wohl stets eine hinreichende Verstärkung der Empfangsschwingungen notwendig, es sei denn, daß z. B. bei außerordentlich großer Nähe vom Sender die Empfangsengerie des Empfängers an und für sich schon ausreichen sollte.

Diese Energiemenge ist nicht nur nötig, um den Lautsprecher an und für sich zu betreiben, sondern um Verzerrungen und Nebentöne usw. nach Möglichkeit auszuschalten, wird es meist erforderlich sein, eine gewisse Dämpfung anzuwenden.

Im übrigen gilt aber für Beseitigung der Verzerrungen wieder das, was überhaupt für einen befriedigenden Lautsprecherbetrieb als Grundgesetz anzuführen ist, nämlich daß der Lautsprecher mit einem entsprechend dimensionierten, richtig durchgesteuerten Verstärker zusammen betrieben wird. Verstärker und Lautsprecher bilden, insbesondere bei Ausführungen für größere Lautstärken, ein zusammenhängendes Ganzes, welches nicht unnötig auseinander gerissen werden sollte. Die günstigste Dimensionierung aller Einzelteile und die passende Abgleichung des Ganzen ist hierbei der wesentlichste Faktor für eine möglichst resonanzlagenfreie, tunlichst wenig verzerrte Schallwiedergabe gewünschter Stärke.

2. Mittel, um gute Schallwirkung beim Lautsprecher zu erzielen.

Als wesentlicher Gesichtspunkt für die Konstruktion des Magnetsystems eines Lautsprechers gilt weiterhin die besondere Forderung, daß die Angriffsfläche möglichst klein sein soll. Am idealsten wäre natürlich aus theoretischen Gesichtspunkten heraus ein punktförmiger Angriff, da allgemein so die reinsten Schwingungen der Membrane erwartet werden könnten. Dieses läßt sich natürlich nur sehr angenähert erzielen, z. B. durch Konstruktion nach dem Topfmagnetsystem. Dieses zeigt jedoch wieder den Nachteil verhältnismäßig geringer Lautstärke. Infolgedessen muß man zwischen beiden Forderungen ein Kompromiß schließen.

a) Abstimmung der Membran.

Die Mittel, welche im großen ganzen anzuwenden sind, um die vorstehende Aufgabe möglichst vollkommen zu erfüllen, sind folgende:

Die Membran soll möglichst klein dimensioniert und leicht ausgeführt sein und tunlichst stark gespannt werden. Allerdings sind diese Forderungen zum Teil der zu erzielenden Schallintensität abträglich. Eine größere Membran wird bei gleichem Energieaufwand mehr Schallintensität hergeben als eine kleine; und eine scharf gespannte Membran läßt erheblich weniger Lautstärke erzielen als eine weniger gespannte. Infolgedessen muß man, wie stets in der Technik, ein Kompromiß schließen und sowohl mit der Dimensionierung nicht soweit heruntergehen, als auch die Membrane nicht allzu scharf anspannen, sondern vielmehr durch andere dämpfende Mittel versuchen, die Maximalamplitude der Resonanzhöcker abzuflachen. Dieses geschieht dadurch, daß man die Membran durch Filz-, Gummistreifen oder dergleichen abdämpft, und indem z. B. durch Flaumfedern die Membran teilweise abgefangen wird. Hierdurch ist es besonders möglich, die als Schwirrtöne hervortretenden Geräusche zu reduzieren.

Um bei den tieferen Frequenzen die genügende Schallenergie zu erzielen, ist es erforderlich, eine entsprechend große Verstärkung zu verwenden, welche bei den höheren Frequenzen teilweise vernichtet wird.

Ein weiteres wesentliches Mittel besteht darin, daß der Abstand zwischen Membran und Polschuhen nicht allzu gering gewählt wird. Bei Besprechung des Kopfhörers war festgestellt worden, welche Wirkung der Abstand der Membrane von den Polschuhen besitzt. Die Berücksichtigung dieser Verhältnisse gilt in ungleich höherem Maße infolge der sehr viel größeren Lautstärkeamplitude naturgemäß für den Lautsprecher. Infolgedessen sind wohl alle Membranlautsprecher, und dieses ist bisher der größte Prozentsatz der Lautsprecherkonstruktionen überhaupt, mit Einstellvorrichtungen versehen, welche den Abstand der Polschuhe von der Membran einzuregulieren gestatten.

b) Ausbildung des Trichters.

Abgesehen von gewissen Konstruktionen, welche unten erwähnt sind, arbeiten die meisten Lautsprecher mit einem Trichter. Für die Klangreinheit und Schallwiedergabe ist der Trichter von größter Bedeutung.

An den Trichter werden im wesentlichen ähnliche Anforderungen gestellt, wie an die Membran, insbesondere die, daß bei möglichst großer hiermit zu erzielender Lautstärke weder besondere Oberschwingungen bevorzugt, noch etwa Verzerrungen der Schallwiedergabe begünstigt werden.

Wenngleich aus theoretischen Gesichtspunkten ein trichterloser Lautsprecher das Optimum darstellen würde, so kommen doch praktische Momente hinzu, welche einerseits in vielen Fällen die Beibehaltung eines Trichters wünschenswert erscheinen lassen, andererseits auch Trichterlautsprecher als vielfach recht brauchbar erscheinen lassen.

Insbesondere wird in allen Fällen durch Hinzunahme des Trichters, der an sich überaus schlechte Wirkungsgrad des Lautsprechers wesentlich verbessert, d. h. es wird hierdurch die erzielbare Lautstärke wesentlich erhöht. So ist es beispielsweise möglich, durch Aufsetzen des Trichters den Lautsprechermechanismus viel geringer zu beanspruchen und infolgedessen hierdurch weniger Verzerrungen, Herausziehen von Resonanzlagen usw. herbeizuführen als im allgemeinen beim trichterlosen Lautsprecher.

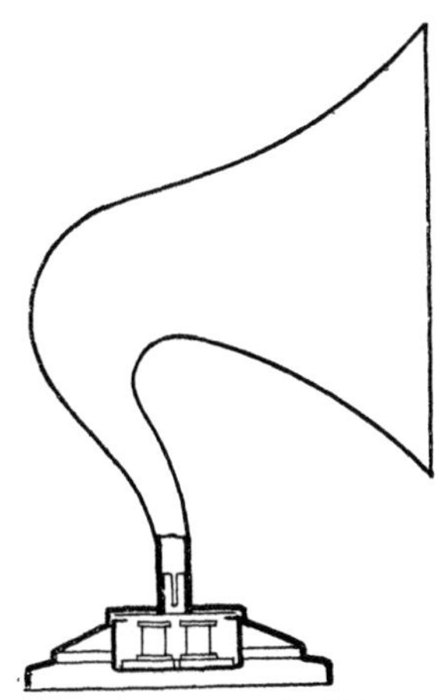

Abb. 504. Typische Dimensionierung des Trichters.

Der Trichter soll, wie gesagt, das Bevorzugen von Resonanzlagen ebenso vermeiden, wie das Entstehen von Verzerrungen nicht begünstigen. Allerdings kann unter Umständen sogar der Wunsch vorhanden sein, Resonanzlagen durch den Trichter doch zu verstärken, nämlich in den Bereichen, in welchen die Resonanzlagen der Membran benachteiligt sind. Allerdings ist dieses eine außerordentlich schwierige Aufgabe, welche bisher wohl kaum befriedigend gelöst worden ist.

Der Trichter soll in jedem Falle, um die Lautstärke zu erhöhen, das Auftreten von stehenden akustischen Wellen hervorrufen.

Auf die Formgebung des Trichters kommt es sehr wesentlich an. Die Steigung der Wanderungen soll ziemlich stark sein und eine genügend große Austrittsöffnung ergeben (siehe Abb. 504. Für den einfach gebogenen Trichter ist wahrscheinlich die alte Edisonform die günstigste.

Jedenfalls konnten mit ihr in zahlreichen Fällen recht befriedigende Wirkungen erzielt werden.

Recht gute Maße, welche Trichterschablonen, die in viereckiger Form z. B. aus Pappe oder Sperrholz selbst hergestellt werden können (F. König) zeigt Abb. 505.

Um das durch den Trichter bewirkte Phänomen zu unterstützen, kann es vorteilhaft sein, die aus der Trichteröffnung hervorkommenden akustischen Schwingungen in Form stehender Wellen auf das Ohr einwirken zu lassen, was dadurch geschieht, daß der Trichter in einem bestimmten Abstand, welcher durch Versuche gefunden werden muß, gegen eine Wand hin gerichtet wird. Man hat infolgedessen auch Konstruktionen angegeben, bei welchen eine derartige akustische Reflexionswirkung, in der Lautsprecherkonstruktion selbst bewirkt wird (z. B. Holtzer-Cabot und Neufeld & Kuhnke).

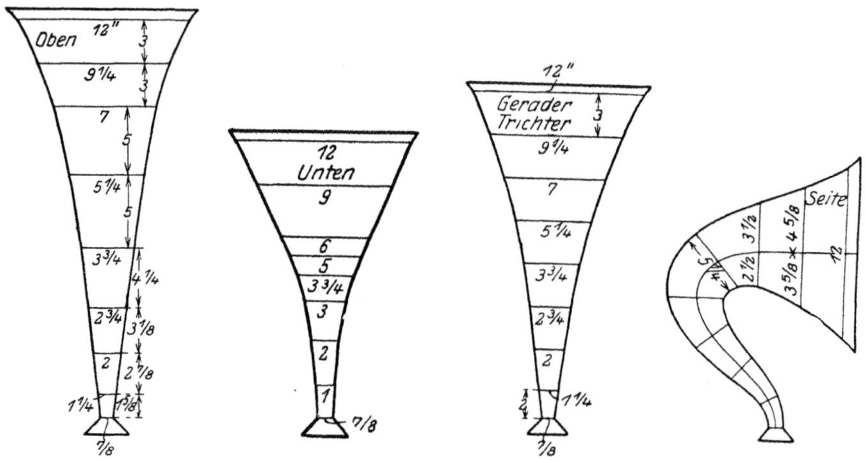

Abb. 505. Schablonen für viereckige Trichter zum Selbstherstellen nach F. König.

Von größter Bedeutung für die richtige Arbeitsweise des Trichters ist das Material, aus welchem derselbe hergestellt wird. Von dem Trichter muß verlangt werden, daß er eine genügende Masse besitzt, bzw. aus einem Material hergestellt ist, welches eine niedrige Eigenfrequenz aufweist, so daß er in dem musikalischen Wellenbereich keine Störwirkungen hervorrufen kann. Anzustreben ist, daß die Eigenfrequenz des Trichters tunlichst unter 300 Schwingungen pro Sekunde liegt.

Man kann diese Forderung nicht nur mit Trichtern aus Hartpappe, gewissen Kunstprodukten, einigen Holzarten und dergleichen erzielen, sondern auch mit gewissen Blechmaterialien, deren Wandungen jedoch kräftig genug gewählt werden müssen. Verwendet man dünnwandiges Blech, so werden gewisse Oberschwingungen bevorzugt, und es wird ein trompetenartiger Charakter der Schallwiedergabe erzielt. Ein nicht allzu dünnwandiger Aluminiumtrichter, welcher gedrückt ist, oder bei welchem die Wände entsprechend zusammengefalzt sind, kann recht brauchbare Resultate erzielen.

Beliebt sind Holztrichter (siehe z. B. Abb. 506), da Holz infolge sehr hervorragender Eigenschaften als Resonanzboden ohne meist besondere Hervorkehrung von Resonanzlagen für Schallwiedergabe sehr geeignet ist. Aber auch hierbei ist Vorsicht geboten, damit der Holzton-Charakter nicht allzu bemerkbar wird. Trichter aus Pappe bzw. Papiermaschee geben häufig recht gute Resultate. Vielfach empfiehlt es sich, den Trichter zu bekleben, wodurch gleichfalls die unzulässige Hervorkehrung von Resonanzlagen, Verzerrungen usw. behoben oder wenigstens erträglich gedämpft wird. Sehr beliebt ist ein Bekleben mit Stoffen wie z. B. Sammet, wodurch eine gewisse angenehme Dämpfungswirkung erzeugt wird.

Abb. 506. Holztrichterendstück (Amplion-Lautsprecher).

Ferner spielt aber auch die Luftkopplung zwischen Membrane und unterer Trichteröffnung eine nicht unerhebliche Rolle. Um sowohl den günstigsten Wirkungsgrad als auch die verzerrungsfreieste Wiedergabe erzielen zu lassen, empfiehlt es sich, diesen Luftkopplungsraum möglichst klein zu machen. Infolgedessen beträgt derselbe z. B. bei den sehr guten Brownschen Lautsprechern nur wenige cm^3. Eine Verkleinerung dieses Raumes ist wie gesagt nach Möglichkeit anzustreben. Der Abstand zwischen Membrane und unterer Trichteröffnung, also dem Beginn der Erzeugung der stehenden Welle, soll möglichst klein sein und tunlichst nicht über 2 cm ausmachen.

Auch auf den Zusammenbau von Trichter mit dem Membranapparat kommt es sehr an. Auch an dieser Stelle ist peinlichst darauf zu achten, daß nicht etwa durch metallische Rohrkupplung Verzerrungen und Eigenschwingungen entstehen. Zwischenlagen und Ringe aus Gummi, Filz usw. haben sich an dieser Stelle gut bewährt.

Weiterhin ist es für die Wirkungsweise des Lautsprechers von größter Wichtigkeit, auf die Dimensionierung und Ausführung des Fußes, bzw. Sockels zu achten. Es sind Lautsprecher im Handel zu haben, bei welchen der Fuß aus einem leichten Blechteller besteht. Ein Mitschwingen und Schwirren desselben ist daher unvermeidlich. Es hat sich gezeigt, daß die beste Wirkung mit verhältnismäßig schweren, aus Bronze oder Rotguß hergestellten Füßen erzielt werden konnte.

3. Behelfsmäßige Lautsprecher.

Mancher R.-T.-Interessent besitzt wohl einen Kopfhörer, hingegen verfügt er nicht über die Mittel, sich einen teuren Lautsprecher anzuschaffen. In den weitaus meisten Fällen wird er jedoch das Bestreben haben, auch objektiv, also mittels eines Lautsprechers, selbst wenn die Schallwiedergabe nicht allzu groß sein sollte, die R.-T.-Darbietungen, beispielsweise im Familienkreise, zu demonstrieren. Er kann hierzu mit Vorteil auf die ursprüngliche Form des Lautsprechers, welche schon lange vor Entstehen und Ausbildung der R.-T.-Bewegung vorhanden war, zurückgreifen.

Diese besteht darin, daß ein Kopfhörer möglichst zuverlässiger Ausführung und im allgemeinen hochohmig gewickelt (etwa 2000 Ohm oder mehr) mit einem Trichter aus Blech oder Preßspan behelfsmäßig versehen wird, wobei die Trichteröffnung gegen den Hörer zu gerichtet wird. Bei sehr einfacher Ausführung läßt sich der Trichter aus einem vorhandenen Stück Pappe biegen und beispielsweise mit gewöhnlichem Isolierband zusammenkleben und an der Hörmuschel befestigen. Derartige Lautsprecher werden zwar keine allzu große Schallwiedergabe vermitteln können, hingegen ist meist die Wiedergabe recht befriedigend, wenn die Qualität des Senders und der Empfangsapparatur einschließlich des Verstärkers gut ist.

Recht gute Resultate können z. B. auf die Weise erzielt werden, daß man ein Telephon mit kräftigen Magneten, wie solche insbesondere früher im Gebrauch waren, (sogenannte alte Feldtelephone), verwendet. Stellenweise sind diese schon mit einer Art Einstellvorrichtung versehen gewesen, so daß es sogar möglich ist, das Optimum an Lautstärke unter Berücksichtigung der Klangreinheit zu erzielen.

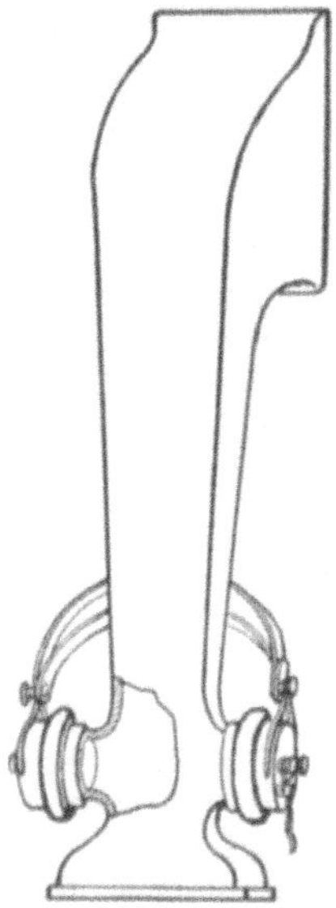

Ab. 508. Radiohorn verbunden mit einem Doppelkopftelephon.

Eine sehr primitive, leicht herzustellende Lautsprecheranordnung besteht darin, daß man die in Serie geschalteten Hörer in einen Brotkorb (Blech) eine Waschschüssel oder dgl. legt. Natürlich muß ein Mitklirren nach Möglichkeit vermieden werden. Unter Umständen empfiehlt sich das Dazwischenlegen eines Stückes Löschpapier, eines Taschentuches oder dgl.

Abb. 507. T-Rohrstück mit einem Doppelkopfhörer behelfsmäßig verbunden.

Wohl zuerst ausgehend von der französischen Radioindustrie sind aber noch andere behelfsmäßige Einrichtungen geschaffen worden, welche es ermöglichen, rasch den Hörer eines Doppelkopftelephons in einen Lautsprecher zu verwandeln. Eine solche Einrichtung ist beispielsweise in Abb. 507 wiedergegeben.

Hierbei ist der normale Muschelabstand eines gewöhnlichen Doppelkopftelephons *a* zugrunde gelegt. Für diesen Abstand ist im wesentlichen ein Metallrohr-T-Stück *b* vorgesehen, das durch übergezogene Muffen *c* aus Weichgummi mit den Muscheln des Doppelkopftelephons verbunden wird. Die aus beiden Telephonen herrührende gemeinsame

Schallenergie kann aus dem Rohrstück *d* entnommen und z. B. für einen Trichter oder dergleichen nutzbar gemacht werden.

Eine etwas andere Anordnung, die aber etwa auf denselben Effekt hinausläuft, zeigt Abb. 508. Hierbei ist ein aus Holz oder Metall hergestelltes Radiohorn benutzt worden.

Eine sehr leicht montierbare und recht gute Schallwiedergabe ermöglichende Anordnung von Melnish in London zeigt Abb. 509.

Abb. 509. Trompetenartige Trichteranordnung von L. Melnish Ltd., London.

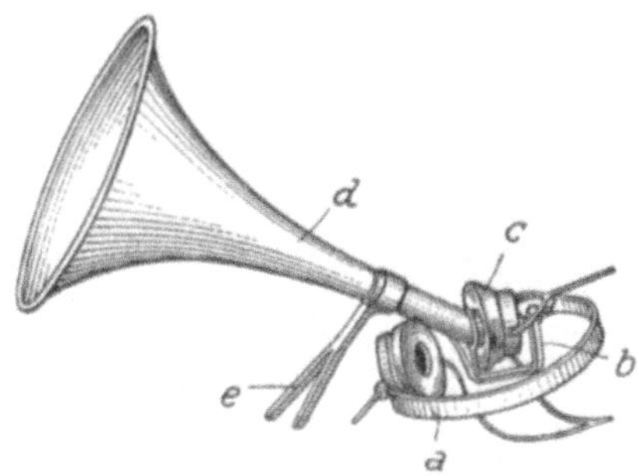

Abb. 510. Provisorisch zusammengestellter Lautsprecher für kleinere Räume.

Hierbei ist das Doppelrohr *b* an einen besonderen trompetenartig gestalteten Trichter *e* geführt, welcher die Schallwiedergabe vermittelt. Durch entsprechend gestaltete Federn und Gummipuffer ist ein festes Andrücken der Hörmuscheln an die Lautsprecherapparatur ermöglicht.

Um einen vorhandenen Kopfhörer rasch als Lautsprecher verwenden zu können, kann man sich auch einer Einrichtung gemäß Abb. 510 bedienen, unter der Voraussetzung, daß die Empfangslautstärke genügend groß ist, was z. B. schon mit einem Einrohrempfänger in der betr. R.-T.-Stadt wohl stets der Fall sein wird.

Man legt zu diesem Zweck das Doppelkopftelephon *a* auf die Tischfläche und drückt mittels eines U-förmig gebogenen Federbleches *b* den einen Hörer an einen Gummiring *c*, welch letzterer mit einem aus Sperrholz, Pappe oder dergleichen Trichter *d* verbunden ist. Auf diese Weise ist eine genügend feste Kupplung zwischen dem Hörer *b* und dem Trichter *d* hergestellt. Der unterklemmbare Fuß *e* dient dazu, um dem Trichter eine vorteilhafte Neigung gegen die Tischfläche zu geben.

Es wird empfohlen, um eine weiche Tonwirkung des Lautsprechers zu erzielen, auf die Membran des Hörers etwas Wachs zu tropfen. (Siehe oben.)

Es sind aber noch andere Gegenstände herangezogen worden, um behelfsmäßig rasch einen Lautsprecher zusammenzubauen. Da bekanntlich in Amerika in jeder Familie ein Grammophon vorhanden ist, hat man den Schalltrichter desselben, welcher im übrigen meist recht gut die akustischen Erfordernisse berücksichtigt, für den Lautsprecherbetrieb benutzt. Abb. 511 zeigt eine derartige Anordnung; auf den akustischen

Übertragungsmechanismus, welcher zu dem unten im Grammophonschrank eingebauten Holztrichter führt, wird das Telephon, welches mit dem Empfangsverstärker verbunden ist, aufgeschoben. In der Abbildung sind rechts die Zuleitungslitzen erkennbar. Die mit einer derartigen Apparatur erzielbaren Resultate können recht befriedigend sein.

Ab. 511. Benutzung des Grammophonschalltrichters zu Lautsprecherzwecken.

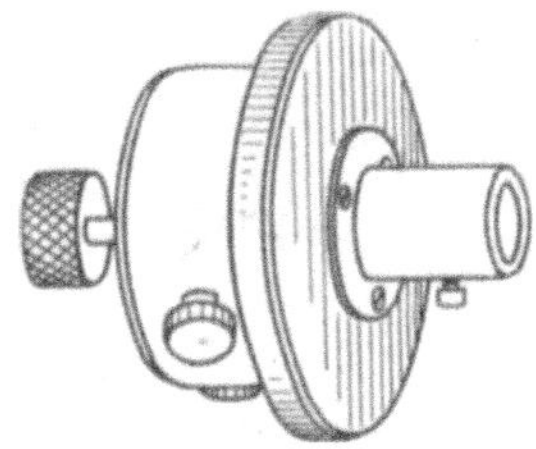

Abb. 512. Aufsteckbares Telephon.

Ein derartiges aufsteckbares Lautsprechertelephon mit Kupplungsansatz, wie es z. B. von A. F. Wolff geliefert wird, zeigt Abb. 512. Das Telephon ist auf größte Lautstärke einstellbar.

4. Telephon-Lautsprecher.

Der größte Teil aller bisher auf dem Markte befindlichen Lautsprecher benutzt ein Telephon als Schallerzeugungsapparat, welches im allgemeinen nach Möglichkeit den Erfordernissen des Lautsprecherbetriebes angepaßt ist. Zu dieser Kategorie gehören die nachstehenden Ausführungen.

Entsprechend Abb. 513 hat die Österreichische Telephonfabrik A.-G., vormals J. Berliner, ihr Telephon in einen besonders schweren Fuß eingebaut, auf welchen der nach oben offene schräg abgeschnittene Trichter, dessen Wandstärke gleichfalls verhältnismäßig groß bemessen ist, leicht lösbar aufgesetzt ist. Die schwere Ausbildung hat erhebliche Vorteile, da ein Mitschwirren von Blechteilen hierbei ausgeschlossen ist. Die Schallwiedergabe ist selbst bei erheblicher Verstärkung für einen größeren Raum eine recht befriedigende. Die Einregulierung findet mittels eines Hebels statt, welcher unten am Fuß erkennbar ist.

Der Tefag-Lautsprecher der Telephonfabrik A. G. von J. Berliner in Berlin zeigt gemäß Abb. 514 eine etwas andere Ausbildung und Formgebung. Es sollte hierbei in der Hauptsache darauf ankommen, eine gute Konstruktion zu schaffen, welche preiswert auf den Markt gebracht werden konnte.

Die äußere Formgebung mit Horn zeigt nichts besonders Bemerkenswertes. Hingegen ist auf die Ausbildung des Gesamtsystems und der Membran, welche aus Abb. 514 ersichtlich sind, besonderer Wert gelegt worden. Es wurde zu diesem Zweck der Membran eine besondere Vorspannung gegeben und ihre Lagerung so bewirkt, daß sie im gesamten musikalischen Frequenzbereich tunlichst ohne Verzerrungen arbeiten konnte. Dabei wurde entsprechend der Benutzung auch durch weniger vorgebildete R.-T.-Interessenten dafür Sorge getragen, daß eine Verspannung bei der Einregulierung mittels des aus der Abbildung erkennbaren Hebels nicht eintreten kann.

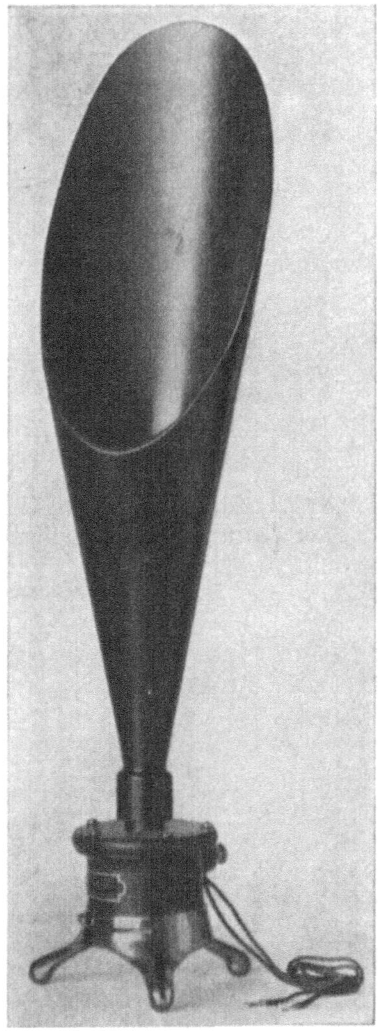

Abb. 513. Lautsprecher der österreichischen Telephonfabrik A.-G., Berlin.

Ein dem gewöhnlichen Telephon ähnliches Prinzip ist z. B. auch bei dem in Frankreich beliebten Lautsprecher Pival angewendet, dessen teilweiser Schnitt in Abb. 515 wiedergegeben ist. Auch hierbei ist das aus Bronze hergestellte Gehäuse *c* verhältnismäßig schwer ausgeführt. Alle Verbindungsstücke, Gewindeteile, Stutzen usw. sind in dasselbe eingespritzt. Das von unten bequem einstellbare Magnetsystem *a* besitzt aus geblättertem Eisen hergestellte Kerne, welche an der Grundplatte *e* aufgeschraubt sind. Auf die Formgebung des Abschlußtrichters *g* soll hierbei besonderer Wert gelegt sein, da es auf die Luftkupplung zwischen Membran und Schalltrichter besonders ankommt.

5. Indirekt wirkende Lautsprecher.

Es war schon oben gelegentlich der theoretischen Betrachtungen auseinandergesetzt, daß eine besonders gute Wirkung unter Umständen dadurch erreicht werden kann, daß die Öffnung des Lautsprechertrichters gegen die Wand zugerichtet wird. Dieser Gesichtspunkt ist bei verschiedenartigsten Konstruktionen praktisch zur Ausführung gelangt.

Eine sehr gute Klangwirkung kann dadurch erzielt werden, daß man in dem den akustischen Anforderungen entsprechend gebauten Horn den Lautsprechermechanismus so anordnet, daß eine Reflexion der

Wellen im Innern des Hornes stattfindet. Derartige Konstruktionen sind verschiedentlich mit Erfolg angewendet worden. Abb. 516 zeigt

Abb. 514. Der Tefag-Lautsprecher. Links: Einstellbares Magnetsystem. Rechts: Membrane mit Kupplungsteil des Lautsprechers.

eine recht gute Wirkung ergebende Einrichtung. Im Innern des Hornes *a* ist der Lautsprechermechanismus *b* montiert, der mit einem Vorhorn *c*

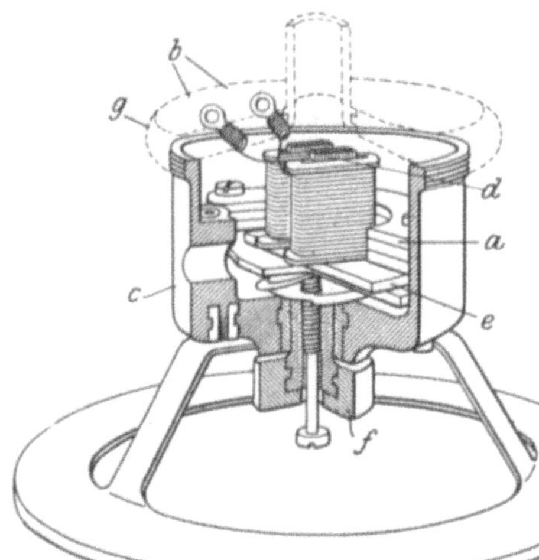

Abb. 515. Teilweiser Schnitt durch den Fuß und das Magnetsystem des Lautsprechers von Pival, Paris.

verbunden ist, welches die Schallwellen gegen die rückwärtige Wand des Haupthornes *a* sendet. Aus der Öffnung des letzteren dringen alsdann die reflektierten Schallwellen heraus.

Eine andere etwa auf dasselbe Prinzip hinauslaufende Konstruktion von Neufeld & Kuhnke geben die Abb. 517 und 518 wieder. Vorteilhafterweise ist sowohl der Reflexionstrichter als auch der Haupttrichter aus besonders starkwandigem Holz ausgedreht. Beide Teile sind ineinander angeordnet, wie dies die Abbildungen zeigen. Das geht insbesondere aus Abb. 518 hervor. Bei *c* wird das eine besonders gute Klangreinheit gewähr-

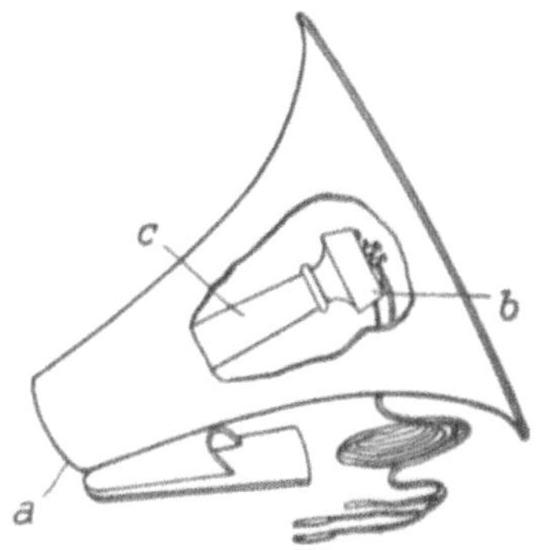

Abb. 516. Lautsprecher mit Reflexionswirkung von Holtzer-Cabot, Boston.

Abb. 517. Außenansicht des Reflexions-Lautsprechers mit Verstärker von Neufeld & Kuhnke.

leistende, mit Einstellvorrichtung versehene Telephon der Firma eingesetzt. Die Schallwellen gehen durch den Holztrichter *d* und an dem Gegentrichter *b* erstmalig reflektiert, um eine zweite Reflexion an dem Außen-Holztrichter *a* zu erfahren. Es wird somit die Wirkung eines zusammengefalteten Hornes erzielt, wobei ein Mitschwingen der Wände infolge der erheblichen Wandstärken sicher vermieden wird.

Wie Abb. 517 zeigt, ist unterhalb des Lautsprechers der Niederfrequenzverstärker eingebaut. Dieser Zusammenbau hat selbstverständlich den besonderen Vorteil, daß die Apparatur auf das elektrische Optimum eingestellt werden kann.

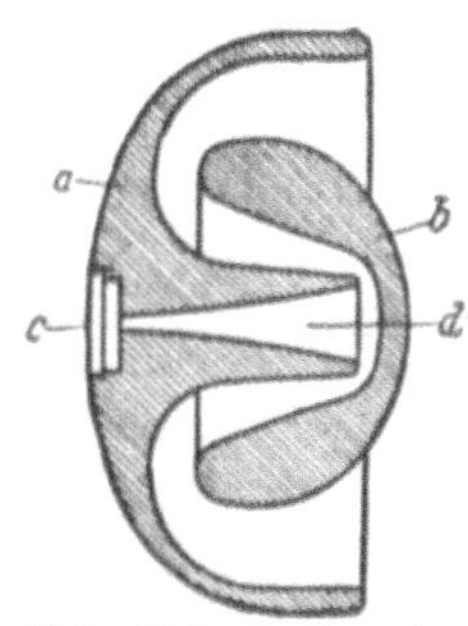

Abb. 518. Ineinandersteckung der Hörner beim Lautsprecher von Neufeld & Kuhnke.

6. Lautsprecher mit Membranen aus Aluminium, Glimmer, Holz usw.

Die Nachteile, welche die straffgespannte Eisenmembran besitzt, haben schon frühzeitig dazu geführt, zu versuchen, dieselbe durch andere Anordnungen zu ersetzen. Die bisher wohl günstigsten Ausführungsformen sind mittels Aluminiummembranen zuerst von Brown, später von Seibt und darauf von anderen erzielt worden.

a) Der Brownsche Lautsprecher.

Ein im wesentlichen perspektivisches, jedoch keineswegs vollkommen maßstäbliches Anschauungsbild eines Brownschen Lautsprechers schräg von unten gesehen, gibt Abb. 519 wieder. An diesem ist wieder das Magnetspulensystem *a* zu erkennen, welches auf die Polschuhe *b* aufgeschoben ist. Die Magnete *c* sind hier natürlich viel größer und kräftiger ausgebildet. Die Zunge *d*, welche gleichfalls größere Dimensionen besitzt, ist mittels eines Haltebockes *e* am Gehäuse des Lautsprechers befestigt, dessen obere Grundplatte *i* in der Abbildung teilweise wiedergegeben ist. Die eigentümlich kegelförmige Gestaltung der die oben er-

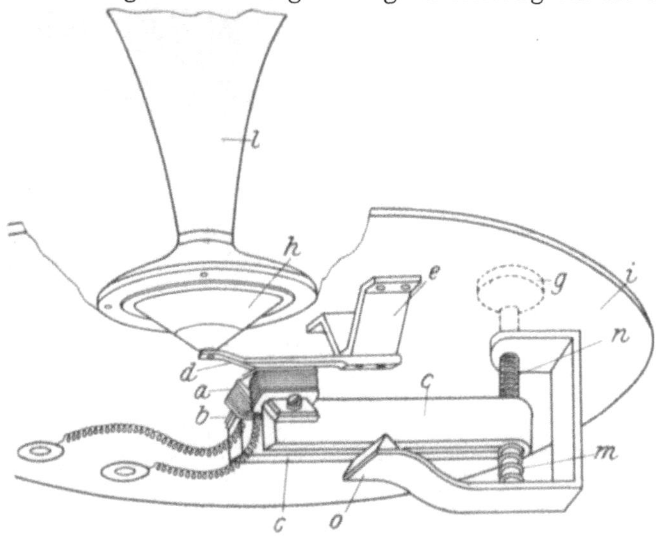

Abb. 519. Perspektivische Ansicht des Lautsprechers von Brown.

wähnten charakteristischen Einkerbungen am Rande besitzenden Aluminiummembran, welche in einer Stärke von etwa 0,01 mm ausgeführt ist, geht aus der Abbildung hervor. Die Schallabgabe der Membran erfolgt an den in der Abbildung nur an seinem untersten Teil dargestellten Schalltrichter *l*.

Die Einstellung der Zunge spielt beim Lautsprecher vielleicht eine noch größere Rolle als beim Brownschen Zungentelephon (siehe S. 505). Dieselbe hat infolgedessen eine besondere konstruktive Ausgestaltung erfahren. Die Einstellschraube *g*, außerhalb des Lautsprechergehäuses sitzend, reguliert ein mit einer Gegenfeder *m* versehenes Schraubengewinde *n*, wodurch unter Vermittlung einer Schneide *o* das Magnetsystem *c* sehr fein einregulierbar ist.

Tatsächlich hat sich gezeigt, daß die Schallwiedergabe eines derartigen Brownschen Lautsprechers bisher kaum von dem eines anderen Systems großer erzielbarer Lautstärke erreicht wird. Der Lautsprecher scheint insbesondere für mittelgroße Räume geeignet zu sein, wo er ganz ausgezeichnet arbeitet, während die mit einer derartigen Anordnung erzielbare Schallintensität naturgemäß für sehr große Räume kaum ausreichen wird.

b) Der trichterlose Lautsprecher von Dr. G. Seibt.

Während der vorbeschriebene Lautsprecher von Brown noch einen Trichter besitzt, welcher selbstverständlich stets immerhin Schallwiedergabe beeinflussen kann, ist dieser bei dem kleinen, trichterlosen Lautsprecher von Seibt, dessen Außenansicht Abb. 520 wiedergibt, vollkommen vermieden. Über die Ausführung ist etwa folgendes zu sagen:

Mehrere übereinanderliegende magnetische Magazine laufen in zwei geschlitzte Polschuhe aus, auf welche die Telephonspulen aufgeschoben sind. Das gesamte System ist auf einer Metallplatte aufgebaut, welche durch ein feines Gewinde von sehr großem Durchmesser vollkommen gleich-

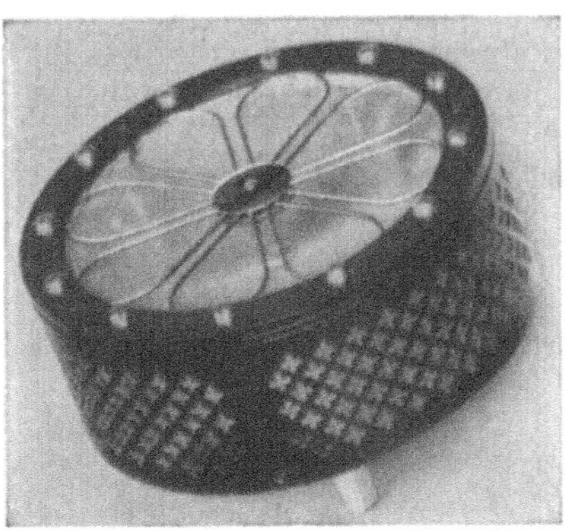

Abb. 520. Der trichterlose Lautsprecher von Dr. G. Seibt.

Abb. 521. Ortophonlautsprecher mit Verstärker zusammengebaut.

mäßig gehoben und gesenkt werden kann. Die hierdurch bewirkte Feineinstellung ist nahezu vollkommen. Das Magnetsystem arbeitet auf einen kleinen Anker aus Eisen, welcher in besonders sinnreicher Weise mit der Aluminiummembrane verbunden ist, deren Durchmesser 100 mm beträgt. Diese Aluminiummembrane von 0,03 mm Stärke ist unter Benutzung besonderer Vorsichtsmaßregeln absolut homogen, teils kugelkalottförmig, teils konisch gedrückt, so daß ein durchaus gleichmäßig schwingendes Gebilde mit kolbenartiger Wirkung erzielt ist. Die Verbindung des Ankers mit den Membranen ist gleichfalls auf besonders sinnreiche Weise gelöst. Um evtl. schädliche akustische Schwingungen der Membran auszuschließen, ist auch hier eine besondere Dämpfungsvorrichtung angewendet.

Bei Vorführungen zeigt es sich, daß die Wiedergabe von Sprache und Musik mit einem derartigen Lautsprecher recht naturgetreu sein kann, so daß der Lautsprecher geeignet erscheint, in hervorragender Weise den R.-T.-Gedanken zu verwirklichen und wirklichen Kunstgenuß dem Zuhörer zu übermitteln.

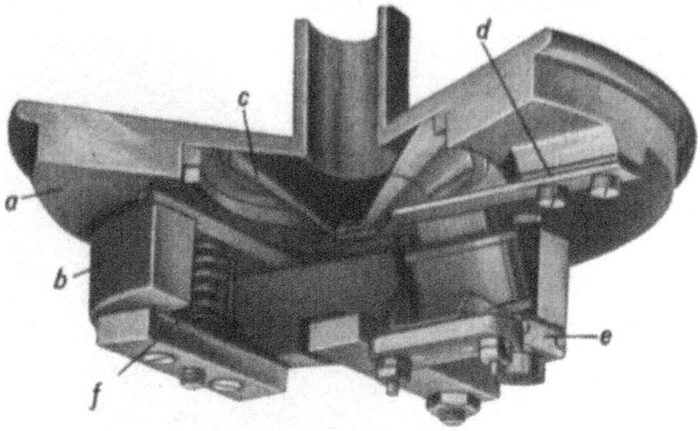

Abb. 522. Schnitt und Ansicht durch den Ortophonlautsprecher der Radiofrequenz-G. m. b. H., Berlin-Friedenau.

c) Der Ortophonlautsprecher der Radiofrequenz-G. m. b. H.

Weitergehenden Anforderungen soll auch der Ortophonlautsprecher der „Radiofrequenz", G. m. b. H., nachkommen. Die Außenansicht dieses Lautsprechers zeigt Abb. 520, während einen teilweisen Schnitt durch den Lautsprechermechanismus Abb. 521 wiedergibt.

An Stelle der Eisenmembrane ist ähnlich wie bei den Lautsprechern von Brown und Seibt eine Aluminiumhaut-Membran *c* gewählt. Der

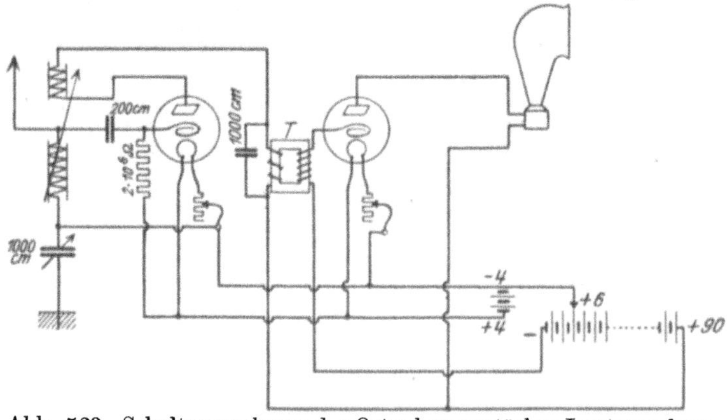

Abb. 523. Schaltungsschema des Ortophonverstärker-Lautsprechers.

Einbau derselben ist in einem schweren Bronzegußstück *a* bewirkt. An demselben ist eine Schwingfeder *d* angeschraubt, welche durch ein Magnetsystem *e* erregt wird. Die Feder *d* läuft spitz zu und ist aus einem federharten, nicht magnetischen Material hergestellt. Die Erregung findet durch das Elektromagnetsystem *e* statt, welches durch einen sehr kräftigen Hufeisenmagneten *b* eine starke Vormagnetisierung erhält. Die Einstellung wird durch eine Feder *f* bewirkt.

Dieser Lautsprecher wird mit der Verstärkung zusammen in einen Kasten eingebaut geliefert, welcher aus Abb. 521 ersichtlich ist. Das Schaltungsschema dieses Zweirohrverstärkers ist aus Abb. 523 zu erkennen. Auf richtigen Betrieb der Röhren kommt es natürlich an, wenn das Optimum der Wirkung erreicht werden soll.

d) Diaphragma-Lautsprecher von Lumière.

Es ist auch mit großem Erfolge versucht worden, Membranen aus anderen Stoffen zu verwenden. In akustischer Beziehung hat sich sehr gut Papier besonderer Beschaffenheit bewährt. Dieses ist von Lumière bei dem Lautsprecher entsprechend Abb. 524 ausgeführt worden. Eine aus besonderem Pergamentpapier fächerartig hergestellte Membran ist mit einem Telephon besonderer Bauart mechanisch gekuppelt und gibt ohne Schalltrichter die Membranschwingungen wieder.

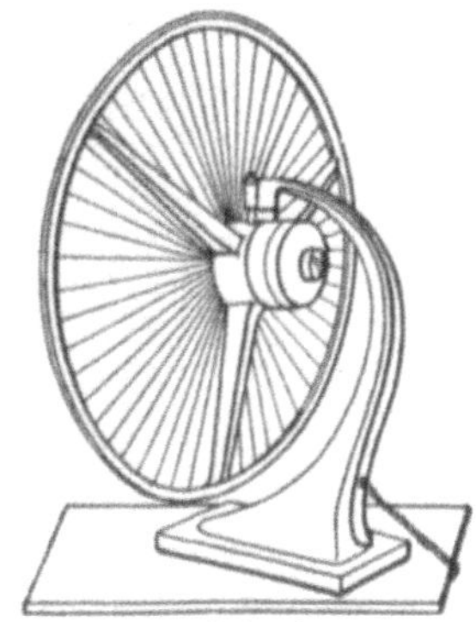

Abb. 524. Diaphragma-Lautsprecher von Lumière.

Der Nachteil dieser Anordnung beruht in einer gewissen Feuchtigkeitsempfindlichkeit der Papiermembran, sowie darin, daß die Lautstärke, welche auf diese Weise bisher erzielt werden konnte, keine allzu große ist. Immerhin reicht dieselbe auch für mittlere Räume aus. Der Vorteil besteht in der außerordentlich klangreinen Schallwiedergabe, welche kaum durch einen Lautsprecher anderen Systems bisher übertroffen worden ist.

Übrigens läßt sich dieser Lautsprecher mit sehr geringen Kosten leicht selbst herstellen (siehe Kap. XVI, S. 736).

e) Der Lautsprecher „Tonspiegel“ von Ibach.

Die Konstrukteure des Ibach-„Tonspiegel“, F. Wilhelm, K. J. Müller und K. W. Ibach haben Papier oder dergleichen als Wiedergabemembran vermieden und an dessen Stelle hochwertiges Klavierresonanzholz genommen. Die sehr einfache Konstruktion des Lautsprechers ist aus der im wesentlichen schematisch gehaltenen Abb. 525 zu ersehen.

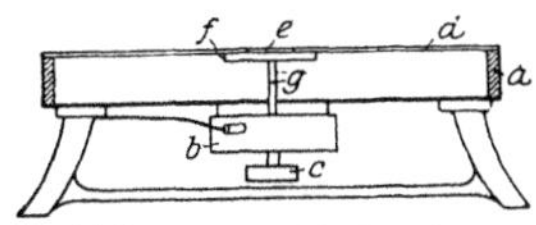

Abb. 525. Teilweiser Schnitt durch den Ibach-Tonspiegel.

An dem aus Holz hergestellten Boden eines auf 3 Füßen ruhenden runden Holzkästchens *a*, wobei es übrigens ohne weiteres möglich ist, infolge der Formgebung der Füße den Kasten schräg aufwärts gerichtet zu stellen, ist ein gutes, mit entsprechenden Dämpfungen versehenes Telephon *b* mit einer Einstellvorrichtung *c* angebracht. Der Kasten *a* ist oben durch die schon erwähnte, mit entsprechenden Ausschnitten versehene Ibach-Holzresonanz *d* abgeschlossen. In der Mitte derselben ist ein kreisförmiges Loch *e* angebracht, welches durch ein kleines prismatisches Stäbchen *f* teilweise überbrückt wird. An diesem Stäbchen ist die mechanische Kupplung *g* des Holzresonanzbodens mit der Eisenmembran des Telephons vorgesehen. Durch Betätigung des Einstellgriffes *c* kann die günstigste Membraneinstellung bewirkt werden.

Die Draufsicht auf den Lautsprecher gibt Abb. 526 wieder.

Abb. 526. Draufsicht auf den Ibach-Tonspiegel.

Die Lautwirkung des „Tonspiegel“ ist meist eine gute. Schwirrende Nebengeräusche treten kaum auf; selbst Klavier wird, soweit nicht Sendereigentümlichkeiten in Betracht kommen, einwandfrei übertragen. Das Anhören von Musik mit diesem Apparat ist im allgemeinen recht genußreich.

Der Apparat scheint trotz der Holzmembran praktisch kaum hygroskopisch zu sein.

7. Motor-Lautsprecher.

Hierunter sollen Einrichtungen verstanden werden, bei welchen kleinste mechanische Bewegungen ausgenutzt werden. Dieses ist beispielsweise möglich in der Form, daß die Reibung zwischen einer sich drehenden Glasscheibe und einem kleinen Stahlstift oder einer Platte, welche unten eine dünne Korkschicht trägt, benutzt wird. Diese Anordnung soll von einem gewöhnlichen, hochempfindlichen Telephon gesteuert werden.

Es ergibt sich demgemäß eine Anordnung, welche von S. E. Brown gefunden wurde und unter dem Namen „Frenophon“ in die Praxis Eingang fand. Gemäß Abb. 527a und wird ein Telephon *a* mit einstellbarem Magnetsystem benutzt, welches an einen Metallarm *b* montiert ist. Dieser ist um eine Achse drehbar angeordnet und wird durch ein Gegengewicht *c* ausbalanciert. Die Zunge dieses Browntelephons ist mit einer Hebelübertragung und Stahlnadel *d e* versehen, an deren unterem Ende eine kleine Scheibe *f* (siehe auch Abb. 527b) montiert ist, auf welche eine dünne Korkschicht aufgeklebt wurde. Letztere schleift leicht auf einer vollkommen ebenen Glasscheibe *g*, welche mit der Achse eines Phonographenmotors verbunden ist und von diesem in Rotation versetzt wird. Andererseits ist die Scheibe *f* durch zwei Seiten *h* mit der Spitze einer Membran *l* des Lautsprechers verbunden, andererseits kann diese durch eine Feder *k* entsprechend nachgespannt werden.

Diese Anordnung arbeitet wie folgt: Das Gewicht des Telephons *a* drückt das Plättchen mit der Korkscheibe gegen die Glasscheibe *g*. Bei Empfang wird das Telephon erregt und es werden entsprechende Schwingungen, d. h. Auf- und Abwärtsbewegungen auf die Korkscheibe übertragen. Diese wird also mehr oder weniger fest gegen die Glasscheibe gedrückt, wobei eine entsprechende Einregulierung durch das Gegengewicht *c* bewirkt werden muß.

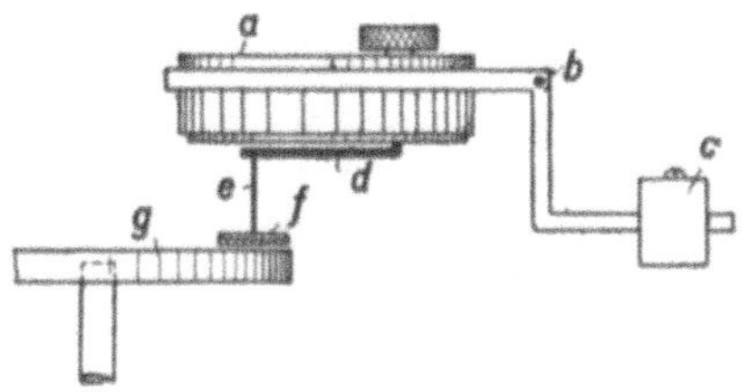

Abb. 527a. Schema des Motor-Lautsprechers „Frenophon" von Brown, London.

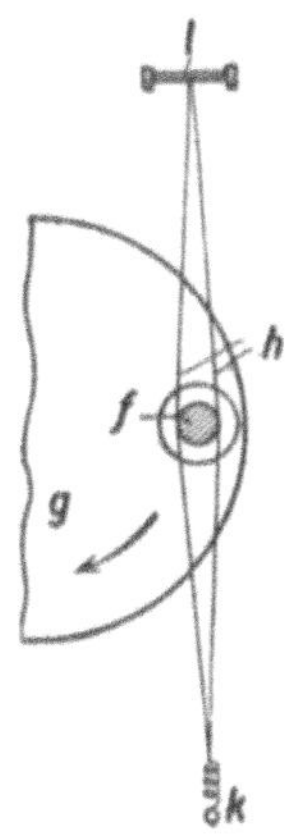

Abb. 527b. Steuerung der Korkscheibe beim Frenophon.

Hierdurch wird eine entsprechende Übertragung und Erregung der Membran des Lautsprechers verursacht, welche ziemlich kräftig sein kann, da sie von den Reibungswirkungen der Korkscheibe gegen die Glasplatte abhängt. Durch Einreiben der Glasplatte mit Terpentinöl kann die Reibung noch vergrößert werden. Angeblich sind Nachregulierungen bei dieser Anordnung nicht erforderlich.

Einen anderen Lautsprecher für größere Senderenergien zeigt Abb. 528. Demgemäß ist zwischen zwei Magnetpolen eine Armatur angebracht, die in der Mitte zentrisch montiert ist. Infolgedessen kann sie beiderseitig von den Polen angezogen werden. Um die Armatur ist eine Spule gelegt, welche das magnetische Feld erzeugt und entsprechende Polarität besitzt. Die Spule steht fest, während der Motor rotiert. Die infolgedessen in der Armatur ausgelöste mechanische Energie wird mittels eines kurzen Stäbchens auf die gewellt ausgeführte Membran übertragen.

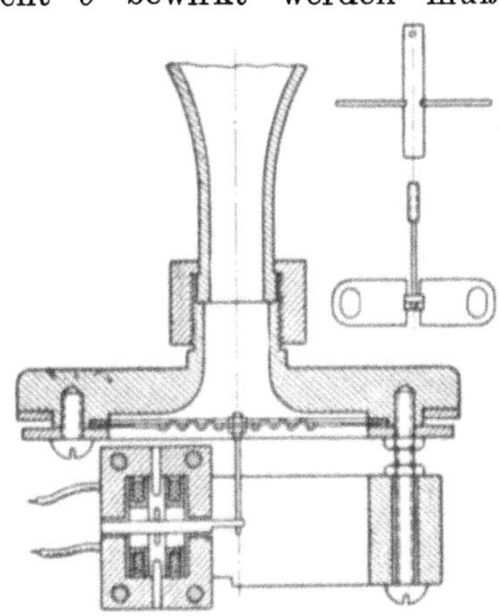

Abb. 528. Motor-Lautsprecher für größere Energien.

8. Lautsprecher nach dem elektro-dynamischen System.

Die größten Chancen, verzerrungsfrei zu arbeiten und die Schallübertragung am günstigsten zu bewirken, besitzen naturgemäß diejenigen Anordnungen, bei denen die mechanische Masse des wirksamen Schallkörpers ein Mindestmaß ist. Auch in dieser Beziehung stellt die eingespannte Eisenmembran durchaus noch nicht das Optimum dar.

Erheblich günstigere Resultate sind schon auf Grund theoretischer Erwägungen mit Membranen zu erzielen, deren Masse geringer ist. Nun kann aus mechanischen Gründen die Stärke der Eisenmembran kaum noch wesentlich herabgesetzt werden. Es bleibt daher nur übrig, zu andern Mitteln zu greifen. Man hat infolgedessen, wie oben gezeigt wurde, Membranen aus Aluminiumhaut usw. ausgeführt. Das Optimum ist wahrscheinlich dadurch zu erzielen, daß man für die Membran einen Stoff wählt, bei welchem es auf die Ausnutzung der mechanischen Eigenschaften nicht ankommt und welche etwa elektrodynamisch bewegt wird. Dies geschieht bei dem Magnavox-Apparat einerseits durch eine kleine mit der Membran verbundene Spule, welche in einem Magnetfeld arbeitet, andererseits durch eine Spulenanordnung wie beim Pathé-Lautsprecher, wodurch Luftverdickungen und Verdünnungen hervorgerufen werden. Wahrscheinlich sind sehr günstige Resultate durch dynamometrische Anordnungen zu erzielen, wobei ein feststehendes und ein bewegliches System, die aufeinander einwirken, benutzt werden.

a) Der Magnavoxapparat.

Die Anordnung in einer Schnittzeichnung, etwa den maßstäblichen Verhältnissen entsprechend, stellt Abb. 529 dar. Mit einem äußeren, bei den meisten Ausführungen zylindrisch geformten Gehäuse *a* ist ein Eisenkern *b* verbunden. Über letzteren ist koaxial zum Teil eine Magnetspule *c* gesteckt. In dem oberen nicht von der Magnetspule überdeckten Teil ist in der Achse des Magnetkernes ein ganz besonders leicht ausgeführter Spulenkörper *d* an der Membran *e* des Magnavoxapparates befestigt. Häufig besteht der Spulenkörper *d* aus ganz dünnem Aluminiumblech. Einzelne Konstrukteure und Firmen geben jedoch an, daß eine aus Zigarettenpapier bestehende Spule wesentlich günstigere Resultate ergibt, da alsdann die Massenträgheit bedeutend geringer sein kann. Auf den unteren Teil dieses Spulenkörpers und meist nur so weit, als er über den Magnetkern reicht, ist eine ein- oder mehrlagige Zylinderspule *f* aus sehr dünnem Emailledraht gewickelt. Die entsprechend geformten und gebogenen Zu- und Ableitungen sind durch Löcher aus dem Fuß des Schalltrichters *g* herausgeführt. Der

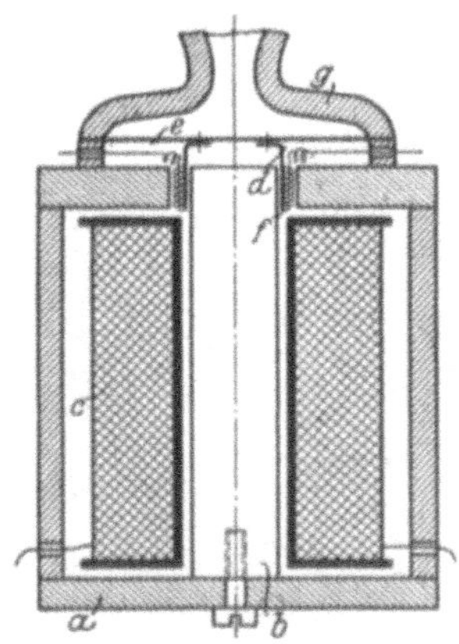

Abb. 529. Schnittzeichnung durch einen Magnavoxapparat.

Schalltrichter ist meist horn- oder trompetenartig geformt, tunlichst unter Vermeidung einer bestimmten Resonanzlage.

Die Außenansicht eines solchen Magnavox-Lautsprechers zeigt Abb. 531. Auch die charakteristische Formgebung des Trichters ist bemerkenswert.

Es kommt hierbei sehr wesentlich darauf an, eine möglichst große Bewegung der Spule *f* zu erzielen. Es ist naturgemäß nicht möglich, die Spule direkt in den Anodenstromkreis der letzten Röhre einzuschalten. Um die genügende Stromstärke zu erzeugen, muß man einen Ab-Transformator dazwi-

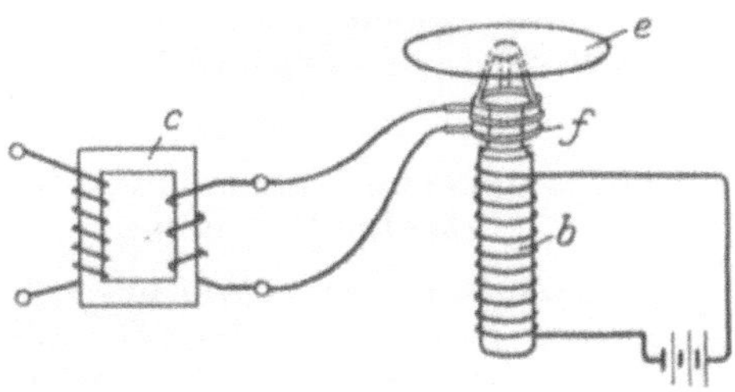

Abb. 530. Schema der Anschaltung der Dynamometerspule des Magnavox-Lautsprechers mittels eines Ab-Transformators an den Anodenkreis des Verstärkers.

Abb. 531. Außenansicht des Magnavox-Lautsprechers.

schenschalten, wie dies Abb. 530 zeigt. Die Bezeichnungen dieser Abbildung entsprechen denjenigen von Abb. 529. *c* ist der Ab-Transformator, an welchen die aktive Lautsprecherspule *f* angeschlossen ist. Es handelt sich hierbei nur um die letzte Verstärkerröhre, während evtl. weitere vorgeschaltete Röhren in der Abbildung nicht wiedergegeben sind.

Den Zusammenbau eines Magnavox-Lautsprechers mit geradem Trichter, Verstärker und Ab-Transformator in der Ausführung der British Wireless Co., London, zeigt Abb. 532.

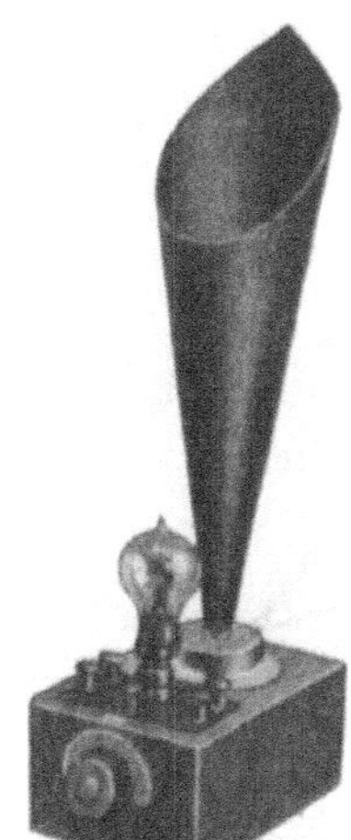

Abb. 532. Kombination eines Magnavox-Lautsprechers mit einem Verstärker.

b) Der Pathé-Lautsprecher.

Von der Sound Wave Corporation in Brooklyn wird ein Lautsprecher in den Handel gebracht, den Abb. 533 in einem ungefähren Schnitt wiedergibt. Der Elektromagnet ist hierbei etwas anders gestaltet als bei dem obigen Lautsprecher, und zwar gehen die von der Spule *a* erzeugten Kraftlinien zwischen dem mit Bohrungen versehenen kegelförmig gestalteten

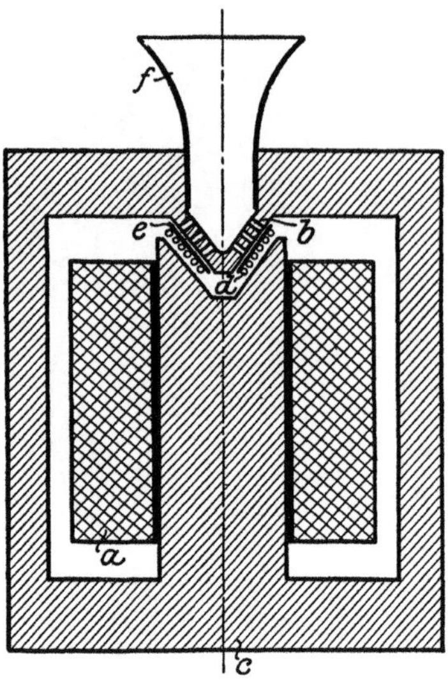

Abb. 533. Schnitt durch den Pathé-Lautsprecher.

Eisenkörper nach dem Kern *c* über. In diesem Raum ist eine entsprechend konisch gestaltete Spule *d* auf einem dünnen und leichten Seidengeflecht *e* angeordnet. Beide zusammen wiegen nur ca. 1 g. Die Stromzu- und -ableitung zur Spule ist in Abb. 533 nicht angegeben. Durch die Spule geht der Strom für den Lautsprecher. Der Apparat arbeitet in der Weise, daß bei Erregung die Spule *d* samt ihrem Geflecht gegen den Eisenkegel *b* zu bewegt wird. Der erzeugte Ton wird durch die im Eisenkegel angebrachten Löcher nach dem kurzen Schalltrichter *f* hin abgeleitet.

9. Lautsprecher nach dem Johnsen-Rahbek-Prinzip.

Das Johnsen-Rahbek-Prinzip beruht bekanntlich darauf, daß ein Halbleiter, wie insbesondere Achat, lithographischer Stein oder dergleichen, der einerseits gegen eine Metallfolie leicht gedrückt wird und andererseits mit einer Metallplatte fest berührt wird, eine Anziehungskraft ausübt, wenn an die Folie der Pluspol einer Spannungsquelle (ca. 220 Volt), an die Metallplatte deren Minuspol gelegt wird. Diese Einrichtung erfordert, obwohl sehr erhebliche Anziehungskräfte mit ihr ausgeübt werden, nur äußerst geringe Leistungen, etwa in der Größenordnung von $3 \cdot 10^4$ Watt. Man hat dies Prinzip mit besonderem Erfolg, insbesondere was die Lautstärke anbelangt, zum Bau von Lautsprechern benutzt.

Eine derartige Anordnung, die sich der Amateur bei genügender Geschicklichkeit, und sofern er über die entsprechenden Werkzeuge und Hilfseinrichtungen verfügt, selbst bauen kann, ist in ihren wesentlichsten Teilen in den Abb. 534 bis 537 wiedergegeben[1]).

Auf der Grundplatte *a* eines pultförmig gebauten Holzkastens ist die Johnsen-Rahbek-Relaisanordnung aufgebaut. Sie wird gebildet aus einer vollkommen zylindrisch gedrehten, hochglanzpolierten Walze *b*, die z. B. aus Achat besteht. Diese wird mittels eines kleinen Elektromotors *c* in Umdrehungen versetzt. Besondere Rücksicht ist zu nehmen auf die sorgfältige Lagerung der Anordnung und auf die Isolation zwischen Walze und Antriebsmotor. Die erstere geht aus Abb. 534 hervor; sie ist besonders genau einstellbar ausgeführt mittels der Schraube *d*, die einen Hartgummiknopf *e* trägt.

[1]) Siehe z. B.: S. G. Crowder, The Johnsen-Rahbek Loud Speaking Amplifier. The Wireless World and Radio Review. Vol. XI. S. 292. 1922.

Die Isolation zwischen den Kupplungshälften *f* soll durch Glimmer bewirkt werden; die Verbindungsschrauben der Kupplungshälften sollen durch Hartgummibuchsen isoliert sein. Der Maßstab ist etwa 1 : 3.

Mit der Walze *b* macht ein Filmstreifen *g* innigen Kontakt. Diese ist gemäß Abb. 534 und 536 einerseits mit einem außerordentlich dünnen Metallband durch Amylazetat verbunden, das unter Zwischenschaltung von kleinen Spiralfedern *h* an zwei auf einem Hartgummiklötzchen angebrachten Kontaktschrauben *i* befestigt ist. Andererseits ist sie durch eine Seidenkordel an der Glimmermembran *k* des Lautsprechers unter Zwischenschaltung einer Nadelanordnung *l* befestigt, wie dies die Abbildung veranschaulicht. Auf dem Halter der Membran *k* ist ein Schalltrichter *o* aufgesetzt, dessen Fuß zweckmäßig aus gezogenem Kupferblech in der abgebildeten Form hergestellt sein soll. Die Walze ist auf einer Metallachse montiert. Mit dieser macht eine aus Bronzeblech hergestellte Feder guten Kontakt, welch letztere an eine zweite Kontaktschraube *n* geführt ist. Durch eine Bürsteinrichtung *o* wird die Oberfläche der Walze dauernd sauber gehalten.

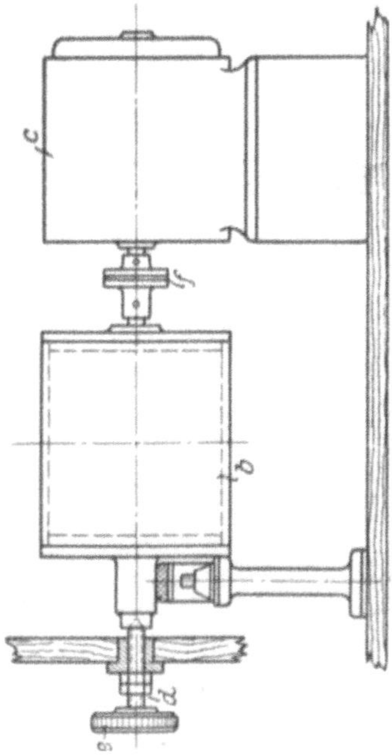

Abb. 535. Lagerung und Antriebsmotor des Johnsen-Rahbek-Lautsprechers.

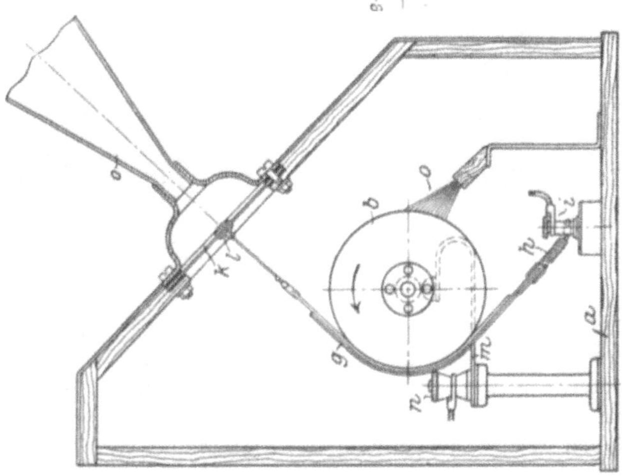

Abb. 534. Schnitt durch den Johnsen-Rahbekschen-Lautsprecher.

Das Ausführungsmodell eines derartigen Lautsprechers der Huth-Gesellschaft, Berlin, ist in Abb. 537 links im geschlossenen gebrauchsfertigen Zustand, rechts zur besseren Übersichtlichkeit der Antriebsorgane im geöffneten Zustand dargestellt. Die Abbildungen zeigen alle wesentlichen Teile der Abb. 534 bis 536. Insbesondere ist auch die Antriebsvorrichtung mittels eines kleinen 110-Volt-Motors, der unter Zwischenschaltung von Gummipuffern am Kastendeckel befestigt ist, sichtbar. An Stelle der Membran nebst Schalltrichter ist hier der Resonanzboden einer Mandoline benutzt, die eine außerordentliche Lautverstärkung nutzbar zu machen gestattet. Für das Anstöpseln des Antriebs-

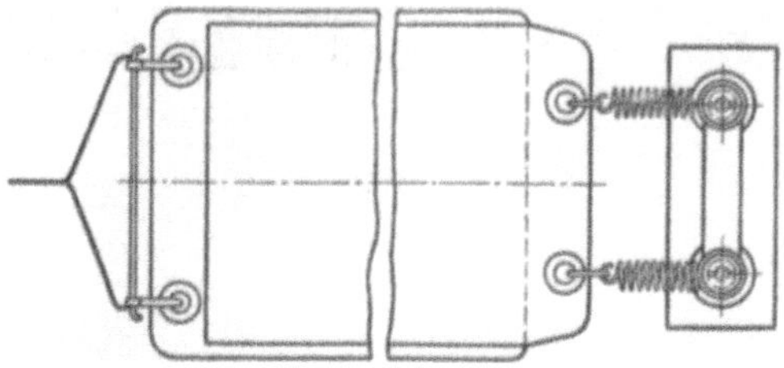

Abb. 536. Filmstreifen und Befestigung desselben beim Johnsen-Rahbek-Lautsprecher.

Abb. 537. Lautsprecher nach dem Johnsen-Rahbekprinzip der Huth-Gesellschaft.

motors dienen die rückwärtigen zwei Kontakte des 110-Volt-Motors, für die Anschaltung des Hilfsfeldes an die Johnsen-Rahbek-Walze die drei weiteren Kontakte, und für die Verbindung des Apparates mit dem Empfänger, bzw. dem Verstärker die beiden vorderen Kontakte, an denen das Schild: Mikrophon angebracht ist.

10. Saal-Lautsprecher, Lautsprecher für sehr große Räume, bzw. für das Freie.

Wenn man die Wiedergabe sehr großer Schallintensitäten bewirken will, muß man naturgemäß zu ganz besonderen Mitteln greifen, und mehr als bisher wird die Lautsprecherfrag e eine Frage der Kraftverstärkung

Es gelten alsdann die diesbezüglich für die Kraftverstärkung entwickelten Gesichtspunkte.

Eine recht befriedigende Lösung für große Räume stellt der nachstehende Lautsprecher von Hausdorff dar (Abb. 538 und 539.)

a) Der Lautsprecher von M. M. Hausdorff.

Ein möglichst allen Ansprüchen genügender Lautsprecher muß in der Weise zusammengesetzt sein, daß vom Primärkreis des Empfängers an bis zur Wiedergabeeinrichtung des Lautsprechers selbst sämtliche Teile zueinander passend dimensioniert sein müssen. Es ist daher auch nicht angängig, irgendeinen Teil willkürlich auszuwechseln und durch einen beliebigen andern zu ersetzen, da im allgemeinen hierdurch ein befriedigender Effekt ausgeschlossen wird.

Eine Lautsprecheranlage, welche trotz ihrer verhältnismäßigen Einfachheit schon sehr hohen Ansprüchen sowohl mit Bezug auf Lautstärke als auch auf Reinheit der Klangwiedergabe entspricht, ist der Lautsprecher von Dr. M. M. Hausdorff (1923). Um die genügende Lautstärke zu erreichen, wird hierbei naturgemäß Kraftverstärkung verwendet. Das sich auf diese Weise ergebende Schaltungsbild ist in Abb. 538 zum Ausdruck gebracht. In dem als offene Antenne ge-

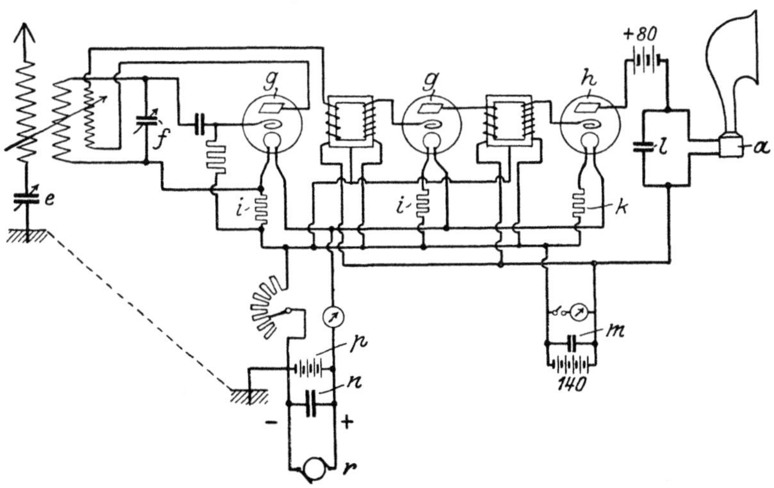

Abb. 538. Schaltungsschema des Lautsprechers von Dr. M. M. Hausdorff.

zeichneten Kreis, welcher selbstverständlich im entsprechenden Bereich des betreffenden Rundfunksenders durch Innenantenne oder Rahmenantenne ersetzt werden kann, ist als Abstimmittel z. B. ein Drehkondensator *e* eingeschaltet. Im Sekundärkreis sind drei Röhren vorgesehen, welche teils als Detektor, teils als Verstärker wirken. Vom Anodenkreis der ersten Röhre ist auf die Sekundärempfangsspule zurückgekoppelt. Im Anodenkreis der letzten Röhre ist der Lautsprecher *o* eingeschaltet. Die Zusatzbatterie soll etwa 80 Volt Spannung haben und an der gezeichneten Stelle liegen, wie denn überhaupt bei derartigen Schaltungen die Lage der einzelnen Elemente nicht unwesentlich ist. Parallel zum Lautsprecher liegt ein Kondensator 1 von 9000 cm.

Die Anordnung ist so getroffen, daß die Heizung der Röhre sowohl entweder von einer Batterie *p* aus bewirkt wird, oder daß Umschaltung auf das Netz *r* erfolgen kann. Im letzteren Fall muß ein 500 Watt vernichtender Widerstand vorgesehen sein. Bei derartigen Anordnungen ist der Stromverbrauch in den Anodenkreisen nicht gering. Infolgedessen kann es zweckmäßig sein, an Stelle der gewöhnlichen Anoden-Trockenelementbatterien Anoden-Akkumulatoren zu verwenden.

Materialbedarf:

e und *f* = Drehkondensatoren von je 1000 cm Maximalkapazität;
g = Röhren RE 16;
h = Röhre BE;
i = Widerstände je 0,5 Ohm;
k = Widerstand 2 Ohm;
l = Kondensator 9000 cm;
m = „ 2 MF;
n = „ 2 MF.

Die Gesamtanordnung der Apparatur ist in Abb. 539 wiedergegeben und zwar sind im unteren Teil des Lautsprecherkastens an der Schaltplatte die durch das Schaltungsschema zum Ausdruck gebrachten Elemente anmontiert. Um richtige Verhältnisse zu erhalten, müssen Strom und Spannung an den vorgesehenen Meßinstrumenten kontrolliert werden. Über der Apparatur, bzw. hinter derselben sind das den Lautsprecher betätigende Nebenschluß-Telephon und der Schalltrichter angeordnet. Um eine klangreiche Wirkung zu erzielen, kommt es naturgemäß sehr auf Material und Ausführung des Nebenschlußtelephons an.

Abb. 539. Lautsprecher mit Kraftverstärker von Dr. M. M. Hausdorff.

Ganz besonderer Wert ist bei diesem Lautsprecher auf die akustische Tonführung gelegt. Diese ist vom Voxhaus aus Geigenholz gebaut, besitzt eine Länge von ca. 2 m und hat die Formgebung eines Saxophons. Hierdurch wird eine recht gute Wiedergabe von Musik und Sprache erzielt, wenngleich letzterer naturgemäß ein dem Holz charakteristischer Ton anhaften kann.

b) Eingebaute Lautsprecheranlage von L. de Forest.

Eine andere rechts geschickte Lösung des Saal-Lautsprechers stellt die Anordnung in der Halle im Hause von de Forest in Newyork gemäß Abb. 540 dar. An der rückwärtigen Wand ist ist in einem vollkommen abschließbaren Schrank bequem bedienbar ein Vier-Röhren-Reflexempfänger angeordnet. Über demselben sind 3 Trichteranordnungen unter Berücksichtigung der akustischen Anforderungen senkrecht nach obenstehend eingebaut, deren Öffnungen oben über dem Schrank sichtbar sind. Die Schallwiedergabe findet also von der rückwärtigen Wand aus in den Raum hinein statt, wobei gegebenenfalls, wenn von besonders weit abgelegenen Stationen empfangen werden soll, noch ein besonderer Kraftverstärker zwischengeschaltet werden kann.

Abb. 540. Eingebaute Hallenlautsprecheranlage im Hause von L. de Forest.

Es ist anzunehmen, daß mehr und mehr mit der Einführung der R.-T. derartige hochwertige Ausführungen Eingang finden werden.

c) Lautsprecher für sehr große Räume bzw. für das Freie.

Zuweilen liegt die Aufgabe vor, für sehr große Hallen, Theater, bzw. auch für das Freie, z. B. bei Wählerversammlungen, insbesondere Sprache laut wiederzugeben. Es ist hierzu natürlich erforderlich eine sehr große Energie und Klangfülle zur Verfügung zu haben. Die große Klangfülle muß durch eine entsprechend große Luftmenge erzeugt werden, und hierzu sind ungewöhnlich große Trichterabmessungen notwendig.

An und für sich sind die meisten der vorstehend beschriebenen Systeme geeignet, die erforderliche Schallenergie hervorzurufen. Es kommt ja im großen ganzen nur darauf an, eine entsprechend größere und auch stärkere Membran als für die gewöhnlichen Lautsprecher zu verwenden.

Aber einerseits ist der Wirkungsgrad dieser Anordnungen noch schlechter als bisher, andererseits neigt die Membrananordnung, wenn man sie in ungewöhnlich großen Dimensionen herstellt, besonders zu Verzerrungen, so daß man wohl bei genügender Kraftverstärkung die Schallintensität erhält, daß jedoch der Charakter der Sprache mehr und mehr verloren geht.

Man hat sich infolgedessen anderen für diese Spezialzwecke geeigneteren Systemen zugewendet. So ist z. B. der Johnsen-Rahbek-Lautsprecher mit Erfolg in der Motorform verwendet worden, um Wahlresultate, neueste Nachrichten usw. dem Publikum zu vermitteln. Die Anschaltung ist hierbei naturgemäß eine andere als bei Verwendung in kleineren Räumen. Die Gesamtanordnung, die sich dann ergibt, ist in dem Schema gemäß Abb. 541 zum Ausdruck gebracht. Mit der Antenne

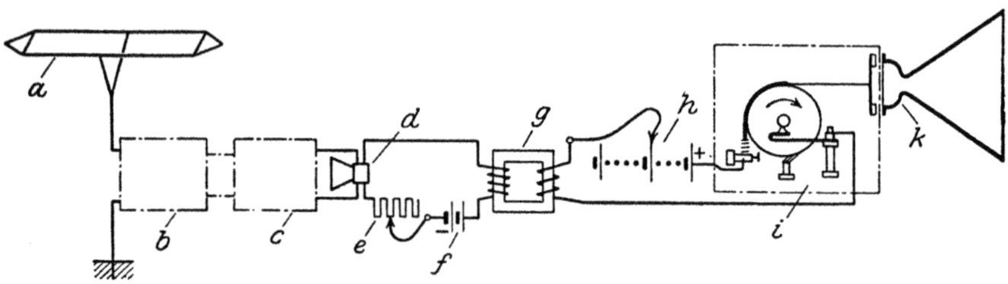

Abb. 541. Johnsen-Rahbek-Lautsprecherschaltung für sehr große Energien.

a ist ein Abstimmapparat *b* verbunden; *c* ist ein Verstärker, an den ein Mikrophonrelais *d* oder ein mit einem Mikrophon verbundener Empfänger angeschlossen ist. *e* ist ein regulierbarer Widerstand, *f* und *b* sind Spannungsquellen, *g* ein Transformator, *i* der oben beschriebene Lautsprecher mit dem Schalltrichter *k*. Die Anordnung kann so getroffen werden, daß die Batterie *h* gleichzeitig auch für das Anodenfeld der Verstärkerröhren dient.

Recht geeignet kann auch der Bandlautsprecher von Siemens & Halske für diesen Zweck sein, dessen Prinzip im wesentlichen dem Bandmikrophon (siehe Abb. 130, S. 210) entspricht.

Auch die Verwendung elektrostatischer Telephone, wie sie zuerst von G. Seibt angegeben worden sind, kommt hierfür in Betracht.

Die erforderliche große Klangfülle wird, wie schon bemerkt, durch Trichter besonders großer Abmessungen erzielt. Derartige Trichter werden meist viereckig zusammengebaut, wie dies die Abb. 542 und 543 zeigen. Die Länge beträgt beispielsweise 4 m, und das Gewicht eines solchen Trichters ist recht erheblich. Die Montage eines derartigen Trichters für einen Riesenlautsprecher ist in Abb. 543 wiedergegeben.

Meist wird die Anordnung einer solchen Megaphon-Anlage entsprechend Abb. 543 bewirkt. Auf der oberen Bühne des hohen eisernen Gerüstes sind die Lautsprecher mit ihren Trichtern aufgebaut

Abb. 542. Montage eines amerikanischen Riesenlautsprechers.

und an die Empfangsapparatur angeschlossen. Der Schall bestreicht alsdann den darunter liegenden Platz und ist unter Umständen auf mehrere Kilometer weit hörbar.

Insbesondere in Amerika erfreuen sich diese Lautsprecher besonderer Beliebtheit, nicht nur um politische Botschaften des Präsidenten der Bevölkerung zu übermitteln, Wahlresultate usw. bekannt zu geben, sondern sie sind auch seit Jahren an den belebtesten Punkten der Straßen nordamerikanischer Städte aufgestellt, um über alle aktuellen Nachrichten, insbesondere über Boxmatches, Faustkämpfe usw. der Bevölkerung ständig Mitteilungen zukommen zu lassen.

Abb. 543. Behelfsmäßige Megaphonanlage in einer amerikanischen Stadt.

C. Zubehörteile zu Hörern und Lautsprechern sowie zu deren Anschluß[1]).

1. Mehrfachanschlußstecker für mehrere Doppelkopfhörer.

Die Anschlußsteckvorrichtungen sind nicht nur in Form von Brettern und ähnlichen Vorrichtungen hergestellt worden, um mehrere Doppelkopfhörer, bzw. auch einen Lautsprecher anzuschalten, sondern man hat

[1]) Anschlußklemmen, Kontakte, Klinken usw. sind an dieser Stelle nicht behandelt, sondern vielmehr im Zusammenhang im Kap. XIV, S. 683 besprochen.

auch besondere Klemmen konstruiert, an welche die Doppelkopfhörer in einfacher Weise angeschaltet werden.

Einen derartigen zweipoligen Mehrfachanschlußstecker, welcher mit Bananenkontaken versehen ist, in der Ausführung der D. T. W. gibt Abb. 544 wieder. Die Anschlußkontakte jedes der anzuschaltenden Doppelkopfhörer werden mittels der einander gegenüberstehenden Schrauben der Gruppe *a* und *b* angeschlossen.

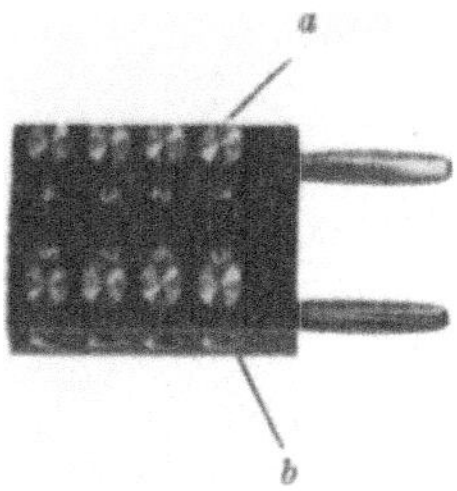

Abb. 544. Zweipoliger Mehrfachanschlußstekker für 4 Doppelkopfhörer der D. T. W.

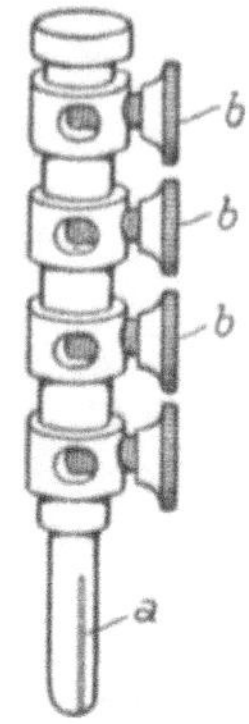

Abb. 545. Übersetzungsstecker von J. Jessel.

Ein anderer Gedanke ist bei der Ausführung gemäß Abb. 545 von J. Jessel zugrunde gelegt. Hierbei wird eine Anzahl von Einzelsteckern *a* verwendet, welche so ausgeführt sind, daß in dem oberen Buchsenteil bei *b* weitere Stecker eingesteckt werden können. Auf diese Weise ist es möglich, eine beliebige Anzahl von Steckern ineinander zu stecken und eine Reihe von hintereinander geschalteten Kontaktstellen zu schaffen. Selbstverständliche Voraussetzung dieser Anordnung ist eine ausreichende Kontaktgüte, aber selbst dann ist die Gefahr nicht ausgeschlossen, daß, wenn z. B. bei *a* ein Übergangswiderstand vorhanden ist, auch alle andern Kontakte *b* wesentlich hierunter leiden können. Es ist daher stets darauf zu achten, daß insbesondere der Mutterstecker ohne jeden Übergangswiderstand arbeitet.

2. Telephon-(Lautsprecher-)Anschlußbrett.

In den meisten Fällen wünscht der Radio-Amateur bzw. der Rundfunkabonnent nicht nur mit einem Telephon zu empfangen, sondern es sollen entweder mehrere Telephone gleichzeitig benutzt werden oder eine Kombination von Telephon und Lautsprecher; letztere beispielsweise für die Einstellung und Kontrolle des Apparates.

Es besteht die Möglichkeit, diese Apparate parallel zum Empfangskreis oder in Serie geschaltet zu verwenden. Beide Schaltungsarten besitzen Vorteile und Nachteile, wobei besonders der durch die Anschaltung resultierende Ohmsche Widerstand zu berücksichtigen ist. Bisher wird meistens die Parallelschaltung von z. B. drei bis vier Telephonen bevorzugt. Die naturgemäße Folge ist eine entsprechende Verminderung der Lautstärke, da die Empfangsenergie sich gabelt und jedes Telephon nur den dritten Teil der Gesamtenergie erhält. In vielen Fällen wird es daher günstiger sein, die drei Telephone in Serie zu schalten, wobei zu beachten ist, daß sich der Widerstand der drei Telephone addiert.

Da die Zahl der Varianten, sowohl der benutzten Empfangsschaltungen, der zur Verfügung stehenden Empfangsenergie als auch der Telephone bzw. Lautsprecher eine überaus große ist, lassen sich kaum allgemein gültige Gesichtspunkte aufstellen; es kommt vielmehr auf eine Ausprobierung von Fall zu Fall an. Hierzu ist es aber notwendig, daß das Übergehen von der einen auf die andere Schaltung rasch und ohne Schwierigkeiten vonstatten geht, da sonst ein Vergleich der Güte, welcher, da es sich um einen akustischen Vergleich handelt, ohnehin nicht ganz leicht ist, nur sehr schwer zu erzielen ist. In den meisten Fällen genügen die bisher im Handel befindlichen Schaltorgane nicht. Entweder sind sie so ausgeführt, daß wohl eine große Anzahl von Telephonen parallel geschaltet wreden kann, wobei aber das Übergehen auf Serienschaltung gar nicht möglich ist, oder es sind hierzu verhältnismäßig zeitraubende Handgriffe erforderlich.

Bei dem in den Abb. 546 und 547 wiedergegebenen Anschlußbrett sind einerseits diese Nachteile vermieden, andererseits ist die Möglichkeit gegeben, wahlweise bis zu drei Telephonen oder auch Lautsprechern parallel oder in Serie zu schalten. Ebensogut können hiermit auch bis zu sechs Apparate sowohl in Serie als auch parallel geschaltet benutzt werden. Die Anordnung ist alsdann so getroffen, daß die Umschaltung ohne Zeitverlust sofort erfolgt, einfach durch Einstecken bzw. Herausziehen eines Telephonsteckers.

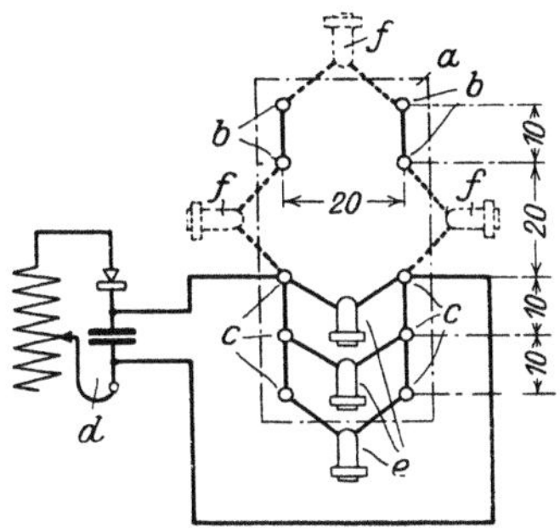

Abb. 546. Schema des Anschlußbrettes und der Verbindungen.

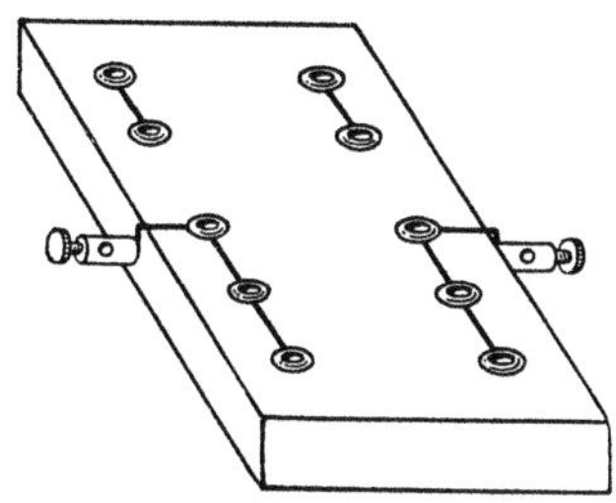

Abb. 547. Ausführung des Anschlußbrettes von E. Nesper.

Gemäß den Abb. 546 und 547 bezeichnet *a* ein kleines, aus Isoliermaterial hergestelltes Anschlußbrettchen, auf welchem die Kontaktbuchsenpaare *b* und *c* montiert sind. Die Normalabstände von 20 bzw. 19 mm sind aus der Abbildung zu ersehen. Je drei der sechs unteren Kontaktbuchsen *c* sind miteinander gut leitend verbunden, während die beiden oberen Kontaktbuchsenpaare *b* ohne Verbindung im Anschlußbrettchen angebracht sind. Die unteren Kontaktbuchsen *c* sind mit der Empfangsapparatur *d*, welche, um ein einfaches Beispiel zu geben, als Kristalldetektorkreis gezeichnet ist, verbunden.

Entweder können in die unteren Kontaktbuchsen *c* bis zu drei Telephone *e* eingestöpselt werden, welche alsdann parallel zueinander liegen, oder die oben punktiert eingezeichneten drei Telephone *f* können in die Buchsenpaare *b* und die oberen Buchsen von *c* eingestöpselt werden, wodurch eine Serienschaltung der drei Telephone bewirkt wird. Außer dieser kann aber gleichzeitig auch noch eine Parallelschaltung bewirkt werden.

Bei der Ausführung des Brettchens ist natürlich besonders darauf zu achten, daß die eingetragenen Normalabstände der Buchsen genau eingehalten werden, da sonst entweder ein Klemmen beim Einstecken der Buchsen eintreten könnte oder unter Umständen kein zuverlässiger Kontakt erzielt würde.

3. Tischklammer für Hörer.

Ähnlich wie bei den Drahttelephon-Apparaten ist es bei Radioempfängern erwünscht, eine Einrichtung zu besitzen, welche automatisch den Empfänger sowie seine Strom- und Spannungsquellen abschalten, sobald der Hörer nicht benutzt wird, der zu diesem Zweck auf eine Gabel, Klammer oder dergleichen gelegt wird.

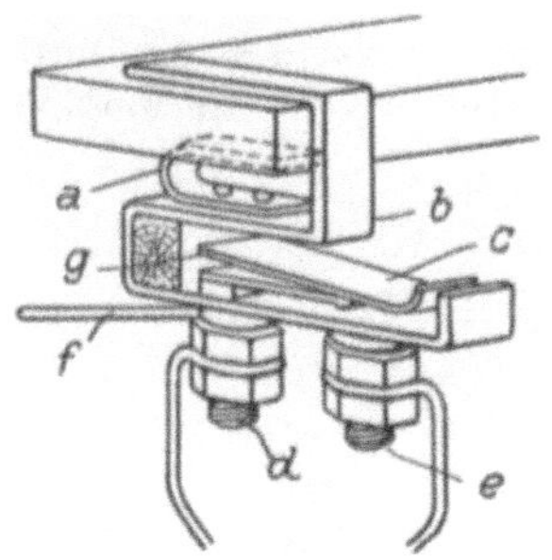

Abb. 548. Tischklemme mit automatisch wirkenden Schaltkontakten.

Solche Apparate sind z. B. in Ständerform hergestellt worden.

Ein ähnliches Prinzip wird bei der Tischklammer gemäß Abb. 548 erreicht, welche den Vorteil besitzen soll, für die Aufstellung und Anbringung weniger Platz zu beanspruchen.

Gemäß Abb. 548 wird mittels einer Klemmvorrichtung *a* die Klammeranordnung *b* an den Tisch geklemmt. Bei *c* wird der Bügel des Kopfhörers nach erfolgter Benutzung angehängt. Die Zuführungslitzen zum Telephon sind an die Kontaktschrauben *d* und *e* angeschlossen, wobei selbstverständlich unter Benutzung entsprechender Verbindungsleitungen, von denen in der Abbildung nur eine, *f*, angedeutet ist, auch mehrere Hörer, in Serie oder parallel geschaltet, benutzt werden könnten.

Sobald nun bei *c* der Hörer angehängt wird, wird durch das Gewicht des Hörers, die Kontaktfeder *c* nach unten gedrückt, wodurch sie sich auf ein Kontaktblech *g* auflegt und einen Kurzschluß zwischen den Schrauben *d* und *e* herbeiführt. Der betreffende Hörer ist somit ausgeschaltet.

Durch diese oder eine ähnliche Einrichtung könnte auch eine Abschaltung der Stromkreise der Antenne usw. bewirkt werden.

4. Anschluß des Lautsprechers an den Verstärker. Reinigungskreise.

Aus den angegebenen Gründen wird häufig der Wunsch vorhanden sein, die Darbietungen des Lautsprechers zu verbessern, insbesondere Störschwingungen, Klirren usw. zu beseitigen.

Im allgemeinen kann man die Schallwiedergabe schon dadurch wesentlich verbessern, daß man einen hinreichend großen Kondensator parallel zum Lautsprecher schaltet, wodurch gewisse Oberschwingungen und Spitzenwirkungen ziemlich unschädlich gemacht werden können.

Indessen sind zuweilen die Störschwingungen so erheblich, daß man sich zu ihrer Beseitigung noch anderer Mittel bedienen muß. Vor allem machen sie sich dadurch in dem Lautsprecher bemerkbar, daß der Anodengleichstrom in unzulässigem Maße durch die Lautsprecherapparatur hindurchgeht, was infolgedessen verhindert werden muß.

Eine recht brauchbare Methode besteht, gemäß Abb. 549 darin, daß parallel zum Lautsprecher ein Shunt in der Größenordnung von mehreren 100000 Ohm parallel geschaltet wird, an dessen Enden der Lautsprecher

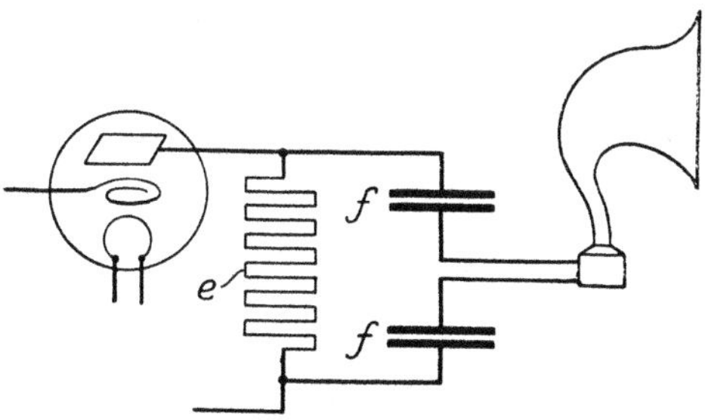

Abb. 549. Doppelspul-Filterkreis für Lautsprecher.

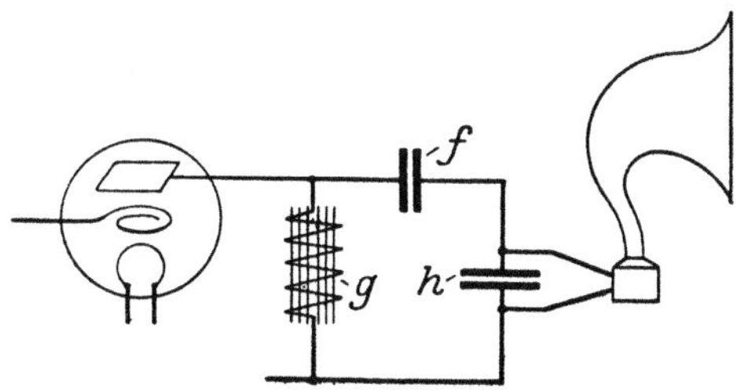

Abb. 550. Filterwirkung durch den Shunt.

unter Zwischenschaltung von Festkondensatoren *f* von je etwa 1 MF angeschaltet wird (O. Kappelmayer).

Recht gute Resultate hat man auch durch Verwendung einer Drosselspule genügender Induktanz erzielt. Abb. 550 stellt eine derartige Schaltung dar, wodurch ebenfalls eine Filterwirkung zustande kommt. Hierfür genügt ein kleiner Parallelkondensator *h* zum Lautsprecher von etwa 5000 bis 10000 cm.

Vielfach ist der Lautsprecher ortfest aufgestellt, was besonders bei Reflexschaltungen vorteilhaft ist. Wenn man jedoch die Darbietungen

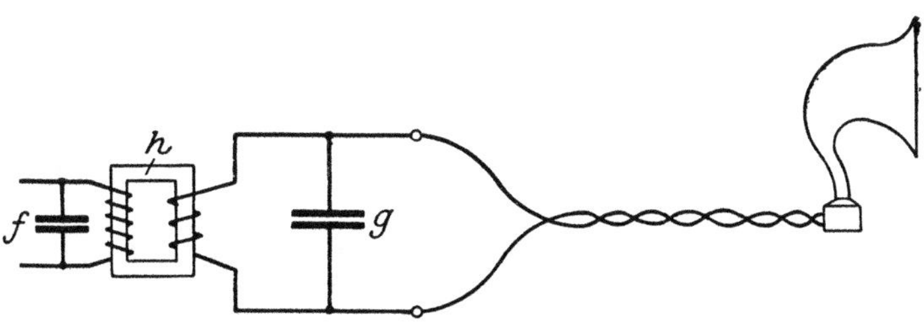

Abb. 551. Transformatoranschluß des Lautsprechers z. B. bei langer Leitungszuführung.

in verschiedenen Räumen vornehmen will, so besteht der Wunsch, den Lautsprecher beweglich anzuschließen, wofür eine mehr oder weniger lange Zuleitung in Betracht kommt. Muß diese nicht allzu lang sein, so kann man beispielsweise eine Lichtlitze ohne besondere Vorsichtsmaßregeln verwenden, da es sich je um Niederfrequenz handelt.

Bei größerer Länge und um das Optimum herauszuholen, empfiehlt es sich jedoch, einen Transformator für den Anschluß zu benutzen. Abb. 551 zeigt diese Anordnung. *h* ist ein gewöhnlicher Ab-Transformator, *f* ein Kondensator von etwa 1000 cm, *g* von 0,1 MF.

D. Räumlicher Sprach- und Musikempfang.

Die für das Ohr fremde Lautwirkung, insbesondere durch den Lautsprecher, rührt nicht nur von einer selbstverständlich kaum zu vermeidenden Verzerrung der Sprache durch das Aufnahmemikrophon und Umformung im Empfänger-Verstärker her, wodurch einerseits gewisse Verzerrungen selbst bei der besten Apparatur hineinkommen, andererseits gewisse Resonanzlagen des akustischen Bereiches besonders hervorgehoben werden, während andere zu sehr zurücktreten, sondern es kommt von der gleichsam flächenhaften Lautwiedergabe des Lautsprechers. Dem Ohr geht gleichsam die Lautperspektive verloren, welche ein körperliches Sprach- oder Musikorgan in jedem Raume hervorbringt, und welche auf das innigste durch die Tonbrechung an den Wänden durch Interferenz-Erscheinungen im Raume und dergleichen unterstützt wird. Jeder Konzert- oder Opern-Besucher kennt diese Erscheinung mindestens gewohnheitsmäßig ganz genau, und es ist ja auch bekannt, daß gewisse Konzerträume insbesondere für symphonische Darbietungen geeigneter sind als andere, deren Formgebung und Ausstattung eine andere ist.

Die Tatsache, daß von einer mehr oder weniger kleinen Membran aus, namentlich beim Saal-Lautsprecher, ein immerhin größerer Raum mit Musik oder Sprache gefüllt wird, läßt diese Erscheinung der flächenhaften Lautübertragung und Lautwiedergabe besonders unangenehm in die Erscheinung treten. Die häufig grammophonartige Wirkung der R.-T.-Darbietungen im Empfang rührt bei guten, sorgfältig abgeglichenen Apparaten viel weniger von diesen oder vom Sender her, als vielmehr von der flächenhaften Schallabgabe.

Es gibt ein verhältnismäßig einfaches Mittel, um die Schallabgabe natürlicher zu gestalten und sie mehr den sonst üblichen Sprach- und Musikdarbietungen anzupassen. Dies geschieht dadurch, daß an Stelle eines Lautsprechers deren mehrere verwendet werden, wobei deren Abstand keineswegs allzu groß gewählt zu werden braucht. Es genügt schon, daß die Lautsprecher in einem Abstand von etwa 2 bis 3 m voneinander aufgestellt werden.

Recht gute Resultate können z. B. dadurch erreicht werden, daß man einen trichterlosen Lautsprecher etwa von der Brown- oder Seibt-Type mit einem Trichterlautsprecher kombiniert, wobei allerdings darauf Rücksicht zu nehmen ist, daß die elektrische Ausführung der Apparate keine allzu verschiedene sein darf.

Wahrscheinlich gibt es noch andere Wege, auf denen man zu besseren Resultaten gelangen kann, und welche insbesondere die Benutzung eines zweiten Lautsprechers unnötig machen. Die auch vorgeschlagene Kombination eines Lautsprechers mit Doppelkopfhörern erscheint nicht sehr günstig, da die physiologischen Wirkungen, die beim gleichzeitigen Anhören dieser beiden völlig verschiedenen Wiedergabe-Apparate in Betracht kommen, einen Erfolg nicht gewährleisten. Auch ist die günstige Einstellung mit dem hierbei notwendigen Parallelwiderstand am Telephon nicht ganz einfach.

XII. Die Antenne.

A. Entwurf und Bau von Antennen.

1. Allgemeine Gesichtspunkte. Soll man Hochantenne, Rahmenantenne oder Ersatzantenne wählen?

Die Antenne ist für das gute Funktionieren der Empfangsanlage von weittragendster Bedeutung. Der beste Empfänger und der hochwertigste Verstärker können entweder nicht genügend zur Geltung kommen oder ihren Dienst sogar völlig versagen, wenn die Antenne ungenügend projektiert und ausgeführt ist. Es ist aber nicht nur erforderlich, dis Antenne von vornherein richtig zu gestalten, sondern sie muß auch so beschaffen sein, daß sie möglichst unter allen Umständen ihre richtige Arbeitsweise verbürgt. Hierzu gehört in erster Linie eine tadellose Isolation. Ist z. B. eine Antenne von einem Baum nach einem Hause hin abgespannt, und berühren Zweige und Blätter die Antennendrähte, so kann z. B. bei Regenwetter der Empfangseffekt vollkommen null werden.

Man kann alle Antennenformen in vier verschiedene Grundtypen einteilen. Erstens in Hochantennen (Außenantennen), zweitens in Innenantennen, drittens in Rahmenantennen und viertens in Ersatzanordnungen, wofür schließlich jeder in einem Hause eingebaute größere Metalldraht- oder Röhrenkomplex, wie z. B. Klingelleitungen, Gas- oder Wasserröhren benutzt werden kann.

Auf die Vorteile und Nachteile der einzelnen Anordnungen wird weiter unten in den betreffenden Abschnitten eingegangen. An dieser Stelle sei jedoch schon vorausgeschickt, daß die größte Empfangslautstärke ohne weiteres mit einer Hochantenne erzielt wird. Die hierbei in den Sommermonaten zuweilen vorhandenen mehr oder weniger starken atmosphärischen Störungen spielen für den R.-T.-Empfänger keine allzu wesentliche Rolle, da der R.-T.-Empfang normalerweise nicht auf große Entfernungen, sondern in der Hauptsache auf einem Radio-Telephonieempfang bis zu ca. 100 km entfernten Sendern bewirkt wird.

Aber trotz dieser zweifelsohne außerordentlich großen Vorteile, ist die Hochantenne im allgemeinen für die Großstadt ziemlich ungeeignet. Schon ihre Anbringung ist häufig mit Schwierigkeiten verbunden und es kommt hinzu, was sich bei der künftigen Entwicklung in noch stärkerem Maße zeigen wird, daß vielfach an einem Hause mehrere Antennen anzubringen sein werden, was in elektrischer Beziehung nachteilig sein würde. Infolge der gerade durch die Amateurtätigkeit erzielten enormen Entwicklung der Empfänger- und Verstärkertechnik sind daher für die Großstadt die Innenantenne und der Rahmen das Gegebene. Evtl. kann auch, wenn die Leistungen keine besonders hohen sein sollen, auf Ersatzantennen zurückgegriffen werden.

Die rapide Entwicklung des Radiosports, welche im Frühjahr 1924 einsetzte, hatte eine ganze Reihe von Auswüchsen gezeitigt. Dies bezieht sich auch auf die Anlage von Hochantennen, welche stellenweise in recht wenig überlegter Weise ausgespannt worden sind. Ein besonders krasses Beispiel konnte in Berlin-Friedenau beobachtet werden. Auf einem Grundstück waren nicht weniger als 7 Hochantennen wirr durcheinanderlaufend ausgespannt. Abb. 552 zeigt das so entstandene Antennenchaos. Es ist ganz selbstverständlich, daß durch diese Anordnung die Empfangenden sich nicht nur gegenseitig Energie wegnehmen, sondern daß sie sich auch ganz erheblich stören können, sobald ein nicht ganz strahlungsfreier Empfänger benutzt sein sollte. Wozu im übrigen diese Masse von Antennen

Abb. 552. Gewirr von 7 Hochantennen auf einem Grundstück.

ausgespannt ist, ist um so weniger begreiflich, als man in Friedenau sehr gut mit einem gewöhnlichen Kristalldetektorempfänger und mit einer Innenantenne von wenigen Metern Länge die Berliner Rundfunksender mit mehreren Telephonen abhören kann. Lautsprecherempfang ist mit Röhrenempfänger ohne weiteres möglich.

Wenn tatsächlich mehrere Empfänger eines Hauses Empfang aus größeren Entfernungen zu erhalten wünschen, so würde es sich vielmehr empfehlen, entweder auf hochwertige Schaltungen überzugehen oder aber, wenn durchaus mit Hochantennen empfangen werden soll, höchstens zwei Hochantennen auszuspannen, die tunlichst entkoppelt angelegt werden.

2. Die Hochantenne (Außenantenne).

A. Montage der Hochantenne.

Eine Hochantenne besteht aus einem Metalldraht, welcher außerhalb des Hauses zwischen zwei möglichst hochgelegenen Punkten isoliert ausgespannt ist, und von welchem eine Ableitung nach dem Empfänger hin geführt ist. Als Drahtmaterial für den Bau einer R.-T.-Antenne kann fast jeder Metalldraht, Litze oder dgl. benutzt werden. Es kann z. B. auch Eisendraht, normaler Telephonie- oder Telegraphendraht verwendet werden. Um jedoch den Ohmschen Widerstand möglichst klein zu halten und somit die Empfangslautstärke zu steigern, ist es ratsam, ein Material guter Leitfähigkeit, wie Kupferdraht, oder aus mechanischen Gründen noch besser Phosphorbronzelitze zu benutzen.

Man kann schon mit einer eindrähtigen Antenne empfangen, eine Anordnung, die aus baulichen und geldlichen Gründen häufig erforderlich sein wird. Jedoch ist aus elektrischen Gründen eine zwei- oder mehrdrähtige Antenne im allgemeinen vorzuziehen, da eine solche ein erheblich größeres Aufsaugevermögen besitzt. Abb. 553 gibt eine typische zweidrähtige Antenne wieder. Der Einfachheit halber sind 2 Masten *a* vorgesehen, zwischen denen die Antenne ausgespannt wird. Selbstverständlich brauchen dies keineswegs besondere Masten zu sein, man kann ebenso gut bereits vorhandene Haltepunkte an Gebäuden, Bäumen, Schornsteinen oder dgl., wie dies die nachstehenden Abbildungen zeigen, benutzen. Zwischen 2 aus leichten Holzstäben oder Bambusrohren hergestellten Rahen *b*, welche, um von Witterungseinflüssen möglichst unabhängig zu sein, mittels geteerter Hanftaue *c* an den Haltepunkten *a* befestigt sind, sind die eigentlichen Antennendrähte *d* ausgespannt. Sie sind jedoch nicht direkt an den Rahen *b* befestigt, sondern es sind aus Isoliermaterial, in den meisten Fällen aus Porzellan hergestellte Isolatoren dazwischen geschaltet. Meist genügen 1—2 derartige Isolatoren, meist in Eierform, welche miteinander verspleist sind, wie die unten stehende Abbildung 570 zeigt.

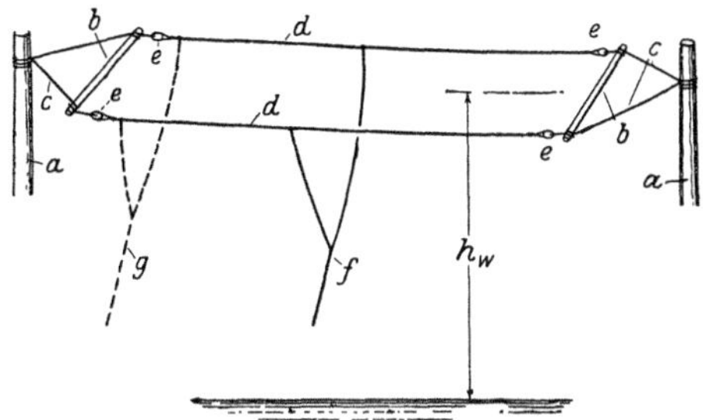

Abb. 553. Schema einer doppeldrähtigen Antenne. Die Ableitung bei *f* ergibt die T-Antenne, bei *g* die L-Antenne.

Durch diese Isolatoren wird die genügende Isolierung der Drähte gegen die Halteteile erreicht, deren Wichtigkeit gar nicht hoch genug veranschlagt werden kann.

Es sei erwähnt, daß man die Isolatoren auch in die Abspannseile *c* einschalten kann. Abb. 570 zeigt ein Beispiel dieser Art. Im Effekt sind beide Ausführungsarten ziemlich gleich. Selbstverständliche Bedingung für die Dimensionierung und Ausführung der Antenne ist die genügende Festigkeit derselben. Die Antenne soll ja nicht nur an schönen Sommertagen in der Luft hängen, sondern sie muß auch allen atmosphärischen Unbilden Trotz bieten können. Sie hat Regen, Rauhreif, Schnee und starken Stürmen standzuhalten, ohne daß sie herunter kommen darf. Es ist auch zu beachten, daß die Antenne und deren Halteteile durch die namentlich in Großstädten vorhandenen Rauchgase, insbesondere in der Nähe von Schornsteinen stark angegriffen werden können. Diesem Umstand ist bei der Dimensionierung nach Möglichkeit Rechnung zu tragen.

Für die Güte des Empfangs, insbesondere für die Empfangslautstärke ist es sehr wesentlich, daß die wirksame Höhe der Antenne, welche in

Abb. 553 durch h_w gekennzeichnet ist, einen möglichst großen Wert besitzt. Die Innehaltung dieser Forderung muß sich der R.-T.-Teilnehmer bei der Projektierung seiner Antenne unbedingt vor Augen halten, und allen anders lautenden Versicherungen, welche von uninformierten oder nach besonderer Richtung hin interessierten Firmen vertreten werden, ist unbedingt zu mißtrauen.

Es entsteht nun die Frage, was bedeutet die wirksame Antennenhöhe h_w? Es bedeutet nicht, daß die Punkte, von denen die Antenne ausgespannt ist, an sich möglichst hoch gelegen sind, sondern es kommt darauf an, wie groß die Höhe des Luftraumes unterhalb der Antenne ist. Nimmt man z. B. an, daß die Abspannpunkte der Antenne ziemlich hoch über der Erdoberfläche liegen, daß aber dieser Luftraum im wesentlichen durch ein Gebäude ausgefüllt ist, so wird in den weitaus meisten Fällen die Antenne ziemlich ungünstig sein, und es kann sich dicht daneben eine viel bessere Stelle ergeben, bei welcher die Stützpunkte zwar niedriger liegen, die Höhe des Luftraumes unter der Antenne jedoch eine günstigere ist. Für diesen außerordentlich wichtigen Punkt bei der Projektierung der Antenne muß der R.-T.-Interessent sich selbst eine gewisse Anschauung bilden. Es wird unten nochmals auf diesen Punkt zurückgekommen werden.

Auf dem Lande und in Kleinstädten ist der Bau einer Hochantenne unendlich viel einfacher als in Großstädten. Daher soll dies zuerst besprochen werden.

Abb. 554 zeigt die einfachste Hochantennenform, bestehend aus einem Draht, welcher zwischen der Giebelwand eines Landhauses nach einem

Abb. 554. Ausspannen einer Eindrahtantenne von einem Landhause nach einem Baum hin.

Baum hin ausgespannt ist. Bei dem nach dem Baum hin verlaufenden Ende ist darauf Rücksicht zu nehmen, daß die Isolation nicht durch Zweige und Blätter in Frage gestellt wird. Von dem nach dem Hause hin verlaufenden Ende des Antennendrahtes *a* ist beim Punkt *b* eine Abzweigleitung *c* angeschlossen (am besten verlötet), welche nach dem im Innern des Hauses befindlichen Empfänger führt.

Ein derartiger einfacher Antennendraht ist zwar leicht und billig anzubringen, er besitzt aber den dauernden Nachteil für den Empfang, daß sein Auffangevermögen (Kapazität) nur verhältnismäßig gering ist. Weit bessere Resultate wird man erhalten, wenn man eine zweidrähtige Antenne, Abb. 555 oder Abb. 556 entsprechend, ausspannt.

Abb. 555. V-förmige Antenne von einem Landhaus nach zwei Bäumen hin ausgespannt.

Auch mit einer V-förmigen Antennengestaltung, wie sie Abb. 555 zeigt, erzielt man einen ähnlich günstigen Effekt. Als Abspannpunkt ist hier-

Abb. 556. Richtige Anordnung und Ableitung einer T-Antenne.

bei wiederum der Giebel eines Hauses benutzt, von welchem nach 2 Bäumen hin Antennendrähte entsprechend isoliert ausgespannt

Abb. 557. Unzweckmäßige Anordnung einer L-Antenne.

sind. Selbstverständlich kann man noch mehr derartige Drähte ziehen, doch bringt dies in den weitaus meisten Fällen keinen wesentlichen Vorteil mit sich, wenngleich die Kapazität wächst.

Nun entsteht die Frage, wie weit sollen die beiden Abspannpunkte voneinander entfernt sein, wie groß soll also die Antennenlänge zweckmäßig gewählt werden? Genaue Angaben lassen sich hierüber nicht machen, da die jeweiligen örtlichen Verhältnisse maßgebend sind. Im großen ganzen ist jedoch zu berücksichtigen, daß die elektrische Grundschwingung der Antenne etwa dem 4—5fachen Betrag ihrer geometrischen Länge entspricht. Wenn man also jeden Antennendraht etwa 20 m lang macht, was für viele Fälle das Optimum darstellt, so ist die Grundschwingung der Antenne ca. 100 m und man kann mit einer derartigen Antenne sehr gut die kleinen R.-T.-Wellenlängen von einigen 100 m empfangen.

Will man große Wellen empfangen, in der Größenordnung von 2000—3000 m, so würde naturgemäß eine größere Länge der Antennendrähte, etwa von 50 m und darüber zweckmäßiger sein.

Für die Verhältnisse in Großstädten kommen im Durchschnitt Antennendrahtlängen von ca. 15—40 m in Betracht.

In baulicher Hinsicht sei noch auf einen anderen Punkt hingewiesen, nämlich auf die Ableitung der Antenne zum Empfänger. Diese soll so gestaltet sein, daß sie eine günstigste Ausnutzung der einfallenden Empfangswelle gestattet. Die möglichst kurze direkte Zuleitung von der Antenne nach dem Empfänger hin wird fast stets das Zweckmäßigste sein. Unter Berücksichtigung dieses Umstandes ist die in Abb. 556 wiedergegebene Anordnung, welche eine T-förmige Antenne darstellt, erheblich günstiger als die sog. L-Form gemäß Abb. 557, da durch die letztere ein Teil der aufgefangenen Energie paralysiert wird.

Die oben gekennzeichnete Forderung einer möglichst großen wirksamen Antennenhöhe h_w ist bei Installationen in der Großstadt meist nicht ganz einfach zu erreichen, denn, um gute Empfangsresultate zu erzielen, muß die Antenne mindestens 3 m über den Metallteilen eines Daches geführt sein. Wählt man hierzu Schornsteine, so ist Vorsicht geboten, da aus mechanischen Gründen die Schornsteine nicht allzu stark belastet werden dürfen. In Abb. 558 ist eine zwar praktisch brauchbare, jedoch nicht allzu günstige Antennenform in Gestalt einer Einfachantenne wiedergegeben, wobei 2 Schornsteine als Abspannpunkte gewählt sind. Unter denselben Verhältnissen würde man eine elektrisch weitaus bessere Antenne bekommen, wenn man eine Doppeldrahtantenne gemäß Abb. 559 ausspannen würde, bei welcher kaum größere Installationskosten aufzuwenden wären. Allerdings besteht bei der letzteren Form der Nachteil, daß 2 Hausbesitzer ihre Zustimmung zum Bau der Antenne erteilen müssen.

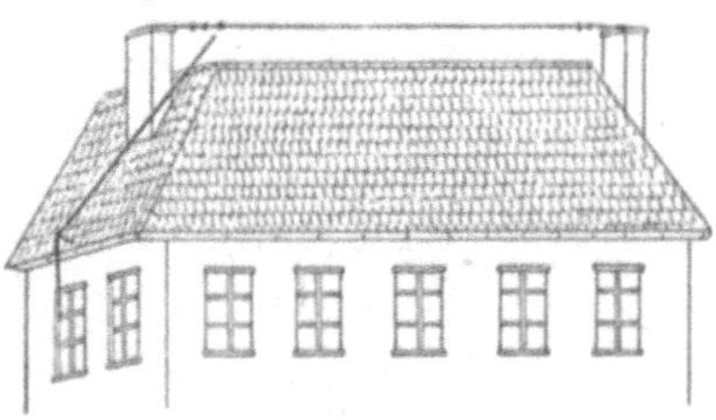

Abb. 558. Eine häufig angewandte, nicht allzu günstige Form einer einfachen Dachantenne.

Eine unter den gegebenen Verhältnissen zweckmäßige Antennenanordnung bei einem kleinen eingebauten, durch höhere Nachbarhäuser überragten Haus zeigt Abb. 560.

Auch die Möglichkeit, daß in einem Hause 2 voneinander unabhängige Empfangsanlagen und somit 2 miteinander nichtgekoppelte Antennen aufgestellt werden sollen, ist hier zu erwähnen. Abb. 561 stellt dies an

Abb. 559. Elektrisch günstigere Antennenanordnung.

einem Schulbeispiel dar. Auf dem Hause sind nur 2 verhältnismäßig niedrige Antennenträger aufgestellt. Von dem vorderen nach dem hinteren ist eine Zweidrahtantenne *a* in Form einer L-Antenne ausgespannt, welche bei *b* zwischen dem einen Empfänger hin abgeleitet ist. In diesem Fall müssen genügend lange, am besten geteerte Hanftaue *c* vorgesehen sein, welche verhindern, daß diese erste Antenne *a* mit der zweiten Antenne *b* allzu stark elektrisch gekoppelt wird. Die zweite Antenne *d* benutzt den rückwärtigen Antennenträger gleichfalls zu einer L-Antenne, welche bei *e* nach dem zweiten Empfänger hin abgeleitet ist. Um eine tunlichste Entkopplung der Antennen zu erreichen, würde es elektrisch günstiger sein, wenn man die Antennenebenen senkrecht zueinander stellen könnte.

Abb. 560. Antenne bei einem eingebauten Haus.

Eine hingegen äußerst unzweckmäßige Antennenanordnung, welche naturgemäß nur sehr schlechte Empfangsresultate zeitigen konnte, ist durch das Beispiel gemäß Abb. 562 gegeben. Die oben im Bilde sichtbare, nach einem Mast kaum unter Zwischenschaltung je eines kleinen Porzellanisolators ausgespannten Drähte, gehören je einer Empfangsanlage an. Die ungenügende Isolation, insbesondere bei

Regenwetter, verstärkt natürlich die ohnehin schon vorhandene Kopplung der beiden Antennen miteinander. Als wenig günstig kommt ferner noch hinzu, daß direkt unter den Antennen starke Bündel von Telephondrähten ausgespannt sind. Ohne besondere Schwierigkeit hätten sich auf diesem Gebäude wesentlich bessere Abspannpunkte finden lassen, um einwandfrei arbeitende, kaum miteinander gekoppelte Antennen zu erhalten.

Abb. 561. Anlage von zwei voneinander getrennten Antennen für zwei voneinander unabhängige Empfänger in einem Hause.

Es ist auch versucht worden, die gegenseitige Störung von Hochantennen, sofern mehrere auf demselben Dach angebracht waren, dadurch zu verringern, daß man eine andere Formgebung anwandte. Sehr große Erfolge werden hierdurch naturgemäß nicht zu erzielen sein; immerhin scheint eine reusenförmige Anordnung, welche hauptsächlich als verstärkte Endkapazität wirkt, gemäß den Abb. 563 und 564 nicht ungünstig zu sein.

Wie Abb. 563 zeigt, sind zwei kreisförmige Drähte, die durch ein Achsenkreuz verspannt sind, ringförmig angeordnet, wobei die Ringfläche aus zickzackförmig verspannten Drähten besteht. Die Höhe des so gebildeten Zylinders soll etwa 2 m betragen, der Durchmesser etwa 1,50 m. Eine sehr große Aufnahmefähigkeit kann mithin einem derartigen Gebilde nicht zugeschrieben werden. Wesentlicher scheint die Ableitung von der so gebildeten Endkapazität zu sein, welche ebenso wie die Errichtung auf einem Dach in Abb. 564 wiedergegeben ist.

Abb. 562. Ungünstige Antennenanordnung zweier ungenügend isolierter fest miteinander gekoppelten Antennen.

Abb. 563. Reusenförmige Endkapazitätsantenne.

Unter den Begriff der Hochantennen fallen auch die Außenantennnen, deren räumliche Abmessungen verhältnismäßig gering sein können. So haben z. B. geschickte Radioamateure, sogar auf recht große Distanzen hin, gute Resultate mit einer Antenne erzielt, welche aus 2 Drähten bestand, die von einem im zweiten oder dritten Stock eines großen Stadthauses befindlichen Balkon heruntergelassen wurden. Abb. 565 zeigt eine ähnliche Antennenanordnung, welche auf einem langgestreckten Balkon immerhin in Betracht kommen kann. Es sind hierbei 2 kleine Stangen vorgesehen, zwischen denen unter Zwischenschaltung von Isolatoren 3 Antennendrähte *b* ausgespannt sind, von welchen je eine Zuleitung *c* in das Innere des Empfangsraumes führt. Naturgemäß ist die Empfangslautstärke, welche mit solchen mehr oder weniger provisorischen Anordnungen erreicht werden kann, nur eine verhältnismäßig geringfügige gegenüber einer wirklichen Hochantenne.

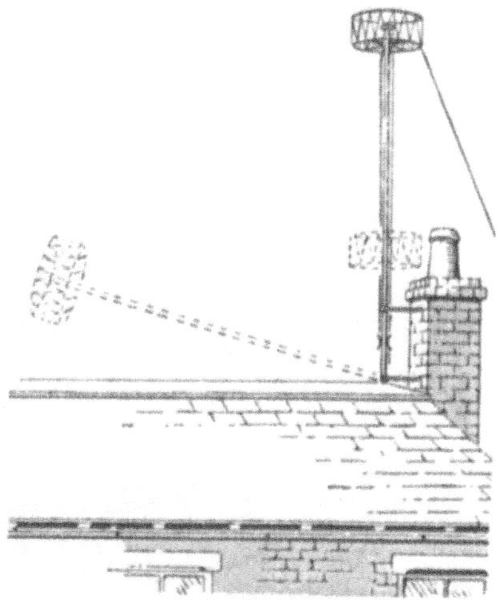

Abb. 564. Montage und Anordnung der reusenförmigen Endkapazitätsantenne.

Gewissen Bestrebungen, auch in der Großstadt eine Außenantenne anzubringen, kommt ferner die Fensterantenne gemäß Abb. 566 nach. Selbstverständlich wird die Kapazität nicht allzu groß sein, die man

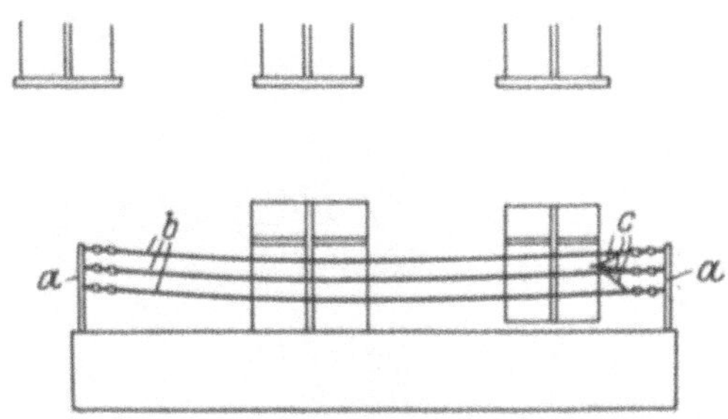

Abb. 565. Benutzung des Balkons zum Ausspannen einer dreidrähtigen Antenne.

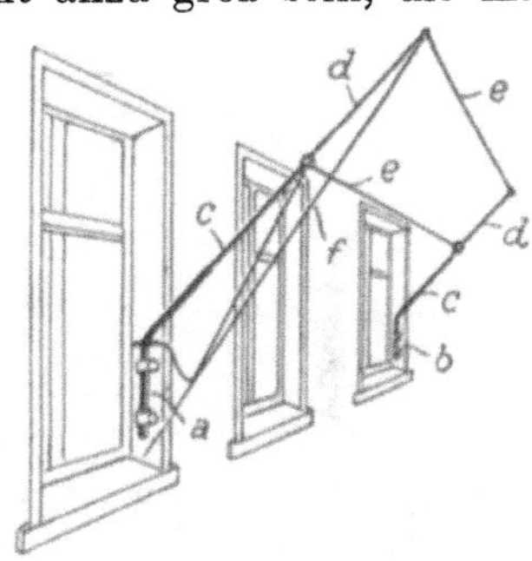

Abb. 566. Fensterantenne der Nescinit-Gesellschaft für Technik mit b. H., Berlin.

auf diese Weise erreichen kann. Immerhin ist der Aufnahmeeffekt häufig verhältnismäßig günstig.

Um die Antenne zu montieren, ist gemäß Abb. 566 die Anbringung von 4 Steinschrauben *a b* an der äußeren Fensterwand erforderlich. In diese werden die gebogenen Metallhalteröhren *c* eingesteckt, in welche ihrerseits die aus Holz hergestellten Antennenstäbe *d* eingesteckt werden.

Zwischen den letzteren wird die Antenne *e* beispielsweise zweidrähtig ausgespannt, welche eine Ableitung *f* zum Empfangsraum erhält. Die letztere wird am besten durch ein biegsames isoliertes Kupferband, welches zwischen die Fensterrahmen geklemmt wird, eingefügt.

Da bei dieser Antenne immerhin eine bauliche Maßnahme an der äußeren Fensterwand vorzunehmen ist, ist es fraglich, ob hierzu nicht die besondere Genehmigung des Hauswirtes erforderlich ist.

Es soll nun noch der Fall besprochen werden, daß sich der R.-T.-Teilnehmer in der Großstadt eine besonders hochwertige Antenne errichten will, allerdings mit nicht unerheblichen baulichen Aufwendungen.

Sind Stützpunkte nicht vorhanden, so muß man, wie schon erwähnt, besondere Antennenträger errichten. Aus Zweckmäßigkeits- und ästhetischen Gründen haben sich hierfür nahtlose Mannesmannrohre mit entsprechenden Verjüngungen im Postbetriebe gut bewährt. Die Einzelteile für den einen Antennenmast nebst den wichtigsten Einzelteilen, wie sie bei der deutschen Reichspost üblich sind, sind in Abb. 567 wiedergegeben[1]. An dem Stahlrohrmast *a*, der durch entsprechende Verspannungen *b* gegen das Dach hin abgefangen ist, ist am oberen Ende ein Rollenkopf *c* befestigt, derart, daß das Halteseil *d* im Inneren des Rohres nach dem Dachboden des betreffenden Hauses durchläuft und entsprechend abgefangen werden kann. Die Montage und ein eventuelles Herablassen der Antenne sind auf diese Weise verhältnismäßig einfach. Unter Zwischenschaltung eines Seilschlosses *e* und eines Isolators *f* ist die eine Rahe *g* an dem Halteseil befestigt. Meist besteht der Isolator *f* aus einer Porzellannußkette, etwa gemäß Abb. 570. Um ein Schlingern der Antenne zu verhindern, können die Endpunkte der Rahe *g* durch Abspannseile *h* abgefangen werden, in die naturgemäß wiederum Isolatorketten einzuspleißen sind. Im allgemeinen wird jedoch

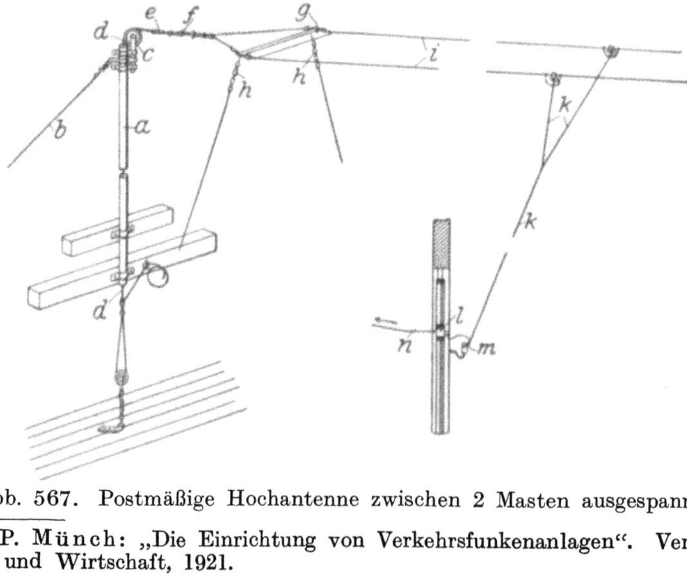

Abb. 567. Postmäßige Hochantenne zwischen 2 Masten ausgespannt.

[1] P. Münch: „Die Einrichtung von Verkehrsfunkenanlagen". Verlag für Politik und Wirtschaft, 1921.

ein derartiges Abfangen nicht notwendig sein. An der Rahe *g* sind die Antennendrähte oder Litzen *i* — im vorliegenden Fall zwei — befestigt. Von einem bei der T-Antenne etwa in der Mitte liegenden Punkt findet die Zuleitung *k* nach dem Empfangsraum hin statt. Um eine mechanische Beanspruchung des Durchführungsisolators *l* auszuschließen, ist ein Abspannisolator *m* vorgesehen. Die Leitung führt zum Empfänger, zweckmäßig unter Zwischenschaltung einer Blitzschutzsicherung, bestehend z. B. in einer kleinen geerdeten Pilzfunkenstrecke.

Der Bau der Antenne findet in der Weise statt, daß die für den Luftleiter benutzte Phosphorbronzelitze auf dem Erdboden ausgelegt, zugeschnitten und mit den Rahen verbunden wird. Kinke sind hierbei möglichst zu vermeiden, da hierdurch die Festigkeit der Drähte, bzw. Litzen erheblich leidet. Mit Rücksicht auf die bessere Beweglichkeit wird im allgemeinen Phosphorbronzelitze (siehe die Listen S. 159) statt Runddraht benutzt. Lötungen, wie z. B. das Anlöten der Zuleitungsdrähte *k* an die eigentlichen Antennendrähte *i* müssen vorsichtig bewirkt werden, um das Material nicht zu schwächen. Nachdem die Antenne auf dem Boden so zusammengebaut und ausgelegt ist, wird sie durch Anziehen der Rahen unter Zuschaltung der Isolatoren an dem Halteseil *d* befestigt, dieses wird über den Rollenkopf *d* gelegt und die Antenne wird hochgebracht. Um eine unnötige Belastung, insbesondere auch durch atmosphärische Beanspruchungen, möglichst gering zu halten, darf die Antenne nicht stramm angezogen werden, sondern muß bei etwa 100 m Länge mit einem Durchhang von etwa 4 m[1]) hängen.

B. Wird durch eine Hochantenne die Blitzgefahr erhöht?

Soweit bisher Resultate vorliegen, hat sich wohl in keinem Falle die Annahme bewahrheitet, daß richtig angelegte Antennen die Blitzgefahr erhöhen. Vielmehr kann die entgegengesetzte Meinung als richtig gelten, daß eine derartige Hochantenne als eine gewisse Sicherung gegen Blitzgefahr anzusehen ist. Naturgemäß muß einerseits die Erdung einen hinreichenden Querschnitt haben, und es müssen auch die Schaltungen zur Erde, insbesondere der Antennenschalter, den Anforderungen entsprechen. Vor allem kommt es also auf genügenden Querschnitt an.

Die englischen Versicherungsgesellschaften haben diesem Umstande bereits Rechnung getragen und ausdrücklich festgestellt, daß eine Abänderung der Policen nicht erforderlich wäre, da eine richtig angelegte Antenne eine Erhöhung der Blitzgefahr nicht bedeute.

C. Leitsätze für den Bau von Hochantennen zum Rundfunk

herausgegeben von dem

Verband Deutscher Elektrotechniker.[2])

1. Diese Leitsätze gelten für Hochantennen, die im Freien angelegt sind, bezüglich des Überspannungsschutzes (s. Abschnitt 17) auch für solche, die innerhalb eines Dachstuhles liegen.

Man unterscheidet der Art nach: Einleiter- und Mehrleiterantennen, der Form nach: Linear-,

---

[1]) Dieser Durchhang mag vielleicht etwas groß erscheinen. Häufig rechnet man mit etwa folgenden Zahlen:

Antennenlänge	Durchhang	Antennenlänge	Durchhang
30 m	10 cm	60 m	35 cm
40 m	15 cm	80 m	60 cm
50 m	25 cm	100 m	90 cm.

[2]) Diese Leitsätze sollen später durch die „Vorschriften für Außenantennen" ersetzt werden.

L-, T-, V-, Schirm-Antennen usw. Je nach der Möglichkeit der Anordnung von Abspannpunkten ergibt sich die Art und Form der Antenne. Im allgemeinen sind Einleiter-, T- oder L-Antennen am zweckmäßigsten.

2. Dem öffentlichen Verkehr dienende Plätze und Straßen sowie Bahnkörper dürfen nur mit Genehmigung der zuständigen Stellen überspannt werden. Bei elektrischen Bahnen ist auch das Einverständnis des Bahnunternehmers erforderlich.

3. Kreuzungen von Hochspannungsleitungen (Spannungen über 250 V) mit Ausnahme von elektrischen Straßenbahnen sind verboten. Bei Annäherung an Hochspannungsleitungen soll die Antenne in einem solchen Abstand verlegt werden, daß eine Berührung auch bei Drahtbruch unter allen Umständen ausgeschlossen ist. Auf weniger als 10 m Horizontalabstand ist keineswegs herabzugehen. Bei Kreuzungen mit elektrischen Bahnlinien sind erhöhte Sicherheitsmaßnahmen zu treffen.

4. Die Nähe von Starkstrom-Niederspannungsleitungen (Spannungen bis 250 V) verlangt folgende Sicherheitsmaßnahmen, sofern nicht eine metallische Berührung beim Reißen der Antenne praktisch ausgeschlossen ist:

a) Die Starkstromleitung muß mit geerdeten Schutzdrähten oder einem geerdeten Schutznetz versehen sein, oder

b) die spannungführenden Drähte der Starkstromleitung sind als „wetterfest umhüllte Leitungen" nach den „Normen für umhüllte Leitungen in Starkstromanlagen" auszuführen.

Diese Sicherheitsmaßnahmen sind im Einvernehmen mit dem zuständigen Elektrizitätswerk von Fachleuten auszuführen. Erst nach ihrer Fertigstellung darf mit dem Bau der Antenne begonnen werden, der in diesem Falle auch von Fachleuten vorzunehmen ist. Zulässig sind nur Einleiter-Antennen.

5. Auf Fernmeldeleitungen ist in folgender Weise Rücksicht zu nehmen:

Parallelführung im Abstande von weniger als 5 m ist verboten; Kreuzungen sollen möglichst rechtwinklig, jedenfalls nicht unter 60° und in einem Abstande von wenigstens 1 m ausgeführt werden.

Wenn bei Drahtbruch der Antenne eine Berührung mit der Fernmeldeleitung möglich ist, muß die Antennenleitung mit wetterfester Umhüllung versehen sein, sofern nicht die Fernmeldeleitung selbst isoliert ist.

6. Die Antennen einschl. ihrer Träger sollen das Straßen-, Stadt- und Landschaftsbild nicht stören. Sie sind nach Möglichkeit so anzulegen, daß sie von den Straßen aus nicht sichtbar sind; sie sollen also möglichst auf den von der Straßenseite abgelegenen Dachflächen liegen. Dieses gilt besonders für Mehrleiter-Antennen mit Rahen (s. Abschnitt 15). Einleiter-Antennen lassen sich so ausführen, daß sie kaum sichtbar sind.

7. Beim Antennenbau auf einem Hause soll von dem Erbauer darauf geachtet werden, daß auch weitere Bewohner des Hauses Antennenanlagen herstellen können. Auf vorhandene Antennenanlagen ist Rücksicht zu nehmen.

8. Parallele oder nahezu parallele Führung zweier Antennen bewirkt starke Kopplung. Daher ist bei T- und L-Antennen ein Mindestabstand der parallel geführten Teile von 5 m vorzusehen. Stehen die Drähte zweier Antennen senkrecht oder im Winkel zueinander oder kreuzen sie sich, so soll ihr Abstand an der größten Näherung nicht unter 2 m sein.

9. Für den Luftleiter ist Draht aus hartgezogenem Kupfer oder Bronze von mindestens 40 kg Zugfestigkeit je qmm zu verwenden. Feindrähtige Litzenleiter (Einzeldrähte unter 0,25 mm Durchmesser) sind wegen der Zerstörung durch Rauchgase in Städten zu vermeiden. Die auftretende Höchstspannung im Antennenleiter soll bei der vorher angegebenen Zugfestigkeit 10 kg je qmm nicht übersteigen. Bei Verwendung von Baustoffen mit höherer Festigkeit soll im ungünstigsten Belastungsfall mindestens e ne vierfache Sicherheit vorhanden sein. Der Querschnitt des Antennenleiters (nicht unter 1,5 qmm bei 40 kg Zugfestigkeit) ist unter Berücksichtigung eines möglichst geringen Durchhanges entsprechend der Länge und Schwere der Antenne zu wählen. Gespannte Drähte sollen nicht aus zusammengesetzten Stücken bestehen.

10. Als Abspannpunkte dürfen Schornsteine und turmartige Aufbauten sowie Hausgiebel nur dann Verwendung finden, wenn diese Teile den zu erwartenden Beanspruchungen gewachsen sind und wenn durch die Führung der Antennenleiter und etwa angeordneten Abspannungen und Verankerungen der freie ungehinderte Zugang zu den Schornsteinen und etwa vorzunehmende Dacharbeiten nicht beeinträchtigt werden. Bei der Befestigung von Rohrständern u. dgl. an Schornsteinen ist darauf zu achten, daß die ordnungsgemäße Reinigung der Schornsteine, das Stehen sowie Seitwärtsbewegen der Arme auf diesen nicht behindert wird.

Sind Antennen gegen einen Baum abgespannt, so ist den Schwankungen durch den Wind Rechnung zu tragen.

Gestänge der Deutschen Reichspost dürfen nur mit deren Genehmigung benutzt werden. Alle Stützpunkte von Antennen müssen bei der auftretenden Höchstbeanspruchung mindestens eine vierfache Sicherheit aufweisen.

11. Mit Rücksicht auf die dämpfende Wirkung der Gebäudeteile und auf die Begehbarkeit der Dächer soll ein Luftraum von wenigstens 2 m zwischen der Antenne und dem betreffenden Gebäudeteil vorhanden sein. Bei Dächern mit vielen Metallteilen oder mit Metallabdeckungen empfiehlt es sich, eine größere Entfernung des Antennenleiters von diesen anzustreben.

Die wagerechte Ausdehnung der Antennenleiter zu übertreiben, ist für die Empfangsstärke zwecklos; 30—50 m genügen vollauf. Stützpunktabstände über 50 m sind möglichst zu vermeiden. Mehrleiter-Antennen kommen nur in Frage, wenn die örtlichen Verhältnisse ganz kurze Spannweiten bedingen.

12. Die Verbindung des Antennenleiters mit der Abteilung wird zweckmäßig durch fabrikmäßig hergestellte Klemmen, Kerbverbindungen, Quetsch- oder Würgehülsen vorgenommen. Klemmen, bei denen eine Schraube auf den Draht drückt, sind verboten.

Lötungen sind nur an von Zug entlasteten Stellen zulässig und mit Lötkolben auszuführen.

13. Die Isolierung der Antennendrähte gegen die Stützpunkte sowie die der Abspannung der Ableitung an der Einführungsstelle ist zweckmäßig durch untereinander verbundene Isolatoren (Ei- oder Sattelisolatoren) oder einen gleichwertigen Isolator vorzunehmen, die bei der höchstmöglichen Belastung eine vierfache Sicherheit aufweisen.

14. Die Ösen der Antennenlitzen und die Abspannseile sind mit gut verzinkten Kauschen zu versehen, sofern sie nicht unmittelbar an den Isolatoren befestigt werden. Die Verbindung der Isolatoren untereinander und mit den Kauschen darf nur durch Volldraht (bei Eisen nicht unter 3,5 mm Durchmesser) oder durch Antennenlitze, die den Bedingungen unter Ziffer 9 entspricht, erfolgen.

15. Die Rahen für mehrdrähtige Antennen sind aus dünnwandigem Stahlrohr nicht unter 1 mm Wandstärke und nicht über 20 mm Außendurchmesser oder aus zähem imprägnierten Holz oder aus Bambusstäben herzustellen. Bei Rahen ist besonders auf gute Befestigung zu achten.

16. Zum Abspannen der Antennen nach den Befestigungspunkten ist Volldraht (bei Eisen nicht unter 4 mm Durchmesser) oder Antennenlitze zu verwenden.

17. Außenantennen sollen durch Überspannungsschutz für etwa 500 V, der außerhalb, oder innerhalb des Gebäudes angebracht werden kann, gesichert sein. Ein im Gebäude befindlicher Überspannungsschutz soll nahe der Einführung mit dem nötigen Abstand von leicht entzündbaren Teilen liegen. Diesen Zweck erfüllen Überschlagstrecken von etwa 0,5 mm Funkenlänge oder die bei Fernmeldeanlagen üblichen Luftleerblitzableiter mit Grobschutzfunkenstrecke sowie Glimmlampen. Das gleiche gilt für Antennen, die innerhalb der Dachkonstruktion eines Hauses angelegt werden. (Zimmer- und Rahmenantennen bedürfen keines Überspannungsschutzes.)

Eiserne Stangen oder Rohrständer, die als Antennenstützpunkte dienen, sind zu erden. Dieses kann, wenn in oder am Gebäude geerdete oder leicht zu erdende Metallteile vorhanden sind, über diese erfolgen. Vorhandene Blitzschutzanlagen sind mit dem Rohrständer zu verbinden. (Leitsätze für Gebäudeblitzableiter.)

18. Bei Antennen, die durch Starkstrom-Freileitungen gefährdet sind, ist ferner stets eine Stromsicherung in die Antennenleitung einzuschalten, und zwar hinter dem Überspannungsschutz (von außen gesehen). Hierzu können die bei Fernmeldeanlagen gebräuchlichen Sicherungen mit Patronen für etwa 2 A Abschmelzstromstärke Verwendung finden.

19. Die Antennen sollen außerdem durch einen nahe der Einführung innen oder außen angeordneten, leicht zugänglichen Erdungsschalter unter Abschaltung des Empfangsapparates unmittelbar geerdet werden, wenn die Anlage nicht gebraucht wird. Die Kontaktteile des Erdungsschalters sollen einen Starkstromschalter für mindestens 6 A entsprechen. Der Griff des Erdungsschalters soll isoliert oder dauernd mit Erde verbunden sein.

Der Querschnitt der Zuleitung zur Schutzerdung soll mindestens den doppelten Querschnitt der Antennenzuführungsleitung bei Verwendung von Kupfer erhalten.

Die Zuleitung zur Schutzerdung ist an eine vorschriftsmäßige Blitzableitererdung anzuschließen. Als solche gelten auch die Wasserleitung, Gasleitung oder Heizungsrohre, wenn diese an die Wasserleitung angeschlossen sind.

Erdzuleitungen außerhalb von Gebäuden sollen in Reichhöhe durch Schutzleisten gegen Beschädigung geschützt werden, sofern sie nicht an sich fest genug oder mechanisch geschützt sind. Innerhalb von Gebäuden sollen diese Leitungen möglichst kurz gehalten und unter Vermeidung von scharfen Biegungen verlegt werden. Die Führung durch Räume mit leicht entzündbarem Inhalt ist zu vermeiden. Bei Verlegung auf entflammbaren Unterlagen sind Isolierrollen zu verwenden.

Die Apparaterdung darf als Schutzerdung nur mitbenutzt werden, wenn sie den vorstehenden Bedingungen entspricht.

20. Antennenanlagen sind den vorstehenden Leitsätzen entsprechend in ordnungsgemäßem Zustand zu erhalten. Der Besitzer hat sich hiervon in angemessenen Zeitabschnitten zu überzeugen. Mängel sind sofort nach Bekanntwerden zu beseitigen.

Zum Bau der Hochantenne einer normalen R.-T.-Empfangsstation gehören folgende Bestandteile unter der Voraussetzung, daß Abspannpunkte, wie z. B. Fahnenstangen, Masten, Schornsteine oder dergleichen vorhanden sind.

1. Eine Rolle Kupferbronzelitze, eventuell auch einfacher Kupferdraht, falls die Länge der Antenne nicht groß ist. Dieser Draht wird für die Montage in Rollenform (siehe Abb. 568) geliefert in einer Länge, die bei einer Einfachdrahtantenne zuzüglich 10%, bei einer Doppel-T-Antenne der doppelten Drahtlänge auch zuzüglich 10% für Verschlingungen, Verschnitt usw. beträgt.

Abb. 568. Kupferbronzelitze (7/22) für die Hochantenne auf eine Transportspule aufgewickelt.

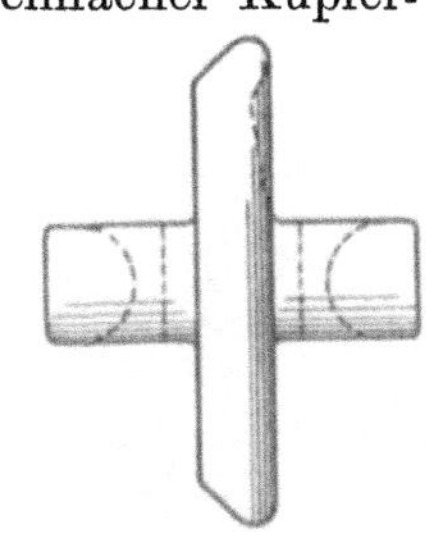

Abb. 569. Antennendrahtisolator für Empfangszwecke (Bullers Ltd., London).

2. Bei einer Mehrdrahtantenne ein oder meistens zwei Rahen, am besten aus Bambusrohr oder einem leichten, genügend zähen Holz hergestellt. Die Länge der Rahe entspricht der zu bauenden Antenne. Für eine Zweidraht-T-Antenne beträgt die Rahenlänge meist $1^1/_2$ bis 2 m.

3. Porzellannußketten, die zwischen dem Antennendraht und die Abspannpunkte montiert werden. Von diesen Porzellannußketten zeigt Abb. 570 ein Ausführungsbeispiel. Es werden im allgemeinen ein bis

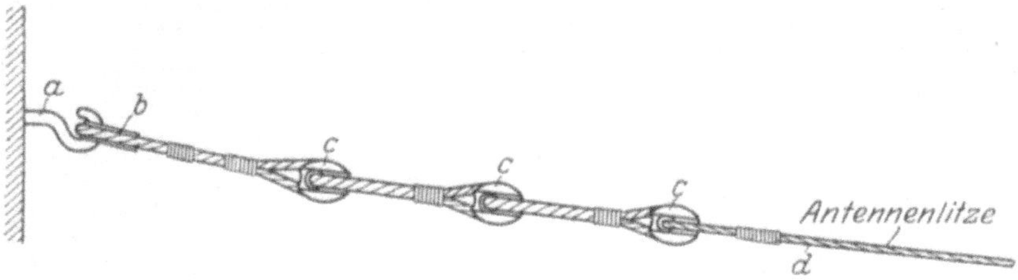

Abb. 570. Porzellannußkette mit Endkauschen und eingespleißter Antennenlitze.

drei miteinander verspleißte Nußisolatoren benutzt, die in Endkauschen eingespleißt sind.

Für einfachere und billige Installationen genügen auch schon Einzel-

Abb. 571. Abspann- und Stützisolator.

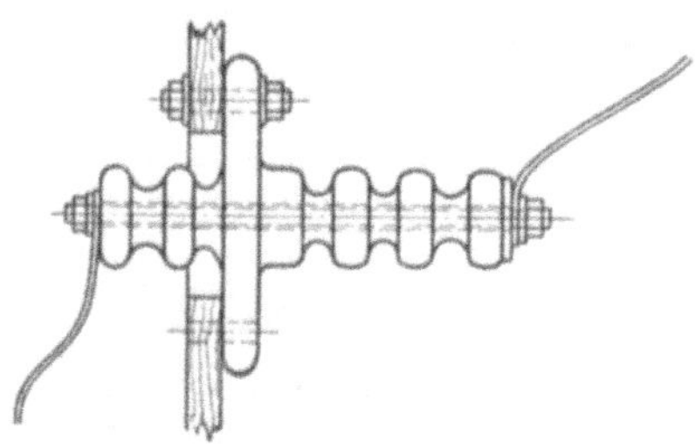

Abb. 572. Porzellan-Durchführungsisolator.

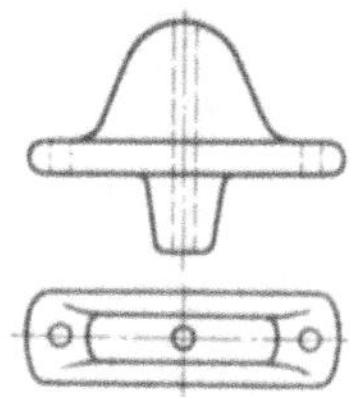

Abb. 573. Einfacher Durchführungsisolator in holländischer Ausführung.

isolatoren aus Porzellan, gemäß Abb. 569, die mit etwa 50000 Volt geprüft sind. (Siehe auch die Ei-Isolatoren S. 646ff.)

4. Eventuell aus Hanfseilen oder Drahtseilen hergestellte Abspannungen für die Rahen, um eine seitliche Schlingerbewegung zu verhindern und zu bewirken, daß die Antenne auch bei starkem Wind verhältnismäßig ruhig hängt.

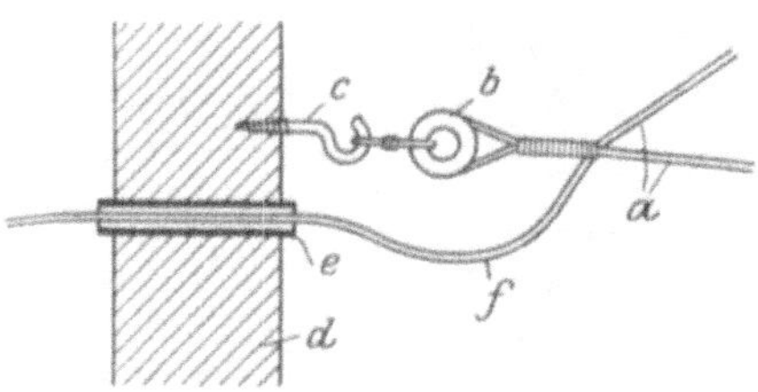

Abb. 574. Abfangen der Antenne und Einführung in den Empfangsraum.

5. Stützisolatoren gemäß Abb. 571, die jedoch nur zur Anwendung gelangen, sofern die Zuleitung von der Antenne nach dem Stationsraum aus irgendwelchen Gründen, z. B. wegen Wind, abgefangen werden soll. Die Zahl ist dementsprechend und nach den örtlichen Verhältnissen zu wählen.

6. Ein Durchführungsisolator von der Antennenzuführung zum

Stationsraum. Bei besonders einfachen Installationen genügt eine durch einen Hartgummiisolator, eine Glasröhre oder dgl. ausgebuchste Holzplatte, die auf einen Fensterrahmen an Stelle des Glases oder auf eine Türfüllung aufgenagelt wird. Bei besserer Ausführung verwendet man einen Porzellandurchführungsisolator, etwa Abb. 572 oder Abb. 573 (holländische Ausführung) entsprechend, der auf die Holzplatte aufgeschraubt wird, wie dies Abb. 572 schematisch zeigt.

In welcher Weise man die Abfangung und Durchführung der Antenne in das Innere des Empfangsraumes bewirken kann, geht aus Abb. 574 hervor. Der Antennenleiter *a* ist über die Porzellanrolle *b* durch den Haken *c* abgefangen. Die Zuführung *f* von der Antenne ist durch das Isolationsröhrchen *e* hindurchgeführt, das in die Mauer *d* eingesetzt ist.

Die Herstellung dieser Einführung der Antenne in den Innenraum, selbst wenn man in einfachster Weise eine Durchführung durch den hölzernen Fensterrahmen vornimmt, stellt immerhin einen gewissen Zeitverlust dar. Außerdem ist man mehr oder weniger an diese Einführung gebunden. In Amerika ist man daher auf den Gedanken gekommen, speziell für die Einführung, aber auch als Antennenleiter, emailliertes Kupferband zu nehmen, welches infolgedessen verhältnismäßig wetterbeständig ist.

Die mit einem derartigen Band bewirkte Einführung zeigt Abb. 575, *a* ist das Band, dessen eines Ende mit dem Antennendraht *b* und dessen

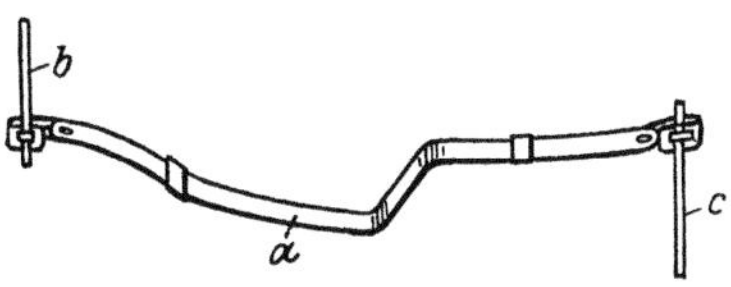

Abb. 575. Bandförmige Antenneneinführung (Acron Radio Mfg. Co.).

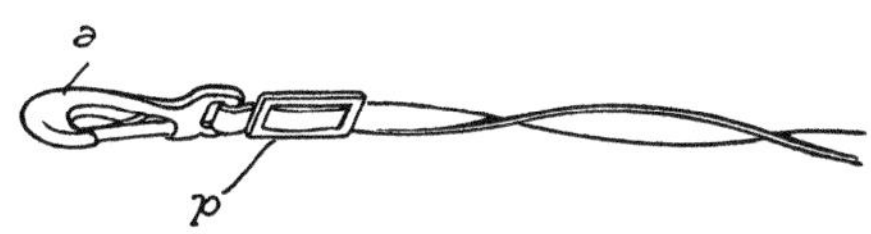

Abb. 576. Nachstellvorrichtung der bandförmigen Antenneneinführung.

anderes Ende mit der zum Empfänger führenden Zuführung leicht lösbar und dabei doch genügend fest verbunden ist.

Übrigens zeigt diese Ausführung gemäß Abb. 576 noch eine besonders leichte Einstellbarkeit der Länge, indem ähnlich wie bei einem Hosenträger eine Schnalle *d* vorgesehen ist, mit deren Hilfe die Länge des Bandes innerhalb gewisser Grenzen einregulierbar ist. Auch die Einhängevorrichtung *e* in eine Öse oder einen Haken ist hierbei bemerkenswert.

7. Einen Wickel mit Zuführungsleitungsdraht, um vom Porzellandurchführungsisolator nach dem Empfänger hin und vom Empfänger nach Erde die Schaltung auszuführen.

8. Einen Wickel mit Bindedraht für alle notwendigen Montagearbeiten.

9. Einen einfachen Hebelschalter, um bei Nichtbenutzung des Empfängers die Antenne zu erden, und bei Benutzung des Empfängers denselben an die Antenne anzuschalten. Hierfür genügt eine solide ausgeführte Konstruktion gemäß Abb. 577.

Es sind derartige Schalterkonstruktionen, insbesondere von deutschen Firmen, häufig direkt mit Blitzschutzeinrichtungen kombiniert worden. Es ist natürlich darauf Rücksicht zu nehmen, daß die Schalterausführung eine genügend stabile und den hohen Stromstärken und Spannungen entsprechend, wie sie bei Blitzeinschlägen vorkommen können, ausgeführt ist; um so mehr, als bei unzulänglicher Ausführung und Dimensionierung des Schalters und des Blitzschutzes unter Umständen sogar eine direkte Gefahr entstehen könnte, da an dieser Stelle sich eine Brandgefahr ergeben kann.

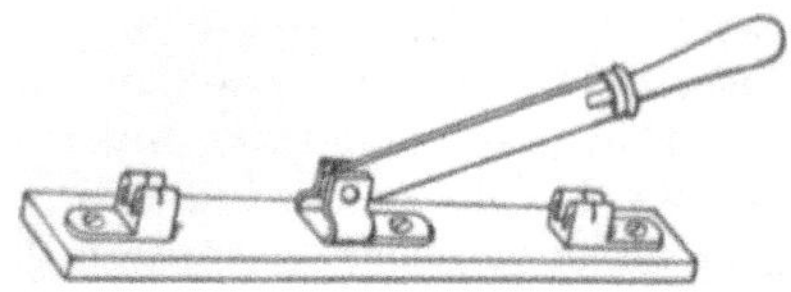

Abb. 577. Empfangs-Erdungsschalter.

Im übrigen hat sich bei Blitzeinschlägen häufig gezeigt, daß die Antenne, evtl. sogar auch die Zuführungsleitung vollkommen verdampft wurde; allerdings waren in allen diesen Fällen sowohl der Erdungsschalter als auch die Blitzschutzvorrichtung tadellos ausgeführt.

Eventuell kann man noch parallel zum Empfänger, also zwischen den Einführungskontakt des Sendeempfangsschalters und seinen Drehpunkt einen Blitzableiter schalten. Es sind hierfür verschiedene, zum Teil recht einfache Konstruktionen vorgeschlagen worden. Die primitivste Einrichtung, welche zugleich den Vorteil besitzt, unter allen Umständen sicher zu funktionieren, kann sich der Bastler leicht selber herstellen. Sie besteht aus 2 z. B. aus Zink hergestellten, tellerförmigen, etwa daumennagelgroßen Elektroden, welche isoliert auf einer gleichfalls

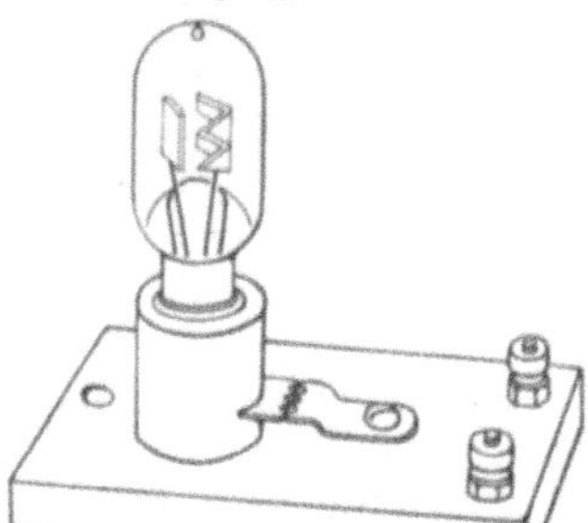

Abb. 578. Blitzschutzvorrichtung (Überspannungsschutz) von Schmidt & Co.

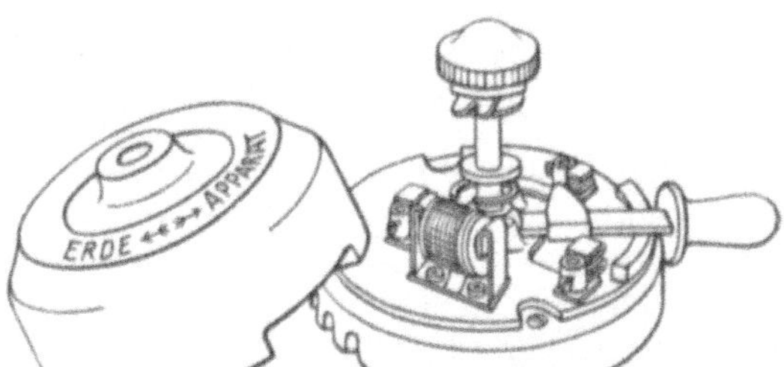

Abb. 579. Antennenschalter in Lichtschalterform von A. Kathrein.

aus Isolationsmaterial bestehenden Grundplatte angeordnet sind und wobei der Abstand der beiden Platten voneinander einreguliert werden kann, etwa auf $^1/_2$—1 mm. Sollte die Antenne atmosphärisch zu stark aufgeladen sein, so geht in dieser Funkenstrecke ein Ausgleichsvorgang der statischen Elektrizität über.

Eine im Radiohandel erhältliche Blitzschutzsicherung von Schmidt & Co. (Daimon) zeigt Abb. 578.

Eine recht handliche Form des Antennenschalters wird von A. Kathrein in Rosenheim auf dem Markt gebracht. Dieser ist gemäß Abb. 579 in Form eines Lichtschalters aufgebaut. Er ist räumlich so klein bemessen, daß er ohne weiteres auf jedem Empfänger angebracht werden kann. Die Anmontage sowie die einzelnen Umschaltstellungen, aus denen auch die zwangläufige automatische Abschaltung bei Nichtbenutzung des Empfängers hervorgeht, zeigt Abb. 580.

10. Behelfsvorrichtungen, Winden, Seilschlösser usw., um die Masten und Antennen hochzubringen und evtl. nachzuspannen.

11. Mastfüße, welche sich in einfacher Weise rasch auf jedes Dach aufsetzen und anschrauben lassen, können recht zweckmäßig sein. Eine namentlich in England häufig benutzte Ausführung zeigt Abb. 581, welche zum direkten Anschrauben eingerichtet ist und bei welcher eine gewisse Nachgiebigkeit des Mastfußendes, z. B. bei Sturm und Rauhreif berücksichtigt ist. Selbstverständlich hat auch dieser Gedanke bereits zahlreiche konstruktive Abänderungen erfahren.

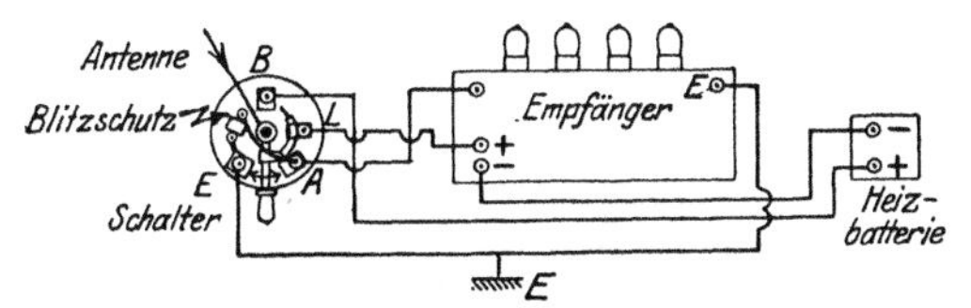

Abb. 580. Anschaltung des Antennenschalters von A. Kathrein an den Empfänger.

Abb. 581. Leicht aufmontierbarer Mastfuß (englische Ausführung).

Abb. 582 gibt nochmals, nud zwar teils in schematischer, teils den wirklichen Verhältnissen entsprechender Form ein Bild einer sorgfältig

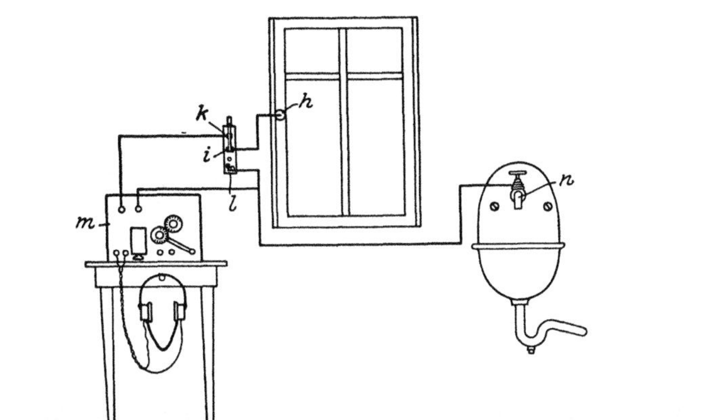

Abb. 582. Gesamtanordnung der Antenneneinführung, des Empfangs-Erdungsschalters, des Empfängers und der Verbindung nach Erde.

ausgeführten Antenneneinführung, des Sende- und Empfangsschalters, des Empfängers und der Verbindung nach Erde. Es empfiehlt sich neben dem Antennenschalter ein Schild anzubringen mit dem Aufdruck:

Antenne nach Empfang erden.

Über die Erdung ist bisher nichts Besonderes gesagt worden. Auf dem Lande ist sie verhältnismäßig leicht dadurch zu erreichen, daß man ein unten angeschärftes zylindrisches Rohrstück möglichst tief in die Erde hineintreibt. Man kann statt dessen auch eine Metallplatte oder ein Blech verwenden, evtl. auch größere in die Erde eingegrabene Rohrstücke. Die Erdung wird um so besser, je größer man den Metallkörper wählt, und je näher sich derselbe der Grundwasserschicht befindet. Auf jeden Fall ist es wichtig, von diesem Körper aus die Zuleitung zum Empfänger so kurz wie möglich zu gestalten. Wenn man vollkommen einwandfreie Resultate erhalten will, muß man die Erdleitung ebenfalls isolieren, und es gelten alsdann die oben entwickelten Gesichtspunkte.

In den Großstädten ist es meist ausgeschlossen, eine befriedigende Erdung zu erreichen. Der einfachste Behelf besteht darin, daß man den Empfänger an die Wasserleitung anschließt, indem man um den Wasserhahn mehrere Male einen Metalldraht herumwickelt, das Ganze straff anzieht, verlötet, und den Metalldraht mit dem Empfänger verbindet. An Stelle der Wasserleitung hat man auch die Gasleitung oder das Röhrensystem der Warmwasserheizung benutzt. Auch größere, außen am Hause angebrachte Metallflächen, wie z. B. Regenabflußflächen und dgl. sind für diesen Zweck in Vorschlag gebracht.

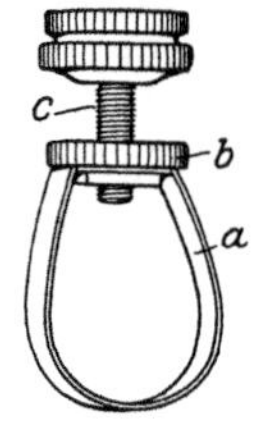

Abb. 583. Erdanschlußklemme (Rohrschelle) der D. T. W. & K.

Etwas konstruktiver und auch für die Dauer geeigneter sind im Handel erhältliche, meist recht billige Erdanschlußklemmen mit Kontaktschraube. Eine solche in der Ausführung gibt Abb. 583 wieder. *a* ist der schellenförmige Teil, dessen eines Ende aus der Schraubvorrichtung *b* vor dem Umlegen herausgezogen und welches alsdann durch *b* festgeschraubt wird. Unter die Schraubvorrichtung *c* kann die Anschlußleitung an den Empfangsapparat untergeklemmt worden.

Selbstverständlich sind aber alle diese Behelfe nur sehr schlechte Ersatzanordnungen einer wirklich guten Erdung. Zuweilen wird man feststellen können, daß der Empfang kaum schlechter ist, wenn man die Erdung ganz fortläßt.

Außer den oben genannten für die Antennen- und Erdungsanlage erforderlichen Teilen, welche bei sehr primitiven Installationen in dem einen oder anderen Punkte vielleicht noch etwas vereinfacht werden können, gehören zu einer ausgedehnteren und besser ausgeführten Installation natürlich noch gewisse Behelfsvorrichtungen. Insbesondere wenn Masten errichtet werden müssen. Außerdem kommen noch Winden, Seile, Schlösser usw. in Betracht, um Masten und Antennen hochzubringen und evtl. nachzuspannen.

3. Die Innenantenne.

Ein großer Teil der R.-T.-Interessenten besteht aus Rundfunkabonnenten, die in der Großstadt wohnen. Für diese kommt im wesentlichen die Innenantenne in Betracht. Aber auch die in der Stadt lebenden Radioamateure sollten sich erheblich mehr der Innenantenne bedienen, als dies bisher der Fall ist.

Ein Nachteil der Innenantenne ist zwar der, daß die zu erwartende Lautstärke erheblich geringer ist als bei einer Hochantenne. Es sind allerdings Fälle bekannt, wo der Unterschied nicht allzu groß ist, und außerdem spielt dieser Nachteil heute, wo hochwertige Röhren und sonstige Einzelteile zur Verfügung stehen, keine Rolle mehr, da er selbst bei einem guten richtig gebauten Einröhrenempfänger schon unschwer eliminiert werden kann.

Im übrigen besitzt aber die Innenantenne gegenüber der Außenantenne nur Vorteile:

Die Anbringung und jeweilig gewünschte Veränderung ist überaus einfach. In den für die Ausspannung zur Verfügung stehenden Räumen brauchen lediglich einige Nägel, Haken oder dgl. eingeschlagen zu werden, zwischen denen die Innenantenne unter Zwischenschaltung von etwas Bindfaden ausgespannt wird. Nennenswerte mechanische Einflüsse werden auf die Innenantenne nicht ausgeübt. Witterungseinflüsse kommen gar nicht in Betracht. Infolgedessen ist es möglich, die Innenantenne aus Wachsdraht herzustellen, wie er beispielsweise für Klingelleitungen gebraucht wird. Da 100 m dieses Drahtes etwa 4 Mark betragen und für eine immerhin schon große Innenantenne nur 40—50 m erforderlich sind, so sind die Kosten für dieselbe nur äußerst gering.

Ein weiterer Vorteil wurde schon angedeutet. Er besteht darin, daß infolge der sehr leichten Montage rasch Abänderungen möglich sind. Bei vielen Empfangsanordnungen hat es sich nämlich herausgestellt, daß es ein günstigstes Maß für die Abmessungen und Gestaltung der Innenantenne gibt, welche also ohne weiteres leicht hergestellt werden können.

Ein gewisser weiterer Vorteil besteht darin, daß zur Anbringung der Innenantenne keine Erlaubnis des Hausbesitzers usw. erforderlich ist. Auch sind keine Gebühren für die Ausspannung einer Innenantenne zu zahlen, während bekanntlich manche Hausbesitzer die Anbringung einer Hochantenne direkt bewuchern. Auch sind freundliche Mitbewohner des Hauses nicht in der Lage, den Bau und den Betrieb der Innenantenne zu stören, während bei Hochantennen leider zuweilen die Erfahrung gemacht wird, daß sie, bzw. ihre Zuleitungen zum Empfänger als Objekt für Zerstörungsabsichten dienen.

Ein weiterer Vorteil der Innenantenne besteht darin, daß es selbstverständlich weder notwendig ist, eine Blitzschutzvorrichtung anzubringen, noch die Antenne nach Empfang zu erden. Dieses gilt jedoch nur, sofern die Antenne innerhalb der Wohnung ausgespannt ist. Spannt man sie im Dachstuhl eines Hauses aus, so gelten die für die Ausspannung von Hochantennen (Außenantennen) erlassenen Verbands-

Vorschriften (siehe S. 553), da hiernach eine Dachantenne als Außenantenne anzusprechen ist.

Ein weiterer Vorteil der Innenantenne besteht darin, daß selbst bei ziemlich fest gewählter Rückkopplung ein Ausstrahlen von Schwingungen für die Nachbarn nicht bemerkbar wird, da die umgrenzenden Wände verhältnismäßig stark dämpfen.

Die Innenantenne hat aber auch noch, was schließlich das wichtigste ist, gewisse elektrische Vorteile. Benutzt man sie als in sich geschlossenen Rahmen, so können Störungen durch die schlimmsten R.-T.-Schädlinge, nämlich die Straßenbahnen, kaum hineinkommen. Benutzt man die Innenantenne als Kapazitätsfläche und geht man als Erdung an die Wasserleitung, an die Gasrohrleitung, Dampfheizung oder Klingelleitung, so können natürlich Störungen in den Apparat hinein gelangen. Besonders unangenehm sind diese natürlich dann, wenn z. B. bei dem Bebauungsplan von Groß-Berlin weise vorgesehen wurde, daß die Wasserleitungsrohre im wesentlichen parallel zu den Straßenbahnschienen verlaufen. Aber auch in solchen Fällen kann man sich erheblich helfen, indem man sich als Ersatz dieser „Erdung" einer längs des Fußbodens ausgespannten „Gegenantenne" bedient.

Die Innenantenne kommt sowohl für Detektorempfang von dem in der betreffenden Stadt befindlichen Sender, als auch für Röhrenempfang, bei letzterem auch von auswärtigen Sendern, in Betracht.

Für eine mittlere Innenantenne gilt, daß mit Einrohrempfänger, Ultraaudionschaltung und Niederfrequenzverstärkung der R.-T.-Sender der betreffenden Stadt für Zimmerlautsprecherbetrieb ausreicht, und daß dieselbe Anordnung für den Empfang mit Kopfhörer von auswärtigen Sendern genügt. Soll Lautsprecherbetrieb von auswärtigen Sendern vorgeführt werden, ist etwa 3—4-Rohrempfang notwendig.

Die Möglichkeiten, Innenantennen anzuordnen, sind mannigfaltig. Es kommt eigentlich dabei nur darauf an, in wieviel Räumen der betreffenden Wohnung oder des Büros die Antenne ausgespannt werden kann. Je weiter innerhalb gewisser Grenzen die Antenne ausgespannt werden kann, desto günstiger ist dies natürlich, da die Aufnahmefähigkeit sich entsprechend der Ausdehnung vergrößert.

Die Dimensionen und auch im gewissen Sinne die Art der Ausspannung der Innenantenne besitzen ein gewisses Optimum. Um dieses festzustellen, muß man die Antenne etwas verändern, bzw. die Antennendrähte verkürzen oder verlängern. Im allgemeinen wird eine Gesamtdrahtlänge der Innenantenne von 30—45 m das Optimum ergeben.

Sofern nur ein Zimmer für die Ausspannung zur Verfügung steht, kann man eine Anordnung etwa gemäß Abb. 584 wählen. Es sind hierbei drei Drähte ausgespannt in einem Abstande von etwa 1 m voneinander. Von jedem Draht für eine Ableitung *b* zum Empfänger *c*, dessen entsprechend anderer Pol, z. B. durch Anschluß an die Wasserleitung *d*, geerdet ist.

Die Anordnung kann aber auch gemäß dem Grundriß von Abb. 585 getroffen werden. Hierbei ist die Ableitung *b* zum Empfänger *c* von einer

Ecke aus angeordnet. Allzu große quantitative Unterschiede werden sich aber kaum bemerkbar machen.

Sehr beliebt und oft angewendet, insbesondere, wenn nur ein Raum für die Ausspannung der Antenne zur Verfügung steht, ist die Zickzackform gemäß den Abb. 586 und 587. Die Aufnahmefähigkeit derartiger Antennen ist vielleicht noch etwas größer. Die gleichen Buchstaben haben hierbei wieder dieselbe Bedeutung wie in Abb. 584 und 585.

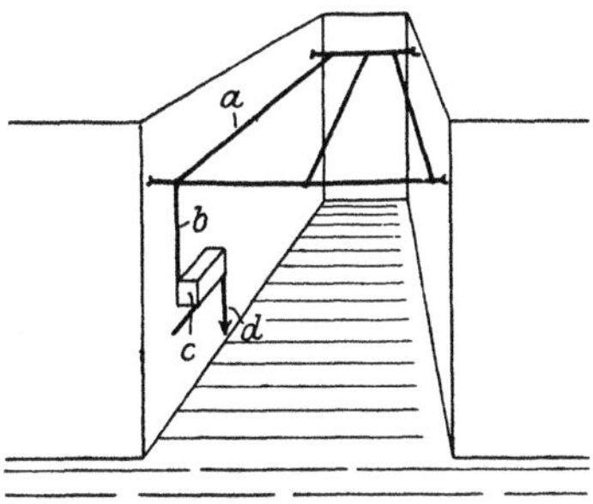

Abb. 584. In einem Wohnungskorridor ausgespannte Paralleldrahtantenne.

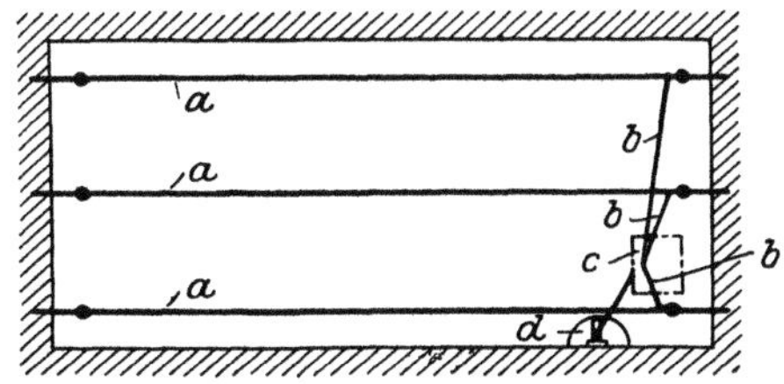

Abb. 585. Für die Ausspannung der Antenne steht nur ein Zimmer zur Verfügung. Als Erdung soll die Wasserleitung (Dampfheizung, Gasrohr, Klingelleitung usw.) benutzt werden.

Die Anordnung von Abb. 586 findet man häufig dann angewendet, wenn nur 1 Korridor oder ein langgestrecktes Zimmer zur Verfügung steht.

Sehr viel bessere Resultate, d. h. wesentlich günstigere Lautstärke erhält man, wenn mehrere Räume einer Wohnung für die Ausspannung

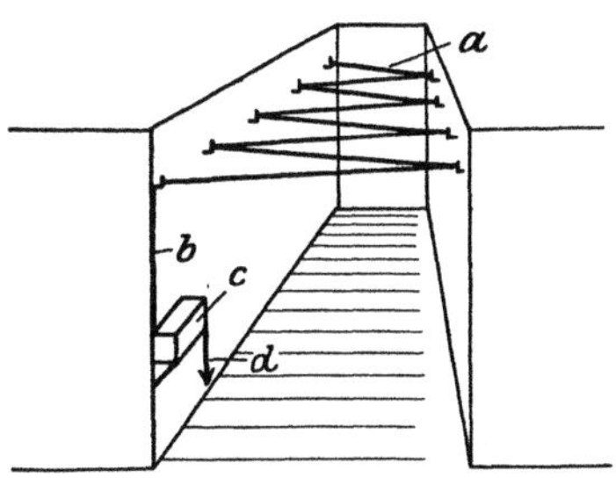

Abb. 586. Zickzackantenne.

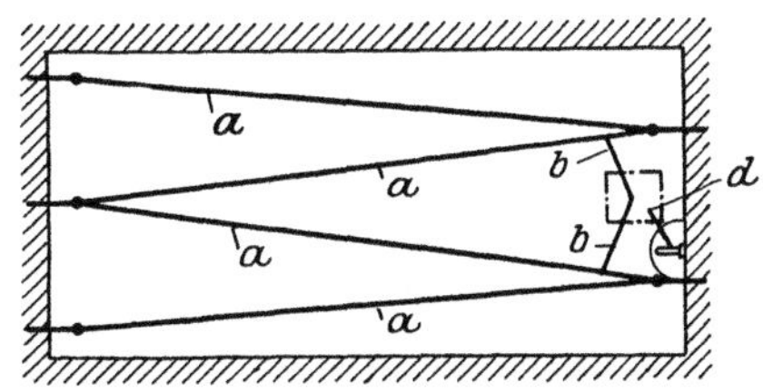

Abb. 587. Ausspannung einer Zickzackantenne in einem Zimmer oder einer kleinen Wohnung.

der Antenne benutzt werden. Ein Beispiel ist in Abb. 588 wiedergegeben. Ein Teil der Antenne *a* ist auf dem Korridor ausgespannt. Abzweigleitungen, welche naturgemäß mit dem Hauptteil *a* metallisch gut verbunden sein müssen, sind in einzelne Zimmer geführt und in gleicher Weise ausgespannt, wie dies oben besprochen war. Die vom Empfänger *c* fortführende Erdleitung *d* ist naturgemäß in der Nähe des Fußbodens oder längs demselben zu befestigen und soll im übrigen so kurz wie nur möglich gehalten werden.

Wollte man bei einem derartig verzweigten Innenantennen-System noch andere Leitungsführungen, z. B. zickzackförmig, anwenden, so wäre dies natürlich ohne weiteres möglich, da hierdurch die Kapazität vergrößert werden würde; indessen wird dies meist kaum notwendig sein.

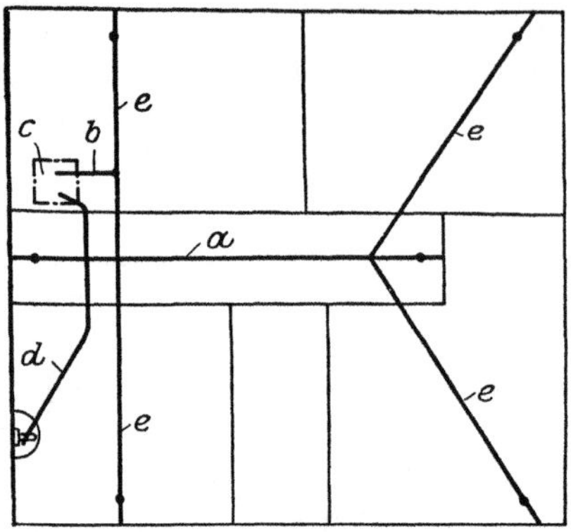

Abb. 588. Zweckmäßige Ausnutzung einer kleinen Wohnung für das Ausspannen der Innenantenne.

Recht gute Resultate kann man erzielen, wenn man die Innenantenne rahmenförmig, etwa gemäß Abb. 589 gestaltet. Der aus etwa drei großen Windungen bestehende, rahmenförmig aufgewickelte Antennendraht *a* wird durch Bindfäden *f* verspannt gehalten, wobei ferner noch zweckmäßig kleine Isolierrollen *g*, aus Glas oder Porzellan bestehend, dazwischen gespleißt sind.

Dieselbe wird etwa 30 cm unterhalb der Decke und nicht zu nahe an den Wänden entlang befestigt, wie es dieses Schema zeigt. Die Abstimmung auf die normalen R.-T.-Wellen erfolgt mittels eines 1000 cm-Parallellkondensators. Der Abstand der einzelnen Windungen soll etwa 5 cm betragen. Als Material kann sehr gut Wachsdraht benutzt werden.

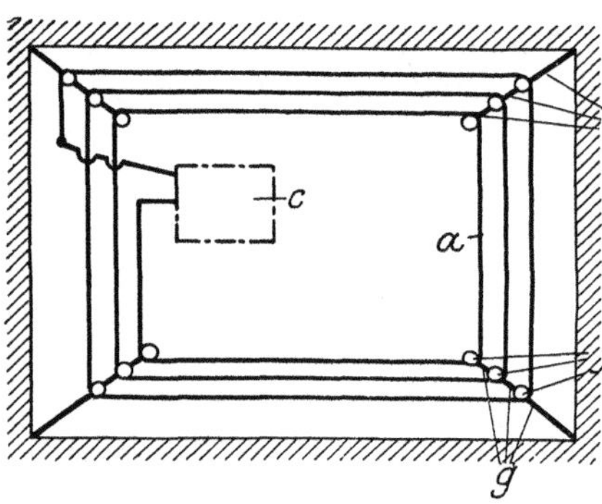

Abb. 589. Zimmer-Rahmenantenne, horizontal ausgespannt. Eine insbesondere für die Großstadt sehr geeignete Anordnung, die recht billig ist.

Es ist auch möglich, diesen Rahmen aperiodisch geschaltet zu verwenden, wobei alsdann die Selektionswirkung naturgemäß teilweise vermindert ist.

Man kann im übrigen auch einen derartigen Rahmen selbstverständlich noch als reine Kapazitätsfläche geschaltet verwenden, wobei also der Rahmen mit der Antennenklemme des Empfängers und die Erdklemme des Empfängers mit der Wasserleitung usw. verbunden wird.

Es sind auch noch andere Formen von Innenantennen angegeben und teilweise auch als besonders günstig angepriesen worden, so z. B. eine Antennenform, aus blankem, elastischem Material bestehend, und in Spiralform aufgewickelt. Den Aufriß dieser Anordnung gibt etwa Abb. 590 wieder. Angeblich ist bei einer derartigen Antenne die zu erzielende Lautstärke besonders günstig, und es wird sogar behauptet, daß bei Ausspannung in der Nord-Süd-Richtung ein Richtungseffekt vorhanden wäre. Selbstverständlich kann letzterer nicht merklich sein, und auch die sonst behaupteten Vorteile sind nicht recht einzusehen.

Wesentlicher als derartige Abarten und „Verbesserungen" der Innenantenne ist es, auf die Art der Ausspannung und Ausführung der Erdleitung Gewicht zu legen. Man soll mit der Innenantenne von der Wand mindestens 15—20 cm entfernt bleiben, und von der Decke einen Abstand von etwa 50 cm wahren. Die Zwischenschaltung und Abfangung der Antennenenden mittels trockenen Bindfadens ge-

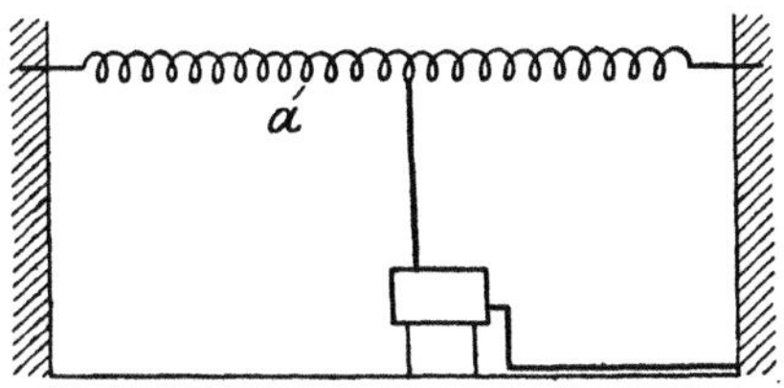

Abb. 590. Aus blankem Draht spiralförmig gewickelte Innenantenne.

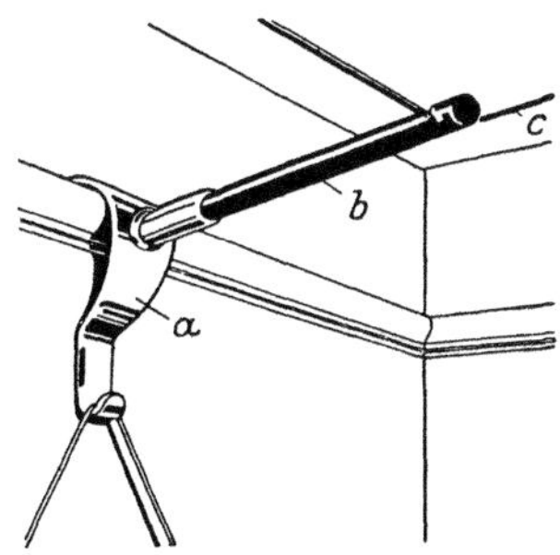

Abb. 591. Antennenhalter mit Innenantenne.

nügt in den weitaus meisten Fällen. Günstiger ist naturgemäß die Zwischenschaltung eines kleinen Porzellanröllchens oder dergleichen.

In England recht beliebt ist eine Anordnung gemäß Abb. 591, welche die Ecke einer leicht anzubringenden Innenantenne darstellt. Bei dieser ist der Bilderhaken *a* direkt für die Montage eines kleinen Isolierstäbchens *b* benutzt, um dessen äußeres Ende die Innenantenne *c* herumgezogen ist.

Nicht so großen Wert braucht man auf die Verbindung der einzelnen Antennenteile zu legen, welche sich zwischen den einzelnen Zimmern. befinden. Die Durchbohrung von Wänden ist vollkommen überflüssig Will man diese dennoch ausführen, so kann man eine Anordnung gemäß Abb. 592 wählen, wobei in die Mauer unter Benutzung eines Isolier-

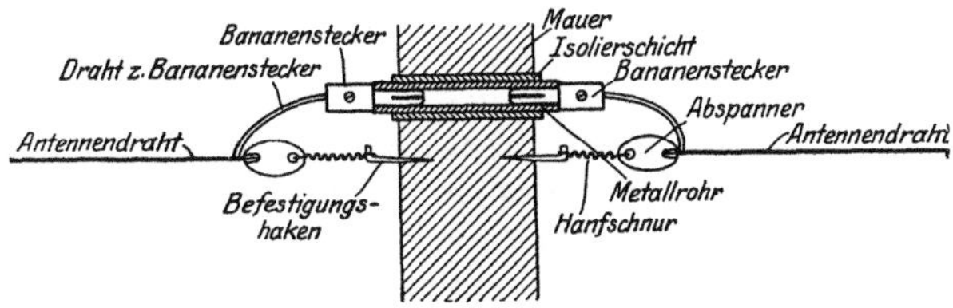

Abb. 592. Durchführung durch die Mauer, um zwei in verschiedenen Räumen aufgehängte Antennen miteinander zu verbinden (nach F. Dietsche).

röhrchens ein kleines Metallrohr eingesetzt ist, an welches rechts und links von der Mauer je ein Bananenstecker eingestöpselt wird, der durch eine biegsame Litze mit je einem der Antennendrähte verbunden ist.

Eine derartig komplizierte Anordnung ist, wie gesagt, kaum je erforderlich. Man wird sich vielmehr in der Weise helfen, daß man durch die Tür hindurchgehende Drähte bzw. deren Zuführungen in die obere

Türkante einklemmt. Man hat hierbei nur darauf zu achten, daß durch das Einklemmen der Draht nicht beschädigt wird. Sehr zweckmäßig kann es hierzu sein, daß man sogenanntes Armeekabel benutzt, welches auch eine gute Isolation, auf die es im übrigen keineswegs besonders ankommt, gewährleistet.

4. Ersatzinnenantenne.

Bei verhältnismäßig geringer Entfernung vom R.-T.-Sender, wenn also die zu erwartende Empfangsenergie relativ sehr groß ist, kann man von dem direkten Ausspannen einer Innenantenne auch ganz absehen und Ersatzanordnungen heranziehen, wie sie in den Wohnungen bereits vorhanden sind. Zu diesem Zweck haben sich die verschiedenartigsten Gegenstände bewährt, mindestens soweit ein Empfang nur mit Kopfhörer verlangt wird.

Häufig empfohlen werden z. B. die Matratzen von eisernen Bettstellen und auch die aus Metall hergestellten Bettstellen selbst. Selbst mit Detektor kann man unter Umständen recht gute Resultate erzielen.

Ebenso sind metallene Hängelampen oft benutzte Ersatz-Innenantennen.

Selbstverständlich sind die Geländer von Treppen, Balkonen usw., sofern sie aus Eisen bestehen, häufig als Antenne, bzw. Gegengewicht zu benutzen.

Falls einer der vorgenannten Gegenstände als ,,Auffangeorgan" benutzt wird, ist selbstverständlich der andere Pol des Empfängers zu erden, also mit einer der im Hause vorhandenen Leitungen, wie Wasser-, Gas- und Dampfrohr-Leitung usw. zu verbinden.

5. Die Rahmenantenne (Spulenantenne).

Wegen der großen Vorteile, die eine Rahmenantenne gerade für Amateurzwecke besitzt, insbesondere mit Bezug auf Befreiung von atmosphärischen Störungen und Vermeidung des Empfangs nicht gewünschter Sender, sollen im nachstehenden einige für die Herstellung derartiger Rahmenspulen wichtige Gesichtspunkte mitgeteilt werden. Für den Amateurbetrieb hat der Rahmenempfang noch den weiteren Vorteil, daß in einem und demselben Hause mehrere Empfangsstationen betrieben werden können, ohne sich gegenseitig irgendwie zu stören. Freilich ist bei Rahmenspulenempfang wohl stets eine gewisse Hochfrequenzverstärkung erforderlich, um den Schwellwert der Empfangsenergie genügend hoch zu setzen. Hierdurch werden etwas teurere Apparaturen benötigt.

Bei der Konstruktion der Rahmenspule muß man sich entscheiden, ob man die Spule fest oder beweglich anordnen will. Bei einer festen Spule gibt man den Vorteil auf, die Einfallsrichtung beliebig variieren zu können. Wünscht man nur von einer bestimmten Richtung her zu empfangen, so kann man eine oder auch mehrere Wände des Empfangsraums direkt für die Montage der Spule benutzen. Hierdurch erhält man einen viel größeren Rahmen, als er sich sonst drehbar herstellen lassen würde, und die notwendige Verstärkung kann daher geringer sein. Bei besonders geschickter Anordnung kann man sogar eine gewisse Veränderlichkeit der Einfallsrichtung mit zwei festen Wandspulen erzielen, indem man z. B. einmal mit der einen, darauf mit der zweiten Wandspule auf einer senkrecht stehenden Wandspule empfängt und darauf beide Spulen zusammenschaltet und auf diese Weise die resultierende Richtung erhält.

Für die Herstellung eines festen Wandrahmens genügt es, 4 bis 6 aus Isoliermaterial hergestellte Stäbchen an der Wand zu befestigen, die mit so vielen Rillen versehen sind, als die Rahmenspule Windungen erhalten soll. Die Stäbchen können aus Hartgummi oder aus paraffiniertem Holz, Fiber oder dergleichen hergestellt sein und etwa in der Art von Abb. 591 S. 565 gestaltet und befestigt werden.

Die Herstellung von drehbaren Rahmenspulen erfordert mehr Kunstgriffe. Ein leicht auf dem Tisch aufstellbarer Rahmen ist in Abb. 593 wiedergegeben. Diese Anordnung kann dadurch drehbar gemacht werden, daß man mit einer Doppelschnur den Rahmen an einem an der Decke befestigten Haken aufhängt. Gut verwendbar hierfür sind auch die Gelenkstücke, die für manche Gaslampenkonstruktionen benutzt werden, da mittels derselben nicht nur eine leichte Drehbarkeit des Rahmens, sondern auch eine einfache Feststellung in der gewünschten Lage möglich ist. Eine derartige Konstruktion ist in Abb. 179 S. 259 wiedergegeben. (Siehe auch die Sterlingantenne Abb. 180 S. 260.)

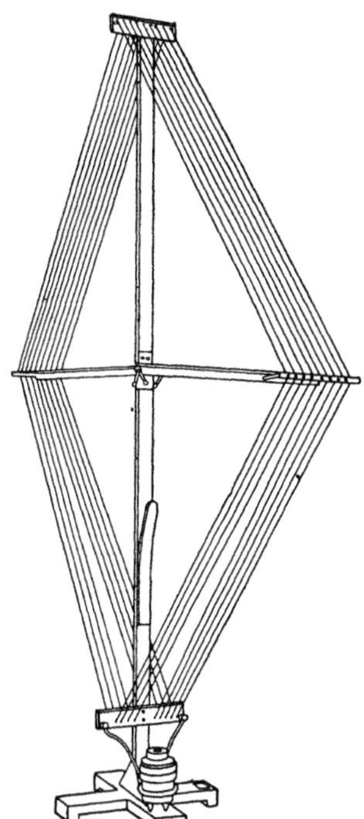

Abb. 593. Leicht beweglicher Zimmerrahmen mit Abstimmungskondensator am Fußende.

Bei dem in Abb. 593 wiedergegebenen Rahmen sind, abgesehen von den Befestigungsschrauben und Winkelstückchen, nur Holzteile verwendet. Der Rahmen besteht aus neun Windungen, die an den am Fuß des Rahmens angebauten Drehkondensator angeschlossen sind. Theoretisch ist es günstig, daß die gesamte Selbstinduktion der Empfangsspule im Rahmen selbst liegt, und daß der Abstimmkondensator möglichst nicht zu groß ist. Im übrigen gelten für die Konstruktion folgende Gesichtspunkte (A. S. Blatterman):

1. Für jede Wellenlänge, mit der hauptsächlich empfangen werden soll, gibt es eine beste Rahmenform und eine günstigste Windungsanzahl. Infolgedessen sind für kurze Wellenlängen größere Rahmen von wenigen Windungen günstiger und für längere Wellen kleinere Rahmen

mit einer größeren Windungszahl, während es für sehr lange Wellen wieder vorteilhafter ist, die Größe des Rahmens zu steigern und die Windungszahl herabzusetzen.

2. Der Windungsabstand ist wesentlich. Wenn die Windungen zu nahe nebeneinander liegen, wird zwar die Induktanz vergrößert, aber zu gleicher Zeit wächst der Hochfrequenzwiderstand. Die günstigste Anordnung ist diejenige, bei der der Widerstand möglichst niedrig ist, ohne daß die Induktanz unter einen gewissen Wert sinkt.

3. Durchmesser und Art des Rahmenleiters sollen so gewählt werden, daß die Spule einen möglichst niedrigen Widerstand besitzt. Zweckmäßig ist normale Lichtleitungslitze, die leicht zu montieren ist und genügende Isolation aufweist. Für nicht zu hohe Anforderungen genügt auch schon sog. Wachsdraht.

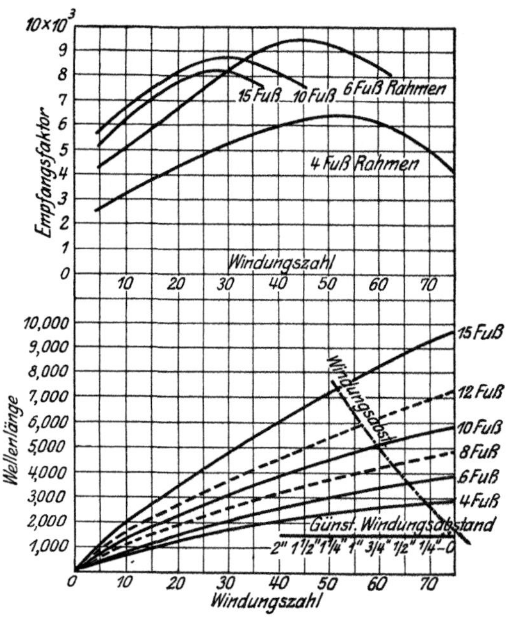

Abb. 594. Empfangslautstärken und Windungsdaten usw. bei Rahmenantennen.

4. Im allgemeinen wird man isolierten Draht verwenden; wenn man jedoch den Windungsabstand genügend groß machen kann, mag bei ausreichender Isolationsfestigkeit der Stützen auch blanker Draht benutzt werden.

5. Der mit dem Rahmen benutzte Abstimmungskondensator soll nicht über 1000 cm groß sein.

6. Einen drehbaren Rahmen soll man nicht allzu nahe an den Zimmerwänden anbringen, da hierdurch der Widerstand des Empfangskreises vermehrt wird.

7. Nicht benutzte Windungen sind möglichst zu vermeiden. Um mit einem Rahmen sehr große Wellenbereiche bestreichen zu können, kann man die Anordnung so treffen, daß die Rahmenspulenwindungen an- und abgeschaltet werden können. Dies hat jedoch den Nachteil, daß die nicht benutzten Windungen stark energieverzehrend wirken.

Man kann die Rahmenspule auch nach Art einer Flachspule in das Rahmenkreuz hineinwickeln. Besondere elektrische Vorteile werden hierdurch im allgemeinen wohl nicht erzielt.

Da häufig mit Rückkopplungsschaltung gearbeitet wird, empfiehlt es sich, in die Empfangsrahmenspule eine zweite kleinere Spule hineinzubringen, die die Energierückübertragung bewirkt. Diese zweite Spule kann zweckmäßig dreieckförmige Gestalt haben und zur bequemeren Bedienbarkeit unten im Rahmen von Abb. 593 angeordnet sein.

Die günstigsten Windungszahlen, Wicklungsabstände usw. sind aus dem Diagramm von Abb. 594 zu entnehmen. Im oberen Teil ist die Abhängigkeit des Empfangsfaktors (Lautstärke) von der Windungszahl, im unteren Teil die Funktion zwischen Wellenlänge und Windungszahl sowie der günstigste Windungsabstand (englische Zoll) aufgetragen, und zwar für einen Wellenbereich bis zu 10000 m. Wenn man z. B. mit einem Rahmen für 2500 m günstigst empfangen will, so kann man eine Rahmengröße von 4 Fuß[1]), 50 Windungen bei einem Windungsabstand von $^1/_4$ Zoll verwenden. Man findet hierfür einen Empfangsfaktor von 6400. Aus dem Diagramm ist jedoch erkennbar, daß man einen günstigeren Empfangsfaktor von 9300 erhalten würde bei einem Rahmen von 6 Fuß, 40 Windungen und einem Windungsabstand von $^7/_{16}$ Zoll, um gleichfalls wieder 2500 m Welle zu empfangen.

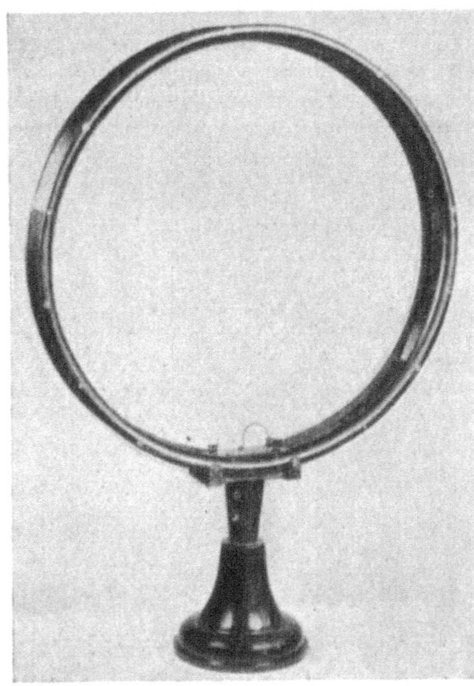

Abb. 595. Felgen-Rahmenantenne der Radiofrequenz G. m. b. H.

a) Die Rahmenantenne der Radiofrequenz G. m. b. H., Berlin-Friedenau, gemäß Abb. 595 zeichnet sich durch folgende charakteristische Eigentümlichkeiten aus.

Die gewählte kreisrunde Form bewirkt ein Optimum des Verhältnisses von Drahtaufwand im Verhältnis zum Rahmenquerschnitt. Dabei liegen die Drahtwindungen vollständig verdeckt in einem felgenartigen Holzrahmen, der an verschiedenen Stellen durch Querrippen versteift ist. Die Felgen des Rahmens schützen den Draht vor Beschädigungen. Im unteren Teil des Rahmens ist eine Hartgummiplatte angebracht, die mit zwei Anschlußklemmen versehen ist und außerdem eine Reihe von Stöpselkontakten aufweist. Letztere sind an Spulenunterteilungen geführt, so daß es möglich ist, verschiedene Spulenwindungszahlen für den Empfang für große und

[1]) 1 engl. Fuß = 0,3048 m. 1 engl. Zoll = 25,40 mm. Bei den Angaben der Rahmengrößen in engl. Fuß ist die Seitenlänge des Quadrats zugrunde gelegt.

kleine Wellen einzuschalten. Um eine besonders leichte Drehbarkeit des Rahmens zu bewirken, ist derselbe auf einen säulenartigen Fuß aufgebaut.

b) Zusammenlegbare Rahmenantenne.

Wenngleich der Raumbedarf, den insbesondere eine kleine Rahmenantenne beansprucht, verhältnismäßig nur gering ist, so ist doch häufig der Wunsch vorhanden, die Antenne bequem transportabel zu gestalten. Zu diesem Zweck hat man zusammenlegbare Rahmenantennen konstruiert, welche im nicht gebrauchsfertigen Zustand außerordentlich wenig Platz einnehmen und sich bei kleinen Rahmenabmessungen direkt in die Tasche stecken lassen.

Aus der großen Zahl der vorgeschlagenen Konstruktionen mögen nachstehend die drei besonders typischen Anordnungen erwähnt werden.

c) Taschen-Rahmenantenne mit Spreizen.

Von P. Floch und E. Nesper sind bereits 1919 zusammenlegbare Rahmenantennen angegeben worden, welche z. B. bei Reisen und Touren bequem in der Tasche mitgeführt werden können. Das Prinzip dieser Antenne besteht darin, daß der aus Litzendraht hergestellte Rahmen auf drei oder mehr End-Halteklötzchen gewikkelt ist, welche durch leicht biegsame, genügend feste Holzspreizen auf einem Mittelstück verbunden werden. Die sich ergebende Konstruktion geht aus Abb. 596 hervor. *a* ist eines der vier vorgesehenen End-Halteklötzchen, welches mit einer Anzahl von Einkerbungen versehen ist, in welche der Rahmenlitzendraht *b* eingelegt ist. Die Befestigung wurde durch eine entsprechende, über das Endhalteklötzchen gelegte Kappe *g* bewirkt, welche in der Abbildung oben wiedergegeben ist. Das Endhalteklötzchen *a* enthält ferner noch eine Einkerbung *c*, welche tief genug ist, um eine aus dünnem Mahagonifurnier hergestellte Spreize *d* aufzunehmen, sobald die Antenne in Ar-

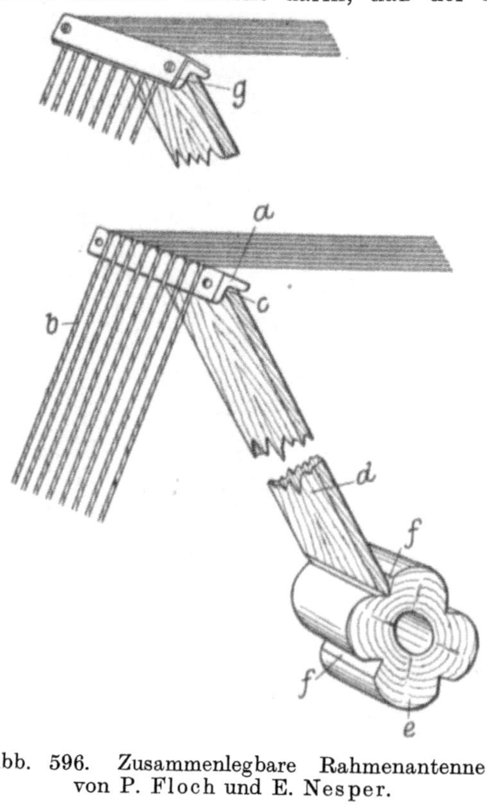

Abb. 596. Zusammenlegbare Rahmenantenne von P. Floch und E. Nesper.

beitsstellung gebracht werden soll. *e* ist das gleichfalls aus Holz hergestellte Mittelstück, welches ebenfalls eine entsprechende Einkerbung *f* aufweist, in welche andererseits die Spreize *d* eingelegt wird. Die Montage und Demontage der Anordnung sind verhältnismäßig einfach; jeder geschickte Bastler kann sich diese Konstruktion selbst herstellen.

d) Der Radiopneu von A. Brasch nnd C. Urban.

Durch den Radio-Pneu von A. Brasch und C. Urban (1923) soll der Vorteil eines besonders bequemen Transportes der Rahmenantenne erzielt sein und ferner der weitere Vorteil, daß die bei den sonstigen Konstruktionen einer zusammenlegbaren Rahmenantenne leicht mögliche Verschiebung der Drähte bzw. Durchscheurung der Isolation vermieden wird. Zu diesem Zweck besteht der Radiopneu aus einem gewöhnlichen Fahrradgummischlauch, wobei die erforderliche Druckfestigkeit durch eine geeignete Stoffumhüllung erzielt wird, in welche die Antennenlitze so eingesteckt wird, daß sie von außen mechanisch nicht beschädigt werden kann.

Abb. 597. Der Radiopneu im Transportzustand.

Abb. 598. Der Radiopneu wird für den Betriebszustand aufgepumpt.

Daß man auf diese Weise tatsächlich zu äußerst geringen Dimensionen kommt, zeigt der Radiopneu im Transportzustand gemäß Abb. 597. Zum Gebrauch wird der Pneu, wie dies Abb. 598 zeigt, mittels einer kleinen gewöhnlichen, etwa 10 cm langen Luftpumpe innerhalb weniger Minuten prall aufgepumpt. Infolgedessen entsteht eine vollkommen kreisrunde Rahmenantenne, welche stehend oder hängend benutzt werden kann. Für den Transport läßt man nach Betätigung des Ventils die Luft entweichen.

e) Die zusammenlegbare Rahmenantenne der Metropolitan Radio Co.

Das Prinzip einer Rahmenantenne nach Art eines Harmonikaauszuges herzustellen verlangt eine ganz besonders sorgfältige Werkstattausführung und Durchkonstruktion. Dies scheint von der Metropolitan Radio Co., London erreicht worden zu sein. Abb. 599 zeigt die zusammenlegbare Rahmenantenne im Transportzustand. Der Raumbedarf ist nicht allzu groß. Abb. 600 gibt die Antenne im Arbeitszustand wieder. Die wesentlichen Konstruktionsteile sind ohne weiteres aus der Abbildung erkennbar. Durch die am Sockel vorgesehene Platte mit den Scharnieren ist ein selbsttätiges Zusammenklappen der Antenne im Arbeitszustand ausgeschlossen. Die Grundplatte ist mit einem Gewindezapfen versehen, so daß die Antenne ohne weiteres innerhalb weniger Sekunden auf ein normales photographisches Stativ (Kodak) aufgegeschraubt und so benutzt werden kann. Diese Ausführung scheint im Gegensatz zu ähnlichen zusammenlegbaren Rahmenantennen den Vorzug zu haben, daß sich die Antennenlitzen bei der Montage bzw. Demontage nicht verheddern können.

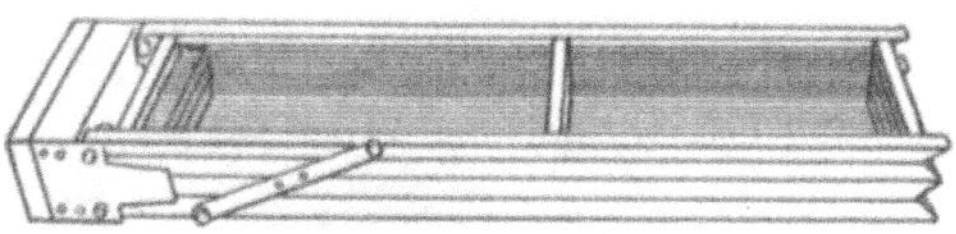

Abb. 599. Die Rahmenantenne der Metropolitan Radio Co. für den Transport zusammengeklappt.

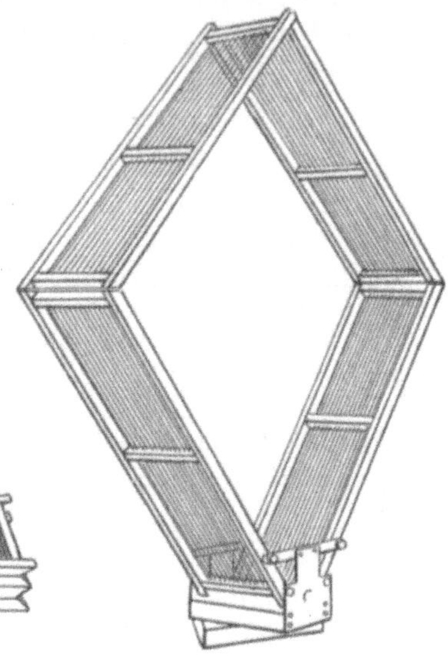

Abb. 600. Die Rahmenantenne in Arbeitsstellung.

Das ungefähre Verhältnis der Wellenlängen zu den sonstigen Abmessungen eines vierkantig gewikkelten Rahmens, dessen Seitenlänge je 60 cm beträgt, bewickelt mit isoliertem Draht 22 oder 24 S. W. G. wobei der Windungsabstand 5 mm beträgt und wobei parallel dem Rahmen ein 500 cm Drehkondensator geschaltet ist, geht aus nebenstehender Tabelle hervor.

Kleinste Wellenlänge m	Windungszahl	Drahtlänge m
180	6	17
300	9	25
500	12	33
600	15	41
700	18	49
800	21	57

6. Elektrische Leitungen als Antenne.

Außer den vorstehend beschriebenen Innenantennen, Rahmenantennen und Ersatzantennen sind noch weitere Möglichkeiten für den Empfang gegeben, und auf den weiteren Ausbau und die Benutzung derselben wird es sogar in der Folgezeit nicht unwesentlich ankommen, denn wie jede technische Betätigung ist gerade die R.-T. besonders darauf angewiesen, ihren infolge der außerordentlichen Streuung vorhandenen recht schlechten Wirkungsgrad tunlichst zu verbessern. Dieses kann aber in hervorragendem Maße dadurch bewirkt werden, daß aus der freistrahlenden eigentlichen R.-T. eine mehr leitungsgerichtete R.-T gemacht wird, indem die vorhandenen Draht- und evtl. auch Kabelleitungen hierzu ausgenutzt werden. Die alsdann mögliche Energieersparnis ist außerordentlich groß, und die weitere Entwicklung wird zu einem nicht unwesentlichen Teile aller Wahrscheinlichkeit nach dahingehen, die Leitungswirkung auszunutzen.

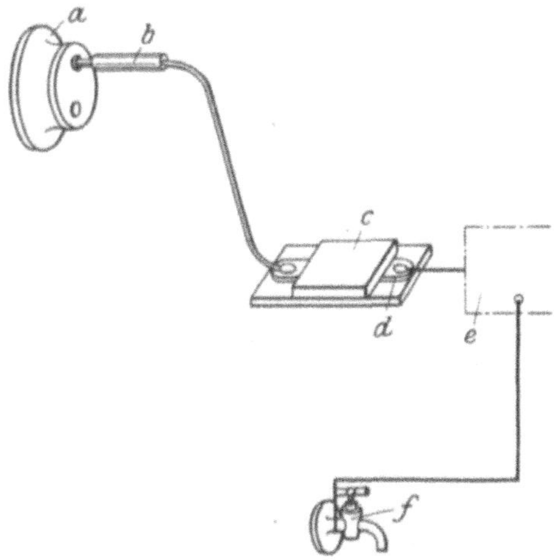

Abb. 601. Benutzung der Lichtleitung (einpolig!) als Antenne mit Festkondensator.

In besonderem Maße sind hierfür die in den Städten vorhandenen Lichtleitungen geeignet. Durch die mehr und mehr in Ausbildung begriffene Elektrifizierung der Häuser in Stadt und Land wird über kurz oder lang die Lichtleitung in kaum einem Hause fehlen. Am Stecker der Lichtleitung, gleichgültig ob Null-Leiter, positiver oder negativer Pol, oder wie sonst immer die Anlage gestaltet sein möge, kann die R.-T.-Energie für den R.-T.-Empfänger, selbstverständlich unter Anwendung gewisser Vorsichtsmaßregeln, entnommen werden.

Es ist natürlich notwendig, betriebssicher zu verhindern, daß Hochfrequenzenergie aus der Leitung auf dem Empfänger oder gar auf den R.-T.-Interessenten übergehen kann, da bei unzweckmäßiger Anordnung oder ungenügender Isolation nicht unerhebliche Gesundheitsnachteile der Benutzer bewirkt werden könnten.

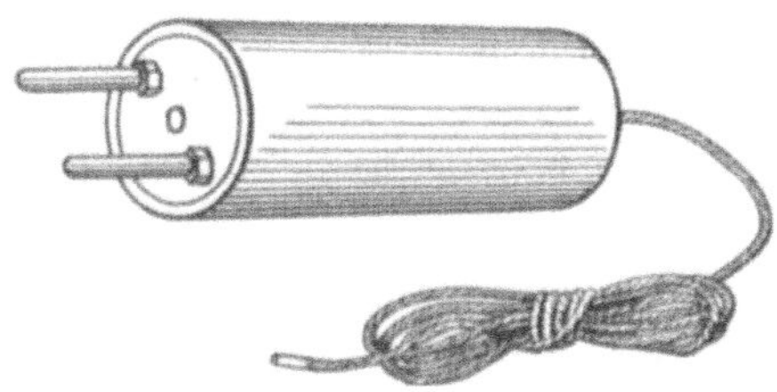
Abb. 602. Anschlußstöpfel mit Festkondensator.

Die Befürchtung, daß etwa in den Leitungen vorhandene Nebengeräusche, Oberschwingungen von Wechselströmen usw. in den Empfänger hineinkommen könnten, ist nur in den seltensten Fällen gerechtfertigt. Im allgemeinen ist es ohne weiteres gelungen, bei Benutzung eines gut isolierten Blockierungskondensators, welcher zwischen Lichtleitung (einpolige) und den Empfänger geschaltet wird, Störungen vom Empfänger fernzuhalten, mindestens, soweit die Verstärkung nicht allzu hoch getrieben wird. Bis zu zwei Röhren im Empfang werden sich in der Licht-

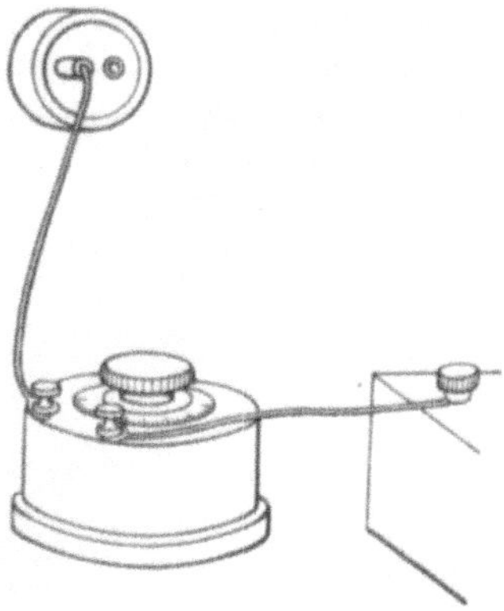

Abb. 603. Lichtleitungsanschluß mit Drehkondensator.

leitung vorhandene Störungen wohl kaum im Empfänger bemerkbar machen können, aber auch bei Mehrröhrenempfang ist meist eine einwandfreie Wirkung erzielt worden. Treibt man allerdings die Verstärkung zu weit, so ist die Möglichkeit der Übertragung von Störungen von der Lichtleitung auf den Empfänger denkbar.

Ein recht einfacher und mit äußerst geringen Mitteln erreichbarer Anschluß ist durch das Bild von Abb. 601 gekennzeichnet. *a* ist eine normale, an der Wand befestigte Steckdose. In den einen Pol derselben ist ein Bananenstecker *b* eingestöpselt, dessen Ableitung zu einem Festkondensator *c* von etwa 1000 cm führt. Die anderen Belege desselben *d* sind mit dem Empfänger *e* verbunden. Der Empfänger ist andererseits, z. B. durch Anschluß an den Wasserhahn *f*, in bekannter Weise geerdet.

Die Ausführung kann auch gemäß Abb. 602 getroffen sein. Hierbei ist in den Stöpsel der Festkondensator eingebaut und einpolig an einen der Stecker angeschlossen.

Die Kapazität des Kondensators *c* besitzt ein gewisses Optimum

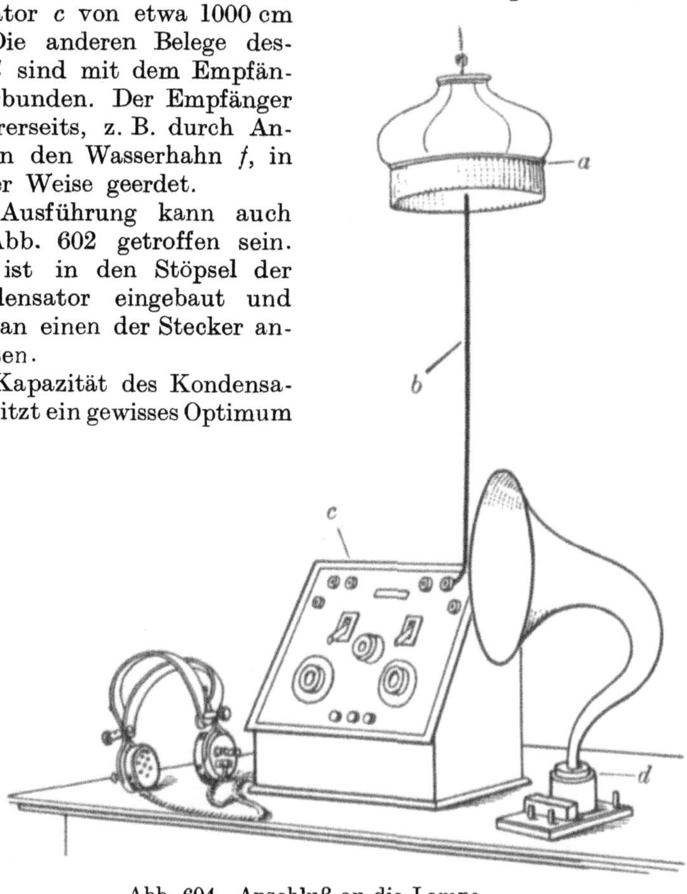

Abb. 604. Anschluß an die Lampe.

für die Lautstärke im Empfänger. Es kann daher zweckmäßig sein, an Stelle des Festkondensators *c* einen entsprechenden, gut isolierten Drehkondensator zu benutzen, dessen Einregulierung auf Maximallautstärke im Empfänger erfolgt. Die Anordnung entspricht alsdann etwa Abb. 603.

Bei diesen Anordnungen ist auf gute Isolation, insbesondere in dem Blockierungskondensator *c* peinlichst zu achten. Es ist daher die Anschaffung einer einwandfreien Ausführung ratsam. Sonst ist die Gefahr vorhanden, daß der Kondensator durchschlägt und eine Beschädigung, mindestens des Empfängers, bewirkt wird.

Eine andere Art der Benutzung der Lichtleitung ist in Abb. 604 wiedergegeben. Hierbei ist in die Fassung der Beleuchtungslampe *a* ein in der Abbildung nicht erkennbarer Festkondensator eingeschraubt, dessen Ableitung *b* an den Empfänger *c*, wie vorstehend geschildert, angeschlossen ist. Auch hier ist die Zahl der möglichen Varianten eine außerordentlich große.

B. Tragbare Masten für den Radioamateurbetrieb.

Im allgemeinen wird der R.-T.-Interessent versuchen, soweit er für Empfangszwecke nicht einen geschlossenen Rahmen verwendet, seine Antenne an irgendeinem vorhandenen, höher gelegenen Punkt, wie z. B. einer genügend festen Fahnenstange, einem Schornstein, eventuell an einem Baum aufzuhängen. In manchen Fällen wird dies jedoch nicht möglich sein, insbesondere bei beweglichen Empfangsanlagen. Alsdann kommt die Benutzung eines transportablen Mastes in Betracht. Von diesem wird gewünscht, daß sein Gewicht und seine räumlichen Abmessungen im Transportzustand gering sind, daß er sich leicht unterbringen läßt, daß er rasch aufrichtbar und zusammenlegbar ist, daß er genügende Haltbarkeit, insbesondere auch gegen Stöße, starken Wind usw., eventuell auch Rauhreif aufweist, und daß eventuell auszuführende Reparaturen möglichst ohne besonders komplizierte Spezialwerkzeuge ausführbar sind. Es ist naturgemäß nicht leicht, alle diese Bedingungen zu erfüllenund dabei den Preis für den Mast in erträglichen Grenzen zu halten.

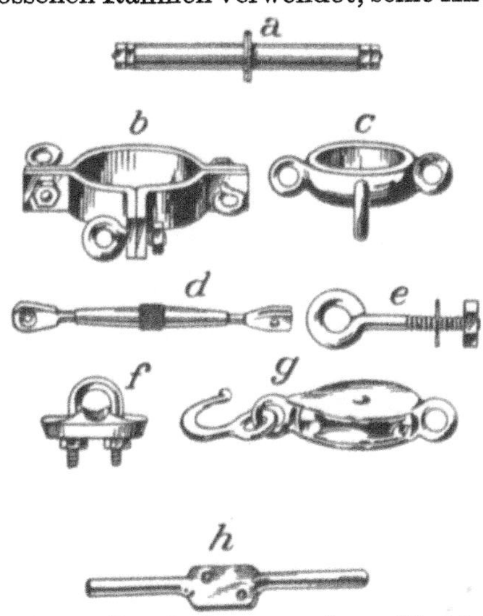

Abb. 605. Einzelteile zum tragbaren Mast der Wireless Steel Mast Accessory Co. in London.

Während früher häufig Bambus- und sog. Magnaliummasten benutzt wurden, ist nach dem heutigen Stande der Technik die Aufgabe wohl nur mittels entsprechend gut durchkonstruierten Stahlrohrmasten zu erreichen. Diese werden im allgemeinen nach dem Teleskopprinzip hergestellt, ineinandergesteckt transportiert und für den Gebrauch an Ort und Stelle auseinandergezogen, wobei die genügende Festigkeit durch entsprechende Verspannung der Mastelemente unter sich und des gesamten Mastes gegen Erde bewirkt wird.

Einige der wichtigeren, zu einem derartigen Stahlrohrteleskop gehörenden Einzelteile der Wireless Steel Mast Accessory Co. in London sind in Abb. 605 wiedergegeben, und zwar zeigt *a* das aus Bambusrohr hergestellte Verspreizungsstück, von denen für jede Antenne meist zwei an den Enden benutzt werden. Die Antennendrähte werden unter die aus der Abb. 605 erkennbaren Messingmuttern untergeklemmt. Die Aufhängung geschieht mittels Zwischenringen gemäß den Abb. 605*b* und *c*. Das Nachspannen der Stahldrähte wird durch Spannvorrichtungen mit doppeltem Gewinde gemäß Abb. 605*d* bewirkt. Für die Aufrichtung des Mastes und für Haltezwecke dienen Konstruktionsteile gemäß *f* und *g*. Als Werkzeug kommt ein Doppelschlüssel *h* in Betracht.

Stahlrohrmasten für Amateurzwecke in Höhen von 8,5 m, von 10, 13, 16 oder 20 m werden z. B. von der erwähnten Firma geliefert.

XIII. Stromquellen.

1. Anforderungen für das Heizen und die Anode.

Für den Betrieb von R.-T.-Empfängern werden zum Teil noch ältere Röhrenausführungen gebraucht, welche eine ziemlich große Heizstromstärke benötigen. Für diese gelten ungefähr folgende Anforderungen:

	Spannung:	Stromstärke:	Der Strom wird am besten entnommen aus:
Heizdraht . . .	6 Volt	0,5 bis 0,6 Ampere	einer Akkumulatorbatterie
Anode	45—100 Volt	2 bis 3 MA	einer Primärelementbatterie

Bei den modernen Sparröhren, wie bei Oxydkathodenröhren, Thoriumröhren usw. haben sich die Verhältnisse wesentlich geändert, mindestens mit Bezug auf die Heizung. Hier genügt gewöhnlich eine Trockenbatterie aus zwei oder mehreren parallel bzw. in Serie geschalteten Elementen. Unter Umständen, bei besonderen Röhrenkonstruktionen, kommt man sogar schon für die Heizung, selbst von mehreren Röhren, mit einem Trockenelement aus.

Allgemeine Angaben lassen sich hierüber nicht machen, sondern es sind die speziellen Anforderungen zu berücksichtigen, der jeweiligen Röhrentype entsprechend. Diese sowie die Daten der älteren Röhren sind für die meisten Ausführungen, die sich auf dem Markt befinden, zum größten Teil in Kap. IX, S. 430ff., tabellarisch zusammengestellt. (Siehe auch S. 172ff.)

2. Heizstromquellen.

a) Bleiakkumulatoren.

Der Bleiakkumulator beruht auf dem Prinzip, daß in verdünnter Schwefelsäure (spezifisches Gewicht von 1,20 bis 1,24) entsprechend zubereitete Bleiplatten (Elektroden) die Eigenschaft haben, elektrischen Gleichstrom aufzuspeichern und diesen aufgespeicherten Strom später nach Bedarf abzugeben.

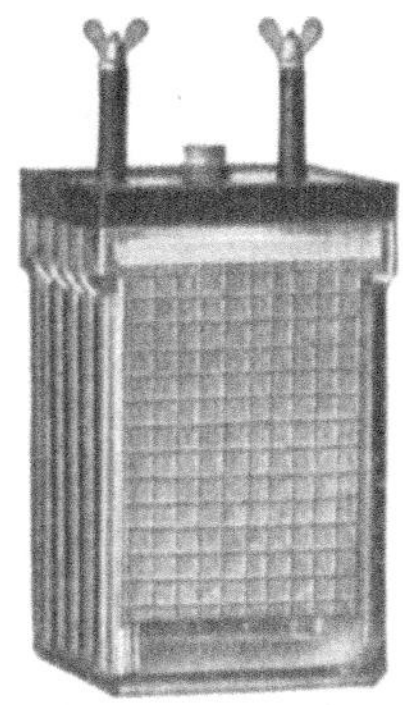

Abb. 606. Akkumulatorelement (System Pfalzgraf).

Abb. 606 stellt ein solches Akkumulatorelement der Akkumulatorenfabrik, System Pfalzgraf, Berlin N 4, im Rippenglasgefäß dar. Das Element besitzt eine Spannung von 2 Volt. Um die erforderliche Heizspannung von 6 Volt zu erreichen, müssen also drei Elemente zu einer Batterie hintereinandergeschaltet werden. Die Spannung eines solchen Elementes während der Stromentnahme bleibt im Gegensatz zu der Spannung der Primärelemente fast konstant und sinkt erst am Schluß der Entladung um etwa 10 % bis auf 1,8 Volt. Bei dieser Spannung, unter Stromentnahme gemessen, ist das Element entladen und muß erneut aufgeladen werden.

Mit Rücksicht auf die ätzende Eigenschaft der verdünnten Schwefelsäure kommen als Gefäßmaterial für das Element nur Glas, Zelluloid und Hartgummi in Frage.

Den Glasgefäßen haftet die Bruchgefahr an, sonst sind sie dafür am geeignetsten, da die Elektroden von außen beobachtet werden können.

Zelluloidgefäße gestatten die Beobachtung wohl anfangs, werden aber nach kurzer Zeit blind, besitzen auch nur beschränkte Lebensdauer und sind feuergefährlich. Außerdem kriecht an den Wänden außen leicht die Schwefelsäure, wodurch die Isolation verschlechtert wird, was sich beim Verstärkerbetrieb als Rauschen akustisch unangenehm bemerkbar macht.

Bei Hartgummigefäßen besteht keine Bruchgefahr, sie sind auch nicht feuergefährlich. Da sie nicht durchsichtig sind, können die Elektroden indessen nur durch die Füllöffnung beobachtet werden, was bei gutem Fabrikat für den praktischen Betrieb genügt.

Es werden geliefert:

Masseplattenelemente (Typenbezeichnung M) und
Großoberflächenplattenelemente (Typenbezeichnung R).

Abb. 607. Zweizellige Heizbatterie von Liman & Oberländer, Berlin.

Eine recht beliebte zweizellige Heizbatterie von Liman & Oberländer G. m. b. H., Berlin, im nicht eingebauten Zustande zeigt Abb. 607. Es ist dies eine 4Volt-Einheit von etwa 20 Amperestunden Kapazität bei 10stündiger Entladung. Sie ist mit Flügelklemmen und Ölpolschuhen versehen und ist besonders billig, da ein den Preis erhöhender Holzkasten hierbei fortfallen kann.

Der R.-T.-Interessent sollte seinen Heizakkumulator nicht allzu gering dimensioniert wählen, da sonst, insbesondere bei stärkerem Empfangsbetrieb, ein zu häufiges Aufladen des Akkumulators erforderlich wäre. So ist es zweckmäßig, bei Einröhrenapparaten und älteren Röhren den Akkumulator nicht unter 40 Amperestunden Kapazität zu wählen.

b) Batterie mit Masseplattenelementen.

Diese (siehe z. B. Abb. 607) sollen Verwendung finden:

1. Wo die 10stündige Entladung als Ausnahme gilt, allgemein aber geringere Strommengen als die höchst zulässigen entnommen werden;
2. wenn für die Aufladung mindestens 12 Stunden zur Verfügung stehen, da bei diesen Platten die in den abgedruckten Tabellen (S. 165ff.) angegebenen höchsten Ladestromstärken nicht überschritten werden dürfen. Bei sehr langsamer und weitgehender Entladung der Elemente sollen zur Aufladung kleinere Stromstärken als die in den Tabellen (siehe Kap. IV), angegebenen zur Anwendung kommen;
3. wo die Zellen bei annähernd gleichbleibender, fortwährender oder unterbrochener Beanspruchung mit einer Aufladung bis zu sechs Monaten im Betrieb sein sollen.

Ein besonderer Vorteil der Masseplattenelemente ist die Erhöhung ihrer Kapazität bei verminderter Stromentnahme. Das Element M II besitzt beispielsweise eine Kapazität von 40 Amperestunden, bei einer Stromentnahme von 4 Ampere. Wird nun ein Achtel dieser Stromentnahme (0,5 Ampere) beansprucht, so erhöht sich die Kapazität des Elementes auf 70 bis 75 Amperestunden, das ist also eine Mehrleistung von 90 bis $95^0/_0$.

Nach beendeter Aufladung beträgt bei Masseplattenelementen die richtige Säuredichte 1,24 bis 1,25 spez. Gewicht, gleich 28 bis 29^0 Bé.

Aus vorstehendem ist zu ersehen, daß für den R.-T.-Interessentenbetrieb Elemente und Batterien mit Masseplattenelementen die geeignetsten sind; kommt dagegen Dauerbetrieb mit scharfer Beanspruchung der Akkumulatorenbatterien in Frage, so zieht man Batterien aus Elementen mit Rapidplatten (Großoberflächen) vor.

Ähnliche Akkumulatorbatterien mit Masseplatten, welche in der Praxis weitgehendste Verwendung gefunden haben, werden z. B. von der „Varta"-Akkumulatorenfabrik hergestellt. Eine dreizellige Heizbatterie von Varta ist in Abb. 608 wiedergegeben. Die Zellen sind in einen leicht transportablen Kasten eingebaut, wobei besondere Rücksicht auf gute Reinigungs- und Bedienungsmöglichkeit gelegt ist.

Abb. 608. Dreizelliger Heizakkumulator von Varta, Abtlg. der Akkumulatorenfabrik Berlin.

c) Batterien mit Rapidplatten.

Dieselben (siehe Abb. 609) unterscheiden sich gegenüber Masseplattenelementen dadurch, daß sie

1. die Entnahme höherer Stromstärken gestatten,
2. in 3 bis 4 Stunden aufgeladen werden können,
3. für Pufferschaltungen und Daueraufladung mit schwachen Strömen geeignet sind.

Sie müssen aber mindestens alle sechs Wochen aufgeladen werden, weil sonst eine Sulfatierung der Elektroden eintritt.

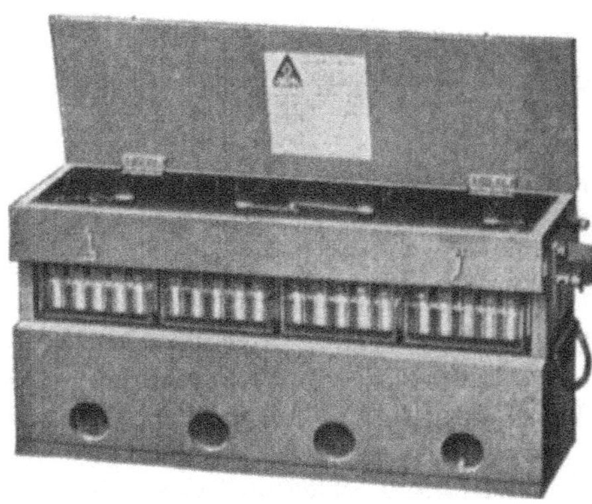

Abb. 609. Vierzellenbatterie mit Rapidplatten von Pfalzgraf.

Ferner haben sie im Verhältnis zur Kapazität höheres Gewicht als Masseplatten; bei Entladungen mit schwachen Strömen steigt die Kapazität nur um etwa 40 bis 50%.

Die richtige Säuredichte nach beendeter Aufladung beträgt 1,22 bis 1,23 spez. Gewicht, 26 bis 27° Bé.

3. Edison-Akkumulatoren.

Das Gehäuse des Edison-Akkumulators besteht aus vernickeltem Stahlblech. Es ist infolgedessen nicht zerbrechlich. Die Deckel der

Zellen sind in der Ausführung der Deutschen Edison-Akkumulator-Co. Berlin, aufgeschweißt. Die Plattensätze sind infolgedessen unsichtbar und nicht herausnehmbar angeordnet. Als wirksame Masse dient für die positive Platte Nickel-Hydroxydul und für die negative Platte eine Eisen-Sauerstoff-Verbindung.

Unangenehme Dämpfe werden vom Edison-Akkumulator nicht erzeugt. Indessen ist doch gute Ventilation des Aufstellungsortes notwendig. Auch sollen die Batteriekästen nicht direkt auf dem Erdboden, sondern im allgemeinen auf einem Zwischenrost stehen, um eine möglichst gute Isolierung gegen Erde zu erzielen.

Die Edisonzellen werden mit reiner Kalilauge gefüllt, welche ein spezifisches Gewicht von 1,2 = 21 Koh besitzen soll, welches zwischen 1,23 und 1,16 schwanken darf.

Die Ladung der Zellen erfolgt mit Gleichstrom; ist solcher nicht vorhanden, muß er durch einen Umformer umgeformt werden. Die erste Aufladung muß genügend lang sein. Auch nach tiefem Entladungszustand muß eine lange Wiederaufladung bewirkt werden. Die Ladungs- und Entladungskurve des Edison-Akkumulators verschiedener Typen stellt Abb. 610 dar. Die Ladung muß bei 1,4 Volt pro Zelle einsetzen und bis 1,8 Volt steigbar sein.

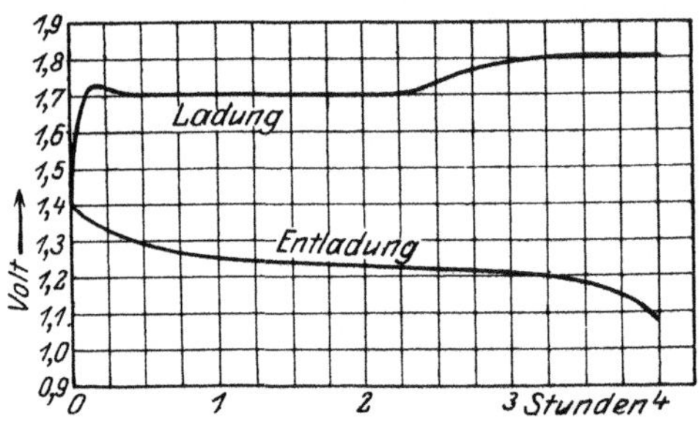

Abb. 610. Ladespannungs- und Entladespannungskurve beim Edison-Akkumulator.

Bei richtiger Aufladung, welche aus der Kurve zu entnehmen ist, beträgt die Anfangsentladespannung 1,4 Volt, geht jedoch rasch auf 1,25 Volt herunter, auf welchem Wert sie sich verhältnismäßig lange hält.

Ein Nachteil des Edison-Akkumulators ist die etwas geringere Spannung, welche pro Zelle am Schluß der Ladung evtl. 1,6 Volt beträgt, gegenüber 2,6 Volt des Bleiplattenakkumulators. Man braucht also, um dieselbe Spannung zu erreichen, mehr Edisonakkumulatoren als man, Bleiplattenakkumulatoren benötigen würde.

Die Gehäuse des Edisonakkumulators bestehen, wie schon bemerkt, aus vernickeltem Stahlblech. Infolgedessen müssen die Polklemmen auch gegen das Gehäuse isoliert werden, da dieses sich wie eine Elektrode verhält. Man kann dies z. B. mittels einer 2 Volt-Glühlampe feststellen, welche zwischen einem isolierten Pol und dem Gehäuse Dunkelrotglut zeigt. Diese Tatsache ist beim Einbau und der Auf stellung von Edisonzellen durchaus zu beachten, da es u. a. auch zu einem Kurzschluß führen kann, wenn man die positiven und negativen Klemmen zweier Zellen verbunden hat und mit einem Draht beide Gehäuse gleichzeitig berührt. Manche nicht gewünschte Entladungserscheinung ist auf diesen Umstand zurückzuführen. Es empfiehlt sich, zwischen zwei Zellen bzw. gegen die Unterlage einen Luftabstand von mindestens 8 mm zu lassen, oder aber einen guten Isolator dazwischen zu schalten.

Der größte Vorteil der Edisonakkumulatoren besteht in der Unempfindlichkeit gegen Überladung sowie gegen zu weit getriebene Entladung, oder auch längeres Stehenlassen im schwachgeladenen oder ungeladenen Zustande. Es ist möglich, den Edisonakkumulator monatelang ohne Wartung aufgestellt zu lassen, wenn nur die vorerwähnte Isolation ausreichend und die Spannung nicht unter 1,25 Volt gesunken ist.

Die Ausführungsform eines englischen Akkumulators der Chlorid-Electrical-Storage-Co. in Birmingham stellt Abb. 611 dar.

Abb. 611. Oxyd-Akkumulator der Chlorid-Electrical-Storage-Co. Ltd., London.

4. Primärelemente.

Für moderne Sparröhren können mit Vorteil Primärelemente angewendet werden, es sei in Form von Naßelementen oder in Form von Trockenzellen.

Es ist in der Hauptsache an diese Elemente die Forderung zu stellen, daß sie eine ausreichende Depolarisationswirkung besitzen, so daß das Element nicht nur im Betrieb einen Strom konstanter Spannung herzugeben in der Lage ist, sondern daß es sich auch nach intensivster Benutzung rasch und ausgiebig wieder erholt.

Im übrigen wird auf gute Ausführung, hohe Isolation usw. besonderer Wert gelegt. Selbstverständlich muß die Konstruktion so sein, daß sich nicht etwa außen am Becher Niederschläge, Ausschwitzungen oder dgl. bilden, wodurch die Isolation beeinflußt werden könnte.

Unter den Naßelementen ist die Leclanchétype sehr beliebt. Ein solches Element ist in Abb. 612 wiedergegeben.

Eine besonders glückliche Lösung der Element-

Abb. 612. Leclanchétype-Naßelement.

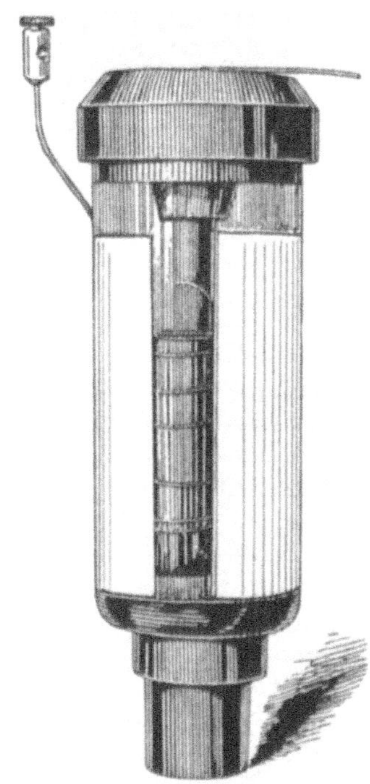

Abb. 613. Naßelement in nat. Größe von W. Bauer in Jena.

frage für kleine Stromentnahme ist durch H. Bauer in Jena in Gestalt seiner äußerst klein ausgeführten Naßelemente gegeben worden. Abb. 613 stellt dieses Element in natürlicher Größe dar. Es zeigt alle für ein derartiges Salmiak-Element bzw. Leclanché-Element typischen Teile, nämlich: Glas mit Füllung, Zinkzylinder, Kohlestab mit Depolarisationsbeutel und die Strom-Zu- und Ableitungen. Diese Zu- und Ableitungen sind in dicht anliegende Vergußmasse eingeschmolzen, wodurch die Zerstörung durch chemische Einflüsse verhindert wird. Das Element regeneriert sich in bekannter Weise sehr rasch selbst und ist, falls ein Auskristallisieren stattgefunden haben sollte, in sehr einfacher Weise durch Abkratzen des Zinkzylinders und Erwärmen des Kohlestabes wieder völlig zu regenerieren

Angewendet können natürlich auch andere hochwertige Elemente, wie z. B. das Hellessen-Trockenelement von Siemens & Halske ge-

Abb. 614. Hellesen-Trockenelement von Siemens & Halske.

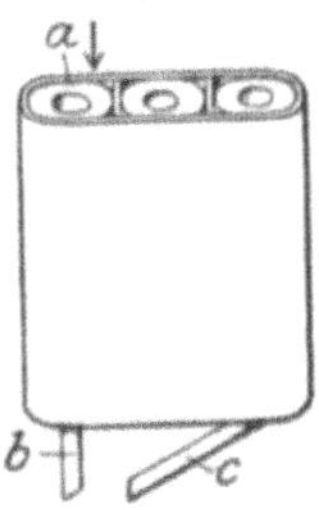

Abb. 615. Auffüllbatterie z. B. für Taschenlampenzwecke.

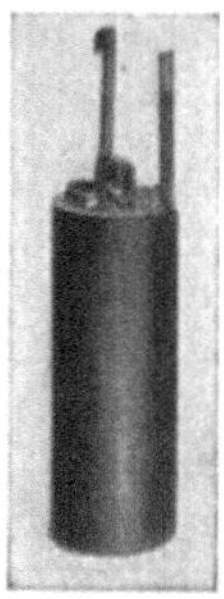

Abb. 616. Einzelfüllelement (Zink-Braunstein).

mäß Abb. 614. Am zweckmäßigsten ist die Type, welche kurz vor dem Betriebe aufgefüllt wird.

Häufig wird sich der Amateur aber auch mit einfacheren und billigeren Mitteln behelfen können. Eine dieser einfachen, im Handel üblichen Typen ist in Abb. 615 dargestellt. Die Batterie ist in Form einer sog. Auffüllbatterie hergestellt. Die Abbildung zeigt, wie vor Inbetriebsetzung die untere Deckelplatte entfernt ist, und wie das erste der drei, eine Batterie bildenden Elemente *a* gefüllt wird (Pfeil). Nachdem alle drei Elemente gefüllt sind, wird die Batterie verschlossen und umgedreht. Die Stromableitungen *b c* können wie gewöhnlich bandförmig ausgeführt sein.

Die ziemlich konstante Spannung einer derartigen Batterie beträgt 4,5 Volt, die Größe ist nur $62 \times 65 \times 20$ mm.

Ein anderes für die Speisung des Anodenfeldes geeignetes Element, das zu Batterien zusammengesetzt werden kann, von der Firma Liman & Oberlaender, gibt Abb. 616 wieder. Dieses ist ein kleines Zink-Braunsteinbeutelelement, das von der genannten Firma besonders für den Radioamateurbetrieb fabriziert wird und sich durch folgende Eigenschaften auszeichnet: Das Element ist als Füllelement ausgebildet und wird erst kurz vor Ingebrauchnahme durch Einfüllen einer geringen Wassermenge betriebsfertig gemacht. Es ist daher lange lagerfähig. Ferner sind die Pole des Elementes derartig an Messingstreifen geführt, daß durch einfaches, sinngemäßes Zusammenkneifen und eventuelles Zusammenlöten der Messingstreifenbatterien Batterien beliebig hoher Spannungen hergestellt werden können. Auf diese Weise kann sich der Amateur nicht nur selbst seine Batterien zusammenbauen, sondern er ist auch in der Lage, abgenutzte Elemente durch neue zu ersetzen, ohne daß er die gesamte Batterie fortzuwerfen braucht. Der Betrieb wird hierdurch recht rationell.

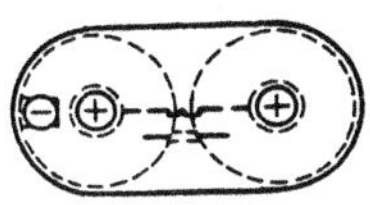

Abb. 617. Grundriß einer parallel geschalteten Trockenelementbatterie von Daimon (1,5 Volt).

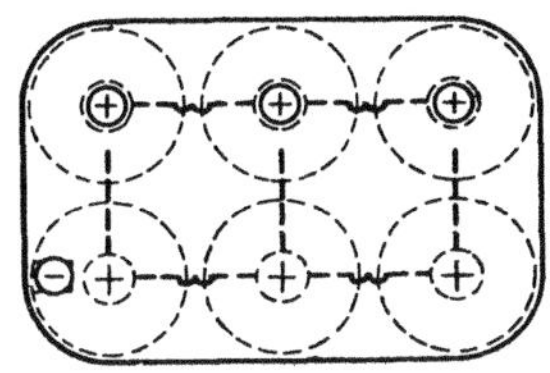

Abb. 618. Grundriß einer 6-teiligen Trockenelementbatterie von Daimon (3 Volt).

Heizelemente und Heizbatterien für Sparröhren brauchen zum Betrieb eine Spannung, welche je nach der Röhrenart zwischen etwa 1,2 und 4,5 Volt schwankt. Die höhervoltigen Röhren sind zur Zeit noch mehr im Handel zu haben. Indessen dürfte die Entwicklung wahrscheinlich in der Richtung gehen, daß mehr und mehr die Heizspannung herabgedrückt wird, so daß die R.-T.-Empfänger der näheren Zukunft nur mit je einem Heizelement von etwa 1,5 Volt Spannung ausgerüstet zu werden brauchen.

Die Vorschaltwiderstände für derartige Sparröhren sind natürlich entsprechend höher und mit etwa 30—80 Ohm zu veranschlagen.

Für die meisten Fälle wird es sich empfehlen, nicht ein einzelnes Trockenelement, sondern mindestens eine Batterie von 2 Elementen, die parallel geschaltet werden, zu gebrauchen, etwa dem Grundriß von Abb. 617 entsprechend.

Man hat auch z. B. 6teilige Batterien, welche eine resultierende Spannung von 3 Volt abzugeben vermögen, gebaut (s. Abb. 618 Daimon, [Schmidt & Co.)]. Derartige Batterien sind sehr praktisch, sauber und zweckmäßig und zeichnen sich meistens durch eine verhältnismäßig lange Lebensdauer aus.

5. Anodenfeldspannungsquellen.

a) Akkumulatorenbatterien.

Für das Anodenfeld von Röhrenempfängern und Verstärkern sind Stromquellen erforderlich, deren Spannung je nach der in Betracht kommenden Röhrenausführung zwischen etwa 15 Volt und 100 Volt liegt. Sofern ein Gleichstromlichtanschluß mit Netzanschlußgerät, was meist keineswegs empfehlenswert ist, nicht zur Verfügung steht, muß man eine besondere Spannungsquelle vorsehen.

Abb. 619. Anodenfeld-Akkumulatorbatterie von Liman & Oberländer.

Am geeignetsten hierfür sind natürlich kleine Hochspannungs-Akkumulatorbatterien, da diese, abgesehen von der Zeit kurz nach der Aufladung und kurz vor völliger Entladung, recht konstanten Strom und Spannung abgeben.

Eine aus dem Transportkasten herausgenommene Batterie Abb. 619 zeigt eine Anoden-Akkumulatorbatterie

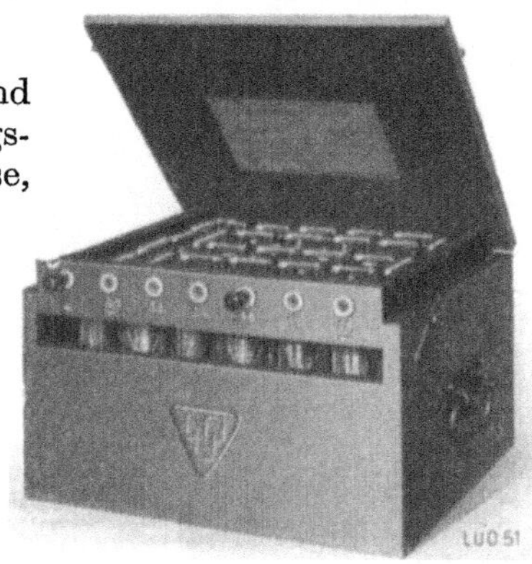

Abb. 620. Eingebaute Anodenfeld-Akkulumatorbatterie von Liman & Oberländer.

von Liman und Oberländer G. m. b. H. Berlin, die für eine Entladestromstärke von maximal 0,1 Ampere gebaut ist.

Dieselbe Batterie in den Kasten eingebaut zeigt Abb. 620. Hierbei werden

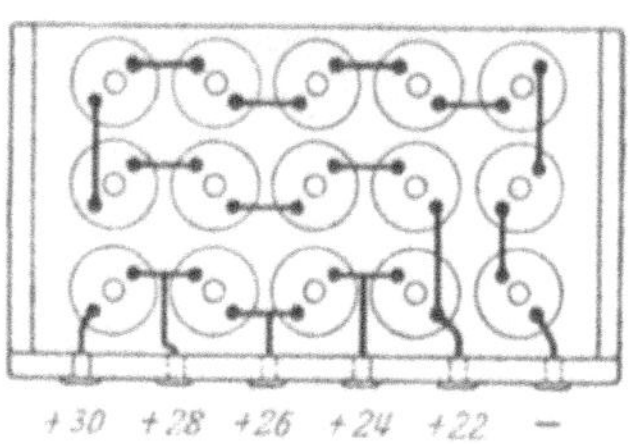

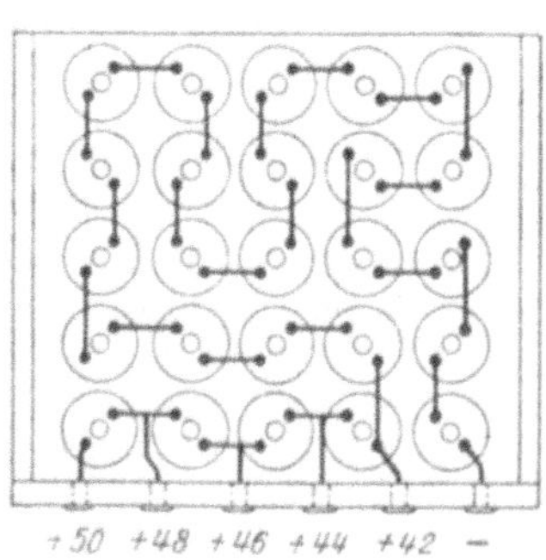

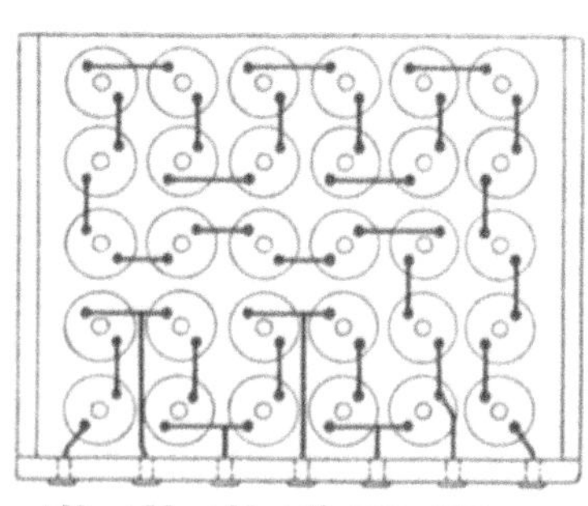

Abb. 621. Schaltungen der Anoden-Akkumulatorbatterien von Liman & Oberländer.

nicht nur die Endpole, sondern auch die Zwischenpole derart angebracht, daß die Spannung von der Höchstspannung bis auf 10 Volt herunter in Abständen von 2 Volt wahlweise abgenommen werden kann. Durch besondere Ausbildung der Polausführungen, die unter Verwendung von Porzellanisolatoren als Stöpselpole ausgebildet sind, soll das Oxydieren der Klemmen sicher vermieden werden.

Abb. 622. Anodenakkumulatorbatterie von Varta. Abtlg. der Akkumulatorenfabrik Berlin.

Die Schaltungen dieser Batterien in verschiedenen Ausführungen von Liman & Oberländer ergeben sich aus Abb. 621. Die oberste Schaltung stellt eine Batterie Type 2 YG 15 dar, welche für 30 Volt Anodenspannung bestimmt ist, die darunter befindliche links abgebildete ist als die Batterie Type 2YG 25 für eine Anodenspannung von 50 Volt und rechts die Type 2 YG 30 für eine Anodenspannung von 60 Volt bestimmt.

Etwas anders ist die konstruktive Lösung von „Varta“ bewirkt worden. Eine diesbezügliche Batterie ohne Transportkasten mit Elementen aus Masseplatten in runden Glasgefäßen zeigt Abb. 622.

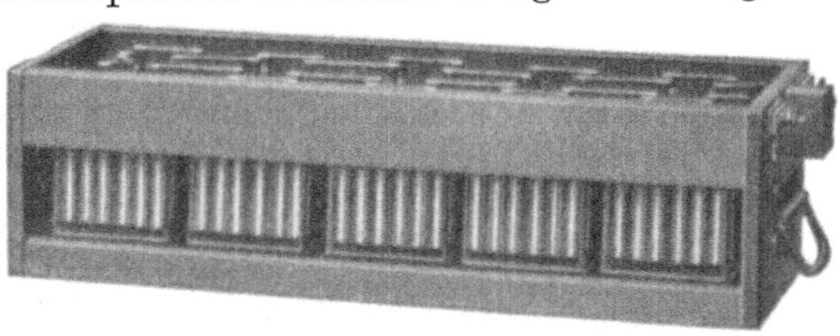

Abb. 623. Anodenbatterie aus Doppelelementen von Pfalzgraf.

Eine Anodenbatterie der Firma Pfalzgraf, die für einen schon recht hochwertigen Dauerbetrieb reichlich dimensioniert ist, gibt Abb. 623 wieder.

Der Nachteil dieser Akkumulatorenbatterien ist jedoch hauptsächlich ihre verhältnismäßige Kostspieligkeit und ferner, daß zur Aufladung eine passende Stromquelle vorhanden sein muß, oder daß man sie zu einer solchen hinschaffen muß, was recht lästig ist.

6. Anodenbatterie aus Trockenelementen.

Die aus Akkumulatoren hergestellten Batterien haben sich bisher aus Preisgründen leider nicht allzu sehr einbürgern können. Die meisten R.-T.-Interessenten benutzen Anodenbatterien, welche aus Trockenelementen hergestellt sind. Bei der verhältnismäßigen Billigkeit, welche heute im allgemeinen verlangt wird, ist natürlich von einer immerhin nicht ganz einfachen Anordnung, zu deren Aufbau erhebliche Rohmaterialien gehören, nicht zu erwarten, daß die Fabrikationsgüte und Lebensdauer nicht allzu günstig sein werden.

Die Folge davon ist, daß eine im Verhältnis zur Benutzungsdauer zu häufige Neuanschaffung und Auswechselung der Anodenbatterie meist noch notwendig ist.

Noch ungünstiger sind indessen die elektrischen Nachteile, welche durch zu billig verlangte und infolgedessen nicht sorgfältig genug hergestellte Anodenbatterien bewirkt werden.

Das Unbrauchbarwerden der Anodenbatterien ist nicht nur insofern für den R.-T.-Interessenten unangenehm, als sich hierdurch Reparaturen, insbesondere Herausnehmen der schadhaft gewordenen Einzelzellen notwendig machen und schließlich die Neuanschaffung der Batterie zur Folge hat, sondern vor allem auch zeitigt es erhebliche elektrische Nachteile, welche sich bei einer schadhaft werdenden Batterie herausstellen. Diese zeigen sich nicht nur in einer Erhöhung des inneren Widerstandes der Batterie, welcher selbstverständlich auf die gesamten Funktionen des Apparates von Einfluß ist, sondern auch vor allem in kratzenden Geräuschen, die sich im Telephon bzw. Lautsprecher höchst unangenehm bemerkbar machen. Es ist dieses das Zeichen, daß sich die Zinkzylinder einer oder mehrerer Zellen im Zersetzungszustand befinden.

Sobald sich dieser Zustand bemerkbar macht, ist es notwendig, Zelle für Zelle abzusuchen und nachzumessen und die schadhaft gewordenen Zellen festzustellen und durch neue zu ersetzen. Dieses ist bei vergossenen Anodenbatterien mit nicht unerheblichen Schwierigkeiten verbunden und kann nur von dem Mehrgeübten bewirkt werden.

Um die Geräusche nach Möglichkeit unwirksam zu machen, ist es zweckmäßig, parallel zur Batterie einen Kondensator in der Größenordnung von 1—2 MF zu schalten. Bei vielen Anordnungen ist dieser Kondensator von vornherein parallel geschaltet. Übrigens ist er für das ordnungsgemäße Funktionieren mancher Anordnung überhaupt eine Notwendigkeit.

Anodenbatterien von Daimon (Schmidt & Co., Berlin N 39).

Es ist selbstverständlich von größter Wichtigkeit, daß nicht nur der Aufbau der einzelnen Elemente einer Anodenbatterie sorgfältig geschieht, sondern auch daß die hierzu benutzten Materialien überaus hochwertig sind. Es kommt hierbei nicht nur auf den verwendeten Braunstein, das Chlorzink usw., sondern auch sehr wesentlich auf den Graphit und die sonstigen Beimengungen an.

In besonderem Maße drückt sich naturgemäß dieses bei größeren Anodenbatterien aus.

In Abb. 624 ist die Entladungskurve einer normalen Anodenbatterie, wie sie im Handel meist zu haben ist, wiedergegeben, während Abb. 625 die Entladungskurve einer Daimon-Anodenbatterie wiedergibt. Bei beiden Batterien waren dieselben Betriebsbedingungen vorhanden, nämlich erst 30tägige Lagerung, sodann eine Stromentnahme von 1 Milliampere täglich 3 Stunden lang.

Der Unterschied der Kurven zeigt deutlich, daß durch den besseren Aufbau und die hochwertigen Materialien, welche zu der Daimonbatterie verwendet wurden, eine weit längere Lebensdauer und viel bessere Konstanz während der Stromentnahme erzielt wurde.

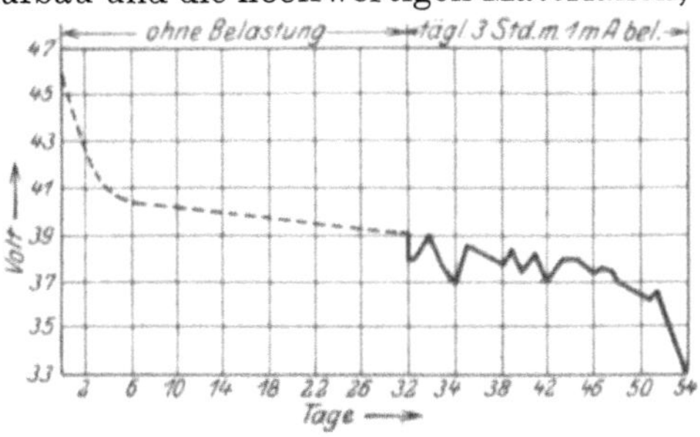

Abb. 624. Entladungskurve einer falsch dimensionierten bzw. schlecht aufgebauten (ev. auch minderwertige Bestandteile enthaltenden) Anodenbatterie.

Aber fast noch wesentlicher als die größere Lebensdauer ist der Umstand, daß in einer hochwertigen Anodenbatterie, deren Entladungskurve etwa Abb. 625 entspricht, die bei schlechten Batterien häufig vorkommenden Geräusche prasselnder und knackender Art nicht oder wenigstens nicht in allzu unangenehmer Weise auftreten können. Diese Geräusche rühren zum Teil von Entladungsvorgängen im Innern der Batterie her, welche durch schlechten Aufbau und minderwertige Materialien außerordentlich begünstigt werden.

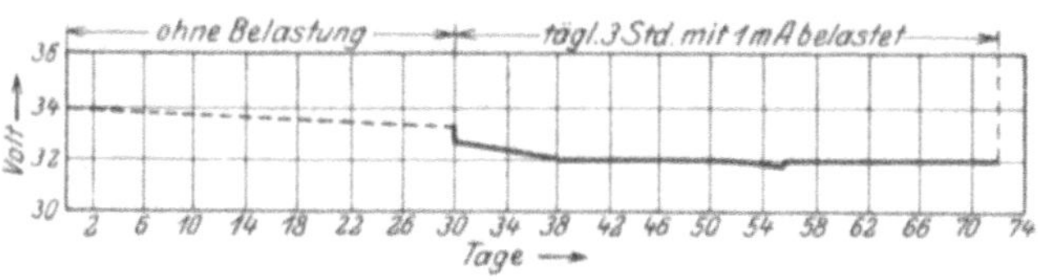

Abb. 625. Entladungskurve der Daimonbatterie.

Auf Grund der gewonnenen Erfahrungen sind von Spezialfirmen, z. B. Daimon, besondere Trockenelementbatterien hergestellt worden, bei denen nicht die gewöhnlichen Taschenlampenbatterienelemente benutzt werden, sondern eine besondere Ausführung Anwendung findet. Eine derartige recht gute Batterie von Schmidt & Co., Berlin (Daimon) ist in Abb. 626 wiedergegeben. Hierbei ist besondere Rücksicht darauf genommen, daß chemische Verbindungen zwischen dem Depolarisator und dem Zink im Ruhezustand vermieden werden. Auf die Isolation der einzelnen Zellen gegeneinander ist besonders geachtet, so daß auch bei hohen Verstärkungsgraden, beispielsweise auch beim Verstärkerbetrieb keine störenden Geräusche auftreten können. Abgesehen von

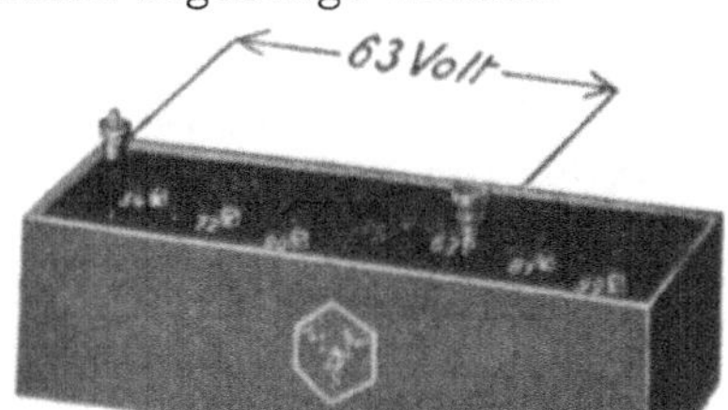

Abb. 626. Anodenbatterie von Daimon mit Wanderstecker.

der Wahl einer besonderen Vergußmasse, welche auch bei stärkerer Erwärmung, z. B. durch Sonnenbestrahlung nicht unzulässig weich wird, ist auf die richtige Wahl und Ausführung der Abzweigkontakte Rücksicht genommen. Eine zu oftmalige Unterteilung wäre schädlich, da hierdurch Kurzschlüsse auftreten könnten. Mittels der Daimonbatterie sind die Spannungen 54 Volt, 63 Volt, 72 Volt, 81 Volt, 90 Volt und 99 Volt ohne weiteres abgreifbar.

7. Anodenbatterie mit Wahl-Schaltordnung.

Obwohl das vorstehend abgebildete System mit Wanderstecker für eine Anodenbatterie für normalen R.-T.-Betrieb sicherlich noch die vorteilhafteste Anordnung darstellt, ist doch versucht worden, die Aufgabe einer wahlweise innerhalb gewisser Sprünge zur Verfügung stehenden Anodenspannung noch auf andere Weise, beispielsweise mittels eines Schalters, zu lösen.

Abb. 627. Anodenbatterie mit Wahlschalter zur Einschaltung der gewünschten Spannung.

Eine solche Anodenbatterie, wie sie von einigen Firmen hergestellt wird, zeigt Abb. 627. Es ist hierbei ein verhältnismäßig primitiver Drehschalter vorgesehen, dessen Feder verschiedene Kontaktstellen betätigen kann, so daß beispielsweise die Spannungsbeträge von 45, 48, 51, 54, 57 und 60 Volt eingeschaltet werden können. Daß eine derartige Anordnung nicht unerhebliche Nachteile besitzen kann, liegt auf der Hand.

Beliebig auswechselbare und zusammenstellbare Anodenbatterie von Eltax.

Eine für jeden Rundfunkinteressenten sehr günstige Lösung der Anodenbatterie ist von der Eltax-Elektro-A.-G., Berlin SW. 68, geschaffen worden. Zu diesem Zweck hat, wie aus Abb. 628 hervorgeht, Eltax die Anodenbatterie in eine Anzahl von kleinen Einzelbatteriekästen unterteilt, welche für sich geschaltet und zusammengesetzt werden können. Jede dieser kleinen Batterien hat eine Spannung von 6 Volt. Diese Batterien können durch aus der Abbildung gleichfalls ersichtliche normalisierte Kontaktbrücken mit einander verbunden werden, wobei die Formgebung der Brücken bzw. der An-

Abb. 628. Beliebig ausschaltbare und zusammenstellbare Anodenbatterie von Eltax, Berlin SW.

schlußpole der Einzelbatterien so gestaltet ist, daß nur eine richtig polarisierte Verbindung hergestellt werden kann. An der entstehenden Anfangs- und Endklemme kann die resultierende Spannung, welche bei der abgebildeten Batterie 60 Volt beträgt, mittels normaler Wanderstecker abgenommen werden.

Der Vorteil besteht nicht nur darin, daß wahlweise eine schlechtgewordene Einzelbatterie à 6 Volt herausgenommen werden kann, und durch eine neue gute Batterie zu ersetzen ist, sondern auch in der gegenüber gewöhnlichen Anodenbatterien meist viel besseren Isolation der einzelnen Elementgruppen gegen einander, da bei dieser Anordnung die Isolation durch Luftabstände bewirkt wird.

Ein weiterer Vorteil besteht darin, daß auch eine beliebige negative Vorspannung ohne weiteres abgezweigt werden kann. Dieses wird dadurch unterstützt, daß die erste Einheit mit Anzapfungen in Abstufungen von 1,5 Volt hergestellt ist.

8. Anodenbatterie aus Naßelementen,

Meist ist der Platz nicht vorhanden, um eine immerhin etwas voluminöse Anodenbatterie aus Naßelementen aufzustellen; vielfach will man sich auch nicht der Gefahr aussetzen, daß durch die herausfließende Füllflüssigkeit Schaden entsteht.

Trotzdem würde aus ökonomischen Gründen die Aufstellung einer guten Naßbatterie durchaus in Erwägung zu ziehen sein. Eine solche

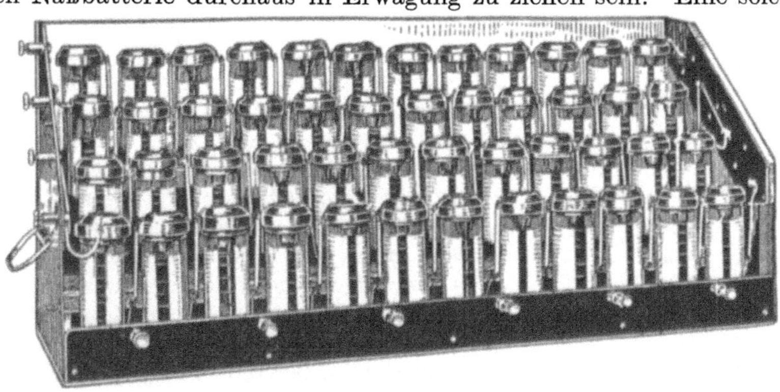

Abb. 629. Anodenbatterie zusammengesetzt aus kleinen Naßelementen von H. Bauer, Jena.

Batterie der Firma H. Bauer in Jena, welche aus den oben erwähnten kleinen Salmiakelementen besteht, die etwa nur Daumengröße besitzen, ist in Abb. 629 wiedergegeben. Bei dieser Anordnung ist es natürlich ohne weiteres möglich, wahlweise die Spannung einzuregulieren.

9. Netzanschlußgerät. Speiseanordnung für Heizung des Heizdrahtes und Speisung des Anodenfeldes.

Es hat sich bereits bei den sog. Rundspruchеinrichtungen als störend und unbequem herausgestellt, für das Heizen der Heizdrähte ständig einen geladenen Akkumulator und die für die Erzeugung des Anodenfeldes notwendigen Hochspannungsbatterien bereit zu halten. In erhöhtem Maße treten naturgemäß diese Schwierigkeiten für den Amateurbetrieb auf, insbesondere, da häufig die aus Trockenelementen bestehenden Hochspannungsbatterien den Dienst plötzlich versagen, wenn sie entladen, bzw. polarisiert sind. Aber auch das häufige Aufladen der Heizakkumulatoren ist sehr lästig, wenn keine passende Lademöglichkeit in bequemer Nähe ist.

Infolgedessen ist der Wunsch verständlich, mindestens überall dort, wo Gleichstromlichtleitungsanschluß zwischen 65 und 440 Volt vorhanden ist, eine Einrichtung zur Verfügung zu haben, die gleichzeitig und ständig das Heizen der Heizdrähte und die Speisung des Anodenfeldes gestattet. Bereits für die Installierung des Wirtschaftsrundspruchdienstes sind derartige Zwischenanordnungen konstruiert worden in Form von sog. Netzanschlußgeräten. Die schematische Anordnung eines derartigen Netzanschlußgerätes der deutschen Postverwaltung gibt Abb. 630 wieder. *a* und *b* sind die Lichtanschlußklemmen des Gleichstromnetzes, *c* sind zwei Sicherungen für je 1 Ampere, *d* ist ein doppelpoliger Ausschalter. Derselbe gestattet einerseits, über eine Eisendrosselspule *l* an den Minuspol des Gerätes zu führen, andererseits zweigt er über einen Eisenwiderstand *e* einen Schiebewiderstand *f* und einen mit zwei einstellbaren Anschlüssen versehenen Widerstand *g* sowohl nach der einen Plusklemme als auch über eine Selbstinduktionsspule *k* nach der anderen Plusklemme hin ab. Parallel zu dieser Anordnung ist, wie gezeichnet, einerseits der Kondensator *m* von 2 MF gelegt, andererseits die Parallelkondensatoranordnung *i*, von denen jeder Kondensator 8 MF Kapazität besitzt. Durch die Kombination der beiden Drosselspulen mit dem Kondensator soll bewirkt werden, daß die Netzgeräusche (Funken von Kommutatoren usw.) vom Empfänger und Verstärker ferngehalten werden und durch den Kondensator *m*, der die Anodenspannung überbrückt, soll man erzielen, daß der Stromlauf für die durch den Anodenstrom bewirkte Wechselstromkomponente geschlossen wird. Durch den Eisenwiderstand *e* soll die Heizstromstärke konstant auf 0,58 Ampere gehalten werden und die im Netz auftretenden Spannungsschwankungen sollen automatisch beseitigt werden. Wird das Netzanschlußgerät bei Spannungen unter 110 Volt benutzt, so wird der Widerstand *f* durch einen Drahtbügel *h* geshuntet.

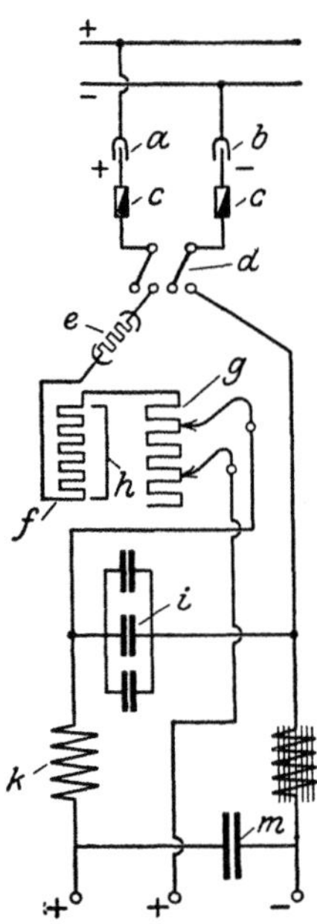

Abb. 630. Netzanschlußgerät der deutschen Postverwaltung für Rundspruchempfänger.

Bei nicht allzu großen Ansprüchen an die Fernhaltung von Netzgeräuschen und anderen Störungen können mit dieser Anordnung unter günstigen Umständen zufriedenstellende Resultate erzielt werden[1]).

10. Ladevorrichtung für Akkumulatoren.

Bei Gleichstromanschluß.

Die in elektrischer Beziehung meist günstigste Heiz- und Anodenfeldspeisung ist die durch Akkumulatoren. Sofern Gleichstromlichtleitungsanschluß vorhanden ist, ist die Ladung der Akkumulatoren sehr einfach. Trotzdem werden dieselben häufig nach einem entlegenen Ladeplatz geschafft, obwohl der Transport von Bleiakkumulatoren in Glasgefäßen, die in erster Linie für die Benutzung in Betracht kommen, aus mancherlei Gründen sehr mißlich ist. Tatsächlich kann man sich aber in sehr einfacher Weise Einrichtungen schaffen, um die Ladung dieser Akkumulatoren für den R.-T.-Betrieb an Ort und Stelle vorzunehmen.

a) Ladung der Heizbatterieakkumulatoren.

Für etwa drei Röhren der älteren Txpe werden höchstens 2 bis 3 Ampere, meist nur 1,5 Ampere Stromstärke gebraucht; es genügt also, wenn die Heizakkumulatorbatterien diese Entladestromstärke besitzen. Vielfach weisen diese Batterien eine Amperestundenzahl von 40 auf. Unter Berücksichtigung einer Ladestromstärke von 2 Ampere muß die Batterie etwa 13 bis 20 Stunden aufgeladen werden. Wenn der Lichtleitungsanschluß 220 Volt Spannung aufweist, muß bei 2 Ampere Ladestromstärke der Ladewiderstand betragen

$$w_L = \frac{V}{J} = \frac{220}{2} = 110 \text{ Ohm}.$$

Für diesen Betrag ist also der Widerstand zu dimensionieren.

Ladevorrichtung mit Regulierwiderstand. Eine recht zweckmäßige Form erhält man, wenn man einen Widerstandsdraht genügenden Querschnittes (siehe Tabelle f, S. 160) spiralförmig aufwickelt, wobei der Durchmesser der Spiralen etwa 25 mm beträgt und die Spiralen an kleinen Porzellanisolatorrollen befestigt sind, die ihrerseits auf einer aus nicht brennbarem Material bestehenden ebenen Platte nebeneinander mon-

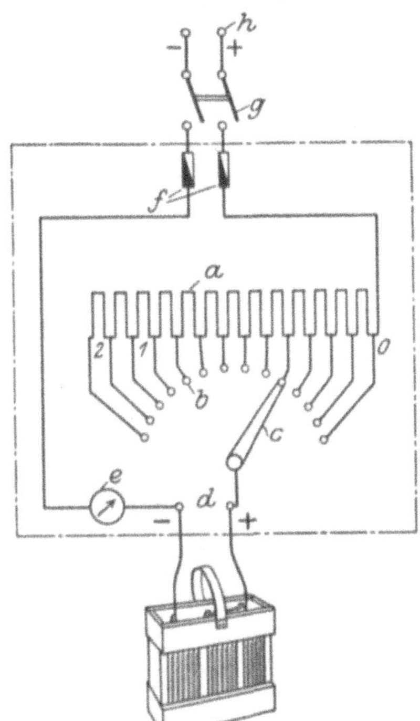

Abb. 631.
Ladungsvorrichtung für eine Dreizellen-Akkumulatorbatterie (E. Nesper).

[1]) Siehe auch das vereinfachte Netzanschlußgerät im Nachtrag, dessen Selbstherstellung nicht allzu schwierig ist.

tiert sind. Um eine Schornsteinwirkung zu erzielen, wird diese Platte für den Gebrauch senkrecht gestellt. In Abb. 631 sind diese Spiralen schematisch durch den Widerstand *a* angedeutet. Von gewissen Punkten aus, bei deren Wahl eine möglichst gleiche Teilung anzustreben ist, sind Abzweigleitungen nach einer Kontaktbahn *b* hingeführt, die von einem Stromabnehmer *c* bestrichen wird. Auf diese Weise ist es möglich, die der Ladestelle *d* (der zu ladende Akkumulator) zuzuführende Stromstärke genau abzugleichen, was insofern von Wichtigkeit ist, da gegen Ende der Ladung entsprechend mehr Widerstand zugeschaltet werden kann. Der Widerstand von 0 bis 1 entspricht also etwa dem Betrage von 110 Ohm. Der Widerstand von 1 bis 2 kann alsdann sukzessive noch gegen das Ende der Ladung hinzugeschaltet werden. *e* ist ein kleines Amperemeter, um die Ladestromstärke ablesen zu können und um festzustellen, wie weit die Ladung vorgeschritten ist. *f* sind Sicherungen, *g* ist ein Ausschalter und *h* sind die Anschlußklemmen, bzw. die Stöpselkontakte des Lichtnetzes. Der Widerstand mit Kontaktbahn, Sicherungselementen, Anschlußkontakten und Amperemeter wird zweckmäßig auf der gemeinsamen Platte aus unverbrennbarem Material montiert. Für die Ladung ist es gut, den bei *d* anzuschließenden Akkumulator isoliert aufzustellen.

Man ladet, bis die Gasentwicklung einige Zeit im Gange ist und bis die positiven Akkumulatorplatten eine dunkelbraune Farbe angenommen haben.

Im übrigen gilt folgendes:

Zur Aufladung kann nur Gleichstrom (mindestens 3 Volt für jedes aufzuladende Element) verwendet werden. Bei der Aufladung ist genau zu beachten:

1. Der Pluspol der Ladeleitung muß stets mit dem Pluspol des aufzuladenden Elementes verbunden sein;
2. dem aufzuladenden Element ist ein Widerstand (Glühbirne, am besten Kohlefadenlampe) vorzuschalten, damit durch die aufzuladende Zelle nur eine bestimmte Stromstärke geht. Diese Stromstärke kann indes nur so hoch gewählt werden, als die höchst zulässige Belastung der aufzuladenden Zelle beträgt, dagegen kann mit jeder geringeren Stromstärke aufgeladen werden;
3. die Aufladung darf nur so lange stattfinden, als das Akkumulatorelement aufnahmefähig ist, und es muß bei einer Elementspannung von 2,6 bis 2,7 Volt (unter Ladestrom gemessen) die Aufladung beendet werden (Überladen der Zelle ist schädlich);
4. mehrere Zellen oder Batterien werden in Hintereinanderschaltung aufgeladen; der Ladestrom ist nach dem kleinsten Element zu wählen und dieses, da zuerst voll geladen, rechtzeitig auszuschalten.

Eine etwas andere Ausführung einer Ladeanordnung ist in Abb. 632 wiedergegeben. Hierbei ist eine Schalttafel *a* benutzt, auf welcher die Anschlußklemmen *b* und *c* montiert sind. *d* sind die genügend dimensionierten Hauptsicherungen, *e* und *f* sind die Klemmen für den Anschluß des zu ladenden Akkumulators. *g* ist ein Schalter, *h* sind

Kohlefadenlampen, welche durch Ein- oder Ausschrauben wahlweise zu oder abgeschaltet werden können. *i* ist ein Amperemeter, um den Heizstrom kontrollieren zu können.

Wenn man 16kerzige Kohlefadenlampen benutzt, so wird pro Lampe etwa $^1/_2$ Ampere verzehrt. Im Maximalfall kann man also bei derartigen Glühlampen mit der wiedergegebenen Ladeanordnung 3 Ampere an den Klemmen *e*, *f* abnehmen. Diese Anordnung ist verhältnismäßig billig und arbeitet auch nicht allzu unökonomisch, insbesondere da bei der gezeichneten Schaltungsanordnung die Lampen wahlweise zu- und abgeschalten werden können.

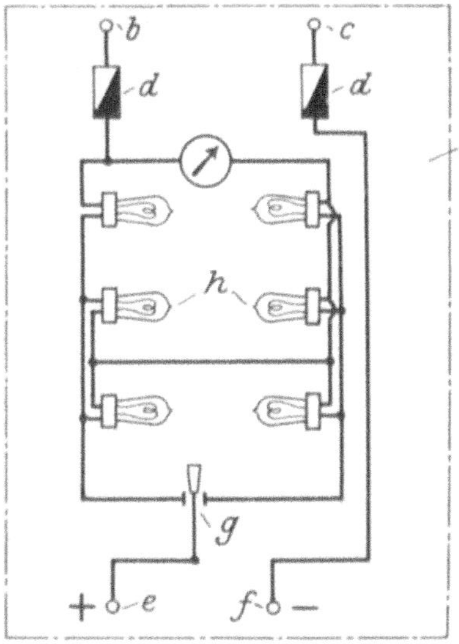

Abb. 632. Ladeschalttafel mit Glühlampenbelastungswiderstand.

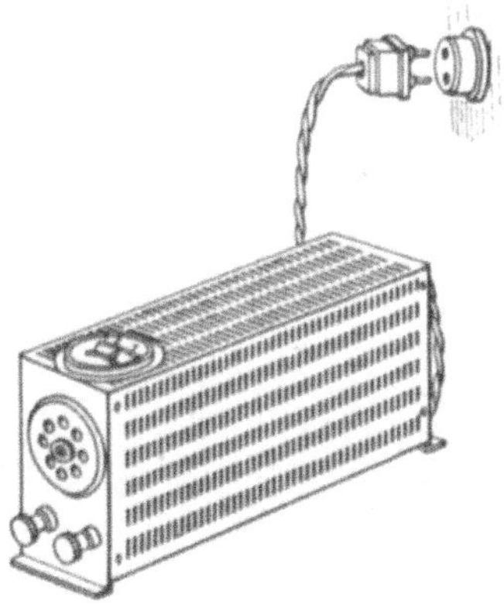

Abb. 633. Ladewiderstand von R. Abrahamsohn, Berlin NW.

Eine andere Anordnung, unter Benutzung von aufgewickeltem Widerstandsdraht, ist von R. Abrahamsohn, Berlin NW. 87 gemäß Abb. 633 auf den Markt gebracht worden.

Die Ladeeinrichtung besteht aus einem auf Porzellanrohr gewickelten festen Widerstand, welcher mit Klemmen und Anschlußstecker verbunden ist. Im Stromkreise befindet sich noch ein polarisiertes Amperemeter, welches außer der Ladestromstärke auch den richtigen Anschluß anzeigt. Der Ladewiderstand wird für Stromstärken von 2 und 2,4 Amp. zum Anschluß von 110 bzw. 220 Volt hergestellt. Der Widerstand ist vollkommen feuerfest und durchschlagssicher.

Ladevorrichtung für Kleinakkumulatoren bei Gleichstromlichtanschluß. In sehr einfacher und verhältnismäßig billiger Weise kann sich der R.-T.-Interessent eine Ladevorrichtung für Kleinakkumulatoren selbst zusammenbauen, wozu er sich die einzelnen Bestandteile in jedem Installationsgeschäft kaufen kann. Diese Einrichtung hat den weiteren Vorteil, daß die Aufladung nur wenig Strom kostet, bzw. kaum ins Gewicht fällt, da man gleichzeitig eine zu Beleuchtungszwecken dienende Glühlampe brennt, die für den Akkumulator als Vorschaltwiderstand dient. Abb. 634 zeigt die Anordnung. *a* ist der Steckanschluß, z. B. für eine Stehlampe, *b* der zweipolige normale Stecker

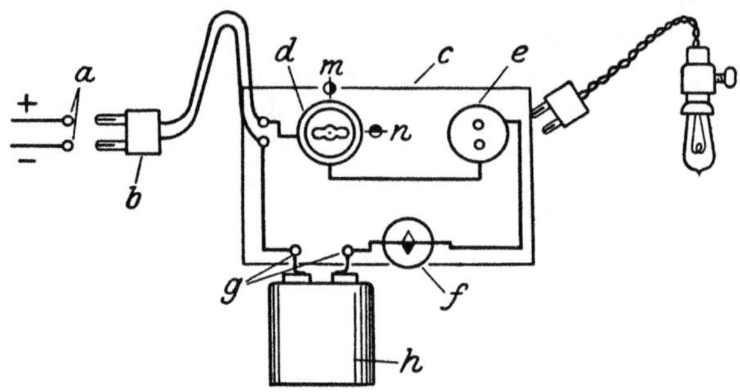

Abb. 634. Ladevorrichtung, um während des Brennens einer Lampe den Akkumulator fast kostenlos aufzuladen.

der auf einem Holzbrett *c* montierten Einzelteile, *d* ist ein dreifacher Wechselschalter, der folgende drei Schaltmöglichkeiten gestattet:

1. die Einschaltung,
2. Schaltung auf Licht allein (Schalterstellung *n*),
3. Schaltung auf Licht und Aufladung gleichzeitig (Schalterstellung *m*).

e sind Steckbuchsen zum Anstöpseln einer normalen Stehlampe, *f* ist ein einfacher kleiner Stromrichtungszeiger (Magnetnadel) in einer Kupferbindung, um jederzeit feststellen zu können, daß der an die Federkontakte *g* angeschaltete Akkumulator *h* richtig angepolt ist.

b) Ladeeinrichtung bei Vorhandensein von Gleichstromlichtanschluß mit kostenloser Aufladung.

In kleinen und mittleren Wohnungen, welche mit Gleichstromanschluß ausgerüstet sind, ist es möglich, während des Brennens der Lampen den Akkumulator kostenlos aufzuladen, mindestens dann, wenn keine allzu große Lampenzahl in der Wohnung gebrannt oder nicht elektrisch geheizt, gekocht oder geplättet wird. Wenn nur etwa 3—4 Lampen gebrannt werden, kann man annehmen, daß eine Stromentnahme von etwa 1 Ampere stattfindet, was sich im allgemeinen noch unter der normalen Ladestromstärke eines Heizakkumulators hält. Sind andere Verhältnisse vorhanden, bzw. werden mehr Lampen gebrannt, so ist eine kurze Überschlagsrechnung anzustellen, unter Benutzung der auf S. 162 enthaltenen Tabelle über den Stromverbrauch von Glühlampen. Natürlich muß man sich auf jeden Fall hüten, eine zu hohe Ladestromstärke anzuwenden, da sonst der Akkumulator Schaden leiden könnte. Im übrigen gelten für die Aufladung des Akkumulators nur die allgemeinen Gesichtspunkte, insbesondere auch die, daß für einen genügenden Abzug der Säuredämpfe Sorge zu tragen ist.

Der Akkumulator wird während der Ladung in die Lichtleitung gemäß dem Schema Abb. 635 eingeschaltet. *a* sind die normalen Klemmen hinter dem Elektrizitätszähler, *b* sind die Hauptsicherungen. Hinter der einen Sicherung wird nunmehr eine kleine Installation vorgenommen, welche in Abb. 635 stark ausgezogen ist; sie besteht aus Leitungsdrähten *c*, sowie einem Schalter *d* und einer normalen Steckdose *e*. In letztere wird der Stecker *f*, welcher durch biegsame Leitungen mit dem aufzuladenden Akkumulator *g* verbunden ist, richtig gepolt eingestöpselt angeschlossen. Wird der Akkumulator falsch gepolt angeschlossen, so tritt eine Zerstörung in demselben ein. Am besten stellt man die Polarität durch Polreagenzpapier oder dadurch fest, daß man die Klemmen in angesäuertes Wasser bringt, wobei am negativen Pol die bekannte Wasserstoffentwicklung eintritt.

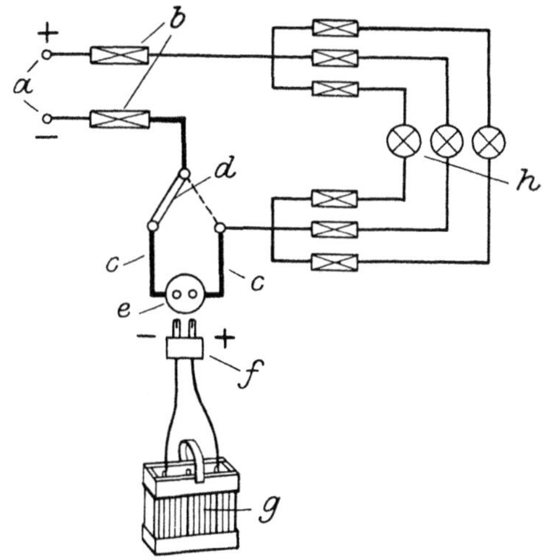

Abb. 635. Ladung des Akkumulators vor der Wohnungsbeleuchtung.

Der Schalter *d* ist für Ladestellung gezeichnet. Die Ladung tritt dadurch ein, daß eine entsprechende Anzahl von den in der Wohnung installierten Lampen *h* gebrannt werden, entsprechend den obigen Gesichtspunkten. Ist die Aufladung beendet bzw. hat man keinen Akkumulator zur Ladung angeschlossen, so legt man den Schalter *d* in die punktiert gezeichnete Stellung, wodurch ein direktes Brennen der Wohnungsbeleuchtung stattfindet.

Der in den meisten Fällen jedoch kaum in Betracht kommende Nachteil dieser Anordnung ist der, daß durch die Vorschaltung des Akkumulators vor das Lichtnetz ein geringer Spannungsabfall eintritt, der sich durch ein meist kaum bemerkbares Dunklerbrennen der Lampen anzeigt. Dieser Nachteil wird aber gegenüber dem großen Vorteil der kostenlosen Aufladung des Akkumulators keine Rolle spielen.

c) Ladung der Hochspannungsbatterie.

Die Ladung der Anodenbatterie kann in einfachster Weise dadurch bewirkt werden, daß vor dieselbe je nach der Speisespannung eine oder zwei Glühlampen vorgeschaltet werden.

Bei Wechselstromanschluß.

Eine große Zahl aller Lichtleitungen, mindestens in Deutschland, besitzt Wechselstromspeisung. Um diese für die Akkumulatorladung ausnutzen zu können, ist ein passender, nicht zu teurer Gleichrichter für den Amateurbetrieb notwendig. Die vor mehreren Jahren vielfach vorgeschlagene Verwendung eines kleinen Maschinenladeaggregates wird wegen des hohen Preises und des verhältnismäßig geringen Wirkungsgrades bei der kleinen Leistung nur selten in Betracht kommen. Auch zur Benutzung mechanischer Gleichrichter kann nur geraten werden, sofern eine gute Ausführung einer renommierten Firma beschafft wird.

a) Pendelgleichrichter von Phywe.

Von den Physikalischen Werkstätten, A.-G., Göttingen, ist ein besonders billiger Gleichrichter für das Laden von Akkumulatoren konstruiert worden, welcher ohne weiteres dazu ausreicht, kleine Akkumulatoren aus Wechselstromnetzen aufzuladen. Die von dem Gleichrichter umgeformten Spannungen bzw. Ströme gehen aus folgender Tabelle hervor:

Gegenspannung der Akkumulatoren:	4	6	13	Volt
Ladestrom:	1,5	1,0—1,2	0,5—0,6	Ampere

Der Gleichrichter ohne Niederspannungstransformator, welcher besonders geliefert wird, ist in Abb. 636 abgebildet. Auf einer Grundplatte sind die Anschlußleitungen an das Wechselstromnetz *a* unten sowie daneben die Ladeklemmen *b* für den Akkumulator montiert. Darüber ist der Unterbrecher *c* mit Schwingungsanker *d* angeordnet. Letzterer betätigt einen Kontakt *e*, wodurch der Wechselstrom gleichgerichtet wird. Es kommt selbstverständlich auf richtige Einstellung des Kontaktteils an. Alsdann arbeitet der Unterbrecher ohne Wartung mit einem Wirkungsgrad von 60—80%.

Abb. 636. Pendelgleichrichter der Phywe zum Aufladen von Kleinakkumulatoren aus Wechselstromnetzen.

Außer den genannten Teilen ist noch ein Sicherungselement *f* von 12—18 Volt angeordnet, welches bei richtigem Arbeiten der Ladeeinrichtung ein schwachrotes, nicht flackerndes Licht ergibt. Neuerdings ist beabsichtigt, dieses Element durch ein kleines Amperemeter zu ersetzen.

Sofern der Gleichrichter in einem Netz verwendet werden soll, in welchem die Spannung häufig aussetzt, wird noch ein automatisch wirkender Ladestromschalter vorgesehen, welcher verhindert, daß bei Aussetzen des Wechselstroms eine Entladung der Batterie stattfindet.

Zu diesem Pendelgleichrichter werden Transformatoren für ein Übersetzungsverhältnis von 220 auf 20 Volt bei einer Maximalstromstärke sekundär von 2 Ampere und von 120 Volt auf 20 Volt gleichfalls bei einer Entladestromstärke von 2 Ampere geliefert.

β) Glimmlichtgleichrichter und Ladeaggregat vom Hydrawerk und A. F. Wolf.

Eine im allgemeinen zweckmäßige Methode zur Ladung von kleinen Akkumulatoren bei Wechselstrom- oder Drehstromanschluß erfolgt mittels Glimmlichtgleichrichtern. Hierunter werden mit Edelgas gefüllte Lampen, die sehr niedrigen Druck besitzen, verstanden (J. Pintsch, Berlin), und die eine große und eine kleine Elektrode aufweisen. Bei der Durchführung von Wechselstrom durch eine derartige Edelgaslampe tritt eine Ventilwirkung ein, da der Strom von der kleinen nach der großen Elektrode verhältnismäßig leicht übertritt, während er in entgegengesetzter Richtung einen sehr hohen Übergangswiderstand findet. In letzterem Falle wird die Stromstärke etwa Null, so daß resultierend gleichgerichtete Stromstöße erhalten werden, die zur Aufladung von Akkumulatoren benutzt werden können.

Mit Bezug auf die zu wählende Vorschaltlampenzahl kommt es auf die Stromstärke an, die man für die jeweilig zu ladende Zellenzahl aufwenden muß, denn jede Lampe darf nur mit einem Strom von 0,2 Ampere belastet werden. Braucht man also für die Aufladung einen größeren Strom, so muß man eine entsprechende Zahl von Lampen parallel schalten.

Diese Gleichrichter, welche von der Elektrizitäts-Gesellschaft Hydrawerk, Berlin-Charlottenburg, hergestellt und vertrieben werden, kommen als Einfach-Gleichrichter oder Doppel-Gleichrichter zur Ausführung. Der Einfach-Gleichrichter mit einer Edelgasröhre liefert 0,2 Amp. maximal, der Doppel-Gleichrichter mit 2 parallel geschalteten

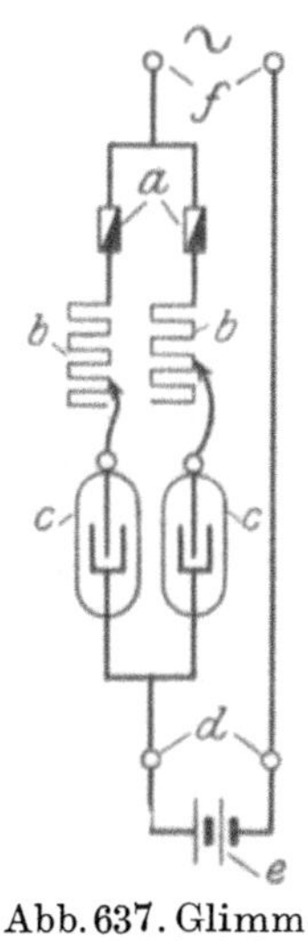

Abb. 637. Glimmlichtgleichrichtanlage zur Akkumulatorenaufladung vom Hydrawerk.

Abb. 638. Doppelglimmlichtgleichrichter des Hydrawerkes.

Edelgasröhren 0,4 Amp. Größere Stromstärken können durch Parallelschalten mehrerer solcher Glimmlichtgleichrichterröhren erzielt werden. Die Restspannung der Röhren beträgt ca. 30 Volt und ermöglicht dementsprechend die Ladung von Batterien bis zu 12 Zellen (je nach Einstellung des Vorschaltwiderstandes).

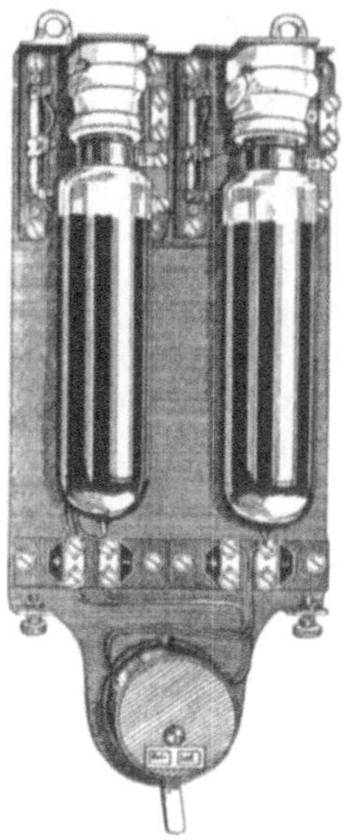

Abb. 639. Edelgasgleichrichter von A. F. Wolf.

Abb. 637 zeigt die einfache Schaltung eines Apparates mit 2 Edelgaslampen: *a* sind die Sicherungen für je 0,5 Amp., *b* sind die Vorschaltwiderstände, die so gewählt und einreguliert werden, daß durch jede der Edelgaslampen *c* nur 0,2 Amp. Gleichstrom höchstens hindurchfließen. Die zu ladenden Akkumulatorenzellen *e* sind an die Klemmleisten *d* angeschlossen. Der Starkstromanschluß wird mit den Klemmen *f* verbunden. Die Ansicht eines solchen Doppel-Glimmlicht-Gleichrichters (ohne Schutzkappe) gibt Abb. 638 wieder.

Eine andere Ausführungsform von Arno F. Wolf in Berlin-Charlottenburg, mit abgenommenem Schutzgehäuse, zeigt Abb. 639. Es sind hierbei zwei Edelgaslampen verwendet, welche eine Stromentnahme von 0,4 Amp. gestatten. Die Ausführung ist so getroffen, daß auch der nicht Vorgebildete die Aufladung des Akkumulators ohne weiteres bewirken kann.

γ) Kathodenrohrgleichrichter, Type Radio-Ramar der AEG.

Auf etwas anderen Prinzipien beruht der Gleichrichter der AEG., welcher die Ventilwirkung einer im Vakuum glühenden Kathode ausnutzt. Zu diesem Zweck ist gemäß Abb. 640 ein entsprechender Transformator *a* vorgesehen, auf welchem die Kathodenröhre *b* aufmontiert ist. Mittels eines Regulierwiderstandes *c* erfolgt die Einstellung. Um das Ganze wird normalerweise ein Schutzkasten herumgesetzt, aus welchem die Zuleitungsschnüre herausragen. Die Inbetriebsetzung dieses Ladeapparates ist sehr einfach. Mittels Steckers erfolgt die Einstöpselung an die Lichtleitung. Eine nochmalige Nachregulierung des einmal eingestellten Schiebewiderstandes während der Ladung ist nicht erforderlich. Dieses geschieht vielmehr nur, wenn die Zahl der zu ladenden Akkumulatorenzellen verändert wird. Die Ladestromstärke hierbei beträgt 1,5 Amp.

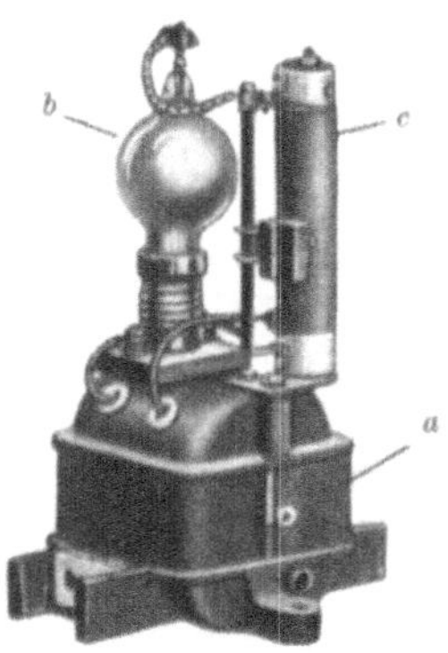

Abb. 640. Kathodenrohrgleichrichter Type Radio-Ramar der AEG.

δ) Der Pendelgleichrichter.

In technisch befriedigender Weise kann bei guter Ausführung eine Aufladung der Akkumulatorbatterie mittels eines Pendelgleichrichters bei Wechselstrom- oder Drehstromanschluß bewirkt werden. Um ein funkenfreies Arbeiten zu erzielen, ist es natürlich notwendig, daß der Pendelgleichrichter der Netzfrequenz angepaßt ist, da sonst sehr erhebliche Betriebsstörungen, mindestens ein mehr oder weniger starkes Funken, welches die Kontakte sehr abnutzen kann, zu befürchten sind. Ferner ist es meist notwendig, daß eine bestimmte Zellenzahl gleichzeitig geladen wird, da der Pendelgleichrichter hierfür gebaut ist.

Sind alle diese Bedingungen erfüllt, so ist es der Technik heute ohne weiteres möglich, Pendelgleichrichter zu liefern, welche betriebssicher arbeiten und bei welchen die Ladung ohne besondere Überwachung durchgeführt werden kann.

Der Wirkungsgrad eines Pendelgleichrichters kann theoretisch bis zu ca. 60% sein, da nur die positiven oder die negativen Stromwechsel des Speisewechselstromes ausgenutzt werden. Dieser Wirkungsgrad ist aber verhältnismäßig schon sehr gut, wenn er mit demjenigen anderer kleiner Ladeeinrichtungen verglichen wird.

Ein weiterer Vorteil des Pendelgleichrichters besteht in der denkbar größten Einfachheit der Montage und der Anschaltungen.

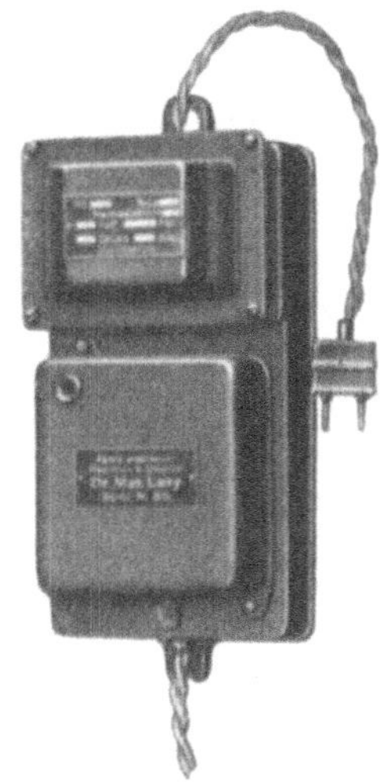

Abb. 641. Pendelgleichrichter von Dr. Max Lewy.

Die Ausführung eines Pendelgleichrichters von der Firma Dr. Max Lewy zeigt Abb. 641. Durch den Wechselstrom wird ein Elektromagnet erregt, wodurch ein Anker in Schwingung versetzt wird, und durch diesen ein Kontakt im Synchronismus mit dem Wechselstrom abwechselnd geöffnet und geschlossen wird. Infolgedessen wird die Batterie nur mit dem positiven oder negativen Stromwechsel aufgeladen. Da die Öffnung des Kontaktes stets zu den Zeitmomenten erfolgt, in denen die Stromkurve durch 0 hindurch geht, ist ein Funken an der Unterbrechungsstelle praktisch vermieden. Auch tritt infolgedessen eine Abnutzung der Kontaktstellen praktisch nicht ein.

Die Aufladung der Batterie kann hierdurch ziemlich sparsam bewirkt werden. Die Aufladung mittels zwei Akkumulatorzellen von 40 Amp.-Stunden und einem Strompreis von 50 Pf. pro kW-Stunde soll auf diese Weise nur etwa 15 Pf. kosten. Der Apparat ist zum direkten Einstöpseln in die Lichtleitung ausgeführt.

XIV. Normale Empfängereinzelteile der Radioindustrie.

Alle Empfänger und Verstärker, gleichgültig ob für Radiotelegraphie oder -telephonie, setzen sich außer den Detektoren und Röhren aus einer Anzahl von Einzelteilen zusammen, die in der Hauptsache aus Spulen, Kondensatoren, Schaltern, Detektoren, Röhren, Transformatoren, Klemmen, Verbindungsleitungen und Anzeigeappa-raten (Telephonen, Lautsprechern) etc. bestehen. Diese mit Ausnahme der Anzeigeapparate, die im Kap. XI, S. 489ff. besonders behandelt sind, und die wichtigsten sonstigen Zubehörteile, wie sie die Radioindustrien der verschiedenen Länder liefern, sind im nachstehenden an Hand von typischen Beispielen durch Abbildungen und Beschreibungen erläutert.

A. Kondensatoren.

Von großer Wichtigkeit für die drahtlosen Stationen, sowohl der Sender- als auch der Empfangssysteme sind die zu gebrauchenden Kondensatoren. Die konstruktive Ausgestaltung derselben hat im Laufe der Jahre in elektrischer und auch in konstruktiver Hinsicht wesentliche Fortschritte gemacht. Wir betrachten zunächst:

1. Allgemeine Gesichtspunkte für den Aufbau der Kondensatoren und die auftretenden Verluste.

a) Erzielung möglichst geringer Verluste im Dielektrikum.

In erster Linie ist es von größter Wichtigkeit, daß nicht nur die Halteteile der Kondensatorbelege oder Platten, auf die noch zurückgekommen wird, sondern daß auch das zwischen diesen befindliche Dielektrikum möglichst geringe Hysteresisverluste besitzen. Dieses ist von besonderer Wichtigkeit bei den für Empfangszwecke dienenden Kondensatoren, wo es im allgemeinen leicht ist, die Verluste klein zu halten, indem es meist genügt, Luft zu verwenden, da das Dielektrikum nur gering beansprucht wird. Bei den Kondensatoren für Empfangszwecke kann man, wenn mit Rücksicht auf die Kondensatorabmessungen ein Luftdielektrikum nicht zweckmäßig ist, Hartgummi, bleihaltiges Glas, Glimmer etc. verwenden, welch letztere allerdings größere Hysteresisverluste ergeben als Luft.

b) Möglichst große Übergangswiderstände an den Halteteilen.

Die Halteteile der aktiven Kondensatorbelege oder Platten sollen eine möglichst gute Isolationsfähigkeit besitzen, da sonst die Ladung zwischen den feindlichen Belegen sich direkt über diese Halteteile hin allmählich ausgleichen würde. Mit Rücksicht auf moderne Röhrenschaltungen wird meist eine Isolation von mindestens 10^6 Ohm verlangt werden müssen. Außer einer guten Isolationsfähigkeit müssen diese Halteteile zweckmäßig noch so konstruiert werden, daß der Kriechweg ein tunlichst großer ist.

Als Isolationsmaterialien kommen in erster Linie in Betracht Porzellan und Glas, weiterhin aber auch Hartgummi und ähnliche, möglichst hochisolierende Stoffe. Verlangt werden muß von diesen Stoffen, ebenso wie vom Zwischendielektrikum, daß dieselben sich mit der Zeit nicht etwa zersetzen oder sonstwie eine Beeinträchtigung ihrer Isolationsfähigkeit erfahren.

Für Empfangszwecke werden sowohl Kondensatoren mit fester, nicht veränderlicher Kapazität als auch kontinuierlich variable Kondensatoren gebraucht. Die ersteren dienen in der Hauptsache für Blockierungszwecke, insbesondere um Gleichstrom von Wechselstrom- oder Hochfrequenzkreisen fernzuhalten, aber auch dort, wo z. B. Indikationsapparate wie das Telephon mit dem Detektorkreise verbunden werden, um den Gesamtwiderstand herabzusetzen, während die kontinuierlich veränderlichen Kondensatoren für Abstimmungszwecke verwendet werden. Außerdem sind noch Zwischentypen geschaffen worden, bei denen eine gleiche Variabilität in bestimmten engeren Grenzen möglich ist.

2. Feste unveränderliche Kondensatoren.

a) Glimmerfestkondensator auch für Senderzwecke.

Glimmerfestkondensatoren werden seit den ersten Anfängen dieser Technik benutzt und haben im großen und ganzen keine wesentlichen konstruktiven Abänderungen erfahren. Abb. 642 zeigt die Ausführungsform eines Glimmerfestkondensators. Es sind dünne Metallblätter, die gute Leitfähigkeit haben, wie z. B. dünne Kupferschablonenbleche (auch Aluminiumbleche), unter Zwischenlagen von bestem klarem Glimmer, aufgeschichtet. Das Ganze ist zwischen zwei aus Isolationsmaterial hergestellte Platten gelegt und durch Metallbügel zusammengehalten. Die feindlichen Belege jener Plattengruppen sind herausgeführt und mittels einer Klemmenleiste zusammengehalten. Für Empfangszwecke werden an Stelle der Kupferbelege vielfach Stanniolblättchen gewählt (siehe auch den leicht selbst anzufertigenden Festkondensator Abb. 852, S. 727).

Abb. 642. Typischer Glimmerfestkondensator.

Ein Glimmerfestkondensator für Sendezwecke hat z. B. für etwa 2000 Volt Wechselspannung bei einer Kapazität von 100 000 cm die geringen Abmessungen von nur 26 × 54 × 11 mm und besteht aus 250 Glimmerblättern von je 0,2 mm Stärke.

Für reine Empfangszwecke kann er selbstverständlich viel kleiner gemacht werden.

Für höhere Spannung und größere Energiemengen müssen mehrere derartige Glimmerfestkondensatoren in Serie geschaltet werden.

b) Glimmerfestkondensator für Empfangszwecke von G. Seibt.

Auf eine etwas andere Weise ist bei dem Kondensator gemäß Abb. 643 die Kapazität erreicht. Hierbei sind auf die Glimmerplatten beiderseits Kupferbelege durch elektrolytischen Niederschlag erzeugt, wodurch nicht nur die bei Stanniolbelegen verwendeten Klebemittel, sondern vor allem die dünnen Luftschichten zwischen Metall und Glimmer vollkommen vermieden werden, so daß die Konstanz des Kondensators praktisch absolut gewährleistet ist. Um verschiedene Kapazitäten zu erhalten, wird der Glimmerbelag entsprechend abgeschabt. Die in Abb. 643 vor dem fertigen Kondensator liegenden Kondensatorplatten zeigen für verschiedene Kapazitätswerte abgeglichene Größen.

Abb. 643. Glimmerkondensator von Dr. G. Seibt. Vor dem Kondensator liegen einzelne Glimmerblätter mit Belegen.

c) Handelsüblicher Festkondensator.

Die Festkondensatoren haben dem Geschmack der einzelnen Fabriken entsprechend mannigfaltige Abänderungen erfahren, ohne daß bei diesen Formen elektrisch etwas wesentlich geändert wäre.

Vielfach in Anwendung befindlich ist eine Ausführungsform etwa Abb. 644 entsprechend. Hierbei sind die aktiven Metallbelege kreisförmig gestaltet, wobei an der Kreisfläche je ein Lappen angestanzt ist, der seitlich herausgeführt, entweder den Beleg *a* oder den Beleg *b* bildet. In der Mitte sind die Belege mit einem Loch versehen, durch welches die Hauptbefestigungsschraube *c* hindurchgeführt ist. Mittels einer auf derselben angebrachten Mutter kann der Druck und damit die Kapazität innerhalb gewisser Grenzen reguliert werden.

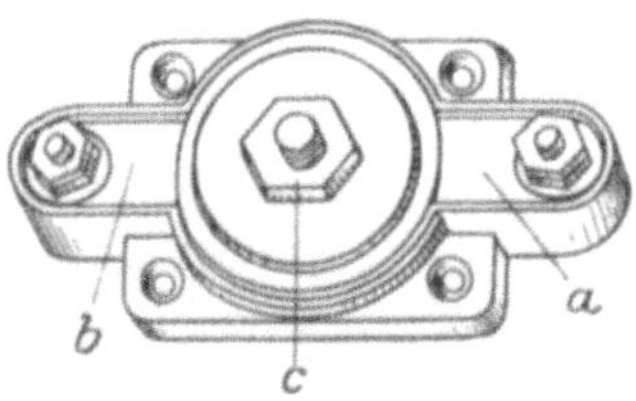

Abb. 644. Vielfach gebräuchliche Festkondensatortype.

d) Minos-Kondensator von Schott & Gen.

Eine etwas andere Ausführungsform des Festkondensators zeigt der Minoskondensator von Schott gemäß Abb. 645. Hierbei ist als Dielektrikum Minosglas verwendet, welches sich durch besonders gute elektrische Verhältnisse auszeichnen soll.

Wenngleich diese Kondensatoren in erster Linie für Sendezwecke gebaut worden sind, so können, sie auch, insbesondere für hochwertige Empfänger, besondere Vorteile besitzen. Sie werden in Kapazitätsgrößen von 200, 500, 1000 und 2000 cm normal hergestellt, in den räumlichen Abmessungen von 60 × 40 × 25 cm.

Abb. 645. Minos-Festkondensator von Schott & Gen., Jena.

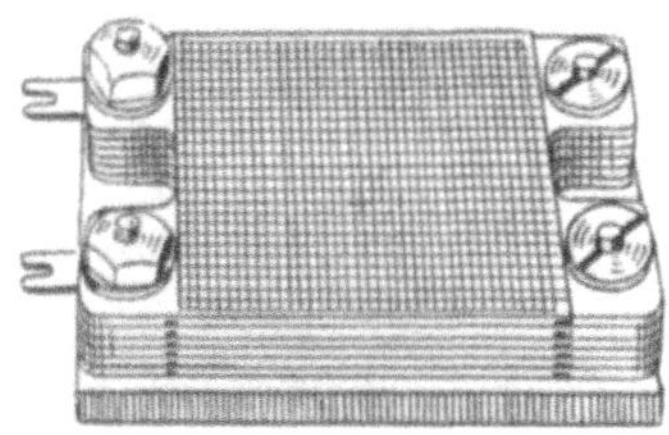

Abb. 646. Festkondensator aus Aluminium mit Luftdielektrikum der D. T. W. & K. I. A.-G.

e) Kleiner Festkondensator mit Luftdielektrikum der D.T.W.

Wenngleich es in den meisten Fällen bei den Empfängern nicht darauf ankommt, daß der Festkondensator geringe Verluste im festen Dielektrikum aufweist — dieselben halten sich durchschnittlich unter 5 % —, so können doch Fälle auftreten, in denen es erwünscht ist, einen Festkondensator mit Luftdielektrikum anzuwenden, dessen Dämpfung also praktisch Null ist. Abb. 646 zeigt eine derartige Ausführung mit geriffelten Aluminiumplatten der Deutschen Telephon-Werke & Kabel-Industrie A.-G. Die Platten sind aus dünnem Aluminiumblech gestanzt mit äußerst geringem Zwischenraum übereinandergeschichtet angeordnet, derart, daß die Zu- bzw. Ableitungen links in der Abbildung erkennbar sind.

Besondere Rücksicht ist bei allen Kondensatoren natürlich darauf zu nehmen, daß nicht etwa in den zwischen den Platten angeordneten Isolierstücken Übergänge stattfinden, welche nicht nur die Isolation und Durchschlagsspannung des Kondensators außerordentlich herabsetzen können, sondern die ihn, insbesondere bei Röhrenschaltungen, völlig ungeeignet für die Benutzung machen können. Eine Ausnahme würde der Gitterkondensator z. B. bei Audionempfängern machen, da hierbei eine gewisse Ableitungsmöglichkeit sogar erwünscht ist. Wegen der Unübersichtlichkeit und nicht möglichen Regulierbarkeit sieht man indessen vorteilhafter zu diesem Zweck einen besonderen Gitterableitungswiderstand vor und isoliert auch hier den Kondensator so gut wie irgendmöglich.

f) Kunstgriff für rationellere Glimmerausnützung bei Glimmerkondensatoren.

Um auch mit wenigstens teilweise kleineren Glimmerplatten Kondensatoren für größere Energiebelastung bauen zu können, also das

Isolationsmaterial besser auszunutzen, was wichtig ist, da der hierfür in Betracht kommende hochwertige, absolut klare Glimmer verhältnismäßig selten und infolgedessen teuer ist, kann man folgenden Kunstgriff anwenden:

In Abb. 647 sind in schematischem Durchschnitt einige Lagen des Glimmerkondensators unter starker Karikierung der Dickten herausgezeichnet. Es bezeichnen *a*, *b* und *d*, *e* die hierbei genau gleich großen Glimmerplatten. *c* und *f* sind die Metallfolien. Der Kriechweg ist in den Abbildungen rechts durch eine starke Linie markiert.

Es ist nun augenscheinlich, daß man annähernd dieselbe Kapazität und denselben Kriechweg, wenn auch nicht vollkommen die gleiche Durchschlagsfestigkeit erhält, indem man die Glimmerplatten *b* und *e* kleiner macht und ihnen die entsprechenden Abmessungen der Metallfolien *c* und *f* gibt (siehe Abb. 648).

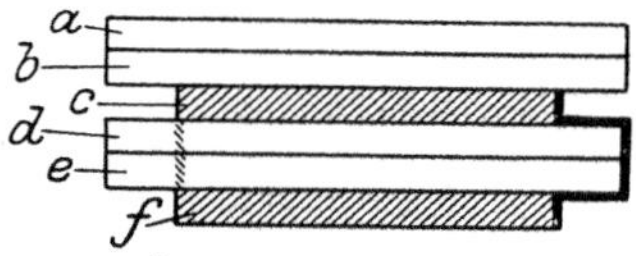

Abb. 647. Ältere Methode beim Legen eines Glimmerkondensators.

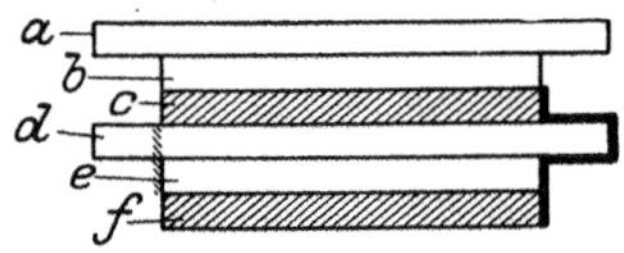

Abb. 648. Kunstgriffe beim Legen der Isolierzwischenlagen eines Festkondensators.

Der Kriechweg ist in Abb. 648 durch die rechts in der Abbildung dargestellte starke Linie veranschaulicht. Die Durchschlagsstrecke ist ebenso wie in Abb. 647 links durch gestrichelte Linie wiedergegeben.

Bei der Anordnung nach Abb. 648 kommen für den Durchschlag nur die Glimmerblätter *a* und *d* in Betracht. Man könnte jedoch die Anordnung in einfachster Weise dadurch verbessern, also eine große Durchschlagsstrecke schaffen, indem man die Metallfolien *c* und *f* etwas schmäler gestaltet, wobei man allerdings bei gleicher Energie- und Spannungsbeanspruchung auf etwas größere Kondensatorabmessungen kommt.

g) Glimmerersatzstoff.

Neuerdings scheint es Telefunken gelungen zu sein, mit gutem Erfolg an Stelle des außerordentlich teuren Glimmers — ein Glimmerblatt von 50×90 mm Größe und 0,01 mm Stärke kostete in der besten Qualität „Ruby clar" im Juli 1914 etwa 7 Pfennige, Anfang 1923 in schlechterer Qualität ca. 1000 Mark — für feste Kondensatoren Preßspan zu verwenden. Das ist sehr wichtig, denn pro Kondensator für Sendezwecke von 100000 cm Kapazität werden ca. 250 Glimmerblätter gebraucht, und jeder Abstimmungskreis einer Hochfrequenzmaschine erfordert eine große Zahl solcher Kondensatoren, so daß das allein im Glimmer steckende Kapital sehr erheblich ist.

3. Kontinuierlich veränderliche Kondensatoren.

Diese werden für alle Abstimmungszwecke beim Empfänger gebraucht, soweit man nicht die in vielen Fällen weniger günstigen Selbstinduktionsvariometer anwenden will. Die hauptsächlichste Forderung an einen kontinuierlich veränderlichen Kondensator ist tunlichst geringe Verluste im Dielektrikum, gute und genaue Einstellbarkeit und Eichfähigkeit, also Unveränderlichkeit.

a) Drehplattenkondensator von A. Koepsel (D. Korda).

Der allmählich veränderliche Kondensator mit halbkreisförmig gestalteten Platten, gegebenenfalls unter Verwendung eines Öldielektrikums zwischen den Platten, war bereits von D. Korda (1892) vorgeschlagen worden. Indessen scheint derselbe damals weder in die Starkstromtechnik, wofür er wohl in erster Linie gedacht war, noch in die Hochspannungstechnik Eingang gefunden zu haben.

Dieses, sowie die konstruktive Ausgestaltung des Kondensators wurde vielmehr erst durch A. Koepsel (Winter 1901/02) bewirkt, und seitdem ist der Plattenkondensator, wenn auch in abgeänderten konstruktiven Ausführungsformen, ein integrierender Bestandteil aller drahtlosen Stationen geworden. Koepsel ging vom Prinzip des Thomsonschen Multizellelarevoltmeters aus.

Das Schema des Drehplattenkondensators zeigt Abb. 649. *b* kennzeichnet den festen Plattensatz, *c* den um die Drehachse *a* drehbaren Plattensatz. Ist dieser letztere vollkommen unter die Platten *b* gedreht, so ist die Kapazität des Kondensators ein Maximum. Bis zur vollkommenen Herausdrehung nimmt die Kapazität kontinuierlich bis zu einem Mindestwert hin ab, wobei jedoch die kleinste Kapazität nicht vollkommen Null ist. Der Kondensator besitzt vielmehr eine Anfangskapazität von meist ca. 50 bis 80 cm. Bei der Konstruktion muß Wert darauf gelegt werden, diese tunlichst gering zu halten.

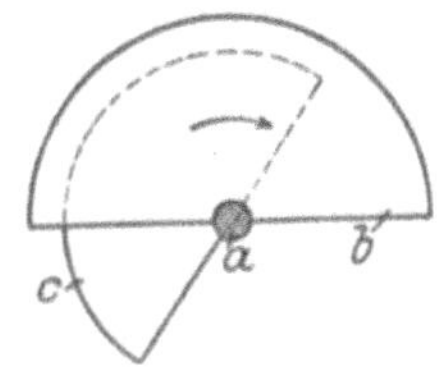

Abb. 649. Schema des Drehplattenkondensators.

b) Prinzipkonstruktion des Drehkondensators.

Der Aufbau des Drehkondensators wird auf einer Grundplatte *a* (siehe Abb. 650) bewirkt, auf der 2 oder meist 3 Säulen *b* fest montiert sind. Auf diesen Säulen sind die halbkreisförmigen Platten *c* aufgereiht unter Zwischenlage von Distanzstücken *d*, deren Stärke abhängt einerseits von der Dicke der Drehplatten *e* und andererseits von dem gewünschten Luftabstand. Die Drehplatten *e* sind ebenfalls unter Zwischenlage entsprechender Distanzstücke mit der Drehachse *f* verbunden, die einerseits in der unteren Halteplatte *a*, andrerseits in einer oberen Halteplatte *g* gelagert ist.

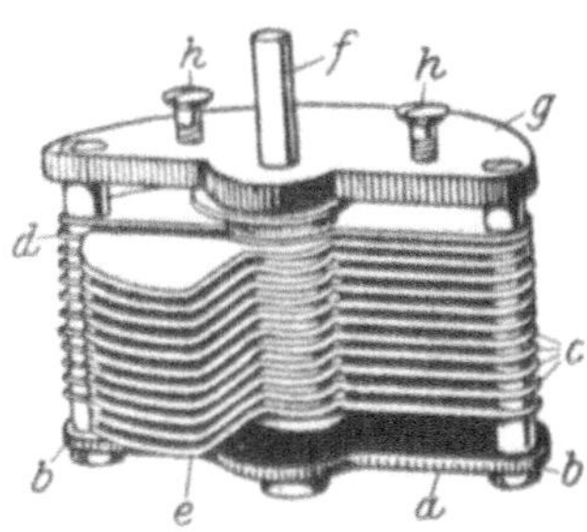

Abb. 650. Prinzipielle Konstruktionsanordnung eines Drehkondensators.

Gewöhnlich wird die letztere mit 2 bis 3 Schraubstellen *h* versehen, um den Kondensator entweder in einem besonderen Gehäuse einzumontieren oder direkt an der Empfangsplatte anzubringen. Die Länge der Achse *f* richtet sich nach der Stärke der Empfangsplatte, durch die sie hindurchgeführt wird, sowie nach Skala oder Zeigerstärke und der Höhe des Drehknopfes.

Diese Prinzipkonstruktion ist in mannigfaltigster Weise abgeändert worden. Die meisten Anordnungen besitzen den Nachteil, daß eine recht genaue und infolgedessen ziemlich kostspielige Einregulierungsarbeit für jeden Kondensator erforderlich ist, da trotz sorgfältigen Ausrichtens der Platten bei der Aufreihung kleine Ungenauigkeiten entstehen, die sich summieren und hierdurch einen zu geringen Luftabstand zwischen den festen und beweglichen Platten, evtl. sogar eine direkte Kontaktgebung herbeiführen können. Neuerdings ist man daher vielfach dazu übergegangen, zwischen den Platten ein festes Dielektrikum anzubringen, wodurch billigere Konstruktionen erzielt werden konnten.

c) Normaler, handelsüblicher Drehplattenkondensator.

Die typische Ausführung eines handelsüblichen Drehplattenkondensators zeigt Abb. 651. Das feste System wird hierbei durch zwei Isolierplatten *a*, *b*, welche meist aus Pertinax oder ähnlichem Material hergestellt werden, zusammengehalten. Ohne besondere Isolation ist der drehbare Plattensatz *c* eingesetzt. Die herausragende Achse *d* ist meist so lang bemessen, daß auch bei Durchführung durch eine stärkere Schaltplatte noch genügend Material für Aufsetzen für Knopf und Skala vorhanden ist. Ein Anschlag *e* sorgt dafür, daß die drehbaren Platten nur bis zur Maximalkapazität eingedreht werden können.

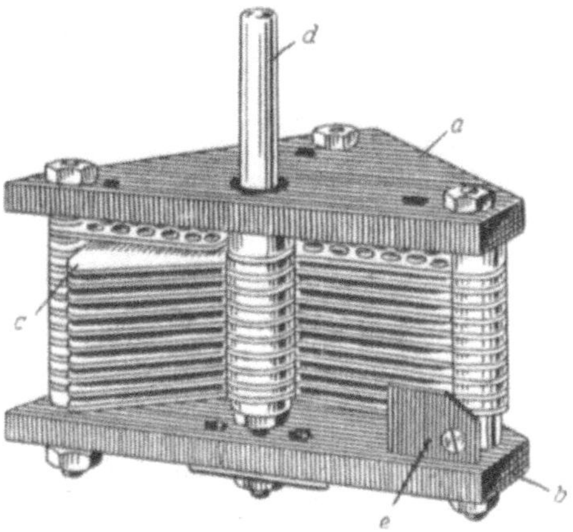

Abb. 651. Normaler handelsüblicher billiger Drehkondensator.

Für Detektorempfang und auch gewöhnlichere Röhrenschaltungen reicht diese Art Kondensator meist aus, sofern nicht direkte Kurzschlüsse, z. B. durch Schleifen der Platten aufeinander vorhanden ist. Für hochwertigere Schaltungen sind indessen bessere Ausführungen vorzuziehen, da viele Fehlerquellen ihren Grund im Drehkondensator haben.

d) Gefräster Kondensator von G. Seibt.

Die immerhin in der Fabrikation vorhandenen Herstellungsschwierigkeiten eines derartigen Kondensators für geringen Plattenabstand hat G. Seibt (Abb. 652) dadurch vermieden, daß er die Plattensysteme aus dem Vollen herausfräst und so zwei nicht federnde starre Systeme erhält. Infolge des hierdurch möglichen sehr kleinen Luftabstandes zwischen festen und beweglichen Platten (ca. 0,2 mm) wird die Kondensatorkapazität relativ sehr groß. Die Durchschlagsspannung des nur für Empfangszwecke und manche Meßanordnungen in Betracht kommenden Kondensators ist allerdings demzufolge auch niedrig, aber im allgemeinen vollkommen ausreichend. Das Gewicht des Kondensators bei derselben Variabilität ist noch etwas geringer als beim zusammengesetzten Kondensator.

Abb. 652. Gefräster Kondensator von G. Seibt.

e) Spritzgußkondensator von G. Seibt.

Die Drehplattenkondensatoren, die aus festen und beweglichen halbkreisförmigen Plattensystemen zusammengesetzt werden, besitzen im allgemeinen zwei Nachteile. Der erste Nachteil besteht darin, daß die Platten sorgfältig ausgerichtet auf Tragsystem aufgereiht werden müssen, und daß infolgedessen, da der Plattenabstand zwischen festen und beweglichen Systemen überall gleich sein muß und nur sehr gering bemessen werden darf, sehr erhebliche Nacharbeiten erfordert. Hierdurch wird der Kondensator meist, wie schon bemerkt, teuer. Der zweite Nachteil ist der, daß man trotz der sorgfältigen Fabrikation, infolge der Eigenart des Aufbaues, doch nur auf einen gewissen Mindest-Plattenabstand heruntergehen kann, und daß infolgedessen bei den meist gebräuchlichen Kapazitätsgrößen von 1000 bzw. 2000 cm, um die Höhe in erträglichem Maße zu halten, der Durchmesser und infolgedessen die Außenabmessungen des Kondensators ziemlich große Werte erhalten.

Bei den gefrästen Kondensatoren ist der Nachteil vermieden, verhältnismäßig große Abmessungen in Anwendung zu bringen, um die gebräuchlichen Kapazitätswerte hervorzurufen. Hingegen erforderte diese Ausführung noch einen erheblichen Kostenaufwand für das Material, das eine bestimmte Zusammensetzung besitzen muß, und für die werkstattmäßig nicht ganz einfache Fabrikation.

Es ist durch Anwendung des Spritzgußverfahrens nach G. Seibt — als

Abb. 653.
Seibt-Spritzgußkondensator.

Spritzgußmasse wählt man z. B. zweckmäßig: 80% Zinn, 15% Aluminium und 5% Kupfer — gelungen, einen Kondensator herzustellen, der sämtliche Vorteile des gefrästen Kondensators besitzt, also größte Präzision bei verhältnismäßig kleinsten räumlichen Abmessungen, vollständige Stabilität auch während eines Dauerbetriebes in beliebig langem Zeitraum usw., und dabei doch eine gewisse Billigkeit aufweist, so daß diese Ausführung sich für den Amateurbetrieb eignen dürfte.

Das Wesen dieser Konstruktion geht aus der Abb. 653 hervor, in der die aktiven Kondensatorteile wiedergegeben sind. Sowohl der feste Plattensatz *a* als auch der bewegliche Plattendrehkörper, welche an der Achse *a* befestigt ist, sind aus Spritzgußmetall hergestellt. Eine Nacharbeit ist praktisch unnötig. Die Körper werden in Massenfabrikation hergestellt und fallen vollkommen gleichartig aus. Weiterhin sind bei dem Kondensator die obere und untere Stützplatte *c* aus dem Vollen herausgestanzt und gelocht. Da dies nach Lehren geschieht, ist gleichfalls volle Gleichartigkeit gewährleistet. Mit dem Drehkörper ist die Achse *e* verschraubt, die gleichfalls nach Lehren in Massenfabrikation erzeugt wird. Die Achse ist durch Lager *d* mit der oberen und unteren Stützplatte verbunden. Diese Lager *d* sind gleichfalls nach einem neuartigen Verfahren hergestellt, in dem zur Isolation dienende entsprechende Hartgummikörper mit Messingringen zusammen vulkanisiert, gedreht und gebohrt werden, nachdem in die innere Bohrung Messinglager eingesetzt sind. Da alle diese Teile auf der Drehbank hergestellt werden, ist eine genaue Zentrierung ermöglicht. Infolgedessen ist auch eine Nacharbeit des mit der Achse versehenen doppelt gelagerten Drehkörpers nicht notwendig. Die Achse ist fest mit Skala und Knopf verbunden. Die Skala spielt gegen eine, an dem äußeren Gehäuse des Kondensators angebrachte weiße Marke. Die Belege des Kondensators sind an zwei aus dem Gehäuse herausragende Kontaktschrauben geführt.

Abb. 654. Ausbalancierter Drehkondensator.

Bei großer Präzision, die derjenigen eines gefrästen Kondensators durchaus nicht nachsteht, ist auf diese Weise eine Massenanfertigung ermöglicht und infolgedessen eine gegenüber den bisherigen Ausführungen gleicher Güte erhebliche Verbilligung.

f) Ausbalancierter Plattenkondensator.

Es war ein verhältnismäßig naheliegender Gedanke, namentlich bei Drehkondensatoren für größere Maximalkapazität, die drehbaren Platten auf der Achse in zwei Gruppen so anzuordnen, daß die Achse ausbalanciert und nahezu entlastet ist. Dies hat den Vorteil, daß ohne besondere Feststellvorrichtung ungefähr in jeder beliebigen Lage der einmal eingestellte Plattensatz seine Lage beibehält, und, was vielleicht noch wichtiger ist, daß zur Einstellung kein besonderer Kraftaufwand nötig ist, vielmehr die Kondensatorachse zügig geht.

Ein solcher ausbalancierter Plattenkondensator ist in Abb. 654 wiedergegeben. Mittels der auf der oberen Platte herausragenden Schrauben soll die Befestigung des Kondensators an der Montageplatte bewirkt werden.

g) Variabler Glimmerkondensator der Radiofrequenz G. m. b. H.

Eine für den R.-T.-Betrieb gleichfalls inbetracht kommende Lösung des Drehkondensators stellt die Ausführungsform der Radiofrequenz G. m. b. H., Berlin-Friedenau, dar. Bei dieser sind massive Metallplatten vollständig vermieden. An deren Stelle sind leichte Metallfolien in der Weise verwendet, daß dünne Glimmerscheiben mit Metallfolien abwechselnd aufeinandergeschichtet sind, von denen die eine Hälfte feststeht, während die andere — wie beim Drehplattenkondensator — drehbar angeordnet ist. Das Schema von Abb. 655 kennzeichnet die Anordnung für eine bewegliche Platte. Hierin sind *a* die feststehenden Metallfolien, *b* ist die bewegliche Metallfolie, die auf je zwei kreisrunde Glimmerblättchen *c* aufgeklebt ist und daher mit den feststehenden Metallfolien nicht in Berührung kommt, sondern, jederseits durch Glimmer getrennt, mit ihnen die beiden Kondensatorbelege bildet. Die ganze Höhe des Kondensators — selbst bei den größten Kapazitäten bis zu 1000 cm — beträgt nur etwa 12 mm. Der Kondensator wird für Laboratoriumszwecke auf einem Fuß gemäß Abb. 656 geliefert. Der Kondensator kann von diesem Fuß ohne weiteres abgenommen und auf die Deckplatte jedes Apparates aufmontiert werden, wobei die gesamte Höhe des Kondensators kaum größer ist als die eines gewöhnlichen Drehknopfes mit untergelegter Skala. Der Kondensator weist, wenn man ihn von der Grundplatte abmontiert, Anschlüsse auf, die direkt nach hinten durchgeführt sind und die den Anschluß des auf der Apparatplatte sitzenden Kondensators von rückwärts her gestatten.

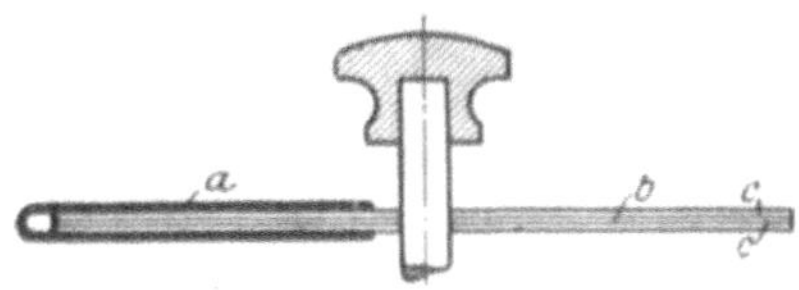

Abb. 655. Glimmer-Drehkondensator der Radiofrequenz G. m. b. H.

Abb. 656. Glimmer-Drehkondensator von der Seite gesehen und von oben.

Gegen die Verwendung von Glimmer bestehen bei den meisten Empfangsschaltungen kaum Bedenken. Ein derartiger in einen Schwingungskreis eingeschalteter Glimmerkondensator bewirkt in diesem eine nur wenige Prozent größere Dämpfung als ein normaler, in diesem Kreis verwendeter Luftkondensator hervorrufen würde.

h) Drehkondensator mit festem Dielektrikum der W. A. Birgfeld A.-G.

Nach Angaben von E. Nesper stellt die Birgfeld A.-G. Drehkondensatoren mit festem Dielektrikum gemäß Abb. 657 her. Die Kondensatorbelege sind hierbei aus verhältnismäßig dünnem und leichtem, jedoch genügend widerstandsfähigem Metallblech ausgestanzt. Zwischen den Belegen sind aus sehr dünnem, höchstwertigem Hartgummi Zwischenlagen angeordnet, deren räumliche Abmessungen etwas größer als die Metallbelege gehalten sind. Durch eine entsprechend federartig angeordnete Konstruktion ist dafür Sorge getragen, daß die drehbaren Platten ohne nennenswerten mechanischen Widerstand in den feststehenden Plattensatz hinein- und herausgedreht werden können.

Abb. 657. Hartgummi-Drehkondensator von E. Nesper.

Ein allmähliches Abreiben des Zwischenisolationsmaterials findet bei diesem Kondensator nicht statt.

Die durch diese Konstruktion erzielten Vorteile sind sehr erheblich. Durch die Anwendung des höchstwertigen Hartgummis ist ein Dielektrikum hoher elektrischer Konstanz ergeben, welche es ermöglicht, bei kleinen räumlichen Abmessungen des Kondensators große Maximalwerte der Kapazität zu erhalten. Die Dämpfung ist kaum merklich größer als bei einem Kondensator mit Luftdielektrikum und meßtechnisch fast nicht nachzuweisen. Die Isolation, welche im übrigen bei diesem Kondensator durch entsprechend gestaltete Endbelege sorgfältigst ausgeführt ist, ist durch dieses Dielektrikum gewährleistet. Auch bei stärkerer Beanspruchung, z. B. in Verstärkerschaltungen usw. treten unangenehme Entladungserscheinungen, die sich durch Geräusche im Hörer oder Lautsprecher bemerkbar machen können, bei dieser Ausführung nicht auf.

i) Ein Miniatur-Drehkondensator.

Die Firma Oscar Schlieper G. m. b. H. in Charlottenburg hat einen Drehkondensator (Type „Telsig“) herausgebracht, dessen räumliche Dimensionen nicht größer als die eines Drehknopfes mit Skala sind. In der Skala sind die aktiven Kondensatorteile untergebracht.

Die Art der Ausführung zeigt die Abb. 658, welche auch ein Bild von der Einfachheit der Montage wiedergibt. *a* ist der Drehknopf des Kondensators, *b* die Skala, welche gegen eine Marke spielt, die auf der

Montageplatte angebracht ist. In dieser Skala sind die aktiven Kondensatorteile, bei denen Glimmer oder ein ähnlicher staubbildender Isolator vermieden ist, angebracht, wobei die eine Belegung an die Durchführungs- und Befestigungsschraube *c*, die andere an eine Litze *d* geführt ist.

Abgesehen von den kleinen räumlichen Dimensionen ist noch der weitere Vorteil erreicht, daß die aktiven Kondensatorteile nahezu vollständig staubfrei und feuchtigkeitsunempfindlich im Innern der Skala eingegossen sind. Die Eichgenauigkeit soll etwa 2 bis 3 % betragen.

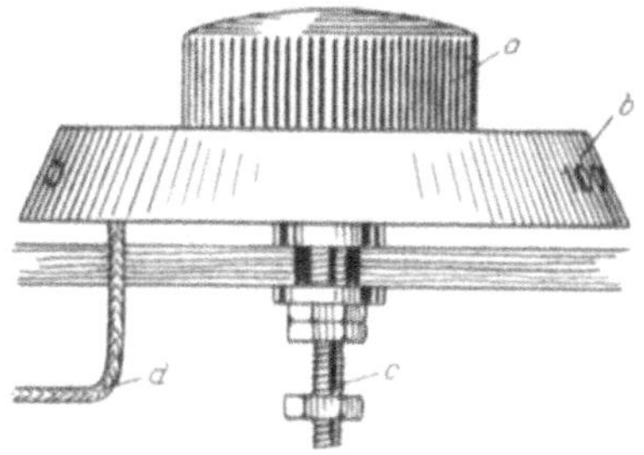

Abb. 658. Drehkondensator in die Skala eingebaut (Type Telsig).

Die Montage ist außerordentlich einfach, indem lediglich in die Montageplatte ein etwa 3 mm großes Loch gebohrt zu werden braucht, durch welches die Anschluß- und Befestigungsschraube *c* hindurchgesteckt wird.

k) Federkondensator der Kramolin A.-G.

Die Firma Kramolin A.-G. hat noch einen anderen Kondensator (einen Federkondensator) konstruiert, welcher gegenüber den bisherigen Kondensatoren nach dem Drehplattenprinzip den Vorteil größerer

Abb. 659. Ansicht des Federkondensators von Kramolin.

Billigkeit besitzen soll. Dies wird dadurch erreicht, daß als variables Glied eine durch eine Isolationsschicht gegen die feststehende Belegung isolierte Blattfeder mehr oder weniger genähert oder entfernt wird, was durch eine Nockenscheibe bewirkt wird. Abb. 659 gibt ein Bild des Kondensators, bei welchem die Kapazitätsveränderung durch Drehen des Knopfes *k* zu erzielen ist.

Den einen Beleg bildet die parabolisch gekrümmte Unterlage *a*, während der andere Beleg durch die Feder *b* dargestellt wird. Dazwischen befindet sich eine dünne Glimmerfolie *c*. Je nach Stellung der mit dem Griffknopf verbundenen Kurvenscheibe *d* wird eine größere oder kleinere Strecke von *b* auf *a* bzw. *c* abgerollt und damit der jeweilig gewünschte Kapazitätswert eingestellt. Dreht man vom

Minimalwert beginnend in der Richtung des Pfeiles m, so steigt die Kapazität langsam entsprechend der Steigung der Kurve von d an. Dreht man hingegen beim Minimalwert beginnend in entgegengesetzter Richtung (Pfeil n), so ergibt sich infolge des plötzlichen Überganges

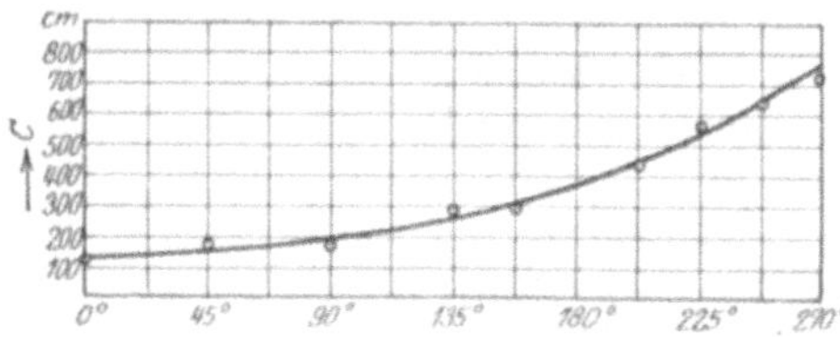

Abb. 660. Eichkurve des Federkondensators.

von der tiefsten zur höchsten Kurvenstellung ein plötzliches rasches Durchlaufen des gesamten Kapazitätsbereiches, wodurch ein leichtes Absuchen des Wellenbereiches erzielt wird. Durch die Form der Kurvenscheibe wird der aus dem Diagramm Abb. 660, das gleichzeitig über die Kapazitätswerte in Zentimetern Aufschluß gibt, ersichtliche exponentiale Anstieg erreicht.

l) Drehkondensator mit wellenförmig gebogenen Platten.

Um den Platten eines Drehkondensators eine größere mechanische Festigkeit zu geben, bzw. um bei genügend solider Konstruktion mit geringeren Plattenstärken auskommen zu können, ist von Dr. W. Lissauer eine Konstruktion gemäß Abb. 661 hergestellt worden. Die Platten sind nach einem besonderen Verfahren wellenförmig gepreßt. Infolge der hierdurch bewirkten großen mechanischen Festigkeit konnte der Plattenabstand auf ein Minimum reduziert werden, d. h. es war möglich, die äußeren Abmessungen des Kondensators für eine gegebene Kapazität erheblich zu vermindern, obwohl Luft als Dielektrikum diente. Die Dämpfung des Kondensators ist daher praktisch auf Null herabgesetzt.

Abb. 661. Drehkondensator mit wellenförmig gebogenen Platten von Dr. W. Lissauer.

Um dieses bewirken zu können, sind besondere Einjustiervorrichtungen der Plattensysteme erforderlich gewesen.

Als weitere Besonderheit dieses Kondensators ist der oben angebrachte kleine zylindrische Drehkondensator bemerkenswert, der mit den Endplatten des großen Kondensators zu einem ganzen verbunden ist, und der zur Feineinregulierung dient (siehe unten S. 615ff.).

Der Gesamtkondensator ist also ein solcher mit Feineinregulierung.

m) Kondensator mit Drehplatten für geometrische Kapazitätsprogression.

Während bei den bisher besprochenen halbkreisförmigen Kondensatorplatten der Nachteil vorhanden ist, daß bei deren Benutzung in einem Wellenmeßkondensator die Wellenlänge allmählich langsamer wächst als der Drehwinkel, ist es auch möglich, diese Nachteile durch

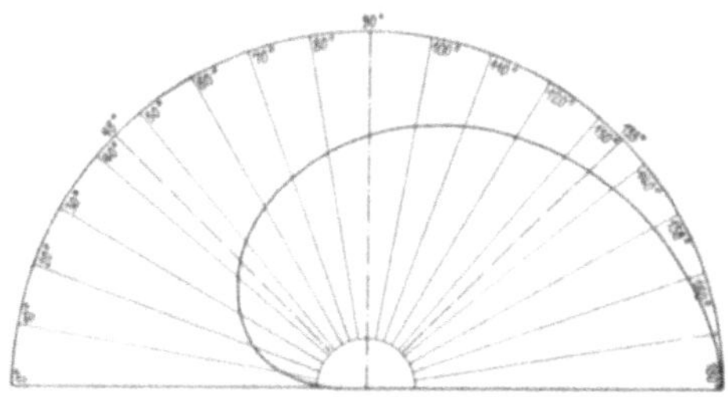

Abb. 662. Plattenkonstruktion nach F. A. Kolster, um eine geometrische Progression der Kapazität zu erzielen.

entsprechende Plattengestaltung zu beseitigen. Dies wird nach F. A. Kolster erreicht durch eine spiralförmige Außenbegrenzungslinie der beweglichen Platten entsprechend Abb. 662. Bei dieser Plattenform wächst die wirksame Plattenfläche bei Hereindrehung in die feststehenden Platten quadratisch mit der Drehung.

Dies ist aus der Abbildung auch ohne weiteres ersichtlich. Infolgedessen eignet sich, wie auch schon von Kolster (1913) angegeben, dieser Kondensator insbesondere für Meßsysteme und ganz besonders für Wellenmesser.

4. Teilweise kontinuierlich veränderlicher Glimmerkondensator.

Gleichsam als Zwischenglied zwischen einem kontinuierlich veränderlichen Drehplattenkondensator und einem festen oder in Stufen variablen Glimmerblockkondensator dient eine Konstruktion, die Abb. 663 wiedergibt. Bei dieser Anordnung sind die Metallbelege *a*, die aus möglichst elastischem und sprödem Metallblech angefertigt sein sollen, leicht gewellt gestaltet und können mit einer Schraube *b* beliebig zusammengedrückt werden. Der Kondensator ist infolgedessen innerhalb gewisser Grenzen und sogar kontinuierlich variabel, jedoch gelingt es nicht immer, stets einen ganz bestimmten Kapazitätsbetrag einzustellen. Der Kondensator wird daher in erster Linie dort am Platze sein,

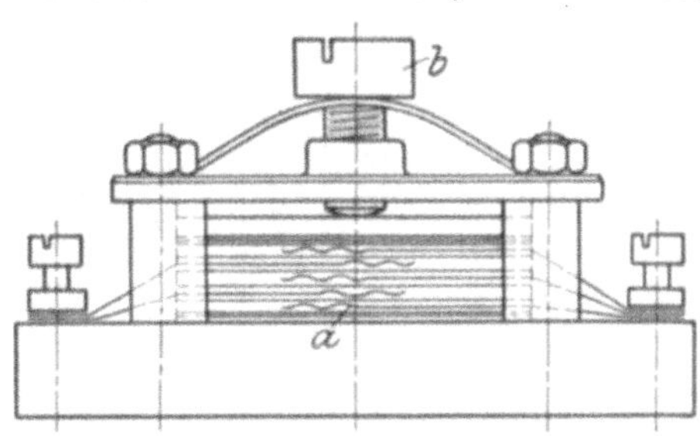

Abb. 663. Teilweise kontinuierlich veränderlicher Glimmerkondensator.

wo es weniger auf scharfe Abstimmung als vielmehr darauf ankommt, mit möglichst kleinen räumlichen Dimensionen auszukommen, wobei die Einstellung nicht kritisch ist.

5. Veränderliche Kondensatoren für sehr kleine Kapazitätsbeträge (Neutrokondensatoren sog. Neutrodons).

a) Feinregulierkondensator sehr kleiner Maximalkapazität.

Für mancherlei Zwecke, beispielsweise für das Abgleichen von Röhrenempfängern, ist es erforderlich, einen kontinuierlich veränderlichen Kondensator für sehr geringe Kapazitätsbeträge und im allgemeinen auch für eine kleine Kapazitätsvariation zur Verfügung zu haben. In Betracht kommen z. B. Größenordnungen von etwa 0 cm bis zu 50 cm. Fast stets im Zusammenhang hiermit steht die schon durch die geringe Kapazität bedingte Forderung, daß fremde kapazitive Einflüsse, wie beispielsweise die Bedienung durch die Hand, auf den Kondensator nichts ausmachen darf.

Infolgedessen hat man entweder, soweit man das Drehplattenprinzip beibehalten hat, sowohl den Abstand der festen Platten vom Handgriff, als auch zwischen fester Platte und beweglicher Platte sehr groß gemacht, oder aber, was eine zweifelsohne elegantere Lösung darstellt, die Platten senkrecht zur Bedienungsebene angeordnet.

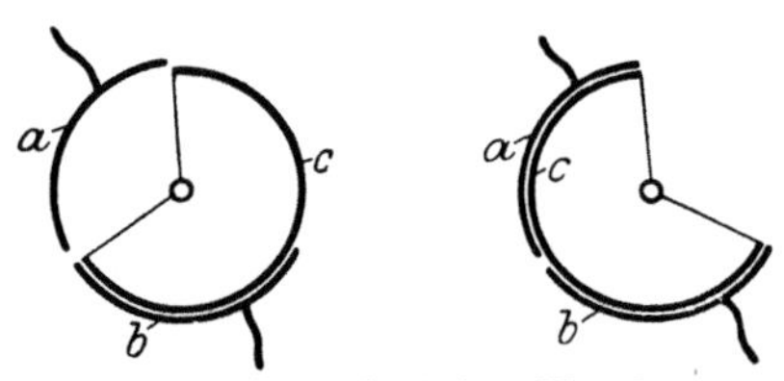

Abb. 664. Veränderlicher Kondensator für sehr kleine Kapazitätsbeträge.

Eine derartige Lösung ist bei dem für kleine Kapazitäten und geringe Kapazitätsvariation in Betracht kommenden, kontinuierlich veränderlichen Kondensator erzielt, und zwar dadurch, daß nicht eine oder mehrere bewegliche Platten gegen feste Platten bewegt werden, sondern daß die beiden aktiven Kondensatorteile von Zylindermäntel bildenden Belegen *a* und *b* gemäß Abb. 664 fest auf einem Isolator aufmontiert sind, und daß mit einem geringen Luftspalt ein bewegliches, ganz oder teilweise aus Metall bestehendes, koaxiales Zylinderstück *c* gedreht werden kann. In der in Abb. 664 links zum Ausdruck gebrachten Lage ist die Kapazität ein Minimum und beträgt bei den gewählten Verhältnissen ca. 5 cm. Die maximale Kapazität entspricht der Lage von Abb. 664 rechts, wobei der drehbare Teil *c* sich mit *a* und *b* deckt und eine Kapazität von ca. 17 cm erzielt wird.

Außer dieser kleinen, leicht einstellbaren Kapazität ist der Vorteil erreicht, daß die Zu- und Ableitung nur nach den festen Platten *a* und *b* zu erfolgt, und daß diese aktiven Kondensatorteile nur mit ihren schmalen Endkanten nach der Hand des Bedienenden hinweisen. Der Kapazitätseinfluß ist infolgedessen nur sehr gering, insbesondere wenn man zwischen die kurz zu haltenden Zylindermantelstücke *a* und *b* und den Bedienungshandgriff noch ein kurzes Isolationsstück zwischenfügt.

b) Neutrodyne-Kondensator.

Eine andere Ausführungsform des Kondensators äußerst geringer Kapazität ist durch die Neutrodyne-Schaltungen sehr in Aufnahme gekommen. Es handelt sich hierbei darum, Kapazitätswerte von einigen Zentimetern herzustellen, welche häufig eine gewisse, wenn auch nur geringfügige Einregulierbarkeit besitzen sollen.

Die Ausführungsform eines derartigen Neutrodyne-Kondensators zeigt Abb. 666, den Schnitt durch denselben gibt Abb. 665 wieder. Zwei starke Kupferdrähte *a* und *b* sind in ein Glasröhrchen *c* geschoben, und über demselben befindet sich ein Kupferbelag *d*. Durch mehr oder weniger tiefes Einschieben der Kupferdrähte *b* in das Glasröhrchen kann innerhalb gewisser Grenzen die Kapazität einreguliert werden.

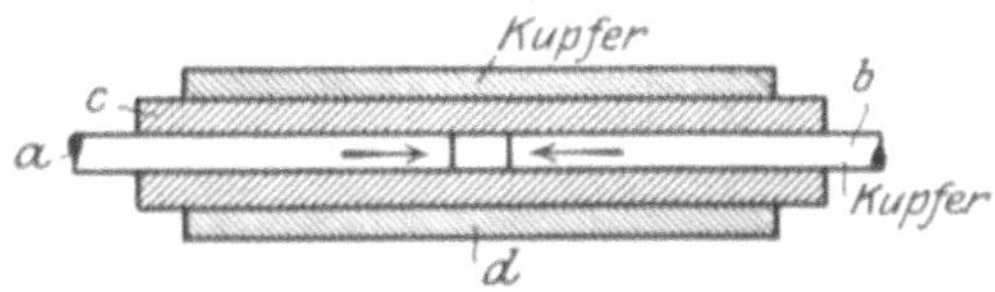

Abb. 665. Schnitt durch einen Neutrodyne-Kondensator.

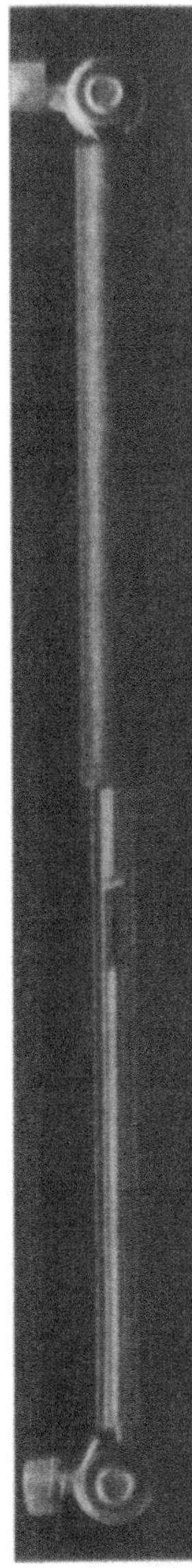

Abb. 666. Neutrodyne-Kondensator in Ansicht.

6. Notwendigkeit für Feineinregulierung von Drehkondensatoren.

Die starke Häufung der R.T.-Sender, welche zum Teil auf äußerst benachbarten Wellen arbeiten, zwingt, um die einzelnen Sender voneinander trennen zu können, dazu, die Drehkondensatoren, insbesondere den des Sekundärkreises äußerst fein einzustellen. Die älteren Konstruktionen erlauben diese Feineinstellung im allgemeinen nicht. Entweder besitzen sie einen ziemlich großen Kapazitätswert, so daß die Drehung, selbst um $^1/_2{}^0$ schon, eine ziemlich große Kapazitätsvariation bedeutet, oder die Kondensatoren gehen etwas schwer, federn vielleicht auch eine Wenigkeit, so daß die Einstellung auf das äußerste erschwert ist.

Es bestehen nun prinzipiell zwei verschiedene Wege, um die Feineinregulierung zu bewirken.

Der eine Weg ist der, daß durch irgendeinen Kupplungsmechanismus, sei es z. B. durch einen kleinen Gummikuppler oder dergleichen, oder sei es durch einen Zahnradtrieb, es ermöglicht wird, den drehbaren Plattensatz eines normalen Kondensators um winzige Bruchteile eines Grades zu drehen; oder aber es ist der zweite Weg vorhanden, daß man außer dem normalen Transformator noch einen Feineinstellkondensator benutzt, welcher in irgendeiner Weise mit dem ersteren verbunden wird.

Beide Anordnungen haben ihre Vorteile und Nachteile. Der Vorteil der ersteren Einstellvorrichtungen liegt darin, daß jeder vorhandene Kondensator ohne besondere Schwierigkeiten und Kosten nachträglich in einen Feineinstellkondensator aptiert werden kann. Es sind aber auch elektrische Vorteile hierbei vorhanden, da das Ziehen besonderer Leitungen nicht notwendig ist, wodurch unter Umständen Rückkopplungen oder dergleichen in die Apparatur hineinkommen können.

Die Verwendung eines besonderen Feineinstellkondensators kann natürlich wieder besondere elektrische Vorteile haben, indem die Feineinstellung günstiger und auch für den weniger Geübten leichter bewirkt werden kann, als dies bei den ersteren Anordnungen der Fall ist.

Bei Neubauten von Empfängern kann auf die Verwendung von Drehkondensatoren mit Feineinstellung von vornherein Rücksicht genommen werden, und es ist mit nicht allzu teuren Mitteln möglich, Drehkondensatoren mit Feineinstellung herzustellen.

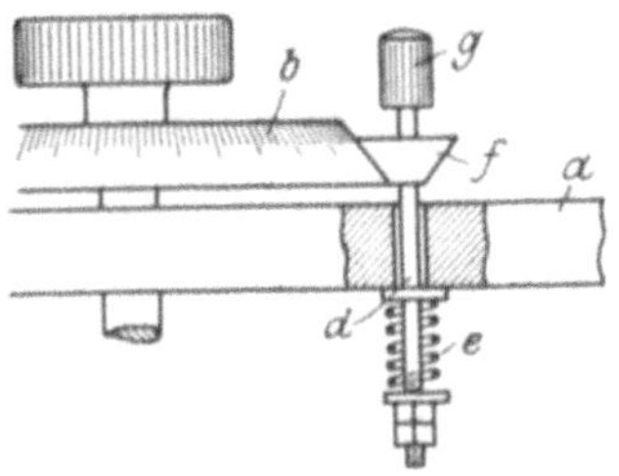

Abb. 667. Anbringung einer Feineinstellvorrichtung an der Skala eines Drehkondensators.

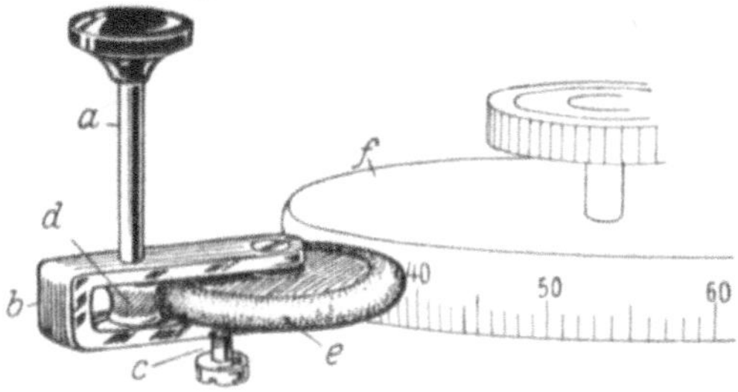

Abb. 668. Feineinregulierungskupplung der Sparks Radio Supplies, London.

Da sich nun aber eine große Anzahl von Apparaten im Betriebe befindet, ist sehr häufig das Bedürfnis vorhanden, diese ohne besondere Schwierigkeiten mit einer Feineinstellungsvorrichtung zu versehen.

In sehr einfacher, wenn auch äußerlich nicht sehr schöner Weise kann dies dadurch bewirkt werden, daß direkt neben der Drehskala des Kondensators in die Platte ein kleines Loch gebohrt wird, in welches ein Federhalter oder dergleichen gesteckt wird, über welchen ein kleines Stück Gummischlauch festgezogen ist, derart, daß bei Drehung des Federhalters der Gummi gegen die Skala drückt und diese mitnimmt.

Eine zweckmäßigere und kaum wesentlich mehr Arbeit in der Montage verursachende Anordnung ist in Abb. 667 wiedergegeben. Hierbei ist in die Kontaktplatte *a* in der unmittelbaren Nachbarschaft der Drehskala *b* ein kleines Loch *c* gebohrt, durch welches ein Stift *d* gesteckt ist. Letzterer wird rückwärts durch eine Feder *e* an der Anordnung festgehalten, welche bewirkt, daß der kleine Gummikonus *f*, der über den Stift *d* gesteckt ist, stets fest an die Skala *b* angedrückt wird. Durch einen Drehknopf *g* wird der Gummikonus gedreht und die Feineinstellung des drehbaren Plattensatzes bewirkt.

Eine konstruktiv andere Ausführungsform, welche vielleicht etwas teurer ist, die sich aber im praktischen Betrieb recht gut bewährt hat, ist in Abb. 668 wiedergegeben (Sparks Radio Supplies, London). Hierbei ist ein Bügel *b* vorgesehen, welcher mittels einer Schraube *c* an der Montageplatte befestigt wird. In diesen Bügel ist eine Achse *a* mit Griff eingesetzt, welche unten in eine kleine Schnekke *d* ausläuft, die ihrerseits bei Drehung des Griffes *a* eine Gummischeibe *e* bewegt. Da diese gegen die Skala *f* angepreßt, wird bei Bewegung von *e* die Skala und somit der drehbare Plattensatz mitgedreht.

Etwas andere Ausführungsformen zeigen die Bilder gemäß Abb. 669 und 670 der Radio Components Ltd., London. Hierbei wird ein ziemlich lang ausgeführter Griff (z. B. Füllfederhalter) *a* benutzt, welcher mit einer Gummikugel *b* verbunden ist, die entweder den Griff *c* oder die Skala *d* zu drehen vermag. Auf diese Weise soll, vor allem dadurch, daß die Hand weiter vom Kondensatorgriff entfernt ist, eine eventuelle Kapazitätsempfindlichkeit vermieden werden, die sich aber bei dieser guten Empfängerkonstruktion überhaupt nicht bemerkbar machen dürfte.

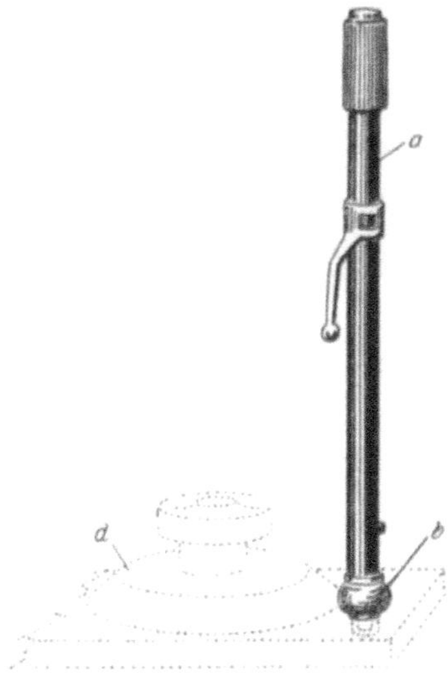

Abb. 669. Feineinregulierungsanordnung in provisorischer Form der Radio Components Ltd., London.

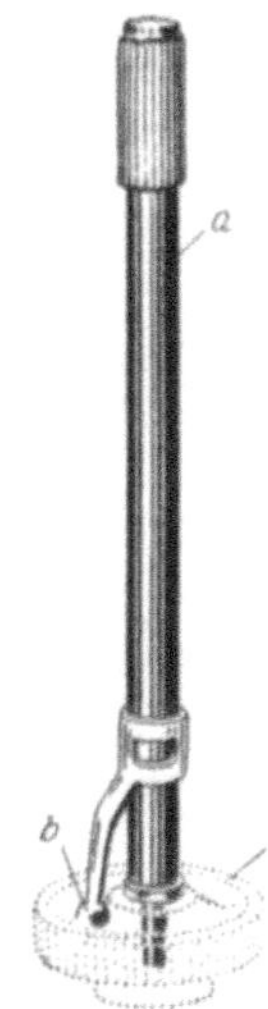

Abb. 670. Andere provisorische Kupplungsausführung der Radio Components Ltd.

7. Drehkondensator mit Vernierkondensator.

Eine recht brauchbare, wenn auch etwas teurere Kondensatoranordnung in Verbindung mit einem Vernierkondensator besteht darin, daß die den Hauptdrehplattensatz enthaltende Achse hohl ausgeführt ist, und daß die Achse des Vernierkondensators durch diese hohle Achse hindurchgesteckt ist. Hierdurch wird nicht nur eine vollkommen symmetrische Anordnung erzielt, welche in elektrischer Beziehung sehr günstig ist, sondern es wird eine völlige Unabhängigkeit der Einstellung des Vernierkondensators von dem Haupt-

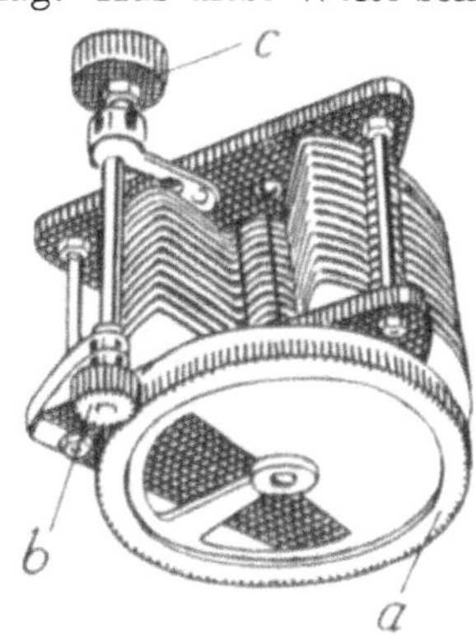

Abb. 671. Drehkondensator mit Feinregulierung der General Radio Co. in Cambridge Mass.

drehkondensator bewirkt, wobei infolge der ohne weiteres bei dieser Konstruktion möglichen äußerst geringen Reibung der Achsen ineinander eine sehr leichte Drehmöglichkeitb und gute Einstellbarkeit des Vernierkondensators gesichert ist.

Abb. 672. Drehkondensator mit Vernierkondensator von Gamage, London.

Eine prinzipielle andere Ausführungsform, welche im Gegensatz zu den vorstehenden, die nachträglich an jedem Kondensator angebracht werden können, voraussetzt, daß von vornherein die Feineinregulierungskonstruktion vorgesehen ist, besteht gemäß Abb. 671 darin, daß der drehbare Plattensatz mit einem großen Zahnrad *a* versehen ist, welches durch ein Zahnrad *b* von sehr kleinem Durchmesser gedreht und mittels des Hartgummigriffes *c* feineingestellt werden kann.

Einen etwas anderen Konstruktionsgedanken zeigt der Kondensator mit Feineinstellung des Warenhauses Gamage (London, Holborn), gemäß Abb. 662. Um eine besondere Feineinstellung zu erzielen, wird jeder Kondensator mit je einem der oben rechts herausragenden Hebel bedient. Der Kondensator wird hauptsächlich für gewisse Röhrenschaltungen benutzt, bei denen eine besondere Feineinstellung notwendig ist.

B. Induktanzvorrichtungen.

1. Selbstinduktionsspulen mit fester Induktanz, Schiebespulen und Selbstinduktionsvariometer.

Die in den Radioempfängern gebräuchlichen Selbstinduktionsspulen weisen mannigfaltige Formen auf. In der Hauptsache werden indessen drei grundsätzlich verschiedene Typen verwendet, nämlich Spulen fester Selbstinduktion, die zurzeit meist in Form der Honigwaben- (honeycomb coils) und Korbbodenspulen konstruiert sind, und die wohl stets in Kombination mit einem kontinuierlich veränderlichen Drehkondensator benutzt werden, ferner Schiebespulen, die mit 1, 2 oder 3 Schleifkontakten versehen sind und, entsprechend der Wicklungsart, eine stufenweise Variation der Selbstinduktion und somit der Wellenlänge gestatten und hauptsächlich bei einfachen Kristalldetektorempfängern Anwendung finden, und schließlich die Selbstinduktionsvariometer, bei denen eine kontinuierliche Variation der Induktanz möglich ist. Bevor auf die einzelnen Anordnungen näher eingegangen wird, sollen einige allgemeinere Gesichtspunkte für den Entwurf, die Konstruktion und Fabrikation der Spulen folgen, wobei auch einige der für Senderspulen maßgebenden Gesichtspunkte Erwähnung finden.

2. Allgemeine Gesichtspunkte über Verwendung auf Konstruktion von Selbstinduktionsspulen. Verluste in Spulen.

a) Abmessung der Spulen hinsichtlich Erwärmung.

In erster Linie kommt es selbstverständlich, wie auch sonst z. B. bei den Drosselspulen der Starkstromtechnik darauf an, den Leiterquerschnitt genügend stark zu wählen, so daß die Erwärmung sich entweder in mäßigen Grenzen hält (Senderspulen), oder aber vollkommen Null bleibt wie bei sämtlichen Spulen für Empfangs- und Meßzwecke. Die dementsprechende reichlichere Bemessung des Querschnittes ist erforderlich, um den Ohmschen Widerstand möglichst gering zu halten. Wie weiter unten gezeigt wird, kann allerdings der Ohmsche Widerstand gegenüber den Wechselstromwiderständen vollkommen zurücktreten, jedenfalls ist aber die Kleinhaltung desselben unter allen Umständen anzustreben.

b) Abmessung der Selbstinduktionsspulen zwecks Erzielung möglichst geringer Gesamtverluste.

Abgesehen von den unter a) erwähnten Erwärmungsverlusten durch Ohmschen Widerstand, treten im wesentlichen in den Spulen noch Verluste auf:

durch Wirbelströme,
durch Skineffekt (Hauteffekt),
durch dielektrische Hysteresis.

Wirbelstromverluste. Bei einer Spule ist infolge der Unsymmetrie der Stromamplitude, die im Spuleninnern erheblich größer ist als an der Außenseite der Spule, insbesondere aber durch Querströme, die im Leiterquerschnitt auftreten, eine erhebliche Verlustquelle durch Wirbelströme (Foucaultströme) gegeben, sofern der Spulenleiter aus vollem Material besteht. Infolgedessen ist es zweckmäßig, den vollen Leiter in einzelne, voneinander isolierte Leiter zu unterteilen.

Um nun zu verhindern, daß stets dieselben Einzelleiter der Spule außerhalb, bzw. im Innern der Spule liegen, da alsdann eine ähnliche Verteilung der Stromamplitude zustandekommen würde wie beim massiven Leiter, werden die Einzelleiter zweckmäßig miteinander verdrallt, verklöppelt oder verflochten (N. Tesla 1894, F. Dolezalek 1903). Auf diese Weise kommen stets neue Teile des Gesamtleiters in das Außen- oder Innenfeld der Spule, und die Stromamplitude wird infolgedessen in allen Einzelleitern klein. Dieses ergibt alsdann die kleinsten Gesamtverluste.

Verluste durch Skineffekt (Hauteffekt). Bereits beim gerade ausgestreckten Draht und bei mittleren Periodenzahlen des durch ihn hindurchgeschickten Wechselstromes macht sich die Erscheinung geltend, daß der Strom nicht den gesamten Drahtquerschnitt ausfüllt, sondern nur eine gewisse Oberflächenschicht des Drahtes für die Fortpflanzung benutzt. Diese Erscheinung wird um so stärker, je höher die Frequenz des hindurchgesandten Wechselstromes, je kleiner die Permeabilität und die Leitfähigkeit des Leitermaterials sind.

Bei den hochperiodigen Wechselströmen, wie sie in der drahtlosen Telegraphie angewendet werden, wird überhaupt nur noch eine dünne Oberflächenschicht des Leiters für die Stromfortpflanzung benutzt.

Diese Erscheinung, die „Skineffekt" (Hautwirkung) genannt wird, ist weiter unten begründet (siehe S. 621).

Von größter Bedeutung, insbesondere wenn es sich um die Herstellung von Selbstinduktionsspulen hoher Induktionsbeträge handelt, ist der Einfluß des Materials, auf oder in das die Spulen gewickelt sind. Am besten würde auch hier Glas oder Porzellan sein, was jedoch wegen der leichten Zerbrechlichkeit nur bei Laboratoriumsanordnungen ausgeführt werden kann. Für die Praxis wählt man Spulenkörper aus Hartgummi, gepreßter Pappe oder auch Pertinax, wobei jedoch häufig Vorsicht geboten ist.

Zusammenfassung der obigen 3 Verlustquellen. Notwendige Unterteilung der Litzenleiter. Wenn im vorstehenden nachgewiesen wurde, daß eine Unterteilung des Leiterquerschnittes Vorteile bezüglich der entstehenden Verluste ergibt, so gilt dies doch nicht in absolut uneingeschränktem Maße. Es ist nämlich festgestellt worden (R. Lindemann 1909), daß eine geflochtene Litzenspule in gewissem Frequenzbereich größere Verluste aufweisen kann als eine Massivdrahtspule.

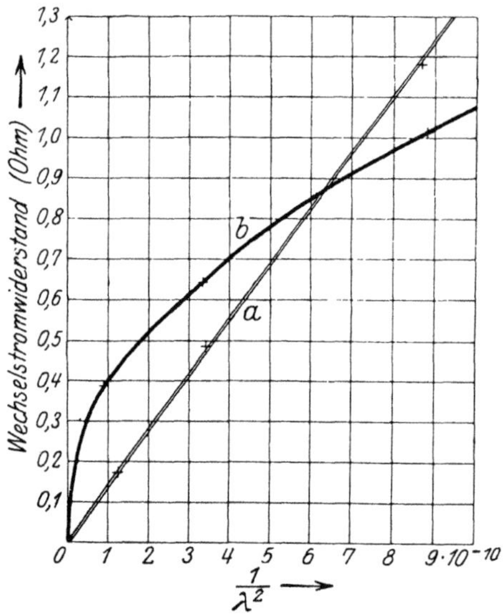

Abb. 673. Vergleich der Verluste in einer Litzendrahtspule (a) und in einer Massivdrahtspule (b) bei verschiedenen Frequenzen.

Abb. 673 stellt dies dar, und zwar bezeichnet Kurve a die Abhängigkeit des Widerstandes der Spule als Funktion des Quadrates der Periode für eine Litze aus Emailledraht, bestehend aus 180 Einzeldrähten von je 0,12 mm. Kurve b stellt dementsprechend die Abhängigkeit des Widerstandes einer Spule aus Massivdraht von den gleichen Abmessungen und vom selben Gleichstromwiderstand wie die Litzenspule dar. Diese beiden Kurven zeigen, daß der Wechselstromwiderstand des Massivdrahtes bei niedrigen Perioden (großen Wellenlängen) erheblich größer als der Widerstand der Litze ist, daß aber bei hohen

Periodenzahlen (kleinen Wellenlängen) eigentümlicherweise der Widerstand der Litzenspule größer wird als der der Massivdrahtspule.

Man würde daher zweckmäßig kleine Spulen für kleine Wellenlängen aus Massivdraht, solche für große Wellenlängen aus unterteiltem Litzendraht herstellen.

Auf Grund eingehender Untersuchungen (H. G. Möller 1911) ist festgestellt worden, daß beim Litzendraht das Wechselmagnetfeld der Spule in den Einzelleitern starke Wirbelströme induziert. Bei Verwendung des Litzendrahtes ist ein räumlich konstantes Magnetfeld diesem eingeprägt, das bei hohen Periodenzahlen einen so erheblichen Wirbelstrom induziert, daß der durch die Spule geschickte Wechselstrom überkompensiert wird, und daß ein starker Rückstrom auftritt.

Beim Massivdraht hingegen ist das Auftreten eines derartigen Rückstromes unmöglich, vielmehr verändert rückwirkend der Wirbelstrom das Magnetfeld, so daß die Zunahme der Wirbelströme und des Widerstandes mit wachsendem Quadrat der Periodenzahlen immer kleiner werden.

Um diese Erscheinung zu vermeiden, ist es in erster Linie erforderlich, den Litzenleiter möglichst fein zu unterteilen, wodurch die erwähnte Erscheinung kaum oder überhaupt nicht auftritt.

In der Mittelachse des Leiters ist der Abstand zwischen dieser und den durch den Leiter hindurchgehenden Stromlinien viel geringer als weiter nach der Peripherie des Leiterquerschnittes hin. Infolgedessen ist auch die Induktion der Stromlinien auf die Achse um so größer, je näher die betrachtete Stelle nach der Achse zu liegt. Daher ist der selbstinduktive Wechselstromwiderstand in der Achse größer als weiter nach dem Umfange des Leiters zu, was weiterhin zur Folge hat, daß der durch den Leiter hindurchfließende Strom nach der Oberfläche hin gedrängt wird.

Abb. 674. Eindringungstiefe der Wellen in den Leiterquerschnitt.

Die Bedeutung des Skineffektes ist also, daß der Ohmsche Widerstand dadurch vergrößert wird, daß eine Verdrängung der Stromlinien aus dem Innern eines Leiters nach der Oberfläche hin stattfindet.

Die Größe des Skineffekts, d. h. die Tiefenschicht, in der der Strom den Leiterquerschnitt benutzt, geht aus der Formel (P. Drude 1894) hervor:

$$f = k \cdot \sqrt{\lambda}.$$

Hierin bedeutet gemäß Abb. 674:

f = die Eindringungstiefe der Welle in den Leiterquerschnitt,
λ = die jeweilig benutzte Wellenlänge,
k = eine Konstante, die von der Beschaffenheit des Leitermaterials abhängt.

Unter Verwendung von Kupfer als Leitermaterial und einer Wellenlänge von 420 m ergibt sich z. B. eine Eindringungstiefe

$$f = 0{,}074 \text{ mm}.$$

Es geht also auch aus der Betrachtung des Skineffekts hervor, daß man den vollen Leiter in einzelne, voneinander isolierte Leiter unterteilen muß, um jeden Einzelleiter so auszunutzen, daß die Eindringungstiefe bei der jeweilig verwendeten Wellenlänge möglichst bis zur Achse des Einzelleiters reicht, da sonst ein Teil des Querschnittes nicht ausgenutzt sein würde. Im allgemeinen genügt es, wenn Einzelleiter unter 0,1 mm Durchmesser verwendet werden.

Eine andere Möglichkeit, die vielfach insbesondere bei Senderspulen Anwendung findet, ist die, daß die Spulen aus dünnem Rohr oder aus hochkant gestelltem Metallband angefertigt werden. Wegen der besonderen Eigenschaften ist es zweckmäßig, hierfür Silber oder Kupfer zu benutzen.

Verluste durch dielektrische Hysteresis. Eine wesentliche Rolle spielt hierbei die Spulenform, da hiervon die Feldverteilung und somit die dielektrischen Verluste abhängig sind. Sobald infolge der gewählten Formgebung zwischen zwei entsprechenden Stellen des Leiters eine Spannungsdifferenz entsteht, wird ein Verschiebungsstrom hervorgerufen, der dielektrische Verluste zur Folge hat. Aus diesem Grunde kann, wie oben gezeigt wurde, eine Massivdrahtspule unter Umständen günstiger sein als eine Spule aus unterteiltem Leitungsmaterial.

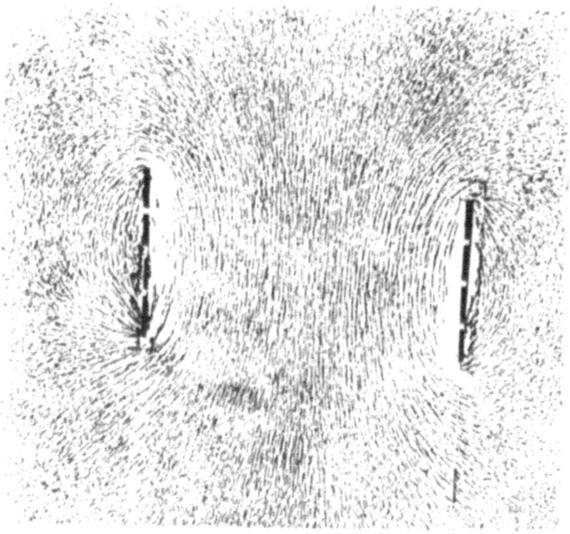

Abb. 675. Magnetisches Feld der Zylinderspule.

Besonders kommen die dielektrischen Verluste in Betracht bei mehrlagigen Spulen, da alsdann das sich ausbildende Spulenfeld erhebliche Größe haben und infolgedessen zu nennenswerten Verlusten im Dielektrikum Veranlassung geben kann. Aus diesem Grunde sind daher mehrlagige Spulen im allgemeinen weniger empfehlenswert.

3. Typische Grundformen der Spulen für Hochfrequenz. Vorteile und Nachteile der Zylinderspulen und Flachspulen. Notwendigkeit gedrängter Bauweise bei geforderter großer Selbstinduktion.

Die beiden wesentlichen Grundformen der Spulen sind die einlagige Zylinderspule und die Flachspule.

Während früher fast durchweg einlagige Zylinderspulen bei der Konstruktion der drahtlosen Sender und Empfänger benutzt wurden, hat neuerdings die Verwendung von Flachspulen (N. Tesla 1900, J. A. Fleming 1904, Telefunken 1908, Radioamateurbetrieb in Amerika seit 1921) insbesondere in solchen Fällen zugenommen, wo es sich weniger um geringe Dämpfung als vielmehr um möglichst kleine räumliche Dimensionen und tunlichst geringe Eigenkapazität handelt. Allerdings ist der Widerstand derartiger Flachspulen stets größer als der einer kurzen Zylinderspule gleicher Selbstinduktion, auch selbst dann, wenn der Gleichstromwiderstand der Flachspule, die aus Band oder Litze hergestellt sein kann, kleiner ist als derjenige der Zylinderspule.

Die Ursache dieser Erscheinung liegt wahrscheinlich darin, daß bei den Flachspulen der Wicklungsleiter einem stärkeren magnetischen Felde ausgesetzt ist (R. Lindemann und W. Hüter 1913) als bei der Zylinderspule, wie dies die mit Eisenfeilspänen aufgenommenen Kraftlinienbilder gemäß Abb. 675 (Zylinderspule) und Abb. 676 (Flachspule) deutlich zeigen. Das magnetische Feld ist bei der Flachspule auf einen weit kleineren Raum zusammengedrängt als bei der kurzen Zylinderspule (rechts in den Abbildungen). Bei gleicher Stromstärke und gleicher Selbstinduktion ist demnach die mittlere räumliche Dichte der Kraftlinien um den Leiter herum bei Flachspulen größer als bei Zylinderspulen.

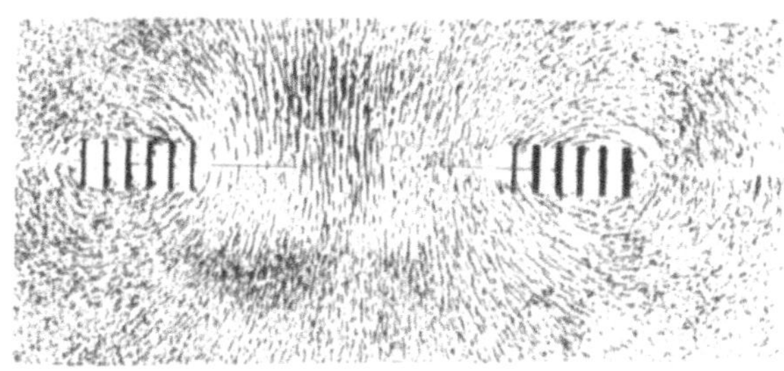

Abb. 676. Magnetisches Feld der Flachspule.

Bei gleicher Drahtlänge, Ganghöhe, Windungszahl und mittlerem Durchmesser besitzen einlagige Zylinderspulen eine größere Selbstinduktion als Flachspulen (Fleming 1910, Esau 1911). Indessen stellen sich die Verhältnisse zugunsten der Flachspulen, wenn in einem gegebenen Raum eine Spulenanordnung bestimmter größerer Selbstinduktion untergebracht werden soll und namentlich, wenn verlangt wird, daß das Streufeld der Spule tunlichst klein sein soll, um eine gedrängte Bauweise der Apparatur zu ermöglichen. Insbesondere, wenn man eine Spulenanordnung sehr großer Selbstinduktion vorsehen muß (z. B. 15000000 cm für einen Rahmenempfänger für sehr große Wellen), ist man direkt gezwungen, auf mehrere z. B. auf einer Achse aufgewickelte Flachspulen überzugehen, von denen jede bei ca. 20 cm Durchmesser einen Selbstinduktionswert bei Serienschaltung von ca. 1000000 cm zeigt. Die Flachspule, insbesondere in Form der Spinnwebspule, Doppeltkorbbodenspule usw., ist alsdann die einzig mögliche Konstruktionsform, die bei durchaus erträglichen elektrischen Verlusten und vor allem geringer Eigenkapazität bei guter Rückkopplungsmöglichkeit einen Zusammenbau in einer Apparatur ermöglicht.

Die einlagige Zylinderspule, insbesondere solange deren Verhältnis vom Durchmesser zur Höhe den Zahlenwert 1 nicht wesentlich übersteigt, und sofern als Leitermaterial sehr fein unterteilte verdrillte Litze mit isolierten Einzeldrähten verwendet wird, stellt das Optimum für eine möglichst geringe Dämpfung dar. Allerdings ist dabei zu beachten, daß nur ein äußerst geringer Prozentsatz der Einzeldrähte des Wickelleiters zerrissen sein darf.

4. Spulenkapazität.

Die in der drahtlosen Telegraphie verwendeten Spulen, gleichgültig welcher Art sie sind, sowie die selbstinduktiven Kopplungseinrichtungen usw. besitzen stets eine bestimmte Eigenkapazität, die bereits, wenn auch in geringerem Maße, bei mittelfrequenten Strömen vorhanden ist. Diese Kapazitätserscheinung ist um so ausgesprochener vorhanden, je größer die Frequenz des durch die Spule gesandten Hochfrequenzstromes und je kleiner der Abstand der Spule von den anderen Elementen des Schwingungskreises, bzw. von Erde ist.

Es ist infolgedessen nicht angängig, allein mit der Selbstinduktion der Spulenanordnung zu rechnen, sondern man ist heute in den meisten Fällen gezwungen, die Spulenkapazität, die als zusätzliche Größe eingeht, in der Rechnung zu berücksichtigen. Infolgedessen sind eventuell Honigwabenspulen, besser jedoch Spinnwebspulen, Korbbodenspulen usw. zu wählen.

a) Wirkung der Eigenkapazität der Spule im aperiodischen Kreise.

Der aus einer Spule und einem Blockkondensator gebildete aperiodische Kreis kann infolge der Eigenkapazität der Spule zum Mitschwingen bei der benutzten Wellenlänge kommen, also eine in dem verwendeten Bereiche hervortretende Eigenschwingung besitzen, was z. B. durch Aufnahme der Resonanzkurve nachgewiesen werden kann.

b) Wirkung der Spulenkapazität im abgestimmten Kreise.

Hat man eine Selbstinduktionsspule mit einem Kondensator zusammengeschaltet, wie z. B. bei Empfangsschaltung, und induziert man in diesem System Schwingungen, so kann der Fall eintreten, daß bei einer bestimmten Wellenlänge eine besonders große Amplitude erzielt wird. Dies rührt daher, daß die Spule infolge ihrer Eigenkapazität bei der betreffenden Wellenlänge in Resonanz gerät und so die Erscheinung des Mitschwingens hervorruft. Selbstverständlich muß durch entsprechende Bemessung der Spule oder des Kreises dem Zustandekommen dieser Erscheinung vorgebeugt werden.

c) Kapazitive Kopplung der Spule infolge der Spuleneigenkapazität.

Die Eigenkapazität kann dazu führen, daß die kapazitive Spulenkopplung erheblich größer ist als die direkt vorgesehene magnetische Kopplung. Es ist infolgedessen nicht ausgeschlossen, daß sich die Wirkungen beider bis zu einem gewissen Grade aufheben. Das Zustandekommen der kapazitiven Kopplung, was insbesondere bei sehr großen Wellenlängen und demzufolge großen Spulenabmessungen zu befürchten ist, muß daher peinlichst vermieden werden.

d) Verhinderung, bzw. Verkleinerung der Wirkung der Spulenkapazität.

Die Spulenkapazität wird um so größer, je mehr Spulenlagen aufeinander gewickelt sind. Auch aus diesem Grunde sind daher einlagige Spulen, wenn es auf möglichst geringe Verluste und kleine Störungsquellen ankommt, wie oben gezeigt, das Optimum.

Sofern man aber genötigt ist, aus räumlichen oder Gewichtsgründen mehrlagige Spulen zu verwenden, tut man gut, um eine möglichst geringe Spulenkapazität zu erzielen, entweder die Spulen oft zu unterteilen, so daß nur kleinere Einzelspulenbeträge vorhanden sind, die dementsprechend auch nur kleine Einzelspulenkapazitäten aufweisen, oder aber die Wicklungsart entsprechend Abb. 677 (G. Seibt 1903) anzuwenden. Diese beruht also darin, daß nur Wicklungslagen mit geringen Spannungsdifferenzen einander benachbart sind.

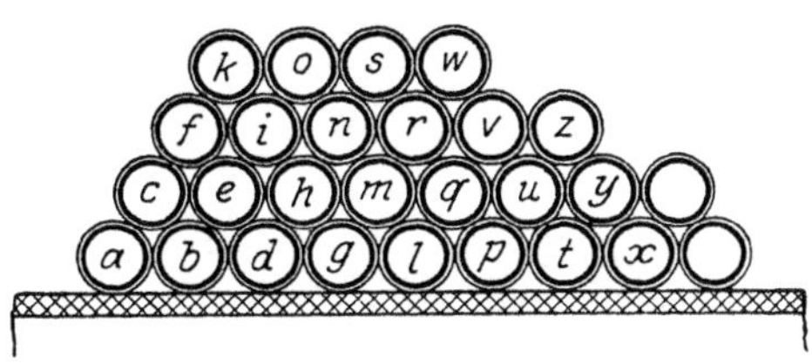

Abb. 677. Wicklungsart nach G. Seibt zur Verringerung der Spulenkapazität.

Die Abbildung zeigt einen Teil der oberen Wicklung einer vierlagigen Zylinderspule. Bei *a* beginnt die Wicklung. Neben dieser liegt die Windung *b*, darüber die Windung *c*, und es wird so weiter gewickelt, daß neben *b* die Windung *d* kommt und so fort, wie dies die in die Windungsquerschnitte der Abbildung eingetragenen Buchstaben erkennen lassen.

Ferner aber kann man die Wirkung der Eigenkapazität durch Zuschaltung eines entsprechend großen Kondensators zur Spule beheben, wodurch erzielt wird, daß der so entstandene Kreis eine derart große Wellenlänge besitzt, daß er in dem benutzten Wellenlängenbereich nicht mitschwingt.

e) Verringerung der Induktionswirkung auf die Spulen.

Sofern nicht ausdrücklich eine direkte Induktion auf das betreffende Schwingungssystem verlangt wird, ist es bei allen Hochfrequenzkreisen der drahtlosen Telegraphie erforderlich, Induktionen auf die Spulen und Leitungen des Schwingungskreises auszuschließen. Bei Laboratoriumsanordnungen oder festen Stationen ist dieses ohne weiteres möglich, da alsdann meist genügender Raum für die Anordnung der Einzelbestandteile zur Verfügung steht.

Ein gutes Mittel besteht darin, daß man die Spulen an sich möglichst streuungslos gestaltet. Man verwendet hierzu z. B. die sog. nierenförmige oder Achterwicklung, die überhaupt nur ein geringes Außenfeld besitzt und von welcher Abb. 678 ein Bild gibt. Besser sind jedoch die modernen Spinnwebspulen, Doppeltkorbbodenspulen und ähnliche.

Um weiterhin die gegenseitige Induktion derartiger, nahe beieinander anzuordnender Spulen auf ein Minimum zu beschränken, werden die Spulenachsen senkrecht zueinander gestellt, wodurch ein Minimum der gegenseitigen Kopplung erzielt wird. Auch diese Anordnung ist aus Abb. 678 zu ersehen.

Abb. 678. Anordnung, um die Induktion der Spulen aufeinander tunlichst gering zu halten (ehem. Lorenzwerke, Wien).

Wo alle diese Maßnahmen nicht angängig sind, und wo insbesondere unter Berücksichtigung der Benutzung von Verstärkern jede Induktion auf die Empfangsspule verhindert werden soll, ist man gezwungen, die Empfangsspule in ein geerdetes Metallgehäuse einzuschließen. Allerdings wird hierdurch der Nachteil bewirkt, daß außer einer Verringerung der Spulenselbstinduktion der Widerstand der Spule vergrößert wird, und zwar um so mehr, je näher die Spule an der Wand des Metallgehäuses sich befindet, und je geringer die Leitfähigkeit des Kastenmaterials ist. Eisen ist hierbei z. B. erheblich schlechter als versilbertes Kupfer.

5. Gesichtspunkte für die Konstruktion der Selbstinduktionsspulen möglichst kleiner Dämpfung.

Für gewisse Zwecke, wie z. B. bei ungedämpften Schwingungen großer Wellenlängen, und um die Verlängerungsmittel bei Sendern und Empfängern klein gestalten zu können, ist die Aufgabe vorhanden, die Spulendämpfung möglichst gering zu gestalten.

Bei einer Zylinderspule ist, entsprechend den obigen Ausführungen, die magnetische Hochfrequenzströmung im Innern der Spule größer als außen, weil im Innern die Kraftlinien mehr zusammengedrängt werden (siehe Abb. 676). Infolgedessen wächst der Hochfrequenzwiderstand und hiermit die Dämpfung.

Man kann nun den Hochfrequenzwiderstand z. B. dadurch herabsetzen, daß man die verlangte Selbstinduktionsspule bestimmter Größe in mehrere kleinere Selbstinduktionsspulen unterteilt und die Induktanz dieser Spulen möglichst groß macht, wodurch auch die Stromverteilung eine gleichmäßige wird.

Dieser Weg ist im allgemeinen aus konstruktiven Gründen nicht gangbar. Man verwendet vielmehr, wie schon eingangs erwähnt, andere, von Tesla, Bjerknes, Dolezaleck gngegebene Kunstgriffe.

Tesla steckt seine spiralförmig gewickelten Spulen in ein Kühlmittel, z. B. flüssige Luft, um den Ohmschen Widerstand herabzusetzen. Von der Anwendung eines Kühlmittels, wenn auch nicht gerade von flüssiger Luft, wird bei vielen modernen Spulenkonstruktionen für Sendezwecke Gebrauch gemacht.

Von Bjerknes, der wohl zuerst den „Skineffekt" bei Spulen fand, rührt der Gedanke her, die Oberfläche des Spulenleitungsmaterials aus einem besonderen, gut leitenden Material herzustellen. Telefunken und nach ihnen andere haben daher lange Zeit die Oberfläche von Kupferrohrspulen versilbert.

Das wirksamste Mittel besteht aber, wo dies anwendbar ist, darin, den massiven Kupferleiter fein zu unterteilen, die Einzelleiter mit einer Isolationsoberfläche zu versehen und das Ganze zu verseilen und zu verdrallen (N. Tesla, F. Dolezaleck). Hierdurch gelangen in kurzen Abständen stets neue Leiterseile an die Oberfläche und in das Spulenfeld. Die von den einzelnen Drähten umschlossene Kraftlinienzahl bleibt hierbei im Mittel dieselbe, und es findet infolgedessen kein Zusammendrängen der Stromlinien am inneren Spulenrande statt.

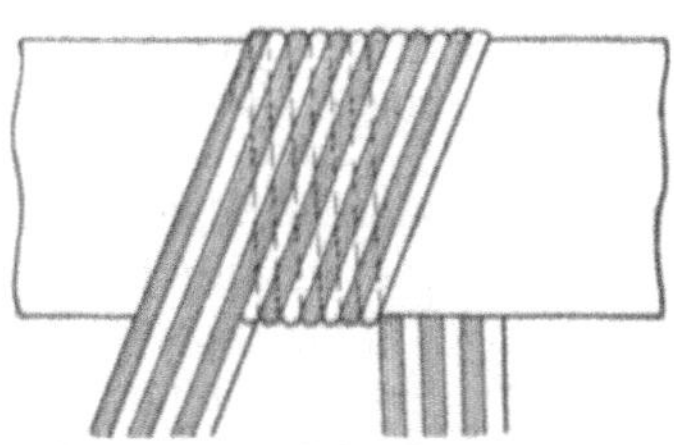

Abb. 679. Wicklungsart von Telefunken für flachgedrückte Litze.

Um derartige wenig dämpfende Spulen bei möglichst geringem Raumbedarf herzustellen, werden aus solchen Litzen geflochtene Bänder hochkant gestellt und zylinderförmig oder spiralig aufgewickelt.

Telefunken verwendete eine Wicklungsart gemäß Abb. 679 für derartige fein unterteilte und flachgedrückte bandförmige Litzen. Die Einzeldrähte können hierbei parallel nebeneinander gelegt und schraubenförmig auf ein Isoliermaterial aufgewickelt oder freitragend miteinander verflochten werden, z. B. 10 Einzellitzen nebeneinander gelegt und isoliert, ähnlich wie beim Gummiband. Das so gebildete Band wird zum Wickeln von Zylinder- oder Flachspulen benutzt.

Man kann auch den oben zum Ausdruck gebrachten Gedanken des Verflechtens noch weiter verfolgen, und man erhält alsdann ein geflochtenes, strumpfartiges Gebilde, etwa entsprechend Abb. 680, was insbesondere für große Energien Anwendung finden wird.

Es konnte festgestellt werden, daß die mit einer Lackschicht überzogenen Litzendrähte, insbesondere wenn sie zur Wicklung von Spulen verwendet werden, den Nachteil zeigen, daß es nicht möglich ist, den effektiven Widerstand bis auf den Gleichstromwiderstand herab zu reduzieren. Dies ist anfänglich damit erklärt worden, daß durch die Lackschicht die Oberflächenbeschaffenheit der Litzendrähte angegriffen wird. Wenn auch zuzugeben ist, daß dies namentlich dann, wenn eine fehlerhafte Fabrikation vorliegt, mit ein Grund für den verhältnismäßig hohen effektiven Widerstand bilden kann, so sind doch die hauptsächlichen Ursachen andere. In erster Linie ist peinlichst darauf zu achten, daß möglichst wenig Litzendrähte im Innern Reißstellen aufweisen. Abgesehen davon, daß derartig zerrissene Litzendrähte für die Leitung ausfallen, also den Ohmschen Widerstand erhöhen, machen sich dieselben noch weiterhin dadurch schädlich bemerkbar, daß sich in diesen zerrissenen Drähten Wirbelströme und -felder ausbilden und entgegengerichtete Foucaultströme hervorrufen.

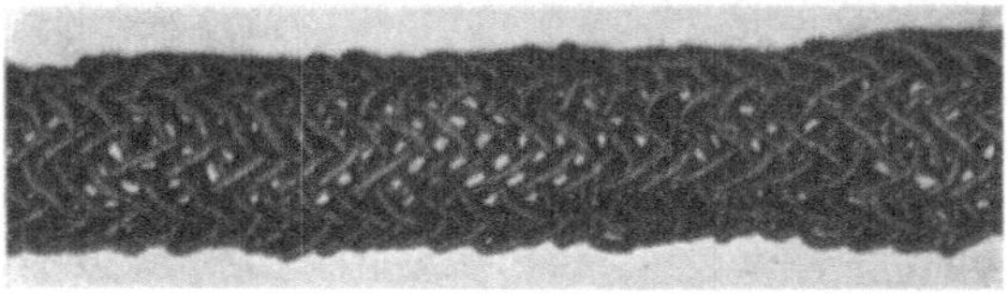

Abb. 680. Strumpfartiges Gebilde als Spulenleiter.

Weiterhin spielen aber das Isolationsmaterial und die Isolationsdicke des Drahtes, bzw. Litzenleiters eine sehr erhebliche Rolle (W. Burstyn 1909, H. Boas 1916). Es ist infolgedessen versucht worden, teils durch besonders starke Umklöppelung, Umspinung oder Umwicklung des Leitungsmaterials, teils aber auch durch entsprechend groß bemessenen Luftraum den Abstand zwischen den einzelnen Leitern zu vergrößern. Offenbar ist es hierdurch möglich geworden, das Dämpfungsdekrement derartiger Spulen nicht unwesentlich herabzusetzen.

Ein weiterer Schritt, entsprechend dieser Erkenntnis, besteht darin (H. Boas 1916), den Leiterquerschnitt quadratisch zu gestalten, da hierdurch bei gleichem Ohmschen Widerstand und gleichem Raumbedarf wie bei rundem Querschnitt ein größerer Isolationszwischenraum zwischen den einzelnen Windungen sich erreichen läßt. Allerdings ist zu berücksichtigen, daß die Anbringung des Isolationsmaterials sich fabrikatorisch kaum so einfach und fest anliegend wie bei rundem Querschnitt bewirken läßt.

Der historischen Entwicklung der Induktanzkonstruktionen zufolge betrachten wir:

6. Spulen mit fester Induktanz.

Spulen mit fester Induktanz werden in den mannigfaltigsten Formen bei R.T.-Empfängern und Verstärkern verwendet. Am wesentlichsten sind natürlich die Ausführungen von Honigwabenspulen, Flachspulen, Spinnwebspulen, Korbbodenspulen usw., auf die weiter unten eingegangen wird.

Neben diesen werden aber noch andere Ausführungsformen fester, unveränderlicher Induktanzspulen angewendet. Zum Beispiel kommen in Betracht:

7. Kreuzförmige (Cockaday) Präzisionsspulenanordnung.

Um die sehr scharfe Abstimmung des Vierkreis-Cockadayröhrenempfängers zu erzielen, ist es notwendig, der Spulenausführung besondere Aufmerksamkeit zu widmen. Die von amerikanischen Firmen hierfür bevorzugte Anordnung zeigt Abb. 681. Die Spulen in Zylinderform sind auf Hartgummi- bzw. Bakelitpappekörper gewickelt, $^1/_8$ Zoll stark mit Draht Nr. 18 DSC.

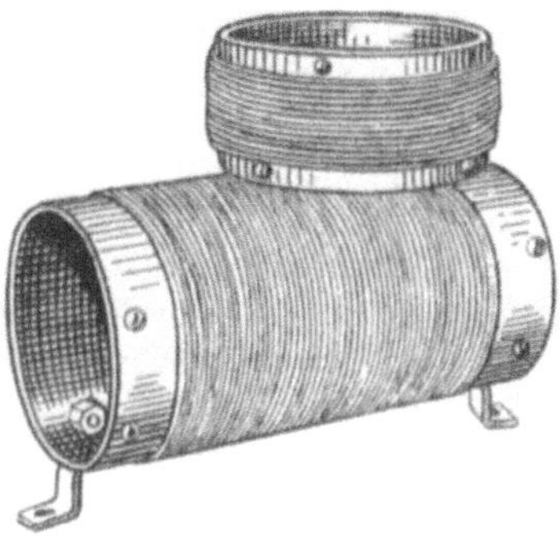

Abb. 681. Kreuzspulenanordnung (Cockadayspulen).

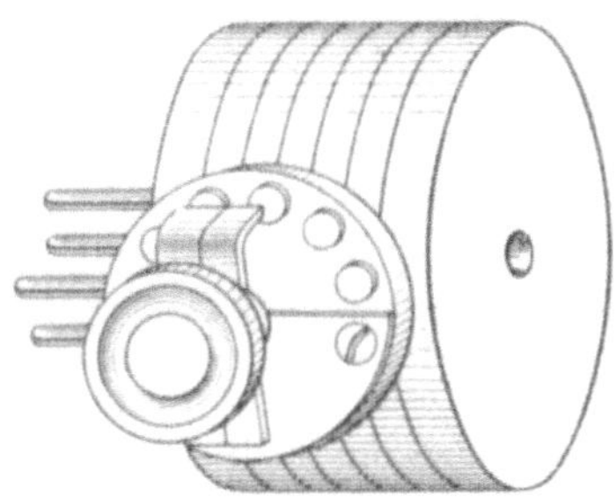

Abb. 682. Anodenkreis-Induktanzspule von Radiax Ltd., London W. 1.

Eine weitere häufig benutzte Spulenform, wie sie namentlich in England Eingang gefunden hat, ist die feste Anodenkreisspule, gemäß Abb. 682. Die einzelnen Spulenenden sind hierbei an einen Schalter geführt und können wahlweise zu-, bzw. abgeschaltet werden. Die gegenseitige Kopplung und Beeinflussung der Spulen ist hierbei naturgemäß nicht vollkommen ausgeschlossen, und es sind derartige Anordnungen, namentlich in hochwertigen Schaltungen mit Vorsicht zu benutzen.

8. Spulenausführung.

a) Spulen mit fester Induktanz.

In allen Ländern, in denen der R.-T.-Betrieb zugelassen ist, ausgehend von den Vereinigten Staaten von Nordamerika, haben namentlich in Amateurkreisen Spulen mit fester unveränderlicher Induktanz weiteste Verbreitung gefunden. Eine große Anzahl von Empfangsanordnungen für verschiedenste Zwecke ist mit derartigen Spulen fester Induktanz ausgestattet worden. Um die nötige Wellenvariation zu erzielen, ist eine gewisse Anzahl derartiger Spulen vorgesehen, die stufenweise mit bestimmten Überlappungen in der Weise benutzt werden, daß die einzelnen

Bereiche durch einen Drehkondensator überbrückt werden. Um beispielsweise den Wellenbereich von 200 m bis 25000 m zu beherrschen, sind insgesamt 16 Spulen erforderlich. (Siehe Tabelle S. 162.) Es kommt hinzu, daß derartige Spulen, z. B. in Form der Honigwabenanordnung, vom Amateur auch verhältnismäßig leicht selbst hergestellt werden können.

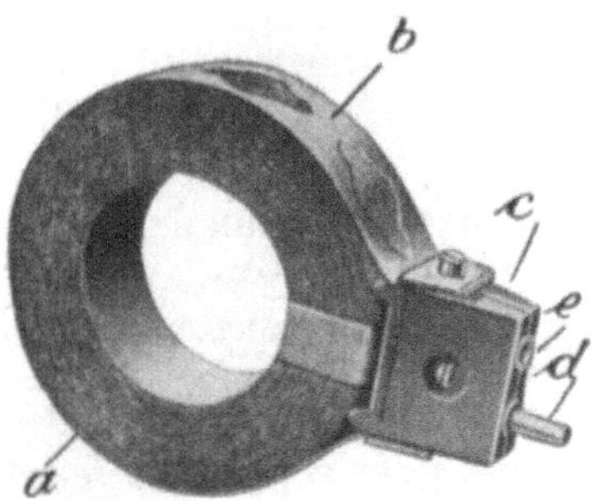

Abb. 683. Honigwabenspule (Honeycomb coil), die zuerst in Amerika außerordentlich verbreitet war.

Typische amerikanische Honigwabenspule. Eine solche marktgängige Type ist in Abb. 683 zum Ausdruck gebracht und zwar für eine große Wellenlänge, da auf diese Weise verhältnismäßig leicht eine erhebliche Selbstinduktion bei verhältnismäßig sehr geringer Eigenkapazität erzielbar ist. Das hierfür benötigte Drahtmaterial *a* — für eine Spule von ca. 150000 MH werden bei 12 cm Außendurchmesser ca. 370 m Drahtlänge gebraucht — wird gemäß dem weiter unten folgenden Verfahren (siehe S. 715) aufgewickelt. Die Gesamtspule wird durch einen Fiberstreifen oder dergleichen *b* bandagiert und mit einem aus Isolationsmaterial hergestellten Kontaktstück *c* verbunden. Letzteres ist einerseits mit einem Stecker *d* und einer Steckbuchse *e* versehen, an welch letztere die Spulenenden angeschlossen werden, wobei die Spule rasch und zuverlässig in ein Schwingungssystem eingestöpselt werden kann. Der Hauptvorteil dieser Spulen ist der, daß trotz leicht erzielbarer großer Selbstinduktion die Eigenkapazität gering gehalten werden kann. Nachteile können bei Rückkopplungsempfängern für kleine Wellen auftreten.

Die Benutzung derartiger Spulen für Kopplungszwecke ist in Abb. 678 S. 750 wiedergegeben.

b) Korbbodenspule (Schlitzspule). Geschichtliches.

Die Korbbodenspule erfreut sich bekanntlich sowohl in Fabrikanten- als auch Radioamateurkreisen großer Beliebtheit. Es liegt dies daran, daß sie sehr einfach und billig herzustellen ist, daß sie eine ausreichende mechanische Festigkeit und Starrheit aufweist, und daß mit verhältnismäßig billigen Mitteln eine relativ große Selbstinduktion einfach erzielt werden kann. Dabei ist noch der weitere elektrische Vorteil vorhanden, daß die Spulendämpfung ohne weiteres in mäßigen Grenzen zu halten ist, so daß sowohl Selektivität als auch Lautstärke mit Apparaturen, in welchen derartige Spulen eingebaut sind, niedrig gehalten werden können.

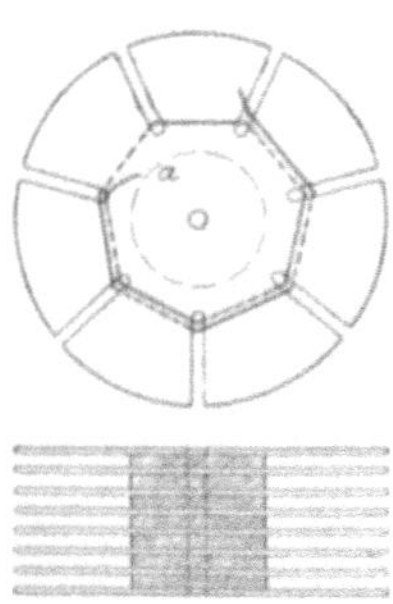

Abb. 684. Ursprungsform der Korbbodenspule nach W. Dollinger.

Zu beachten ist im wesentlichen nur, daß die radialen Einschnitte der Spulenträgerplatte nicht allzu weit nach dem Zentrum hin hingeführt werden, da hierdurch nicht nur die mechanische Festigkeit leidet, sondern vor allem durch die inneren Spulenwindungen die Dämpfung erheblich erhöht wird, während an Selbstinduktion durch die inneren Spulenwindungen praktisch nichts gewonnen wird. Im übrigen ist zu beachten, daß bei einer Lackierung der Spule mit Isolierlack dieser so gewählt wird, daß er nicht Ableitungsströme usw. begünstigt oder gar, was bei manchen Schellacklösungen beobachtet wurde, daß eine direkte Leitung hierdurch bewirkt wurde.

Beachtet man, wie gesagt, diese Gesichtspunkte, so erhält man mit sehr einfachen Mitteln in leichter Weise sehr befriedigende Resultate.

Die Korbbodenspule ist eine deutsche Erfindung, welche schon aus dem April 1914 stammt. Sie wurde zuerst von W. Dollinger angegeben und in dem D.R.G.M. 603458 vom 18. Mai 1914 bekanntgemacht. Die Figur dieses Gebrauchsmusters entspricht der beistehenden Abb. 684, welche die typische Korbbodenspule zeigt. Der Aufriß gibt die einzelne Spule wieder, während im Grundriß eine Kombination von acht auf einen gemeinsamen Kern aufgereihten Spulen zum Ausdruck gebracht ist.

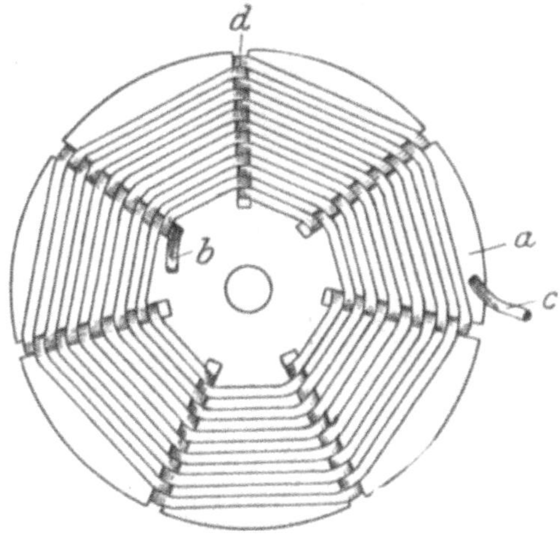

Abb. 685. Ausführung einer Korbbodenspule.

Eine etwas andere Ausführungsform der Schlitzspule, wie sie industriell hergestellt wird, zeigt Abb. 685. Es ist hierbei gemäß Abb. 685 ein mit Schlitzen versehenes, kreisförmiges Fiber- oder Pappestück *a* verwendet, wobei in die radial verlaufenden Schlitze *d* die Windungen der Spiralspule einlagig nebeneinander gewickelt sind. Die Zuführung *b* erfolgt durch ein in der Nähe der Mitte in der Fiber- oder Papierscheibe angebrachtes Loch, die Ableitung *c* durch ein am Rand der Scheibe angebrachtes Loch. Auf diese Weise wird jedes besondere Aufkleben oder Anbinden der Spulenwindungen vermieden. Die Spule ist in sich vollkommen freitragend und bildet ein mechanisch festes Ganzes. Außerdem kann sie beliebig klein ausgeführt werden und ist infolge der einfachen Fabrikation billig herzustellen. Auch diese Spulenart hat seit Einsetzen des Amateurbetriebes unzählige kleine Varianten erfahren.

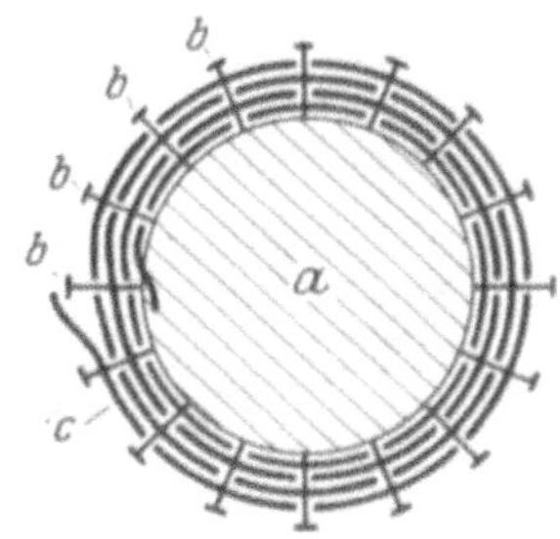

Abb. 686. Schema der Wicklung einer Korbbodenspule.

Die Wicklung einer fabrikatorisch etwas anders ausgeführten Korbbodenspule ist S. 715, beschrieben. Die Abbildung der Seitenansicht einer solchen Korbbodenspule zeigt Abb. 686, und zwar noch mit in den Wicklungskörper *a* eingesteckten Hilfsstiften, bzw. Nadeln *b*, zwischen welchen der Spulendraht *c* eingeflochten ist, wie dies die Abbildung wiedergibt. Nach Lackierung wird sowohl der Wickelkörper *a*, als auch die Stifte *b* herausgezogen, und die Spule wird bandagiert, wie dies auf S. 716 beschrieben ist.

c) Die Spinnwebspule.

Die Spinnwebspulen sind den vorgenannten Ausführungen ähnlich. Es wird bei hochwertigen Empfangsschaltungen, insbesondere Reflex-

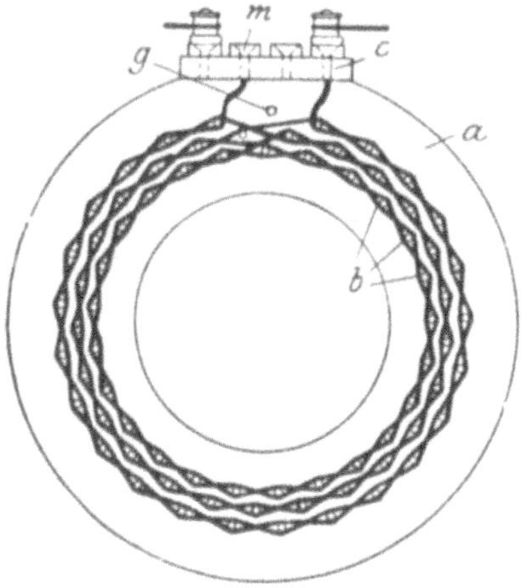

Abb. 687. Grundplatte und Wicklungsanordnung für Spinnwebspulen.

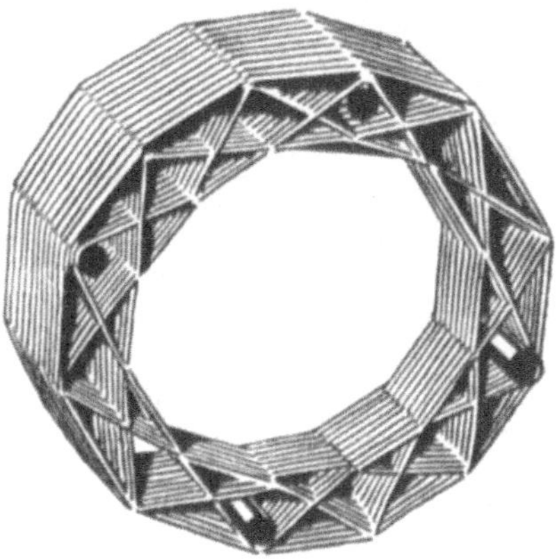

Abb. 688. Fertige Spinnwebspule.

schaltungen, verlangt, daß die Spule bei kleinsten räumlichen Dimensionen, um die Apparatur möglichst gedrängt zusammenbauen zu können, bei einem Maximum an Selbstinduktion und Mindestmaß an

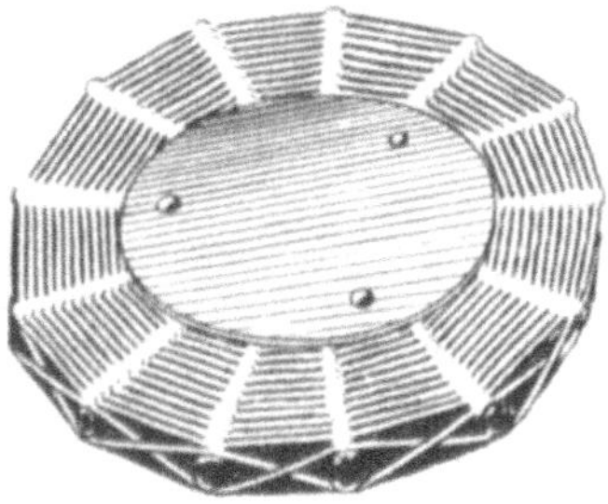

Abb. 689. Spinnwebspule mit anderem Wicklungsschritt.

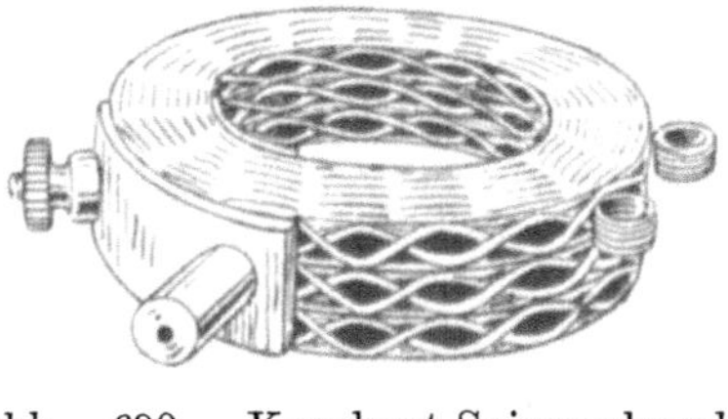

Abb. 690. Knockout-Spinnwebspule inbesondere für Reflexempfänger.

Streuung tunlichst geringe Eigenkapazität und kleinstmögliche Dämpfung besitzt. Diesen Anforderungen kommt in hohem Maße die Spinnwebspule gemäß den Abb. 688 und 689 nach. Den Wicklungsmechanismus zeigt Abb. 687. Ein Grundbrett *a* ist mit einer Anzahl Stiften *b* versehen. Bei *c* beginnt die zickzackförmige Wicklung, welche zwischen die Stifte *b* eingeflochten ist.

Bei dieser Spulenanordnung ist ebenso wie auch sonst darauf zu achten, daß Drähte, zwischen denen größere Potentialdifferenzen herrschen tunlichst nicht nahe beieinander zu liegen kommen.

Die fertige, auf diesem Wege hergestellte Spinnwebspule gibt Abb. 688 wieder. Eine andere Ausführungsform, bei welcher ein etwas anderer Wicklungsschritt benutzt wurde, ist in Abb. 689 dargestellt.

Es sind natürlich die mannigfaltigsten Varianten und Kombinationen auch bei derartigen Spulenausführungen möglich. So z. B. ist vorgeschlagen worden, den Wicklungsschritt in der Weise zu ändern, daß immer nur um jeden zweiten oder dritten Stab herum die Wicklung gelegt wird. Man erhält hierdurch z. B. eine Spule, welche als Knockoutreflexspule in Amerika ausgeführt wird, z. B. gemäß Abb. 690.

Abb. 691. Bandspule.

d) Bandspule.

Ein anderer Modus, eine Spule zu wickeln, besteht gemäß Abb. 691 darin, daß auf einem Band die Wicklungsleiter aufgebracht sind, und dieses Band gemäß Abb. 691 auf einen Spulenkern aufgewickelt wird. Den teilweisen Schnitt durch eine so entstandene mehrlagige Spule zeigt Abb. 691. Auch dieser Spule wird besonders kleine Eigenkapazität nachgerühmt.

e) Stufenweise veränderliche Spulen (Schiebespulen).

Eine Spulenkonstruktion, die nicht erst seit Beginn der R.-T., sondern schon seit etwa 1900 in der alten Funkentelegraphie Eingang gefunden hat, ist die Schiebespule. Sie besteht gemäß Abb. 692 aus einem aus Isoliermaterial hergestellten Zylinder, auf dem ein z. B. doppelt mit Baumwolle umsponnener Draht einlagig aufgewickelt ist. Dieser ist auf einer oder mehreren Mantellinien blank gemacht, längs denen ein oder mehrere Schiebekontakte bewegt werden, die infolgedessen mehr oder weniger Windungen einschalten und somit die Selbstinduktion variieren. Selbstverständlich ist eine kontinuierliche Variation hierbei nicht möglich, da streng genommen

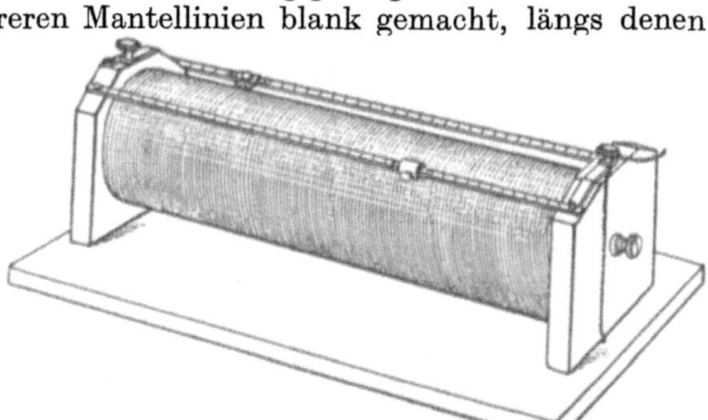

Abb. 692. Schiebespule mit zwei Kontakten (Schiebern, Schleifern).

der Schiebekontakt, selbst wenn punktförmige Berührung vorausgesetzt werden könnte, von Windung zu Windung springt und infolgedessen eine mehr oder weniger stufenweise Variation der Selbstinduktion bewirkt. Ein wesentlicherer Nachteil ist jedoch der, daß tatsächlich infolge der endlichen Stärke des Schiebekontaktes mindestens zwei oder noch mehr Windungen gleichzeitig berührt werden, und daß infolgedessen in den kurzgeschlossenen Windungen Wirbelstromverluste entstehen. Ein weiterer Nachteil der Konstruktion besteht darin, daß das nicht benutzte Spulenende mitschwingt, und daß, insbesondere wenn dieses Spulenende in Resonanz mit dem eingeschalteten Spulenende kommt, sehr wesentliche Störungen in der Abstimmung und Lautstärkeverluste entstehen können.

Trotz dieser erheblichen Mängel hat die Schiebespule, wohl wegen ihrer überaus einfachen Herstellungsmöglichkeit, im R.-T.-Betriebe außerordentlich großen Eingang gefunden, insbesondere solange einfache Apparate mit Kristalldetektor üblich waren. Für den hochwertigen Röhrenempfang eignet sie sich wegen der geschilderten Mißstände weniger, und gegenüber den in Aufschwung gekommenen Flachspulen in Kombination mit einem Drehkondensator ist sie stark zurückgedrängt worden.

Ein Vorteil der Schiebespule besteht auch noch darin, daß in einfachster Weise mehrere Schiebekontakte benutzt werden können (Abb. 692 zeigt deren zwei), von denen der eine zur Wellenabstimmung, der andere zur variablen Detektorkopplung benutzt werden kann.

f) Allmählich veränderliche Induktanzvorrichtungen. Selbstinduktionsvariometer.

Für viele Zwecke ist es wünschenswert, die Selbstinduktion kontinuierlich zu verändern, insbesondere für Kurzwellenschaltungen.

Für die Konstruktion und den Bau von Variometern gelten alle für Zylinderspulen und Flachspulen oben entwickelten Gesichtspunkte. Das Isolationsmaterial zwischen den Spulenwindungslagen ist wesentlich. Verluste, die hierin entstehen, vermehren die Dämpfung und verringern die Abstimmfähigkeit des Systems, in dem das Variometer benutzt wird. Innere Spulenwindungen sind möglichst zu vermeiden, da dieselben an Selbstinduktion nur wenig bringen, die durch sie bewirkten Wirbelstromverluste hingegen erheblich sind. Auch Metallstücke, wie zu Befestigungszwecken, sind im Innern der Spulenfelder zu vermeiden oder mindestens klein zu halten und zu unterteilen. Nach Möglichkeit sollen Befestigungsschrauben usw., die sich in der Nähe von Spulenfeldern befinden, aus Isolationsmaterial hergestellt werden.

Selbstinduktionsvariometer mit in- oder gegeneinander verschiebbaren Zylinderspulen. Diese Form der Selbstinduktionsvariometer ist die älteste und besitzt allerdings noch in gewissem Maße den Nachteil eines verhältnismäßig geringen Variationsbereiches, wenngleich derselbe größer ist als bei den meisten anderen der vorstehenden Anordnungen.

Die Spulenanordnung unter Verwendung zweier ineinander verschiebbarer Zylinderspulen geben die nachstehenden Abb. 693 bis 696 schematisch wieder. Die stark ausgezogenen Linien bedeuten hierin die nach vorne verlaufenden Windungen.

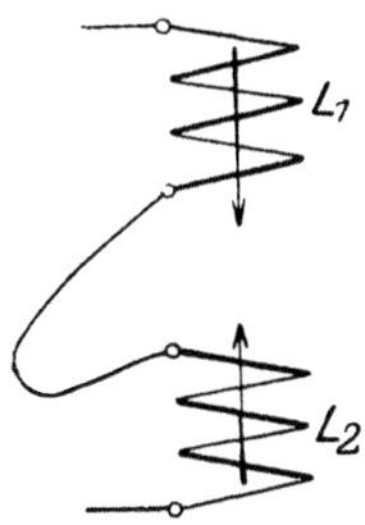

Abb. 693. Beide Spulen in Serie geschaltet, der Wicklungssinn bzw. die Stromrichtung in beiden entgegengesetzt.

Betrachtet man zunächst den Fall gemäß Abb. 693, daß die beiden Spulen in Serie geschaltet sind, und daß der Wicklungssinn, bzw. die Stromrichtung in beiden eine entgegengesetzte ist, so werden sich alsdann, da die Spulen verhältnismäßig weit voneinander entfernt sind, die entstehenden Felder nicht stören, es kann sich vielmehr jedes Feld ausbilden, und die Selbstinduktion der Gesamtordnung ist gleich

$$L_{ges} = L_1 + L_2.$$

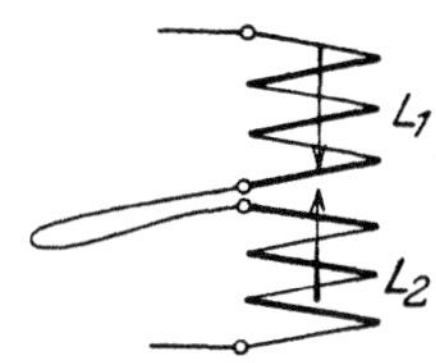

Abb. 694. Resultierende Selbstinduktion L_{ges} ein Minimum.

Je mehr man die Spulen einander nähert, um so mehr kommt eine Differenzwirkung der beiden Felder zustande, bis sie sich schließlich bei großer Annäherung, im Falle, daß beide einander gleich groß sind, gegenseitig aufheben (siehe Abb. 694), wodurch alsdann die entstandene Selbstinduktion L_{ges} ein Minimum wird. Es ist also für diese Anordnung

$$L_{ges} = L_1 - L_2.$$

Wie aber ohne weiteres ersichtlich ist, kann z. B. die eine der Spulen in anderem Sinne gewickelt, bzw. die Stromrichtung in einer Spule umgeschaltet werden. Es ergibt sich alsdann ein wesentlich anderes Bild.

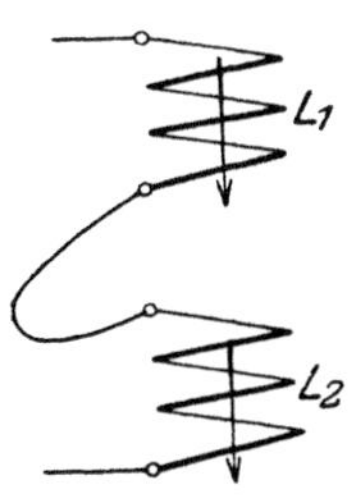

Abb. 695. Wicklungssinn bzw. Stromrichtung in beiden Spulen dieselbe.

In Abb. 695 ist eine Anordnung dargestellt, die Abb. 693 entsprechen würde, jedoch ist der Wicklungssinn, bzw. die Stromrichtung in der unteren Spule umgekehrt. Bei dieser Anordnung ist die Feldrichtung beider Spulen gleichsinnig, und es ist in der in Abb. 695 gezeichneten Lage wieder die Gesamtselbstinduktion

$$L_{ges} = L_1 + L_2.$$

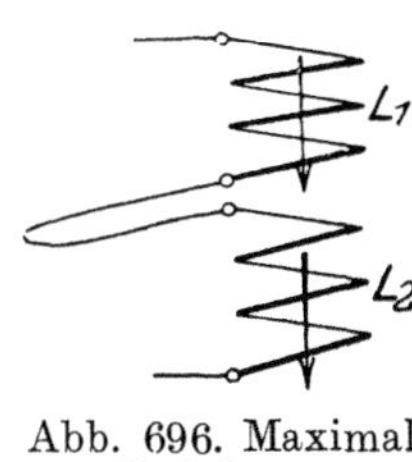

Abb. 696. Maximale Induktanz.

Nähert man nun die Spulen einander noch mehr, bzw. schiebt sie ineinander (siehe Abb. 696), so nimmt die Selbstinduktion noch weiterhin zu.

Es ist ohne weiteres ersichtlich, daß man durch entsprechende Umschaltung und durch Verschieben der Spulen gegeneinander einen großen Selbstinduktionsvariometerbereich mit einer derartigen Anordnung, von der Abb. 697 eine Ansicht darstellt, erzielen kann.

Ein derartiges, auf der Gegeneinanderverschiebung von Spulen beruhendes Variometer braucht nicht nur unter Verwendung von Zylinderspulen hergestellt zu sein, man kann vielmehr auch mit Vorteil Flachspulen benutzen. Eine besonders günstige Anordnung wird dann erzielt, wenn man z. B. zwei feste Flachspulen anordnet und eine zwischen diese geschaltete bewegliche Flachspule vorsieht. Durch entsprechende Schaltung dieser Spulen können alsdann in weitem Bereiche die gewünschten Selbstinduktionsbeträge erzielt werden.

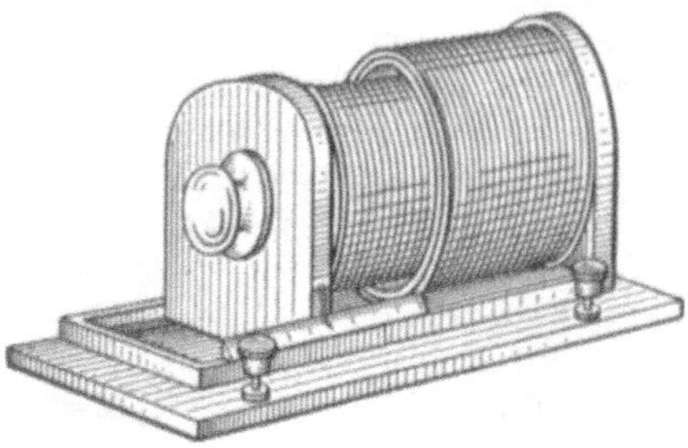

Abb. 697. Selbstinduktionsvariometer mit gegeneinander bzw. ineinander verschiebbaren Spulen. Kann bei entspr. Schaltung auch zu Kopplungszwecken dienen.

Selbstinduktionsvariometer mit kugelkalottenförmigen Wicklungskörpern. Es ist klar, daß man das Prinzip der gegeneinander verschiebbaren Spulen auch ohne weiteres so abändern kann, daß die Spulen inein-

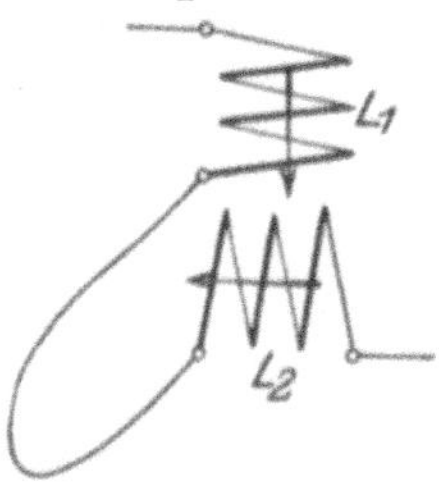

Abb. 698. Resultierende Selbstinduktion besitzt einen Mittelwert.

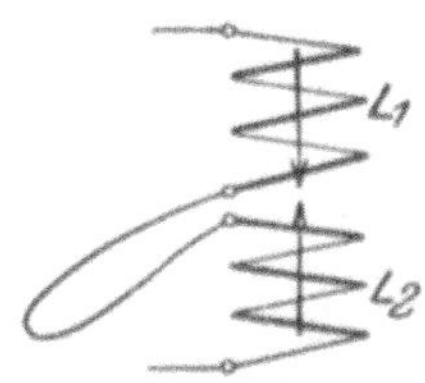

Abb. 699. Spulenfelder gegeneinander gerichtet.

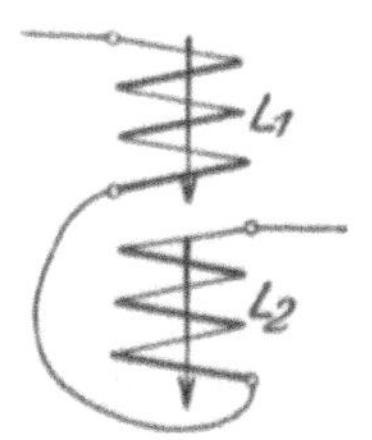

Abb. 700. Maximale Selbstinduktion.

ander oder gegeneinander gedreht werden, ohne daß sich an der Variometeranordnung etwas Wesentliches ändert. Man erhält alsdann eine Anordnung, die Abb. 698 bis 700 schematisch wiedergibt, wobei aus zeichnerischen Gründen die Spulen nebeneinander dargestellt sind. In der in Abb. 205 wiedergegebenen Darstellung besitzt die resultierende Selbstinduktion einen Mittelwert; in der in Abb. 698 gezeichneten Lage, wobei die Spulenfelder gegeneinander gerichtet sind, ist die Selbstinduktion ein Minimum. Bei der Anordnung nach Abb. 699 ist die resultierende Selbstinduktion, da sich die beiden Spulenfelder unterstützen, ein Maximum.

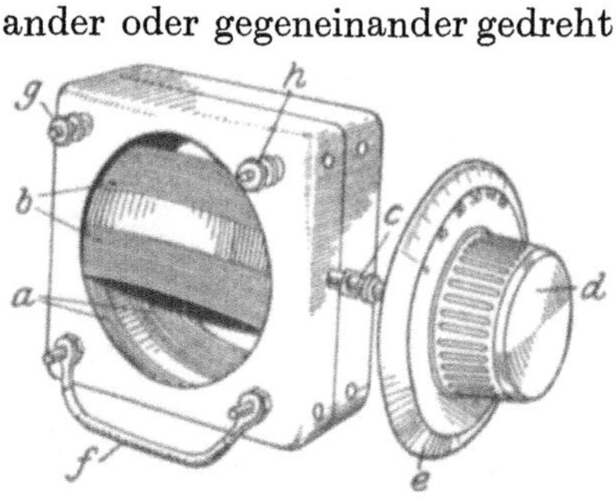

Abb. 701. Prinzipielle Anordnung eines Selbstinduktionsvariometers mit kugelkalottenförmigen Wicklungskörpern, Achse, Knopf und Skala; kann bei entsprechender Schaltungsänderung der Verbindungsleitung *f* auch zu Kopplungszwecken benutzt werden.

Die hervorragendste Anwendung des obigen Prinzipes der Induktanzveränderung ist das Kugel- bzw. Zylindervariometer, das auf der „Standard of selfinduction" von Ayrton und Perry beruht. Die wesentlichsten Teile eines derartigen Induktionsvariometers, bei dem die Spulen auf Kugelkalotten gewickelt sind, ist in Abb. 701 wiedergegeben. Ein aus Isolationsmaterial hergestellter, zweckmäßig zweiteiliger Körper ist innen kugelförmig ausgedreht. Daselbst ist die Wicklung *a* nach einem weiter unten beschriebenen Verfahren aufgebracht. In diesem kugelförmig ausgedrehten, bzw. bewickelten Isolierkörper ist ein zweiter, etwas kleiner gedrehter Kugelflächenkörper drehbar angeordnet, der die Wicklungshälften *b* trägt. Die Achse dieses Körpers *c* ist durch den ersten Haltekörper hindurchgeführt und mit einem Drehknopf *d* und einer Skala *e* versehen, die gegen eine auf der Apparatplatte fest angebrachte Marke gedreht werden kann. Man hat also auch auf diese Weise eine zweiteilige feste und eine zweiteilige drehbare Spule, die miteinander verbunden werden können. Im allgemeinen wird bei einem Variometer die Schaltung, den obigen Ausführungen entsprechend, so ausgeführt werden, daß die feste und die bewegliche Spule hintereinander geschaltet werden. Dieses wird bei dem in Abb. 702 wiedergegebenen Apparat durch den die beiden unteren Klemmen verbindenden Bügel *f* bewirkt, während bei *g* die Zuschaltung, bei *h* die Stromableitung stattfindet. (Für Schaltung dieses Apparates für Kopplungszwecke wird der Bügel *f* entfernt, und alle vier Klemmen dienen als Zu- bzw. Ableitung.)

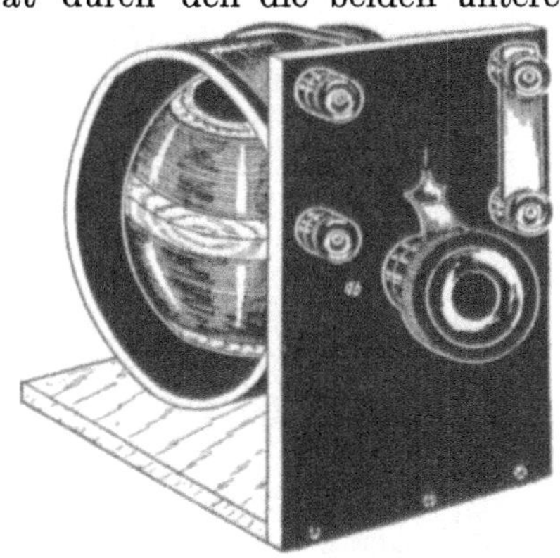

Abb. 702. Selbstinduktionsvariometer, das bei entspr. Betätigung des Schalters (rechts oben) auch als Kopplungsvorrichtung dienen kann. (Scientific Supply Stores, London.)

Wenn bei einem derartigen Kugelvariometer beide gleichsinnig gewickelten Spulen ineinander gedreht sind, ist die Selbstinduktion ein Maximum. Werden dagegen die Spulenfelder gegeneinander verdreht, so nimmt die Induktanz ab bis auf einen Minimalwert, der erreicht wird, wenn die Felder nahezu vollständig gegeneinander gerichtet sind. Der Vorteil eines derartigen Kugelvariometers besteht darin, daß bei verhältnismäßig leicht erreichbarer Kleinhaltung der Verluste ein Variationsbereich von etwa 1 zu 10 leicht erzielbar ist, so daß für Abstimmungszwecke derartige Variometer vielfach Anwendung gefunden haben.

Übrigens ist es, was die Anwendung für den Bastler sehr erleichtert, keineswegs unbedingt notwendig, die Wicklung *a* innen in den Außenkörper hineinzuwickeln. Man kann vielmehr die Wicklung unter Benutzung eines dünn abgedrehten Außenkörpers auch außen auf denselben aufbringen, so daß sich also zwischen den Wicklungen Isolationsmaterial und Luft befinden, wodurch allerdings der Variationsbereich der Anordnung etwas verkleinert wird. Man kann aber auch, und dieses stellt eine wesentliche Erleichterung für den Fabrikanten und Amateur dar, den Außenkörper zylindrisch gestalten, also beispielsweise in Form einer Pappspule benutzen. Man erhält alsdann eine Anordnung, wie sie Abb. 702 veranschaulicht. Auch hierbei ist der Außenzylinderkörper außen und nicht etwa innen bewickelt. Der Variationsbereich ist alsdann meist etwas kleiner.

Abb. 703. Zylinderspulenvariometer (Sterling Telephone & Electric Co., London W.

Die übrigen Teile dieser Vorrichtung haben die geschilderte Bedeutung. Dieser Apparat kann aber auch durch die Ausbildung der Kontakte und Anschlüsse zweckmäßig als Kopplungstransformator benutzt werden. Die Spulenverbindung wird alsdann gelöst, und die eine Spule, beispielsweise die Außenspule, wird im Primärkreis, die andere Spule im Sekundärkreis benutzt, wobei beide Spulen aufeinander induzieren.

Eine etwas andere Ausführung eines sehr hochwertigen Variometers der Sterling Co. zeigt Abb. 703. Hierbei ist sowohl der innere, als auch der äußere Wicklungskörper zylindrisch gestaltet. Durch entsprechende Dimensionierung kann auch in diesem Falle ein sehr hochwertiger Apparat mit großer Induktanzvariation erzielt werden.

C. Kopplungsvorrichtungen (Spulenhalter).

Die den Empfänger bildenden Systeme und Kreise müssen zur Energieübertragung vom einen auf den andern, miteinander gekoppelt werden. Wie oben gezeigt, kann die Kopplung eine induktive, kapazitive oder Widerstandskopplung sein. Für den R.-T.-Betrieb kommt in der Hauptsache die induktive Kopplung in Betracht. In einigen der Schaltungsschemata von Kap. VII, (S. 267 ff.) sind jedoch auch kapazitive Kopplungen, die durch Kondensatoren bewirkt werden, angewendet. In diesem Falle benutzt man entweder Drehkondensatoren oder feste Glimmerkondensatoren.

Während früher in der drahtlosen Technik zu Kopplungszwecken besondere Spulenanordnungen angewendet wurden — in Abb. 697 ist eine solche mit zwei gegeneinander verschiebbaren Zylinderspulen dargestellt — ist man für den R.-T.-Anwendungsbereich fast ausschließlich dazu übergegangen, die in den einzelnen Systemen vorhandenen Selbstinduktionsspulen direkt zur Kopplung zu verwenden.

Die einfachste Ausführungsform eines hierzu nötigen drehbaren Spulenhalters zeigt Abb. 704. Ein prismatischer, aus Isolierstoff hergestellter Klotz ist mit zwei Buchsen versehen, in welche die Spule eingestöpselt wird. In den Drehgelenken ist der Halter drehbar und durch zwei ränderierte

Muttern einstellbar. Die Zu- und Ableitung kann durch die seitlichen Schraubkontakte bewirkt werden.

Da in vielen Schaltungen drei Kreise benutzt werden, bei denen die Energie vom einen auf den zweiten und vom zweiten auf den dritten übertragen wird, sind auch die meisten konstruktiven Ausführungen so gestaltet, daß sie in einfacher Weise eine Auswechselung der Spule für den jeweilig günstigst dimensionierten Wellenbereich gestatten. Eine derartige Anordnung der Crown Radio Mfg. Corporation in New York zeigt Abb. 705. Bei dieser sind der mittelste Spulenhalter fest, die beiden seitlichen drehbar angeordnet, wobei der den Spulenhalter drehende Knopf mit einer Skala verbunden ist, die über einer Marke eingestellt werden kann, so daß es jedesmal möglich ist, die gewählte Kopplungsstellung abzulesen und genau wieder einzustellen.

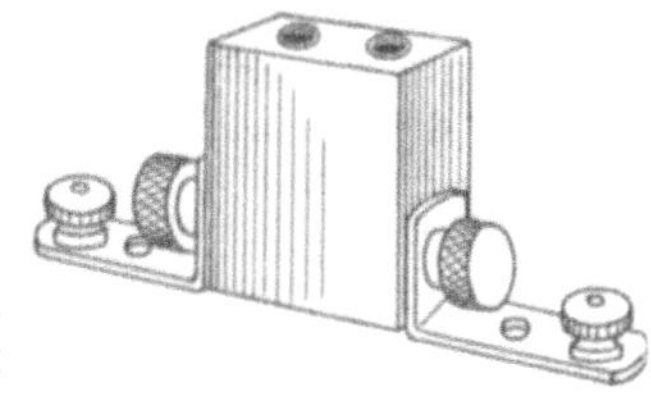

Abb. 704. Anschraubbarer Spulenhalter für eine Spule mit festen Anschlußkontakten.

Entsprechend den bei Flachspulen gewählten Kontaktanschlüssen, die in erster Linie für den Spulenhalter in Betracht kommen, sind in diesem jeweilig ein Kontaktstöpsel und Buchse angebracht.

Ein anderes Ausführungsbeispiel eines solchen Spulenhalters mit den aufgestöpselten drei Spulen ist in Abb. 878, S. 750 dargestellt.

Einfachere Spulenhalter sind in Abb. 847, S. 722 wiedergegeben.

Wie schon bemerkt, können auch die meisten Variometerkonstruktionen zu Kopplungszwecken dienen. Die Verbindungsleitung zwischen der festen und beweglichen Spule wird alsdann entfernt und die eine Spule in das eine System, die andere Spule in das andere System eingeschaltet, so daß lediglich die zwischen diesen beiden vorhandene induktive Kopplung ausgenutzt wird. In besonderem Maße ist das in Abb. 702 wiedergegebene Variometer für Kopplungszwecke geeignet, einfach dadurch, daß der rechts oben erkennbare Verbindungsstreifen entfernt wird und die beiden Klemmen für die Anschaltung des Primär- oder Sekundärsystems benutzt werden.

Abb. 705. Dreispulenkoppler der Crown Radio Mfg. Corporation, New York.

Trotz der sehr hochwertigen fabrikatorischen Ausführung des Spulenhalters gemäß Abb. 705 weist dieser den Nachteil auf, daß, um die günstigste Lage zu finden, die Hand bei Bedienung der Drehknöpfe recht nahe an die Spulen herangebracht wird. Dieses ist bei vielen Schaltungen sehr lästig, da die Annäherung der Hand an die Spule bereits eine wesentliche Verstimmung hervorrufen kann. Infolgedessen sind Anordnungen empfehlenswerter, bei denen dieses vermieden wird. Ein Ausführungsbeispiel hierfür ist in Abb. 706 wiedergegeben. Hierbei ist der mittlere Spulenhalter *a* fest, die beiden seitlichen Spulenhalter *b* sind beweglich. Jeder derselben ist mit einem langen, gebogenen Griffe versehen, wodurch die günstigste Einstellung bewirkt wird. Bei genügend langer Ausführung der Griffe kann der Einfluß der Hand verschwindend gering sein.

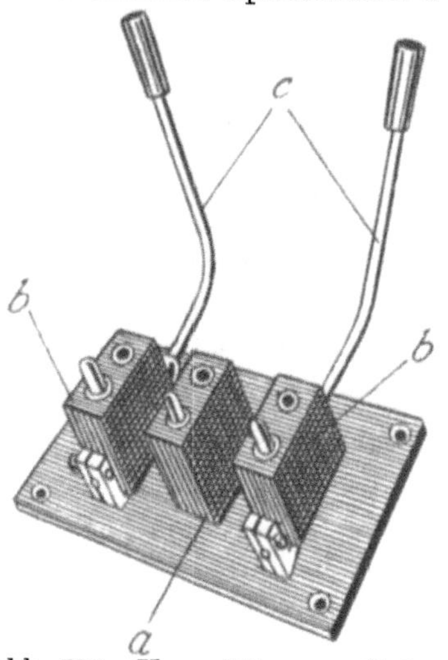

Abb. 706. Kapazitätsunempfindlicher Spulenhalter.

Aber noch eine andere Anforderung wird an moderne Spulenhalter gestellt, nämlich die, daß die Spuleneinstellung mit Feinregulierung versehen werden muß. Es kommt z. B. bei Reflexschaltungen häufig darauf an, Einstellbewegungen, welche nur den Bruchteil eines Grades betragen, zu bewirken. Dieses ist im allgemeinen durch die vorstehende oder ähnliche Konstruktionen nicht möglich.

Man ist in solchen Fällen mit Erfolg auf eine Konstruktion übergegangen, welche etwa Abb. 707 entspricht.

Auf einem Grundbrett *a* ist ein fester Spulenhalter *b* und ein beweglicher Spulenhalter *c* angeordnet, von denen jeder mit entsprechenden Kontakten für den elektrischen Anschluß der Spulen versehen ist. Der Spulenhalter *c* ist um die Lager *d* drehbar. Die Achse von *c* ist nach einer Seite etwas verlängert durchgeführt und mit einem Schraubenrade gekuppelt. Auf diesem läuft eine Schnecke *f*, die durch einen möglichst lang auszuführenden Handgriff *g* gedreht wird. Der hierauf befestigte Knopf *h* soll möglichst groß ausgeführt sein, um das Gefühl in der Hand für die Feinregulierung zu bewirken. *i* sind Lager, die an *b* angebracht sind, und in denen sich *g* dreht.

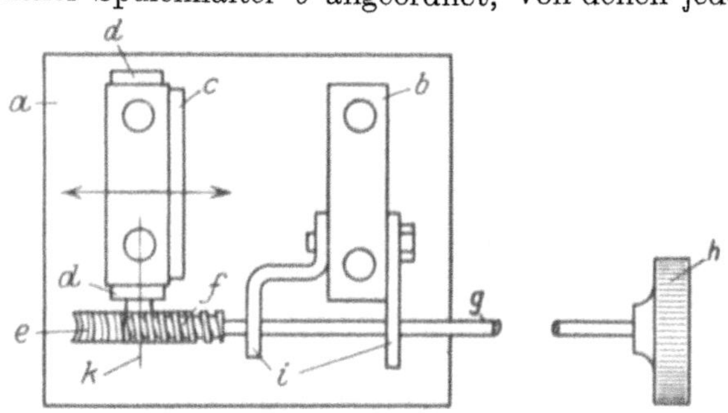

Abb. 707. Spulenhalter mit kapazitätsunempfindlicher Feineinregulierung.

Durch das Drehen des Griffes *h* wird die Schnecke *f* und damit das Schraubenrad *e* und somit auch der Spulenhaltekörper *c* in einer der

Pfeilrichtungen gedreht. Es ist mithin eine sehr saubere und feine Einregulierung möglich, wobei eine Kapazitätsunempfindlichkeit in weitem Maße gewährleistet ist, sofern g nur lang genug ausgeführt ist. Übrigens würde es diese Anordnung auch ermöglichen, eine Ablesung und infolgedessen eine Wiedereinstellung einer einmal gehabten Lage zu ermöglichen. Man braucht z. B. nur auf dem Rad e eine Teilung anzubringen, welche gegen eine Marke k spielt, die auf der Grundplatte a angebracht ist.

D. Isolatoren für Hochfrequenz und Hochspannung.

1. Prinzipielle Anforderungen an Isolationsmaterialien (Sicherheitsfaktor).

Für alle hochfrequenzführenden Isolatoren, gleichgültig ob dieselben sich an Hochfrequenzapparaturen oder außerhalb des Stationsraumes in freier Luft befinden, sind im wesentlichen maßgebend:

1. die Dielektrizitätskonstante und die im Dielektrikum auftretenden Verluste,
2. das Verhalten und die Festigkeit gegen Auftreten von Glimmströmen und Durchschlagsspannungen; Formgebung des Isolators.

Es muß verlangt werden, daß die Dielektrizitätskonstante möglichst groß, die dielektrischen Verluste tunlichst gering sind. Es gibt flüssige Isolatoren, wie z. B. Rizinusöl, das eine hohe Dielektrizitätskonstante (ca. 5) besitzt, aber so große dielektrische Verluste aufweist, daß die Anwendung desselben in Schwingungskreisen nahezu ausgeschlossen ist. (Siehe die Tabelle.)

Besondere Beachtung ist der Konstruktionsform des Isolators zu widmen, die, abgesehen von der erforderlichen mechanischen Festigkeit, darauf abzielen muß, die dielektrischen Verluste so klein als möglich zu halten. Insbesondere kommt es darauf an, den Sicherheitsfaktor s unter Berücksichtigung der Hochfrequenz

$$s = \frac{\text{Durchschlagsspannung}}{\text{Maximalspannung}} = \frac{\text{Überschlagsspannung}}{\text{Maximalspannung}}$$

den jeweiligen Verhältnissen entsprechend groß zu wählen, namentlich da sich weder die Überschlags- bzw. Durchschlagsspannung, noch vor allem die maximale Spannungsamplitude genau feststellen lassen.

Man wählt zweckmäßig wie auch in der Hochspannungstechnik den Sicherheitsfaktor so, daß leichter ein Überschlag als ein Durchschlag stattfinden kann, so daß der Luftweg als Sicherheitsfunkenstrecke dient.

Auch die jeweilig vorhandene Temperatur und Luftfeuchtigkeit sprechen wesentlich mit. Es ist ohne weiteres möglich, daß beispielsweise ein Isolator bei trockener Luft genügende Isolationsfähigkeit besitzt, daß aber bei feuchter Luft, in der der betreffende Apparat ebenfalls betriebsbereit sein muß, sich sofort Glimmströme ausbilden und der Isolator dauernd infolge von auftretenden Überschlägen unbrauchbar wird.

Insbesondere muß der Ausbildung jedes Glimmstromes vorgebeugt werden, da dieser namentlich bei hohen Periodenzahlen zu einer starken Erwärmung und baldigen Zerstörung des Isolatormaterials Veranlassung gibt. Infolgedessen sind bei allen stromführenden Metalleitern die Kanten um so mehr zu verrunden, je höher die Spannung an der betreffenden Stelle ist.

2. Für Hochfrequenz in Betracht kommende Isolationsmaterialien.

Für die Hochfrequenztechnik kommen namentlich folgende Isolationsmaterialien in Betracht:

α) *Luft.* Obwohl die spezifische Durchschlagsfestigkeit von gewöhnlicher atmosphärischer Luft an sich nicht sehr groß ist, besteht der Vorteil, daß sich, sofern es sich nicht um besonders eingekapselte Apparate handelt, die Luft von selbst wieder erneuert, wenn ein Überschlag stattgefunden haben sollte. Eine besondere Bedeutung kommt der Luft, bzw. den Gasen als Isolationsmaterial zu, wenn man dieselbe in gepreßtem Zustand verwendet. Die Durchschlagsfestigkeit wächst alsdann annähernd proportional dem Druck.

β) *Öl* (*Paraffinöl*). Als weiteres Isolationsmaterial kommt Öl in Frage, wobei grundsätzlich verlangt werden muß, daß dieses weder Verunreinigungen noch insbesondere Wasser enthält, wodurch die Isolationsfähigkeit wesentlich herabgesetzt werden würde. Im übrigen soll das Öl möglichst leichtflüssig sein und nicht zur Harzbildung neigen, da es meist nicht nur zur Isolierung, sondern auch zur Wärmeableitung benutzt wird. Das Öl besitzt ebenso wie Luft den Vorteil, daß eine Überschlags- oder Durchschlagsstelle von selbst ihre frühere Isolationsfähigkeit wieder annimmt, sofern der Zirkulation nicht besondere Widerstände entgegenstehen. Ein weiterer Vorteil des Öles — es kommt für die Apparate der Hochfrequenztechnik insbesondere Paraffinöl in Betracht — ist der, daß die Dielektrizitätskonstante wesentlich höher ist als die der Luft und sich derjenigen von Porzellan und Glas, die unter den festen Isolatoren sich in erster Linie für Hochfrequenzisolation eignen, nähert. Hierdurch wird bei kombinierten Porzellan-Ölisolationen das elektrische Feld an den Übergangsstellen gleichmäßiger gestaltet (K. Fischer).

γ) *Porzellan* (*Steckolith*), *Glas und Speckstein.* Unter den festen Isolationsmaterialien gelangen, namentlich auch wegen der notwendigerweise klein zu haltenden Oberflächen- und Wirbelströme, insbesondere Porzellan (Steckolith) und Glas als Isoliermaterialien zur Anwendung, mindestens wo es sich um größere Energien handelt und die Apparate, bzw. Apparatteile den nicht oder wenigstens nur teilweise und in geringem Maße bearbeitbaren (Schleifen) Porzellan- und Glaskörpern angepaßt werden können. Für manche Zwecke sehr angenehm ist auch Speckstein, der den Vorteil besitzt, daß er sich vor dem Brennen gut bearbeiten läßt.

Man kann in der praktischen Ausführung bei Benutzung von Glas, namentlich in Form von Spiegelglas, sehr weit gehen, ohne daß man Gefahr läuft, sich der Bruchgefahr allzusehr auszusetzen.

δ) Hartgummi. Wo eine allseitige Bearbeitung und peinlich genaue Innehaltung der Maße erforderlich ist und die Kosten für die immerhin teure Glasbohrung, -schleifung usw. gescheut werden, wählt man, wenn es nicht auf sehr große Energien, bzw. große mechanische Festigkeit ankommt, Hartgummi, wobei allerdings zu beachten ist, daß einerseits selbst gutes Hartgummi keine wesentlichen mechanischen Kräfte aufzunehmen gestattet, andererseits Hartgummiplatten und -stäbe, auf die mechanische Kräfte einwirken, leicht zum Verziehen neigen.

Auf jeden Fall ist es erforderlich, gutes Hartgummi, das sich möglichst auch polieren läßt, zu verwenden.

Das Hartgummi darf weder zu spröde sein, noch darf es im Laufe der Zeit weich werden, da sonst die daraus angefertigten Gegenstände eine so starke Formveränderung erfahren können, daß z. B. Kontaktschwierigkeiten eintreten, bzw. überhaupt kein Kontakt mehr gewährleistet ist.

Die Politur kommt bei Hartgummi insbesondere bei Hochspannung in Betracht, wo sich alsdann durch Abreiben, Nachpolieren usw. leichter ein hoher Oberflächenwiderstand wieder herstellen läßt, wenn derselbe durch Feuchtigkeit, Sonnenbestrahlung (Schwefelausschlagen) usw. gelitten haben sollte.

Wenn einerseits sehr gute Isolationsfähigkeit verlangt wird, andrerseits mechanische Kräfte zu übertragen sind und eine Formänderung möglichst vermieden werden soll, tut man gut, Kombinationen von z. B. Fiberplatten und Hartgummi zu verwenden. Das Fiber nimmt die mechanische Beanspruchung auf, das Hartgummi die elektrische, und ein Verziehen kann vermieden werden.

ε) Paraffiniertes Holz. Meist ebensogut wie Hartgummi, besser aber als die meisten im Handel vorkommenden Gummiarten, ist mit Paraffin möglichst im Vakuum behandeltes Holz, namentlich wenn es sich um geringe Energien wie bei Empfängern handelt. An sich kann jedes säurefreie, gut ausgetrocknete Holz verwendet werden. In erster Linie kommt wohl Eschenholz oder Weißbuchenholz in Betracht. Nachdem der betreffende, aus Holz hergestellte Gegenstand im Vakuumofen in Paraffin gekocht ist, wird derselbe nochmals, nachdem die Löcher, Ausbohrungen usw. hergestellt sind, in Paraffin eingetaucht, so daß sich um die Bohrungs- und Durchführungsstellen herum kleine, besonders gut isolierende Paraffinklötzchen ausbilden können. Für Empfangsenergien ist, wie gesagt, Hartgummi oder mit Paraffin imprägniertes Holz im allgemeinen ohne weiteres verwendbar. Übrigens genügt es meist, die Holzteile, welche indessen vollkommen wasserfrei sein müssen, in einem mit Paraffin gefüllten Topf zu kochen und nach der Bearbeitung nochmals zu tauchen. Bei größeren Energien, wie sie bei Sendern vorkommen, ist hingegen Vorsicht geboten, und es muß die dem Isolationsmaterial zugemutete spezifische Belastung im allgemeinen klein gewählt werden, um direkte Brandgefahr zu beseitigen.

Außer Hartgummi und paraffiniertem Holz kommen noch, wenn man die Isolationsanforderungen nicht allzu hoch stellt, Marmor und Fiber in Betracht.

ζ) *Glimmer.* Für die meisten Hochfrequenzzwecke ist ferner die Anwendung von homogenen Glimmerscheiben zweckmäßig, insbesondere wenn es sich darum handelt, z. B. hochfrequenzführende Leitungsenden, an denen Hochspannung liegt, voneinander zu isolieren. Es genügen alsdann im allgemeinen schon Glimmerscheiben oder -streifen von wenigen Zehntelmillimeter Stärke.

Indessen spielt die Qualität des Glimmers eine wesentliche Rolle. Gut unter allen Umständen ist vollkommen farbloser oder höchstens schwach gefärbter Glimmer in der Beschaffenheit des sog. „Ruby clar“, da diese Qualität von allen metallischen Einschüssen frei ist.

Verwendbar für die meisten Zwecke sind auch noch solche Glimmerscheiben, die schwarze Einschüsse enthalten, da diese Einschüsse im allgemeinen von Kohlenstoff, Graphit oder dergleichen herrühren.

Ganz ungeeignet für Hochfrequenzzwecke ist jedoch Glimmer, der bräunliche oder rötliche Flecken zeigt, da diese offenbar von metallischen Niederschlägen herrühren, immer stark dämpfend wirken und bei größeren Energien zu einer Zerstörung der betreffenden Glimmerscheibe und damit des Apparates (Kondensator, Spule usw.) Veranlassung geben.

Selbstverständlich darf der verwendete Glimmer Risse oder Querspalten nicht aufweisen.

Für Spulenisolation kommt neuerdings Mikaseide (Jaroslaw, Berlin) in Frage.

η) ***Mikanit**, Pertinax, Gummon, Gummoid, Prestonit, Bakelit, Galalit, Faturan, Stabilit, Tenacit, Cellon.* Weniger gut sind Mikanit, da dieses nur zusammengeklebter Glimmer mit größeren oder geringeren Wassereinschlüssen ist,

Pertinax, dem sog. Gummon oder auch Gummoid ähnlich ist, bestehend im wesentlichen aus unter hohem Druck bakelisierter Pappe ebenso wie

Prestonit, einer fiberähnlichen Masse, die offenbar aus einer Art bakelisierter Pappe, die unter hohem Druck zusammengepreßt ist, besteht, und wobei gleichfalls die mechanische Festigkeit sehr hoch, die Durchschlagsfestigkeit und Spannung aber selbstverständlich erheblich geringer als bei Hartgummi ist.

Diesen in elektrischer Beziehung mehr oder weniger ähnlich ist: Bakelit, Galalit und Faturan.

Stabilit und Tenacit sind porzellanähnliche, gebrannte Massen, die ungefähr die gleichen Eigenschaften wie Porzellan besitzen.

Cellon hartschwarz, isoliert, bei niedrigen Wechselspannungen, etwa ebensogut wie Hartgummi, läßt sich gleichfalls so gut bearbeiten wie Hartgummi, ist aber etwas spröder als dieses.

Als vollwertige Isolationsmaterialien können die vorgenannten Materialien für Hochfrequenz meist überhaupt nicht angesehen werden, und vor deren Anwendung ist eine spezielle Untersuchung, möglichst unter Anwendung der besonderen Betriebsverhältnisse, von Fall zu Fall anzuraten.

3. Trag- und Halteisolatoren.

Für viele Zwecke der drahtlosen Telegraphie kann der aus der Hochspannungstechnik bekannte Rillenisolator gemäß Abb. 708 angewendet werden. Der annähernd zylindrisch gestaltete Porzellankörper besitzt zwei Aussparungen zum Einkitten metallischer Verbindungsstücke. Die Oberfläche ist durch Rillenausbildung vergrößert, um eine entsprechend höhere Überschlagsspannung zu erzielen.

Besonders berücksichtigt muß bei der Konstruktion und Auswahl von Isolatoren die Ausbildung des elektrischen Feldes werden, so daß sich möglichst an keiner Stelle ein Glimmstrom ausbilden kann. Tesla hat bereits festgestellt, daß in der Hochspannungstechnik schon eine kleine Glimmstromausbildung, insbesondere bei hoher Frequenz, zu-

Abb. 708. Rillenisolator.

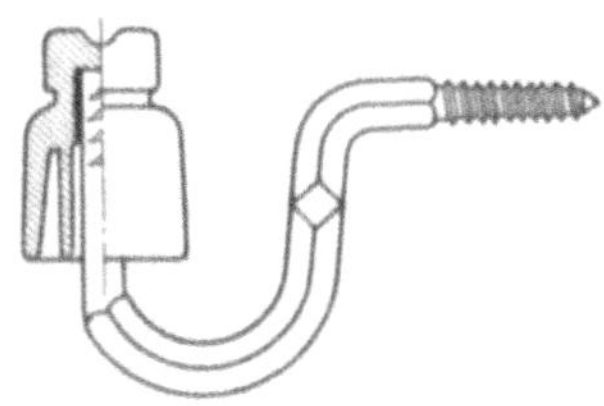

Abb. 709. Halte- und Abspannisolator, z. B. für Antennen.

nächst die den Isolator umgebende Luft erwärmt und infolgedessen seine Isolationsfähigkeit herabsetzt, und daß allmählich hierdurch auch das Isolationsmaterial erwärmt wird und infolgedessen die elektrische Verlustarbeit wächst, bis allmählich der Isolator zerstört wird.

Einen fertig montierten Halteisolator, wie er z. B. für Antennendrahtabfangungen ohne weiteres gebraucht werden kann, in der Ausführung der Porzellanfabrik J. Schachtel A.-G. in Sondienau gibt Abb. 709 wieder.

4. Durchführungsisolatoren.

Besondere Beachtung verdienen die Durchführungs- und Aufhänge- bzw. Abspannisolatoren. (Siehe auch S. 555ff).

Antennendurchführungsisolator von Marconi. Einen älteren Antennendurchführungsisolator von Marconi zeigt Abb. 710. Derselbe besteht aus einem Hartgummirohr, durch das die Antennenzuführungslitze hindurchgezogen ist. Das Rohr steckt in einer Hartgummibuchse, die ihrerseits durch eine aus Isoliermaterial, z. B. Glas, hergestellte Platte gehalten wird, welche in das Mauerwerk des Stationsgebäudes eingesetzt wird. (Siehe auch Abb. 572 u. 573 S. 556.)

Eine der in Deutschland vielfach üblichen Einführungen der Porzellanfabrik J. Schachtel zeigen die Abb. 711. Die erstere ist für geringere Beanspruchungen gedacht, die letztere entspricht schon mehr den Bedürfnissen für Sendeanlagen, oder falls es sich um Einführung unter besonders ungünstigen klimatischen Verhältnissen handelt.

Abb. 710.
Antenneneinführungsisolator von Marconi.

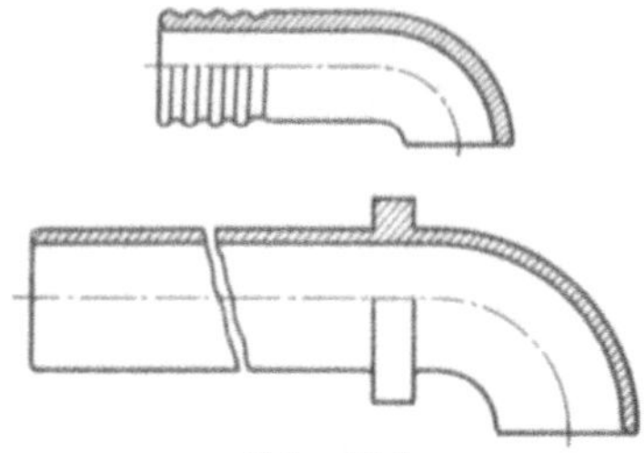

Abb. 711.
Durchführungsisolatoren.

5. Antennen- und Abspannisolatoren.

Die Antennenleiter müssen gegen die Aufhängepunkte hin sorgfältig isoliert werden. Man benutzt hierzu möglichst einfach gestaltete Porzellanisolatoren, die jedoch die Aufgabe erfüllen müssen, unter allen Witterungsverhältnissen, also auch bei Regen, Rauhreif, Schnee usw. noch gut zu isolieren. In der drahtlosen Verkehrstechnik sind eine ganze Anzahl von Konstruktionen ersonnen worden, die z. T. auch einigermaßen den Anforderungen entsprechen. Auch für den Radio-Interessentenbetrieb werden viele Anordnungen auf den Markt gebracht, von denen im nachstehenden nur zwei besonders zweckmäßige Formgebungen Erwähnung finden sollen. Außer ihren elektrischen Vorteilen sind diese zwei Isolatorformen auch mechanisch sehr günstig, da ihre Zerbrechlichkeit auf ein Minimum herabgesetzt ist.

a) Der Ei-Isolator.

Die Formgebung folgt aus Abb. 712. Der aus gutem glasiertem Porzellan hergestellte eiförmige Körper ist mit vier senkrecht aufeinanderstehenden Rillen und zwei derartigen Durchbohrungen versehen, daß der Antennenleiter und das Abspannseil teils in der Rinne liegen und teilweise durch das Isolationsmaterial hindurchgeführt sind. Hierdurch ist der grundsätzlichen Forderung bezüglich der mechanischen Druckbeanspruchung des Porzellankörpers Genüge geleistet, und ferner ist hierdurch erzielt worden, daß zwischen dem Seil und dem Antennenleiter sich nicht nur genügend Isolationsmaterial befindet, sondern daß auch infolge der Formgebung der Kriechweg ein genügend großer ist.

Derartige Ei-Isolatoren, häufig auch Nuß- bzw. Sattelisolatoren, werden meistens in Ketten, namentlich bei größeren Antennenanlagen verwendet, wie dies in Abb. 570, S. 556 zum Ausdruck gebracht ist.

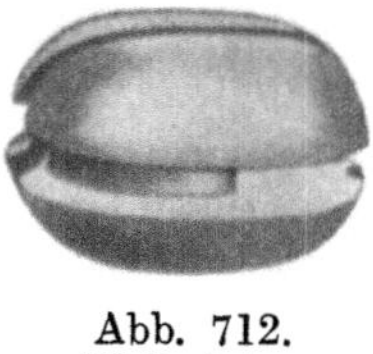

Abb. 712.
Ei-Isolator.

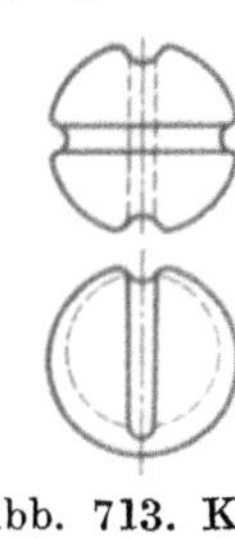

Abb. 713. Kugelförmiger Abspannisolator.

Eine andere Ausführungsform eines häufig angewendeten, mehr kugelförmig gestalteten Abspannisolators zeigt Abb. 713.

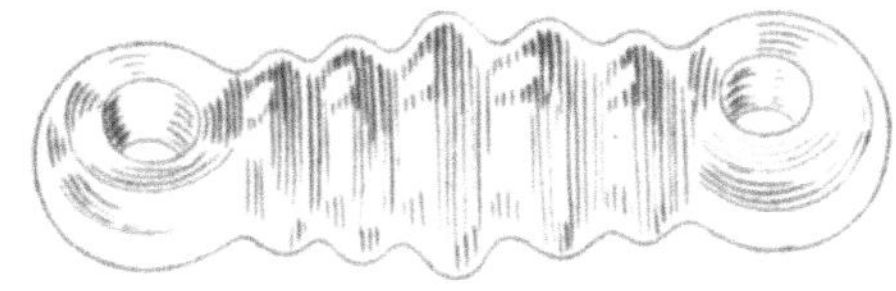

Abb. 714. Antennenabspannisolator aus Glas.

Man hat, insbesondere in Amerika, auch Glasisolatoren für das Abspannen von Antennendrähten verwendet. Abb. 714 zeigt eine derartige Ausführung der Coming Glass Works. Zweifelsohne sind durch derartige Isolatoren gewisse Vorteile gegeben und nicht nur in elektrischer Beziehung, sondern auch mit Bezug auf gute Isolation, selbst bei feuchter und rauchiger Luft. Es fragt sich jedoch, ob die auch kaum durch ein spezielles Glasmaterial zu behebende große Zerbrechlichkeit der allgemeinen Verwendbarkeit nicht im Wege steht.

b) Sattelisolator.

Pardunenabspannungen werden unter Verwendung besonders konstruierter Sattelisolatoren (siehe Abb. 715), die wohl in jeder Beziehung für die vorliegende Aufgabe die beste Lösung darstellen, durchgeführt.

Bei diesen Sattelisolatoren ist zwischen den durch den Isolator verbundenen Drahtseilen ein Maximum des Kriechweges und damit der Überschlagsspannung vorhanden. Zwischen den Drahtseilen ist ferner ohne Materialverschwendung genügend Isolationsmaterial vorhanden, um ein Durchschlagen an dieser Stelle zu verhindern. Feuchtigkeit, insbesondere Regen und Schnee, kann sich an dem Isolator nicht oder nur in geringstem Maße ansammeln und haften bleiben. Der Isolatorkörper ist lediglich auf Druck beansprucht. Die Ränder können nicht allzu leicht abbrechen.

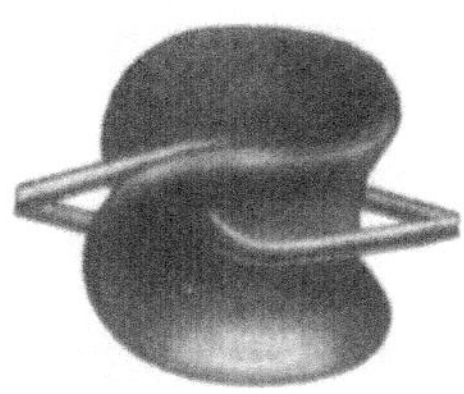

Abb. 715. Sattelisolator.

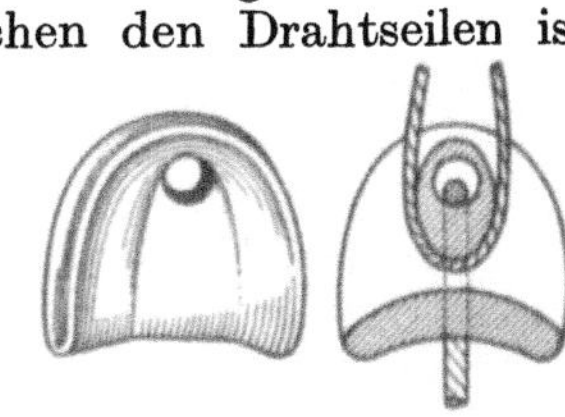

Abb. 716. Sattelisolator, rechts im Schnitt mit eingespleisten Pardunen.

Den Schnitt durch einen Sattelisolator mit eingespleistem Antennendraht bzw. Abspannung gibt Abb. 716 wieder.

E. Zubehörteile für Röhren und Röhrenschaltungen

1. Verstärkungstransformatoren.

a) Allgemeine Gesichtspunkte. Verschiedene Transformatortypen.

Sowohl bei der Hochfrequenzverstärkung als auch bei der Niederfrequenzverstärkung werden häufig, ebenso wie für die Ankopplung der Telephone als auch der Kreise untereinander, räumlich klein bemessene Transformatoren von geringem Gewicht verwendet, die einen teilweise offenen oder ganz geschlossenen Eisenkern besitzen.

Ausführungs- und Wicklungsverhältnisse der einzelnen Konstruktionen weichen voneinander ab.

Abgesehen von den allgemeinen für die Bemessung von Transformatoren üblichen Gesichtspunkten, kommen hierbei noch eine Reihe weiterer Punkte in Betracht, die für das gute Funktionieren dieser Transformatoren maßgebend sind. Besonders bemerkenswert sind die bei den erforderlichen hohen Windungszahlen und dem notwendigen Übersetzungsverhältnis zur Anwendung gelangenden, außerordentlich geringen Drahtstärken — es kommen solche von ca. 0,05 mm Durchmesser in Betracht — und wobei außerdem noch eine ausgezeichnete Isolation vorausgesetzt ist.

Man unterscheidet Eingangs-, Zwischen- und Ausgangstransformatoren, je nach der Stelle, an der der Transformator im Verstärkerkreise benutzt wird und wie er gebaut ist. Bei mehr als Dreiröhrenverstärkern werden naturgemäß mehrere Zwischentransformatoren benötigt. Man bezeichnet die Transformatoren vielfach auch als Auf- und Abtransformatoren, je nachdem ob die Spannung herauf- oder herabtransformiert werden soll.

Entsprechend diesen Bezeichnungen, muß auch das Wicklungsverhältnis gewählt werden, denn es kommt auf die Funktionen der betreffenden Schaltstelle an, die der Transformator zu erfüllen hat.

Generell besteht die Forderung, daß, um den günstigsten Wirkungsgrad und die größte Lautstärke zu erzielen, der Wechselstromwiderstand der Primärwicklung gleich dem Widerstand der Zuführquelle ist, und daß der Sekundärwiderstand dem Wechselstromwiderstand der Verbraucherstelle gleich sein muß.

Für die Konstruktion und Dimensionierung der Verstärkungstransformatoren ist es günstig, daß der Gitterstrom bei der Verstärkung nahezu Null ist, und daß infolgedessen die Transformatoren ohne weiteres auf hohe Spannungen gewickelt werden können, wobei man lediglich in der Eigenkapazität der Spulen eine obere Grenze findet. Infolgedessen wird man eine gewisse Windungszahl als Optimum feststellen können.

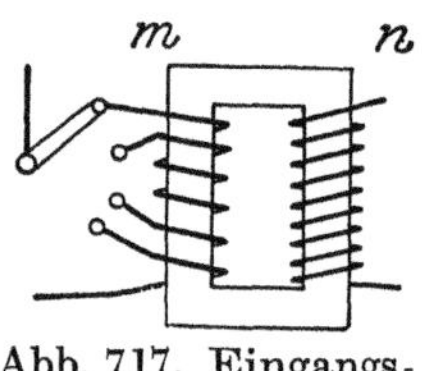

Abb. 717. Eingangstransformator mit stufenweise schaltbarer Primärwicklung.

Für den Eingangstransformator, unter Berücksichtigung der ihm zugeführten Audiofrequenz, heißt dies, daß der Widerstand der Primärwicklung = dem Detektorwiderstand, also etwa = 3000 bis 6000 Ohm zu wählen ist. Um eine gewisse Variabilität zu erzielen, hat man gemäß Abb. 717 die Primärwicklung m mit stufenweise schaltbaren Kontakten versehen, um durch den Versuch den günstigsten Wert zu ermitteln. Der Transformator hat die Aufgabe, eine möglichst große Spannungserhöhung zu erzielen. Andererseits wird verlangt, daß die Sekundärwicklung n sich in ihrem Wechselstromwiderstand dem Widerstand zwischen Gitter und Kathode der Röhre ungefähr anpaßt. Dieser beträgt etwa 10^7 Ohm. Da hiernach ein viel zu hohes Übersetzungsverhältnis verlangt werden würde, das selbst bei Drahtstärken von 0,05 mm nicht herstellbar ist, so muß man zu einem Kompromiß schreiten, auch um die Eigenkapazität der Spulen nicht allzu groß werden zu lassen, und begnügt sich mit einem Übersetzungsverhältnis von etwa 1 : 10 bis 1 : 4 oder weniger. Windungszahl etwa 5000 zu 30000 (siehe unten). Besonderer Wert ist darauf zu legen, daß die Transformatorspulen möglichst kapazitätsfrei gewickelt werden. Im übrigen muß die Isolation des Gitters, also auch der Sekundärspule, mindestens 10^7 Ohm betragen.

Etwas günstiger liegen die Verhältnisse für den Durchgangstransformator, dessen Primärwicklung von dem Anodenstrom der ersten Röhre bei einem Widerstande von 10^5 Ohm gespeist wird, während die Sekundärwicklung auf das Gitter der zweiten Röhre arbeitet, also wiederum 10^7 Ohm in Frage kommen. Es ergibt sich hieraus ein Übersetzungsverhältnis von etwa 1 : 8 bis 1 : 4. Windungszahl etwa 5000 : 25000.

Für den Ausgangstransformator liegen die Verhältnisse so, daß der Wechselstromwiderstand der Primärwicklung, der im Anodenfeld z. B. der zweiten Röhre liegt, ca. 10^4 Ohm beträgt, während das Telephon einen Widerstand von etwa 4000 Ohm besitzt, woraus sich ein Übersetzungsverhältnis ergibt von etwa 1 : 5.

Bisher werden normalerweise z. B. von G. Seibt Niederfrequenztransformatoren geliefert mit folgenden Windungszahlen und Wicklungsverhältnissen:

7000/12000	Verhältnis:	1 : 1,7
7000/15000	„	1 : 2,1
5000/20000	„	1 : 4
5000/30000	„	1 : 6.

Die neueste Tendenz im Transformatormotorbau geht dahin, mit tunlichst kleinen Übersetzungsverhältnissen auszukommen. Zahlen wie 1 : 2 oder $1:1^1/_2$ oder noch darunter findet man schon häufig angewendet.

b) Anforderungen an Niederfrequenztransformatoren.

Der Niederfrequenzverstärkungstransformator für den R.T.-Empfangsbetrieb muß Sprache und Musik verzerrungsfrei übertragen können. Infolgedessen besteht die Forderung, daß mindestens der Frequenzbereich zwischen 100 und etwa 4000 Schwingungen pro Sek. technisch einwandsfrei beherrscht wird. (Eigentlich sollte der Bereich bis zu ca. 10000 Schwingungen pro Sek. herauf verlangt werden.)

Ferner muß die Energie durch den Transformator möglichst verlustfrei übertragen werden, weswegen sehr hohe Wirkungsgrade, die etwa zwischen 80 % und 95 % liegen, angestrebt werden müssen.

Der Transformator hat natürlich die Bedingung zu erfüllen, die Spannung je nach seiner Verwendungsstelle herauf- oder herabzutransformieren. Die Erzielung eines hohen Transformationsverhältnisses, welches häufig wünschenswert ist, ist technisch nicht ganz einfach zu erreichen, da es nicht ohne weiteres durch eine hohe Amperewindungszahl möglich ist.

Man hat deshalb auf zwei Konstruktionspunkte besonderen Wert zu legen. Der erste besteht in der scheibenförmigen Wicklung der Primär- und Sekundärspule und der zweite noch wichtigere Punkt in der richtigen Ausbildung des Eisenkörpers und in der Wahl der hierzu geeigneten Materialien.

Bei der Scheibenwicklung ist darauf zu achten, daß die Kapazität der Wicklungen gegeneinander möglichst klein wird. Dies macht besonders bei räumlich kleinen Transformatorausführungen gewisse Schwierigkeiten, da sie alsdann dazu neigt, groß zu werden. Aus diesem Grunde kann es zweckmäßiger sein, mit den räumlichen Abmessungen nicht allzu weit herunterzugehen, da man bei einem etwas größeren Transformator die Kapazität leichter relativ gering halten kann.

Die Dimensionierung des Eisenkörpers, welche erforderlich ist, um ein tunlichst kräftiges Feld zu erhalten, und die Wahl des magnetischen Materials sind für das Funktionieren des Transformators und infolgedessen auch für den Apparat, in welchem er eingebaut wird, von größter Bedeutung. Verwendet man beispielsweise Eisen, welches zu große Verluste besitzt, so kann man die hohen Frequenzen bei Musikaufnahme nicht mehr unverzerrt übertragen.

Es ist infolgedessen, ähnlich wie beim Maschinenbau, zweckmäßig, das Eisen so fein unterteilt wie irgendmöglich anzuwenden und die einzelnen Schichten recht gut voneinander zu isolieren. Die besten Resultate scheinen offensichtlich mit lackiertem, sehr dünnem Eisendraht von je etwa 0,005 mm Stärke erzielt worden zu sein. Den Eisenkörper hat man bei Benutzung derartigen Drahtes zweckmäßig wie bei Igeltransformatoren gebaut, wobei besonders darauf zu achten ist, daß die einzelnen Drähte keinen nennenswerten Abstand voneinander besitzen, sondern möglichst eng aneinander liegen. Nicht nur die Güte der Transformation, sondern auch der Sprach- und Musikübertragung wird um so besser, je geringer die Luftschichten zwischen den einzelnen Drähten, bzw. Blechen des Eisenkörpers sind. Auf diesen Punkt hat man naturgemäß auch besonders bei aus Blechen aufgeschichteten Eisenkörpern zu achten und daher ist ganz besondere Sorgfalt beim Ein-

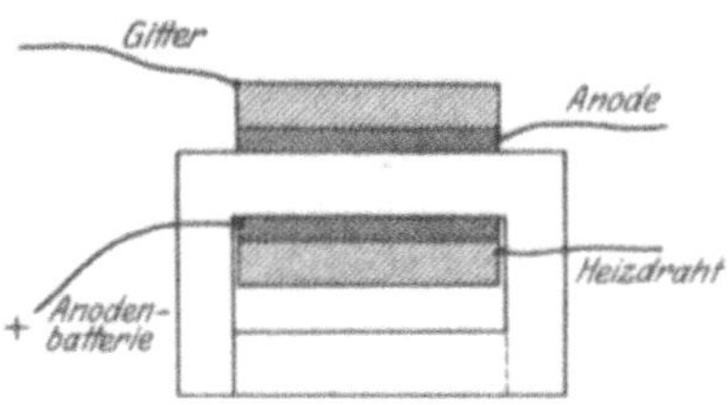

Abb. 718. Schema des Auslandstransformators.

OP = outside primary	= *P*	= gelb	=	Anode
JP = inside ,,	= + *B*(P_o)	= weiß	=	+ Anodenbatterie
OS = outside secondary	= *G*(S_i)	= rot	=	Gitter
JS = inside ,,	= — *F*(S_o)	= blau	=	— Heizdraht.

blättern der Jochbleche anzuwenden. Hierdurch werden Verluste durch Streuung nach Möglichkeit vermieden.

Da die verschiedenartigsten Bezeichnungsarten bei Niederfrequenztransformatoren, denen es ebenso wie andern Teilen der R.T.-Industrie mangelt, sind die wichtigsten Bezeichnungen und Abkürzungen in Abb. 718 wiedergegeben.

c) Konstruktive Formgebung von Verstärkertransformatoren. Transformator mit teilweise offenem Eisenweg.

Bei einer älteren Form (Siemens & Halske A.-G., Telefunken), gemäß Abb. 719, die jedoch auch heute noch stellenweise angewendet wird, ist der Eisenweg zwar nicht völlig geschlossen, besitzt aber zwei nicht sehr erhebliche Luftspalte. Hierbei ist ein Kern *a* aus dünnen Eisendrähten (schwedischem Holzkohleneisen [Blumendraht]) hergestellt, der in einer Eisenkapsel *b* gemäß der Abbildung angeordnet ist. Diese Eisenkapsel soll nicht nur ein gewisses Schließen der Kraftlinien bewirken, sondern auch verhindern, daß Wirbelstromfelder und überhaupt Kraftlinien nach außen treten und Induktionen erzeugen. Zwischen dem Eisendrahtkern und der Kapsel ist je eine Filzscheibe angeordnet, und durch geringeres oder festeres Ineinanderstecken der Eisenkupferkapsel können die durch die Filzscheiben bedingten Luftspalte verändert werden.

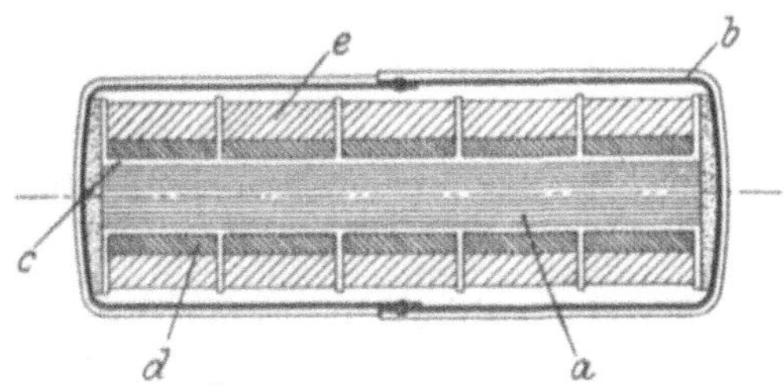

Abb. 719. Älterer Eisen-Kupfer gekoppelter Transformator von Siemens & Halske.

Auf den Drahtkern *a* sind unter Zwischenschaltung einer Isolationsschicht *c*, wie dies bei Transformatoren auch sonst üblich ist, Stufenspulen aufgewickelt, die je aus einer Primärspule *d* und einer direkt hierüber gewickelten Sekundärspule *e* bestehen. Der Drahtdurchmesser zur Bewicklung beider Spulen hat je 0,05 mm und ist mit Seide umsponnen. Die Primärwicklungszahl wird zweckmäßig mit 15000, die Sekundärwicklungszahl mit etwa 60000 gewählt, so daß sich ein Übersetzungsverhältnis von ungefähr $= 1:4$ ergibt. Ein solcher Transformator wird als „Aufwärtstransformator" („Auftransformator") bezeichnet und dient zur Kopplung und Spannungssteigerung zwischen den Verstärkerröhren. Für den Anschluß des Telephons wird eine Spannungsreduktion gewünscht. Man verwendet alsdann einen „Abwärtstransformator" („Abtransformator"), wobei die Primärwindungszahl hoch, die Sekundärwindungszahl niedrig ist.

d) Transformator mit geschlossenem Eisenweg.

Diese Type ist wegen ihrer weit günstigeren elektrischen Verhältnisse unter Umständen auch für Hochfrequenzzwecke (lange Wellen) viel gebräuchlicher und kommt für den R.-T.-Betrieb in Betracht. Das Schema geht aus Abb. 720 hervor.

Die Bleche werden in gewöhnlicher Weise, wie dies bei Transformatoren üblich ist, zusammengeblättert. Die Streuung soll möglichst gering sein. Zweckmäßig wird infolgedessen die wiederum aus Draht gleichen Durchmessers bestehende Primär- und Sekundärwicklung übereinander gewickelt, so daß sich ein Bild, etwa Abb. 720 entsprechend, ergibt. Das Übersetzungsverhältnis schwankt, entsprechend den besonderen Bedingungen, die an Verstärkungstransformatoren gestellt werden, zwischen 1 : 1 und etwa 1 : 12. In letztem Falle transformiert man von 5000 Windungen auf 60000 Windungen. Es ist jedoch auch bis zu 1 : 40 gewickelt worden.

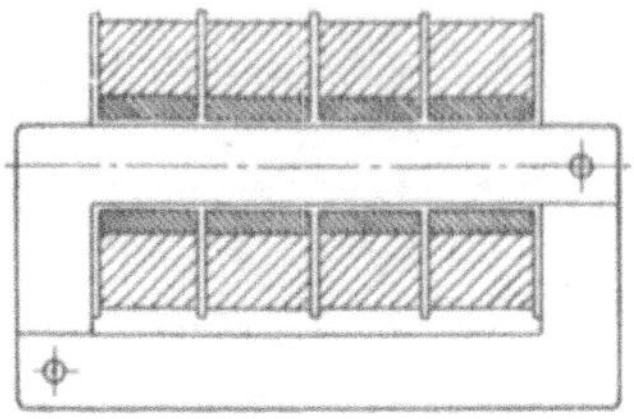

Abb. 720. Vollkommen eisengeschlossener Transformator.

Eine Anordnung mit zwei getrennten Eisenwegen, um deren mittlere Schenkel die Primär- und Sekundärspule herumgewickelt ist, zeigt Abb. 721. Die außen um den Transformator herumgelegte Bandierung ist offenbar zu dem Zwecke vorgesehen, um infolge der hierdurch bewirkten Dämpfung ein Selbsttönen möglichst zu vermeiden, zu welchem Grunde auch vielfach der Eisenkörper mit der einen Klemme des Regulierwiderstandes der Heizstromquelle verbunden wird.

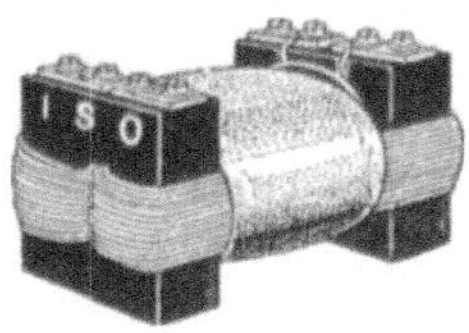

Abb. 721. Englischer Zwischentransformator mit 2 geschlossenen getrennten Eisenwegen.

Abb. 722. Zwischenfrequenztransformator der Radio-Instruments Ltd.

Auch bei der Anordnung für Audiofrequenzverstärkung nach Abb. 722 ist auf den mittleren gemeinsamen Schenkeln die Spulenanordnung aufgebracht. Bei dieser Transformatorkonstruktion der Radio Instruments Ltd. soll eine besonders hohe Isolation zwischen den Windungen gewährleistet sein (Prüfspannung 1000 Volt). Die Dimensionen sind möglichst reduziert, um tunlichst Verluste auszuschließen, was auch durch die besonders angestrebte Schließung des Eisenweges erreicht werden soll.

Im allgemeinen wird indessen bisher mehr die Transformatorausführung gemäß der Abb. 720 bevorzugt. Hierbei ist nur ein geschlossener Eisenweg mit einer Primär-Sekundärspulenkombination vorhanden. Infolge besonders gewählter Überlappungen der Eisenbleche sind z. B. bei dem Zwischentransformator von G. Seibt praktisch keine Stoßfugen vorhanden, wodurch der Eisenwiderstand besonders herabgesetzt ist. Auch auf die Kleinhaltung der Spulenkapazität ist hierbei großer Wert gelegt, ebenso darauf, daß durch Aufbringung einer besonderen

Dämpfungswicklung auf den unteren freien Schenkel ein evtl. Selbsttönen des Verstärkers nahezu unmöglich gemacht wird.

Alle diese Transformatoren sind mit bequem lösbaren Anschlußkontakten für die Zu- und Ableitung des Stromes versehen, ebenso mit Ansätzen, die eine leichte Montage an der Schaltplatte unter Berücksichtigung möglichst geringen Raumbedarfes gewährleisten[1]).

e) Niederfrequenztransformator für Musikempfang.

Für diejenigen Verstärker, welche hauptsächlich für die Wiedergabe musikalischer Genüsse dienen sollen, werden insbesondere in Amerika speziell gestaltet und bemessene Niederfrequenztransformatoren hergestellt. Die Unterseite eines solchen Transformators der Thordarson Electric Manufacturing Co. in Chicago zeigt Abb. 723. Der Eisenkern ist verhältnismäßig sehr reichlich dimensioniert und feingeblättert hergestellt. Auch die Spulen sind verhältnismäßig reichlich bemessen. Trotzdem ist die Bauart des Transformators gedrungen und wenig Raum beanspruchend. Angeblich soll im gesamten musikalischen Bereich die hiermit zu erzielende Verstärkung verzerrungsfrei bewirkt werden können.

Abb. 723. Niederfrequenztransformator (Unterseite) der Thordarson Electric Mfg. Co.

f) Transformatorersatz. Kopplungsmittel für Hochfrequenzverstärkerröhren.

Die eisengeschlossenen Transformatoren sind zur Kopplung de Röhren eines Mehrfachverstärkers nicht sehr günstig und im allgemeinen nur für lange Wellen anwendbar. Meist ist es zweckmäßiger, die Spannungssteigerung durch andere Mittel zu bewirken. In der Hauptsache kommen hierfür in Betracht: Eisenlose Spulen, Ohmsche Widerstände und Drosselspulen, deren Wechselstromwiderstände gleich sein müssen dem inneren Widerstand der Röhren, auf die sie die Energie übertragen. Verwendet man einen Ohmschen Widerstand, so liegt derselbe meist in der Größenordnung von 10^6 Ohm; benutzt man eine Drosselspule, so wählt man diese im allgemeinen zwischen 10^6 und 10^8 cm. Bezüglich der Ausführung dieser Mittel ist folgendes zu bemerken:

Eisenlose Kopplungsspulen. Hochfrequenztransformator. Für die Kopplung der Röhre von Hochfrequenzverstärkern werden zweckmäßig eisenlose Kopplungsspulen benutzt, die einen großen Impedanzwiderstand und einen kleinen Durchmesser besitzen.

Sehr beliebt, namentlich in England, sind leicht auswechselbare, (stöpselbare) auf verschiedene Übersetzungen abgeglichene Kopplungstransformatoren, wie ein solcher z. B. in Abb. 724 dargestellt

[1]) Ein mit vier Stöpselkontakten versehener doppeltgekapselter Niederfrequenztransformator (Weilo-Transformator), welcher wie eine Röhre eingestöpselt werden kann, oder auch durch Auswechselung der Steckerschrauben in Zylinderkopfschrauben mit nur einer Schraube befestigt werden kann, wird von der Firm J. Feldman, Berlin S. 42, in den Handel gebracht.

ist. Hierbei wird meist der Primär- und der Sekundärdraht gleichzeitig nebeneinander gewickelt. Man hält sich einen ganzen Satz solcher Transformatoren, so daß man sich durch den Versuch das Optimum aussuchen kann.

Eine recht brauchbare Anordnung ist aus Abb. 725 zu ersehen. Die Wicklungen sind flach-scheibenförmig auf einen Hartgummikörper, wie die Abbildung zeigt, übereinander gewickelt, und zwar ist die innere Spule die Primär- und die äußere die Sekundärspule.

Die Spule ist mit vier Kontaktstöpseln versehen. Die Anschlüsse erfolgen gemäß Abb. 726.

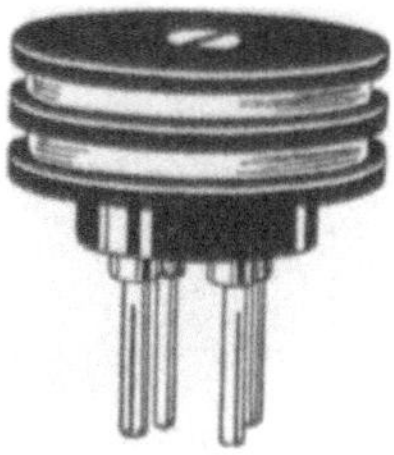

Abb. 724. Leicht auswechselbarer eisenloser Kopplungstransformator.

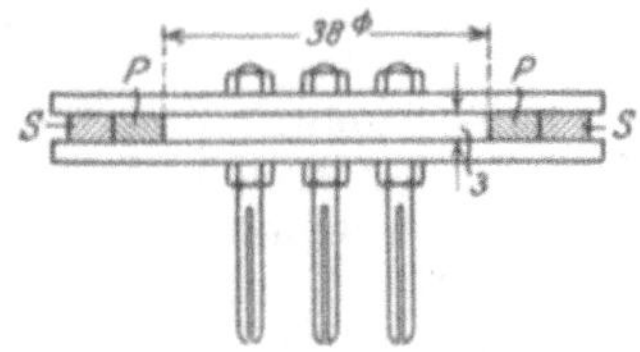

Abb. 725. Stöpselbarer Hochfrequenztransformator.

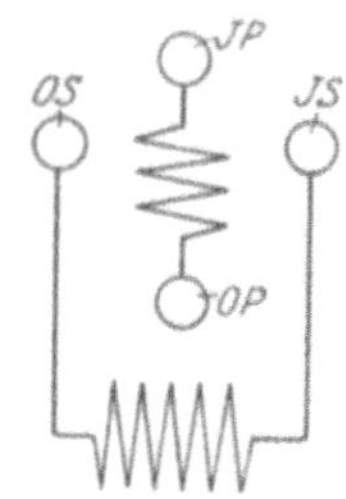

Abb. 726. Anschlüsse des Hochfrequenztransformators.

Die erzielbare Wellenlänge bei Anwendung eines 300-cm-Drehkondensators unter Angabe der Windungszahl bei S.W.G.-Draht ist aus nachstehender Tabelle zu ersehen.

Erzielte Wellenlänge mit einem 300-cm-Kondensator, parallel nur Primärwicklung:	Windungen Primär und Sekundär je	SWG
300—450	50	38
400—700	75	38
600—1000	110	38
900—2000	150	42
2000—4000	200	44

Auch eine Ausführungsform gemäß Abb. 727a kann vorteilhaft sein, jedoch ist alsdann die eine Spule *h* als Primärspule zu schalten, die andere als Sekundärspule. Bedingung ist stets ganz besonders saubere Ausführung.

Widerstandsspulen (aperiodischer Hochfrequenzverstärker). Zugrunde gelegt wird z. B. das Schema von Abb. 460, S. 475. Die Widerstandsspulen sind z. B. gemäß Abb. 727a hergestellt. In dem aus Isoliermaterial bestehenden Körper *m* sind Eindrehungen *n* gemacht, in die die Spulen *h*, z. B. aus 0,1 mm emailliertem Kupferdraht, gewickelt sind. Die gesamte Drahtlänge beträgt etwa 800 bis 1200 m. Es ergibt sich ein Widerstand von rund 1500 Ohm.

Aus dem Schaltungsschema gemäß Abb. 238, *EN 34*, S. 297 und Abb. 461, S. 475 folgt, daß der Gleichstrom der Anodenbatterie sich ohne weiteres durch diese Spule ausgleichen kann, daß hingegen infolge der Selbstinduktion der Spulen *h* den von den Gittern auf die Anode sich übertragenden Schwingungen ein großer Widerstand entgegengesetzt wird. Durch die Widerstandsspulen *h* wird die Spannung also nicht hinauftransformiert, sondern im Gegenteil geht zunächst etwas von der Verstärkung der vorhergehenden Röhre verloren.

Vielfach ist es auch als zweckmäßig befunden worden, an Stelle der Widerstandskopplungsspule eine eisengefüllte Kopplungsspule, etwa in der Ausführung von Abb. 727b zu benutzen. Man hat es hierbei mit

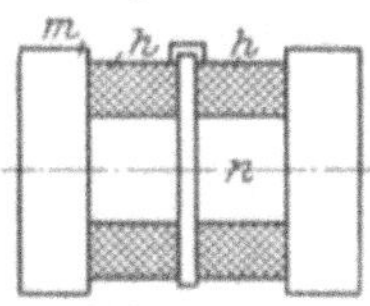

Abb. 727a.
Widerstandskopplungsspule.

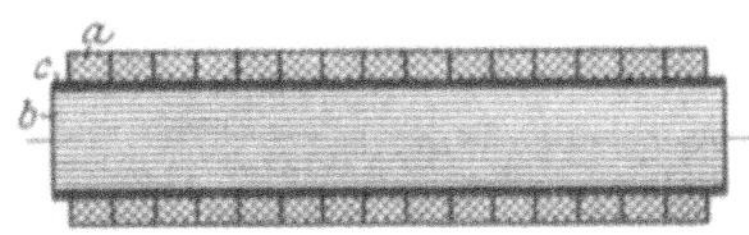

Abb. 727b.
Eisengefüllte Kopplungsspule.

einer reinen Drosselspule zu tun, bei der die Spulen hintereinander geschaltet sind. Jede Spule hat ungefähr 30 Windungen. Zwischen den Spulen *a* und dem aus feinunterteilten Eisenblechen hergestellten Kern *b* ist eine Isolationsschicht *c* aus Kartonpapier angebracht.

g) Hochfrequenzdrosselspulen.

Die günstigste Lösung des Empfangs, insbesondere bei Benutzung von Innen- und Rahmenantennen ist, wie schon oben ausgeführt, der Empfang mit drosselgekoppelten Hochfrequenzverstärkern. Bei diesen kommt es nicht nur sehr wesentlich auf die Ausführung der einzelnen Schaltungselemente und den zusammengedrängten, höchstwertig ausgeführten Zusammenbau an, sondern vor allem auch auf die zur Kopplung benutzten Drosselspulen.

Die Kopplungsdrosselspule soll eine verschwindend geringe Eigenkapazität, tunlichst unter 15 cm, besitzen, um eine gleichmäßig saubere Verstärkung von den kleinsten bis zu den größten Wellen hinauf zu gewährleisten. Infolgedessen ist es notwendig, die räumlich möglichst klein zu haltende Spule aus einzelnen, tunlichst kapazitätsfrei gewickelten Scheibenspulen herzustellen. Im allgemeinen hat sich als Optimum eine Spulenzahl von etwa 20 ergeben, mit einer Drahtstärke von etwa 0,05 mm gewickelt. Einige Konstruktionsdaten nach Angabe von Kappelmeyer sind aus Abb. 728 zu entnehmen. Um die nötige Selbstinduktion bei der verlangten minimalen Eigenkapazität der Spule zu erzielen, ist es immerhin nötig, die Drosselspule mit Eisen zu füllen. Diese Füllung würde aber die Gefahr der Verzerrungsmöglichkeit in sich bergen, wie dies von Eisentransformatoren für Niederfrequenzverstärkung her bekannt ist. Man muß daher den Eisenkern so gestalten, daß er möglichst verlustfrei arbeitet. Die besten Resultate sind bisher mit außerordentlich dünnen lackierten Eisendrähten, die eine Stärke unter 0,05 mm besitzen, erzielt worden. Besonders vorteilhaft ist es, einen derartigen Eisenkern geschlossen zu gestalten, so daß die Drosselspule etwa die Form eines Igeltransformators äußerst geringer Dimensionen erhält.

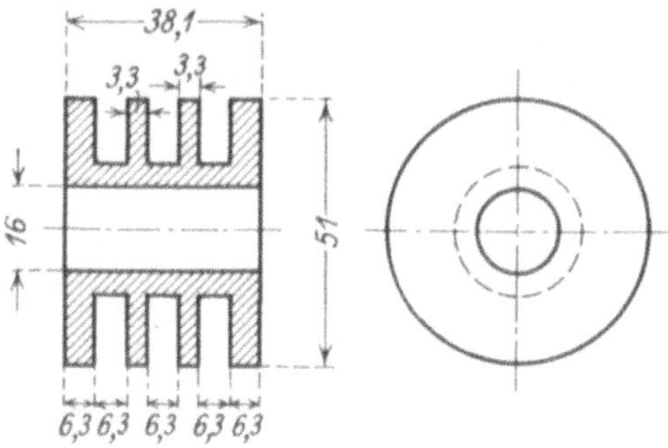

Abb. 728. Hochfrequenztransformator nach Kappelmayer für Wellen von 3000 bis 10000 m λ. Kern aus Eisenfeilspänen. Primär: 500 Windungen 0,3 mm. Sekundär: 1000 Windungen 0,2 mm Lackdraht.

Die im Handel üblichen Formen und Ausführungen von Hochfrequenzdrosseln sind meist für größere Wellenbänder, beispielsweise für einen Bereich von 1000 bis 2000 m Wellenlänge hergestellt. Die äußere Form entspricht alsdann etwa Abb. 729.

Die Herstellung von Drosselspulen für Hochfrequenzverstärkung ist nicht ganz einfach, bzw. die im Handel üblichen Apparate guter Ausführung sind nicht ganz billig.

Es ist daher wesentlich für den Radioamateur zu wissen, daß er sich in den weitaus meisten Fällen sehr gut dadurch helfen kann, daß er sich als Hochfrequenzdrosselspule solcher eines nicht benutzten Kopfhörers von etwa 2000 bis 3000 Ohm bedienen kann.

Hochohmige Widerstände. Es gibt verschiedene technische Ausführungsformen von hochohmigen Widerständen in der Größenordnung von ca. 70000 bis 250000 Ohm. Obwohl es sich für den vorliegenden Zweck nur um verschwindend geringe Energiebeträge handelt, hat man doch aus konstruktiven und Zweckmäßigkeitsgründen häufig für außerordentlich viel größere Stromstärken ausreichende Silit-, Schiefer- oder Graphitwiderstände benutzt.

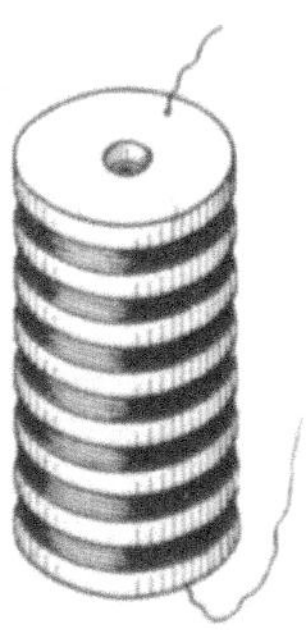

Abb. 729. Handelsübliche Hochfrequenzdrosselspule.

Im allgemeinen sind bisher noch diese in Form von Silitwiderständen in Gebrauch. Diese letzteren zeigen sehr viele Nachteile; selbst bei sorgfältigster Ausführung und Montage sind sie hiervon nicht frei.

In erster Linie macht sich eine starke Feuchtigkeitsempfindlichkeit unangenehm bemerkbar, welcher man höchstens durch sorgfältige Paraffinierung oder Lackierung einigermaßen begegnen kann.

Fernerhin ist eine recht merkliche Temperaturabhängigkeit häufig festzustellen.

Noch unangenehmer machen sich Restladungserscheinungen bemerkbar, die entweder bei ungünstiger Gittervorspannung oder aber auch beim Aufnehmen atmosphärischer Störungen ein Rauschen, Krachen und Brodeln im Empfänger hervorrufen können. Dieses rührt wie gesagt zum Teil von Restladungen im Hochohmwiderstand her. In gleicher unangenehmer, unter Umständen den Empfang völlig unmöglich machender Weise wirken Anschlußkontakte, welche entweder von vornherein nicht sorgfältig genug ausgeführt waren, oder aber im Laufe der Zeit eine Lockerung und Verschlechterung erfahren haben. Die Kontaktverbindung zwischen dem Silitstab und der Anschlußklemme ist eine durchaus nicht einfache und keineswegs durch einfache Verkupferung der Enden immer gewährleistet.

Weiterhin kommt in Betracht, daß, insbesondere Silitwiderstände besonderer Ausführungsserien, eine hohe Spannungsempfindlichkeit zeigen und in scheinbar ungesetzmäßiger Weise auf Spannungsschwankungen reagieren.

Infolgedessen ist seit langem versucht worden, die Silitwiderstände durch andere geeignete Hochohmwiderstände zu ersetzen.

Wohl die bisher günstigsten Resultate sind mit kathodisch im Innern eines Glasrohres niedergeschlagenen Metallhäuten, welche im Vakuum arbeiten, erzielt worden.

Am Schluß dieser Ausführungen sind einige derartige Widerstände[1]) beschrieben:

Silitwiderstand von Gebr. Siemens & Co. Vielfach in Anwendung sind Silitstifte und Silitröhren von Gebr. Siemens, da diese sich leicht in verschiedenen Widerstandswerten herstellen lassen und auch bei großer Belastungsfähigkeit und verhältnismäßig hohem Widerstand nur wenig Raum beanspruchen.

Silit ist die abgekürzte Bezeichnung von auf besonderem Wege durch Erhitzung, Pulverung, Mischung usw. gewonnenem Siliziumkarbid, das sich durch hohe Feuerfestigkeit, große Widerstandsfähigkeit gegen die äußere atmosphärische Luft und hohen, leicht modifizierbaren Widerstand auszeichnet.

Die Strom- und Widerstandsregulierung kann erfolgen, indem man entweder eine verschiebbare Kontaktfeder auf zwischen Silitringen angebrachten metallischen Kontaktscheiben schleifen läßt oder besser durch verschieden groß bemessene Silitstäbe oder Silitröhren.

Der elektrische Widerstandstemperaturkoeffizient ist negativ.

Die elektrische Belastungsfähigkeit geht aus folgender Tabelle hervor:

Durchmesser des Heizrohres	Belastung in Watt cm^2 Oberfläche bei Dauerbelastung und einer Temperatur von				
	400°	600°	800°	1000°	1200°
5	3,6	7,6	12,6	20,3	33
10	2,3	5,3	9,5	16,4	28
15	1,4	4,2	8,0	13,8	24
20	1,4	3,7	7,3	12,3	20
25	1,3	3,6	6,7	11,0	16,1

[1]) Siehe auch S. 672ff. Gitterableitungswiderstände.

Abb. 730 stellt einen derartigen Silitwiderstand dar. Der Silitzylinder ist an seinen Enden leicht versilbert, und es ist hier die zweckmäßig gleichfalls versilberte Anschlußwicklung angebracht. Die Anschlußstellen werden außerdem mit Borsäure glasiert. Auf diese

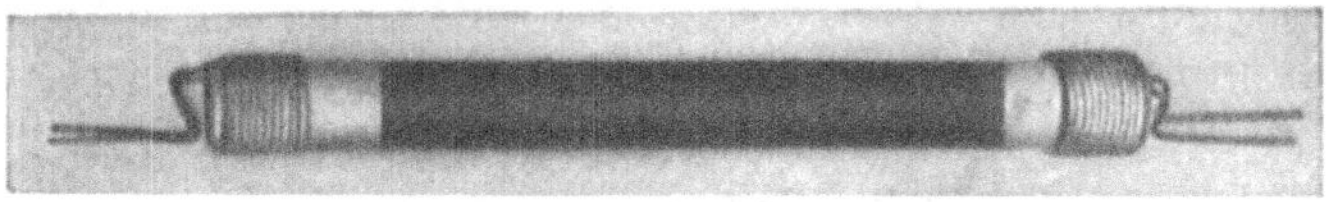

Abb. 730. Auf den Enden metallisierter und mit Anschlüssen versehener Silitwiderstand.

Weise wird ein guter Kontakt zwischen der Wicklung und dem Silitstab hergestellt.

Für viele Zwecke ist die Ausführungsform mit aufgesetzten Kappen gemäß Abb. 731 zweckmäßiger. Die Kappen können so gestaltet sein, daß der Stab in Halteschellen leicht eingesetzt und herausgenommen werden kann.

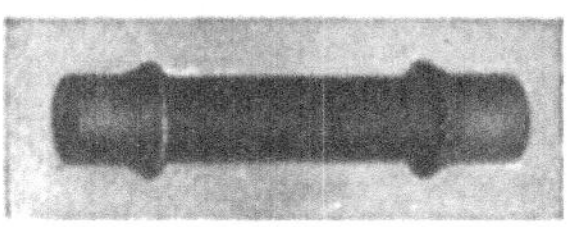

Abb. 731. Silitstab mit an den Enden aufgesetzten Kappen.

Zweckmäßig werden diese Silitwiderstände mit Messerschneidkontakten versehen, die in entsprechende Messergegenkontakte, die auf einen Porzellansockel guter Qualität montiert sind, eingesetzt werden können. Die hohe Isolierfähigkeit der Porzellansockel ist notwendig, damit der Porzellanwiderstand gegenüber dem hohen Silitwiderstand in Betracht kommt. Die allgemeine Ausführungsform entspricht etwa derjenigen beim Eisenwasserstoffwiderstand gemäß Abb. 753, S. 667.

Insbesondere wenn die Silitstäbe für Hochfrequenzverstärker, namentlich für die Kopplung der Röhren untereinander benutzt werden sollen, muß darauf geachtet werden, daß sie weder von der Temperatur noch von der Feuchtigkeit abhängig sind. Hiervon ist das gute Arbeiten der Hochfrequenzverstärker sehr abhängig. Jedoch ist diese Forderung, wie schon bemerkt, durch Silitstäbe kaum restlos zu erreichen. Infolgedessen sind vielfach andere Widerstandsanordnungen mit Erfolg vorgeschlagen worden.

Die im Handel häufig vorkommenden Silitwiderstände sind mit Vorsicht zu verwenden, da sie häufig aus Ersatzstoffen bestehen.

Griffelwiderstände. Wenn es sich darum handelt, noch höhere Widerstände zu verwenden, wofür z. B. der zwischen Gitterelektrode und Glühfaden vorzusehende Ableitungswiderstand in Betracht kommt, so kann man auch die erheblich höherohmigen Griffelwiderstände benutzen. Allerdings besitzen diese noch mehr den Nachteil der Feuchtigkeitsempfindlichkeit und zeigen, wenn man nicht auf sehr ungeschickte Dimension übergehen will, nur außerordentlich hohe Widerstände (Größenanordnung 2 bis ca. 5 Megohm nach Trocknung in der Sonne).

Auch Graphitstäbchenwiderstände werden häufig angewendet, insbesondere deshalb, weil sie sich leicht vom Amateur herstellen und und auch eichen lassen. (Siehe auch unten.)

Kapazitäts- und selbstinduktionsloser Widerstand von Ruhstrat. Um den Widerstand genügend induktionslos und kapazitätsfrei zu gestalten, wendet man vorteilhafter eine Zickzackwicklung (Ruhstrat 1914) an, gemäß Abb. 732.

Bei *a* gabelt sich der Draht in zwei dünne, parallel geschaltete und im entgegengesetzten Sinne gegeneinander gewickelte Drähte *b* und *c*, die genau gleich lang sind und symmetrisch zueinander verlaufen. Hierdurch wird bewirkt, daß der in der einen Drahtwindung hervorgerufene Induktionsstrom durch den in der anderen Windung erzeugten Induktionsstrom ziemlich vollkommen kompensiert wird.

An den Kreuzungsstellen der Drähte sind keine Spannungsdifferenzen vorhanden. Zwischen den nebeneinander liegenden Windungen ist die Spannungsdifferenz nur außerordentlich gering, so daß der Widerstand auch praktisch kapazitätsfrei ist.

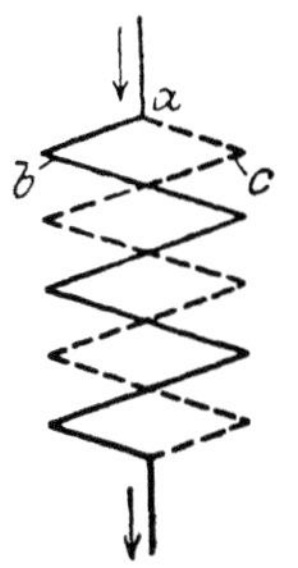

Abb. 732. Kapazitäts- und selbstinduktionsfreier Widerstand.

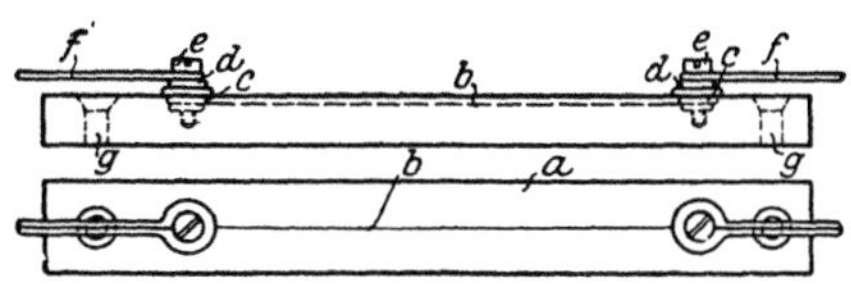

Abb. 733. Hochohm-Graphitwiderstand.

Hochohm - Graphitwiderstand. Einen Hochohmwiderstand nach J. Corver, den man nicht nur selbst herstellen, sondern auch in weitem Bereich auf jeden gewünschten Widerstandswert abgleichen kann, zeigt Abb. 733. In einem Hartgummistück *a* ist mit einer Dreikantfeile eine Rinne *b* eingefeilt, die in ihren beiden Endpunkten in kleine Pfannen *c* mündet. Die Rinne und der Boden der Pfannen werden mit Graphit bestrichen. In die Pfannen ist Stanniol hineingelegt, das durch je eine Unterlagscheibe *d* und eine Schraube *e* gegen den Boden der Pfanne gepreßt wird. Die Schrauben halten außerdem noch mit Anschlüssen versehene Unterlagsscheiben. Die Löcher *g* dienen zur Befestigung des Hartgummistückes. Um den Widerstand gegen Feuchtigkeit usw. zu schützen, wird er schellackiert. Bevor man dies ausführt, muß er jedoch auf den gewünschten Widerstandswert abgeglichen werden. Dieses erfolgt am einfachsten mittels eines Ohmmeters, das Widerstände in der Größenordnung von 100 000 Ohm bis 300 000 Ohm noch richtig zu messen gestattet. Sobald der Graphitwiderstand den richtigen Wert besitzt, schellackiert man ihn von den Enden anfangend nach der Mitte zu. Indem man den Widerstand dauernd mißt, muß man eventuell die Graphitauflage etwas verstärken, da der Widerstandswert durch die Schellackierung kleiner wird. Auf diese Weise sind leicht ziemlich genau abgleichbare und leidlich konstante hochohmige Widerstände in der Größenordnung von etwa 100000 Ohm und mehr zu erzielen.

Ocelitwiderstand von C. Conradty. Neuerdings ist von verschiedenen Seiten, zum Teil mit gutem Erfolge, versucht worden, Ersatzanordnungen für Silitstäbe herzustellen. Besonders bemerkenswert sind Ocelitstäbchen von C. Conradty, Nürnberg, welche in beliebigen Widerstandsgrönßen im Handel zu haben sind. Die Vorteile dieser Ocelitstäbchcn bestehen einerseits darin, daß sie kaum hygroskopisch sind und infolgedessen ihren Widerstandswert verhältnismäßig konstant erhalten, und andererseits infolge der von der Firma angewandten Graphitierung in der hierbei nicht notwendigen Versilberung oder Verkupferung der Enden der Stäbchen, um einen guten Kontakt mit Sicherheit zu gewährleisten.

Die Stäbchen werden genau wie die Silitstäbchen in zylindrischer Form hergestellt und besitzen eine Normallänge von 43 mm bei einem Durchmesser von 6 mm.

Kohlenoxydwiderstände. Die nicht unerheblichen Nachteile, welche hochohmige Silitwiderstände und solche aus ähnlichen Materialien be-

Abb. 734. Kosmoswiderstand von O. Langnaese.

sitzen, haben dazu Veranlassung gegeben, auch noch andere physikalisch günstigere Widerstände zu schaffen. Hierzu gehört der sog. Kosmoswiderstand gemäß Abb. 734 von O. Langnaese, Leipzig, welcher aus einer kohlenoxydhaltigen Schicht besteht, die im Innern einer Glasröhre niedergeschlagen ist. Um Widerstände verschiedener Ohmbeträge zu erhalten, wird die Schicht entsprechend dichter oder dünner gemacht. Infolge der physikalischen Beschaffenheit des Kohlenoxyds ist der Temperaturkoeffizient nur sehr gering, etwa 0,002. Die Konstanz ist als recht gute zu bezeichnen; sie beträgt ± 5 %. Die Widerstände lassen sich ziemlich genau den Wünschen entsprechend herstellen und differieren bis zu etwa 5 %.

Die Belastbarkeit soll bis zu 10 Watt betragen bei Dauerbelastung. Bei intermittierender Belastung wird angegeben, daß eine Erhitzung bis zu 200° möglich ist, ohne daß der Widerstand Schaden leidet. Infolge des negativen Temperaturkoeffizienten von Kohle wird der Widerstand etwas geringer, erhält jedoch seinen ursprünglichen Wert, sobald der Widerstand wieder erkaltet.

Hochohmwiderstand der Loewe-Audion G. m. b. H. Das aus Glas hergestellte Widerstandsrohr ist innen evakuiert und zeigt eine dünne Metallhaut auf der inneren Glasoberfläche. Sowohl die Anschlußfrage als auch die Arbeitsweise soll bei diesen Hochohmwiderständen den idealen Bedingungen entsprechen. Selbst bei Sechsfach-Hochfrequenzverstärkern sollen Nebengeräusche nicht bemerkbar sein, mindestens sofern die Widerstände nicht überlastet werden.

Diese Widerstände werden in allen gewünschten Größen zwischen 50000 und 5000000 Ohm hergestellt mit einer Toleranz von etwa 10 %, für Empfangszwecke in zwei verschiedenen Ausführungsformen.

Bei der ersten Ausführungsform, Type F. Z. 128, gemäß Abb. 735 ist die äußere Form der Silitwiderstände gewahrt, um ohne weiteres den neuen Widerstand an Stelle des alten in der vorhandenen Fassung verwenden zu können.

Bei der anderen Ausführungsform für Empfangszwecke gemäß Abb. 736, Type F. Z. 129, ist der

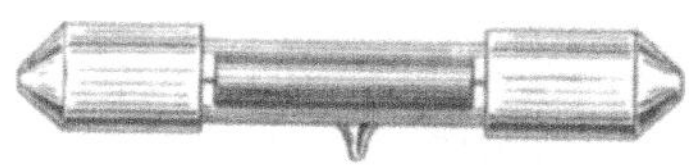

Abb. 735. Leicht auswechselbarer Hochohmwiderstand Type F.Z. 128 der Loewe-Audion G. m. b. H.

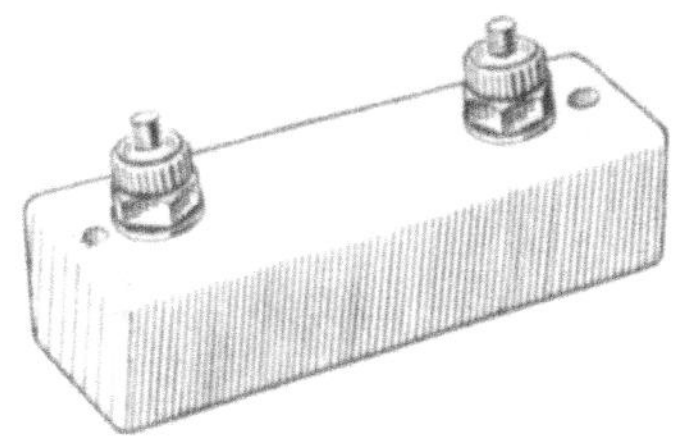

Abb. 736. In Porzellansockel eingebauter Hochohmwiderstand Type F.Z. 129 der Loewe-Audion G. m. b. H.

Widerstand in einen Porzellansockel, welcher sich leicht in der Apparatur montieren läßt, eingebaut. Diese Type kommt insbesondere für neue Montagen in Betracht.

2. Sockel für Röhren.

a) Allgemeines. Amerikanische Konstruktion mit Swan-Fassung.

Der Ausbildung der Röhrensockel war anfänglich hauptsächlich in Amerika Interesse entgegengebracht worden, obgleich deren Formgebung und Anordnung nicht nur für das Funktionieren der Röhren und damit auch für die Verstärker- bzw. Empfangsapparatur von ausschlaggebender Wichtigkeit ist. Im allgemeinen muß verlangt werden, daß der Isolationswiderstand mindestens zwischen Gitter- und Heizdrahtkontakt 10^6 bis 10^7 Ohm beträgt.

Insbesondere wenn die Röhre für Hochfrequenzverstärkungszwecke benutzt werden soll, ist es notwendig, auf möglichst geringe Eigenkapazität der Röhre zu achten. Es ist aus diesem Grunde nicht nur erforderlich, die Kapazität zwischen Gitter und Heizdraht so klein als möglich zu halten (tunlichst unter 10 cm!), sondern auch den Röhrensockel so zu gestalten und auszuführen, daß die durch ihn erzielte Kapazität ein Minimum ist.

Die Nachteile mancher älterer Sockel sind verschiedene. Zunächst wird durch die häufig getrennte, relativ hohe Anordnung sehr viel Platz gebraucht, da, um einen guten Kontakt zu gewährleisten, außer dem Sockel noch die lang ausgeführten Stecker unterzubringen sind.

Trotz dieser Ausführung wird hierbei aber keineswegs und unter allen Umständen sicher ein guter Kontakt hergestellt. Es stellt sich vielmehr häufig, namentlich bei Anordnungen, die Erschütterungen ausgesetzt sind, heraus, daß der Kontakt sich nach kurzer Zeit lockert, und daß alsdann die betreffende Apparatur aussetzen kann, mindestens aber, daß der Schwingungszustand ungünstig beeinflußt wird.

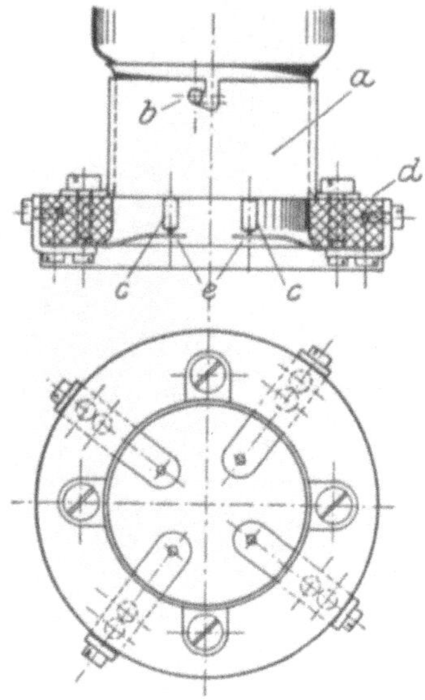

Abb. 737. Sockel mit Swan-Fassung für Röhren.

Von amerikanischen Konstrukteuren ist daher mit Vorteil eine Anordnung gemäß Abb. 737 ausgeführt worden, die das Prinzip der Swan-Glühlampenfassung aufweist. Der eigentliche Sockel *a* kann hierbei sehr niedrig ausgeführt werden. Durch Hineindrehen in den Bajonettverschluß *b* ist dessen Anordnung vollkommen fixiert. Weiterhin werden aber, und dieses ist der Hauptvorteil, Stöpsel vollkommen vermieden und an deren Stelle nur ganz kurze und dünne Kontaktstiftchen *c* verwendet, die in der eingeschalteten Lage der Röhre mit in einem isolierenden Ring *d* befestigten insgesamt vier Kontaktfedern *e* innigen Kontakt machen. Bei einer Dynatronröhre würden z. B. fünf Kontaktstücke und Kontaktfedern vorzusehen sein.

Die Anordnung hat außer dem erheblichen Vorteil der Reduktion der hohen Abmessung noch den, daß stets und unter allen Umständen ein absolut guter Kontakt sicher dauernd gewährleistet ist.

b) Englischer Röhrensockel.

Um auch bei verhältnismäßig billig auszuführenden R.-T.-Apparaten eine ausreichende Isolation des Röhrensockels zu erzielen, wird in Amerika und England vielfach eine Konstruktion gemäß Abb. 738 ausgeführt. Bei dieser ist aus einem hochisolierenden Stoff der Sockel aus dem vollen gedreht oder zylindrisch gepreßt und mit vier Metallkontaktstücken versehen, in die von der einen Seite aus die Röhre eingestöpselt wird und die nach der anderen Seite in Schraubgewinde auslaufen. Letztere dienen sowohl dazu, den Sockel mit der Apparatplatte zu verbinden, als auch direkt zum Anschluß der Leitungen. Ein Nachteil dieser Konstruktion besteht darin, daß durch die gleichzeitige Benutzung der Schraubenkörper zu Befestigungs- und Kontaktzwecken die Platte, auf die der Sockel befestigt wird, die volle Isolationsspannung aushalten muß, sofern man die Löcher nicht durch Hartgummi ausbuchst. Im allgemeinen spielt dies jedoch keine wesentliche Rolle.

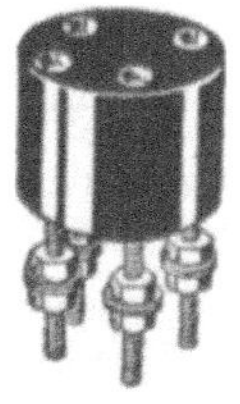
Abb. 738. Englischer Röhrensteckkontaktsockel.

c) Federröhrensockel.

Für das gute Arbeiten jeder Röhrenschaltung ist es von grundlegender Bedeutung, daß die Röhrenkontaktanordnungen nicht nur eine innige Kontaktverbindung unter allen Umständen gewährleisten, sondern daß auch die Kapazität bei höchster Isolation eine möglichst geringe ist. Um die mancherlei Nachteile, welche bei den gewöhnlichen Sockelanordnungen mit Steckern und Buchsen auftreten können, zu vermeiden, ist von der Alden Manufacturing Co. Springfield, Mass., ein Federröhrensockel ausgebildet worden, in dessen aktiven Teil Abb. 739 einen Einblick gewährt. Die außen sitzenden Röhrenanschlußkontakte sind mit besonders klein ausgeführten Doppelfedern ver-

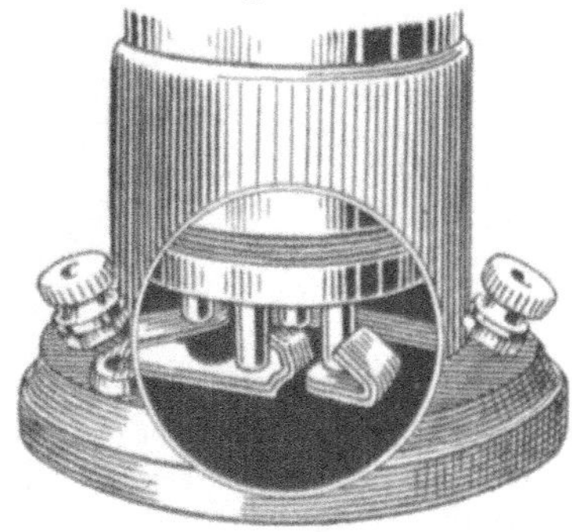

Abb. 739. Feder-Röhrensockel der Alden Manufacturing Co.

d) Röhrensockel verschiedener Ausführungen.

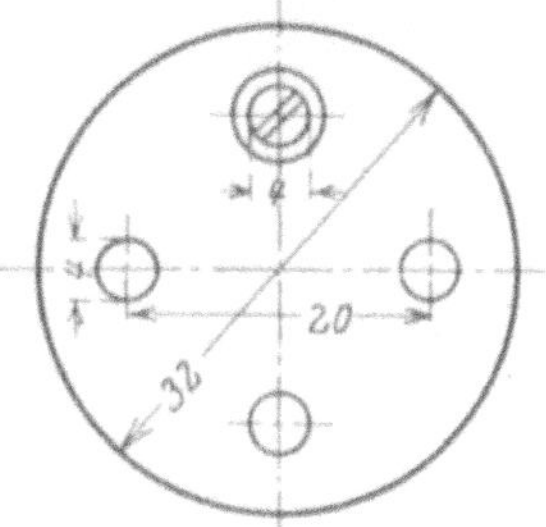

Abb. 740. Älterer deutscher Sockel: 1 Stift und 4 Buchsen.

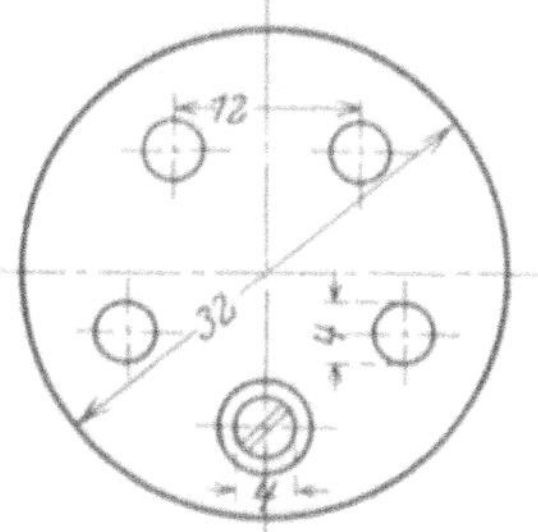

Abb. 741. Sockel für Doppelgitterröhren (Siemens-Schottky).

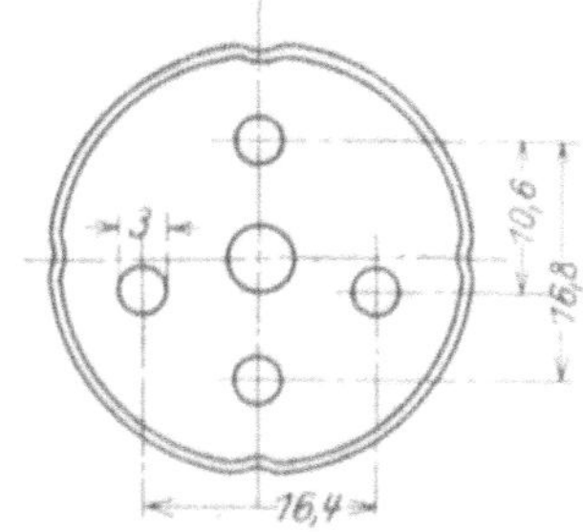

Abb. 742. Sockel der Radio-Röhrenfabrik Hamburg.

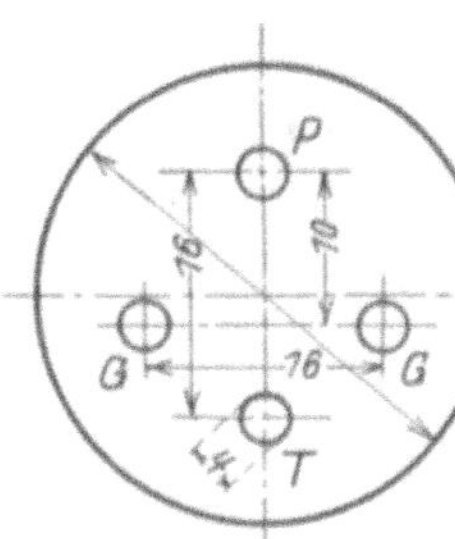

Abb. 743. Sockel für englische und französische Philipsröhren.

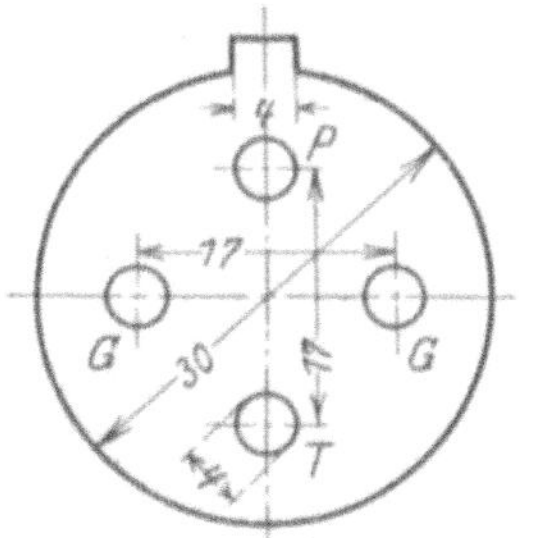

Abb. 744. Sockel für Telefunkenröhren.

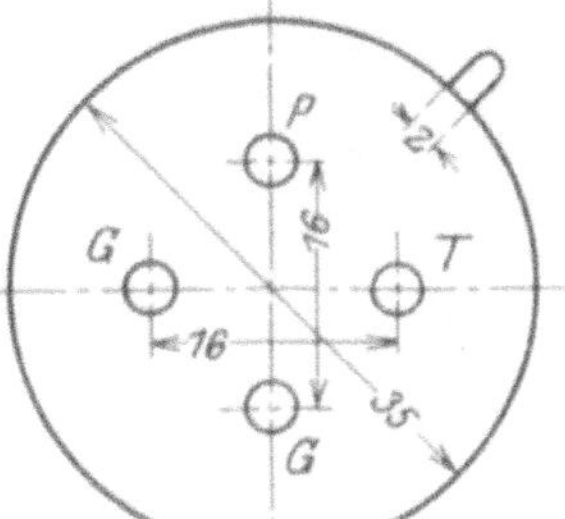

Abb. 745. Amerikanischer Sockel.

Abb. 740—745. Anordnung und Abmessungen einiger der am meisten gebräuchlichen Röhrensockel.

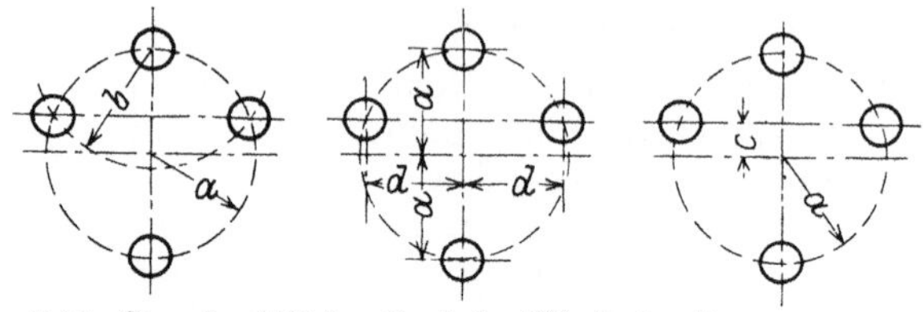

Abb. 746. Standard-Valve-Sockel. Hierbei gelten:
a = 8,5 mm 34 inch oder 21 inch
b = 10 mm 4 inch oder 25 inch
c = 2,5 mm 1 inch oder 10 inch
d = 8 mm 32 inch oder 16 inch

sehen, mit deren Schneiden die Sockelkontakte der Röhre unter allen Umständen eine innige Verbindung herstellen können. Selbst verständlich ist bei der Ausbildung auf die gängige Röhrentype Rücksicht genommen.

Die Abmessungen einiger Röhrensockel, wie sie z. Zt. am meisten vorkommen, sind in Abb. 740 bis 746 wiedergegeben. Es ist außerordentlich bedauerlich, daß es verabsäumt worden ist, rechtzeitig eine Normung durchzuführen. Wenn man sich häufig auch durch Zwischenstecker helfen kann, so ist diese Lösung doch vielfach recht unbefriedigend.

e) Universalröhrensockel.

Die fortschreitende Technik drängt mehr und mehr dahin, die für Röhrenempfänger- und Verstärkerschaltungen zu verwendenden Elemente zu vereinfachen und in einer fabrikatorisch möglichst vollkommenen Form zu liefern. Bei jeder Röhrenschaltung werden nun immer wieder gebraucht der Röhrensockel mit den Anschlußkontakten und der Heizwiderstand. In vielen Fällen, also bei der Audionschaltung, kommen noch der Gitterkondensator und Gitterableitungswiderstände hinzu.

Es war indessen kein allzu fern liegender Gedanke, diese Elemente in einer besonderen Kombinationsausführung zu vereinigen, so daß es lediglich nötig ist, eine oder mehrere derartige Kombinationseinrichtungen in den betreffenden Apparat einzubauen.

Ein Universalröhrensockel der Iro-Technik, G. m. b. H., Berlin-Friedenau, stellt in seiner einfachen Ausführung die Kombination eines Röhrensockels mit einem Heizwiderstand und den Anschlußkontaktstellen dar. In der komplizierteren Ausführung ist außer den genannten Elementen noch ein Gitterkondensator und ein Ableitungswiderstand in den Sockel mit eingebaut.

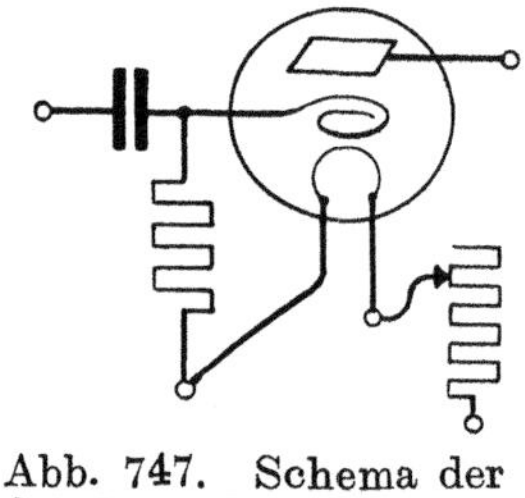

Abb. 747. Schema der Schaltung des Universalröhrensockels nebst Anschlußkontakten.

Der letztere Fall entspricht also dem Schema gemäß Abb. 747. Die Ausführung ist in der Vorderseite in Abb. 748, von der Rückseite aus gesehen in Abb. 749 wiedergegeben. e ist die aus einem hochwertigen Isoliermaterial, z. B. Pertinax hergestellte Grundplatte, in welche die Röhrenschlußkontakte *f* eingesetzt sind. Mit dieser Grundplatte ist der Wickelkörper *g* eines Heizwiderstandes verbunden, dessen Einregulierung durch den ränderierten Außenknopf *h* bewirkt werden kann. Als Schleifkontakt dient das Federstück *m*. Übrigens ist die Pertinaxplatte in der Mitte geteilt und zwischen den beiden Stücken ist der Gitterkondensator im Betrage von 250 cm dazwischenmontiert.

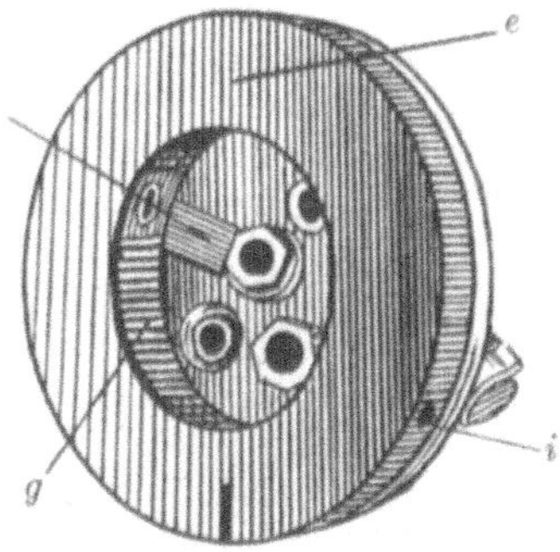

Abb. 748. Universal Röhrensockel der Irotechnik, Vorderansicht.

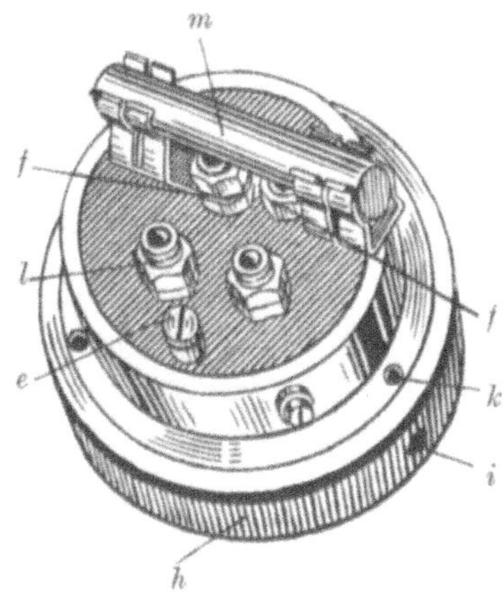

Abb. 749. Universal-Röhrensockel der Irotechnik, Rückseite.

Um den Sockel in einer Grundplatte montieren zu können, werden zunächst die Madenschrauben *i* entfernt und der Sockel wird in das in die betreffende Montageplatte gebohrte Loch von 47 mm Durchmesser eingesetzt und mittels dreier Schrauben *k* befestigt. Der Gitterkondensator wird mittels der Schraube *l* angeschlossen. *m* ist der in entsprechende Kontakte eingesetzte Silitwiderstand.

f) Röhrenstecker.

Von mindestens derselben Wichtigkeit wie die Sockel sind die Stecker, da von der guten und zuverlässigen Kontaktgebung das gesamte Funktionieren der Röhrenapparatur abhängt. Von dem Stecker muß gleichfalls verlangt werden, daß er einen hohen Isolationswiderstand zwischen den Kontakten, etwa in der Größenordnung von 10^7 Ohm besitzt. Im übrigen müssen die Steckkontakte naturgemäß so gestaltet sein, daß sie leicht in die Buchsen hineingehen, und daß eine ausgezeichnete Kontaktgebung zwischen Stecker und Buchse gewährleistet ist.

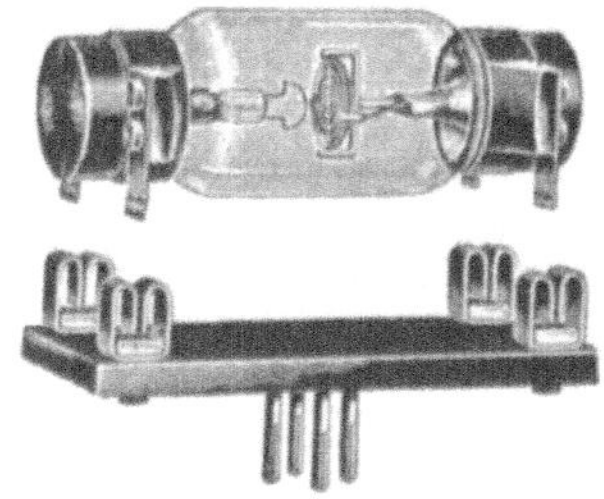

Abb. 750. Zwischensteckplatte mit älterer Röhre darüber.

Die Ausführung einer Röhrensteckerplatte, mit einer älteren Röhre darüber abgebildet, zeigt Abb. 750. Die Kontaktgebung ist hierbei zwischen Röhre und Stecker durch Messerschneiden bewirkt.

Ein anderer Röhrenhalter mit Stecker der Marconi Scientific Instrument Co. Ltd. zeigt Abb. 751. Hierbei braucht die speziell für Amateurzwecke konstruierte Röhre nicht besockelt zu sein, sondern wird lediglich mittels kurzer Anschlußstücken in die federnden Kontakte für den Heizfaden, das Gitter und die Anode eingesetzt. Derartige Röhrenhalter sind bei englischen R.-T.-Empfängern vielfach im Gebrauch.

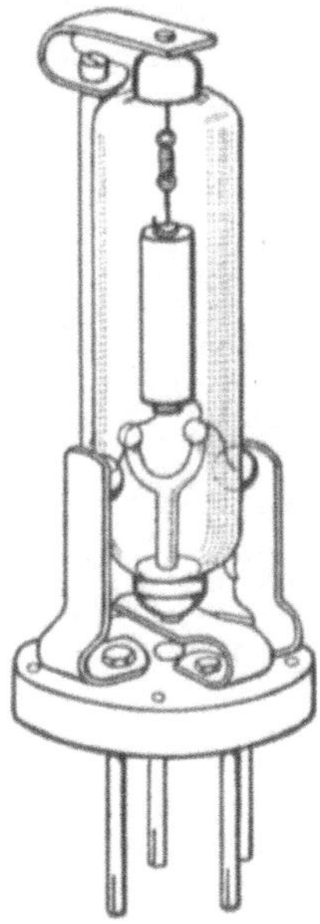

Abb. 751. Röhrenhalter und Stecker der Marconi Scientific Instrument Co. Ltd.

Eine besondere Type bilden die Zwischenstecker, die zur Verwendung gelangen, wenn eine andere Röhrensorte, die dem jeweilig vorgesehenen Steckernormal nicht entspricht, benutzt werden soll. Leider ist es infolge der Kriegszustände versäumt worden, von vornherein eine internationale Normalie für Röhrensockel nebst Anschlußkontakten zu schaffen. Infolgedessen besitzen Zwischenstecker, deren Isolationsfähigkeit naturgemäß gleichfalls eine entsprechend hohe sein muß, für denjenigen, der mit Röhren verschiedener Bauart arbeiten will, eine besondere Bedeutung.

g) Glühlampensicherung für Röhren.

Viele Röhren werden dadurch unbrauchbar, daß sie falsch angeschlossen oder falsch in die Steckkontakte eingestöpselt werden. Unter Umständen genügt es schon, eine Röhre unbrauchbar zu machen, wenn man einen Augenblick unvorsichtiger Hantierung die Anodenspannung an den Heizdraht legt.

Es ist infolgedessen wesentlich, daß es gelungen ist, in einfacher Weise mittels einer vorgeschalteten Glühlampe, Röhren, welche einen Stromverbrauch von 0,15 Ampere besitzen, zu sichern. Eine derartig einfache Sicherung in der Ausführung von Schmidt & Co. (Daimon) gibt Abb. 752 wieder.

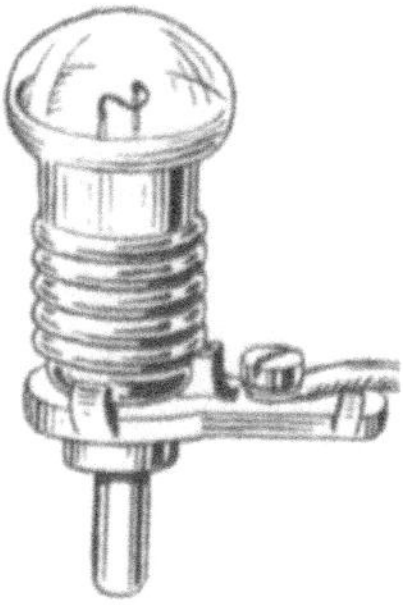

Abb. 752. Vorschaltglühlampe als Röhrensicherung von Daimon.

Für Röhren mit Wolframkathoden über 0,5 Ampere Stromverbrauch kann man auch gewöhnliche Glühlampen mit einem Stromverbrauch von 0,2 Ampere bis 3,5 Volt verwenden.

3. Heizwiderstände für Röhren.

a) Eisenwasserstoffwiderstand.

Früher wurde bei den Empfangs- und Verstärkerröhren fast aller deutschen Firmen der Heizstrom durch einen zu der betreffenden Röhre passend bemessenen Eisenwasserstoffwiderstand, evtl. auch durch einen Nickeldrahtwiderstand begrenzt. Zu jeder Röhre wurde der betreffend ausprobierte Eisenwasserstoffwiderstand mitgeliefert. Diese Anordnung ist infolge ihres automatischen Arbeitens sehr einfach, sie hat jedoch den Nachteil, daß eine Ersparnis an Heizstrom und eine günstigste Einregulierung für den jeweilig gewünschten Empfangs- und Verstärkungsgrad auf diese Weise nicht möglich ist.

Bei der Ausführungsform der Huth-Gesellschaft sind gemäß Abb. 753 auf einen Porzellansockel mit besonders hohem Isolationswiderstand gut federnde Messerkontakte angebracht, in die die Messerkontakte der Eisenwasserstoffwiderstandsröhre durch Auseinanderbiegen der Federn eingesetzt werden. Die Länge der Eisenwasserstoffwiderstandspatrone beträgt etwa 1,5 cm. Es soll hierdurch die automatische Begrenzung des Heizstromes erreicht werden. Voraussetzung dabei ist natürlich, daß der Heizwiderstand zu jeder Röhre passend ausgesucht wird. Ihr Nachteil besteht aber darin, daß eine Regulierungsmöglichkeit, wie sie durch einen kleinen drehbaren Heizregulator ohne weiteres erzielbar ist, nicht erfolgen kann.

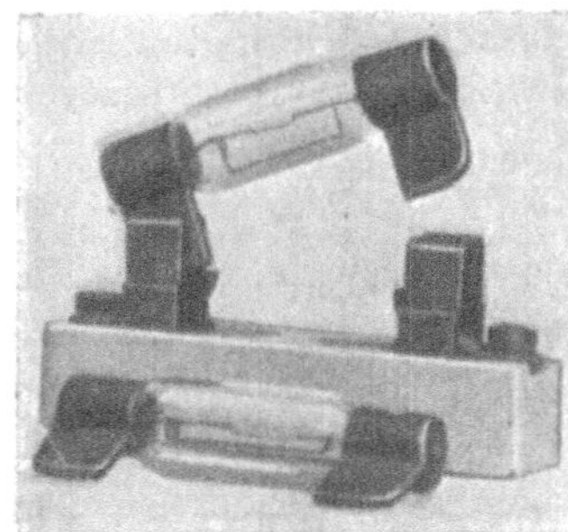

Abb. 753. Eisen-Wasserstoffwiderstand mit Porzellansockel der Huth-Gesellschaft.

b) Ruhstrat-Miniaturschiebewiderstand.

Viel zweckmäßiger ist es daher, den Widerstand regulierbar zu machen. Und zwar besteht nicht nur die Forderung, die Regulierungsmöglichkeit außerordentlich fein zu gestalten — gewünscht wird eigentlich eine vollkommen kontinuierliche Variation, möglichst aber eine solche, die die Spannung in Sprüngen von etwa 1 Mikrovolt oder darunter zu variieren gestattet —, sondern die Konstruktion muß auch derartig sein, daß während beliebig langer Betriebsperioden der einmal eingestellte Widerstand tunlichst absolut konstant bleibt. Da hierbei ferner das Bestreben vorhanden sein muß, insbesondere für den R.-T.-Betrieb die Widerstandskonstruktion billig herzustellen, ist es überaus schwer und bisher praktisch wohl noch nicht einwandfrei gelungen, alle diese Wünsche mit einer und derselben Konstruktion zu bewirken.

Sofern genügend Raum in der Apparatur vorhanden ist, um einen räumlich ziemlich großen Widerstand anzuordnen, was also meist dann der Fall sein wird, wenn man im laboratoriumsmäßigen Zusammenbau den Röhrenapparat zusammengestellt hat, kann man die für den Betrieb besonders vorteilhaften Schiebewiderstände etwa in der Ausführung von Ruhstrat benutzen. Abb. 754 zeigt eine Ausführungsform, die sich in der Praxis vielfach bewährt hat. Der Widerstandsdraht wird hierbei zweckmäßig auf eine Porzellanröhre aufgewickelt. Der Widerstandsdraht ist hitzebeständig und recht konstant und besteht aus einer besondern Metallegierung, die mit einer mikroskopisch feinen Oxydschicht bedeckt ist, welche eine sichere Isolation der Windungen gegeneinander sichert, wodurch eine verhältnismäßig feine Einregulierung und ein gutes Ausnutzen der Rohroberfläche erreicht ist. Diese Widerstände werden auch mit induktions- und kapazitätsfreier Kreuzwicklung geliefert (siehe Abb. 732).

Für die Auswahl tut man gut, die in der Tabelle von Ruhstrat angegebenen Werte (siehe S. 161) mit etwa 0,6 zu multiplizieren, wenn man einen auch bei Dauerbelastung völlig konstanten Widerstandswert erhalten will, was bei allen hochwertigen Röhrenempfangs- und Verstärkerschaltungen von größter Wichtigkeit ist.

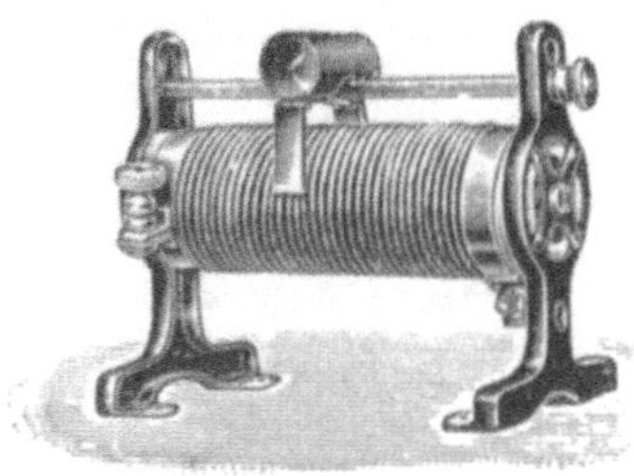

Abb. 754. Ruhstrat-Miniaturschiebewiderstand.

Abb. 755. Drehwiderstand von Dr. G. Seibt.

c) Einfacher Regulierdrehwiderstand.

In der Praxis mehr gebräuchlich sind Drehwiderstände (Gesamtwiderstand meist ca. 10 Ohm, neuerdings für Sparröhren auch in höheren Ohmwerten), etwa Abb. 755 entsprechend. Bei diesem ist auf einer Porzellangrundplatte der Widerstandsdraht ringförmig auf einen Isolierkörper aufgewickelt, der mit der Porzellanplatte verbunden ist. Durch die Mitte der Platte ist eine in einem Messinglager gehaltene Achse geführt, die einen radialen Kontaktarm trägt, der auf dem Widerstandsdraht schleift. Durch Drehung des Bedienungsknopfes kann die jeweilig eingeschaltete Widerstandsdrahtlänge entsprechend variiert werden. Man kann auch noch zur besseren Ablesungs- und Einstellmöglichkeit Zeiger und Skala, bzw. eine Markierung anbringen.

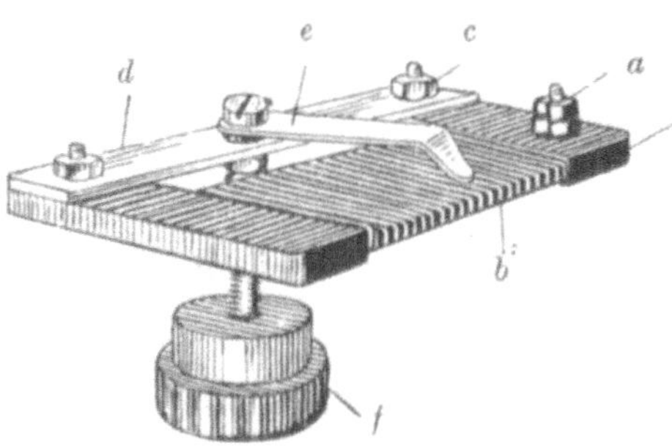

Abb. 756. Flach ausgebildeter Heizwiderstand.

d) Flach ausgebildeter Heizwiderstand.

Nicht nur die rund- und bandförmig aufgewickelte Formgebung des Heizwiderstandes ist ausgeführt worden, sondern man hat auch eine Form mit Vierkantwicklungskörper gewählt. Ein solcher Heizwiderstand besteht gemäß Abb. 756 aus dem Wicklungskörper *a*, welcher z. B. aus Pertinax bzw. einem hinreichend isolierenden Material ausgearbeitet oder gepreßt ist, auf welcher der Widerstandsdraht *b* aufgewickelt ist; das eine Ende desselben ist an die Klemmschraube *c*, das andere an die Gleitschiene *d* geführt. Der Kontaktarm *e* wird durch den außensitzenden Knopf *f* bedient und gestattet mehr oder weniger Widerstand einzuschalten.

e) Einfacher Heizwiderstand mit schraubenförmigem Kontakt.

Eine wesentlich andere Ausführungsform eines Heizwiderstandes der Marconi Scientific Instrument Co. Ltd. gibt Abb. 757 wieder. Hierbei ist der Heizdraht *a* in ähnlicher Weise auf einen Vierkantkörper aufgewunden, wie dies bei den ersten Schiebewiderständen der Fall war. Die Kontaktgebung und damit die Einstellung des jeweiligen Widerstandswertes erfolgt durch eine Kupferspirale *b*, die auf einer Achse befestigt ist, die durch einen Hartgummiknopf *c* bedient wird. Die Kontaktgebung soll hierbei so weich sein, daß irgendwelche Unterbrechungen oder dergleichen nicht stattfinden, so daß mittels dieses Widerstandes alle Knack- und Pfeifgeräusche im Röhrenkreis, soweit sie auf den Heizwiderstand zurückzuführen sind, zuverlässig vermieden werden können. Durch eine Feder *d* ist der Kontakt zwischen den Heizdrahtwindungen und der Spirale gewährleistet. Die Dimension des Widerstandsdrahtes ist angeblich derartig, daß ohne weiteres mit einem Widerstand drei Röhren betrieben werden können.

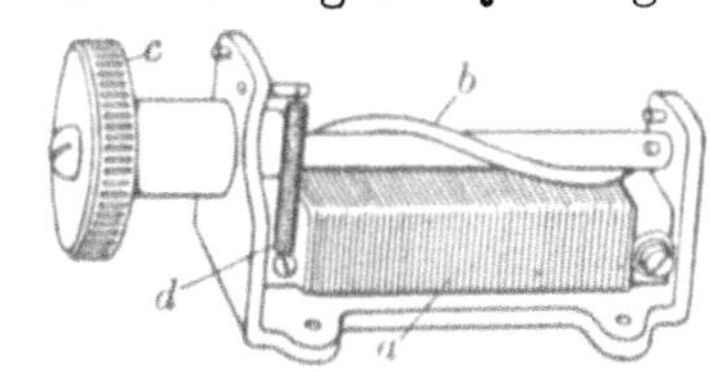

Abb. 757. Heizwiderstand mit schraubenförmigem Kontakt der Marconi Scientific Instrument Co. Ltd.

f) Heizwiderstand mit Feinregulierung.

Da auf die besonders feine Einregulierung des Heizstromes, bzw. der Heizspannung für den Glühfaden der Röhre besonderer Wert zu legen ist, ist eine ganze Reihe von Konstruktionen ersonnen worden, um dieses mit möglichst einfachen Mitteln zu bewirken. Eine recht geschickte Anordnung ist von Klosner Improved Apparatus Co. in New York gemäß Abb. 758 angegeben worden. Hierbei sind für den in normaler Weise ringförmig aufgewickelten Widerstand *a* nicht nur ein, sondern vielmehr zwei Kontaktabnehmer (Schleifer) vorgesehen, von denen der eine *b* außen auf der Widerstandsringfläche, der andere *c*

Abb. 758. Heizwiderstand mit besonderer Feineinregulierung von Klosner Improved Apparatus Co.

oben auf der Ringfläche schleift. Beide Kontaktabnehmer sind fest miteinander verbunden und werden gleichzeitig durch Bewegen des Knopfes *d* gedreht. Infolge des auf diese Weise resultierenden Widerstands wird bei passender Anordnung und Befestigung der Stromabnehmer eine feinere Widerstandsvariation eintreten können, als wenn, wie sonst üblich, ein einzelner Stromabnehmer von Windung zu Windung Kontakt macht.

Derartige Widerstände sind auch in der Weise gebaut worden, daß auf zwei in- oder nebeneinander angeordneten Heizwiderstandsspiralen zwei getrennte Stromabnehmer gedreht werden können, wobei so vorgegangen ist, daß jede der Widerstandsspiralen mit je zwei Zuführungskontakten versehen ist. Man hat alsdann ohne weiteres die Möglichkeit, die verschiedensten Schaltungskombinationen und damit die mannigfachsten Widerstandsregulierungen bewirken zu können.

Einige derselben und zwar vier der am meisten gebräuchlichen Fälle sind in den Schemen der Abb. 759 bis 762 wiedergegeben.

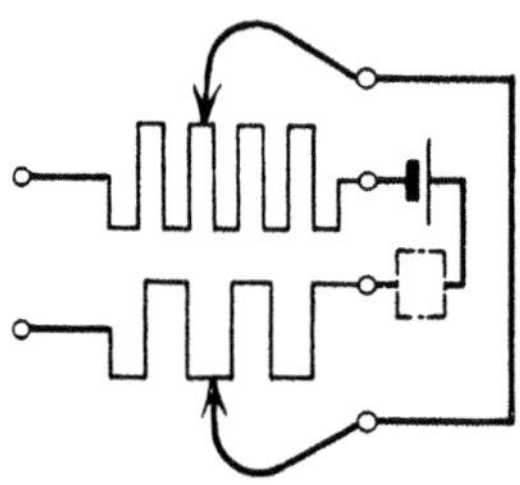

Abb. 759. Fall 1: Vorschaltwiderstand.

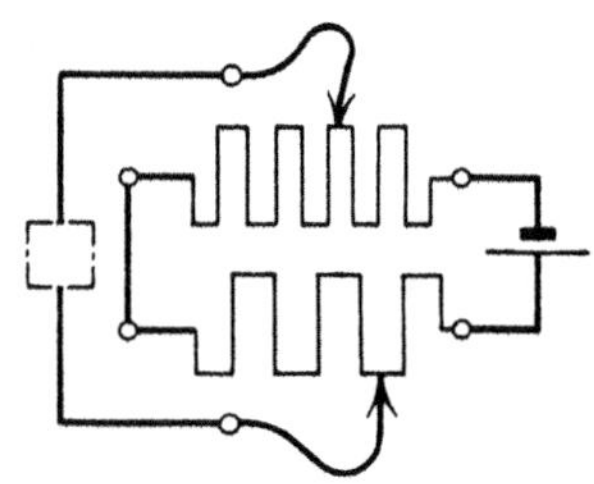

Abb. 760. Fall 2: Spannungsteiler.

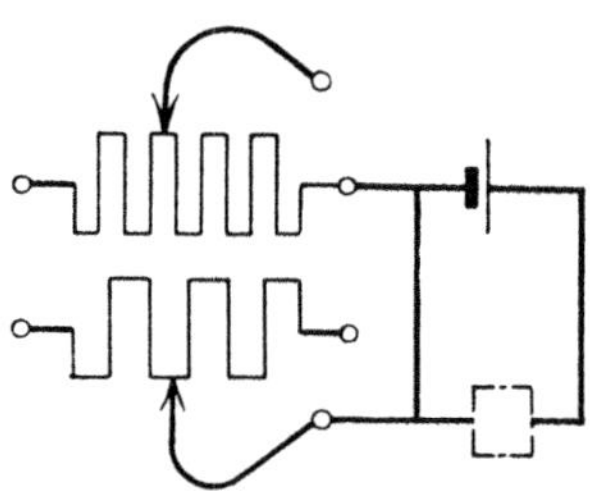

Abb. 761.
Fall 3: Vorschaltwiderstand.

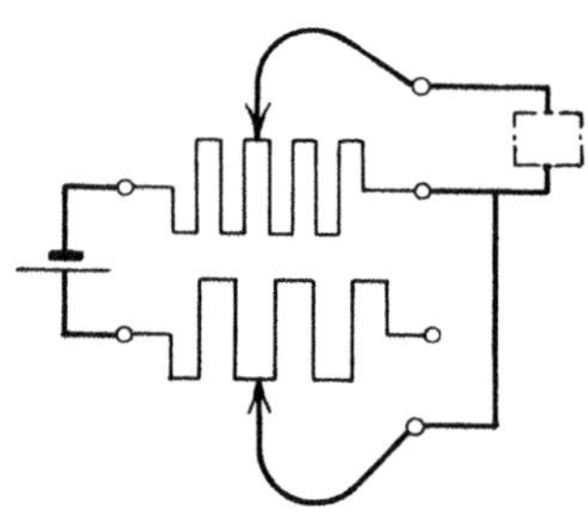

Abb. 762. Fall 4.
Spannungsteiler (Feinregulierung).

g) Profilheizwiderstand von R. Abrahamsohn.

In manchen Fällen kann es erwünscht sein, den jeweilig eingestellten Widerstandswert genau abzulesen. Die Firma Abrahamsohn hat nach Art der Profilinstrumente Profilheilzwiderstände ausgebildet, welche versenkt, also namentlich gegen Feuchtigkeit geschützt, in den Apparat eingebaut werden, und bei denen lediglich der Bedienungshandgriff profilartig aus der Panelplatte herausragt. Eine besonders günstige Anordnung wird von der genannten Firma dadurch hergestellt, daß sie einen derartigen Profilheizwiderstand mit einem Feinregulierwiderstand gleicher Ausführung zusammenbaut. Man erhält alsdann eine Ausführung gemäß Abb. 763. *a* ist die Profilplatte, welche die Konstruktionselemente trägt. In der Achsmitte ist ferner auch der Skalenteil *b* montiert. Links von demselben ist die Grobregulierung *c* und rechts die Feinregulierung *d* angeordnet. Beide bestehen aus ränderierten Isolationsscheiben, welche leicht von Hand gedreht werden können. Mit jeder Scheibe ist je ein Stromabnehmer *e* und *f* fest verbunden, welche zusammen mit den ränderierten Scheiben gedreht werden. Der erste Stromabnehmer schleift auf den Heizdraht mit Grobregulierung *g* (links in der Abbildung), der zweitgenannte auf den Feinregulierungsheizdraht *h*. Der Vorteil ist geringer Platzbedarf bei guter Kontaktgebung und exakter ablesbarer Einstellungsmöglichkeit.

Abb. 763. Profilheizwiderstand mit Feinregulierung von M. Abrahamsohn.

h) Vollkommen kontinuierlich variabler Heizwiderstand der Phywe, Göttingen.

Selbstverständlich wird bei jedem Heizwiderstand angestrebt, den Sprung von Windung zu Windung so klein als irgendmöglich zu machen. Als Maximum sollte, wie bemerkt, eigentlich gefordert werden, daß der Sprung nicht größer als 1 Mikrovolt ist. Viele der im Handel üblichen Ausführungen lassen in dieser Beziehung sehr viel zu wünschen übrig, und dies ist mit ein Grund für manche Klagen über manchen R.-T.-Empfänger.

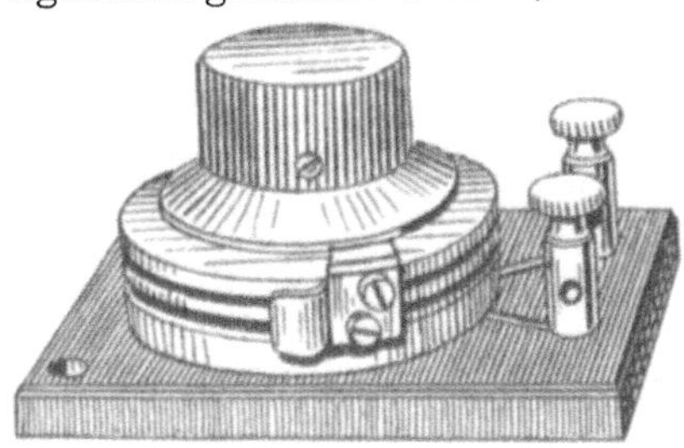

Abb. 764. Vollkommen kontinuierlich variabler Heizwiderstand der Phywe, Göttingen.

Die Herstellung eines vollkommen kontinuierlich variablen Heizwiderstandes von Phywe, Göttingen, wie er insbesondere für sehr kleine Strombelastungen z. B. bei Sparröhren in Betracht kommen wird, zeigt Abb. 764. Der Widerstand, welcher etwa 16 Ohm im Maximum hat, ist spiralförmig aufgewickelt und wird durch einen besonders konstruierten Stromabnehmer betätigt, so daß bei einer Umdrehung des Drehknopfes eine Variation des Heizwiderstandes von 0 auf Maximum erzielt wird.

i) Der kontinuierlich variable Drehwiderstand der Marshall Electric Co. Saint Louis, Missouri.

Abb. 765 zeigt diesen Widerstand montiert an einen Röhrensockel, wodurch sich die Vorteile der Anordnung besonders zeigen. Die Mutter *a* kann so einreguliert werden, daß die Montage innerhalb gewisser Grenzen für beliebig starke Montageplatten *b* stimmt. Das rückwärtige Kontaktende des Widerstandes *c* ist an den einen Pol der Heizleitung der Röhre geführt. Durch Drehen des Knopfes *d* wird eine kontinuierliche Variation des im Innern der Metallröhre *e* angebrachten Widerstandes bewirkt.

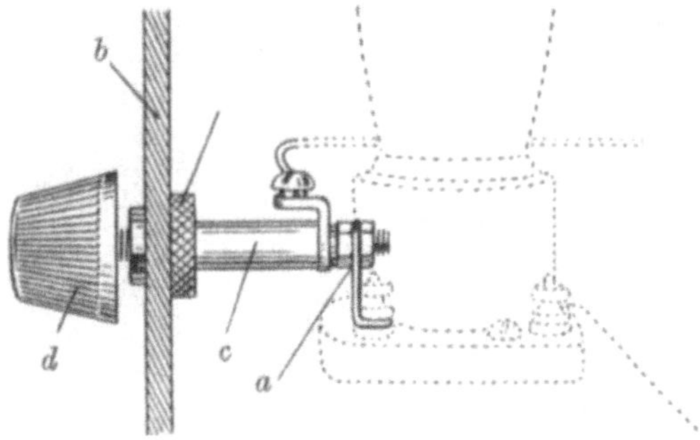

Abb. 765. Kontinuierlich variabler Drehwiderstand in der Marshall Electric Co.

4. Gitterausgleichswiderstand und Gitterkondensator.

a) Amerikanische Schaltungsanordnung.

Bei den meisten Röhrenschaltungen spielt der Gitterausgleichswiderstand (Grid leak), der dazu dient, die angesammelte Gitterladung abzuleiten, eine erhebliche Rolle. Die Größe des Widerstandes hängt ab unter anderem von der jeweilig benutzten Röhrentype und Schaltungsanordnung, von der Röhrenspannung, vom Heizstrom und vom Vakuum. Es gelangen Widerstandsgrößen von im allgemeinen 1 Megohm zur Anwendung, die bei den deutschen Röhrenschaltungen zwischen Gitterelektrode und Heizdraht, bei den amerikanischen Anordnungen in Parallelschaltung zum Gitterausgleichskondensator vor das Gitter geschaltet werden (siehe Abb. 766). Eventuell wird hier auch manchmal nur ein schlecht isolierter Kondensator benutzt. Da gelegentlich mit einer Auswechselung des Widerstandes gerechnet wird, z. B. zu dem Zweck, um andere Größen auszuprobieren, insbesondere bei Benutzung neuer Röhrentypen, ist man ziemlich allgemein dazu übergegangen, den Widerstand leicht auswechselbar zu gestalten. Wohl die beste Anordnung besteht darin, den bisher noch häufig aus Silit hergestellten Widerstandsstab an seinen beiden Enden metallisch zu fassen und diese Fassungen mit Kontaktmessern zu versehen, die in entsprechende, auf hochisolierenden Porzellansockel montierte Messerkontakte eingesetzt werden können.

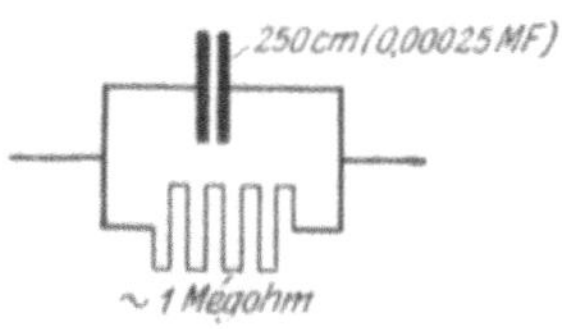

Abb. 766. In Amerika gebräuchliche Parallelschaltung des Ableitungswiderstandes zum Gitterkondensator.

b) Widerstandspatronen.

Recht praktisch und für die meisten Zwecke ausreichend sind Widerstandspatronen gemäß Abb. 767, wie sie z. B. die Dubilier Condensor Co. in London herstellt. Da man sich leicht eine gewisse Anzahl derartiger Patronen verschiedener Größen halten kann, ist es auf diese Weise möglich, die jeweilig passendste Widerstandsgröße auszuprobieren.

Abb. 767. Widerstandspatrone dei Dubilier Condensor Co. (London).

c) Regulierbarer Gitterausgleichswiderstand.

Bei manchen Schaltungen, insbesondere bei allen schwingungsfähigen Röhrenkreisen wird häufig der Wunsch vorhanden sein, den Gitterausgleichswiderstand, mindestens in gewissen Beträgen während des Betriebes, also unter Spannung, variieren zu können. Eine mechanische und feuchtigkeitsunempfindliche, nicht induktive, fast kapazitätslose Konstruktion von Durham & Co. in Philadelphia, bei der sogar eine kontinuierliche Widerstandsvariation möglich ist, stellt Abb. 768 dar. Durch Bewegen des rechts herausragenden Knopfes wird ein kleiner Metallkolben in einer Isolierröhre, die eine Paste enthält, vor- oder rückwärts bewegt, und hierdurch die Widerstandsveränderung bewirkt. Dieser Gitterausgleichswiderstand wird in zwei Größen hergestellt, die eine von 1000 bis 100 000 Ohm, die andere von 100 000 bis 1 000 000 Ohm.

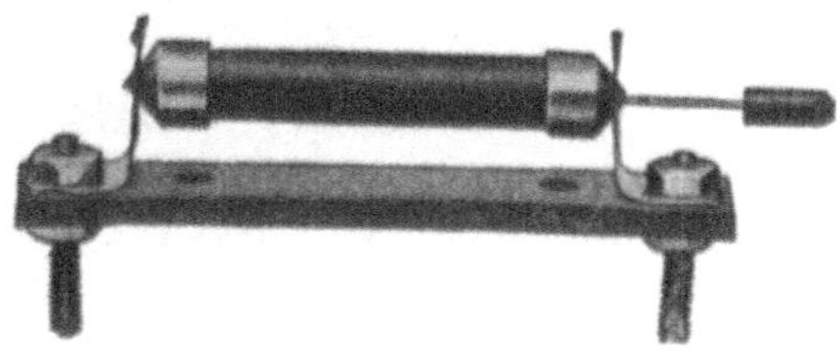

Abb. 768. Einstellbarer Gitterableitungswiderstand sehr geringer Kapazität von Durham & Co., Philadelphia.

d) Unveränderlicher Gitterkondensator.

Für manche Röhrenschaltungen genügt es, den Gitterkondensator unveränderlich auszuführen. Es ist aber zweckmäßig, wenn man eine Anzahl von auf verschiedene Kapazitätswerte abgeglichene Kondensatoren in Reserve hat. Dies kann um so leichter bewirkt werden, als die Konstruktion dieser Kondensatoren so einfach und billig ist, daß jeder etwas geschickte Bastler sie sich selbst herstellen kann. (Siehe Kap. XVI, Abb. 852, S. 707.)

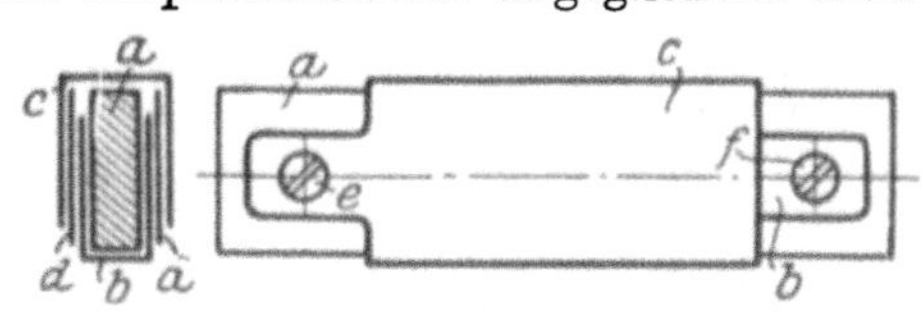

Abb. 769. Gitterkondensator (Festkondensator).

Im allgemeinen werden Kapazitätswerte in der Größenordnung von 100 cm, 250 cm, 500 cm usw. gebraucht. Hierfür genügt z. B. eine Ausführungsform, Abb. 769 entsprechend, die etwa die Dimensionen in

$^3/_4$ der nat. Größe wiedergibt. *a* ist ein Hartgummikörper, um den umschlagförmig die aus dünner Kupfer- oder Aluminiumfolie hergestellten Kondensatorbelege *b* und *c* unter Zwischenschaltung von dünnen Glimmerblättchen *d* herumgelegt sind, und zwar so, daß die Glimmerblättchen *d* genügend weit überkragen, um eine hinreichende Isolation zwischen den Belegen zu gewährleisten. Die Belege sind an je eine Schraube *e* und *f* geführt, mittels derer die Verbindungsleitungen zum Empfangskreise ausgeführt werden.

e) Kombination von Gitterkondensator und Ableitungswiderstand.

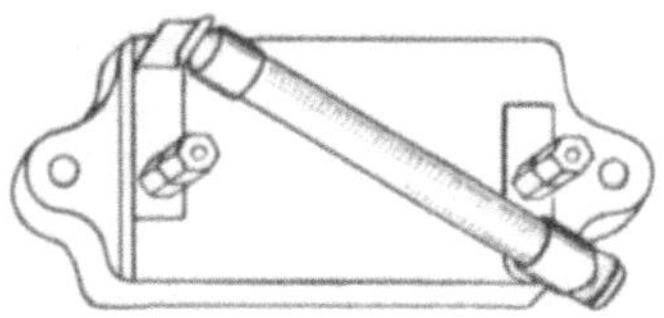

Abb. 770. Zusammenbau eines Gitterableitungswiderstandes mit einem festen Gitterkondensator.

Die konstruktive Verbindung eines Gitterkondensators mit einem Ableitungswiderstand unter Benutzung eines Mullard-Kondensators ist in Abb. 770 wiedergegeben. Der auf dem Kondensator *a* befestigte Ableitungswiderstand *b* hoher Ohmzahl ist gegen Widerstände anderer Größen leicht auswechselbar angeordnet.

f) Kombinierter variabler Gitterkondensator mit Ableitungswiderstand.

Eine besonders geschickte konstruktive Lösung der Vereinigung von Gitterkondensator und Ableitungswiderstand der Firma Chas. Freshman Co., zeigt Abb. 771. Hierbei ist offenbar der Widerstand von 0 bis 5 MO durch den Knopf veränderlich gestaltet. Der jeweilig eingestellte Widerstandswert kann auf der Skala abgelesen werden. Der Kondensator in der Größenordnung von 0,00025 MF ist fest eingebaut.

Abb. 771. Kombinierter Gitterkondensator und veränderlicher Ableitungswiderstand von Chas. Freshman Co.

F. Unterbrecher.

1. Allgemeine an Unterbrecher zu stellende Anforderungen.

Nicht nur für die auf Unterbrecherwirkung beruhenden Empfangsschaltungen (Tikkerschaltungen), sondern auch für eine große Anzahl von Meß- und Abstimmzwecken werden Unterbrecher benötigt, auf die im nachfolgenden kurz eingegangen werden soll. Es besteht die Forderung, möglichst regelmäßige Unterbrechungen tunlichst im musikalischen Tonbereiche zu erzeugen, um den entsprechend unterbrochenen Strom, bzw. Hochfrequenzstrom zu erzeugen.

Wenn man für Unterbrecherzwecke im Prinzip auch einen Wagnerschen Hammerunterbrecher benutzen könnte, so wird eine derartige, verhältnismäßig primitive Anordnung im allgemeinen nicht ausreichen, da die Unterbrechungen nicht regelmäßig genug sein werden und die Unterbrechungszahl im allgemeinen zu niedrig ist.

Die Anforderungen, die an einen für Meß- und Abstimmzwecke zu benutzenden Unterbrecher zu stellen sind, sind im wesentlichen folgende:

1. Der Unterbrecher soll stets von selbst anspringen, ohne daß er einer Nachhilfe von Hand bedarf.

2. Die Unterbrechungszahl und die erzeugte Amplitude sollen auch während längerer Benutzungsdauer absolut konstant bleiben, da sonst bei der ohnehin mißlichen akustischen Vergleichsmethode noch weitere sehr erhebliche Fehlerquellen in die Messung hineinkommen können.

3. Die Tonhöhe des Unterbrechers soll hoch sein und möglichst im akustischen Tonbereich von etwa 400 bis 600 Unterbrechungen pro Sekunde liegen.

4. Der vom Unterbrecher erzeugte Ton soll rein sein und ohne zischende oder kratzende Nebengeräusche konstant bleiben.

5. Der Eigenverbrauch des Unterbrechers an elektrischer Energie — Uhrwerksunterbrecher, die für längere Zeiträume regelmäßige Unterbrechungen liefern, in handlichem Format sind leider bisher noch nicht praktisch ausgebildet worden — soll möglichst gering sein, damit die Spannung der Speisebatterie, für die in der Hauptsache Trockenelemente in Betracht kommen, auch während längerer Benutzungsdauer nicht merklich sinkt.

6. Der Unterbrecher soll möglichst nicht polarisiert sein und sich in einfacher Weise durch Stöpselung oder Betätigung einer Bajonettfassung mit dem betreffenden Apparat verbinden lassen.

7. Das nach außen dringende, vom Unterbrecher erzeugte Geräusch soll möglichst gering sein, um die Beobachtung, bzw. Messung nicht zu stören.

Bei fast keiner der bisher bekannt gewordenen Konstruktionen sind sämtliche der angeführten Bedingungen exakt gewährleistet. Die größte Schwierigkeit besteht in der Erfüllung der Punkte 2 und 4, die allein durch die Schleifenanordnung erreicht werden können, da nur diese bei zweckentsprechender Ausbildung in der Lage sein dürfte, eine hohe Unterbrechungszahl, im musikalischen Tonbereiche liegend, auch während längerer Benutzungsdauer konstant aufrechtzuerhalten und einen absolut reinen Ton ohne jegliches Nebengeräusch hervorzubringen.

Auf die Erfüllung von Punkt 7, die Schalldämpfung des Summers betreffend, sollte unbedingt hingearbeitet werden, da sich diese noch verhältnismäßig am einfachsten durch Vergießen mit einer schalldämpfenden Masse oder Umgeben mit einem Filzmantel oder dergleichen bewirken läßt.

2. Summer mit nahezu geschlossenem Eisenweg von G. Seibt.

Die meisten der obigen Bedingungen werden bei der in Abb. 772 wiedergegebenen Konstruktion von G. Seibt (1915) erfüllt, wobei die

Anordnung polarisiert arbeiten muß. Zu diesem Zweck ist nur ein Luftspalt in dem sonst vollkommen geschlossenen magnetischen Kreis vorgesehen, und der auf dem einen Elektromagnetpol befestigte Anker, der über dem anderen Pol frei schwingt, dient auf seiner ganzen Länge als Leiter der magnetischen Kraftlinien.

Der Anker besteht, wie die Abbildung erkennen läßt, aus einer federnden Zunge, die mit einer an einem Galgen einstellbaren Schraube die Unterbrechungen herstellt. Um eine Abbremsung der Schwingungen des Ankers bei der Kontaktgebung zu vermeiden, ist auf den Anker noch ein federndes Zwischenstück aufgesetzt, dessen Eigenschwingungszahl in die Größenordnung der Ankerschwingung fallen soll, wodurch ein besonders klarer, sonorer Ton gewährleistet ist. Zwischen Feder und Anker ist, um die hierdurch hervorgerufenen mechanischen Schwingungen abzubremsen und die Tonwirkung regelmäßig zu gestalten, ein Filzstückchen oder dergleichen vorgesehen. Hierdurch wird auch bewirkt, daß der Kontaktdruck nicht so kritisch ist, als dies bei sonstigen Anordnungen der Fall zu sein pflegt.

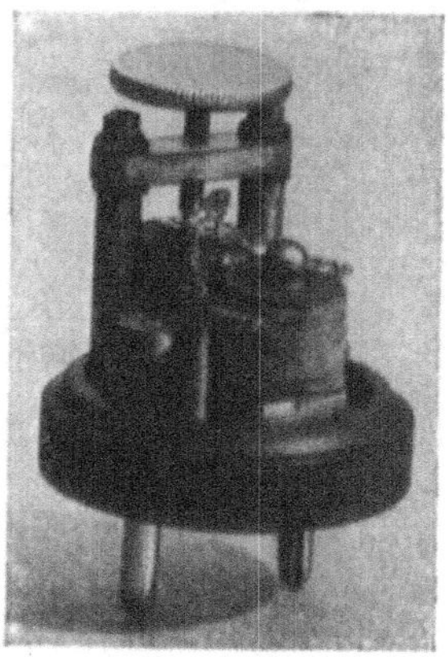

Abb. 772. Summer mit nahezu geschlossenem Eisenweg von G. Seibt.

Unterhalb der vorgenannten Unterbrechungsstelle liegt der Luftspalt. Derselbe wird zweckmäßig einregulierbar gestaltet dadurch, daß die Ankerpolschuhe z. B. durch Schrauben gesenkt werden können. Der Anker, bzw. die als Anker dienende Feder ist, damit das vom Summer erzeugte tönende Geräusch möglichst gering ist, klein hergestellt und besitzt eine Oberfläche, die kleiner als 10 mm^2 sein soll[1]).

G. Schalt- und Kontaktorgane.

Die größten Anforderungen bezüglich der Kontaktgüte werden selbstverständlich an alle Schaltorgane, die für Empfangszwecke dienen, gestellt. Am günstigsten ist es, wenn die beiden Kontaktstücke aus einem nicht oxydierenden Material wie z. B. Platin hergestellt werden, um stets und dauernd die Kontaktgüte zu gewährleisten. An Stelle von Platin oder Platinsilber kann in den meisten Fällen zweckmäßig die viel billigere Goldsilberlegierung (10% Gold, 90% Silber), verwendet werden, wobei nur zu beachten ist, daß die Legierung (Draht, Plättchen usw.) nicht allzu weich gewählt sein darf, da sich sonst die Kontakte zu leicht deformieren. Bei billigeren Anordnungen, wie sie für den R.-T.-Betrieb verwendet werden, nimmt man meist Messing oder Tombakkontakte.

---

[1]) Siehe auch die Summerkonstruktion von M. Baumgart. Kap. X, S. 786.

1. Schalter.

a) Einfacher Druckschalter.

Für einfachere Apparate, namentlich für solche, die sich der Amateur selbst herzustellen beabsichtigt, genügt in den meisten Fällen eine Schalterkonstruktion, wie sie Abb. 773 veranschaulicht (Montage eines derartigen Schalters siehe z. B. Abb. 881, S. 714). An einem mit Gegenmutter versehenen Schraubbolzen *a*, der durch die Montageplatte hindurchgesteckt wird, ist ein Halteteil *b* angebracht, in dem die mit einem Handgriff versehene Kontaktfeder *c* drehbar befestigt ist. Die eigentliche Kontaktgebung wird durch eine Kontaktfeder *d* bewirkt. Bei sehr einfacher Formgebung kann man den Ein- und Ausschalter, wozu derartige Kontakthebel vorzugsweise gebraucht werden, oder auch die Konstruktion eines Stufenschalters unter Benutzung von Messingschrauben mit halbrundem Kopf gemäß Abb. 774 herstellen.

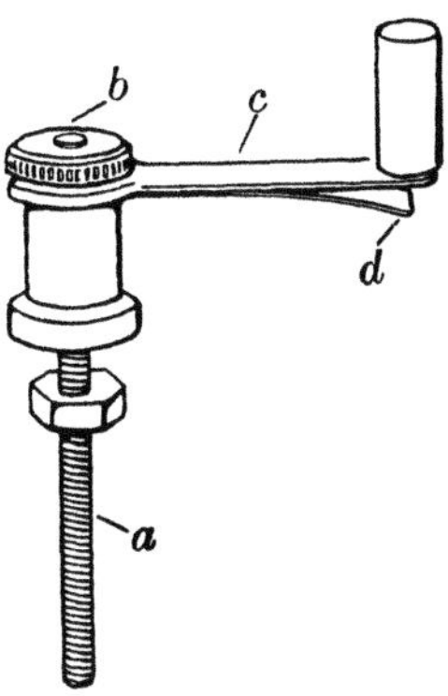

Abb. 773. Einfacher Druckschalter mit Kontaktanschluß, insbesondere für einfache Amateurarbeiten.

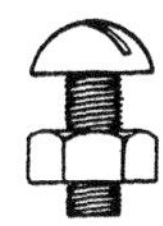

Abb. 774. Messingschraube mit halbrundem Kopf für den Gegenkontakt des Schalters.

b) Kontakteinrichtung mit Schleiffeder von G. Seibt.

Wenn man bei einlagigen Zylinderspulen die Selbstinduktion zwar nicht völlig kontinuierlich, aber in sehr kleinen Sprüngen verändern will, so muß man auf einer Mantellinie der Spule den Draht blank machen und mit einer Kontaktfeder, meist einem sog. „Schleifer", den betreffenden jeweilig gewünschten Selbstinduktionsbetrag einschalten. Obwohl verhältnismäßig hochwertige Schleiferkonstruktionen geschaffen worden sind, die im allgemeinen auch meist eine gute Kontaktgebung gewährleisten, so ist doch ein sehr erheblicher Übelstand vorhanden, daß durch die endliche Stärke der Schleiffeder mindestens zwei, meistens sogar noch mehr Windungen kurzgeschlossen werden, und daß in den kurzgeschlossenen Windungen Wirbelstromverluste entstehen. Diese können, wenn man ohne Verstärker empfängt, die Empfangslautstärke außerordentlich herabsetzen.

Es ist daher unter allen Umständen vorzuziehen, die Unterteilung nicht so fein zu gestalten, sondern nur eine Anzahl von Spulenunterteilungen abzuzweigen und diese an einen besonderen Gruppenschalter zu führen, der, sowohl was Isolation als auch was Kontaktgebung anbelangt, allen modernen Anforderungen entsprechend gestaltet sein kann. Derartige Kontakteinrichtungen in der Ausführung der Firma G. Seibt sind in den Abb. 775 wiedergegeben.

Abb. 775 links stellt eine Kontakteinrichtung mit Schleiffeder dar, wobei neun Abzweigungen vorgesehen sind. Die Stromzuführung erfolgt bei *a* durch die Spirale *b* über die Mehrfachschaltfeder *c* hinweg nach den in der Hartgummiplatte *d* eingelassenen zylindrischen Kontaktstücken *e*. Diese letzteren sind mit entsprechend ausgebohrten Anschaltungen *f* fest

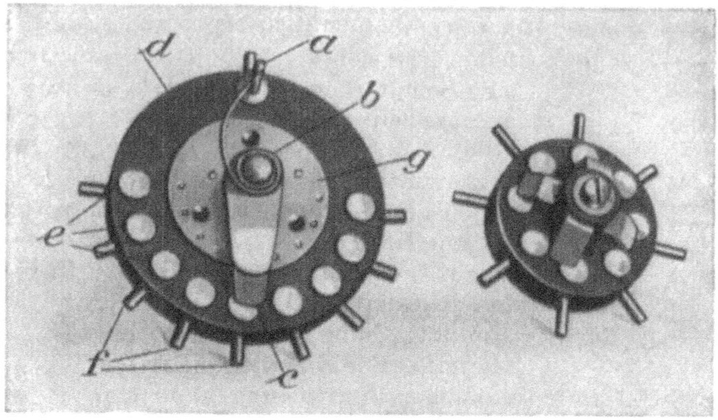

Abb. 775. Seibt-Schalter (Kreuzschalter).

verbunden, in die die z. B. zur Spule führenden Leitungsdrähte eingelötet werden. Damit nicht der Fall eintritt, daß die Schleiffeder *c* zwischen zwei Kontakten stehen bleibt und alsdann eine dem oben geschilderten Wirbelstromverlust ähnliche Erscheinung hervorruft, ist die metallische Grundplatte *g* der Schleiffeder *b* mit Ausbohrungen versehen, in die ein entsprechendes Rasterorgan eingreift. Hierdurch wird bewirkt, daß jede Kontaktstellung sich bei der Betätigung des Schaltorgans deutlich wahrnehmbar macht.

Ein diese Prinzipien gleichfalls berücksichtigender Kreuzschalter ist in Abb. 775 rechts dargestellt. Mittels eines solchen Kreuzschalters ist die doppelpolige An- und Abschaltung von Schaltelementen (Spulen, Kondensatoren usw.) möglich.

c) Nockenfederschaltanordnung.

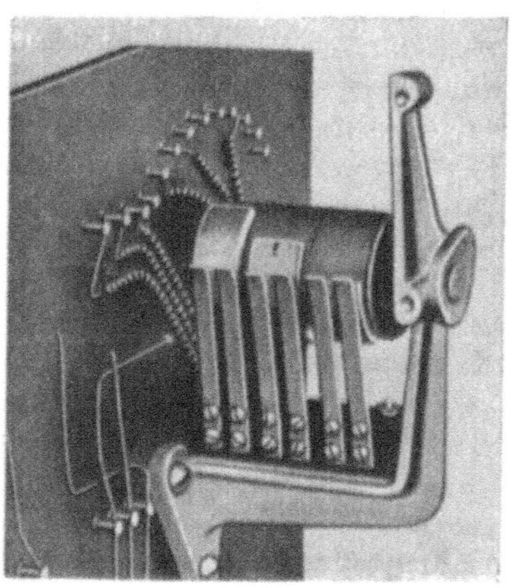

Abb. 776. Nockenfederschalter.

Eine recht hochwertige, gute Ausführung eines Nockenschalters mit Federn, welcher die wahlweise Zuschaltung bestimmter Spulenbeträge ermöglicht, zeigt in rückwärtiger Ansicht Abb. 776. Es ist bei dieser Anordnung insbesondere möglich, bei leicht zu erzielender hochwertiger Isolation bestimmte Spulenbeträge wahlweise zuzuschalten und diese während bestimmter Schalterstellungen eingeschaltet zu lassen.

Allerdings ist der Schalter in der Fabrikation verhältnismäßig teuer, so daß er nur für ganz bestimmte sehr hochwertige Anordnungen in Betracht kommen wird.

d) Feder- und Messerschalter.

Um die Kontaktgüte eines Schalters zu gewährleisten, kann man auch eine Schalterkonstruktion (W. Scheppmann, 1916) gemäß Abb. 777 anwenden. Hierbei sind die eigentlichen federnden Kontaktbleche *a* im Lager *b* drehbar angeordnet, so daß auch bei einem Verziehen der Grundplatte, auf die die miteinander durch den Schalter zu verbindenden Kontaktstücke *d* und *e* aufgesetzt sind, ein Nachgeben stattfindet und demgemäß eine sichere widerstandslose Kontaktgebung gewährleistet ist.

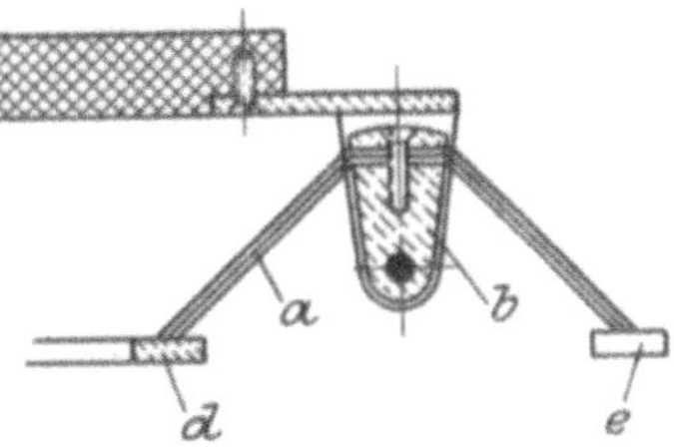

Abb. 777. Federschalter.

Übrigens wird ein sehr guter und wohl für alle Fälle anwendbarer, auch zeitlich sich nicht verschlechternder, ausreichender Kontakt bei dem sogenannten Messerschalter, gemäß Abb. 778 erzielt, der nicht nur für kleine Empfangsenergien, sondern auch bis zu mittleren Stromstärken gut verwendet werden kann.

Das wesentliche Kennzeichen dieser Anordnung besteht darin, daß Messerkontakte angewendet werden, das heißt Kontakte aus verhältnismäßig dünnem Blech, die vorn schneidenförmig gestaltet sind und mit entspr. Kontaktfedern Berührung machen, die also während der Einschaltungsbewegung die Federn auseinanderbiegt und in diesem

Abb. 778. Messerschalter.

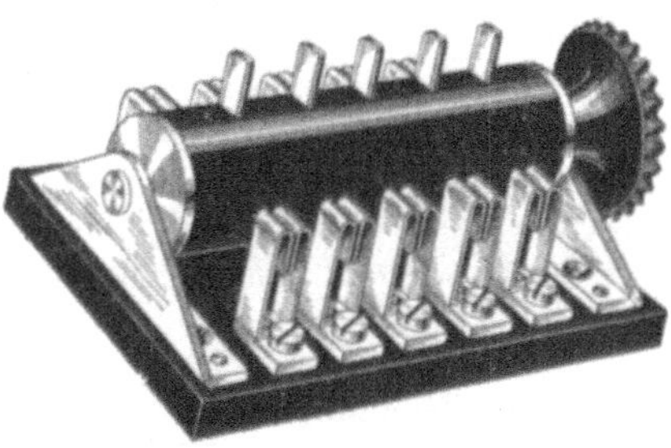
Abb. 779. Allseitig drehbarer Messerschalter.

Zustand beläßt, solange die Kontaktdauer anhält. Die Berührung zwischen Kontaktschneide und Kontaktfedern ist hierdurch eine besonders innige, so daß auch für Empfangszwecke, bei denen nur sehr geringe Empfangsenergie im System vorhanden ist, derartige Schalterkonstruktionen gut angewendet werden können.

Es werden daher Messerschalter beispielsweise auch zur Schaltung von Variometern und anderen Apparaten verwendet.

Diese Kontaktkonstruktion wird ferner auch gern bei vollkommen drehbaren Schaltern benutzt, insbesondere wenn es sich darum handelt, mehrere Stromkreise zu schalten. Es können, wie dies Abb. 779 zeigt, ohne weiteres auch mehr als nur zwei Schalterstellungen mit einem derartigen drehbaren Schalter beherrscht werden.

e) Druckknopfkontakteinrichtung.

Bei der Konstruktion der Druckknopfkontakteinrichtung, die Abb. 299 wiedergibt (P. Floch 1915) ist der Gesichtspunkt durchgeführt, daß das den Kontakt bewirkende Organ *a b d c*, das mit dem Hebel *e* verbunden ist, der seinerseits an einer Achse *f* befestigt ist, eine Trennung der mechanischen und elektrischen Funktion aufweist. Der mechanische Kontaktdruck wird durch die Teile *b d c* erzielt, wohingegen für die elektrische Kontaktgüte die Feder *a* maßgebend ist. Während bei sonstigen Kontakten oder Schaltern der den Druck herbeiführende Teil in einem entsprechenden Winkel zur Kontaktfläche liegt, so daß stets nur eine Komponente zur Wirksamkeit kommen kann, ist bei der Druckknopfkontakteinrichtung, gemäß Abb. 780, der Druck stets senkrecht zur Kontaktfeder *a*, die zudem sehr groß bemessen sein kann, so daß stets eine tadellose elektrische Berührung mit dem Gegenkontaktstück *h* gewährleistet ist, wodurch jedes Ecken, Kanten usw. vermieden wird.

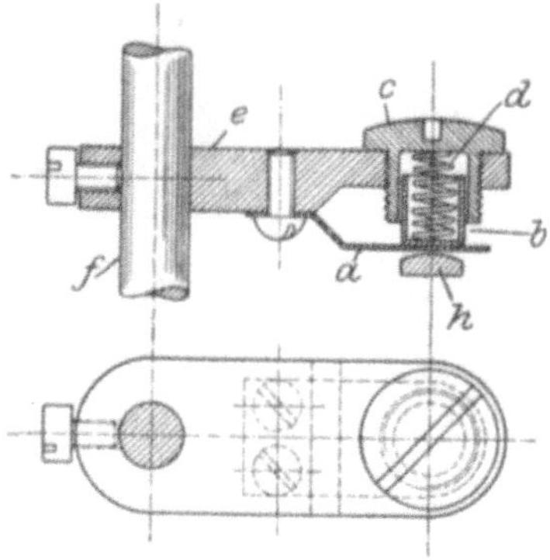

Abb. 780.
Druckknopfkontaktvorrichtung.

Nachstellung, Auswechselung und Einregulierung des Druckes sind bei dieser Konstruktion, wie aus Abb. 780 ersichtlich ist, in überaus einfacher Weise ermöglicht und können ohne Spezialwerkzeug mittels einfachen Schraubenziehers oder Taschenmesser bewirkt werden. Außerdem kann die Nachspannung während des Betriebes erfolgen.

f) Walzenschalter.

Eine prinzipiell andere Möglichkeit, die Kontaktgüte sicher zu gewährleisten, ist durch den nachstehenden Walzenschalter ermöglicht. Dieser beruht darauf, daß nicht eine auf Kontaktstücken schleifende Bewegung von Schaltmessern oder dergleichen stattfindet, sondern daß vielmehr, ähnlich wie bei dem Klöppel des Wagnerschen Hammerunterbrechers einer elektrischen Glocke, zwischen einer unveränderlichen Spitze und einer Platte (Platin, Gold-Silberlegierung oder dergleichen) der Kontakt hergestellt wird, indem eine mit kleinen Nocken versehene Walze gedreht wird. Die Nocken werden hierbei so angeordnet, daß wahlweise die eine oder andere oder auch mehrere Federkontakte nachein-

Abb. 781. Walzenschalter.

ander betätigt werden. Die sich für zehn Kontaktgebungen ergebende Konstruktion stellt Abb. 781 dar, und es wird bei der dargestellten Drehung z. B. der vierte Kontakt, von rechts aus betrachtet, betätigt. Dieser Schalter setzt nicht nur ausgezeichnetes Material (Federn), sondern auch eine sehr sorgfältige Herstellung voraus. Aber selbst dann ist bei sehr geringen zu schließenden Energien ein zeitweiliges Versagen der Kontaktstelle gelegentlich beobachtet worden.

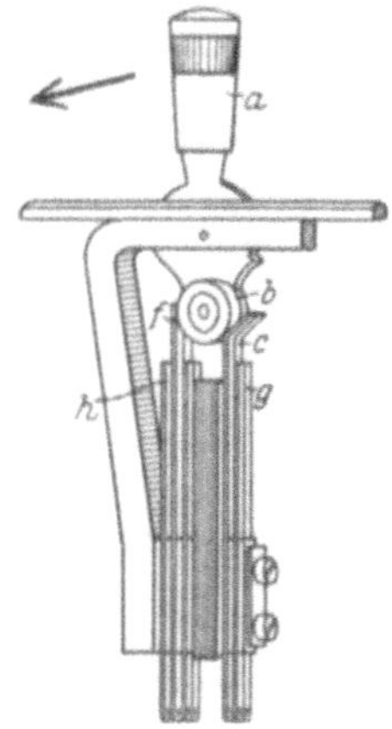

Abb. 782. Hebelschalter (Kellogschlüssel).

g) Hebelschalter.

Den Walzenschaltern sehr ähnlich sind die Hebelschalter ausgeführt, die im Drahttelephonbetriebe, als Kellogschlüssel oder ähnlich bezeichnet, verwendet werden. Abb. 782 stellt ein Ausführungsbeispiel in Ruhestellung dar. Wenn der Hebel *a* in der Pfeilrichtung nach links bewegt wird, drückt die aus Isolationsmaterial bestehende Nockenscheibe *b* sowohl die Feder *c* als auch die Feder *f* gegen die entsprechende Gegenfeder *g* und *h* und macht mit dieser innigen Kontakt. Auf diese Weise ist eine doppelpolige An- und Abschaltung beliebig vieler Stromkreise ohne weiteres möglich, da die Nockenscheibe *b* fast beliebig lang sein kann und infolgedessen auch sehr viele nebeneinander angeordnete Kontaktfedern benutzt werden können. An die unteren Teile der Federn werden die Verbindungsleitungen angelötet.

h) Knebelschalter mit Klinkenanordnung.

Eine recht einwandsfreie Anordnung kann, insbesondere bei Anordnungen, die einem starken Gebrauch unterliegen, durch Hinzuziehung des Klinkenprinzips erzielt werden. Bei der Klinkenanordnung können die aktiven Kontaktstellen aus einem nicht oxydierbaren, praktisch der Abnutzung nicht unterliegenden Material, wie z. B. Platin, hergestellt sein. Die außerordentliche Kleinheit der hierbei erforderlichen Kontaktstücke gewährleistet einerseits eine Massenfabrikation, andererseits einen äußerst geringen Verkaufspreis. Die Knebelschalteranordnung mit Klinken der Deutsche Telephon Werke u. Kabelfabrik zeigt Abb. 783. Links aus der winkelförmig

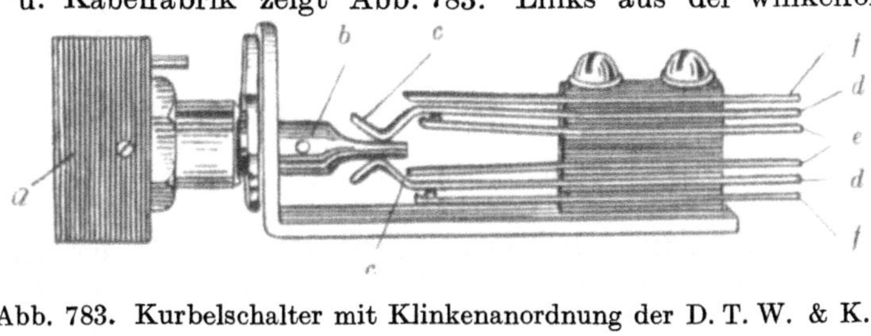

Abb. 783. Kurbelschalter mit Klinkenanordnung der D. T. W. & K.

gebogenen Konstruktionsanordnung ragt der Griff *a* des Klinkenschalters heraus, dessen mechanisch aktiver Teil *b* an den Biegestellen *c* der Klinken angreift. In der in der Abb. 783 wiedergegebenen Lage machen die Klinkenstreifen *d* mit den Klinkenfedern *e* Kontakt. Sobald der Schaltergriff *a* um 90° gedreht wird, werden diese Kontakte aufgehoben und die Klinkenfedern *c* machen mit den Klinkenstreifen *f* Kontakt.

Abgesehen von der einwandsfreien Kontaktgebung, die auf diese Weise erzielt werden kann, und die, wie ausgeführt, sich namentlich bei oftmals gebrauchten Schaltern bewährt, ist noch der weitere Vorteil vorhanden, daß wie bei dem gewählten Beispiel durch eine Schalterdrehung zwei verschiedene Stromkreise geschaltet werden können. Selbstverständlich läßt sich die Anordnung noch weiterhin so ausbilden, daß gleichzeitig noch mehr Stromkreise geschaltet werden können. Zu berücksichtigen ist indessen die Kapazität, welche die Klinkenstreifen gegeneinander haben und der Isolationsweg zwischen denselben, der in vielen Fällen über 10^8 Ohm aufweisen muß.

i) Schleifkontakte (Slider)

Ein sehr wesentliches Organ, z. B. für alle diejenigen Apparate, bei denen ein Draht aufgewickelt ist und längs einer Wicklungsseite stufenweise in sehr kleinen Sprüngen geschaltet werden soll, aber auch für regulierbare Widerstände, ist der Schleifer (Slider, Schleifkontakt). Man verlangt von diesem, daß die Kontaktgebung unter allen Umständen zwischen der eigentlichen Schleifstelle und dem einzuregulierenden Apparat eine möglichst innige, und daß die Übertragung vom Schleifkontakt auf die stromführende Leiste eine möglichst punktförmige und gute ist und ferner, daß diese Verhältnisse weder durch längere Benutzung noch durch atmosphärische Einflüsse Schaden leiden. Da es bei den meisten Konstruktionen auf die Ausnutzung von Federkräften ankommt und vielfach die Federwege viel zu gering bemessen worden sind, krankt eine große Anzahl derartiger Schleifanordnungen an prinzipiellen Übelständen, so daß die mit solchen Einrichtungen versehenen Apparate häufig in Mißkredit gekommen sind.

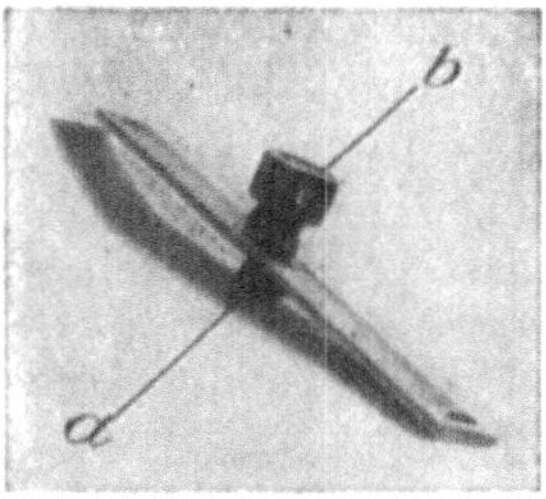

Abb. 784. Schleifkontakt mit Metalleiste für Schiebespulen, Ohmsche Widerstände usw. von Dr. G. Seibt.

Die genannten Übelstände werden zu einem erheblichen Teil durch den in Abb. 784 nebst Kontaktleiste wiedergegebenen Schleifkontakt vermieden, da Konstruktion, Formgebung und Wahl des Materials hierbei so getroffen sind, daß eine gute Kontaktgebung auch während eines langen Dauerbetriebes und unter verschiedenen Einflüssen gewährleistet ist. Der Federweg für den eigentlichen Schleifkontakt *a* ist hierbei infolge der Biegung der Feder ziemlich groß. Besondere Berücksichtigung hat auch noch die Ausbildung des Knopfes *b* erfahren, die so bemessen ist, daß ein Ecken oder Kanten beim Betrieb nicht auftritt.

Noch günstiger dürfte sich der Slider amerikanischer Konstruktion gemäß Abb. 785 verhalten, da hierbei trotz räumlicher Geringhaltung der Abmessungen der Federweg noch größer ist. (Siehe auch die schematische Schnittzeichnung Abb. 830, S. 713.)

Eine Verstellungsmöglichkeit soll durch das Kontaktorgan nebst Feststellvorrichtung gemäß Abb. 786 ausgeschlossen sein, was hierbei durch eine Riffelung der Metalleiste bewirkt wird. Schließlich ist noch ein in England insbesondere für Schiebespulen sehr gebräuchlicher Schleifkontakt gemäß Abb. 787 erwähnenswert, bei welchem im Innern des Kontaktorgans eine Spiralfeder angeordnet ist.

Abb. 785. Amerikanischer Schleifer (slider) von Gehmann & Weinert, Newark. N.Y.

Abb. 786. Kontaktorgan und Feststellvorrichtung (Englische Konstruktion).

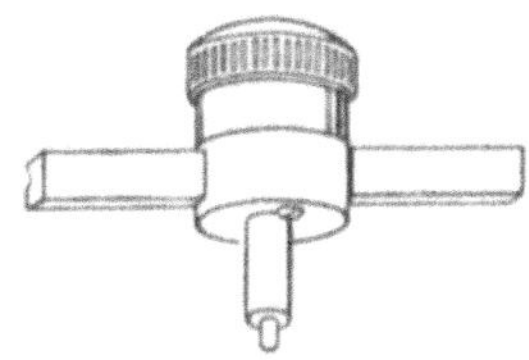

Abb. 787. Schleifkontakt für Schiebespulen.

2. Lösbare Kontaktverbindungen.

Die lösbaren Kontaktverbindungen, insbesondere in Form von Stöpseln und Buchsen, sind für jeden R.-T.-Empfänger von allergrößter Bedeutung. Hängt doch von dem Funktionieren dieser Verbindungen zu einem großen Teil die Arbeitsweise des Empfangsapparates, bzw. Verstärkers ab. Im Gegensatz zu Starkstromkontakten, wo selbst bei schlechter Kontaktgebung infolge der vorhandenen Stromamplitude fast stets ein genügender Kontakt vorhanden sein wird, handelt es sich bei Empfangskreisen um Ströme bis zur Größenordnung von ca. 10^{-8} Ampere herab. Diese außerordentlich geringen Stromamplituden können aber durch einen schon geringen Übergangswiderstand zwischen Kontaktstecker und Hülse praktisch auf 0 herabgemindert werden. Es ist daher unbedingt die Forderung zu stellen, daß auch bei jeder lösbaren Kontaktverbindung der Ohmsche Widerstand praktisch 0 sein muß.

Diese Aufgabe ist nicht sehr leicht zu lösen.

Für viele Verbindungen werden Kontaktstöpsel etwa der Form *a* von Fig. 788 entsprechend ausgeführt. Diese Form ist der Starkstromtechnik entnommen und gewährleistet einen guten Kontakt nur, wenn der Stecker strammzügig in die Buchse einpaßt. Durch Auseinanderspreizen, z. B. mit dem Taschenmesser, kann häufig bei nicht ausreichender Kontaktgebung diese verbessert werden.

Für manche Zwecke vorteilhafter sind schon die Formgebung gemäß den Abbildungen *b* und *c*, welche an der Spitze eine kleine, kugelförmige Verdickung aufweisen. Hierdurch kann die Kontaktgebung verbessert werden.

Die vorstehenden Kontaktverbindungen sind bei richtiger Formgebung und guter Wartung für schwergängige lösbare Kontaktverbindungen im allgemeinen zu verwenden. Will man jedoch auf sehr leicht lösbare Verbindungen übergehen, so wählt man zweckmäßig die neuerdings als Bananenstecker bezeichneten Steckkontakte, welche von H. Schnoor 1911 angegeben wurden.

Um die zylindrischen eigentlichen Kontaktstücke *n* sind nach allen vier Richtungen hin gut federnde Bleche *m* herumgelegt, die nach oben hin ausweichen können und sich beim Einstecken des Stöpsels in die Buchsen eng an den Zylinder *n* anlegen, so daß auf diese Weise ein ausgezeichneter Kontakt sicher und stets gewährleistet wird. Hierbei ist es trotzdem möglich, den Kontaktstöpsel leicht aus der Fassung herauszuziehen.

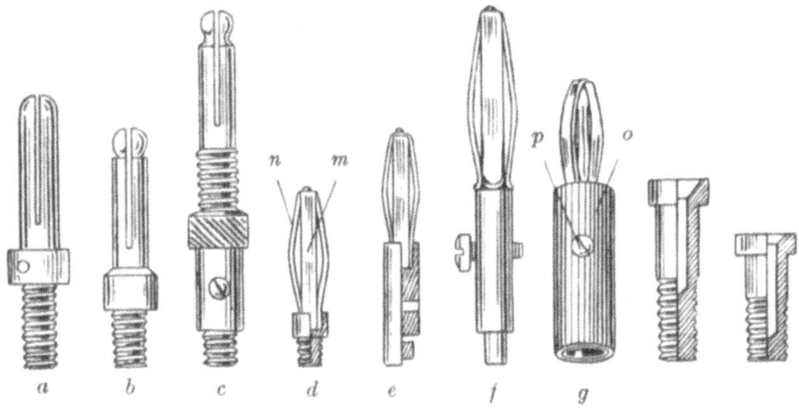

Abb. 788. Kontaktstöpsel. Kontaktbuchsen.

Derartige Bananenstecker sind in den Abb. 788 d, e, f und g gekennzeichnet, und zwar in verschiedenen Größen und für verschiedene Anschlußmöglichkeiten. Meist findet man im Handel die Ausführungsform g, wobei über den eigentlichen Bananensteckerhalteteil eine Isolierhülle *o* festgeschoben ist. Die Leitungsverbindung zwischen dem Bananenstecker und einer Leitung wird im allgemeinen durch eine kleine Madenschraube *p* bewirkt.

Auch den Kontaktbuchsen (siehe z. B. Abb. 788 rechts) ist weitgehendste Aufmerksamkeit zuzuwenden. Es wäre naturgemäß erwünscht, wenn die Sicherheit und Innigkeit der Kontaktgebung auch durch die Buchse unterstützt werden könnte. Dieses wäre dadurch möglich, daß man auch die Buchse federnd ausführt. Offenbar haben sich aber die diesbezüglichen Konstruktionen, sofern man nicht auf teure Spezialanordnungen übergegangen ist, bisher nicht besonders bewährt.

3. Leicht anschließbarer Verbindungsstecker.

Während bei den bisher besprochenen Steckern die Verbindung mit der Litze, bzw. dem Leitungsdraht entweder durch Einlöten oder Einschrauben bewirkt werden mußte, wobei erstere Manipulation den

Lötvorgang notwendig machte, wohingegen bei letzterer die erforderliche Madenschraube leicht herausfallen kann, wird bei dem in beistehender Abb. 789 wiedergegebenen Stecker die Verbindung dadurch hergestellt, daß der Draht, bzw. die Litze durch Einschrauben des Konus *a* in den Steckkontaktteil *b* festgeklemmt wird. Allerdings kann hierbei der Nachteil auftreten, daß bei Lockerung der konischen Flächen auch die Drahtverbindung von selbst gelöst wird. Das Auftreten von Wackelkontakten ist somit nicht sicher vermieden.

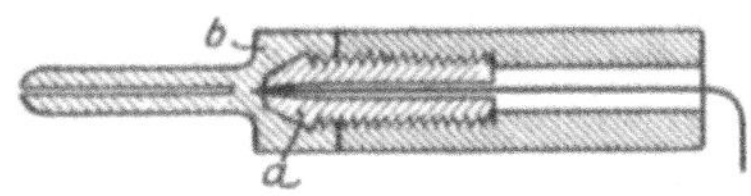

Abb. 789. Leicht anschließbarer Verbindungsstöpsel von L. Scholz.

Der Stecker wird von L. Scholz für Drähte verschiedenster Stärken und für Litzen geliefert.

4. Konische Kontaktklemmen.

Um einerseits eine vollkommen sichere, leicht lösbare Kontaktverbindung herzustellen und andererseits zu gewährleisten, daß diese auch bei beliebig oftmaliger Benutzung gut hält, ist die im Maschinenbau übliche konische Formgebung des Stöpsels und der Buchse auch für R.-T.-Zwecke verwendet worden.

Die Ausführung eines derartigen Kontaktendstückes der Autoveyors Ltd. im gebrauchsfähigen Zustande zeigt Abb. 790. Die Kontaktbuchse *d* ist mittels einer leicht lösbaren Schraubverbindung *e* in die Isolierplatte eingesetzt. An dem Endstück *f* können ohne weiteres beliebig viele Verbindungen angelötet werden. Die Kontaktbuchse *d* ist, um die Kontaktgüte zu verbessern, mit zwei Schlitzen versehen. In die Buchse wird der gleichfalls konisch gestaltete Stöpsel *g* eingesteckt, welcher außerdem noch mit einer schraubenförmigen Riefelung versehen ist.

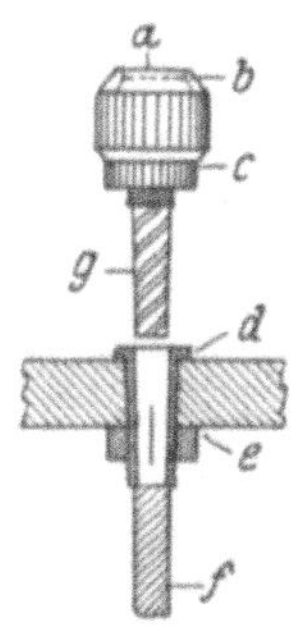

Abb. 790. Konische Kontaktklemme für 6 Leitungsanschlüsse von Autoveyors Ltd. London.

Abb. 791. Einzelteile der Verbindungsklemme „Clox". Links ein Paar Durchführungsbuchsen. In der Mitte oben der Klemmenstecker, darunter die Gegenmutter. Rechts der Isolator.

Die Ausführung ist so getroffen, daß außerdem noch eine ganze Reihe von Verbindungen leicht hergestellt werden können. Es ist z. B. möglich, bei *a* oder *b* einen Verbindungsdraht, -Schnur oder dergleichen anzulöten. Mittels der besonders ausgeführten Mutter *c* kann zwischen *b* und *c* eine Verbindungsleitung untergeklemmt werden. Unter *d* kann wiederum, ebenso wie unter *e*, eine oder mehrere Verbindungsleitungen untergeklemmt werden. Es kann auch ein Durchstecken durch den Schlitz *e* eventuell gemacht werden. Bei *f* können, wie gesagt, eine oder mehrere Verbindungen angelötet werden.

Eine Ausführung dieser Klemme von E. Pollack zeigt Abb. 791. Hier sind die Einzelteile nochmals nebeneinander dargestellt, welche aus der Abbildung ohne weiteres verständlich sind. Die mit mehreren Eindrehungen versehene Mutter rechts ist aus Isoliermaterial hergestellt. Dadurch, daß man diese in beliebigen Farben herstellen kann, können auch Verwechselungen, wenn eine Anzahl derartiger Kontaktstücke nebeneinander verwendet werden, leicht fast unmöglich gemacht werden.

Im übrigen ist dieses Kontaktendstück so ausgeführt, daß auch mehrere Stecker und Buchsen ineinander gesteckt werden können, so daß beliebige Verbindungen leicht lösbar übereinander möglich sind.

5. Wanderstecker.

Diese sind insbesondere beliebt, um die Anodenspannung wahlweise abgreifen zu können. Die Anodenbatterien werden heute vielfach mit einzelnen Abzweigbrechern versehen, so daß es möglich ist, gewisse Spannungsbeträge wunschgemäß abgreifen zu können. Hierzu dienen Wanderstecker, etwa in der Ausführung gemäß Abb. 792. Bezüglich der Gestaltung, insbesondere Kontaktgebung, gilt das für die Stecker oben Ausgeführte.

Abb. 792. Wanderstecker.

6. Mehrpolstecker.

Diese werden heute in Deutschland noch sehr viel, z. B für den Anschluß von Telephonen, Lautsprechern, aber auch für Batterien benutzt.

Die typische Formgebung eines hochwertigen Doppelpolsteckers zeigt Abb. 793. Der normale Abstand der beiden Stecker von einander beträgt 20 mm. Dieser ist mit Bananensteckkontakten versehen, was sich gerade bei Doppelpolsteckern sehr empfiehlt, insbesondere da hier zwei oder mehr Kontaktverbindungen herzustellen sind.

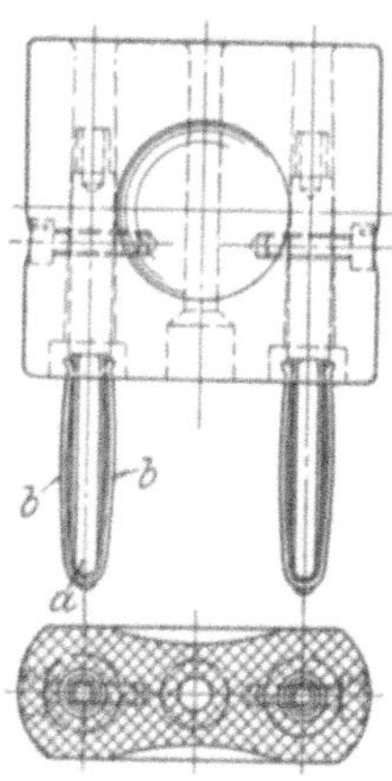

Abb. 793. Doppelpolstecker mit Bananenkontakten.

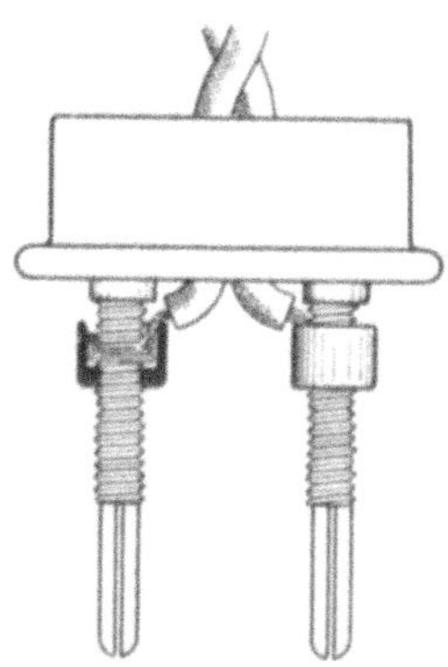

Abb. 794 Velostecker. von J. Wachter.

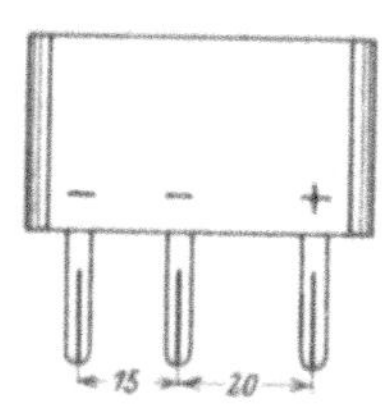

Abb. 795. Anzustrebender Normalstecker.

Ein anderer Stecker, welcher nicht nur für Starkstromzwecke wegen der leichten Möglichkeit, die gute Kontaktverbindung mit den Litzenenden herzustellen, inbetracht kommt, ist der Velostecker von J. Wachter in München, dessen Formgebung und Anschlußmöglichkeit aus Abb. 794 ohne weiteres hervorgeht.

Ein erheblicher Teil der Röhren geht dadurch entzwei, daß die Heiz- bzw. Anodenspannung falsch angelegt wird. Es wäre daher dringend erforderlich, baldigst einen Normalstecker zu schaffen, welcher durch seine Formgebung eine falsche Anschaltung ausschließt. Ein solcher Stecker könnte etwa gemäß Abb. 795 ausgebildet sein, wobei anstelle der gewöhnlichen Stiftkontakte auch Bananenkontakte verwendet werden könnten.

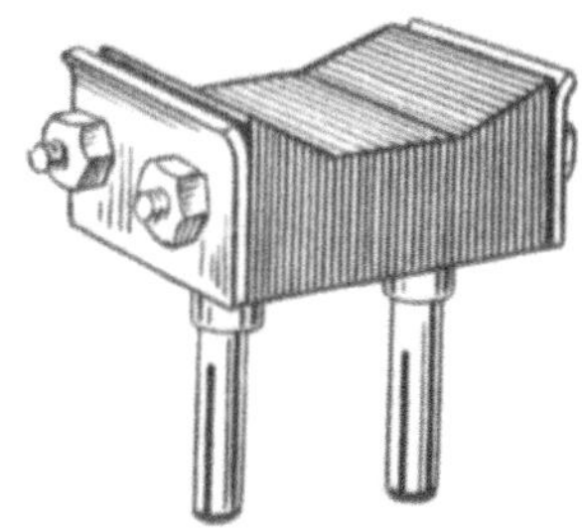

Abb. 796. Flachspulen-Doppelsteckkontakt.

Derartige Doppelsteckkontakte kommen aber auch für die Anstöpselung von Flachspulen inbetracht. Meist haben dieselben alsdann eine Form, welche ungefähr Abb. 796 entspricht. Auch hier ist im großen ganzen die Ausführungsform mit Bananensteckern vorzuziehen, insbesondere, da ein großer Teil der Spulen in dem noch unverstärkten Empfangskreise liegt.

7. Vielfachstöpsel.

Um die Leitungsanschlußverbindungen möglichst bequem und unverwechselbar zu bewirken, sind auch Vielfachstöpsel in Vorschlag gebracht worden, so z. B. eine Stöpselanordnung von Howard B. Jones in Chicago. Den Stöpsel selbst mit den Leitungsverbindungen gibt Abb. 797 wieder. Der Stöpsel ist aus zwei Teilen *a* und *b* hergestellt, von denen der eine die Buchsen, der andere die Stöpselstecker enthält.

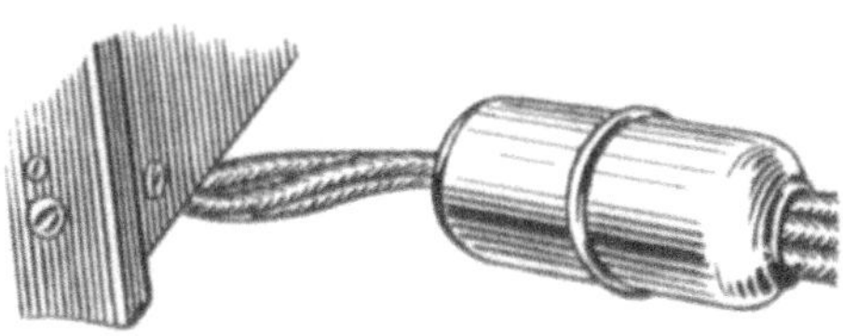

Abb. 797. Vielfach-Stöpsel von Howard B. Jones.

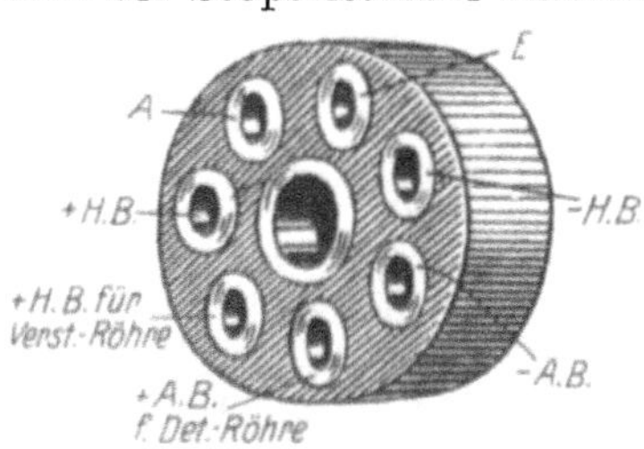

Abb. 798. Buchsenteil des Vielfachsteckers von H. B. Jones.

In welcher Weise dieses bei dem Vielfachstecker von Jones bewirkt wird, zeigt die Abb. 798, welche eine Ansicht des Buchsenteiles wiedergibt. Die mittelste Buchse dient zur Führung, die anderen Buchsen sind für die betreffenden Batterieanschlüsse bestimmt. Durch eine Nasenanordnung wird automatisch verhindert, daß eine falsche Einstöpselung bewirkt werden kann.

8. Klinkenstecker.

Während in Deutschland bisher nur der Doppelstöpsel (Doppelstecker) bei radiotelegraphischen Apparaten in Anwendung ist, ist man in Amerika und teilweise auch in England auf den koaxialen zweipoligen Einfachstecker (Klinkenstecker) übergegangen. Bei diesem Stecker, von dem Abb. 799 eine besondere Ausführungsform wiedergibt, ist der Vorteil vorhanden, daß man, ohne lange die Kontaktstellen zu suchen, mit dem Stöpsel in die betreffende Stöpsel- oder Klinkenverbidung, die z. B. entsprechend Abb. 800 ausgeführt sein kann (C. F. Elwell Ltd., London), hineinstecken kann, und daß, ohne Anwendung besonderer Sorgfalt, eine einwandfreie Kontaktgebung gewährleistet ist. Immerhin kann sich aber bei dieser Konstruktion der verhältnismäßig geringe Isolationsweg *c* zwischen den beiden Kontaktzylindern *a* und *b* als Nachteil bemerkbar machen, der namentlich bei in feuchten Räumen benutzten Apparaten auftreten kann, obwohl diese Stöpsel normal mit etwa 1000 Volt geprüft werden. Ein sehr erheblicher Vorteil eines derartigen Steckers, von welchem Abb. 801 eine hochwertige Ausführung die Saturn Mfg. New York darstellt, besteht vor allem darin, daß niemals das Telephon oder der Lautsprecher falsch gepolt angeschaltet werden können. da stets automatisch nur die richtig gepolte Anschaltung denkbar ist.

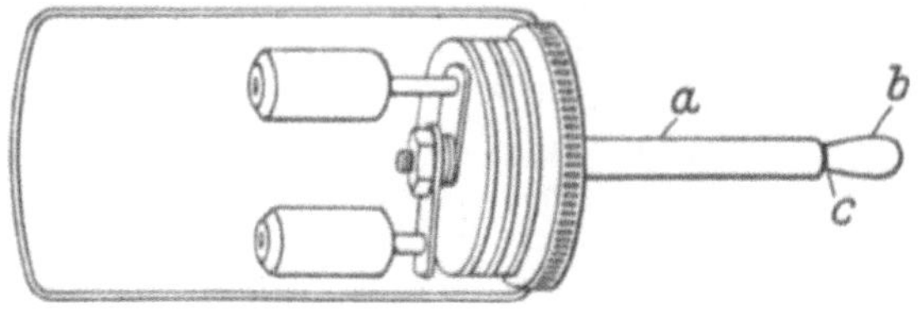

Abb. 799. Zweipoliger Einfachstecker (Klinkenstecker).

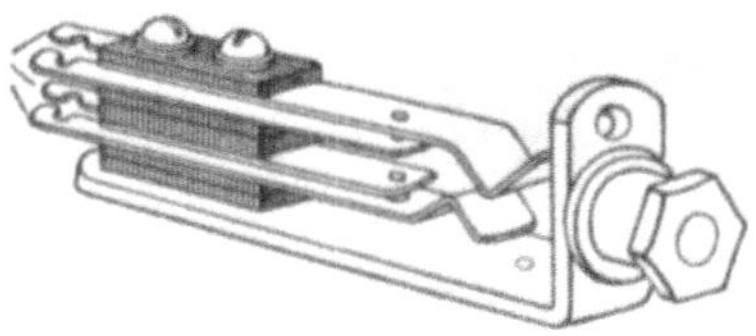
Abb. 800. Klinkenanordnung z. B. für einen Empfänger.

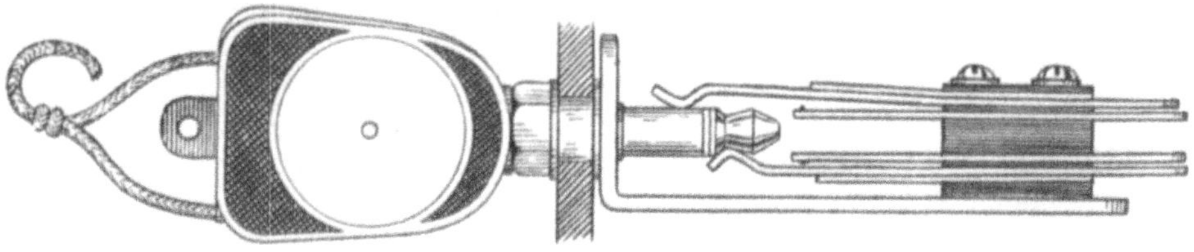
Abb. 801. Hochwertiger Klinkenstecker der Saturn Mfg., New York.

Ein weiterer wesentlicher Vorteil wird natürlich besonders dann vorhanden sein, wenn durch eine und dieselbe Steckerbewegung mehr als zwei Kontakte betätigt werden sollen, da sich naturgemäß eine Klinkenkonstruktion (siehe z. B. Abb. 783) für eine beliebig große Anzahl von Verbindungen betriebssicher herstellen läßt, während der normale Doppelstecker eigentlich bei zwei Kontaktverbindungen seine Grenze hat, kaum aber über fünf Kontaktanschlüsse hinausgehen darf, und dann schon sehr betriebsunsicher ist.

9. Klinkenbuchse.

In praktisch nahezu vollendeter Weise entsprechen die Kontaktelemente von Harris & Birdseye, New York, gemäß Abb. 802 allen Anforderungen mit Bezug auf präzisen, jederzeit genau wiederherstellbaren Kontakt, auf gute Isolation zwischen den Kontaktstücken und äußerst kleine räumliche Abmessungen. Es wird hierbei eine Klinke verwendet, welche in die Öffnung *a* eingesteckt wird. Die Kontaktfedern *b* und *c*, aus hochwertigem, hochelastischem Federmaterial hergestellt, sind in einwandfrei isolierende Hartgummikörper *d* einmontiert. Auf diese Weise kann erreicht werden, daß bei der gewählten Ausführung die Eigenkapazität der Anordnung vernachlässigbar gering ist, und daß in der Konstruktion Ausgleichsströme nahezu vollkommen vermieden werden.

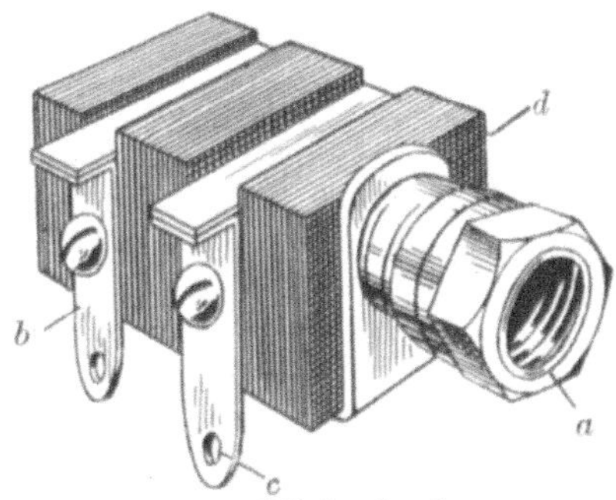

Abb. 802. Klinkenbuchse von Harris & Birdseye, New York.

10. Schraubkontaktverbindungen.

Auf die richtige Formgebung und Ausführung ist großer Wert zu legen, da die Verbindungen häufig gelöst werden sollen und die Sicher-

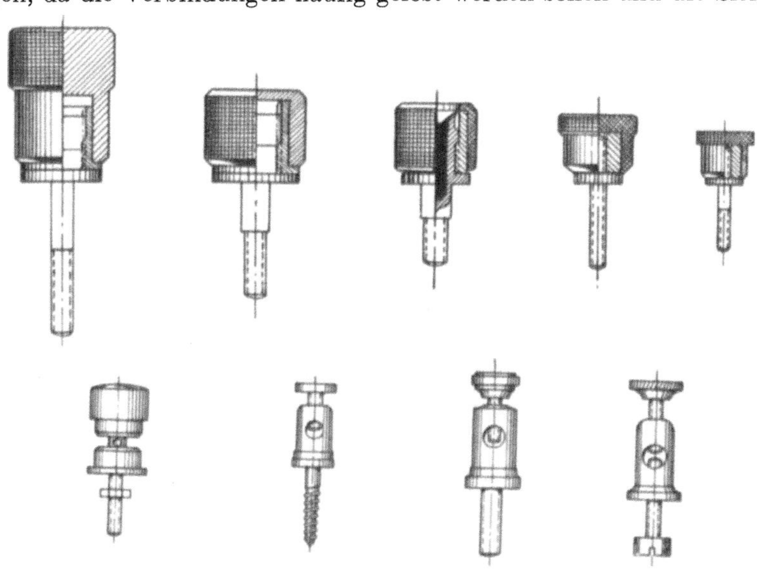
Abb. 803. Anschlußklemmen in normalen Ausführungen (G. Seibt).

heit bestehen muß, stets wieder eine gute Kontaktverbindung zu erhalten. In der beistehenden Abb. 803 sind einige Schraubkontaktverbindungen der Firma Dr. G. Seibt wiedergegeben. Die obere Reihe entspricht einfacheren Anforderungen.

Die Schraubkontakte und Muttern sind aus Messing hergestellt. Bei der unteren Reihe sind die Schraubmuttern mit Isoliermaterial umpreßt. Dies hat natürlich für den Gebrauch erhebliche Vorteile. Allerdings ist die Ausführung auch entsprechend teurer.

11. Kontaktklemmen.

Ein Konstruktionselement, dem bisher nur wenig Sorgfalt in seiner Ausbildung und Ausführung zugemessen wurde, ist die leicht lösbare Kontaktverbindung für zwei oder mehrere Leitungen. Bei ganz primitiven Verbindungen dreht man die zwei miteinander in Kontakt zu bringenden Drähte zusammen. Die häufige Unsicherheit einer derartigen Verbindung, das leichte Abbrechen der Drähte bei öfterem Zusammendrehen und Wiederlösen und schließlich die Unmöglichkeit, stärkere Drähte auf diese Weise zu verbinden, haben zu Drahtverbindungsklemmen geführt. Abb. 804 stellt eine der landläufigsten dieser Typen dar. Diese Konstruktion entspricht manchen Anforderungen; ihr hauptsächlichster Mangel besteht darin, daß die Befestigungsschrauben leicht herausfallen und verlorengehen können, namentlich bei häufiger Benutzung.

Abb. 804. Einfache Drahtverbindungsklemme.

Eine offenbar zuerst in Amerika ausgebildete und in einem vergrößerten Maßstab im Schnitt in Abb. 805 wiedergegebene Drahtverbindung löst diese Mängel und Schwierigkeiten in besonders eleganter Weise und wird vor allen Dingen in allen denjenigen Fällen zur Anwendung kommen, wo die Leitungen an nur schlecht zugänglichen Stellen, an denen die Befestigungsschrauben leicht herausfallen, anzubringen sind. Die Betätigung dieser Anordnung ist gemäß Abb. 805 überaus einfach. Mit der linken Hand wird das Überwurfstück *a* in der Pfeilrichtung (in der Abbildung nach unten) bewegt, wodurch die Feder *b* zusammengepreßt wird und die Kugelreihe *c* in der Richtung gegen die Feder zu rollt und infolge der konstruktiven Gestaltung von *a* einen etwas größeren Querschnitt in der Mitte frei gibt. Nun wird der Draht *d* in die Verbindung hineingesteckt, wobei es erforderlich ist, daß der Außendrahtdurchmesser im wesentlichen mit dem Innendurchmesser des Verbindungsmetallstückes *e* übereinstimmt. Sobald man das Überwurfstück *a* mit der Hand losläßt, wird es vermöge der Federkraft nach aufwärts gedrückt, und die Kugelreihe stellt zwischen dem Draht *d* und dem Überwurfstück *a* einen innigen Kontakt her. Die mannigfaltige Aus-

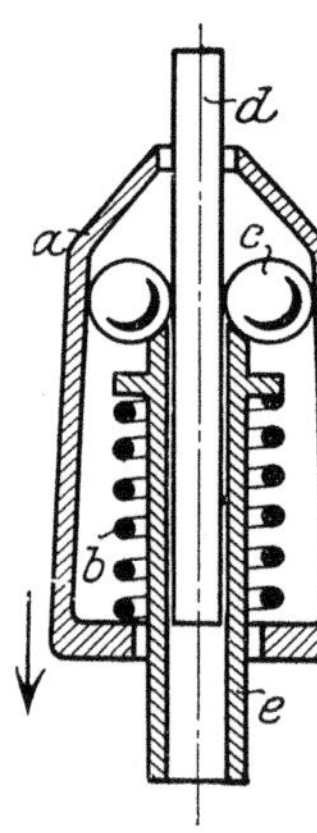

Abb. 805. Verbindungskontakt für Drähte bestimmten Durchmessers ohne Schraubung oder Lötung (stark vergrößert).

führung von Verbindungsstücken, die nach diesem Prinzip von der C. F. Elwell Ltd. in London hergestellt werden, sind in den folgenden beiden Abbildungen wiedergegeben.

Das der obigen Schraubverbindung entsprechende Verbindungsorgan unter Benutzung des geschilderten Kontaktelementes hat z. B. das Aussehen von Abb. 806. Ein Lockern oder allmähliches Schlechterwerden der Kontaktverbindung durch Erschütterungen, mechanische Beanspruchungen usw. ist hierbei ausgeschlossen. Dabei hat man, wie schon erwähnt, den Vorteil, die Verbindung leicht und rasch, einfach durch Herausziehen des Drahtes usw. lösen zu können.

Abb. 806. Drahtverbindungsklemme zur Verbindung von Drähten usw.

Unter Benutzung dieses Konstruktionselementes lassen sich alle möglichen Kontaktverbindungen in eleganter Ausführung herstellen. In Abb. 807 ist eine Panelklemme wiedergegeben, bei der links die leicht auslösbare Klinkenverbindung, rechts die dauernde Anschlußschraubverbindung sichtbar sind.

Abb. 807. Kontaktverbindung von Schaltplatten, Panelen usw.

12. Hartgummiklemmleiste für Leitungsanschlüsse.

Bei solchen Apparaten, die eine Mehrzahl von einzelnen Leitungsverbindungen besitzen, welche nicht mit großen Energiebeträgen beansprucht werden, bei denen aber auf gute Isolation Wert gelegt wird, wie z. B. bei Empfängern, wendet man mit Vorteil sog. Klemmleisten an, wie dies z. B. in Abb. 808 wiedergegeben ist. Auf einer aus möglichst gutem Hartgummi hergestellten Klemmleiste *a* werden nach Lehren versenkte Löcher gebohrt, in die einander völlig gleiche Schrauben *b* eingeschraubt werden, von denen jede zweckmäßig mit drei Muttern versehen wird. Unter diesen Muttern können eine, eventuell auch mehrere Leitungen betriebssicher unterklemmt werden, ohne daß eine besondere Sicherung, Verlötung oder dergleichen erforderlich wäre.

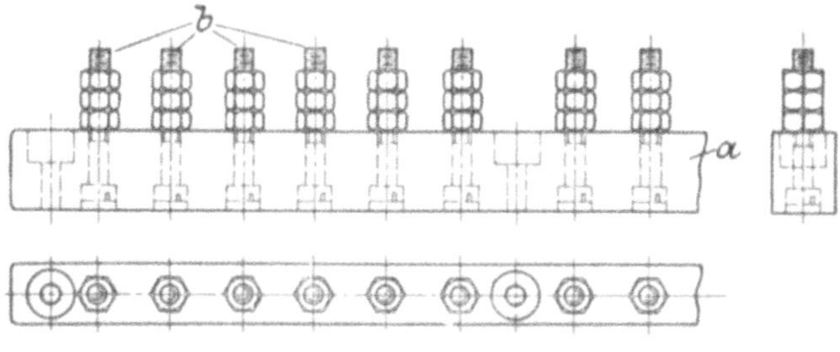

Abb. 808. Klemmleiste.

Die einzelnen Schrauben können mit je einer Nummer versehen werden, so daß die mittels Schablonen vorgebogenen Leitungen, die beispielsweise aus blankem Vierkantkupfer bestehen, auch von weniger geübtem Personal unter der Mutter montiert werden können.

Ein fabrikatorischer Vorteil dieser Klemmleisten besteht darin, daß man sie in beliebigen Längen herstellen und auf Lager halten kann, um die für die jeweilige Benutzung erforderlichen Längen abschneiden zu können.

13. Steatitklemmleiste.

Sehr zweckmäßig ist die Verwendung von Isolierleisten, die im Handel zu haben sind, und auf die die Metallkontaktstücke fertig montiert geliefert werden. Derartige Steatitklemmleisten von Siemens & Halske A.-G. sind in Abb. 809 zum Ausdruck gebracht. Diese

Abb. 809. Steatitklemmleiste von Siemens & Halske.

Leisten werden mit beliebig vielen Kontaktanschlüssen normal geliefert, so daß sich der Amateur, entsprechend seinen jeweiligen Bedürfnissen, fallweise die betreffenden Leisten aussuchen kann.

H. Apparatknöpfe, Zeiger und Skalen.

Der von dem Amateur angefertigte, bzw. zusammengestellte, einen Drehkörper besitzende Einzelapparat ist mit einem Bedienungsknopf auszurüsten. Zweckmäßig wird derselbe so ausgeführt, daß er direkt mit einer Marke versehen wird, um beim Bestreichen einer Skala eine direkte Ablesung zu ermöglichen. Eine Anzahl von Knöpfen ist aus der Ausführungstafel Abb. 810 in den beiden oberen Reihen abgebildet.

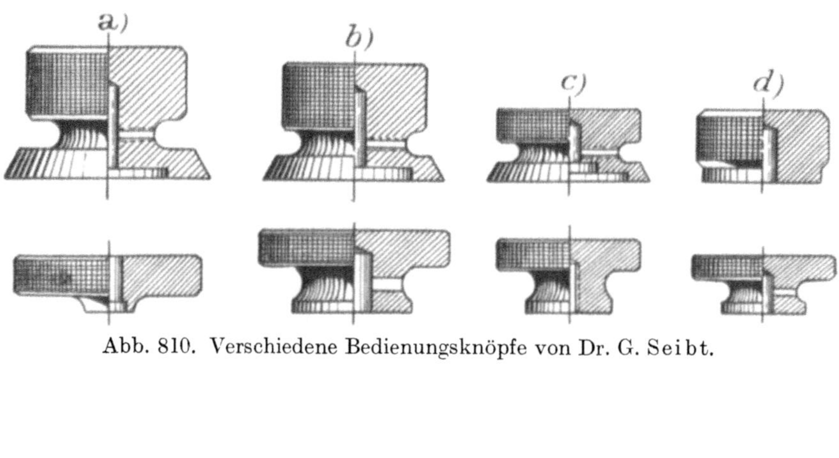

Abb. 810. Verschiedene Bedienungsknöpfe von Dr. G. Seibt.

Die Knöpfe sind entweder innen mit Gewinde ausgeführt, so daß sie direkt auf der Achse des Apparates aufgeschraubt werden, oder aber, da hierbei häufig ein Ausbrechen des Gewindes eintritt, sie besitzen nur eine zylindrische Bohrung, wobei durch eine kleine Madenschraube der Knopf mit der Achse fest verbunden wird. Die Knöpfe *a*, *b* und *c* von Abb. 810 zeigen diese letztere Anordnung; sie sind in ihrem unteren Teil konisch gestaltet, so daß man daselbst direkt eine z. B. weiß eingeriebene Marke anbringen kann. Der Knopf *d* ist für einen kleineren Apparat gedacht und ist ebenso wie die Knöpfe der zweiten Reihe nur in Verbindung mit einem Spitzen- oder Fensterzeiger zu benutzen, sofern die Einstellung an einer Skala ablesbar sein soll.

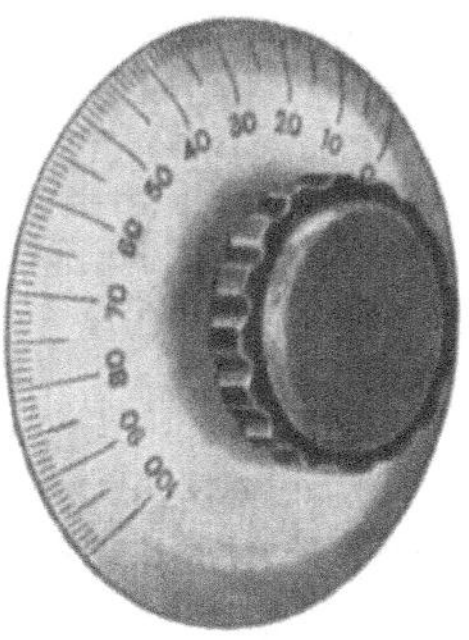

Abb. 811. Skala und Knopf für kontinuierlich variable Apparate aller Art.

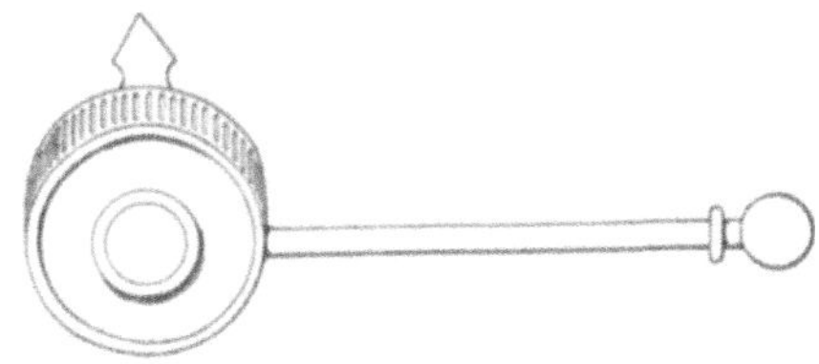

Abb. 812. Knopf mit Zeiger und Einstellhebel zur Feinregulierung.

Bei älteren Apparaten, bei denen eine Drehung oder Verschiebung gegeneinander einstellbarer Teile bewirkt werden mußte, versah man gewöhnlich den Drehteil mit einem Zeiger, entweder in Form eines Spitzenzeigers oder eines Fensterzeigers. Infolge der hierdurch häufig bewirkten Ungenauigkeiten bei der Ablesung, bzw. der verhältnismäßig teuren Konstruktion und Ausführung ist man neuerdings dazu übergegangen, den den Apparat bedienenden Handgriff mit der Skala zu einem Stück konstruktiv zu vereinen und am feststehenden Teil des Apparates eine Marke anzubringen, gegen die die Skala verdreht wird. In Abb. 811 ist eine Skala nebst Drehknopf, zu einem Stück vereinigt, zum Ausdruck gebracht, wobei auf besonders gute Ablesbarkeit der Skala ebenso Wert gelegt wird wie auf bequeme Bedienbarkeit und Abstellbarkeit des Knopfes durch eine besonders ausgeführte Riffelung, so daß auch Bruchteile eines Grades noch eingestellt werden können.

In besonderen Fällen, namentlich dann, wenn es auf besondere Feinabstimmung ankommt, wird ein gewöhnlicher Knopf für die Einregulierung des Apparates zuweilen nicht mehr genügen, da das Empfindungsvermögen der Hand nicht mehr ausreicht. Alsdann wird vorteilhaft ein Hebelarm, etwa gemäß Abb. 812, mit dem Bedienungsknopf verbunden, und man ist nunmehr in der Lage, die Einregulierung des Apparates auf Bruchteile eines Grades genau vorzunehmen. Gleichzeitig wird hierdurch eine geringere kapazitive Beeinflussung durch die Hand bewirkt.

Eine andere sich großer Beliebtheit erfreuende Griff- und Skalakonstruktion der Rheinisch-Westfälischen Sprengstoff-A.-G. in Köln zeigt Abb. 813. Die Skala ist hierbei konisch gestaltet, wodurch nicht nur eine besonders bequeme und sichere Ablesbarkeit gewährleistet ist, sondern auch leicht die Kopplung mit einer Feineinstellvorrichtung möglich ist. Auch der Knopf hat bei dieser Ausführung eine konische Gestaltung erfahren, was von manchen Benutzern bevorzugt wird. Eine andere Skala der Rheinisch-Westfälischen Sprengstoff-A.-G. in Köln, bei welcher Knopf und Skala aus einem Stück bestehen, ist in Abb. 814 in Grundriß und Aufriß wiedergegeben.

Abb. 813. Trolit-Skala und Knopf der Rheinisch-Westfälischen Sprengstoff-A.-G.

J. Leitungsmaterial und Anschlußstücke für Kabel usw.

In den meisten Fällen wird man als Zwischenleitungsmaterial zwischen den einzelnen Schaltelementen einer Apparatur hartgezogenen Kupfer- oder Messingdraht, am besten von quadratischem Querschnitt in verschiedenen Stärken benutzen. Alsdann werden die Drahtenden an den Kontaktklemmen der Einzelelemente ösenartig umgebogen und untergeklemmt, eventuell auch festgelötet. Sofern man jedoch als Zwischenleitungsmaterial Litzen oder kabelähnliches Leitungsmaterial verwendet, ist es zweckmäßig, die Enden in Anschlußkontaktstücken zu fassen, einerseits um den montierten Leitungen ein sauberes Aussehen zu verleihen, andererseits, um sicher zu gehen, daß alle Litzen oder Kabeleinzeldrähte angeschlossen sind. Für diese Zwecke vielfach gebräuchlich sind Kabelschuhe und Litzenendstücke gemäß Abb. 815, die den verschiedenartigen Anforderungen gut nachkommen.

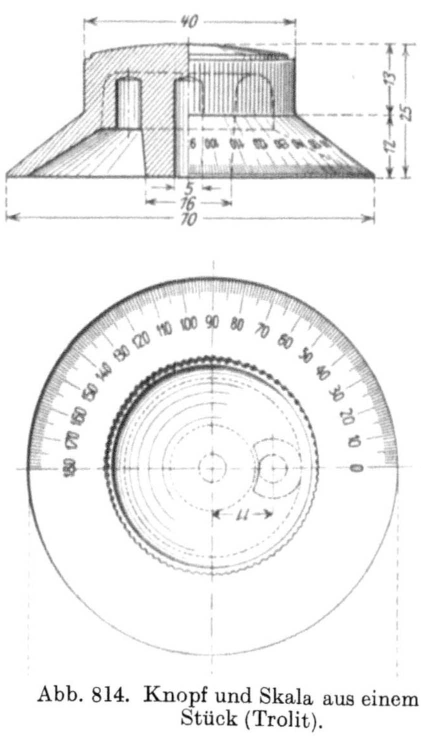

Abb. 814. Knopf und Skala aus einem Stück (Trolit).

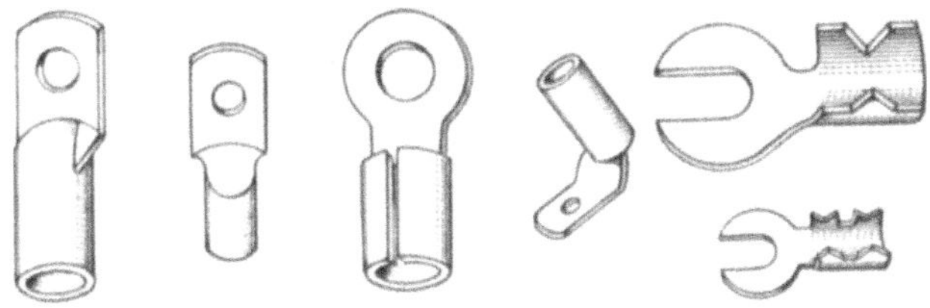

Abb. 815. Anschlußkontaktösen und Kabelschuhe.

K. Kästen für Empfangsapparate.

Um eine rationelle und billige Herstellung von Empfangsgeräten zu erzielen, ist es naturgemäß wesentlich, nicht nur die Einzelteile nach Möglichkeit, sondern auch die Montagekästen tunlichst weitgehend zu normalisieren.

Einige Typen, welche von den Allgemeinen Holzwerkstätten G. m. b. H. in Berlin-Neukölln zu diesem Zweck auf Lager gehalten werden, sind in den Abb. 816 bis 818 in Größe und Aufriß sowie perspektivisch wiedergegeben.

Abb. 816 zeigt einen einfachen Holzkasten für Detektorempfang. (Preis ca. 2,10 M.).

Eine pultförmige Ausführung, welche sich für einen 1- bis 2-Rohrempfänger gut eignet, und die gleichfalls äußerst preiswert abgegeben wird, ist in Abb. 817 dargestellt. (Preis ca. 5,50 M.)

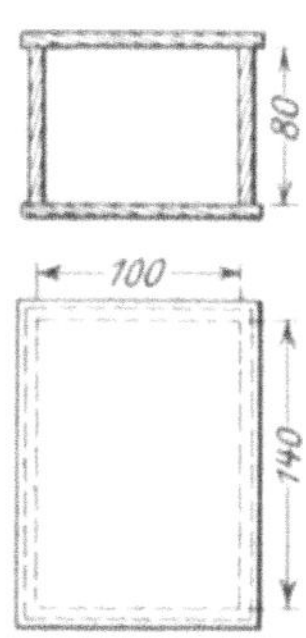

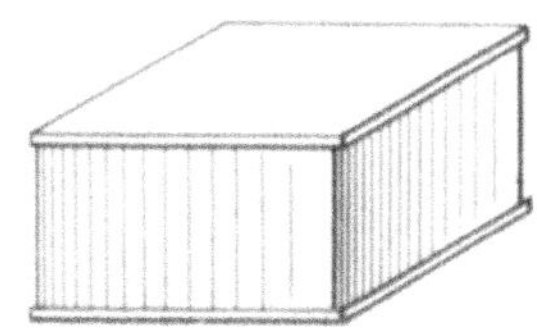

Abb. 816. Holzkasten für den Bau eines Detektorapparates.

Einen gleichfalls pultförmigen Kasten für einen 3- bis 4-Rohrapparat der ebenfalls recht billig ist, zeigt Abb. 818.

Der Vorteil einer derartigen Normalisierung besteht nicht nur bei sauberer Ausführung in der infolge der Massenanfertigung möglichen Verbilligung, sondern auch darin, daß bei der Beizung, Politur, also überhaupt bei der Fabrikation ein für allemal diejenigen Erfahrungen berücksichtigt werden können, welche sich bei der Fabrikation solcher Kästen als notwendig herausgestellt haben.

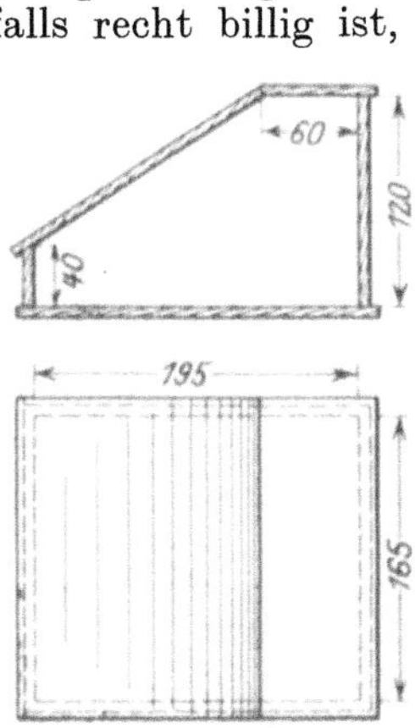

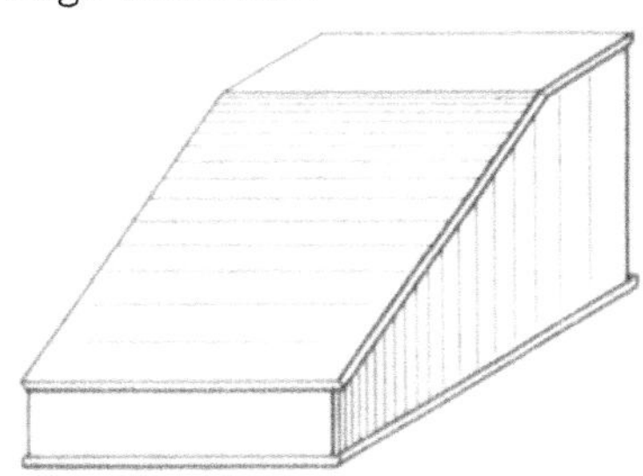

Abb. 817. Pultförmiger Holzkasten für einen 1- bis 2-Rohrempfänger.

Um nur einen Punkt kurz zu streifen:

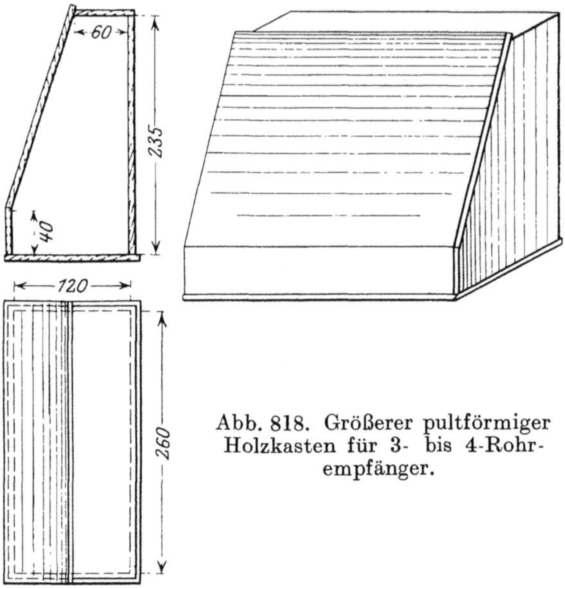

Abb. 818. Größerer pultförmiger Holzkasten für 3- bis 4-Rohr-empfänger.

Manche Versager bei zusammengebauten Empfangsapparaten rühren daher, daß, um dem Apparat ein besonders schönes Aussehen zu verleihen, eine Beize oder Politur verwendet wurde, welche Metallsalze enthält. Hierdurch kann das Zustandekommen von Übergangsströmen außerordentlich begünstigt werden, so weit, daß der Empfangseffekt, insbesondere bei feuchtem Wetter, vollkommen in Frage gestellt wird. Bei fertigen Kästen einer renommierten Firma sind derartige Zufälligkeiten nicht möglich.

XV. Allgemeine Arbeitsregeln.

1. Isolierung von Holzteilen.

Der Radioamateur, welcher sich selbst Apparate herstellt, wird nur in selteneren Fällen die von der Radioindustrie meist angewendeten hochwertigen Isolationsmaterialien, wie Hartgummi, Pertinax usw., benutzen können, einerseits, weil diese Materialien verhältnismäßig kostspielig sind, andererseits, weil sie in Deutschland im Kleinhandel noch nicht immer leicht zu haben sind und auch die inbetracht kommenden Stärken vielfach überhaupt nicht greifbar sein werden. Ferner kommt hinzu, daß die Bearbeitung dieser Stoffe für die immerhin beschränkten Werkzeuge des Radioamateurs nicht ganz einfach ist.

Infolgedessen ist der Radioamateur vorwiegend auf die Verwendung von Holz angewiesen. Es kommt durchaus nicht darauf an, hierfür irgendein Hartholz zu nehmen, denn dieses würde der Bearbeitung gleichfalls Schwierigkeiten entgegensetzen und kann überdies leicht säurehaltig, mindestens aber mehr oder weniger feuchtsein, wodurch es unter Umständen Hochfrequenzströme leiten kann. Das auch aus Preisgründen am meisten inbetracht kommende Material ist Kienholz oder besser noch Elsenholz. Will man schwache Brettchen benutzen, so kann man vorteilhaft alte Zigarrenkisten verwenden, nachdem man sie von der Beklebung gereinigt und sorgfältig getrocknet hat.

Auf die Austrocknung des Holzes kommt es überhaupt ganz besonders an. Es ist daher zweckmäßig, die Hölzer, bevor man sie bearbeiten will, einige Zeit in der Nähe des Ofens oder der Dampfheizung aufzubewahren, aber so, daß sie sich nicht zu stark verziehen oder gar reißen.

Die Bearbeitung geht nun in der Weise vor sich, daß die betreffende Grundplatte oder das betreffende aus Holz herzustellende Arbeitsstück aufgezeichnet, ausgeschnitten und zusammengefügt wird. Alsdann muß eine gründliche Imprägnierung des Holzstückes mit einem Isoliermaterial vorgenommen werden. Vor einer Schellackierung ist zu warnen, einerseits, weil hierdurch wiederum Feuchtigkeit in das Holz eindringen kann, andererseits, weil häufig der Schellack nicht ganz säurefrei ist. Inbetracht kommt ein sehr hochwertiger, Hochfrequenz genügend isolierender, gut flüssiger Isolierlack[1]), oder wenn dieser im Kleinhandel für den Amateur nicht greifbar ist, muß eine Paraffinierung des Holzstückes bewirkt werden.

Die Paraffinierung kann in verschiedenartigster Weise vorgenommen werden. Kleine Arbeitsstücke werden am besten in geschmolzenes Paraffin eingetaucht, welches in einem alten, gut gesäuberten Kochtopf flüssig, jedoch nicht allzu warm gemacht werden muß. Unter keinen Umständen darf die Temperatur des flüssigen Paraffins so hoch sein, daß ein Braunwerden des Holzes beim Eintauchen stattfindet. Bei größeren Holzstücken, wie z. B. bei Empfängerplatten, verbietet sich dieses Verfahren meist von selbst. Man muß alsdann das Paraffin z. B. mittels eines größeren Pinsels aufstreichen, alsdann mit einem Bunsenbrenner rasch und vorsichtig über die Platte hinwegstreichen, damit das Paraffin in die Holzporen eindringt. Dieses Verfahren wird am besten mehrere Male hintereinander vorgenommen, damit man die Sicherheit hat, daß mindestens die Oberflächenschichten eine Paraffinschicht erhalten haben.

Nachdem das Arbeitsstück auf diese Weise vorgerichtet ist, werden die Bohrungen vorgenommen und in diese werden nunmehr wiederum Paraffinklötzchen eingeführt z. B. aufgetropft, welche darauf für die Durchführungen mit einem Draht durchstochen werden. Erst jetzt hat man einigermaßen die Sicherheit, daß wirklich eine gewisse Isolation gewährleistet ist. Ein auf diese Weise vorgerichtetes Arbeitsstück braucht keineswegs einem aus Hartgummi oder einem andern Isolationsmaterial hergestellten wesentlich nachzustehen.

2. Färben der Montageplatte.

Um die Montageplatte ansehnlicher zu gestalten, kann dieselbe vor dem Wachsen oder Lackieren mit einem Farbstoff gefärbt werden. Zweckmäßig hierfür sind die leicht in Spiritus löslichen Anilinfarbstoffe, welche für wenige Pfennige in jeder Farbenhandlung zu haben sind. Es kommt zuweilen vor, daß Farbstoffe angeboten werden, welche Metalloxyde enthalten. Diese sind natürlich für das Beizen von Radioplatten gänzlich ungeeignet, da die mit ihnen gefärbten Flächen Hoch-

[1]) Fabrikant für farblosen Isolierlack, welcher in etwa 3 Minuten rasch trocknet: Gr. J. Perl & Co., Chemische Fabrik, Kommandit-Ges., Berlin-Tempelhof, Berliner Str. 167/168.

frequenzschwingungen direkt leiten können. Es ist daher darauf zu achten, daß man nur reine Anilinfarben verwendet.

Ähnliche Gesichtspunkte gelten für das Lackieren von Montageplatten; auch hier ist, selbst bei farblosen Lacken die Gefahr vorhanden, daß sie Hochfrequenz leiten können, also unter Umständen den Isolierungseffekt nicht verbessern, sondern direkt verschlechtern. Beim Paraffinieren oder Wachsen von Holzplatten ist diese Befürchtung kaum vorhanden.

Insbesondere, wenn als Montageplatte verhältnismäßig teures Hartgummi benutzt wird, empfiehlt es sich nicht, gleich darauflos zu bohren und die Einzelapparate aufzuschrauben. Es ist vielmehr zweckmäßig, daß man den ganzen beabsichtigten Aufbau zunächst in einer provisorischen Form fertigstellt, zu welchem Zweck man gut ausgetrocknetes parafiniertes Kienholz benutzen kann. Erst wenn in einem derartigen „Rohbau“ die Formgebung der gesamten Apparatur feststeht, kann man auf die definitive Ausführung übergehen. Man kopiert die Vorder- oder Rückseite der Schaltplatte, einschließlich aller ihrer Bohrungen auf einem Stück Papier (Achtung! Spiegelbild), welches man vorsichtig auf die definitive Hartgummiplatte aufklebt, danach die Hartgummiplatte ankörnt und bohrt. Alsdann wird die Papierlehre wieder entfernt und die definitive Platte wird fertig gemacht, die Kanten werden gebrochen, die Platte wird poliert usw.

Wenn man mehrere Apparate gleicher Ausführung bauen will, empfiehlt es sich natürlich, anstelle der Papierlehre eine solche aus dünnem Blech herzustellen, nach welcher die Ankörnung und Bohrung bewirkt wird.

Da häufig der Empfänger- oder Verstärkerkasten im Innern metallisiert werden soll, insbesondere um kapazitive Einflüsse zu verringern, und bereits dünne Metallschichten genügen, kann man die Flächen mit Stanniol bekleben, welches meist geerdet oder mit dem negativen Batteriepol verbunden wird.

3. Lackieren von Spulen.

Für jeden Bastler ist es dringend notwendig, einen möglichst durchsichtigen, tunlichst hochisolierenden Spulenlack zu verwenden. Der häufig hierfür benutzte Schellack hat meist erhebliche Nachteile, da beispielsweise durch Säure und Feuchtigkeitsspuren die Isolationsfähigkeit ganz wesentlich herabgesetzt ist und sogar stellenweise bei einigen Fabrikaten, die der Kriegs- und Nachkriegszeit entstammten, direkte Hochfrequenzleitungserscheinungen beobachtet werden konnten. Derartige Erscheinungen brauchen nicht sofort nach der Lackierung aufzutreten, sondern diese könnten auch teilweise erst längere Zeit nach Benutzung der betr. lackierten Spulen, Apparatteile usw. beobachtet werden. Die Auffindung eines derartigen Fehlers ist mit besonderen Erschwernissen verknüpft, schon aus dem Grunde, weil Leitstellen in Isolationsschichten am wenigsten vermutet werden können.

4. Das Löten.

Es ist zweckmäßig, selbst wenn bereits eine genügende Verschraubung von Leitungsteilen bewirkt ist, alle miteinander in Kontakt zu bringenden Leitungsenden zu verlöten. Zu diesem Zweck muß eine gründliche Säuberung der miteinander zu verlötenden Metallteile, am besten durch feines Abfeilen oder Abschmirgeln mit Schmirgelpapier vorgenommen werden, so daß wirklich reine metallische Oberflächen miteinander in Berührung kommen. Nunmehr erfolgt erst die eigentliche Lötung, für den Geübten am besten unter Benutzung von Kolophonium-Zinnlot, wobei der zur Verwendung gelangende Lötkolben gleichfalls sehr sauber sein muß. Zum Abziehen des Lötkolbens verwendet man Salmiak in bekannter Weise. In früheren Zeiten wurde ein Lötwasser benutzt, welches aus Zink, in verdünnter Salzsäure aufgelöst, bestand. Da die Säure nicht nur in der Anwendung durch nur schwer zu vermeidende Fleckenbildung usw. recht unangenehm war, sondern auch infolge der überschüssigen Säure häufig eine nachträgliche Beschädigung der Lötstelle und ihrer direkten Umgebung bewirkte, ist man in der drahtlosen Technik schon lange davon abgegangen und hat entweder sog. Lötpaste (Tinol) oder Kolophonium verwendet. Das erstere ist schon aus dem Grunde wenig geeignet, weil bei Berührung mit dem warmen Lötkolben leicht eine Zerstäubung eintritt und kleine Partikelchen nach allen Seiten in der Apparatur herumspritzen können, und dabei u. U. Kurzschlüsse bewirken. Das Löten mit Kolophonium ist zwar einwandsfrei, erfordert aber immerhin eine gewisse Übung.

Ein recht gutes leicht anzuwendendes Lötwasser stellt man nach Angabe von H. Mendelsohn dadurch her, daß man 50 Teile pulverisiertes Kolophonium in 50 Teilen Spiritus auslöst. Das so gebildete Lötwasser wird in gewöhnlicher Weise, z. B. mittels eines Pinsels, auf die zu lötenden Stellen aufgetragen, wobei der Spiritus sofort verdampft und eine feine Kolophoniumhaut zurückbleibt, welche ein überaus leichtes Löten zuläßt.

5. Leitungsverlegung bei R.-T.-Apparaten.

Für die Leitungsverlegung in R.-T.-Apparaten, insbesondere, wenn es sich um Röhrenapparaturen handelt, gelten durchaus nicht die Forderungen, die sonst in der Elektrotechnik üblich sind, mit Bezug auf Verwendung scharfkantig gezogenen Leitungsmaterials. Eine solche Schaltplatte, wie sie beistehende Abb. 819 wiedergibt, sieht zwar äußerlich außerordentlich sauber und übersichtlich aus. Hingegen kann sie insbesondere bei Rückkopplungs- und hochwertigen Apparaten, zu völlig unbrauchbaren Ergebnissen Veranlassung geben. Abgesehen von Sprühwirkung der scharf gebogenen Leitungsdrähte, treten noch unerwünschte Rückkopplungen infolge der Nähe bei einander parallel geführten Leitungen ein.

Keineswegs günstiger ist eine wilde Leitungsführung, etwa Abb. 820 entsprechend. Die lasche Verbindung der einzelnen Kontakte ist im übrigen höchst unsicher, und die Anschlüsse der Drähte aneinander geben wahrscheinlich Wackelkontakte; auch die Biegung der Ösen ist fehlerhaft, der ästhetische Eindruck ist höchst unbefriedigend.

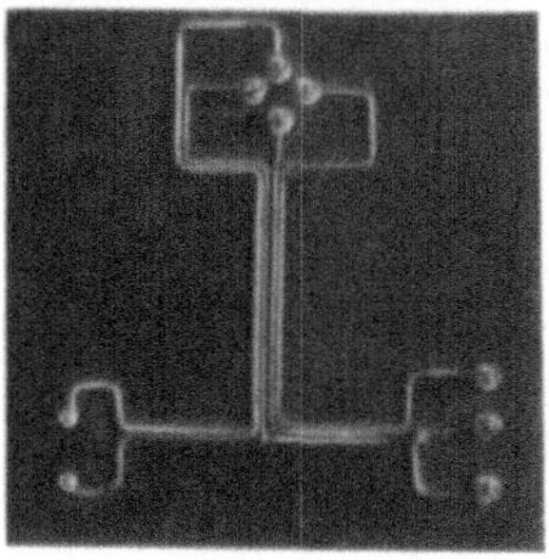

Abb. 819. Die Leitungsführung ist zwar äußerlich sauber ausgeführt, aber hochfrequenztechnisch vollkommen falsch, da die gegenseitige Induktion zu wilden Rückkopplungen usw. führt.

Allen Anforderungen in elektrischer als auch ästhetischer Beziehung genügt die Ausführung entsprechend Abb. 821. Es ist eben notwendig, daß die Leitungsverlegung nicht wild darauflos erfolgt, sondern, daß sie ebenso sorgfältig überlegt wird, wie das Schaltungsschema an und für sich. Selbstverständlich ist einwandsfreies Löten der Verbindungsstellen erforderlich. Am besten ist, namentlich unter Kontaktmuttern usw. Verschraubung und nachträgliche Verlötung.

Es ist keineswegs gleichgültig, aus welchem Material die Drahtverbindungen hergestellt werden. Nicht allzu hart gezogener Kupferdraht, gewöhnlich in der Stärke von 0,8—1,5 mm für alle Leitungen, welche mechanisch nicht beansprucht werden, ist meist das günstigste. Bei Verwendung von Profildrähten ist darauf zu achten, daß die Kanten nicht scharf sind, da unerwünschte Rückkopplungen hierdurch begünstigt werden können.

Alle Leitungen sind stets so kurz wie möglich zu machen und tunlichst rechtwinklig von den Kontaktklemmen aus abzubiegen. Wenn

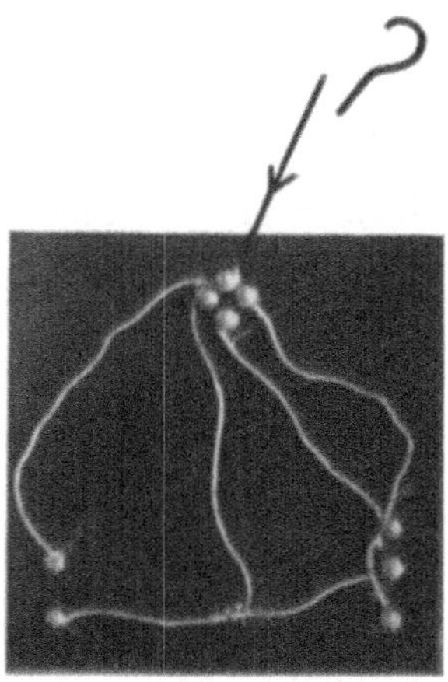

Abb. 820. Unsaubere Leitungsführung und schlechte Kontaktverbindungen. Die Öse oben ist falsch gebogen.

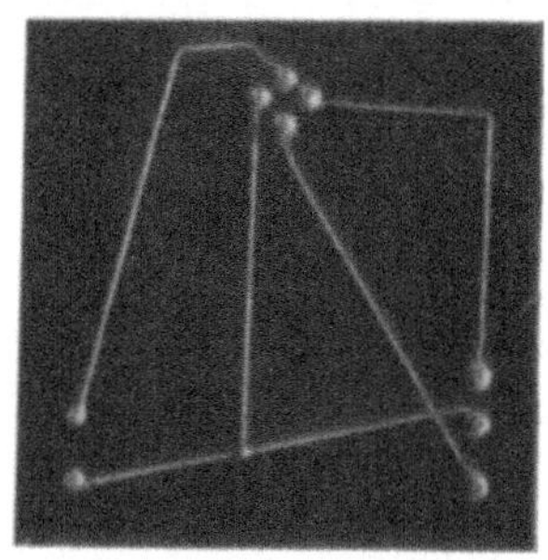

Abb. 821. Die Leitungsführung ist richtig verlegt und sauber ausgeführt und kostet dabei auch nicht mehr als die vorstehenden.

auch der ästhetische Eindruck eines Schaltbrettes von hinten ein tunlichst befriedigender sein soll, so kommen doch in erster Linie die elektrischen Gesichtspunkte inbetracht, und diese verlangen, um es immer wieder zu betonen, möglichst kurze Verbindungen auf direktem

Wege, selbstverständlich so, daß zwischen den einzelnen Verbindungen genügend Luftraum zur Isolation verbleiben muß.

Die Meinungen über die Verwendung von Isolierung des Leitungsmaterials sind geteilt. Während manche behaupten, daß das Leitungsmaterial isoliert sein müßte, erscheint diese Forderung nicht nur unnötig, sondern sogar unter Umständen höchst bedenklich. Es gibt nämlich Leitungsmaterialien, welche eine viel geringere Isolationsfähigkeit als die gewöhnliche atmosphärische Luft besitzen. Stellenweise ist die Isolationsfähigkeit geringer als 10^6 Ohm. Es kann alsdann sehr leicht der Fall eintreten, daß durch das Isolationsmaterial, insbesondere wenn entsprechende Drahtverbindungen nahe beieinanderliegen, eine direkte Leitungswirkung eintritt.

Selbstverständlich ist auch bei Lackierung ausgeführter Verbindungen größte Vorsicht geboten, da manche sog. Isolierlacke Hochfrequenz ausgezeichnet leiten.

Am besten sind freitragende möglichst kurze Rundkupferdrähte, welche ohne Isolation benutzt werden, und wobei bei der Leitungsführung darauf Rücksicht genommen ist, daß sich zwischen den einzelnen Leitungen eine hinreichende Luftisolation befindet.

6. Werkzeuge für den R.-T.-Interessenten und Bastler.

Unbedingt notwendig braucht jeder R.-T.-Interessent, sofern er auch nur einige Handgriffe an seiner Apparatur selbst vornehmen will, folgende Werkzeuge:

1 Hammer, mit welchem man auch nieten kann,
1 Flachzange,
1 Rundzange,
1 Kneifzange,
1 großer Schraubenzieher,
1 kleiner Schraubenzieher,
1 Holzbohrer,
1 Reißnadel (diese muß aus Stahl bestehen, da ein Anreißen sowohl mit Messingnadel als auch mit Graphitschicht hochfrequenzleitende Striche ergibt),
1 Pinzette,
1 Lötlampe,
1 kolophoniertes Lötzinn in Drahtform, Lötwasser (siehe oben).

Für alle größeren Arbeiten sind folgende Werkzeuge außer den vorgenannten noch notwendig:

1 großer Hammer, etwa 250 g schwer,
1 Spezialmutterzange zum Anziehen kleiner Muttern usw. Diese Zange rutscht nicht wie eine Flachzange von der Mutter leicht ab, wodurch diese beschädigt werden könnte,
1 Rundzange, bei welcher auf einem Schenkel mehrere übereinanderstehende Kreise angebracht sind, um direkt ein Maß zu haben zum gleichmäßigen Biegen von Ösen,

1 Metallaubsäge, mit verschieden sortierten starken und schwachen Sägeblättern,

(zweckmäßig ist auch eine Klaviermachersäge mit feinen Zähnen und Sägeblättern, um Metall zu sägen),

1 Fuchsschwanz,

1 Handbohrmaschine, am besten in Form einer amerikanischen Schnellbohrmaschine ausgeführt, bestehend in einer Spezialdrillbohrmaschine mit stetem Rechtsgang. Die Gefahr des Aussplitterns des Loches kurz vor erfolgter Bohrung ist hierbei vermieden, indem man den Handgriff des Schnellbohrers rückwärts ziehen kann, was bei dem leichten Gebrauch des Schnellbohrers gefühlsmäßig im Verhältnis recht einfach der Fall ist,

1 Satz Spiralbohrer von 1—5 mm.

Zweckmäßig sind folgende Größen:
2 mm zum Vorbohren für alle Löcher,
3 mm für Befestigungsschrauben,
3,3 mm für besonders lange Befestigungsschrauben,
4 mm
6 mm,
6,5 mm,
7,5 mm.

Für das Aussenken von Löchern im Isolationsmaterial wird zweckmäßig ein Krauskopf nach Angabe von H. Mendelsohn angewandt. Die im Handel üblichen Krausköpfe sind für Metall mit zu groben Zähnen und für Holz mit zu feinem Schlag ausgeführt. Die richtige Wahl der Zahnstärke ist wesentlich dafür, um sauber ausgesenkte Löcher zu erhalten.

Gewindeschneideisen für 3 mm Lochweite,
1 Flachfeile,
1 Rundfeile,
1 Halbrundfeile,
1 Vierkantfeile,
mehrere kleine Feinfeilen (Mauseschwänze),
1 Stechbeutel,
mehrere Schraubenzieher verschiedener Breiten und Stärken,
1 Spitzzange,
1 Schneidezange,
1 Körner (recht zweckmäßig ist ein Selbstkörner, da dieser mit fest eingestelltem Druck automatisch ohne Hammerschlag die Körnung angibt),
1 Durchschlag,
1 kleiner Schraubstock,
1 Feilkloben,
1 starke Papierschere auch für Pappe und dünnes Blech geeignet,
mehrere Nagelbohrer,
1 Tube Schnellot,
Schmirgelpapier,
Sandpapier,
1 Lötkolben,
1 alter Kochtopf mit Paraffin und einem Pinsel.

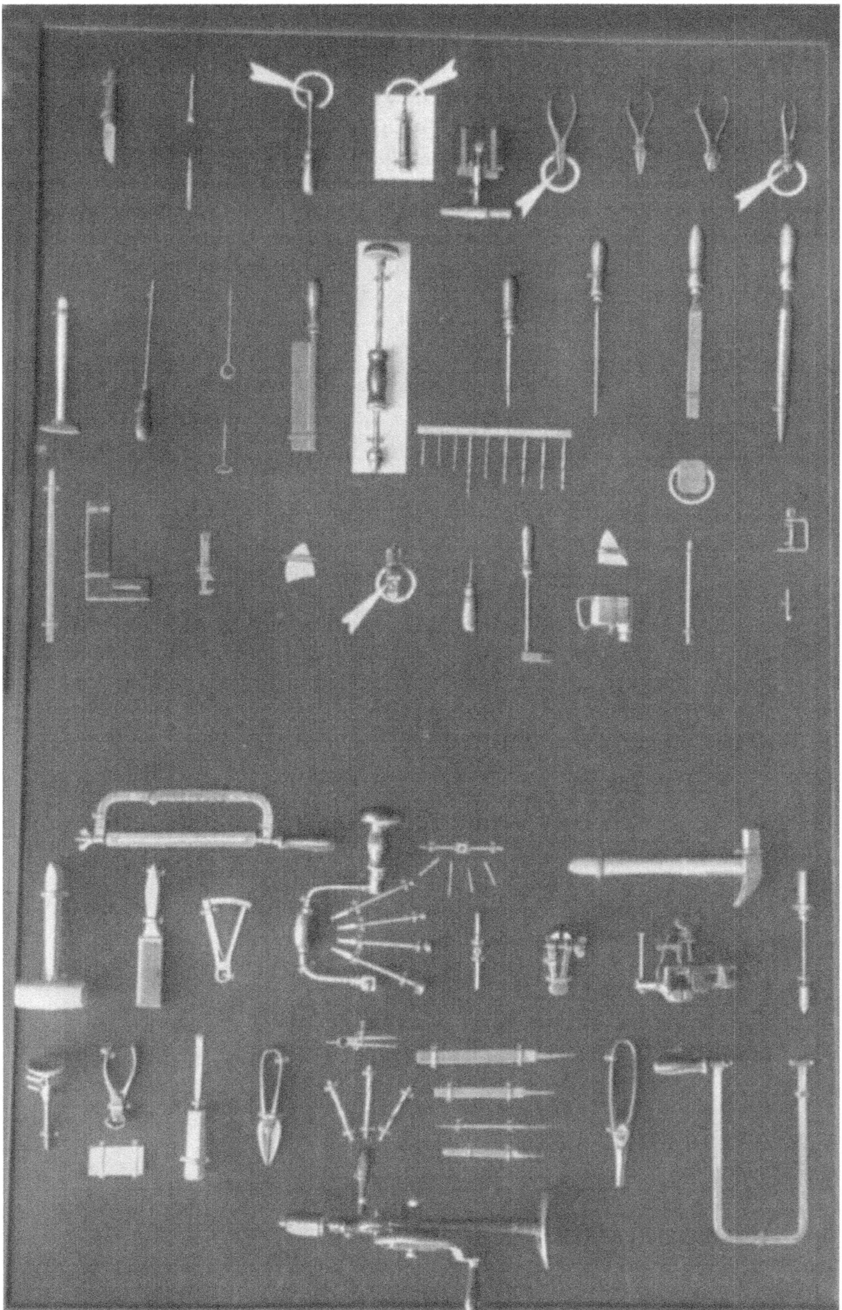

Abb. 822. Bastlerwerkzeugzusammenstellung von H. Mendelsohn.
(Diese Spezialwerkzeuge liefert die Berliner Werkzeugfabrik Bruno Mädler, Berlin SO 16. Köpenicker Straße 64.)

Wenn möglich noch:

1 größere glatt gehobelte Eisenplatte zum Ausrichten evtl. Touchieren.

Die sämtlichen vorstehenden Teile zuzüglich der etwa noch hinzukommenden sollte man, um besser Ordnung halten zu können, in einen Werkzeugkasten hineinlegen, den man sich gut selbst zusammenstellen kann, indem man eine genügend große feste Kiste am besten mit Klappdeckel mit einigen Einsätzen versieht, auf welche die genannten Werkzeuge aufgesteckt werden, z. B. mittels kleiner Riemen oder Bänder.

Eine hübsche Zusammenstellung von Bastlerwerkzeugen von H. Mendelsohn gibt die Abb. 822 wieder. Die weißen Kreise und Pfeile beziehen sich auf die entsprechenden Positionen in vorstehender Zusammenstellung.

7. Meistgebrauchte Materialien.

Einige Zigarrenkistenbretter,

Holzplatten (Weichholz), ca. 20 × 30 cm und andere Größen,

einige Stücke Pappe 1,53—3 mm Stärke,

Kartonpapier für Skalen,

hartgezogenes Messingblech (sog. Federblech) zirka 0,3 mm stark,

Messingblech oder Flachmessing 2 mm stark, ca. 10 mm breit, ca. 80 cm,

Holzschrauben aus Messing mit halbrundem Kopf in verschiedenen Längen und Stärken,

kleine Metallschrauben mit Mutter und Unterlagscheibe,

Puppenklemmen mit Holzgewinde,

einige Zentimeter hartgezogener Bronzedraht oder Golddraht (auch Ersatz),

Detektorkristalle (siehe den Abschnitt Kristalldetektor),

sehr dünne Kupfer-Aluminiumfolie oder Stanniol (wie z. B. zum Einwickeln von Schokolade gebraucht),

0,1 mm starker Kupferdraht von ca. 1—2 m Länge,

dünnes Kupfer- oder Messingröhrchen von 4 mm lichtem Durchmesser, ca. 20 cm lang,

Messingrohr ca. 6 mm lichter Durchmesser, etwa 20 mm lang,

Flügelschrauben,

dünnwandige Messingrohre in verschiedenen Stärken,

paraffiniertes Schreibpapier, Seidenpapier oder Zeichenpapier (die Paraffinierung besorgt der Amateur selbst),

Kupferdraht doppelt seide- oder baumwollumsponnen ca. 0,5 bis 0,8 mm Durchmesser.

8. Maschinen zur Wicklung von Spulen.

Wenngleich das Wickeln von Hand von Spulen für den Radioamateur eine keineswegs allzu schwierige Tätigkeit darstellt und es eine Reihe von Spulenausführungen, wie z. B. gewisse Spinnwebspulen usw., gibt, welche bisher überhaupt nur von Hand gut gewickelt werden können, so ist das Bestreben der Radioindustrie begreiflich gewesen, maschinelle Einrichtungen zu schaffen, mittels derer einerseits eine bessere Normalisierung der Spulen möglich war, andererseits der Preis der fertigen Spulen im Handel niedriger gehalten werden konnte. Daneben gibt es Spulen, wie z. B. solche für Telephone, Relais usw., welche prak-

Abb. 823. Maschine zum Wickeln von Telephonspulen von A. Kandulla.

tisch überhaupt nur maschinell gewickelt werden können. Das Aufwikkeln von außerordentlich feinem, isoliertem Kupferdraht, so daß sich bei gegebenen Größenabmessungen, die nicht überschritten werden dürfen, ein Widerstand von 1000 Ohm ergibt, ist von Hand kaum möglich.

Die nachstehend beschriebenen, drei verschiedenen Zwecken dienenden Spulenwickelmaschinen werden von A. Kandulla, Berlin-Neukölln, hergestellt.

Abb. 824. Maschine zum Wickeln von Korbbodenspulen von A. Kandulla.

Die Spulenwickelmaschine MF3, Abb. 823 dient zum Wickeln von feinen Drähten in Stärken von 0,03 bis ca. 1 mm, wie sie für Kopfhörer gebraucht werden.

Die Drahtführung geht durch die Hand der Wicklerin, und es wird eine Stundenleistung von ca. 20 Kopfhörerspulen erzielt. Die Einregulierung der Wickelgeschwindigkeit ist zwischen 0 und 5000 Touren möglich. Der Anschluß des Elektromotors ist überall ohne Montage zu bewirken, einfach mittels einer Lampenfassung, so daß für die Wicklung der bei den jeweiligen Lichtverhältnissen günstigste Platz ausgesucht werden kann.

Alle Teile der Maschine, also Motor, Zählwerk und Anlasser, sind wie Abb. 823 zeigt, auf einem Sockel nebst Grundbrett montiert.

Ganz anderen Anforderungen entsprechen naturgemäß die Maschinen, mittels derer Hochfrequenzspulen herzustellen sind. Abb. 824 zeigt eine Maschine, auf welcher Korbbodenspulen sowie auch sonst geeignete Flachspulen gewickelt werden können.

Der Antrieb erfolgt entweder von Hand oder evtl. auch durch einen Elektromotor von $^1/_8$-PS-Leistung. An dem in der Mitte der Abbildung erkennbaren Zählwerk können die aufgewickelten Windungen abgelesen werden. Nach Fertigwicklung wird das Zählwerk durch Druck und Drehung wieder auf 0 eingestellt.

Abb. 825. Maschine zum Wickeln von Honigwabenspulen von A. Kandulla.

Sobald die Spule gewickelt ist, wird der Speichenkranz herausgenommen und die Spule getränkt, um die notwendige innere Festigkeit zu verbessern.

Die mittels einer derartigen Maschine hergestellte Spulenmenge ist etwa 10 mal so groß, als sie von Hand gewickelt werden könnte.

Die bekannten Honigwabenspulen werden auf der Wickelmaschine, Type H. C. 2 hergestellt. Diese ist mit Kurvensteuerung versehen und gewährleistet ein exaktes Verlegen des Drahtes auf den Wickelkörper (siehe Abb. 825).

Auch hier kann der Antrieb ebensowohl von Hand als auch mittels $^1/_8$-PS-Motors erfolgen. Die verlegte Wicklung kann an dem Zählwerk abgelesen werden. Die Bedienung der Maschine ist so einfach, daß sie auch dem ungelernten Arbeiter anvertraut werden kann. Normalerweise wird mit einer Umdrehungszahl von etwa 500 Touren wenigstens bei kleinen Spulen gearbeitet, während man bei größeren Spulen mit der Tourenzahl zweckmäßig herabgeht.

XVI. Selbstanfertigung von Einzelteilen und Apparaten[1]).

Durch die Selbstanfertigung von Apparaten und Einzelteilen kann die Geschicklichkeit und Handfertigkeit sehr erhöht werden, da zur Her-

[1]) Es sind auch die übrigen Kapitel betr. Einzelheiten und insbesondere deren Zusammenbau und Schaltung zu berücksichtigen.

stellung namentlich eines komplizierteren Einzelteiles meist recht viele Handgriffe erforderlich sind und auch die verschiedenartigsten Techniken herangezogen werden müssen.

Indessen kann doch einem allzu weitgehenden „Basteln" nicht das Wort geredet werden, da einerseits verhältnismäßig zu viel Arbeitsaufwand, wenigstens für manche Apparate, erforderlich ist, und andererseits der gewünschte Effekt doch in solchen Fällen nur selten erreicht wird und unter Umständen sogar nur eine Abschreckung vor der Radiotätigkeit die Folge ist. Wenn z. B. selbst ein erfahrener Bastler sich einen Drehkondensator selbst herstellen will, so wird das kaum viel Zweck haben. Die Beschaffung der Rohmaterialien ist hierfür schon nicht billig. Die aufzuwendende Arbeit, um etwas einigermaßen Brauchbares zu schaffen, ist außerordentlich groß, und da eine ganze Reihe von Manipulationen erforderlich sind, die schon einer kleinen Werkstatt Schwierigkeiten machen, geschweige denn einem gewöhnlichen Bastler, so ist auch der Endeffekt nur in den allerseltensten Fällen ein einigermaßen befriedigender. Die Wahrscheinlichkeit, daß ein selbstgebauter Drehkondensator elektrisch nicht einwandfrei funktioniert, selbst wenn mechanisch die Aufgabe einigermaßen gelöst sein sollte, ist außerordentlich groß, und er ist infolgedessen ein Schulbeispiel für einen Apparat, dessen Selbstherstellung sich nicht lohnt.

Gute Drehkondensatoren sind heute schon für wenige Mark in den Radiohandlungen zu haben und leisten im allgemeinen selbst bei den billigeren Ausführungen, sofern sie nur einigermaßen den elektrischen Anforderungen entsprechen, erheblich mehr, als dies der Bastler mit Schwierigkeiten erzielen kann.

1. Wie soll der angehende Radioamateur seine Empfänger bauen?

In manchen Fachzeitschriften, Büchern und auch in der Propaganda einzelner Firmen wird dafür Stimmung gemacht, entweder von vornherein eine Empfangsapparatur zusammen zu bauen, welche sehr hochgeschraubten Ansprüchen genügen soll. Entweder soll hiernach, wenn eine Hochantenne zur Verfügung steht, Empfang aus Honolulu oder Neuseeland tunlichst zu allen Tages- und Nachtzeiten erreicht werden, oder wenn nur eine Innenantenne verwendet werden kann, soll mindestens Amerika-Empfang möglich sein. Zu diesem Zweck wird dem jungen Anfänger geraten, sich eine sehr hochwertige Röhren-Empfangsapparatur zusammenzubauen, etwa in Form eines Triplexempfängers oder eines 11—17 Röhrenempfängers mit allen möglichen Zwischenkreisen, Transponierungssystemen und dergleichen.

[1]) Der Bau von Empfangsapparaten ist z. Z. in Deutschland nur denjenigen gestattet, welche die postalische Erlaubnis hierzu besitzen. Insbesondere sind die Bestimmungen für den Bau von Röhrenempfängern und Verstärkern besonders zu beachten. Diese dürfen bisher nur von denjenigen hergestellt werden, die sich im Besitze der Audionversuchserlaubnis befinden.

Wenn der Geldbeutel des jungen Amateurs ausreicht, werden alsdann in den meisten Fällen diese wenig glücklichen Ratschläge befolgt, mit dem Effekt, daß vielfach kaum der am Orte befindliche Rundfunksender empfangen wird. Die Enttäuschung ist dann sehr groß und die Erbitterung über die falschen Ratschläge sind nur allzu berechtigt.

Es muß infolgedessen immer wieder darauf hingewiesen werden, daß die beste Arbeitsweise und die zweckmäßigste Möglichkeit des Einarbeitens für den Radioamateur in der Weise gegeben ist, daß er sich ungefähr an die Entwicklungslinien hält, in denen sich der Radioempfang in den letzten Jahren bzw. Jahrzehnten entwickelt hat.

Der junge Anfänger soll damit beginnen, von einem möglichst nahe gelegenen Sender zu empfangen, und zwar indem er sich hierzu diejenigen Mittel wählt, die am betriebssichersten sind. Wenn also irgend angängig, soll der Anfänger mit einer Hochantenne, und wenn es nur ein 15—20 m langer, gut gegen die Abspannenden hin isolierter Draht ist, welcher mit dem Empfänger verbunden wird, der andererseits z. B. durch Anschluß an die Wasserleitung geerdet wird. Er baut sich zunächst einen einfachen Primär-Kristalldetektorempfänger, mit dem ein Versager praktisch kaum möglich ist, und gewinnt erst einmal ein Anschauungsbild von der Größenordnung der Empfangsenergie und von den beim Empfang nötigen Handreichungen und Manipulationen. Er wird hierbei schon die vielen Fallstricke, Störungen usw. kennen lernen, welche der Radioempfang an und für sich besitzt, und an deren restloser Beseitigung von unzähligen Interessenten gearbeitet wird.

Erst wenn diese Kenntnisse und Handfertigkeiten erreicht sind, darf sich der Anfänger an die nächste Aufgabe heranwagen. Diese besteht in der elektrischen Verbesserung seines Kristalldetektorempfängers. Er soll vom Primärempfang auf Sekundärempfang übergehen. Er soll also den für die gesamte Empfangstechnik so überaus wichtigen Abstimmungsgedanken praktisch in sich aufnehmen und verarbeiten. Daß diese Übung viel zu wenig gepflegt wird, geht nicht nur aus vielen verfehlten Anordnungen und Übungen von Radioamateuren, sondern auch aus zahlreichen Apparatkonstruktionen von Firmen der Radioindustrie hervor, welche in der Zukunft sich mehr als bisher mit dem Gedanken der Selektivität vertraut machen müssen, um die zahlreichen Störungsmöglichkeiten tunlichst auszumerzen, welche heute noch in häufigen Fällen den Genuß am Rundfunkempfang erheblich beeinträchtigen.

Nunmehr sollte sich der Anfänger erst zum Arbeiten mit der Röhre verstehen. Alle bisher anzustellenden Versuche sind mit äußerst geringen Kosten verknüpft. Für etwa M. 20.— kann schon außerordentlich viel erreicht werden, und es können dabei Teile angeschafft werden, deren Wert auch für alle zukünftigen Schaltungen und Anordnungen fast durchweg bestehen bleibt.

Der Anfänger wird gut tun, den ersten Verstärker sich nicht selbst zu bauen, weil schon in diesem an sich einfachen Apparat viele Möglichkeiten für das Versagen vorliegen. Es gibt bereits heute eine ganze Anzahl von Firmen, welche Einfachverstärker in gediegener Ausführung zu einem billigen Preise auf den Markt bringen. Es ist anzunehmen, nach dem Vorgang in anderen Ländern, daß diesem Fabrikationszweige in Zukunft noch mehr Aufmerksamkeit als bisher zugewandt wird.

Der durch die oben gekennzeichneten Versuche vorhandene Kristalldetektorempfänger wird zusammen mit dem Niederfrequenzverstärker verwendet, und es können bei den verschiedenen, hierbei möglichen Schaltungen die mannigfaltigsten Verstärkereffekte gut studiert werden. Auch eine Mehrfachniederfrequenzverstärkung würde als weitere Folge in Betracht kommen.

Erst wenn alle diese Dinge dem Anfänger gleichsam in Fleisch und Blut übergegangen sind, soll er sich der Hochfrequenzverstärkung zuwenden. Durch das Arbeiten mit dem Niederfrequenzverstärker hat er schon gewisse Erfahrungen gesammelt. Er verwendet diese zunächst dazu, sich einen Audionempfänger, vorerst noch ohne Rückkoppelung, zu bauen, um die Vorteile, aber auch die Nachteile der Röhre gegenüber dem Kristalldetektor kennen zu lernen.

Der weitere Gang ist nun der, daß der Anfänger auf den mit Rückkopplung versehenen Audionempfänger eingeht, also auf den sog. Ultra-Audionempfänger. Hierbei ist jedoch allergrößte Vorsicht geboten, denn wenn er durch Unkenntnis oder Unvorsichtigkeit die Anordnung so wählt, daß die von der Röhre erzeugten Schwingungen von der Antenne ausgestrahlt werden, so kann in weitem Umkreise der Empfang anderer Radioamateure und Rundfunkabonnenten gestört bzw. unmöglich gemacht werden. Der Anfänger hat infolgedessen ganz besonders peinlich darauf zu achten, daß sein rückgekoppelter Audionempfänger unter keinen Umständen so zusammengebaut ist und derart betrieben wird, daß eine Ausstrahlung von der Antenne stattfindet!

Die nunmehr gewonnenen Erfahrungen befähigen den Radioamateur, sich mit der Hochfrequenzverstärkung näher zu befassen. Er wird auch hier mit Einrohrhochfrequenzverstärkung beginnen und erst allmählich und vorsichtig die Zahl der Röhren vermehren. Durch die Schaffung einer Apparatur, bestehend aus Einrohrhochfrequenzverstärkung, 1 Audionrohr und Ein- bis Zweifachniederfrequenzverstärkung hat er sich schon eine sehr hochwertige Apparatur zusammengebaut, welche in gewissen Punkten nach dem heutigen Stande der Technik das Optimum darstellt. In vielen Fällen wird er sich mit dieser Anordnung durchaus begnügen können, ohne daß er es nötig hat, auf besonders raffinierte und noch höherwertige Schaltungen (sog. Kunstschaltungen) überzugehen. Es erscheint in durchaus nicht seltenen Fällen weit zweckmäßiger, diese eben erwähnte Apparatur tunlichst selektiv zu gestalten, also die Anordnung so zu treffen, daß mindestens mit Sekundärkreis, tunlichst aber mit Tertiärkreis oder noch mehreren Abstimmungskreisen gearbeitet werden kann. Da die Bedienung einer Vielzahl derartiger Kreise schwierig sein würde, ist der Erfindungsgabe des Radioamateurs ein recht erheblicher und auch recht zweckmäßiger Spielraum gelassen, in dem er sich die mannigfaltigen Anordnungen überlegen kann, welche es ihm ermöglichen, mit einem oder höchstens wenigen Handgriffen die gleichzeitige Einstellung der verschiedenen Kreise zu ermöglichen. Auch die Radiotechnik der Zukunft wird mehr, als dies bisher der Fall war, auf derartige Anordnungen eingehen müssen, um auch denjenigen Rundfunkabonnenten, welche unter schwierigen und oftmals Störungen ausgesetzten Verhältnissen einen künstlerisch befriedigenden Empfang haben wollen, die Möglichkeit hierzu zu sichern.

Daß hierbei im übrigen Antennen mannigfaltigster Anordnung schon benutzt werden können, und zum Teil auch müssen, ist eine Selbstverständlichkeit, welche dazu führt, dem Radioamateur die verschiedenen Grenzen des Empfanges besonders vor Augen zu führen.

Nur derjenige Radioamateur, welcher etwa die vorerwähnte Schule durchgemacht hat, sollte sich dazu verstehen, sich auf kompliziertere Schaltungen einzulassen. Hierzu gehören vor allem auch die Reflex- und Neutrodyneschaltungen in ihren mannigfaltigsten Varianten und Abwandlungen. Diese Schaltungen sind allerdings für den Radioamateur in ihrer Durchführung geeigneter als für den Radiofabrikanten und werden im Durchschnitt auch in der Hand des ersteren bessere Resultate ergeben können, als bei verkaufsfähigen Apparaten. Dieser Effekt ist jedoch nur dann zu erreichen, wenn der Radioamateur schon über ein erhebliches Rüstzeug an technischen Kenntnissen und praktischen Erfahrungen verfügt, und wenn er der Ausführung, Instandhaltung und Einregulierung seines Apparates eine besondere Aufmerksamkeit zuwendet, wie er bei im Handel üblichen Apparaten, mindestens in den wohlfeileren Ausführungen, kaum zu erreichen sein wird.

Neben den technischen Kenntnissen und praktischen Erfahrungen, die sich der Radioamateur aneignet, wenn er den vorgenannten Entwicklungsweg durchmacht, sollte er aber, um möglichst intensiv in die Materie einzudringen, sich auch tunlichst ausgiebig meßtechnisch betätigen. Er lernt auf diese Weise, daß nicht nur grobempirisch bestimmte Werte günstige Resultate ergeben, sondern er erkennt auch die inneren Zusammenhänge, aus denen heraus die gewählten Kombinationen zu brauchbaren Resultaten führen.

Ähnlich verhält es sich mit der Selbstherstellung z. B. von Transformatoren, wenngleich hierbei der Bastler schon mehr Chancen hat, insbesondere auch aus dem Grunde, weil er bei genügendem Materialaufwand guter Qualität unter Umständen auch einen besseren Apparat herstellen kann, als er käuflich zu haben ist.

Auch beim Hörer verhält es sich ganz ähnlich, sofern es sich nicht um Umarbeitungen, insbesondere um Aptierungen für Lautsprecherzwecke handelt. Solche Arbeiten können natürlich bei hinreichender Überlegung und genügender Handfertigkeit recht gute Resultate ergeben und mit den käuflich zu erhaltenden Apparaten durchaus wetteifern.

Auch Spulensockel, Heizwiderstände und ähnliches, was die Radio-Industrie in großen Mengen und schon zu recht billigen Preisen auf den Markt bringt, sind nicht die eigentliche Domäne für den Bastler: Er sollte sich diese Teile in tunlichst hochwertiger Ausführungsform nach Möglichkeit fertig kaufen.

Anders verhält es sich natürlich mit Spulen, Neutrokondensatoren und dergleichen. Hier kann der Bastler sich mit Leichtigkeit sehr hochwertige

Einzelteile selbst herstellen, und dieselben können ohne weiteres den Vergleich mit käuflich zu habenden Teilen aushalten. Der Erfahrene wird sogar die maschinell hergestellten Spulen häufig unschwer übertreffen können, und ein Teil der überragenden Güte der selbstzusammengebauten Empfangsapparate hat gerade seinen Grund in derartigen Einzelteilen.

Das Hauptfeld der Betätigung des Radioamateurs und des Bastlers ist natürlich der Zusammenbau der Einzelteile zu kompletten Apparaturen. Er braucht hierbei auf ein ästhetisches Aussehen nicht so großen Wert zu legen, als dies naturgemäß von den Fabrikanten bewirkt werden muß. Bei ihm kommt es in der Hauptsache auf die elektrische Leistung an, und er wird seinen Apparat so lange umändern, bis er wirklich das Optimum der betr. Schaltungsanordnung erzielt hat, gleichgültig ob der Zusammenbau 5 Stunden oder 5 Tage dauert. In dieser Beziehung ist der Radioamateur dem Fabrikanten, welcher, insbesondere bei den gedrückten Preisen, peinlich genau auf den Stundenlohn achten muß, ganz außerordentlich überlegen.

Er ist ihm aber auch insofern überlegen, als er nicht auf eine bestimmte Type festgelegt ist, sondern sich heute die und morgen jene Apparatur zusammenbauen kann, welche ihm den jeweiligen Verhältnissen entsprechend gerade als das günstigste erscheint.

Der erfahrene Bastler wird aber auch in der Lage sein, seine Apparatur nach ästhetischer Hinsicht so auszuführen, daß sie es mit guten Leistungen der Radioindustrie ohne weiteres aufnehmen kann. Die Ausstellungen von Erzeugnissen der Radioamateure haben einwandfrei die Richtigkeit dieser Behauptung bewiesen und auch gezeigt, daß in manchen Fällen im Bau hochwertiger Apparate die Radioamateure vorangegangen sind, und daß ihnen die Industrie nachgefolgt ist, da entweder die betreffende Type „modern“ und infolgedessen vom Publikum gekauft wurde.

2. Herstellung von einlagigen Zylinderspulen.

Der Radioamateur fängt am besten mit der Herstellung des einfachsten Empfängers an. Dieses ist die einlagige Zylinderspule, die durch einen oder mehrere Schiebekontakte geschaltet wird.

Die Herstellung derartiger einlagiger Zylinderspulen ist überaus einfach. Obwohl man als Wicklungskörper auch Holz oder ähnliches benutzen könnte, ist es dennoch zweckmäßiger, starkwandige Pappzylinder, welche sich weniger verziehen, zu verwenden. Für die kleinen Spulen benutzt man Zylinder von etwa 30 bis 40 mm Durchmesser, ca. 120 bis 160 mm Länge, für größere Spulen Zylinder von etwa 70 mm Durchmesser bis 250 mm Länge. Die Wandstärke der Zylinder soll etwa 2 bis 3 mm oder auch etwas mehr betragen.

Häufig kommt es vor, daß Zylinderspulen von einem bestimmten gewünschten Durchmesser hergestellt werden sollen. Da in solchem Falle im allgemeinen die Beschaffung von passenden Pappspulkörpern mit Schwierigkeiten verbunden sein wird, verfährt man zweckmäßig folgendermaßen: Man beschafft sich einen Körper von etwas kleinerem Durchmesser, wie z. B. ein Einmacheglas oder dgl., auf welches man starkes Papier, z. B. braunes Einwickelpapier, welches einseitig mit Leim bestrichen wird, bis zu einer Stärke von etwa 2 mm aufwickelt. Auf diese Weise entsteht ein Ringkörper, den man, sobald der Leim (Kaltleim oder Syndetikon) getrocknet ist, leicht von der Unterlage abziehen kann.

Um die Isolation zu verbessern und damit der Pappzylinder, der mehr oder weniger hygroskopisch ist, bei feuchtem Wetter nicht allzuviel Feuchtigkeit ansaugt, wird er vor dem Bewickeln zweckmäßig entweder mit einem Isolierlack bestrichen oder paraffiniert. Beides ist etwa gleich gut. Nachdem der Zylinder getrocknet ist, sticht man in das eine Ende desselben, etwas am Rande entfernt, nebeneinander zwei Löcher hinein (siehe Abb. 826), durch die der Draht gezogen wird. Hierdurch wird eine recht feste Verbindung des Drahtanfanges mit dem Zylinder erzielt. Nunmehr bewickelt man den Zylinder entweder von Hand Lage an Lage, was aber insbesondere bei Spulen für größere Wellen und sehr dünnem Draht mühsam ist, oder man schafft sich von vornherein eine Einrichtung, die sehr einfach sein kann, um mittels dieser die Spulenwicklung auszuführen. Eine solche einfache Vorrichtung, die sich jeder aus einigen Brettchen zusammenstellen kann, gibt Abb. 827 wieder. Der eine Wickelkörper ist auf der Achse fest, der andere verschiebbar angeordnet. Beide sind leicht konisch gestaltet, so daß die Pappkörper mit leichtem Druck darauf gepreßt werden können, wodurch eine Mitnahme bei der Drehung erfolgt (siehe Abb. 828). Nun wickelt man am besten so, daß, nachdem der Draht durch die zwei Anfangslöcher hindurchgesteckt ist, mit der linken Hand die Kurbel gedreht wird, während mit der rechten die Aufspulung des Drahtes auf den Pappzylinder bewirkt wird. Um den Draht zu spannen, dient die Streckanordnung gemäß Abb. 829. Der Zylinder wird so weit bewickelt, wie dies, entsprechend dem gewünschten Selbstinduktionswert, erforderlich ist. Durch eine einfache Meßeinrichtung, die mit Summer arbeitet, ist es möglich, laufend die Größe der aufgewickelten Selbstinduktionsspule zu kon-

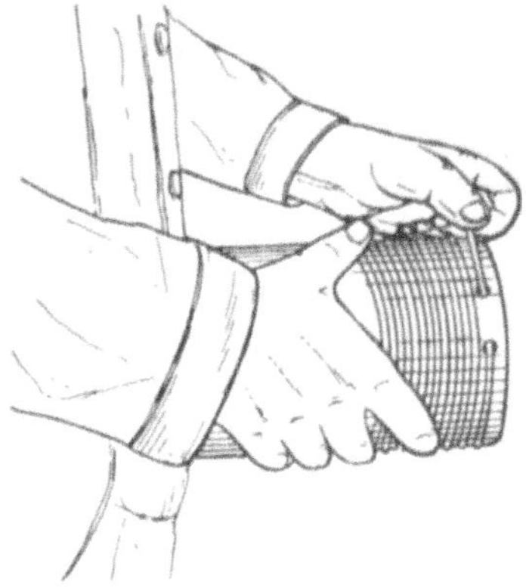

Abb. 826. Wicklung einer Spule von Hand.

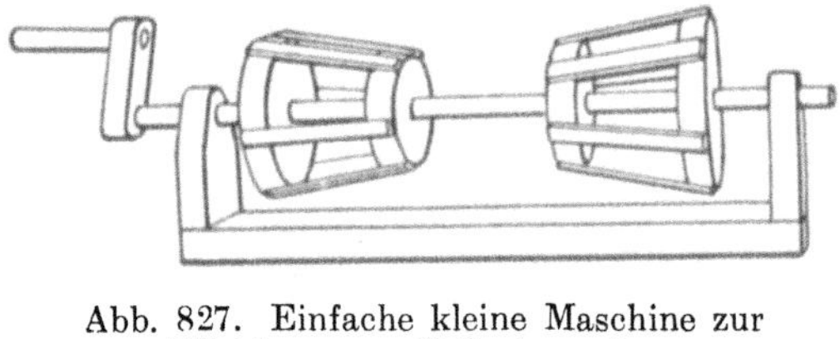

Abb. 827. Einfache kleine Maschine zur Wicklung von Zylinderspulen.

trollieren. Hat man eine solche Einrichtung nicht, so kann man auch ungefähr die Spule berechnen (siehe S. 113ff.). Damit nun die Spule sich nicht wieder aufwickelt, ist es erforderlich, den Draht am Ende des Pappkörpers mit diesem zu befestigen, was am besten in der gleichen Weise wie am Spulenanfang mittels mehrerer durch den Pappkörper gestochener Löcher bewirkt wird.

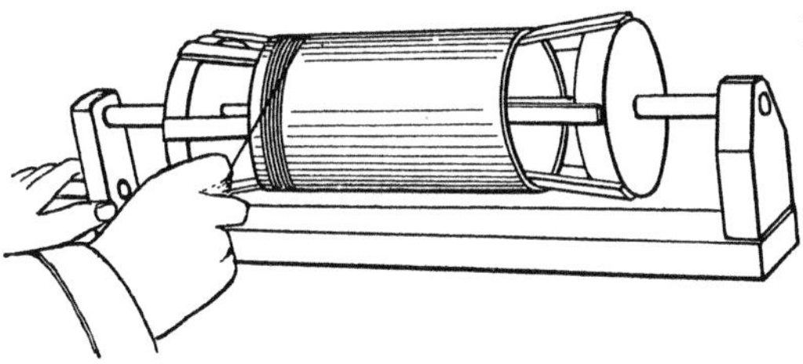

Abb. 828. Wicklung der Spule auf der Maschine (nach Sleeper).

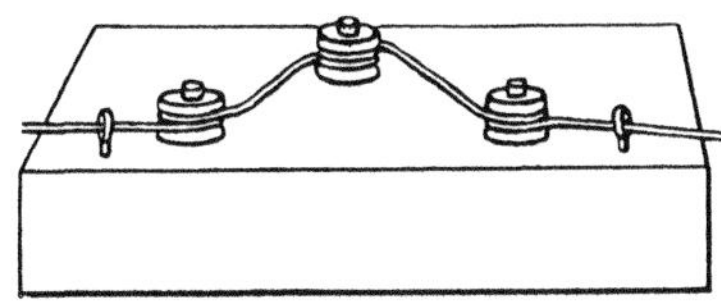

Abb. 829. Drahtstreckanordnung um den Draht ohne Kinke auf den Wickelkörper aufzubringen.

Es ist zweckmäßig, auch die fertig gewickelten Spulen entweder zu schellackieren oder zu paraffinieren. Hierdurch wird, insbesondere bei Baumwoll- und Seidenisolation ein guter Schutz gegen äußere Einflüsse gewährleistet. Wickelt man, was recht zweckmäßig ist, die Spule aus Emailledraht, so ist eine derartige Schellackierung oder Paraffinierung der fertigen Spule natürlich überflüssig.

Für viele Zwecke wird es nun vorteilhaft sein, den Spulenkörper mit Endplatten zu versehen. Am besten wird dies dadurch bewirkt, daß in dem Pappzylinder an den beiden Enden je ein Holzstück eingeleimt wird, an dem die Endbrettchen, die etwa quadratische Formgebung haben können, direkt aufgeschraubt werden. Das ist namentlich dann zweckmäßig, wenn man die Spule als Schiebespule ausbildet. Alsdann wird, wie dies Abb. 860 rechts veranschaulich, mit den beiden Endbrettchen eine nicht allzu schwache Messingschiene mit rechteckigem Querschnitt verbunden. Diese Messingschiene soll am besten eine Breite von 12 mm und eine Stärke nicht unter 2 mm besitzen. Auf dieser Messingschiene schleift der Schiebekontakt. Der Radioamateur hat größte Sorgfalt darauf zu legen, daß sowohl die Kontaktgebung des Schiebers auf der Messingschiene als auch des Schiebekontaktes mit den Spulenwindungen eine möglichst gute und verlustlose ist. Einen guten Schieber herzustellen, ist gar nicht so einfach, wie dies die zahllosen zum Teil recht minderwertigen Konstruktionen beweisen, die selbst von angesehenen Radiofirmen auf den Markt gebracht worden sind. Eine ausgezeichnete Konstruktion, die sich auch bei längerem Betriebe kaum nennenswert abnutzt, ist in Abb. 785, S. 683 wiedergegeben. Am zweckmäßigsten ist es, wenn sich der Amateur bei der Herstellung des Schiebers, sei es, daß er diesen sich selbst anfertigt, oder von einem Mechaniker machen läßt, falls er es nicht vorzieht, ihn fertig zu beziehen, möglichst genau nach dieser Abbildung richtet.

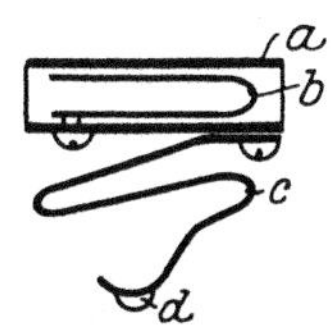

Abb. 830. Schiebekontakt mit Schleiffeder.

Das Wesen, worauf es ankommt, ist nochmals in dem schematischen Schnitt von Abb. 830 enthalten. *a* ist eine Messingbuchse von viereckigem Querschnitt mit nicht zu geringer Wandstärke, die vorn und rückwärts offen ist. In der Buchse ist eine Feder *b* mittels einer Schraube befestigt. Die Dimensionierung ist derartig, daß zwischen *a* und *b* (oben) die Kontaktmessingschiene durchgesteckt werden kann, daß also die Buchse auf der Stange zügig gleitet. Mit der Buchse ist ferner eine zweite Kontaktfeder *c* ebenfalls wieder mit möglichst langem Federweg verbunden. Diese Feder besitzt an ihrem unteren Teil die eigentliche Kontaktstelle *d*, die auf den Spulenwindungen schleift, also einer gewissen Abnutzung unterworfen ist.

Gegenüber der Kontaktmessingschiene sind nun die Spulenwindungen in einer Mantellinie blank gemacht, und hierauf schleift der Schiebekontakt *d*.

Eine derartige Spule erlaubt nur eine Wellenvariation mit gleichzeitiger Veränderung der Detektorkopplung, die also nicht auf ein Optimum einstellbar ist.

Um eine einstellbare Detektorkopplung zu bewirken, muß die Spule auf einer zweiten Mantellinie blank gemacht werden und auf dieser muß ein zweiter Schiebekontakt schleifen. Auf diese Weise erhält man bereits eine wesentlich besser durchgebildete und zuverlässiger funktionierende Konstruktion.

3. Herstellung einer Stufenspule.

Die beschriebene Schiebespule besitzt verschiedene Mängel, insbesondere den, daß die nicht benutzten Spulenwindungen stets einpolig eingeschaltet bleiben. Außerdem ist es aber erforderlich, um eine sichere Kontaktgebung zu gewährleisten, und damit durch die Schleiffeder nicht allzu viel Windungen gleichzeitig betätigt werden, mit der Drahtstärke nicht allzu weit herabzugehen. Ein Drahtdurchmesser von 0,8 mm dürfte die unterste Grenze darstellen.

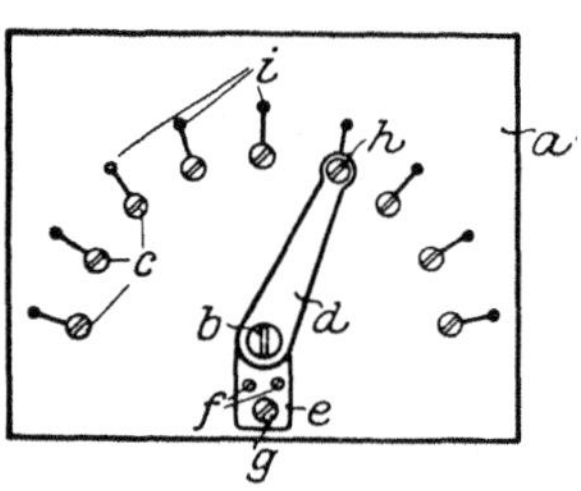

Abb. 831. Kontaktplatte, z. B. für eine Stufenspule.

Für viele Zwecke ist es daher günstig, die Spule stufenförmig zu gestalten. Dies kann am einfachsten unter Benutzung einer Stufenkontaktanordnung gemäß Abb. 831 bewirkt werden. Man kann diese Stufenkontaktanordnung zweckmäßig auf einem der Stirnbretter der Spule, die aus beliebig dünnem Draht gewickelt sein kann, herstellen und kann die Spulenabzapfungen durch die in Abb. 831 wiedergegebenen Löcher *i* hindurchführen und an die Kontaktschrauben *c* durch Unterklemmen anschließen.

Für die Fabrikation geht man am besten so vor, daß man an denjenigen Stellen, an denen die Abzweigleitungen nach der Kontaktbahn abgenommen werden, bei der Aufwicklung eine kleine Schleife macht. Diese Schleife wird, nachdem die Spule voll gewickelt ist, blank gemacht und an dieser Stelle wird der nach der Kontaktschraube hinführende Abzweigdraht angelötet. Die Stelle wird alsdann isoliert.

Häufig wird es zweckmäßig sein, die Spule in lauter gleiche Teile zu teilen und die Enden dieser Teile an die Kontaktschrauben der Schaltbahn zu führen. Wenn man jedoch eine in Wellenlängen gleiche Teilung vornehmen will, so muß man die Abzweigungen nach der logarithmischen Teilung anschließen. Die Abzweigung beginnt also mit wenigen Spulenwindungen; allmählich steigen logarithmisch die Spulenwindungen an.

Eine andere beliebte Unterteilung ist die nach dem dekadischen System, wozu jedoch zwei Kontaktbahnen gebraucht werden.

4. Die Selbstherstellung von Honigwabenspulen.

Für den Amateurbetrieb ist die Benutzung von Spulen mit fester Selbstinduktion, die etwa nach Art eines Gewichtsatzes dimensioniert sind, um einen großen Wellenbereich zu beherrschen, von besonderer Wichtigkeit. Da derartige Spulen stellenweise im Handel nicht ganz billig zu erhalten sind und andererseits die Möglichkeit besteht, daß sich der Amateur diese Spulen selbst herstellt, soll im nachstehenden eine einfache Methode hierfür beschrieben werden.

Man verschafft sich zunächst einen zylindrisch abgedrehten Holzklotz *a*, der, entsprechend Abb. 832, mit zwei seitlichen Abdrehungen *b* versehen ist.

Die in der Abbildung eingetragenen Maße in Millimetern sind nur beispielsweise. In die abgedrehten Teile sind in gleichmäßigem Abstand voneinander eine Anzahl von Löchern *c* gebohrt von je 2 mm Stärke und etwa 8 mm Tiefe. In diese werden Holz- oder Metallstifte *d* derart befestigt, daß sie für den Herstellungsvorgang genügend festsitzen, aber nach Fertigstellung der Spule leicht wieder entfernt werden können.

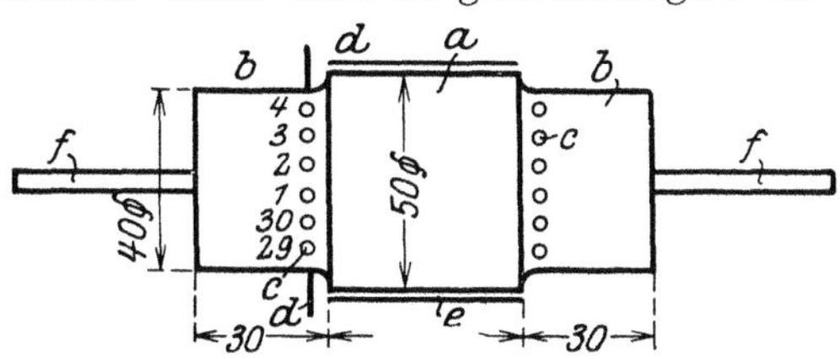

Abb. 832. Walzenkörper zur Herstellung von Honigwabenspulen.

Auf dem zylindrischen Teil *a* wird ein in der Abbildung im Schnitt dargestelltes zylindrisch gebogenes Kartonblatt leicht abnehmbar aufgeschoben, auf das später der Spulendraht aufgewickelt wird. Um den Holzkörper *a* drehen zu können, ist er in der Mitte mit einer Bohrung versehen, durch die eine dünne Holzachse *f* hindurchgesteckt wird, um den Holzkörper leicht von Hand aus rotieren lassen zu können. Die Stifte *d* werden laufend numeriert, beispielsweise von 1 bis 30, wie dies in der Abbildung gleichfalls angedeutet ist. (Im allgemeinen wird eine ungerade Anzahl von Stiften vorgesehen, so daß die Wirkung in jeder Lage gegen die benachbarte verschoben ist.)

Nun beginnt die Drahtaufwicklung, zu der zweckmäßig seiden- oder baumwollisolierter Draht benutzt wird, um das Freitragen der Wicklung besser zu gewährleisten. Man wickelt den Draht erst einige

Male um das Hölzchen *f* und sodann um den Stift 1. Von da geht man mit dem Draht zur andern Seite nach Stift 20, von Stift 20 nach Stift 2, von 2 nach 21, dann zurück nach 3 und darauf nach 22 usw. Mit Aufwicklung der 30. Windung ist die erste Spulenlage aufgebracht, wobei die Drähte netzförmig gekreuzt übereinander liegen, wodurch äußerlich der Eindruck einer Honigwabe erzielt wird und elektrisch eine sehr geringe Eigenkapazität der Spule gewährleistet ist.

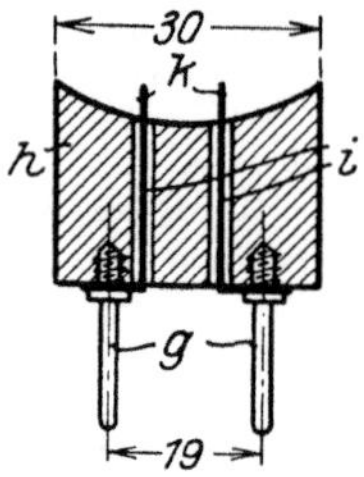

Abb. 833. Sockel der Honigwabenspule.

Nachdem in dieser Weise die erste Spulenlage aufgebracht ist, wird sie schellackiert[1]). Darauf wird die zweite Lage aufgewickelt und ebenfalls schellackiert. Sofern die Spule die gewünschte Selbstinduktion besitzt, hört man mit dem Wickeln auf und überstreicht die ganze Spule nochmals mit einer Schellackschicht und läßt sie trocknen, was zweckmäßig in der Nähe eines Ofens geschieht, um zuverlässig alle Wasserteile aus dem Spulenkörper zu entfernen. Alsdann wird zusammen mit dem Kartonring *e* die fertige Spule, nachdem die Stifte *d* herausgezogen sind, von der Walze *a* heruntergeschoben. Nunmehr ist die Spule an einer Stelle zu bandagieren und mit einem die Steckerkontakte enthaltenden Befestigungsstück zu versehen. Ein derartiges Sockelstück in einfacher Ausführung ist in Abb. 833 wiedergegeben. Im Gegensatz zu der in Abb. 683 auf S. 630 dargestellten Honigwabenspule sind hier zwei Stück geschlitzte Steckkontakte *g* vorgesehen, die in das aus Isoliermaterial, z. B. in Paraffin gekochtes Holz, hergestellte Haltestück *h* hineingeschraubt werden. Die Enden der Spule *k* werden durch die in das Haltestück gebohrten feinen Kanäle *i* hindurchgeführt und unter die Steckkontakte *g* montiert und eventuell noch festgelötet. Nunmehr kann die gesamte Spule durch einen Pappstreifen nach außen hin verkleidet werden, der auf dem Haltestück *h* festgeschraubt wird.

Abb. 834. Komplette Honigwabenspule mit Sockel, Bandagierung und Anschlußkontakten.

Die Zuleitung der Wicklungsenden zu dem Steckkontakt geht im übrigen auch noch aus der Abb. 834 hervor. Es ist wesentlich, wenn man einen Satz entsprechend abgeglichener Honigwabenspulen herstellt, die Verbindungen zu den Steckkontakten alle in derselben Weise zu bewirken, etwa Abb. 834 entsprechend, da sonst leicht der Fall eintreten kann, daß man Spulen mit ihrem Wicklungssinn gegeneinander schaltet, was besonders bei gewissen Rückkopplungsanordnungen oft nachteilig wirkt.

[1]) Schellack ist hochfrequenztechnisch nicht günstig. Es ist vorteilhafter, an dessen Stelle einen im Handel käuflichen hochisolierenden Lack zu verwenden.

5. Herstellung von Doppel-Korbbodenspulen, Spinnwebspulen usw.

Die Selbstherstellung dieser hochwertigsten Spulen für Radioempfang ist für den Bastler verhältnismäßig einfach. Auch die hierzu anzuwendenden Mittel sind billig und bequem herzustellen. Abb. 835 zeigt rechts eine kleine, mit Löchern versehene Holzscheibe, daneben

Abb. 835. Alle Teile sind zum Beginn der Spulenwicklung bereit.

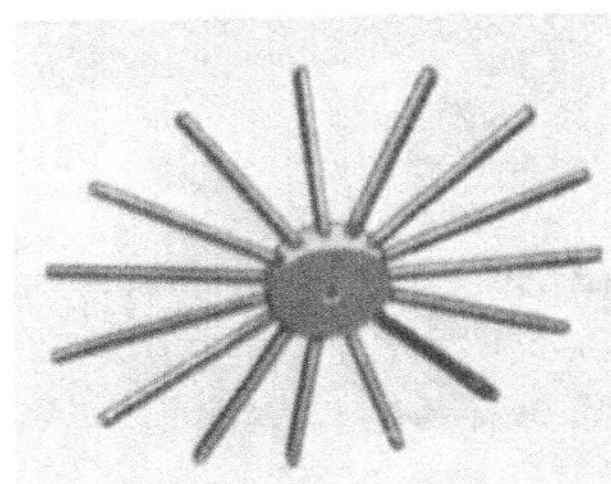

Abb. 836. Der zum Wickeln der Spule fertige Sternkörper.

liegen kleine zylindrische Stäbchen, welche in die Löcher der Scheibe ohne weiteres eingesetzt werden können, sowie eine Rolle isolierten Kupferdrahtes. Recht zweckmäßig hat es sich herausgestellt, eine Holzscheibe mit 15 Löchern und 15 Stäbchen zu verwenden.

Zunächst werden die Stäbchen in die Scheibe eingesetzt, wie dies Abb. 836 zeigt.

Abb. 837. Mit der Spulenwicklung wird begonnen.

Abb. 838. Auf den Stern sind schon einige Spulenlagen aufgewickelt.

Alsdann wird mit der Wicklung begonnen. Hierzu werden die Stäbchen in die linke Hand genommen, mit der rechten Hand wird der Draht zwischen den Stäbchen durchgeschlungen, wie dies Abb. 837 zeigt.

Die weitere Wicklung der Spule ist in Abb. 838 zum Ausdruck gebracht. Es sind hier schon einige Lagen übereinander gewickelt.

Nunmehr wird die Spule lackiert, die Stäbchen werden herausgezogen, und die in sich nach der Trocknung freitragende Spule ist in Abb. 839 wiedergegeben.

Es erfolgt nunmehr die Bandagierung der Spule, um die mechanische Festigkeit zu erhöhen. Diesen Vorgang zeigt Abb. 840. Man hält die Spule in der linken Hand und wickelt mit der rechten Hand das Isolierband herum.

Die fertig bandagierte Spule zeigt Abb. 841.

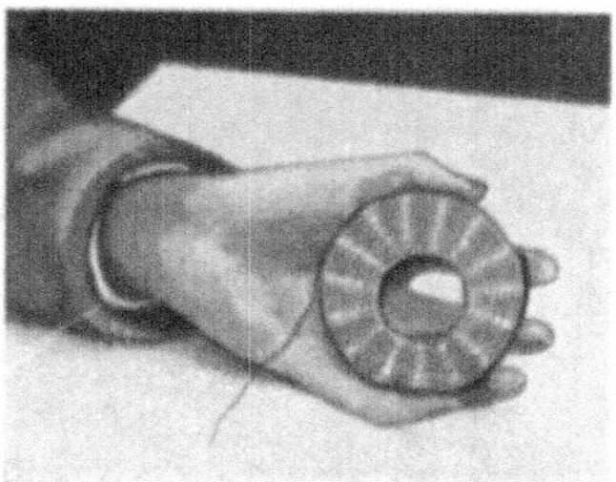

Abb. 839. Die vom Stern abgenommene lackierte Spule.

Abb. 840. Die Spule wird bandagiert.

Nunmehr ist die Spule noch zu sockeln. Recht einfach und zweckmäßig sind Halteteile, bestehend aus einem prismatischen Klötzchen und einer runden Scheibe gemäß Abb. 842. Die erstere ist mit Kontakten versehen.

Abb. 841. Die Spule ist fertig bandagiert.

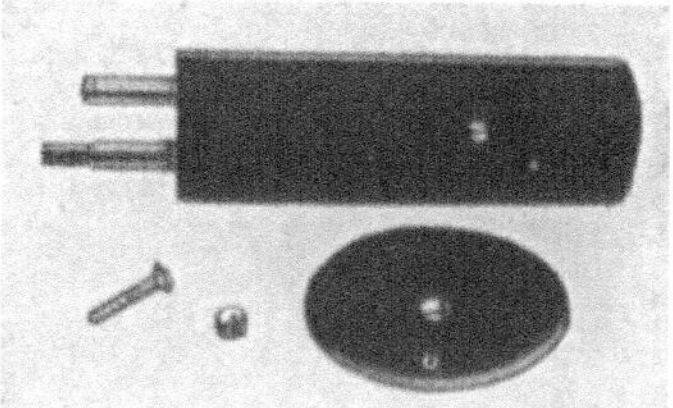

Abb. 842. Halteteile (Sockel für die Spule).

Die Anbringung dieses Halteteiles an der Spule und die Verbindung mit den Kontaktstiften ist in den Abb. 843 und 844 wiedergegeben. Die schließlich fertige und geeichte Spule zeigt Abb. 845.

Zur Wicklung dieser Spule wurde Draht von 0,7 mm Stärke verwendet.

Übrigens kann man sich in sehr einfacher Weise mit noch primitiveren Mitteln eine solche Doppelkorbboden- oder Spinnwebspule selbst wie folgt herstellen. Man nimmt einen möglichst gut erhaltenen Weinflaschenkorken und steckt in diesen zweireihig an die beiden Randflächen Stecknadeln. Man wickelt die erste Windung des Drahtes, die bei der ersten Nadel anfangen möge, daß also der Draht um die zweite Nadel hinten herum, um die dritte vorne herum, um die vierte

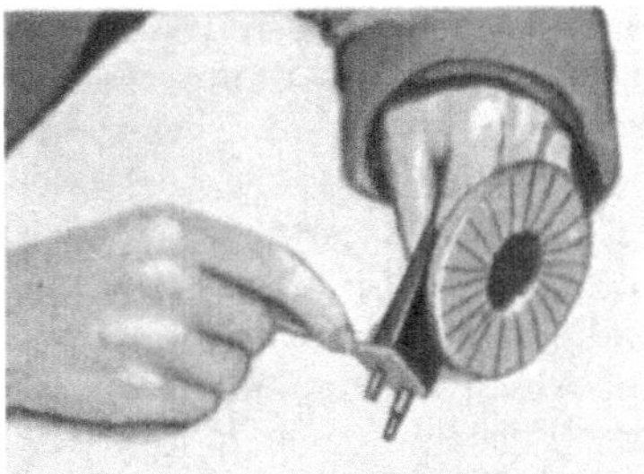

Abb. 843. Die fertige Spule.

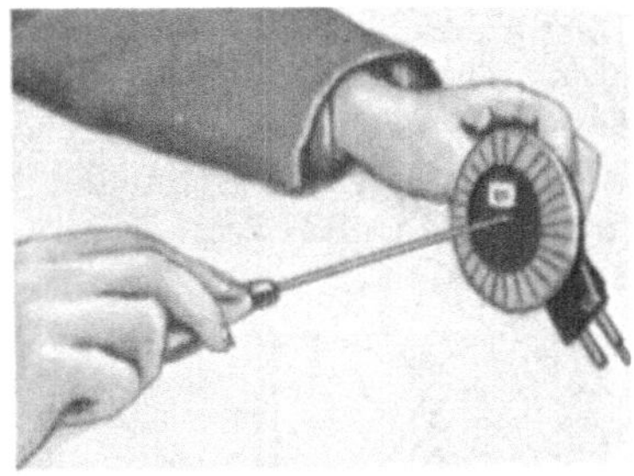

Abb. 844. Die Spulendrähte werden an die Sockelkontakte angeschlossen.

Nadel hinten herum usw., bis man die erste Windung fertig hat. Alsdann wickelt man die zweite Windung, wobei man jedoch die Wicklungsfolge umgekehrt vornimmt. Die dritte Lage wird darauf wieder wie die erste, die vierte wie die zweite gewickelt. Hat man die erste Lage fertig, so wickelt man die neben der ersten befindliche Lage in normaler Weise auf den Pfropfen. Am andern Ende des Pfropfens geht man in gleicher Weise, wie oben beschrieben, vor. Alsdann taucht man die Spule in eine Wachs- oder Paraffinlösung und zieht die Nadeln, eventuell auch den Korken aus der Mitte heraus, da die Spule sich alsdann freitragend hält. Auf diese Weise gewonnene Spulen können ganz bequem auch für kleine Variometer, z. B. zu Rückkopplungszwecken benutzt werden, indem man z. B. als Tragkörper den Boden und den Deckel einer kleinen Zigarettenschachtel benutzt, die aufrecht gestellt wird, und bei der jede beliebige Kopplungsänderung möglich ist.

Abb. 845. Die Spule wird verschraubt.

6. Korbbodenspule.

Besonders leicht und dennoch mit einfachen Mitteln gut und exakt herzustellen sind die sog. Korbbodenspulen.

Wie der Name besagt, ähnelt die Korbbodenspule, welche das Charakteristikum einer Flachspule besitzt, dem Boden eines z. B. aus Weidenruten geflochtenen Korbes. Zu diesem Zweck wird als Spulenstern irgendein passendes Isolationsmaterial gewählt. Man kann z. B.

den Spulenstern mit der Laubsäge aus dünnem Zigarrenbrettholz oder dergleichen aussägen. Einfacher und für die meisten Fälle ausreichend ist jedoch, wenn man aus genügend starker Pappe, welche mindestens $1^1/_2$ mm dick sein soll, den Boden mit einer starken, genügend kräftigen Papierschere ausschneidet. Selbstverständlich könnte man auch Hartgummi oder ein anderes Isolationsmaterial wählen, indessen genügen im allgemeinen Pappspulen vollkommen. Die Maße, welche sich für mittlere Verhältnisse bewährt haben, sind in Abb. 846 eingetragen. Man schneidet in den Spulenkörper eine gerade oder ungerade Anzahl von Schlitzen, z. B. 12 oder 13 usw., und zwar so, daß, wie die Abbildung angibt, die Schlitze nur außen an der Peripherie sitzen und nicht bis ins Innere der Spulen gehen. Die Selbstinduktion einer derartigen Spule ist, nämlich praktisch nur durch die außen liegenden Windungen gegeben, während eine Bewicklung des Innenraumes an Selbstinduktionen keinen nennenswerten Zuwachs bringt, hingegen die Dämpfung der Spule und somit die Verluste außerordentlich steigern würde.

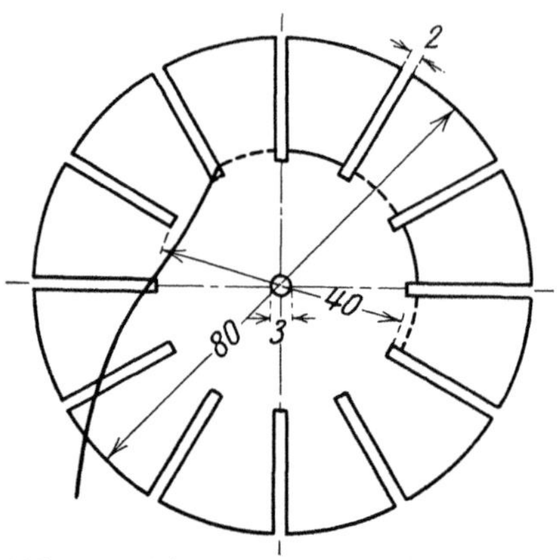

Abb. 846. Formgebung der Korbbodenspule und Kennzeichnung der Art des Einflechtens der Wicklung.

Nachdem die beiden Spulensterne in der vorgeschriebenen Weise zugerichtet und mit einem etwa 3 mm starken Loch in der Mitte versehen sind, müssen dieselben, wenn sie aus Holz, Pappe oder dgl. bestehen, mit einem Isolierlack bestrichen oder paraffiniert werden. Dieses geschieht einmal aus dem Grunde, um sie mechanisch fester zu machen, vor allem aber, um die Isolationsfähigkeit des Spulensternes zu vergrößern.

Erst nachdem die Spulensterne genügend getrocknet sind, kann mit der Bewicklung begonnen werden. Man verwendet hierzu am besten doppelt mit Baumwolle oder Seide isolierten Kupferdraht von etwa 0,6—0,9 mm Durchmesser und wickelt in der Weise, wie dies in Abb. 846 für ein kleines Stück des Umfanges angedeutet ist. Man fädelt also den Spulendraht durch einen Schlitz hindurch, kommt vorn aus dem nächsten Schlitz wieder heraus, führt die Windung durch den nächsten Schlitz nach hinten und so fort. Die Enden werden festgezogen und an die weiter unten beschriebenen Kontaktklemmen angeschlossen. Nachdem die ganze Spule vollgewickelt ist, wird sie wiederum isoliert, entweder durch guten Isolierlack oder durch Paraffinieren, so daß nach Trocknung die Spule ein festes unveränderliches Konstruktionselement darstellt.

Da die Zahl der Varianten, welche für die Selbstinduktion einer Spule maßgebend sind, im vorliegenden Falle sehr groß ist, läßt sich leider allgemein keine bestimmte Windungszahl angeben, damit die Kombination von Spule mit Kondensator einen bestimmten Wellenbereich ergibt. Indessen läßt sich die Wellenlänge angeben, wenn z. B. der innere Spulendurchmesser 100 mm beträgt und 9 Schlitze angeschnitten sind, in welche 0,2 mm starker Kupferdraht gewickelt wurde. Man erhält alsdann zusammen mit einem Drehkondensator von ca. 1000 cm Maximalkapazität:

Nr.	Äußerer Durchmesser	Windungszahl	Ungefähre Wellenlänge
1	70 mm	65	200—600
2	75 ,,	65	250—700
3	78 ,,	80	250—1200
4	80 ,,	95	350—1500
5	90 ,,	110	500—2000
6	100 ,,	130	650—2500
7	105 ,,	160	800—3000
8	110 ,,	200	1000—3500
9	125 ,,	250	1500—4000
10	140 ,,	300	2500—6500

7. Selbstherzustellende Spulenkoppler.

Wenngleich es für die modernen hochwertigen Schaltungen im allgemeinen einerseits empfehlenswert sein wird, daß der Bastler einen mit zuverlässig arbeitender Feinregulierung versehenen Spulenkoppler käuflich erwirbt, so ist doch andererseits die Möglichkeit gegeben, einen solchen Koppler, welcher einigermaßen den Ansprüchen genügen kann, selbst herzustellen.

Eine derartige Ausführungsform (E. Gäbler) zeigt Abb. 847. Die wesentlichen Teile der Spulenhaltevorrichtung sind hierbei aus Holz, besser natürlich aus Hartgummi oder Fiber hergestellt. Man stellt sich ein prismatischesKlötzchen *a* und ein zweites, etwas kleineres Klötzchen *b* her. Diese werden, wie die Abbildung zeigt, mit einer Durchbohrung versehen, durch welche eine am besten mit einer Flügelmutter versehene Schraube *c* hindurchgesteckt wird. Das Klötzchen *a* wird durch Anschrauben mit dem betreffenden Apparateil verbunden, auf welchem der Spulenkoppler angebracht werden soll.

Um eine gute Anschlußmöglichkeit zu sichern, werden die Klötzchen mit je zwei Bohrungen versehen, in welche die Kontaktbuchsen *d* fest eingesetzt werden, an die die Anschlußlitzen angeschraubt sind. In diese Kontaktbuchsen werden die Flachspulen eingesteckt.

Bei diesem Spulenkoppler ist eine Verdrehung der Spulen in den Pfeilrichtungen möglich, wodurch die Kopplung loser o ler fester gemacht werden kann.

Übrigens könnte die Einrichtung natürlich auch noch mit einer Feineinstellvorrichtung versehen werden, so daß alsdann etwa dieselben Vorteile wie mit einem hochwertigen Feinregulierungskoppler zu erzielen sind.

Eine etwas andere Ausführungsform eines Spulenkopplers für Korbbodenspulen u. ä. soll nur kurz gekennzeichnet werden.

Man ordnet die eine Spule *b* fest auf der betr. Schaltplatte oder Apparatur an (Abb. 847). Sie soll eine sog. Anzapfung erhalten, weil es für die meisten Fälle unzweckmäßig wäre, z. B. den Detektor dauernd mit der gesamten Spule zu verbinden, da hierdurch die Kopplung zu fest werden könnte. Infolgedessen wird schon beim Wickeln der Spule etwa an der Stelle, wo die Hälfte oder ein Drittel des Spulendrahtes aufgewickelt ist, eine Abzweigung vorgenommen. Dies wird in der Weise bewirkt, daß ein Stückchen Spulendraht blank gemacht, ein Abzweigungsdraht angelötet wird und die betreffende Stelle nach Fertigstellung der Lötung wieder gut isoliert wird. Die auf diese Weise ent-

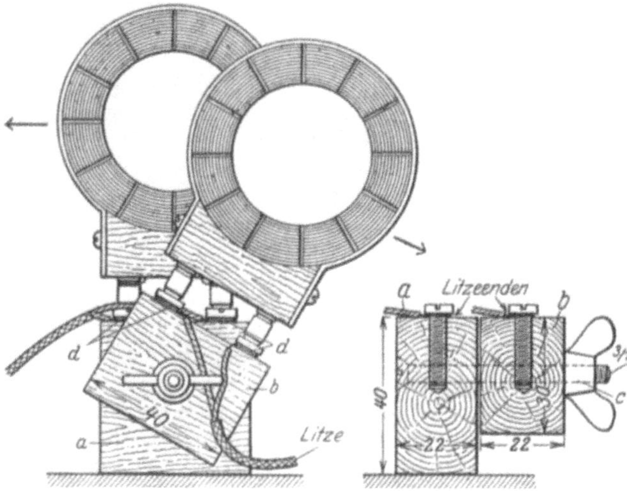

Abb. 847. Spulenkoppler.

standenen drei Enden der festen Spule werden, wie dies Abb. 848 zeigt, an drei Kontaktklemmen *d*, *e*, *f* gelegt, von denen aus die weiteren Verbindungen gemacht werden.

Die bewegliche Spule des Primärkreises *c* wird mit einem aus einem dünnen Holzstäbchen versehenen Dreharm *g* versehen, welcher um einen Drehpunkt *h* spielen kann. Unterhalb des Drehpunktes *h* müssen einige Unterlagsscheiben, die man zweckmäßig aus Holz oder Pappe schneiden kann, so angeordnet sein, daß es leicht und ohne Berührung möglich ist, die Spule *c* über die Spule *b* zu drehen und ihr jede beliebige Lage innerhalb der Drehbewegung zu geben. Man darf daher den Dreharm *g* mit Rücksicht auf die Durchbiegung nicht allzu schwach machen: ca. 6 mm ist eine gute Stärke hierfür. Wenn man die Spule *c* ganz über die Spule *b* dreht, so daß sie genau übereinander stehen, so ist die Kopplung zwischen beiden am festesten, da alsdann praktisch alle Kraftlinien der einen Spule in die andere übergehen. Je weiter man die

Spule *c* in der Pfeilrichtung von der Spule *b* wegdreht, um so loser wird die Kopplung zwischen beiden, und um so mehr kann die Lautstärke sinken. Um jedoch hochwertige Resonanzschaltungen zu erhalten, ist eine Variation der Kopplung innerhalb weiter Grenzen notwendig.

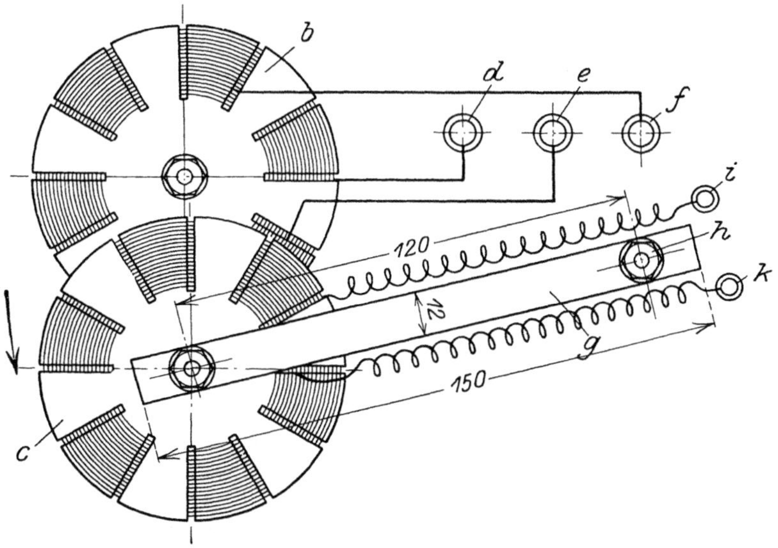

Abb. 848. Koppler für Korbbodenspulen und ähnliche.

Es ist noch nachzutragen, daß die Zu- und Ableitung der beweglichen Spule *c* durch je einen möglichst flexibel gestalteten Draht nach den beiden Klemmen *i* und *k* hin bewirkt wird. An diesen Klemmen wird die Spule angeschlossen.

8. Herstellung von Selbstinduktionsvariometern.

Das Variometer ist für den Radioamateur insbesondere dann von besonderer Wichtigkeit, wenn er nicht in der Lage ist, sich für Abstimmzwecke einen Drehkondensator, dessen Selbstanfertigung mit besonderen Schwierigkeiten verbunden ist, anzuschaffen. Für sehr primitiven Kristalldetektorempfang kommt man mit einer Schiebespule oder auch mit einer sehr fein unterteilten Stufenspule aus. Will man jedoch die Abstimmung wirklich ausnutzen, was insbesondere bei allen Röhrendetektor- und Verstärkerschaltungen von größter Bedeutung ist, so ist man genötigt, unbedingt ein Abstimmungsglied zu schaffen, das eine kontinuierliche Regelung zuläßt. Dieses ist möglich durch ein Selbstinduktionsvariometer, das sich der Amateur verhältnismäßig leicht und billig selbst herstellen kann.

Die beiden beschriebenen Spulenkoppler können bereits als Variometer dienen, wenn man die beiden Flachspulen hintereinander bzw. gegeneinander schaltet.

a) Herstellung eines Zylinderspulenvariometers.

Um ein für die meisten Fälle ausreichendes Zylinderspulenvariometer herzustellen, verfertigt man sich zunächst zwei zylindrische Wickelkörper, entsprechend den obigen Angaben, wobei man vorteilhaft den Durchmesser für den äußeren Spulenkörper 110 mm und für den inneren Spulenkörper 90 mm macht. Auf die Länge des äußeren Spulenkörpers kommt es, da er feststehend bleibt, nicht so sehr an. 60—70 mm sind gebräuchliche Maße. Der innere Spulenkörper erhält eine Höhe von 40 mm, um eine Drehung im Innern des äußeren Spulenkörpers bewirken zu können.

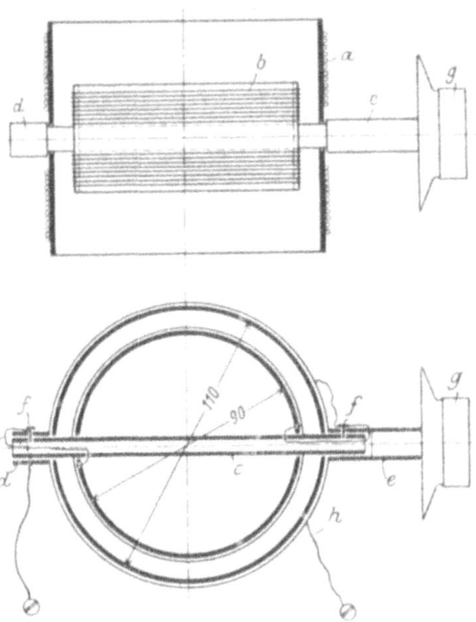

Abb. 849. Zylinderspulenvariometer im Längsschnitt und Querschnitt.

Es sind nunmehr, um das Variometer gemäß Abb. 849 herzustellen (C. Mecke), zwei Durchbohrungen an den gegenüberliegenden Achsstellen erforderlich. Hierbei muß eine leichte Drehung möglich sein und die Achse *c* muß mit dem inneren Spulenkörper *b* fest verbunden sein. Um dieses mit einfachen Mitteln leicht erreichen zu können, geht man am besten so vor, daß die Achse gleichfalls aus Papier hergestellt wird, indem über eine kräftige Stricknadel z. B. Packpapier unter Zwischenstreichung von Leim derart aufgewickelt wird, bis etwa die Stärke eines Bleistiftes erreicht ist. Auch hier muß der Papierrohrkörper vollständig getrocknet sein, bevor derselbe von der Stricknadel abgezogen wird. Man erhält auf diese Weise eine kleine Hohlwelle, welche durch die Durchbohrungen des inneren Spulenkörpers *b* und die des äußeren Spulenkörpers *a* hindurchgeführt wird, wobei man zweckmäßig die ersteren von geringerem Durchmesser macht, um schon durch Klemmen eine Befestigung der Hohlwelle *c* mit dem inneren Spulenkörper *b* zu bewirken, was durch etwas Leim unterstützt wird, während die Hohlwelle *c* sich im äußeren Spulenkörper *a* leicht drehen lassen muß. Um eine Fixierung zu erreichen, werden zwei kleine Messinghülsen *d* und *e* auf die Hohlwelle *c* aufgeschoben, die ihrerseits, nachdem die Montage bewirkt ist, durch etwas Leim, andererseits durch je einen Drahtstift *f* befestigt werden. Die zweckmäßig etwas länger auszuführende, in der Abbildung rechts erkennbare Messinghülse *e* wird mit dem Drehknopf *g* fest verbunden, wodurch der innere Spulenkörper *b* gedreht werden kann. Der Drehknopf *g* wird zweckmäßig mit einem Zeiger versehen, der auf einer Skala spielt, um eine genaue Ablesung und Einstellung zu ermöglichen.

Die Benutzung der Hohlwelle *c* hat den Vorteil, daß leicht eine Herausführung der inneren Wicklungsenden *h* der Innenspule *b* bewirkt werden kann, bzw. daß bei Benutzung der Anordnung als Variometer auf diese Weise leicht eine Verbindung der Innenspule mit der Außenspule ausgeführt werden kann. Dieses wird am besten durch kleine Stückchen leicht biegsame, genügend gut isolierte Kupferlitze erreicht, wie dies die Abbildung charakteristisch andeutet.

Die Enden der Litze werden an die Drahtenden sowie an die beiden Messinghülsen angelötet, welche als feststehende Stromabnehmer dienen. Desgleichen werden zweckmäßig die Befestigungsdrahtstiftchen *f* mit einem Tropfen Lot versehen, um ein Herausfallen derselben zu verhindern.

Das geschilderte Variometer ergibt mit je 24 Windungen 0,5 mm starken umsponnenen Kupferdrahtes bewickelt, wobei die Enden durch je zwei nebeneinander befindliche, in die Spulenkörper eingestochene Löcher zur Festhaltung hindurchgesteckt worden sind, eine Selbstinduktionsvariation von 1 : 8.

b) Herstellung eines Kugelkalottenvariometers.

Für die Selbstanfertigung eines Kugelvariometers sollen die in Abb. 850 dargestellten Einzelteile, die z. B. die Radio Supplies Co. liefert, die sich aber der geschicktere Bastler ohne weiteres auch selbst herstellen kann, dienen. Hierbei sind die festen, in zwei Teile geteilten Isolierkörper oben wiedergegeben. Der linke obere Teil zeigt bereits die in ihn hineingebrachte Wicklung. Dieses wird mittels der Hilfseinrichtung *i* bewirkt, indem auf den kugelkalottenförmig abgedrehten Teil von *i* der Draht aufgewickelt, schellackiert und getrocknet wird. Alsdann wird der Innenteil der festen Variometerkörperhälften schellackiert und der Hilfsteil *i* dagegen gepreßt, derart, daß die Wicklung fest an ihm haften bleibt. An Stelle des Schellacks kann auch Paraffin, Wachskitt oder dergleichen benutzt werden. Auf die gleiche Weise wird die andere Hälfte des Variometeraußenkörpers bewickelt, wobei jedoch darauf zu achten ist, daß nach Verbindung der beiden Außenkörper der Wicklungssinn in beiden Hälften derselbe sein muß. Die Bewicklung des Variometerinnendrehkörpers *k* mit Draht ist sehr einfach. Auch hier wird der Seiden- oder Baumwolldraht durch Schellack, Paraffin oder Wachskitt auf der Unterlage befestigt.

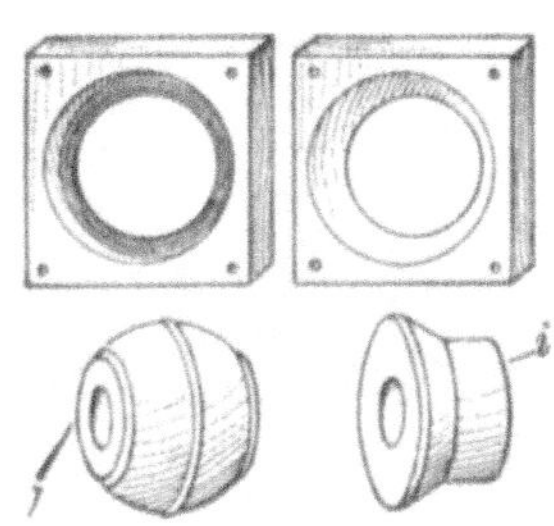

Abb. 850. Form und Einzelteile für das Kugelvariometer der Radio Supplies Co. in London.

c) Schmetterlings-Variometer.

In sehr einfacher und billiger Weise kann man sich ein Klappvariometer selbst herstellen, welches infolge der flügelartigen Formgebung ungefähr das Aussehen von Schmetterlingsflügeln zeigt.

Man stellt sich nach G. Ofenschüssel eine Flachspule mit einer geraden Anzahl von Schlitzen her, welche in der Mitte auseinander geschnitten sind, so daß gemäß Abb. 851 zwei Teile, *a* und *b*, entstehen. In der Mitte werden diese Teile an einem Isolierstab *c* befestigt, so daß eine Drehung der Hälften gegeneinander möglich ist. Um diese Achse werden die Spulenwindungen herumgewickelt, wobei im übrigen eine normale Flachspulenwicklung auszuführen ist, indem der Draht abwechselnd oberhalb oder unterhalb der Segmente geführt wird.

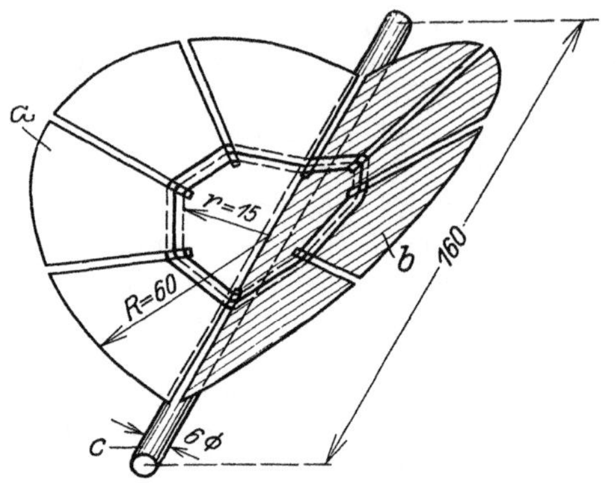

Abb. 851. Schmetterlingsvariometer.

Ein Variometer gemäß den in Abb. 851 wiedergegebenen Abmessungen besitzt einen maximalen Induktionswert von etwa 500000 cm.

Um einen ungefähren Anhaltspunkt zu geben, wieviel Draht aufzuwickeln ist, sofern 0,4 mm starker, zweimal mit Baumwolle umsponnener Kupferdraht verwendet wird, wobei der innere Radius entsprechend der Abbildung 15 mm beträgt, mögen die nachstehenden Zahlenwerte dienen.

30	Windungen	eine	Selbstinduktion	$L =$ 50000	cm,
42	„	„	„	„ = 100000	„
50	„	„	„	„ = 150000	„
58	„	„	„	„ = 200000	„
68	„	„	„	„ = 300000	„
84	„	„	„	„ = 500000	„

Das Variometer reicht also aus, um mit Zimmerantenne den normalen R.-T.-Empfang zu ermöglichen.

9. Herstellung von Kondensatoren.

a) Herstellung eines Festkondensators.

Einen nicht veränderlichen Kondensator, der z. B. für alle Blockierungszwecke (Parallelkondensatoren zum Telephon) vollständig ausreicht, kann sich der Amateur in sehr einfacher Weise selbst herstellen.

Der Festkondensator *P* wird gemäß Abb. 852 auf einem Holzbrettchen *a*, welches zweckmäßig vor der Montage leicht in Paraffin gekocht, mindestens aber mit einem Paraffin- oder Isolierlack bestrichen wird, aufgebaut; darauf wird mit der Montage der Kondensatorbelege begonnen. Zu diesem Zweck werden auf jeder Seite in vorher mit einem Stichel oder kleinen Holzbohrer in dem Holzbrettchen gebohrten Löchern je zwei kleine Stifte *b* und *c*, z. B. Streichhölzchen, Nähnadeln usw. befestigt, über welche die Stanniolbelege *d* und *e* gelegt werden, wie diese die Abbildung wiedergibt. Die Dimensionen können den gezeichneten entsprechen, und zwar legt man, wie dies der Aufriß entsprechend Abb. 852 in der Mitte zeigt, unten auf das Holzbrett zunächst den Beleg *d*, darauf einen gut paraffinierten Papierstreifen *f*, darauf, nach der anderen Richtung hin zeigend, den Beleg *e*, wiederum einen paraffinierten Papierstreifen *f*, einen Beleg *d* und so fort. Im ganzen werden etwa 5—10 Belege, deren Fahnen nach rechts und links hin herausstehen, verwendet. Die Zahl und Größe dieser Belege sowie die Stärke der paraffinierten Papierstreifen und der Druck, mit dem alle diese Streifen durch die obere Deckplatte *g* zusammengedrückt werden, ist maßgebend für die zu erzielende Gesamtkapazität.

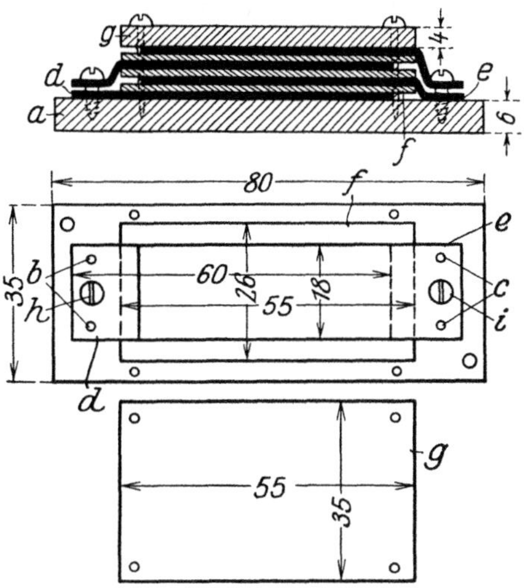

Abb. 852. Ausführung und Aufbau eines Festkondensators.

Abb. 852 in der Mitte zeigt den Grundriß des Kondensators; Abb. 852 unten die Draufsicht auf die obere Deckplatte samt den Befestigungslöchern zum Anschrauben der Deckplatte an der unteren Grundplatte.

Für die obere und untere Grundplatte kann, wie gesagt, Holz, zweckmäßig Zigarrenkistenholz, verwendet werden, welches gut paraffiniert oder lackiert werden muß. Die Befestigung dieser oberen Grundplatte mit der unteren wird durch vier kleine Holzschrauben bewirkt, welche durch vorgebohrte Löcher hindurchgezogen werden, die in Abb. 852 gleichfalls angedeutet sind. Für die Belege *d* und *e* wird vorhandenes, jedoch möglichst unverletztes Stanniol, von Schokoladen- oder Zigarettenpackungen herrührend, benutzt, welches in entsprechende Streifen geschnitten wird. Tabak- bzw. Schokoladekrümel sind sorgfältig zu entfernen. An Stelle der paraffinierten Papierstreifen *f* kann man auch dünnen, feingespaltenen Glimmer oder sog. Guttaperchapapier, wie für medizinische Zwecke verwenden. Man kann aber auch dünnes Schreib- oder Zeichenpapier, welches man vorher gut paraffiniert hat, nehmen.

Die Schrauben *h* und *i* dienen einerseits zur Befestigung der Kondensatorfahnen, andererseits werden hierdurch die Zuleitungen untergeklemmt.

Will man einen Kondensator großer Kapazität erzielen, so muß man entsprechend viele Belege samt isolierenden Zwischenlagen aufeinander häufen. Will man kleinere Kapazitäten erzielen, so ist eine entsprechend geringere Anzahl von Belegen und Isolationsschichten zu verwenden. Die Benutzung größerer Flächen empfiehlt sich nicht, da hierdurch einerseits der Kondensator zu unhandlich würde und andererseits auf der Montageplatte zu viel Raum einnehmen würde. Der Amateur tut gut, sich eine Reihe von derartigen Kondensatoren verschiedener Kapazitätsgrößen hinzulegen, um diese fallweise benutzen zu können.

b) Kontinuierlich veränderlicher Kondensator.

Um einen hochwertigen, abstimmbaren Detektorempfänger herzustellen, ist mindestens ein kontinuierlich variabler Kondensator erforderlich, falls ein Selbstinduktionsvariometer nicht zur Verfügung steht. Arbeitet man jedoch mit Sekundärkreis, so muß man zwei derartige Abstimmittel zur Verfügung haben.

In der Radiotechnik werden bis jetzt als kontinuierlich veränderliche Kondensatoren fast ausschließlich nur Anordnungen, welche nach dem Drehplattenprinzip gebaut sind, benutzt. Einen solchen Kondensator selbst herzustellen, ist für den Radioamateur außerordentlich schwierig. Es setzt nicht nur verhältnismäßig viele Werkzeuge, sondern auch sehr viel Geschick und Mühe voraus, und selbst dann ist es fraglich, ob der Kondensator auch bei längerer Benutzung alle gewünschten Vorteile aufweist. Diese Aufgabe wird selbst bei vielen der von der Industrie hergestellten Kondensatoren nicht restlos erfüllt, was zur Genüge die Schwierigkeit der Aufgabe beleuchtet.

Bei dem nachstehend beschriebenen, kontinuierlich veränderlichen Kondensator fallen alle diese Nachteile fort, und es ist verhältnismäßig nur wenig Mühe erforderlich, um eine brauchbare und sogar eichfähige Anordnung zu erhalten. Von dem Drehplattensystem ist hierbei völlig abgegangen: es wird die Elastizität eines Federbleches benutzt, welche so groß ist, daß sich das Blech in der Ruhelage stets selbst spannt. Die Anordnung und der Aufbau des Kondensators gehen aus Abb. 853 sowohl in Grundriß wie in Aufriß hervor. *a* ist ein in Paraffin gekochter, prismatischer Holzklotz, den man wegen der Bedienung auf vier kleine Füße stellt. Auf diesen wird eine Metallfolie, also z. B. Stanniol, *b* aufgeklebt, wobei darauf zu achten ist, daß diese Zinnfolie, entsprechend dem Grundriß von Abb. 853, in der Breite geringer gehalten ist als der Holzklotz. Mittels eines kleinen Stanniolstreifens wird unter diese eine kleine Ableitung *m* vorgesehen. Unter diese Schraube wird auch der Ableitungsdraht untergeklemmt. Auf die Zinnfolie *b*, und zwar in voller Breite des Holzklötzchens, wird eine Isolierschicht *c* aufgebracht. Sehr zweckmäßig ist es, hierfür ganz dünnen Glimmer zu verwenden, wie er z. B. zur Herstellung von Gaslampenzylindern benutzt wird. Je dünner diese Isolierschicht ist, um so größer ist die resultierende Maximalkapazität des Kondensators. Es ist aber nicht unbedingt notwendig, Glimmer zu nehmen, es kann auch gut paraffiniertes oder mit einem entsprechend gut isolierenden Lack imprägniertes dünnes Papier wählen. Über der Isolierschicht wird, wie dies die Abbildung veranschaulicht, das Federblech *d* aufmontiert, und zwar wird dieses mittels einer kleinen Leiste *e* befestigt, die durch zwei Schrauben *f* mit der Grundplatte *a* verbunden wird. Damit durch die Schrauben *f* jedoch nicht etwa eine metallisch leitende Verbindung zwischen den beiden feindlichen Belegen *d* und *b* bewirkt wird, ist es erforderlich, an den betreffenden Durchführungsstellen der Schrauben in die Belegung *b* entsprechend große Löcher oder

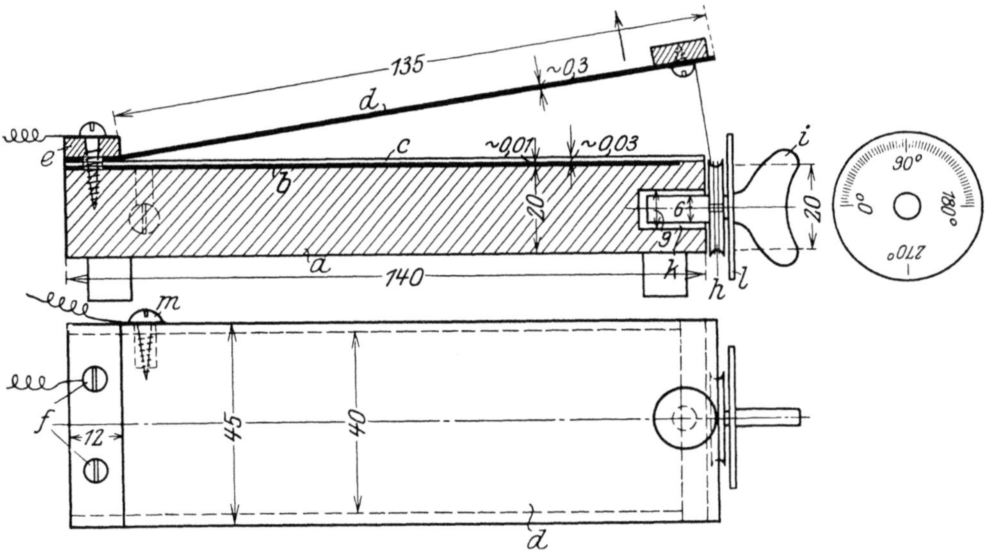

Abb. 853. Selbstherzustellender kontinuierlich veränderlicher Kondensator.

Schlitze hineinzuschneiden, so daß eine Berührung der Schrauben *f* mit der Belegung *b* ausgeschlossen ist. Das andere Ende von *d* wird mit einer Schraube und den entsprechenden Gegenklötzchen *g* versehen. Unter diese wird ein entsprechend kräftiger Faden, z. B. aus kräftigem Eisengarn oder Seide, befestigt, der über eine kleine Schnurscheibe *h* läuft und sich mit der Zeit nicht längen darf. Letztere ist an der Schraube mit Handgriff *i* angebracht, die zweckmäßig unter Zwischenschaltung einer kleinen Metallbuchse in der Grundplatte *a* derart befestigt ist, daß sie sich nicht allzu schwer in dieser Buchse drehen kann, daß aber andererseits ihre Reibung in der Buchse so groß ist, daß eine selbsttätige Drehung des Griffes *i* sicher verhindert wird. Die Aufwicklung des Fadens auf der Schnurscheibe *h* wird nun am besten in der Weise vorgenommen, daß bei Drehung des Griffes *i* im Uhrzeigersinne sich der Faden aufwickelt, die Kapazität sich entsprechend vergrößert, und daß bei Linksdrehung von *i* der Faden sich infolge der Federkraft des Kondensatorbleches aufwickelt, das Blech sich im Sinne des Pfeils nach oben bewegt und die Kapazität sich entsprechend vermindert. Um diese Werte genau ablesen und jeweilig wieder einstellen zu können, versieht man am besten die Schnurscheibe *h* am äußeren Rande mit einer Marke, welche über einer in 360° eingeteilten Skala *l* spielt, welch letztere noch einmal rechts in der Abbildung wiedergegeben ist.

Wenn man die Anordnung so trifft, daß bei 360° das Blech *d* die Isolierschicht *c* direkt berührt, und daß bei Null Grad die größte erreichbare Entfernung zwischen *d* und der festen Belegung *b* gegeben ist, so kann man, wenn eine Eichvorrichtung zur Verfügung steht, die Skala *l* auch direkt in Kapazitätswerten eichen, was mit Rücksicht auf die Ablesbarkeit der Wellenlängen des betreffenden Kreises wünschenswert sein kann.

Es ist noch nachzutragen, daß vorteilhaft die Zuleitung der festen Belegung von einer seitlich am Holzklotz angebrachten Schraube *m* aus bewirkt wird, die durch einen dünnen Draht oder Foliestreifen mit der Belegung *b* fest verbunden wird, während die Ableitung von der beweglichen Belegung von einer der beiden Schrauben *f* aus stattfindet. Hierzu ist es natürlich notwendig, daß diese Schrauben in gutleitende, metallische Verbindung mit den Belegungen gebracht werden. Bei Verwendung der eingezeichneten Dimensionen kann man auf diese Weise ohne weiteres einen kontinuierlich veränderlichen Kondensator erzielen, welcher etwa zwischen 80 cm und 2000 cm stetig variabel ist.

10. Schalterkonstruktionen.

Ein äußerst wichtiger Teil jedes Empfängers ist das Schaltorgan. Wie immer wieder hervorzuheben, muß die Kontaktgebung zwischen allen Teilen in der Empfangsapparatur eine ausgezeichnete sein und darf keinen nennenswerten Ohmschen Widerstand besitzen. Während diese Forderung bei allen starren Verbindungen auch vom Radioamateur unschwer zu erfüllen ist, indem er außer der Verschraubung die betreffenden Verbindungsstellen nach Möglichkeit auch gut verlötet, ist naturgemäß die Aufgabe bei Schalterkontakten nicht ganz so einfach. Zeigen doch selbst manche Konstruktionen und Ausführungen der einschlägigen Radioindustrie in dieser Richtung recht wenig Schönes. In der Hauptsache ist darauf zu achten, daß die Verbindung zwischen dem beweglichen Kontaktstück, also in unserem Falle der Kontaktfeder, mit den feststehenden Kontakten eine möglichst innige wird. Daneben besteht die Forderung, daß sich der Schalter leicht und ohne besondere Kraftanstrengung bedienen läßt.

Diese Forderungen lassen sich in einfacher Weise durch den in Abb. 854 wiedergegebenen einpoligen Federschalter verwirklichen.

Auf einem Holzbrett *a*, z. B. der sorgfältig paraffinierten bzw. isolierten Grundplatte, ist einerseits unter Vermittlung einer Befestigungsschraube *b* und zwei Zwischenstücken *c* und *d* das Kontaktblech *e* befestigt. Letzteres wird aus etwa 1 mm starkem, hart gezogenem, gut federndem Messing- oder Tombakblech hergestellt und erhält die in der Abbildung gezeichneten Abmessungen.

Um einen doppelpoligen Schalter herzustellen, werden zwei Einfachschalter miteinander kombiniert, was dadurch geschieht, daß unter

Benutzung der entsprechenden Löcher *f* die beiden Schalter durch ein in Abb. 855 dargestelltes Kupplungsstück miteinander verbunden werden. Die Kontaktgebung zwischen der Feder *e*, deren Ableitung durch eine Spirale *g* und eine Kontaktklemme *h* bewirkt wird, wird mittels zweier Holzschraubenköpfe *i* erreicht, welche mit dem betreffenden Organ verbunden werden, mit denen der Kontakt hergestellt werden soll. Die Anordnung kann auch so getroffen werden, daß die eine der Kontaktschrauben *i* ein Leerkontakt ist. Zweckmäßig wird die Spirale *g* sowohl mit dem Kontaktblech *e* als auch

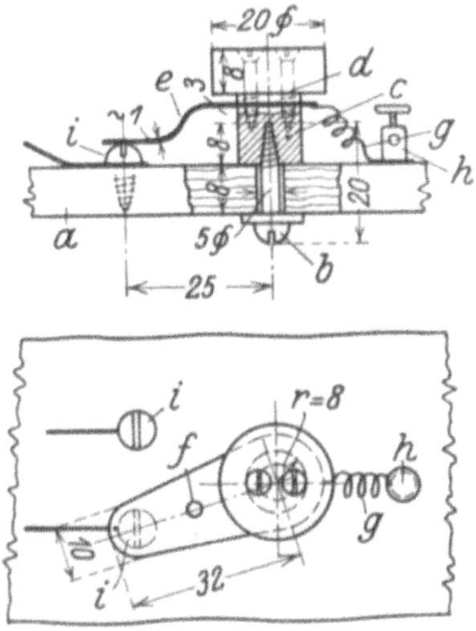

Abb. 854. Einpoliger Federschalter.

Abb. 855. Kupplungsstück, um die beiden einpoligen Schalter zu verbinden, so daß man einen zweipoligen Schalter erhält.

mit der Klemme *f* verlötet. Ebenfalls werden die Leitungen an die Schrauben *i* angelötet, um dauernd eine sichere Verbindung zu gewährleisten.

Selbstverständlich ist es auch ohne weiteres möglich, auf diese Weise einen Stufenschalter herzustellen. Man hat alsdann nur auf eine Kreislinie die gewünschte Anzahl von Schrauben *i* mit halbrundem Kopf anzuordnen.

11. Telephonanschlußkontakte.

Nunmehr ist es noch erforderlich, die Anschlußkontakte für das Telephon, bzw. bei genügender Empfangsenergie für den Lautsprecher herzustellen. Bei sehr primitiven Ausführungen könnte man hierfür ohne weiteres Holzschrauben nehmen, unter welche die Zuführungsdrähte des Telephons oder Lautsprechers untergeklemmt werden. Um jedoch einerseits ein rasches An- und Abstöpseln des Indikationsapparates zu ermöglichen, andererseits aber auch eine gute Kontaktgebung zu gewährleisten, empfiehlt es sich, diese Kontaktstücke etwas besser und sorgfältiger herzustellen.

Man erreicht dies in sehr einfacher Weise dadurch, daß man sich dünnwandiges Messing- oder Kupferrohr verschafft, wobei darauf zu achten ist, daß dieses einen Innendurchmesser von genau 4 mm haben muß, um normale Stecker verwenden zu können. Man schneidet sich für jedes Kontaktanschlußstück eine Rohrlänge von etwa 37—40 mm ab und quetscht ein Endstück von etwa 20 mm Breite, wie dies Abb. 856 perspektivisch zeigt. Um die Anschlußmöglichkeit bequem zu gestalten, wird dieses breitgequetschte Stück etwas abgebogen, und außerdem werden für Befestigungszwecke zwei Löcher von je 3 mm Durchmesser hineingebohrt.

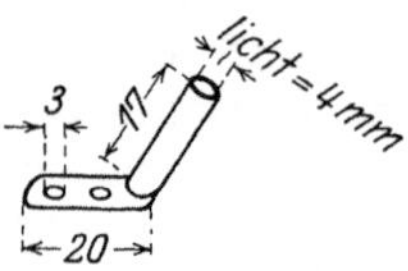

Abb. 856. Telephonanschlußkontaktstück.

Zum Anstöpseln eines Telephons mit normalem Stecker gehören zwei derartige Kontaktanschlußstücke, welche auf der Empfängergrundplatte so montiert werden, daß die Mitten der Röhrchen einen Abstand von 19 bzw. 20 mm besitzen.

12. Herstellung eines Kristalldetektors.

Die Herstellung eines einfachen und dabei doch hochempfindlichen Kristalldetektors ist für den Amateur verhältnismäßig einfach.

Auf einem kleinen Holzbrettchen *a* (Abb. 857) von ca. 45 × 9 × 5 mm wird einerseits eine Kontaktschraube *b* befestigt, andererseits wird eine aus Messing bestehende Blattfeder *c* aufgeschraubt. Der Schraubenkopf von *b* wird ausgebohrt und mittels Woodschen Metalls (als leicht schmelzbare Legierungen — sog. Woodsches Metall — kommen in Betracht: Blei 2, Zinn 1, Wismut 4, Kadmium 1, schmilzt bei 60° C; Blei 8, Zinn 4, Wismut 15, Kadmium 3, schmilzt bei 70° C; Blei 8, Zinn 4, Wismut 15, Kadmium 8, schmilzt bei ca. 79° C), wird ein Stückchen Silizium, Bleiglanz oder dergleichen eingeschmolzen. An der Feder *c* wird eine Metallspitze *d* befestigt, die mit dem in *b* eingeschmolzenen Metallstückchen leicht Kontakt macht. Die Feder *c* wird an einer Stelle durchbohrt, daselbst wird eine Schraube *e* hindurchgesteckt, die in das Brettchen *a* heraus- oder hineingeschraubt werden kann. Eventuell kann man auch auf das Brettchen noch ein kleines Metallstückchen aufschrauben, das als Gegenmutter für *e* dient. Das Brettchen *a* wird nun am besten mit zwei normalen geschlitzten Steckkontakten *f* versehen, die in dem normalen Abstande von 19 bzw. 20 mm befestigt werden. Diese Steckkontakte *f* werden durch Kupferdrähtchen einerseits mit der Feder *c*, andererseits mit der Detektorschraube *b* gut leitend verbunden. Dieser Detektor, der leicht ein- und ausstöpselbar ist, hat den Vorteil, sehr gut einstellbar zu sein, im übrigen ist mit ihm bei passender Wahl der wirksamen Detektormaterialien sehr gute Empfindlichkeit zu erzielen.

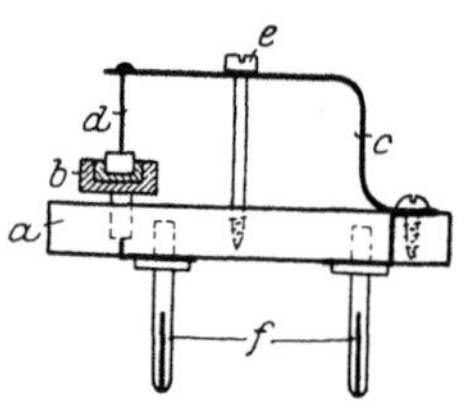

Abb. 857. Kristalldetektor.

13. Herstellung von Verstärkungstransformatoren.

Die Selbstherstellung von Verstärkungstransformatoren durch den Radioamateur empfiehlt sich an und für sich nicht, da ein exaktes Fabrikat kaum zu erreichen ist und die Zubehör- und Bestandteile verhältnismäßig teuer sind.

Eine relativ zweckmäßige Konstruktion für einen eisengeschlossenen Transformator besteht in folgendem:

Aus möglichst dünnem Eisenblech werden U-förmige Blechstücke *b* und *d*, entsprechend Abb. 858, hergestellt, und zwar etwa 25 Stück für einen Transformator. Alsdann werden zwei Spulen *a* gewickelt, jede mit einem Durchmesser derart, daß ein etwa 10 × 10 mm Eisenblechpaket hindurchgesteckt werden kann. Die Länge jeder Spule beträgt etwa 28 mm, der Außendurchmesser 12 mm. Nunmehr werden die Spulen nebeneinander gelegt und die Eisenbleche *b* und *d* in der Weise durch die Spulen hindurchgesteckt, wie dies die Abbildung andeutet. Dabei wird immer je ein Eisenblech von der linken Seite und eins von der rechten Seite abwechselnd zwischengesteckt, und zwar in dem Maße, als Eisenbleche in die Spulen hineingehen. Um ein besseres Zusammenhalten der Bleche zu gewährleisten, werden Bohrungen *c* angebracht, durch die dünne Messingschrauben oder dergleichen hindurchgesteckt werden.

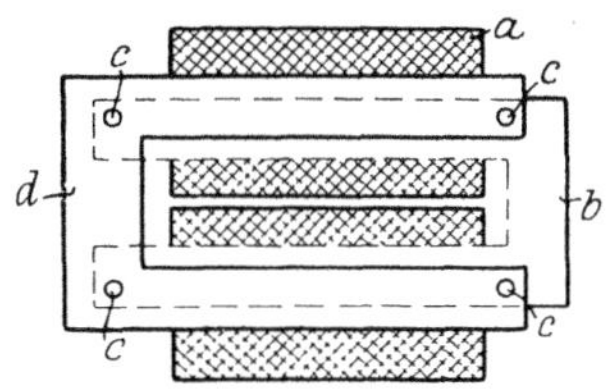

Abb. 858. Verstärkungstransformator.

14. Gut isolierende Einbettung von Metallteilen in Holz usw.

Fast stets wird verlangt, daß Metallteile, an denen Spannung liegt, hochisolierend in Holz oder anderen Isolationsmaterialien befestigt werden. In einer Fabrikationswerkstätte ist diese Manipulation nicht mit wesentlichen Schwierigkeiten verbunden, wohl aber für den Radioamateur, welcher meist nur über beschränkte Werkzeugeinrichtungen verfügt. Ein recht gutes Mittel, welches in den weitaus meisten Fällen eine sehr hochwertige Isolation verbürgt, besteht darin, daß man das Loch, in welches der betreffende Metallkörper eingesetzt werden soll, etwas größer bohrt, daß man in dieses flüssigen, jedoch nicht kochenden Schwefel eingießt und nun rasch das betreffende Metallstück hineindrückt und bis zum Erstarren des Schwefels festhält. Auch eine Ausfüllung des Loches mit Paraffin tut recht gute Dienste.

15. Selbstherstellung eines einfachen Kristalldetektorempfängers ohne Abstimmungsmöglichkeit.

Einen recht wirksamen, für einen geringfügigen Betrag herzustellenden, nicht abstimmbaren Kristalldetektorempfänger zeigt Abb. 859, während das Schaltungsschema rechts in der Abbildung wiedergegeben ist.

Auf ein Holzstückchen, etwa einen Zigarrenkistendeckel oder eine mehrfach zusammengeleimte Pappe, von etwa 6—10 mm Stärke, 60—80 mm Breite und 150 mm Länge wird aus etwa 0,4 mm starkem baumwollisoliertem Kupferdraht eine Spule *a* aufgewickelt, wobei Windung dicht an Windung gelegt wird. Das eine Ende der Spule wird an eine Klemme *b*, das andere an eine Klemme *c* geführt; an erstere wird die Antenne, an letztere die Erde angeschlossen.

Über die Spule *a* wird ein am besten paraffiniertes oder lackiertes Papierblatt gelegt, wobei auch dünnes, entsprechend vorbereitetes Seidenpapier genügt. Auf dieses, also direkt über die Spule *a*, wird eine zweite entsprechende Spule *d* gewickelt, welche als Detektorspule wirkt. Infolge der engen Aufeinanderwicklung der Spulen ist einerseits die Induktion eine sehr große, und andererseits ist die Kapazität der Spulen

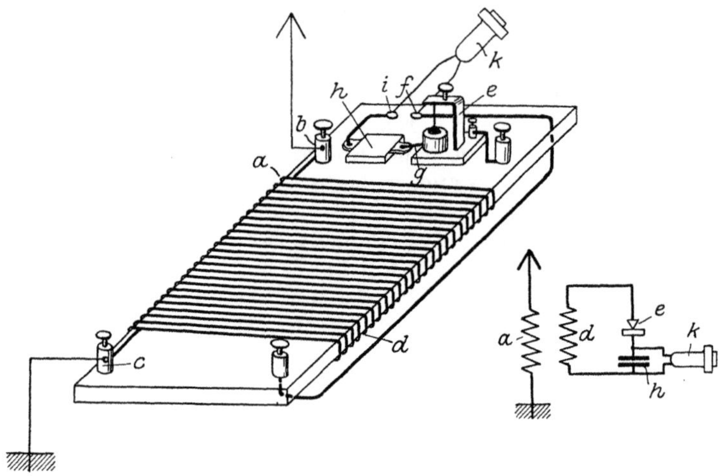

Abb. 859. Ausführungszeichnung und Schaltungsschema eines aperiodischen Kristalldetektorempfängers.

erheblich, so daß sich die Benutzung eines besonderen Kondensators erübrigt. Das eine Ende dieser Spule ist an den Kristalldetektor *e* geführt, während das andere Ende an eine in das Holzbrett eingesetzte Stöpselbuchse *f* geleitet ist. Von dem Kristalldetektor *e* wird eine Verbindungsleitung *g* nach einem Festkondensator *h* geführt, welcher etwa 1000 cm groß ist, und dessen anderer Pol an die zweite Buchse *i* geleitet ist, welche zusammen mit *f* zum Anschluß des Hörers *k* dient.

Es empfiehlt sich selbstverständlich, bevor die Spulenwicklung auf das Grundbrett aufgebracht wird, dasselbe durch einen Paraffin- oder Lackaufstrich entsprechend zu isolieren, um die Wirkung besser und konstanter zu gestalten.

16. Selbstherstellung eines einfachen Einröhrenempfängers ohne Anodenbatterie und ohne Rückkopplung.

Wohl die einfachste, am leichtesten und billigsten vom Bastler herzustellende Röhrenempfangsapparatur gibt das Schema Abb. 860 rechts und die Ausführungszeichnung Abb. 860 links wieder. Die Antenne ist an die Klemme *i*, die Erde an die Klemme *k* angeschlossen. Über einen im übrigen leicht auswechselbaren Festkondensator *e* ist eine Schiebespule *f* angeschaltet. Von dem oberen Ende der Schiebespule geht eine Abzweigung zur Gitterelektrode *d*, wobei das untere Ende an den Heizfaden *c* angeschlossen ist. Während man für die Grundplatte des Empfängers ohne weiteres gut ausgetrocknetes, entsprechend paraffiniertes Holz verwenden kann, auf welchem die Leitungsführung sorgfältig isoliert gemäß Abb. 860 verlegt wird, ist es notwendig, für die Montage der Röhrenkontakte *d*, *c*, *a* hochisolierendes Material, wie Hartgummi oder gutes Pertinax zu benutzen. Diese Röhrengrundplatte wird mittels zweier Schrauben auf der Empfängergrundplatte *l* befestigt. Zur Regulierung der Heizspannung ist ein Heizwiderstand *g* vorgesehen, welcher je nach der Röhrenart zu bemessen ist, im allgemeinen aber nicht kleiner

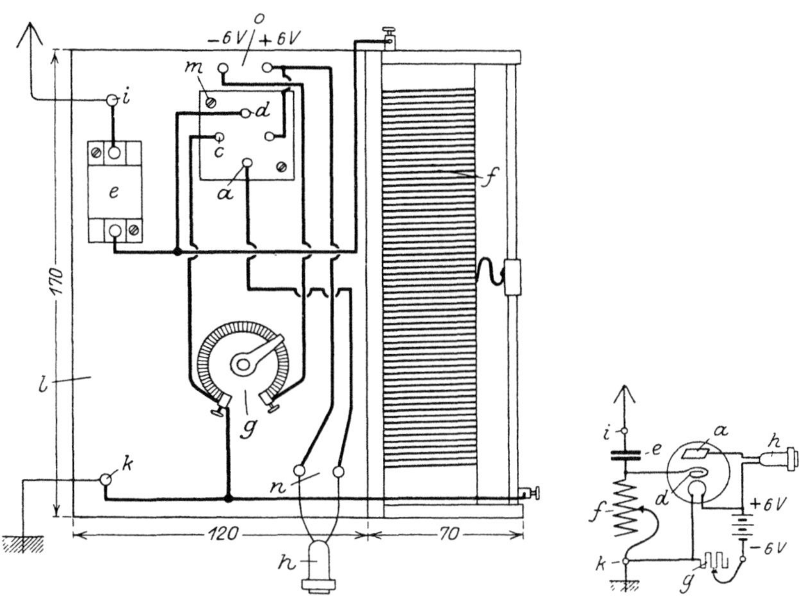

Abb. 860. Ausführungszeichnung und Schaltschema des Einröhrenempfängers.

als etwa 8 Ohm Gesamtwiderstand besitzen soll. Der Doppelkopfhörer *h* wird in die Kontakte *n* eingestöpselt. Bei den Kontaktklemmen *o* wird eine Sechsvoltbatterie angeschlossen, wobei die in Abb. 860 angegebene Polarität zu beachten ist. Der Halter der Spule *f*, der aus Holz sein kann, wird mit dem Grundbrett *l* zusammengeschraubt. Es ist zweckmäßig, das Grundbrett *l* auf kleine Füße zu setzen, um in einer bestimmten Distanz von der Tischfläche zu bleiben. Um einen möglichst großen Wellenbereich mit dem Empfänger bestreichen zu können, empfiehlt es sich, eine Anzahl von Festkondensatoren *e* zur Verfügung zu haben und zwar einen von 300 cm, einen von 500 cm, einen von 800 cm und einen von 1500 cm. Zur leichten Auswechselbarkeit kann man den Festkondensator auch leicht aufsteckbar auf dem Grundbrett *l* montieren. Alsdann wird es in besonders einfacher Weise möglich sein, die für den Empfang jeweilig günstigsten Verhältnisse auszuprobieren.

17. Anfertigung eines Fächerlautsprechers.

Um sich mit äußerst geringen Mitteln einen guten Lautsprecher selbst zu bauen, kann man (nach F. Harder) wie folgt vorgehen:

Am besten wählt man zu diesem Zweck einen sog. alten Armee-Fernhörer, tunlichst einen solchen der größeren Type, welche länglich ovale Magnetspulen besitzt. Diese Fernhörer sind allerdings niederohmig und müssen für den Lautsprecherzweck erst hochohmig gemacht werden. Die Selbstwicklung der Spulen, welche zusammen etwa 2000 Ohm ausmachen sollen, empfiehlt sich nicht. Es ist vielmehr ratsamer, dieselben fertig zu kaufen, da der Preis nur mäßig ist. Bei der Beschaffung ist naturgemäß darauf Rücksicht zu nehmen, daß diese Spulen auch möglichst genau auf die Pole des Fernhörers aufpassen. Eine geringe Nacharbeit der Pole wird möglich sein, wenigstens soweit nicht etwa gehärtete Teile in Betracht kommen. Nach Möglichkeit ist diese Nacharbeit jedoch auf ein Minimum zu beschränken.

Man geht am besten so vor, daß man zunächst vor der Demontage des Fernhörers sämtliche Teile genau markiert, so daß nachher bei den Wiederanschlüssen Schwierigkeiten nicht entstehen können. Nunmehr werden die neuen Spulen an Stelle der alten auf die Pole aufgebracht, wobei der richtige Wicklungssinn und die richtige Zusammenschaltung wesentlich sind, derart, daß ein Nordpol und ein Südpol entsteht. Hierzu ist es also notwendig, daß der Wicklungssinn der einen Spule im Uhrzeigersinne verläuft, der andere im entgegengesetzten. Da nun die Spulen umwickelt sind, ist dies nicht ohne weiteres festzustellen. Eine Abwicklung ist nach Möglichkeit zu vermeiden, da hierdurch Isolationsbeschädigungen bewirkt werden können. Tunlichst wird man deshalb danach trachten, Spulen zu kaufen, bei denen der Wicklungssinn markiert ist. Ist dies jedoch nicht der Fall, so muß man z. B. den Strom einer Taschenbatterie hindurchsenden und mit der Magnetnadel die Stromrichtung feststellen. Übrigens bemerkt man die richtige Schaltung auch dadurch, daß bei Erregung der Spulen eine Anziehung seitens der Pole stattfindet. Nachdem die Spulen aufmontiert und die Membran wieder aufgebracht ist, muß zunächst der auf diese Weise umgebaute Hörer untersucht werden, ob er die nötige Empfindlichkeit besitzt. Evtl. ist, falls er eine Einstellvorrichtung nicht besitzt, durch Unterlegen von Papierscheiben oder auch vorsichtiges Abfeilen des Randes eine Verbesserung der Empfindlichkeit zu bewirken. Erst wenn man sich hiervon überführt hat, können die Spulenenden verlötet werden.

Man kann nun den Lautsprecher entweder mit Membran nach Art des von Lumière oder mit Trichter versehen.

Das erstere wird wie folgt bewirkt:

Man schneidet zunächst gemäß Abb. 861 aus einem Bogen Pergamentpapier, evtl. auch Zeichenpapier ein Rechteck, welches eine Breite von etwa 15 cm und eine Länge von etwa 95 cm aufweist.

Dieses Rechteck wird nun entsprechend Abb. 862 gefaltet, wobei die Faltstellen etwa eine Breite von 10—15 mm aufweisen sollen. Dieses bewirkt man am besten über einer scharfen Tischkante. Nachdem dies geschehen ist, wird das gefaltete Rechteck fächerförmig auseinander gespreizt und es werden alsdann die beiden Schmalseiten *m* und *n* mit einander zusammengeklebt. Die Membran ist nunmehr fertig und

Abb. 861. Selbstanfertigung eines Lautsprechers: Der Bogen Pergamentpapier für die Membran.

Abb. 862. Schema der Faltung der Membran.

muß in einen Rahmen eingespannt werden. Bei dieser runden Gestaltung der Membran bewirkt man dieses am besten gemäß Abb. 863 in zwei ineinander passenden Holzringen, wobei der äußere Ring mit einer Schelle *o* und Spannschraube *p* versehen ist. Der äußere Ring wird mittels eines Fußes *r* auf einer Grundplatte *s* befestigt (s. Abb. 864). Auf dieser ist andererseits ein kleines Holzbrett *t* aufgeschraubt, welches mit dem Kopfhörer verbunden ist. Die Anbringung dieses Fernhörers an das Brett *t* muß so geschehen, daß die Mitte der Membran des Hörers *u* der Mitte der Papiermembran genau gegenübersteht (s. Abb. 865).

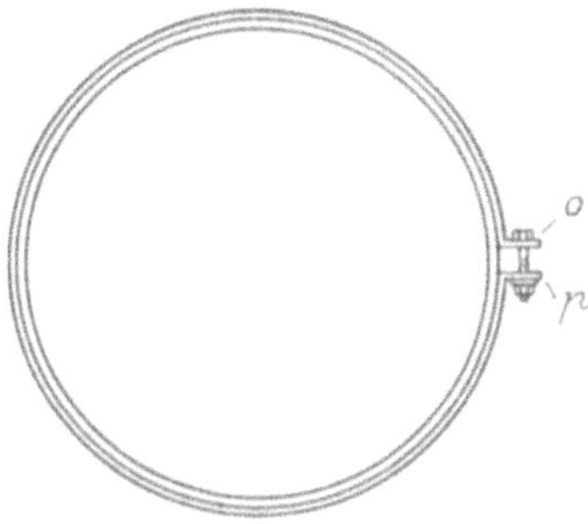

Abb. 863. Die Holzringe, zwischen denen die Membran ausgespannt ist.

Sobald dies erfolgt ist, wird die Kupplung zwischen dem Hörer und der Papiermembran hergestellt. Dieses wird dadurch bewirkt, daß man

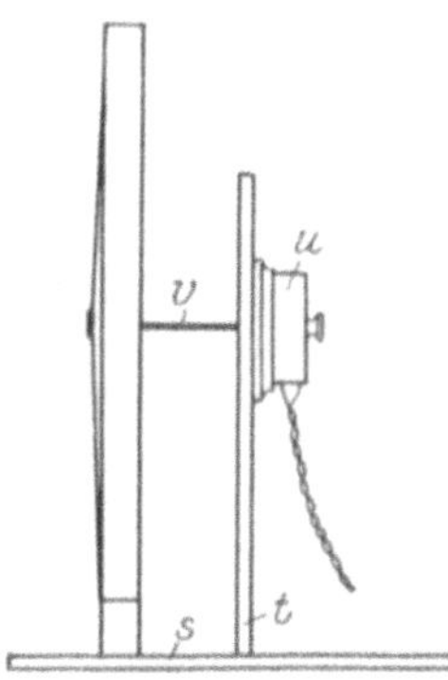

Abb. 864. Kupplung der Membran mit dem Telephon.

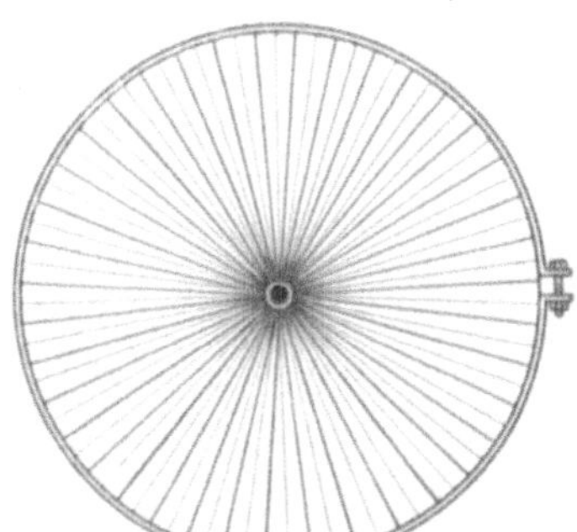

Abb. 865. Die Membran ist zwischen den mit Fuß versehenen Holzringen ausgespannt.

in die Mitte der Papiermembran einen kleinen Tropfen Siegellack, Elementvergußmasse oder dgl. anbringt, in welchen man vor dem Erkalten z. B. ein Streichhölzchen *v* eindrückt, das andererseits auf die Membran des Hörers *u* aufgeklebt wird. Man kann auch ein kleines

Drahtstückchen verwenden, welches auf die Membran u aufgelötet wird. Indessen ist Vorsicht geboten, damit nicht durch das Löten bzw. die zu hohe Temperatur beim Lötprozeß die Elastizität des Hörers u Schaden leidet.

Die Herstellungskosten eines derartigen Lautsprechers betragen etwa M. 8.—.

Einen anderen recht guten Schalltrichter, sofern man einen solchen benutzen will, kann man sich dadurch herstellen, daß man eine Anzahl von aus festem Papier hergestellten Tüten mit gut flüssigem Leim tränkt, sie gut austrocknen läßt und alsdann ineinander steckt. Es empfiehlt sich alsdann, das so entstandene Gebilde mit Isolierband fest zu umwickeln und zu lackieren. Man erhält auf diese Weise einen den akustischen Anforderungen recht gut entsprechenden Trichter.

XVII. Universalempfangsapparate und Radioexperimentierkästen.

Wie sich der Amateur einen Empfänger mit vorhandenen Einzelteilen selbst zusammenbaut.

1. Universalschaltplatte von G. Seibt.

In der drahtlosen Telegraphie früherer Jahre sind meist Apparate benutzt worden, bei denen man entweder mit Primärempfang oder mit Sekundärempfang arbeitete. Im allgemeinen suchte man primär und ging nach Erzielung des Maximums der Lautstärke im Telephon auf Sekundärempfang über. Es sind dann im späteren Verlauf der Entwicklung Apparate bekannt geworden, bei denen eine Verstärkungseinrichtung mit dem Empfänger verbunden war. Alle diese Apparate sind stellenweise schon als Universalschaltempfänger bezeichnet worden, obwohl nur zwei oder drei Schaltungen möglich waren, die im allgemeinen durch Betätigung von Schaltern wahlweise erfolgten.

Mit diesen Apparaten hat die nunmehr auseinanderzusetzende Universalschaltplatte nur verhältnismäßig wenig gemeinsam. Die Grundidee derselben, die E. Nesper bereits Februar 1922 ausgearbeitet hat, die aber damals wegen nicht vorhandenen Interesses der inbetracht kommenden Industrie nicht in die Praxis umgesetzt werden konnte, ist die, daß eine möglichst von beiden Seiten zugängige Empfangsplatte mit einer Anzahl von Bohrungen, Stöpsellöchern, Anschlüssen, Kontaktorganen usw. und auch mit ein bis zwei Drehkondensatoren versehen ist, so daß es möglich ist, nach Anschalten der betreffenden Einzelapparate und nach Anbringung der Verbindungsleitungen eine große Zahl von Empfangs-, Verstärkungs-, Schwebungszusatzschaltungen usw. herzustellen. Da diese Idee bei einer Umsetzung in die Praxis insofern eine Schwierigkeit ergibt, als einerseits zu viel Anschluß- und Verbindungsmöglichkeiten vorhanden sein müssen, andererseits aber hierdurch leicht eine

Irreführung, mindestens eine schwierigere Handhabung für den Amateur gegeben ist, hat man sich im allgemeinen dazu entschlossen, die Universalschaltplatte nur für eine bestimmte Anzahl von Empfangsmöglichkeiten vorzusehen. Eine Ausführungsform einer derartigen Universalschaltplatte von der Firma G. Seibt ausgearbeitet ist in Abb. 866 und 867 wiedergegeben, und zwar zeigt die in einer Stützvorrichtung aufgestellte Platte Abb. 866 in Vorderansicht, während Abb. 867 die Platte von rückwärts gesehen veranschaulicht.

Abb. 866. Vorderansicht der Universalschaltplatte von G. Seibt. Die Spulen sind leicht auswechselbar.

Auf der Vorderseite soll an der Klemme *a* die Antenne, an *b* die Erde angeschlossen werden. Daneben sind in drei Doppelfederlagern (in der Abbildung durch die Spulenkörper *n* verdeckt) die leicht herausnehmbaren, in jede beliebige Lage gegeneinander verdrehbaren Flachspulen einfach durch geringes Auseinanderbiegen der Kontaktfedern eingesetzt. Es sind insgesamt 15 Spulen, räumlich ungefähr gleicher Ausführung vorgesehen, von denen je drei für einen bestimmten Wellenbereich bestimmt sind, derart, daß zwischen 150 m λ und 15000 m λ jede Welle beliebig einstellbar ist, bzw. empfangen werden kann. Über den Spulen ragen die Skalen, Griffe und Ablesemarken zweier

Abb. 867. Rückwärtige Ansicht der Universalschaltplatte. Die Drehkondensatoren und Leitungsanschlüsse sind fertig montiert.

Spritzgußkondensatoren *o* von je 1000 cm Kapazität aus der Platte heraus. Daneben sind die Stöpsellöcher *i* für das Einstöpseln eines Griffeldetektors erkennbar, während ganz rechts drei Schraubkontakte aus der Platte herausragen, von denen die beiden oberen *k* und *l* zum Anschluß eines Telephons dienen. Auf der Rückseite der Platte sind die beiden mit Anschlußkontakten versehenen Spritzgußkondensatoren *o o*, die zur besseren Demonstration ohne Schutzgehäuse benutzt werden, montiert. Darunter und daneben sind die Anschlußschraubenkontakte der auf der Vorderseite befindlichen Spulenfederkontakte *c* und *d*, *e* und *f*, *g* und *h*, sowie die weiter oben angeführten Anschlußkontakte angebracht. Um eine bequemere Bedienung der Kontakte *c d*, *g h* zu erzielen, sind die letzteren mit kleinen Anschlußblechen und Kontaktschrauben versehen und etwas weiter nach rechts, bzw. links herausgerückt. Zwischen den Telephonanschlußkontaktschrauben *k* und *l* liegt ständig ein fester Glimmerblockkondensator *r*.

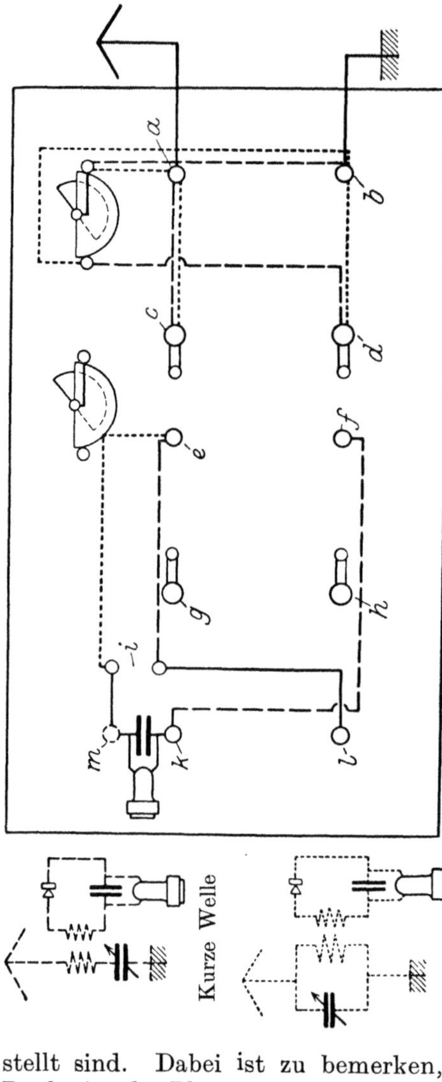

Abb. 868. Schema der Rückseite der Universalschaltplatte von G. Seibt mit der Schaltung für Primärempfang mit Kristalldetektor.

Gemäß dem oben Beschriebenen, können mit der Universalschaltplatte durch Drahtverbindungen beispielsweise folgende Schaltungen hergestellt werden, die in den Abb. 868 bis 872 links in entsprechender Linienführung dargestellt sind. Dabei ist zu bemerken, daß in diesen Abbildungen die Rückseite der Platte schematisch dargestellt ist, wobei die Schraubenkontakte *a b c d e f g h m k* und *l* besonders hervorgehoben wurden. Auch die festmontierten Drehkondensatoren *o o* und der Empfangsglimmerblockkondensator *r* nebst dessen Verbindungsleitungsteilungen sind angedeutet.

a) Primärempfang mit Kristalldetektor.

Zunächst für kurze Wellen (siehe das Schema in Abb. 868 links oben, Linienführung ———) Anschluß der Antenne an Klemme *a*, der Erde an Klemme *b*, Verbindung von *a* mit *c* (das eine Spulenende) und *d* (das andere Spulenende) mit *b*. Auf diese Weise Einschaltung einer dem jeweiligen Wellenbereich entsprechenden Spule in die Antenne. Einstöpseln eines Detektors in die Stöpsellöcher *i* und Verbindung der Klemme *k* und *f* und der unteren Buchse *i* mit *e*.

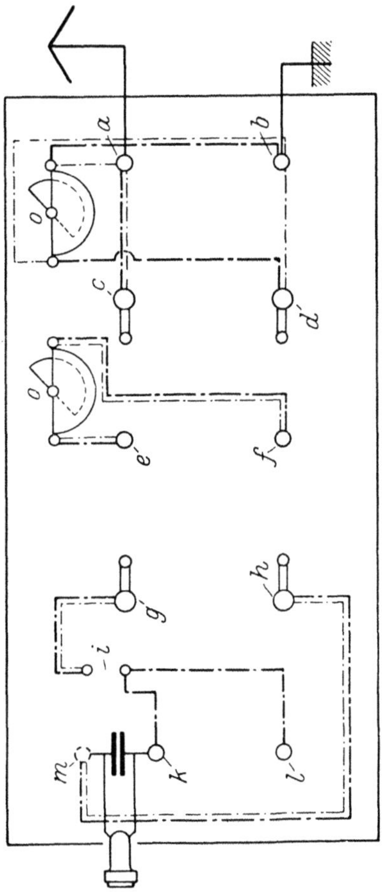

Abb. 869. Schema der Rückseite der Universalschaltplatte von G. Seibt mit der Schaltung für Sekundärempfang mit Kristalldetektor.

Für lange Wellen (Linienführung in Abb. 868 = - - - - - - - siehe das Schema in Abb. 868 links unten) Anschluß der Antenne an Klemme *a*, der Erde an *b*, Verbindung von *a* mit *c* (das eine Spulenende) und *d* (das andere Spulenende) mit der Erdklemme *b*. Verbindung der Klemmenschrauben *a b* mit den Klemmenschrauben des ersten Drehkondensators *o*. Darauf Verbindung der Mittelspulenklemme *e* mit dem oberen Detektorkontakt *i* und weitere Verbindung des Glimmerkondensatorkontaktes *k* mit *f*, wodurch der Empfangskreis geschlossen ist.

Bei diesen Schaltungen, ebenso wie bei allen folgenden, ist es erforderlich, zunächst durch Wahl der richtigen Spule bzw. Spulen für den betreffenden Wellenbereich eine ungefähre Abstimmungslage herzustellen. Alsdann wird durch Einregulierung des Drehkondensators eine Feinabstimmung bewirkt. Durch Verdrehen der Spulen gegeneinander (siehe Abb. 866, Vorderansicht der Universalschaltplatte) wird die jeweilig günstigste Kopplung eingestellt.

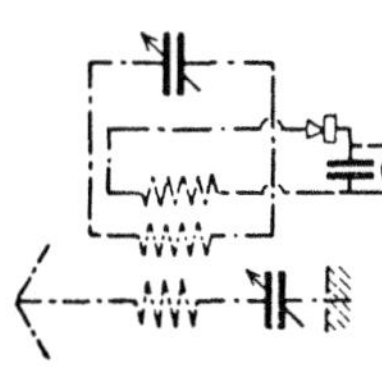

Kurze Welle

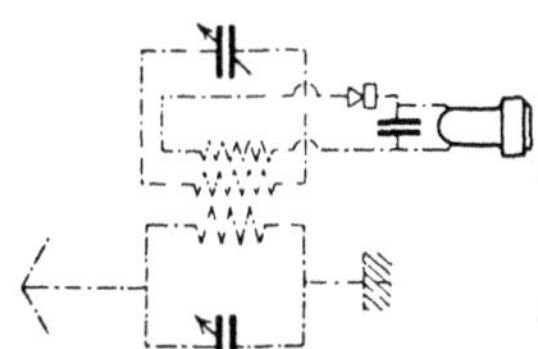

Lange Welle

b) Sekundärempfang mit Kristalldetektor.

Zunächst für kurze Wellen (siehe das Schema in Abb. 869 links oben, Linienführung —·—·—·—), Anschluß der Antenne an Klemme *a*, Verbindung von *a* mit Spulenende Klemme *c*; anderes Spulenende *d* mit rechtem Drehkondensator *o* und Verbindung von *o* mit der Erdklemme *b*. Schaltung des Sekundärkreises durch Verbindung der Klemme *e* mit der einen Schraubklemme des linken Drehkondensators *o* und Verbindung der anderen Drehkondensatorklemme mit der Schraube *f*. Auf diese Weise ist aus der jeweilig einzuschaltenden Spule und dem Drehkondensator der Sekundärkreis gebildet. Der aperiodische Detektorkreis wird wieder wie oben geschaltet, jedoch werden hier die Kontaktschrauben *g h* benutzt, da die dritte Spule zur Verwendung gelangt. Es wird also verbunden *g* mit dem oberen Stöpselloch *i*, das untere Stöpselloch *i* mit *k*, und *m* mit der unteren Spulenklemmschraube *h*.

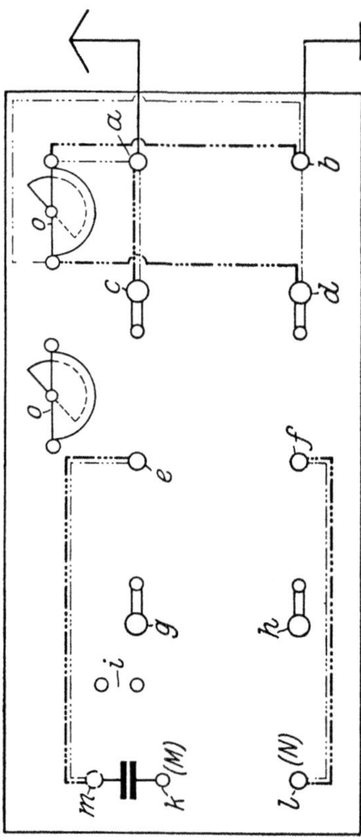

Abb. 870. Schema der Rückseite der Universalschaltplatte von G. Seibt mit der Schaltung für Primärempfang mit Audionröhre, wobei an die Schaltplatte noch ein Röhrenzusatzapparat angeschaltet ist.

Für lange Wellen (siehe das Schema in Abb. 869 links unten, Linienführung —·—·—·—·—·—), Anschluß der Antenne an Klemme *a*, Verbindung von *a* mit *c* einerseits und andererseits mit der einen Kontaktschraube von *o* mit der Erdanschlußschraube *b* und Verbindung von *d* mit *b*. Der Sekundärkreis wird ebenso wie der aperiodische Detektorkreis genau so wie oben geschaltet.

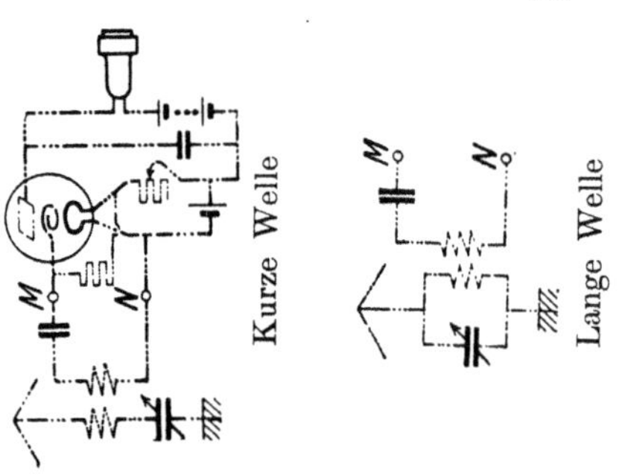

c) Primärempfangsschaltung mit Audionröhre.

Es ist zu bemerken, daß die Seibtsche Universalschaltplatte für sich allein die Anschaltung einer Röhre zum Audionempfang, zum

Schwebungsempfang, zur Verstärkung usw. nicht direkt zuläßt, daß es vielmehr erforderlich ist, mit der Universalschaltplatte eine Röhrenapparatur zu verbinden. Für den einfachen Audionempfang ist das Schema dieser Apparatur in Abb. 323 links oben, rechts von den Punkten *MN* wiedergegeben. Außer der Röhre nebst dem Gitterableitungswiderstand gehören noch die Heizbatterie nebst Heizregulierwiderstand, bzw. Eisenwasserstoffwiderstand, die Hochspannungsbatterie und ein Telephon, eventuell nebst Parallelkondensator dazu. In der nachfolgenden Abb. 870 sind die Schaltungen und die Schemata meist nur bis zu den Punkten *M N* wiedergegeben, während die Röhrenapparatur, für den entsprechenden Zweck geschaltet, an diese Punkte *M* und *N* angeschlossen zu denken ist.

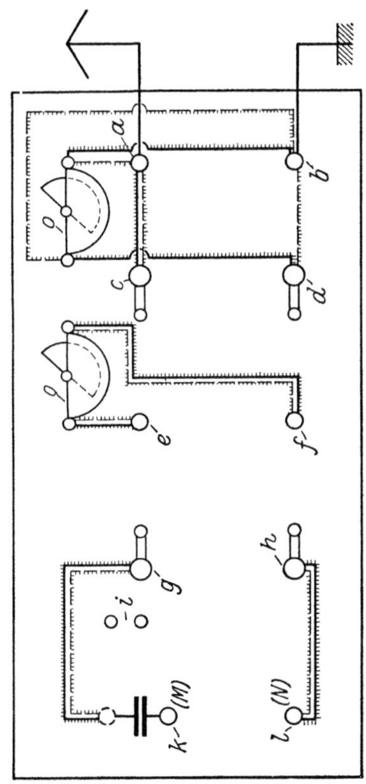

Abb. 871. Schema der Rückseite der Universalschaltplatte von G. Seibt mit der Schaltung für Sekundärempfang mit Audionröhre, wobei an die Schaltplatte noch ein Röhrenzusatzapparat anzuschalten ist.

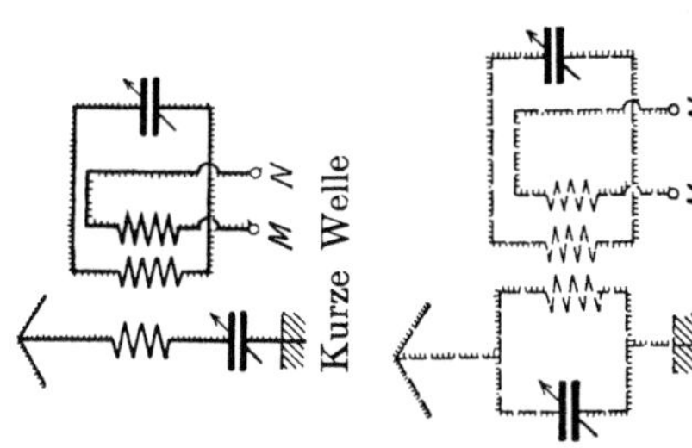

Kurze Welle

Lange Welle

Zunächst für kurze Wellen (siehe das Schema in Abb. 870 links oben, Linienführung — · · · — · · · — · · · — · · · — · · · — · · ·), Anschluß der Antenne an Klemme *a*, der Erde an Klemme *b*, Verbindung von *a* mit dem einen Spulenende der Klemme *c*, des andern Spulenendes der Klemme *d* mit dem rechten Drehkondensator *o*. Für die Ankopplung der Röhre Verbindung der Klemme *e* der zweiten Spule über den Blockkondensator mit Klemme *k* (*M*) und Verbindung der Spulenklemme *f* mit der Klemme *l* (*N*). An *k l*, die also den Punkten *M* und *N* des Schaltungsschemas links entsprechen, wird die Röhre in Audionschaltung mit den Batterien und dem Telephon angeschaltet.

Für lange Wellen (siehe das Schema in Abb. 870 links unten, Linienführung — · · · — · · · — · · · —), Anschluß der Antenne an Klemme *a*, Verbindung zur Herstellung des Schwungradkreises von *a* mit *c* und von *a* mit der einen Kondensatorklemme *o*, während die andere Kondensatorklemme von *o* an die Erdklemme *b* gelegt wird, die außerdem mit der zweiten Spulenklemme *d* verbunden wird. Die Anschlußschaltung für die Röhre bis zu den Punkten *MN* ist wieder dieselbe wie oben für kurze Wellen.

d) Sekundärempfangsschaltung mit Röhre.

Bezüglich des Anschlusses eines besondern Röhrenzusatzgerätes gilt das oben Ausgeführte.

Zunächst für kurze Wellen (siehe das Schema in Abb. 871 links oben, Linienführung ┬┬┬┬┬┬┬┬┬┬) Anschluß der Antenne an *a*, der Erde an *b*, Herstellung der Serienschaltung der zwischen *e* und *f* liegenden Spule und des rechten Drehkondensators *o* wie oben für kurze Wellen auseinandergesetzt. Herstellung des geschlossenen Schwingungskreises durch Verbindung der Spulenklemmen *e* und *f* mit den Anschlußklemmen des linken Drehkondensators *o* zur Ankopplung der Röhre, Verbindung der Spulenklemmen *g* und *h*, also der zwischen ihnen liegenden dritten Spule, mit den Klemmen *k* und *l*, entsprechend den Punkten *MN* zwecks Anschluß der Röhrenzusatzapparatur.

Für lange Wellen (siehe das Schema der Abb. 871 links unten, Linienführung ┬┬┬ ┬┬┬ ┬┬┬ ┬┬┬), Herstellung des Schwungradkreises zwischen den Punkten *a b c d* wie oben. Schaltung des geschlossenen Schwingungskreises zwischen den Klemmen *e* und *f* und dem linken Drehkondensator *o*. Ankopplung der Röhrenapparatur mittels der zwischen *g* und *h* liegenden dritten Spule und Anschlußleitungen an die Klemmen *kl*, entsprechend den Punkten *MN*.

In ähnlicher Weise können mit der Universalschaltplatte in Kombination mit einer entsprechenden Röhrenapparatur auch sekundäre oder primäre Audion- und Niederfrequenzverstärkerschaltungen hergestellt werden. Ferner ist es möglich, auch Schwebungsempfang mit oder ohne Niederfrequenzverstärkeranordnung herzustellen. Wenn Hochfrequenzverstärkung bewirkt werden soll, werden deren Ausgangsleitungen zweckmäßig an die Klemmen *a* und *b* angeschaltet, und von diesen Klemmen aus wird alsdann eine der oben beschriebenen Empfangsschaltungen bewirkt.

Es soll nunmehr nur noch eine der möglichen Empfangsschaltungen mit Rahmenantenne unter Benutzung von Rückkopplung erwähnt werden, obwohl diese ebenso wie die meisten der vorhergehenden Schaltungen von der Firma Dr. G. Seibt nicht angegeben werden.

e) Empfangsschaltung mit Rahmenantenne und Rückkopplung.

Eine der vielen Schaltungen, die hierbei möglich sind, ist in Abb. 872 links wiedergegeben. Auch hier sind wieder die Punkte *MN* für die Anschaltung der eigentlichen Röhrenapparatur nebst Rückkopplungsanordnung eingetragen.

An die Klemmen *a* und *b* wird die Rahmenantenne angeschlossen. Es wird verbunden *a* mit dem einen Ende der Kopplungsspule *c*, deren andere Klemme *d* mit dem Drehkondensator *o* verbunden ist. Eine zweite

Leitung des Drehkondensators *o* nach *b* schließt den Rahmenkreis. Mit der zwischen *c* und *d* liegenden Spule wird auf die Rückkopplungsspule Energie übertragen. Zur weiteren Schaltung wird *d* mit der Klemme *l* (*N*) und Klemme *b* mit *k* (*M*) verbunden.

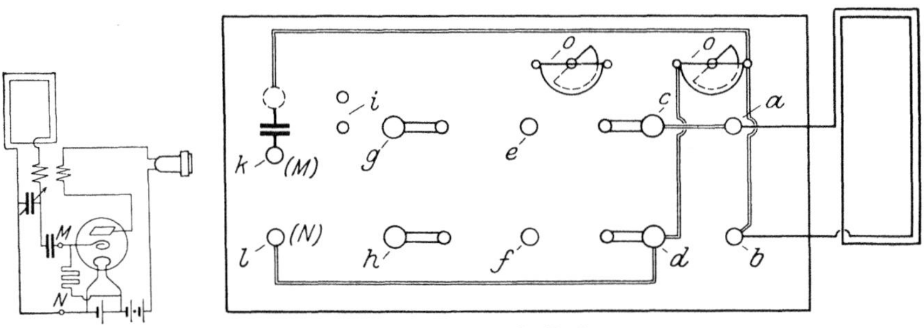

Abb. 872. Röhrenschaltung mit Rahmenantenne.

2. Radio-Experimentierkästen von E. Nesper.

a) Der Radiobaukasten.

Es war ein an sich ziemlich naheliegender Gedanke[1]), nach Art der bekannten Bau- oder Experimentierkästen alle für die am meisten gebrauchten Empfangsschaltungen notwendigen Apparate in Form eines sog. „Radiobau- oder Experimentierkastens" zu vereinigen. Sofern man jedoch die einzelnen Teile wie Abstimm- und Kopplungsspulen, Drehkondensatoren, Schalter, Sockel und Kontaktbahnen nur lose, z. B. auf einer Tischplatte aufstellen, aneinander reihen und mit Leitungsdrähten verbinden würde, wäre hierbei die Möglichkeit einer jederzeitigen Verschiebung der Teile gegeneinander und hierdurch wesentlicher Abstimmungsänderungen und sonstiger Unzuträglichkeiten beim Empfang gegeben. Außerdem wäre die Schwierigkeit des jedesmaligen Wiederaufbaus vorhanden, nachdem die Teile vorher im nicht benutzten Zustand in den Aufbewahrungskasten gelegt waren; ferner käme noch die weitere Schwierigkeit hinzu, wieder genau dieselben Verhältnisse wie beim vorhergehenden Mal zu erzielen.

Infolgedessen wurde bei dem Baukasten die sog. Panelanordnung gewählt, die in folgendem besteht: Alle für die betreffende Schaltung wesent-

[1]) Es sind bereits mehrere ähnliche Anordnungen, insbesondere in Amerika bekannt geworden, ohne daß diese genau das Wesen des Radiobaukastens betreffen. Erwähnenswert sind die Einrichtungen von M. B. Sleeper, Radio Phone and Telegraph Receivers for Beginners. New York 1922.

Der oben beschriebene Radioexperimentierkasten, welcher von einer Berliner Radiofirma hergestellt wurde, ist auch mit verhältnismäßig einfachen und billigen Mitteln ohne besondere Schwierigkeiten selbst herzustellen. Jeder etwas geschicktere Bastler wird dieses bewirken können. Man ist alsdann in der Lage, nicht nur die zahlreichen mit der Apparatur möglichen Schaltungen praktisch auszuführen, sondern auch für Unterrichts- und Lehrkurse kommt gerade diese Apparatur in besonderem Maße in Betracht.

lichen Apparate und Teile sind auf entsprechend normalisierte Panelplatten aufmontiert, wobei die Panelplatten auf ein hierfür vorgesehenes, auf dem Tisch leicht aufstellbares Gestell, z. B. Abb. 873 entsprechend, der jeweilig gewünschten Kombination gemäß, leicht lösbar aufgeschraubt werden. Es wurden, der Größe der Einzelapparate und der zurzeit hauptsächlich inbetracht kommenden Empfangs- und Verstärkerschaltungen entsprechend, drei verschiedene Größen von Panelplatten gewählt:

Panelplatte	Nr.	I	Größe	130 × 130 mm
,,	,,	II	,,	130 × 260 ,,
,,	,,	III	,,	260 × 260 ,,

Um nach Möglichkeit ein Verziehen zu vermeiden, wodurch Schwierigkeiten in der leichten Befestigungsmöglichkeit auf dem Gestell entstehen, wurden sämtliche Platten aus 10 mm starkem Material hergestellt. Für eine billige Ausführung kann dieses aus paraffiniertem Holz bestehen, das zweckmäßig sowohl vor als auch nach erfolgter Bohrung in Paraffin am besten im Vakuum gekocht wird. Bei teurerer Ausführung werden die Platten aus Pertinax, Bakelit oder einem ähnlichen Isolationsmaterial angefertigt, das weniger leicht arbeitet und sich daher meist nicht so verzieht, wie dies bei Holz der Fall zu sein pflegt.

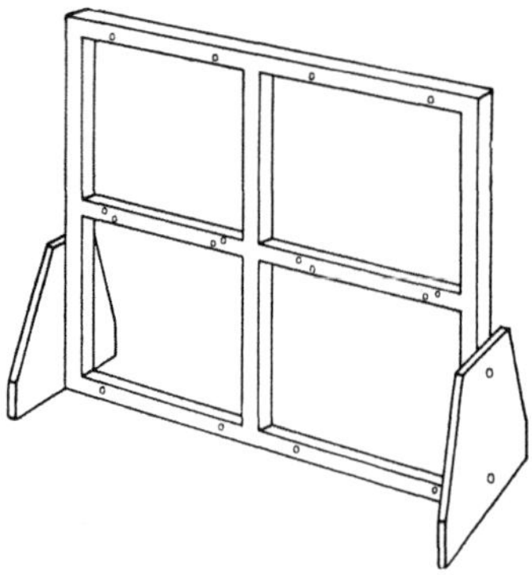

Abb. 873. Gestell für die Panelplatten des Radiobaukastens.

Das Gestell, auf das die Panelplatten aufgeschraubt werden, besteht aus leichtem Holz oder Winkelmaterial. Diese Anordnung ist in Abb. 873 wiedergegeben. Es sind entsprechende Bohrungen vorgesehen, so daß die Panelplatten auf die Vorderseiten des Winkelgestells aufgesetzt und leicht mittels durchgesteckter Schraubbolzen mit Unterlagscheiben und Muttern befestigt werden können. Auf diese Weise wird ein in sich geschlossenes Ganzes erzielt, das gegenüber einem einfachen Zusammensetzen der Panelplatten mittels kurzer Verbindungsstücke den Vorteil besitzt, eine unveränderliche Apparatur darzustellen. Da im übrigen mehrere verschieden groß bemessene Winkeleisen oder Messingstützen in dem Radiobaukasten vorgesehen sind, ist es möglich, auch Apparaturen recht verschiedenartiger Größe zusammenzustellen.

In dem Radiobaukasten sind zwei Arten von Panelplatten vorgesehen. Bei der einen ist mit jeder Platte der betreffende Apparat, bzw. die Apparatteile, wie aus nachstehender Zusammenstellung hervorgeht, fest montiert. Weiterhin sind aber noch eine Anzahl von losen Panelplatten vorgesehen, die in ihren äußeren Dimensionen und Befestigungsbohrlöchern den ersteren Platten genau entsprechen, im übrigen aber eine größere Anzahl verschiedenartiger Bohrlöcher aufweisen, so daß es möglich ist, auf diese normalerweise im Baukasten nicht vorgesehene anderweitige Apparate und Konstruktionsteile, soweit dieselben bestimmte Größenabmessungen nicht überschreiten, zu befestigen. Hierdurch ist dem grundsätzlichen Wunsch jedes Amateurs Rechnung getragen, wodurch auch eine besondere Bereicherung der Technik und eine erhebliche Weiterentwicklung zu erwarten ist, daß nicht nur die von vornherein vorgesehenen Apparate und Schaltungsanordnungen mit dem Baukasten ausgeführt werden können, sondern daß darüber weit hinaus der Amateur bei genügender Geschicklichkeit in der Lage ist, sich andere, selbst angefertigte Apparate

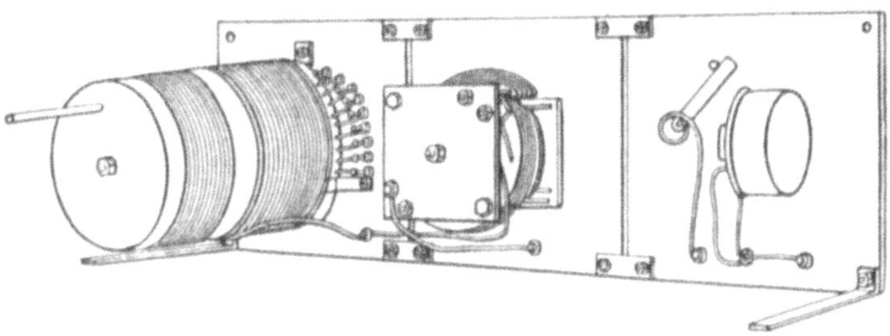

Abb. 874. Panelbrett mit Stufenspule und Kopplungsvorrichtung.

auf diesen Platten zu befestigen, bzw. noch andere als die normalen Schaltungsmöglichkeiten auszuführen.

Den vorgesehenen Normalien entsprechend, sind in dem Radiobaukasten folgende Panelplatten mit daran befestigten Apparaturen. Diese sämtlichen Teile sind auf der Vorderseite der Platte, dem Amateur bei der Bedienung direkt sichtbar, montiert angeordnet:

Panelplatte Nr. 1.

Auf dieser sind der Empfangsein- und -ausschalter montiert, sowie der Anschluß für die Antenne und Erdung (siehe auch Abb. 874 ganz rechts).

Panelplatte Nr. 2.

Auf dieser ist die Antennenabstimmungs- und Kopplungsspule gemäß Abb. 874 links montiert. Die Anordnung ist hierbei so getroffen, daß sowohl die Abstimm- als auch die Kopplungsspule rückwärts angeordnet und daß auf der Vorderseite lediglich die Kontaktbahn und die Kontakte der Stufenanschlüsse sowie die Gruppenschaltung der Kopplungsspule befestigt sind.

Panelplatte Nr. 3.

Auf dieser ist ein Drehplattenkondensator gemäß Abb. 874 Mitte angebracht, dessen aktive Teile rückwärts herausstehen, während der Drehknopf nebst Zeiger und Skala vorn aus der Platte herausragen.

Panelplatte Nr. 4.

Auf dieser sind rückwärts der Blockkondensator, auf der Vorderseite der einstellbare Kristalldetektor sowie die Anschlußbuchse für das Telephon montiert.

Die Panelplatten 1, 2, 3 und 4 stellen die Elemente eines einfachen Kristalldetektorempfängers dar, der sowohl in Primärschaltung als auch in Sekundärschaltung benutzt werden kann, je nachdem man die auf den Panelplatten 2 und 3 montierten Spulen und den Kondensator schaltet.

Zur Vervollständigung dieser Anordnung kann noch weiter hinzukommen:

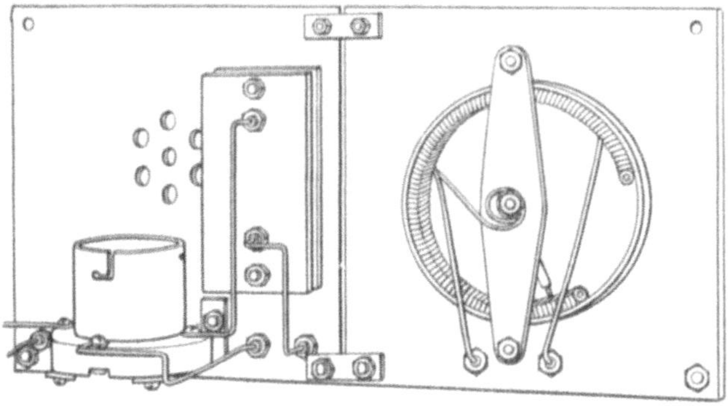

Abb. 875. Röhrenpanel mit Heizwiderstandspanel.

Panelplatte Nr. 5.

Diese Panelplatte ist nicht unbedingt erforderlich. Rückwärts auf ihr ist ein Summer nebst Ausschalter angebracht, der von vorne bedient wird. Das Summerpanel dient nur dazu, den komplett zusammengestellten Empfänger auf eine bestimmte Wellenlänge abzustimmen und zu kontrollieren, ob er empfangsbereit ist.

Panelplatte Nr. 6.

Diese dient für Röhrenempfang. Auf ihrer Rückseite sind der Röhrensockel nebst Gitterkondensator, auf der Vorderseite der Anschluß für das Telephon bzw. für den Lautsprecher angebracht (siehe Abb. 875 links).

Panelplatte Nr. 7.

Auf dieser Platte ist rückwärts der Heizwiderstand befestigt, dessen Griff von der Vorderseite aus bedient wird (siehe Abb. 877 rechts oben). Abb. 875 gibt die Zusammenschraubung der Panelplatten 6 und 7 wieder.

Man kann vier Panelplatten und zwar die Platten Nr. 2, 3, 6 und 7 zusammensetzen, wie dies Abb. 876 veranschaulicht. Man hat alsdann einen einfachen Röhrenempfänger. Abb. 877 gibt die Vorderseite der auf diese Weise zusammengesetzten vier Platten wieder. Im unteren Teil befinden sich die Kopplungs- und Abstimmungselemente, oben der Sockel nebst Gitterkondensator und Heizwiderstand für den Röhrenempfang. Diese Apparatur ist noch nicht völlig geschaltet, es ist vielmehr erforderlich, den Schwingungskreis mit dem Röhrenkreis zu verbinden, was durch Leitungen, die auf der Vorderseite der zusammengesetzten Panelanordnung verlaufen, bewirkt wird. Durch

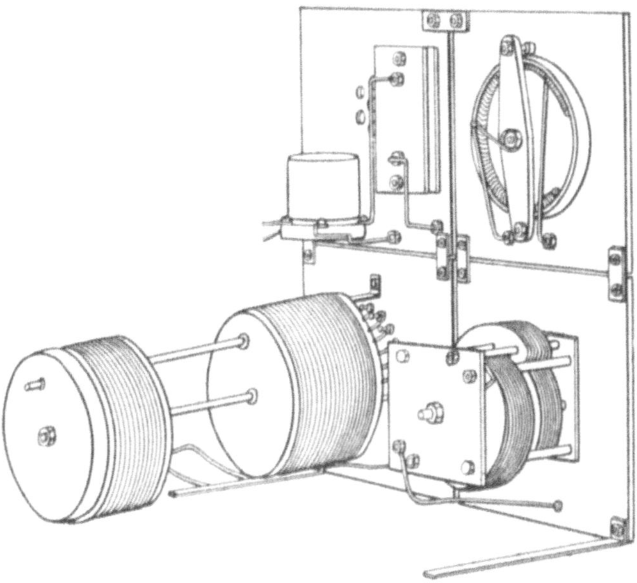

Abb. 876. Zusammengesetzte Panele von rückwärts gesehen.

entsprechende Schaltungsänderung ist es möglich, mit dieser Anordnung nicht nur Audionempfang, sondern auch Schwebungsempfang usw. auszuführen. Hierfür und auch für andere Zwecke erweist sich die Verwendung von Flachspulen als sehr nützlich.

Die beiden folgenden Abbildungen geben ein Bild dieser Spulen zusammen mit Spulenhalter und Panel.

Panelplatte Nr. 8.

Diese entsprechend größer zu haltende Platte, etwa 130 bis 260 mm, ist in Abb. 878 von rückwärts zu sehen. Alle drei Flachspulen, z. B. Honigwabenspulen, sind, entsprechend der jeweilig gewählten Wellenlänge, auswechselbar. Die mittelste Spule ist in ihrer Lage unveränderlich, die rechte und linke Spule können hingegen leicht gegen die feststehende gedreht werden, was mittels des vorn aus der Panelplatte herausragenden Handgriffes (siehe Abb. 879) geschieht. Die sechs Kontaktanschlußklemmen für die Spulen befinden sich vorn auf der Panelplatte Nr. 8, so daß die Schaltung von hier aus bewirkt wird.

Nachdem sich der Amateur darüber klar geworden ist, welche Empfangs- oder Verstärkerschaltung er auszuführen beabsichtigt, wählt er sich die betreffenden Panelplatten aus dem Kasten aus und befestigt sie auf dem Gestell in derartiger Weise, daß die Leitungen zwischen

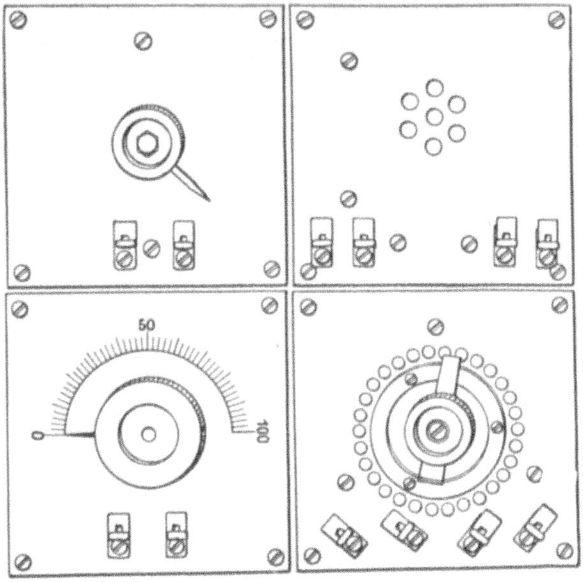

Abb. 877. Zusammengesetzte Panele von vorn gesehen.

den miteinander zu verbindenden Apparaten möglichst kurz werden. Während diese Forderung beim Empfang mit Kristalldetektor meist nicht allzu wichtig ist, ist sie für den Röhrenempfang häufig von wesentlicher Bedeutung.

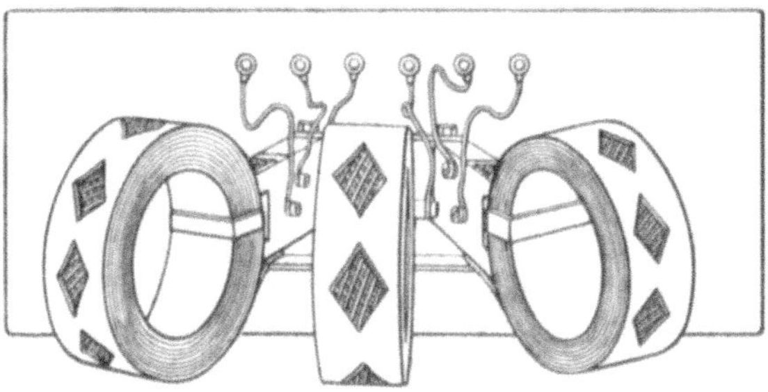

Abb. 878. Panel mit Spulenhalter und drei eingestöpselten Honigwabenspulen.

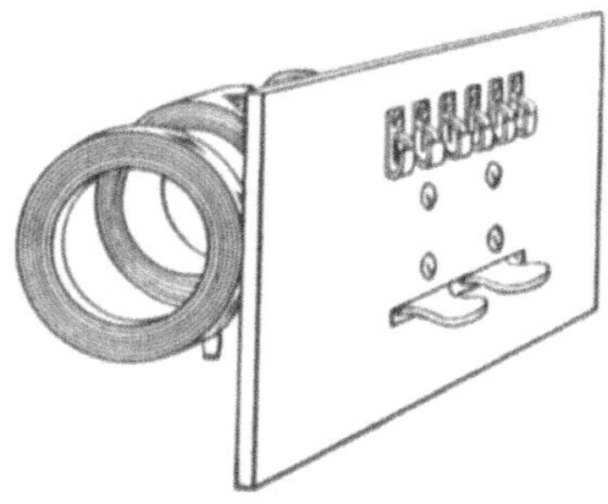

Abb. 879. Spulenpanel von vorn gesehen. Mit den herausragenden Griffen werden die rechte und die linke Spule bewegt und wunschgemäß gekoppelt.

Nachdem die jeweilig inbetracht kommenden Platten auf das Gestell aufgeschraubt sind, müssen mittels des im Radiobaukasten vorgesehenen biegsamen Leitungsmaterials die einzelnen auf den Panelen angebrachten Apparate, dem Schaltungsschema entsprechend, miteinander verbunden werden. Dieses geschieht im wesentlichen auf der Rückseite der zusammengesetzten Panelfelder. Sobald dies geschehen ist, werden bei Röhrenempfang die Heizbatterie und die Anodenfeldbatterie an die Röhre angeschaltet. Alsdann werden an Platte Nr. 1 die Antenne und die Erde, bzw. bei Rahmenempfang der Empfangsrahmen angeschlossen.

b) Der Radio-Experimentierkasten.

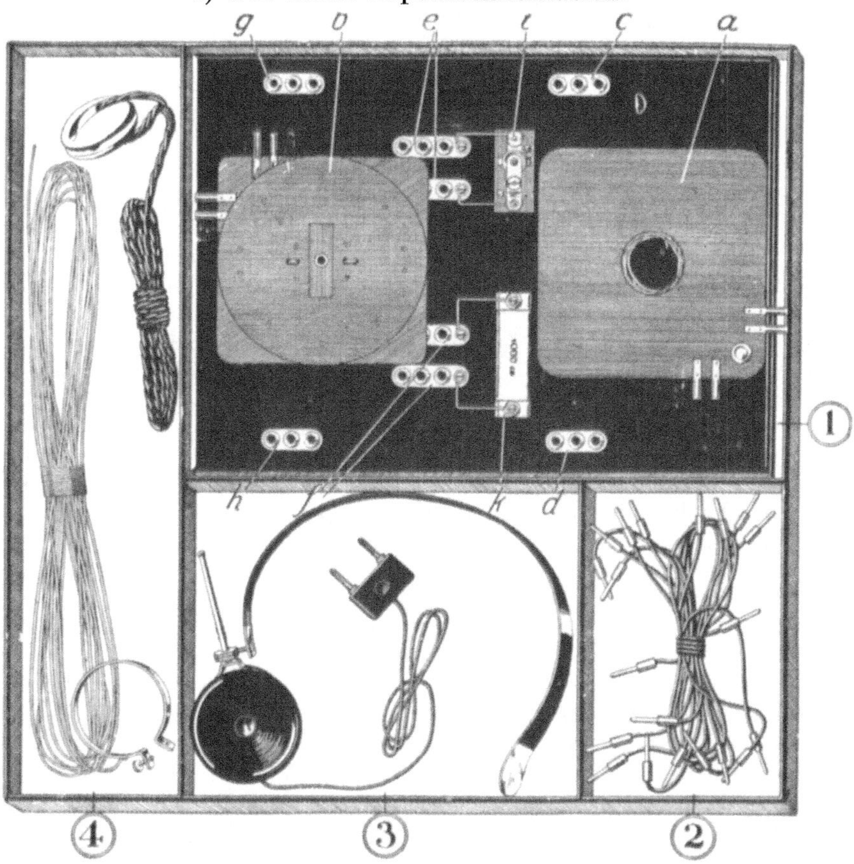

Abb. 880. Radio-Experimentierkasten.

Durch den Radio-Experimentierkasten von E. Nesper wird es den Radioamateuren und Interessenten ermöglicht, mittels eines einfachen, billig zu liefernden Apparates sich über das Wesen der drahtlosen Telegraphie und Telephonie auf der Empfangsseite gut zu informieren und sich gleichzeitig auch eine Apparatur selbst zusammenzubauen, mittels derer innerhalb weiter Grenzen ein Empfang von fernen Sendern möglich ist.

Zu diesem Zweck besteht die Experimentierapparatur aus einem Haupt-Experimentierkasten, zu dem eine Anzahl von Zusatzkästen wahlweise hinzugenommen werden können.

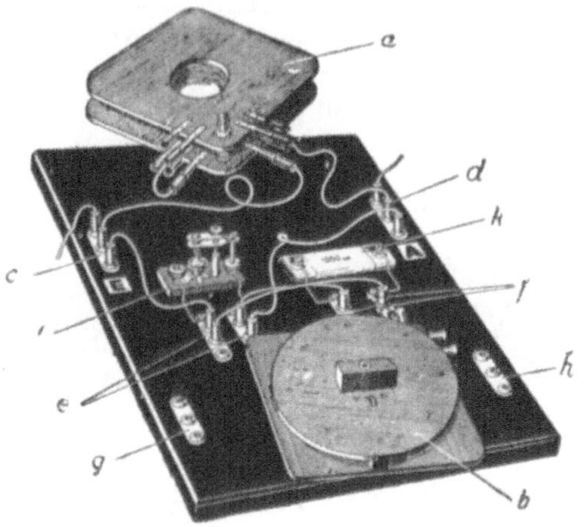

Abb. 881. Radio-Experimentierkasten geschaltet.

In dem Haupt-Experimentierkasten, gemäß Abb. 880, sind eine Anzahl von Fächern vorgesehen, in denen die verschiedenen wesentlichsten Bestandteile untergebracht sind. In dem Fach 1 ist eine Grundplatte angeordnet, auf der eine Stufenspulenanordnung *a* und ein Flachvariometer *b* montiert sind. Außerdem sind eine Anzahl von Stöpselleisten *c d e f g* und *h* erkennbar, die zu den nachbenannten Schaltungszwecken dienen. Ferner sind ein Kristalldetektor *i* und ein Blockkondensator *k* vorhanden.

In dem Fach 2 sind eine Anzahl verschieden lang bemessener, mit an jedem Ende in einen Stöpselkontakt auslaufender Leitungsschnüre enthalten, die dazu dienen, die verschiedenen Schaltungen herzustellen.

Im Fach 3 sind ein Einfach-Kopftelephon und ein Festkondensator (in der Abbildung nicht wiedergegeben) mit Stöpselanschlüssen untergebracht.

Im Fach 4 ist das Material für eine kleine, etwa 5 Meter lange Hoch- bzw. Innenantenne mit je einem Porzellanendisolator und Anschlußschnüren nebst einer Erdanschlußleitung angeordnet.

Mit der in Fach 1 untergebrachten Grundplatte gemäß Abb. 881, auf der die oben angeführten Einzelapparate zum großen Teil leicht auswechselbar aufgesteckt sind, können nun eine außerordentlich große Zahl von verschiedenen einfachen Empfangsschaltungen ausgeführt werden, und zwar können unter Berücksichtigung der vorgesehenen Stufenspulen und des Variometers viele der in Kapitel VII, S. 267ff. wiedergegebenen Schaltungen hergestellt werden.

α) Mit dem Experimentierkasten herzustellende Schaltungen.

Bei der einfachsten möglichen Schaltung gemäß Abb. 882, links theoretisches Schema, rechts die Grundplatte fertig geschaltet, ist der Detektor direkt in die Antenne eingeschaltet. Es wird zu diesem Zweck in einem der drei Stöpsellöcher von *d* die Antennenzuleitung eingestöpselt, die Klemmleiste *c* wird durch Einstöpselung an Erde gelegt; *E* (*c*) wird durch eine genügend lange Litze mit der einen Klemmleiste von *e* verbunden, wodurch der Detektor angeschlossen wird. Zur Anschaltung des Festkondensators *k* wird die andere Klemmleiste von *e* mit der einen Klemmleiste von *f* verbunden, und durch Verbindung der anderen Klemmleiste von *f* mit der bisher nicht verbundenen Leiste von *e* wird der Detektorkreis geschlossen. In die Klemmleisten *f* wird ferner das Kopftelephon eingestöpselt (in der Abbildung nicht dargestellt). Auf diese Weise ist die Schaltung gemäß Abb. 883 erreicht, bei welcher eine irgendwie geartete Abstimmung nicht vorhanden ist.

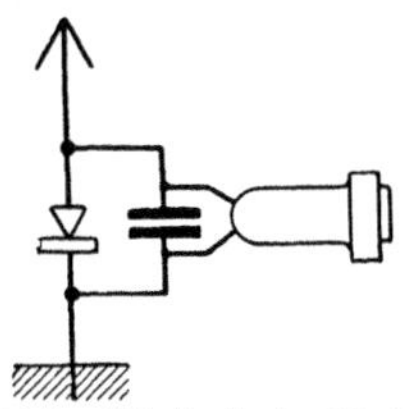

Abb. 882. Einfachste Detektorschaltung.

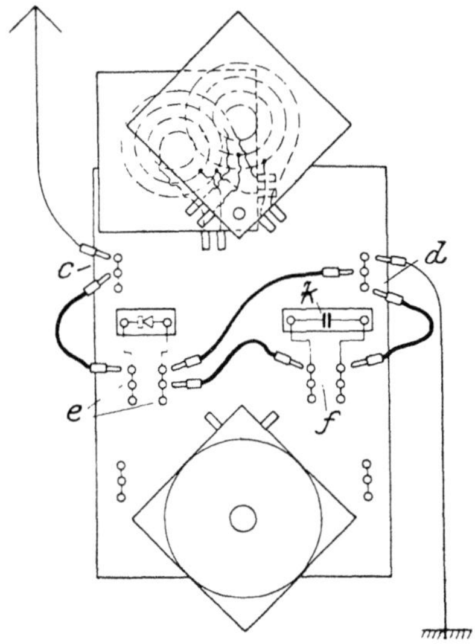

Abb. 883. Grundplatte geschaltet auf einfachste Detektorschaltung.

Ein etwas besserer Effekt wird durch die Anordnung gemäß Abb. 884 und 885 erzielt, bei welcher in die Antenne eine Spule eingeschaltet ist, zu welcher der Detektor parallel liegt. Zu diesem Zweck wird die Klemmleiste *c* wieder mit der Antenne verbunden, die Klemmleiste *d* wird durch Einstöpselung an Erde gelegt. Nunmehr wird die Klemmleiste *d* mit einem Kontaktstöpsel der Stufenspule *a* verbunden, wäh-

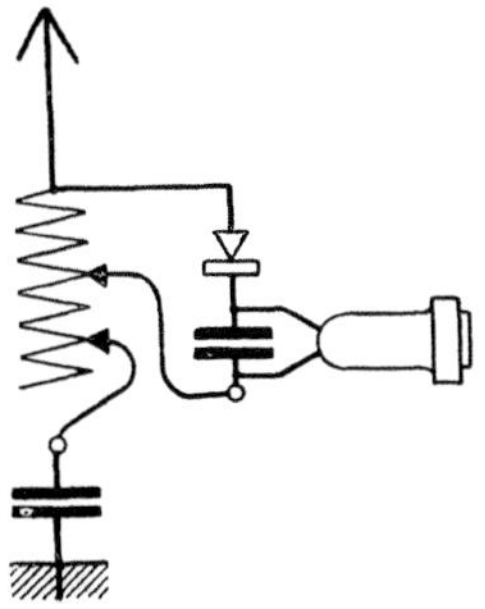

Abb. 884. Etwas verbesserte Detektorschaltung.

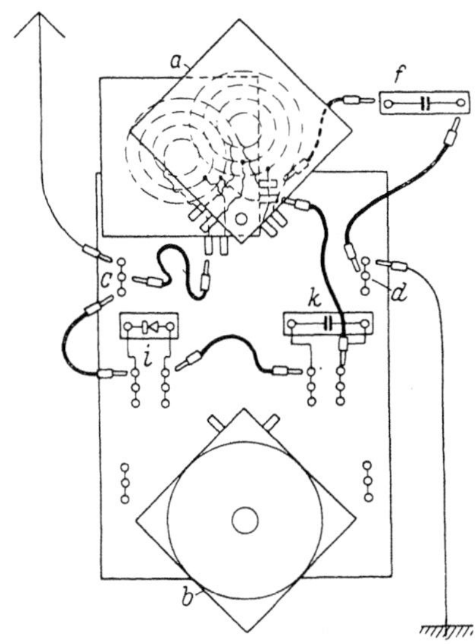

Abb. 885. Grundplatte fertig geschaltet für die verbesserte Detektorschaltung.

rend das andere Ende der Stufenspule zunächst an den bei Fach 3 erwähnten Blockkondensator angestöpselt wird, dessen anderer Pol an die Erdklemmleiste *c* gelegt wird. Die Anstöpselung des Detektors *i* des Blockkondensators *k* nebst dem Paralleltelephon hierzu erfolgt in der gleichen Weise wie bei Abb. 883, nur mit dem Unterschied, daß eine Verbindung des Detektors mit dem Telephon wegfällt, und daß

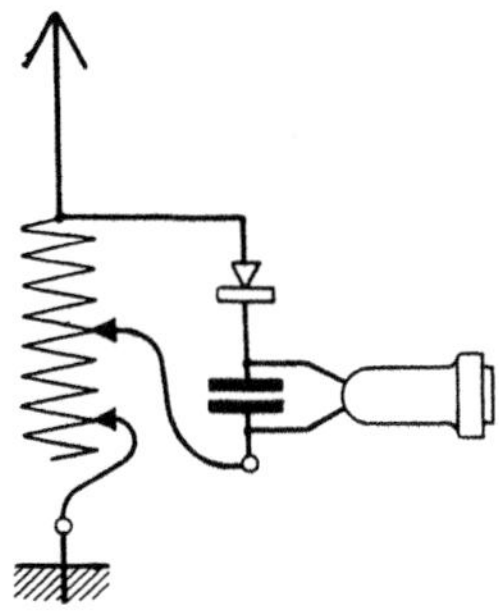

Abb. 886. Verbesserte Detektorschaltung.

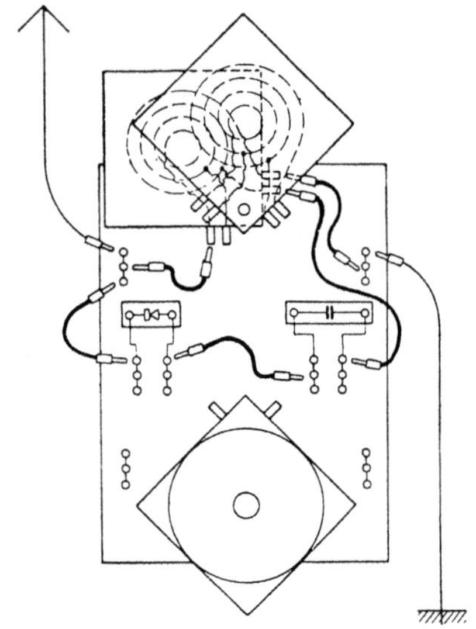

Abb. 887. Grundplatte, fertig geschaltet für die verbesserte Detektorschaltung.

die Verbindungsschnur von *c* mit *e* nunmehr in die noch freie Klemmleiste von *k* gestöpselt wird, so daß alsdann die Antenne, Telephon, Detektor und Erde in Serie liegen. Diese Schaltung wiederholt sich im übrigen auch bei allen nachfolgenden Anordungen.

Diese Schaltung ermöglicht immerhin eine Abstimmung innerhalb gewisser Grenzen und ist besonders für kurze Wellen geeig-

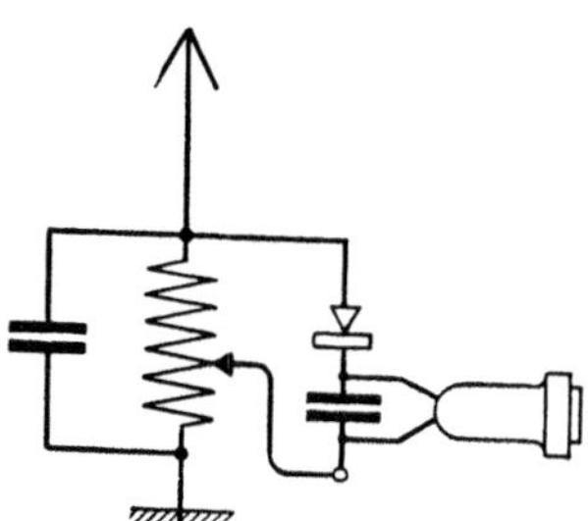

Abb. 888. Detektorempfang bei längeren Wellen.

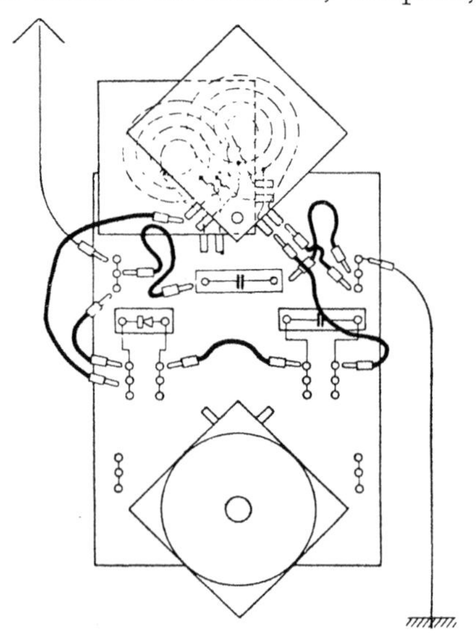

Abb. 889. Grundplatte geschaltet zum Detektorempfang bei längeren Wellen.

net. Man kann sie noch dadurch erheblich verbessern, daß man eine kontinuierliche Wellenvariation hineinbringt. Zu diesem Zweck werden entweder die Flachspulen *a* gegeneinander verdreht, und es wird hierdurch eine Variometerwirkung, allerdings nur innerhalb gewisser kleiner Grenzen hervorgerufen, oder aber es wird, was meist zweckmäßiger ist, die Spulenanordnung *a* in Serie mit

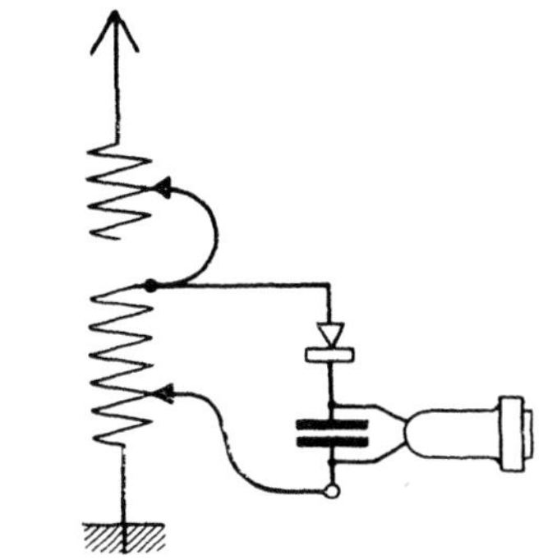

Abb. 890. Detektorempfang bei noch größeren Wellen.

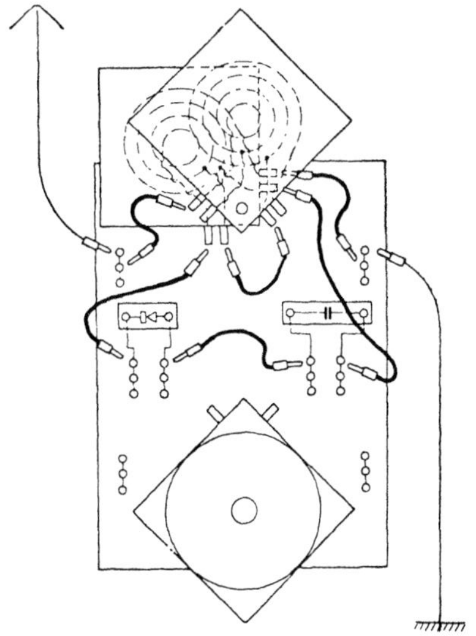

Abb. 891. Grundplatte geschaltet für Detektorempfang bei noch größeren Wellen.

dem Variometer *b* geschaltet, was durch Betätigung der entsprechenden Stöpselanschlüsse geschieht.

Bei einem weiteren Ausbau dieses Gedankens gemäß Abb. 886 u. 887 für

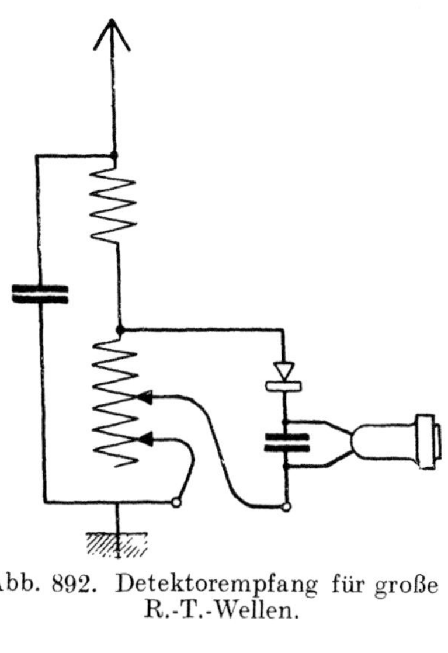

Abb. 892. Detektorempfang für große R.-T.-Wellen.

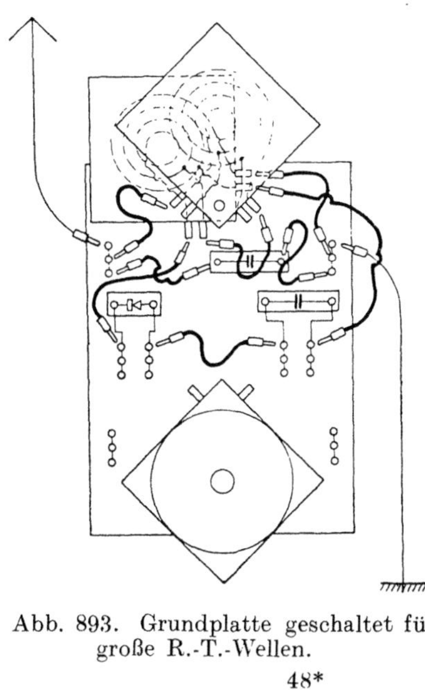

Abb. 893. Grundplatte geschaltet für große R.-T.-Wellen.

etwas längere Wellen werden lediglich die Spulen benutzt und entsprechend gestöpselt bzw gegeneinander verdreht. Bei dieser und den nachstehenden Schaltungen wird nunmehr nur noch der Zweck sowie sonstige schaltungstechnische Daten angegeben, während es dem Amateur überlassen bleiben muß, die

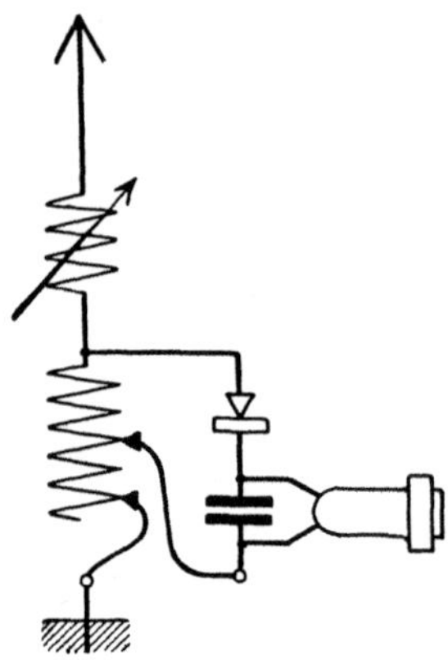

Abb. 894. In Serie geschaltetes Variometer.

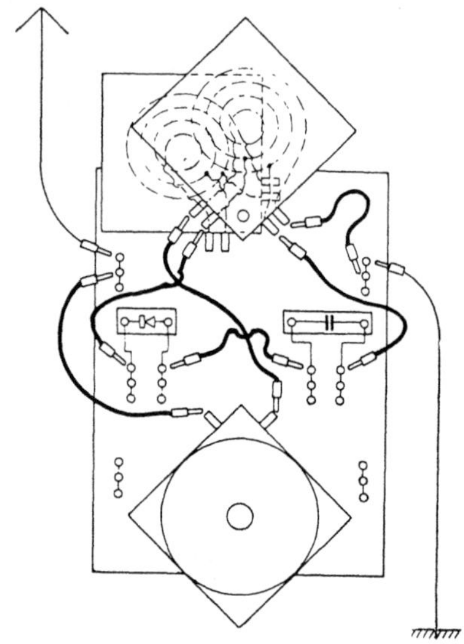

Abb. 895. Grundplatte mit in Serie geschaltetem Variometer.

Schaltungsverbindungen sich selbst auf der Grundplatte des Radioexperimentierkastens auszuwählen. Es wird besonders darauf hinge-

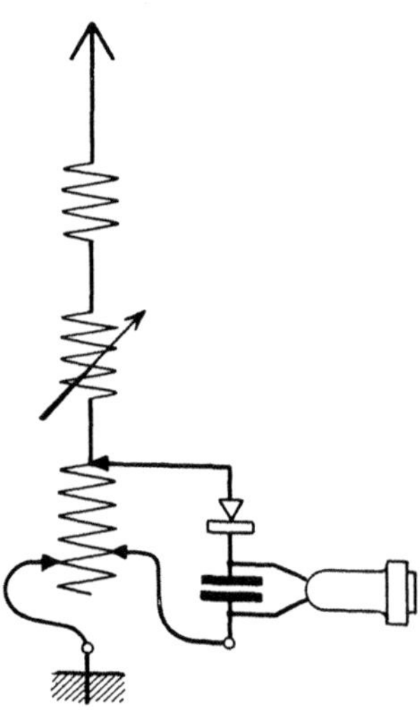

Abb. 896. In-Serie-Schaltung aller Spulen.

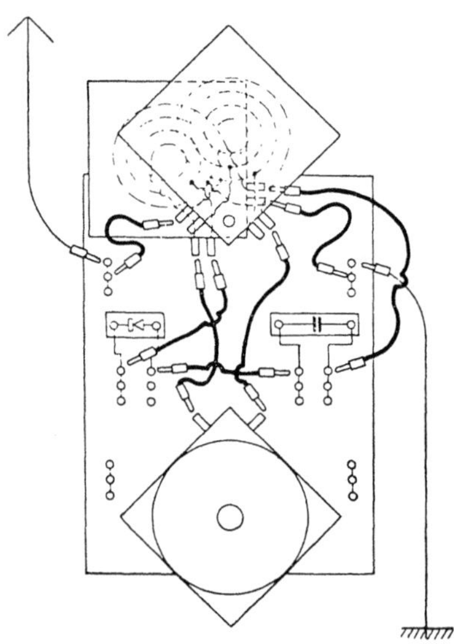

Abb. 897. Grundplatte mit Serienschaltung aller Spulen.

wiesen, daß man namentlich im Anfang zum Suchen die Ankopplung des Detektors an die Spule *a* so fest wie möglich wählen muß.

Das Schema Abb. 888 stellt die gleichfalls noch sehr einfache Anordnung für längere Wellen dar. Hierbei ist der Blockkondensator zur Spulenanordnung parallel geschaltet. Es wird auf diese Weise ein abstimmfähiger Resonanzkreis gebildet, welcher zusammen mit der Antenne größere Wellen herzustellen gestattet. Der Kreis kann bereits

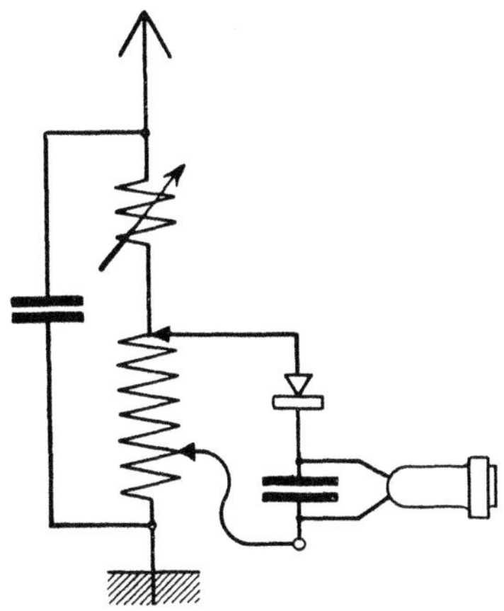

Abb. 898. Vergrößerung des Wellenbereiches.

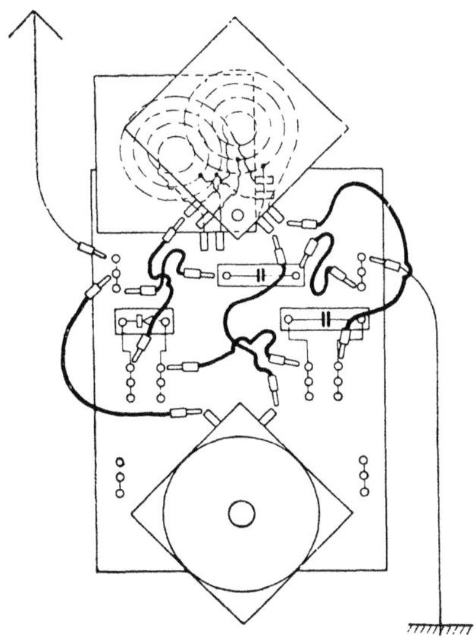

Abb. 899. Grundplatte geschaltet für Vergrößerung des Wellenbereiches.

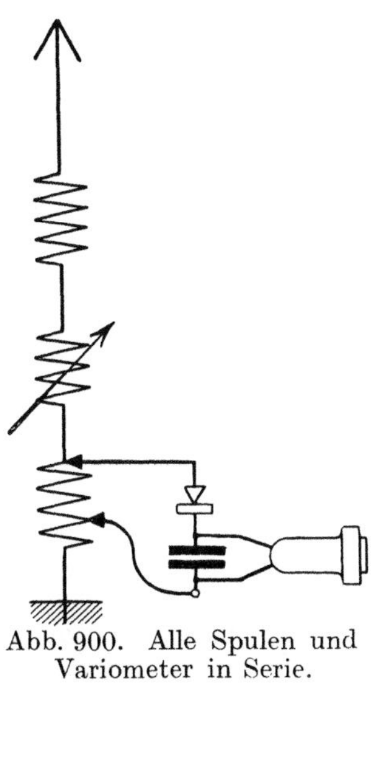

Abb. 900. Alle Spulen und Variometer in Serie.

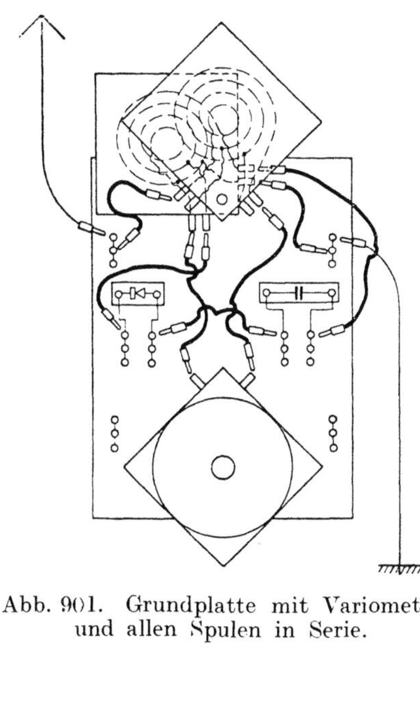

Abb. 901. Grundplatte mit Variometer und allen Spulen in Serie.

ziemlich selektiv sein, so daß die Schaltung immerhin schon gewissen Abstimmungsanforderungen entsprechen kann.

Will man auf noch längere Wellen übergehen, ohne den Parallelkondensator zu benutzen, so verwendet man die Spulenanordnung gemäß Abb. 890 und 891.

Hierbei sind alle verfügbaren Spulen in Serie geschaltet.

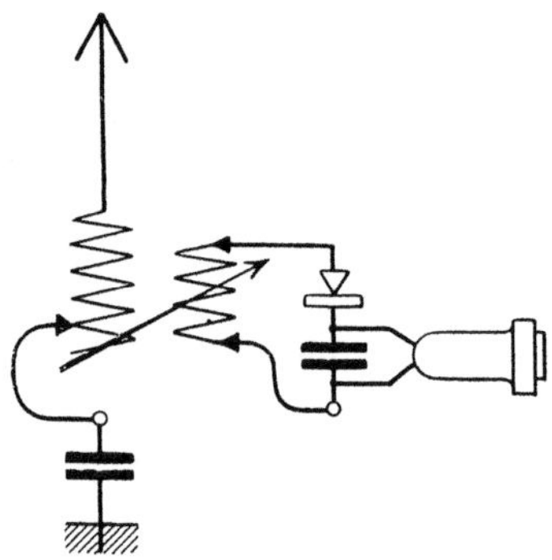

Abb. 902. Feinregulierung der Detektorankopplung.

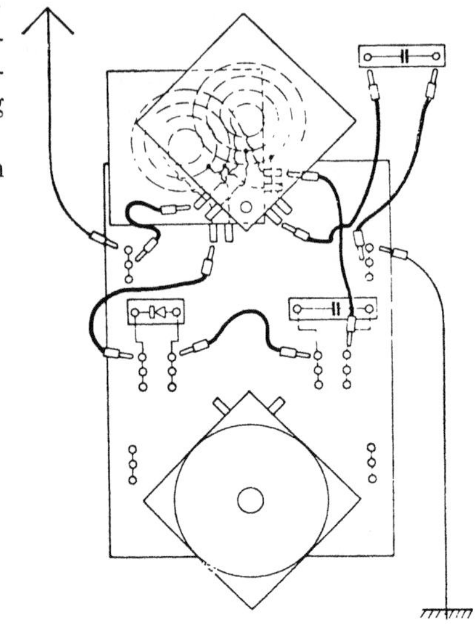

Abb. 903. Grundplatte geschaltet für Feinregulierung der Detektorankopplung.

Eine ähnliche Anordnung, welche es jedoch gestattet, die erzielbaren Wellenlängen weiterhin zu vergrößern, ist in Abb. 892 wiedergegeben.

Hierbei ist zu den Flachspulen der Blockkondensator parallel geschaltet, wobei ähnliche Vorteile wie bei dem Schaltungsschema gemäß Abb. 888 vorhanden sind.

Eine wesentliche Verbesserung des Abstimmgedankens ist dadurch

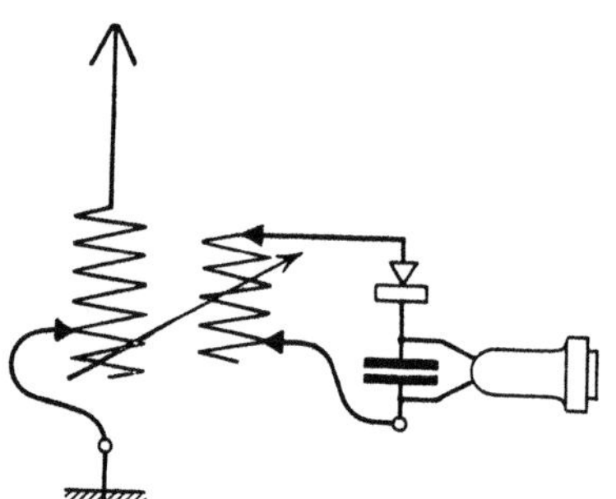

Abb. 904. Kontinuierlich variable Detektorkopplung für lange Wellen.

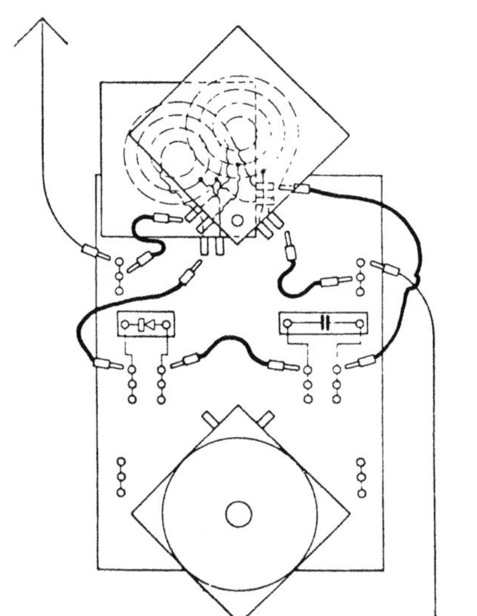

Abb. 905. Grundplatte für längere Wellen geschaltet.

möglich, daß mit den Flachspulen in Serie das Variometer geschaltet wird. Es ergeben sich hier eine Reihe prinzipieller Möglichkeiten, welche durch die Abb. 894 bis 915 wiedergegeben sind.

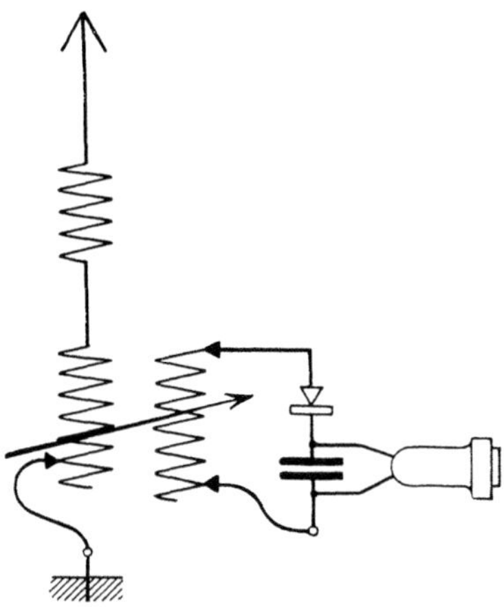

Abb. 906. Kontinuierliche Kopplung bei längeren Wellen.

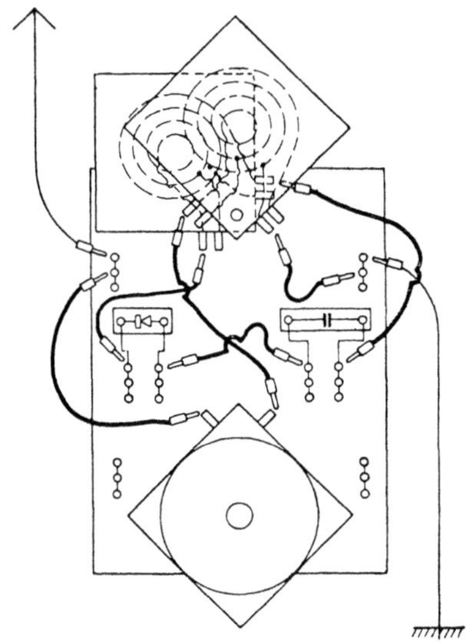

Abb. 907. Grundplatte geschaltet für kontinuierlich variable Detektorankopplung.

In Abb. 894 ist lediglich das Variometer mit den Stufenspulen in Serie geschaltet.

In Abb. 896 sind alle verfügbaren Flachspulen mit dem Variometer in Serie geschaltet, um den Wellenlängenbereich zu vergrößern.

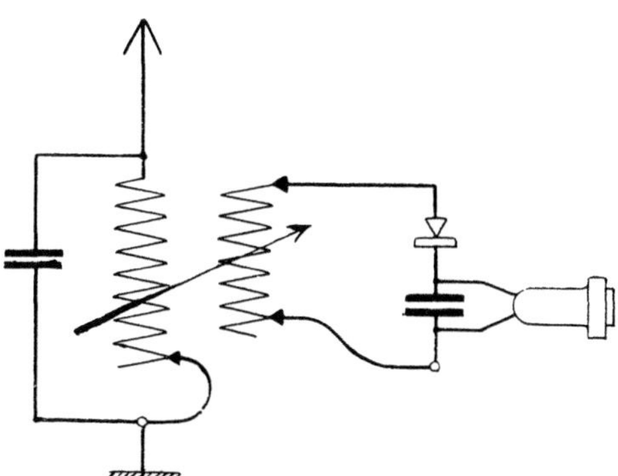

Abb. 908. Kontinuierlich variable Detektorankopplung bei mittleren Wellen.

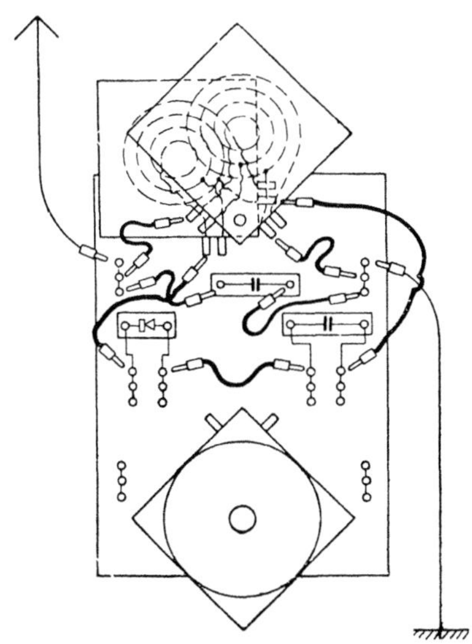

Abb. 909. Grundplatte mit Schaltung für mittlere Wellen.

In Abb. 998 ist parallel zu dieser Kombination der Blockkondensator geschaltet, wodurch wiederum außer der Vergrößerung des Wellenbereiches noch eine wesentlich größere Selektivität erwirkt wird.

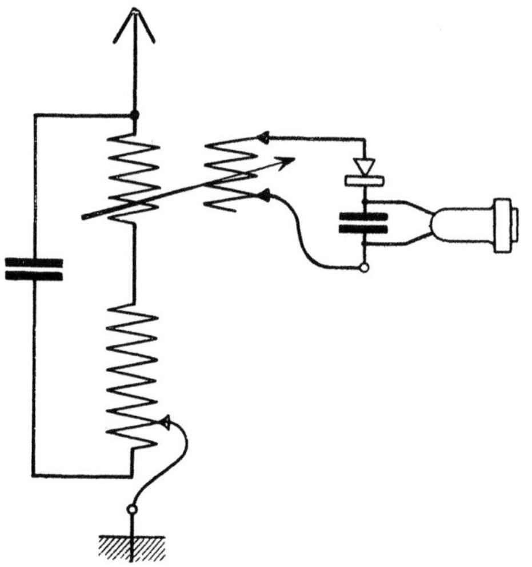

Abb. 910. Kontinuierliche Detektorkopplung mit Schwungradkreis.

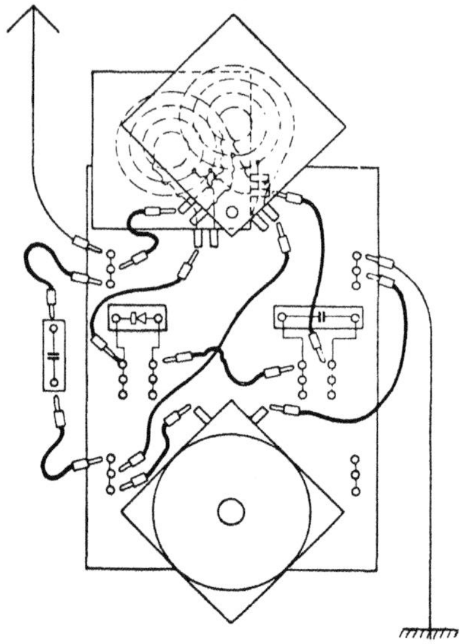

Abb. 911. Grundplatte geschaltet mit Schwungradkreis.

In Abb. 900 sind alle Spulen in Kombination mit dem Variometer verwendet. Wenn auch bei allen vorhergehenden Schaltungen im

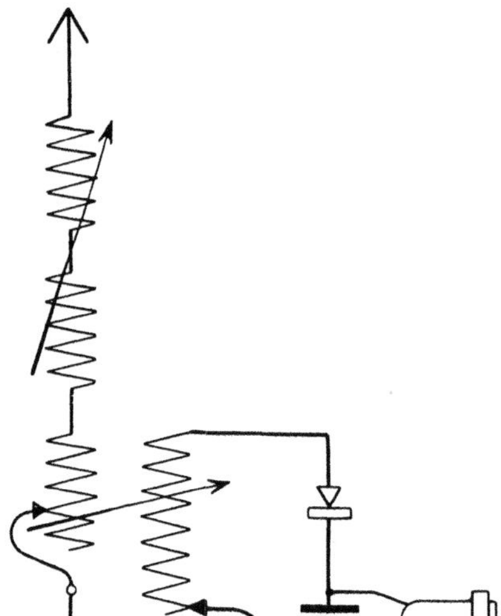

Abb. 912. Alle Spulen und das Variometer in Serie.

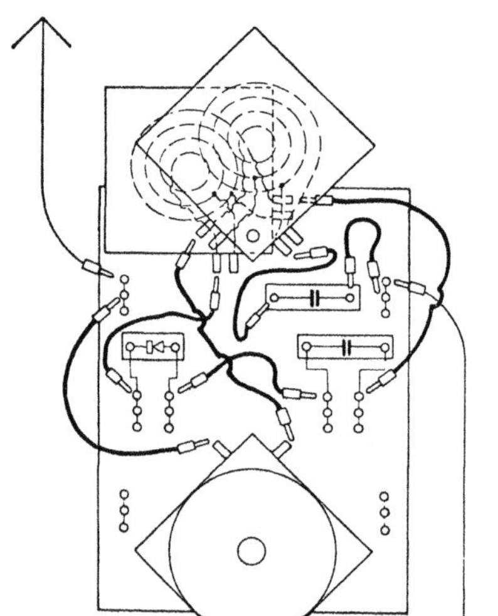

Abb. 913. Grundplatte geschaltet mit allen Spulen und dem Variometer in Serie.

gewissen Sinne eine immerhin schon einregulierbare, günstige Detektorankopplung möglich war, so ist doch von einer Feineinregulierung dieses Wertes bisher kein Gebrauch gemacht worden. Dieses ist vielmehr bei den Schaltungsschemen gemäß der Abb. 902 bis 914 der Fall. Bei diesen Anordnungen ist die Feinregulierung der Detektorankopplung dadurch erzielt, daß der Antennenkreis mit der einen Flachspule verbunden ist, während der Detektorkreis an die zweite Spule angeschlossen ist. Durch Drehung der oberen Spule ist infolgedessen eine Einregulierung auf das Empfangsmaximum leicht möglich.

Für sehr kurze Wellen ist die Anordnung gemäß Abb. 902 zu wählen. Für etwas längere Wellen dient die Schaltung gemäß Abb. 904.

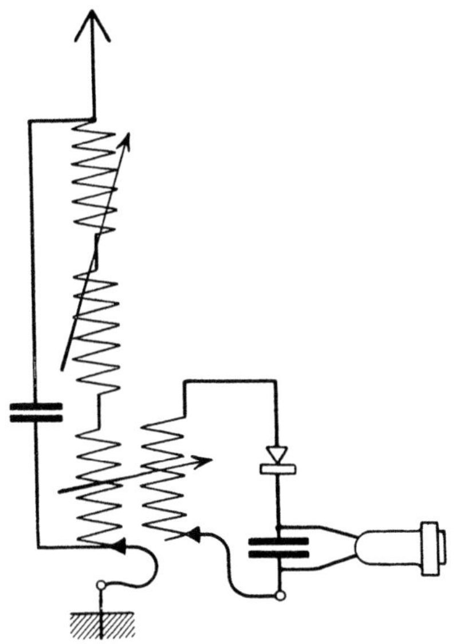

Abb. 914. Alle Spulen und Variometer mit paralell geschaltetem Kondensator.

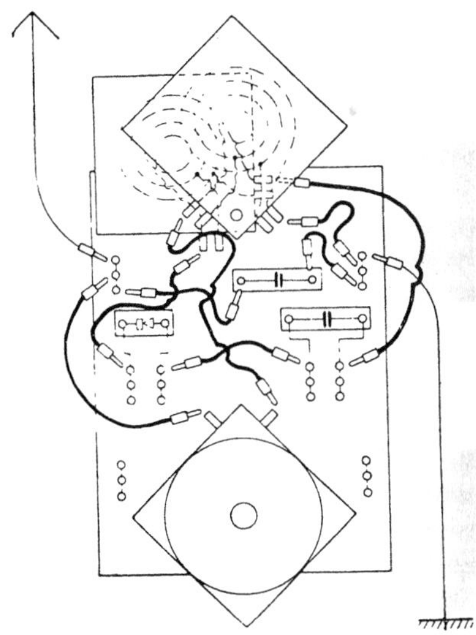

Abb. 915. Grundplatte geschaltet für lange Welle.

Größere Wellen können mit der Schaltung 906 bewirkt werden, noch größere Wellen mit der Schaltung 908, und schließlich ist noch in Abb. 910 die Anordnung für sehr große Wellen bei einem Schwungradkreis in der Antenne dargestellt.

In den Abb. 912 und 914 sind zwei Schaltungsmöglichkeiten wiedergegeben, für lange und noch längere Wellen, wobei sämtliche in der einfachen Baukastenausführung zur Verfügung stehenden Mittel angewendet sind.

β) Zusatzkasten.

Eine weitere, sehr viel größere Variation von Schaltungsmöglichkeiten ist durch den Zusatzkasten (Abb. 916) gegeben. In dem Zusatzkasten ist eine Röhrenanordnung enthalten, diese besteht aus einer Grundplatte, auf die ein Sockel angebracht ist, in dem eine normale Röhre eingestöpselt wird.

Außerdem ist auf der Grundplatte ein Drehwiderstand befestigt, der als Vorschaltwiderstand für den Heizfaden der Röhre dient. Ferner ist ein kleiner Gitterkondensator nebst Widerstand auf der Platte

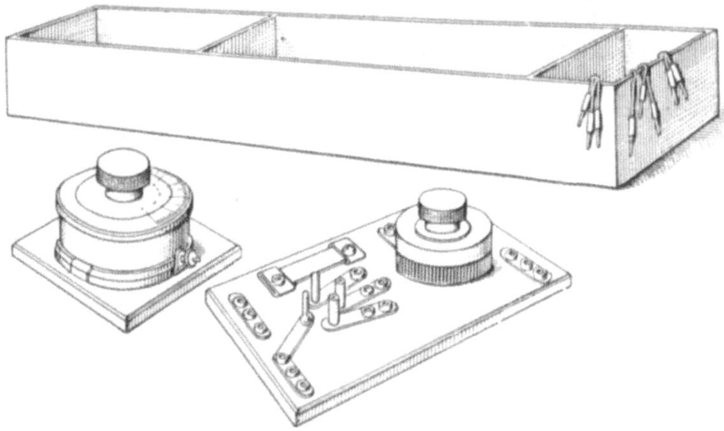

Abb. 916. Zusatzkasten zum Radio-Experimentierkasten.

angeordnet. Außerdem ist ein Drehkondensator, Leitungsverbindungsschnüre usw. vorgesehen.

Für die Heizung und das Anodenfeld werden die üblichen, bzw. für die betreffende Röhre zu verwendenden Strom- und Spannungsquellen benutzt.

Es können mit den Experimentierkästen zusammen mit den Röhrenzusatzkästen ein großer Teil der in Kapitel VII beschriebenen Schaltungen ausgeführt werden, so daß man mittels der Apparatur in der Lage ist, insbesondere da alle Leitungsverbindungen offen liegen, auch in belehrender Beziehung ein gutes Übersichtsbild zu gewinnen, bzw. Radio-Schülern beizubringen.

Auf diese Weise kann mit dem Experimentierkasten eine große Anzahl aller üblichen Röhrenschaltungen für Primär- und Sekundärkreisanordnung durchgeführt werden, wobei im wesentlichen die obigen Anordnungen ohne weiteres zugrunde gelegt werden können.

3. Zusammensetzen eines Empfängers durch den Amateur, wobei fertige, im Handel erhältliche Teile verwendet werden.

Wenn die Handfertigkeit des Amateurs nicht allzu groß ist, oder wenn er nicht in der Lage ist, sich Apparate und Einzelteile selbst anzufertigen, andererseits aber der Wunsch vorhanden ist, die Schaltanordnung einer Apparatur selbst auszuführen, kann man dem Amateur die der jeweiligen Schaltung entsprechende, vollständig gebohrte Schaltplatte sowie die hierfür inbetracht kommenden Schaltelemente,

Abb. 917. Zusammensetzen eines Amateurempfängers.
1. Stadium: Der Amateur setzt in die gebohrte Schaltplatte die Buchsen ein. Rechts neben der Schaltplatte der Empfängerkasten, davor die Flachspulen, der Drehkondensator, die Schalter, Skala mit Griff sowie Schrauben, Knöpfe usw.

Abb. 918. 2. Stadium: In die Schaltplatte sind die Anschlußbuchsen, Achslager usw. eingesetzt.

Abb. 919. 3. Stadium: An der Schaltplatte sind von der Rückseite aus die Kontaktbahnen und der Drehkondensator sowie die schon im Stadium 2 erwähnten Kontakt- und Schaltelemente angebracht.

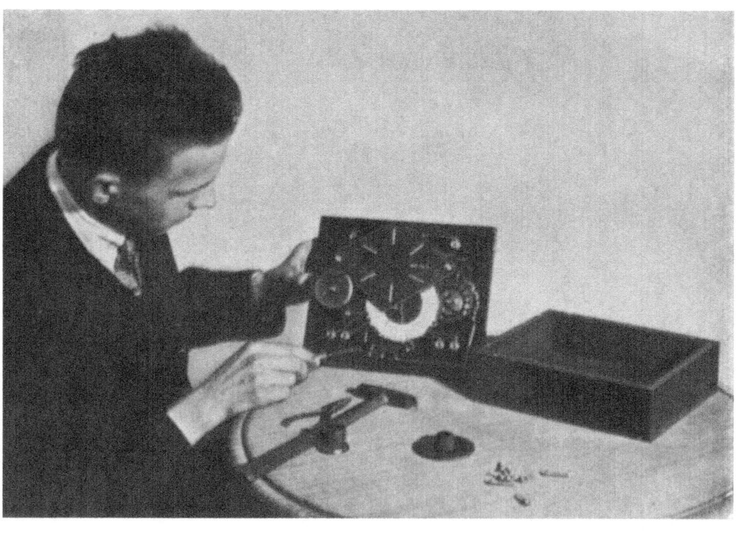

Abb. 920. 4. Stadium: An der Schaltplatte sind die beiden Flachspulen angesetzt; ferner sind die Zuleitungen von den Flachspulen nach den Kontaktbahnen sowie die Zwischenleitungen gezogen.

Abb. 921. 5. Stadium: Die Abbildung zeigt den fertig zusammengesetzten Empfänger von vorn gesehen, nachdem auch die Drehknöpfe auf den entsprechenden Achsen befestigt sind. Nach Anschluß von Erde und Gegengewicht (die beiden äußeren Kontakte in der oberen Reihe), Einstöpseln eines Kristalldetektors (in die in der oberen Reihe in der Mitte befindlichen Stöpsellöcher) und Einstöpseln eines Telephons (links unten) ist der Empfänger für den Gebrauch bereit.

Spulen, Kondensatoren, Schalter usw. in die Hand geben. Er muß alsdann diese Elemente auf der Schaltplatte befestigen und die Verbindungsleitungen ziehen, die er sich im Falle besonderer Eignung hierfür aus Rund- oder Vierkantkupferdraht selbst herstellen kann, oder die ihm bei geringerer Handfertigkeit als fertig gebogene Leitungen zur Verfügung gestellt werden können.

Unter Annahme des ersten Falls sind in den vorstehenden Abb. 917 bis 921, die einen Apparat der Firma Dr. G. Seibt betreffen, einige der wichtigsten Stadien aus dem Zusammenbau eines Amateurempfängers dargestellt.

Im ersten Stadium (Abb. 917) hat der Amateur alle Schaltungselemente auf dem Tische vor sich liegen, und er setzt in die vollkommen gebohrte Schaltplatte an allen dafür vorgesehenen Stellen Metallbuchsen ein.

Das Bild des zweiten Stadiums (Abb. 918) zeigt die bereits rechts und links, oben und unten in der aufrecht gehaltenen Platte eingesetzten Buchsen und die in der Schaltplatte befestigten Achslager.

Im dritten Stadium (Abb. 919) werden die als fertige Apparate ausgebildeten Kontaktbahnen mit der Schaltplatte verbunden. Der Drehkondensator wurde, wie aus der Abbildung hervorgeht, bereits an der Schaltplatte befestigt.

Im vierten Stadium (Abb. 920) sind die Flachspulen angesetzt und die erforderlichen fertig gebogenen Zwischenleitungen mit den einzelnen Schaltelementen verbunden.

Das fünfte Stadium (Abb. 921) zeigt den fertig zusammengebauten Empfänger von der Vorderseite, wobei als letztes die Drehknöpfe auf die Achse aufgeschraubt wurden. Sobald in diese Empfangsplatte ein Kristalldetektor eingestöpselt und das Telephon angeschlossen ist und der Empfänger an Erde bzw. Antenne angeschaltet wurde, ist er für den Empfang bereit.

XVIII. Radiomöbel.

1. Einbauten für den Rundfunkabonnenten.

In den weitaus meisten Fällen werden die Empfangsapparate für Radiotelephonie in der Weise verwendet werden, daß die Formgebung in der Hauptsache der Zweckmäßigkeit des Zusammenbaus der Apparatur in Hochfrequenzbeziehung Rechnung trägt. Hierdurch und durch die etwa vom Staat erlassenen Vorschriften, in Deutschland z. Z. also die Forderung, daß der Benutzer an die Abstimmungselemente nicht heran kann und lediglich die Anschlüsse an Antenne, Erde, Batterie und Indikationsinstrument vornehmen kann, Detektor bzw. Röhre auszuwechseln in der Lage ist, ist die Formgebung im großen und ganzen festgelegt. Im wesentlichen kommen hierzu eigentlich nur noch die Gesichtspunkte mit Bezug auf Verpackung, Transport und ev. Sicherung gegen Stöße und Beschädigungen des aufgestellten Apparates im nicht benutzten Zustande. Infolgedessen haben sich viele Firmen dazu entschlossen, ihre Apparate entweder so zu bauen, daß keine einer Beschädigungsgefahr ausgesetzten Teile, wie insbesondere die Röhren, aus dem Empfangskasten herausragen, oder daß sie leicht durch einen aufgesetzten Deckel geschützt werden können. Um diesen erwähnten Forderungen zu genügen und um nach Möglichkeit ein Einstauben zu vermeiden und außerdem ein ästhetisch einwandfreies Gerät zu liefern, hat sich die schrankförmige Ausführung mit einer oder besser zwei Verschlußtüren gut bewährt. Derartige Empfangsapparate können leicht auf irgendeinem Tisch im Zimmer, z. B. dem Schreibtisch aufgestellt werden, und können bei sauberer Ausführung, besonders der Holzteile, sogar einen Schmuck des Zimmers darstellen.

In ähnlicher Weise hat man auch die Zubehörapparate, insbesondere die Batterie eingekapselt, so daß auch diese nicht störend wirken.

Wenn trotzdem die inbetracht kommenden Industrien sog. Radiomöbel besonderer Formgebung auf den Markt bringen, so liegen hierfür mancherlei Gründe vor. Insbesondere in den Ländern, in welchen sehr hochwertige Apparate für den Empfang aus größeren und großen Entfernungen für den R.-T.-Abonnenten geschaffen werden sollten, lag von vornherein zu derartigen Möbeln ein direktes Bedürfnis vor, da diese Apparaturen, selbst bei gedrängtem Zusammenbau erheblichen Raum beanspruchen. Es ist kaum möglich, derartige Empfänger, gleichsam nebenbei, auf irgendeinen Tisch zu stellen und ein richtiges und zuverlässiges Arbeiten zu erwarten; sie erfordern entschieden eine besondere Aufstellungsmöglichkeit.

Ein weiteres Bedürfnis für besondere Radiomöbel liegt dann vor, wenn die Empfangsapparatur mit einem Lautsprecher zu einem Ganzen zusammengebaut werden soll. Zu den andern, hierbei zu berücksichtigenden Verhältnissen kommt noch die Wahl der günstigen akustischen Bedingungen inbetracht. Eine derartige Apparatur kann beispielsweise nicht einfach mit einem grammophonartigen Kasten zusammengebaut werden, da die Wiedergabe von Sprache und Musik auf diese Weise in den meisten Fällen weder deutlich noch frei von Verzerrungen mitschwingender Holzteile usw. sein würde. Vielmehr ist es notwendig, hierbei alle beim Bau guter Grammophone und bei der Erzeugung derartiger R.-T.-Empfängerlautsprecher gewonnenen Erfahrungen zu berücksichtigen und sich zunutze zu machen. Wenn man hier die Verhältnisse richtig wählt, kann man auf sehr hochwertige Apparaturen kommen.

Vom Grammophonbau liegen, wie bemerkt, schon gute Erfahrungen vor. Hinzu kommt, daß die kunstgewerblichen Arbeiten der Holzindustrie in den letzten Jahren mit Bezug auf Geschmack und Ausführung wesentlich besser geworden sind. Einige besonders infrage kommende Ausführungen derartiger Empfänger, wie sie von der englischen und französischen Radioindustrie geschaffen wurden, sind in den nachfolgenden Abbildungen wiedergegeben[1]).

Abb. 922 zeigt eine im gewöhnlichen Bureaustil angefertigte hochwertige Mehrröhrenapparatur. Im oberen Teil eines shannonartigen Schrankes sind die Empfänger, einschließlich ihrer Abstimmungselemente vorgesehen. Die Handgriffe sind, nachdem man den Jalousieverschluß zurückgezogen hat, ebenso wie die Röhren leicht auswechselbar. Der Lautsprecher, dessen mit Jalousiebrettern versehene Öffnung rechts unten sichtbar ist, ist direkt mit dieser Apparatur verbunden. Unter dem Lautsprecher besonders eingebaut ist ein Raum für den Heizakkumulator und die Anodenbatterien, welcher für sich geöffnet und bedient wird, so daß durch die etwa heraustretenden Säuredämpfe der obere Teil des Schrankes nicht gefährdet wird. Auch die Reserveteile können in diesem unteren Kasten bzw. in einem unter demselben angebrachten Schubfach untergebracht werden. Auch für eine kleine Bibliothek ist noch Raum vorhanden.

Größeren Ansprüchen genügt der in Abb. 923 wiedergegebene Empfängerkasten, welcher Holzschnitzereien und gedrehte flämische Füße aufweist. Die Empfangsapparatur ist durch die Glastür erkennbar und kann nach Öffnen der Tür leicht bedient werden. Der Trichter des Lautsprechers ist darüber angebracht. Im unteren Teil des Schränkchens sind auch hier wieder die Strom- und Spannungsquellen angeordnet.

Während diese beiden Ausführungen einen festen Einbau der Empfangsapparaturen und des Lautsprechers darstellen, ist es natürlich

[1]) Siehe auch u. a. den Apparat von Radiola, Abb. 182, S. 262, sowie den mit dem Lautsprecher zusammengebauten Empfänger von L. de Forest, S. 540.

auch möglich, um eine größere Variabilität der Verhältnisse zuzulassen, daß man das Radiomöbel gemäß Abb. 924 gestaltet. Dieser in Form einer japanischen Lackarbeit auf vier Füßen stehende Kasten ent-

Abb. 922. Mehrröhren-Empfänger-Verstärker in einen Shannonschrank eingebaut.

Abb. 923. Flämischer Schrank mit Empfangsapparaten und Lautsprecher.

hält lose alle Einzelteile. Für den Gebrauch können dieselben entweder im Kasten verbleiben oder herausgenommen werden, was besonders für den Lautsprecher zweckmäßiger sein wird.

Abb. 924. Japanischer Lackschrank, in welchen die Empfangsapparate usw. lose hineingestellt sind.

Die Zahl der möglichen Varianten kann hier natürlich nicht erschöpft werden. Viel benutzt sind namentlich in England auch Schreibtische, bei welchen die Empfangsapparatur in einem rückwärtigen Aufbau untergebracht ist; beliebt sind ferner Bibliothekschränke, bei denen nach Hervorklappen oder Öffnen einer Tür die Empfangsapparatur für die Benutzung zur Verfügung steht. Auch die Tischchen großer Stehlampen hat man vorteilhaft für Empfangszwecke ausgenutzt. Bei allen diesen Varianten ist besonders darauf zu achten, daß der Formgebung zuliebe nicht etwa der hochfrequenztechnische Einbau der Empfangsapparatur leidet.

Abb. 925. Dayton-Empfangsständer mit neben dem Röhrenempfänger eingebautem Lautsprecher.

Abb. 926. Modernster amerikanischer Schrankapparat mit eingebautem Lautsprecher (Fada).

Der moderne Empfangsmöbelbau in Amerika geht die Wege, die durch die typischen Formen der Abb. 925 und 926 ausgedrückt sind: Empfänger und Lautsprecher sind zusammengebaut in einem verhältnismäßig leicht beweglichen, elegant aussehenden Schrank.

2. Der Radioexperimentierschrank.

Andere Aufgaben soll der Experimentierschrank erfüllen. Er soll nicht nur dazu dienen, entsprechende Aufbewahrungsgelegenheit für den Empfänger, Batterien usw. zu gewähren, sondern es sollen in demselben alle für das Experimentieren notwendigen Teile untergebracht sein.

Eine recht zweckmäßige Anordnung kann man sich gemäß Abb. 927 herstellen lassen. In dem untersten mittelhoch dimensionierten Fach *a* werden die Stromquellen, Batterien usw. untergebracht. Durch seitliche Luftöffnungen ist Sorge dafür zu tragen, daß dieses Fach stets gut ventiliert ist, um etwaigen Säuredämpfen einen guten Abzug zu ermöglichen.

In dem darüber befindlichen Fach *c* werden Werkzeuge, Zeitschriften und sonstige Behelfe untergebracht. Hierüber befindet sich ein verhältnismäßig groß zu dimensionierendes Fach *d*, dessen Verschlußplatte *k* nach vorne herunter klappbar ist, so daß eine Tischfläche gebildet ist, welche es erlaubt, die Empfangsapparate aus dem Schrank nach vorn herauszuziehen und bequem benutzen und schalten zu können. Diese Tischfläche muß genügend kräftig und mit starken Bändern *f* versehen sein, so daß ein Abbrechen sicher vermieden ist. In der rückwärtigen Platte sind zweckmäßig einige Langlöcher *g* anzubringen, durch welche Draht- und Kabelleitungen nach den unteren Fächern hindurchgeführt werden können, um zu verhindern, daß die lästigen Draht- und Kabelleitungen vor dem Schrank herumhängen. Das obere Fach *h*, welches zweckmäßig in zwei Teile geteilt ist, dient zur Unterbringung von empfindlicheren Apparaten, wie z. B. Röhren, Spulen und dergleichen. Oben auf dem Schrank werden am besten die Lautsprecher aufgestellt, wodurch infolge der hinzukommenden Holzresonanzwirkung meist eine gute Klangwidergabe ermöglicht ist.

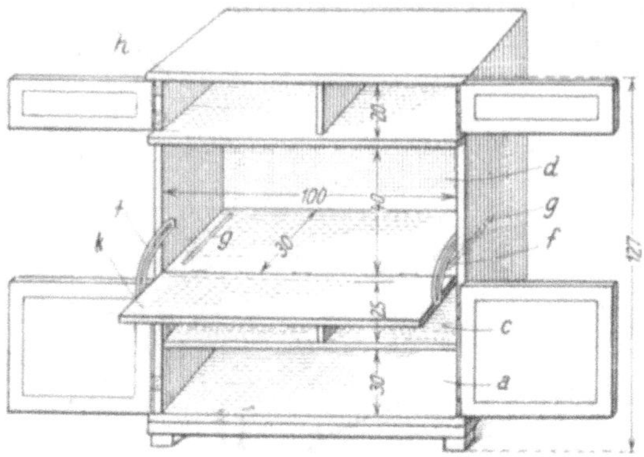

Abb. 927. Radio-Experimentierschrank.

Die in der Zeichnung eingetragenen Maße sind nur annäherungsweise und müssen dem Wunsch des Experimentators entsprechend abgeändert werden.

XIX. Störungen des R.-T.-Empfangs und Fehlerquellen.

Der Empfang eines R.-T.-Teilnehmers kann durch verschiedenartige Ursachen mehr oder weniger gestört, bzw. unter besonders ungünstigen Umständen sogar völlig zum Aussetzen gebracht werden. Diese Störungsquellen sind teils lokaler Natur, finden also in unmittelbarer Nähe des Empfängers statt, oder sie haben ihren Ursprung in atmosphärischen Erscheinungen. Von den Störungen im Empfänger selbst ist weiter unten die Rede.

1. Lokale Empfangsstörungen.

Diese lokalen Störungen werden für den R.-T.-Teilnehmer, welcher im allgemeinen nur von Radio-Telephoniesendern empfängt, die höchstens bis zu 100 km entfernt sind, die weitaus größere Rolle spielen.

Auf dem Lande sind diese Störungsquellen weit geringer und meist viel weniger bemerkbar als in einem Großstadthause. Auf dem Lande oder in kleinen Städten, wo das Ausspannen der Antenne, überhaupt die gesamte Empfangsanlage, nur mit Ausnahme der schwierigeren Ladungsmöglichkeit der Akkumulatoren, außerordentlich viel günstiger ist als in einem Großstadthause, kommen als wesentlichste Störungsquellen inbetracht: hochgespannter Drehstrom, eine in der Nähe der Empfangsantenne vorbeiführende Leitungsstrecke, z. B. einer Überlandzentrale, ferner funkende Kollektoren der Antriebselektromotoren von landwirtschaftlichen Maschinen und ähnliches. Immerhin werden diese Störungsquellen nicht allzu häufig vorhanden sein. Meist besteht auch die Möglichkeit, sich durch eine entsprechend andere Antennenanordnung davon zu befreien, um so mehr, als eine sehr hochgetriebene Verstärkung, welche naturgemäß derartige Geräusche erheblich verstärkt, in den meisten Fällen bei ländlichen Empfängern nicht erforderlich ist.

Ganz anders ist dies in der Großstadt, wo in vielen Häusern entweder dauernd oder mit kurzen Unterbrechungen Elektromotoren laufen, und wo ferner durch das weit ausgedehnte Straßenbahnnetz durch das Funken der Kontaktrolle oder des Bügels am Stromabnehmedraht dauernd elektrische Schwingungen erzeugt werden, die sich natürlich auch meistens sehr unangenehm im Empfänger bemerkbar machen und zwar um so mehr, je höher die Verstärkung getrieben wird. In besonderem Maße machen sich die hierdurch hervorgerufenen störenden Geräusche namentlich in den Abendstunden bemerkbar, also in denjenigen Stunden, in denen die Beleuchtung in den Straßenbahnwagen eingeschaltet ist. Die Stromentnahme pro Wagen ist hierbei offenbar derartig, daß das Zustandekommen von schnellen elektrischen Schwingungen begünstigt wird, die sich auf dem Fahrdraht und durch Induktion, insbesondere auch auf das Wasserröhrensystem, übertragen. Diese schnellen elektrischen Schwingungen, welche schon in das Gebiet der Radiowellen hineinfallen können, rufen in den Empfängern kratzende und brodelnde Geräusche hervor, welche unter ungünstigen Umständen so stark werden können, daß jeder Genuß am Anhören der Rundfunkdarbietungen vernichtet werden kann.

Eine Beseitigung dieser Störungsquelle ist beim Empfänger natürlich nur außerordentlich schwer zu erreichen. Auch die Benutzung eines geringeren Verstärkungsgrades hilft im allgemeinen nur wenig. Die günstigsten Resultate kann man immerhin noch erreichen, wenn man auf die Erdung durch Anschluß an die Wasserleitung verzichtet, und an deren Stelle ein isoliertes Gegengewicht benutzt, welches z. B. in Form von Wachsdraht über den Scheuerleisten am Fußboden angebracht wird.

Ein wirksamer Schutz würde natürlich nur darin bestehen, daß die Straßenbahngesellschaft Vorsorge trifft, das Entstehen der schnellen Schwingungen zu verhindern. Es scheint sich bewährt zu haben, dieses einfach dadurch herbeizuführen, daß zu den die schnellen Schwingungen erzeugenden Maschinen bzw. zum Stromabnehmer ein oder mehrere Widerstände, beispielsweise in Form von Lampen, parallel geschaltet werden, so daß die entnommene Stromstärke erhöht wird.

In ungleich geringerem Grade treten diese Störungen beim Empfang mit Kristalldetektor auf. Der Kristalldetektor siebt auch in dieser Beziehung nahezu automatisch einen erheblichen Teil der Störungen aus, und es hat sich meist die Anordnung Kristalldetektor und zweistufiger Niederfrequenzverstärker bewährt, um die für den Empfang in der Großstadt notwendige Lautstärke zu erzielen.

Bezüglich der Empfangsstörungen, welche durch Fehler in der Empfangsapparatur oder deren Zubehörteilen selbst hervorgerufen werden, siehe die Ausführungen unten und in den früheren Kapiteln.

2. Atmosphärische Empfangsstörungen.

Atmosphärische Störungen kommen für den normalen R.-T.-Teilnehmer, welcher von einem verhältnismäßig nur wenig entfernten Sender empfängt, relativ wenig und auch nur zu gewissen Zeiten inbetracht. Indessen können in den Sommermonaten, in unsern Breitengraden vor allem im Juni und Juli, namentlich vor Gewittern, sich auch diese Empfangsstörungen unangenehm bemerkbar machen. Es entsteht alsdann ein brodelndes und kratzendes Geräusch im Empfänger, welches kurz vor Ausbrechen des Gewitters sich so steigern kann, daß der Empfang völlig zum Aussetzen gebracht werden kann. Verhältnismäßig unempfindlich gegen diese Störungen ist man bei Benutzung einer Rahmenantenne, welche im allgemeinen sogar noch während des Gewitters zu empfangen gestattet. Hingegen ist bei einer Hochantenne selbstverständlich schon aus Sicherheitsgründen, wenngleich bisher noch in keinem einzigen Falle Blitzeinschlag in eine R.-T.-Antenne festgestellt wurde, von einem Empfang während eines Gewitters abzusehen. Vielmehr muß kurz vor dem Gewitter und während desselben die Hochantenne geerdet werden.

Am besten funktioniert der R.-T.-Empfang, wenn die Atmosphäre diesig ist, wenn also ein atmosphärisches Minimum im Bereich zwischen Sender und Empfänger vorhanden ist. Alsdann kann die Reichweite, bzw. die Lautstärke mehrere Male so groß sein wie bei klarem Wetter.

Wenn man mit einem entsprechend beschaffenen Empfänger von weit abgelegenen Sendestationen empfangen will, etwa von 500 km entfernten, so können sich neue Störungsquellen für den Empfang bemerkbar machen. Eine bisher häufig beobachtete, wenn auch noch nicht völlig geklärte Erscheinung besteht in dem sog. „Fading-Effekt“. Hiermit wird eine Erscheinung bezeichnet, welche darin besteht, daß die Lautstärke im Empfänger mehr oder weniger rasch anschwillt oder abnimmt. Man gewinnt beim Anhören den Eindruck, als ob sich Sprache oder Musik des weit entfernten Senders dem Empfänger nähere oder entferne. Offenbar ist diese Erscheinung in höheren atmosphärischen Schichten begründet, etwa in sog. Ionenbänken, welche sich in ca. 50—100 km oberhalb der Erdoberfläche und wahrscheinlich vorwiegend über Wasserflächen ausbilden, die die Wellen des Senders nach dem Empfänger hin spiegeln und sowohl in ihrer Konfiguration als auch in ihrer Spiegelung gewissen beinahe ruckartigen Modifikationen unterworfen sind. Gerade die Radio-Amateurbewegung mit ihrer Unzahl vorhandener Empfangsstationen wird berufen sein, diese Erscheinung zu studieren, welche von sehr vielen Empfangsstationen festgestellt und quantitativ ermittelt werden muß.

Wie es überhaupt eine wichtige Aufgabe der Radiotelephonie ist, die Wettervorhersage, welche infolge der Kriegs- und Nachkriegsereignisse in Mitteleuropa sehr ins Hintertreffen geraten ist, wesentlich auszubauen und zu verbessern, so wird es auch ein spezieller Programmpunkt des regulären R.-T.-Sendeverkehrs sein, zu bestimmten Tageszeiten die Wetternachrichten zu verbreiten, so daß sich die R.-T.-Interessenten, welche von weit entlegenen Sendestationen zu empfangen wünschen, in ihren Empfangsdispositionen hiernach einzurichten vermögen.

3. Störungen des R.-T.-Empfangs durch tönende Funkensender.

Insbesondere die an der deutschen Meeresküste wohnenden R.-T.-Interessenten beklagen sich mit Recht darüber, daß ein ungestörter genußreicher R.-T.-Empfang höchstens zu gewissen Tages- oder Nachtstunden möglich ist, da im allgemeinen die noch mit tönenden Funkensendern arbeitenden Schiffs- und Küstenfunksender jeden Empfang unmöglich machen. Es sind schon die verschiedenartigsten Anordnungen zur Störbefreiung versucht worden. Insbesondere hat man versucht, durch Filterkreise die Funkensender hinauszuwerfen. Infolge der meist vorhandenen Breite ihres Spektrums und der außerordentlich starken Amplitude dortiger Sender sind diese Anordnungen im allgemeinen nicht erfolgreich gewesen. Die Amplitude derartiger Sender ist stellenweise so groß, daß ein in die Anodenleitung eines Rückkopplungsempfängers eingeschaltetes Milliamperemeter den Empfang von den tönenden Funkensendern anzuzeigen vermag!

Dringend erforderlich erscheint es, den Verkehr der tönenden Funkensender nur auf das unumgänglich nötige Maß herabzusetzen und dafür Sorge zu tragen, daß die Senderenergie unter Berücksichtigung des Sicherheitsfaktors so gering wie nur unbedingt nötig gewählt wird.

4. Mißglückte erste Versuche und die Notwendigkeit sauberer Kontakte und guter Verbindungen.

Manche Mißerfolge, die die Bastler zuerst haben, rühren daher, daß mit viel zu komplizierten Schaltungen begonnen wird. Dem Anfänger muß angelegentlichst empfohlen werden, mit dem Einfachsten anzufangen, damit er allmählich seine Erfahrungen sammeln kann.

Diese Forderung ist leicht zu erfüllen in allen Städten, in denen sich Rundfunksender befinden. Sie ist schwieriger in abgelegenen Orten. In unmittelbarer Nähe der Rundfunksender macht ein Detektorempfang z. B. aus der Lichtleitung keine Schwierigkeiten. Die zuweilen bei Verabsäumung eines Punktes meist keinen Erfolg gebende Hochantenne kann hierbei vermieden werden. Die in den Rundfunkstädten aus der Lichtleitung heute zur Verfügung stehende Empfangsenergie ist so groß, daß eigentlich schon mit der einfachsten Detektoranordnung ein befriedigender Empfang möglich ist. Immerhin sind nicht nur Schwierigkeiten bei der Einstellung des Detektors vorhanden, sondern es können auch sonst noch mancherlei Zufälligkeiten auftreten, so daß schon aus dieser einfachen Anordnung der Anfänger mancherlei lernen kann. Aber darüber hinaus wird er Gelegenheit finden, mit verhältnismäßig einfachen Mitteln nicht unerhebliche Verbesserungen zu erzielen.

Erst wenn der Detektorlehrkursus, den sich der Anfänger selbst erteilt, auf diese Weise beendet ist, sollte er auf Röhrenempfang übergehen und alsdann auch zunächst die gewöhnliche Einrohrschaltung, insbesondere das Ultraaudion benutzen.

Der weiter vom Rundfunksender entfernt Wohnende wird, wenn er über eine gute Hochantenne mit guter Erdung verfügt, seine ersten Radio-Gehversuche mit Kristalldetektorempfänger machen können. Ist dies allerdings nicht der Fall, so muß er von vornherein mit der Röhre anfangen.

Der Fall tritt leider sehr häufig ein, daß mit irgendeiner Schaltungsanordnung absolut kein Empfang zu erzielen ist. Die Zahl der Möglichkeiten, welche hierin Versager herbeiführen, ist außerordentlich groß. Es ist auch nicht annähernd möglich, allgemeine Abhilfsgesichtspunkte anzugeben.

In den weitaus meisten Fällen liegt ein oder mehrere Kontaktfehler vor. Die im Empfänger, gleichgültig welcher Art, zur Verfügung stehende Energie ist stets so außerordentlich gering, daß ihr gegenüber der Strom einer Klingelleitung wie ein dicker Starkstrom anmutet. Ein Kontakt, der beispielsweise in der Schwachstromtechnik noch als genügend befunden werden kann, kann immerhin einen nennenswerten Übergangswiderstand haben und im R.-T.-Empfänger zu einem völligen Versager Veranlassung geben. Es ist daher erforderlich, alle Kontaktstellen auf das sorgfältigste auszuführen. Handelt es sich um Steckkontakte, so müssen diese metallisch rein und sauber gehalten werden und, sofern sie geschlitzt sind, evtl. so mit dem Messer auseinandergebogen werden, daß sie zügig in die Kontaktbuchsen hineingehen. Bei sogenannten Bananensteckern ist diese gute Kontaktgebung meistens besser gewährleistet als bei gewöhnlichen geschlitzten Kontaktstiften. Hier wirkt evtl. Abschmirgeln mit ganz feinem Schmirgelleinen oft Wunder.

Die weitaus meisten Versager an der Empfangsapparatur rühren daher, daß irgendeine Verbindung locker geworden ist oder sich sogar gelöst hat. Dies ist bei aus Rund- oder Vierkantdraht verlegten Leitungen meist leicht festzustellen. Schwieriger ist es schon, wenn Leitungsverbindungen aus Litzen, deren Enden besonders umwickelt und mit Polschuhen versehen sind, bestehen, dies festzustellen. Alsdann ist äußerlich durch die Isolation noch eine mechanische Verbindung zwischen Litze und Polschuhen vorhanden, während die elektrische Kontaktgebung im Innern zerrissen sein kann. In solchem Falle hilft natürlich nur Abklingeln oder dergleichen.

Alle festen Verbindungen sollen tunlichst gelötet sein. Sie können außerdem noch verschraubt werden, was der Kontaktgüte keinen Abbruch tut. Aber die Lötstelle muß zuverlässig ausgeführt sein. Es kommt vor, daß durch schlechtes Löten, insbesondere, wenn mit Fettlot gearbeitet wird, an der Lötstelle ein nennenswerter Übergang stattfindet, was dann eintreten kann, wenn die Kontaktstelle vor dem Löten nicht genügend gesäubert war und Lötfett zwischen die Verbindungsleitungen gekrochen ist.

Diese Erscheinungen können natürlich auch bei den Indikationsapparaten, wie beim Telephon und Lautsprecher, auftreten. Wenngleich die Stromstärke, die diesen Apparaten zugeführt wird, im allgemeinen etwas größer ist als die in Empfangskreisen, so ist sie doch noch so außerordentlich gering, daß nennenswerte Ohmsche Widerstände oder gar Unterbrechungen den Effekt vollkommen unmöglich machen können.

Wenn also ein völliges Versagen des Empfangs vorliegt, so ist es notwendig, erst einmal sämtliche Kontaktanschlüsse und Leitungsverbindungen daraufhin zu untersuchen, ob nicht etwa schlechte Kontakte oder gar Unterbrechungen vorliegen.

Im übrigen gilt natürlich die Forderung, daß alle Leitungsführungen, welche nicht miteinander verbunden sein sollen, tunlichst nicht unter 10 mm Luftabstand besitzen und sich möglichst rechtwinklig kreuzen sollen.

Auf die Durchführung von Verbindungsleitungen durch Isoliermaterial ist ebenfalls Rücksicht zu nehmen, vor allem, wenn das Isoliermaterial nicht vollkommen einwandfreies Hartgummi ist. Häufig wird es genügen, wenn die Leitungsführung durch ein nicht zu kleines Loch hindurchgesteckt wird, aber ab und zu ist es ratsamer, die Isolation an dieser Stelle durch kleine Hartgummiröhrchen entsprechend zu verbessern.

Auch auf die Ausführung der Klemmen und sonstigen Kontaktverbindungen kommt es selbstverständlich sehr wesentlich an. Es ist hierbei stets zu berücksichtigen, daß die zur Verfügung stehende Empfangsenergie außerordentlich gering ist. Die Klemmen müssen nicht nur gut isoliert sein, sondern, wie gesagt, auch selbst bei häufiger Benutzung einen sicheren Kontakt gewährleisten.

Bei der Montage von Klemmen ist darauf zu achten, daß diese nicht allzu nahe beieinandersitzend angebracht werden, da einerseits die Isolation zwischen denselben genügend sein muß, andererseits genügend Raum verbleiben muß, um Leitungsdrähte usw. mit Sicherheit unterzuklemmen.

Bei diesen Arbeiten ist insbesondere dann Vorsicht geboten, wenn anstelle von Holz Hartgummi als Montageplatte benutzt wird, da dieses an der Rückseite der Bohrstelle bei unsachgemäßer Behandlung leicht aussplittert.

Es ist daher im höchsten Maße wichtig, daß der Bastler richtig löten kann und daß er über gutes Lötwerkzeug verfügt.

Ein weiterer Punkt, welcher häufig zu Versagern führt, beruht darin, daß bei Röhrenempfängern oder Verstärkern die Heiz- oder Anodenbatterie ganz oder teilweise entladen oder so polarisiert ist, daß die richtige Stromabgabe nicht mehr stattfindet. Wenn man sich also davon überzeugt hat, daß alle Kontakte und Leitungsverbindungen in Ordnung sind, was nicht nur dem Augenschein nach, sondern zweckmäßig mit einer der in Kapitel XX, S. 785 angegebenen Vorrichtungen meßtechnisch untersucht wird, so ist es notwendig, auch die Batterien einer entsprechenden Untersuchung zu unterziehen, um festzustellen, ob die Stromabgabe und Spannung den Anforderungen entsprechend gesichert ist.

Alle übrigen Fehlermöglichkeiten sind mehr oder weniger an die spezielle Ausführung der Apparatur gebunden. Bei der Vielheit der Schaltungen und Apparatausführungen können natürlich auch nicht annähernd diese Möglichkeiten aufgezählt werden. Indessen sind doch die im allgemeinen wichtigsten und am meisten auftretenden Fehlermöglichkeiten und hierdurch auftretenden Effekte angegeben. Wenn man den Fehler erst einmal erkannt hat, ist seine Behebung im allgemeinen recht einfach.

Fehler:	Auftretender Effekt:
Antennenkreis.	
1. Die Formgebung der Antenne kann unzweckmäßig sein. Es ist z. B. möglich, daß die Antenne zu kurz ist und eine zu geringe Kapazität besitzt. Für die zur Zeit üblichen R.-T.-Wellen ist im Durchschnitt eine Länge von etwa 30 m das Gegebene.	Die Empfangslautstärke kann in diesem Falle entweder nur sehr schwach sein, oder sie kann in besonders ungünstigen Fällen vollkommen zum Aussetzen gebracht werden.
Es ist aber auch möglich, daß die Anordnung der Antenne unglücklich gewählt ist, beispielsweise dadurch, daß andere stromführende Leitungen in zu großer Nähe vorbeigeführt sind, welche zuviel Empfangsenergie absorbieren. Besonders störend kann dies sein, wenn diese Leitungen parallel zur Antenne verlaufen.	Die Nähe von stromstörenden Leitungen kann kratzende und summende Geräusche im Empfangstelephon hervorrufen.
2. Die Antennenleitungen oder deren Zuleitungen zum Empfänger können irgendeine Unterbrechungsstelle oder auch einen Wackelkontakt aufweisen. Infolgedessen sind nicht nur die Leitungen an und für sich, sondern auch die Verbindungen mit den Durchführungen, Schaltern, Erdanschlüssen usw. genau zu untersuchen. Insbesondere ist es erforderlich, alle Lötstellen von Zeit zu Zeit einer eingehenden Kontrolle zu unterziehen, namentlich, wenn die Lötungen mit Säure ausgeführt sind.	Der Empfang kann vollkommen verschwinden. Bei Wackelkontakten kann die Empfangslautstärke unter Umständen in gewissen Momenten brauchbar sein, während dazwischen wieder mehr oder weniger ein vollkommenes Aussetzen bewirkt wird.

Fehler:	Auftretender Effekt:
3. Die Antennenisolation oder die Einführungsleitung zum Empfänger kann durch irgendwelche Umstände beeinträchtigt worden sein. In besonderem Maße wird sich dieses bei feuchtem Wetter und bei Regen geltend machen.	Der Empfang kann hierdurch vollständig zum Aussetzen gebracht werden. In günstigeren Fällen kann die Lautstärke hierdurch mehr oder weniger schwanken.
Besonders zu beachten ist, daß bei einer Außenantenne dieselbe bei Sturm nicht etwa gegen andere leitende Teile des Daches oder gegen Baumzweige usw. anschlagen kann; evtl. sind entsprechende Abspannungen unter Zwischenschaltung von Isolatoren vorzunehmen.	Diese Erscheinung macht sich häufig in Form von kratzenden und summenden Geräuschen im Empfangstelephon bemerkbar.
Abstimmungskreis.	
1. Der oder die Abstimmungskreise sind nicht auf die einfallende Welle abgestimmt.	Die Empfangslautstärke kann hierdurch vollkommen zum Aussetzen kommen. Ist die Abstimmung von der einfallenden Welle nicht allzu sehr verschieden, so wird meist nur eine Schwächung der Lautstärke bewirkt.
2. Die Störungen sitzen in einer der im Empfänger eingebauten Spulenanordnungen. Es können die mannigfaltigsten Fehler auftreten: Es ist beispielsweise möglich, daß eine direkte Unterbrechung der Windungen an einer oder mehreren Stellen vorhanden ist. Besonders kritisch in dieser Beziehung sind die Anschlüsse und Abzweigungen. Es ist aber auch möglich, daß eine oder mehrere Windungen in sich kurz geschlossen sind, was durch nicht genügend sorgfältige Montage, z. B. bei der Anlötung der Leitungen, eintreten kann. Wackelkontakte in der Montage und den Anschlüssen der Spulen können ebenfalls die Ursache für ein mehr oder weniger ausgeprägtes Versagen bilden.	Im besonders krassen Fall kann ein völliges Versagen des Empfanges eintreten. Sind die Fehler nicht so erheblich, so wird mindestens die Lautstärke geschwächt werden. Daneben können aber auch noch kratzende und andere den Empfang mehr oder weniger stark beeinträchtigende Geräusche auftreten.
Aber auch elektrische Mängel mehr oder weniger grundsätzlicher Art können auftreten. So ist z. B. möglich, daß die Spulen in sich verdimensioniert sind, aus schlecht isolierendem Material hergestellt sind oder auch eine zu große Eigenkapazität besitzen.	Bei Wackelkontakten kann natürlich die Lautstärke, wenn eine solche überhaupt vorhanden ist, sehr erheblich schwanken.

Fehler:	Auftretender Effekt:
3. Der Fehler liegt in dem oder den für die Schaltung benutzten Kondensatoren. Vielfach sind dieselben elektrisch nicht richtig bemessen und zu groß gewählt. Drehkondensatoren von maximal 500—1000 cm Größe i. A. sind das Gegebene. Es können aber, insbesondere bei wenig sorgfältig ausgeführten Drehkondensatoren, erhebliche mechanische Mängel sich bemerkbar machen. Beispielsweise kann im extremen Falle eine direkte Berührung der Drehplatten eintreten. Aber auch durch Staub und sonstige Verunreinigungen zwischen den Platten kann eine Wirkung des Kondensators in Frage gestellt werden. Auch in den Lagern kann bei nicht guter Ausführung oder zu starker Abnutzung unzweckmäßig zusammengebauter Kondensatoren eine zu weitgehende Herabsetzung der Isolation eintreten.	In allen diesen Fällen kann, z. B. bei Berührung der Platten, ein vollkommenes Aussetzen des Empfanges eintreten. Ist dieser Fehler jedoch nicht allzu erheblich, so kann mindestens die Lautstärke sehr bedeutend geschwächt werden. Aber auch störende Geräusche, insbesondere Kratzgeräusche, können namentlich bei wenig sorgfältig hergestellten Drehkondensatoren leicht auftreten.
4. Verbindungen in der Apparatur können mangelhaft ausgeführt sein. Insbesondere bezieht sich dies auf Schaltorgane, deren Kontaktgüte nicht genügend ist.	Knackende und krachende Geräusche sind ein Kriterium dieser Fehler.
5. Bei Rückkopplungsröhrenempfängern kann es leicht eintreten, daß die Rückkopplungsspule entweder falsch angeschlossen ist oder aber auch eine zu große Windungszahl besitzt, in welch letzterem Falle der Rückkopplungseffekt mehr oder weniger verhindert wird.	Die Folge davon ist entweder, daß der Empfang nur außerordentlich schwach ist, bzw. im letzteren Falle, daß sich besondere Pfeifneigung bemerkbar macht.
6. Die Kapazitätsempfindlichkeit der Apparatur oder auch ungenügende Isolation der Bedienungshandgriffe usw. Die Anbringung eines Metallschildes (Vorsicht bei der Spulenanordnung und der Leitungsverlegung!) ist meist recht zweckmäßig.	Auch hierdurch kann der Empfangseffekt mehr oder weniger beeinträchtigt werden. Insbesondere wird man in diesem Falle kratzende und pfeifende Geräusche wahrnehmen können. Auch stark in seiner Lautstärke schwankender Empfang ist in solchen Fällen meist zu konstatieren.
Audionröhrenkreis	
1. Die Batterien sind ganz oder teilweise entladen oder für den Betrieb nicht passend gewählt.	Kein Empfang.

Fehler:	Auftretender Effekt:
2. Die Röhrenkontakte passen nicht recht, so daß der Kontakt zwischen den Steckern und Buchsen ungenügend ist. Selbstverständlich ist durch Auseinanderbiegen usw. für einwandsfreie Kontakte zu sorgen.	Der Empfang kann vollkommen zum Aussetzen gebracht werden. In weniger extremen Fällen wird der Empfang durch kratzende und summende Geräusche mehr oder weniger beeinträchtigt.
3. Die Röhrensockel sind nicht genügend isolierend.	Die Lautstärke kann hierdurch erheblich geschwächt werden. Es können aber auch Nebengeräusche auftreten.
4. Der Heizwiderstand ist ungenügend bemessen, was sich insbesondere in einem ungünstigen Arbeiten der Röhren kenntlich macht, oder aber, was häufig der Fall ist, die Kontaktgebung zwischen dem Heizwiderstand und dem Stromabnehmer ist nicht ausreichend.	Die Folgen hiervon sind kratzende oder sonst irgendwie störende Geräusche beim Empfang sowie zeitweises völliges Aussetzen desselben.
5. Die Leitungsführung der Röhrenschaltung ist unrichtig verlegt und zeigt beispielsweise ein schädliches Parallellaufen der Ableitung von der Anode mit der Zuleitung zum Gitter. Oder es laufen die Anodenableitungen und die Erdleitung miteinander ganz oder teilweise parallel, wodurch gleichfalls unerwünschte Rückkopplungen in der Apparatur entstehen.	Die Folgeerscheinungen sind entweder selbsttönender oder stark rauschender Empfang. Die Wirkung kann bis zum direkten Pfeifen in besonders extremen Fällen gesteigert werden.
Es ist auch möglich, daß bei der Montage die Zuführungsleitungen zum Gitter oder zur Anode vertauscht sind.	Die Vertauschung der Zuleitungen wird im allgemeinen mindestens kratzende oder summende Geräusche zur Folge haben, wenn nicht der Empfang hierdurch völlig zum Aussetzen kommt.
6. Die von der Anode wegführende Leitung ist kapazitiv oder in besonders ungünstigen Fällen galvanisch mit Teilen der Antennen- oder Erdleitung verbunden, wodurch eine Rückkopplung entstehen kann.	Die Folge ist eine Schwächung des Empfanges, welche meist mit mehr oder weniger starken Geräuschen verbunden sein wird.
7. Die Kondensatoren können Isolations- oder Ableitungsfehler aufweisen. Insbesondere können Fehler beim Gitterkondensator	Mindestens treten hierdurch kratzende und den Empfang beeinträchti-

Fehler:	Auftretender Effekt:
auftreten. Häufig findet man, daß Gitterkondensatoren in sich kurz geschlossen sind, oder daß beim Zusammenschrauben mit den Anschlußleitungen die Belege ganz oder teilweise abgerissen sind.	gende Geräusche auf. Es kann aber auch der Empfang hierdurch völlig unterbrochen werden.
Der Gitterkreis kann auch eine völlige Unterbrechung aufweisen.	Kein Empfang.
8. Der Gitterwiderstand kann Mängel aufweisen. Ist er zu groß, so sammelt sich zuviel Ladung auf dem Gitterkondensator auf; ist er hingegen zu klein, so fließt diese zu rasch ab. Aus diesem Grunde empfehlen sich einregulierbare Gitterwiderstände.	Auch diese Fehler machen sich beim Empfang hauptsächlich in Form von kratzenden Geräuschen unangenehm bemerkbar.
9. Beim Rückkopplungsempfänger ist die Rückkopplung zu stark bemessen. Dieses kann nicht nur durch zu feste Kopplung der Spule an und für sich bewirkt werden oder durch falsche Heizung und unrichtiges Anodenfeld, sondern beispielsweise auch durch eine zu große Gitteraufladung. Es ist peinlichst darauf zu achten, daß jeder Rückkopplungsempfänger stets nur innerhalb der zulässigen Grenzen benutzt werden darf, d. h. also, daß wohl im Gebiet der Dämpfungsreduktion gearbeitet wird, nicht aber, daß von der Apparatur Sendeschwingungen ausgestrahlt werden dürfen.	Die bekannten pfeifenden und rauschenden Rückkopplungsgeräusche.

Röhrenverstärker.

In den Verstärkerzusätzen können gleichfalls erhebliche Fehler auftreten, welche den Empfang verderben, mindestens aber ungünstig beeinflussen können. Einige derselben sind folgende:

Niederfrequenzverstärker.

1. Die Zu- oder Ableitungen zur Apparatur oder in der Apparatur zeigen Unterbrechungen oder mangelhafte Kontakte.	Im besonders ungünstigen Fall kann der Empfang hierdurch völlig aussetzen. Mindestens aber wird er durch summende und kratzende Geräusche usw. stark gestört.
2. Die Heizbatterie ist falsch angeschlossen.	Verzerrungsgeräusche beim Empfang.
3. Die meisten Störungen treten durch unrichtig gewählte oder mangelhaft ausgeführte Transformatoren auf. Prinzipiell gilt, daß	Die Folgen sind meist kratzende Geräusche, welche den Empfang

Fehler:	Auftretender Effekt:
nicht mehr als höchstens drei Niederfrequenztransstufen angewendet werden sollten, da sonst eine zu erhebliche Verzerrung durch die eisengefüllten Transformatoren bewirkt werden kann. Aber auch die Anordnung der Transformatoren in der Apparatur ist außerordentlich wesentlich. Genügender Luftabstand zwischen den Transformatoren muß vorgesehen werden. Zweckmäßig werden bei Mehrfach-Verstärkern die Transformatoren mit 90^0 gegeneinander versetzt angeordnet. Auch das richtige Übersetzungsverhältnis ist wesentlich. Für mittlere Verhältnisse gelten Übersetzungen von 1:4 bis 1:6. Vor dem Einbauen sollten die Transformatoren eingehend durchgeprüft werden, nicht nur auf ihre Übersetzungsverhältnisse, sondern auch auf die einwandsfreie Stromzu- und Ableitungen, welche zuweilen durch den Transport beschädigt werden. Es ist auch im Falle des Auftretens von Störungen festzustellen, ob die primären und sekundären Windungen richtig angeschlossen sind und ob nicht etwa eine Vertauschung der Anschlüsse vorliegt.	mehr oder weniger beeinträchtigen können.
4. Weniger sorgfältig hergestellte Transformatorausführungen zeigen eine gewisse Hygroskopizität; durch Austrocknen ist im allgemeinen Abhilfe zu schaffen.	Auch diese Erscheinung macht sich in kratzenden Geräuschen bemerkbar.

Hochfrequenzverstärker.

1. Der Hochfrequenzverstärker erhält die meist außerordentlich schwache Empfangsenergie, da es sich im allgemeinen um Rahmenempfang handelt, von besonders geringer Amplitude zugeführt. Infolgedessen ist es bei ihm in ganz besonderem Maße erforderlich, die Kontaktgüte zu prüfen.	Der Empfang kann völlig zum Aussetzen gebracht werden.
2. Die Wahl richtiger Röhren, welche nicht allzu leicht ins Schwingen kommen und die eine tunlichst geringe Eigenkapazität aufweisen.	Die Folgen sind sonst Eigengeräusche und unter Umständen Pfeifneigung.
3. Die Heizstromstärke ist richtig zu bemessen, und die Anordnung muß so getroffen sein, daß eine beliebige Feineinregulierung der Heizstromstärke möglich ist.	Es können sonst als Folgeerscheinung summende und kratzende Geräusche bewirkt werden.

Fehler:	Auftretender Effekt:
4. Der Röhrensockel muß nicht nur eine ausgezeichnete Isolation dauernd aufweisen, sondern er muß auch so ausgeführt sein, daß seine Kapazität tunlichst gering ist.	Die Folgen sind sonst kratzende und summende Geräusche im Empfangstelephon.
5. Wenngleich bei der Anordnung der Einzelteile im Hochfrequenzverstärker peinlichst darauf zu achten, daß diese so nahe als möglich aneinander angeordnet werden, so daß die Verbindungsleitungen tunlichst kurz sind, so ist doch unbedingt zu vermeiden, daß die Drahtführung, insbesondere bei geringem Abstande voneinander, parallel zueinander laufen. Hierdurch können nicht nur erhebliche innere Kapazitätswirkungen auftreten, sondern es entstehen auch unerwünschte Rückkopplungen.	Die Folgen sind, wie bereits angedeutet, die durch unerwünschte Rückkopplungen auftretenden Störungen, insbesondere Verzerrungen und starke Lautstärkeschwankungen.
6. Bei Benutzung von Hochfrequenztransformatoren können in diesen bei ungeschickter Anordnung leicht Rückkopplungen auftreten. Es empfiehlt sich aus diesem Grunde, die Transformatoren, insbesondere, wenn ihr Abstand voneinander gering ist, so zu montieren, daß ihre Achse um 90° gegeneinander versetzt wird.	Namentlich rauschende und kratzende Geräusche können die Folgeerscheinungen ungünstig montierter Hochfrequenz-Transformatoren sein. Aber auch pfeifende Rückkopplungsgeräusche können leicht auftreten.
7. Besonders häufig wird bei Hochfrequenzverstärkern der Fehler gemacht, die Gitterleitung des oder der Hochfrequenzverstärker falsch anzuschließen, sei es, daß die falsche Verbindung nach dem Empfangskreise hinter den Zwischentransformatoren oder nach der Anodenbatterie hin bewirkt worden ist.	Als Folge kann im ungünstigsten Falle ein völliges Ausbleiben des Empfanges auftreten; in weniger krassen Fällen wird der Empfang mehr oder weniger verzerrt.
8. Die Anodenspannung muß die genügende Größe besitzen.	Die Lautstärke ist sonst zu gering.

Indikationsapparate (Telephon bzw. Lautsprecher).

Die Stromamplitude, welche den Indikationsinstrumenten zugeführt wird, ist außerordentlich viel geringer als die Empfangsamplitude. Infolgedessen ist die Zahl der Störungsmöglichkeiten, mindestens soweit die vollkommene Unterbrechung inbetracht kommt, auch lange nicht so groß als beim Abstimmungskreis, Detektor oder dgl.

Andererseits weist nicht nur das Telephon, sondern vor allem der Lautsprecher zahlreiche innere Störungsmöglichkeiten auf. Ein häufig beobachteter Fehler besteht darin, daß die Membrane, welche ja meist auch beim Lautsprecher verwendet wird, nicht fest genug gezogen ist, so daß klirrende und kratzende Geräusche entstehen. Im übrigen treten im besonderen noch folgende Fehler auf:

Fehler:	Auftretender Effekt:
1. Die beweglichen Zuführungsleitungen sind entweder in sich gebrochen, oder, was meist bei Fehlern der Fall ist, es sind die Anschlüsse an den Kabelschuhen unterbrochen.	Die Folgeerscheinung besteht darin, daß infolge der völligen Unterbrechung die Lautstärke 0 ist.
2. Die Telephon- oder Lautsprecher-Anschlußverbindungen machen keine genügenden Kontakte oder die Isolation führt mehr oder weniger zu einem Kurzschluß.	Hierdurch wird die Lautstärke mehr oder weniger beeinträchtigt. Im extremen Falle kann der Empfang völlig zum Aussetzen gebracht werden.
3. Die Erregerspulen der Magnete zeigen entweder in sich Unterbrechungsstellen der Leitungsführung oder an den Anschluß- und Verbindungskontakten sind Unterbrechungen vorhanden.	Die Folge ist eine Empfangsschwächung, welche sich bis zum völligen Versagen des Empfanges steigern kann.

5. Vorsichtsmaßregeln, die beim Aufbau und der Benutzung von Radioempfängern beachtet werden sollten[1]).

Da oft Kleinigkeiten einen sehr erheblichen Einfluß auf die Resultate bei Empfängern ausüben, erscheint es zweckmäßig, die Aufmerksamkeit auf einige mehr oder weniger wichtige Vorsichtsmaßregeln hinzulenken, die tunlichst beobachtet werden sollten.

1. Beim Aufbau eines Empfängers ist es vorteilhaft, alle Leitungsverbindungen zu verlöten, sofern sie nicht mit Schraubkontakten oder Anschlüssen fest verbunden sind. Nachdem der gesamte Empfänger vollständig zusammengesetzt ist, sollten die Leitungsverbindungen gleichfalls soweit als möglich miteinander verlötet werden.

2. Man soll die Ableitung von der sekundären Gitterverbindung des Transformators mit dem Gitter der Verstärkungsröhre so kurz als möglich gestalten.

3. Man soll den Verstärkungstransformator so nahe als möglich an die Verstärkungsröhre heransetzen.

4. Man soll den veränderlichen Antennenkondensator so nahe als möglich an der Antennenzuführung montieren, sei es auf dem Paneel oder der Empfangstischplatte.

5. Es ist zweckmäßig, die veränderliche Kopplungsvorrichtung möglichst nahe am Antennenkondensator zu befestigen.

6. Um die besten Resultate zu erzielen, ist ein gut abgeschlossener Gitterwiderstand und Gitterkondensator zu benutzen.

---

[1]) Zum Teil nach einem Katalog von „The Dayton Fan & Motor Co.“ Dayton, Ohio U. S. A. 1922.

7. Man soll für alle Verbindungsleitungen Kupferdraht benutzen, entweder in Form von doppelseidenumsponnenem Draht oder emailliert oder aber auch unisoliert. Für Verbindungen zwischen den Instrumenten und Apparaten genügt die Drahtnummer 22 (0,7 mm $\varnothing$), welche aber auch durch eine steifere Ausführung ersetzt werden kann, falls gewünscht. Für die Verbindungsleitung mit der Heizbatterie sollte keine geringere Drahtstärke als Nr. 16 gewählt werden.

8. Bei der Montage der Apparatur auf einem Panel ist es wünschenswert, die Einzelinstrumente gegen die kapazitive Wirkung des Empfangenden zu schützen. Dies kann leicht bewirkt werden dadurch, daß die Rückseite des Paneels mit Zinnfolie oder mit einem nichtmagnetischen Überzug belegt wird, der nur mit denjenigen festen Anschlußpunkten der Montage verbunden wird, die geerdet werden. Dieser Schutz muß an allen anderen Stellen von Verbindungspunkten Aussparungen erfahren. Wenn Hochfrequenzverstärkung angewendet werden soll, ist es zweckmäßig, die Transformatorgestelle zu erden.

9. Es soll daran erinnert werden, daß der positive Pol der Anodenbatterie stets mit der Anode der Vakuumröhre verbunden werden muß.

Wenn für die Anodenspannung eine Akkumulatorbatterie benutzt wird, sollte in dem Stromkreis eine Sicherung eingeschaltet werden, um die Apparatur zu schützen.

10. Wenn blanker Draht benutzt wird, sollten die Leitungen mit Isolierrohr umgeben werden.

11. Man soll die Verbindungsleitungen nicht länger machen, als absolut notwendig ist. Je größer die Verstärkung gewählt wird, um so mehr ist auf die Anordnung und gute Isolation der Instrumente und Einzelteile zu achten. Je kürzer die Verbindungsleitungen sind, um so weniger liegt für die Röhrenkreise die Tendenz zugrunde, im Audiofrequenzbereich zu schwingen oder Pfeifgeräusche hervorzurufen. Dies ist in besonderem Maße zu beachten bei Hochfrequenzverstärkung.

12. Man soll das Variometer und die Kopplungsvorrichtung nicht unter 4 Zoll [$\sim$ 102 mm] (zwischen den Achsen) aneinandersetzen.

13. Man soll für Lötzwecke keine Säure benutzen. Das beste Lötmittel für diesen Zweck ist Kolophonium.

14. Man soll besonders darauf achten, daß die primären und sekundären Zuleitungen nicht parallel zueinander verlaufen und zu nahe beieinander sind. Wenn es notwendig ist, die prämären und sekundären Leitungen parallel zu legen, sollten diese wenigstens $^1/_2$ Zoll [13 mm] Abstand voneinander besitzen. Es ist weit besser, diese Leitungen rechtwinklig zueinander zu verlegen, sofern dies möglich ist. Hierdurch werden auch Pfeifgeräusche unterdrückt.

15. Man soll nicht die Anodenbatterie über den Heizdraht einer Röhre verbinden. Sorglosigkeit in dieser Beziehung bewirkt, daß die teuren Röhren durchbrennen können.

16. Man soll Schellack zu Isolationszwecken der einzelnen Instrumente tunlichst nicht benutzen, auch nicht bei Verbindungsleitungen. Wenn es wünschenswert ist, Drähte an einer Unterlage zu befestigen, so kann man dies mit Paraffin oder mit hochwertigem Isolierlack bewirken.

6. Schwierigkeiten der Reflexschaltungen und ähnlicher Kunstschaltungen für den Radiofabrikanten.

Während für den Radioamateur die Herstellung und Bedienung von Reflexschaltungen ein überaus dankbares Gebiet ist, da hiermit einerseits nicht nur an Energie und Einzelteilen für die Apparatur erheblich gespart werden kann, um ausgezeichnete Empfangseffekte zu erzielen, bedeutet diese Empfängertype für den Radiofabrikanten mehr oder weniger stets eine gewisse Gefahr. Der Radiofabrikant muß seine Empfangsapparatur in der Weise erzeugen, daß er nach einem wohl durchgeprüften Modell tunlichst im Schablonenbiegeverfahren die Leitungen biegt und sie an nach Lehren gebohrte und montierte Platten anschließt. Wenngleich hierbei eine große Regelmäßigkeit, insbesondere bei eingearbeiteten Betrieben, bewirkt werden kann, so sind doch immerhin kleine Varianten möglich, welche infolge des Umstandes, daß jede Röhrenapparatur gleichsam als Ultramikroskop wirkt, für die Wirkungsweise äußerst abträglich sein können.

Es kommen noch weitere ungünstige Umstände hinzu. Die häufig etwas verschiedenartig ausfallende Isolation, z. B. der Röhrensockel, die stark variierenden Eigenschaften der Silitableitungswiderstände u. a. m. können eine erhebliche Veränderung in der Wirkungsweise der einzelnen Apparate hervorrufen. Es kommt weiter hinzu, daß die Benutzer häufig wahllos Röhren verschiedenster Firmen gebrauchen, auch solche Ausführungen, deren Charakteristik usw. für den Reflexempfänger durchaus nicht passend ist.

Zu einer vollen Katastrophe kann die Angelegenheit dagegen werden, daß Reflexempfänger mit einem Kristalldetektor als reflektierendem Gliede benutzt werden. Die hierdurch bewirkten außerordentlich großen Widerstandsvariationen können die Arbeitsweise des Reflexempfängers vollkommen in Frage stellen und unter Umständen bewirken, daß der Apparat weit schlechter arbeitet als irgendein anderer gewöhnlicher Röhrenempfänger.

XX. Prüf- und Meßinstrumente.

Derjenige R.-T.-Interessent der lediglich mit einem Kristalldetektor zu empfangen wünscht, braucht sich keine Meßinstrumente anzuschaffen, es sei denn, daß er bei der ersten Installation seinen Empfänger, der meist ein Primärkreisempfänger sein wird, eichen will.

Wer jedoch tiefer in das Wesen der Radionachrichtenübermittlung eindringen will, wird auf gewisse Messungen, mindestens solche einfachster Art, nicht verzichten können. Spannungsmessungen sind sogar schon beim Arbeiten mit Röhrenempfängern erforderlich, da alsdann die Voltzahl des Heizakkumulators und der Hochspannungsbatterie festgestellt werden muß; das erstere beim Aufladen, was der R.-T.-Interessent im allgemeinen selbst bewirken wird, die letztere Messung, wenn die Batterie einige Zeit in Gebrauch war und zu befürchten ist, daß die abgegebene Spannung für den anstandslosen Betrieb des Empfängers nicht mehr ausreicht. Bei Benutzung der dunkelbrennenden modernen Sparröhren kommt man mehr und mehr dazu, in die Apparate Meßinstrumente (Voltmeter, Amperemeter) direkt einzubauen, welche im Betriebe abgelesen werden müssen.

Darüber hinaus wird aber der Amateur, der sich selbst vom physikalischen Verhalten der Kristalldetektoren gewisser Hochfrequenzwiderstände, insbesondere aber aller Röhren und Röhrenschaltungen unterrichten will, genötigt sein, meßtechnisch vorzugehen. Es sollen daher im nachstehenden wenigstens einige der am meisten vorkommenden Instrumenttypen, der Eichskalen, sowie sonstige Gesichtspunkte kurz erörtert werden.

1. Meßapparate.

a) Der Prüfsummer.

In vielen Fällen ist es nur erwünscht, festzustellen, ob z. B. die Leitungsführung eines Apparates und die Kontaktstellen in Ordnung sind. Auch tritt vielfach der Wunsch auf, einen Detektor auf seine Empfindlichkeit hin oberflächlich zu untersuchen und annähernd auf maximale Lautstärke einzustellen.

Zu diesem Zweck ist es nicht erforderlich, eine immerhin einen gewissen Raum einnehmende, verhältnismäßig kostspielige und an Starkstrom gebundene Sendeapparatur aufzustellen oder einen gleichfalls für den Amateur häufig nicht ganz leicht zu beschaffenden Wellenmesser zu verwenden. Man gelangt in solchen Fällen weit einfacher zu dem gewünschten Ziel durch eine sog. „Prüfsummeranordnung“, die in früheren Zeiten auch „Lockklingel“ genannt wurde. Diese Anordnung besteht in einfachster Weise aus einem kleinen Summer oder Wagnerschen Hammer, der mit einem Element, einer Kontaktstelle und einer Spule in Serie geschaltet ist. Sobald man die Kontaktstelle betätigt, wird der Elementstrom geschlossen, der Summer eingeschaltet, und die Spule ist der Sitz von Schwingungen zwar sehr geringer Energie, die aber immerhin ausreicht, um die vorgenannten Untersuchungen auszuführen.

Eine besonders kleine, handliche Ausführung des Prüfsummers von M. Baumgart gibt Abb. 928 in Ansicht und Abb. 929 im Schnitt wieder. In einem leichten zylindrischen Gehäuse e ist ein gut auswechselbares Element b angeordnet, welches durch Lösen des Boden-

Abb. 928. Ansicht des Prüfsummers von Baumgart.

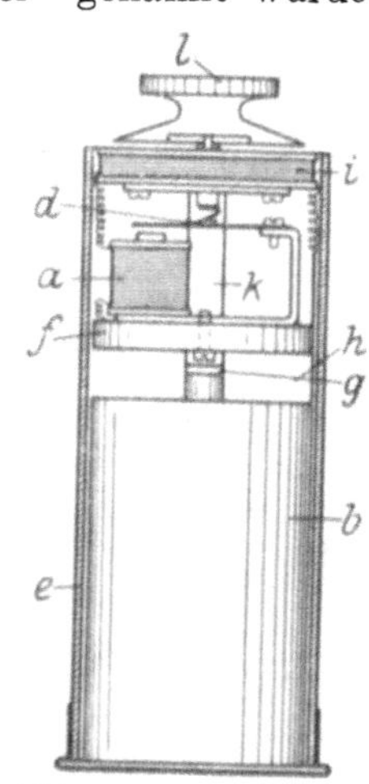

Abb. 929. Schnitt durch den Prüfsummer von Baumgart.

verschlusses von *e* herausgenommen werden kann. Immerhin ist die Benutzungsdauer eine ziemlich lange, da die Stromentnahme nur äußerst gering ist. Die Kontaktgebung des Elements mit der Grundplatte *f*, auf welcher der eigentliche Summer *a* montiert ist, erfolgt einerseits mittels einer Feder *g*. Der andere Pol des Elements *h* ist direkt an die über dem Summer angeordnete Induktionsspule *i* geführt. Die Unterbrechungen des Summers erfolgen an der sehr exakt ausgeführten und besonders rein zu haltenden Kontaktstelle *d*, welche durch den Summeranker betätigt wird. Durch die kleine Traverse *k* wird das obere Schild des Gehäuses gegen die Summergrundplatte abgestützt.

Um einerseits den Summer ein- und ausschalten zu können, andererseits eine Nachregulierung der Unterbrechungszellen (Tonhöhe), welche normalerweise im musikalischen Tonbereich liegt, bewirken zu können, ist ein Knopf *l* oben auf dem Summer vorgesehen.

Dieser Summer hat, abgesehen von seinen elektrischen Vorteilen, einen guten und andauernden, leicht einregulierbaren Summerton zu ergeben und demzufolge eine regelmäßige Unterbrechungswirkung zu bewirken, noch den weiteren Vorteil, daß er bequem in der Tasche mitgeführt werden kann und infolge der kleinen Abmessungen ohne weiteres in Empfänger, Spulen, welche erregt werden sollen, hineingesteckt werden kann.

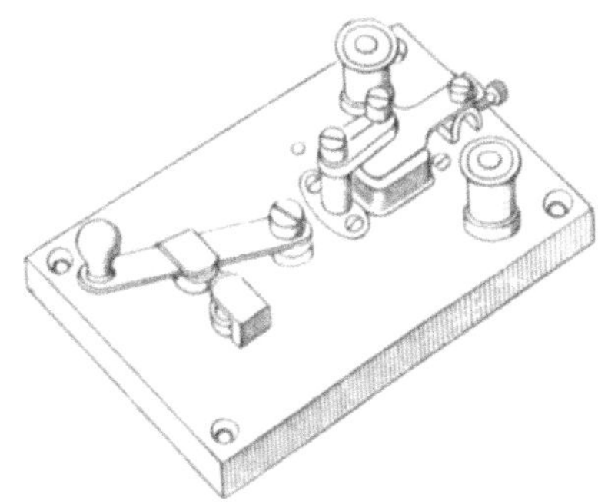

Abb. 930. Prüfsummer nebst Schalter auf einem Brett montiert (Silbertown Co., London E. C. 4)

Eine andere gleichfalls sehr einfache Zusammenschaltung eines Prüfsummers nebst Schalter der Firma Silbertown Co. in London gibt Abb. 930 wieder. Die Batterieanschlüsse werden an den vorn angebrachten Klemmen bewirkt. Die Ein- und Ausschaltung erfolgt durch den Schalter. Die Einregulierung der Tonhöhe des Summers ist in einfachster Weise durch eine kleine Einstellschraube möglich.

Einen sehr hübsch ausgeführten Radioprüfer, „Radio-Test" genannt, stellt das Elektro-Installations-Materialwerk, G. m. b. H. Frankfurt a. M.-West, her. Dieser besteht in einem kleinen Kästchen nebst Anschluß-, kontakt; in ersterem ist ein Summer nebst Batterie erhalten. Es kann mit diesem Apparat sehr rasch und einfach die Betriebsbereitschaft des Empfängers festgestellt werden.

b) Die Parallelohmanordnung.

Häufig wird der Radioamateur das Bestreben haben, festzustellen wie groß etwa die Lautstärke ist, mit der er empfängt, um so mehr, als er in der Literatur häufig Lautstärkeangaben findet. Im allgemeinen und wenn keine besonderen Hilfsapparate zufällig vorhanden sein sollten, wird für den Amateur die sehr einfach zu verwirklichende sog. „Parallelohmmethode" inbetracht kommen.

Die hierbei übliche Schaltung bei Benutzung eines Telephons als Indikator ist gemäß Abb. 931 sehr einfach.

Unter Verwendung irgendeiner Empfangsschaltung wird parallel zum Detektor *a* oder parallel zum Festkondensator *b* ein fein regulierbarer, möglichst kapazitäts- und selbstinduktionsfreier, geeichter Widerstand *c* geschaltet. Dieser wird so einreguliert, daß der Empfang im Telephon *d* gerade verschwindet. Je kleiner der abgelesene Parallelwiderstand ist, um so größer ist *c p*, die Empfangsenergie.

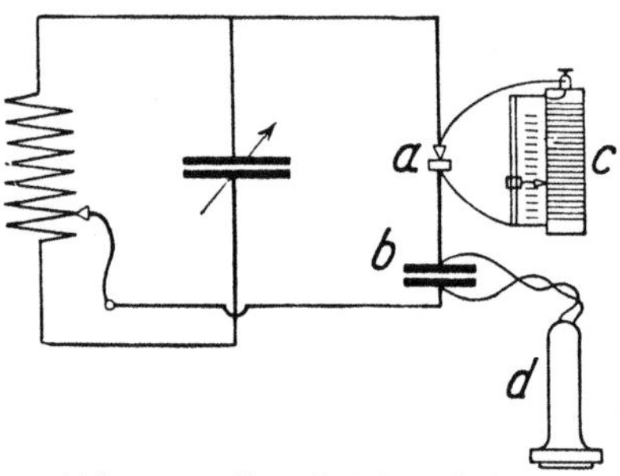

Abb. 931. Parallelohmschaltung.

Anstelle des Widerstandes kann man auch eine veränderliche Kopplungsanordnung anwenden, mittels derer der Detektorkreis mit dem empfangenden System gekoppelt wird. Auch hierbei ist die Festigkeit der Kopplung mindestens ein relatives Maß für die Empfangsenergie bzw. Stromstärke.

Man kann auch das Telephon *d* durch ein hochempfindliches Galvanometer (Empfindlichkeit 10^{-6} bis 10^{-7}) ersetzen, den Parallelwiderstand ganz fortlassen und somit direkt die Empfangsstromstärke bestimmen.

Neuerdings wird häufig nicht mehr, wie dies früher üblich war, der Wert in Parallelohm angegeben, wobei also eine Parallelohmzahl einer geringen Empfangslautstärke entsprach, sondern es wird das reziproke Verhältnis angegeben.

Man bezeichnet also

$$\text{Lautstärke} = 1 + \frac{\text{Telephonwiderstand}}{\text{Parallelohmwiderstand}}.$$

In diesem Ausdruck ist zweckmäßigerweise der Telephonwiderstand mitberücksichtigt.

In der Praxis wird fast ausschließlich die Parallelohmmethode mit Hörempfang (Abb. 931) angewandt. Ihre Nachteile sind das subjektive Abhören mit dem Telephon, wodurch sehr erhebliche[1]) Fehler möglich sind und insbesondere die Tatsache, daß die Detektoren weder hinsichtlich ihrer Empfindlichkeit gleichartig sind, noch während der Aufnahme oder im Ruhezustand immer konstant bleiben. Wohl der wesentlichste Nachteil ist aber der, daß zwischen Empfangsstromstärke bzw. Empfangsenergie und der Größe des Parallelwiderstandes keine Proportionalität besteht (Klages, Demmler). Infolge dieses und der anderen Nachteile kommt die Parallelohmmethode nur für vergleichende quantitative Messungen inbetracht.

[1]) Infolge der physiologischen Verschiedenheiten bei verschiedenen Experimentatoren können Differenzen bei der Lautstärkenaufnahme bis zu mehreren 100 Prozent auftreten. Es kommt weiterhin beim tönenden Empfang hinzu, daß auch die Tonhöhe noch wesentlich mitspricht, da die tieferen Töne erheblich stärker akustisch gedämpft sind als hohe Töne. Wo hier das Optimum liegt, ist bis jetzt gleichfalls noch nicht genau festgestellt.

c) Empfindlichkeitsprüfung eines R.-T.-Hörers.

Für jeden, der einen Hörer kauft, ist es nicht nur notwendig, sich davon zu überzeugen, daß derselbe mit angenehmem Druck gegen die Ohren anliegt und daß sein Gewicht nicht allzu schwer ist, da sonst leicht Ermüdungserscheinungen eintreten können, sondern man muß sich auch vergewissern, daß der Hörer die nötige Empfindlichkeit besitzt, da sonst die gewünschte Empfangslautstärke nicht erzielt werden kann.

Eine sehr einfache Prüfung jedes Kopfhörers besteht darin, daß man die Enden der Zuleitungsschnur mit der Zunge berührt. Es muß alsdann bei einem empfindlichen Hörer bei jeder Berührung und beim Loslassen der Zunge ein leichtes Knacken zu hören sein. Dieser Effekt wird dadurch hervorgerufen, daß eine geringe Spannungswirkung durch die Säure des Speichels erzeugt wird.

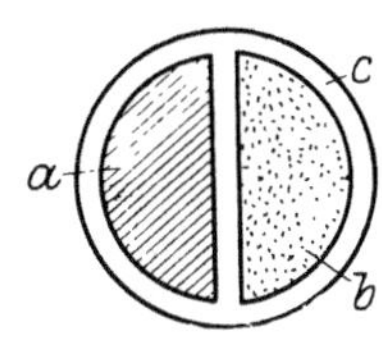

Abb. 932. Telephonprüfungselement von O. Kappelmayer.

Sehr zweckmäßig hierfür ist auch die Benutzung kleiner Elemente, welche als sog. Telephonprüfer im Handel zu haben sind.

Man kann sich auch dieses Element sehr gut nach O. Kappelmayer selbst herstellen. Gemäß Abb. 932 wird ein alter Kupferpfennig *a* gehälftet und ebenso wie ein kleines Stückchen Stanniol *b* auf eine Scheibe aus isoliertem Material, z. B. Glimmer *c* aufgeklebt. Wenn die Trennfuge mit Speichel überbrückt wird, ist ein kleines Element gebildet, und es entsteht ein deutliches Knacken im Telephon, wenn die Zuführungsenden des Telephons mit *a* und *b* berührt werden.

Diejenigen Hörer, welche mit einer Empfindlichkeitseinstellung versehen sind, bedürfen einer besonders feinen Einstellung vor oder während der Benutzung. Am einfachsten wird der gewünschte Effekt dadurch erzielt, daß man während des normalen Empfanges an der Feineinstellschraube so lange dreht, bis das Optimum an Lautstärke erzielt ist. Es ist hierbei zu beachten, daß die Klangreinheit durch die Einregulierung nicht leiden darf. Unter Umständen kann ein etwas leiserer Empfang, welcher klangrein ist, vorteilhafter sein, als die Erzielung einer größeren Lautstärke.

d) Lautstärkeprüfer von Gans & Goldschmidt.

Genauere Meßresultate als mit dem gewöhnlichen Parallel-Ohmwiderstand werden selbstverständlich erhalten, wenn man eine Wheatstonesche Brückenschaltung verwendet. Eine solche ist bei dem Lautstärkeprüfer von Gans & Goldschmidt gemäß Abb. 933 verwendet.

In der einen Diagonale der Brücke ist die Batterie nebst Summer eingeschaltet, während in der andern der Hörer für Nullinstrument eingeschaltet ist. An die Kontakte rechts wird die Batterie angeschlossen.

Bei Abgleichung der Brücke, was mittels des aus der Abbildung vorn erkennbaren Drehknopfes geschieht, der einen Zeiger trägt, welcher die Eichskala bestreicht, ist das Geräusch im Hörer, welcher an die links in der Abbildung erkennbaren Kontakte angeschlossen wird, ein Minimum.

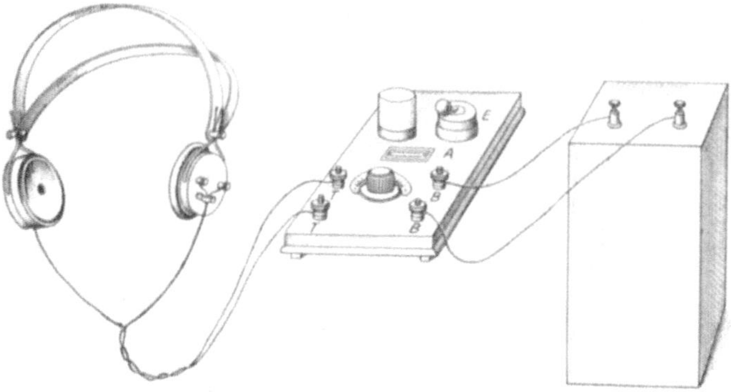

Abb. 933. Lautstärkeprüfer (Wheatstonesche Brückenanordnung) von Gans & Goldschmidt

Ein derartiger Lautstärkeprüfer kann nicht nur dazu benutzt werden, um die Empfindlichkeit von Hörern festzustellen, sondern er ermöglicht auch die Messung und den Vergleich der Lautstärke der verschiedenen T.-R.-Sender.

e) Wellenprüfer.

Es ist nicht immer erforderlich, einen exakt arbeitenden Wellenmesser aufzustellen. Andererseits genügt aber vielfach der Prüfsummer auch nicht, da er ja nur geringe Energie im gesamten Wellenbereich des Empfängers erzeugt.

Abb. 934. Wellenprüfer der Radiofrequenz G. m. b. H.

In solchen Fällen verwendet man vorteilhaft einen sog. Wellenprüfer, welcher einfacher und billiger als ein gewöhnlicher Wellenmesser zusammengebaut werden kann. Ein solches Instrument der Radiofrequenz G. m. b. H. zeigt Abb. 934. In einem Holzkasten ist ein Drehkondensator mit Trockenbatterie und Summer angeordnet (sog. Lodge-Eichhornschaltung). Obenauf wird diejenige Spule eingestöpselt, deren Wellenbereich jeweilig gewünscht wird. Der Wellenprüfer wird in der Nähe des Empfängers aufgestellt, und man ist auf diese Weise nicht nur in der Lage, das ordnungsgemäße Arbeiten des Empfängers zu kontrollieren, sondern auch festzustellen, welche Sendestation jeweilig empfangen wurde.

f) Radioamateurwellenmesser.

Als wichtigstes Meßinstrument der gesamten Radiotechnik ist der Wellenmesser anzusprechen. Während für die Radio-Verkehrstechnik verschiedene Modalitäten geschaffen worden sind, um die Wellenlänge zu messen, in der Hauptsache jedoch ein geeichter Resonanzkreis mit Indikationsinstrument benutzt wurde und auch noch wird, kommt für den Radioamateurbetrieb lediglich ein auf die Resonanzlage geeichter Meßkreis inbetracht.

Die einfachste Form eines derartigen Resonanzmeßsystems besteht in einem kontinuierlich variablen Kondensator, einer stufenweise auswechselbaren Selbstinduktionsspule und zur Aufnahme von gedämpften Schwingungen, deren Wellenlängen bestimmt werden sollen, einem Detektor nebst Telephon. Bei der Messung von ungedämpften Schwingungen wird eine Detektor-Summerkombination mit Telephon als Resonanzindikator, zum Senden von Schwingungen bestimmter Wellenlängen schwacher Intensität ein Summer verwendet.

Für R.-T.-Interessenten und Bastler eignet sich beispielsweise sehr gut eine sehr leicht zu bedienende und billige Ausführungsform des geeichten Wellenmessers von M. Baumgart, gemäß den Abb. 935 und 936, welcher normalerweise für den Wellenbereich von 200 m bis 2200 m hergestellt wird. Das Schaltungsschema gibt ein Bild vom Aufbau: *a* ist die Selbstinduktionsspule, *b* der Drehkondensator. Um bei Empfang das Maximum der Lautstärke, also den Resonanzpunkt feststellen zu können, dient der Kristalldetektor *c*, welcher mit dem Kopfhörer *d* in Serie geschaltet ist, zu welch letzterem ein Festkondensator *e* parallel liegt.

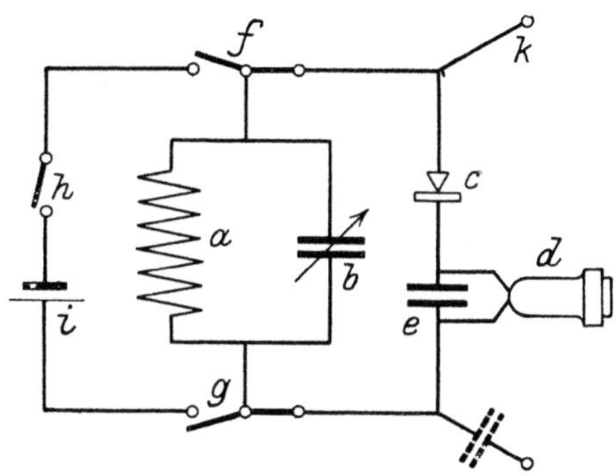

Abb. 935. Schaltschema des Wellenmessers.

Bei dieser Schaltung kann der Wellenmesser auch direkt als Empfänger benutzt werden, da er ein äußerst schwach gedämpftes System *a b* darstellt, welches an den Klemmen *k* und *l* an Antenne und Erde angeschlossen wird, und mit dem hochempfindlichen Kristalldetektor *c* und dem Kopfhörer *d* eine Aufnahme der Empfangszeichen ermöglicht.

Um den Wellenmesser als geeichten Sender äußerst schwacher Energien benutzen zu können, also ein Fall, der immer dann eintreten wird, wenn man feststellen will, welche Wellenlänge jeweilig von irgendeinem der R.-T.-Sender aus, auf den Grad der Empfänger abgestimmt ist, empfangen wurde, wird der Schalter *f g* betätigt, wodurch der Summer *h* nebst Erregerbatterie *i* angeschaltet wird. In diesem Fall darf naturgemäß der Wellenmesser nicht mit Antenne und Erde verbunden sein, sondern es muß vielmehr induktiv durch die Spule *a* die Energie auf den Empfänger übertragen werden, wobei man von Fall zu Fall die günstigsten Entfernungen zwischen dem als geeichten Sender arbeitenden Wellenmesser und dem Empfänger auszunutzen hat.

Eine Außenansicht des Wellenmessers zeigt Abb. 936. Die aufsteckbare Honigwabenspule *a* sitzt oben auf der Schaltplatte. *b* ist der Griff des Drehkondensators, welcher entweder direkt in Wellenlängen geeicht sein kann, oder aber es erfolgt die Eichung mittels Kurve oder Tabellen. Die Umschaltung von Empfang auf Senden wird mittels des Schalt-

Abb. 936. Außenansicht des Wellenmessers von Baumgart.

knopfes *fg* bewirkt. Die Kontakte *k* für Antenne und *l* für Erde sind rechts erkennbar. Der Kopfhörer wird an die Kontakte *d* angeschaltet. Der Summer *h* ist oben auf die Schaltplatte aufgesetzt. Seine Betätigung, d. h. die Einschaltung des Elements, erfolgt mittels des Schaltknopfes *i*.

g) Die Kapazitätsmeßbrücke.

Es ist für den R.-T.-Interessenten, vor allem natürlich für den Bastler, von größter Wichtigkeit, rasch und ohne große Mühe die Kapazitätsgrößen, z. B. von Festkondensatoren für die verschiedensten Zwecke, von Antennen usw., festzustellen. Insbesondere die Nachmessung der im Handel üblichen Kondensatoren ist sehr wesentlich, da in vielen Fällen die hierbei angegebenen Kapazitätsgrößen durchaus nicht stimmen.

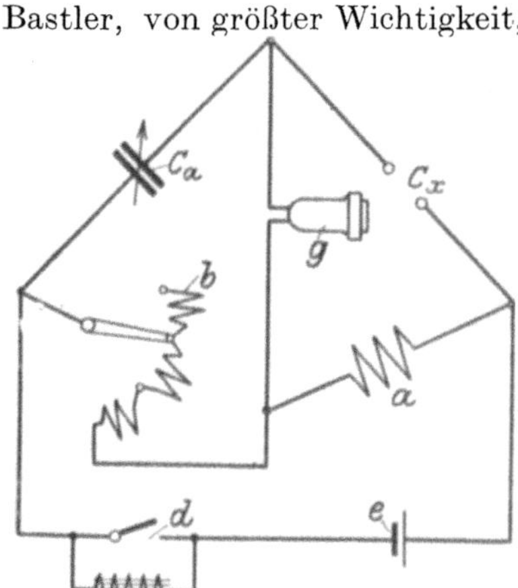

Abb. 937. Schema der Kapazitätsmeßbrücke.

Für die Kapazitätsmeßbrücke eignet sich am besten die Wheatstonesche Brückenschaltung, in der Form, wie sie Abb. 937 darstellt, mit entsprechenden Abänderungen von M. Baumgart versehen.

Wenn Gleichgewicht in der Brücke vorhanden ist, also im Anzeigeinstrument g, sei dies nun ein Galvanometer, oder ein Telephon, kein Strom fließt, gilt die Gleichung

$$C_x = \frac{b}{a} C_a;$$

Die Erregung der Brücke findet mittels des Summers d statt, der durch ein Element e gespeist wird. Die Spulen a und b sind tunlichst kapazitäts- und selbstinduktionsfrei gewickelt. Bei C_x wird der zu messende Kondensator angeschlossen. Es kann alsdann, wenn das erwähnte Gleichgewicht herrscht, die gesuchte Kapazität an der Skala

Abb. 938. Die Kapazitätsmeßbrücke von Baumgart.

von C_a entweder direkt oder mittels einer Tabelle oder Kurve abgelesen werden.

Eine diesem Schema entsprechende Ausführung der Kapazitätsmeßbrücke von M. Baumgart gibt Abb. 938 wieder. An den Klemmen e wird das Element angeschlossen. Der Drehknopf b betätigt die Schalterkontakte der im Innern des Kastens montierten Spulen b, wodurch die betreffenden Bereiche, welche jeweilig benutzt werden sollen, eingestellt werden. Die zu messende Kapazität wird an den Klemmen h angeschlossen. An den Klemmen g findet die Anschaltung des Telephons statt.

Die Ablesung der Kapazität erfolgt an der Skala i des Drehkondensators C .

Die vorstehende Meßbrücke ist geeignet für Kapazitätswerte im Bereich zwischen 80 cm und 60000 cm.

h) Anordnungen zur Feststellung des Selbstschwingens (Strahlens) von Röhrenempfängern.

Infolge der außerordentlichen Störung, welche auf benachbarte Empfänger durch selbstschwingende Empfänger ausgeübt werden kann, ist es wesentlich, einfache Anordnungen zu kennen, welche diese unerwünschte Schwingungserzeugung einwandfrei festzustellen gestatten. Hierzu gehören unter anderen folgende:

α) Messen des Schwingungsstromes durch ein Anodenkreisamperemeter.

Die Anordnung möge Abb. 939 entsprechen. Durch festere Kopplung der Rückkopplungsspulen m und n wird eine Steigerung der Amplitude des Anodenstromes J_A bewirkt. Im allgemeinen zeigt das Meßinstrument o bei normal arbeitendem, nicht strahlendem Empfänger eine Stromstärke bis zu etwa 2 MA an.

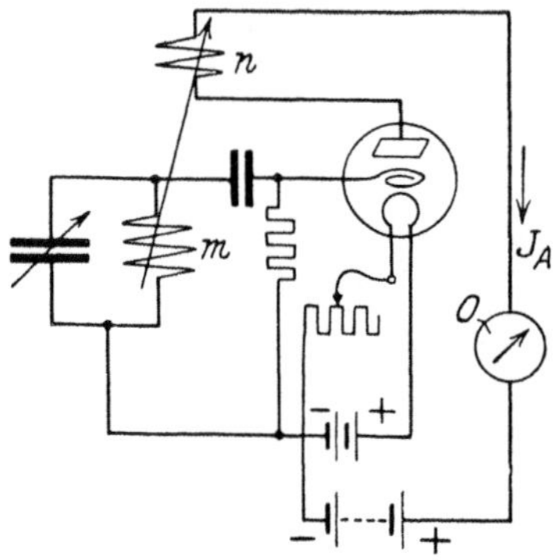

Abb. 939. Meßanordnung zur Feststellung der Strahlung eines Empfängers.

Sobald jedoch der Schwingungszustand einsetzt, also die Gitterspannung entsprechend der durch die Rückkopplung bewirkten, dem Gitter aufgedrückten Wechselspannung sich vermindert, sinkt die Anodenstromstärke J_A wesentlich, und zwar bis auf etwa die Hälfte des früheren Wertes, oder geht noch weiter zurück.

β) Feststellung des Schwingungseinsetzens mittels des Telephons.

Es ist bekannt, daß bei etwas Übung ohne weiteres festgestellt werden kann, ob die Schwingungen hart oder weich einsetzen. Im allgemeinen ist ein weiches Schwingungseinsetzen erwünscht, welches durch Wahl der im allgemeinen entsprechend negativ zu nehmenden Gittervorspannung erreicht werden kann. Bei diesem Zustand findet ein Ausstrahlen von der Antenne nicht statt.

Sofern man jedoch die Gittervorspannung mehr und mehr positiv macht, um so härter wird das Einsetzen der Schwingungen und um so mehr wird der Empfänger zum Strahlen neigen, bis schließlich, durch entsprechendes Knacken und Rauschen bemerkbar, der Strahlungszustand auch akustisch in die Erscheinung tritt.

γ) Feststellung des Schwingungseinsetzens mittels Rahmenempfängers.

Der mit Hochfrequenzverstärkung arbeitende Rahmenempfänger ist selbstverständlich in besonderem Maße geeignet, infolge seiner Hochempfindlichkeit ein eventuelles Schwingen und Ausstrahlen eines falsch arbeitenden Rückkopplungsempfängers festzustellen.

Die deutsche Postverwaltung hat die Vorschrift erlassen, daß ein Rückkopplungsempfänger nur dann für die Benutzung zugelassen wird, wenn ein Rahmenempfänger mit 50 cm Rahmenseitenlänge, der 50 m weit von dem Rückkopplungsempfänger entfernt aufgestellt ist und mit Dreifach-Hochfrequenzverstärkung arbeitet, einen Schwingungszustand des Empfängers nicht feststellen kann.

2 Meßinstrumente. Voltmeter, Amperemeter, Galvanometer.

Die Industrie liefert drei äußerlich voneinander verschiedene Typen von Meßinstrumenten von kleinen Abmessungen. Bei der ersten Type ist ein Flansch an das Instrument angesetzt, der mehrere Bohrungen aufweist, um das Instrument auf der Empfangsplatte aufzuschrauben. Der größte Durchmesser dieser Ausführungen beträgt meist ca. 75 mm. Sie wird sowohl mit Stromzuleitungen von vorn als auch von rückwärts geliefert. Bei der zweiten Type ist kein Flansch vorhanden; das Instrument hat vielmehr eine gerade zylindrische Form, und die Anschlußklemmen befinden sich auf der Rückseite. Auch dieses Instrument ist für die Befestigung auf der Empfängerplatte gedacht. Die dritte Anordnung ist für tragbare Zwecke bestimmt und wird entweder in Kastenform, besonders bei größeren Abmessungen, geliefert, oder in Form einer großen Taschenuhr ausgeführt in Gestalt von kleinen Volt- und Amperemetern, um die Spannung oder auch die Stromstärke von Akkumulatoren- oder Elementbatterien zu prüfen.

In diesen drei Ausführungsformen werden im allgemeinen die nach verschiedenen Systemen gebauten eigentlichen Meßanordnungen hergestellt. Für alle Gleichstrommessungen kommt in der Hauptsache die Benutzung des Drehspulsystems inbetracht; für Messungen des Hochfrequenzstromes werden nur kleine Hitzdrahtinstrumente verwendet, um tunlichste Unabhängigkeit von der Frequenz des zu messenden Wechselstromes zu erhalten. Für Galvanometerzwecke werden auch noch Magnetnadelanordnungen mit wenigen Windungen benutzt.

Abb. 940. Elektromagnetisches Voltmeter von Dr. S. Guggenheimer A.-G. Type E_1 oder P_1.

Ein häufig gebrauchtes Drehspulvoltmeter der Firma Dr. S. Guggenheimer ist in Abb. 940 wiedergegeben. Diese Instrumente werden für Gleichstrom und Wechselstrom nach dem elektromagnetischen Prinzip und für Gleichstrom allein auch für Präzisionsdrehspulinstrumente mit permanenten Magneten geliefert. Die elektromagnetischen Instrumente der Type E 1 besitzen keine proportionale Skala und sind für Gleich- und Wechselstrom bis zu 500 Perioden hinauf benutzbar. Als Präzisionsinstrumente, nur für Gleichstrom verwendbar, haben sie genau proportionale Skala vom Null- bis zum Endwert bei kleinem Energieverbrauch. Die E 1-Instrumente werden als Voltmeter bis 100 Volt direkt und bis 250 Volt mit separatem Vorschaltwiderstand ausgeführt, während die Amperemeter bis maximal 20 Ampere hergestellt werden können. Die Drehspulinstrumente werden bis 120 Volt direkt und bis 150 Volt mit separatem Vorschaltwiderstand geliefert, während die Amperemeter bis 15 Ampere mit eingebautem Shunt und für größere Stromwerte mit besonderem Shunt ausgeführt werden.

Derartige Instrumente sind für folgende Meßbereiche im Handel zu haben:

0	bis	2	Ampere
0	,,	5	,,
0	,,	6	,,
0	,,	10	,,
0	,,	15	,,
0	,,	25	,, usw.

In gleicher äußerlicher Ausführung werden Drehspulvoltmeter verkauft für folgende Skaleneinteilung:

0	bis	3	Volt
0	,,	5	,,
0	,,	6	,,
0	,,	10	,,
0	,,	15	,,
0	,,	30	,, usw.

Recht zweckmäßig sind Voltmeter mit normalisiertem dreipoligem Stecker etwa gemäß Abb. 941, da auf diese Weise mit einem Instrument wahlweise die Heizbatteriespannung oder Anodenspannung rasch gemessen werden kann.

Abb. 941. Voltmeter mit normalisiertem Dreipolstecker für die Spannungsmessung der Anodenbatterie und der Heizbatterie von Dr. S. Guggenheimer A.G.

Abb. 942. Voltmeter von Dr. S. Guggenheimer A. G., insbesondere für Sparröhrenmessungen mit eingebautem Umschalter.

3. Spannungs- und Strommeßinstrumente für Sparröhren.

Um mehrere Röhren mit einem Instrument rasch messen zu können, sind verschiedene Anordnungen getroffen worden, welche diese Messungen in ökonomischer Weise auszuführen gestatten.

Bei dem Voltmeter von Dr. S. Guggenheimer A. G., gemäß Abb. 942 ist ein Voltmeterumschalter eingebaut, mittels dessen die Spannungen bis zu 4 Röhren, eine nach der anderen, abgelesen werden können.

Ein anderer Weg ist bei dem Zwischenstecker, welchen Dr. S. Guggenheimer für die Aron E.-G. liefert, gemäß Abb. 943, eingeschlagen. Hierbei wird die Röhre mittels eines Zwischensteckers, den Abb. 944 wiedergibt, eingestöpselt, und die Spannung wird, wie dies Abb. 941 zeigt, mittels eines angehaltenen für diesen Zweck besonders von Guggenheimer konstruierten Voltmeters abgelesen.

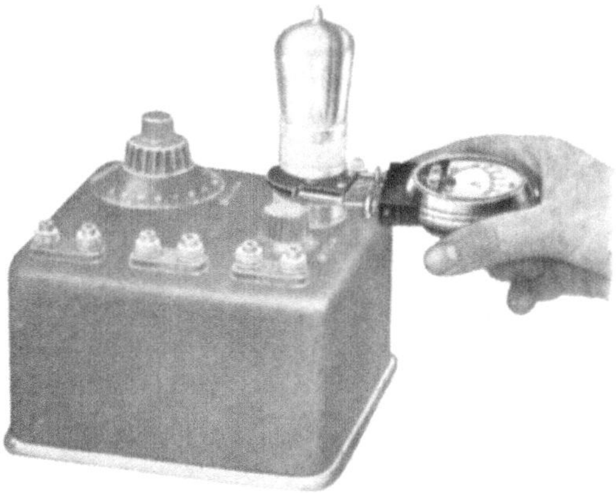

Abb. 943. Anhalten des Voltmeters an den Röhrenzwischenstecker (Aron E.-G.-Dr. S. Guggenheimer).

Abb. 944. Zwischenstecker.

a) Einsteckpräzisionsvoltmeter von Gans & Goldschmidt.

Während bei den R.-T.-Empfängern in Amerika schon vielfach der Einbau von kleinen Meßinstrumenten vorgenommen wird, die insbesondere bei dem außerordentlich geringen Glühen von Oxyd- und Thoriumkathoden ohne Meßinstrument leicht eine Überheizung und Zerstörung der Röhren eintreten kann, ist diese Anordnung bei deutschen Apparaten bisher kaum in Anwendung gekommen. Um die zweifelsohne hierdurch bewirkte gewisse Verteuerung zu eliminieren, kann ein mit zwei Steckkontakten versehenes Voltmeter, bzw. Amperemeter von Gans & Goldschmidt gemäß Abb. 945 verwendet werden. Das Voltmeter ist mit zwei Kontaktstiften versehen, welche in eigens hierfür am Sockel der betreffenden Röhre, deren Spannung, bzw. Heizstromstärke gemessen werden soll, angebracht sein müssen. Ein leichtes Einstecken der Steckkontakte genügt, um die Messung vorzunehmen. Die Schwierigkeit besteht zur Zeit nur darin, daß die normalen Röhrensockel mit derartigen Kontaktlöchern nicht ausgerüstet sind.

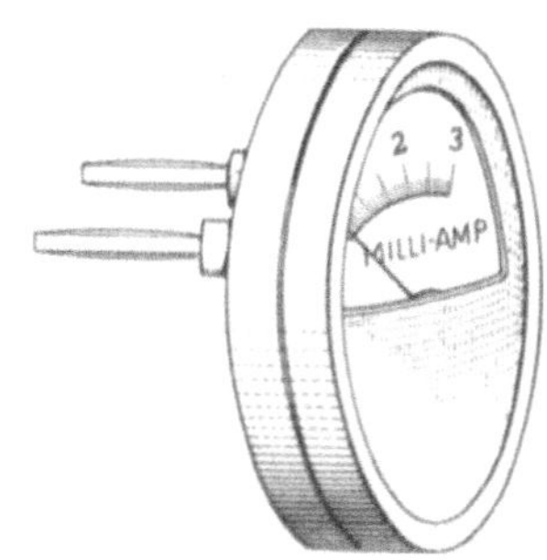

Abb. 945. Einsteck-Präzisionsvoltmeter von Gans & Goldschmidt.

Um das Instrument zu den Stromstärkemessungen zu benutzen, muß selbstverständlich ein entsprechender Shunt vorgesehen sein.

Bei den Hitzdrahtinstrumenten, die in England häufig in Form von „Thermoammetern" in den Handel kommen, sind angeblich die diesen Instrumenten häufig anhaftenden Schwierigkeiten überwunden, indem die angezeigten Werte nicht durch Temperaturwechsel des Meßraumes beeinflußt werden und auch von Audio- oder Radiofrequenzen unabhängig sein sollen. In englischen Spezialgeschäften werden diese Thermoammeter mit folgenden Eichskalen geliefert:

0 bis 1 Ampere
0 „ 1,5 „
0 „ 2 „
0 „ 2,5 „
0 „ 3 „ usw.

In gleicher Weise sind Thermomilliamperemeter zu haben in Eichungen von:

0 bis 125 Milliampere
0 „ 250 „
0 „ 500 „ usw.

In Deutschland werden verhältnismäßig kleine Hitzdrahtinstrumente von Dr. S. Guggenheimer A. G. geliefert. Die Ausführungsform eines Hitzdrahtamperemeters zeigt Abb. 946. Diese Type wird mit maximal 5 Ampere ausgeführt und zwar für Schalttafelaufbau mit einem Gehäusedurchmesser von 57 mm und einem Grundplattendurchmesser von 74 mm und für versenkten Einbau mit einem Flachring von 74 mm Durchmesser.

Abb. 946. Hitzdrahtamperemeter Type H. 11 von Dr. S. Guggenheimer.

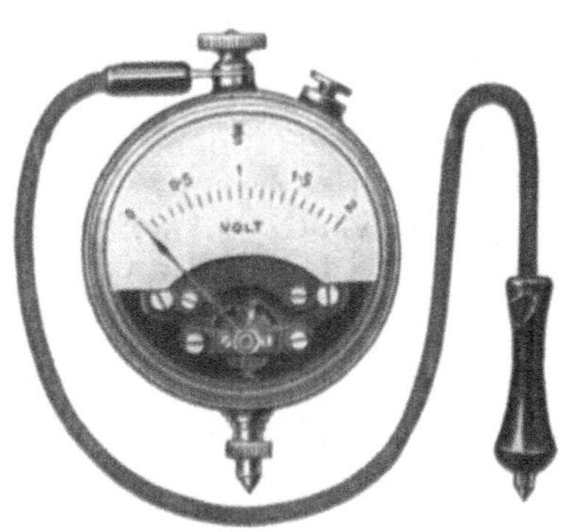

Abb. 947. Taschenvoltmeter von Siemens & Halske, A.-G.

Für die Nachmessung von Akkumulatoren können Taschenvoltmeter, entsprechend der Ausführung von Siemens & Halske gemäß Abb. 947, verwendet werden. Bei dieser Ausführung ist der Eigenverbrauch infolge hohen inneren Widerstandes nur gering. Durch Drücken auf die Taste wird ein bekannter Widerstand parallel zum Instrument geschaltet, wodurch die Möglichkeit gegeben ist, Elemente offen und strombelastet auf ihre Spannung hin zu untersuchen.

Diese Tascheninstrumente werden nach dem Drehspul-Prinzip gebaut und zwar bis 100 Volt und 20 Ampere direkt. Eine normale Type gemäß Abb. 948 ist z. B. für 10 Volt und 100 Volt Meßbereich ausgeführt.

Derartige Instrumente werden in Deutschland von Dr. S. Guggenheimer mit zwei Polen geliefert, um mit demselben Instrument sowohl Spannungs- als auch Strommessungen ausführen zu können. Häufig werden auch Galvanometer verwendet, sei es in der gewöhnlichen astatischen Form, bei der eine Magnetnadel in einer Windung abgelenkt wird, sei es in einer besseren Galvanoskopausführung, entsprechend Abb. 949 (Siemens & Halske A.-G.). Mit einem derartigen Instrument können recht genaue Messungen ausgeführt werden.

Abb. 948. Normales Taschenvoltmeter von Dr. S. Guggenheimer Type Tp mav.

Abb. 949. Galvanoskop von Siemens & Halske A.-G.

XXI. Lehrapparaturen. Morsezeichenlehrapparate.

Da der Amateur häufig, mindestens z. Zt. in Amerika und Holland, in die Lage versetzt wird, Morsezeichen abzuhören, ist es von großer Wichtigkeit, Einrichtungen zu besitzen, die entweder den Selbstunterricht oder den Unterricht durch andere Personen in Morsezecihen gestatten.

Das einfachste Verfahren besteht darin, daß man ein Trockenelement, einen Taster und den Wagnerschen Hammer einer elektrischen Klingel mit abgenommener Glockenschale in Serie schaltet. Eine derartige Anordnung stellt Abb. 950 schematisch dar. *a* ist das Element, *b* der Morsetaster und *c* der Summer, der möglichst so beschaffen sein soll, daß er einen Ton im akustischen Bereich erzeugt. Der Amateur, der sich selbst unterrichten will, gibt mit dem Taster die Morsezeichen und hört dieselben gleichzeitig am Summerton ab.

Wesentlich bessere Resultate erzielt man, wenn eine Person die Morsezeichen mit dem Taster gibt und der Lernende dieselben etwa im

Nebenraum mit dem Telephon *e* empfängt, das durch eine entsprechend lange Doppelleitung mit dem Summer *c* verbunden ist.

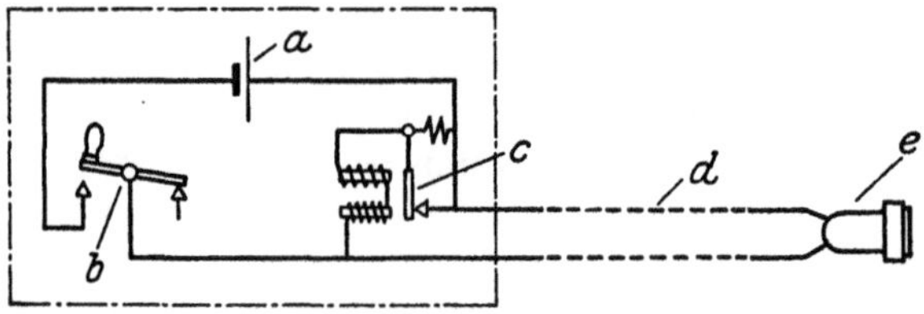

Abb. 950. Schaltschema eines Lehrapparates für Erlernung der Morsezeichen.

Noch mehr würde man sich den praktischen Anforderungen nähern, wenn man zwei Apparaturen *a b c*, die in getrennten Räumen aufgestellt sind, durch eine Doppelleitung miteinander verbindet, in die je ein Telephon eingeschaltet ist. Alsdann muß an jedem Apparat nämlich jede Person abwechselnd den Taster bedienen und hören. Bei genügender Übung der Beteiligten können alsdann vollständige Morsetelegramme zwischen den beiden Apparaten ausgetauscht werden.

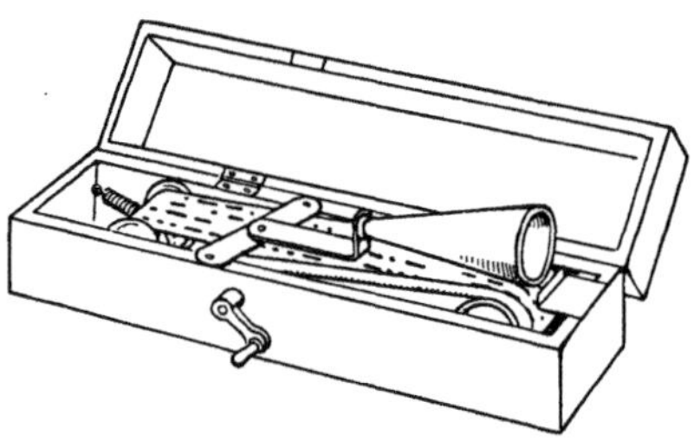

Abb. 951. Lehrapparat mit Handbetrieb für das Senden von Morsezeichen (Boulton, Oxley Bank in Wolverhampton).

Eine andere Methode zeigt der Lehrapparat der Boulton Oxley Bank, der in Abb. 951 wiedergegeben ist. Bei diesem Apparat wird ein die Morsezeichen enthaltendes Band mit Handantrieb von der Rolle abgewickelt. Hierbei wird eine Lamellenanordnung betätigt, die mit einem Schalltrichter verbunden ist, so daß die auf dem Bande befindlichen Morsezeichen im Raum tönend wiedergegeben werden. Der Vorteil dieser Anordnung besteht darin, daß man mit der Geschwindigkeit der Drehbewegung ziemlich weit herabgehen kann. Infolgedessen kann man es dem Lernenden im Anfang leicht machen und erst allmählich die Geschwindigkeit steigern.

Literaturverzeichnis.

Deutschland.

Zeitschriften.

1. Wissenschaftliche Grundlagen (Spezialgebiete).

Archiv für Elektrotechnik. Berlin: Julius Springer. Erscheint unregelmäßig. Preis unbestimmt.

Elektrische Nachrichten-Technik. Herausgeber Prof. K. W. Wagner, Berlin SW. 68: Weidmannsche Buchhandlung. Erscheint monatlich. Preis vierteljährlich M. 9,—.

Elektrotechnische Zeitschrift. Berlin: Julius Springer. Erscheint jeden Monat einmal. Preis pro Nr. M. 2,50.

Funker, Der. Nachrichtentechnische Monatshefte (später Monatshefte für das Funk- und Fernmeldewesen). Erscheint monatlich einmal.

Jahrbuch der drahtlosen Telegraphie und Telephonie. Herausgeber Dr. E. Nesper. Berlln W.: M. Krayn. Erscheint monatlich. Preis pro Heft M. 3,—.

Radio-Rundschau. Zeitschrift für Hochfrequenztechnik. Bodenbach a. Elbe, Nr. 117. Herausgeber Ing. Gustav W. Meyer. Deutsche Sprache. Erscheint jeden 1. und 15. Einzelpreis Kc. 2,—.

Telefunken-Rundschau. Ein Führer für die Freunde des deutschen Rundfunks. Erscheint monatlich. Jahresabonnement M. 4,—.

Telegraphen-Praxis. Zeitschrift für Telegraphen-, Bau-, Betrieb und Verwaltung sowie verwandte Gebiete. Lübeck: Franz Westphal. Erscheint monatlich einmal.

Zeitschrift für Technische Physik. Herausgeber Deutsche Gesellschaft für Technische Physik. Schriftleiter Prof. Dr. W. Hort. Charlottenburg, Teglerweg Nr. 108. Erscheint monatlich einmal. Preis vierteljährlich M. 10,—.

2. Zeitschriften für Radiointeressenten (allgemeine Gebiete).

Bayerische Radio-Zeitung (Technik, Handel, Kunst, Belehrung). Verbandsblatt des Bayerischen Landesverbandes der Radiohändler und Fabrikanten e. V., München. Erscheint Sonntags. Preis M. —,30.

Berliner Illustrierte Funkwoche. Berlin: Otto Stollberg & Co. Erscheint wöchentlich. Preis pro Heft M. —,15.

Der Deutsche Rundfunk. Rundschau u. Programm für alle Funkteilnehmer. Berlin S.: Rothgießer & Diesing. Erscheint Sonntags. Preis pro Nummer 40 Pf.

Deutsche Funk-Rundschau. Amtliche Zeitschrift des Mitteldeutschen Radioverbandes e. V. und der ihm angeschlossenen Ortsvereinigungen, des Radiofachverbandes Leipzig e. V., der Mitteldeutschen Rundfunk A.-G. und des Nordbayr. Radioverbandes. Herausgeber Dr. E. Jaeger. Leipzig: Dr. Max Jänecke. Erscheint wöchentlich. Preis M. —,20.

Elektrische Nachrichtentechnik. Herausgeber K. W. Wagner. Berlin: Weidmannsche Buchhandlung. Erscheint monatlich einmal. Preis vierteljährlich M. 9,—.

Funk. Die Wochenschrift des Funkwesens. Schriftleitung L. Kapeller. Berlin SW. 68: Weidmannsche Buchhandlung. Preis —,50. M. (Beigabe: Funkbastler.)

Funk-Anzeiger. Zeitschrift für die gesamte drahtlose Fernmeldetechnik. Erscheint wöchentlich einmal.

Funkbüchlein. Jahrbuch der Radiotechnik. 1. Jahrg. 1925. 78 S. mit Abb. Brosch. M. 1,20.

Funk-Praxis. Zeitschrift für das gesamte Funkwesen und für Funkfreunde. Erscheint monatlich.

Funkspruch, Der. Vereinigt mit „Funk-Wetter-Flug". Breslau: Ostdeutscher Verlag. Erscheint wöchentlich. Preis M. —,20.

Funkstunde, Die. Berlin W. 9: Funk-Dienst G. m. b. H. Erscheint wöchentlich. Einzelpreis M. 0,20.

Funkwelt, Die. Zeitschrift für Radiosport und Handel im In- und Auslande. Herausgeber Dr.-Ing. A. Wasmus. Hamburg: W. Wilkens. Erscheint wöchentlich. Preis pro Heft M. —,60.

Funk-Wetter-Flug. Leipzig, Breslau. Erscheint Sonnabends. Preis M. —,20.

Illustrierte Radio-Zeitung. München: Radio-Verlag A.-G., Erscheint wöchentlich. Preis pro Nummer M. —,20.

Physikalische Zeitschrift, vereinigt mit dem Jahrbuch der Radioaktivität und Elektrotechnik. Leipzig: S. Hirzel. Erscheint monatlich zweimal. Preis vierteljährlich M. 11,—.

Radio. Zeitschrift für das gesamte Radiowesen. Berlin: Rothgießer & Diesing. Erscheint zweimal monatlich. Preis M. 0,25.

Radio. Deutsche illustrierte Zeitschrift für Wissenschaft und Leben. Erscheint monatlich einmal.

Radio für alle. Stuttgart: Franckhsche Verlagsbuchhandlung. Erscheint monatlich einmal. Preis M. 1,—.

Radio. Illustrierte Zeitschrift für drahtlose Telegraphie und leichtverständliche Anleitungen zum Selbstbau von Apparaten. Erscheint monatlich einmal.

Radio. Schweizer Zeitschrift für drahtlose Telegraphie. (Bull. suisse de la télégr. sans fil.) Deutsche Ausgabe. Erscheint monatlich einmal.

Radio-Amateur, Der. Zeitschrift für Freunde d. drahtlosen Telegraphie und Telephonie. Organ des Deutschen Radioklubs. Herausgeber Dr. E. Nesper. Berlin: J. Springer und M. Krayn. Erscheint wöchentlich. Preis pro Nummer M. —,40.

Radio-Funk. Zeitschrift für Amateure und Fachleute. Erscheint wöchentlich einmal.

Radio-Kurier. Zentralblatt für alle Rundfunkinteressenten. Herausgegeben von H. Hinrichsen. Berlin SW. 68: Hinrichsen & Deppe. Erscheint wöchentlich. Preis M. —,20.

Radio-Rundschau. Mitteldeutsche Rundfunkzeitschrift. Herausgeber Dr. Erwin Jaeger. Leipzig: Dr. Max Jänecke. Erscheint wöchentlich. Preis pro Nummer 20 Pf.

Radio-Rundschau, Westdeutsche. Organ der Radiotechn. Gesellschaft, Mannheim und des Radioklubs Pforzheim. Schriftleiter Hans Mohnen. Mannheim: Louis Marsteller. Erscheint monatlich einmal.

Radio-Sport. Organ des „Deutschen Radiosportverbandes". Erscheint wöchentlich einmal.

Radio-Umschau. Herausgeber Dr. P. Lertes. Frankfurt a. M.: H. Bechold. Erscheint wöchentlich. Preis M. —,15.

Radiowelt. Illustrierte Wochenschrift für jedermann. Wöchentlich einmal.

Radiowelt. Internationale Zeitschrift f. d. gesamte Funkwesen. Monatlich einmal.

Radio-Welt. Zeitschrift für das gesamte Rundfunkwesen. Bremen: Kamerad-Verlag. Erscheint wöchentlich einmal. Preis M. —,35.

Radio-Zeitung, Deutsche. Erscheint als Pressekorrespondenz.

Radio-Zeitung, Illustrierte. Erscheint 14tägig einmal.

Rundfunk, Der Deutsche. Rundschau und Programm für alle Funkteilnehmer. Zeitschrift der am Rundfunk beteiligten Kreise. Berlin: Rothgießer & Diesing. Erscheint 14tägig. Preis M. —,25.

Rundfunk. Mitteldeutsches Zentralorgan d. gesamten Radiointeressenten. Erscheint wöchentlich einmal.

Sendung, Die (Broadcasting). Monatsschrift f. Kunst, Kultur, Wirtschaft und Technik im Rundfunk. Herausgeber Graf Arco, C. Bulcke und E. Jäckh. Berlin: H. Reckendorf. Erscheint monatlich einmal. Preis pro Heft M. 2,—, vierteljährlich im Abonnement M. 5,40.

Stuttgarter Kunst- und Rundfunk. Programm-Zeitschrift für alle süddeutschen Funkteilnehmer. Führer durch das württembergische Konzert- und Kunstleben. Wöchentlich einmal.

Süddeutscher Rundfunk. Ausgabe A. der Bayerischen Radio-Zeitung, s. oben. Erscheint Sonntags. Preis M. —,30.

Westdeutsche Radio-Rundschau. Organ der Radiotechnischen Gesellschaft e. V., Mannheim, und des Radioklubs Pforzheim. Mannheim: Louis Marsteller. Erscheint monatlich.

3. Zeitschriften für die Radioindustrie und den Radiohandel.

Antenne, Die. Herausgeber Dr. Erich F. Huth, G. m. b. H., Gesellschaft der Funkentelegraphie, Berlin SW. 48, Wilhelmstr. 130/32. Erscheint monatlich. Preis pro Heft M. 0,30.

Die Elektrizität. Führende illustrierte Fach- und Handelszeitschrift für Elektrotechnik u. Installation elektrotechn. Fabriken, Exporteure u. Rundfunkwesen. Schriftleitung: „Die Elektrizität", Berlin S. 42. Dresdner Str. 43. Erscheint Sonnabends. Preis vierteljährlich M. 3,—.

Elektromarkt Pößneck. Allgemeiner Anzeiger für Stark- und Schwachstrom. Vogel-Verlag. Erscheint wöchentlich dreimal: Dienstag = Ostausgabe, Donnerstag = Südausgabe und Sonnabend = Westausgabe. Vierteljährlich M. 4,—.

Fernkabel, Das. Mitteilungen über Kabelanlagen f. d. Nachrichtenverkehr im In- und Ausland. Herausgegeben v. d. Deutschen Fernkabel-Gesellschaft Charlottenburg. Berlin W. 66: Wilh. Ernst & Sohn. Erscheint in zwangloser Folge. Preis verschieden.

Funkhandel, Der. Fachblatt für den gesamten Radiohandel. Monatlich dreimal.

„Mix- und Genest-Nachrichten". Herausgeber A.-G. Mix & Genest, Berlin-Schöneberg. Erscheint monatlich.

Radio-Export. Fach- und Exportzeitschrift f. d. Radiotechnik. Schriftleitung Prof. Dr. K. Fredenhagen. Leipzig: Hachmeister & Thal. Erscheint monatlich. Preis pro Heft M. —,50.

Radio-Händler, Der. Fachblatt f. d. Handel mit Radioartikeln, Rundschau üb. d. gesamte Radiotechnik. Organ d. Verbandes Deutscher Radiohändler e. V., Berlin. Erscheint 14tägig. Abonnement vierteljährlich M. 2,50.

Telefunken-Zeitung. Mitteilungen des Telefunkenkonzerns. Telefunken-Transradio-Debeg. Schriftleitung: Literarisches Büro der Telefunken-Ges. f. drahtlose Telegraphie. Berlin. Erscheint monatlich.

Varta. Zeitschrift der Varta-Accumulator A. G., Berlin SW. 11. Programm.

VDI-Nachrichten. Mitteilungen des Vereins Deutscher Ingenieure und des Deutschen Verbandes Technisch-Wissenschaftlicher Vereine. Berlin SW. 19, Beuthstr. 7: Verlag VDI. Erscheint jeden Mittwoch. Einzelpreis M. 0,35, vierteljährlich M. 4,50.

Ausland.

Zeitschriften.

Amerika:

Boletin Mensual. Buenos Aires, Radio-Club. Monatlich 1 Heft.

Electrical Communication. Zeitschrift für die Fortschritte der Fernsprech-, Telegraphen- und Radiotechnik. Herausgegeben v. d. International Western Electric Company, New York N. Y. Erscheint vierteljährlich.

Experimenter, The. Electricity, Radio-Chemistry. New York City, 53 Park-Place: Hugo Gernsback. Erscheint monatlich. Preis $ —,25.

Popular Radio*). Herausgeber Kendall Banning, New York. Erscheint monatlich. Preis $—,20.
Practical Electrics. Herausgeber H. Gernsback, New York. Erscheint monatlich. Preis $ —,20.
Proceedings of the Institute of Radio-Engineers. Herausgeber Alfred N. Goldsmith, New York. Erscheint jeden zweiten Monat. Preis $ 1,50.
Radio. Herausgegeben von der Pacific Radio Publishing Co., Inc., San Francisco, Kalifornien. Erscheint monatlich. Preis $ —,25.
Radio Broadcast. Herausgeber Doubleday, Page & Co., New York, Gardon City. Erscheint monatlich. Preis $ —,25.
Radio-Digest, Illustrated. Chicago, Illinois, 123 West Madison Street. Erscheint wöchentlich. Preis $ —,10.
Radio-Industry. The Business Paper of the Radio-Trade. Herausg. Stanley A. Dennis, New York, Boston Office. Little Building. Erscheint monatlich einmal. Einzelpreis 15 Cents.
Radio-News*). Herausgeber H. Gernsback, New York. Erscheint monatlich. Preis $ —,25.
Radio-Record. Buenos Aires. Erscheint monatlich. Preis 25 Centimos.
Radio-World. Herausgegeben durch die Hennessy Radio Publications, New York N. Y. Erscheint wöchentlich. Preis $ —,15.
Science and Invention. Formerly Electrical Experimenter. Herausgeber Experimenter Publishing Co., Inc. (H. Gernsback usw.), New York, City, 53 Park Place. Erscheint monatlich. Preis $ —,25.
Wireless Age, The. America's Foremost Radiophone Review, New York. Erscheint monatlich. Preis $ —,25.

Belgien.

Radio-Echos, Organe officiel du Radio-Club Belge de l'Est. Revue mensuelle de T. S. F, Erscheint 14tägig. Einzelheft Fr. 1,50. Verlag Stembert-Verviers, Redaction Rue Calamine 17.
Radio-Science. Herausgeber Henri Marchand, Brüssel. Erscheint monatlich. Preis Fr. 1,—.

Brasilien.

Boletin Mensual. Spanische Zeitschrift. Buenos Aires Radio Club. 3008, Alsina, Presidente Rafael A. Mastropaolo. Erscheint monatl. einmal.

Dänemark.

Radio-Bladet. Kopenhagen. Erscheint 14tägig. Preis 20 Øre. Officielt Organ for Danemarks Radio-Union. Elias Nielsen, Kopenhagen, Ryesgade 48.
Radio-Maaneds-Magasin. Unabhängige Zeitschrift, für Radiotelegraphie u. Telephonie. Redakteur George W. Olesen, Kopenhagen. Frederiksborggade 11.
Radio Uge-Revue. Herausgeber George W. Olesen. Kopenhagen: Dansk Bladforlags. Erscheint wöchentlich. Einzelheft 35 Øre.

England.

Amateur-Wireless and Electrics. London EC 4: Cassell & Co., Ltd. Erscheint jeden Donnerstag. Preis 3 d.
ExperimentalWireless, The Wireless Engineer. Herausgeber Jliffe & Sons, Ltd. London EC 4, Dorset House, Tudor. Preis 1 sh, 3 d.
Modern Wireless. Herausgeber John Scott-Taggart, London. Erscheint monatlich.
Radiogram and Wireless Answers, The. London E. 1, Stepney Green 23.
Radio-Review, The. A monhtly Record of Scientific Progress in Radio-Telegraphy and Telephony. Erscheint monatlich. Preis 5 Sh.

*) Die besten Zeitschriften der Welt!

Radio-Times, The. The Official Organ of the British Broadcasting Company. Enthält die Wochenprogramme sämtlicher englischer Broadcastingstationen. Erscheint wöchentlich. Einzelheft 2 d.
Wireless-Weekly. Herausgeber J. Scott-Taggart. London: Radio Press. Abonnement halbjährlich £ 1,—.
Wireless World, The. The official Organ of the wireless Society of London. Herausgeber Henry A. Pocock, London. Erscheint alle 14 Tage. Preis 6 Pence.
Wireless World and Radio Review, The. Herausgeber Hugh S. Pocock, London. E scheint wöchentlich. Preis 4 d.

Frankreich.

L'onde électrique. Publication de la Société des amis de la T. S. F. Herausgeber Etienne Chiron, Paris. Erscheint monatlich. Preis Fr. 3,—.
Radio-Concerts. Revue Hebdomadaire de l'Auditeur de T. S. F. Herausgeber Etienne Chiron, Paris (6e) 40, Rude de Seine. Erscheint wöchentlich einmal. Einzelpreis —,60 Fr.
Radio-Electricité. Paris. Erscheint monatlich. Preis Fr. 3,—.
Radio-Electricité. Revue pratique de T. S. F. Paris. Erscheint monatlich zweimal. Preis Fr. 2,50.
Radio-Magazine. Publication Hebdomadaire. Illustrée. Rédaction Paris, 61 Rue Beaubourg. Einzelpreis 0,60 Fr.
Revue des Télophones, La, Télégraphes et T. S. F. Herausgeber L. N. Veil, Paris (9), 18, rue St. Georges. Erscheint monatlich. Preis Fr. 3,—.
T. S. F. moderne, La. Paris. Erscheint monatlich. Preis Fr. 2,50.

Holland.

Radio-Express. Sneldienst van Radio-Nieuws. Offizielles Organ d. Niederländischen Vereinigung für Radiotelegraphie. Den Haag: N. Veenstra. Erscheint wöchentlich. Preis halbjährlich fl. 3,—.
Radio-Nieuws, Organ van de Ned. Ver. voor Radiotelegraphie. 8. Jahrgang. Haag: B. Slikkerveer, Columbusstrat 187.
Radio-Nieuwsblad. Weekblat voor den Radio-Vakman en Amateur. Redaktion H. Jansen. Erscheint wöchentlich. Preis pro Heft fl. 0,10.
Radio-Wereld. Weekblatt voor Nederlandsche Radio-Amateurs. Amsterdam: Engers en Faber. Erscheint wöchentlich. Jahresabonnement fl. 10,—.
Tijdschrift van het Nederlandsch Radiogenootschap. Utrecht u. Baarn. Erscheint unregelmäßig.

Italien.

Radiofonia. Rivista Quindicinale di Radioelectricità. Rom. Preis pro Heft L. 2,—.
Radio-Giornale, til. Rivista mensile per delettanti di Radio. Mailand. Erscheint monatlich. Preis pro Heft L. 3,—.
Radio-Novita. Rom. Erscheint monatlich. Preis L. 3,—.

Luxemburg.

Radio-Journal, Le. Organe officiel de la Société Luxembourgeoise des Amis de la T. S. F. Luxemburg. Erscheint monatlich. Preis pro Heft Fr. —,60.
Revue de T. S. F. Herausgegeben durch den Radio-Club, Luxemburg. Erscheint monatlich. Preis pro Heft Fr. 1,—.

Österreich.

Allgemeine Radio-Zeitung. Wien I, Weihburggasse 9. Zentralorgan der gesamten Radio-Interessenten. Erscheint jeden Freitag. Einzelpreis 20 Grosch.
Österreichischer Radio-Amateur für das gesamte Radiowesen in Wort und Bild. Erscheint wöchentlich. Verlag Wien IX/2, Severingasse 9.

Österreichische Radio-Zeitung. Für das gesamte Radiowesen und dessen Industrie. Offizielles Organ des Österreichischen Radioklubs. Wien: Fred Holy. Erscheint jeden Freitag. Preis pro Heft Kr. 3000.

Radio-Rundschau. Für alle. Herausgeber Kapitän E. Winkler. Wien: Verlag der Wiener Literarischen Anstalt A.-G. Erscheint 14tägig. Preis Kr. 3000.

Radio-Welt. Illustrierte Wochenschrift für jedermann. Wiener Radioverlag. Preis pro Heft Kr. 5000.

Radio-Wien. Herausg. Österreichische Radio-Verkehrs A.-G., Wien I, Stubenring 1. Erscheint wöchentlich einmal.

Radio-Zeitung. Wien I, Stubenring 1: Verlag Österreichische Verkehrs-A.-G. Erscheint wöchentlich. Preis jeder Nummer Kr. 3000.

Polen.

Przeglad Radjotechniczny. Revue Radiotechnique. Warschau. Erscheint monatlich zweimal. Preis pro Heft Mark 1000.

Radio-Amator. Revue des Amateurs de T. S. F. Warschau. Erscheint monatlich zweimal.

Radio. Redaktion Bohdan Banski, Warschau Znajduja sie w Grudziadzu przy ulici Torunskiej Nr. 6. Erscheint jeden 1. und 15.

Radioswiat. Dwutygodnik Poswiecony Radjotechnice. Herausgeber Prof. Bohdan Banski. Verlag Marji Poznanskiej w Grudziadzu, ul. Pietruszkowa 8. Erscheint jeden 1. und 15. Cena 1.

Portugal.

T.S.F. em Portugal. Primeira Revista Portuguesa da Especialidade. Herausgeber T.S.F. Portugal, R. Santa Marta 80 I, Lisboa. Einzelpreis $ 2,50.

Rußland.

Radio-Freund. Organ der Gesellschaft der Radiofreunde und herausgegeben von dieser. Populär-wissenschaftl. Zeitschrift. Leningrad, Prospekt d. 25. Oktober Nr. 17. Vierteljährlich 1,75 Goldrubel.

Schweden.

Radio-Amatören. Göteborg, Lazarettgade 4—3. Verlag: Arvid Palmgren. Erscheint monatlich einmal. Jahresabonnement 6 Kronen. Einzelheft 50 Øre.

Radio-Bladet, Stockholm. Brunkebergsborg 15. Erscheint monatlich zweimal. Einzelheft 35 Øre.

Radio. Stockholm: Verlag Radio. Erscheint monatlich zweimal. Einzelheft 50 Øre.

Schweiz.

Radio, Le. Journal hebdomadaire de Vulgarisation. Herausgeber Louis Francon, Lausanne. Erscheint wöchentlich. Preis Fr. —,15.

Radio. Schweizerische Zeitschrift für drahtlose Telegraphie. Bern-Bümplitz: Verlag Benteli A.-G. Erscheint monatlich. Preis Fr. 1,—.

Radio-Programm. Offizielles Organ der Radiogenossenschaft in Zürich. Zürich: Fachschriftenverlag u. Buckdruckerei A.-G. Erscheint jeden Freitag. Preis pro Heft Fr. —,30.

Spanien.

Radio Barcelona. Grano offcial de la Asociacion Nazional de Radio difusion. Barcelona. Erscheint wöchentlich. Einzelpreis Pts. —,50, Jahresabonnement Pts. 20,—.

Radio-Sport. Revista Practica de Radiotelefonia. Herausgeber Emilio Caneta Madrid. Preis 1 Pesetas.

Tschechoslowakei.

Radio. Deutsche illustrierte Zeitschrift für Wissenschaft und Leben. Herausgeber A. Elis, Reichenberg. „Deutsche Radio-Zeitschrift". Erscheint monatlich. Preis pro Heft Kc. 7,— oder M. 1,20.

Radio-Amater. Vydavatelstvi „Nové Epochy“ Smichow-Praha, V. Lesicku 2.
Radio-Journal. Vestnik „Radio-Journalu“ Spolecnosti S. R. O. V. Praze. Erscheint wöchentlich. Pro Vierteljahr Kc. 15,—, Einzelnummer Kc. 1,20.
Radio-Rundschau. Herausgeber G. W. Mayer. Bodenbach/Elbe: Verlag Tina. Erscheint zweimal im Monat. Inlandsbezugspreis Kc. 36,—.

Ungarn.

Magyar Radio Ussac. Herausgeber Erno Laszgallner, Budapest. Einzelpreis Kronen 6000.
Radio. Budapest. Chefredakteur Mihály Dénes. Erscheint demnächst.

Weltsprachen.

Esperanto.

Radio-Servo. Internacia Radio-Revuo T.S.F. Centralbüro Locarno (Schweiz). Erscheint monatlich einmal. Einzelpreis $ —,10.
Pressekorrespondenz des Deutschen Esperanto-Bundes e. V. Gewerbelehrer A. Naumann, Großenhain in Sachsen, Johannesallee 12. Erscheint monatlich.

Ido.

La Germana Idisto. Zeitschrift zur Verbreitung der Weltsprache Ido in den Ländern deutscher Zunge. Amtliches Organ des Deutschen Idobundes. Schriftleitung Frankfurt a. M., Bockenheimer Anlage 45. Erscheint monatlich einmal. Jährl. Abonnement M. 2,—.

Verzeichnis von Radiobüchern in Deutschland.

ABC, Das, des Radiosports zum praktischen Gebrauch für jedermann. (Der praktische Radio-Amateur.) 1925. Halbleinen geb. M. 5,50.
Albrecht, J.: Wie lernt man morsen? (Bibliothek des Radioam teurs, 10. Bd.) 38 S., 7 Abb. 1924. Brosch. M. 1,35.
Anderle, F.: Lehrbuch der drahtlosen Telegraphie und Telephonie. Allgemeinverständlich, mit Berücksichtigung der Praxis. 6. vermehrte Aufl. 275 S., 249 Abb. 1921. Geb. M. 12,20.
Anleitung zur Selbstanfertigung der Radio-Kosmos-Rahmenantenne für kurze und lange Wellen. 14 Abb. mit erläuterndem Text. M. 1,—.
Ardenne, M. v.: Funk-Ruf-Buch. Zusammenstellung sämtlicher ständig arbeitender Sendestationen nach Zeiten, Wellen, Rufzeichen usw. 95 S. 1924. Geb. 3,—, kart. M. 2,—.
— Des Funkbastlers erprobte Schaltungen. Mit Erläuterungen und Bauanweisungen nach eigenen Untersuchungen. Mit 4 Taf. u. viel. Abb. 1924. Geb. M. 3,50.
Ausstellung Hamburg: Führer zur Deutschen Radioausstellung. Hamburg: Hintzer & Wulf 1924. Brosch. M. 1,—.
Bangert, Prof. Dr. K.: Im Reiche des Rundfunks. Ein Handbuch f. Funkfreunde. Chemnitz: Ed. Focke 1925. 240 S. mit Abb.
Bangerts Tabellen-Bücherei, Bd. III: Maße der Elektrotechnik. 76 S. 1924. M. 3,20.
Bardeleben, K. v.: Einführung in die Theorie und Technik der Funktelephonie. 132 S. mit über 100 Abb. 1924. Gebr. M. 2,50.
Barkhausen, H.: Elektronen-Röhren. I. Bd.: Elektronentheoretische Grundlagen. II. Bd.: Verstärkung schwacher Wechselströme. 2. umgearbeitete Aufl. 140 S., 54 Abb. 1924. Geb. M. 5,—, brosch. M. 4,—.
— Problem der Schwingungserzeugung, Berücksichtigung schneller elektrischer und anderer Schwingungen. 113 S., 47 Abb. 1919. Brosch. M. 2,50.
Baumgart, M.: Der Hochfrequenzverstärker. Ein Leitfaden für Radiotechniker. (Bibliothek des Radioamateurs, 5. Bd.) 32 S., 27 Abb. 1924. Brosch. M. —,75.
Baumgartner, E.: Sprache der Technik. Übungen im Lesen technischer Zeichnungen, Modellier- und Skizzierübungen für Schüler und zum Selbstunterricht für jedermann. 40 Skizzenblätter. M. 2,40.

Behner, H.: Atlas der Funkentelegraphie und Seekabel im Weltverkehr. 10 farbige Karten und Verzeichnis der Funkstellen. 1923. Geh. M. 20,—.
Benischke, G.: Wissenschaftliche Grundlagen der Elektrotechnik. 6. Aufl. 682 S. 1922. Geb. M. 18,—.
Beobachtungsbogen für Radioamateure. Herausgegeben von Institut für Radiokunde, Bremen. 1924. Brosch. 30 Bogen.
Bergmann, L.: Nomographische Tafeln. (Bibliothek des Radioamateurs, Bd. 8.) 75 S., 47 Abb. 2 Taf. 2. Aufl. in Vorbereitung.
Bibliothek des Radio-Amateurs.
Bd. 1: Nesper: Meßtechnik. 3. Aufl. M. —,90.
„ 2: Spreen: Die physikalischen Grundlagen der Radiotechnik. 3. Aufl. Im Druck.
„ 3: Treyse: Schaltungsbuch. 2. Aufl. M. 1,20.
„ 4: Riepka: Die Röhre u. ihre Anwendung. 2. Aufl. M. 1,80.
„ 5: Baumgart: Der Hochfrequenzverstärker. 2. Aufl. M. 1,80.
„ 6: Spreen: Stromquellen für den Röhrenempfang. M. 1,50.
„ 7: Nesper: Wie baue ich einen einfachen Detektorempfänger? 2. Aufl. M. 1.35.
„ 8: Bergmann: Nomographische Tafeln. 2. Aufl. in Vorbereitung.
„ 9: Horsky: Der Neutrodyne-Empfänger. M. 1,50.
„ 10: Albrecht: Wie lernt man morsen? 2. Aufl. M. 1,35.
„ 11: Kappelmayer: Der Niederfrequenzverstärker. 2. Aufl. im Druck.
„ 12: Spreen: Formeln und Tabellen. M. 1,65.
„ 13: Treyse: Wie baue ich einen einfachen Röhrenempfänger? M. 1,35.
„ 15: Dietsche: Innenantenne und Rahmenantenne. M. 1,35.
Bjerknes, V.: Untersuchungen über elektrische Resonanz. 7 Abhandlungen aus den Jahren 1891—1895. 161 S., 22 Abb. 1922. Geb. M. 6,50.
Bloch, W.: Physikbüchlein. Ein Jahrbuch der Physik. 80 S., 42 Abb. 1924. Brosch.
— Abriß der Radiotechnik für den Schulgebrauch. 24 S., 35 Abb. 1924. Brosch. M. —,30.
Blochmann, R.: Einführung in die Experimentalchemie. (Aus Natur und Geisteswelt, Nr. 5.) 5. Aufl. 1922. M. 1,60.
Bollinger, W.: Leitfaden drahtloser Telegraphie. Allgemeinverständlich. 2. vermehrte Aufl. 84 S. mit 103 Abb. u. 4 Taf. 1920. M. 3,—.
Boltzmann, L.: Maxwells Theorie der Elektrizität und des Lichtes. 2 Teile. 2. unveränd. Abdruck. 1908. M. 10,—.
I. Teil: Ableitung der Grundgleichungen für ruhende ,homogene, isotrope Körper. 151 S. mit Abb., 2 Taf. M. 5,—.
II. Teil: Verhältnis zur Fernwirkungstheorie, spezielle Fälle der Elektrostatik, stationären Strömung u. Induktion. 174 S. mit Abb. u. 2 Tab. M. 5,—.
Braun, F.: Drahtlose Telegraphie durch Wasser und Luft. Nach Vortrag. 68 S. mit Abb. 1901. M. 2,—.
— Über drahtlose Telegraphie und neuere physikalische Forschungen. 33 S. 1905. M. 1,20.
Braunbeck: Der Radioempfänger. (Radio-Reihe, Bd. II.) 96 S. mit 31 Abb.
Buchloh, W.: Radiosport. Allgemeinverständl. Anleitung zum Selbstbau moderner Empfänger. 284 S., 250 Abb., 2 Taf. 1925. Geb. M. 6,50.
Deckert, A.: Einführung in die Funkentelegraphie. 2 Teile. 3. Aufl.
I. Teil: Physikalische Grundlagen. 117 S. mit 95 Abb. 1921. Geb. M. 1,—.
II. Teil: Sender und Empfänger. 84 S. mit 91 Abb. 1919. Gebr. M. —,75.
Dernstroff: Was man vom Radio wissen muß. Allgemeinverständliche Darstellung. Zahlreiche Abb.
Descovich, E.: Was ist Radio? 152 S. mit 30 Abb. 1924. Brosch. M. 2,50.
Dieckmann, M., Experimentelle Untersuchungen aus dem Grenzgebiet zwischen drahtloser Telegraphie und Luftelektrizität. I. Teil: Die Empfangsstörung. 56 Abb. 1912. Brosch. M. 3,—.
— Leitfaden der drahtlosen Telegraphie für die Luftfahrt. 214 S. mit 150 Abb. M. 8,—.

Dietsche, Fr.: Innen-Antenne und Rahmen-Antenne (aus der Bibliothek des Radio-Amateurs, Bd. 15). 61 S. 25 Abb. Geh. M. 1,35. 1925.
Eckert-Schneebauer: Radiokonzertempfänger. Mit 2 Modellbogen.
Ehrenfeld, F.: Der erste Radiokatalog mit Schaltungen, Tabellen. 76 S. 1924. Brosch.
Eichhorn, G.: Die drahtlose Telegraphie auf Grund eigener praktischer Erfahrungen. 256 S. mit Abb. 1904. M. 5,—.
Einstein, A.: Über die spezielle und allgemeine Relativitätstheorie. Gemeinverständlich. 14. Aufl. 91 S. 1922. Brosch. M. 3,—.
Elektrotechnik (Miniatur-Bibliothek, 293—295). M. —,60.
Feldhaus, Dr.-Ing. F. M. und W. H. Fitze: Geschichtszahlen der drahtl. Telegraphie und Telephonie. 1925. M. 3,—.
Fern, H.: Radiofibel. 77 S. mit 53 Abb. 1924. Brosch. M. 1,50.
Fischberg, P.: Empfangsantenne. 32 S. mit Abb. 1924. Brosch. M. 0,80.
Fischer, P.: Die drahtl. Telephonie und Telegraphie. (Natur u. Geisteswelt, Bd. 822.) 106 S., 48 Abb. Geb. M. 1,80.
Fitze, W. H.: Handbuch des Rundfunkteilnehmers. Eine kurze und gemeinverständliche Übersicht über das Funkwesen mit Darstellung der wichtigsten Schaltungen und genauer Anleitung zur Benutzung der Empfangsgeräte. 134 S. 1924. Kart. M. 1,50.
Fleming-Aschkinass, S. A.: Elektrische Wellentelegraphie. 4 Vorlesungen. 185 S. mit Abb. 1906. Geb. M. 5,50.
Föppl, G.: Grundzüge der Technischen Schwingungslehre. 151 S. mit 106 Abb. 1923. Brosch. M. 4,80.
Fournier d'Albe, E. E.: Zwei neue Welten, Infra-Welt, Supra-Welt. 197 S., 1 Taf. 1909. Brosch. M. 3,40.
Fuchs, Franz: Grundriß der Funkentelegraphie in gemeinverständlicher Darstellung. 16. neubearbeitete Aufl. 156 S., 224 Abb. 1924. Brosch. M. 3,—.
Fuhlberg-Horst: Radio bei Onkel Herbert. Viele Abb., 12 Vollbilder. Halblein.
Funkdienst, Nautischer. Zusammenstellung aller für den Nautiker wichtigen Angaben über das Funkwesen zum Handgebrauch auf der Brücke. Mit Nachträgen. 392 S. 1924. M. 7,—.
Funkkalender, Mitteleuropäischer. Herausgegeben v. G. Meyer. 1. Jahrgang 1925/26, 232 S. mit Abbildungen. 1925. Geb. 3,25.
Funktaschenbuch in 3 Teilen. I. Fragen u. Antworten sowie Beschreibungen. Alle wichtigen Fragen der Funktechnik. M. 2,—. — II. Englisch-deutsches Wörterbuch f. Fachausdrücke. Brosch. M. 2,—, geb. M. 2,70. — III. Gesetze u. Vorschriften. M. 1,—.
Funk-Wetter, Liste und Schlüssel der Wetterfunksprüche, Zeitsignale und Eismeldungen. 6. ergänzte Aufl. 1923. Brosch. 4,50. M.
Fürst, A.: Im Bannkreis von Nauen. Die Eroberung der Erde durch die drahtlose Telegraphie. 326 S., 216 Abb. 1923. Geb. M. 7,50.
— Telegraphie u. Telephonie. Verkehr im Draht und Äther. (Weltreich der Technik, Bd. I.) 322 S., 561 Abb., 23 Taf., 3 Beilagen. 1923. Geb. M. 45,—.
Geitler, J.: Elektromagnetische Schwingungen und Wellen. 2. vermehrte Aufl. 218 S., 113 Abb. Geb. M. 9,—.
Goetz, A.: Physik und Technik des Hochvakuums. 144 S., 69 Abb. 1922. Brosch. M. 5,—.
Graetz, L.: Die Elektrizität und ihre Anwendung. 21. Aufl. 822 S., 735 Abb. 1922. M. 10,—.
— Kurzer Abriß der Elektrizität. 15. Aufl. 237 S., 197 Abb. 1923. Geb. M. 5,—.
— Die Physik. (Die Naturwissenschaften und ihre Anwendung von Thesing, Bd. I.) 569 S., 385 Abb. u. Taf. 1923. Geb. M. 17,50.
Große, W.: Äther und Fernkräfte. Besondere Berücksichtigung der Wellentelegraphie. 97 S., 17 Abb. 1898. M. 2,40.
Günther, H., Bau einer Funkstation nebst Anleitung zur Selbstanfertigung von Induktionsapparaten (für Knaben). 63 S., 56 Abb. 1921. Brosch. M. —,80.
— Die Elektronenröhre in Fragen u. Antworten. 200 S., 161 Abb. 1925. Geb. M. 4,80.
— Das Radiobuch (Funkerbuch). Einführung in die Wellentelegraphie und -telephonie für jedermann. 16. Aufl. (Ein radiotechnisches Praktikum.) 253 S., 197 Bilder. 1924. Geb. M. 4,—.

Günther, H., Funksprachen. Wörterbuch f. Fachausdrücke. 1925. Geb. M. 6,—.
— Schaltungen für Radioamateure. 50 erprobte Radioschaltungen zur Selbstanfertigung von Empfängern und Verstärkern aus käuflichen Einzelteilen. 144 S., 300 Abb. 1924. Geb. M. 4,80.
— Radiotechnik. Das Reich der elektrischen Wellen. 4. Aufl. 78 S., 28 Abb., 1 farb. Umschlagbild. Brosch. M. 1,20, geb. M. 2,—.
— Kristallempfänger. Geb. 4,75. Erscheint demnächst.
— Wellentelegraphie und -telephonie. Einführung in die Grundlagen für jedermann. 112 S., 61 Abb. 1924. Brosch. M. 2,50.
— Wie erwerbe ich eine Versuchserlaubnis?. 186 S., 119 Abb. 1925. Geb. M. 3,20.
u. C. Culatti: Wer gibt? Die Funkstation der Welt. Ein Hilfsbuch für Radioamateure. Erscheint demnächst.
— u. Meyer: Lexikon. Die Fachausdrücke der Radiotechnik allgem. verständl. erläutert. 187 S., 1925. Geb. M. 4,80.
— u. F. Fuchs: Der praktische Radioamateur. Das ABC des Radiosports zum praktischen Gebrauch für jedermann. 12.—15. erweit. Aufl. 419 S. mit Bildern. 1924. Geb. M. 5,50.
— u. Hell: Antenne und Erde. Geb. M. 4,75.
— u. Kröncke: Was ist Elektrizität? Erzählungen eines Elektrons. 120 S. mit vielen Abb. 1925. Geb. M. 2,—.
— — F. Herkenrath: Tabellen und Formeln für Radioamateure. Hilfsbuch zum Basteln und Experimentieren. 262 S. 1924. Geb. M. 6,—.
— Elektronenröhren in Frage und Antwort. Erscheint demnächst.
— Kurzwellenempfang. 1925. 60 S., 38 Abb. Geb. M. 2,—.
— -Schulze, A.: Galvanische Elemente und Schwachstromakkumulatoren. 44 S. mit 12 Abb. 1921. M. 1,—.
— u. Stucker: Radiotechnisches Experimentierbuch. Erscheint demnächst.
— u. Vatter: Bastelbuch für Radioamateure. Anleitung zum Selbstunterricht. 200 Abb., 64 S. Text. 1924. Geb. M. 4,80.
— — Der Kristallempfänger. Wirkungsweise. 240 S., 300 Abb. Geb. M. 4,80.
Hagen, W.: Funktaschenbuch. In drei Teilen.
1. Teil: Fragen und Antworten sowie Beschreibungen. Alle wichtigen Fragen der Funktechnik. M. 2,—.
2. Teil: Englisch-deutsches Wörterbuch für Fachausdrücke. Brosch. M. 2,—; geb. M. 2,70.
3. Teil: Gesetze und Vorschriften. M. 1,—.
— Radio-Einröhren- u. Zweiröhrenniederfrequenzverstärker. 29 S., 17 Abb. Brosch. M. —,80.
— Wie baue ich einen Lautsprecher? 31 S., 20 Abb. 1924. Brosch. M. —,80.
Haller v. Hallerstein, F.: Lehrbuch der Elementarmathematik. Ausgabe A. Teil 1/2. Zur Zeit vergriffen.
Hausdorff, M.: Radio-Leitfaden. Praktisches Handb. f. d. Radio-Handel. Berlin: Union Dt. Verl.-Ges. 152 S., 218 Abb.
Hellmuth, G. F.: Radiodemokratie. Denkschrift zur Organisation des Strahlrundspruches. 28 S. 1924. M. —,90.
Herrmann, J.: Radiotechnik. I. Allgemeine Einführung. (Sammlung Göschen.) 128 S., 75 Abb., 16 Taf. 1924. Geb. M. 1,25.
— Utopie und Wirklichkeit in der Radiotechnik. (Radio-Reihe, Bd. 3.) 86 S., 32 Abb. 1924. M. 1,80.
Hertz, H.: Gesammelte Werke. 3 Bände.
I. Bd.: Schriften vermischten Inhalts. Herausgegeben von Ph. Lenard. 387 S., 35 Abb., 1 Taf., 1 Porträt. 1895. Geb. M. 14,—.
II. Bd.: Untersuchungen über die Ausbreitung der elektrischen Kraft. 3. Aufl. 296 S., 40 Abb. 1914. Brosch. M. 10,—, geb. M. 14,—.
III. Bd.: Die Prinzipien der Mechanik, in neuem Zusammenhange dargestellt. Herausgegeben von Ph. Lenard. 2. Aufl. 375 S. 1910. Brosch. M. 10,—, geb. M. 14,—.
Herzog, W.: Radio-ABC. Kurzer Leitfaden für Auswahl, Aufstellung und Betrieb von Rundfunkapparaten. 42 S. 1924. M. 1,—.

Hippel, A. v.: Die Elektronenröhre in der Meßtechnik. 24 S., 17 Abb. 1922. M. —,80.
Hofmann, A., Magnetische Kräfte in der Atmosphäre. Eine Experimentalstudie. 31 S., 1 Taf. Abb. 1923. Brosch.
Hörig, H.: Radiolexikon. (Radio-Reihe, Bd. IV.) 95 S., 36 Abb. 1924. M. 1,80.
Horsky, R.: Neutrodyneempfänger. (Aus der Bibliothek des Radioamateurs. Bd. 9.) 43 S. 57 Abb. M. 1,50.
Hort, W.: Technische Schwingungslehre. 2. völlig umgearbeitete Aufl. 828 S. 423 Abb. 1922. Geb. M. 24,—.
Hund, A.: Hochfrequenzmeßtechnik. Ihre wissenschaftlichen und praktischen Grundlagen. 326 S., 150 Abb. 1922. Geb. M. 8,40.
Ilberg, W.: Drahtlose Telegraphie u. Telephonie in ihren physikalischen Grundlagen. (Mathematisch-Physikalische Bibliothek.) 41 S., 25 Abb. Geh. M. 1,—.
Jochmann-Hermes-Spieß: Grundriß der Experimentalphsyik. 19. Aufl. 365 S. 1920. Geb. M. 5,50.
Kadisch, E.: Radio-Technik für Amateure. Selbstherstellung von Radio-Apparaten, Einzelteilen und Zubehör. 200 S., 215 Abb. 1925. Geb. M. 5,25.
Kalender der deutschen Funkfreunde 1925. Bearbeitet im Auftrage des Deutschen Funkkartells von Dr.-Ing. Mühlbrett u. Zivil-Ing. Fr. Schmidt. 1. Jahrg. 1925. Berlin: Julius Springer. M. 2,—.
Kalender f. d. deutschen Funkverkehr. 1925. M. 3,—.
Kammerhoff, M.: Der Edisonakkumulator. Seine technischen und wirtschaftlichen Vorteile gegenüber der Bleizelle. 182 S., 94 Abb., 20 Tabellen. 1910. M. 4,—.
Kappelmayer, O.: Antennen, mit 52 Zeichnungen und Figuren. 71 S. 1925. Brosch. M. 1.20. (Schneiders Selbstbaumappen Bd. 5.)
— Der ferne Klang. Empfangsprobleme der drahtlosen Telephonie. 347 S., 170 Abb., 13 Kurvenblätter. 1924. Geb. M. 10.—.
— Der Niederfrequenzverstärker. (Bibliothek des Radioamateurs, Bd. 11.) 76 S., 36 Abb. Brosch. M. 1,65.
— Radio im Heim. Anleitung zum Betrieb einer eigenen Radiostation. 161 S., 44 Fig., 26 Abb. 1924. M. 1,75.
— Röhren- und Röhrenmeßgeräte, 94 S. 111 Figuren u. Zeichnungen. 1925. Brosch. M. 1,75 (Schneiders Selbstbaumappen Bd. 3).
Kiebitz, Fr.: Drahtlose Telegraphie und Telephonie. (Bücherei der Volkshochschule. Bd. 51.) 127 S., 70 Abb. 1924. Kart. M. 1,50.
Knobloch, W., Radiotechnik für Elektrotechniker und Amateure. Eine leichtfaßliche Darstellung des Radiowesens. 231 S., 203 Abb. 1924. Geb. M. 4,80.
Köhn, Elektrische Kraftübertragung. (Natur und Geisteswelt, Nr. 424.) 2. Aufl. 1919. M. 1,60.
Kollatz, C. W.: Fernsprechtechnik unter besonderer Berücksichtigung des Selbstanschlußbetriebes, des Verkehrs auf große Entfernungen und des Hochfrequenzfernbetriebes. 3. Aufl. 220 Abb.
— Funkentelegraphie, einschließlich des drahtlosen Fernsprechens. Allgemeinverständlich. 4. verbesserte Aufl. 178 S., 65 Abb. 1924. M. 4,—.
— Rundfunk für alle. Wirkungsweise, Geräte und Schaltungen des Unterhaltungsrundfunks. Allgemeinverständlich. 2. Aufl. 71 S., 42 Abb. 1924. M. 2,—.
Korn, A.: Bildtelegraphie. (Sammlung Göschen.) 146 S., 41 Fig., 8 Taf. 1923. Geb. M. 1,25.
Koertz, A.: Atmosphärische Störungen in der drahtlosen Nachrichtenübermittlung. 151 S., 24 Abb. 1924. Geb. M. 10.—.
Krüger, R.: Störungen an Radioapparaten. Auffindung und Beseitigung von Störungen, Prüfung der Einzelteile, Bauvorschriften. 2. Auflage. 1925. Geb. M. 2,—.
— Selbstanfertigung von Radioapparaten mit 1—4 Röhren. 6. vermehrte Aufl. 1925. Geb. M. 2,20.
Krüger, R., Praktischer Antennenbau für Radioamateure. Halbl. M. 2.—.
Kosmos, Welt-Zeit-Uhr Radio-Kosmos. Mit Angabe der Zeitzeichen nach dem Onogo- und dem französischen System. 1 farb. Taf. [mit drehbarer Scheibe. 28,5 × 24 cm.] 1924. In Umschlag M. 1,60.

Lehmann, W.: Radio. Gemeinverständliches Lehrbuch d. drahtl. Telephonie für Jedermann. (Kompaßbücherei C. 12.) 128 S., 177 Abb. 1924. Geb. M. 2,80.
Lerche, J.: Das Wort zum Lied, 1800 beliebteste Konzertlieder im Text. 1925. Geb. M. 3,50.
Lertes, P.: Der Radioamateur. Eine gemeinverständliche Darstellung der Grundlagen der drahtlosen Telegraphie und Telephonie und ihre spezielle Anwendung im Radioamateurwesen. 3. Aufl. 216 S., 114 Abb., 2 Taf. 1924. M. 4,—.
— Die drahtlose Telegraphie und Telephonie. Zweite, vermehrte und verbesserte Auflage. 200 S., 48 Fig. 1923. Brosch. M. 3,50.
— Telefoniesender. In Vorbereitung.
— Wegweiser durch die Radio-Technik. 1925. Kart. M. 3,60.
Lich, O.: Die Werkstatt des Radioamateurs. Anleitung zur Selbstherstellung von einfachen Empfangsapparaten sowie Richtlinien und Grundlagen für die Bedienung und In tandhaltung von Röhrenempfängern. 3. Aufl. 1925. Geb. M. 2,50.
Lipmann, Die physische Eignung der Funkentelegraphisten. 7 Abb.
Lodge, O. F. R. S.: Elektronen oder die Natur und Eigenschaften der negativen Elektrizität. 213 S., 26 Abb. 1907. M. 6,—.
Lommel, E. v.: Lehrbuch der Experimentalphysik. 28. Aufl. 686 S. 1923. Geb. M. 9,—.
Lorenz, J.: Einführung in die Technik. (Aus Natur und Geisteswelt, Nr. 729.) 1919. M. 1,60.
— Das kleine Radiobuch. Volkstümliche Darstellung. 64 S., 25 Abb. M. 1,50.
Lübben, C.: Röhrenempfangsschaltungen für die Radiotechnik. 206 S., 191 Schaltungen, 59 Abb., 5 Kurventaf. 1925. Geb. M. 6,80.
Ludenia, W.: Rundfunktechnik. Kurzer Leitfaden. 32 S., 45 Abb., 1924. Brosch. M. —,60.
Ludewig, P.: Die drahtlose Telegraphie im Dienste der Luftfahrt. 81 S., 55 Abb. 1914. M. 3,60.
Ludwig: Taschenbuch der Rundfunktechnik für jedermann. Geb. M. 4,20.
Markau, R.: Die Telephonie ohne Draht. 126 S. 1912. Zur Zeit vergriffen.
Märtens, F.: Das Wesen der elektrischen Erscheinungen. Die elektrische Strömung und das elektrische Feld. 32 S. 1922. Brosch.
Maße der Elektrotechnik. Bangerts Tabellen-Bücherei, Bd. III. 76 S. 1924. Brosch. M. 3,20.
Meili, Fr.: Die drahtlose Telegraphie im internationalen Recht und Völkerrecht. 100 S. Geb. M. 4,50.
Meyer u. Schwörer: Radiotechnik. Allgemeinverständlich. 66 S., 29 Abb. 1924. Brosch. M. —,70.
Michelson, A. A.: Lichtwellen und ihre Anwendungen. 240 S., 108 Abb., 3 farb. Taf. 1911. M. 8,—.
Mihály, D. v.: Das elektrische Fernsehen und das Telehor. Durchgesehen und mit einem Vorwort von Dr. E. Nesper. 141 S., 71 Abb. 1923. Geb. M. 8,—.
Möller, H. G.: Die Elektronenröhren und ihre technische Anwendung. Sammlung Vieweg, Tagesfragen aus den Gebieten der Naturwissenschaften und der Technik, Heft 49. Zweite, vollständig umgearb. Aufl. 200 S., 208 Abb. 1 Tafel. 1922. Geb. M. 7,50.
Möller, W.: Wie baue ich mir selbst einen Radioempfangsapparat? 70 S., zahlreiche Abb.
Müller, F. & W.: Das ABC des Radioamateurs. Mit Anleitung zum Selbstanfertigen. 114 S., 89 Abb. 1924. M. 2,—.
Nairz, O.: Die Radiotelegraphie. Gemeinverständlich dargestellt. 271 S., zahlreiche Abb. 1908. Geb. M. 5,—.
Nesper, Dr. E.: Handbuch der drahtlosen Telegraphie und Telephonie. Lehr- und Nachschlagebuch der drahtlosen Nachrichtenübermittelung. 2 Bde. Zweite, neubearb. u. ergänzte Aufl. 1253 S., 1600 Abb. Geb. Vergriffen.
— Der Radioamateur „Broadcasting". Ein Lehr- und Hifsbuch für die Radioamateure aller Länder. 6. Aufl. in Vorbereitung.
— Radioschnelltelegraphie. 120 S., 132 Abb., 1922. M. 4,50.
— Der Rundfunk (Broadcasting) auf dem Lande und in Kleinstädten. 2. Aufl. 101 S., 34 Abb. 2 Vollbilder. 1924. M. 2,50.

Nesper, Dr. E.: Der Lautsprecher. (Bibliothek des Radicamateurs.) Erscheint demnächst.
— Neuere Frequenz- und Dämpfungsmesser der Strahlentelegraphie. 60 S., 65 Abb. 1913. M. 1,60.
— Meßtechnik für Radioamateure. (Bibliothek des Radioamateurs. Bd. I.) 50 S., 48 Abb. 1924. M. —,90.
— Wie baue ich mir einen einfachen Detektorempfänger? (Bibliothek des Radio-Amateurs, Bd. 7.) 52 S., 30 Abb., 1 Taf. 1924. M. 1,35.
— Herausgeber der „Bibliothek des Radioamateurs". Vgl. Nesper: Meßtechnik, Spreen und Treyse usw. (Siehe auch Jahrbuch, Radio-Amateur [Zeitschrift] und Mihály).
Neuburger, A.: Die Wunder der Fernmeldetechnik. Über Telegraphie und Telephonie zum Rundfunk. 375 S., 376 Abb. 1924. Geb. M. 12,—.
Neugebauer, E.: Funkrecht. 219 Seiten. 1924. Geb. M. 5,—.
Niemann, E.: Funkentelegraphie für Flugzeuge. 401 S., 343 Abb. 1921. M. 20,—.
Pahl, Fr.: Die Eisenbahntelephonie. (Radio-Reihe, Bd. 5.) 83 S., 27 Abb. 1925. M. 2,—.
Pfauz-Hottenroth: Radio, Telegraphie und Telephonie für den Laien.
Polatzek, M.: Leitfaden für den elektrotechnischen Fachschulunterricht unter besonderer Berücksichtigung der Funkentelegraphie. 191 S., 146 Abb. 1923. M. 2,70.
Poincaré, H.: Die Maxwellsche Theorie und die Hertzschen Schwingungen. Die Telegraphie ohne Draht. Übersetzt von Dr. M. Iklé. 199 S. 1909. M. 4 —.
Radiomappe, Herausgegeben vom Verlag der Zeitschrift „Radio", Nr. 1. 1924. M. 3,—.
Radio-Reihe. Herausgegeben von Dr. H. Reichenbach. Jeder Band M. 1,80.
Bd. I. Reichenbach, Dr. H.: Was ist Radio? 96 S., 27 Abb., 1 Tafel.
„ II. Braunbeck: Der Radioempfänger. 96 S., 31 Abb.
„ III. Herrmann: Utopie und Wirklichkeit in der Radiotechnik. 86 S., 32 Abb.
„ IV. Hörig: Radiolexikon. M. 1.80
„ V. Pahl: Eisenbahntelephonie. M. 2,—.
„ VI. Streich: Die Prüfung des Funkfreunds. Geb. M. 2,—.
„ VII. Riemenschneider: Der Antennenbau. Geb. M. 2,—.
Rein-Wirtz: Radio-telegraphisches Praktikum. 3. Aufl. (Berichtigter Neudruck 1922.) 559 S., 432 Abb. Geb. M. 20,—.
— Lehrbuch der drahtlosen Telegraphie. 2. neubearbeitete Aufl. 1925. In Vorbereitung.
Richtera, L.: Das Radiokonzert daheim. 86 S., 30 Abb. 1924. M. 0,75.
— -Pfeuffer, Der Radioempfangsapparat. Ein radiotechnisches Hilfsbuch (einschließlich Selbstbau). 134 Abb.
Riemenschneider, K.: Der Antennenbau. (Radio-Reihe, Bd. 7.) 168 S., 105 Abb. 1925. Geb. M. 4,—.
Riepenberg: Selbstanfertigung eines Radioamateurempfängers. 27 S., 23 Abb. 1924. Brosch. M. —,80.
Riepka, H. C.: Die Röhre und ihre Anwendung. (Bibliothek des Radioamateurs, Bd. IV.) 103 S., 134 Abb. 2. Aufl. 1925. M. 1,50.
Righi, A.: Neue Anschauungen über die Struktur der Materie. Vortrag 1907. 54 S. 1908. Kart. M. 1,50.
— Bewegungen der Ionen bei der elektrischen Entladung. 3 Taf., 12 Fig.
— Strahlende Materie und magnetische Strahlen. 400 S., 74 Abb. u. Taf. 1909. M. 7,—.
— u. Dessau: Die Telegraphie ohne Draht. 2. Aufl. 665 S., zahlr. Abb. 1907. Brosch. M. 17,—.
Rohmann, H.: Elektrische Schwingungen. Zwei Bände. Bd. I vergriffen, Bd. II: 98 Seiten., 68 Abb. 1919. M. 1,25.
Roscher, Dr. M.: Von Nauen ins tropische Afrika. 120 S. mit 36 Bildern u. Taf. Erscheint in Kürze. Brosch. M. 2,50.
Rosenbaum, B.: Eisenbahnzug-Telephonie, Erweiterter Vortrag aus dem Jahrbuch der drahtl. Telegraphie u. Telephonie. 38 S., 25 Abb. 1925. Brosch. M. 1,50.
Rotth, A.: Grundlagen der Elektrotechnik. (Aus Natur und Geisteswelt, Nr. 391.) 1920. 3. Aufl. M. 1,60.

Rühlemann, H.: Uhlands Radio-Amateur-Kalender. 1925. Geb. M. 4,—.
Ruhmer, E.: Drahtlose Telegraphie. 151 S., mit Fig. 1907. M. 7,—.
Sattelberg, O.: Wörterbuch der Elektrischen Nachrichtentechnik. 1. Teil: Englisch-Deutsch und Deutsch-Englisch. 292 S. Geb. M. 9,—.
Scheffers, G.: Lehrbuch der Mathematik. 5. Aufl. 748 S. 1921. Geb. M. 22,—.
Schilling, F.: Detektorbaukasten. 16 S., 9 Taf. 1924. M. 1,—.
Schimank, H.: Rundfunk. Eine allgemeinverständliche Einführung in die Grundlagen der Wellentelephonie. 68 S. Mit Abb. 1924.
Schlömilch: Handbuch d. Mathematik. 3 Bde. 2. Aufl. 1998 S. Zur Zeit vergriffen.
Schneiders S.B.M. (Selbstbaumappen).
Funkmappe 1: Detektorenempfänger und ihre Einzelheiten.
,, 2: Kompliziertere Empfangsschaltungen.
,, 3: Bau von Meßapparaten.
,, 5: Antenne. Erscheint demnächst.
,, 6: Lautsprecher. Erscheint demnächst.
Scholz: Drahtlose Telegraphie und Neutralität. 46 S. 1905. M. 1,40.
Schönbauer u. Zeemann: Praxis des Radioamateurs. Bd. I: Bau eines Kristalldetektorempfängers, eines Audionempfängers und eines Röhrenempfängers mit Rückkopplung. 2. Aufl. 1924. 96 S., 70 Abb. M. 2,50.
— Praxis des Radioamateurs. Bd. II: Schaltungs- u. Übungsbuch. 1. Hälfte. 84 S., 51 Abb. 1924. Brosch. 2,50.
— Schaltungs- und Übungsbuch des Radio-Amateurs. 2. Hälfte, 100 S. 29 Figuren, Tabellen u. schematische Darstellungen (aus der Praxis des Radio-Amateurs, Bd. III). Brosch. M. 2,50.
Schröder, E.: Akkumulatoren, deren Selbstherstellung und Behandlung, für die reifere Jugend bearbeitet. 60 S., 38 Fig. u. 1 Modellbogen. M. 1,50.
Scott-Taggart, J.: Elementares Handbuch der drahtlosen Vakuumröhren. Ins Deutsche übersetzt nach der 4. Aufl. von Dipl.-Ing. Dr. E. Nesper u. Dr. S. Loewe. 1925. Geb. etwa M. 9,—.
Selbstbaumappen der „Funkwelt", Hamburg. Mappe 1: Wirkungsvolle Detektorschaltungen.
Mappe 2: Bau eines Zweiröhren-Experimentiergerätes. Je M. 1.—.
Slaby, A.: Entdeckungsfahrten in den elektrischen Ozean. Ein Vierteljahrhundert drahtloser Telegraphie. 6. Aufl., bearbeitet von O. Nairz. 235 S., 182 Abb. 1922. Geb. M. 6,—.
— Die neuesten Fortschritte auf dem Gebiete der Funkentelegraphie. 30 S. mit Abb., 1 Taf. 1901. M. 1,50.
— Die Funkentelegraphie. Gemeinverständliche Vorträge. 2. Aufl. 119 S. u. Abb. 1901. M. 4,—.
Sommerfeld, A.: Über die Ausbreitung der Wellen in der drahtlosen Telegraphie. 19 S. 1909. M. —,80.
Spreen, W.: Formeln und Tabellen. Etwa 72 S. mit 137 Abb. 1925. M. 1,65.
— Die physikalischen Grundlagen der Radiotechnik mit besonderer Berücksichtigung der Empfangseinrichtungen. (Aus der Bliothek des Radioamateurs, Bd. II.) 2. Aufl. 137 S., 111 Abb. 1924. Brosch. M. 2,10.
— Stromquellen für den Röhrenempfang. (Aus der Bibliothek des Radio-Amateurs, Bd. VI.) 68 S., 61 Abb. Brosch. M. 1,50.
Schallreuter, W.: Schwingungserscheinungen in Entladungsröhren. 39 S., 14 Abb. 1923. M. 1,50.
Stamer, H. K.: Die Radio-Telegraphie und -Telephonie. Über 40 Abb. u. 2 große Taf. 2. Aufl. 1924. Brosch. M. 1,50.
Stein, H.: Radio für jedermann. 96 S. 1924. M. 1,75.
Steinitz, Dr.-Ing.: Der Radioamateur.
Stoeger Die Radiotechnik und ihre Entwicklung.
Thielmann, E.: Was muß der Gebildete von Radio wissen? (Aus der Radio-Bücherei, Bd. I.) 75 S., 25 Abb., 4 Taf. Geb. M. 2,—, brosch. M. 1,50.
Thieme, Br.: Drahtlose Telegraphie und Telephonie und ihre Anwendung in der Praxis. 113 S., 76 Abb. 1914. Vergriffen.
Thomälen, A.: Kurzes Lehrbuch der Elektrotechnik. 9. Aufl. 396 S. 1922. Geb. M. 9,—.

Thurn, H.: Der funkentelegraphische Wetter- und Zeitzeichendienst. 82 S., 15 Abb. 1923. Brosch. M. 2,—.
— Der Rundfunk. 2. Aufl. Brosch. M. 5,50; Halbl. M. 6,25 M.
Titze: Handbuch des Rundfunkteilnehmers.
Trautwein, Fr.: Der Radiofreund. Erscheint demnächst. Etwa M. 4,—.
— Drahtl. Telephonie u. Telegraphie. Gemeinverständlich. 250 S., 177 Abb. Geb. 8,—, geh. M. 6,50.
Treyse, K.: Schaltungsbuch für Radioamateure. (Bibliothek des Radioamateurs, Bd. III.) Neudruck der 2. Aufl. 50 S., 141 Schaltungen u. Abb. 1925. M. 1,20.
— Wie baue ich einen einfachen Röhrenempfänger? (Bibl. d. Radioamateurs, Bd. 13.) 46 S., 28 Abb. Geh. 1,35. M.
Uhlands Radio-Amateur-Kalender. 1925. M. 4,—.
Ullsteins Rundfunkführer für d. Jahr 1925. 236 S., 1924. M. 3,—.
Valentiner, S.: Die Grundlagen der Quantentheorie in elementarer Darstellung. 3. Aufl. 92 S. 1920. Brosch. M. 4,—.
Vatter, H.: Bau einer Funkentelegraphenstation mit Abstimmung. 40 S., 30 Abb. 1922. Brosch. M. —,30.
Warburg, E.: Lehrbuch der Experimentalphysik. 20. Aufl. 498 S. 1922. Geb. M. 8,20.
Warmbach: Der wirklich gute Detektorempfänger. 15 S. mit 11 Fig. 1924. Brosch. M. 1,—.
Weltzeit-Uhr. Radiokosmos. 1 farb. Taf. mit drehbarer Scheibe. In Umschlag. M. 1,60.
Wie baue ich mir selbst eine Radioempfangsstation? 1924. Brosch. M. 1,—.
Wie erwerbe ich eine Versuchserlaubnis. Im Auftrage des Funkkartells herausgegeben unter Mitwirkung von Dr. Dencker, Fr. Fuchs, P. Lertes und E. Nesper. Erscheint demnächst. Geb. M. 3,20.
Wiesent, Joh.: Die Elektrizität. Auf Grund der jüngsten Forschungsergebnisse. 1924. 167 Abb., 3 Tab. M. 4,—.
— Die Radiotelephonie u. ihre physikalischen Grundlagen. 76 S., 69 Abb., 1924. Brosch. M. 2,40.
— Fortschritte der drahtlosen Telegraphie u. ihre physikalischen Grundlagen. 2. umgearb. u. vermehrte Aufl. 36 S., 20 Abb. 1921. M. —,80.
Wigge, H.: Die neue Entwicklung der Funkentelegraphie. Siegeslauf der Vakuumröhre. 2. verbesserte u. erweiterte Auflage. 71 S., 59 Abb. M. 1,50.
Windmüller, K.: Drahtlose Telegraphie und Telephonie. Biothek der gesamten Technik, Bd. 295. 112 S., 80 Abb. 1924. M. 2,30.
Winkler, E.: Funkentelegraphie und Presse. 1918. Etwa M. 1,—.
— Funkentelegraphie und Flußschiffahrt. 1920. Etwa M. 1,—.
— Funkentelegraphie im Inlandsverkehr des Einzelstaates. 1920. Etwa M. 1,—.
Wrona, E. u. C.: Das Radiobastelbuch. 4. erweiterte u. verbesserte Aufl. 96 S., 47 Abb. 1924. M. 1,80.
— Ein Reinartz-Empfänger mit einer Stufe Niederfrequenzverstärkung. Vollständ. Anleitung zum Selbstbauen. 31 S., 11 Abb., 1 Taf. 1925. Geh. M. 1,—.
Zenneck, J.: Elektronen- und Ionenströme. Experimentalvortrag. 48 S., 41 Abb. 1923. Brosch. M. 1,50.
— Lehrbuch der drahtlosen Telegraphie und Telephonie. 5. veränderte Aufl. Etwa 500 Abb. Erscheint in Kürze.
— u. H. Rukop: Lehrbuch der drahtlosen Telegraphie. 5. Aufl. 902 S., 775 Abb. u. Tabellen. 1925. Geb. M. 38,—.
Zickendraht, H.: Radio-Telegraphie und -Telephonie in der Schweiz. 36 Abb., 8 Taf. 1924. Geb. M. 3,—.
Ziegler, W.: Radio-Robinson. Eine moderne Robinsonade. 95 S. u. Anhang 20 S. 1924. Geb. M. 1,50.

Radiokartographie.

Altenburger, W.: Lechners Karte der Radiotelegraphie und -Telephonie. Sendestationen für Europa samt Verzeichnis. Enthält 150 Radiotelephoniesender. 1 : 5000000. Vergriffen.
Leßbrog, O. v.: Weltkarte der Funken- und Kabeltelegraphie. [1 : 47000000.] Mit 2 Nebenkarten. 1917.

Ausländische Bücher.

Amerika:

Miller, D. C.: Science of Musical Sounds. 286 S., 187 Abb. 2. Aufl. New York 1922.
Williams, A.: Wireless Working Hints for Beginners. 58 Abb. M. 2,—.
— Wireless Anual for Amateurs and Experimenters, 1925. M. 3,—.

England:

Edwards, N.: Broadcasting for Everyone. M. 4,—.
Harris, P.: The ABC of Wireless and how to Work your Broadcast Receiver. M. 2,—.
James, W.: The Four-Valve Combination Receiver. M. 2,50.
Larner, E. T.: Crystal Sets. Construction and Maintenance. M. 1,—.
Morse, A. H.: Radio, Beam and Broadcast, its Story and Patents. 192 S. mit vielen Abb. London 1925.
Pocock, H.: Your first Sheps in Wireless. M. 1,—.
Rankin, O.: Switches in Wireless Circuits. Radio Press Series Nr. 22. M. 2,—.
Reith, J. C. W.: Broadcast over Britain. M. 6,—.
Simpson, K.: An Efficient Single Valve Set and How to Build. M. 2,—.

Frankreich:

Annuaire de la T.S.F. Fr. 30,—.
Aquillon, L.: L'Onde électromotrice. Fr. 20,—.
Armstrong, E. H.: La Super-Réaction. Fr. 3,—.
Bloch, Eugène: La Procédie d'Enregistrement des Signaux de T.S.F. Fr. 5,—.
Branger, E.: Tous les Montages de T.S.F. Fr. 7,50.
— Manuel practique de Télégraphie et Téléphonie sans Fil. Fr. 5,—.
Clavier, A.: Les Ondes Courtes. Fr. 6,—.
Comment recevoir les petites Longeurs d'onde. Collection de la T. S. F. Moderne. Paris. 40 S., 29 Fig. Brosch. F. 2,50.
Driencourt, L.: Emploi de la T.S.F. pour la Détermination des Longitudes et l'unification de l'heure. Fr. 4,—.
Dufour, A.: Oscillographe Cathodique pour l'étude des Basse, moyennes et hautes fréquences. Fr. 5,—.
Franck, Pierre: La T.S.F. dans l'Aéronautique. Fr. 8,—.
Hermardinquer, P.: Le Post de l'amateur de T.S.F. Fr. 10,—.
Husnot, Dr. Paul: La Téléphonie sans Fil en Haut-Parleur. Fr. 3,—.
Jounaust, R.: Télégraphie par le sol. Fr. 12,—.
Michel, L.: La Construction des Appareils de T.S.F. M. 3,—.
Office National Météorologique. La Réception par Téléphonie sans Fil des Prévisions Météorologiques. Fr. 2,—.
Publication de la Société des Amis de T.S.F., L'Onde Electrique. Fr. 3,—.
Reynaud-Bonin, E.: L'Acoustique Téléphonique, La Téléphonie, La Télégraphie. Fr. 10,—.
Vallier, H. C.: La T.S.F. expliquée. Fr. 3,—.

Holland:

Corver, J.: Het Draadloos Amateurstation voor ontvangst van Telegrafie en Telefonie. 2. Aufl. 240 S. 1922. (Uitgever N. Veenstra, s'Gravenhage.) Brosch.

Schweden:

Föreningen Radioamatörerna Arsbok. 1924. (Ragnar Orstadius Boktryckeri.) Göteborg 1924. 117 S. Brosch.

Ungarn:

Adorján, Pal: Radio-ABC. 62 S., zahlreiche Abb. Budapest: Verlag Minerva Nyomdai Müintézet Kiadasa 1924.

Anhang.

Lautstärkenunterschiede für verschiedene Kristalldetektorkombinationen[1]).

In der nachstehenden Tabelle bedeutet
1 = sehr guter Empfang, > 40 MA
2 = guter Empfang, > 20 MA
3 = mäßig lauter Empfang, > 5 MA
4 = schlechter Empfang, > 0,5 MA
5 = kein Empfang, < 0,005 MA
L = Empfang nur bei geringem Kontaktdruck.
Es ergaben sich folgende Resultate:

Spitzen

Fläche	Bleiglanz R	Kristall Z	Galena F	Galena C	Kupferkies H	Buntkupfer	Pyrit A	Pyrit E	Graphit C	Silizium	Tellur
Bleiglanz R	2	2	2	2	4	4	2	2	2	2	2
„ W . . .	3	3	3	3	5	5	4	4	3	2	4
„ W . . .	3	3	3	3	5	5	4	4	3	2	4
F. c. Eresit	2	2	L2	2	4	4	2	2	2	2—3	L1—2
Kristall Z	2	2	2	2	4	4	L2	L2	L2	L2	L2
Radio-Galena . . .											
Galeno F	2	2	2	2	4	4	2	2	2	2	L1
„ C	2	2	2	2	4	4	2	2	2	2	2
Kupferkies H . . .	2—3	2—3	2—3	2—3	5	4	4	4	2—3	2	2—3
„ A . . .	3	3	3	3	5	5	4	4	3	2	3
Kupferkies G . . .											
Buntkupferkies . .	2—3	2—3	2—3	2—3	5	4	4	4	2—3	2	2—3
Pyrit A.	L2	2	2	2	L2	4	2	L2	2	1	L1
„ E.	L2	2	2	2	L4	4	L2	5	2	2	2
Manganit	4	4	4	4	5	5	4	4	4	4	4
Psilomelan	2—3	2—3	2—3	2—3	5	5	4—5	4—5	2—3	3	3
Molybdänglanz . .	2	2	2	2	5	5	5	2	5	2	5
Graphit C.	2	2	2	2	5	5	5	5	5	5	5
„ F.											
Silizium.	2	2	3	2	2—3	4	2	5	2	2	2
Tellur	2—3	3	L1	2—3	3	4	1—2	3	4	3	5
Oxedon	?	?	?	?	5	5	5	5	2	4	3

[1]) Nach englischen und französischen Angaben sowie auf Grund von Berliner Messungen zusammengestellt von O. Kappelmayer.

Spitzen

Fläche	Stahl	Messing	Silber-spitze	Silber-spirale	Gold-spitze	Gold-spirale
Bleiglanz R . .	2	1	2	2	2	2
„ W . .	—	2—3	2—3	2—3	3	3
F. c. Eresit . .	1	1	1	1	1	1
Kristall Z . . .	1	1	2	2	1—2	1—2
Bleiglanz H . .	—	2—3	2—3	2—3	3	3
Galena F . . .	1	1	2	2	1—2	1—2
„ C . . .	2	1	2	1	2	2
Kupferkies H .	2—3	2—3	2—3	2—3	3	3
„ A. .	—	4	4	4	4	4

Spitzen

Fläche	Stahl	Messing	Silber-spitze	Silber-spirale	Gold-spitze	Gold-spirale
Kupferkies G. .						
Buntkupferkies .	2—3	2—3	2—3	2—3	3	5
Pyrit A	L 2	L 2	L 2	L 2	L 2	L 2
„ E . . .	L 2	L 2—3	L 2—3	L 2—3	2	2
Manganit . . .	5	4	4	4	4	4
Psilomelan . . .	2—3	2—3	2—3	2—3	2—3	2—3
Molybdänglanz .	5	5	5	5	5	5
Graphit C . . .	5	5	5	5	5	5
„ F . . .						
Silizium	1	2	1	1	2	2
Tellur	5	5	5	5	5	5
Oxedon	1	2	1	1	2	2

Übersicht der Konstanten von Isoliermaterialien bei der Frequenz von einer Million Schwingungen pro Sekunde[1]).

Während die meisten bisher veröffentlichten Tabellen über die Dielektrizitätskonstanten und den Kraftfaktor von Isoliermaterialien für die R.-T. nur verhältnismäßig geringe Bedeutung haben, weil sie für zu geringe Frequenzen angegeben sind[2]), ist bei den in nachstehender Tabelle aufgeführten Werten eine Frequenz von einer Million Schwingungen pro Sekunde = 300 m Wellenlänge zugrunde gelegt. Es ergaben sich folgende Werte:

Tafel:

Nr.	Material	Dielektrizitätskonstante	Dielektrischer Phasenverschiebungswinkel in Minuten
1	Hartgummi	2,53	0,007
2	Zelluloid	4,10	0,042
3	Formica (Bakelite)	3,83	0,050
4	Glimmer	2,94	0,0004
5	Schwefel	3,03	0,006
6	Glas	5.65	0,008
7	Petrit	5,34	> 0,100
8	Bakelit (Dilecto Gr. 20)	3,86	0,057
9	,, (,, ,, 20)	3,86	0,059
10	Hartgummi	2,60	0,012
11	Vulkanisierter Hartgummi	2,92	0,007
12	Vulkanfiber grau	6,05	0,070
13	,, schwarz	5,26	0,052
14	Bakelit Dilecto	3,91	0,059
15	Formica (M) (Bakelite)	3,60	0,051
16	Radion schwarz	3,22	0,017
17	Hartgummi (2 XX)	2,66	0,011
18	,, (40)	2,57	0,011
19	,, (35 R)	2,79	0,008
20	,, (7 A)	2,56	0,014
21	Roter Fiber	4,35	0,054
22	Bakelit	3,87	0,037
23	Kunstleder	4,27	0,048
24	Mahagoni	4,43	0,051
25	Celeron (Bakelite)	4,12	0,049
26	,,	4,40	0,065
27	,,	3,73	0,057
28	,,	3,93	0,057
29	Fiber	3,99	0,041
30	Bakelite Nr. 1	3,83	0,039
31	,, ,, 2	3,73	0,039
32	,, ,, 3	3,81	0,042
33	,, ,, 4	3,88	0,043
34	,, ,, 5	3,84	0,044
35	,, ,, 6	3,76	0,045
36	Asbestfiber Nr. 120	3,42	0,037
37	,, ,, 701	3,71	0,046
38	,, ,, 501	3,95	0,050

[1]) Nach Proceedings of the Institute of Radio Engineers, bearbeitet von O. Kappelmayer.
[2]) Siehe auch die Tabelle der Dielektrizitätskonstante S. 156.

Störungen des R. T.-Empfangs durch die Straßenbahn.

Es hat sich meist herausgestellt, daß die Störungen nur dann auftreten, wenn der Beleuchtungsstrom unterhalb einer gewissen Reizschwelle liegt, d. h. also, wenn der Beleuchtungsstrom nur gering ist. In diesem Falle werden von den Funken, die an der Kontaktrolle auftreten, schnelle elektrische Schwingungen erzeugt, welche die prasselnden und brodelnden Geräusche im Rundfunkempfänger hervorrufen.

Es hat sich zur Beseitigung dieses Übelstandes vie fach nur ein einziges Mittel bewährt, welches darin besteht, den Beleuchtungsstrom, über diesen kritischen Wert zu steigern. Um dieses zu erreichen, kann man entweder noch einige Lampen für die Beleuchtung dazu schalten, oder aber man hat an den Straßenbahnwagen besondere Reklamebleuchtungen angebracht, welche einen entsprechenden größeren Stromverbauch hervorrufen.

Es kommt also darauf an, den Beleuchtungsstromverbrauch durch irgendwelche Mittel zu steigern. Indessen ist zu bemerken, daß dieses Mittel nicht unter allen Umständen geholfen hat.

Push-Pull-Reflex-Schaltung.

Im allgemeinen wird es von Nachteil sein, wenn man hinter der Reflexröhre noch einen besonderen Niederfrequenzverstärker benutzt, da hierdurch die in der Apparatur auftretenden Verzerrungen noch weiterhin verstärkt werden. Häufig wird es zweckmäßig sein, eine von P. Adorján (1925) angegebene Push-Pull-Reflexschaltung zu

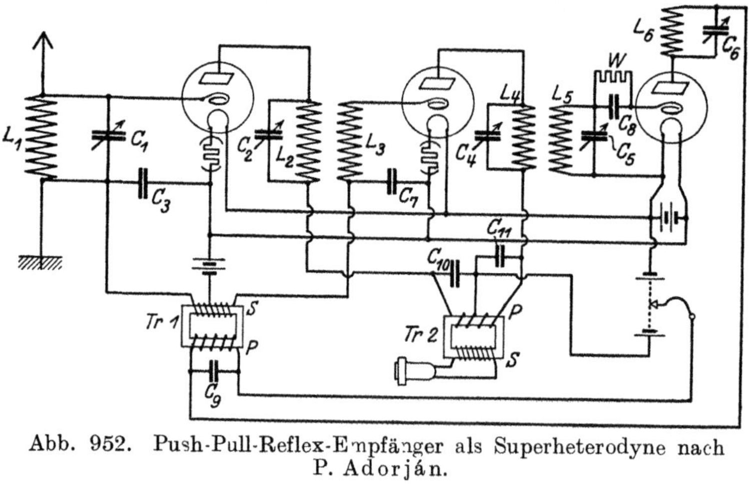

Abb. 952. Push-Pull-Reflex-Empfänger als Superheterodyne nach P. Adorján.

benutzen, bei welcher eine weitere Verstärkungsröhre parallel zur Reflexröhre unter Benutzung eines Push-Pull-Transformators geschaltet wird.

Mit Rücksicht auf die mancherlei Betriebsschwierigkeiten und Störungen soll hier auf diejenigen Reflexschaltungen nicht eingegangen werden, bei welchen ein Kristalldetektor benutzt wird. Vielmehr ist bei den beiden nachstehenden Anordnungen anstelle des Kristalldetektors stets eine weitere Röhre verwendet. Bei der Anordnung gemäß Abb. 952 ist im Anodenkreis der statt als Detektor wirkenden Röhre ein Schwingungskreis eingeschaltet, welcher auf die Empfangswelle abgestimmt ist. Unter Umständen kann es zweckmäßig sein, die diesem Kreise angehörende Spule L_1 rückzukoppeln, da möglicherweise das Selbstschwingen des Kreises sonst nicht eintritt.

Die Anordnungen $L_2 L_3$ und $L_4 L_5$ sind normale Hochfrequenztransformatoren, wobei es ausreichend ist, wenn lediglich die Primärwicklung abgestimmt wird. Gegebenenfalls kann jedoch, wie dies in der Abbildung für den zweiten Transformator auch zum Ausdruck gebracht ist, auch die Sekundärspule abgestimmt werden.

Materialbedarf:

Drehkondensator	C_1	Maximalkapazität	500 cm
,,	C_2	,,	250 ,,
Festkondensator	C_3	,,	300 ,,
Drehkondensator	C_4	,,	250 ,,
,,	C_5 und C_6	,,	je 250 bis 500 cm
Festkondensator	C_7	,,	300 cm
,,	C_8	,,	250 ,,
,,	C_9	,,	1000 ,,
,,	C_{10} und C_{11}		je 300 bis 1500 cm.

Gitterableitungswiderstand W 1 bis 2 Megohm.

Hochfrequenztransformator $L_2 L_3$ und $L_4 L_5$ entsprechend den benutzten Wellenlängen.

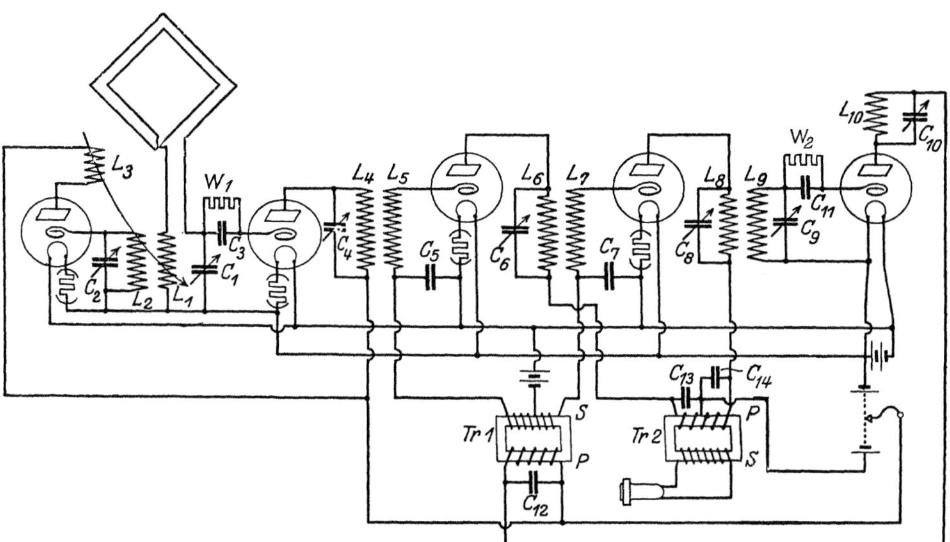

Abb. 953. Push-Pull-Reflexschaltung nach P. Adorján.

Push-Pull-Eingangs- bzw. Ausgangstransformator Tr_1 und Tr_2.

Bei dem weiteren Push-Pull-Reflexempfänger gemäß Abb. 953 ist die Anordnung als Superheterodyne kombiniert. Hierbei arbeitet die erste links in der Abbildung erkennbare Röhre als Sender, die nächste Röhre (rechts) als Detektor, die dritte und vierte Röhre sind in Push-Pull-Reflexschaltung angeordnet, und die fünfte Röhre (rechts) arbeitet als zweiter Detektor.

Beim Aufbau soll eine Rückkopplung von den Spulen L_3 auf L_2 und L_1 vorhanden sein. Hingegen soll zwischen der Spule L_{10} und L_9 möglichst jede Kopplung vermieden sein. Es ist bei dieser Schaltung ebenso wie bei der vorstehenden darauf zu achten, daß im geradlinigen Teil der Röhrencharakteristik gearbeitet wird.

Materialbedarf:

Drehkondensatoren	C_1 und C_2	Maximalkapazität	je 500 cm
Festkondensator	C_3	,,	250 ,,
Drehkondensator	C_4	,,	250 ,,
Festkondensator	C_5	,,	300 ,,
Drehkondensator	C_6	,,	250 ,,
Festkondensator	C_7	,,	300 ,,
Drehkondensator	C_8	,,	250 ,,
,,	C_9 und C_{10}	,,	je 250 ,,
Festkondensator	C_{11}	,,	250 ,,
,,	C_{12}	,,	1000 ,,
,,	C_{13} und C_{14}	,,	je 500 bis 1500 cm.

Gitterableitungswiderstände 1—2 Megohm.

Push-Pull-Eingangs- bzw. Ausgangstransformatoren Tr_1 und Tr_2.

Ein einfaches Netzanschlußgerät.

Sofern Gleichstromanschluß zur Verfügung steht, ist es möglich, sich mit verhältnismäßig einfachen Mitteln ein Netzanschlußgerät selbst zu bauen, welches, sofern das betr. Netz einigermaßen normal arbeitet, recht zufriedenstellende Resultate, insbesondere auch für Lautsprecherbetrieb, ergeben kann.

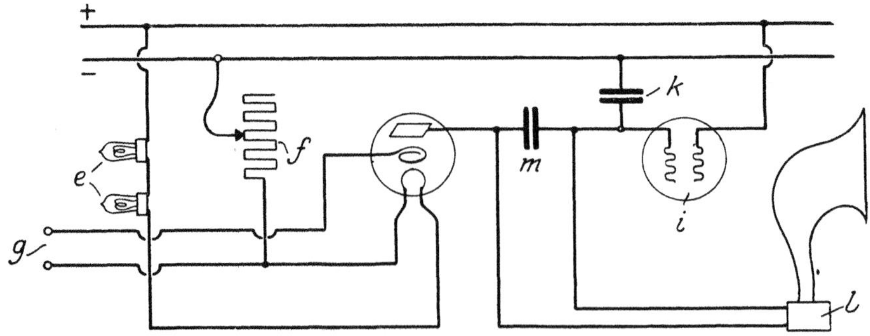

Abb. 954. Netzanschlußgerät. Gleichstromlichtleitung.

Die Anordnung ist in Abb. 954 sowohl für den Heizstrom als auch für das Anodenfeld wiedergegeben.

Von den Lichtnetzleitungen werden für den Heizstrom 1 bis 2 Glühlampen, am besten Kohlefadenlampen, *e*, in Serie geschaltet, welche so zu bemessen sind (siehe die Tabelle), daß die für den Heizdraht erforderliche Spannung resultiert. Er wird ferner zweckmäßig sein, noch einen besonderen Regulierwiderstand *f* vorzusehen, um eine Feinregulierung zu bewirken.

Für das Anodenfeld wird gleichfalls vom Lichtnetz abgezweigt und die Spannung über einen Kondensator *K K* (∼ 1 bis 2 MF) einer Glimmlichtlampe *i* zugeführt, welche für die vorhandene Netzspannung dimensioniert ist. In Serie mit der Lampe wird ein Festkondensator *m* von 2000 bis 5000 cm geschaltet. Der Anschluß des Lautsprechers *l* bzw. des Telephons wird in gewöhnlicher Weise bewirkt.

Radioamateur-Ausstellung der Ortsgruppe Cottbus des Deutschen Radio-Clubs, Juni 1925.

Die außerordentliche Leistungsfähigkeit der deutschen Radioamateure wurde in besonders überzeugender Weise durch die Ausstellung der Ortsgruppe Cottbus am 6. Juni 1925 bewiesen. Auf dieser Ausstellung, welche unter Leitung von Dr. Brühl, Cottbus, stattfand, waren nicht weniger als 86 Apparate der verschiedensten Typen ausgestellt. Abb. 955 gibt ein Bild der Ausstellungshalle. Vom einfachsten Kristalldetektorempfänger, der für den Empfang des Ortssenders an die Lichtleitung eingestöpselt wird, angefangen bis über den hochwertigen Primär-Sekundär-Kristalldetektorenempfänger, Audionempfänger, rückgekoppelten Audionempfänger waren nahezu alle wichtigsten Schaltungen, z. T. in mehreren Ausstellungsmodellen vertreten bis zu den hochwertigsten Kunstschaltungen hinauf. Auch die Schaltungen von Reinartz, Flewelling u. a. kamen zu ihrem Recht. Nicht weniger als etwa 17 Neutrodyne-Empfänger und etwa die gleiche Anzahl Superheterodyne-Empfänger, teils in der Ultradyne-, teils in der Tropadyneform, waren ausgestellt, wobei sämtliche Apparate im allgemeinen zwar aus fertiggekauften Einzelteilen, jedoch nur von Radioamateuren zusammengebaut waren. Firmenapparate waren von der Ausstellung grundsätzlich ausgeschlossen. Die ausgestellten Apparate, die auch wunschgemäß vorgeführt wurden, und die die Ansprachen und Musik usw. aus Königswusterhausen durch Lautsprecher wiedergaben, waren im Zusammenbau und im äußern Aussehen fast durchweg derartig hochwertig, daß sie von besten Firmenapparaten nicht zu unterscheiden waren.

Besonders bemerkenswert ist, daß sich die Amateure nicht nur an den Bau von gewöhnlichen kastenförmigen Empfängern herangewagt hatten, sondern daß auch schrank- und pultförmig eingebaute Empfänger in hochwertigen Schaltungen ausgestellt waren.

Selbstverständlich waren auch Kurzwellenempfänger (Dr. Brühl) ausgestellt. Auch Lehrapparate waren in verschiedenen Ausführungen recht bemerkenswert.

Eine besondere Note zeigte der von Dantcourt in Wilhelmstal auch in seinen Einzelteilen bis auf die Schrauben und Buchsen vollkommen selbst hergestellte Empfänger.

Die Ausstellung lieferte ein ausgezeichnetes Bild des gegenwärtigen Standes der Empfängertechnik; und dieses Resultat ist um so bemerkenswerter, als es sich nur um nichtbezahlte Radioamateurarbeit handelte.

Abb. 955. Blick in den Ausstellungssaal in Cottbus, in welchem nahezu 100 von Amateuren gebaute Empfänger ausgestellt waren.

Sachverzeichnis.

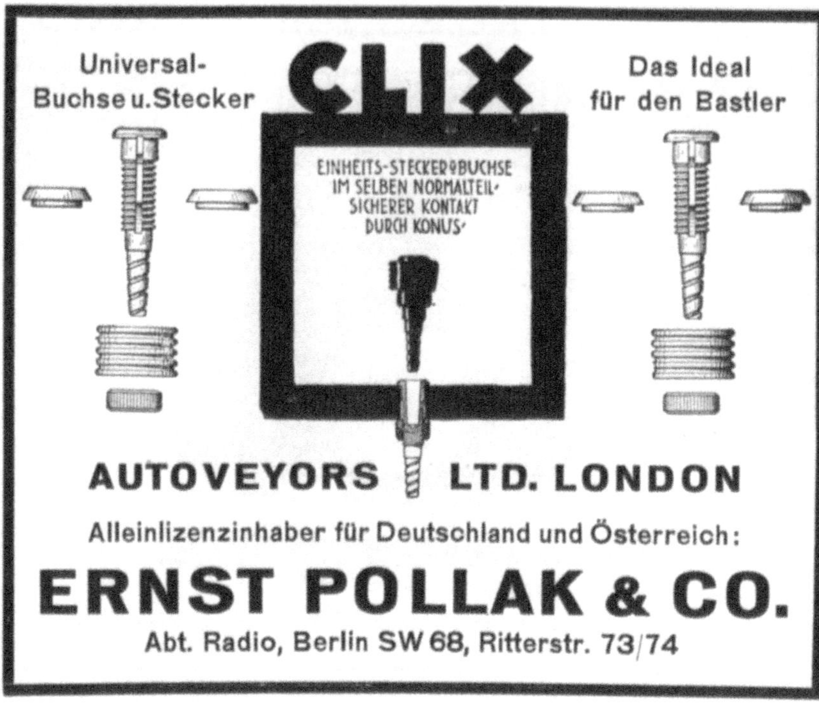
Universal-
Buchse u. Stecker
CLIX
Das Ideal
für den Bastler
EINHEITS-STECKER & BUCHSE
IM SELBEN NORMALTEIL·
SICHERER KONTAKT
DURCH KONUS·
AUTOVEYORS LTD. LONDON
Alleinlizenzinhaber für Deutschland und Österreich:
ERNST POLLAK & CO.
Abt. Radio, Berlin SW 68, Ritterstr. 73/74

REISSER
Elektrizitäts-A.-G.
STUTTGART
Wilhelmsplatz 13 a
Batterie-
Ladestecker.
D.R.P. Nr. 408960.
Das Laden
völlig kostenlos!
Antennen-
Erdungsschalter.
Vergessen der
Erdung ausgeschlossen
Kopfhörerschalter
für
Hintereinander-
schaltung,
selbsttätig!
Anschlussbrett
mit
Kopfhörerträger
D.R.G.M. Nr. 869171.
Man verlange
illustr. Preisliste.

GPSR Compliance

The European Union's (EU) General Product Safety Regulation (GPSR) is a set of rules that requires consumer products to be safe and our obligations to ensure this.

If you have any concerns about our products, you can contact us on ProductSafety@springernature.com

In case Publisher is established outside the EU, the EU authorized representative is:

Springer Nature Customer Service Center GmbH
Europaplatz 3
69115 Heidelberg, Germany

Batch number: 10682269

Printed by Printforce, the Netherlands